JN437679

유기금속 화학

Organometallics in Synthesis

이종건

Co Pd Si Cu Li Zr Mg Ni

자유아카데미

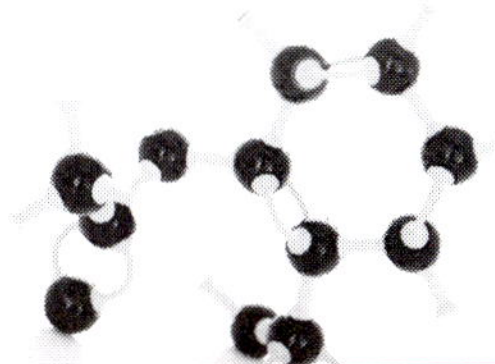

머리말

유기금속 화학은 탄소–금속 간의 공유결합을 형성하는 화합물의 화학이다. 탄소는 거의 모든 금속과 공유결합을 할 수 있으며, 어느 정도의 반응성을 가지고 열역학적으로 얼마나 안정한가에 차이가 있을 뿐이다. 유기물을 합성하는 데 있어 탄소–탄소 결합형성이 가장 중요한 반응이며, 이에 이용되는 대다수의 반응에서 금속 화합물을 사용하게 된다. 또한 organometallics의 범주에서 벗어나는 반응도 산화–환원 반응을 비롯하여 많은 반응에서 금속 또는 금속 염을 사용하게 된다. 유기금속 화학의 반응 메커니즘이 밝혀지기 시작하면서 더 많은 다양한 반응에 금속 또는 유기금속 화합물을 폭발적으로 이용하게 되어 유기 반응에서의 중요성은 점점 더 높아지는 추세이다.

그럼에도 유기 반응의 이해를 목적으로 하는 교재는 전무한 상태이고, '유기금속 화학'이라는 이름의 교재는 거의 무기화학의 시각에서 꾸며져 있기 때문에 유기 반응을 이해하는 목적으로는 적절하지 않은 것이 현실이다. 소수를 제외한 대부분의 유기 반응이 무기 화합물에 의존하기 때문에 양이 방대해지므로, 이 책에서는 탄소–금속 결합을 가지는 화합물의 반응만을 위주로 학습하게 된다.

내용을 어떤 방식으로 나누어 단원을 구성하는 것이 좋을까? 유기화학을 공부하는 책이므로 유기 반응 또는 메커니즘에 따라 분류하는 방법도 있겠으나, 많은 유기금속 화합물의 반응은 정통적인 유기 반응과는 많은 차이를 보인다. Alkyl halide나 carbonyl과 같은 친전자성 화합물과의 반응은 금속에 따라 크게 차이를 보이기 때문에 책의 내용은 금속을 몇 갈래로 구분하여 그나마 비슷한 반응성을 보이는 금속들을 모아 이들의 반응을 검토하는 방식을 따를 수 밖에 없었다.

정확하게 금속은 아닐지라도 B, Si, As와 같은 원소들이 탄소보다 각 금속 유사체와 비슷한 화학 반응 특성을 보이므로 유기금속 화합물로 분류하는 경우가 많다. 이들 원소의 이름을 따라 유기보론화학, 유기실리콘화학 등으로 부르는 경우가 많다. 대개의 유기금속 화합물의 반응성은 주기율표상의 원소 위치에 따라 결정되는 요인이 많으므로, IA족 및 IIA족 원소,

IIIA족, IVA족, IB족, IIB족으로 나누어 기술하였으며, 전이금속 화합물은 다루는 방법이 정통 유기화학에서 다루는 방법과 상이한 점이 많아 함께 모아 별개의 단원으로 구성하였다.

주족 원소 중 유기화학 반응에서 가장 중요한 원소인 리튬과 마그네슘 화합물을 공부하고 차례로 붕소, 알루미늄, 규소, 주석 화합물을 공부하게 된다. 그 다음, 구리, 망가니즈, 타이타늄 등의 화학 반응을 학습한다. 각 단원에서는 일반적으로 해당 금속에 대한 고유한 몇 가지 유기금속 화합물의 특성, 일반적인 제법, 성질 등을 간단히 소개한 다음, 이들을 이용하는 각종 유기 반응을 학습하도록 하였다. 전이금속은 일반적으로 전이금속 화합물과 이들의 반응을 다루는 요령과 기초 지식을 학습한 다음, 여러 가지 응용 반응을 다루게 된다.

이 책은 유기화학 과정의 일부로서, 무기화학 관점에서 보는 유기금속 화학 강의와는 본질적으로 다르며, 유기화학에서 보는 시각에 맞추어 쓰인 교재임을 강조하고자 한다. 학부 수준을 넘는 반응을 상당수 취급하게 되지만, 각 단원의 흐름을 따라 차근차근 공부해 가면 이해하기에 그렇게 어렵지 않을 것이다. 또한 중간마다 나오는 문제는 풀고 지나가는 것이 이해에 도움이 될 것이다.

교재를 집필하는 데 있어서의 애로점은 참고할만한 마땅한 교재가 없다는 점과 그에 따라 참고할 책이 너무 많다는 데 있었다. 의도대로 학부 고학년 또는 대학원 초년생을 대상으로 유기합성 반응에 주안점을 두고 유기금속 화학을 다루는 종합적인 교재가 없다 보니 연구용으로 집필된 여러 책을 참고할 수 밖에 없었고, 이를 따르다 보니 체제나 표현 방법, 난이도 등에서 일관성이 조금씩 떨어질 수 밖에 없었다.

이 책은 학부 상급학년 학생들을 대상으로 하는 강의를 위해 만들었던 자료들을 기초로 하여 꾸민 것이다. 끝으로, 잘못 쓰인 글이나 잘못된 그림에 관한 것뿐 아니라 책의 전반적인 체제나 순서 등에 대한 모든 조언을 부탁드리며, 모쪼록 이 책을 공부하는 이들이 유기 반응을 이해하는 데 조금이라도 보탬이 되길 바랄 뿐이다.

지은이
2012년 4월

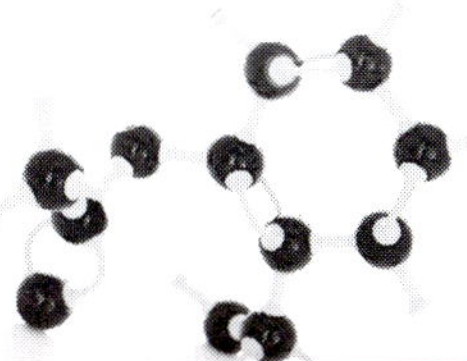

차례

CHAPTER 01 Fundamentals for the Study of Organometallics

CHAPTER 02 Organolithium and Magnesium Reagents

CHAPTER 03 α-Heteroatom-Stabilized Organometallic Reagents

CHAPTER 05 Chemistry of Group 4A Organometallics

CHAPTER 06 Basic Featuresand Reactions of Transition Metal Complexes

CHAPTER 08 Radical Reactions of Organometallic Compounds

CHAPTER 09 Chemistry of Transition Metal Organometallics

CHAPTER 01

Fundamentals for the Study of Organometallics

유기금속 화학은 탄소와 금속 간의 결합을 갖는 화합물에 관한 분야로서, 아주 흥미 있는 그리고 가장 빠른 속도로 발전하고 있는 분야이다. 이 분야에 속하는 화합물은 금속과 탄소가 σ-결합을 이루고 있는 화합물 또는 π-결합을 이루는 화합물은 물론이려니와, 금속과 금속간의 결합을 갖는 cluster 화합물에 이르기까지 그 범위는 대단히 넓다. 이들의 반응 또한 유기 반응과 유사한 것도 있지만 전혀 다른 형태로 진행되는 반응들도 있다. 유기금속 화합물의 성질과 반응 자체가 흥미로울 뿐 아니라 많은 전이금속 화합물은 공업적으로 유용한 촉매로 사용되어 왔으며, 최근에 들어서는 대단히 많은 정교한 유기 화합물의 합성, 특히 생리활성을 갖는 복잡한 화합물의 합성에 핵심 단계를 이루는 예가 점점 더 증가하고 있다.

유기금속 화합물의 합성이 처음 보고된 것은 1827년의 일이다. Zeise는 $PtCl_4$와 $PtCl_2$의 ethanol 용액을 가열한 후 KCl을 첨가하여 바늘 모양 결정을 얻었는데, Zeise's salt라고 부르는 이 화합물의 구조는 그 후 140년 정도의 세월이 흐른 후에야 다음과 같은 구조를 갖는 화합물로 밝혀졌다.

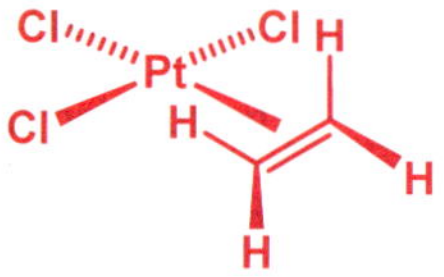

Zeise's salt

일산화탄소를 ligand로 하는 금속 화합물은 1800년대 후반에 발견되었으며, $Ni(CO)_4$은 1890년에 보고되었으며, 당시에는 금속 nickel의 정제에 사용되었다.

1800년대 말에는 Barbier와 Grignard 같은 화학자들에 의하여 유명한 유기마그네슘 화합물인 Grignard 시약이 발견되었으며, 지금까지 유기합성 반응에 귀중한 도구로 사용되어 오고 있다.

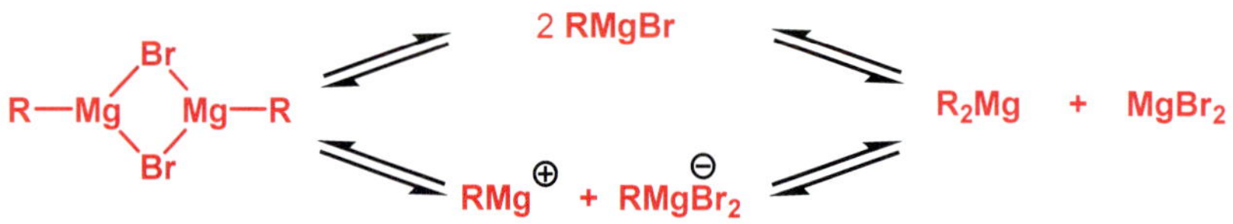

Ferrocene은 1950년대에 이르러 cyclopentadienyl magnesium bromide에서 fulvalene을 합성을 합성하고자 시도된 반응에서 처음으로 생성되는 것이 발견되었다.

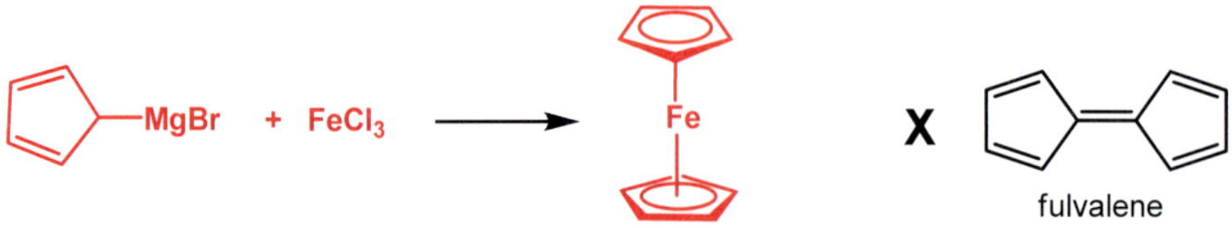

fulvalene

1950년대에 시작된 hydroboration과 complex metal hydride에 관한 연구는 이후 유기 작

용기 환원 반응에 엄청난 변화를 가져 왔고, 이어서 다른 주족 또는 전이금속 화합물의 여러 hydrometallation과 carbometallation에 대한 연구로 이어져 왔다.

M—H + (alkene) → hydrometallation

M—R + (alkene) → carbometallation

Wilkinson 촉매가 처음으로 발표된 것은 1960년대 중반의 일로서, 공업적으로 이용되는데 그쳤던 각종 전이금속 촉매 반응의 진행 경로가 밝혀지는 계기가 되었다. 훨씬 후에 일어난 일이지만 역시 공업적으로만 이용되었던 olefin metathesis가 탄소-탄소 결합을 형성하는 유기합성 반응의 중요한 tool로 자리 잡은 것도 homogeneous catalyst의 개발에서 촉발된 것이다.

유기금속 화합물을 사용하는 유기합성 반응 개발의 큰 획 중의 하나가 1970년대에 시작된 palladium을 이용하는 각종 coupling 반응이다. 정통 유기 반응으로 어려웠던 많은 탄소-탄소 결합형성이 이로 인하여 용이하게 되었으며, 계속 발전되고 있다. Palladium을 이용하는 coupling 반응은 여러 연구자들에 의하여 지속적으로 개발되어 거의 모든 coupling이 가능하다고 할 수 있겠다.

$Pd(OAc)_2$, KOAc / R_4N^+ Cl^-, DMF — 70 % yield

1980년대에 이르러 유기전이금속 complex를 사용하는 enantioselective 반응들이 보고되기 시작하였다. 다음 반응은 관절염 치료제로 쓰이는 소염진통제인 Naproxen의 합성 반응이다. 균일촉매로 (*S*)-BINAP이라고 부르는 chiral ligand를 갖는 Ru 화합물을 사용하는 촉매 수소화 반응으로 enantioselective하게 (*S*)-거울상 이성질체만을 얻을 수 있다.

H_2 / $L_nRu(OAc)_2$

(*S*)-naproxene   Ligand = (*S*)-BINAP

천연의 생체 물질 중에도 탄소–금속 결합이 없는 것들까지 포함하면 hemoglobin이나 chlorophyll과 같이 금속을 가진 화합물이 대단히 많다. 그렇지만 뭐니 뭐니 해도 유기금속 화합물의 champion은 가장 오랫동안 알려진 화합물의 하나인 vitamin B_{12}일 것이다. 아래에 그려진 구조식에서 보듯이 porphyrin 유도체의 Co complex로서 누구도 systematic한 이름을 붙일 엄두가 나지 않는 복잡한 구조를 가지는 생체 화합물이다.

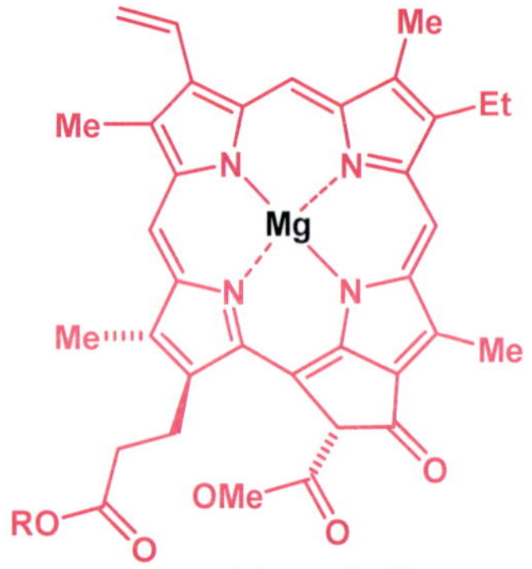

chlorophyll

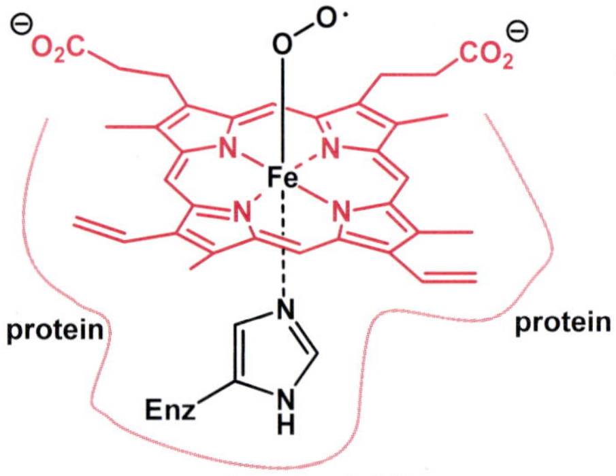

oxyhaemogloblin

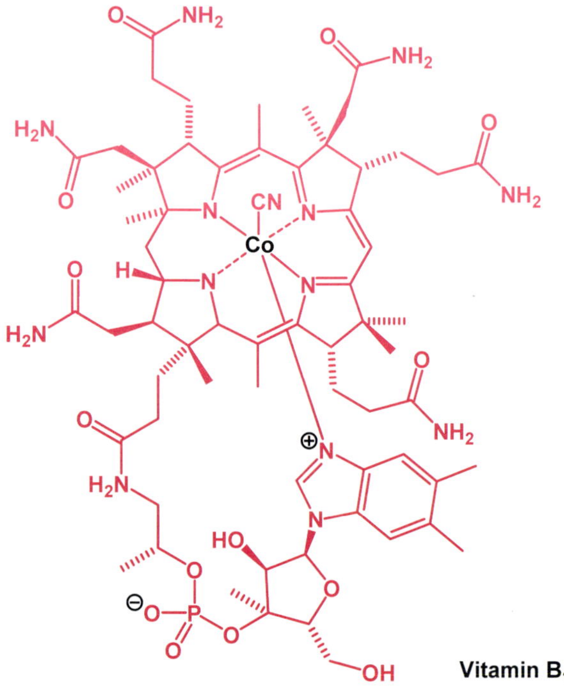

Vitamin B_{12}

1.1 Bonding Characteristics of Organometallic Compounds

유기금속 화합물(organometallics, or organometallic compounds)은 금속과 탄소가 직접 결합하고 있는 유형의 화합물이라고 정의할 수 있다. 안정도를 가리지 않는다면 거의 모든 금속이 탄소와 결합할 수 있으며, 금속에 따라 organocopper 화합물, organotitanium 화학과 같이 명명한다. 정확하게 금속은 아닐지라도 B, Si, As와 같은 원소들이 탄소와 결합한 화합물은 각 금속 유사체와 비슷한 화학 반응 특성을 보이므로, 유기금속 화합물로 분류하는 경우가 많다. 따라서 이들 화합물도 organoboron 화합물, organosilicon 화합물 등과 같이 organoelemental 화합물이라고 부르게 된다.

금속과 탄소 간의 결합 유형을 기준으로 유기금속 화합물을 몇 가지로 분류할 수 있다.

가장 일반적인 금속–탄소 결합은 금속이 빈 오비탈을 제공하고 ligand가 (이 경우 탄소 화합물) 채워진 오비탈을 제공하는 보편적인 σ-결합의 유형으로 이를 **σ-complex**라 한다.

전자쌍을 갖는 탄소 ligand에 금속은 빈 오비탈을 제공하게 되는데, 제공되는 오비탈은 p 오비탈일 수도 있고, d 오비탈일 수도 있고, 기타 다른 sp^1 또는 $d^1s^mp^n$ 등의 혼성화 오비탈일 수도 있다. 탄소와 다른 비금속 원소 간의 σ-결합과 마찬가지로 탄소–금속 σ-결합도 두 핵을 잇는 축에 대하여 오비탈은 대칭성을 유지하여야 한다.

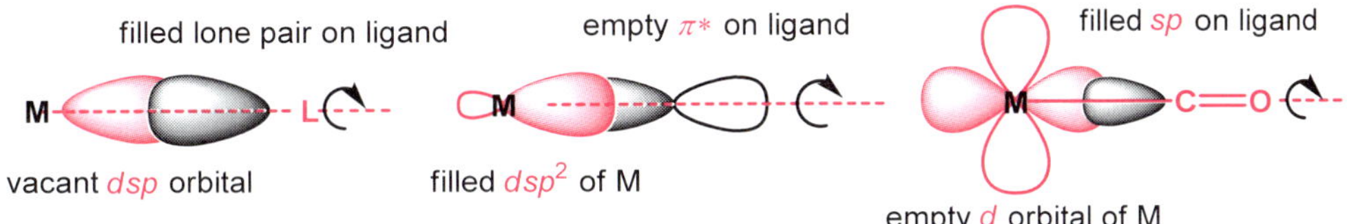

다른 유형의 탄소–금속 간의 결합도 자주 보게 된다. 금속과 ligand 간의 π-결합은 다음 그림에서 보는 것과 같이 π-ligand가 옆으로 금속에 다가가서 상호작용이 일어나게 된다. 탄소–탄소 또는 탄소–헤테로원자 간의 채워진 π 오비탈에 금속이 빈 오비탈을 제공할 수도 있고 또는 금속의 채워진 d 오비탈과 ligand의 빈 π^* 오비탈 간의 π 상호작용이 일어나서 결합을 형성할 수도 있다. 그 결과 금속과 alkene의 π-오비탈 간에 형성되는 결합은 alkene의 평면에 수직하게 되며, 이를 일컬어 **π-complex**라고 한다. 이 complex는 σ-결합과 π-결합의 성격을 모두 갖게 된다.

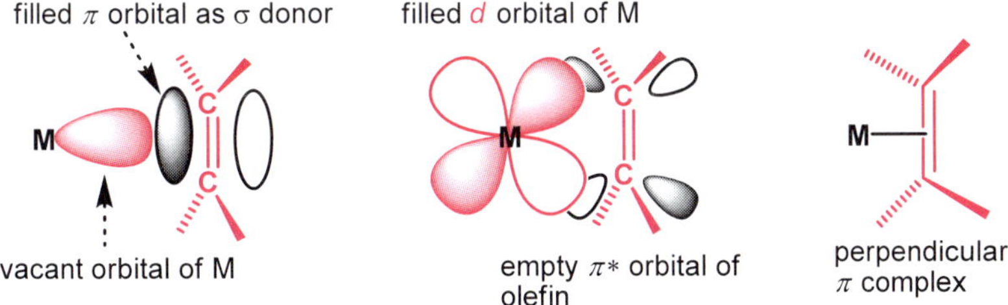

다른 유형의 금속–리간드 간의 결합은 금속이 공여할 수 있는 전자쌍을 갖는 경우에만 형성될 수 있다. 먼저 리간드와 금속 간의 σ-결합이 형성되고 금속의 채워진 d 오비탈과 리간드의 π^* 오비탈 간의 상호작용이 일어난다. 이 상호작용의 결과로 금속의 전자밀도는 감소하게 되며, 이를 **back-bonding**이라고 부른다. 형성되는 결합은 탄소와 다른 비금속 원자 간의 이중결합과 거의 유사하다. 일산화 탄소와의 결합이 그 한 예이며, CO는 탄소의 고립쌍을 금속의 빈 d 오비탈에 제공하여 σ-결합을 형성하게 되며, 또한 금속은 채워진 d 오비탈 의 전자를 탄소의 빈 π^* 오비탈에 제공하여 π-결합을 형성하게 된다.

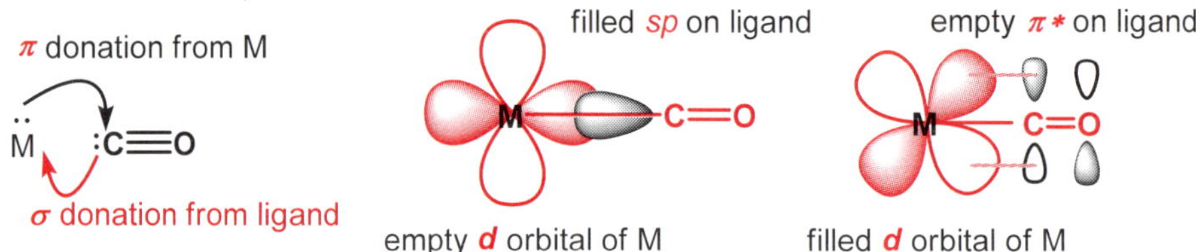

이렇게 형성된 금속과 탄소 간의 이중결합은 다음과 같이 탄소–금속 간의 이중결합 선으로 표시한다. M=C π-결합을 가지는 이 부류의 화합물은 여러 면에서 카벤(carbene)과 비슷한 성질을 가지며, 또한 비슷하게 반응하므로 **metallacarbene**이라고 부르기도 한다.

금속의 이와 같은 결합 특성에 따라 주기율표 상에서 금속을 뚜렷하게 경계를 이루어 구분할 수 있다. 이를 다음 주기율표에서 구분하여 놓았다. (Table 1.1) 금속 또는 준금속으로 분류되는 원소들 중에서 Li, Be, Mg을 제외한 Na, K 등의 alkali metal 및 alkaline earth metal은 이온성 결합을 이루게 된다. 공유 결합성이 거의 없다.

Table 1.1 Organometallics Based on the Bonding Type

1 1A	2 2A	3	4	5	6	7	8	9	10	11	12	13 3A	14 4A	15 5A	16 6A	17 7A	18 8
1 H																	2 He
3 Li	4 Be											5 B	6 C	7 N	8 O	9 F	10 Ne
11 Na	12 Mg											13 Al	14 Si	15 P	16 S	17 Cl	18 Ar
19 K	20 Ca	21 Sc	22 Ti	23 V	24 Cr	25 Mn	26 Fe	27 Co	28 Ni	29 Cu	30 Zn	31 Ga	32 Ge	33 As	34 Se	35 Br	36 Kr
37 Rb	38 Sr	39 Y	40 Zr	41 Nb	42 Mo	43 Tc	44 Ru	45 Rh	46 Pd	47 Ag	48 Cd	49 In	50 Sn	51 Sb	52 Te	53 I	54 Xe
55 Cs	56 Ba	57 *La	72 Hf	73 Ta	74 W	75 Re	76 Os	77 Ir	78 Pt	79 Au	80 Hg	81 Tl	82 Pb	83 Bi	84 Po	85 At	86 Rn
87 Fr	88 Ra																

Covalent multi-centered

transition metals

Ionic bond

covalent bond
M−C as well as
M=C bond

covalent bond
mainly M−C

Li, Be, Mg 및 3A족의 B와 Al은 탄소와 σ-결합으로 중성 화합물을 형성하게 되지만, 이들 화합물의 금속 원자는 빈 오비탈을 갖게 되어 ligand와 추가로 dative bond를 형성하여 'ate complex'를 형성하거나 'multi-centered coordination' 결합을 이루게 된다. 나머지 주족 원소들은 M–C σ-결합을 주로 형성하게 되며, π-결합을 형성하는 예는 매우 드물다. 전이금속으로 분류되는 *d*-block의 모든 원소는 위에서 설명한 여러 π-결합을 자유자재로 형성하게 된다. 전이금속과 유사한 결합 양상을 보이는 금속은 1B족의 Cu, Ag, Au로서 탄소와 M–C σ-결합을 형성하기도 하며, 아주 드물지만 π-결합을 형성하기도 한다.

탄소와 금속 간의 결합은 전기음성도를 비교하면 어느 정도의 극성을 갖는가 예측할 수 있게 된다. 유기화학을 공부하는데 꼭 필요한 십여 개 원소의 전기음성도는 여기저기에 나와 있어 이들 원소의 근사값은 알고 있는 경우가 많지만, 앞으로 다루게 되는 금속들의 전기음성도값은 관심을 가지고 본 적이 거의 없을 것이다. 주기율표에서 6주기까지의 모든 원소의 비교적 상세한 전기음성도값을 아래 Table 1.2에 실어 두었다.

Table 1.2 Electronegativities of Elements in a Periodic Table

2.20 H																
0.99 Li	1.57 Be											2.04 B	2.55 C	3.04 N	3.44 O	3.96 F
0.93 Na	1.31 Mg	transition metals										1.61 Al	1.90 Si	2.19 P	2.55 S	3.16 Cl
0.82 K	1.00 Ca	1.36 Sc	1.54 Ti	1.63 V	1.66 Cr	1.55 Mn	1.90 Fe	1.88 Co	1.91 Ni	1.95 Cu	1.65 Zn	1.81 Ga	2.01 Ge	2.18 As	2.55 Se	2.98 Br
0.82 Rb	0.98 Sr	1.22 Y	1.33 Zr	1.60 Nb	2.24 Mo	1.90 Tc	2.20 Ru	2.28 Rh	2.20 Pd	1.93 Ag	1.69 Cd	1.78 In	1.88 Sn	2.05 Sb	2.10 Te	2.66 I
0.79 Cs	0.89 Ba	1.27 *La	1.30 Hf	1.50 Ta	2.36 W	1.90 Re	2.20 Os	2.20 Ir	2.28 Pt	2.54 Au	2.00 Hg	1.83 Tl	2.10 Pb	2.02 Bi	2.00 Po	2.20 At

많은 금속이 2.0 미만의 낮은 전기음성도를 가지고 있지만, 수소와 비슷한 전기음성도를 갖는 전이금속도 많으며, 금속에 따라 수소보다 더 큰 전기음성도값을 갖는 금속도 상당수에 이른다. 전기음성도가 클수록 탄소와의 공유결합성이 증가하지만 크던 작던 간에 탄소와 금속 간의 결합은 일반적으로 극성을 띠게 되며, 이들 결합의 bond polarity는 탄소가 음이온의 성질을 가지게 된다. 탄소보다 큰 값을 가지는 금속은 없다.

$$^{\delta+}\mathrm{M{-}C}^{\delta-} \qquad ^{\delta+}\mathrm{M{-}H}^{\delta-}$$

이는 비단 금속–탄소 간의 결합에만 적용되는 것은 아니다. 금속과 수소 간의 전기음성도의 차이를 비교하여 결합의 부분 이온성 및 부분 공유결합성을 비교한다면 탄소와 금속 간의 부분 이온성과 비슷한 결과를 낳게 된다. 하지만 탄소는 수소와는 달리 화합물을 형성하면 오비탈 혼성화를 거치게 되며, 혼성화에 따라 탄소의 전기음성도는 달라지게 된다. sp^3 혼성화 탄소의 ElectroNegativity는 EN(Csp^3)=2.5이지만 sp^2, sp 혼성화로 이보다 *s*-character가 증가하게 되면 EN(Csp^2)=2.75, EN(Csp)=3.29로 커지게 된다. 이 효과로 sp 혼성화 탄소의 금속과의 결합 M–Csp는 보통 alkylmetal의 M–Csp^3 결합의 비해서는 훨씬 큰 결합극성을 갖는다. 또한 원인을 알든 모르든 간에 탄소의 혼성화에 따른 전기음성도의 차이는 C–H acidity에 직접 영향을 미쳐, $C_2H_6 < C_2H_4 << C_2H_2$로 가면서 산성도는 크게 증가하는 사실은 이미 알고 있을 것이다[1]. 수소에 결합된 탄소의 전기음성도 차이에 따라 C–H 결합의 산성도가 달라지는 것과 같이 또한 $L_nM–CR_3$ 유형의 화합물에서 금속의 전기음성도, EN(M)은 금속과 결합한 ligand의 성질에 따라, 탄소는 결합된 R기의 성질에 따라 전기음성도가 변하는 것을 간과해서는 안 된다.

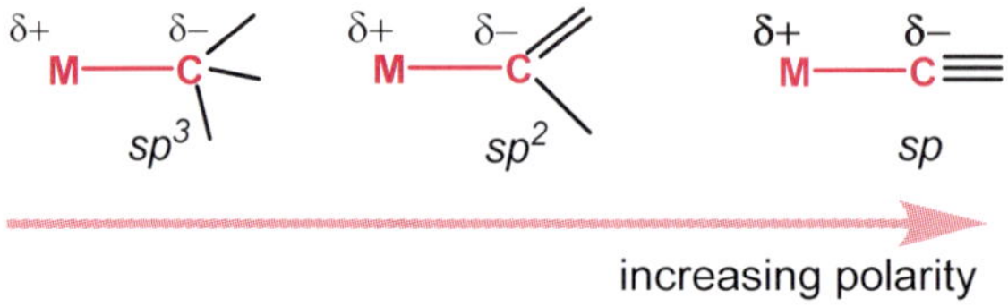

$\delta+$ M—C $\delta-$ (sp^3) $\delta+$ M—C $\delta-$ (sp^2) $\delta+$ M—C≡ $\delta-$ (sp)

increasing polarity

그러나 일반적으로는 주족 원소들의 유기금속 화합물의 성질과 반응성은 금속이 주기율표 상의 어느 족에 속하는가에 따라 크게 좌우되며, 이에 반해 transition metal complex의 특성과 반응성은 ligand에 의해서 크게 좌우된다는 점은 반드시 기억해야 할 사항이다. 다음 세 Ti 화합물의 methyl-Ti 결합의 반응 유형과 반응성은 그야말로 하늘과 땅 차이라고 해도 과언이 아님을 차차 보게 될 것이다.

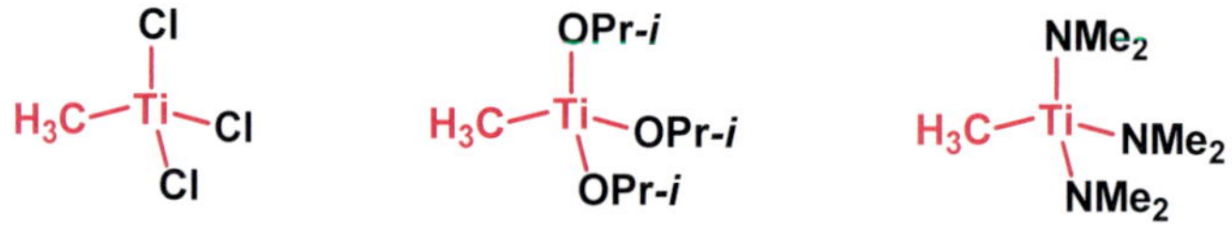

$H_3C–TiCl_3$ $H_3C–Ti(OPr\text{-}i)_3$ $H_3C–Ti(NMe_2)_3$

유기금속 화학을 논의하는 데 주족 원소의 화학은 금속의 유형에 따라 organotin, organoaluminum, organosilicon 등으로 나누어 하게 되고, 전이금속의 경우에는 ligand의 종류에 따라 진행해 나가는 것이 일반적이며, 이 교재에서도 같은 방식으로 나누어 기술하였다.

1.2 General Properties of Metal–Carbon Bonds

주기율표에 나와 있는 거의 모든 금속과 탄소 간의 단일결합이 가능하므로 거의 모든 금속의 유기금속 화합물이 존재 가능하다. 예컨대, 다음과 같은 화합물이다.

$Mg(CH_3)_2$, $Al(CH_3)_3$, $(CH_3)_4Pb$, $[La(CH_3)_6]^{3-}$, $W(CH_3)_6$

금속–탄소 간의 결합 M–C는 일반적으로 할로겐, 산소, 질소와의 M–Hal, M–O, M–N 결합에 비하여 아주 약하다. 이와 같이 결합이 약한 만큼 반응성은 크며, 따라서 유기 반응에 많이 사용되고 있는 것이다. 금속과 탄소 간의 결합은 보통 유기 화합물에서 보는 결합과 어떤 점에서 얼마나 다른가?

1 참고로 C_2H_6, C_2H_4, C_2H_2의 *pKa*는 각각 50, 44, 25이다.

우선 결합길이를 비교해 보자. Table 1.3에는 주족 원소를 중심으로 몇몇 화합물들의 원소 $-CH_3$ 간의 결합길이를 나타낸 것이다. 결합길이는 탄소의 원자 반지름에 각 금속 원자 반지름을 더한 값이다. Table 1.3을 살펴보면 쉽게 알 수 있는 점은 기본적인 유기 화합물을 구성하는 결합길이보다 길다는 점이다. 또한 결합길이는 중원소일수록 더 길어진다. 14족 화합물의 경우, 원자 반지름은 carbon < silicon < germanium < tin < lead로 가면서 점점 커져서 거의 두 배에 이르게 된다.

Table 1.3 Typical M-C Bond Lengths(*d*) and Radii(*r*) for Main Group Elements

Group 2, 12			Group 13,			Group 14			Group 15		
M	*d*	*r*	M	*d*	*r*	M	*d*	*r*	M	*d*	*r*
Be	179	102	B	156	79	C	179	77	N	179	70
Mg	219	142	Al	197	120	Si	219	111	P	219	110
Zn	196	119	Ga	198	121	Ge	196	118	As	196	119
Cd	211	134	In	223	146	Sn	211	140	Sb	211	135
Hg	210	133	Tl	225	148	Pb	210	147	Bi	210	149

unit in picometer, $r = d - r_{carbon}$ (bond distance - carbon radius)

다른 족의 상황도 이와 흡사하다. 전이금속 원소와의 결합길이가 표에 빠져 있는 것은 원자가 껍질의 오비탈의 수가 많고, 이들 간의 상호작용이 다양하며, 금속-탄소 간의 다중결합을 하는 경향이 심하여 단순 비교가 어렵기 때문이다. 결합길이가 길수록 결합력이 약하고 반응성이 증가한다는 일반 원칙을 적용하면 중금속일수록 유기금속 화합물의 반응성이 커질 것을 예상할 수 있다.

결합의 열역학적인 안정성을 비교함에 있어 결합세기는 평균 결합에너지를 사용하는 것이 보통이지만, 유기금속 화합물의 M−C 결합의 경우 충분한 데이터가 축적되어 있지 않으므로 표준생성엔탈피를 대신하여 사용하는 경우도 많다. 다음 Table 1.4에는 주족 금속 원소들과 methyl기 간의 표준생성엔탈피(ΔH^o_f) 및 평균 결합에너지(E)가 정리되어 있다. 비교를 위하여 일부 원소와 산소 또는 할로젠 원소 간의 평균 결합에너지를 함께 적어 두었다.

Table 1.4 Standard Enthalpy of Formation and Average Bond Energy for M-C Bond*

Group 2, 12			Group 13,			Group 14			Group 15		
M	ΔH_f^o	*E*	M	ΔH_f^o	*E*	M	ΔH_f^o	*E*	M	ΔH_f^o	*E*
Zn	12	42	B	-29	87	C	-40	86	N	-6	76
Cd	25	33	Al	-19	65	Si	-59	74	P	-24	66
Hg	22	29	Ga	-10	59	Ge	-17	60	As	3	55
			In	41	38	Sn	-5	52	Sb	8	51
			Tl			Pb	33	36	Bi	46	34
*c.f.***			B-O		126	Si-O		108	As-O		72
			B-Cl		109	Si-Cl		91	Bi-Cl		65
			Al-O		120	Si-F		135			
			Al-Cl		100	Sn-Cl		77			

* *in kcal/mols* ** *for comparison E(M-X), X = Cl, O are listed*

다음 두 가지 특색을 금방 알아차릴 수 있다. 예상할 수 있는 바와 같이 금속-탄소 간의 결합에너지는 금속-산소 또는 금속-할로젠과의 결합에너지에 비하여 상당히 낮다는 것과 주기율표를 따라 내려가면서 중원소의 금속일수록 결합세기는 크게 낮아진다는 점이다. 하지만 평균 결합에너지를 사용함에 있어 유의해야 할 것이 있다. 주어진 값은 평균값인데 각각의 값의 편차가 매우 심하다는 점이다. 예를 들어, Hg−C에 관한 값은 $HgMe_2$의 결합해리 에너지 (dissociation energy) 값의 평균인데, 1차 결합해리 에너지는 51 kcal/mol이지만 2차 결합해리 에너지는 7 kcal/mol 밖에 되지 않는다는 점이다. 이와 같은 차이가 있음에도 불구하고 여전히 상대적인 값을 비교하는 데 있어 유용하다.

$$(CH_3)_2Hg \longrightarrow CH_3Hg + CH_3 \qquad D_1(CH_3Hg\text{-}CH_3) = 51\ \text{kcal/mol}$$

$$CH_3Hg \longrightarrow Hg + CH_3 \qquad D_2(CH_3\text{-}Hg) = 7\ \text{kcal/mol}$$

Table 1.4의 표준생성엔탈피값은 들쭉날쭉하여 쉽게 경향을 파악하기 쉽지 않다. Figure 1.1은 위에 예시한 12족에서 14족까지 네 족의 주기를 따라 표준생성엔탈피값의 변화를 표시한 그래프이다. 표준생성엔탈피값은 (+) 값도 있고, (−) 값도 있으며 전체적으로 상당히 낮은 수준이다. 이는 이들 화합물을 구성하는 탄소, 수소 및 금속의 표준생성엔탈피는 표준상태를 기준으로 하여 영(0)이지만, 사실상 상당히 높은 에너지 수준에서 기준값이 정해져 있기 때문이다.

예를 들어, 그래프 중에서 14족 원소들과 탄소 간의 표준생성엔탈피는 C, Si, Ge, Sn의 경우는 모두 음이며, Pb의 경우는 양의 생성엔탈피를 보인다. 셋째 주기 원소의 경우에 좀 낮기는 하지만 일반적으로는 표준생성엔탈피는 주기율표에서 족을 따라 내려가면 증가하는 추세임은 분명하다.

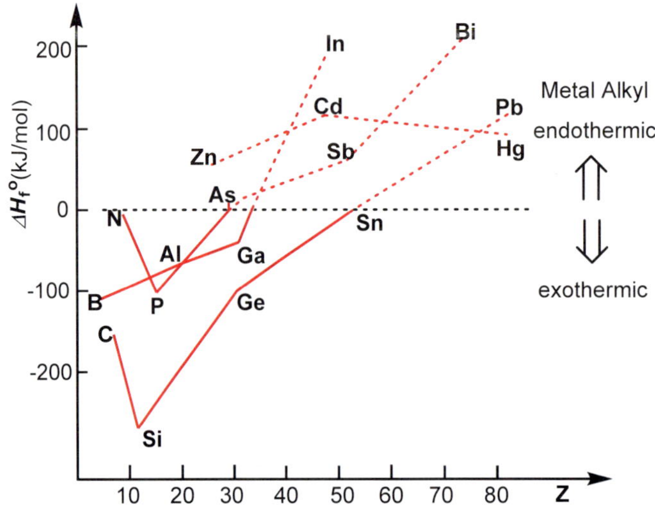

Figure 1.1 Standard Enthalpy of Formation for Carbon-Metal Bonds

Table 1.4와 Figure 1.1에서 알아볼 수 있는 특징과 기타 유추 가능한 사실들을 종합하면 유기금속 화합물의 특성은 다음과 같이 일반화할 수 있다.

1. 원소에 따라 유기금속 화합물의 M−C 평균 결합에너지는 많은 차이를 나타낸다. 예를 들어, 다음 세 원소, 즉 B, As, Bi는 모두 세 개씩의 결합을 이루며, trimethyl metal의 평균 결합에너지를 비교해 보면 배 이상의 차이가 남을 쉽게 알 수 있다.

	$(CH_3)_3B$	$(CH_3)_3As$	$(CH_3)_3Bi$
E (M-C) kcal/mol	87.2	54.7	33.7
bond	relatively strong	medium	weak

2. 일반적으로 금속−탄소 간의 결합은 유기화학에서 많이 다루는 결합들에 비하여 상당히 약하다는 점이다. 이와 같이 비교적 약한 결합을 하므로 이들의 합성에의 응용이 가능하게 되는 것이다. 또한 결합에너지가 주기율표에서 족을 따라 내려가며, 작아지는 특색은 족 번호에 상관없이 공통적으로 발견되는 현상이다.
3. 주족인 금속 원자와 탄소 간의 평균 결합에너지, E(M−C)는 원자 번호가 증가함에 따라 감소한다. 이러한 경향성은 비단 탄소에 국한되는 것이 아니고, 금속과 탄소 이외의 둘째 주기 원소들과의 결합도 마찬가지이다. 이와 같은 경향성은 오비탈의 확장에 따르는 불일치와 M−C 결합형성을 위한 오비탈 겹침이 오비탈의 크기와 에너지 차이로 인하여 덜 효과적인 데서 비롯되는 현상이라고 할 수 있다.
4. 다음 보기에서와 같이 유기금속 화합물에서 알칼리 금속과 같이 전형적인 전기양성 금속과 특별히 안정화된 탄소 음이온 간의 결합은 이온성을 띠게 된다.

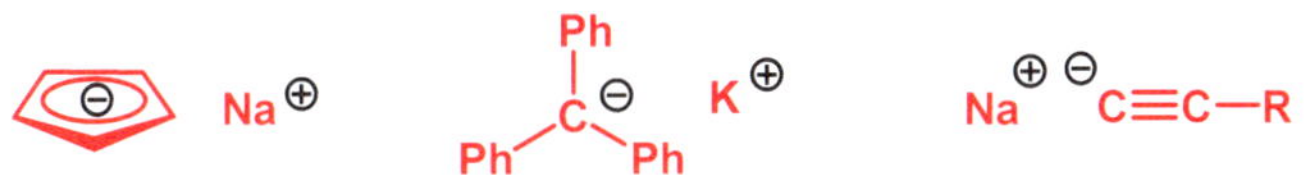

$C_5H_5^{\ominus}\ Na^{\oplus}$ $Ph_3C^{\ominus}\ K^{\oplus}$ $Na^{\oplus}\ {}^{\ominus}C{\equiv}C{-}R$

5. Multi-center bonding('electron deficient bond')은 금속 M의 원자가 껍질이 반도 못 채워지거나 양이온 M^{n+}가 강하게 편극화되어 있어 반지름 대비 전하가 큰 경우에 발생하게 된다. $(LiCH_3)_4$, $(Be(CH_3)_2)_n$, $(AlCH_3)_3)_2$ 등이 그 예이다. Borane은 무극성 용매에서는 다음과 같은 dimer와 평형을 이루며, 이는 trimethylaluminum의 경우에도 마찬가지이다. Methylithium은 용매의 도움이 없으면 아래 그림에서와 같이 tetramer로 존재하는 것으로 밝혀져 있다.

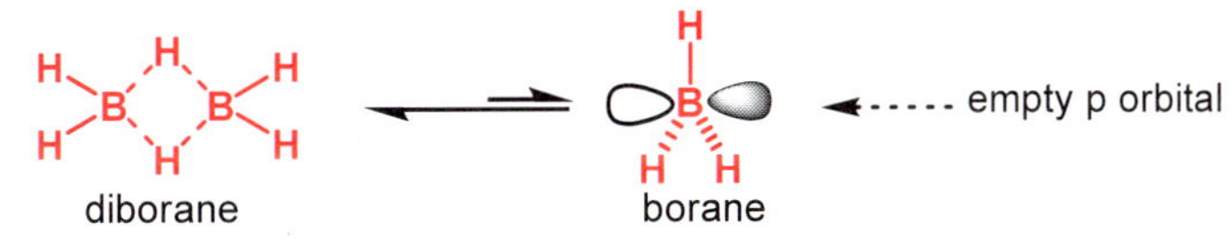

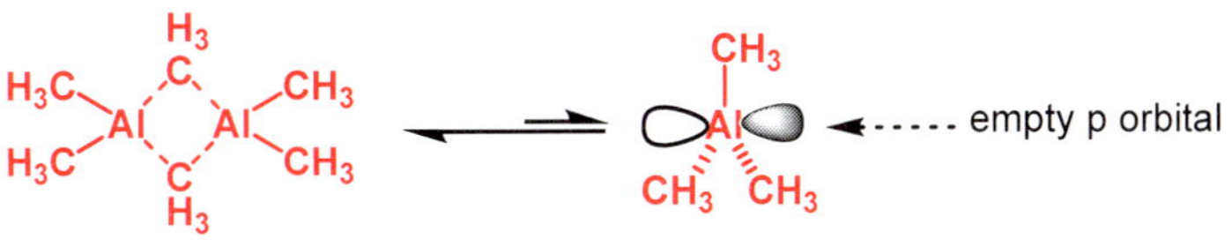

diborane ⇌ borane (empty p orbital)

$Al_2(CH_3)_6$ ⇌ $Al(CH_3)_3$ (empty p orbital)

nonpolar solvent

S = THF or ether

1.3 How Stable or Unstable are Organometallic Compounds?

유기금속 화합물들의 안정도는 천차만별이다. 이들 중 어느 것은 대단히 안정하고 어느 것은 대단히 불안정하다. 안정하다는 것은 무엇을 뜻하는가? 유기금속 화합물의 안정성을 논함에 있어 대단히 중요한 것 중 하나가 **열역학적인 안정성(stable, unstable)**과 **속도론적인 안정성(inert, labile)**을 구분하는 것이다.

열역학적인 안정성과 관련이 있는 결합에너지를 조금이나마 앞에서 살펴보았다. 낮은 표준생성엔탈피를 보고 유기금속 화합물의 열에 대한 거동을 예상한다면 자칫 그릇된 판단을 하기 쉽다. 왜냐하면 이들이 열분해를 일으킨다면 해당 구성 원소로 되돌아가는 것이 아니고 더 복잡한 경로를 거쳐 다른 화합물에 이르기 때문이다. 한 예로 다음 tetramethyllead의 분해 반응을 보면 납은 원소 상태의 납으로 돌아가지만, 나머지 탄소와 수소는 원소 상태가 아닌 주로 탄화수소로 변하며 그 중 하나가 ethane이다.

$$Pb(CH_3)_{4(g)} \longrightarrow Pb_{(s)} + 2\,C_2H_{6(g)} \quad \Delta H = -73 \text{ kcal/mol}$$

이 같은 이유는 이 반응의 추진력이 엔탈피 요인뿐만 아니라 엔트로피 요인에 의해서도 결정되기 때문이다. ($\Delta S > 0$) Tetramethyllead의 열분해 반응은 위의 반응만 있는 것이 아니라 다음과 같은 반응들도 일어난다.

$$Pb(CH_3)_{4(g)} \longrightarrow Pb_{(s)} + 2\,CH_{4(g)} + C_2H_{4(g)} \quad \Delta H = -56 \text{ kcal/mol}$$

$$Pb(CH_3)_{4(g)} \longrightarrow Pb_{(s)} + 2\,H_{2(g)} + 2\,C_2H_{4(g)} \quad \Delta H = -8 \text{ kcal/mol}$$

Ethane이 생성되는 것으로 보아 이 반응은 라디칼 분해를 거치는 것으로 보인다.

$$R_3M{-}R \longrightarrow [R_3M\cdot + \cdot R] \longrightarrow \text{products}$$

Methyl이 아닌 더 큰 alkylmetal에서는 금속의 종류와 관계 없이 β-수소와 금속이 동시에 떨어지는 ***β*-hydride elimination**이 아주 쉽게 일어나는 것으로 알려져 있다. 아래 식에 예시되어 있는 것처럼 이 반응이 일어나기 위해서는 β-hydrogen이 꼭 있어야 한다.

$$R_2HC(\alpha)(M){-}CR_2(\beta)H \longrightarrow [R_2C{=}CHR_2 \cdots M{-}H] \longrightarrow M{-}H + R_2C{=}CR_2$$

위에서 살펴본 tetramethyllead는 β-hydrogen이 없으므로 이 반응이 일어날 수 없는 반면, tertraethyllead는 이 제거 반응이 일어날 수 있다. 이것이 의미하는 바는 tetramethyllead는 tetramethyllead에 비해서 분해되는데 훨씬 높은 온도를 필요로 한다는 점이다. 속도론적으로 tertraethyllead는 tetramethyllead보다 훨씬 반응성(활성)이 높다고(**labile**) 할 수 있다.

유기금속 화합물에서 이러한 β-elimination이 일어나기 위한 조건이 하나 더 있는데, C_β–H 결합의 전자쌍과 상호작용이 가능한 금속 M에 빈 오비탈이 있어야 한다. 1, 2, 13족 원소(1A, 2A, 3A족의 원자가 껍질 전자 배치 s^1, s^2, s^2p^1)들의 organometallics에서는 빈 오비탈을 가지고 있으며, β-elimination이 아주 중요한 역할을 하게 된다. 이는 14, 15, 16족(4A, 5A, 6A족 원자가 껍질 전자 배치 s^2p^2, s^2p^3, s^2p^4) 원소들의 화합물에서와 대비되는 것이다. 만약 이들 binary organometallics가 쓸 수 있는 빈 오비탈이 남아 있다면 Lewis 염기와의 coordination으로 β-elimination을 차단할 수 있을 뿐 아니라 열역학적으로 더 안정화된다. Diethylberyllium $Be(C_2H_5)_2$의 불안정성은 bipyridyl complex를 형성함으로 해서 크게 안정화되는 것이 그 한 예이다. β-Elimination은 유기금속 화합물의 안정성을 판단하는데 매우 중요한 역할을 한다. 또한 어떤 유기금속 화합물을 만들어 사용가능하는지 여부를 판단하는데도 도움이 된다.

Et—Be—Et + N N → Et—Be(N)(N) Et

very unstable   less unstable

유기 화합물이 다 그렇듯이 모든 유기금속 화합물 또한 산화(연소) 반응에 매우 취약하다. 산화의 최종 생성물은 MO_n, CO_2, H_2O이다. 그럼에도 취급의 용이함의 차이는 많은 경우 kinetic inertness의 차이에 기인한다. 다음 표의 diethylzinc와 tetramethylstanane 두 화합물은 모두 연소 조건하에서 열역학적으로 불안정하다. 그럼에도 하나는 kinetically labile하여 공기 중에서 쉽게 발화되며 (낮은 활성화 에너지), 하나는 inert하여 공기 중에서 안정하므로 (높은 활성화 에너지) 취급이 용이한 차이점을 가지게 된다.

	Heat of Combustion	Thermodynamics	Property	Kinetics
$Zn(C_2H_5)_2$	-1920 kJ/mol	unstable	pyrophobic	labile
$Sn(CH_3)_4$	-3590 kJ/mol	unstable	air stable	inert

Table 1.5에는 유사한 몇몇 화합물들의 산소와 물에 대한 lability와 stability를 비교해 놓았다. 특히 물과 산소에 아주 취약한 (labile) organometallic molecule은 대개의 경우 free electron pair를 가지며, LUMO 에너지 준위가 낮고, M–C의 결합극성이 대단히 높은 공통적인 특성을 갖는다.

공기에 취약하여 발화되는 (labile) 물질은 빈 오비탈을 가졌거나 치환기가 작아서 금속으로의 접근이 용이하며, 공기와의 반응성이 낮고, 비교적 안정한 물질은 대개 큰 치환기로 가리어져 있다. 물에 취약하지 않은 화합물은 결합극성이 낮으며, 극성이 있다 하더라도 가리어져 있으며, 쉽게 가수분해가 일어나는 화합물은 결합극성이 높은 특징을 가진다. 여기서는 대표적인 몇 개의 주족 원소의 화합물을 예시하였으나, 금속과 치환기에 따른 이와 같은 특성은 다른 금속 화합물에서도 공통적으로 적용될 수 있다.

Table 1.5 Comparisons of Labilities, and Stabilities of Metal Compounds of Similar Structure.

	In Air:	In Water:	Relevant factors :
Me_3In	pyrophobic	hydrolyzed	empty orbital at In, high bond polarity.
Me_3Sn	inert	inert	Sn shielded well, low bond polarity
Me_3Sb	pyrophobic	inert	free electron pair on Sb.
Me_3B	pyrophobic	inert	empty orbital at B closed by hyperconjugation, low bond polarity.
Me_3Al	pyrophobic	hydrolyzed	Lewis acid, empty orbital at Al in monomer, high bond polarity. explosive reaction when mixed with CCl_4
SiH_4	pyrophobic	hydrolyzed	Si ineffectively shielded, easy attack of O_2 and nucleophile onto Si(3*d*)
$SiCl_4$	inert	hydrolyzed	Si relatively electron poor, high bond polarity of Si-Cl, nucleophilic attack via Si(3*d*)
$SiMe_4$	inert	inert	Si shielded effectively, low bond polarity of Si-C bonds

1.4 Acidity of Carbon Acids (Acidity of C–H Bonds)

유기화학을 이해하는데 있어 아마도 가장 중요한 개념의 하나가 산성도이다. 이는 유기금속 화합물의 경우에도 마찬가지이다. 많은 유기금속 화합물 또한 산·염기 반응에 의하여 만들어 진다. 특히 alkane은 우리가 다루는 유기 화합물 중에서 가장 산성도가 낮으며 (*pKa* = 45~60) 산·염기 반응에 의하여 짝음이온으로 전환할 수 있는 방법이 없다. 다행히 haloalkane과 금속을 이용하여 이들의 짝염기 제조가 가능하며, 상업적으로 구해 쓸 수 있으므로 잘 이용하면 대부분의 유기물의 짝염기를 만들 수 있다. 가장 반응성이 높은 금속 화합물은 알칼리 금속의 alkylmetal이고, 그중에서 가장 많이 쓰이는 것이 alkyllithium이다.

우선적으로 알고 있어야 하는 것은 각종 C–H acid의 *pKa*이다. Table 1.6에는 중요한 carbon acid의 *pKa*를 간략하게 나타내었지만, 다양한 유기 작용기에 따른 C–H acidity는 충분히 익혀 두어야 한다. 모든 화합물의 *pKa*값을 모두 다 기억하기 어려우므로 다음과 같은 C−H acidity에 영향을 미치는 몇 가지 중요한 요인을 함께 이해하는 것이 더 좋은 방법이 될 것이다.

Table 1.6 Approximate *pKa* Values of Some Important C-H Acids

Compound	*pKa*	Compound	*pKa*	Compound	*pKa*	Compound	*pKa*
N≡C—H	9	HC(=O)CH₂—H	17	Me_2NC(=O)CH₂—H	30	H_2C=CH—H	44
CH_3C(=O)CH(H)C(=O)CH_3	9	CH_3C(=O)CH₂—H	19	Ph_3C—H	32	CH_3—H	48
OMeC(=O)CH(H)C(=O)CH_3	11	N≡CCH_2—H	25	CH_2=CHCH=CHCH₂—H	33	CH_3CH_2—H	50
MeOC(=O)CH(H)C(=O)OMe	13	MeOC(=O)CH₂—H	25	H—H	35	cyclohexane C—H	51
cyclopentadiene C—H	16	CH_3C≡C—H	25	$PhCH_2$—H	41		
				Ph—H	43		
				CH_2=CHCH₂—H	43		

주목해야 할 첫째 요인은 탄소의 **혼성화** 상태에 따라 짝음이온의 고립 전자쌍은 각기 다른 *s*-성질 백분율을 갖는 오비탈을 점유하게 되며, 혼성화 오비탈의 *s*-성질 백분율이 클수록 고립 전자쌍은 핵에 더 가까이 있게 되며, 짝염기는 그만큼 더 안정화된다. 탄화수소에서의 C−H 산성도는 짝염기의 음전하가 *s*-성질 백분율이 커지면서 CH_3CH_3, CH_2=CH_2에서 HC≡CH의 순서로 증가한다.

둘째로 중요한 요인은 짝음이온의 **공명 안정화**이다. Nitro, carbonyl, nitrile 등의 극성 이중결합을 갖는 작용기에 이웃한 C−H 결합은 상대적으로 아주 낮은 *pKa*값을 갖게 된다. 극성이 아닌 탄소−탄소 이중결합을 이웃하는 allylic 및 benzylic C−H 결합은 극성 이중결합에는 못 미치지만 상당한 안정화 효과를 갖는다.

셋째로 이들의 효과는 누적되어 나타난다. 두 개의 C=O π-결합을 이웃한 acetylacetone의 *pKa* = 9는 acetone의 *pKa* = 19보다 훨씬 낮음을 알 수 있다. 다음 Table 1.6은 탄소 화합물을 다루는 모든 분야에서 거의 항상 언급되는 탄소산(C−H)의 *pKa*값을 모아 놓은 것이다. 최소한 이 정도의 값들은 기억하고 있는 것이 편리하다. 이보다 좀 더 많은 화합물의 *pKa*값이 이 단원 말의 부록에 실려 있다. 무리한 요구이지만 이들 값을 이해하고 기억하고 있으면 대단히 편리하다. 문제 1.1을 맞출 수 없으면 다시 복습하고 나아가는 것이 낫다.

문제 1.1 다음 화합물의 표시된 carbon acid C–H의 *pKa*를 추측하여 보고, 어느 표를 참고하던지 실제 값을 찾아 비교하여 보라.

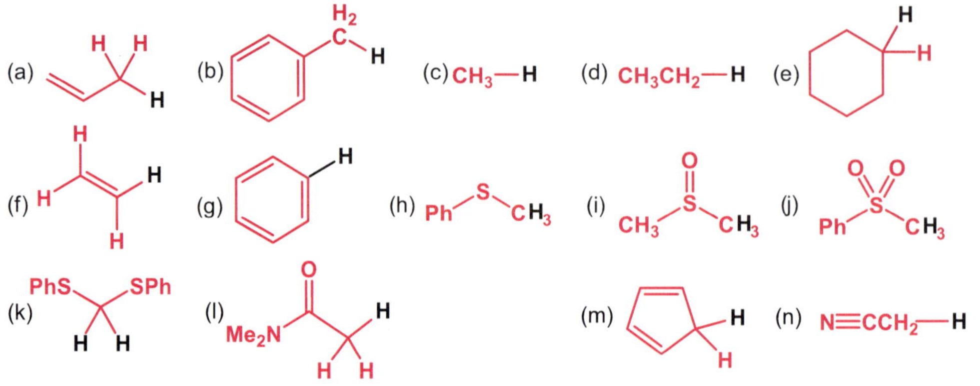

(a) (b) H_2 C H (c) CH_3—H (d) CH_3CH_2—H (e) H H

(f) H H H H (g) H (h) Ph S CH_3 (i) O CH_3 S CH_3 (j) O O Ph S CH_3

(k) PhS SPh H H (l) O Me_2N H H H (m) H H (n) N≡CCH_2—H

1.5 Principles of Hard and Soft Acids and Bases

1.5.1 What are Hard and Soft Acid and Base?

Lewis 정의의 중요성은, 이 정의를 통하여 모든 화학 반응들은 산·염기 반응과 산화–환원 반응으로 분류할 수 있다는 점에 있다. 초기에는 Lewis 산·염기의 정의를 사용하여 모든 화학 반응을 (1) 산·염기 반응, (2) 산화–환원 반응 그리고 (3) 자유라디칼 반응으로 분류하였으나, 그 후 Pearson(Pearson)은 자유라디칼 반응을 원자 또는 원자단 이동에 따르는 산화–환원 반응으로 분류함으로써, 모든 반응을 산·염기 반응과 산화–환원 반응으로 분류하여 단순화시켰다. Pearson의 분류법이 타당하다면, 대다수의 화학 반응을 반응에 참여하는 화학종의 상대적인 산성도와 염기성도를 토대로 이해할 수 있다.

어려운 점은 Lewis 산·염기의 상대적인 세기를 정량화하는 것은 단순하지 않다는 데 있다. 그러나 다음과 같은 반응 조건에서 두 개의 Lewis 산 A_1와 A_2, 염기인 B_1와 B_2의 상대적인 세기를 비교하는 것은 가능하다. 아래의 두 반응이 자발적으로 모두 오른쪽 방향으로 진행한다면, A_1은 A_2보다 강한 산이며, B_1은 B_2보다 강한 염기라고 할 수 있을 것이다. 상대적인 산·염기의 세기는 산·염기 첨가 생성물의 상대적 안정도의 항으로 표현할 수 있다.

$$A_1 + A_2:B \longrightarrow A_1:B + A_2 \qquad A_1 > A_2$$

$$B_1 + A:B_2 \longrightarrow A:B_1 + B_2 \qquad B_1 > B_2$$

이와 같은 반응성 비교를 통한 Lewis 산·염기의 정성적인 상관 관계와 경향성이 발견되었다. Ashland 등은 금속 이온을 Lewis 염기에 대한 반응성을 토대로 A와 B의 두 가지 전자받개(acceptor) group으로 분류하였다. A group에 속하는 금속 ion은 주기율표의 첫째 주기 원소들과 매우 안정한 첨가 생성물을 형성하는데 반하여, B group 금속 ion은 같은 족이라면 더 무거운(heavier) 원소와 안정한 화합물을 형성하는 것을 알아내었다.

[Table 1.7] Relative Stabilities of the Complexes Formed by the Ligands

A group metal ions	B group metal ions
F > Cl > Br > I	F < Cl < Br < I
O >> S > Se> Te	O << S < Se ~ Te
B >> P > As > Sb	B << P < As < Sb

이러한 분류 방식을 따를 때, A group 금속 ion은 크기가 작고, 쉽게 편극(polarization)되지 않는 반면에, B group 금속 이온은 이와 반대의 성질을 갖고 있음을 알 수 있다. A group 금속 이온과 B group 금속 ion은 모두 자신과 유사한 성질을 갖는 비금속 원소와 결합하려는 경향이 강하다. 이러한 경향성에 대한 관찰의 결과는 Pearson에 의해 확장되고 일반화되면서, '딱딱-말랑 산·염기 (hard and soft acids and bases, HSAB)'라는 용어가 사용하게 되었다.

Pearson은 **말랑 염기(soft base)**란 전자주개 원자가 큰 **편극도(polarizability)**와 낮은 전기음성도를 가지며, 쉽게 환원될 수 있으며, 전자를 수용하는 에너지가 높은 채워진 오비탈을 갖고 있는 염기라고 정의하였으며, **딱딱 염기(hard base)**란 말랑 염기와 성질이 반대여서 전자주개 원자가 낮은 편극도와 높은 전기음성도를 갖고 있으며, 환원되기 어려우며, 말랑 염기에 비해 상대적으로 낮은 에너지의 채워진 오비탈을 갖고 있는 염기라고 정의하였다. **말랑 산(soft acid)**인 전자받개 원자는 영(0)이나 낮은 산화수를 갖고, 크기가 크며, 쉽게 들뜰 수 있는(excited) 전자들을 갖고 있는 반면, **딱딱 산(hard acid)**의 전자받개 원자는 크기가 작고, 산화수가 높고, 쉽게 들뜰 수 있는 바깥 껍질 전자를 갖고 있지 않다고 설명하였다[2].

딱딱 말랑 산·염기 개념을 적용하는데 있어서 기억해야 할 중요한 원칙은 "딱딱 산은 딱딱 염기와 반응하여 안정한 첨가 생성물을 형성하며, 말랑 산은 말랑 염기와 반응하여 안정한 첨가 생성물을 형성한다"는 것이다. (이 내용은 앞으로 **HSAB의 원리**라고 칭한다.) 아래의 식에서 아래 첨자 **h**와 **s**가 각각 "딱딱(hardness)"과 "말랑(softness)"의 성질을 나타내며, 위의 원칙에 따르면 이 반응의 평형상수 K는 1보다 커야 한다.

$$A_h{:}B_s + A_s{:}B_h \rightleftharpoons A_h{:}B_h + A_s{:}B_s \qquad K > 1$$

Pearson의 **딱딱–말랑 산·염기 원리(the principle of hard and soft acid base)**이 정립되면서 그나마 많은 반응성 경향을 예측할 수 있게 되었다. 또한 극성 유기 반응 메커니즘의 핵심 단계가 되는 친핵체와 친전자체의 반응을 설명하는데 아주 유용한 수단이 되고 있다. 딱딱도와 말랑도의 효과를 보여주는 예를 하나 들어 보자. Hydrogen sulfide(H_2S) 기체를 염화수은(II)과 같은 수은(II) 염 수용액에 통과시키면 황화수은의 검은색 침전이 얻어진다.

$$HgCl_2 + H_2S \longrightarrow HgS + 2\ HCl$$

이 반응을 단순히 Bronsted 산·염기, 즉 *pKa*의 관점에서만 본다면 놀랄만한 사실이다.

2 용어: hard 딱딱, soft 말랑, hard acid 딱딱산, soft base 말랑 염기, hardness 딱딱도, softness 말랑도, hard and soft acid base 딱딱·말랑 산·염기, 대한화학회 정식 술어: 굳은산, 무른염기, 등

약한 산이 약한 염기에 양성자 붙임하여 훨씬 센 산인 HCl이 생성되는 것이다. 그렇지만 이는 관여되는 화학종의 딱딱·말랑 성질을 고려한다면 설명이 가능하다. 수은 ion(Hg^{2+})은 말랑 산이며, sulfide ion(S^{2-})은 말랑 염기이다. 따라서 이들 간의 친화력은 proton이나 Cl^- ion과 같은 딱딱 화학종과의 친화력에 비하여 훨씬 크다.

아래 반응은 어떠한가? *ΔH*가 매우 큰 음의 값을 갖는다는 사실로부터, 말랑 I^- ion은 말랑 Cs^+ ion과의 결합을 선호하며, 딱딱 F^- ion은 딱딱 Li^+ ion과 결합을 선호한다는 사실을 추정할 수 있다.

$$\underset{h-s}{\text{LiI}} + \underset{s-h}{\text{CsF}} \rightleftharpoons \underset{h-h}{\text{LiF}} + \underset{s-s}{\text{CsI}} \qquad \Delta H^o = -135 \text{ kJ/mol}$$

일반적으로 딱딱 산(hard acid)과 딱딱 염기(hard base)는 이온성 결합을 하려는 경향이 크고, 말랑 산과 말랑 염기는 공유결합을 하려는 경향이 크다. 이로부터 말랑 산과 말랑 염기(soft-soft)의 상호작용과 딱딱 산과 딱딱 염기(hard-hard)의 상호작용은 딱딱–말랑 상호작용(hard-soft interaction)보다 효과적이라는 결론에 이른다. 이는 속도론적으로나 열역학적 과정에나 공통적으로 적용된다. 산·염기의 세기가 크게 차이 나지 않는 경우, HSAB의 원칙은 일반적으로 잘 적용된다.

$$\underset{s-h}{H_3CHg-F} + \underset{h-s}{H-SO_3^{\ominus}} \rightleftharpoons \underset{s-s}{H_3CHg-SO_3^{\ominus}} + \underset{h-h}{H-F} \qquad K \sim 10^3$$

$$\underset{s-h}{H_3CHg-OH} + \underset{h-s}{H-SO_3^{\ominus}} \rightleftharpoons \underset{s-s}{H_3CHg-SO_3^{\ominus}} + \underset{h-h}{H-OH} \qquad K > 10^7$$

Organolithium 화합물은 다른 중금속 이온과 반응하면 쉽게 금속 교환 반응이 일어난다. 반대 방향으로의 반응은 일어나지 않는다. 이 또한 같은 논리로 설명이 가능하다.

그러나 딱딱도와 말랑도를 근거로 한 '딱딱·딱딱(h-h)', '말랑·말랑(*s*-s)' 간의 상호작용에서 비롯되는 안정성에 대한 경향을 지나치게 과신해서는 안 된다. 왜냐하면 산과 염기들 간의 반응은 이들의 산·염기의 세기와 그 밖의 여러 요인에 의하여 지배되기 때문이다.

1.5.2 Classification of Hard and Soft Acids and Bases

그러면 도대체 주어진 화학종이 딱딱인지 말랑인지 아는 방법이 있을까? 다음과 같은 일반적인 특성을 이해하면 예측이 어느 정도는 가능하다.

딱딱 염기(hard base)는 전기음성도가 높고 또한 편극성(polarizability)이 낮다. 대개의 경우 음전하를 가지며, 쉽게 산화되지 않는다. 이에 비해 말랑 염기는 전기음성도가 낮고, 편극성이 높으며, 꼭 음전하일 필요가 없다. 딱딱 산은 작고 양전하를 띤다. 편극성이 낮으며, 원자가 껍질에 비공유 전자쌍을 갖지 않는다. 이는 양성자에 꼭 들어맞는 설명으로 실제로 양성자는 딱딱 산으로 분류된다. 말랑 산은 크고 양전하를 갖지 않아도 되며, 쉽게 편극화가 일어나고 원자가 껍질에 비공유 전자쌍을 가지는 경우가 많다. 이상과 같은 딱딱–말랑의 개념을 적용하여 몇 가지 친핵체의 상대적인 반응성을 비교할 수 있다.

말랑 친핵체(soft nucleophile)는 전기음성도가 상대적으로 낮고, 크기가 커서 전하가 넓은 영역에 분산되는 특성을 가진다. 주기율표의 족을 따라 내려가며 친핵도는 증가하는데 이는 염기도가 감소하는 것과 대비된다. 따라서 I^-는 뛰어난 친핵체, Cl^-는 그저 그런 친핵체이다. 이는 할로젠 족을 따라내려 가며, 말랑도가 증가하여 halide 중에서 I^-는 가장 말랑 친핵체이며 Br^-, Cl^- 순으로 감소하여 F^-는 가장 딱딱 친핵체로 거의 친핵성 반응을 하지 않는다. Selenide, sulfide, alkoxide 음이온의 순으로 친핵성 원자의 전기음성도가 크고 전하가 밀집된 것을 고려하면 딱딱도가 그만큼 증가하며, 친핵체로서의 반응성이 떨어진다고 보면 된다.

이에 대한 다른 설명이 가능하다. 친핵체의 반응성은 고립쌍의 에너지가 높아지면 커진다. I^-의 고립쌍은 $5sp^3$ 혼성화 오비탈을, Br^-는 $4sp^3$, Cl^-는 $3sp^3$, F^-는 $2sp^3$ 혼성화 오비탈을 사용하게 되고, 주양자수에 따른 에너지 차이로 I^-는 가장 높은, 그리고 F^-는 가장 낮은 에너지의 오비탈을 갖게 되며, 친핵성도는 오비탈 에너지가 높을수록 더 말랑 친핵체가 된다. Thiophenoxide와 phenoxide, phosphine과 amine의 친핵성도도 같은 식으로 이해할 수 있다.

$I^{\ominus} > Br^{\ominus} > Cl^{\ominus} > F^{\ominus}$

$EtSe^{\ominus} > EtS^{\ominus} > EtO^{\ominus}$

$R_3P\!: > R_3N\!:$

← softer nucleophile

또한 공명구조에 의한 전하의 분산이 이루어지는 경우에는 말랑도가 증가한다. AcO^-는 EtO^-보다 염기성은 훨씬 떨어지지만, 친핵성은 조금밖에 떨어지지 않는다. 음전하가 밀집된 ethoxide는 딱딱 친핵체로 delocalized된 acetate는 상대적으로 더 말랑 친핵체라고 할 수 있다. 전하가 분산된 구조일수록 charge interaction에 비해서 오비탈 상호작용에 의한 결합 형성의 중요성이 커진다.

친핵체 뿐만 아니라 친전자체의 경우에도 마찬가지이다. 같은 금속 ion의 경우에도 Hg^{2+}, Pd^{2+} 등의 중금속 이온은 말랑 친전자체(soft electrophile)이며, Na^+, Mg^{2+} 등은 딱딱 친전자체(hard electrophile)이다. 대부분의 중금속은 말랑 친전자체로 분류된다.

딱딱도와 말랑도는 정량화할 수도 없고 Brönsted 산·염기의 *pKa*에 견줄 수 있을 정도로 정교하게 산·염기의 세기를 비교할 수도 없다. 그 대신 산·염기를 딱딱, 말랑, 중간의 세 그룹으로 나누게 된다. 이 세 그룹으로 나뉘어진 산·염기의 분류가 Table 1.8과 Table 1.9에 정리되어 있다.

[Table 1.8] Classification of Bases as Hard, Borderline and Soft

Hard Lewis Bases	Borderline Lewis Bases	Soft Lewis Bases
		I^-, H^-
F^-, (Cl^-)	Br^-	BH_4^-, R^-
H_2O, HO^-, O^{2-}	NO_2^-, N_3^-, SO_3^{2-}	H_2S, HS^-, RS, RSe^-, S^{2-}
ROH, R_2O, RO^-, RCO_2^-	AlH_4^-,	RSH, R_2S, RSeR
NO_3^-, ClO_4^-	$C_6H_5NH_2$, C_5H_5N, N_2,	SCN^-, CN^-, RNC, CO
CO_3^{2-}, SO_4^{2-}, PO_4^{3-}, $CF_3CO_2^-$	R(H)C=NR, R_2C=NR	$S_2O_3^{2-}$, R_3P. $(RO)_3P$, R_3As
NH_3, RNH_2, NH_2NH_2		CH_2=CH_2, C_6H_6, RC≡CH

[Table 1.9] Classification of Acids as Hard, Borderline and Soft

Hard Lewis Acids	Borderline Lewis Acids	Soft Lewis Acids
H^+, H-X		
Li^+, Na^+, K^+, Mg^{2+}, Ca^{2+}	Fe^{2+}, Co^{2+}, Ni^{2+}, Zn^{2+}, Pb^{2+}	Pd^{2+}, Pt^{2+}, Pt^{4+},
BF_3, BCl_3, $B(OR)_3$	Sn^{2+}, RZn^+, XZn^+, Sb^{3+}, Bi^{3+}	BH_3, Ti , R_3Ti, R_3Ga, $GaBr_3$
Al^{3+}, $Al(CH_3)_3$, $AlCl_3$, AlH_3	Rh^{3+}, Ru^{3+}, Os^{2+}	Cu^{2+}, Ag^+, Au^+, Cd^{2+}, Hg^{2+},
Cr^{3+}, Mn^{3+}, Co^{3+}	BR_3, SO_2, $SiCl_4$, $TiCl_4$,	Hg^+, RHg^+
R_2Sn^{2+}, R_3Sn^+, R_3Ti^+, R_3Si^+	$Sn(OR)_4$, SnX_4,	RO^+, RS^+,
RPO^{2+}, RPO^{2+}, As^{3+}	NO^+, $C_6H_5^+$, R_3C^+	Br_2, I_2, ICN, H_3B, $Sn(SR)_4$,
SO_3, RSO_2^+, $ROSO_2^+$	R(H)C=O, R_2C=O	M^o(Metal atoms)
RMgX, CO_2, $RC≡O^+$	R(H)C=NR, R_2C=NR	R_2C: (carbene), R_2C=CR_2

이와 같은 분류는 이론에 의한 것이 아닌 실험 또는 경험에 의한 것을 종합한 것이지만 그럼에도 아주 유용하게 사용할 수 있다. 그렇지만 표에 분류된 대로 비슷한 유형의 친핵체 또는 친전자체를 골라서 비교해 보면, 말랑도는 그 밖의 여러 가지 요인에 의하여 달라지기도 하고 뒤바뀔 수도 있음에 주의하여야 할 것이다. 또한 이와 같은 분류는 다분히 실험적 사실에 기초한 것이라 하더라도 왜 H^+는 hard 친전자체이고, H^-는 soft 친핵체인지, 왜 R^+는 hard로 분류하고, R^-는 soft로 분류되는지는 얼핏 이해하기 쉽지 않다. 이는 다음의 orbital 이론과 복합되고 나서야 설명이 가능하게 되었고 이해할 수 있게 되었다.

1.5.3 Frontier Orbital Theory and Principle of HSAB

딱딱도와 말랑도에 경계면 오비탈 이론(frontier orbital theory), 즉 **HOMO**와 **LUMO** 개념을 도입하면 이해가 쉬워진다. 처음 도입될 당시의 딱딱도와 말랑도의 개념은 순전히 실험적 사실에 기초한 것이었다. 이러한 부류만으로 당시로서는 설명이 어려웠던 많은 현상들을 설명할 수 있었고 성공적이었다고 할 수 있다. Frontier orbital 이론이 발전하면서 딱딱도, 말랑도에 관한 보다 합리적인 설명이 가능하게 되었다. 위에서 설명한 정의에 덧붙여 경계면 오비탈 개념을 도입하면 다음과 같이 새로운 정의가 가능하다.

• 딱딱 염기 : 낮은 에너지 HOMO를 갖는다.
• 말랑 염기 : 높은 에너지 HOMO를 갖는다.
• 딱딱 산 : 높은 에너지 LUMO를 갖는다.
• 말랑 산 : 낮은 에너지 LUMO를 갖는다.

이 개념을 도입하여 몇 가지 화학종의 반응성 및 딱딱도, 말랑도에 관한 설명을 덧붙여 보기로 하자. 딱딱 산의 대표는 양성자이다. 양성자나 수소 원자나 hydride나 모두 에너지 상태가 높고 반응성이 큰 화학종임에는 틀림없다. 양성자(H^+)는 기본적으로 empty orbital을 제공하는 산으로 위의 정의대로라면 높은 에너지 LUMO를 갖는 딱딱 산이며, hydride ($H:^-$)는 높은 에너지 HOMO를 갖는 말랑 친핵체인 것이다. 이를 이해한다면 왜 carbanion인 R_3C^-는 말랑 친핵체로 분류되며, 왜 carbocation R_3C^+는 딱딱 친전자체가 되는지도 설명할 수 있을 것이다.

친핵체의 세기를 비교하는 절에서는 빼지 않고 ^-OOH는 ^-OH보다 강력한 친핵체임을 설명하게 된다. 이에 대한 가장 합리적인 설명은 두 O의 *p* 오비탈 상호작용으로 생성되는 두 오비탈 중에서 높은 에너지 오비탈이 HOMO가 되어, 친핵체의 HOMO 에너지 준위가 높아지는 것에 기인한다. Hydrazine이 ammonia보다 더 좋은 친핵체인 것도 같은 이유이다.

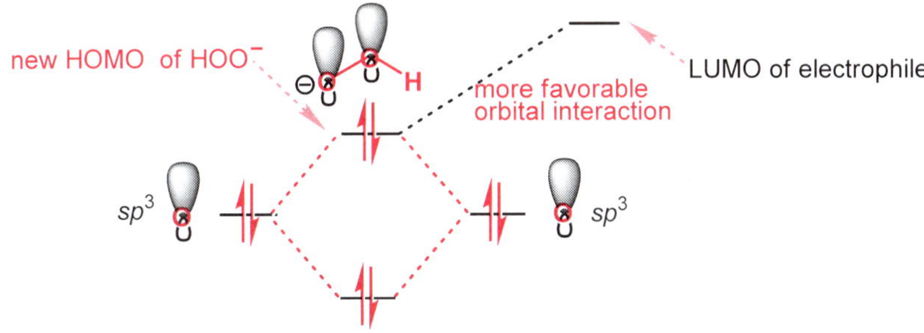

일반적으로 이러한 채워진 오비탈 간의 상호작용은 에너지의 득이 없어 잘 일어나지 않는 과정임에 틀림 없지만, 이로 인하여 부수적인 효과가 있는 경우에는 거침없이 일어나게 된다. 높은 에너지 HOMO를 갖는 말랑 친핵체는 친전자체의 LUMO와의 상호작용으로 더 효과적인 오비탈 에너지 낮춤이 가능하기 때문이다.

공유결합을 형성하는데 있어 한 화학종의 HOMO와 다른 화학종의 LUMO 간의 상호작용의 중요성은 이미 모두 알고 있는 사실이다. 오비탈의 상호작용에서 두 오비탈의 에너지 준위의 차가 적을수록 더 효과적인 상호작용을 하게 된다. 따라서 공유결합은 한 화학종의 HOMO 에너지 준위가 높을수록 (soft) 그리고 이와 반응하는 상대 화학종의 LUMO 에너지가 낮을수록 (soft) 상호작용이 효율적이고 쉽게 결합을 형성하게 된다. 다음 그림에 딱딱 및 말랑 산·염기 간의 상호작용의 세 가지 경우를 나타내었다. 이를 이해한다면 딱딱 및 말랑 산·염기 간의 반응 효율성을 합리적으로 설명할 수 있게 된다.

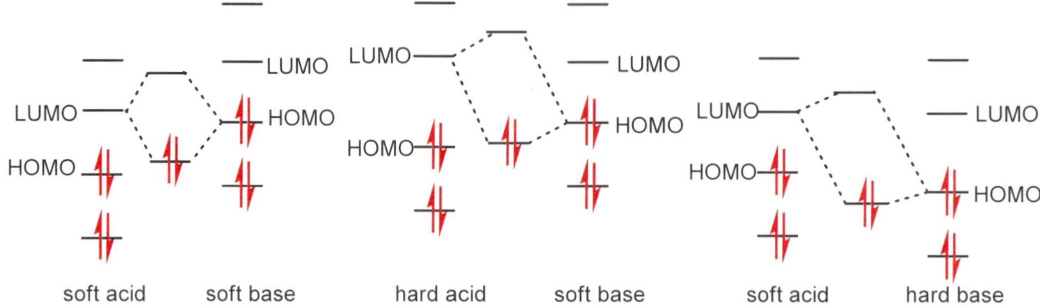

[Figure 1.2] Orbital Interactions among Hard and Soft Acids and Bases

높은 에너지 HOMO를 갖는 염기는 말랑 염기이며, 낮은 에너지 LUMO를 갖는 산은 말랑 산이다. 왜 이들 간의 결합형성이 쉬우며, 서로 간의 높은 affinity를 갖는지를 설명할 수 있는 것이다. 말랑 염기(high energy HOMO)와 딱딱 산(high energy LUMO) 간이나 딱딱 염기(low energy HOMO)와 말랑 산(low energy LUMO) 간의 상호작용은 그만큼 덜 효과적인 셈이다.

딱딱 염기와 딱딱 산과의 상호작용은 어떠한가? 오비탈 상호작용의 측면에서 보면 한마디로 최악이라고 할 수 있는데, low energy **HOMO**와 high energy **LUMO** 간의 상호작용이다. 앞에서 딱딱 산과 염기는 이온성 결합을 이루는 경향이라 설명하였다. 즉, 오비탈 상호작용은 여기서는 그다지 중요치 않다. 이 상호작용에서 중요한 것은 반응물의 전하와 크기, 다시 말해 전하밀도이다. 딱딱 산과 딱딱 염기는 전하를 띠며, 크기가 작아 모두 이 조건을 충족시키며, 둘 간에는 효과적으로 상호작용이 일어난다. 하지만 상호작용의 유형은 말랑 산과 말랑 염기 간의 상호작용과는 본질적으로 다른 것임을 기억해야 할 것이다

Lewis 산과 염기, 즉 친전자체와 친핵체 간의 attraction은 서로 관련되어 있는 두 상호작용에 의하여 결정되는데, 하나는 양전하와 음전하 간의 정전기적인 인력이고, 하나는 친핵체의 HOMO와 친전자체의 LUMO의 오비탈 겹침이다. 반응이 성공적으로 일어날 것인가는 두 요인 모두에 달려 있지만, 반응성만을 두고 보면 그중 어느 한 요인이 지배적으로 작용하기도 한다. 지배적인 요인이 정전기적인 인력인가 오비탈 상호작용인가는 반응에 관련된 친핵체와 친전자체에 달려 있다. 크기가 작고 전기음성도가 큰 원자 (O나 Cl)의 친핵체는 주로 정전기적 지배하에 있으며, 크기가 큰 원자 (S, Se P, I) 친핵체는 주로 오비탈 겹침 지배하에 있다. 딱딱 친핵체와 말랑 친핵체는 이렇게 구분된다.

친핵체뿐 아니라 친전자체도 마찬가지로 구분할 수 있다. 양성자(H^+)는 대표적인 딱딱 친전자체(hard electrophile)이다. 크기는 작고 전하는 밀집되어 있다. 카보닐 화합물은 C=O 결합의 polarization으로 카보닐 탄소는 상당한 정도의 부분 양전하를 띠게 되고, 딱딱 친전자체로 작용한다. 대표적인 말랑 친전자체인 Br_2와 예컨대 말랑 친핵체인 alkene은 polarization이 미미하며 이들 둘간의 반응은 전적으로 오비탈 상호작용에 의존하며 반응속도는 대단히 빠르다.

1.6 HSAB Theory Applied to Organic Reactions

유기 반응을 이해하는 근본적인 이유는 각각 다르지만 딱딱 친핵체는 딱딱 친전자체와의 반응을 선호하며, 말랑 친핵체는 말랑 친전자체와의 반응을 선호한다는 것이다. 예를 들어, 물 분자(hard)는 정전기적인 요인으로 카보닐 탄소(hard)를 공격하게 되어 hydrate를 생성한다. 그러나 물 분자(hard)는 Br_2(soft)와 반응하지 않는다. 그렇지만 Br_2(soft)가 alkene(soft)을 공격하여 반응에 이르는 데 반하여, 물 분자(hard)는 alkene(soft)과 반응하지 않는다. 그러나 이 같은 설명은 일반적인 것일 뿐이다. 반응을 배워 나가게 되면 딱딱 화학종이 말랑 화학종과 그리고 말랑 화학종이 딱딱 화학종과 반응하는 예는 얼마든지 보게 된다. 하지만 다음과 같이 이를 정리하여 기억할 가치가 충분히 있는 것이다.

- 딱딱 화학종 간의 반응은 전하와 정전기적 효과에 의해서 지배된다.
- 말랑 화학종 간의 반응은 오비탈 겹침 효과에 의해서 지배된다.
- 딱딱 친핵체는 딱딱 친전자체와 반응하려는 경향이 크다.
- 말랑 친핵체는 말랑 친전자체와 반응하려는 경향이 크다.

개념적으로 딱딱 말랑 산·염기의 원리를 이해하는 데는 구체적인 반응 예를 검토하면서 익히는 것이 최선의 방법이다.

다음은 S_N2 치환 반응의 원형(prototype)이라 할 수 있는 methyl iodide의 치환 반응인데, 반응 속도와 친핵체의 말랑도의 상관 관계를 비교적 정확하게 나타내는 반응이라고 할 수 있다. 이 반응은 친핵체의 말랑도의 성향을 정하는데 사용되는 표준 반응이다. 즉, 성향을 파악하기 힘든 친핵체가 있다면 이 반응을 수행하여 반응속도를 측정하면 그 친핵체의 반응성 정도를 파악할 수 있다는 뜻이다.

Relative rate of reaction (H_2O = 1) of nucleophiles with CH_3I

$$Nu^{\ominus} + Me{-}I \longrightarrow Nu{-}Me + I^{\ominus}$$

Nu :	$AcO^{\ominus}$	$Cl^{\ominus}$	$PhO^{\ominus}$	$HO^{\ominus}$	$PhS^{\ominus}$
rate :	900	1100	2000	1.2×10^4	5×10^7

이와는 대조적으로 다음 benzylsulfonium의 치환 반응은 친핵체의 종류에 따라 그 성향을 쉽게 이해 할 수 없는 반응속도의 차이를 보인다.

Rate of reaction(10^5 k,s^{-1}) of nucleophiles with $PhCH_2S^+Ph_2$

$$PhCH_2\overset{\oplus}{S}Ph_2 + Nu:^{\ominus} \longrightarrow PhCH_2Nu + Ph_2S$$

Nucleophiles :	$AcO^{\ominus}$	$Cl^{\ominus}$	$PhO^{\ominus}$	$HO^{\ominus}$	$PhS^{\ominus}$
Rate :	3.9	4.0	3.8	74	107

앞의 세 친핵체와의 반응에서는 반응속도의 차이를 거의 보이지 않는다. 이러한 특색은

S_N1 메커니즘을 거치는 반응인 경우가 많다. 이에 비해 센 친핵체인 뒤의 나머지 두 화학종과의 반응은 S_N2 반응이 되며, 이 메커니즘이 작동하면 친핵체의 성질에 따라 반응성과 반응속도의 큰 차이를 나타내게 된다. 말랑 친핵체의 대명사라 할 수 있는 sulfide 친핵체의 반응은 딱딱 친핵체로 분류되는 hydroxide 친핵체보다 빠른 반응 속도를 보이게 된다. 따라서 이 반응은 친핵체에 따라서 반응 메커니즘 자체가 달라질 수 있음을 보여주는 예이다.

S_N2 mechanism

Nu: SPh₂ ⊕ rds Nu + Ph_2S

나머지 세 친핵체는 거의 반응속도에 차이를 보이지 않는다. 이는 친핵체와의 반응 단계는 속도 결정 단계가 아니고, 아마도 동일한 중간체를 거치는 S_N1 반응으로 추측할 수 있다.

S_N1 mechanism

SPh_2 ⊕ rds ⊕ :Nu Nu

다음 isopropyl bromide의 두 반응은 아예 유형이 통째로 바뀌는 예이다. 딱딱 염기인 alkoxide는 딱딱 산의 대명사인 양성자를 찾아 거의 제거 반응만이 일어나는 반면, 말랑 친핵체인 malonate 음이온은 제거 반응이 최소화되고, 거의 말랑 탄소에서의 치환 반응만이 일어난다.

H H H CH_3 Br + $H_3C—CH_2O^{\ominus}$ ⟶

H H H CH_3 Br + O O H_2C ⊖ OEt ⟶ O O H_3C OEt H_3C CH_3

이와 같이 반응 메커니즘이 송두리째 바뀌는 현상은 비단 공격하는 친핵체에 의해서만 야기되는 현상이 아니다. 다음 반응 예에서와 같은 친핵체라 할지라도 이탈기가 바뀌면 또한 메커니즘이 달라지는 예도 많이 있다. 다음 두 반응이 그러한 예이다.

OTs ⊖O S_N2 O + ⊖OTs

O⊖ H Br E2 + OH_2^+ ⊖Br

둘을 비교하면 alkyl tosylate는 딱딱 화학종으로 분류되며, alkyl bromide는 말랑 친전자체이다. 딱딱 염기인 *t*-butoxide는 tosylate와의 반응에서는 딱딱 반응 중심인 탄소에서의 치환이 더 빠르게 일어나며, C–Br 결합의 탄소는 말랑 친전자성이어서 β-탄소에서 양성자가 제거되어 제거 반응이 주로 일어나게 된다.

이와 같은 이론은 특히 한 분자 내에 둘 이상의 반응성 중심이 있는 경우 어느 자리에서 반응이 일어날 것인가를 예측하는데 크게 도움이 된다. 딱딱 말랑 산·염기의 원리가 적용되는 몇 가지 예를 더 살펴 보면 더욱 더 뚜렷해 진다.

다음 두 반응을 비교해 보자. KCN과의 반응에서는 어떻게 nitrile이 생성되고, AgCN과의 반응에서는 왜 isonitrile이 생성되는가? 이 문제 역시 딱딱 말랑 산·염기 원리를 적용하지 않고는 설명하기 어려운 반응이다.

$$\mathrm{AgCN} + \mathrm{CH_3CH_2{-}I} \longrightarrow \mathrm{CH_3CH_2{-}\overset{\oplus}{N}{\equiv}\overset{\ominus}{C}}$$

$$\mathrm{KCN} + \mathrm{CH_3CH_2{-}I} \longrightarrow \mathrm{CH_3CH_2{-}C{\equiv}N}$$

지금까지의 예들을 제대로 이해했다면 다음 그림을 얼핏 보기만 하면 답을 얻을 수 있어야 한다. Cyanide의 말랑 중심은 C이고, 딱딱 중심은 N이다. 보통의 경우에는 말랑 친핵체로 C가 친전자성 탄소와 상호작용이 더 유리하다. 그러나 Ag^+와 halide와의 배위로 친전자성 C에서 부분 양전하량이 커짐에 따라 말랑 중심에서 점차 딱딱 중심으로 성질의 변화가 일어나게 된다. 딱딱 친전자체에 꼭 맞는 짝은 역시 딱딱 친핵체이며, 따라서 AgCN과의 반응에서는 질소가 결합에 참여하여 isonitrile이 주로 생성된다.

:N≡C:⁻ → H₃C–I (soft … soft)   :C≡N: → H₃C(δ⊕)---I---Ag(δ⊕) (hard … becomes harder)

다음은 두 반응성 자리를 갖는 또 다른 유사한 친핵체인 enolate의 오비탈을 allyl 음이온의 오비탈과 비교하여 그린 것이다.

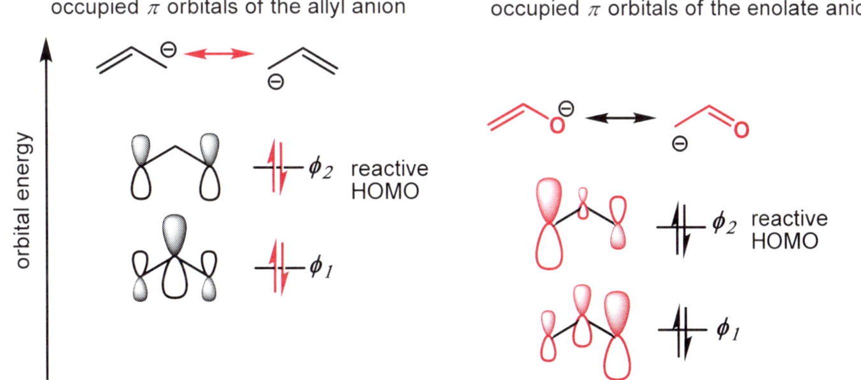

반응성 HOMO는 allyl 음이온의 두 말단 탄소에서 균등한데 비해서, enolate의 HOMO는 α-탄소에서의 계수가 더 크고 빈 오비탈을 제공하는 친전자체와의 겹침은 α-탄소에서 더

유리한 것임을 그림에서 오비탈 크기를 보면 쉽게 알 수 있다. 말랑 친전자체인 alkyl halide (R−X)는 *α*-탄소에서 반응하게 되고, 딱딱 산의 대표인 양성자산은 산소와의 결합을 형성한다. Silyl halide(R_3Si−X)는 강력한 딱딱 친전자체이며, Si는 산소와 결합하여 silyl enol ether를 생성하게 된다.

LDA → lithium enolate (Li–O, Me₃Si–Cl) → silyl enol ether (O–SiMe₃)

LDA → (Li–O, Me–Br) → R–C(=O)–CH₂–CH_3

α,*β*-불포화 카보닐은 많은 유기 반응에서 친전자체로 작용한다. 이 conjugate *π* system의 친핵체와의 반응은 카보닐 탄소에서 일어나거나 *β*-탄소에서 일어나게 된다. 반응성을 완전히 이해하기 위해서 다음 acrolein의 LUMO를 살펴보자. LUMO에서 *β*-탄소에의 계수는 카보닐 탄소에서의 계수보다 눈에 띄게 크며, 오비탈 상호작용과 겹침은 *β*-탄소에서 훨씬 유리함을 이해할 수 있다. 즉, *β*-탄소가 카보닐 탄소보다 더 말랑 친전자성 자리가 된다.

Acrolein의 LUMO 오비탈의 또 하나의 특색은 에너지 준위가 탄소 유사체인 butadiene의 경우와 비교하여 전체적으로 아주 낮다는 점이다. 낮은 에너지 LUMO는 말랑 산의 특성으로 낮을수록 친핵체의 HOMO와의 에너지 차이가 줄어들고, 그 격차가 줄어드는 만큼 상호작용에 의한 에너지 낮춤 효과가 커지며 반응에 유리해 진다.

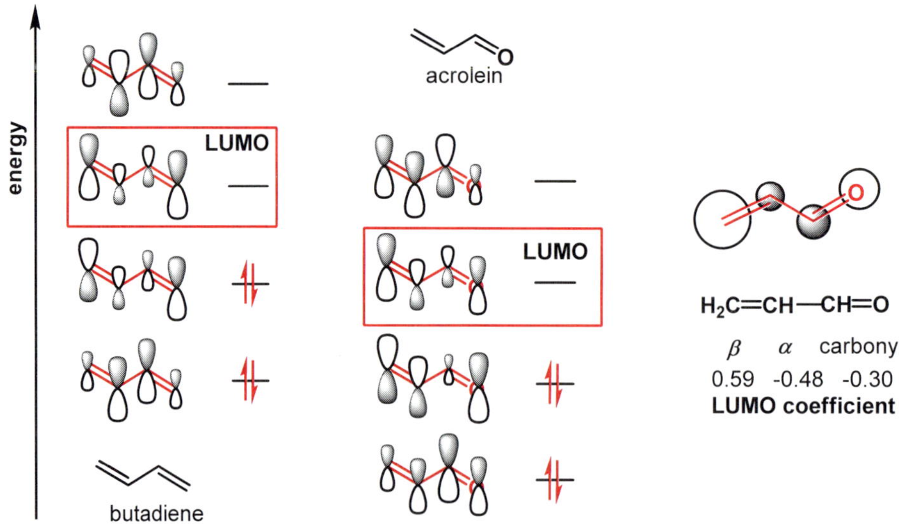

Grignard 시약이나 alkyllithium은 친핵성 탄소에 높은 부분전하를 가지는 딱딱 친핵체이며, 따라서 *α*,*β*-불포화 카보닐의 높은 부분전하를 가지는 카보닐 탄소와 *β*-탄소 중에서 카

보닐 탄소와 선택적으로 반응하게 된다. Acrolein의 예에서 β-탄소에서의 부분 전하는 크지 않으며, 위의 그림에서와 같이 β-탄소의 LUMO coefficient가 가장 크다. 이로 인해 β-탄소는 말랑 친전자체이며 thiol과 같은 말랑 친전자체와 반응하려는 경향이 크다.

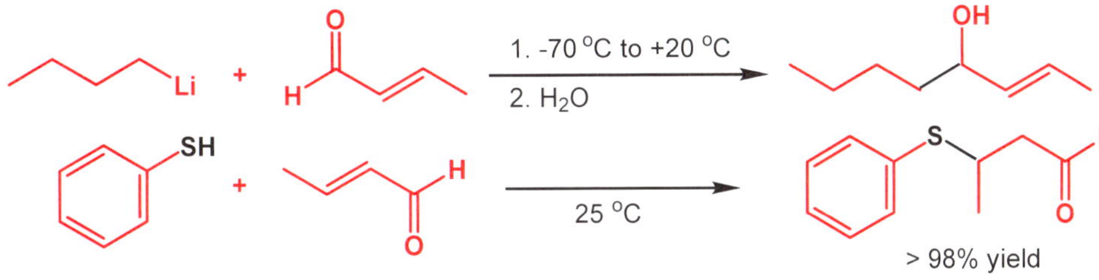

1. -70 °C to +20 °C
2. H_2O

25 °C

> 98% yield

다음 α-bromoacetyl chloride의 반응을 보자. 두 개의 친전자성 자리를 가지며 그중에서 카보닐 탄소가 더 딱딱 친전자성이며 bromine 치환 탄소는 더 말랑 친전자성이다. C=O π-결합은 상당한 이온성을 가지는 극성 공유결합이며, 이에 비하면 C–Br σ-결합의 극성은 미미하기 때문이다.

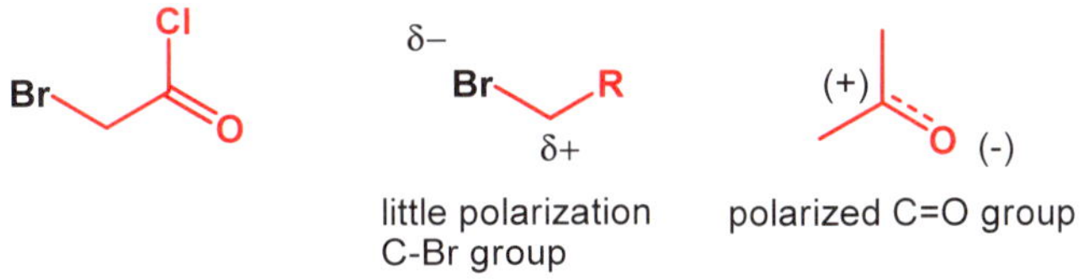

little polarization C-Br group

polarized C=O group

따라서 이 화합물을 methanol 및 phosphine과 반응시키면 무엇과 먼저 반응시키던지 반응 순서에 상관없이 methanol을 넣으면 카보닐 탄소와 phosphine을 넣으면 bromine 치환 탄소와 각각 결합하게 된다. 모르긴 해도 둘을 함께 넣어도 결과는 같을 것이다.

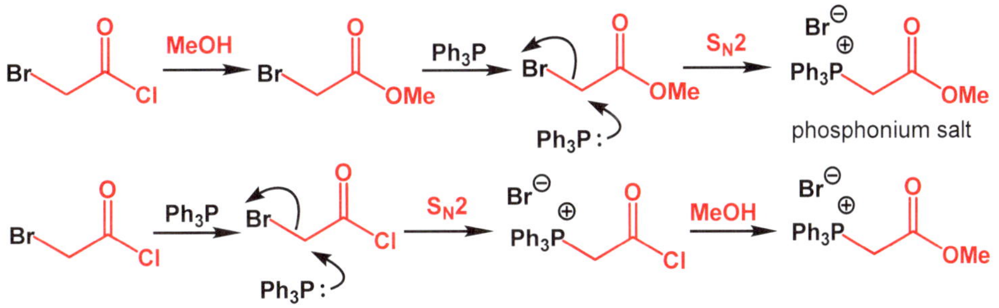

phosphonium salt

알아두면 편리한 또 다른 한 가지 특색은 **symbiosis(공생 또는 상생)** 현상이다. 즉, 말랑 ligand는 말랑 ligand끼리, 딱딱 ligand는 딱딱 ligand끼리 중심 원자에 모이는 현상이다. 다음 반응 예를 보면 명확하게 이해할 수 있다. Formaldehyde의 S,O-acetal은 산 촉매 존재하에 O,O-acetal과 S,S-acetal로 쉽게 전환되어 평형은 오른쪽으로 유리하게 놓이게 된다. 성향이 같은 ligand끼리 모이게 되는 것이다. 이는 2몰의 aldehyde와 각각 1몰의 methanol과 methanethiol을 섞는다 해도 S,O-acetal은 거의 생기지 않으리라는 추측도 가능하다.

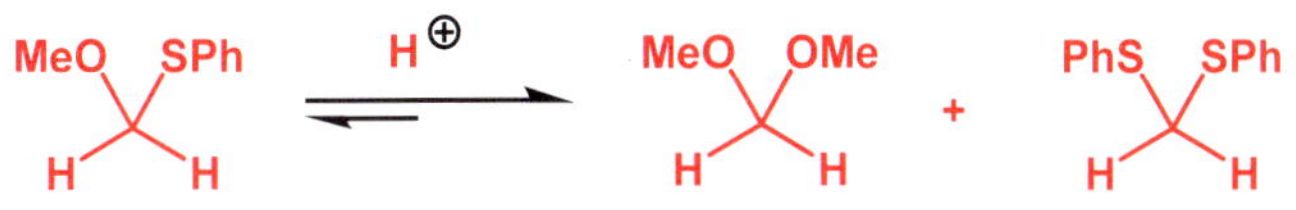

다음은 전형적인 S_N2 치환 반응의 전이상태 그림이다. 부분 음전하를 나누어 갖게 되는 친핵체와 이탈기가 모두 말랑인 경우에는 (예 Nu = SPh, X = I), 친핵체와 이탈기 중 하나는 딱딱, 하나는 말랑인 경우에 비해 전이상태 에너지가 낮아지게 되며 반응은 빨라지게 된다. 이를 적용하면 앞에서 본 반응인 isopropoxide가 tosylate나 bromide와 반응할 때 왜 전자는 치환이 후자는 제거 반응이 주로 일어나는지도 이해할 수 있게 된다.

$\delta^{\ominus}$ Nu---C(H)(H)(H)---X $\delta^{\ominus}$

딱딱 말랑 산·염기의 원리에 관하여 상당히 많은 사실을 숙지하였을 것이다. 여기서 유의해야 할 점은 다른 모든 이론에서도 마찬가지이지만, 딱딱·말랑 산·염기의 원리가 유기 반응을 이해하는데 있어 만능 해결사가 아니라는 점이다. 유기 반응은 반응 열역학, 입체화학, stereoelectronic effect 등등 여러 많은 요인에 의해서 결정된다는 사실을 잊어서는 안 된다. 앞에서 잠깐 언급한 것과 같이 딱딱 화학종과 말랑 화학종 간의 반응도 얼마든지 일어날 수 있음도 잊어서는 안 된다. 다음 HCl(hard)의 alkene(soft) 첨가 반응은 Br_2(soft) 첨가 반응처럼 쉽고 빠르게 일어나지는 않지만 생성물을 얻을 수 있다.

hard electrophile

soft nucleophile

(cyclohexene + H—Cl → carbocation + $Cl^{\ominus}$ → chlorocyclohexane)

문제 1.2 다음 두 쌍의 반응에서 친핵체가 바뀌면 같은 두 이탈기의 상대적인 반응 속도가 완전히 뒤바뀐다. 어떤 이유로 ethoxide의 반응은 tosylate가 더 빠르고, thioethoxide의 반응은 bromide와의 반응이 더 빠른가?

(a) $EtO^{\ominus}$ + Me—X ⟶ EtO—Me + $X^{\ominus}$ $\qquad k_{OTs} / k_{Br} = 5$

(b) $EtS^{\ominus}$ + Me—X ⟶ EtS—Me + $X^{\ominus}$ $\qquad k_{OTs} / k_{Br} = 0.3$

문제 1.3 다음 각 쌍의 반응에서 상대적인 반응속도의 차이를 설명하라. 왜 hydroxide에 의한 반응성 차이보다 (10배) Br^-에 의한 반응성 차이가 (240배) 큰가?

(a) $HO^{\ominus}$ + Me—Cl $\xrightarrow{k_{rel} = 1}$ HO—Me + $Cl^{\ominus}$

$HO^{\ominus}$ + Me—I $\xrightarrow{k_{rel} = 10}$ HO—Me + $I^{\ominus}$

(b) $Br^{\ominus}$ + Me—Cl $\xrightarrow{k_{rel} = 1}$ HO—Me + $Cl^{\ominus}$

$Br^{\ominus}$ + Me—I $\xrightarrow{k_{rel} = 240}$ HO—Me + $I^{\ominus}$

문제 1.4 Malonate의 alkylation을 위해 다음 두 친전자성 시약이 모두 있다고 가정하자. 둘 중 어느 것을 선택하여 사용하겠는가? (반응 속도의 문제만은 아니다.)

NaOEt, EtOH
EtO OEt
or ?
OTs

문제 1.5 다음 enolate와 주어진 methylating agent와의 반응에서 같은 생성물을 얻게 되겠는가? 아닌가? 생성물을 그리고 설명하여 보라.

? ← CH_3I — $(CH_3)_3O^{\oplus}$ $BF_4^{\ominus}$ → ?

문제 1.6 다음 반응에서 이탈기 X에 따른 O-alkylation과 C-alkylation의 상대속도를 나타내었다. 주어진 data로부터 이들 친전자체 Et–X의 말랑·딱딱도의 순서를 정해 보라. 이탈기의 말랑도에 따라 O-alkylation은 어떤 경우에 더 유리한가?

k_O ← + Et—X → k_C

	$I^{\ominus}$	$Br^{\ominus}$	$TsO^{\ominus}$	$EtOSO_3^{\ominus}$	$F_3CSO_3^{\ominus}$
$\frac{k_C}{k_O}$ =	> 100	60	6.6	4.8	3.7

문제 1.7 다음과 같은 친전자체와 위 문제의 enolate을 반응시켰다고 하자. 어떤 생성물이 생성될 것인지 예측하여 보라. (본문의 Table 1.7와 Table 1.8이 도움이 될 수 있다.)

(a) CH_3COCl, (b) CH_3SO_2Cl, (c) CH_3SeCl, (d) $(CH_3)_3SiCl$, (e) $POCl_3$, (f) CH_3SSCH_3.

문제 1.8 다음은 Wittig 반응에 필요한 phosphonium 염의 합성 경로이다. Tosylate는 꽤 좋은 이탈기인데도 왜 iodide로 바꾼 후에 phosphine과 반응하여 phosphonium salt를 만드는가?

OH — TsCl, pyridine → OTs — NaI, acetone →
I — Ph_3P, benzene → $\overset{\oplus}{P}Ph_3$ $I^{\ominus}$

phosphonium salt

문제 1.9 DMSO를 이용하는 다음 산화 반응은 Kornblum oxidation으로 알려져 있다.

Me–$\overset{\oplus}{S}$(–$O^{\ominus}$)–Me + Ph–Br → Base: H ... Ph–O–$\overset{\oplus}{S}$(Me)–Me → Ph–CHO + Me–S–Me

그런데 일반적으로 alkyl halide와의 반응은 다음과 같이 halide를 tosylate로 변환시킨 다음에 DMSO와 반응시킨다. 어떤 이유에서인가?

(반응식: $(CH_2)_5$ 알킬 Br → AgOTs / CH_3CN → OTs → DMSO / $NaHCO_3$ → 알데하이드(H, O) 74 % yield)

문제 1.10 다음 thioacetate와 1차 alkyl halide와의 반응에서 thiolester만이 생성되고 thiono-ester는 생성되지 않았다. 이를 설명하여 보라.

(반응식: thionoester ✕← R–Br + thioacetate 공명구조 → thiolester)

문제 1.11 다음 식에 나타나 있는 alkyl fluoride를 얻고자 한다. Fluoride anion은 그리 좋은 친핵체가 아니다. 주어진 두 친전자성 화합물 중에서 어느 것과 반응시키는 것이 조금이나마 더 유리할까? (Fluoride 치환 반응은 어려운 반응으로 수득률이 40%만 되면 대성공이다.)

(반응식: OTs or I → NaF / glycol → F)

문제 1.12 주어진 쌍의 반응에서 어느 것이 더 빠르게 진행되는가? 그 이유는?

(a) $HO^{\ominus}$ + $H–OH_2^{\oplus}$ or $HO^{\ominus}$ + Br–Br

(b) $CH_2{=}CH_2$ + $H–OH_2^{\oplus}$ or $CH_2{=}CH_2$ + Br–Br

문제 1.13 주어진 세 반응 (a), (b), (c)에 대해서 각각 다음 음이온 친핵체의 반응성 순서를 적어보라.

(a) $Nu:^{\ominus}$ + CH_3CH_2–Br　(b) $Nu:^{\ominus}$ + $H_3O^{\oplus}$　(c) $Nu:^{\ominus}$ + HO–OH

Nucleophiles: $^{\ominus}OH$　$^{\ominus}SH$　$^{\ominus}Br$　$^{\ominus}Cl$　$^{\ominus}CN$　$^{\ominus}I$

1.7 Various Methods of Synthesizing Organometallics

탄소와 금속 간의 결합을 형성하여 유기금속 화합물을 합성하는 방법은 그야말로 다양하여 이들을 간결하게 분류하여 정리하기란 여간 까다로운 일이 아니다. 그나마 분류할 수 있는 것은 금속 자체를 이용하는 방법, 염을 비롯한 다른 금속 화합물을 이용하는 방법, 이미 만들어진 다른 유기금속 화합물을 이용하는 방법으로 나눌 수도 있다. 또한 oranometallic chemistry의 관점에서 보면 산화성 첨가(oxidative addition), 교환 반응(Exchange), 삽입 반응(Insertion), 제거 반응(Elimination)으로 나누기도 한다.

이 분류의 목적은 유기금속 화합물이 만들어지는 방법이 여러 가지 있으며, 이들을 구분하여 어떤 유형의 방식으로 만들어지는가를 익히기 위함이다. 경우에 따라서는 10가지 이상으로 분류하는 경우가 많다. 이 교재의 목표는 유기금속 화합물을 이용하는 유기 반응을 다루고 익히자는 데 있으므로, 이들을 분류하는 데 일차적으로 얻고자 하는 유기금속 화합물을 어떤 작용기를 가지는 유기 화합물에서 시작하여 얻는가에 중점을 두는 것이 이해에 도움이 될 수도 있어, 다음과 같이 분류하여 보기로 하였다.

1. 탄소–할로젠 결합(C–X)을 이용하는 방법
   (a) 금속과의 직접 반응
   (b) 금속 화합물에 산화성 첨가
   (c) 금속–할로젠 교환 반응
2. 탄소–수소 결합(C–H)을 이용하는 방법
   (a) 양성자떼기
   (b) 친전자성 치환
3. 탄소–탄소 간의 π-결합(C=C)을 이용하는 방법
   (a) Hydrometallation
   (b) Carbometallation
   (c) Oxymetallation (Solvometallation)
   (d) Formation of π-complex
4. 탄소–금속 간의 결합(C–M)을 이용하는 방법
   (a) 유기금속 화합물의 금속 원소에 의한 교환 반응
   (b) 유기금속 화합물 간의 금속–금속 교환 반응
   (c) 금속 halide에 의한 교환 반응
5. 기타 반응

여기에서 다루는 유기금속 화합물 제조법은 주족 금속과 전이금속을 묶어 다루지만, 주로 주족 금속의 유기금속 화합물을 많이 다루게 된다. 보관이 가능할 정도로 안정한 전이금속의 유기금속 화합물도 많지만, 전이금속과 탄소와의 결합은 반응 도중 수시로 형성되었다가 깨지는 과정이 빠르게 반복되기 때문이기도 하다. 제조 반응 중에서 일부는 공업적으로 행하는 반응도 있고 일부는 실험실에서 특정 유기금속 화합물이 필요하여 만들어 사용하는 반응들도 있다. 또한 모든 유기금속 화합물, 특히 반응성이 큰 화합물들의 가장 취약한 점이 물과 산소이며, 언급이 특별하게 되어 있지 않다 하더라도 대부분의 화합물의 취급과 반응에서 습기와 공기가 완전히 배제된 조건에서의 반응으로 이해하여야 할 것이다.

1.8 Synthesis of Organometallics I. Using Alkyl Halides

1.8.1 Direct Reactions with Metals

Alkyl halide에 금속이 산화성 첨가를 일으켜서 탄소–금속 간의 결합을 형성하는 반응을 direct reaction(direct metallation)이라고 부르기로 하자. 유기금속 화합물의 합성 관점에서 본다면 가장 많이 사용되는 반응이고, 가장 중요한 반응이기도 하다. Monovalent (1가) 금속인 경우에는 두 당량의 금속이 필요하며 같은 당량의 금속 할로젠화물이 함께 얻어진다.

$$2\,M + R{-}X \longrightarrow R{-}M + MX$$

$$M = Li, Na, K, Cs \quad : \quad X = Cl, Br, I$$

1족 금속 중에서는 lithium이 가장 유용하게 사용되며, ether나 탄화수소를 용매로 사용한다. Ether를 사용하는 것이 반응이 빠르기는 하지만, 다음과 같은 양성자떼기로 일부 alkyllithium을 잃을 수 있다.

$$R{-}Li + CH_3CH_2OCH_2CH_3 \longrightarrow R{-}H + CH_3CH_2OCH(Li)CH_3$$

$$CH_3CH_2OCH(Li)CH_3 \longrightarrow CH_3CH_2OLi + H_2C{=}CH_2$$

Sodium이나 다른 알칼리 금속만큼 심하지는 않지만 또한 다음과 같은 coupling 반응이 일어나서 hydrocarbon을 형성하기도 한다. 이러한 부반응은 alkyl iodide의 경우에 심하며 따라서 bromide나 chloride를 많이 사용하게 된다.

$$R{-}Li + R{-}X \longrightarrow R{-}R + LiX$$

이러한 부반응들은 반응 온도를 0°C 이하로 낮추어 최소화할 수 있다. Na, K, Cs와 같은 금속들도 lithium과 같은 반응을 할 수 있으나, 탄소–금속 결합은 이온성 결합으로 용매에 녹지 않으며, 너무나 반응성이 커서 위에서와 같은 부반응을 완전히 제어할 수 없으며, 유기 반응 시약으로 만들어 사용하는 경우는 아주 드물다.

Divalent (2가) 금속의 경우에는 다음 몇 개의 반응에서와 같이 RMX로 표시하여 사용하지만 그 구조는 대단히 복잡하다. (Chapter 2, 7 참조)

$$Et{-}I + Zn \longrightarrow EtZnI$$

$$Et{-}I + Ca \longrightarrow CH_3CaI$$

$$CH_2{=}CHCH_2{-}I + Hg \longrightarrow CH_2{=}CHCH_2HgI$$

$$C_6H_5Br + Mg \longrightarrow C_6H_5MgBr$$

마그네슘과의 반응은 전자쌍을 내줄 수 있는 ether와 같은 용매에서 행한다. 아연과의 반응도 마찬가지로 전자쌍 공여 용매를 사용해야 한다. 칼슘은 다른 알칼리 금속처럼 반응성이 높아서 coupling, 용매와의 반응 등의 부반응이 심해서 위의 Ca의 반응은 THF를 용매로 0°C에서 행한다. 위의 수은과의 반응은 1880년대에 발견된 반응이지만 전자 공여 능력이 떨어지기 때문에 아주 반응성이 큰 allyl iodide와의 높은 온도에서의 반응 예이고, 다른 alkyl halide와는 반응하지 않는다.

3A족의 aluminum은 탄소수가 적은 methyl 및 ethyl chloride와 주로 반응한다. 탄소수가 증가하면 β-hydride 제거를 비롯한 많은 부반응이 따르기 때문이다. (1.3절에서 언급됨)

$$4\,Al + 6\,MeCl \longrightarrow \underset{\textit{sesquichloride}}{2Me_3Al_2Cl_3} \rightleftharpoons Me_4Al_2Cl_2 + Me_2Al_2Cl_4$$

4A족 금속인 silicon은 구리 존재하에 반응시켜 methyl–silicon 결합을 갖는 화합물을 합성한다. 공업적으로는 **Rowchow process**라고 알려져 있는 공정에 의하여 생산된다. 가장 많이 사용되는 methylsilanes을 예로 들면, methyl chloride와 구리가 함유된 silicon 원소와 반응시키게 된다. Phenylsilane도 같은 방법으로 생산된다. 여러 가지 chloromethylsilane 혼합물이 얻어지게 되지만, 반응 조건을 조정하여 어느 한 생성물의 생성비를 크게 높일 수 있다. 예를 들어, dichlorodimethylsilane은 적절한 반응 조건에서는 90% 이상의 수득률로 생산된다. 하지만 각 생성물은 분별 증류하여 제각기 다른 용도의 화합물로 변환시켜 생성물 모두를 사용하게 된다.

$$CH_3{-}Cl + Si/Cu \xrightarrow[\Delta]{} (CH_3)_3SiCl + (CH_3)_2SiCl_2 + CH_3SiCl_3 + \text{others}$$

같은 4A족 금속인 tin 화합물인 dimethyltin dichloride도 구리 존재하에 같은 방법에 의하여 생산된다.

$$2\,CH_3{-}Cl + Sn/Cu \xrightarrow[200\sim300\ ^{\circ}C]{} Me_2SnCl_2 \qquad \text{direct reaction}$$

이상에서 간단히 살펴본 금속과 alkyl halide의 반응은 어떻게 진행되는지 밝혀져 있지 않고 또 밝히기가 쉽지 않다. 틀림없는 것은 전자전달이 일어난다는 사실이고 실험적으로 라디칼의 존재가 확인되는 경우가 많다는 것이다. 이를 기초로 하여 보면 다음과 같은 홀전자 전달을 거쳐 음이온 라디칼이 형성되고, 이어서 halide 음이온과 alkyl 라디칼로 깨진다는 설명이 유력하며, 이후의 유기금속 화합물의 생성은 금속의 원자가 전자수에 따라 각기 다른 경로를 거쳐 진행될 것이다.

$$R{-}X + Na \longrightarrow \boxed{[R\!:\!\cdot X]^{\ominus}\ Na^{\oplus}} \longrightarrow Na^{\oplus} + R\cdot + X^{\ominus}$$

틀림없는 사실은 이온성 화합물인 MX가 생성된다는 점이고 생성되는 유기금속 화합물 또한 상당한 정도의 극성 결합을 가진다는 점이다. 따라서 전자쌍을 공여할 수 있는 Lewis 염기인 용매를 사용하는 것이 상당한 중요성을 가진다는 점이다.

위와 같은 산화성 첨가에 의한 유기금속 화합물의 생성에 따르는 자유에너지 변화는 반응에 영향을 미칠 것이지만, 많은 데이터가 축적되어 있지 않다. 그럼에도 분명한 것은 금속의 lattice를 깨는데, 금속의 이온화에, alkyl halide의 C–X 결합깨짐에 상당한 에너지를 필요로 한다는 점이다. 반응에 필요한 이 에너지는 결국 M–C 결합과 M–X 결합형성에서 방출되는 에너지와 상쇄된다. 금속–탄소 간의 결합은 센 결합이 아니어서 결국 M–X 결합형성 반응에 따른 에너지 변화는 상당히 중요한 변수가 된다. 이렇게 추론한다면 결합에너지는 M–Cl > M–Br > M–I의 순으로 감소할 것이고, alkyl chloride을 사용하는 것이 유리하다는 결론이다. RI > RBr > RCl의 순서는 반응성 순서이고 속도론적 개념의 순서이다. 그럼에도 자유에너지 감소를 초래하는 그 밖의 모든 요인에 의해 반응은 유리하게 진행될 것이다.

반응성이 낮은 금속은 Na나 Mg와 같은 반응성이 큰 금속과의 합금을 사용하는 것이 유리하다. 이들 반응의 원동력은 함께 생성되는 metal halide인 MX_n의 M–X 결합의 안정성에 기인한다고 할 수 있다. M = Tl, Pb, Bi, Hg 등은 M–C 결합이 약하여 M–X 결합의 안정성에 의하여 보상이 가능하지 않기 때문에 추가로 반응의 추진력이 함께 제공되어야 한다. 다음은 예전에 (유연) 휘발유에 첨가되었던 tetraethyllead를 공업적 제조법이다.

$$4\,\text{Na/Pb} + 4\,\text{Et—Cl} \longrightarrow \text{Et}_4\text{Pb} + 4\,\text{NaCl}$$

위의 반응은 Pb-Na의 합금을 이용하는 예이고, Hg의 합금(amalgam)을 이용하는 경우도 흔히 있다. 그 밖에도 마그네슘 등을 이용한 여러 가지 합금 형태로 사용되어 유기금속 화합물을 얻고 있으며, 몇 가지 반응이 아래에 예시되어 있다.

$$\text{H}_3\text{C—Br} + 2\,\text{Na} + \text{Hg} \longrightarrow (\text{CH}_3)_2\text{Hg} + 2\,\text{NaBr}$$

$$\text{Et—Br} + \text{Mg}_2\text{Sn} \longrightarrow \text{Et}_4\text{Sn} + \text{MgBr}_2$$

$$\text{Et—Cl} + \text{Al}_2\text{Mg}_3 + 2\,\text{Et}_2\text{O} \longrightarrow 2\,\text{Et}_3\text{Al OEt}_2 + 3\,\text{MgCl}_2$$

또 다른 한 가지 방법은 금속을 활성화하는 것이다. 사용하고자 하는 금속의 염을 알칼리 금속과 같은 반응성이 큰 금속으로 처리하여 얻어지는 미세한 금속 입자를 만들어 사용하는 방법이다. 예를 들면, 무수 $MgCl_2$의 THF 용액을 금속 K와 반응시키면 미세한 분말 형태의 반응성이 대단히 높은 검은 색을 띠는 마그네슘(**Rieke magnesium**)을 얻게 되는데, 인화성이 있는 이 금속을 이용하면 다른 어떤 방법으로도 만들기 어려운 aryl magnesium fluoride를 만들 수 있다.

$$\text{H}_3\text{C–C}_6\text{H}_4\text{–F} + \underset{\text{(active)}}{\text{Mg}} \longrightarrow \text{H}_3\text{C–C}_6\text{H}_4\text{–MgF}$$

69 % yield

용매 THF에 녹인 diiodobis(triphenylphophine)nickel(II)는 위에서와 같은 방법으로 검은 nickel slurry를 얻게 되는데, 다음 반응에 따라 pentafluorophenylnickel complex를 합성할 수 있다. 그러나 이게 만능이어서 모든 금속을 이 방법으로 활성화하여 유기금속 화합물을 제조할 수 있는 것은 아니다.

C_6F_5Br + Ni (active) + 2 Et_3P ⟶ $C_6F_5Ni(PEt_3)_2Br$ (60 % yield)

1.8.2 Oxidative Addition to Metal Compounds of Lower Oxidation State

낮은 산화상태의 금속 화합물은 alkyl halide와 산화성 첨가를 일으켜 유기금속 화합물이 만들어지기도 한다. 다음과 같은 일반적인 식을 쓸 수 있다.

$$R{-}X + MY_n \longrightarrow R{-}MY_nX$$

금속을 직접 사용하는 이들 방법은 기본적으로 금속 M^0에 R–X 결합의 oxidative addition이 일어나서 RM^{II}–X가 생성되는 것으로 보면 된다. 예를 들어, tin과 alkyl chloride의 반응은 일차 산화성 첨가의 중간체로 alkyltin chloride를 거쳐 다시 한번 산화성 첨가가 일어나서 dialkyltin dichloride를 생성하는 것으로 알려져 있다. 이와 유사하게 alkyltin trichloride는 Sn(II) 염화물에 alkyl chloride가 산화성 첨가를 일으켜 합성되는 것으로 보아 Sn(II) 중간체를 거치는 것이 더 확실해 졌다.

$$R{-}Cl + [RSnCl] \longrightarrow R_2SnCl_2$$

$$R{-}X + SnX_2 \xrightarrow{R'_3Sb} RSnX_3$$

Tin 뿐만 아니라 납과 같은 일부 주족 금속들도 같은 유형의 R–X 산화성 첨가에 의하여 M–C 결합을 형성하는 것으로 분류할 수 있다.

$$Pb^{II}I_2 + CH_3{-}I \longrightarrow Pb^{IV}(CH_3)I_3$$

전이금속의 반응에서는 이와 같은 alkyl halide의 산화성 첨가가 빈번하게 일어나게 된다. 단 이러한 방식으로 생성되는 화합물은 다음 반응이 재빠르게 일어나서 반응 중간체를 분리하는 것은 대단히 어렵다. 그러나 몇몇 4- 또는 5-배위 d^8 complex는 alkyl halide와 반응하여 얻을 수 있거나 확인 가능한 안정한 산화성 첨가물을 생성하기도 한다. 다음 6-배위 iridium(III) complex는 4-배위 iridium(I) complex로부터 methyl bromide의 산화성 첨가로 얻을 수 있다.

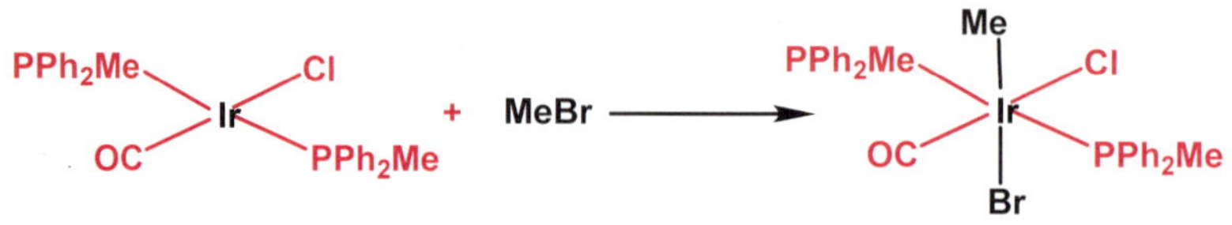

1.8.3 Metal-Halogen Exchange of Organometallics

Alkyl halide는 alkyllithium과 같은 간단한 유기금속 화합물과의 반응에서 금속과 할로겐을 맞교환하는 형식으로 진행되기도 하며, 이는 다음과 같은 일반식으로 표시할 수 있다.

Organometallics + Alkyl Halide

$$R{-}X + R'M \rightleftharpoons RM + R'{-}X$$

이 반응은 거의 대부분 간단한 alkyllithium을 이용하게 된다. 평형은 R'보다 R의 경우가 음이온을 안정화하는 능력이 클 때 생성물에 유리하게 된다. 모든 할로젠이 대상일 수 있으나 실제로는 X = I, Br인 경우에 행하게 되며, 반응성이 낮은 Cl이나 F인 경우에는 잘 이용하지 않게 된다. Wultz 반응 유형의 coupling 반응이나 R'−X의 여러 반응이 부반응으로 일어날 수도 있다. 그러나 이 반응은 아주 낮은 온도에서도 매우 빠르게 일어나므로, 온도를 낮춘 kinetic control 조건하에서는 부반응이 거의 없이 반응을 진행시킬 수 있다. Aryl bromide와 butyllithium의 다음 반응이 그 예이다. 이 반응은 열역학적으로 유리한 반응이어서 역으로 진행되지 않는다. 즉, phenyllithium을 butyl bromide와 반응시켜도 반응은 진행되지 않는다. 이보다 높은 상온 가까이의 온도에서 butyllithium은 pyridine의 C=N 이중결합에 첨가되는 반응이 일어날 수 있다. (Chapter 2)

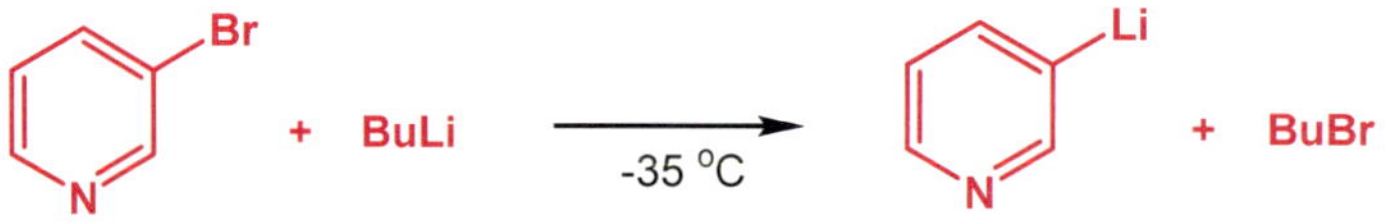

이 반응은 aryl halide에서 aryllithium을 만드는 데 자주 이용하게 된다. Phenyl 음이온이 일반적인 alkyl 음이온에 비해서 안정하므로 평형은 오른쪽, 즉 생성물에 유리한 쪽으로 치우치게 된다. 주로 −100°C에서 반응을 진행함으로써 부반응은 거의 일어나지 못할 뿐 아니라 다양한 방향족 고리 치환기들도 다치지 않고 살아나므로 위에서 살펴본 금속에 의한 직접 치환 반응에 비해 큰 장점이 될 수 있다.

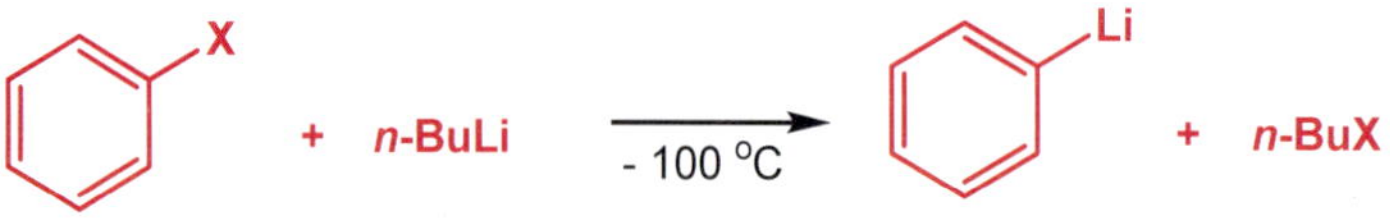

Alkyllithium과는 달리 R_nMLi과 같은 유형의 lithium metallate 화합물이 alkyl halide와의 친핵성 치환 반응으로 새로운 유기금속 화합물을 형성하기도 한다. 다음 germanium 화합물의 반응이 그 한 예이지만, 이는 silicon, boron, tin, lead 등 많은 유기금속 화합물을 이 방

법으로 얻을 수 있다.

$$Ph_3GeLi + PhCH_2CH_2Br \longrightarrow Ph_3GeCH_2CH_2Ph + LiBr$$

다음 반응에서 보는 바와 같이 생성한 lithium 화합물을 Cu(I)염의 첨가로 copper(I) metallate로 전환하여 사용하는 것이 더 효율적으로 친핵성 치환 생성물을 얻게 된다. Organosilyllithium이나 copper를 이용하는 많은 응용 예들을 해당 chapter에서 보게 된다.

Cl, Me_3SiCu, HMPA, Et_2O, - 60 °C, $SiMe_3$, +, $SiMe_3$, 92 : 8, 86 % yield

다음 반응은 sodium 염의 형태로 음이온성 metal complex의 금속이 친핵체가 되어 이탈기를 치환하는 반응으로 위의 반응과 유사한 반응이라 할 수 있다.

Br + $NaMn(CO)_5$ ⟶ $Mn(CO)_5$ + NaBr

1.9 Synthesis of Organometallics II. By Replacing C−H σ-Bonds

1.9.1 Deprotonation of C-H Acids

유기 화합물에서 탄소와 결합한 양성자떼기로 유기금속 화합물을 만들 수 있다. 많은 유기금속 화합물이 강한 염기로 작용할 수 있기 때문이다.

$$R{-}H + R'M \longrightarrow R{-}M + R'{-}H$$

수소 원자가 금속으로 치환되는 이 반응은 다음과 같은 산·염기 평형이 유리한 경우에는 쉽게 유기금속 화합물을 얻을 수 있게 된다.

$$R{-}H + R'^{\ominus}\, M^{\oplus} \longrightarrow R^{\ominus}\, {}^{\oplus}M + R'{-}H$$

실제로 유기 반응에서 사용할 수 있는 가장 반응성이 큰 염기가 alkyllithium으로 이들은 대개 짝산의 *pKa*가 50이 넘는 강한 염기이다. Alkyllithium과 쉽게 반응하는 친핵성 자리를 갖지 않는 대부분의 유기 화합물에서 양성자떼기가 가능하다. 이들 반응 또한 낮은 온도에서 행하는 것이 보통이며, 실제로 양성자떼기로 새로운 organolithium 화합물을 얻을 수 있는가의 여부는 kinetic acidity와 관련이 있다. 다음에 열거한 화합물에서처럼 vinyl, allyl 및 benzyl 자리 수소는 모두 일반 alkane보다 낮은 *pKa*값을 가지며 alkyllithium을 사용하여 양성자떼기가 가능하다.

Alkyllithium은 tetramer 또는 그 이상의 aggregate를 형성하며 더 높은 반응성이 요구되는 반응인 경우에는 KO-*t*-Bu을 첨가하거나, 아니면 TMEDA와 같은 chelating 시약을 첨가하기도 한다. 이와 같이 Li ion과의 binding이 가능한 첨가제가 있는 경우에는 반응성이 크게 증대된다.

Alkyllithium에 의한 양성자떼기는 특히 phenyllithium을 만드는 데 유리하다. 앞의 TMEDA에 의한 alkyllithium의 반응성 증가에서 본 것처럼 lithium과 coordination이 가능한 group이 이웃한 경우의 양성자떼기는 특히 잘 일어난다. 이를 ***ortho*-lithiation**이라 부른다. (2.8절 참조)

이들 sp^2 혼성화 탄소의 C–H 결합된 수소보다 산성도가 높은 말단 acetylene(C_{sp3}-H)은 Grignard 시약을 사용하여 양성자떼기를 하는 경우도 있으나 그리 흔한 편은 아니다.

$$\text{R—≡—H} + \text{Et—MgX} \xrightarrow[20\,^{\circ}\text{C}]{\text{THF}} \text{R—≡—MgX} + \text{Et—H}$$

특별히 높은 산성도를 가지는 acetylene이나 cyclopentadiene의 경우에는 직접 Na 금속을 사용하여 얻는 경우도 있다. 수소가 발생하는 이 반응은 redox 반응으로 활성이 큰 alkali 금속을 사용하게 된다. Cyclopentadienyl anion은 안정하여 전이금속을 비롯한 다른 여러 가지 유형의 금속과 σ- 또는 π-complex를 형성하게 된다.

$$C_5H_6 + Na \xrightarrow{THF} C_5H_5^{\ominus}\ Na^{\oplus} + \tfrac{1}{2} H_2$$

말단 acetylene에서 양성자떼기는 반드시 아주 센 염기가 있어야 하는 것도 아니다. Acetylenylcopper는 다음 반응에서와 같이 3차 amine에 의해서도 양성자떼기가 일어나서 생성되기도 한다. 보통의 양성자떼기와는 다른 메커니즘을 거칠 것이란 추측은 할 수 있다.

$$Ph{-}C{\equiv}C{-}H + CuSO_4 \xrightarrow[NH_2OH,\ H_2O]{NH_3} Ph{-}C{\equiv}C{-}Cu$$

$$Ph{-}C{\equiv}C{-}H + CuO\text{-}t\text{-}Bu \longrightarrow Ph{-}C{\equiv}C{-}Cu$$

1.9.2 Electrophilic Aromatic Substitution

완전히 다른 메커니즘을 거쳐 C−H 결합이 C−metal 결합으로 바뀌는 방법이 한 가지 더 있다. 금속이 친전자체로 작용하는 방향족 치환 반응이 그것이다. 이 반응은 금속에 제한이 있어 아주 소수의 금속 화합물만이 이러한 반응을 하게 된다. 친전자성 치환이므로 전자주개 치환기를 가진 benzene 유도체 또는 반응성이 큰 헤테로방향족 화합물들이 이러한 반응에 유리하다. Hg, Tl, Pb 화합물의 이러한 반응이 많이 알려져 있다. 치환기의 영향으로 각기 다른 이성질체의 혼합물을 얻게 되지만, 금속 화합물과 치환기 간의 상호작용으로 일반 친전자성 치환에서 보는 생성물 비와는 다른 경우가 많음은 차차 알게 될 것이다.

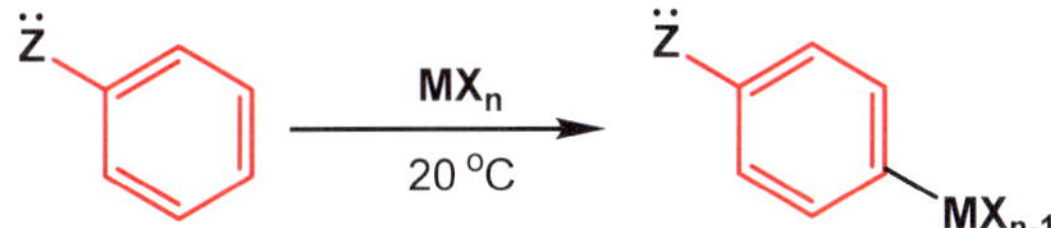

MX = $Hg(OC(O)CF_3)_2$, $Tl(OC(O)CF_3)_3$, $Pb(OC(O)CF_3)_4$
Z = OMe, SMe, NHC(O)R, NHC(O)OR, OC(O)NHR

1.9.3 Oxidative Addition of C−H Bonds

안정한 화합물은 아니더라도 C−H 결합에 전이금속 원소나 화합물의 삽입(insertion)이 일어나서 금속과 탄소, 금속과 수소 결합이 동시에 형성되는 반응은 아주 자주 보게 될 것이다. 금속에 C−H 결합의 산화성 첨가가 일어난다고 한다. 앞의 탄소−할로젠 결합의 산화성 첨가와 유사하게 일어난다. 주족 금속인 경우에는 이와 같은 반응을 거의 볼 수 없다.

다음에 두 가지 반응 예를 들었으나 여기서 생성되는 화합물은 분리 가능한 안정한 것이 아니라 중간체로 생성되었다가 바로 다음 반응으로 이어지게 된다. C−H 결합이라 하더라도 아무 것이나 닥치는 대로 떨어지는 경우는 없고, allyl, benzyl 및 aldehyde의 수소와 같이 쉽게 깨지는 C−H 결합이 선별적으로 반응하게 됨은 말할 나위가 없다.

1.10 Synthesis of Organometallics III. By Addition to C=C π-Bonds

1.10.1 Hydrometallation

이 반응은 금속-수소 간의 σ-결합을 가지는 각종 Metal Hydride가 alkene 또는 alkyne의 π-결합에 첨가되어 새로운 탄소와 금속 간의 σ-결합을 형성하는 반응으로 꽤 자주 보게 되는 반응이다. 다음과 같은 일반식으로 나타낼 수 있다.

이 반응은 M = B, Al, Si, Ge, Sn, Zr인 경우에 합성 반응에 많이 사용되며, 이들 반응을 hydroboration, hydroalumination, hydrozirconation 등으로 부른다. 같은 족의 유사 화합물 간의 반응성 차이는 다음 3A족 금속의 예에서와는 달리 일반적으로는 원자 번호가 큰 중원소일수록 hydrometallation의 반응성이 커진다.

덜 안정한 중간체로 존재하지만 많은 전이금속 화합물도 M–H σ-결합을 가지는 예가 많으며, 위의 반응들과 메커니즘으로는 구별이 되지만 결과는 같은 hydrometallation 반응을 종종 발견하게 된다. Alkene의 *cis-trans* 이성질화는 결국 산촉매에 의한 양성자붙임–양성자떼기처럼 hydrometallation-dehydrometallation의 첨가–제거 연속에 의하여 이루어지는 반응이라 할 수 있다.

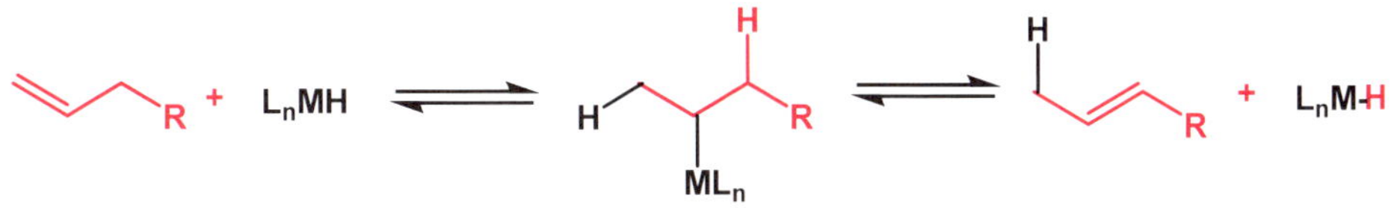

Allylbenzene의 다음 반응 예는 hydropalladation-dehydropalladation에 의한 이성질화 반응의 실제 예이며, 일반적으로 π-결합이 더 안정한 isomer 쪽으로 일어나는 것이 보통이다.

1.10.2 Carbometallation

형식상으로 보아서는 이 반응은 상기 hydrometallation과 같은 유형이다. Alkylmetal의 금속–탄소 간의 결합이 다음과 같은 일반식에 따라 이중결합에 첨가가 일어난다.

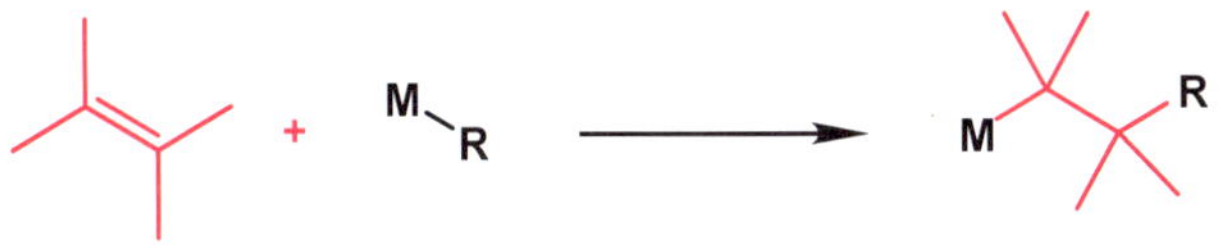

Hydrometallation 반응과는 달리 이 반응은 M이 alkali 금속이거나 aluminum과 같이 금속이 electropositive인 경우에 일어나는 경우가 많으며, alkylmetal이 빠짐 없이 모두 첨가 반응을 일으키는 것은 아니다. 많은 경우 *cis*-첨가가 일어나지만 항상 regio-selective하게 또는 stereo-selective하게 진행되는 것도 아니다.

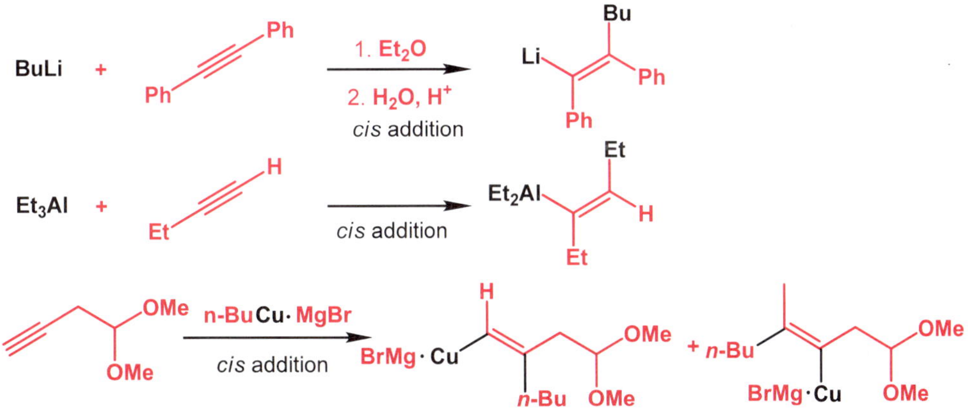

Acetylene의 carbometallation이 가장 많이 보고되어 있지만 alkene의 carbometallation도 흔치 않은 반응은 아니다. 다음 식에서와 같이 때로는 alkyllithium도 alkene에 첨가되기도 하며 이러한 첨가 반응은 적절한 chiral ligand를 사용하면 enantioselective한 carbometallation이 일어나기도 한다.

n-Butyllithium/TMEDA는 ethylene에 첨가되어 음이온 포리머화를 개시하기도 한다. 다음 반응은 alkyllithium의 carbomatallation을 이용하는 공업적인 합성고무 생산 공정이다.

EtLi
pentane
n
cis-1,4-polyisoprene
synthetic rubber

1.10.3 Oxymetallation (Solvometallation)

Metal hydride나 alkylmetal이 이중결합에 첨가되는 양상과는 달리 일부 금속 화합물은 alkene과 bromine 간의 친전자성 첨가와 완전히 같은 양식으로 이중결합에 첨가되어 유기금속 화합물을 생성하는 경우도 있다. Solvomercuration은 그중에서도 가장 많이 알려져 있는 반응으로 한동안 유기합성 반응에 많이 응용되었다.

$(AcO)_2Hg$ ⊕HgOAc ⊖OAc HgOAc OAc

위의 반응에서 보는 것처럼 onium ion 중간체를 거치므로 친핵체는 반드시 염의 짝 음이온일 필요가 없다. 분자 내에 OH, NH_2 등의 친핵성 치환기가 있는 경우에는 고리형 화합물을 얻게 된다.

R OH $(AcO)_2Hg$ R O HgOAc

비슷하게 oxythallation 반응도 자주 사용되는 반응의 하나이지만 반응이 한 단계 더 진행되어 C–Tl 결합을 갖는 화합물을 분리하기는 쉽지 않다. Ag^+에 의한 다음 고리화 반응도 oxymetallation을 거치는 것으로 사료된다.

O OH cat. Ag⊕ O O

1.10.4 Formation of *π*-Complex

탄소–탄소 이중결합 또는 삼중결합과 금속 화합물 간의 반응으로 유기금속 화합물을 얻는 예는 더 있다. 유기물과 σ 결합을 이루는 대신에 π-complex를 형성하는 반응으로 앞의 여러 반응과는 완전히 다른 형태라 할 수 있다. 본 Chapter 앞쪽의 처음 선보인 Zeise's salt도 한가지 예이다. 뒤에 다루게 될 전이금속 촉매에 의한 π-결합을 가지는 유기 화합물의 반응은 모두 이러한 π-complex를 거쳐서 일어난다고 할 수 있으며 뒤에서 수 없이 많은 예를 보게 될 것이다.

1.11 Synthesis of Organometallics IV. By Other Organometallics

유기금속 화합물은 일반적으로 다른 금속, 다른 금속 화합물 그리고 다른 유기금속 화합물에 의하여 결합된 금속 원자 바뀐 새로운 유기금속 화합물을 생성할 수 있다. Transmetallation이나 다른 교환 반응으로 부르기도 하지만, 필요한 유기금속 화합물을 금속, 금속 화합물을 사용하여 금속 원자를 바꿔치기 함으로써 얻게 된다.

$$R{-}M' + \boxed{M,\ R'{-}M,\ M{-}X} \rightleftharpoons R{-}M + \boxed{M',\ R'{-}M',\ M'{-}X}$$

1.11.1 Transmetallation with Metal (Metallo-demetallation)

Metal + Organometallics

$$M + R{-}M' \rightleftharpoons R{-}M + M'$$

금속을 유기금속 화합물과 반응시켜 다른 유기금속 화합물을 합성하는 방법으로 transmetallation이라고 부른다. 여기에 사용될 수 있는 금속은 다음과 같이 모든 IA와 IIA의 주족 금속을 포함하여 상당수에 이른다.

M = Li – Cs, Be – Ba, Al, Ga, Sn, Pb, Bi, Se, Te, Zn, Cd.

Transmetallation이 가능한지 여부는 두 organometallics의 표준생성자유에너지에 달려 있다.

$$Zn + (CH_3)_2Hg \longrightarrow (CH_3)_2Zn + Hg$$

1.11.2 Metal-Metal Exchange (Ligand Exchange)

Organometallics 1 + Organometallics 2

$$R{-}M + R'{-}M' \rightleftharpoons R'{-}M + R{-}M'$$

이는 두 organometallics 간에 organic ligand를 맞교환하는 방식으로 평형이 오른쪽으로 유리한 경우에만 효과적으로 사용할 수 있는 방법이다. 다음 보기 반응에서는 Ph_4Sn이 침전으로 반응계에서 분리되기 때문에 평형이 vinyllithium 생성에 유리한 반응의 예이다.

$$4\ PhLi + (CH_2{=}CH)_4Sn \longrightarrow 4\ CH_2{=}CHLi + Ph_4Sn$$

$$R^2R^3C{=}C(R^1)AlBu_3^{\ominus}\ Li^{\oplus} + Cp_2ZrCl_2 \longrightarrow R^2R^3C{=}C(R^1)ZrCp_2Cl + AlBu_3 + LiCl$$

1.11.3 Transmetallation with Metal Halides

Organometallics + Metal Halide

$$R{-}M \;+\; M'{-}X \;\rightleftharpoons\; R{-}M' \;+\; M{-}X$$

이 평형은 M이 M'보다 전기적으로 양성인 경우에 유리하다. 특히 M이 Li를 비롯한 alkali metal이거나 Mg 같은 경우에는 안정한 M–X 화합물의 생성으로 평형은 오른쪽으로 치우치며, 이 방법은 다른 방법으로 만들기 어려운 여러 가지 유기금속 화합물의 합성에 폭넓게 사용되고 있다.

$$Me_3SiCH_2{-}MgBr \;+\; TiCl_4 \longrightarrow (Me_3SiCH_2)_2TiCl_2 \;+\; MgClBr$$

$$3\,CH_3Li \;+\; SbCl_3 \longrightarrow (CH_3)_3Sb \;+\; LiCl$$

$$Ph_2Zn \;+\; CuX \longrightarrow PhCu \;+\; PhZnX$$

1.12 Synthesis of Organometallics V. By Other Methods

그 밖에도 유기금속 화합물을 합성하는 방법은 아주 많다. 그중에서도 눈에 띄는 색다른 반응 하나가 carbene의 삽입 반응이다. 전기화학적으로 양극 또는 음극 반응에서 유기금속 화합물을 얻는 반응도 여럿 알려져 있다.

1.12.1 Carbene Insertion

Organometallics + carbene

$$M{-}X \;+\; :CH_2 \longrightarrow M{-}CH_2{-}X$$

Carbene은 다음 예들에서 보는 바와 같이 금속–수소, 금속–할로젠 같이 다양한 결합에 삽입이 일어난다. 금속–탄소 간의 결합에 삽입되는 예는 거의 없다.

$$C_6H_5SiH_3 \;+\; CH_2{=}\overset{\oplus}{N}{=}\overset{\ominus}{N}: \longrightarrow C_6H_5SiH_2{-}CH_2{-}H \;+\; N_2$$

$$(CH_3)_2SnCl_2 \;+\; CH_2{=}\overset{\oplus}{N}{=}\overset{\ominus}{N}: \longrightarrow (CH_3)_2Sn(Cl){-}CH_2{-}Cl \;+\; N_2$$

유기금속 화합물을 얻는 방법은 이상에서 예를 든 것 이외에도 전기화학적 방법 등 다양한 방법이 존재한다. 여기서 다룬 반응들은 그 방법으로 유기금속 화합물을 제조하여 분리하고 구조가 확정되는 경우만을 이야기하는 것이고, 반응 진행 도중 잠시 생겼다가 없어지는 중간체 성격의 유기금속 화합물이 만들어지는 경우는 헤아릴 수 없이 많다. 전이금속 반응에서 탄소–금속 결합은 주족 원소들의 탄소–금속 결합을 형성하는 과정과 약간 상이한 점이 있지만, 이는 전이금속 반응을 다루는 Chapter 6과 10에서 다시 설명하기로 한다.

문제 1.14 다음 각 반응에서 여러 가지 방법으로 유기금속 화합물이 얻어진다. 각 반응을 위의 예시에 따라 유형을 나타내는 반응 이름을 적어보라.

(a) $Me_3SiCH_2MgCl + TiCl_4 \xrightarrow{CH_2Cl_2} (Me_3SiCH_2)_2TiCl_2 + 2\ MgClX$

(b) $CH_3CH_2I + Zn(Cu) \longrightarrow CH_3CH_2ZnI \xrightarrow[\Delta]{} (CH_3CH_2)_2Zn + ZnI_2$

(c) $Br(CH_2)_8BEt_2 \xrightarrow{ZnEt_2} (Br(CH_2)_8)_2Zn + BEt_3$

(d) $Zn + R_2Hg \longrightarrow R_2Zn + Hg$

(e) $R_3SnH + CH_2{=}CHCH_2R \longrightarrow R_3SnCH_2CH(H)CH_2R$

(f) $Me_3SnNMe_2 + PhC{\equiv}CH \longrightarrow PhC{\equiv}CSnMe_3 + Me_2NH$

(g) $4\ Al + 6\ MeCl \longrightarrow 2\ Me_3Al_2Cl_3 \longrightarrow Me_4Al_2Cl_2 + Me_2Al_2Cl_4$

(h) $n\text{-BuLi} + Li_2MnCl_4 \xrightarrow[THF]{} n\text{-BuMnCl} + 3\ LiCl$

(i) $R{-}Hg{-}Cl + R'_2C{=}N^{\oplus}{=}N^{\ominus} \longrightarrow R{-}Hg{-}CR'_2Cl + N_2$

(j) $CH_3(CH_2)_6CH{=}CHI \xrightarrow{t\text{-BuLi}} CH_3(CH_2)_6CH{=}CHLi + t\text{-BuI}$

(k) $Me{-}C{\equiv}C{-}H + Et{-}MgBr \longrightarrow Me{-}C{\equiv}C{-}MgBr + Et{-}H$

(l) $EtC{\equiv}CEt \xrightarrow{Et_3Al} Et(Et)C{=}C(Et)AlEt_2 \xrightarrow{EtC{\equiv}CEt} Et(Et)C{=}C(Et){-}C(Et){=}C(Et)AlEt_2$

(m) 1-bromo-2-(but-3-enyl)benzene $\xrightarrow{n\text{-BuLi}}$ 1-lithio-2-(but-3-enyl)benzene $\xrightarrow{23\ ^{o}C}$ 1-(lithiomethyl)indane $\xrightarrow[H_2O]{}$ 1-methylindane (92 % yield)

Appendix 1 Approximate *pKa* Values of Organic and Inorganic Acids

Compound	*pKa*	Compound	*pKa*	Compound	*pKa*
$CH_3C{\equiv}N^{\oplus}{-}H$	-12	$CH_3OC(O)CH_2C(O)OCH_3$ (H H)	13	$(CH_3)_2NC(O)CH_2{-}H$ (H H)	30
$HOSO_2O{-}H$	-10	$CH_3O{-}H$	15.5	PhS–CH(H)–SPh (H H)	31
I—H	- 9	HO—H	15.7	$CH_3SO_2{-}CH_3$	31
Br—H	- 8	cyclopentadiene (H, H)	16	$Ph_3C{-}H$	32
Cl—H	- 7	$CH_3CH_2O{-}H$	16	$CH_2{=}CH{-}CH{=}CH{-}CH_2{-}H$ (H, H, H)	33
$ArSO_2O{-}H$	- 6.5	$(CH_3)_2CHO{-}H$	16.5	$CH_3SO{-}CH_3$	35
$H_2O^{\oplus}{-}H$	- 1.7	$HC(O)CH_2{-}H$ (H H)	17	H—H	35
$O_2NO{-}H$	- 1.5	$HC(O)N(H){-}H$	17	$H_2N{-}H$	38
F—H	3	$(CH_3)_3CO{-}H$	18	$((CH_3)_2CH)_2N{-}H$	40
$CH_3COO{-}H$	4.8	$CH_3C(O)CH_2{-}H$ (H H)	19	$PhCH_2{-}H$	41
$HOC(O)O{-}H$	5	$CH_3OC(O)CH_2{-}H$ (H H)	25	Ph—H	43
HS—H	7	H-C≡C—H	25	$CH_2{=}CH{-}CH_2{-}H$ (H, H, H)	43
ArS—H	8	$N{\equiv}CCH_2{-}H$	25	$H_2C{=}CH_2$ (H H / H H)	44
$H_3N^{\oplus}{-}H$	9			$CH_3{-}H$	50
N≡C—H	9			$CH_3CH_2{-}H$	> 50
$CH_3C(O)CH_2C(O)CH_3$ (H H)	9			cyclohexane (H, H)	> 51
ArO—H	10				
$CH_2{=}C(CH_3)O{-}H$	11				
$CH_3C(O)CH_2C(O)OCH_3$ (H H)	11				

CHAPTER 02

Organolithium and Magnesium Reagents

유기 화합물을 합성하는 목적으로 가장 중요한 유기금속 시약을 꼽으라고 하면 단연 alkyllithium일 것이고, 다음이 Grignard 시약이라고 할 수 있겠다. 이들은 carbanion chemistry의 정수를 이루고 있으며, 사용 가능한 여러 친전자성 유기 화합물과의 반응으로 탄소–탄소 결합을 형성한다. 수를 헤아릴 수 없을 만큼 다양한 많은 반응이 알려져 있으며, 그중에서도 중요한 반응은 카보닐 첨가 반응, Michael 첨가, alkyl halide나 sulfonate의 치환 반응, Wittig 반응이라 할 수 있다. 뿐만 아니라 halogen–metal 교환 반응 또는 산성 C–H 결합에서 양성자떼기 등의 방법으로 공명 안정화된 헤테로원자 치환 친핵체를 제공하기도 한다. 또한 많은 무기 금속 화합물과 반응하여 다양한 alkylmetal을 합성하여 선택성이 뛰어난 반응을 개발하는 목적으로도 사용되고 있다. 유기화학의 초급 과정에서도 비중 있게 다루기 때문에 아마도 이 chapter에 나오는 대부분의 반응을 조금씩이나마 이해하고 있을 것이다. 이미 알고 있는 이들 시약에 관한 지식을 체계적으로 종합 정리하고, 세세한 부분을 추가하여 넣어 구성하였다. 앞으로 학습하게 되는 다른 유기금속 화합물의 모든 반응에서 비교의 기준이 되는 아주 중요한 반응들을 다루는 chapter라고 할 수 있다.

2.1 The Role of Alkylmetals in Synthesis

유기화학, 특히 유기합성에서 유기금속 화합물의 역할은 탄소 친핵체인 carbanion을 만들어 반응시키는 것이라 할 수 있다. 탄소와 전기음성도가 높은 할로젠, 산소, 질소, 황 등의 원자와 단일결합 또는 이중결합을 이루는 탄소는 친전자성 자리를 제공한다. 탄소–탄소 결합 형성에는 친핵성 탄소 화합물이 필요하며, 필요한 거의 대부분을 유기금속 화합물, 특히 alkyllithium과 Grignard 시약으로 충족시킨다고 할 수 있다.

우선 먼저 탄소–금속 간의 결합 특성을 간단히 살펴보는 것으로 시작하기로 한다. 공유결합의 결합 극성은 참여하는 두 원자의 전기음성도에 따라 결정된다. 다음 그림의 aldehyde와 methyllithium의 경우를 살펴보면 카보닐기의 탄소와 산소의 전기음성도 차이에 의하여 C=O π-결합은 편극화되어 있고, 따라서 친핵체는 부분 양전하를 띠는 카보닐 탄소를 공격하게 된다. Methylithium의 C–Li 결합은 거꾸로 탄소가 부분 음전하를 띠게 되어 탄소가 친핵체로 친전자성 화합물을 공격하게 된다.

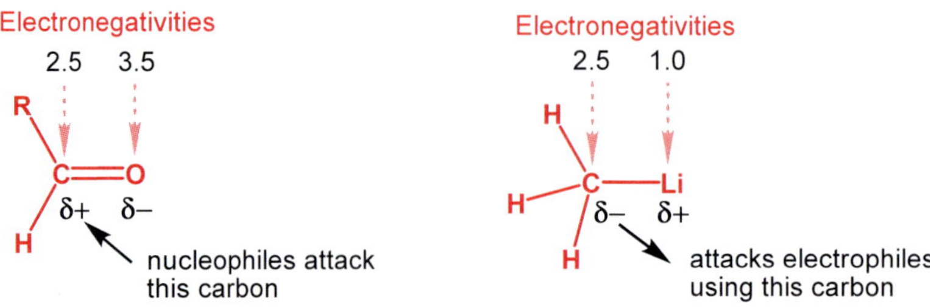

Methyllithium의 C–Li 오비탈은 탄소와 lithium의 원자 오비탈의 조합으로 더 전기음성인 탄소의 AO는 더 낮은 에너지 준위에 있음은 이미 알고 있는 사실이다. 따라서 채워진 C–Li σ 결합성 오비탈은 C가 더 큰 coefficient를 가지게 되며, 전자쌍은 탄소에 치우쳐 존재하게 된다. 또한 σ 오비탈의 에너지 준위는 C의 sp^3 혼성화 원자 오비탈보다는 낮으나 비교적 가까이 있게 되고, 따라서 C–Li의 σ 결합성 오비탈은 Csp^3 오비탈과 흡사하여 alkyllithium의 탄소는 carbanion의 성격을 가지며, 실제로 반응을 기술할 때도 R^- Li^+로 표기하는 경우가 적지 않다. Alkyllithium과 함께 공부하게 되는 Grignard 시약의 C–Mg 결합도 마찬가지로 R^- ^+MgX로 간주하여도 무리가 없다.

Orbital diagram for the C-Li bond of MeLi

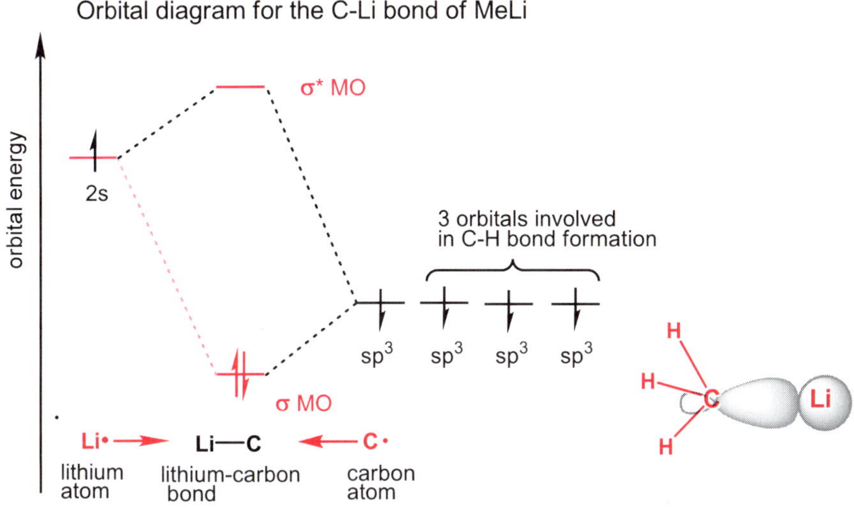

이 chapter에서는 이 두 부류의 시약이 어떻게 만들어지는가를 살펴본 후에 이들 시약이 어떠한 반응을 하며, 유기화학에서 어떤 역할을 하는가를 살피게 된다. 대부분의 유기화학 교과서에서는 Grignard 시약을 주로 다루고 organolithium 화합물도 같은 역할을 한다고 짧게 기술하지만, 실제로 이 두 시약이 사용되는 빈도를 고려하면 이야기 줄거리는 lithium 화합물을 중심으로 엮어가게 된다.

Organolithium 화합물과 Grignard 시약은 다양한 여러 작용기와의 반응에 응용될 수 있으나, 가장 중요한 역할은 역시 카보닐 화합물과의 반응으로 새로운 탄소–탄소 결합을 형성하는 반응일 것이다. Butyllithium과 cyclohexanone, isopropyl magnesium bromide와 2-heptanone의 반응으로 3차 alcohol과 2차 alcohol을 얻는 반응을 예로 들어 새로 형성되는 탄소–탄소 결합을 나타내었다.

O
1. Li
2. $H_3O^{\oplus}$
OH
New C-C bond
89 % yield

2.2 Electron Transfer from Metal to Organic Molecules

일반적으로 금속은 활성의 정도는 다르지만 쉽게 전자를 낼 수 있어 가장 손쉽게 구할 수 있는 전자 (홀전자) 전달체이다. 금속의 전자주개 능력은 다음에 열거한 몇몇 금속들의 표준 환원 전위차를 참고하면 이해가 쉽다. 능력으로는 알칼리 금속이 가장 크며, 금속 아연도 경우에 따라 유기 화합물에 전자를 제공하는 반응을 한다.

Standard Reduction Potential of Some Metals

LI(Li^+)	K(K^+)	Na(Na^+)	Mg(Mg^{2+})	Al(Al^{3+})	Ti(Ti^{3+})	Zn(Zn^{2+})	Fe(Fe^{3+})	Sn(Sn^{2+})
- 3.05	- 2.93	- 2.71	- 2.37	-1.66	-1.21	- 0.76	- 0.44	- 0.14

불포화 화합물을 포함하여 분자 내에 쉽게 전자를 받을 수 있는 전자결핍 중심을 가지고 있는 유기 화합물은 대단히 많다. 모든 분자는 빈 오비탈을 가지고 있으며, 비록 정도의 차이는 있지만 기본적으로 모두 홀전자를 수용할 수 있다. 분자 내의 염기의 공격을 받는 모든 산성 수소는 모두 금속과 반응할 수 있으며, 또한 전자쌍(또는 친핵체)의 공격을 받는 탄소 화합물의 거의 모든 전자결핍 중심은 금속과 반응한다. 탄소 화합물의 전자결핍 중심은 할로젠, 산소와 같이 전기음성도가 높은 원자들과 σ 또는 π 결합을 이룬 탄소가 대부분이다.

활성이 큰 금속은 이탈기와 탄소 간의 C–X(X 이탈기) 결합의 σ^* 반결합성 오비탈과 반응할 수 있다. 또한 금속은 C=O 결합을 포함한 탄소–헤테로원자 간의 π^* 반결합성 오비탈에도 전자를 공여할 수 있다. 이보다 반응성은 뒤지지만 C=C π^* 결합과도 활성이 큰 금속과는 반응을 할 수 있다. 전자를 하나 수용하고 나면 화합물은 음전하를 띠게 되며, 홀전자를 갖게 된다. 이를 일컬어 **라디칼 음이온(radical anon)**이라고 부른다. 유기화학에 사용되는 대다수의 alkylmetal은 탄소–할로젠 결합을 금속과 반응시켜 얻고 있으며, 이들 **alkylmetal**

을 다른 금속, 금속 염 또는 다른 금속 화합물과 반응시켜 제 2, 제 3의 alkylmetal을 얻어 사용하고 있다.

Alkyllithium이나 Grignard 시약의 가장 기본적인 합성법은 alkyl halide를 직접 이들 금속과 반응하여 얻는 방법이다. Na 또는 K은 전자주개 능력은 뛰어나지만 Li나 Mg처럼 탄소와 비교적 안정한 공유결합을 형성하지 못 한다. 잠정적으로 생겨나는 반응성이 대단히 높은 이들 중간체는 다른 alkyl halide를 친핵성 공격하는 등 곧바로 다른 반응으로 이어지게 된다. 또는 경우에 따라 반응계에 양성자 주개가 존재하는 경우에는 양성자를 받아 전체적으로 보아 할로젠이 수소로 바뀌는 환원 반응도 일어날 수도 있다. 또는 제거 반응으로 alkene이 생성되는 등 여러 종류의 다양한 후속 반응이 일어나게 된다. 또한 전자주개 능력이 떨어지는 다른 금속들과 alkyl halide의 반응도 순조롭게 alkylmetal의 합성이 이루어지지 않는다. 결국 전자전달 능력이 높으며, 충분히 안정한 alkylmetal의 생성이 가능한 Li과 Mg을 가장 많이 사용하게 된다.

우선 alkyl halide의 탄소–할로젠 결합이 금속과 어떻게 반응하여 어떤 생성물이 생성되는가를 살펴보자. Alkyl halide는 홀전자를 받으면 음이온 라디칼이 된다. 음이온 라디칼은 음이온 이탈기를 잃고 alkyl 라디칼을 형성하며, 전자 하나를 더 얻게 되면 alkyl anion이 된다. Alkyl anion은 금속의 성질에 따라 Li이나 Mg처럼 탄소와 공유결합 형성이 용이한 경우에는 공유결합을 형성하게 된다. 전자전달을 나타내는 구부린 화살표 표기는 쓰지 않는다[1].

$$\mathrm{R{-}X} + \cdot\mathrm{M} \longrightarrow [\mathrm{R} \therefore \mathrm{X}]^{\ominus}\ \mathrm{M}^{\oplus} \longrightarrow \mathrm{R}\cdot \xrightarrow{\cdot \mathrm{M}} \mathrm{R}{:}^{\ominus}\ \mathrm{M}^{\oplus} \equiv \mathrm{R{-}M}$$

Wultz Reaction

Alkyl halide와 Na의 반응인 Wultz 반응은 아주 오래된 반응 중의 하나로, 초기에 긴 사슬 alkane을 합성하는 방법으로 사용되었다. 금속의 전자전달로 형성된 alkyl anion이 친핵체로 치환 반응을 일으키게 된다.

$$\mathrm{R{-}X} + \cdot\mathrm{Na} \longrightarrow [\mathrm{R} \therefore \mathrm{X}]^{\ominus}\ \mathrm{Na}^{\oplus} \longrightarrow \mathrm{R}\cdot + \mathrm{NaX}$$

$$\mathrm{R}\cdot + \cdot\mathrm{Na} \longrightarrow \mathrm{R}{:}^{\ominus}\ \mathrm{Na}^{\oplus}$$

$$\mathrm{R}{:}^{\ominus}\ \mathrm{Na}^{\oplus} + \mathrm{R{-}X} \longrightarrow \mathrm{R{-}R}$$

다음과 같이 특별한 경우 alkane의 제법으로 사용되기는 하지만 일반적인 alkane의 합성 반응이라고는 할 수 없다.

2 Br $\xrightarrow{\mathrm{Na}}$

1 음이온 라디칼의 공명구조는 여러 가지 방법으로 그릴 수 있다. 이 교재에서는 라디칼 음이온 공명구조 표시로 R과 X 두 센터 간의 결합에 전자 셋을 그려 넣는 $[\mathrm{R} \therefore \mathrm{X}]^{-}$와 같은 그림을 사용한다. 이 2-중심-3전자 결합 공명구조는 홀전자가 R–X σ^* 오비탈에 편재화되어 R과 X 간의 결합이 반쪽 결합이 되도록 한다.

그러나 alkyl halide를 금속 Na과 반응시키면 반응성이 대단히 높은 alkyl sodium(이온성)이 생성되어 많은 친핵성 치환이, 특히 염기성이 큰 친핵체와의 반응에서 부반응으로 제거 반응이 일어나는 것과 같이 여기서도 부반응은 피할 수 없기 때문이다. 이 반응을 개선하여 alkylbenzene의 합성이나 다음과 같은 bicyclo 화합물의 합성 등 특별한 응용 사례가 있기는 하지만, 현재로는 거의 다른 합성 반응에 의하여 만들 수 있다.

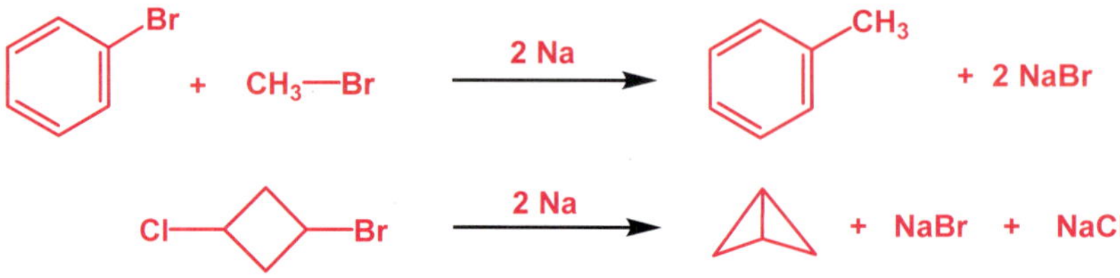

PhBr + CH_3—Br →(2 Na) PhCH_3 + 2 NaBr

Cl—(cyclobutane)—Br →(2 Na) (bicyclobutane) + NaBr + NaCl

2.3 Formation of Grignard Reagents: Metal Insertion

Alkyl chloride, bromide, iodide는 충분한 전자를 받을 능력이 있어 (빈 C–X 반결합성 σ^* 오비탈) 탄소와의 공유결합이 가능한 Li, Mg, Zn와 금속삽입 반응을 한다. 오랫동안 가장 널리 알려진 금속삽입 반응은 Grignard 반응으로 금속 Mg를 사용한다. 형식상으로 보아 이 반응은 Mg 금속이 C–X 결합에 삽입되는 꼴이다. **(metal insertion)**

R—X →(Mg, Et_2O) R—Mg—X

R = alkyl, aryl etc
X = I, Br, Cl

alkyl magnesium halide

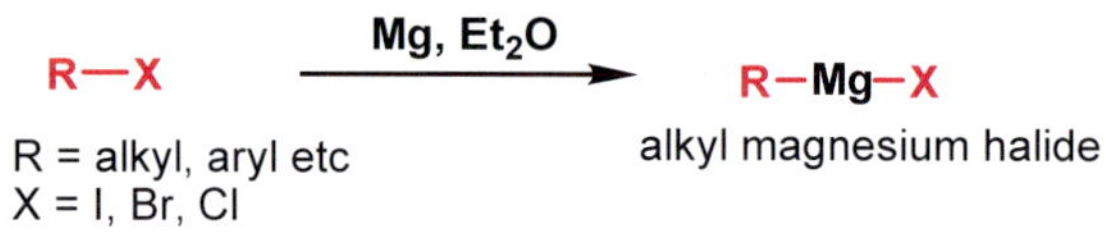

이런 부류의 반응을 **산화성 첨가(oxidative addition)**라고 부르게 되는데 (Chapter 6 참조) 금속을 기준으로 산화상태를 살펴보면 Mg^0가 Mg^{II}로 산화되는 것을 볼 수 있다. Alkyl halide의 alkyl기는 단순한 alkyl기일 수도 있고, vinyl이나 aryl일 수도 있으며, 탄소 화합물 구조에 크게 구애를 받지 않고 **Grignard 시약**을 만들 수 있다.

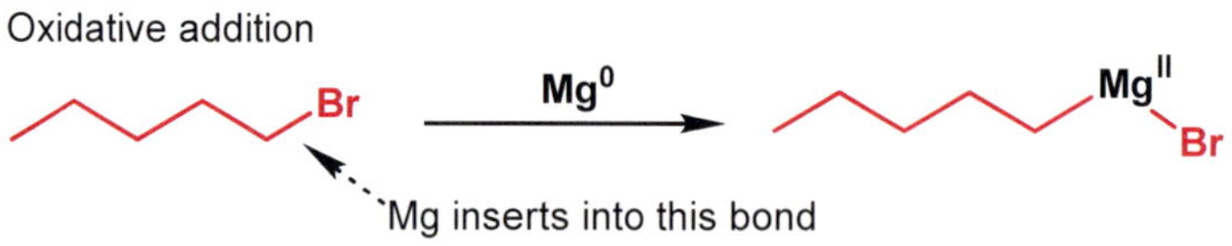

Oxidative addition

R—Br →(Mg^0) R—Mg^{II}—Br

Mg inserts into this bond

어떻게 전자의 이동이 일어나서 이와 같은 산화상태의 변화가 일어나게 되는가는 현재로서는 그리 중요하지 않지만, 앞의 Na이나 K과의 반응에서처럼 radical anion을 거쳐 진행되는 것이 타당성이 있다. 다음 그림은 금속 표면의 Mg 원자 하나가 전자 둘을 차례로 잃고 반응하는 alkyl bromide는 전자 하나를 받고 라디칼 음이온이 되고, 전기음성인 bromide가 떨어지고 라디칼 R·이 전자를 얻어서 alkyl magnesium bromide를 형성하는 것을 도시한 것이다.

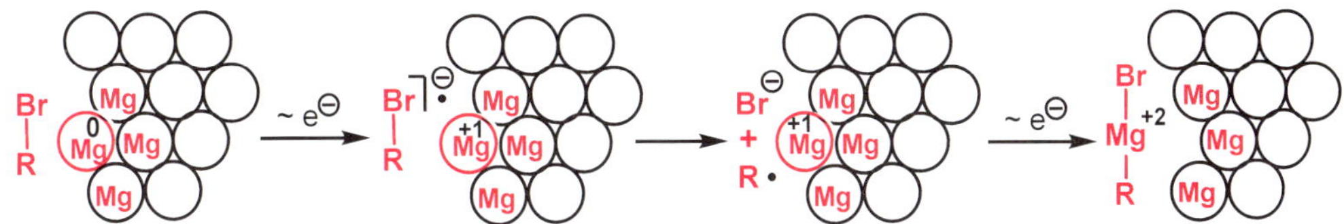

중간체로 형성되는 음이온 라디칼은 위의 그림에서처럼 그려도 되고, 아래 식에서처럼 2-중심-3전자 결합으로 그려도 무방하다. 하지만 이 경우에는 중간 과정을 생략한 채 단순한 전자쌍 이동 화살표를 사용하여도 무방하다.

$$R{-}X + Mg \longrightarrow [R \mathbin{:\cdot} X]^{\ominus}\ Mg\cdot^{\oplus} \longrightarrow R\cdot + \cdot MgX \longrightarrow R{-}Mg{-}X$$

$$R{-}X\ \ :Mg \longrightarrow R{-}Mg{-}X$$

반응은 주로 ether를 용매로 사용하여 수행하게 되며, 생성된 **Grignard 시약**은 용매 분자와 배위하게 된다. THF, diethyl ether, dimethoxyethane(DME) 등이 이 용도로 자주 쓰이는 ether 용매이며, 일반 반응식에서는 생략하지만 이들이 배위된 Grignard 시약은 다음과 같이 그릴 수 있다.

또한 Grignard 시약은 **Schlenk equilibrium**이라고 하는 다음과 같은 평형이 존재한다.

$$2\ R{-}MgX \rightleftharpoons R{-}Mg{-}R + MgX_2$$

이 평형에 의하여 Grignard 시약 용액 내에 존재하는 소량의 Lewis 산인 $MgBr_2$는 반응성에 커다란 영향을 미치게 된다. 예를 들어, epoxide와 같은 친전자체와의 반응에서 $MgBr_2$는 산소와 배위하여 반응성을 크게 높이게 된다. Grignard 시약이 만들어지는 과정 자체에서도 $MgBr_2$는 alkyl halide를 활성화하는 것으로 알려져 있다. 이는 Friedel-Craft alkylation에서의 $AlCl_3$의 역할을 상기하면 쉽게 이해될 것이다.

$$\overset{\delta+}{R}{-}X\text{-----}\overset{\delta-}{MgX_2} \qquad \overset{\delta+}{R}{-}X\text{----}\overset{\delta-}{AlX_3}$$

enhenced reactivity　　enhenced reactivity

또한 금속과 alkyl halide 간의 반응은 halogen에 따라 반응성이 다르며, 이탈 능력이 큰 I나 Br과 같은 중원자 할로젠일수록 더 용이하게 일어난다. 또한 alkyl기에 따라서도 반응성의 차이를 보일 수도 있으나 일반적으로 친핵체와의 반응에서와 같은 큰 반응성 차이가 없으므로 거의 무시해 버려도 될 정도이다. 다음 일련의 반응에서 보는 것처럼 1차, 2차, 3차

alkyl halide를 가리지 않고 반응하여 Grignard reagent를 생성한다. 이들 sp^3 혼성화 탄소의 halide 뿐만 아니라 vinylic halide, aryl halide 등의 sp^2 혼성화 탄소–할로젠 결합 화합물도 어려움 없이 쉽게 Mg와 반응하여 C–X 결합이 C–MgX 결합으로 대치되어 Grignard 시약을 생성한다.

1°, 2°, 3° alkyl halides

Mg, THF

Mg, THF

Mg, Et_2O

vinyl halides

Mg, Et_2O

aryl halides

Mg, Et_2O

Alkyl기의 구조에 상관없이 Grignard 시약의 합성이 가능하다고 해서 예외가 없는 것은 아니다. 나중에 보게 되겠지만 Grignard 시약은 친핵체이지만 또한 센 염기여서 분자 내에 센 염기에 의하여 쉽게 양성자떼기가 가능한 작용기를 가지면 Grignard 시약의 합성이 어려워진다. 상당히 높은 *pKa*값을 갖는 amine도 (*pKa* = 30~40) Grignard 시약에 의하여 쉽게 양성자떼기가 일어난다는 점에 유의하여야 한다.

R—OH R—≡—H R—NH_2

카보닐 작용기는 생성된 alkylmagensium과 반응할 뿐만 아니라 카보닐기도 전자를 받아들여 또 다른 반응이 일어날 수 있으므로 피해야 하는 작용기이다. Grignard 시약에 취약한 이들 작용기는 다음과 같이 보호기를 사용하여 Mg 또는 생성된 Grignard 시약과의 반응을 차단하고 반응이 모두 끝나면 deprotection하여 원상태로 되돌리면 된다.

Mg,THF

protected aldehyde

protected alcohol

t-$BuMe_2SiO$ Mg,THF t-$BuMe_2SiO$

이웃한 원자에 핵배척 (nucleofugal) 이탈기가 있는 alkyl halide가 금속과 반응을 하면 대단히 빠르게 제거가 일어나서 alkene이 생성된다. 1,2-Dibromoethane은 종종 Grignard 반응을 개시하기 위하여 소량 첨가가 되는데, 사용되는데 Mg와 빠르게 반응할 뿐만 아니라 부산물인 ethylene과 $MgBr_2$는 반응에 아무런 방해가 되지 않는다.

이웃한 이탈기는 halide, pseudohalide, carboxylate뿐 아니라 alkoxide와 같이 이탈 능력이 아주 낮은 이탈기도 쉽게 떨어진다.

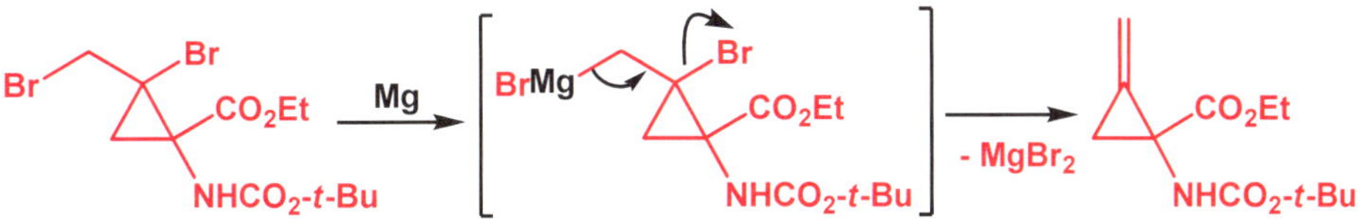

Deprotonation에 의한 E1cB 반응과 유사하게 β-탄소에 음이온이 형성되고, 이어 이탈기가 떨어지는 유형의 반응은 아주 쉽게 일어난다. 모든 E1cb 반응이 그렇듯이 꼭 좋은 이탈기가 아닌 열악한 이탈기도 쉽게 떨어진다. Halohydrin ether 등에서도 alkoxide로 쉽게 이탈되는 것은 β-자리에 음이온이 생성되는 모든 E1cb 제거 반응에서 공통적으로 일어나는 현상이다.

위와 같은 이러한 제거 반응들은 모두 음이온 중간체를 거쳐 일어나는 반응으로, 꼭 Mg이 아니더라도 Li, Zn 등의 다른 금속에 의해서도 쉽게 일어난다.

문제 2.1 금속 삽입 반응을 포함하여 다음 반응의 메커니즘을 그려라.

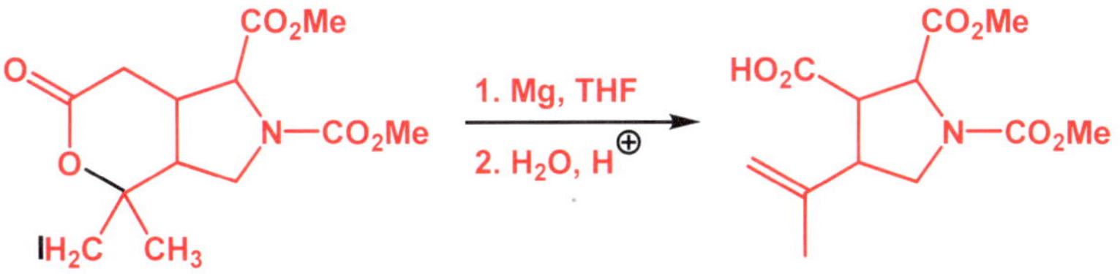

문제 2.2 다음 반응에서는 반응물에 두 할로젠이 존재하며 주어진 생성물 이외의 어떤 생성물이 추가로 생성될 수 있는가? 그런데 왜 그 추가 생성물은 생기지 않는가? 이를 오비탈 개념을 써서 설명할 수 있는가?

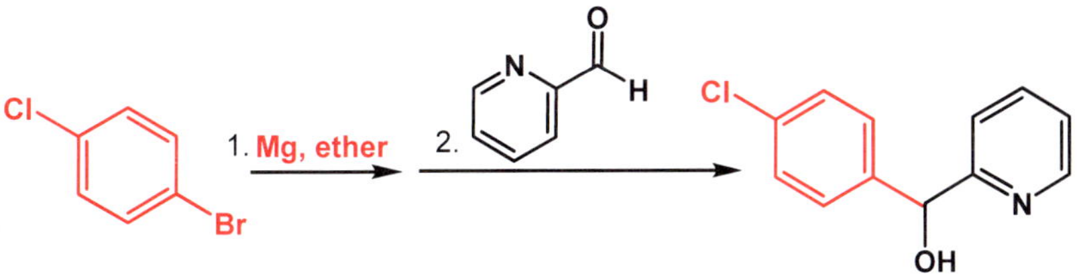

2.4 Lithiation of alkyl halides

Organo halide의 lithiation은 2당량의 Li를 필요로 하는데 이는 각각의 Li이 전자 하나만을 제공하기 때문이다. Li과의 반응속도는 Grignard 시약의 생성에서처럼 이탈기 X에 따라 달라지는데, I > Br >> Cl의 순서이며 이는 C–X 결합 세기(즉, X의 이탈능력)와 일치한다.

OCH₃ Br —Li, THF→ OCH₃ Li + LiBr

금속 삽입의 메커니즘은 앞에서와 마찬가지로 과정으로 이해하면 된다. Li으로부터 전자 하나가 PhI로 전달되면 라디칼 음이온이 생성되는데 Mg와의 반응에서처럼 이 2-중심-3전자 결합으로 그릴 수 있다. C–I anti-bonding σ^* orbital에 전자 하나를 수용하여 상당히 불안정한 라디칼 음이온 중간체가 만들어 진다. 여기서 빠르게 I^-가 떨어져 나가면 Ph·이 생기고 이는 다른 한 당량의 금속 Li과의 전자전달이 일어나서 생성물을 얻게 된다.

I —Li→ [·· I]⊖ Li⊕ —- LiI→ · —·Li→ :⊖ ≡ Li

다음 몇몇 반응 예에서 볼 수 있는 것처럼 이 반응 또한 탄소의 골격에 구애 받지 않고 또한 C–X 결합 유형에 무관하게 거의 모든 할로겐 화합물과 반응하여 organolithium 시약을 생성한다. 물론 반응성이 아주 낮다 하더라도 이웃하여 이탈기를 갖거나 분자 내에 산성 수소를 가지고 있는 화합물의 경우에는 제한을 받게 된다.

Alkyl
Cl —Li, hexane / 50 °C→ Li + LiCl

Cl —Li, pentane→ Li + LiCl

Vinyl
Cl —Li, THF→ Li + LiCl

Br —Li, Et_2O→ Li + LiBr

Aryl
Br OMe —Li, THF→ Li OMe + LiBr

반응은 ether 유형의 용매뿐 아니라 pentane과 같은 무극성 용매를 사용하여도 일어날 수 있다. 용매 분자에 의한 dative bond 형성이 이루어지지 않는 유기금속 화합물은 일반적으로 aggregate를 형성하게 되는데, alkyllithium은 다음과 같은 tetramer를 형성하는 것이 NMR을 비롯한 분광학적 연구로 모두 밝혀져 있다. 물론 극성 용매가 존재한다면 Li과의 coordination을 이루게 되며, tetramer, dimer, monomer 등의 평형을 이루게 된다. 이와 같이 alkyllithium의 Li이 복수의 리간드와의 coordination을 통한 안정화는 이들의 반응성에 상당한 영향을 주게 된다.

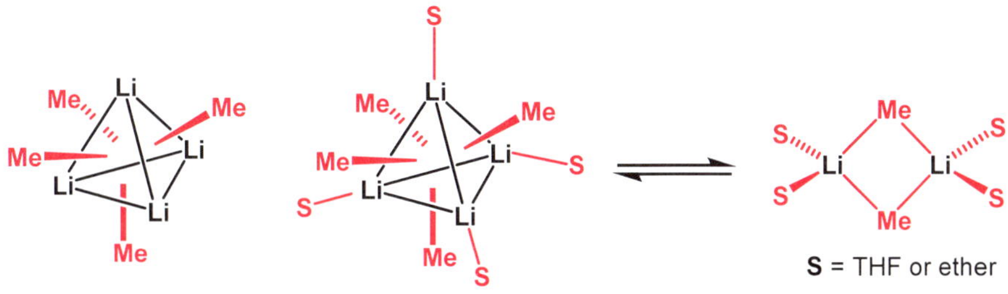

S = THF or ether

문제 2.3 다음에 주어진 organo halide에서 금속 Li과의 반응으로 alkyllithium 제조에 문제가 있는 화합물을 골라 어떤 문제인가를 설명하라. 문제가 있는 화합물은 Grignard 시약을 제조할 때도 똑같이 문제가 된다.

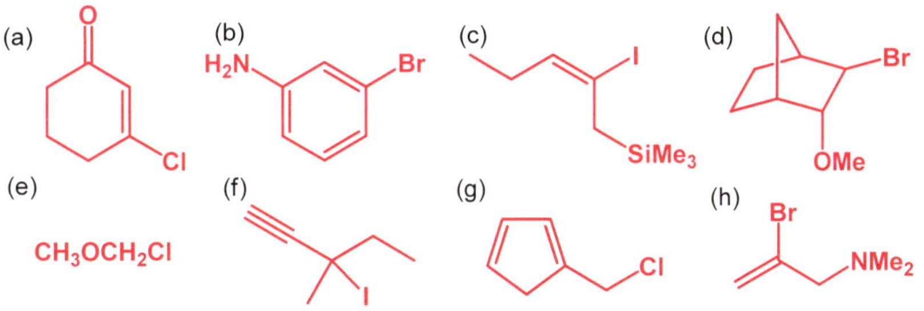

(a) (b) (c) (d)

(e) CH_3OCH_2Cl (f) (g) (h)

2.5 Halogen–Metal Exchange by Alkyllithiums

Alkyl halide와 반응하여 전자를 공여할 수 있는 것은 활성 금속뿐만이 아니다. 반응성이 큰 alkyllithium 등도 낮은 온도에서 전자를 전달할 수 있다. 논리상으로는 Grignard 시약도 비슷한 반응을 하여야 하지만 반응성이 낮으므로 높은 온도에서 행하여야 하는데, 여러 부반응이 일어날 수 있어 제대로 사용할 수가 없다. Aryl 또는 alkenyl halide를 alkyllithium으로 처리하면 할로겐-금속 교환이 일어난다. 이 할로겐-금속 교환 반응은 –78°C 이하의 낮은 온도에서도 매우 빠르게 일어난다.

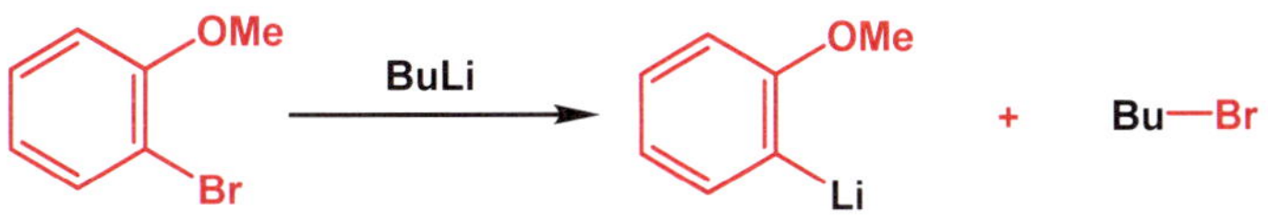

$$\text{2-bromoanisole} \xrightarrow{\text{BuLi}} \text{2-lithioanisole} + \text{Bu—Br}$$

Li과 X는 서로 자리를 바꾸어 RLi와 R'X이 생성된다. Alkyllithium의 C(sp^3)–Li 결합이 덜 염기성인 C(sp^2)–Li 결합으로 바뀌는 것이 반응의 원동력이다. 이 반응 또한 실제로 어떻게 일어나는가에 상관없이 다음과 같은 전자쌍의 이동만을 나타내어 표시하여도 무방하다.

OMe
Li
Bu
Br

실제로 반응은 몇몇 색다른 메커니즘으로도 설명할 수 있으나, 가장 그럴듯한 것은 역시 다음 식에서와 같이 전자전달을 거치는 2-중심-3전자 결합을 갖는 라디칼 음이온 중간체를 거치는 것이다. 이 할로젠–금속 교환 반응은 대단히 빠르게 일어나는 반응으로 −78°C에서도 혼합 속도보다도 더 빠르다는 특색을 갖는다! 교환 반응의 추진력은 C(sp^2)–H는 C(sp^3)–H보다 산성도가 커서 기본적으로 열역학적으로 유리하기 때문이다. 이를 거꾸로 이야기하면 phenyllithium을 이용하는 금속 교환에 의해 alkyllithium을 만드는 역반응은 효율적이지 못하다.

OMe Br —BuLi→ [OMe ∴Br]⊖ [Bu· Li]⊕ ⟶ OMe · Br⊖ [Bu· Li]⊕

OMe · [Bu:·Br]⊖ Li⊕ ⟶ OMe :⊖ Li⊕ Bu—Br

Aryl 및 alkenyl bromide나 iodide가 할로젠–금속 교환 반응의 기질이 될 수 있지만, tosylate나 다른 pseudohalide는 할로젠–금속 교환 반응을 하지 않으며, chloride와는 반응속도가 너무 느려서 주로 bromide나 iodide를 사용하게 된다. 이러한 교환 반응에는 *n*-BuLi 뿐 아니라 CH_3Li, *s*-BuLi 또는 *t*-BuLi 등이 사용될 수 있으며, 이들은 모두 구매하여 사용할 수 있다.

I —*s*-BuLi→ Li + *s*-BuI

Br NR$_2$ —*t*-BuLi→ Li NR$_2$ + *t*-BuI

OEt Br H H —*n*-BuLi→ OEt Li H H + *n*-BuBr

t-BuLi은 교환 반응이 완결되기 위하여 두 당량이 필요하다. 두 번째 당량의 *t*-BuLi은 부산물인 *t*-BuX와 반응하여 *β*-제거를 통해 isobutane, isobutylene과 LiX가 생성되기 때문이다.

할로젠-금속 교환 반응에서 CH_3Li 또는 *n*-BuLi을 사용하면, 친전자성을 갖는 MeX 또는 *n*-BuX이 부산물로 생긴다. Alkyl halide는 organolithium 화합물을 친핵체로 하는 S_N2 치환을 일으켜 친핵성 방향족 치환 생성물이 생성될 수도 있다. 이는 맨 앞에서 설명한 Na을 이용하는 고전적인 alkylbenzene의 합성법인 Wultz 반응과 같다고 보면 된다. 그러나 이를 걱정할 필요가 없는 것은 organolithium 화합물과의 할로젠-금속 교환 반응은 보통 –78°C이하에서 행하며, 부생성물은 크게 적정하지 않아도 된다. 다음 두 반응 예에서 보는 것처럼 할로젠-금속 교환 반응은 –100°C에서도 빠르게 일어나는 반응으로, 이 정도의 온도에서 비슷한 빠르기로 경쟁적으로 일어날 수 있는 반응은 거의 없다고 보면 된다.

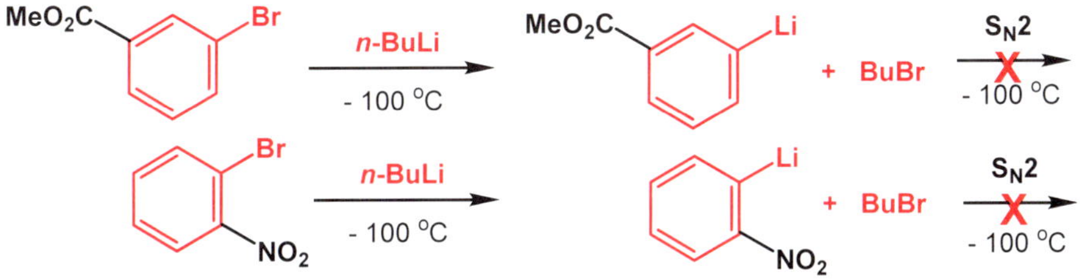

일반적으로 $C(sp^3)$ halide에서의 할로젠-금속 교환은 $C(sp^2)$ halide에서의 반응과 비교하여 유용성이 훨씬 떨어진다. 교환 반응의 추진력은 열역학적으로 유리하기 때문이며 2차나 3차 alkyl halide는 열역학적으로 불리하게 반응이기 때문이다. 이는 차수에 따른 C–H의 산성도를 비교해 보면 이해할 수 있을 것이다. 따라서 1° alkyl iodide(RCH_2I)만이 2당량의 *t*-BuLi과 비교적 합리적인 속도로 진행된다. (MeLi, *n*-BuLi, *s*-BuLi은 안 됨) *t*-BuLi은 부산물인 *t*-BuX와도 반응하므로 과량이 필요한 것은 앞에서와 같다.

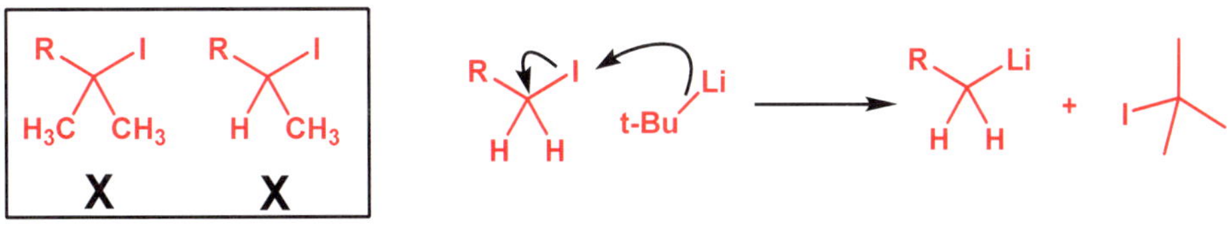

그러나 bromo- 및 dibromocyclopropane은 할로젠-금속 교환 반응이 이용할 만한 속도로 진행된다. Cyclopropane의 바깥쪽 두 결합은 많은 특이한 반응성을 가지며, cyclopropyl 음이온은 여느 $C(sp^3)$ 음이온보다 에너지가 낮다[2]. *t*-BuLi보다 반응성이 떨어지는 *n*-BuLi 및 MeLi과 같은 organolithium 시약도 cyclopropyl halide와 할로젠-금속 교환 반응을 일으킬 수 있다. 다음 보기 반응에서 보는 것처럼 dibromocyclopropane의 경우, 충분히 낮은 온도를 유지한다면 *α*-제거가 일어나지 않고 친전자체와 반응할 수 있다. (*α*-제거가 일어난다면

2 일반적으로 cyclopropane은 성질과 반응성으로 보아 alkene과 alkene의 중간 정도라고 생각하면 관련된 여러 반응을 이해하는 데 도움이 된다.

carbene이 생성되며 실제 일어날 수 있는 반응이다.)

BuLi, at - 78 °C

문제 2.4 BuLi과의 halide-metal 교환 반응으로 Li 화합물 A는 만들 수 있으나 B는 만들 수 없다. 무슨 이유 때문인가?

BuLi, THF → A; BuLi, THF ✗ → B

2.6 Alkylmetals Prepared by Deprotonation of C–H Acids

반응성이 큰 alkyllithium은 우리가 얻을 수 있는 최고로 강한 염기라고 할 수 있다. 따라서 시약을 취급할 때는 공기 중의 습기를 포함하여 습기가 없어야 한다는 절대적인 전제 조건이 붙는다. Methane의 *pKa* = 48~50, benzene의 *pKa* = 43임을 감안하면 얼마나 큰 발열 반응이며 얼마나 빠른 양성자전달 반응인가를 짐작할 수 있다.

$$\text{Li–Me} + H^{\oplus} \longrightarrow \text{Me–H} + Li^{\oplus} \qquad \text{Me–H} + H_2O \longrightarrow Me^{\ominus} + H_3O^{\oplus} \quad pKa > 48$$

$$\text{BrMg–Ph} + H^{\oplus} \longrightarrow \text{Ph–H} + {}^{\oplus}MgBr \qquad \text{Ph–H} + H_2O \longrightarrow Ph^{\ominus} + H_3O^{\oplus} \quad pKa = 43$$

이론상으로는 alkylmetal에 의해서 alkane의 *pKa*보다 더 낮은 (산성인) 모든 화합물에서 양성자떼기가 가능하다. *n*-BuLi과 PhLi은 짝산의 *pKa*가 각각 50, 43인 초강력 염기인 셈이기 때문이다.

$$\text{Bu–Li} \equiv Bu^{\ominus}\ Li^{\oplus}\ (pKa_H \sim 50) \qquad \text{Ph–Li} \equiv Ph^{\ominus}\ Li^{\oplus}\ (pKa_H \sim 43)$$

음이온을 안정화하는 치환기를 갖지 않는 C–H acid는 탄소의 혼성화에 따라 *pKa*에 많은 차이를 보인다. 탄소의 전기음성도(EN)는 C의 혼성화에 따라 sp^3 C는 EN(sp^3)=2.5, sp^2 C는 EN(Csp^2)=2.75, *sp* C는 EN(C*sp*)=3.29로 높아지는 것으로 알려져 있다. 이를 모른다 하더라도 *s*-character가 75, 66, 50 %로 낮아짐은 모두 알고 있을 터이다. Ethane, ethylene, acetylene의 C–H acidity는 그에 따라 다음과 같은 큰 차이를 나타낸다.

ethane $CH_3{-}CH_3$ *pKa* = 50; ethylene $H_2C{=}CH_2$ *pKa* = 44; acetylene $H{-}C{\equiv}C{-}H$ *pKa* = 25

increasing acidity

Alkynyllithium 또는 magnesium 시약은 거의 다른 alkyllithium이나 Grignard 시약에 의한 양성자떼기로 쉽게 얻을 수 있다. 일반적으로 말단 acetylene은 $NaNH_2$ 또는 LDA와 같은 질소 염기로 처리하여 얻는 경우도 많다.

pKa ~ 26 + *n*-BuLi —(THF, - 78 °C)→ + *n*-Bu—H *pKa* ~ 50

+ *n*-BuMgBr —(THF, 20 °C)→ MgBr + *n*-BuH

수소가 결합된 탄소의 혼성화 상태에 따라서 C–H 산의 산성도는 $C_2H_6 < C_2H_4 \ll C_2H_2$로 가면서 크게 증가한다. C–H acid의 산성도는 *sp* 혼성화 탄소의 C–H가 가장 높고, sp^2 탄소의 C–H는 sp^3 혼성화 탄소의 경우보다 높다. 또한 M–Csp^2 결합은 M–Csp^3 결합에 비해서 결합극성 또한 크다. 아래에 나타낸 몇몇 화합물의 C–H acidity를 살펴보면 vinyl, allyl, phenyl C–H는 methane, ethane, cyclohexane의 C–H acidity에 비해서 훨씬 더 산성임이 분명하다.

pKa 44 | *pKa* 43 | *pKa* 43 | *pKa* 41 | CH_3—H *pKa* 48 | CH_3CH_2—H *pKa* 50 | *pKa* 51

이러한 혼성화에 따른 산성도의 차이를 이용한다면 *n*-Bu–Li에 의한 양성자떼기로 allylic, vinylic 및 arylic lithium을 만들 수 있다는 결론에 이르게 된다. 이들 allylic, vinylic 및 arylic H는 *n*-butyllithium의 짝산인 butane보다 더 센 산이기 (낮은 *pKa* 값) 때문이다.

—(*n*-BuLi, KO*t*-Bu / TMEDA, hexane)→ Li + Li

TMEDA Me₂N–CH₂CH₂–NMe₂

—(*n*-BuLi,TMEDA / hexane reflux)→ Li

CH_3 —(*n*-BuLi / TMEDA)→ CH_2Li 91% + CH_3, Li 2 % + Li, CH_3 2 % + Li, CH_3 5 %

때로는 온도를 높여야 하기도 하지만 주로 첨가물을 더해 줌으로써 *n*-BuLi의 반응성을 높이기도 한다. 위 반응들에서 사용되는 TMEDA는 강력한 bidentate ligand로서 Li과 강력한 coordination으로 인하여, Li–C 간의 공유결합을 이완시킴으로써 반응성을 크게 증가시킨다. 위의 한 보기 반응에서의 potassium *t*-butoxide 또한 산소와 lithium의 coordination으로 alkyllithium의 aggregation을 이완시키는 역할을 한다. KO-*t*-Bu/BuLi 쌍을 사용하면 단독으로 BuLi만을 염기로 사용했을 때보다 양성자떼기가 훨씬 유리한 것으로 알려져 있다. K 양이온은 공유결합성이 없으며 따라서 alkoxide는 alkyllithium의 Li과 binding하게 되고, 이에 따라 C–Li 결합이 크게 이완되기 때문이라고 설명할 수 있다.

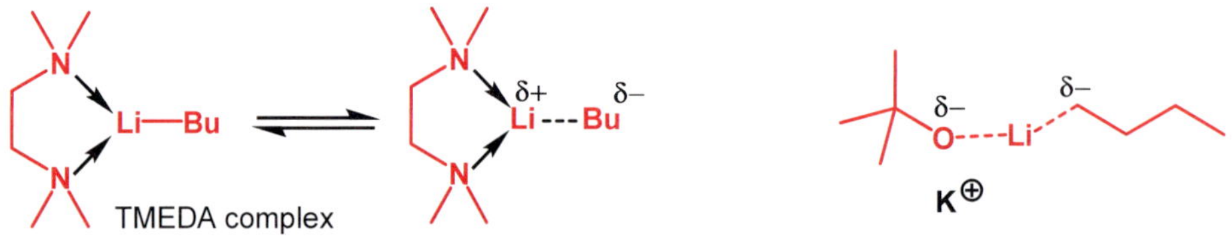

TMEDA complex

Sulfur, silicon 등 이웃한 음이온을 안정화하는 헤테로원자가 존재하거나 allyl, benzyl 자리의 C–H는 양성자떼기로 해당 lithium 화합물을 어렵지 않게 만들 수 있다. 이들 또한 모두 단순한 포화 alkane보다 낮은 *pKa*값을 가질 뿐 아니라 반응성이 큰 친전자성 자리가 없기 때문이다. Butyllithium을 이용한 양성자떼기로 생성되는 몇몇 organo-lithium 화합물의 예를 다음에 나타내었다.

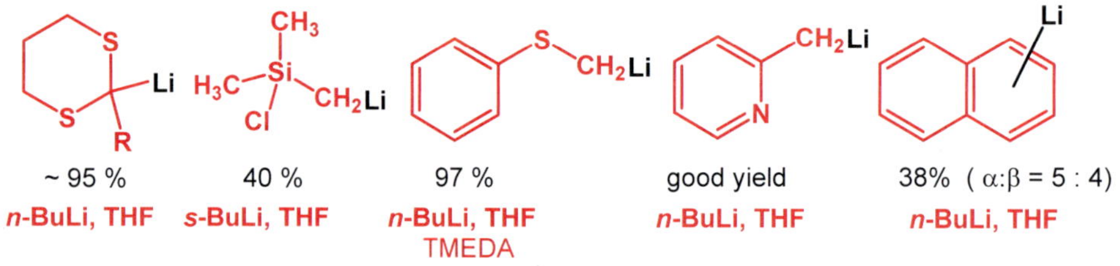

~ 95 %	40 %	97 %	good yield	38% (α:β = 5 : 4)
n-BuLi, THF	*s*-BuLi, THF	*n*-BuLi, THF TMEDA	*n*-BuLi, THF	*n*-BuLi, THF

위의 예 이외에도 ammonium, sulfonium, sulfoxonium, phosphonium 등의 onium salt로부터도 양성자떼기로 ylide를 얻을 수 있는 등 유사한 반응 예는 광범위하게 걸쳐 있다. 이들 헤테로원자에 의하여 안정화되는 organolithium 화합물의 제법과 반응은 모아서 Chapter 3에서 다루게 된다.

2.7 *ortho*-Lithiation: Special Case of Deprotonation

방향족 화합물은 alkyllithium과 반응하여 aryllithium을 생성할 수 있음을 위에서 보았다. 이 반응은 이웃한 *ortho*-자리에 Li ion과 binding이 가능한 치환기가 존재하면 훨씬 쉽게 일어나게 되는데, 이 반응은 ***ortho*-lithiation**으로 알려져 있다. *n*-Butyllithium을 주로 사용하지만 *sec*-butyllithium이 더 효과적이며, TMEDA 등을 첨가하여 반응성을 더 높여야 하는 경우도 있다.

OMe + *n*-BuLi →(20 °C) (OMe, Li) + H—Bu

반응이 쉽게 일어나려면 반드시 *ortho* 위치에 Li 이온과 쉽게 coordination되는 치환기를 필요로 한다. 이러한 치환기 없이도 반응은 일어날 수 있지만 다음 보기 반응에서처럼 위치 선택성을 상실하게 되며 수득률 또한 많이 낮아진다.

Ph →(*n*-BuLi, Et_2O) *o*-Li 8% + *m*-Li 58 % + *p*-Li 34 %

어떤 치환기가 존재하면 *ortho*-lithiation이 수월하게 일어나게 되는 것일까? 특이한 점은 치환기의 전자쌍 주개 또는 받개 능력과는 아무런 상관이 없다는 것이다. Li ion과 얼마나 센 배위 결합을 형성할 수 있는가만이 주어진 반응이 쉽게 일어날 것인가와 관계 된다.

X →(*s*-BuLi) X: / Li →($E^{\oplus}$) X: / E

이 반응은 다음과 같이 일어난다고 제안되어 있다. *sec*-Butyl 음이온에 느슨하게 결합된 전자결핍 lithium은 benzene의 치환기에 coordination된다. Coordination의 정도가 세면 셀수록 *sec*-butyl의 음이온성(반응성)은 더 커지게 되고, *ortho*-양성자떼기는 그만큼 더 수월해지며 따라서 더 효과적으로 lithiation이 일어나게 된다. 효과적인 **metallation directing group(MDG)**이 함께 표시되어 있다.

coordination between X and Li

X: →(*s*-BuLi) X→Li–*s*-Bu, H → X: / Li

X = OMe, SMe, C(O)NR_2 etc. MDG

Metallation directing group은 전자주개나 끌개 능력은 상관이 없으며, 심지어 F나 CF_3와 같은 강력한 전자끌개 치환기도 *ortho*-lithiation 효과를 나타낸다는 점은 놀랍기도 하다. 아래의 group 1 치환기들은 강력한 전자끌개 치환기이면서 동시에 내어줄 수 있는 고립 전자쌍을 가지고 있다. Group 2의 치환기들도 효과적인 **MDG**이지만 group 1의 치환기들에 비해 전자끌개 능력도 coordination 능력도 떨어진다. Group 3의 치환기들은 benzene 고리에 전자쌍을 내어주고 약하지만 Li과 coordination이 가능하여 **MDG** 역할을 하지만, 그 효과는 group 1, 2에 비하여 상당히 약한 편이다.

Group 1 Ar–C≡N, $ArSO_2NR_2$, $ArOC(O)NHR_2$, $ArC(O)NR_2$, Ar–oxazoline

Group 2 $ArCH_2NR_2$, Ar–F, $Ar–CF_3$, $ArOCH_2OMe$, Ar–SR

Group 3 $ArCH_2OLi$, $ArCH(OLi)NR_2$, $ArCH_2NR_2$

물론 phenyl anion equivalent는 다른 방법으로 합성이 가능하지만 위에 열거한 치환기를 갖는 phenyllithium 또는 Grignard 시약은 제조가 어렵거나 불가능한 것들도 많이 있다. 이런 면에서 이 *ortho*-lithiation은 방향족 화합물의 합성에는 상당히 유리한 반응 경로를 제공한다. 아래 반응 생성물은 다른 방법에 의해 쉽게 만들 수 있을까?

$PhCH_2NMe_2$ —n-BuLi→ ortho-Li —1. PhCHO; 2. H_2O, $H^{\oplus}$→ 73 % yield

다음 보기 반응에서는 *ortho*-lithiation을 이용한 regio-control의 가능성을 보여주고 있다. Amide기의 존재로 친전자성 치환 반응으로 *meta* 치환은 가능하다 할지라도 *ortho* 치환은 친전자성 치환으로는 불가능하다. *ortho*-Lithiation은 이러한 변환을 가능케 한다.

$PhC(O)NMe_2$ —s-BuLi→ ortho-Li —NBS (N–Br)→ ortho-Br

다음은 *ortho*-치환 arylboronic acid의 합성 반응의 예이다. 이 화합물도 마찬가지로 다른 방법으로는 합성하기 매우 어려운 화합물 중의 하나이다.

1-naphthyl $OC(O)NMe_2$ —s-BuLi→ 2-Li —$B(OCH_3)_3$→ —$H_3O^{\oplus}$→ 2-$B(OH)_2$

다음은 연속 *ortho*-lithiation에 의한 benzene 고리로 치환기가 연속하여 도입되는 반응 예이다. *ortho*-Lithiation이 일어나고 친전자체와의 반응으로 작용기를 도입하면 그 작용기는 다시 MDG group으로 역할을 하여 *ortho*-lithiation을 다시 거쳐 또 다른 치환기를 도입하는 과정이 반복적으로 일어나는데, 어떻게 이 같은 변환이 가능한지 처음 보면 참 신기하다는 생각이 들 정도이다.

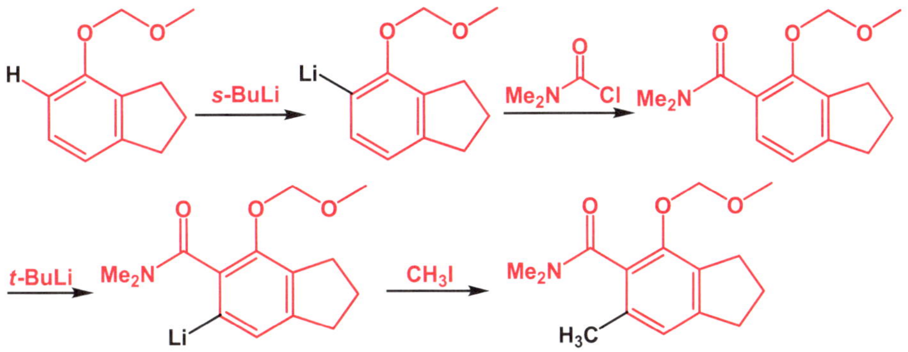

Benzene에 MDG(metallation directing group)이 붙어 있는 유도체의 *ortho*-lithiation 반응과 똑같은 반응이 furan과 thiophene에서도 쉽게 일어난다.

위의 benzene 유도체의 MDG와 마찬가지로 이들 헤테로방향족 화합물의 헤테로원자는 lithium ion의 complexation을 돕게 되며, 산소나 황 원자에 이웃한 자리에서 반응이 일어난다.

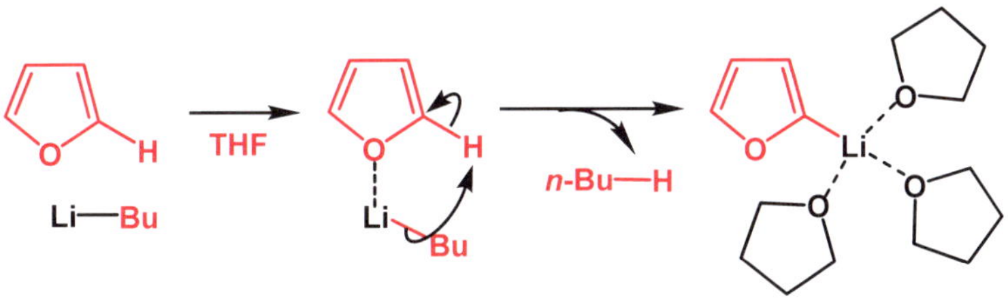

THF-complexed furyllithium

2-Lithiofuran이나 2-lithiothiophene은 여러 가지 친전자체와 반응하여 다양한 치환기를 가지는 화합물을 얻을 수 있으며, furan 고리는 나중에 가수분해하여 1,4-dicabonyl 화합물로 전환이 가능하며, thiophene은 탈황(desulfurization)이 가능하여 이를 이용한 여러 화합물의 합성이 가능하다.

Ar = *p*-tolyl

문제 2.5 다음 각 화합물을 (1) *n*-BuLi/THF, –78°C; (2) MeI, –78°C to 0°C; (3) *aq.* NH_4Cl로 차례로 처리하면 어떤 화합물을 얻게 되는가?

(a)  (b)  (c) 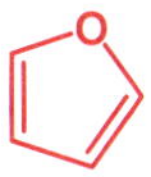 (d) 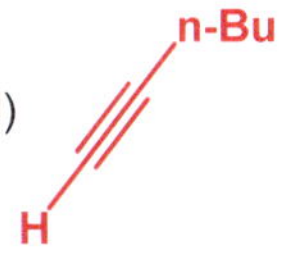 (e)

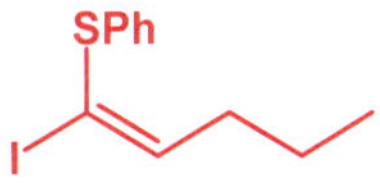

문제 2.6 다음 반응을 완성하라. 어느 자리에 *ortho*-lithiation이 일어나게 되는가?

O, NMe$_2$, H_3CO, *n*-BuLi, Me—I

문제 2.7 본문의 예로 나와 있는 다음 반응에서 *sec*-BuLi 대신에 *sec*-BuMgBr을 사용한다면 어떤 결과가 되는가? 반응식을 적어 보아라. 다시 말해서 왜 *ortho*-magnesiation은 가능하지 않은 걸까?

O, NMe$_2$, *s*-BuLi, O, NMe$_2$, Li, O, N—Br, O, O, NMe$_2$, Br

2.8 Addition of Alkylmetals to Aldehydes and Ketones

반응성이 큰 alkylmetal은 organo halide를 금속 Li 또는 Mg과 반응하여 제조하는 방법을 알아보았다. 또한 organo halide의 일반적인 반응성과는 무관하게 단순한 alkyl뿐 아니라 vinyl 및 aryl metal을 만들 수 있으며, 제조법 중 일부는 낯익고 일부는 생소한 반응일 수도 있다. 이들 시약의 카보닐 화합물과의 반응은 대부분 친숙하게 보아온 반응이므로 반응 예 등은 줄이고, 미처 생각하지 못했던 반응이나 특수한 경우의 문제점 등을 살피는데 주안점을 두기로 한다. 첨가는 탄소–금속 결합의 HOMO와 카보닐의 LUMO인 π^* 반결합성 오비탈의 상호작용으로 진행된다. LUMO energy가 낮을수록 카보닐의 반응성은 높아진다.

H, H, H, C, Li, HOMO = **Li-C** σ orbital, LUMO = π^*

이들 alkylmetal과 aldehyde, ketone과의 반응은 탄소 친핵체의 첨가로 정사면체형 중간체를 형성한다. Aldehyde 또는 ketone에서 유도되는 정사면체형 중간체는 더 이상의 결합에 변화 없이 반응 혼합물에 머물다 양성자성 용매를 만나면 양성자붙임이 일어나게 된다. 모두 같은 반응 경로를 거치기 때문에 따로 메커니즘을 설명할 필요가 없을 정도이다.

BrMg, R, O, R^1, R^2, R, $O^{\ominus}$, $\overset{\oplus}{M}$gBr, R^1, R^2, acidic workup, R, OH, R^1, R^2

하지만 정작 Grignard 시약이 카보닐에 어떻게 첨가가 일어나는가에 관해서는 아직도 논란이 계속되고 있다. 어떠한 전이상태를 거치든 간에, 그리고 첨가가 한 단계로 진행되던지 아니면 두 단계로 진행되던지 간에, 진행되면서 금속이 카보닐 산소에 배위되는 것은 틀림없는 것으로 보인다. 카보닐 산소와 alkylmetal의 금속 간의 coordination은 앞으로 자주 보게 되며, 반응에 미치는 영향이 대단히 크므로 꼭 기억해 두어야 할 것이다.

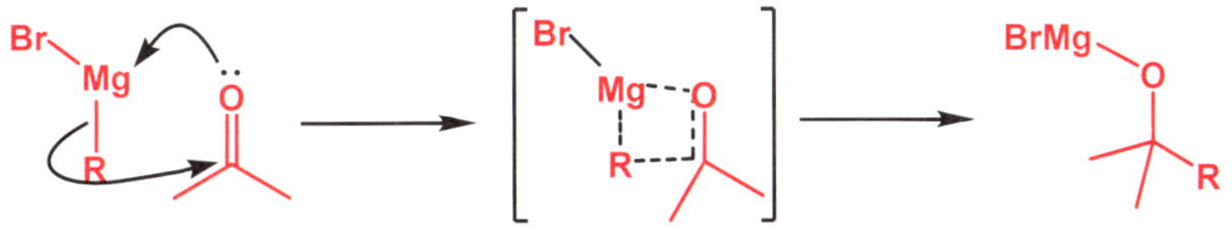

위와 같이 비교적 덜 안정한 네-원자 고리형 전이상태는 특별한 경우 아니면 가급적 그리지 않는 것이 낫다는 것은 아마도 알고 있을 것이다. 위와 같은 네-원자 고리형 전이상태를 그리지 않으려면 다음과 같은 여섯-원자 고리형 전이상태를 그릴 수도 있다.

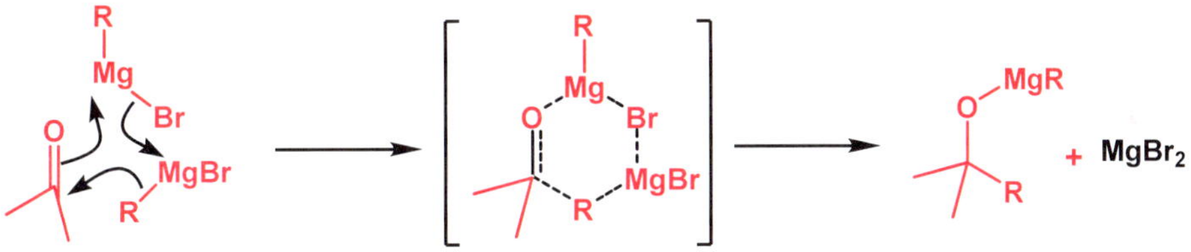

Alkylmetal의 첨가와 양성자붙임 단계를 거치는 카보닐 첨가 반응에는 세 가지 반응 유형이 있다. 카보닐기에 결합된 탄소가 없는 formaldehyde에서 하나인 aldehyde, 둘인 ketone과 반응하면 각각 1차, 2차, 3차 alcohol의 합성이 가능하다. 사용되는 alkylmetal은 alkyl halide의 직접 금속 삽입 반응을 거치거나 아니면 양성자떼기가 가능한 경우에는 alkylmetal이나 그 밖의 센 염기에 의한 양성자떼기로 제조할 수도 있다.

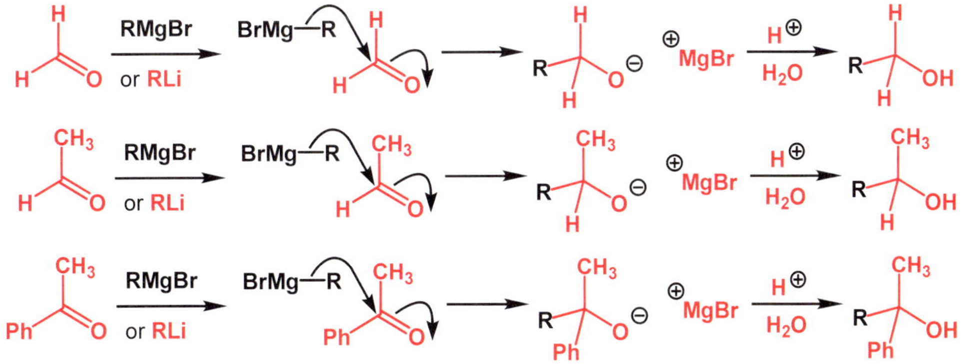

다음은 위의 scheme에 따라 Grignard 시약을 이용하여 1차, 2차, 3차 alcohol을 합성하는 실제 반응 예들이다. Vinyl, aryl, alkyl 등의 다양한 구조의 Grignard 시약을 만들 수 있고 다양한 구조의 카보닐 화합물을 사용할 수 있어 이 반응으로 다양한 구조의 alcohol 합성이 가능하다.

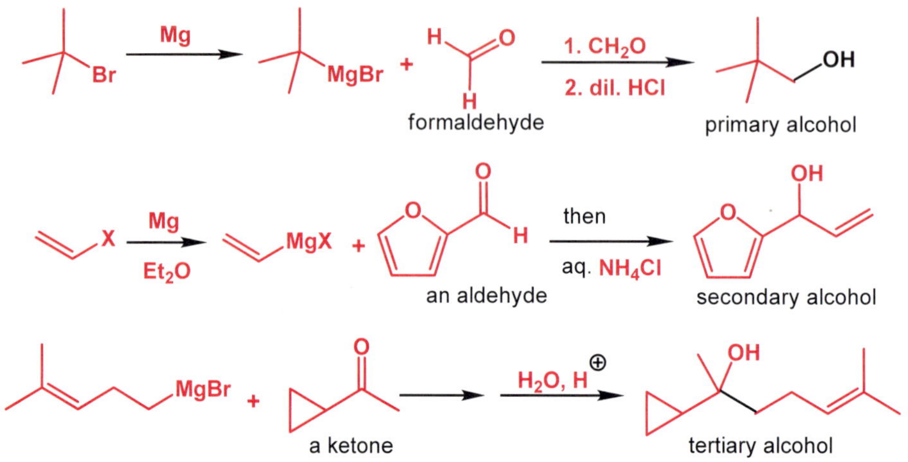

Br
Mg
MgBr
+
H
O
H
formaldehyde
1. CH2O
2. dil. HCl
OH
primary alcohol
X
Mg
Et2O
MgX
+
O
O
H
an aldehyde
then
aq. NH4Cl
OH
O
secondary alcohol
MgBr
+
O
a ketone
H2O, H⊕
OH
tertiary alcohol

이 반응을 이용하는 합성의 경우 주의해야 할 점이 몇 가지 있다. 그중 하나는 allyl magnesium halide와의 반응이다. Allyl halide는 다른 alkyl 또는 vinyl halide보다 반응성이 커서 allylic halide의 금속 삽입 반응에서부터 특별한 주의가 필요하다. 일단 생성된 allyl Grignard 시약은 반응성이 좋은 반응물 allyl halide와 상당량의 dimer가 생성될 수 있다.

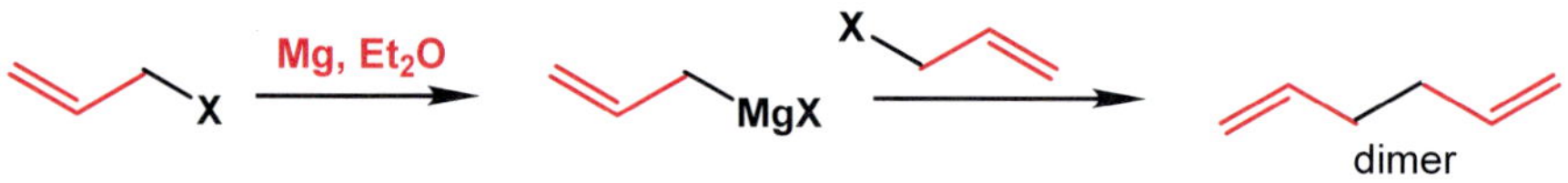

X
Mg, Et2O
MgX
X
dimer

이러한 부작용을 막기 위해서 Grignard 시약 자체를 카보닐 화합물 존재하에서 만들기도 한다. 이러한 방법을 **Babier method**라고도 한다.

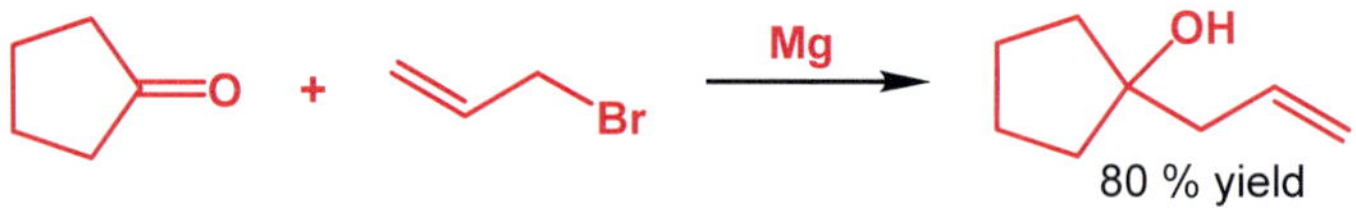

O
+
Br
Mg
OH
80 % yield

Allylmetal의 또 다른 특색은 다음 반응에서와 같이 반응성 자리가 둘이 있다는 것이다. 예측했던 첨가 생성물이 금속과 결합했던 탄소가 아닌 다른 탄소와의 결합이 형성되는 것은 반응식의 오른쪽과 같은 여섯-원자 고리형 전이상태로 설명할 수 있다. 여하튼 금속과 카보닐 산소 간의 coordination은 Grignard 시약의 카보닐 첨가에 상당한 중요성을 갖는다.

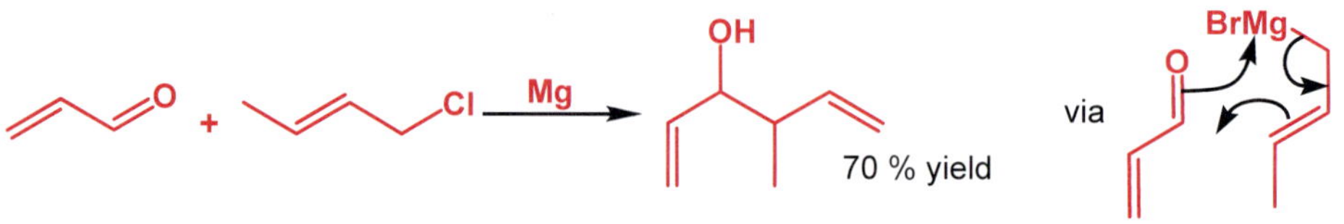

O
+
Cl
Mg
OH
70 % yield
via
O
BrMg

Babier 반응이 아니고, 별도로 생성한 allylic Grignard 시약을 사용한다 해도 마찬가지이다. Mg와 결합했던 탄소가 새로운 탄소–탄소 결합형성에 사용되지 않고 그대신 allylic 자리 옮김한 생성물이 주로 얻어진다. 마찬가지로 위와 같은 여섯-원자 고리형 전이상태를 그려 설명할 수 있다. 이는 Grignard 시약만이 아닌 거의 모든 allyl metal에 공통적인 현상이어서 앞으로도 수 없이 보게 되는 반응이다.

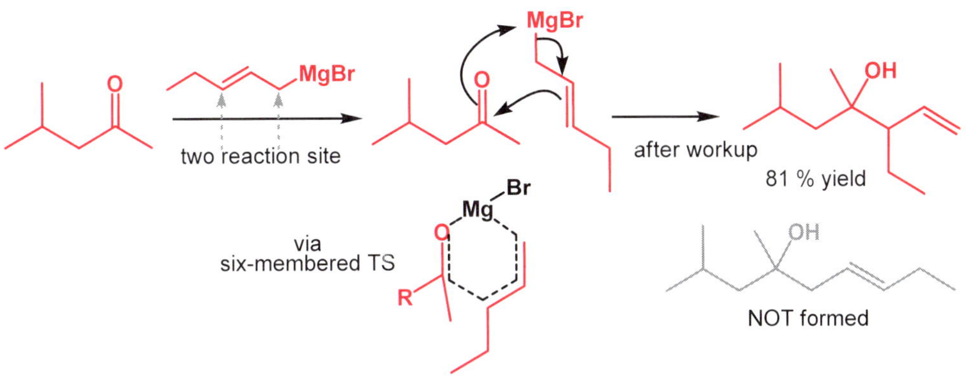

또 한 가지 유의해야 할 점은 대부분의 Grignard 시약이나 organolithium 화합물은 친핵성이 높을 뿐 아니라 굉장히 센 염기여서, 상황에 따라 선택적으로 어느 쪽으로도 반응이 일어날 수 있다는 점이다. 따라서 반응물 내에 산성인 양성자가 존재하면 양성자떼기가 우선적으로 일어나게 된다. Metal acetylide는 말단 acetylene을 $NaNH_2$(sodamide), alkyllithium, Grignard 시약 등의 센 염기와 반응시켜 얻게 된다. 꼭 헤테로원자에 붙은 산성 수소만을 고려할 일이 아니다. Alcohol, carboxylic acid, amine은 물론이려니와 분자 내에 말단 acetylene 등이 있으면 거의 언제나 양성자떼기가 일어나서, 카보닐의 친핵성 첨가는 이루어 질 수 없다. 다음 반응에서 Grignard reagent는 단순한 염기로 $NaNH_2$나 LDA보다 더 센 염기의 역할을 하는 것이다.

예상 외로 낮은 수득률을 나타내는 alkyllithium의 carbonyl 첨가 반응은 많은 경우 α-양성자떼기와 그에 이은 여러 부반응이 일어나는 카보닐 화합물인 경우가 많다. 다음 반응도 낮은 수득률을 나타낼 하등의 이유가 없어 보이지만, phenyl에 이웃한 benzylic proton은 떼기가 용이한 것 중의 하나이다. 이러한 반응은 alkyllithium보다 반응성이 낮은 Grignard 시약, 그리고 그보다 더 낮은 organoaluminum, organotitanium, organocerium 등의 카보닐 산소와 아주 센 coordination을 이루는 시약일수록 훨씬 더 나은 수득률을 기대할 수 있다.

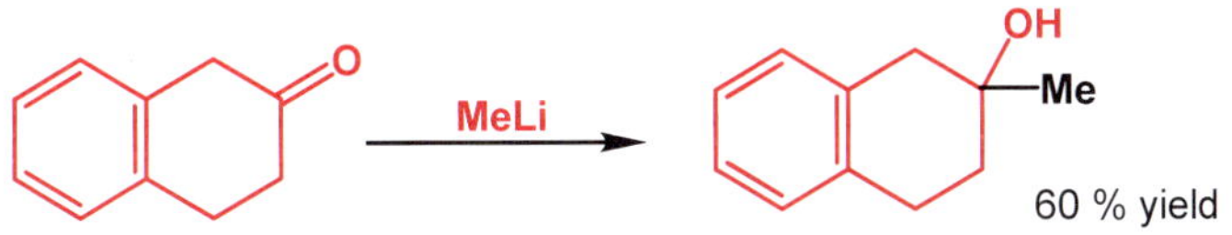

다음 반응의 β-ketoester가 생각보다 낮은 수득률을 보이는 것은 이 화합물의 α-수소의 낮은 pKa가 원인이라 할 수 있다. 이 반응은 아마도 염기로서의 반응성이 더 높은 phenyllithium을 사용했다면 수득률이 더 낮았을 것으로 예상할 수 있다.

이보다 더 낮은 *pKa*를 갖는 acetylacetone은 alkyllithium이나 Grignard 시약과 거의 친핵성 첨가를 하지 않으며, 단순히 염기로 작용하여 enolate anion을 형성한다. 이 경우 NaOH도 그런 역할을 해낼 수 있다. 비교적 낮은 *pKa*의 산성 α C–H를 가지는 카보닐 화합물만 양성자떼기의 문제가 있는 것만 아니다. 황이나 셀레늄 등의 헤테로원자 치환기를 가지는 aldehyde나 ketone도 마찬가지로 양성자떼기가 쉽게 일어나서 수득률은 낮아지게 된다.

양성자떼기만 일어나지 않으면 꼭 첨가 반응이 일어날 수 있는 것도 아니다. 즉, *pKa*가 비교적 낮은 산성 α C–H를 가지는 카보닐 화합물에서 양성자떼기가 일어나는 것이 유일한 골치거리가 아니다. 일반적으로 모든 반응에서 입체장애가 커지면 친핵성 반응 대비 양성자떼기의 비율이 증가한다.

입체적인 가로막기로 카보닐 탄소로의 접근이 차단되면 친핵성 첨가가 일어나는 대신에 전적으로 양성자떼기가 일어나서 enolate를 생성하거나 아니면 hydride transfer에 의하여 환원된 alcohol을 얻기도 한다. 다음에 나타낸 diisopropyl ketone의 Grignard 시약과의 반응은 Et, *n*-Pr, *i*-Pr로 steric bulk가 증가함에 따라 첨가 생성물의 비는 줄어들고, enolate와 환원 생성물의 비는 증가하는 것을 볼 수 있다.

1.2 equiv. RMgBr	enolate	H (환원)	R (첨가)
EtMgBr	2	21	77
***n*-PrMgBr**	2	64	35
***i*-PrMgBr**	29	72	0

실은 카보닐에 alkyl anion의 첨가 반응의 산화상태의 변화는 카보닐 화합물 쪽에서 보면 환원에 해당되는 과정이다. 위의 반응에서 isopropyl Grignard 시약은 실제로 환원제로 작용하여 hydride를 공여하여, carbonyl 화합물의 환원 생성물을 주로 얻는 경우이다. 환원이 일어나는 과정은 아래 식의 여섯-원자 고리형 전이상태에서처럼 진행되는 것으로 알려져 있다. 특기할 것은 그럼에도 불구하고 반응성이 더 높은 isopropyllithium은 환원 생성물이 아닌 정상적인 alkyl 첨가 생성물을 주로 얻는다는 점이다. 특수한 상황에서는 어떤 부반응이 끼어들지 모르며 항상 유의해야 할 것이다.

Diisopropyl ketone과 위에서 살펴본 시약들보다 입체적인 요구가 더 큰 neopentyl의 경우에도 Grignard 시약과의 반응에서는 환원생성물도 아닌 주로 양성자떼기가 일어난다. 그런데도 반응성이 더 큰 neopentyllithium을 시약으로 사용하면 정상적으로 친핵성 첨가가 일어나기도 한다. 이와 같이 alkylmetal도 금속의 종류에 따라서 양성자떼기와 친핵성 첨가의 비가 달라지기도 한다.

이상을 종합하면 ketone과 alkylmetal 간의 반응은 어떤 경우에나 성공적인 것이 아니고 alcohol을 합성하는 만능 반응이 아니라는 점이다. 일반적으로 어떤 유기 반응도 부반응 없이 한 가지 생성물만 생성되는 반응은 그리 흔하지 않다.

문제 2.8 다음 반응은 어떤 생성물을 얻게 되는가? 첨가 단계의 전이상태(또는 화살표)를 그려 보라. (Conjugate 첨가는 일어나지 않음)

문제 2.9 다음에서와 같이 주어진 bicyclic ketone이 거의 같이 반응한다고 믿는 세 alkylmetal 시약에 의해서 세 다른 결과를 나타내는 것을 설명하여 보라.

문제 2.10 다음 반응에서 생성물 A와 C는 어떻게 얻어지는가를 메커니즘을 그려 설명해 보라. (Benzyl이 allyl처럼 반응할 수 있을까?)

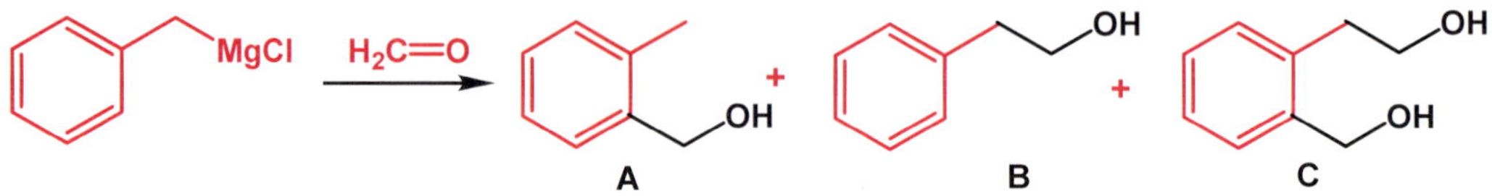

MgCl $\xrightarrow{H_2C=O}$ A + B + C

OH OH OH OH

A B C

2.9 Reactions of Alkylmetals with Carboxylic Acid Derivatives

카복시산 유도체를 포함한 카보닐 작용기를 가지는 화합물들의 반응을 이해하는데 필수적인 지식은 이들의 다음과 같은 반응성 차이 또는 반응성 순서이다.

Reactivity order of carbonyl group toward nucleophiles

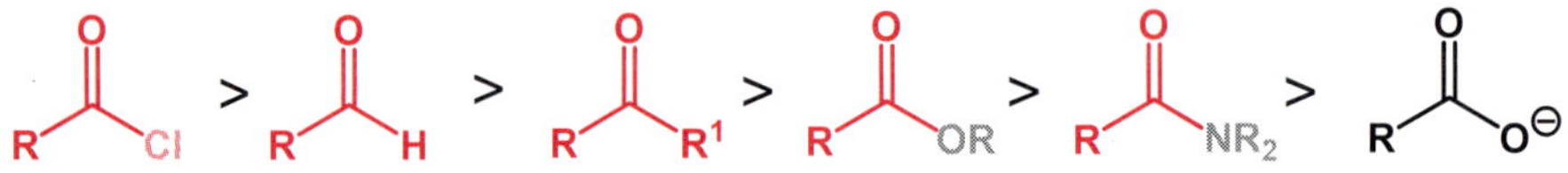

acid chloride > aldehyde > ketone > ester > amide > carboxylate

반응성은 위의 순서로 감소한다. 이 반응성 순서는 유기화학을 공부해 나가면서 계속 언급하게 된다. 이러한 반응성의 차이는 카보닐기의 극성에서 비롯되는 탄소의 양전하가 이웃한 치환기에 의하여 어느 정도 분산되는가에 달려 있다. 카보닐 화합물의 반응성과 안정성은 반대 순이며, 안정성은 치환기의 유도 효과와 공명 안정화에 의해서 결정된다. Carboxylate anion은 반응성이 아주 낮아 반응할 수 있는 친핵체는 거의 없다고 할 수 있다.

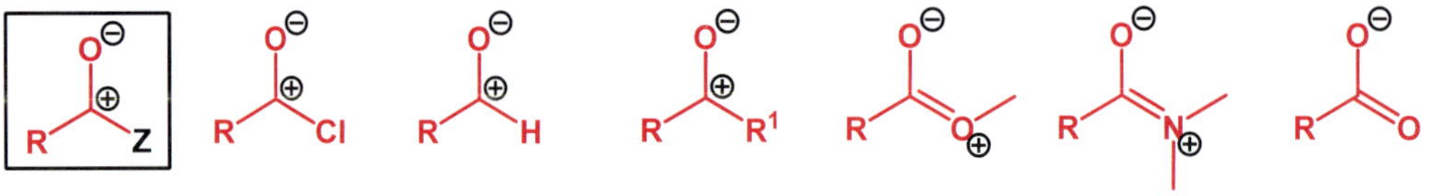

따라서 같은 분자 내의 반응성에 차이가 있는 이들 작용기를 둘 가지고 있는 경우에는 반응성이 더 큰 작용기와 선택적으로 반응하게 된다. Lithium acetylide의 다음 ketoester와의 반응에서는 ketone이 우선적으로 반응하게 된다.

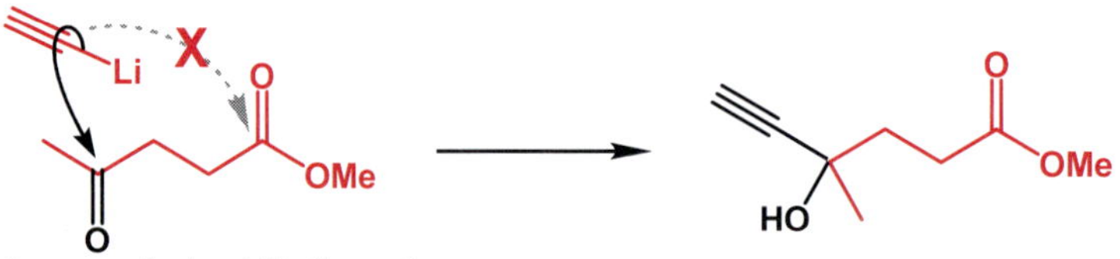

ketone is more electrophilic than etser

Alkyllithium이나 Grignard 시약의 ester와의 반응에는 2당량이 필요하다. 일차 첨가로 얻어지는 ketone은 ester보다 반응성이 커서 다른 ester와의 반응보다 빠르게 진행되기 때문이다. Ester와의 Grignard 반응으로 똑같은 alkyl기가 둘인 3차 alcohol을 합성하게 된다.

다음은 methacrylate ester에 2당량의 butyllithium이 차례로 첨가되어 3차 alcohol이 얻어지는 반응 예이다.

반응성이 aldehyde보다 더 큰 acyl chloride도 같은 방식으로 더 빠르게 반응이 진행되어 똑같은 alkyl기를 두 개 가지는 3차 alcohol을 생성하게 된다. 앞의 카보닐 화합물의 반응성 비교에서 보았듯이 acyl chloride는 ketone이나 aldehyde보다 반응성이 커서 이들보다 반응성이 낮은 ester와 공존할 때 우선적으로 반응하게 된다. 마찬가지로 aldehyde와 ester 작용기를 가지는 화합물이라면 aldehyde만이 선택적으로 첨가 반응이 일어나도록 할 수도 있다. 다음 반응은 그러한 예의 하나이며 이는, 예외적으로 결과가 좋은 특별한 예의 하나이며, 보통의 경우에는 자칫 원하는 ketone을 얻을 수 없는 경우가 허다하다.

81 % yield

즉, 이와 같은 선택성은 alkyllithium이나 Grignard 시약과 같은 반응성이 큰 유기금속 시약과의 반응에서는 덜 효과적일 수밖에 없으며, 다른 chapter에서 학습하게 될 이보다 반응성이 더 낮은 Al, Zn, Cu, Ti, Mn, Fe 등 다른 유기금속 화합물을 이용하는 것이 더 유리할 것이라는 예측이 가능하다. Alkyl Grignard 시약의 첨가 반응에서 촉매량의 전이금속 화합물을 첨가할 때의 효과는 다음 보기 반응에서 생성물의 비의 변화를 비교해 보면 더 확실히 이해할 수 있다. 더 빠르고 더 선택적이다.

1. n-BuMgBr catalyst
2. H_2O, H

(R = n-C_6H_{13})

	ketone	3차 alcohol	acid
no catalyst -60 °C	13 %	4 %	60 %
2 % $FeCl_3$, -60 °C	76 %	3 %	15 %

1차 및 2차 amide의 질소는 수소와 결합하고 있으며, N–H 결합의 높은 산성도로 인하여

(pKa = 17) alkylmetal에 의한 양성자떼기가 먼저 일어나게 되는 것은 말할 필요가 없다. 카복시산 음이온과 유사한 안정한 공명구조를 그릴 수 있는 이 음이온에 alkylmetal의 첨가는 사실상 불가능하다.

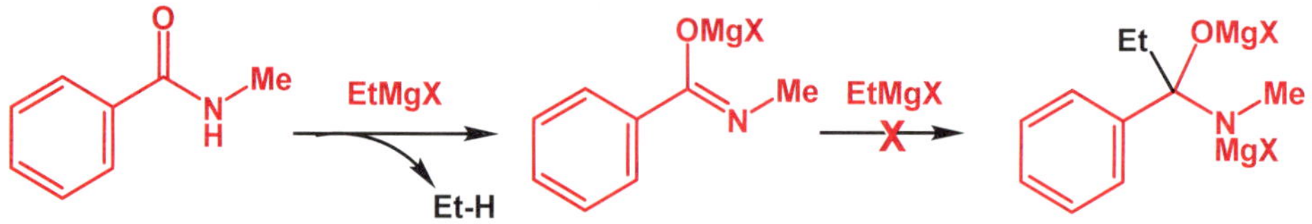

카복시산 유도체에 alkyl 친핵체가 첨가되는 반응 메커니즘을 보면 중간 생성물로 ketone을 경유하게 된다. 만약 반응을 이 단계에서 멈출 수 있다면 이는 ketone의 다른 제조법으로 이용될 수 있다. 어떻게 하면 되겠는가?

그 첫 번째 답은 ketone보다 반응성이 더 큰 카보닐 화합물과 보통 사용하는 alkyllithium이나 Grignard 시약보다 반응성이 더 낮은 alkyl 친핵체 조합으로 가능하다. Grignard 시약과의 반응에서 Cu(I)염을 가해주거나 아예 alkyllithium과 Cu(I)염을 먼저 반응시켜 생성되는 유기구리 시약은 반응성이 큰 카복시산 염화물과의 반응이 먼저 일어날 뿐 아니라 생성되는 ketone은 더 이상 반응하지 않은 채 남아있게 된다.

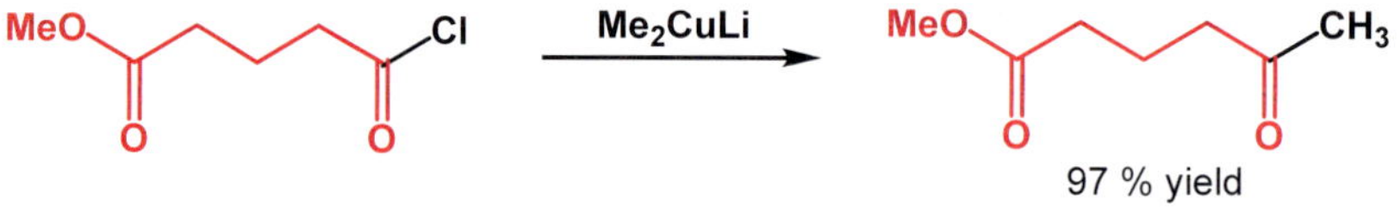

97 % yield

다른 한 가지 방법은 만약 카복시산 유도체의 일차 첨가 생성물인 정사면체형 중간체의 수명이 충분히 길면, −78°C의 낮은 온도에서 반응시켜 낮은 온도에서 물로 quench하면 또한 차례 첨가가 일어난 3차 alcohol이 아닌 ketone이나 aldehyde를 얻을 수 있게 된다. 위의 경우와는 반대로 반응성이 가장 약한 카복시산 유도체를 사용하여 아주 낮은 온도에서 반응시킴으로써 중간체로 ketone이나 aldehyde가 유리되지 않도록 하는 것이다.

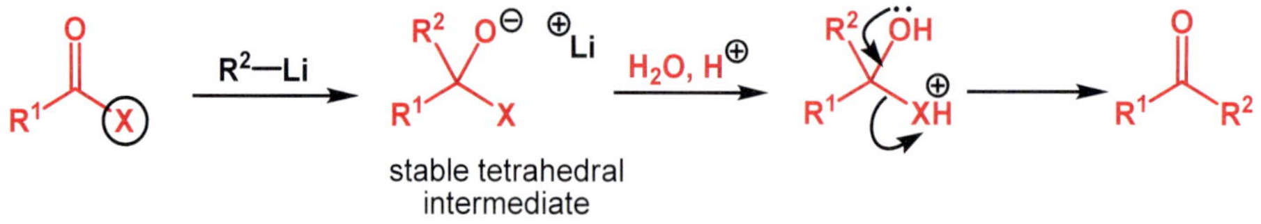

stable tetrahedral intermediate

그 한 예가 alkyllithium과 carboxylate anion의 반응이다. (이 반응은 Grignard 시약으로는 가능하지 않음) 예컨대, 다음 두 카복시산과의 반응에서 충분량의 ethyllithium을 첨가한다면 workup 후에는 ketone을 생성하게 된다.

1. excess Et-Li
2. H_2O, $H^{\oplus}$

OH
CO_2H
1. Et-Li (3.5 eq.)
2. H_2O, $H^{\oplus}$
OH
Et
O
65 % yield

Alkyllithium은 반응성이 매우 커서 낮은 온도에서도 lithium carboxylate에 첨가될 수 있으며, O^{2-}로서 산소가 떨어질 수는 없으므로 산성 수용액으로 처리하여 ketone을 얻을 수 있다. Carboxylate 음이온에 친핵체가 첨가될 수 없음을 여러 차례 강조하였으나, 이 반응은 alkyllithium의 높은 반응성과 O–Li의 비교적 센 coordination 또는 공유결합성에 기인한다 할 수 있다. (공유 결합성이 전혀 없는 Na나 K 등의 alkali metal carboxylate나 다른 금속의 carboxylate로의 첨가는 일어나지 않는다)

Li
Me
R_1
O—Li
different from other carboxylate anion
H_2O, $H^{\oplus}$
Me
OH_2
R^1
Me

Amide에서 amine의 conjugate 음이온은 역시 이탈기로 부적절하므로 Grignard 시약이나 organolithium 화합물이 −78°C에서 3차 amide에 첨가되면, 질소 음이온의 제거 과정이 매우 느려지므로 quench하여 aldehyde나 ketone을 얻을 수 있다.

Li + H NMe_2 - 78 °C
OLi
NMe_2
H
$H^{\oplus}$
H_2O
O
H

이 목적으로 개발된 가장 좋은 amide는 **Weinreb amide**로서 O,N-dimethylhydroxylamine과 acyl chloride를 반응시켜 얻게 된다. Weinreb amide (*N-methoxy-N-methylamide*)와 Grignard 시약의 반응으로 ketone을 얻을 수 있다.

Cl
MeO
HN—Me
OMe
N
Me
a Weinreb amide
1. MeMgBr -78 °C
2. $H_3O^{\oplus}$
Me
96 % yield

Weinreb amide에 Grignard 시약의 첨가로 생성되는 정사면체형 중간체는 N-methoxy기와 금속간에 강력한 coordination으로 인하여 산 처리를 거치기 전까지 낮은 온도에서는 이탈이 일어나지 않는다. 따라서 카복시산 유도체로부터 ketone으로의 선택적인 변환이 가능한 또 하나의 예가 된다.

이 밖에도 카복시산 유도체에서 ketone을 합성하는 방법이 여러 가지 더 있으며, 뒤에 나오는 절에서 다시 이 문제를 다루게 되며 구리나 알루미늄과 같은 유기금속 화합물과의 반응은 해당 chapter에서 다루게 된다.

문제 2.11 동일한 생성물 ketone에 이르게 되는 다음 두 반응이 일어나는 경로를 상세히 그려 보라.

문제 2.12 모든 ester가 충분한 양의 Grignard 시약과 반응하면 3차 alcohol이 되는 것은 아니다. 어떤 에스터를 사용하면 2차 alcohol이 얻어질 수 있겠는가? 즉, 다음과 같은 합성은 어떤 카보닐 화합물을 사용하면 되겠는가?

문제 2.13 다음 두 반응의 단계적인 메커니즘을 그려라.

문제 2.14 Grignard 시약을 다음 화합물과 반응시켜 aldehyde를 얻을 수 있다. 어떻게 가능한지 단계적인 메커니즘을 그려 설명하라.

문제 2.15 이산화탄소에 충분량의 (적어도 세 배 이상) butyllithium을 첨가하였다. 어떤 생성물을 얻게 되는가?

CO_2 —1. BuLi (excess), THF→ —2. H_2O, $H^{\oplus}$→

2.10 Addition of Alkylmetals to Imines and Nitriles

반응성이 큰 alkylmetal은 imine, nitrile과 같은 C=N 또는 C≡N π-결합에 첨가된다. N-alkylimine에 첨가 반응은 카보닐에 첨가 반응과 흡사하게 일어나며, 산성 뒤처리를 거치면 다음 반응에서 보는 바와 같이 2차 amine을 생성하게 된다.(Allylic 자리옮김)

Li + N (H) —Et_2O→ —H_2O, $H^{\oplus}$→ NH
84 % Yield

Formaldehyde와 dimethylamine의 반응으로 얻어지는 iminium salt를 alkyllithium과 반응시켜 N,N-dimethylaminomethyl기를 alkyl기에 도입하는 반응이 Eschenmoser에 의하여 개발되어 많이 이용되고 있다.

O + HN(Me)Me → H, H, $N^{\oplus}$ Me, Me $I^{\ominus}$ —n-BuLi, THF→ H_2C N Me Me

Imine이 헤테로방향족 고리의 일부인 pyridine도 imine과 같은 유형의 첨가가 일어난다. 중간체는 다른 화합물과 반응시키기도 하지만, workup을 거치면 방향족 고리가 복원되면서 전체적으로 butyl기가 수소를 대치하는 결과가 된다. 이렇게 되기 위해서는 수소가 hydride로 떨어져야 하며 산화제를 필요로 하지만, 공기 중에서의 workup 과정에서 저절로 일어난다.

N + Bu—Li → [$N^{\ominus}$ Bu H] → N Bu

Me-I → CH_3 N Bu

CO_2 → HO_2C N Bu

Grignard 시약이나 alkyllithium과 nitrile의 반응은 ketone 합성의 또 다른 방법을 제공한다. Alkyl 친핵체가 한 번 첨가되고 물로 뒤처리를 거치면 ketone을 합성하게 된다.

CN —1. PhMgBr, 2. H_2O, $H^{\oplus}$→ Ph O

Alkyl 친핵체가 한 번 첨가되면 다른 카복시산 유도체와는 달리 떨어져 나갈 헤테로원자 이탈기가 없으며, 음으로 대전된 중간체에는 두 번째 첨가가 일어날 수 없기 때문이다. 만약 그대로 두 번째 첨가가 일어난다면 에너지가 엄청나게 높은 RN^{2-} 화학종이 생성되어야 하기 때문이다. 따라서 반응은 일차 첨가에서 멈추게 되고, workup 과정을 거치면 imine이 얻어지게 되는데, 쉽게 가수분해되어 ketone이 생성된다.

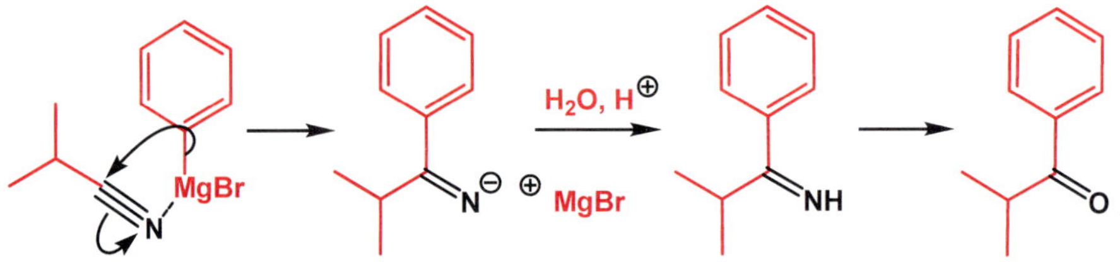

Nitrile을 이용하는 ketone의 합성은 앞에서 나왔던 Weinreb amide를 거치는 방법에 추가하여 또 다른 ketone의 합성법이 된다. 다음 보기 반응에서 보는 바와 같이 수득률도 상당히 양호한 편이다.

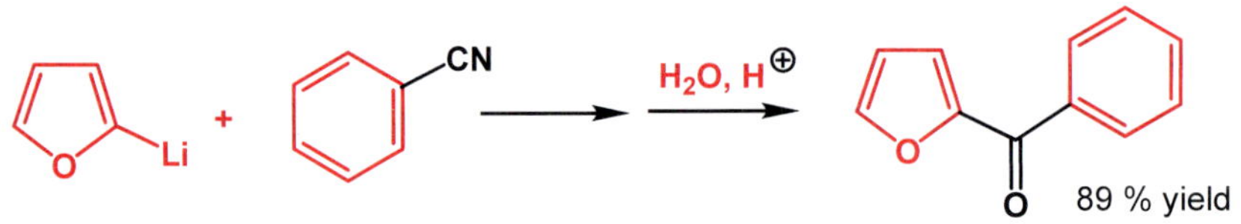

2.11 Addition of Alkylmetals to Heterocumulenes

카보닐기를 가지고 있으되, 또 다른 원자와 이중결합을 하나 더 하고 있는 화합물들도 있다. 이들을 총칭하여 heterocumulene이라고 하며, ketene과 isocyanate는 비교적 자주 보게 되는 heterocumulene이다. 아래 그림은 카보닐기를 갖는 모든 종류의 화합물들을 차례로 배열한 것이다.

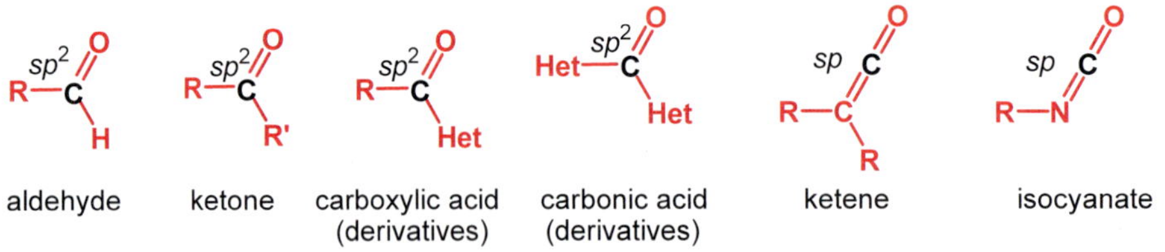

이산화탄소나 이황화탄소 역시 이러한 계보를 모른 채로 자주 사용하여 왔던 heterocumulene인 것이다. 대부분의 카보닐 화합물의 탄소가 sp^2 혼성화임에 비해 이들 heterocumulene의 중앙 탄소는 모두 sp 혼성화 탄소이며 선형 배열을 하게 된다.

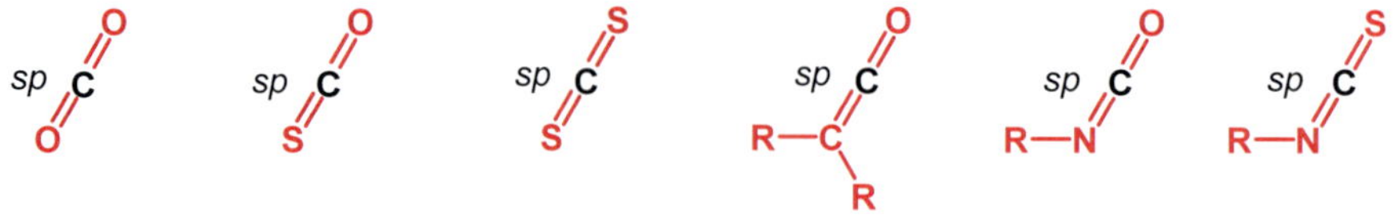

이산화탄소는 흔히 사용되는 heterocumulene의 하나로 또한 반응성이 큰 alkylmetal과 반응할 수 있다. 이 반응은 이산화탄소가 물에 녹아 탄산을 형성하는 반응과 동일한 방법으로 alkyl 친핵체와 반응하게 된다.

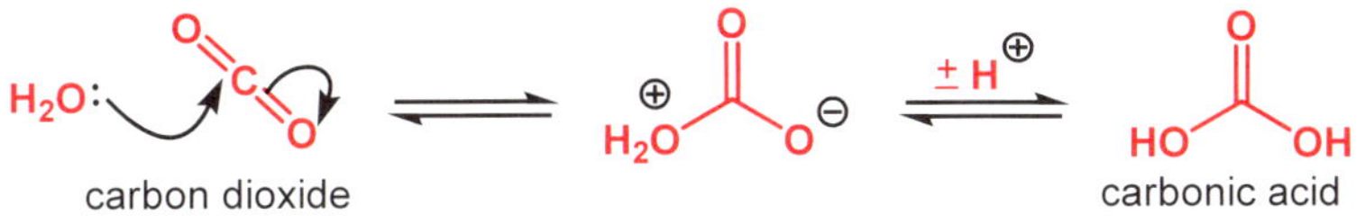

carbon dioxide

carbonic acid

Alkylmetal과 이산화탄소와의 반응은 alkyl 친핵체가 첨가되면 carboxylate ion이 형성된다. Grignard 시약과의 반응에서는 과량 첨가하여도 alkyllithium과는 달리 카보닐에 더 이상 alkyl 친핵체의 첨가가 일어나지 않는다. Grignard 시약은 alkyllithium보다는 훨씬 반응성이 낮음을 다시 확인할 수 있다.

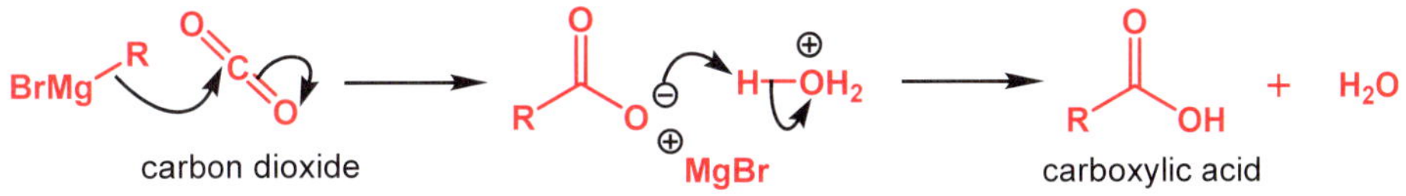

carbon dioxide

carboxylic acid

Grignard 시약은 여러 다양한 alkyl halide로부터 만들 수 있기 때문에 여러 다양한 alkyl halide의 halogen을 Grignard 시약을 거쳐 카복시산으로 변환하는 것이 가능하며, 이에 따라 다른 방법으로는 만들기 용이하지 않은 카복시산을 합성할 수 있다.

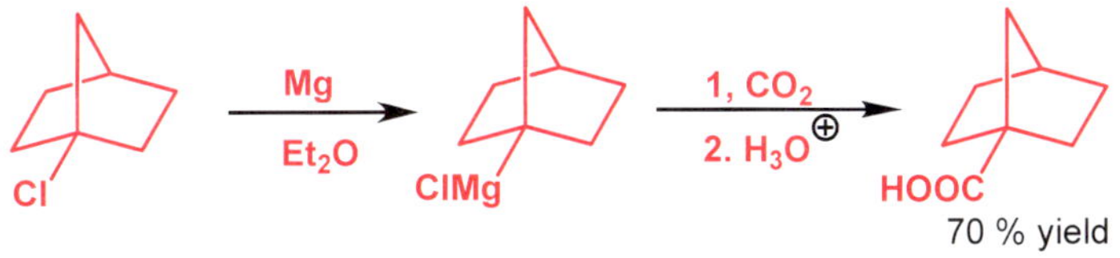

70 % yield

Alkyllithium은 Grignard 시약보다 반응성이 더 높다. 또한 치환 arene의 *o*-lithiation이나 다른 carbon acid(C–H)에서 양성자떼기 등 다양한 방법에 의하여 alkyl lithium의 합성이 가능하므로 보다 편리하게 카복시산을 합성할 수 있다.

90 % yield

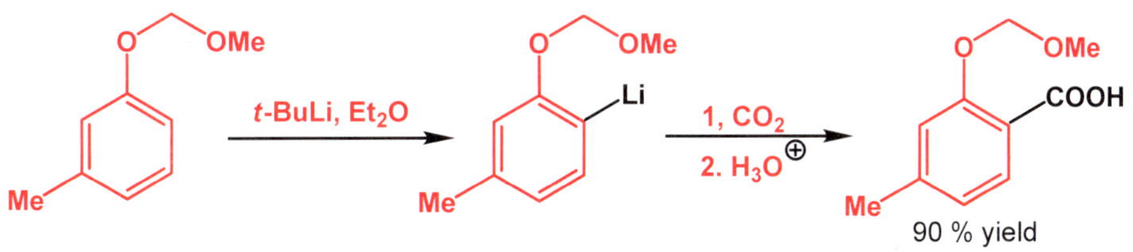

Organolithium reagent만 충분히 반응성이 커서 카복시산 음이온과도 반응할 수 있는 유일한 친핵체라 할 수 있으며, 이를 이용하여 카복시산에서 직접 ketone 합성이 가능함을 앞에서 본 바 있다.

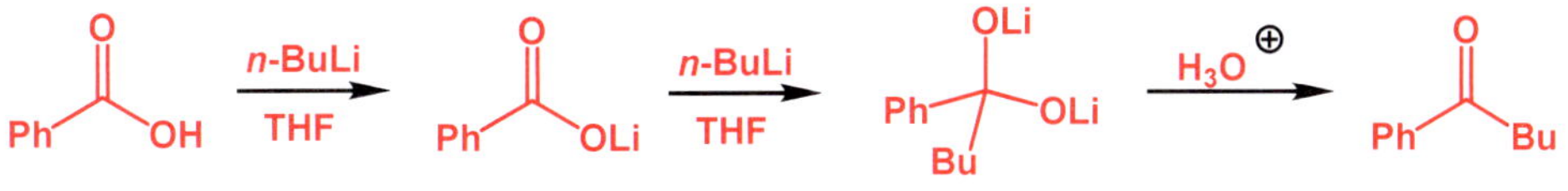

Alkyllithium과 이산화탄소와의 반응으로 lithium carboxylate를 생성할 수도 있고 만약에 충분양의 alkyllithium이 존재한다면 반응이 한 번 더 일어나서 대칭성 ketone을 생성하게 된다. 두 다른 alkyllithium을 차례차례로 1당량씩 반응시킨다면 아래 예에서와 같이 비대칭 ketone을 합성하는 것도 얼마든지 가능하다.

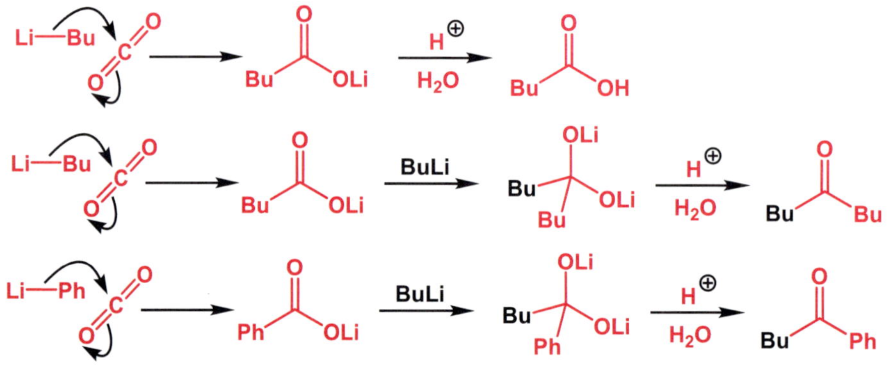

또 Grignard 시약과 이황화탄소가 반응하여 형성되는 dithiocarboxylate 음이온도 더 이상의 첨가가 일어나지 않으며, 양성자붙임으로 dithiocarboxylic acid가 생성된다. Soft 친핵체인 dithiocarboxylate는 alkyl halide와의 반응으로 dithioester를 쉽게 형성한다.

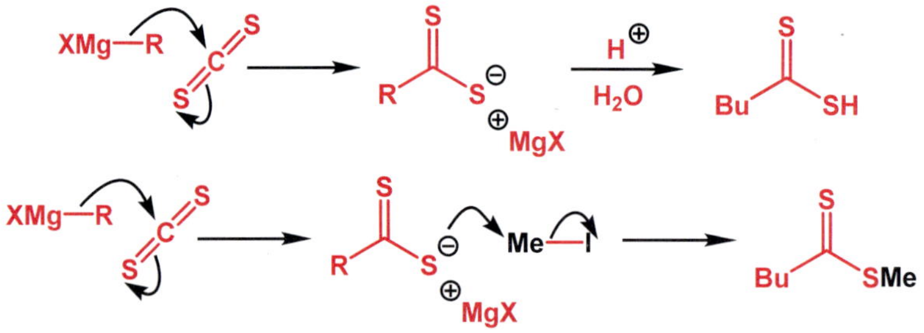

다음은 dithioester를 합성하는 실제 반응 예이다. Alkyllithium 또한 같은 방식으로 반응하여 dithiocarboxylate ester를 형성할 수 있다.

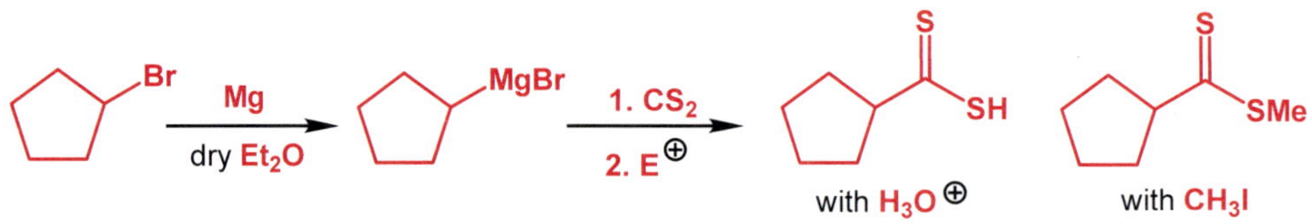

이와 같이 합성한 dithioester는 methyl magnesium halide와 쉽게 반응하여 두 황 원자에 의해 안정화되는 thioacetal 음이온을 형성할 수 있다. Thioacetal 음이온은 **acyl anion equivalent**로 유기합성에서 대단히 중요한 역할을 한다.

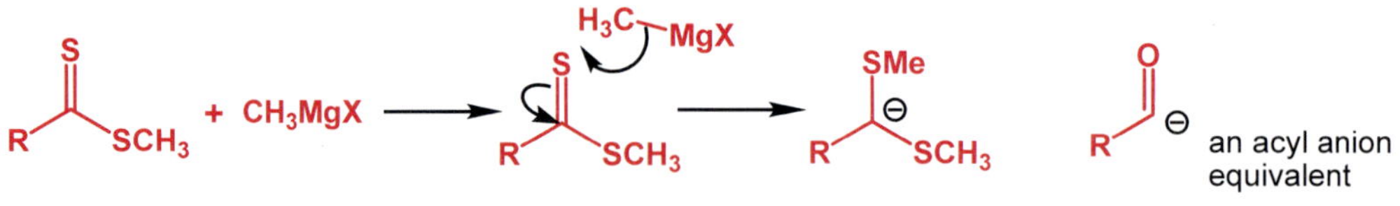

위의 반응의 생성물로부터는 다음과 같은 thioacetal anion을 형성하게 되며, 이는 alkyl halide, acyl halide를 비롯한 각종 친전자체와 반응하여 다양한 화합물을 합성할 수 있다.

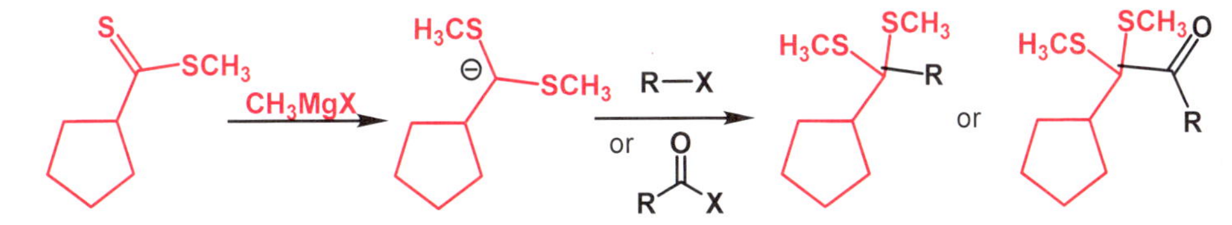

Grignard 시약이나 alkyllithium 모두 ketene에 첨가하여 ketone을 생성한다. Alkyl 친핵체는 다른 카보닐 화합물로의 첨가에서처럼 카보닐 탄소에 첨가되어, magnesium 또는 lithium enolate를 형성하게 된다. 산으로 뒤처리하면 ketone이 얻어지게 된다. 또는 다른 친전자성 시약과 반응시켜 다른 화합물로 유도되기도 한다.

Ketene의 반응과 유사하게 alkyl isocyanate도 Grignard 시약이나 alkyllithium과 반응한다. 전체적으로 carboxamide기를 도입하는 효과이다.

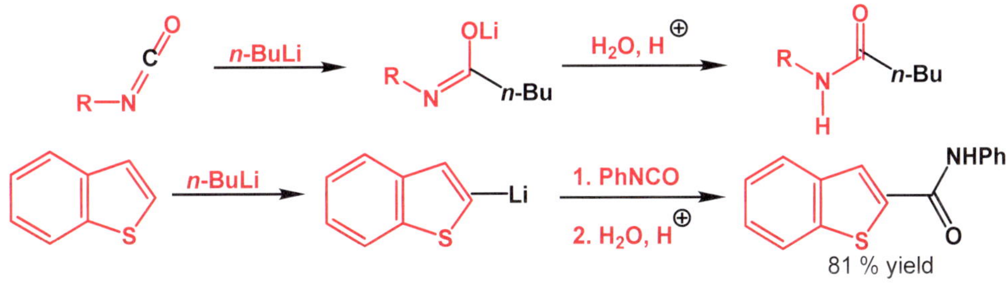

81 % yield

Lithium acetylenide도 예외는 아니어서 여러 가지 heterocumulene과 반응하여 첨가 생성물을 얻게 된다. 다음 그림에는 propynyllithium과 carbamoyl chloride와의 반응을 포함하여 다른 세 heterocumulene인 phenyl isocyanate, methyl isothiocyanate 및 methyl sulfanylamine과의 반응을 예시하였다.

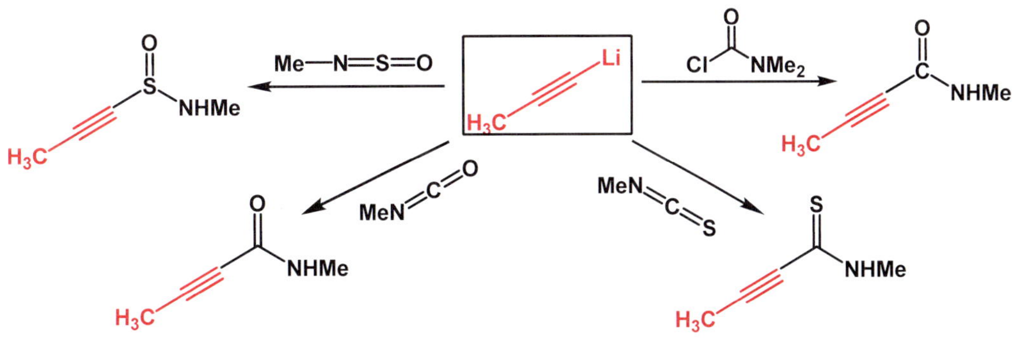

문제 2.16 Organolithium 또는 Grignard 시약과 heterocumulene을 이용하여 다음 화합물의 합성 경로를 적어라.

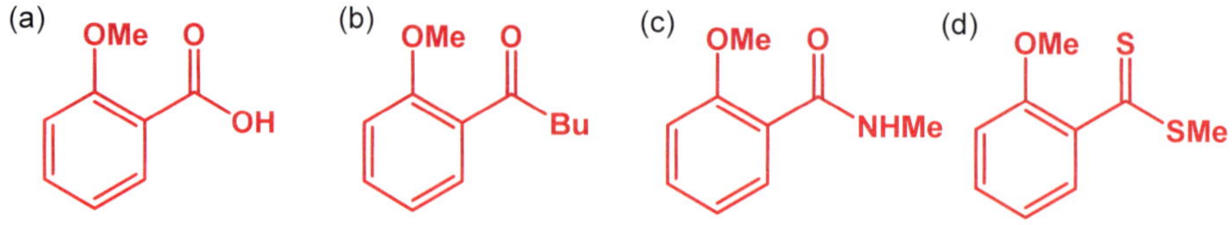

(a) (b) (c) (d)

OMe O OH　OMe O Bu　OMe O NHMe　OMe S SMe

2.12 Reactions of Alkylmetals with Carbonic Acid Derivatives

탄산 유도체까지를 포함하는 카보닐기를 갖는 화합물의 안정도는 다음과 같은 순서로 나타낼 수 있다. 안정하면 안정할수록 반응성은 더 낮아지는 것도 앞에서 설명한 그대로 적용된다.

RCOCl (acyl chloride) **<** **RCO_2COR** (acid anhydride) **<** **RCHO** (aldehyde) **<** **R_2CO** (ketone) **<** **RCO_2R** (acids, ester) **<** **$RCONR_2$** (amide) **<** **$ROCO_2R$** (carbonate) **<** **$ROCONR_2$** (carbamate) **<** **R_2NCONR_2** (urea) **<** **RCO_2^-** (carboxylate salts).

Carbamate, urea 등의 탄산 유도들은 대부분 카보닐 탄소의 부분 양전하를 안정화시키는 헤테로원자 치환기를 두 개씩 가지고 있다. 헤테로원자 이탈기를 둘 갖는 탄산 유도체는 카복시산 유도체와 비교하여 일반적으로 반응성이 낮다. 카보닐 탄소의 양이온성은 두 이웃한 alkoxy 산소에 의하여 낮아지고, 이들에 의한 유도 효과가 겹치지만 친전자성은 많이 낮아지게 되는 것이다.

Et O O Et　Et O O Et　Et O O Et　Et O O Et

resonance stabilization

inductive effect by two oxygens

그러나 반응성이 충분히 큰 친핵체, 특히 반응성이 큰 alkyllithium이나 Grignard 시약은 쉽게 탄산 유도체의 카보닐기를 공격할 수 있다. 첫 번째 친핵체 첨가와 헤테로원자 이탈기 제거가 일어나면 위에서 보았던 카복시산 유도체가 중간 생성물로 생기며, 첨가-제거를 한 번 더 거치면 ketone이 생성되고, 첨가가 한 번 더 일어나서 3번의 첨가가 일어나면 동일한 alkyl기 세 개를 갖는 carbinol[3]이 얻어지게 되는 것이다.

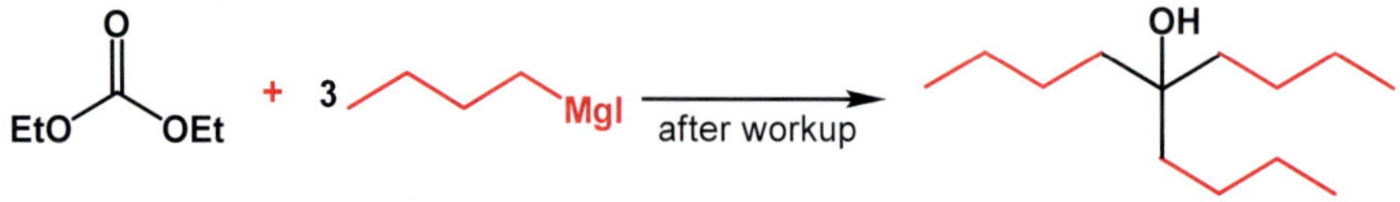

EtO O OEt + 3 MgI → after workup → OH

3 Carbinol은 치환기가 여럿인 methanol의 편리한 명명법이며, triethylcarbinol, triphenylcarbinol과 같이 명명하면 된다.

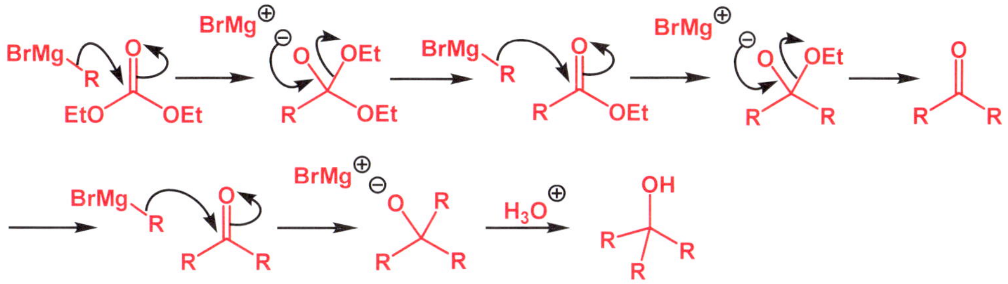

다른 탄산 유도체와의 반응도 같은 유형으로 진행된다. 카복시산 유도체와의 반응과 유사하게 진행되므로, 어떤 생성물이 얻어지는가는 카복시산 유도체의 반응을 이해한다면 충분히 예측이 가능하다.

문제 2.17 다음에 열거한 탄산 유도체와 충분양의 butyllithium과 반응시키고 산성 수용액 처리를 마치면 어떤 생성물을 얻게 되는가?

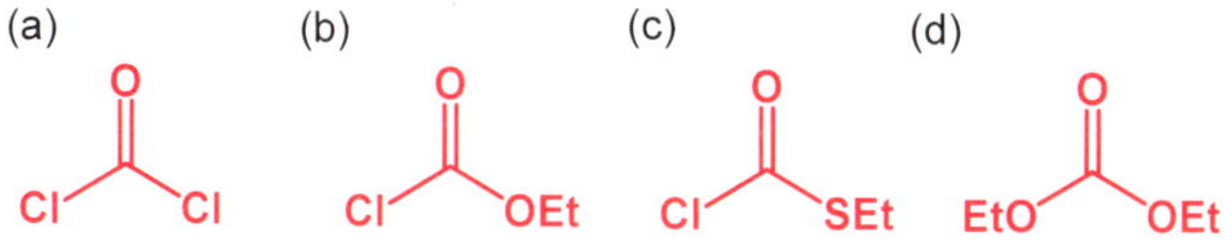

(a) (b) (c) (d)

2.13 Substitution of Alkyl Halides by Alkylmetals

Alkyl halide와 alkyllithium의 반응으로 alkane을 생성하는 coupling 반응은 가장 쉬워 보이는 가장 단순한 S_N2 친핵성 치환이며, 실제로도 아주 쉽게 alkane을 생성하는 경우도 있다. 이 chapter의 초반부에서 우리는 Wultz 반응이라고 하는 이런 유형의 반응을 본 적이 있다. 자, 그런데 무슨 문제가 있는 걸까?

이에 관한 논의는 잠시 접어두고 carbanion의 alkylation 반응은 유기합성에서 대단히 중요한 위치를 점하고 있다. 그 한 예로 1,3-dithiane을 이용하는 cyclic ketone의 합성법을 살펴보자. 두 황 원자에 의해 안정화되는 lithiodithiane은 대부분의 1차 alkyl halide와 무리 없이 친핵성 치환 반응으로 알킬화가 일어난다. 이러한 효율적인 alkylation이 가능함으로 해서 alkyl halide의 친핵성 치환에 의한 아실화가 가능해지는 것이다.

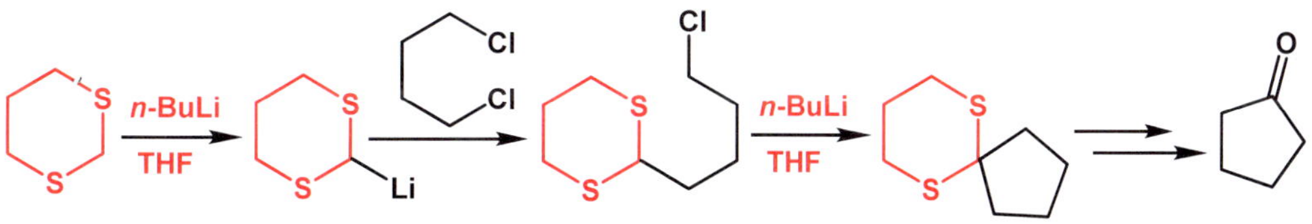

이와 같이 carbanion을 안정화하는 치환기가 있는 경우에는 (softer nucleophile) 안정화기가 없는 단순한 alkyllithium과는 비교가 안되게 친핵성 치환이 유리하다. 다음은 BuLi에

의한 양성자떼기로 생성되는 dithioacetal의 음이온이 분자 내의 치환 반응을 통해서 높은 수득률로 cyclopropane 고리를 형성하는 반응이다.

Cl SMe SMe n-BuLi THF [Cl SMe Li SMe] → SMe SMe 73 % yield

이웃한 치환기에 의한 안정화 효과가 없는 단순한 alkyl halide와 alkyllithium이나 magnesium 화합물과의 반응은 어떠한가? 이들 화합물 간의 반응 중 가장 많이 일어나는 반응은 금속-할로젠 교환 반응이다. 다음 2-phenylcyclopropyl iodide와 methyllithium 간의 반응을 살펴보자. 빠르게 교환 반응이 일어난다고 해도 최소한 이 반응에서는 별로 문제될 것이 없다. 어떤 방법으로든지 치환이 일어나면 되고, 오히려 치환은 교환이 일어난 두 화합물간에 더 잘 일어날 수 있다.

Ph I + MeLi ⇌ Ph Li → (MeI, slow) Ph Me

Phenyllithium과 butyl iodide 간의 반응은 어떻게 진행될까? hexane이 용매인 경우 교환 반응이 일어나면 butyllithium이 생성되는데, 이것과의 반응으로 octane이 생성된다. 먼저 일어나는 교환 반응이 치환보다 훨씬 빨라야 가능하며 실제로 이를 증명하는 셈이다.

I + Ph—Li ⇌ (fast, hexane) Ph—I + Li

I + Li → (slow) + LiI

이러한 alkyl-alkyl coupling 반응에 관하여 여러 가지를 검토한 끝에 얻은 결론은 용매의 극성이 증가하여 Li와 coordination되면서 alkyllithium의 aggregate가 depolymerization이 일어나면 반응성이 증가하고, 반응의 효율성이 증가한다는 것이다. 실제로 상기 반응은 무극성 인 hexane이 아닌 di-*n*-butyl ether 용매 속에서 행하면 다음과 같이 상당히 높은 수득률로 butylbenzene을 얻을 수 있다. 용매를 바꾸어 생성물이 달라진다.

Cl + Ph—Li → (BuOBu) Ph 84 % yield

위의 반응에서와 같은 dithiane이나 dithioacetel의 음이온을 포함하여 α-heteroatom stabilized carbanion은 금속 교환 반응의 걱정에서 자유로우며, 쉽게 친핵성 치환에 의한 alkylation이 일어나는 예이다. 또 한 가지는 tosylate나 mesylate를 이탈기로 하면 최소한 금속-할로젠 교환 반응은 일어나지 않게 되므로 종종 사용되기도 한다. (tosylate는 bromide에 비해 hard electrophile임)

일반적인 alkyl halide와 alkylmetal 간의 반응의 또 다른 중요한 문제점의 하나는 제거 반응이다. 이러한 제거 반응으로 3차 alkyl halide는 유기금속 화합물과 치환 반응으로 coupling product를 생성할 수 없으며, 2차 alkyl halide의 경우에도 이 문제는 심각하다. 따라서 이러한 치환 반응에 사용될 수 있는 simple alkyl halide는 1차 alkyl halide 밖에 없으며, 그 이외의 alkylmetal에 의한 치환 반응은 제거 반응의 가능성이 없는 methyl이나 alkyl, allyl, benzyl halide의 경우에만 그나마 만족할 만한 정도로 이용할 수 있다.

OEt EtO Cl + Bu—Li → OEt EtO + LiCl

63 % yield

다음 예는 *ortho*-lithiation에 의하여 형성되는 lithionaphthalene의 allylation 반응이다. Allyl halide는 일반 alkyl halide에 비해 반응성도 높고, 제거 등의 부반응의 걱정 없이 치환이 일어날 수 있다. 이 반응의 수득률은 첫 단계인 *ortho*-lithiation에 따라 정해진다.

OCH_3 — *n*-BuLi, THF → OCH_3 Li — Cl → OCH_3

the only metallated inermediate 60 % yield

Acetylide anion은 일반 alkyl anion에 비해 훨씬 덜 염기성이고 (*pKa* = 25), 따라서 제거 반응과 같은 염기-촉진 부반응이 거의 일어나지 않는 1차 alkyl, allyl, benzyl halide의 경우에는 큰 문제가 없이 알킬화가 일어난다.

CH_3 H — *n*-BuLi → CH_3 Li — $PhCH_2Cl$ → CH_3 Ph

다음 보기 반응에서와 같이 2차 alkyl halide는 큰 문제 없이 치환에 의한 coupling이 일어나는 경우도 가끔 있기는 하지만, 이는 특수한 예에 해당되며 대부분의 2차나 3차 alkyl halide와의 반응은 일반적으로 치환으로 이어지지 않는다.

Li + I — E_2O →

65 % yield

다음 반응에서 사용된 *α*-haloether는 2차 alkyl halide이지만 모든 유기금속 시약과의 반응에서 오히려 단순한 1차 alkyl halide보다 빠르다. 단순한 2차 alkyl halide가 아니다.

O Cl + BrMg → O

이 반응은 S_N1 유형의 halogen을 잃는 과정이 선행하여 일어나는 것으로 추정할 수 있다.

O Cl MgBr$_2$ → O ⊕ MgBr

반응성이 가장 큰 alkyl bromide의 하나가 α-bromoketone이다. 그러나 methyllithium이나 MeMgBr은 α-bromocarbonyl 화합물과 반응시키면 carbonyl addition이 주로 일어나게 되어, 이들 시약을 사용하는 bromide 치환 반응은 기대할 수가 없다. 만약 bromide 치환이 목적이라면 아래의 3-bromo-2-hexanone의 보기 반응에서처럼 반응성이 큰 alkyllithium이나 Grignard 시약이 아닌 **lithium dimethylcuprate**를 사용하면 된다. 이들 반응성이 큰 시약을 dialkylcuprate로 전환함으로써 basicity는 크게 낮아지고, 친핵성(softness)은 증가하는 것으로 이해하면 된다[4].

Me_2CuLi → Me: only product 63 % yield; X OH Br: not formed

뒤에 상세하게 다루게 되겠지만 (Chapter 7) dialkylcuprate를 사용하면 상당히 다양한 coupling 반응이 가능해진다. 친핵성 치환이 아닌 <u>다른 메커니즘을 거치게 되지만</u>, vinyl halide나 aryl halide와도 쉽게 반응하여 coupling 생성물을 생성한다.

Br + n-Bu_2CuLi → 80 % yield

앞에서 살펴본 바와 같이 몇 가지 성공적인 반응이 있지만, 역시 유기금속 화합물과 alkyl halide와의 친핵성 coupling 반응은 organolithium이나 magnesium 시약을 사용하기보다는 organocopper, aluminum, titanium 등 염기도는 낮고, 친핵성은 높은 다른 유기금속 화합물을 사용하는 것이 더 현명한 방법이다.

문제 2.18 다음 반응의 생성물을 보면 예상과는 다른 반응이 진행됨을 알 수 있다. 도대체 무엇이 어떻게 된 것인가? (본문에서도 이와 비슷한 문제를 다루었다.) 반응이 일어나는 경로를 상세하게 그려보라.

Ph—MgBr + Ph(Ph)CH–Br → Ph(Ph)CH–Ph + Ph$_2$CH–CHPh$_2$

0 % : 90 %

4 카보닐 탄소는 hard 친전자성 반응 중심이고, C–Br의 탄소는 softer 친전자성 반응 중심이다. 또한 methyllithium은 hard 친핵체이고, dimethylcuprate는 softer 친핵체이다.

2.14 Ring Opening of Epoxides by Alkylmetals

Epoxide는 alkoxide 이탈기를 가지는 ether 화합물이지만 고리의 strain으로 인하여 반응성이 상당히 크다. 따라서 웬만한 반응성만 있으면 어떤 친핵체라도 쉽게 공격하여 고리열림 반응이 일어난다. Alkylmetal과 가장 간단한 epoxide인 ethylene oxide와의 반응으로 탄소수가 둘 늘어나는 1차 alcohol을 합성할 수 있다.

Me_3SiCH_2MgCl + (ethylene oxide) → Me_3Si–$CH_2CH_2CH_2$–OH

치환기가 있는 epoxide의 경우에 친핵체는 일반적으로 입체장애가 적은 쪽으로 공격하게 되며, 다음 반응에서 보는 바와 같이 치환기를 갖는 탄소에 hydroxyl기가 남게 된다.

모든 S_N2 치환 반응이 그렇듯이 친핵체에 의한 epoxide의 고리열림도 배열의 반전(inversion of configuration)을 수반한다. 첨가되는 alkyl 친핵체는 남아있는 hydroxyl기와 *trans*가 된다.

H_3C–MgBr, S_N2; $O^{\ominus}$ $^{\oplus}MgBr$; H_2O, $H^{\oplus}$; OH, CH_3

Alkyllithium에 의한 고리열림 반응도 Grignard 시약과의 반응에서와 같으며, 마찬가지로 S_N2 치환에 고유한 배열의 반전을 수반한다.

Li, CH_3; H_2O, $H^{\oplus}$; OH

하지만 정도의 차이는 있으나 항상 제거 반응이 부반응으로 일어나게 된다. Grignard 시약에 비해서 염기성이 더 크기 때문이다. 다음 반응과 같이 *t*-BuLi은 치환이 아닌 제거 반응이 주로 일어나는 경우도 종종 있다.

t-BuLi; Li—Bu-*t*; H; OLi

이와 같은 부반응을 최소화하는 간편하고 실질적인 방법은 앞의 alkyl halide와의 coupling 반응에서와 같이 organocopper regent를 사용하는 것이다. Organocopper에 의한 반응은 뒤의 Chapter 7에서 상세히 다루게 된다.

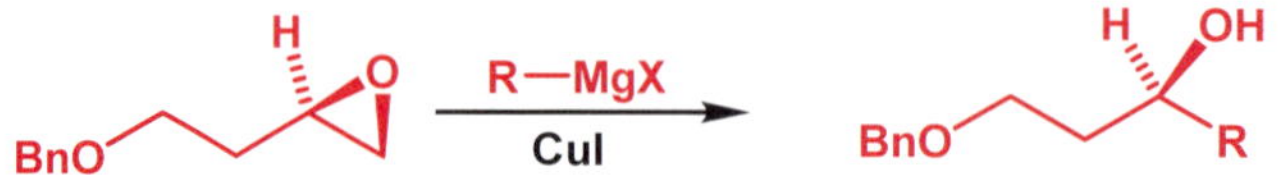

초반부에 metal insertion 반응으로 Grignard reagent를 만드는 과정에서 다음과 같은 **Schlenk equilibrium**이 존재한다는 것을 언급한 바 있다. 다음의 Schlenk 평형에서 존재하는 $MgBr_2$는 Lewis acid로서 Grignard 시약의 반응에도 큰 영향을 미친다.

$$2\ R{-}MgX \rightleftharpoons R{-}Mg{-}R + MgBr_2$$

다음 epoxide와의 반응을 살펴보자. Methyl 친핵체가 말단 탄소를 공격하여 epoxide 고리열림이 진행되는 것이 일반적인 양상이다. 그러나 앞에서 설명한 대로 Grignard 시약은 항상 평형량의 $MgBr_2$가 존재하게 되며, Lewis acid로서 작용한다. 그렇다면 어찌 되는가? 어떤 epoxide와의 반응에서는 전체 반응에 큰 영향을 미치지 않을 수도 있다.

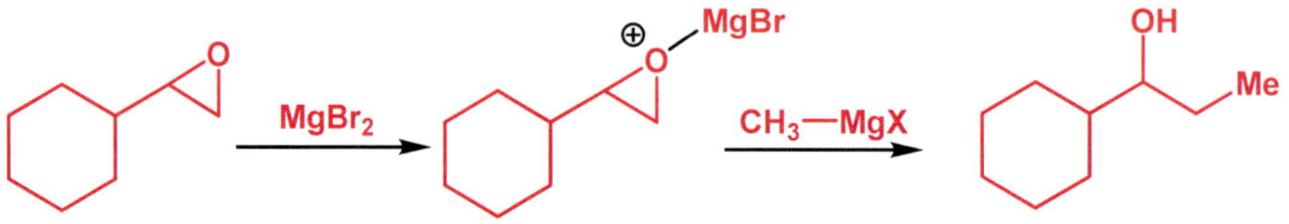

그러나 다음 styrene oxide와의 반응에서처럼 고리열림으로 생성되는 carbocation이 충분히 안정화되는 치환기를 가진다면, $MgBr_2$의 coordination으로 다음과 같은 경로를 따라 고리열림이 일어난다면 aldehyde나 ketone이 생성되고, Grignard 시약이 빠르게 반응하게 된다. (이 반응은 Grignard 시약 없이 Lewis 산이 존재하면 실제로 aldehyde가 생성된다.) 이러한 부반응은 Grignard 시약에 의한 epoxide 고리열림에서 때로는 심각한 문제가 되기도 한다. 특히 phenyl기보다 더 강력한 carbocation의 안정화기가 존재하면 생성물이 바뀔 정도로 반응에 큰 영향을 미치게 된다.

stabilization of carbocation by phenyl group

특별히 양이온을 안정화시키는 group이 없어 위와 같은 부반응을 우려할 필요가 없는 경우에는, 오히려 $BF_3 \cdot$ etherate와 같은 Lewis 산을 첨가한 후 alkyllithium과 반응시켜 반응의 효율성을 증대시키기도 한다. (반응성이 큰 alkyllithium은 epoxide와도 제거 반응이 일어나기도 한다. 다음 epoxide는 *t*-BuLi과 반응하여 cyclohexenol이 얻어진다.)

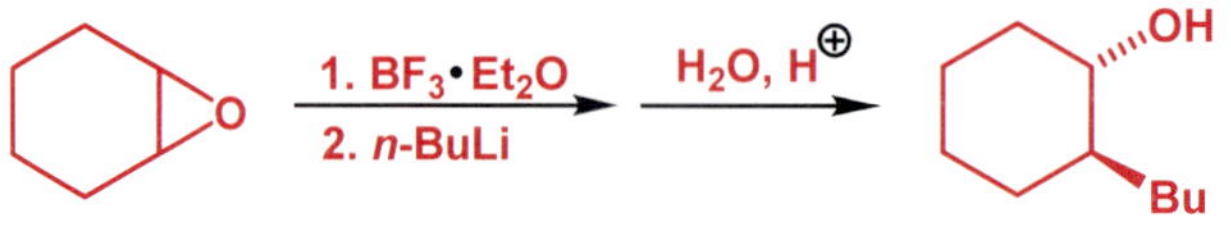

Epoxide만큼 반응성이 크진 않으나 ether보다는 반응성이 큰 acetal의 반응을 하나 살펴보자. Acetal은 기본적으로 Grignard reagent와는 반응을 하지 않는다. 그러나 $TiCl_4$와 같은 Lewis 산이 존재하면 다음 반응에서와 같이 alkyl 치환이 일어나서 ether를 생성한다.

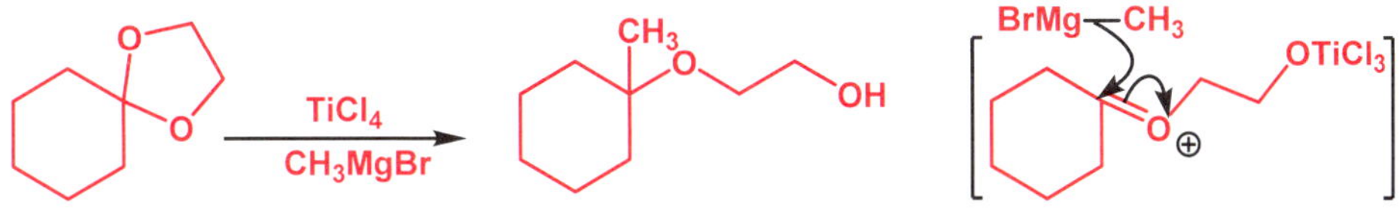

이와 유사한 반응으로 orthoformate는 Grignard 시약과 반응하여 acetal을 생성한다. Acetal은 반응이 끝나면 산성 가수분해로 aldehyde로 변환될 수 있다. 이 반응은 Schlenk 평형에 존재하는 소량의 $MgBr_2$에 의하여 시작된다. Ethoxy group 하나와의 coordination으로 한 ethoxy group을 잃고, 양이온이 생성되면 쉽게 Grignard 시약이 첨가되어 acetal을 얻게 된다.

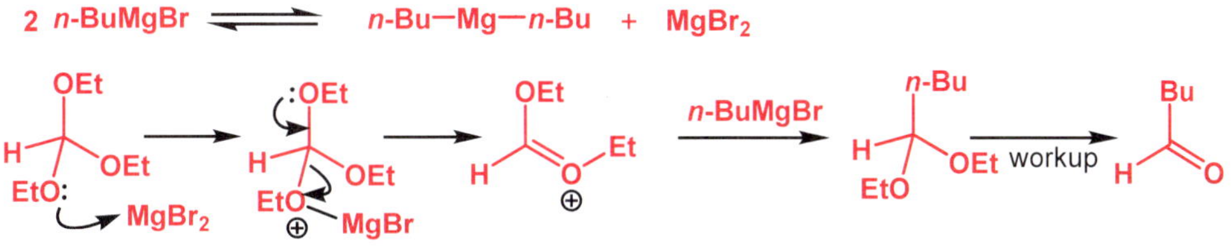

1,2-Diol과 benzaldehyde로부터 생성되는 cyclic acetal은 특별한 예외 반응의 하나로 butyl lithium과 반응하여 olefin을 생성한다. Alkyllithium은 Grignard 시약보다 친핵체로서의 반응성이 더 클 뿐 아니라 훨씬 센 염기이기도 하다.

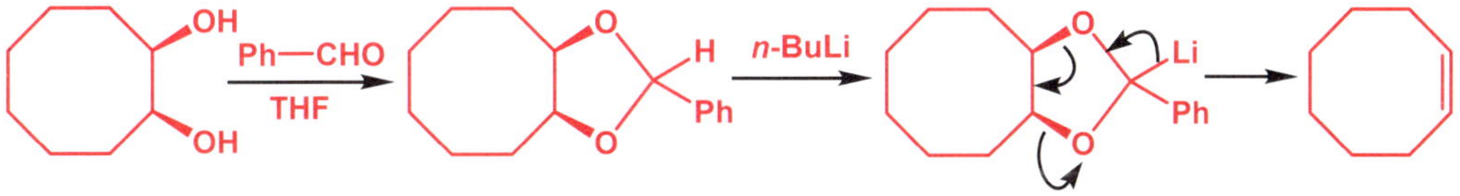

THF는 낮은 온도에서는 alkyllithium의 좋은 용매이지만 온도가 높아지면 다음과 같은 반응이 일어나게 된다. 이 반응은 위의 반응과 유사하다고 할 수도 있다. 산소의 α-자리에서 양성자가 제거되고, 토막내기가 일어나면 acetaldehyde의 enolate가 생성된다. 실제로 acetaldehyde의 enolate가 필요하면 이 같은 방법에 의하여 만들어 사용할 수 있다.

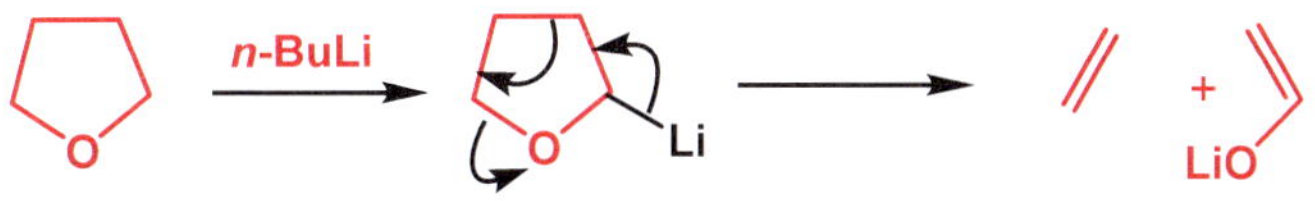

문제 2.19 *cis* 및 *trans*-2-Butene oxide는 phenylmagnesium bromide에 의해 고리열림이 일어난다. 각각에 대해 입체화학을 포함하여 생성되는 화합물의 구조를 그려 보라.

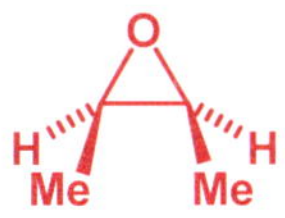

문제 2.20 다음 반응의 반응물에는 친전자성 자리가 세 개 있다. 주 생성물로 어떤 화합물을 얻게 될지 예측하여 보라. 왜 그런가?

(a) 1. EtMgBr, Et_2O 2. H_2O, H (b) 1. Et_2CuLi 2. H_2O, H

문제 2.21 다음 epoxide 고리열림은 regioselective하게 한 가지 생성물만이 얻어진다. 메커니즘을 그려 이유를 설명하라.

MeO, O — ArMgBr, Et_2O, 0 °C ~ reflux → H_2O, $H^{\oplus}$ → MeO, Ar, OH

2.15 Reactions of Alkylmetals with Heteroatom Electrophiles

Grignard 시약이나 alkyllithium은 친전자성 탄소 이외의 친전자성 헤테로원자를 가지는 많은 화합물과도 쉽게 반응한다. 이 절에서는 산소, 황, 셀렌늄, 인, 주석 등의 헤테로원자 화합물과의 반응을 간략하게 살펴보기로 한다.

Grignard 시약은 산소와 반응하여 alcohol을 생성한다. 다음 benzylmagnesium bromide의 다음 반응이 그 예이다. Alkyllithium을 포함한 magnesium, aluminum 등 여러 alkylmetal이 이와 같이 산소를 만나면 alcohol로 변환되는 경우가 흔히 있다.

MgBr — O_2 → OH

산소가 butyllithium을 접하게 되면 우선적으로 lithium butyl peroxide를 거치되는데 산성 뒤처리를 거치면 alkyl hydroperoxide를 생성하게 되고, 더 높은 온도에서 추가로 alkyllithium이 존재하면 더 반응하여 alkoxide를 생성하게 된다.

n-BuLi — O_2 → *n*-BuOOLi — *n*-BuLi → 2 *n*-BuOLi

n-BuOOLi — H_2O, $H^{\oplus}$ → *n*-BuOOH (at low temperature)

2 *n*-BuOLi — H_2O, $H^{\oplus}$ → 2 *n*-BuOH (at high temperture)

Grignard 시약이나 alkyl lithium은 산소뿐 아니라 다른 peroxide와의 반응으로도 alcohol을 생성하게 된다.

$Me_3SiO—OSiMe_3$ — *n*-BuLi → H_2O, $H^{\oplus}$ → $Me_3SiOSiMe_3$ + *n*-BuOH

원소 상태의 황, 셀렌늄, 테르륨도 마찬가지로 Grignard 시약이나 alkyl lithium과 반응하여 해당 thiols, selenols, telluols를 생성하게 된다. 산 뒤처리를 거치면 중성 화합물을 유리해 낼 수 있다. 앞으로 학습해 나갈 aluminum, 수은 등 다른 유기금속 화합물에서도 이와 유사한 반응들을 여러 차례 보게 될 것이다.

M = MgBr or Li

S, Se, Te → SM, SeM, TeM → H_2O, $H^\oplus$ → SH, SeH, TeH

위 반응에서 생성되는 thiol 등의 금속 염은 산 처리를 거치지 않고 alkyl halide, acyl halide, trimethylsilyl chloride 등의 다른 친전자성 시약과 반응시키면 methyl ether, acetate, TMS ether를 얻을 수 있다.

SLi → electrophilic reagents → S–E

E = —$SiMe_3$ —OAc —CH_3

from Me_3SiCl, Ac_2O, CH_3I

Vinyl 및 acetylenyl magnesium halide나 lithium 화합물도 위의 alkylmetal과 동일한 반응을 할 수 있다. 마찬가지로 산성 수용액 처리를 거쳐 중성 화합물을 유리할 수도 있고 alkyl halide나 trimethylsilyl chloride와 같은 다른 친전자성 시약과의 반응에서 필요한 화합물을 얻을 수도 있다.

Me–C≡C–Li → S_8 → Me–C≡C–SLi → Me_3SiCl → Me–C≡C–$SSiMe_3$

Alkylmetal은 친전자성 자리를 가지는 다양한 황 화합물과 반응한다. 이산화황과 반응하면 sulfinate 염을 생성하게 된다. 다음 보기 반응은 *p*-toluenesulfinate가 해당 Grignard 시약으로부터 얻어지는 반응식이다.

H_3C–C_6H_4–MgBr → SO_2 → H_3C–C_6H_4–SO_2M

Dialkyl disulfide 또는 thiosulfonate를 alkylmetal과 반응하면 sulfide를 합성할 수 있다. Thiosulfonate에서는 이탈 가능한 두 group 중에서 sulfide가 아닌 sulfinate가 유리되는 쪽으로 반응이 일어나서 dialkyl sulfide를 생성하게 된다. Diphenyl diselenide 또는 phenylselenocyanide를 사용하면 alkyl phenyl selenide를 얻을 수 있다.

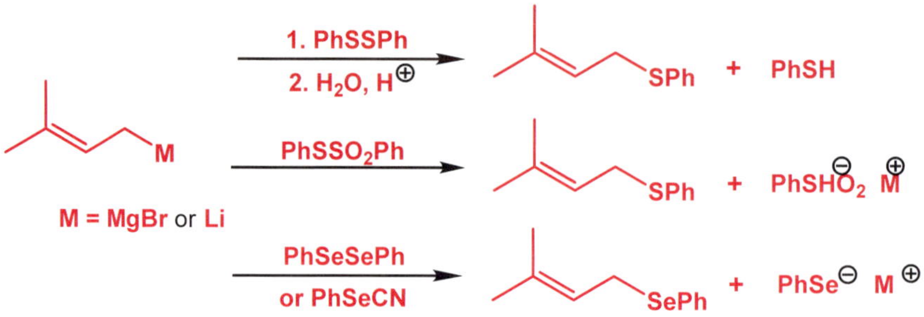

두 alkyl 치환기가 같은 대칭성 dialkyl sulfide를 얻는 것이 목적이라면 다음 두 반응에서와 같이 sulfur dichloride를 alkylmetal과 반응시키는 방법도 있다.

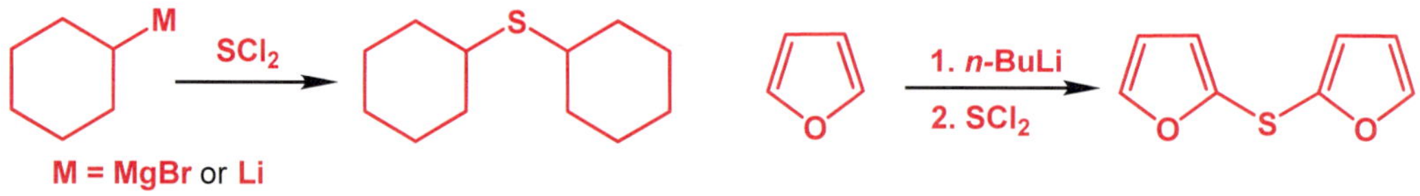

다음 몇몇 보기 반응은 silicon 및 tin 화합물의 치환 반응이다. 염소로 치환되어 있는 silyl chloride 및 tin chloride는 alkylmetal에 의하여 모두 alkyl기로 치환될 수 있다. Vinyl 및 acetylenyllithium이나 magnesium 화합물도 Li이나 Mg이 trimethylsilyl 또는 trialkyltin group으로 바뀌는 transmetallation이 일어난다. 이는 vinylsilane이나 tin 화합물을 합성하는 중요한 방법의 하나이다.

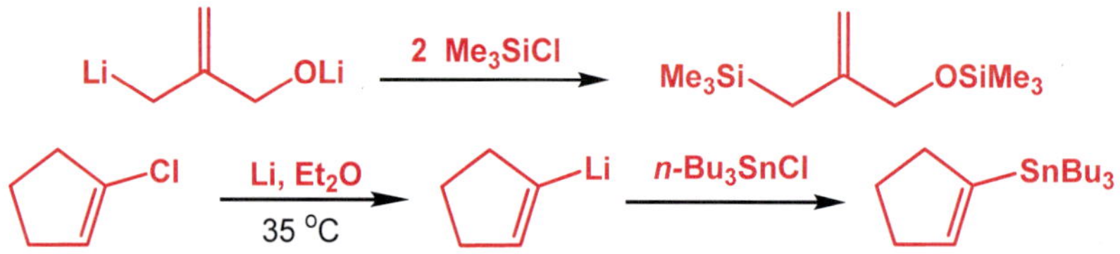

또한 tetraalkyltin은 필요에 따라서 alkyllithium과의 반응으로 organolithium 화합물을 얻기도 한다.

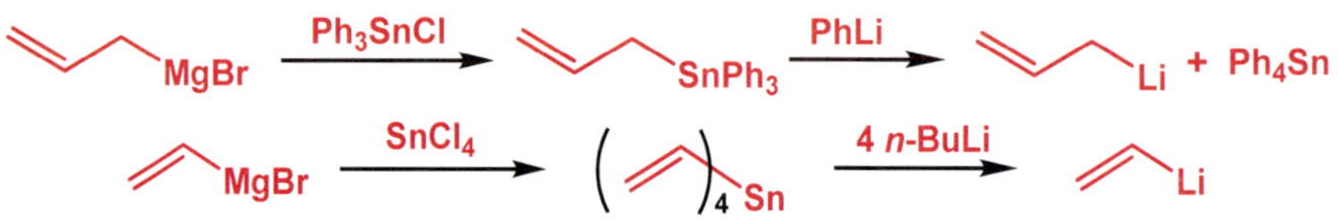

다음 보기 반응에서는 butyllithium을 예로 들어 alkylmetal이 P–Cl 결합을 갖는 여러 인 화합물과의 치환 반응으로 P–Cl 결합이 P–C 결합으로 대치되는 몇몇 반응들의 보기이다.

$$3\ n\text{-BuLi} + PCl_3 \longrightarrow n\text{-Bu}_3P + 3\ LiCl$$

$$n\text{-BuLi} + Ph_2PCl \longrightarrow n\text{-BuPPh}_2 + LiCl$$

$$3\ n\text{-BuLi} + POCl_3 \longrightarrow n\text{-Bu}_3PO + 3\ LiCl$$

$$n\text{-BuLi} + (PhO)_2POCl \longrightarrow n\text{-Bu(PhO)}_2PO + LiCl$$

$$2\ n\text{-BuLi} + PhOPOCl_2 \longrightarrow n\text{-Bu}_2\text{(PhO)PO} + 2\ LiCl$$

위의 반응들은 충분양의 butyllithium을 사용하여 반응물의 모든 P–Cl 결합을 butyl기로 치환하는 경우이다. 반응은 상당히 수월하게 진행되며 사용하는 alkylmetal의 당량을 조절하여 P–Cl 결합을 여러 개 갖는 화합물에서 일부 결합만이 치환이 일어난 화합물을 얻을 수도 있다.

Alkylmetal은 친전자성 할로젠 시약과 반응하면 쉽게 할로젠 원자를 도입할 수 있다. 많은 경우 alkylmetal은 alkyl halide로부터 얻게 되므로, 합성 측면에서 보면 alkylmetal로부터 halide를 합성한다는 것은 별로 흥미 있는 반응은 아니라 할지라도 다음 acetylene의 반응에서와 같이 때로는 필요한 경우도 간혹 있을 수 있다.

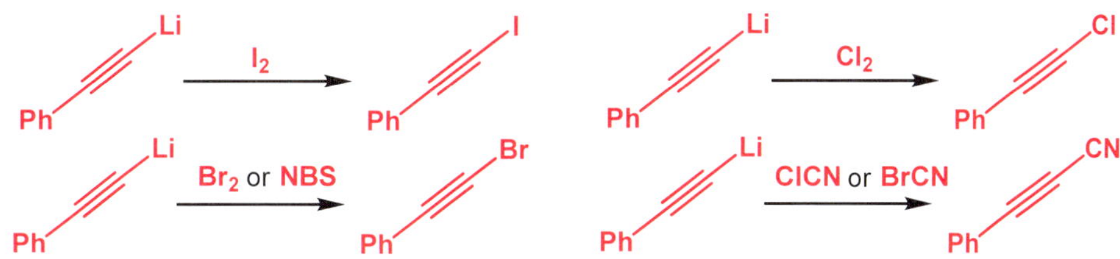

위의 1-haloalkyne의 합성을 예를 보면 alkylmetal의 금속은 여러 다양한 할로젠 원자로 대치할 수 있음을 볼 수 있는 예이다. 이들 화합물은 다른 방법으로 쉽게 합성할 수 있는 화합물이 아니다. 마지막 보기 반응에서 X–CN(cyanogen halide)는 이탈기가 둘이 있는데, 보다 나은 이탈기인 chloride나 bromide가 nucleofugal 이탈기가 되고, metal 자리에 cyano group이 도입된다.

2.16 Addition of Alkyllithium to Simple Alkenes

일반적으로 carbometallation은 전이금속이나 aluminum과 같은 일부 주족 원소의 경우에는 큰 어려움 없이 일어나지만, alkyllithium의 탄소–탄소 π-결합의 첨가 반응은 잘 일어나지 않는 것으로 되어 있다. 그러나 특별한 경우에는 alkyllithium도 탄소–탄소 π-결합에 첨가되는 예가 있다. (**carbolithiation**) 특별한 예의 반응 몇 개를 살펴보기로 하자.

다음 cinnamyl alcohol에 충분량의 BuLi을 첨가하였다고 하자. 우선 lithium alkoxide가 얻어질 것이고 다음에 할 수 있는 것은 양성자떼기로 dianion이 형성될 수도 있을 것이다. 실제로는 상온에서 이를 방치하면 다음 식에서와 같은 butyllithium의 첨가가 일어난다.

OH — 2 eq. BuLi / hexane, 0 °C. 1 h → Li-----OLi, Bu — $H_2O^{\oplus}$ → OH, Bu

81 % yield

첨가의 regiochemistry는 phenyl기의 anion stabilization 효과로 β-자리에 butyl기가 첨가

될 것은 예상할 수 있다. 첨가로 생성되는 새로운 lithio 화합물은 그림에서와 같은 산소와의 coordination으로 butyllithium보다는 더 안정할 것으로 추측된다.

n-BuLi보다 반응성이 더 높은 *t*-butyllithium은 아무런 활성화기가 없는 simple alkene에도 첨가되는 것으로 알려져 있다. 다음 반응에서와 같이 ether나 THF의 존재하에 ethylene(1 atm)과 반응시키면 –25°C의 낮은 온도에서도 빠르게 **carbolithiation**이 일어나서 3,3,-dimethylbutyl-lithium을 형성한다. 그것도 100 %라는 수득률로!

Li + (1 atm) —Et_2O, - 25 °C→ Li (100 % yield)

실은 이 반응에 필요한 ethylene은 ether나 THF로부터 얻어지기도 한다.

O —*t*-BuLi→ O, Li ⟶ + LiO

t-BuLi보다 반응성이 낮은 *s*-BuLi이나 *n*-BuLi은 이러한 carbolithiation이 제대로 일어나지 않는다. *t*-BuLi 또한 모든 alkene과 다 쉽게 반응하는 것은 아니고 다음과 같이 carbolicthiation에 의하여 열역학적으로 더 안정한 lithio 화합물이 생성되는 경우에는 더 수월하게 반응한다. 고리형 화합물의 ring strain이 경감되던지, 아니면 분자내의 치환기에 의한 도움을 받던지, 아니면 첨가로 다시 생성되는 alkyllithium이 이웃한 헤테로원자에 의해 안정화되던지 하는 경우가 반응이 수월하게 일어날 수 있는 여건들이라 할 수 있다. 다음 세 반응이 위의 각 경우에 해당되는 보기 반응들이다.

—*t*-BuLi, ligloin, 70 °C→ Li —1. CO_2, 2. $H^{\oplus}$→ CO_2H (32 % yield)

S, S —*t*-BuLi, THF, - 78 °C→ S, S, Li —MeI→ S, S, Me (89 % yield)

O, O —*t*-BuLi, ether, pentane, 25 °C→ O, O, Li —H_2O→ O, O, Li (100 % yield)

모든 반응이 다 그러하듯이 분자내의 반응은 분자간의 반응에 비하여 entropy면에서이든 아니면 다른 어떤 요인으로 보아도 반응에 훨씬 유리한 것은 틀림 없는 사실이다. 이는 여기에서도 같이 적용된다. 다음 반응 예에서는 앞에서 많이 보았던 aryl halide의 lithiation으로 phenyllithium이 생성되고 이웃한 homoallyl기에 첨가가 일어나서 새로운 탄소–탄소 결합이 생성되는 반응으로 아주 높은 수득률을 보인다. 초기에 생성되는 phenyllithium보다 반응성이 높은 BuLi과의 첨가 반응 생성물은 보이지 않는다. 분자내의 반응의 유리함을 다시 확인할 수 있는 예이다.

Br n-BuLi Li 23 °C Li H_2O 92 % yield

앞에서 *t*-BuLi의 simple alkene으로의 첨가의 한 추진력으로 고리의 strain의 해소를 하나로 꼽았다. 다음 반응은 쉽게 lithium–halogen 교환 반응으로 생성되는 lithio 화합물은 고리의 strain이 크게 증가하는 첨가 반응이 일어난다. 역시 분자내의 반응의 유리함 때문인데 이외의 다른 설명을 찾기 어렵다.

I 2 eq. *t*-BuLi ether, pentane -78 °C Li TMEDA warm to rt Li DMF CHO 65 % yield

다음 iodide는 같은 교환 반응에 의하여 생성되는 새로운 alkyllithium이 다음과 같은 psedochair conformer에서 반응이 일어나서 두 methyl group이 *trans*인 dimethylcyclopentane을 얻는다.

I 2 eq. *t*-BuLi ether, pentane -78 °C Li 23 °C Li exclusively *trans* H_2O 85 % yield

마지막 반응에서 이 반응의 입체화학의 감각을 엿볼 수 있고, 실제로는 chiral ligand를 사용하여 enantioselective한 carbolithiation의 예가 다수 발표되어 있다. 본서의 Chapter 2~3에서는 carbometallation 반응이 거의 없는 반응들이고 앞으로 보게 될 많은 다른 유기금속 화합물들의 경우에는 이 반응이 더욱더 많아지고 중요해진다. 이에 비해 이 Chapter에서 함께 다루는 Grignard 시약의 carbomagnesation 반응은 없는 것은 아니나 아주 드문 편이며, 있다고 해도 Ni이나 Zr과 같은 금속 화합물의 도움을 필요로 한다.

2.17 Limitation on the Use of Alkylmetals

지금까지 공부한 것만으로 이 두 부류의 유기금속 시약의 중요성을 이해하였을 것이다. 엄청나게 많은 다양한 반응을 하며 여기서 다루지 않은 반응들도 상당수에 이른다. 친전자성을 갖는 모든 작용기와 반응을 한다. 그러나 이들 시약도 만능은 아니어서 이들을 사용함에 있어 조심해야 할 점도 많고, 또한 이들이 가지는 문제점을 보완한 다른 유기금속 화합물을 이용하는 반응도 많다.

이들 화합물의 문제점을 한마디로 요약한다면 너무 반응성이 크다는데 있다 하겠다. 다시 말하면 이들의 반응이 일어나는 조건을 견디어 낼 수 있는 작용기가 극도로 제한된다는 점이다. 오늘날의 유기합성과 같은 복잡한 화합물의 합성에서는 여러 개의 작용기를 동시에 갖는 화합물과 반응하여야 하지만, allyllithium 및 Grignard 시약은 이들과 차별적으로 반응하지 않고 작용기 선택성 없이 무차별적으로 반응하여 여러 생성물의 혼합물을 얻게 된다.

이러한 문제 말고도 몇 가지 문제가 더 있다. 염기성이 너무 커서 양성자떼기와 친핵체로서의 작용이 항상 경쟁적으로 일어나는 데 있다. 예를 들어, 일부 카보닐 화합물로의 첨가는 α-수소를 가지는 경우에는 부반응이 심하게 일어난다든지 아니면 양성자떼기가 너무 쉽게 일어나서 제거 반응이 일어나는 경우는 흔히 보게 된다.

다른 하나는 ambident electrophile과의 반응에서의 선택성 문제이다. **(non-regioselective)** α,β-불포화 화합물과의 반응이 그 한 예로 carbonyl addition과 conjugate addition 간의 경쟁이 항상 문제가 된다. 반응성이 큰 α,β-불포화 카보닐 화합물은 alkyllithium이나 Grignard 시약과의 반응에서 항상 카보닐 첨가가 일어나며 반응성이 아주 낮은 α,β-불포화 amide는 거의 conjugate 첨가가 일어난다. α,β-불포화 aldehyde나 ketone은 유기구리 시약을 사용하면 conjugate 첨가를 유도할 수 있고 카보닐 첨가가 꼭 필요하면 $CeCl_3$를 첨가하면 100 % carbonyl 첨가로 유도할 수 있다. 이에 관한 것은 해당 유기금속 화합물을 다루는 곳에서 상세히 살펴보게 되지만 다음 네 반응을 서로 비교하면 어떤 경로를 택하게 되는지 감을 잡을 수 있다.

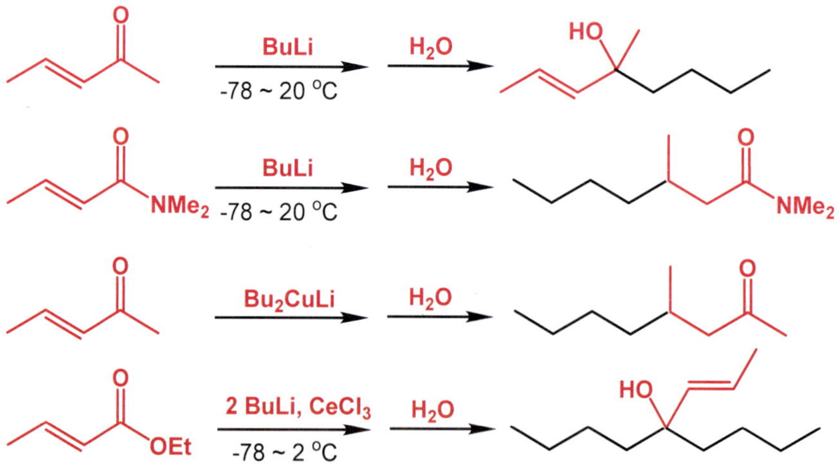

여기서는 다루지 않은 또 하나의 문제는 첨가 반응의 입체화학이다. Alkyllithium도 Grignard 시약도 카보닐 평면의 위나 아래나 아무런 선택성이 없이 (non-stereoselective) 첨가되어 racemate를 얻게 된다. 이는 chiral auxiliary를 사용하는 등 다른 방법으로 상당한

진전을 이룬 것이 사실이나 아직도 enantioselective 첨가 반응은 완전히 개발되었다 할 수 있는 단계는 아니다.

이 chapter의 공부를 끝내고 다루게 되는 여러 다양한 organometallics의 반응을 학습할 때는 다음과 같은 점들을 염두에 두고 공부하는 것이 한 가지 요령이다. 즉, 이 유기금속 화합물은 organolithium 및 magnesium 시약과 달리 이러이러한 작용기 선택성이 있다든지, 이러이러한 위치선택성이 있다든지, 이러이러한 입체선택성이 있다든지 하는 점들을 눈여겨 보아야 할 것이다. 즉, 다른 유기금속 화합물의 새로운 반응을 대할 때는 'organolithium 및 magnesium 시약을 사용하면 안 되는가', '여기서 학습한 alkylmetal과 비교하여 그 반응은 어떻게 차별화되며, 어떤 장점이 있는가'를 항시 염두에 두고 있어야 한다.

End of Chapter problems

문제 2.22 동위원소로 다음과 같이 표지된 allyl bromide는 Grignard 반응으로 aldehyde에 첨가되면 생성물에서와 같이 두 다른 자리에 섞여 나오게 된다. 왜 그런가?

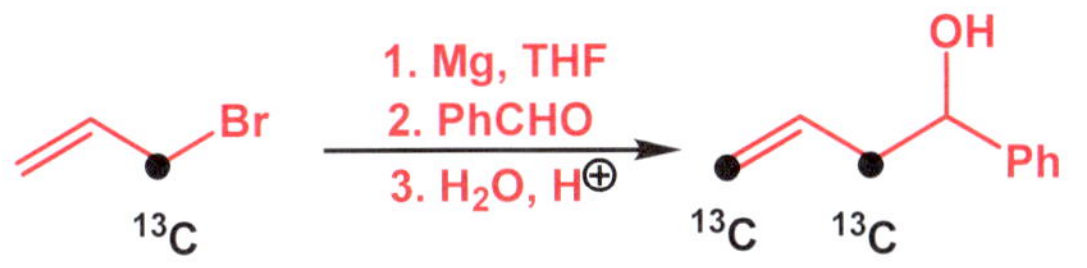

Br, ^{13}C → 1. Mg, THF 2. PhCHO 3. H_2O, $H^{\oplus}$ → OH, Ph, ^{13}C ^{13}C

문제 2.23 산화·환원 과정을 거치지 않고 순전히 alkylmetal과의 반응만을 거쳐 다음 화합물을 합성하는 경로를 3가지 이상씩 적어 보라.

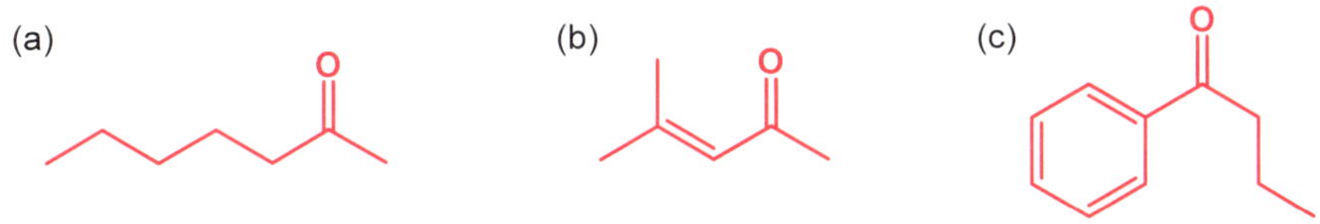

(a) O (b) O (c) O

문제 2.24 *ortho*-Lithiation을 이용하여 다음 화합물을 얻는 반응식을 적어라.

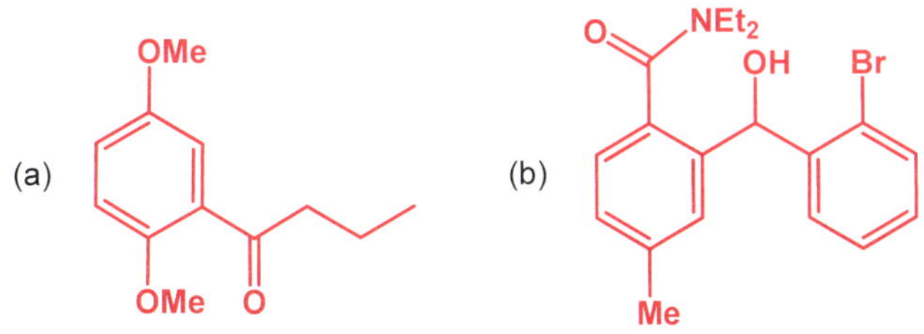

(a) OMe, OMe, O (b) O, NEt_2, OH, Br, Me

문제 2.25 보호기와 Grignard 시약 하나만 사용하여 다음 화합물을 합성하는 간편한 반응을 적어보라.

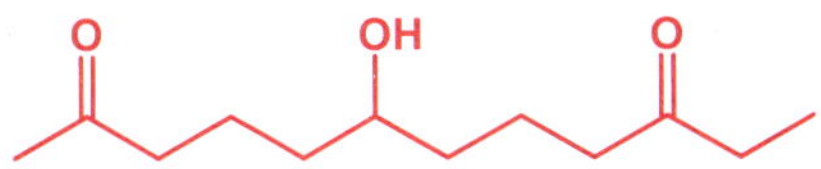

O OH O

문제 2.26 다음 각 반응은 어떤 중간체를 경유하여 진행되며, 생성물 A, B, C는 어떤 화합물인지 그려보라.

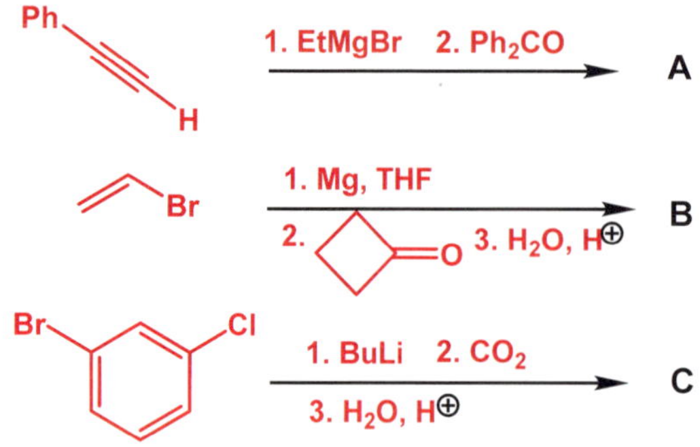

Ph—C≡C—H → 1. EtMgBr 2. Ph_2CO → A

vinyl bromide → 1. Mg, THF 2. cyclobutanone 3. H_2O, $H^{\oplus}$ → B

1-bromo-3-chlorobenzene → 1. BuLi 2. CO_2 3. H_2O, $H^{\oplus}$ → C

문제 2.27 산화 과정을 거치지 않고 단순히 cyclopentyllithium과의 반응만을 거쳐 다음 화합물을 합성하는 경로를 적어 보라.

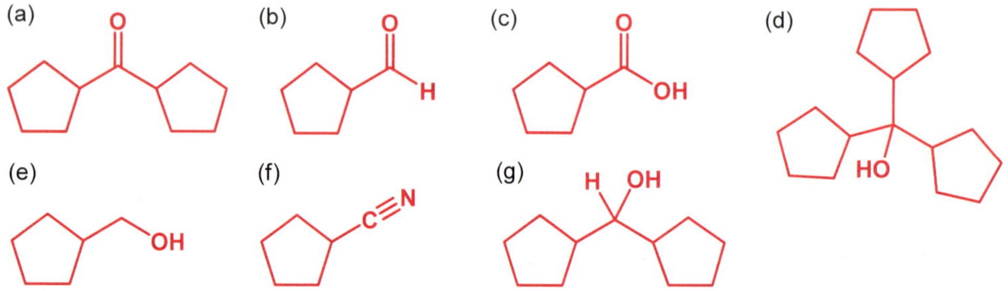

(a) (b) H (c) OH (d) HO

(e) OH (f) C≡N (g) H OH

문제 2.28 다음 출발물로부터 화합물 A와 B를 모두 만들고 싶다. 각각 어떤 과정을 거쳐 합성할 수 있나?

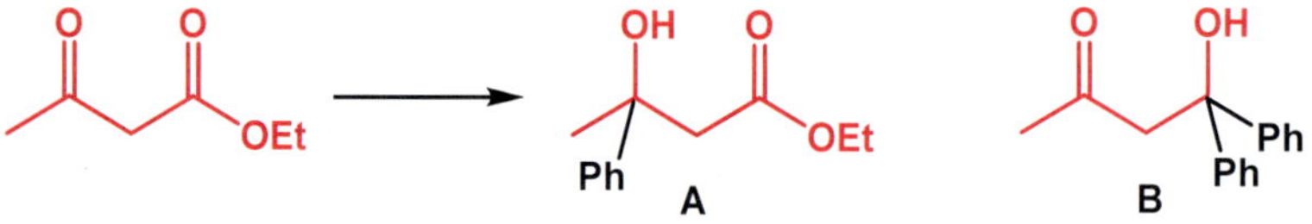

OEt → A (OH, Ph, OEt) B (OH, Ph, Ph)

문제 2.29 목표한 생성물을 얻으려면 둘 중에서 어떤 순서로 반응을 진행하여야 하는가?

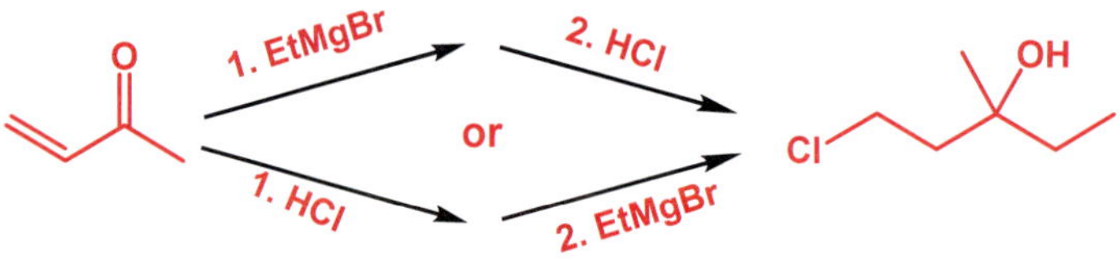

1. EtMgBr 2. HCl or 1. HCl 2. EtMgBr → Cl, OH

문제 2.30 Isonitrile의 alkyllithium과의 반응은 nitrile과의 반응 생성물과는 아주 다른 생성물을 얻게 된다. 다음 반응의 중간체와 최종 생성물을 그려 넣어 완전한 식이 되도록 하여라.

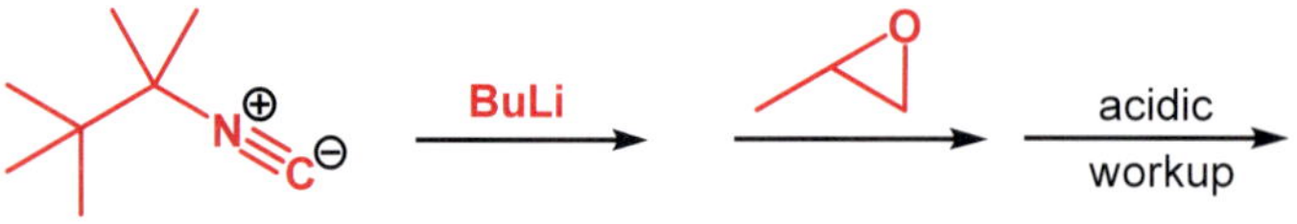

$N^{\oplus}\equiv C^{\ominus}$ → BuLi → (epoxide) → acidic workup →

문제 2.31 다음 유사한 구조의 α,β-불포화 ketone과 phenyl magnesium bromide와의 반응에서 어떤 이유로 어떤 생성물을 주로 얻게 되는가?

(a) Ph, Ph, O, Ph → 1. PhMgBr 2. H_2O, $H^{\oplus}$ →

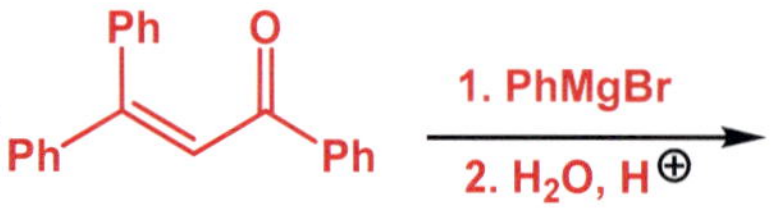

(b) 1. PhMgBr 2. H_2O, $H^{\oplus}$

문제 2.32 Adamatanone은 ethyl magnesium bromide와 ethyllithium과 반응시키면 각기 다른 생성물을 얻게 된다. 어떤 생성물을 주로 얻게 되는가?

? ← EtMgBr / ether — EtLi / ether → ?

문제 2.33 다음 epoxide와 MeMgBr의 반응은 다음 혼합물을 얻는다. MeLi은 90 % 이상 3-pentanol만 생성한다. 이를 설명하라.

MeMgBr → 5 % + 15 % + 7 % + 63 %

문제 2.34 다음 반응들은 alkyllithium 또는 Grignard 시약을 사용하는 탄소-탄소 결합 형성 반응들이다. 각 반응의 중간 및 최종 생성물을 나타내어 주어진 반응식을 완성하라.

(a) CH_3—≡—H 1. BuLi (excess) 2. BuBr 3. H_2O, $H^{\oplus}$

(b) Ph—≡—H 1. MeMgBr, Et_2O 2, $HC(OEt)_3$ 3. H_2O, $H^{\oplus}$

(c) 1. Mg, Et_2O 2. Ph-N=C=O 3. H_2O, $H^{\oplus}$

(d) 1. BuLi THF 2. Et(C=O)NMe$_2$ 3. H_2O, $H^{\oplus}$

(e) 1. BuLi THF 2. CO_2 3. H_2O, $H^{\oplus}$

(f) 1. BuLi THF 2. (allyl bromide) 3. H_2O, $H^{\oplus}$

(g) 1. LDA THF 2. Et—Br 3. H_2O, $H^{\oplus}$

(h) MgBr + Br →

(i) Br—CH=CH—OEt 1. $LiNH_2/NH_3(l)$ 2. BuBr 3. H_2O, $H^{\oplus}$

(j) EtO(C=O)OEt — 1. n-PrLi (excess); 2. H_2O, $H^\oplus$

(k) 1-bromocyclohexene — 1. Li, Et_2O, 35 °C; 2. HC(=O)NMe_2; 3. H_2O, $H^\oplus$

(l) cyclohexanecarbonyl chloride (Cl) — 1. MeNHOMe; 2. CH₃CH=CHCH₂MgBr; 3. H_2O, $H^\oplus$

(m) 2-methylenecyclohexanone (O) — 1. PhMgBr, Et_2O, CuCl; 2. H_2O, $H^\oplus$

(n) cyclopentene-CN — 1. PhMgBr, Et_2O, CuCl; 2. H_2O, $H^\oplus$

(o) cyclopentene-CO_2H — 1. BuLi (excess), THF; 2. H_2O, $H^\oplus$

(p) (CH₃)₂CHCH=CHBr — 1. BuLi; 2. CH_3CO_2Li; 3. H_2O, $H^\oplus$

(q) CH₃CH₂CH₂CH₂C(=S)SMe — 1.MeMgBr, Et_2O; 2. BuBr; 3. H_2O, $H^\oplus$

(r) CH_3—CO_2H — 1. LDA,THF; 2. LDA,THF, HMPA; 3. *n*-BuBr; 4. H_2O, $H^\oplus$

(s) CH₂=C(CH₃)CH₂CH₂CH₂Br — 1. NaCN, DMF; 2. PhMgBr, Et_2O; 3. H_2O, $H^\oplus$

(t) I(CH₂)₅I — 2 eq. *t*-BuLi, ether, pentane, 25 °C → C_5H_{10}

(u) CH₂=C(CH₃)CH₂CH₂OH — 2 eq. BuLi, TMEDA, hexane, - 78 °C; 1. (CH₃)₂C=CHCH₂Br; 2. H_2O, H

(v) MeO(C=O)–norbornadienyl–CH₂CH₂CH₂I — *t*-Bu—Li, -100 °C

(w) (CH₃)₂CHC(=O)CH₂CH₂CH₂CH₂I (O) — 2.2 eq. *t*-BuLi, ether, -100 °C; H_2O

CHAPTER 03

α-Heteroatom-Stabilized Organometallic Reagents

Carbonyl, nitro 또는 sulfonyl 등의 치환기를 이웃한 C–H carbon acid는 산성도가 아주 높아서 쉽게 양성자떼기가 일어나서 새로운 탄소–탄소 결합형성을 비롯한 많은 유기 반응을 가능하게 한다. 탄소–헤테로원자 또는 헤테로원자–헤테로원자 간의 π-결합을 이웃한 화합물 이외에 σ-결합만을 하고 있는 일부 헤테로원자도 이웃한 carbanion을 안정화하는 경우가 있다. 그중에서도 황 원자는 유기 반응에 가장 많이 사용되는 헤테로원자에 의해 안정화되는 carbanion을 형성한다. 황 원자 이외에도 selenium, phosphorus, silicon 등의 *d* 오비탈을 이용할 수 있는 이들 원자들로 이루어진 작용기가 이 목적으로 가끔씩 사용된다. *d* 오비탈을 가지지 않는 N 원자도 이웃한 치환기의 영향으로 이러한 음이온을 안정화시키기도 한다. N, P, S, Se 등의 원자처럼 onium ion을 형성하는 화합물은 이웃한 carbanion이 안정화되는 onium ylide를 형성하며 유기합성 반응으로 종종 사용된다.

이 단원에서는 이들 헤테로원자에 의하여 안정화되는 carbanion의 반응에 대하여 이미 학습한 일부 반응을 복습하고, 연관된 새로운 반응들을 소개하게 된다. 이들은 특별한 몇몇 화합물을 제외하고 주로 alkyllithium에 의한 양성자떼기로 만들어지게 되며, 이들을 통틀어 **α-heteroatom-stabilized organometallic reagents**라고 부르기로 한다.

3.1 Organic Sulfur Compounds

가장 안정한 황(S) 원소는 위와 같은 고리형 화합물을 형성하다. 황은 주기율표의 VI 족(또는 16족) 원소로 산소 바로 밑에 그리고 P와 Cl 사이에 자리 잡고 있는 원소로, 흔히 산소와 비교하게 된다. 산소가 안정한 2원자 분자를 형성하는데 비해, 원소 황은 π-결합을 하는 능력이 떨어져 다음과 같이 σ-결합만으로 연결되어 있다.

:S=S: X

crystalline sulfur

또한 산소보다 전기음성도가 훨씬 낮은 2.55로 탄소와 거의 같아서 C–S 결합의 polarization으로 뭔가를 설명할 수 있으리란 기대는 접는 것이 좋다. 황 원자는 탄소와 충분히 센 C–S 결합으로 안정한 화합물을 형성할 수 있지만, C–O 결합보다는 훨씬 깨지기 쉬워서 C–O 결합을 다치지 않고 깨질 수 있을 정도이다.

Electronegativity

C	N	O	F
2.55	3.04	3.44	3.96
Si	**P**	**S**	**Cl**
1.90	2.19	2.55	3.16

Bond Strengths (kcal/mol)

C—C	C—H	C—F	C—S
83	99	108	87
S—C	**S—H**	**S—F**	**S—S**
87	83	92	72

황과 황 원자 간의 결합도 예상보다는 꽤 센 결합을 한다. 과산화물의 산소 간의 σ-결합이 대단히 약한 것과는 대비된다. 또한 황은 셋째 주기 원소로서 산소나 할로젠과 결합하여 다양한 여러 화합물을 형성하게 되고, 이들은 대개의 경우 정제하여 보관 가능할 정도의 안정한 것들이다. 이는 산소–산소 또는 산소–할로젠 결합이 너무 약하고 아주 불안정하여 때로 폭발하는 것과는 대조적이다. 황은 *d* 오비탈을 활용할 수 있으며, 따라서 +2, +4, +6의 산화상태가 가능하며, 배위수는 0에서 7까지 가능하다. 다음 표에 황의 산화상태와 그에 해당하는 보기 화합물을 하나씩 그려 놓았다.

Compounds of Sulfur

Oxidation state	S(II)			S(IV)		S(VI)		
coordination number	0	1	2	3	4	4	6	7
example	$S^{2\ominus}$	$RS^{\ominus}$	R–S–R	R–S(=O)–R	SF_4	R–S(=O)(=O)–R	SF_6	$SF_7^{\ominus}$

산화·환원 반응으로 한 황 화합물에서 다른 산화상태의 황 화합물을 얻는 것은 그리 어렵지 않다. 황 화합물의 산화는 기본적으로 thiol의 산화와 sulfide의 산화 두 갈래로 나눌 수 있다. Thiol은 아주 mild한 산화제에 의해 disulfide로 쉽게 산화되며, 산화가 더 진행되면 disulfide의 S–S 결합이 유지된 채 산소 원자가 하나씩 황에 첨가되는 양상을 거치기도 하고, 황–황 결합이 깨지면서 산소가 추가되며 산화상태가 점진적으로 높아지기도 한다. 계속 산화가 진행되어 최종적으로는 alkanesulfonic acid를 생성하게 된다.

Sulfide는 sulfoxide를 거쳐 sulfone으로 산화가 일어나며, 산화가 더 진행되면 C–S 결합이 깨지면서 alkanesulfonic acid로 산화가 일어나기도 한다.

이웃한 황에 의하여 안정화되어 유기 반응에 사용되는 carbanion은 sulfide, sulfoxide, sulfone 정도이고, 한쪽 탄소 치환기는 phenyl인 경우가 대부분이다. Selenium 화합물의 산화도 황과 거의 유사한 단계를 거쳐 일어난다고 보면 되며, 실제로 유기 화학에서 사용되는 organoselenium 화합물은 selenophenol, dialkyl selenide, selenoxide 정도이다.

3.2 α-Sulfur-Stabilized Organometallic Reagents

황을 포함하는 유기 화합물의 황 원자는 앞의 표에서처럼 II, IV, VI의 산화상태를 가질 수 있다. 황 원자는 탄소, 산소, 황, 할로젠 등과 안정한 결합을 이룰 수 있으므로 엄청나게 많은 다양한 구조를 갖는 화합물을 생성할 수 있다. α-Sulfur-stabilized anion과 관련이 있는 세 화합물과 sulfonyl chloride를 다음에 나타내었다.

dialkyl sulfide   dialkyl sulfoxide   dialkyl sulfone   alkanesulfonyl chloride

Sulfide, sulfoxide, sulfone은 모두 센 염기로 처리하면 음이온을 생성한다. S–O 결합은 황의 3*p* 오비탈과 탄소의 2*p* 오비탈 겹침으로 π-결합을 형성할 수 있다. 그러나 두 *p* 오비탈의 크기가 달라 C=C나 C=O처럼 효과적인 π-결합을 형성하기 어렵다[1].

가장 자주 쓰이는 *n*-BuLi을 사용하면 α-lithiosulfide, α-lithiosulfoxide, α-lithiosulfone이 생성된다. 여러 실험적 결과를 종합하면 phenylthio group을 이웃하면 C–H acidity는 17 *pKa* 단위가 감소하는 것으로 나타났다. Dimethylsulfoxide(DMSO)의 *pKa*는 약 35이며, dimethylsufone은 31이다. Phenylmethylsulfone의 *pKa*는 이보다 약간 낮은 29 정도이다.

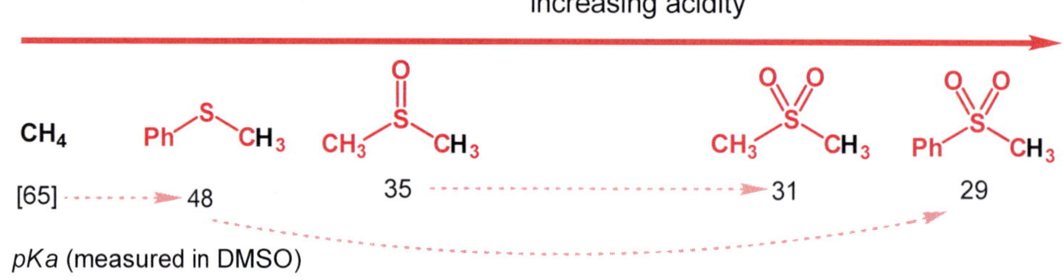

따라서 sulfoxide나 sulfone은 LDA 정도의 센 염기에 의해서도 양성자떼기가 가능하지만, 모두 BuLi을 이용하여 양성자떼기를 하는 것이 더 편리하다. 이들 화합물에는 친전자성 자리가 없고 어차피 LDA는 BuLi으로 diisopropylamine에서 양성자떼기로 생성하여야 하며, 필요 없는 단계를 하나 더 거쳐야 하기 때문이다.

1 Sulfoxide의 경우에는 zwitterionic form으로 그리는 것이 사실에 더 가깝다. 그러나 실제로는 S=O 이중결합을 그려 표시하는 예가 더 많다. Sulfone이나 sulfonyl chloride를 그림과 같이 표시하는 것은 틀린 것은 아니지만 누구도 그렇게 그리지 않는다.

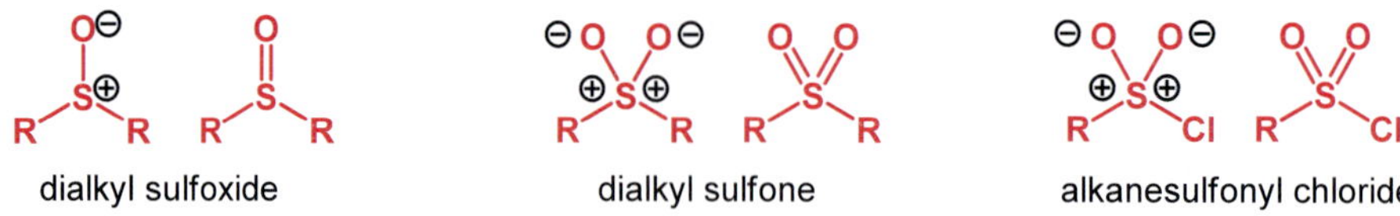

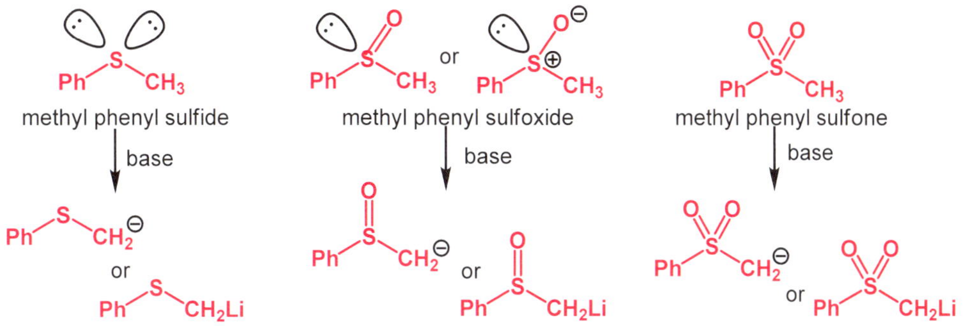

어떻게 황 원자가 이웃한 carbanion을 안정화시키는가는 아직도 명확하게 밝혀지지 않았다. Sulfoxide나 sulfone에 붙어 있는 산소의 영향으로 S–O 결합은 polarize되어 있고, 황의 부분 양전하는 이웃한 탄소의 음전하를 안정화하게 된다. 이는 마치 이웃한 카보닐기에 의한 carbanion의 안정화와 같은 개념이므로 쉽게 이해가 될 것이다. 그런데 sulfide의 황 원자 또한 이웃한 음전하를 안정화시킨다. Ether에서는 가능하지 않은 안정화가 어떻게 sulfide에서는 가능한가? 탄소의 채워진 p 오비탈과 황의 빈 d 오비탈 간의 π-상호작용에 의한 것이라는 설명이 첫째이고, 음이온 탄소의 채워진 sp^3 혼성화 오비탈과 이웃한 S–C 결합의 빈 σ^* anti-bonding orbital의 상호작용 또한 타당성 있는 설명의 하나이다. 후자는 ether에서도 가능하지만 빈 d 오비탈을 이용하는 안정화는 셋째-주기 원소 화합물에 독특한 성질이다. 위에서 설명한 이들 오비탈 간의 상호작용을 아래 그림에 나타내었다.

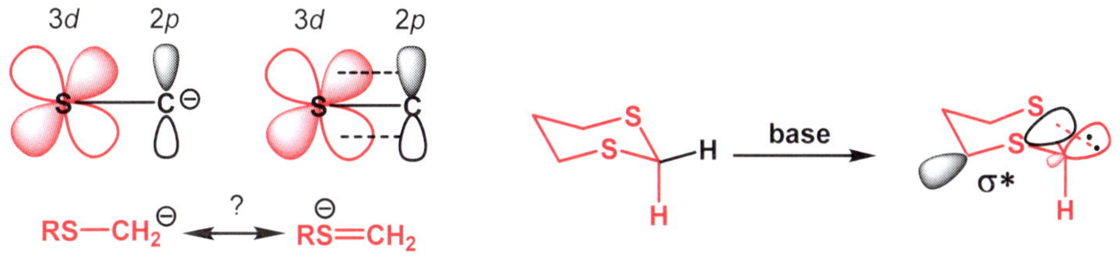

자주 사용되는 황 화합물인 sulfide, sulfoxide 및 sulfone은 각각 다른 방법에 의하여 제조되기도 하지만, 이들 화합물 간에는 다음과 같은 산화·환원에 의한 변환이 가능하다. 과산화 수소나 percarboxylic acid를 1당량 사용하여 sulfoxide를 얻는 것이 일반적인 방법이다. 이들 시약을 2당량 이상 과량으로 사용하면 sulfone까지 산화가 일어난다. $KMnO_4$ 등 보다 강력한 산화제를 사용하면 곧바로 sulfone이 얻어진다. 거꾸로 가는 환원 반응 또한 불가능한 것은 아니지만 실제로 사용되는 빈도는 아주 낮다.

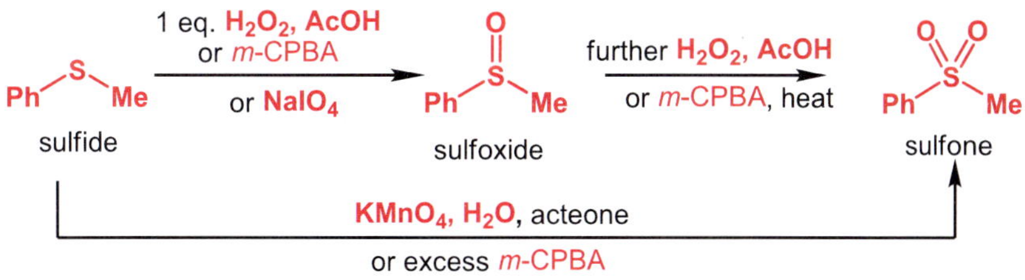

3.3 α-Lithiosulfide

α-Lithiosulfide를 만드는 방법은 강력한 염기에 의한 양성자떼기를 비롯하여 여러 가지 방법이 있다. 유형별로 정리하여 다음 다섯 가지 방법에 의한 **α-Lithiosulfide**를 합성하는 방법을 예시하였다[2].

1. 양성자떼기: 합성에 유용하게 사용하기 위해서는 대칭성 dialkyl sulfide보다는 phenyl alkyl sulfide를 사용하는 것이 더 편리하다. *pKa*는 48 정도이므로 사용할 수 있는 염기는 BuLi 이외에는 없으며, TMEDA, dabco 같은 diamine을 첨가하여 반응성을 높인다.

   PhS–CH_3 —(BuLi, DABCO)→ PhS–CH_2Li　　[TMEDA, DABCO]

2. Lithium-Halogen 교환 반응: Dialkyl disulfide의 α-halogen이 BuLi에 의하여 Li으로 exchange가 일어난다. 라디칼 anion을 거치며 I > Br >> Cl의 반응성 순서를 보이게 된다.

   PhS–CH(Br)CH$_2$CH$_2$CH$_3$ + BuLi → PhS–CH(Li)CH$_2$CH$_2$CH$_3$ + BuBr

3. Transmetallation: Trialkylstannyl 및 phenylselenyl기를 이웃한 dialkyl sulfide는 BuLi에 의한 transmetallation으로 α-lithiosulfide를 생성한다. Butyl anion은 Sn, Se에서 친핵성 치환을 일으키고 S-stabilized carbanion 형성한다.

   MeS–CH$_2$–$SnBu_3$ + BuLi → MeS–CH$_2$–Li + Bu_4Sn

   PhS–CH(Me)–SePh + BuLi → PhS–CH(Me)–Li + BuSePh

4. Grignard 반응; α-Haloalkyl sulfide를 얻을 수 있다면 금속 Mg를 직접 사용하여 Grignard 시약을 얻거나 금속 lithium을 이용한 lithiation 또한 가능하다.

   MeS–CH$_2$–Cl —(Mg)→ MeS–CH$_2$–MgBr

5. Carbometallation: 보기 드문 반응이지만 allyl 또는 vinyl ether나 sulfide와 같이 lithium과 coordination이 가능한 작용기를 이웃하고 있는 alkene은 다음 반응 예에서와 같은 carbolithiation이 가능하다. (2.16절)

2 Chapter 1에서 유기금속 화합물을 만드는 일반적인 방법을 소개하였으며, Chapter 2의 organolithium 화합물 제조법이 거의 그대로 사용될 수 있다.

이상과 같이 만들어진 α-Lithiosulfide는 화합물의 성격으로 보아 일반적인 alkyllithium과 크게 다르지 않다. α-Lithiosulfide는 hard nucleophile로 분류되며, 기본적으로 hard electrophile과의 반응이 유리하다. Alkyllithium과 거의 유사하며 거의 비슷한 반응을 한다고 볼 수 있다.

Aldehyde 또는 ketone과는 빠르게 첨가 반응이 일어난다. β-hydroxysulfide를 얻게 되는데 많은 경우 이를 분리하지 않고, 그 다음 반응을 진행하게 된다. β-Hydroxysulfide는 환원성 제거 반응을 거치면 alkene을 생성하게 된다. 제거 반응이 일어나기 위해서는 OH기가 더 나은 이탈기로 바뀌어야 하며 환원제가 필요하다. 이 목적으로 사용되는 시약 중의 하나가 PI_3 또는 P_2I_5이다. 이들 시약에 의하여 hydroxy기는 iodide로 바뀌고 환원성 제거 후에는 I_2가 유리된다.

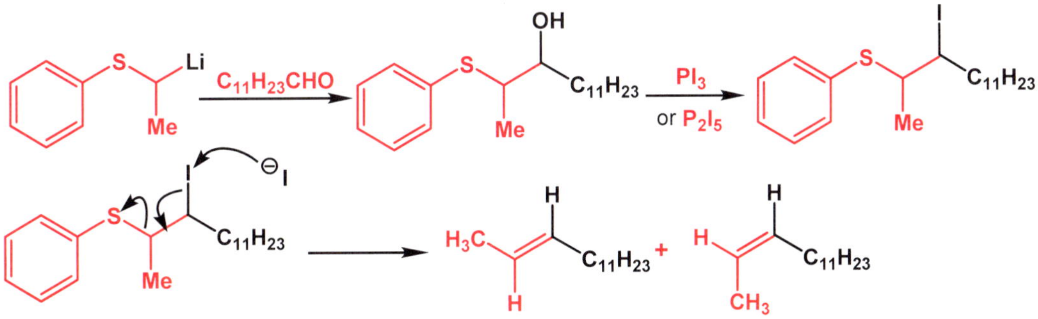

Hydroxyl기를 I^-로 치환하는 대신에 acetylation 또는 benzoylation을 거쳐 생성되는 acetate나 benzoate를 $Li+EtNH_2$, $TiCl_4+LiAlH_4$ 등의 환원제를 사용하는 환원성 제거 반응(reductive elimination)도 알려져 있다.

α-Lithiosulfide의 카보닐 첨가로 얻어지는 β-hydroxysulfide를 **Meerwein 시약** **(Me_3OBF_4)**을 써서 황 원자를 알킬화한 다음, 다시 염기를 사용하여 epoxide를 만드는 방법도 개발되어 있다. 치환 cyclohexanone으로의 첨가는 선택적이지 않아서 두 가지 첨가 생성물이 생성되며, 이에 따라 두 epoxide 이성질체의 혼합물이 얻어진다. 이 반응은 sulfonium 염의 양성자떼기로 얻어지는 ylide를 사용하면 더 편리하게 epoxide를 얻을 수 있다.

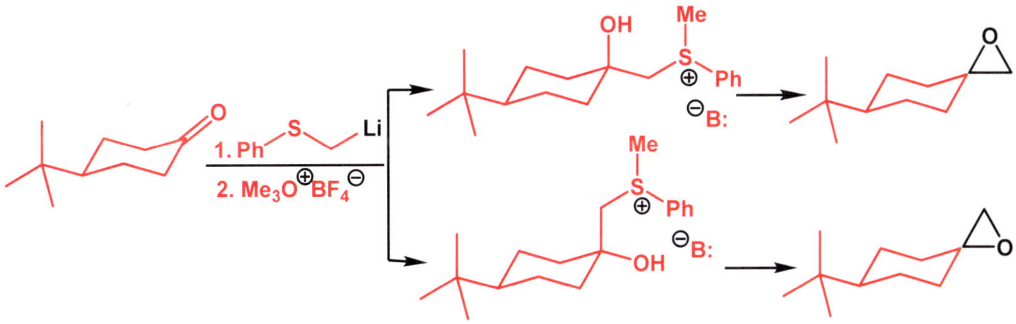

α-Lithiosulfide는 hard 친핵체로서 두 친전자성 자리를 가지는 enone으로의 첨가는 hard 친전자성 중심인 카보닐 탄소에 carbonyl addition이 일어난다.

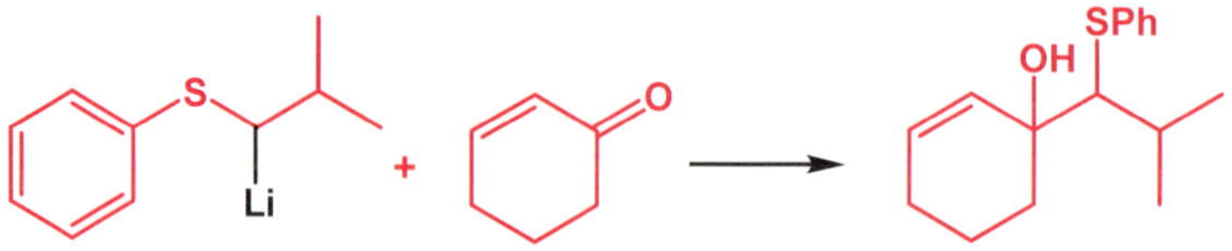

위의 반응을 softer 친전자성 중심인 β-탄소로의 conjugate 첨가를 목표로 한다면 Cu(I) 염을 첨가하여 다른 organolithium에서처럼 organocopper 시약으로 전환하여 첨가 반응을 하게 된다. 단순한 alkyllithium은 hard 친핵체로서 alkyl halide와의 친핵성 치환 반응에는 많은 문제점이 있음은 누차 이야기한 바 있다. 다음 organo halide의 치환도 lithium을 copper로 바꾸어 반응을 하는 것이 훨씬 더 효율적이다.

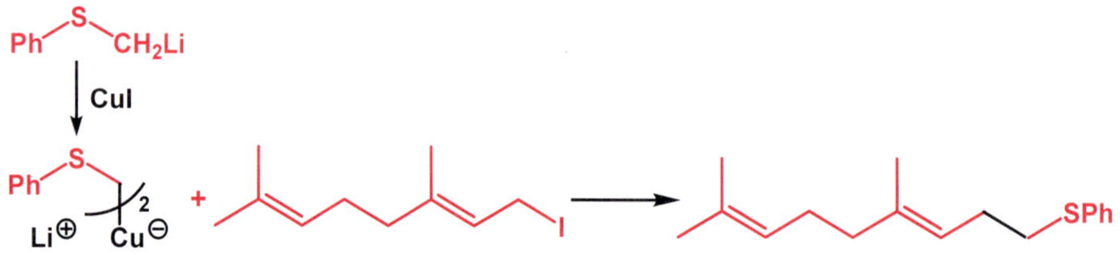

Allyl sulfide는 특히 자주 사용된다. 양성자떼기에 의하여 생성되는 allyllithium은 음전하가 두 탄소에 분산되어 있게 되며, 따라서 친전자체와의 반응은 두 탄소 모두에서 일어날 수 있다. Benzaldehyde로의 첨가는 아래 식에서처럼 γ-탄소로의 첨가가 약간 우세하지만, 어느 쪽이 우세하게 진행될 것인가는 기질의 구조와 용매 등 여러 요인이 복합되어 나타나므로 실험 결과에 의하지 않은 예측은 거의 소용이 없다. 꼭 α-치환이 일어나도록 하려면 triethylborane으로 처리하면 황에 이웃한 자리에서 C–B 결합이 형성되어 얻어지는 boronate complex와 반응시키면 정확하게 황에 이웃한 자리에서의 반응을 유도할 수 있다.

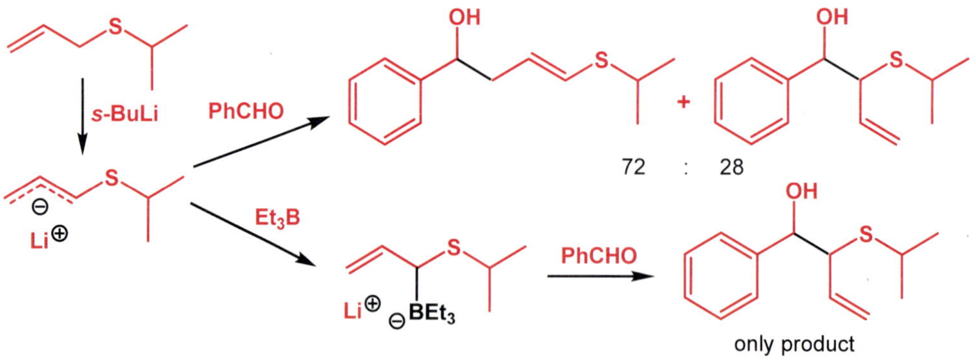

이들 α-sulfur-stabilized allyl anion의 alkyl halide와의 치환 반응에서도 α-자리 치환이 약간은 우세하나, 일반적으로 두 친핵성 탄소 모두에서 반응이 일어나서 이성질체의 혼합물이 얻어진다.

PhS (allyl) —n-BuLi→ PhS (sulfur-stabilized allyl anion, $Li^{\oplus}$) —$C_6H_{13}I$→ PhS(C₆H₁₃ branched) 69 % yield + PhS–CH=CH–C_6H_{13} 24 % yield

Phenyl기 대신에 2-pyridyl이나 imidazole로 치환된 allyl sulfide를 이용하는 것이 한 해결책이다. 다음 두 반응에서와 같이 lithium은 음이온 탄소와 헤테로방향족 고리의 질소에 동시에 배위되어 γ-탄소에서의 음전하 밀도는 크게 감소하여 주로 α-치환이 일어나게 된다.

BuLi → N------Li → C_6H_{13}—I → > 99:1 this regioisomer

Me, BuLi → N------Li → Br–CH₂CH₂CH(CH₃)–Ar, Ar = *p*-Tolyl → 86 % yield

문제 3.1 다음 반응에서 어떻게 cyclohexanone이 생성물로 얻어지게 되는가를 보여 주는 합리적인 메커니즘을 그려라. (번호 붙이기가 도움이 될 수 있다.)

OH, SPh — 1. KH, THF/HMPA, - 11 ~ +25 °C; 2. H_2O, AcOH → PhS–cyclohexanone (O)

OH, OPh → ?

3.4 α-Lithiodithiane

다음 반응 예에서 보는 바와 같이 dithioacetal의 경우에는 짝염기 음이온은 S 원자 둘에 의해 안정화되어 양성자떼기가 훨씬 쉽게 일어날 뿐 아니라, 입체적으로 치환 반응이 불리함에도 불구하고 ***α*-lithiodithioacetal**의 alkylation 또한 S 원자가 하나인 α-lithiosulfide에 비해 수월하게 일어난다.

PhS–CH(H)(H)–SPh (pKa = 31) —*n*-BuLi→ [PhS–CH(Li)–SPh] —Et-I→ PhS–CH(Et)–SPh 96 % yield

Thioacetal은 aldehyde와 thiol 간의 산 촉매 반응으로 얻어진다. 이 경우 Brönsted 산보다는 BF_3와 같은 Lewis 산을 촉매로 사용하는 경우가 많다. 1,3-Propanedithiol과 formaldehyde

간에 얻어지는 dithioacetal을 **1,3-dithiane**이라고 부르며, 유기 합성에 자주 사용된다. 일반적으로 aldehyde와의 반응으로는 2-alkyl-1,3-dithiane을 얻는다. 이들 1,3-dithiane 유도체들은 BuLi에 의한 양성자떼기로 쉽게 ***α*-lithiodithiane**을 생성한다[3].

SH, SH + OHC—CH_3 —BF_3→ (S, S, CH_3) —*n*-BuLi→ (S, S, CH_3, Li)

1,3-propanedithiol　　a 1,3-dithiane (*pKa* = 31)

양성자떼기는 일반적으로 alkyllithium을 염기로 사용하게 되며, 생성되는 lithiodithiane은 methyllithium이 tetramer를 이루는 것과 같이 monomer로 보다는 주로 다음에 보는 것과 같은 dimer로 존재하는 것으로 알려져 있으며, X-ray 구조 결정법으로 확인되었다.

Dithiane을 포함하여 모든 dithioacetal은 여러 가지 방법에 의하여 다시 carbonyl기로 되돌릴 수 있다. 따라서 aldehyde로부터 생성되는 lithiodithiane은 polarity가 뒤바뀌어 카보닐 탄소가 음이온 친핵체가 되는 carbonyl 화합물의 **전구체(precursor)**라고 할 수 있다. 이는 **umpolung**(=polarity reversal)의 예이며, dithiane은 유기 합성 반응에서 가장 많이 쓰이는 carbonyl umpolung reagent의 하나이다.

1. BF_3, HS⌒⌒SH
2. *n*-BuLi

δ− δ+ electrophilic site　　nucleophilic site

Lithiodithiane의 반응성은 Grignard 시약이나 alkyllithium과 비견될 수 있으며 이들과의 반응이 가능한 거의 대부분의 친전자성 유기 작용기와 반응한다. 뿐만 아니라 lithiodithiane은 alkyllithium에 비교하면 훨씬 soft한 친핵체이어서 alkyllithium과의 반응에서 양성자떼기 등으로 어려움을 겪던 alkyl halide 등과의 치환 반응도 더 쉽게 일어난다. 다음 Figure 3.1에서 보는 것처럼 lithiodithiane은 alkyl halide, carbonyl 화합물, epoxide와 같은 탄소 친전자체는 물론이고 친전자성 중심을 갖는 헤테로원자 친전자체 등 거의 모든 유기 화합물과 반응하여 탄소–탄소 결합 또는 탄소–헤테로원자 간의 결합을 형성할 수 있다.

3 1,3-Dithiane의 *pKa*는 31.1, 2-methyl-1,3-dithiane의 *pKa*는 38.3로 sulfide의 *pKa*보다 훨씬 낮다. 2-phenyl-1,3-dithiane의 *pKa*는 29.6으로 methyl phenyl sulfone의 *pKa* 29와 거의 비슷하다.

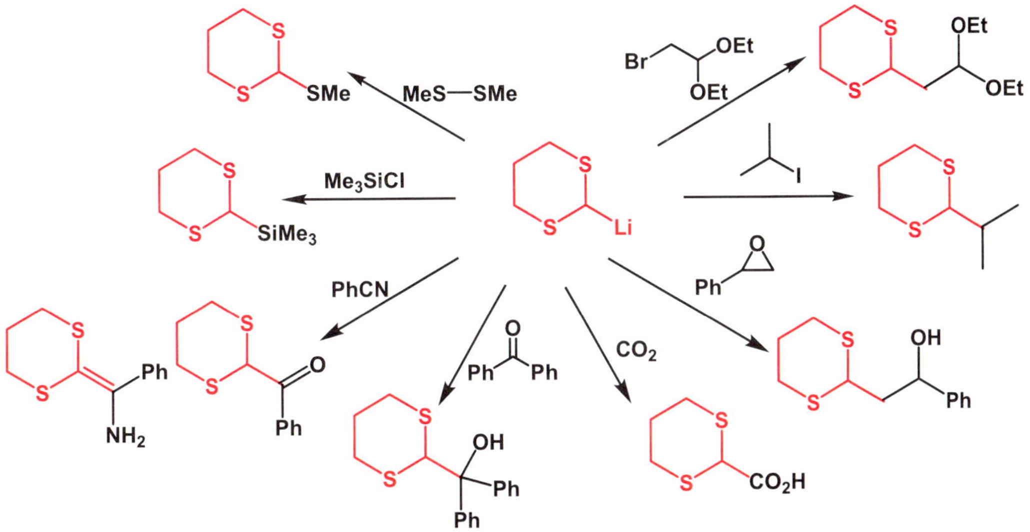

Figure 3.1 Reactions of α-Lithiodithiane with Various Organo Electrophiles

Lithiodithiane은 α-lithiosulfide보다는 염기로서의 반응성이 더 낮으며 (*pKa* 31 : >47), 그에 따른 부반응도 적게 일어나서 1차나 2차 alkyl 및 allyl halide와의 반응이 더 순조롭게 진행된다. Lithiodithiane은 알킬화 이후 양성자떼기로 다시 한번 lithiodithiane을 거쳐 어렵지 않게 둘째 alkyl 치환기를 도입할 수 있다. Dethioacetalization을 거쳐 다양한 골격의 ketone을 생성할 수 있다.

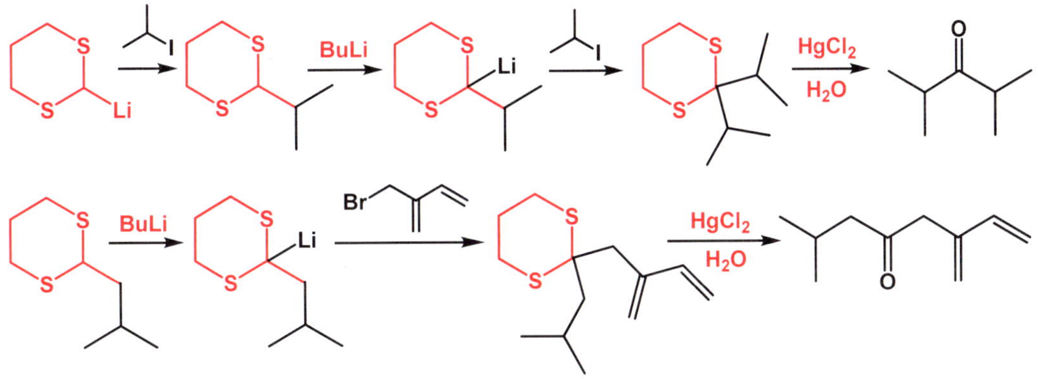

한가지 단점은 산소 유사체인 O,O-acetal과 달리 dithioactal은 쉽게 산 가수분해를 하여 카보닐기를 재생할 수 없다는 점이다. 왜 쉽게 산 가수분해가 어려운지 그 이유를 살펴보아야 그 해법을 찾을 수 있을 것이다.

다음과 같이 산-촉매 반응식을 그려놓고 비교해 보면, sulfide는 ether와 비교하여 양성자 붙임에 있어 평형이 불리하며, 또한 C–S 결합깨짐에 의하여 일차적으로 생성되는 양이온을 안정하는데 있어 산소 화합물에 미치지 못하기 때문이다. C=S 이중결합은 C=O 이중결합에 비하여 C=S 이중결합은 황의 *p* 오비탈은 더 크고 에너지 준위가 높아 탄소와의 오비탈 겹침이 덜 효과적이며 따라서 덜 안정하다.

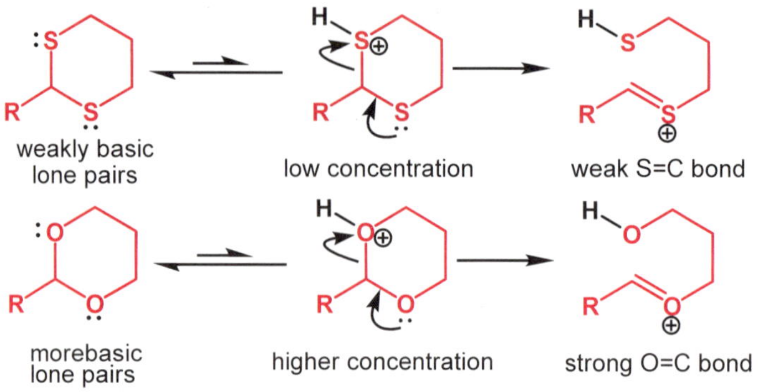

weakly basic lone pairs
low concentration
weak S=C bond
morebasic lone pairs
higher concentration
strong O=C bond

따라서 dethioacetalization을 위해서는 단순한 산 촉매 반응이 아닌 다른 방법을 강구해야 하며, 이에 여러 가지 방법이 개발되어 있다. 다음에 세 가지 방법이 소개되어 있다. 모두 황 원자 하나가 형식양전하를 띠게 되고, 이어서 다른 황과 탄소 간의 이중결합이 형성되면서 탄소와 황 간의 결합이 끊어지는 공통점을 발견할 수 있다. 그중에서도 가장 많이 사용되는 시약은 $HgCl_2$나 $Hg(OAc)_2$와 같은 수은 화합물이다. 이와 같은 산화제가 아닌 환원제를 사용하여 dithiane을 carbonyl기로 되돌리는 반응들도 여러 가지가 알려져 있다.

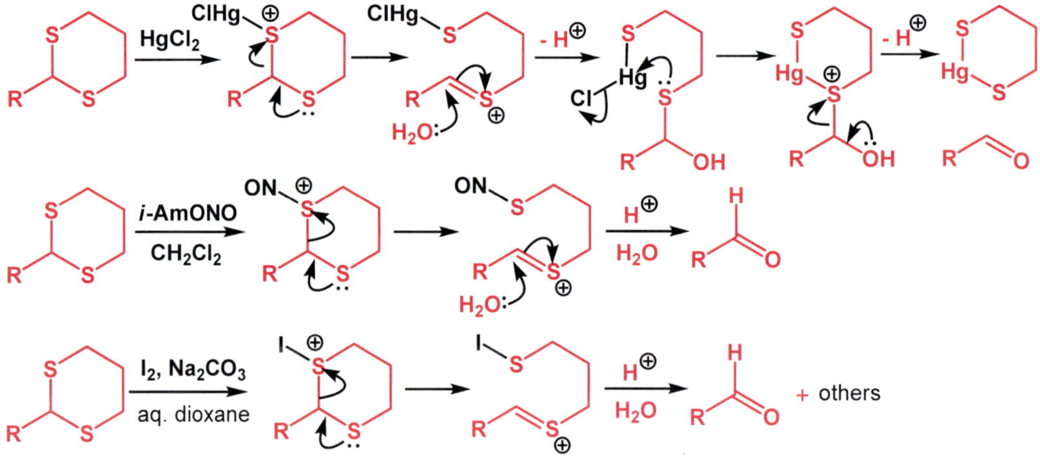

$HgCl_2$
i-AmONO, CH_2Cl_2
I_2, Na_2CO_3, aq. dioxane
+ others

Dithiane을 이용한 탄소–탄소 결합형성 반응이 끝나면 위의 방법에 따라 카보닐기로 되돌리게 된다. 남아있는 dithiane chemistry의 몇 가지 반응을 더 검토하기로 하자. *α*,*β*-불포화 ketone과는 반응 조건에 따라 때로는 카보닐 탄소로 첨가되고 (carbonyl 첨가), 때로는 *β*-탄소로 (conjugate 첨가) 첨가가 일어난다. 카보닐 탄소로의 첨가는 입체장애로 반응속도는 떨어지게 되지만, 그래도 Lithiodithiane의 Li는 카보닐 탄소에 binding되며 주로 carbonyl 첨가가 일어나게 된다. 반응 온도가 더 낮아지면 carbonyl 첨가는 더 느려지게 되며, HMPA (*h*exa*m*ethyl*p*hosphoric tri*a*mide)가 첨가되면 Li과의 binding이 일어나서 카보닐 산소와의 coordination이 방해를 받게 되고, 첨가는 입체 장애를 피하여 *β*-탄소에서 conjugate 첨가가 우세하게 일어나게 된다. 또한 HMPA의 첨가로 carbanion과 Li과의 coordination이 HMPA와의 coordination으로 바뀌면 carbanion의 반응성은 크게 증가하게 된다.

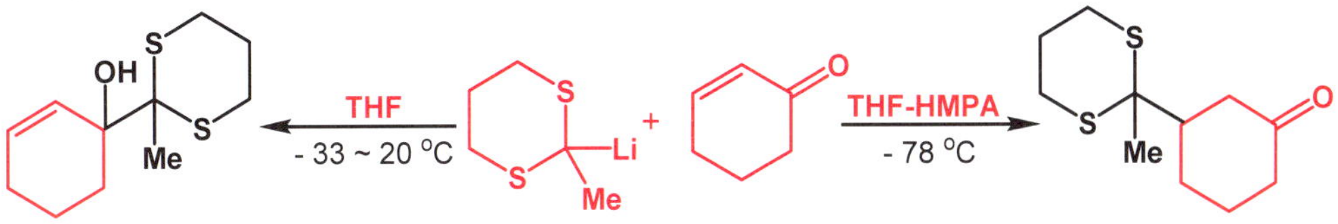

THF, - 33 ~ 20 °C; THF-HMPA, - 78 °C

α,β-불포화 ketone과의 1,2-첨가 생성물은 산성 조건에서는 hydroxyl기의 allylic 자리옮김이 일어나게 되는데, dethioactalization을 거쳐 여러 합성 반응의 중간체로 사용한다.

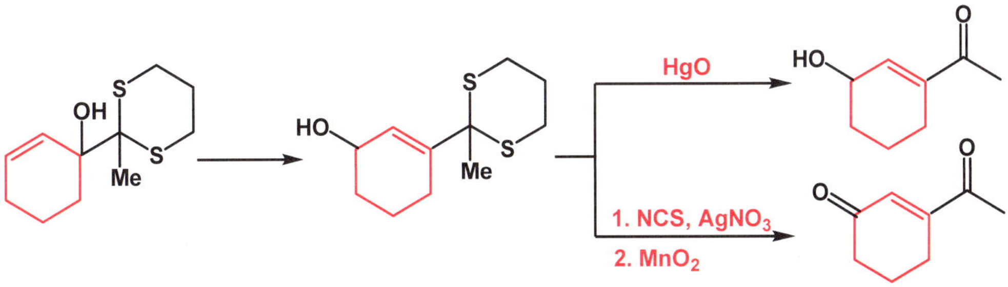

HgO; 1. NCS, $AgNO_3$ 2. MnO_2

α,β-불포화 화합물에 전자주개 치환기가 붙어 있는 불포화 amide, nitrile은 거의 모든 친핵체와의 반응에서 해당 ester와 비교해서 conjugate 첨가가 더 잘 일어나는 것으로 알려져 있다. 카복시산 염화물과의 반응도 쉽게 일어나지만, carbonyl 탄소의 반응성이 커서 일반 alkyllithium처럼 두 번의 carbonyl 첨가가 연속적으로 일어나게 된다.

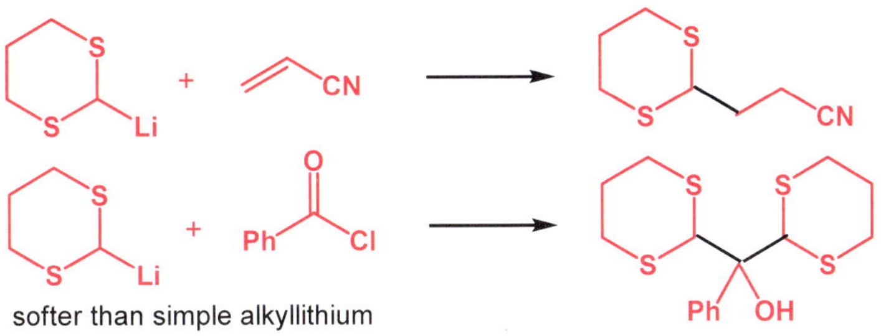

softer than simple alkyllithium

다음 lithiodithiane의 반응은 반응물의 두 작용기 중에서 epoxide보다는 1차 alkyl bromide가 먼저 반응하는 것으로 확인되었으며, epoxide도 뒤이어 반응한다. 둘 간의 반응성 차이를 확인할 수 있으며, 수득률은 두 반응 모두 상당히 높은 수준이다.

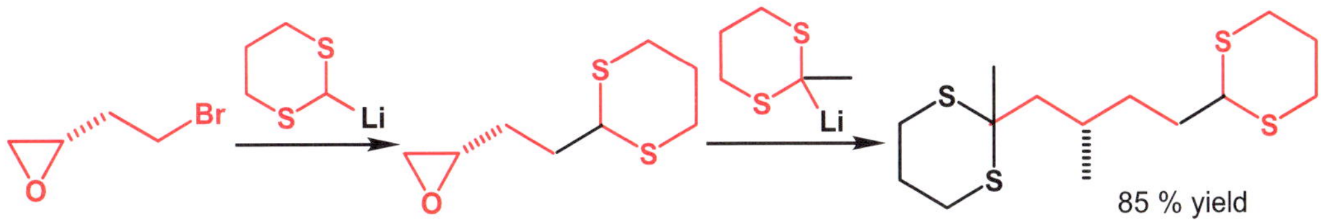

85 % yield

문제 3.2 다음 lithiodithiane의 enone과의 반응에서 HMPA의 첨가로 regioselectivity가 바뀌어 더 낮은 온도에서 conjugate 첨가가 일어나게 된다. 일반적으로 열역학적 생성물은 더 높은 온도에서 행하는 것이 보통이다. 이를 설명하여 보라.

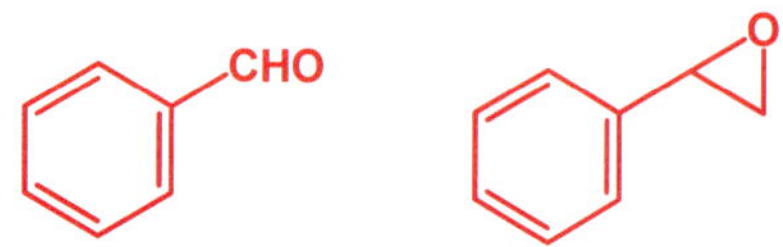

문제 3.3 Lithio-1-methyl-1,3-dithiane의 benzaldehyde와 styrene oxide와의 반응 메커니즘과 생성물을 적어라.

문제 3.4 1,3-Dithiane을 출발물로 하여 다음 각 화합물을 합성할 수 있다. 단계별 합성 경로와 필요한 시약과 함께 완전한 반응식을 적어보라.

(a) (b) (c)

문제 3.5 다음 목표 화합물의 합성에 두 가지 방법을 제시하였다. 둘다 목표 화합물을 얻을 수는 있지만, 한 sequence는 다른 것에 비해서 월등히 효과적인 방법이다. 어느 것인가? 또 왜 그러한가?

1. Mg, THF
2. PhCHO
3. H_2O, H^+
4. CrO_3

1. BuLi
2. Br
3. Hg^{2+}, H_2O

문제 3.6 Metacyclophane을 다음과 같은 역합성 분석에 따라 합성하고자 한다. 앞의 여러 보기 반응에 따라 목표 화합물의 합성 경로를 구상하여 보라.

synthons

metacyclophane

3.5 α-Lithiosulfoxide

Sulfoxide는 dithiane과 거의 비슷한 *pKa*값을 갖는다. 용매로도 자주 사용되는 DMSO (dimethylsulfoxide)는 *pKa*가 약 35이다. 양성자떼기에는 BuLi을 포함하여 NaH, KH 등이 자주 사용되며, 정량적인 양성자떼기가 아니라면 potassium *t*-butoxide를 사용하는 경우도 있다.

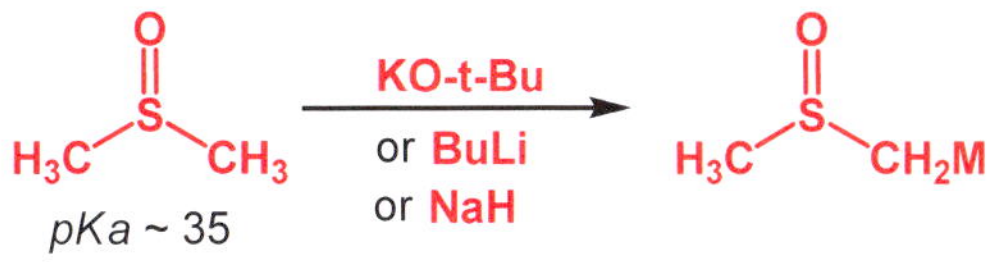

α-Lithiosulfoxide은 친전자성을 가지는 각종 유기 작용기와 반응한다. Aldehyde나 ketone에 첨가될 수 있으나, enolizable ketone의 경우에는 α-양성자떼기가 일어나는 경우가 많으므로 주의를 요한다.

Ester와 반응하면 β-ketosulfoxide가 생성되는데 생성물의 산성도가 높은 까닭에 다시 양성자떼기가 일어나게 되며, 두 당량 이상의 sulfoxide anion을 필요로 하게 된다.

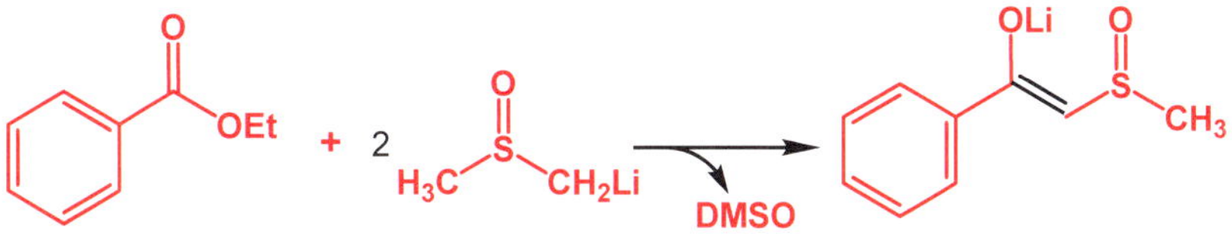

Sulfoxide anion은 alkyl halide나 peudohalide 및 epoxide와 같은 친전자체와의 친핵성 치환으로 alkylation이 일어난다. Sulfoxide가 β-자리에서 양성자떼기가 가능하면 특징적인 반응 중 하나인 열분해 제거 반응이 일어난다. 다음 반응 생성물은 65°C로 가열하면 쉽게 제거가 일어나서 탄소–탄소 π-결합이 형성된다.

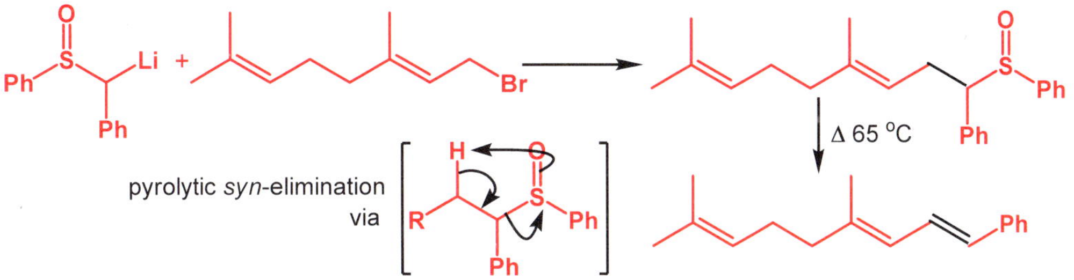

다음 반응에서 보는 것과 같이 이 제거 반응은 concerted *syn*-elimination으로 진행된다. 대개의 경우 100°C 이상으로 온도를 높여야 하지만, π-system에 conjugate되는 경우라든가 기타 상황에 따라서는 더 낮은 온도에서 일어나기도 한다.

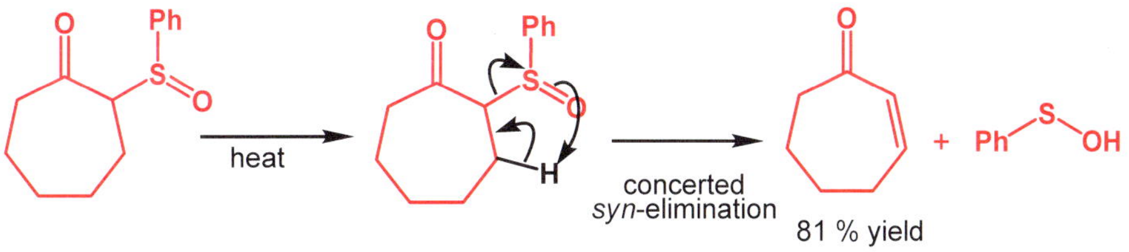

Sulfoxide의 특징적인 또 다른 반응의 하나가 allylic sulfoxide에서 일어나는 자리옮김 반

응이다. Allylic sulfoxide는 sulfenate ester와 평형에 있으며 (2,3-sigmatropic rearrangement 라 함), trimethylphosphite가 존재하면 황(S)에서 치환 반응이 일어나서 alcohol이 유리된다.

reversible rearrangement of allylic sulfoxide

allylic sulfoxide ⇌ sulfenate ester → P(OMe)₃ → OH

유기합성에서 사용되는 sulfoxide는 dimethylsulfoxide나 methyl phenyl sulfoxide와 같은 간단한 화합물에서 합성하는 것이 아니고, 대부분 dialkyl sulfide의 산화라든가 아니면 다른 방법으로 얻게 된다.

다음은 앞의 α-lithiosulfide의 반응에서 나온 예이다. Alkylation이 끝난 후에 sulfide 결합을 sulfoxide로 산화하고, trimethylphosphite와 반응시키면 allylic transposition을 수반한 allylic alcohol을 얻게 된다.

BuLi → C_6H_{13}—I → > 99:1 this regioisomer

m-CPBA → ⇌ :P(OMe)₃ → OH, C_6H_{13}

3.6 α-Lithiosulfone

Sulfone의 α-proton의 *pKa*는 sulfoxide보다 더 낮아진다. 몇몇 대표적인 sulfone의 *pKa*값들을 열거하였다. 치환기에 따라 상당한 차이가 있으며 개략적인 경향을 판별할 수 있다.

	$H_3CSO_2CH_3$	$PhSO_2CH_3$	$PhSO_2CH_2CH_3$	$F_3CSO_2CH_3$	$PhSO_2CH_2SCH_3$	$PhSO_2CH_2CN$
pKa	31	29	31	19	23	12

Phenylmethylsulfone의 *pKa*는 약 29이며, 알칼리금속 염기에 의한 (NaH, KH, LDA 등) 양성자떼기로 sulfone-stabilized carbanion(**α-lithiosulfone**)을 형성한다. 이 음이온 또한 alkyl halide, epoxide, carbonyl compounds 등 여러 친전자성 유기 작용기와 반응하게 된다.

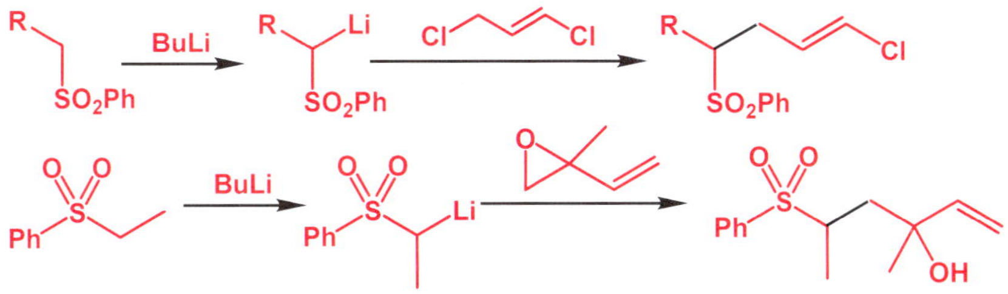

합성의 최종 생성물에는 sulfone 작용기가 있는 경우는 드물며, 어느 시점에서는 제거해야 한다. 여러 방법이 개발되어 있으며 다음 반응에서처럼 금속-양성자성 용매 짝을 사용하는 환원성 제거로 benzenesulfonyl기를 수소로 바꾸는 반응도 자주 쓰이는 반응 중의 하나이다.

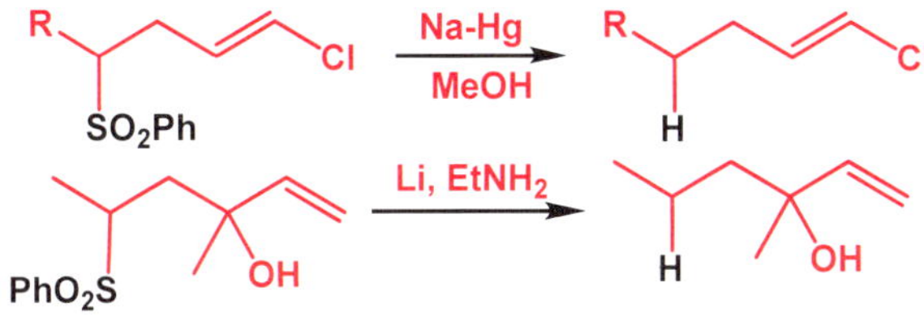

Sulfone에 이웃한 C−H는 alkane의 C−H보다는 훨씬 산성이어서 Grignard 시약에 의해서도 쉽게 양성자떼기가 일어남은 물론이다. 생성되는 탄소 음이온은 ester와 반응하게 되면 β-ketosulfone이 얻어진다.

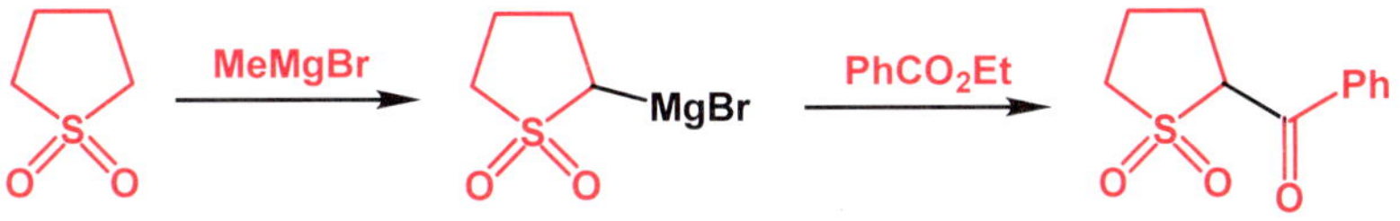

다음과 같이 불포화 카복시산 ester와의 반응은 전적으로 conjugate addition이 일어나며, 생성된 enolate는 sulfur moiety를 밀어내고 cyclopropane 고리를 형성한다.

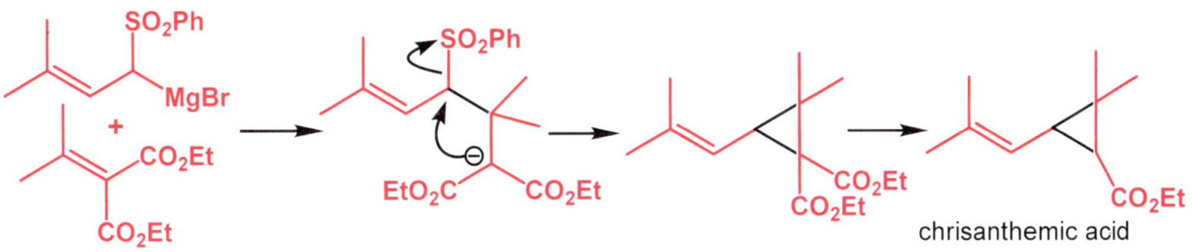

chrisanthemic acid

위의 반응에서 떨어지는 이탈기 $PhSO_2^-$는 썩 좋은 이탈기는 아니지만 염기성 조건에서는 어렵지 않게 제거 반응이 일어날 수 있다.

Aldehyde나 ketone과의 반응으로 얻어지는 β-hydroxysulfone은 acetylation을 거치면 Na(Hg)와의 환원성 제거가 일어나서 alkene으로의 변환이 가능하다. 이를 **Julia olefination** 반응이라고 부른다. 다양한 골격의 여러 가지 olefin 합성이 가능한데, (*E*)-isomer만 얻어지거나 주로 생성된다. 이 반응은 Wittig 반응이나 Peterson olefination과 비교될 만큼 비교적 자주 사용되는 alkene 제조 방법이다.

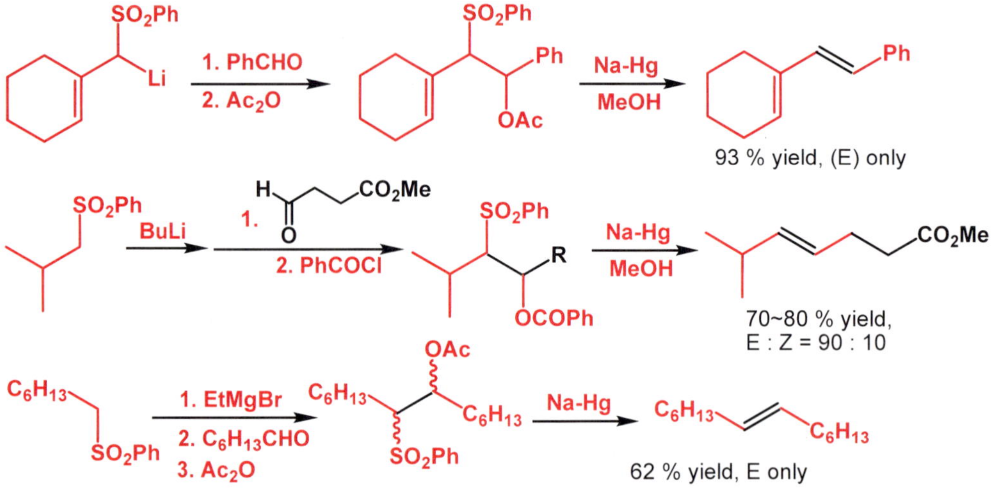

1. PhCHO 2. Ac_2O Na-Hg MeOH 93 % yield, (E) only

BuLi 1. 2. PhCOCl Na-Hg MeOH 70~80 % yield, E : Z = 90 : 10

1. EtMgBr 2. $C_6H_{13}CHO$ 3. Ac_2O Na-Hg 62 % yield, E only

반응 메커니즘을 살펴보자. 금속 Na에 의해 2개의 전자를 차례로 받아 sulfonyl기는 다음 식에서와 같이 sulfenyl 음이온으로 떨어지게 되고, 생성되는 carbanion은 E1cB 반응에 의해 다른 이탈기를 밀어내고 alkene을 생성하게 된다. 여기서 주목해야 할 점은 반응물의 stereochemistry에 상관없이 모두 (*E*)-alkene을 생성한다는 점이다.

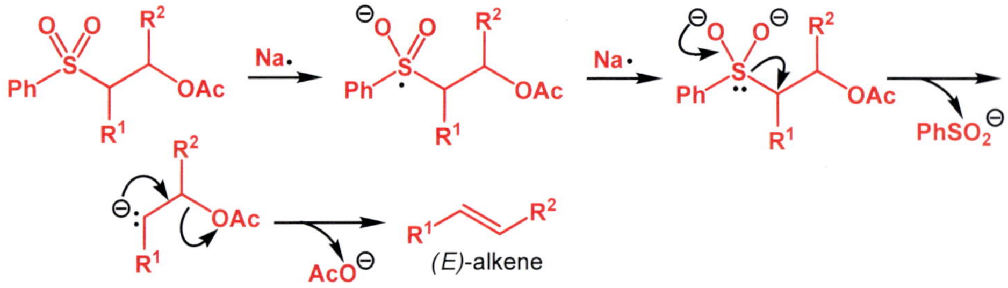

(*E*)-alkene

모두 (*E*)-isomer만이 주로 생성되는 이유는 무엇일까? 위의 메커니즘은 실험 결과를 반영한 것이고 틀림 없이 음이온 중간체를 거친다는 것이다. 생성된 음이온에서 전자쌍과 이탈기 carboxylate는 π-결합 형성을 위한 오비탈의 배열상 다음 그림에서와 같이 *anti*-periplanar conformation을 취하게 되며 이때 두 alkyl기 또한 *anti* 배열을 하는 것이 입체장애가 적어 유리하기 때문이다.

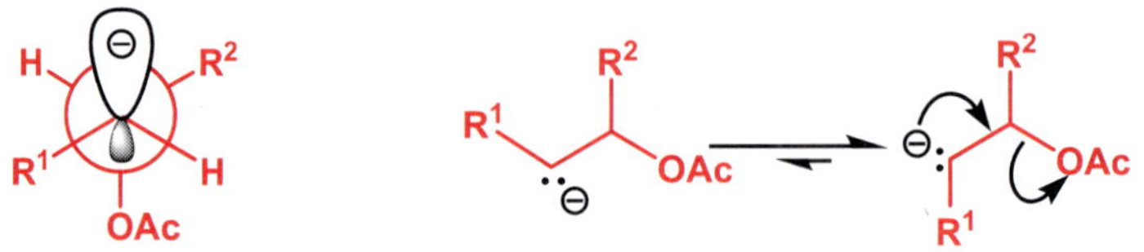

least sterically hindered conformation of the anion leading to *E*-alkene formation

Sulfone-stabilized carbanion은 단순한 alkyllithium보다 epoxide나 alkyl halide와의 치환 반응을 쉽게 일으킨다. 다음은 vitamin A 합성 반응 예인데, allylic halide와의 치환 생성물에서 세지 않은 염기와의 반응으로도 β-elimination이 쉽게 일어나는 것을 볼 수 있다.

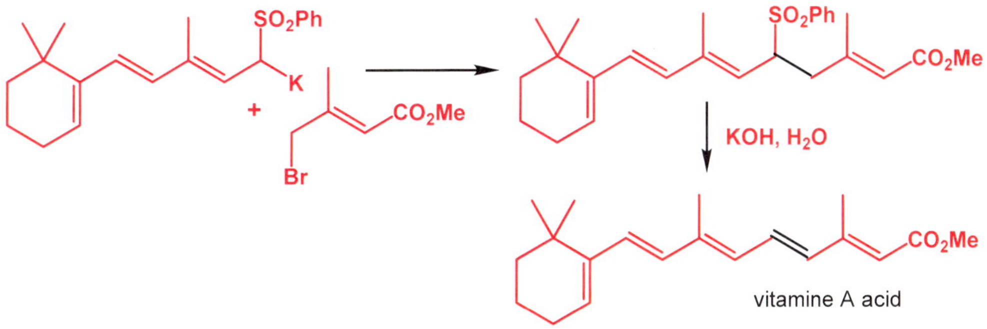

KOH, H_2O

vitamine A acid

Methylphenylsulfone은 특이한 시약을 얻을 수 있다. THF용액을 0°C에서 2당량의 BuLi으로 처리하면 두 번의 양성자떼기가 일어나서 [(phenylsulfonyl)methylene]dilithium ($PhSO_2CHLi_2$)을 생성한다. 이 시약(**α,α-dilithiosulfone**)은 굉장히 강력한 친핵체로 친전자성 작용기를 2개 가지는 여러 화합물과 반응하여 유용한 생성물을 얻을 수 있다.

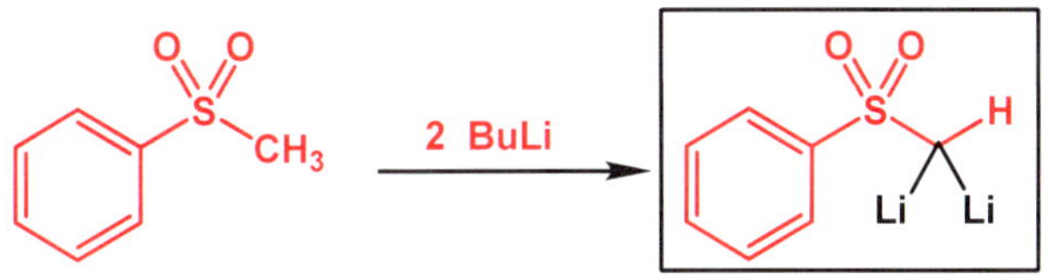

2 BuLi

생성된 dianion과 dichloroethane, epibromohydrin, 4-bromo-1-butene oxide와 이탈기가 둘인 화합물과 두 번의 치환 반응이 연속으로 일어나서 각각 cyclopropane, cyclobutane, cyclopentane 고리를 좋은 수득률로 얻을 수 있다.

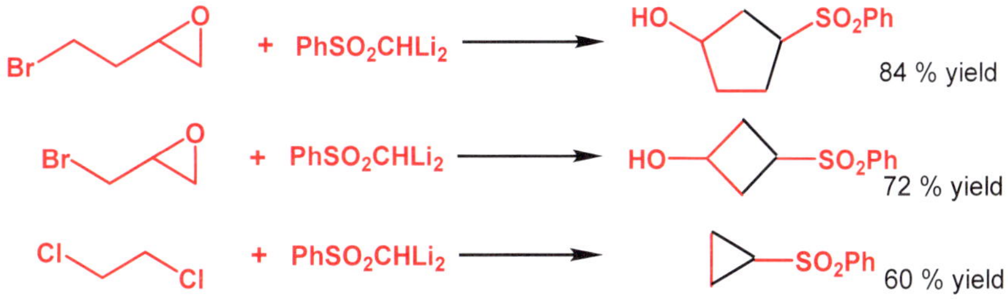

84 % yield

72 % yield

60 % yield

다음 α-diketone은 enolizable proton을 가지고 있지 않으며, 두 카보닐기에서 각각 첨가가 한 번씩 일어나면 cyclopropanediol 중간체를 생성하게 되는데, 다음 그림과 같은 sulfenate 음이온의 이탈로 결과적으로 두 카보닐 작용기 사이에 methylene이 삽입된 dione을 얻게 된다. 부산물인 hydroxyketone은 benzoin이라 부르는데, 이는 전자전달 과정을 거치는 다른 형태의 반응 부산물로 추정된다.

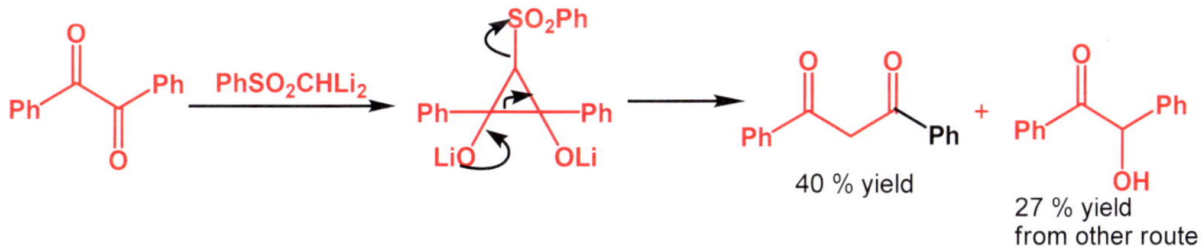

40 % yield

27 % yield
from other route

다음 α-chloroketone은 두 작용기와 각각 반응을 하면 어느 쪽이 먼저 일어나던지 간에 cyclopropanol 고리를 형성하게 되는데, cycloheptenone으로의 고리 확대가 일어난다.

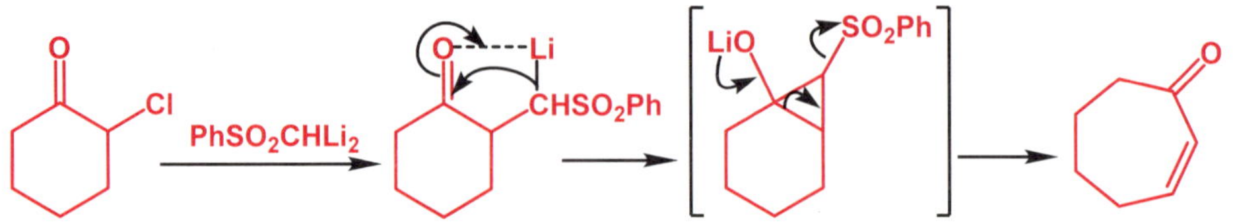

다음은 chlorophophonate를 사용하는 vinylsulfone의 합성 방법 중 하나이다. Vinylsulfone은 여러 응용 반응이 개발되어 있으나 생략하기로 한다.

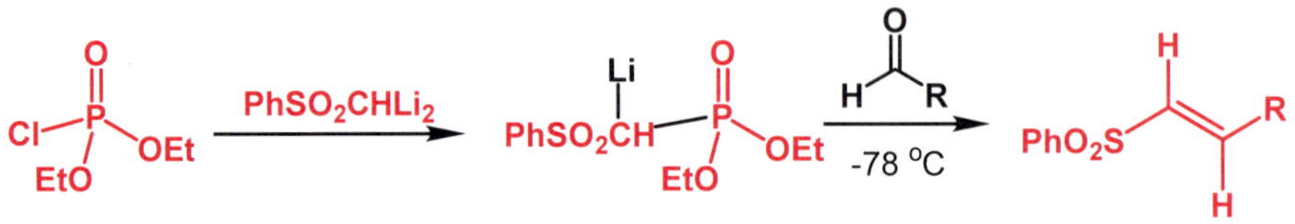

이 밖에도 sulfonium 및 sulfoxonium ion의 ylide를 거치는 반응이 있으나 이는 뒤에서 ylide 화합물을 함께 묶어 살펴볼 때 다루기로 한다.

문제 3.7 Sulfone에서 시작하는 다음 반응 sequence에 중간체와 생성물을 그려 넣어라.

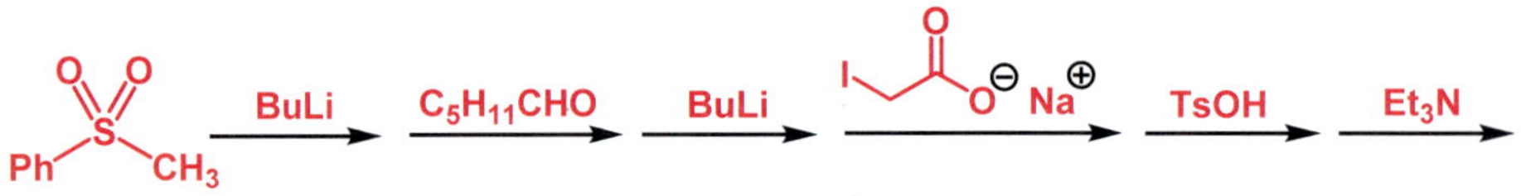

문제 3.8 다음 반응에서 TMS group은 무슨 역할을 하는지 알기 쉽게 메커니즘을 그려보라.

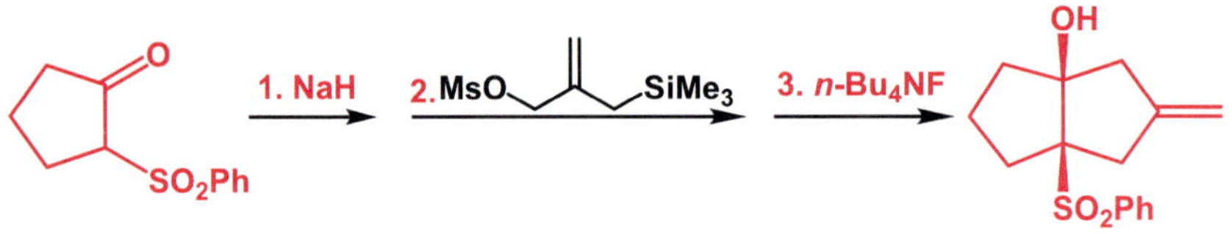

3.7 α-Selenium-Stabilized Organometallic Reagents

셀레늄 화합물의 Se 역시 해당 황 화합물의 S과 같이 이웃한 carbanion을 안정화한다. 그러나 selenoxide는 0°C 이하에서도 아주 쉽게 pyrolytic elimination이 일어나므로 selenoxide를 이용하는 합성 반응은 아주 드물다. Dialkyl sulfide에 해당하는 dialkyl selenide와 seleno-acetal을 이용하는 반응이 합성에 가장 많이 응용되는 반응이다.

BuLi은 친전자성 중심인 Se에서 친핵성 치환이 일어나서 복잡한 여러 반응이 연속적으로 일어나기 때문이다. 앞에서 α-lithiosulfide를 만드는 방법에서 BuLi을 사용하여 phenylseleno group을 제거하는 예를 본 적이 있다.

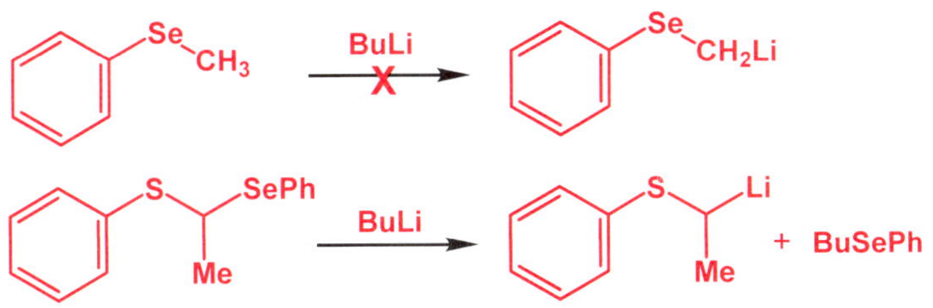

따라서 selenium 화합물에서 양성자떼기로 α-selenium-stabilized carbanion을 얻으려면 LDA와 같은 강력한 비친핵성 염기를 사용해야 한다.

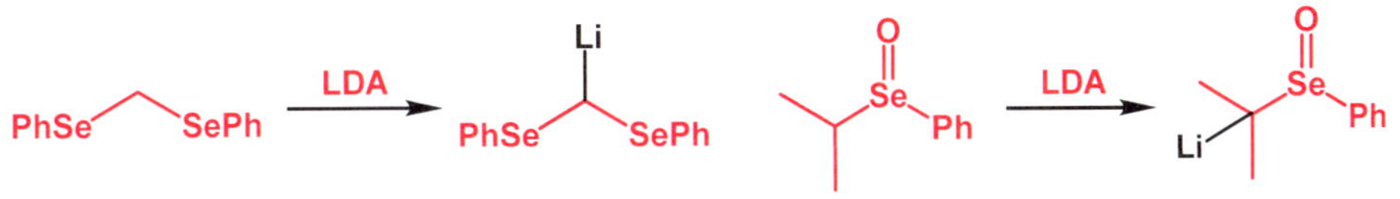

가장 좋은 방법은 aldehyde로부터 selenophenol을 사용하여 selenoacetal을 만들고, BuLi으로 아예 phenylselenyl기 하나를 제거하여 만드는 방법이다.(넓은 의미의 transmetallation임.)

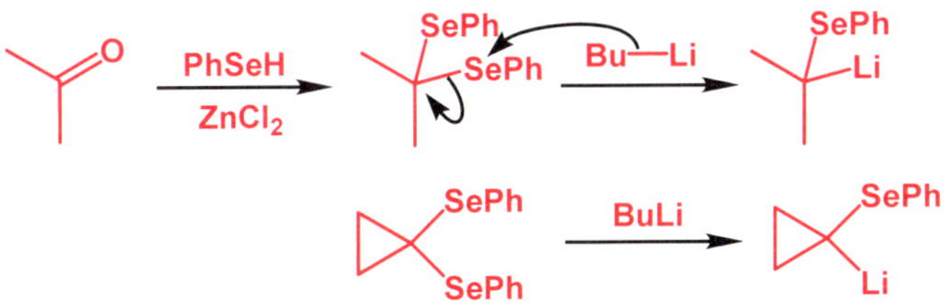

얻어진 α-selenide stabilized carbanion은 황 유사체에서와 같이 카보닐 화합물, epoxide를 비롯한 다양한 친전자체와 반응한다. 헤테로원자 친전자체와의 반응도 쉽게 일어난다.

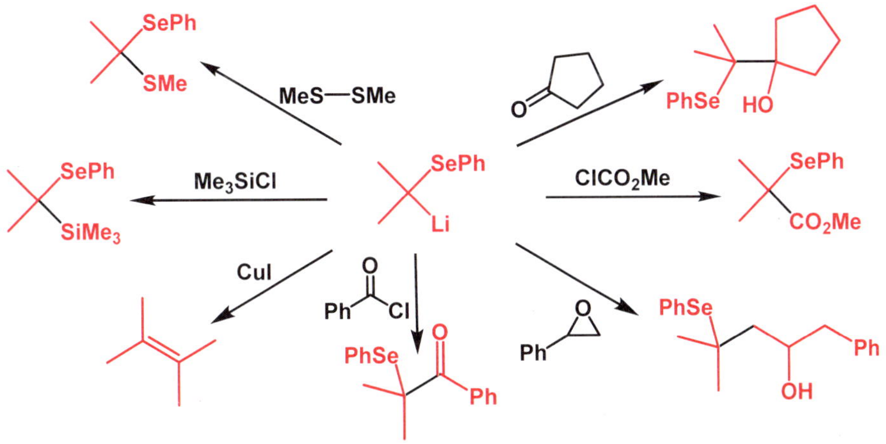

α,β-불포화 enone과의 반응은 역시 반응 조건에 따라 carbonyl에 direct addition을 하기도 하고, 1,4-첨가인 conjugate addition을 하기도 한다. 이와 같은 반응 조건에 따라 더 낮은 온도에서 conjugate addition이 일어날 수 있는가에 관한 설명은 2-lithio-2-methyl-1,3-dithiane의 cyclohexenone과의 반응에서 충분히 설명하였다.

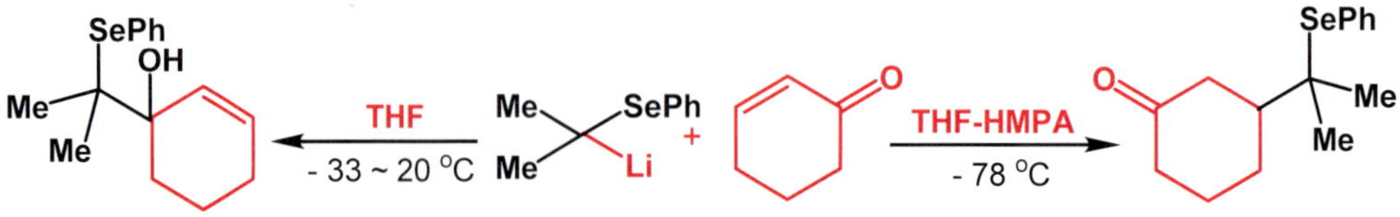

많은 경우 1,4-conjugate 첨가를 개선하기 위하여 Cu(I)을 첨가하게 된다. α-Lithioselenide의 경우에는 주의하여야 하는 것이 Cu(I) 염이 존재하면 일시적으로 dimer가 생성되는데, 곧 selenium을 잃고 alkene을 생성한다. Alkene이 생성되는 반응 예 둘을 추가하였다.

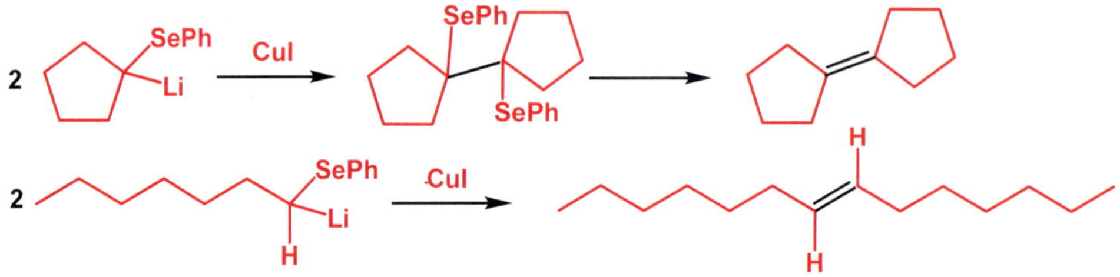

앞의 여러 반응 예에서와 같이 합성의 최종 목표물은 selenium을 포함하지 않는 경우가 대부분이다. 반응이 끝난 후의 분자 내의 selenide unit은 황처럼 Raney nickel에 의해서 제거될 수도 있다. 가장 많이 쓰이는 반응은 selenide를 선택 산화하여 selenoxide로 변환하는 것이다. Selenoxide는 아주 쉽게 *syn*-제거 반응을 하여 alkene으로 변환된다. 대부분의 열분해 제거 반응은 가열해야 하지만, 이 반응은 영하의 온도에서도 일어난다. 산화제로 주로 과산화수소를 사용한다. 예를 들어, 위의 표에 나와 있는 한 두 생성물을 예로 하여 과산화수소로 처리하면 selenoxide를 거쳐 다음과 같은 alkene 생성물을 얻게 된다.

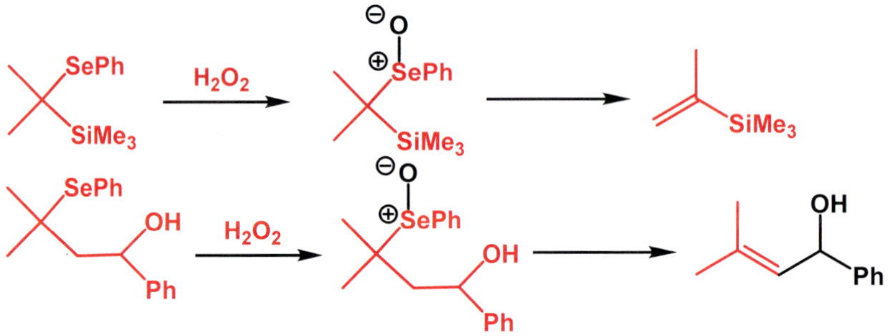

3.8 α-Oxygen-Stabilized Organometallic Reagents

산소는 전기음성도가 워낙 커서 이웃한 음전하를 안정화하는 순위로 치면 거의 0점이다. 또한 다른 셋째 주기 원소처럼 빈 *d* 오비탈이 없으므로 이에 의한 안정화 효과도 전혀 기대할 수 없다. 문헌에 나와 있는 몇 안 되는 보기 중의 하나가 다음에 나타낸 enol ether의 양성자떼기에 의한 acyl anion equivalent의 응용 반응이다.

OMe BuLi OMe Br H Li acyl anion equivalent OMe H_2O, $H^{\oplus}$ O

Ether는 alkyllithium으로 양성자떼기를 하면 음이온을 생성하지만, **α-oxygen-stabilized** anion이라 할 수는 없고 곧 자리옮김이 일어나서 alkoxide로 변환된다. 이를 **Wittig 자리옮김**이라고 한다. Anion의 생성이 어렵고 생성되면 곧바로 분자 내의 자리옮김이 일어나기 때문에, 다른 친전자체와 반응시켜 새로운 화합물을 합성하는 목적으로 사용될 수도 없다.

t-BuLi H_2O, $H^{\oplus}$ OH

그렇다 하더라도 다음 예에서 보는 바와 같이 두 alkyl 치환기 중에서 조금이라도 더 안정한 쪽으로의 음이온이 생성되며, 이동하는 기가 allyl 계일 때에는 다음 반응의 전이 상태 표시에서 보는 것과 같이 allylic 자리옮김이 일어나는 꽤 쓸만한 반응이 된다.

n-BuLi, THF -85 ~ 0 °C OH 79 % yield > 95 % E via

문제 3.9 다음 반응에서 얻게 되는 주 유기 생성물과 얻어지는 과정을 그려라.

MeLI

문제 3.10 다음 반응은 실제로 해당 aldehyde의 enolate를 생성하여 실제로 사용하는 반응이다. 어떻게 일어나게 되는가 메커니즘을 그려 보라.

(a) BuLi OLi H (b) BuLi OLi

3.9 α-Nitrogen-Stabilized Organometallic Reagents

질소에 이웃한 탄소에서 양성자떼기를 하면 ***α*-nitrogen-stabilized carbanion**을 형성할 수 있다. Nitro기는 이러한 안정화 효과가 가장 큰 작용기이지만, 카보닐기와 함께 다루게 되며 여기서는 다루지 않는다. 일반적인 amine에서는 이러한 anion의 형성은 쉽지 않다. 만약 질소에 C=O, C=N, N=O 등 다른 전자끌개 치환기가 있으면 *α*-양성자떼기가 쉬워진다.

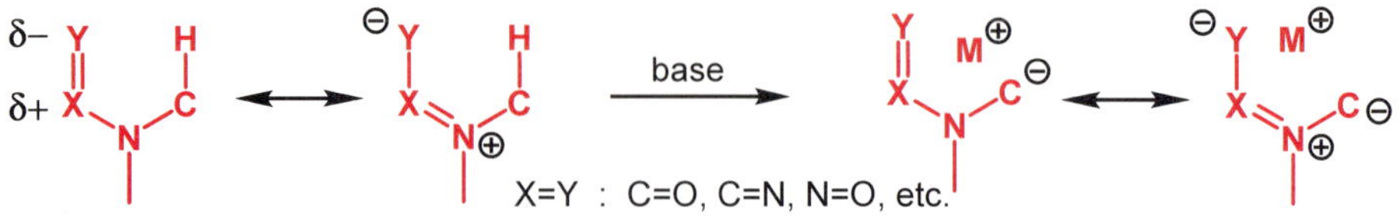

X=Y : C=O, C=N, N=O, etc.

Benzamide나 pivalamide에서처럼 enolization이 가능하지 않은 amide는 좋은 활성화 기이다. 일반적으로 반응성이 더 높은 *s*-butyl 또는 *t*-butyllithium을 염기로 사용하게 되며, 생성되는 음이온의 상대 양이온인 Li은 카보닐기와 coordination이 일어나서 안정화된다. 여러 가지 변형된 amide를 사용할 수 있다.

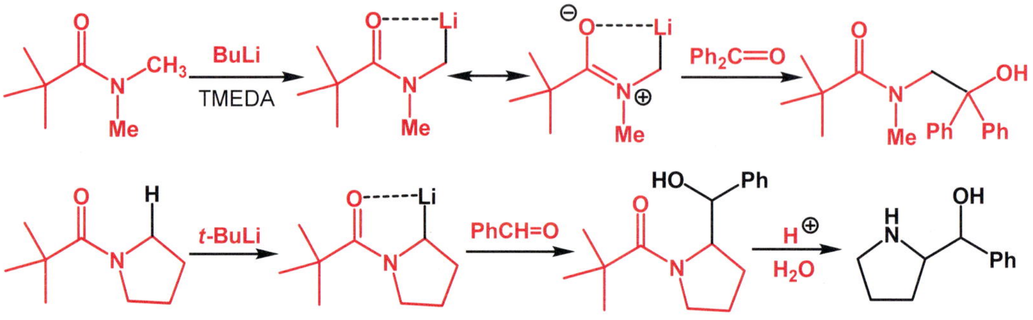

α-양성자떼기로 생성되는 anion은 aldehyde나 ketone 등 여러 친전자체와 반응할 수 있으며, 반응 후에 위의 둘째 반응에서처럼 가수분해하여 amine을 유리할 수도 있다.

N-Benzyl 치환 amide는 다른 alkyl amide에 비하여 훨씬 수월하게 양성자떼기가 일어나서 음이온을 형성하여 halide 치환이나 carbonyl 첨가 반응으로 이어지게 된다. 생성물은 앞선 반응에서와 같이 가수분해에 의해 amine으로 바꿀 수도 있고 또는 $LiAlH_4$ 환원에 의해서도 free amine으로 변환될 수 있다.

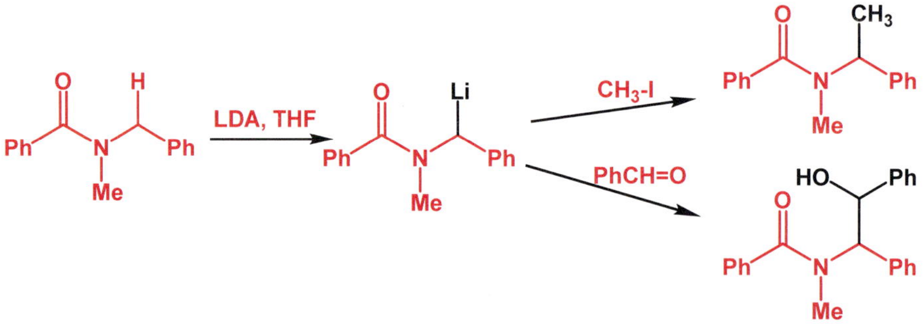

Amide에 N-allyl기가 있는 경우에는 음이온 형성에 이어지는 alkylation은 allyl기의 γ-자리에서 일어나며, 주로 (*Z*)-enamine을 생성한다. 1차 amide의 경우에는 질소 원자에서 먼저 양성자떼기가 일어난 후 또 한 번의 양성자떼기로 다음과 같은 dianion을 거치게 된다. Aggregated structure에서 Li 원자와 allylic anion은 (*Z*)-form을 취하며, 치환은 γ-자리에서 일어나게 된다.

2차 amide는 쉽게 N-nitrosation이 일어난다. Ethyl nitrite를 이용하여 N-nitroso 화합물을 얻을 수 있다. 생성된 N-nitroso 화합물은 LDA에 의해 쉽게 양성자떼기가 일어나며, 생성된 음이온은 카보닐 화합물이나 alkyl halide와 같은 유기 친전자체들과 반응하게 된다.

다음은 benzaldehyde와의 반응으로 반응은 효과적으로 일어나며, 수득률도 상당히 좋은 편이다. Raney Nickel 수소화를 하면 쉽게 nitroso group을 제거할 수 있다.

다음 반응도 또한 2차 amine의 nitrosation에 이어 양성자떼기로 얻어지는 anion에 benzylation이 일어나는 경우이다. 역시 Raney Nickel에 의하여 nitroso group이 제거되며, amine으로 되돌림한다. 사용되는 alkyl nitrite은 인체에 유해하여 조심스럽게 다루어야 하는 단점이 있다.

LDA를 일산화탄소와 반응시키거나 아니면 N,N-diisopropylformamide에서 양성자떼기를 하면 formamide anion을 생성할 수 있다. Carbonyl group의 polarity는 완전히 뒤바뀌게 되어 합성에 유용하게 사용할 수 있는 acyl anion equivalent를 만들어 쓸 수 있다. 이어 카보닐 첨가 반응 예가 그려져 있지만 다른 친전자체와의 반응도 가능하다.

Alkyl isocyanide(isonitrile)는 alkyl기의 α-자리에 질소가 형식 양전하를 가지고 있어 alkyllithium에 의하여 양성자떼기가 쉽게 일어난다. 생성되는 음이온은 다음과 같이 공명안정화되기 때문이며 여러 친전자체와 반응할 수 있다.

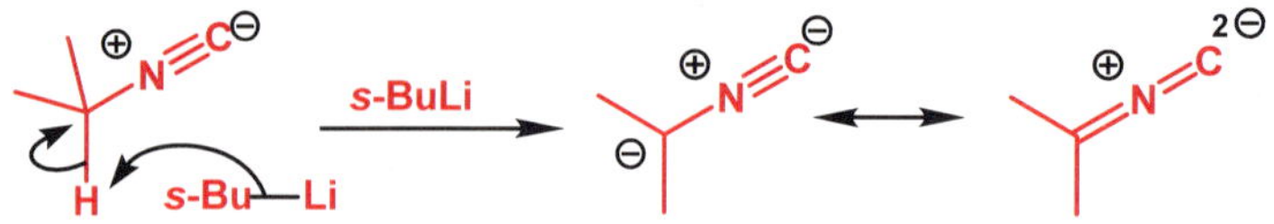

예를 들어, aldehyde와의 반응은 첨가가 일어나서 생성되는 alkoxide가 isonitrile에 첨가되어 oxazoline 고리를 형성하게 된다. 경우에 따라서 이 반응은 높은 온도에서는 LiOCN을 잃고 alkene이 생성되기도 한다.

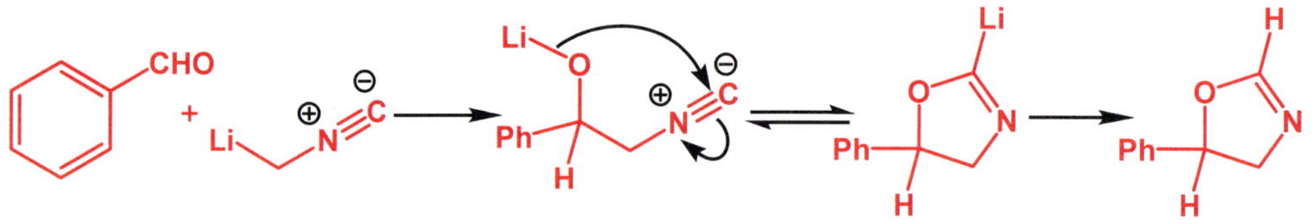

Methyl isocyanide에서 생성되는 anion은 위의 반응에서와 같이 aldehyde나 ketone뿐 아니라 alkyl halide, epoxide 등의 다양한 친전성 화합물과 반응하게 된다. Si를 비롯한 여러 헤테로원자 친전자체와의 반응도 쉽게 일어난다. 대표적인 반응들을 간단히 요약 정리하면 아래와 같이 정리할 수 있다.

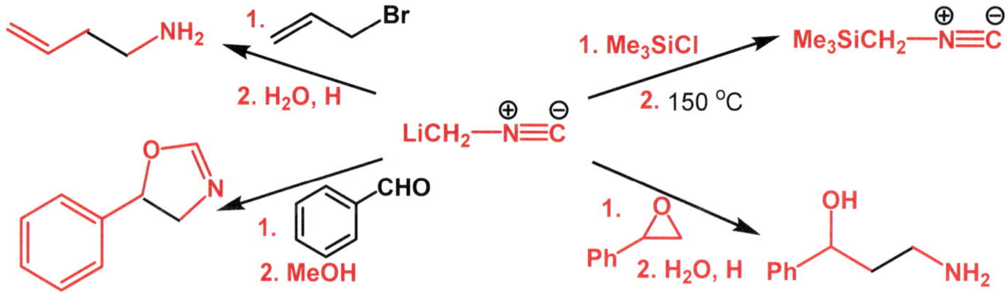

Ethyl isocyanoacetate는 butyllithium, sodium hydride 또는 potassium *t*-butoxide 등 다양한 염기에 의하여 양성자떼기가 일어나서 음이온을 형성한다. 이 음이온은 반응성이 크며 α-bromoacetate와 반응하여 가수분해를 거치면 aspartic acid를 합성하게 된다. 이 반응을 이용하여 많은 유사체를 합성할 수 있다.

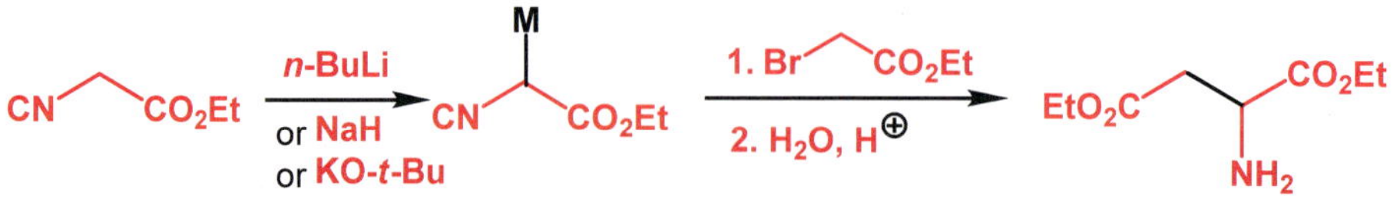

Isonitrile이 α-수소를 가지고 있지 않아 양성자떼기가 가능하지 않은 경우에는 alkyllithium의 첨가가 일어난다. 즉, *t*-butyl 또는 phenylisocyanide는 이런 목적으로 사용할 수 있다.

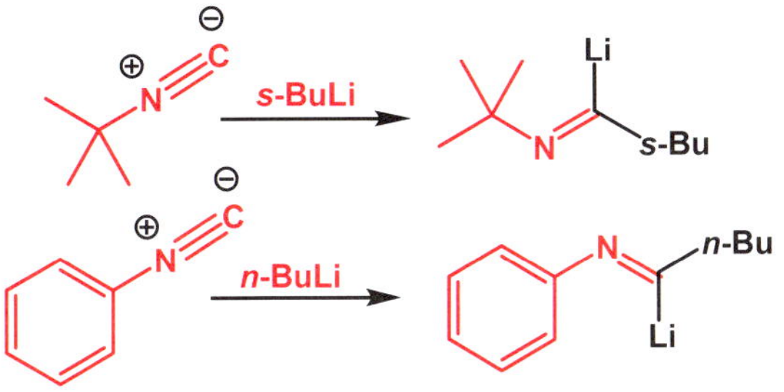

Isocyanide에 alkyllithium의 첨가로 생성되는 lithioimine 음이온 또한 각종 친전자체와 반응하게 되는데, 대표적인 친전자체와의 반응을 다음 그림에 간략하게 요약하여 정리하였다.

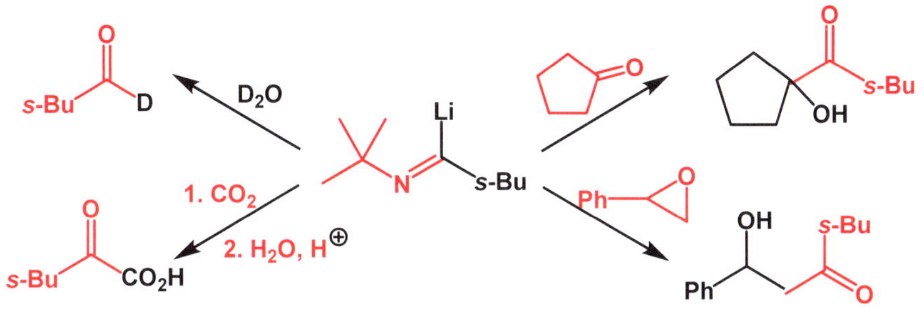

질소 원자의 α-자리에서의 양성자떼기가 가능한 화합물 중의 하나가 formamidine이다. Formamidine의 dimethylamino기는 다른 2차 amine으로 쉽게 바뀌게 되며 α-자리에서의 양성자떼기가 가능하게 된다.

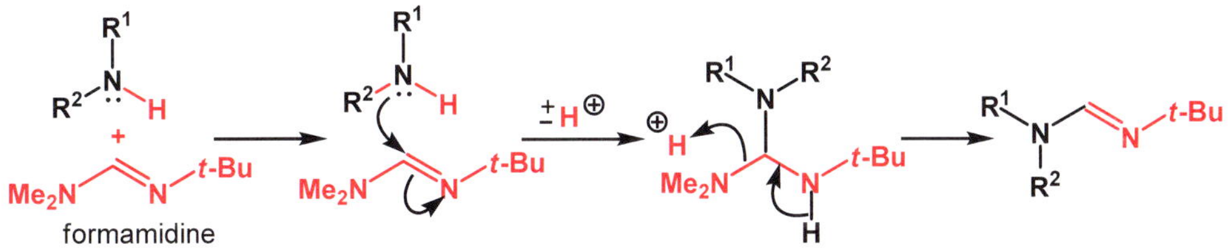

다음 두 lithio 화합물은 위와 같은 방법에 의하여 생성된 것으로 이와 유사하게 얼마든지 다양한 구조의 음이온 형성이 가능하며, 이 음이온은 다른 alkyllithium처럼 많은 친전자성 반응 중심을 가진 유기 화합물과 반응하게 된다.

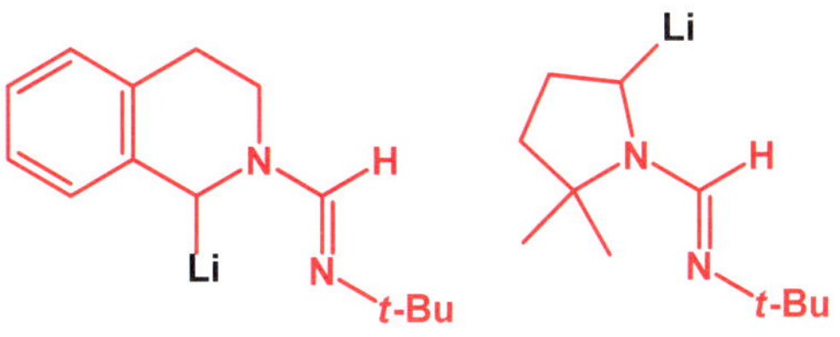

Methylimine은 또한 센 염기에 의하여 양성자떼기가 일어난다. Imine은 methylamine의 ketone과의 반응에서 쉽게 얻을 수 있다. Methyl기에서 양성자떼기가 일어나려면 ketone의 두 치환기에는 α-수소가 없어야 한다.

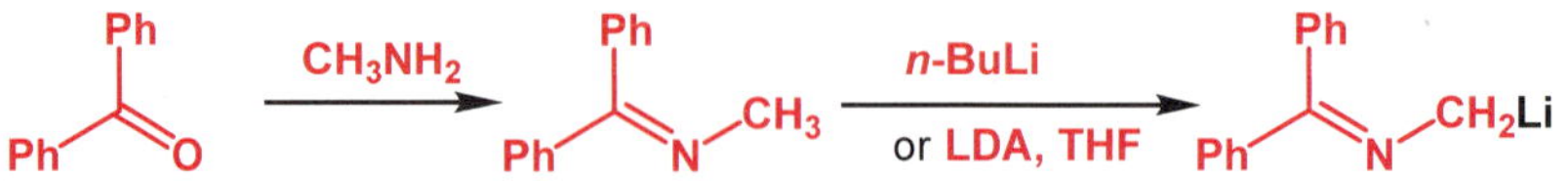

형성되는 이민의 음이온은 각종 친전자성 화합물과 반응하게 된다. 몇몇 대표적인 친전자체와의 반응을 요약 정리하면 다음과 같다.

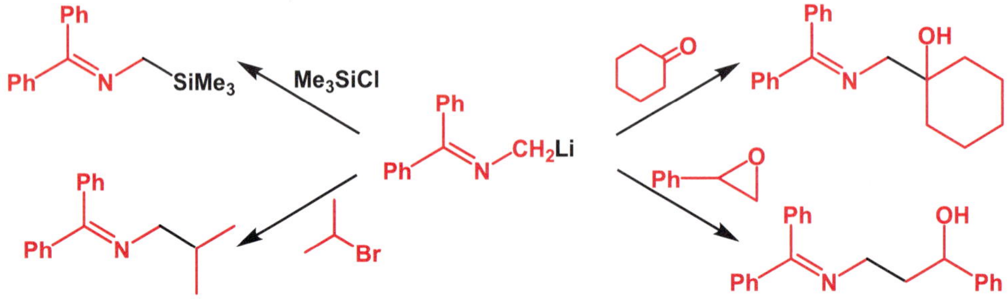

생성물은 온화한 조건에서 가수분해가 일어나서 쉽게 amine을 유리할 수 있다. 그 밖에도 α-nitrogen stabilized anion은 몇 가지가 더 있으나 생략하고 이 정도로 마무리 하기로 한다.

문제 3.11 다음 amidine은 $LiAlH_4$에 의해 환원되며 산 뒤처리를 거치면 가수분해되어 amine을 유리하게 된다. 어떤 과정을 거치는지 메커니즘을 적어보라.

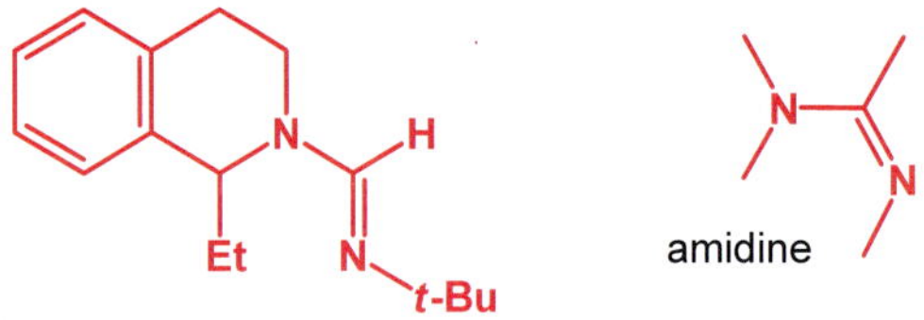

3.10 α-Silicon-Stabilized Organometallic Reagents

Dialkyl sulfide의 양성자떼기로 생겨나는 음이온이 황 원자에 의하여 안정화되는 것과 같이 silicon에 이웃한 carbanion은 silicon 원자에 의하여 안정화되며, 많은 Si-stabilized carbanion의 합성 방법과 응용 연구가 이루어졌다. Silicon의 α-탄소에서의 음이온 형성과 안정화는 Si의 빈 3*d* 오비탈에 의한 전하의 분산 때문이라고 믿고 있다.

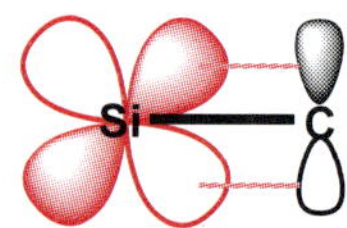

Si-stabilized carbanion을 합성하는 방법은 alkyllithium을 생성하는 방법과 거의 같다. α-Haloalkylsilane를 얻을 수 있다면 금속의 직접 삽입 반응으로 α-metallated organosilane을 얻을 수 있다. 금속 Li과 Mg에 의한 방법은 주로 α-haloalkyltrimethylsilane이 될 수 있

는 한 단순한 구조인 경우에 많이 사용된다.

$Me_3SiCH(Br)Ph \xrightarrow[\text{ether}]{Mg} Me_3SiCH(MgBr)Ph$

$Me_3Si{-}CH_2Cl \xrightarrow{Li} Me_3Si{-}CH_2Li$

Alkyllithium, 특히 BuLi에 의한 halogen–metal 교환 또한 자주 사용되는 제조법이다.

$Et_3SiC(Br){=}CH_2 \xrightarrow{n\text{-BuLi}} Et_3SiC(Li){=}CH_2$

$Ph_3SiCH_2Br \xrightarrow{n\text{-BuLi}} Ph_3SiCH_2Li$

Grignard 시약이나 alkyllithium은 일반적으로는 고립된 탄소–탄소 이중결합에는 첨가 반응을 일으키지 않지만 vinylsilane처럼 이웃한 carbanion을 안정화하는 group이 존재하는 탄소–탄소 다중결합에는 종종 첨가 반응이 일어난다.

$EtOSiMe_2CH{=}CH_2 + PhMgBr \longrightarrow EtOSiMe_2CH(MgBr)CH_2Ph$

$Ph_3SiCH{=}CH_2 + PhLi \longrightarrow Ph_3SiCH(Li)CH_2Ph$

강력한 염기에 의한 양성자떼기는 자주 사용되는 방법으로 tetramethylsilane에서도 가능하다. Ethyl기나 다른 alkyl기가 존재하여도 이에 우선하여 methyl기에서 양성자떼기가 일어나는 것에 주목하여야 한다.

$Me_3Si{-}CH_3 \xrightarrow[\text{TMEDA}]{n\text{-BuLi}} Me_3Si{-}CH_2Li$

$Me_3Si{-}CH_2CH_3 \xrightarrow[\text{TMEDA}]{n\text{-BuLi}} Me_2Si(CH_2Li){-}CH_2CH_3$ (not $Me_3Si{-}CH(Li)CH_3$ X)

그러나 조금이라도 음이온이 안정화되는 심지어 염소 치환기가 동시에 이웃하게 되어도 양성자떼기는 훨씬 수월해 진다.

$Me_3SiCH_2Cl \xrightarrow[\text{TMEDA}]{n\text{-BuLi}} Me_3SiCH(Li)Cl$

$Me_3SiCH_2SiMe_3 \xrightarrow[\text{THF, HMPA, -78 °C}]{t\text{-BuLi}} Me_3SiCH(Li)SiMe_3$

다음 2-pyridylmethyltrimethylsilane은 LDA에 의해서도 아주 낮은 온도에서 양성자떼기가 일어난다.

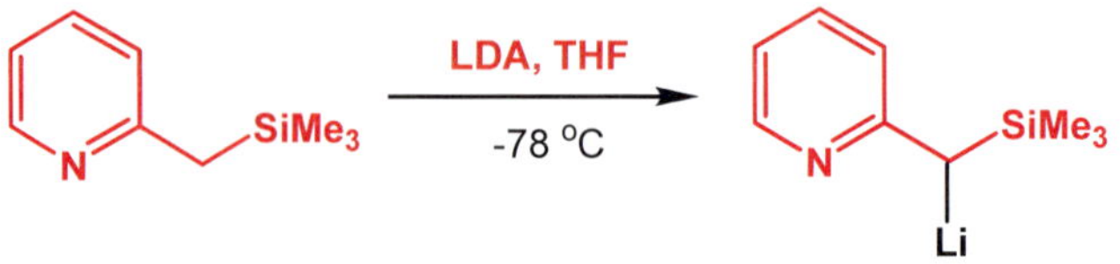

Tris, bis-(trimethylsilyl)methane은 HMPA 존재하에 methoxide와 같은 친핵체에 의해서도 치환 반응이 일어나서 trimethylsilyl기를 하나씩 잃고 음이온을 생성한다. 이들 반응의 추진력은 Si–O의 강력한 공유결합에 기인한다.

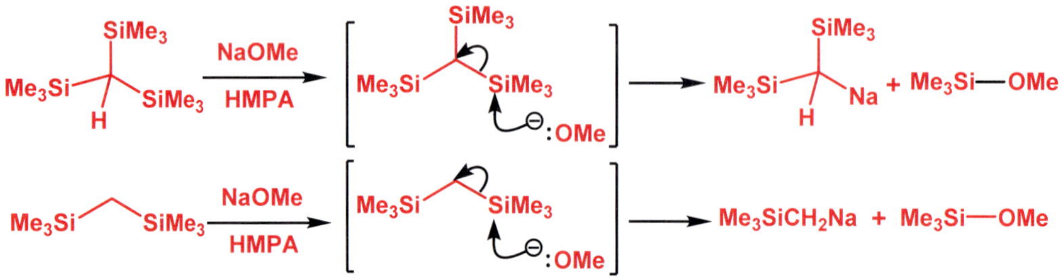

이렇게 생성된 silyl-stabilized anion은 alkyllithium이나 Grignard 시약이 할 수 있는 거의 모든 반응을 할 수 있다. Aldehyde나 ketone과의 반응은 다음 acetophenone과의 보기 반응에서처럼 *β*-hydroxysilane을 생성하게 된다.

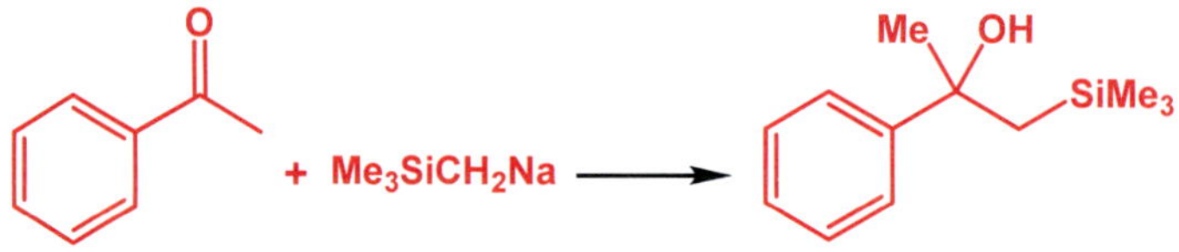

β-Hydroxysilane은 그 자체가 목표 화합물이기보다는 **Peterson 제거** 반응으로 alkene을 합성하기 위한 방편인 경우가 대부분이다. 많은 유기 반응에서 Trimethylsilyl group은 거대한 양성자로 취급하면 된다. 양성자가 염기에 의하여 제거되는 것처럼 TMS group은 hard base에 의하여 떨어지게 되는데 가장 좋은 hard base는 F^-와 RO^- 이다. 다음 Peterson 반응 메커니즘을 보면 둘 간의 유사성을 확인할 수 있다. 다음 반응에서 TMS기가 없을 때 산 촉매 탈수 반응으로 제거 반응이 일어나는 것과 비교하면 둘 간의 차이를 확인할 수 있다.

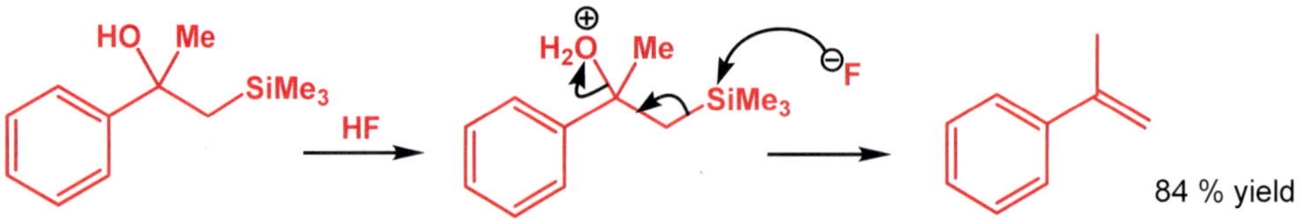

이 반응은 특히 exocyclic methylene이나 terminal alkene을 합성하는 데 적합하다. 왜냐하면 쉽게 구해 쓸 수 있는 $TMSCH_2Br$의 Grignard 시약은 쉽게 만들어 쓸 수 있기 때문이다.

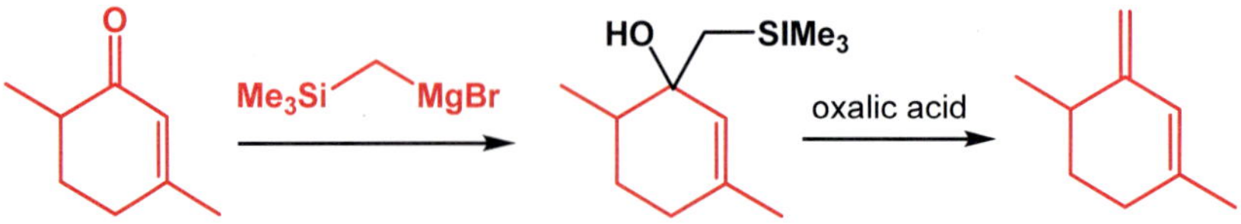

이 Peterson 반응은 뒤에서 다시 한 번 다루게 되므로 여기서는 간단히 산 또는 염기 존재하에 달라지는 제거 반응의 입체화학만을 소개하고 지나가기로 한다. 산을 사용하는 경우에는 다음과 같은 *anti*-elimination이 일어난다. 따라서 생성물의 기하구조는 전적으로 출발물인 β-hydroxysilane의 입체 구조에 달려 있다. 다음 그림에서처럼 두 diastereomer는 각기 다른 alkene 이성질체를 생성하게 된다.

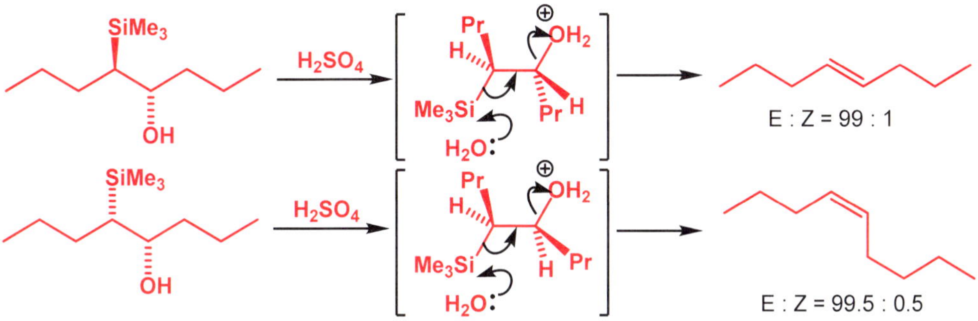

SiMe3 / OH — H_2SO_4 → [Pr, H, OH_2 ⊕, Me_3Si, Pr H, H_2O:] → E : Z = 99 : 1

SiMe3 / OH — H_2SO_4 → [Pr, H, OH_2 ⊕, Me_3Si, H Pr, H_2O:] → E : Z = 99.5 : 0.5

이와는 상반되게 염기 속에서 제거 반응이 일어나면 geometry는 산 촉매 반응에서와는 달리 *syn*-제거가 일어나게 되며, 생성물의 geometry는 완전히 뒤바뀌게 된다.

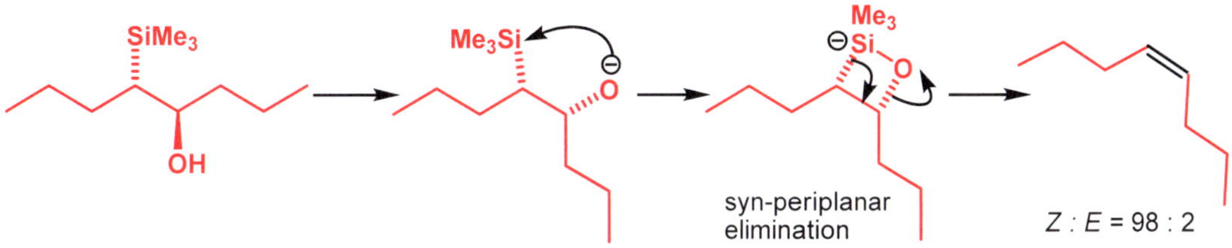

SiMe3 / OH → Me_3Si / O⊖ → ⊖Si Me3 / O (syn-periplanar elimination) → *Z* : *E* = 98 : 2

TMSCH$_2$Br이나 TMSCH$_2$MgBr를 이용하면 다양한 작용기를 가지는 TMS-methyl 유도체를 만들 수 있고, 이들의 양성자떼기로 또 다른 Si-stabilized carbanion을 거쳐 또 다른 치환 alkene을 얻을 수 있다. α-Silyl-stabilized carbanion에 관한 반응은 뒤에 oganosilicon chemistry를 다루는 Chapter 5에서 다시 보게 된다.

문제 3.12 다음 화합물은 어떻게 만들 수 있나? 각각 두 가지 이상의 방법을 적어라.

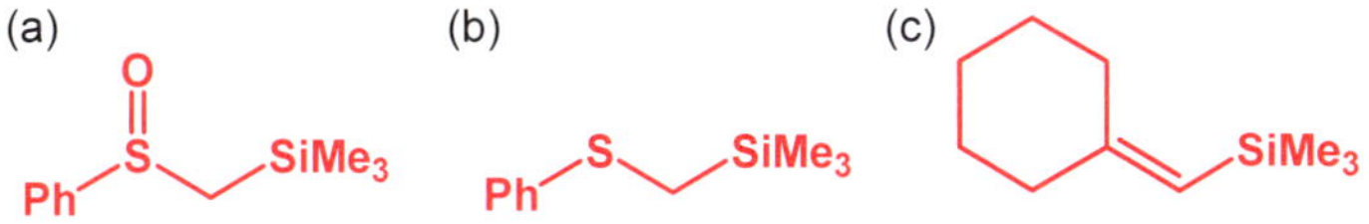

(a) Ph–S(=O)–CH$_2$–SiMe$_3$ (b) Ph–S–CH$_2$–SiMe$_3$ (c) cyclohexylidene=CH–SiMe$_3$

문제 3.13 다음 각 화합물을 묽은 황산 또는 묽은 NaOH 수용액으로 반응시키면 각각 어떤 생성물을 얻게 되는가?

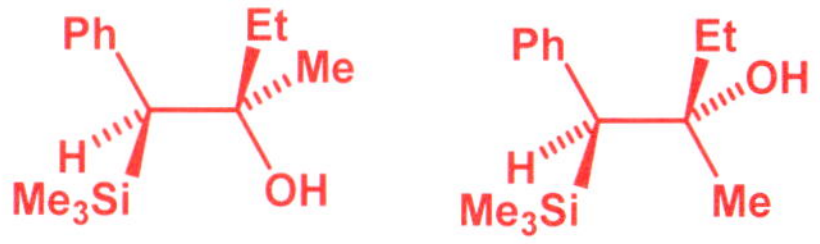

Ph, H, Me_3Si / Et, Me, OH   Ph, H, Me_3Si / Et, OH, Me

문제 3.14 다음 반응의 중간 및 최종 생성물을 적어 넣어 반응 scheme을 완성하라.

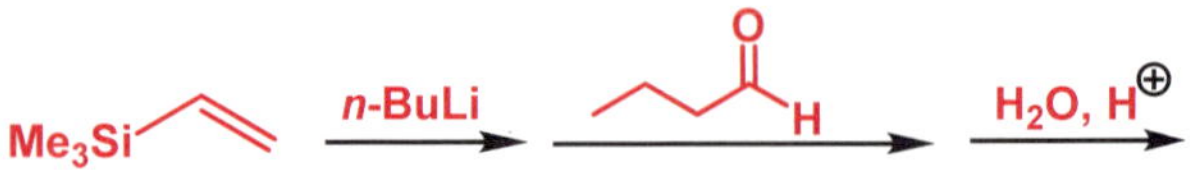

Me_3Si —(n-BuLi)→ —(butanal)→ —(H_2O, $H^{\oplus}$)→

3.11 Sulfur Ylide Chemistry

Ylide라는 용어는 Wittig 반응으로 알려진 alkene 생성 반응을 개발한 George Wittig가 처음 사용한 용어로, 이후 ylide 화학은 급속히 발전하여 유기화학의 중요한 도구가 되었다. Ylide는 이웃한 헤테로원자의 양전하에 의하여 이웃한 carbanion의 음전하가 안정화되는 특별한 종류의 화학종이라고 보면 된다. 다음과 같이 비교적 안정한 onium ion을 형성하는 물질에서 얻어질 수 있다.

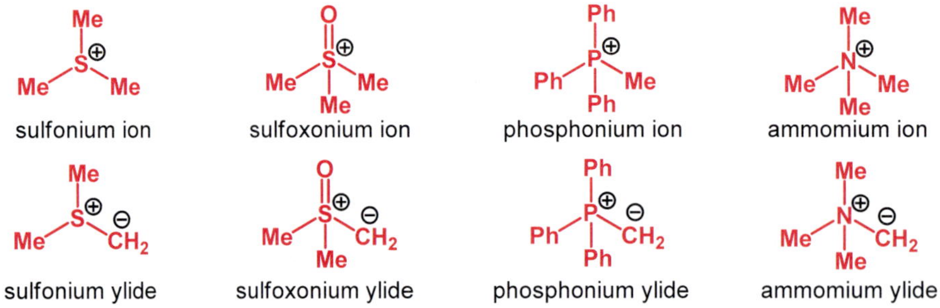

sulfonium ion　sulfoxonium ion　phosphonium ion　ammomium ion

sulfonium ylide　sulfoxonium ylide　phosphonium ylide　ammomium ylide

보통 자주 접하게 되는 ylide는 **phosphonium ylide**와 **sulfonium ylide**가 있으며 다음과 같이 공명구조에 의하여 안정화된다. Nitrogen ylide도 있으나 질소는 확장 원자가껍질을 사용할 수 없으므로 이중결합을 하는 공명구조에 의한 안정화를 기대할 수 없다.

phosphonium ylide　phosphorane　ammomium ylide　incorrect structure

Ylide는 trialkylphosphine, trialkylamine, dialkylsulfide가 친핵체로 alkyl halide와 반응하여 각각의 onium salt를 생성한 다음, 센 염기로 양이온 중심에 이웃한 탄소에서 양성자떼기로 얻는 것이 보통이다. 이들 모두 친전자성 자리가 없어 LDA뿐 아니라 BuLi을 비롯한 다른 alkyllithium으로 양성자떼기를 할 수 있지만, 경우에 따라서는 NaH 또는 KH 등을 사용하거나 때로는 더 약한 염기에 의해서도 양성자떼기가 가능한 경우도 있다.

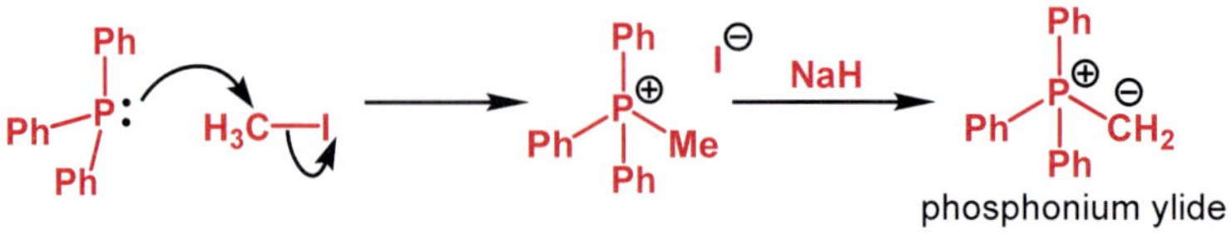

Ph_3P: + H_3C-I → $Ph_3P^{\oplus}Me$ $I^{\ominus}$ —(NaH)→ $Ph_3P^{\oplus}-CH_2^{\ominus}$

phosphonium ylide

다음에 가장 간단한 구조의 methyl onium 염의 ylide 생성을 예로 들었다. 물론 methyl기가 아닌 다른 alkyl기의 경우에도 비슷하다. 단 도입되는 alkyl기는 1차 alkyl기가 대부분이고 간혹 2차 alkyl기인 경우도 있다. 이들 ylide는 여러 가지 반응을 할 수 있으나 여기서는 aldehyde 및 ketone과의 반응을 위주로 검토하기로 한다. Nitrogen ylide는 카보닐과의 반응 예가 별로 없어 주로 phosphorus 및 sulfur ylide와의 반응을 주로 다루게 된다.

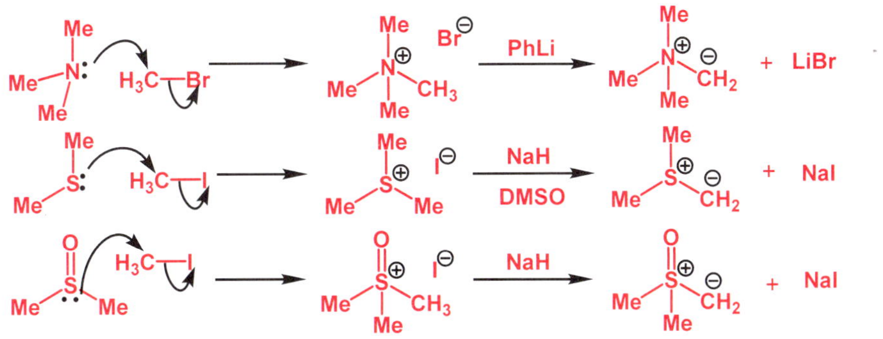

카보닐 화합물과의 반응에서 phosphorus 및 sulfur ylide는 비슷한 ylide이지만 예상과는 달리 반응 생성물은 영 딴판이다. Sulfur ylide는 epoxide를 생성하며 phosphorus ylide는 alkene을 생성한다. 이들 반응을 자세히 살펴보기로 하자.

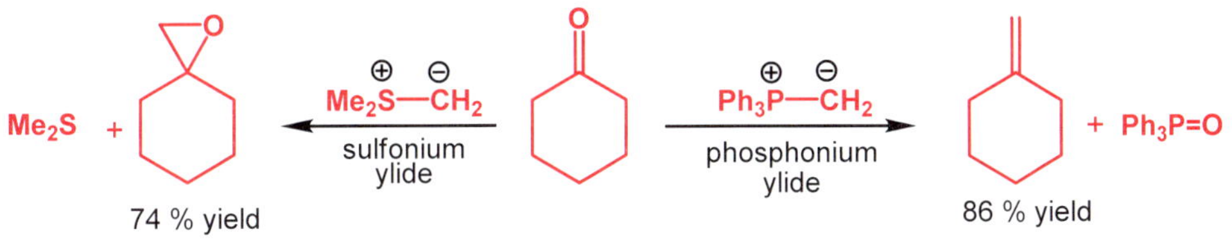

가장 간단한 trimethylsulfonium ylide는 hard 친핵체로 분류되며, aldehyde 또는 ketone과 반응하여 epoxide를 생성한다. 다른 반응성 친핵체가 카보닐 탄소를 공격하는 것과 똑같은 양상이다. Alkoxide가 친핵체가 되어 비가역적 S_N2 치환으로 진행되며, sulfonium기는 중성인 nucleofugal 이탈기로 떨어져 나간다.

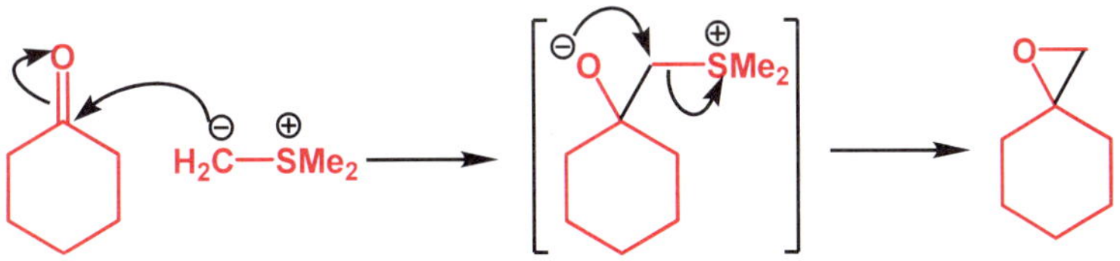

다음 반응은 *o*-aminobenzaldehyde와의 반응이다. 위의 반응에서와 같이 epoxide가 생성되며 이웃한 아미노기의 친핵성 치환으로 고리열림이 일어나고 얻어지는 aminoalcohol은 탈수가 일어나 indol을 생성하게 된다.

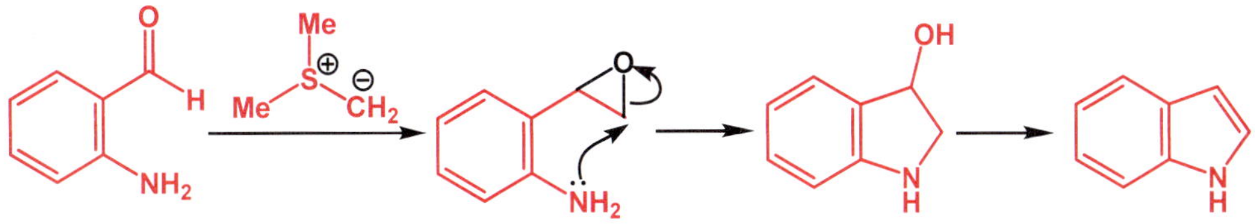

Trimethylsulfonium ylide의 cyclohexenone과의 반응에서는 두 친전자성 자리 두 곳 중 하나를 선택하여 공격하게 되는데, cyclohexanone의 경우와 같이 methylenecyclohexene oxide를 생성한다. 이는 다른 α,β-불포화 카보닐과의 반응에서도 마찬가지로 β-자리를 제쳐두고 전적으로 카보닐 탄소를 공격한다는 점이다. (carbonyl addition.)

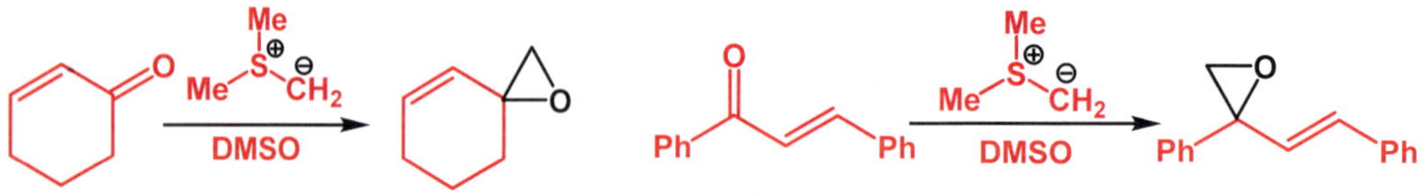

Butenone과의 반응을 살펴보면 sulfonium ylide의 카보닐 공격은 빠르고 비가역적이지만 β-탄소로의 첨가는 느리며 비가역적이다. Enone의 카보닐 탄소는 harder 친전자성 중심이며 β-탄소는 softer 친전자성 중심임을 기억하면 될 것이다.

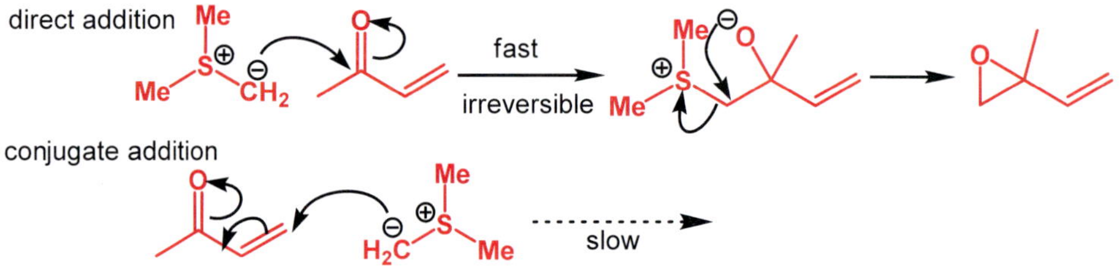

Sulfonium ylide라 하더라도 다음에서 보는 바와 같은 carboalkoxy 또는 nitrile 등에 의하여 더욱 안정화되는 ylide인 경우에는 softer 친핵체가 되어 enone의 β-탄소를 공격하게 된다. 카보닐이 아닌 alkene에 cyclopropanation이 일어나는 것이다.

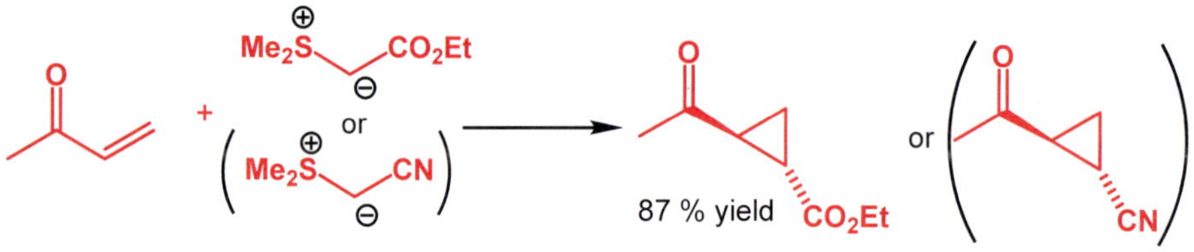

대단히 중요한 S-stabilized ylide가 하나 더 있는데 바로 sulfoxonium ylide이다. 이의 합성은 sulfoxide에서 시작하는데 sulfoxide의 두 공명구조를 보면 황 원자가 부분양전하를 가진다. 그럼에도 alkyl halide와의 반응에서는 황 원자의 d 오비탈을 사용할 수 있어 친핵성 중심이 될 수 있다. Sulfoxonium에서 양성자떼기가 일어나면 ylide를 형성하게 된다.

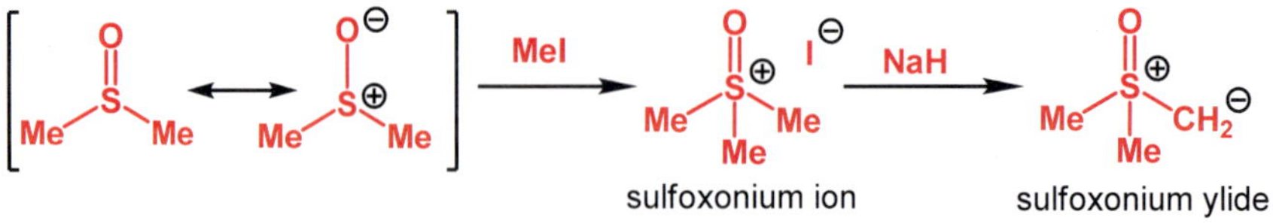

Sulfonium ylide와의 반응과는 달리 cyclohexenone과의 반응에서는 카보닐이 아닌 alkene에서 cyclopropanation이 일어난다. 다음은 대표적인 두 S-stabilized ylide와 carvone의 반응을 비교한 것이다.

Sulfoxonium ylide는 sulfonium ylide와 비교하여 상당히 안정화된 친핵체인 softer ylide라고 할 수 있다. 위의 반응에서 본 stabilized sulfonium ylide와 같이 enone과의 반응에서는 softer 친전자성 자리인 β-탄소를 공격하게 된다. 일차적으로 생성되는 enolate는 methylene 탄소를 공격하게 되고 DMSO가 중성 이탈기로 떨어지는 타당성이 있는 메커니즘을 그릴 수 있다. (Enone이 아닌 단순한 ketone과의 반응은 위에서와 같이 epoxide를 생성한다.)

3.12 Phosphorus Ylides and Wittig Reactions

Phosphonium ylide를 사용하는 **Wittig 반응**은 가장 오랫동안 사용해온 대표적인 alkene 합성법이라 할 수 있다. 유기 반응에는 주로 양성자떼기에서 다른 선택의 폭을 없애기 위하여 phenyl기를 셋 가지는 phosphonium ylide를 사용하게 된다. 주로 1차 alkyl iodide나 bromide를 triphenylphophine과 반응시켜 triphenylalkylphosphonium salt를 얻으며 양성자떼기에 의하여 ylide를 생성한다.

양성자떼기에는 BuLi이 가장 많이 사용되는 염기지만 methyltriphenylphosphonium salt의 pKa가 22.4 정도로 예상보다 낮으며 BuLi 이외의 염기를 사용하는 경우도 드물지 않다. 양성자떼기로 생성되는 **phosphoylide**의 C–P 결합은 P가 확장 오비탈을 사용할 수 있어 어느 정도의 π-결합성을 띠게 되며, 기여도는 낮은 편이지만 π-결합을 갖는 공명구조를 그릴 수 있고 이를 **phosphorane**이라 부른다.

Phosphonium ylide 역시 nonstabilized hard 친핵체로서 카보닐 탄소에 첨가가 일어나며 P 원자는 카보닐 산소와 결합하여 oxaphosphetane으로 부르는 네-원자 고리형 중간체를 형성한다. 이 반응에서 ylide가 카보닐 탄소에 결합되고 나서 P 원자와 O 원자의 결합이 형성되는지 (betaine 생성) 아니면 두 결합형성이 동시에 일어나는지는 불분명하나, 별 다른 반응 경로를 거치지 않고 P–O 결합이 형성되기 때문에 단순히 **[2+2] cycloaddition**이라고 보아도 무방하며, 생성물의 geometry를 설명하는 데도 도움이 된다. Cyclopentyltriphenyl phosphonium ylide는 benzaldehyde와의 반응에서 역시 높은 수득률로 alkene을 생성한다.

α,β-불포화 ketone인 cyclohexenone과의 반응에서는 methylenecyclohexene이 생성된다. Enone에서 hard nucleophile인 phosphoylide가 공격하기에 유리한 자리는 harder 친전자성 자리인 카보닐 탄소이기 때문이다.

다음 예에서는 한 분자에 카보닐기와 epoxide가 동시에 존재하는 화합물에서 선택적으로 카보닐을 공격하는 것을 볼 수가 있다. 친전자성 자리가 세 개 있는데 그중에서 카보닐 탄소를 공격한다. (셋 중에서 hardest 친전자성 자리.)

어느 이성질체가 우세하게 생성될 것인가를 정확하게 예측하기는 쉽지 않지만, 많은 반응 예들에서 관찰되는 생성물의 geometry를 고려하면 stabilized ylide는 주로 (*E*)-isomer를 nonstabilized ylide는 주로 (*Z*)-alkene을 생성한다는 결론을 얻게 된다. 다음 반응의 하나는 carbonyl에 이웃한 stabilized phosphoylide를, 다른 하나는 nonstabilized ylide를 사용하는 두 가지 반응의 결과를 비교해 보면 어느 정도 수긍할 수 있다.

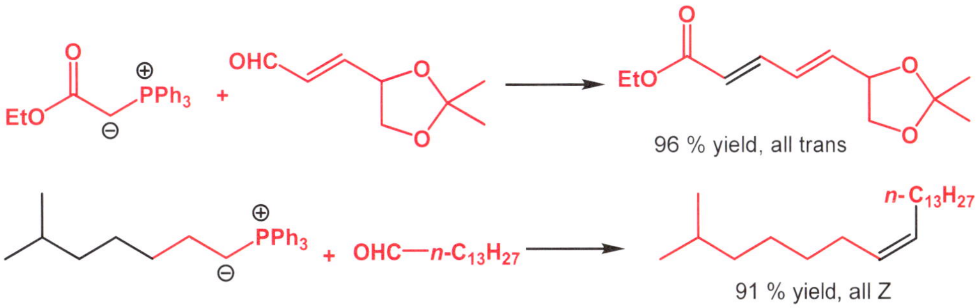

96 % yield, all trans

91 % yield, all Z

먼저 nonstabilized ylide의 경우는 왜 *cis*가 되는가? 이 반응의 [2+2] 첨가는 다음과 같으며 두 거대 치환기가 존재하면 이들이 멀리 떨어져 배향하는 편이 더 유리하며, 이로 인하여 생성되는 phosphetane에서의 두 alkyl기는 서로 *cis*가 된다. 또한 이 step은 비가역적이다. *cis*-phosphetane에서는 *cis*-alkene이 생성되는 것이다.

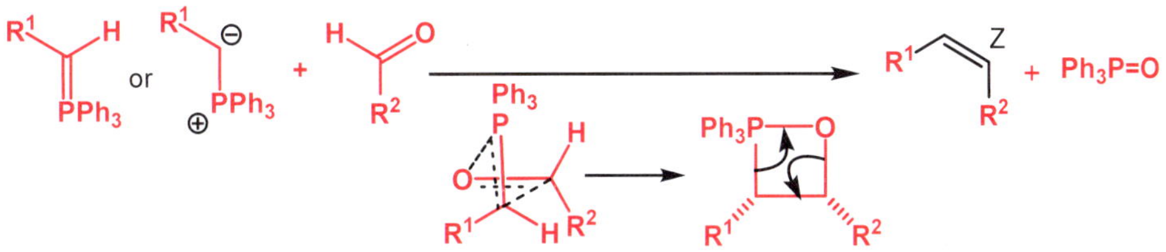

Phosphorus ylide는 다음에서 보는 바와 같이 구조상의 많은 변화가 가능하며 여러 다른 성격의 ylide 생성이 가능하다. 다음은 **Emmons 반응**으로 알려진 phosphonate enolate를 이용하는 alkene 합성 반응의 한 예이다. 다음 phosphonate salt는 물에서 재결정이 가능할 정도로 안정한 이온을 형성한다. 두 카보닐기에 의한 공명안정화를 연상하면 될 것이다. 그러나 안정한만큼 반응성이 떨어지는 것도 사실이다.

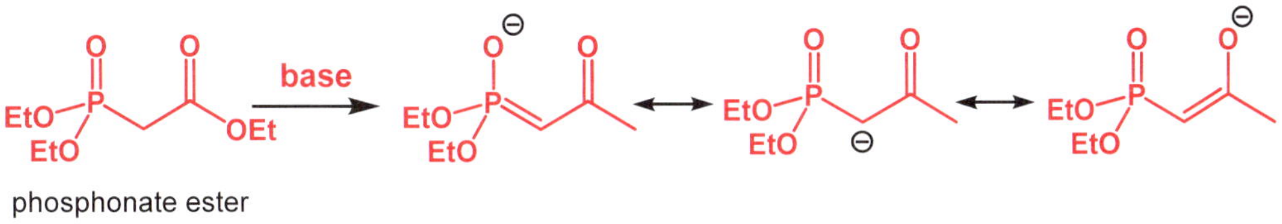

phosphonate ester

이를 이용한 다음 alkene의 합성 예를 다음 보기 반응에서 볼 수 있다.

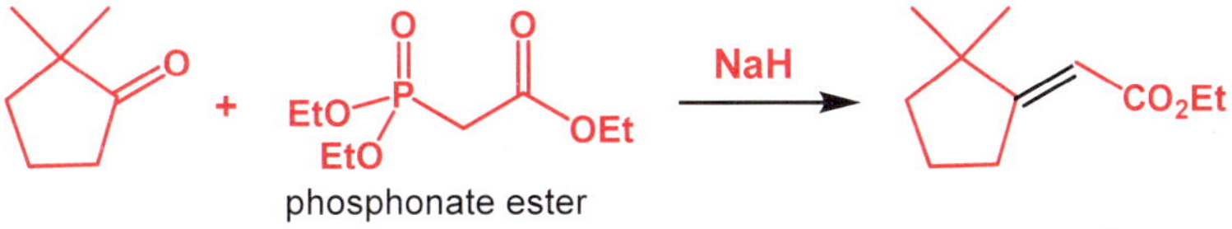

phosphonate ester

이와 같이 stabilized ylide와의 반응은 앞의 nonstabilized ylide와의 반응과는 달리 열역학적 생성물인 (*E*)-isomer가 주로 생성되는 특징을 갖는다. Oxaphosphetane의 형성이 가역적으로 일어나며 더 안정한 *anti*-phosphetane과 평형을 유지하기 때문이며, *anti*-phophetane에서 (*E*)-alkene이 생성되는 과정은 더 낮은 전이상태를 거치는 더 빠른 과정이기 때문이다. 즉, 속도론적으로도 열역학적으로도 더 유리한 반응이기 때문이다.

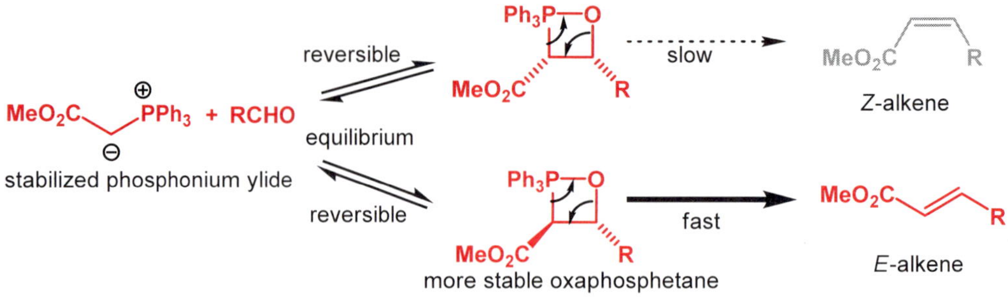

다음은 비슷한 두 번의 Wittig 형의 반응으로 한 분자 내에 (*E*)-와 (*Z*)-alkene을 순차적으로 도입하는 반응 예이다. 첫 번째 반응에서는 stabilized ylide를 사용하여 *trans* 이중결합을 도입하고, 두 번째 반응에서는 nonstabilized ylide를 사용하여 *cis* 이중결합이 도입되는 pheromone 합성인데, 지금까지 보아왔던 반응 틀에 따른 예측에서 벗어남이 없다.

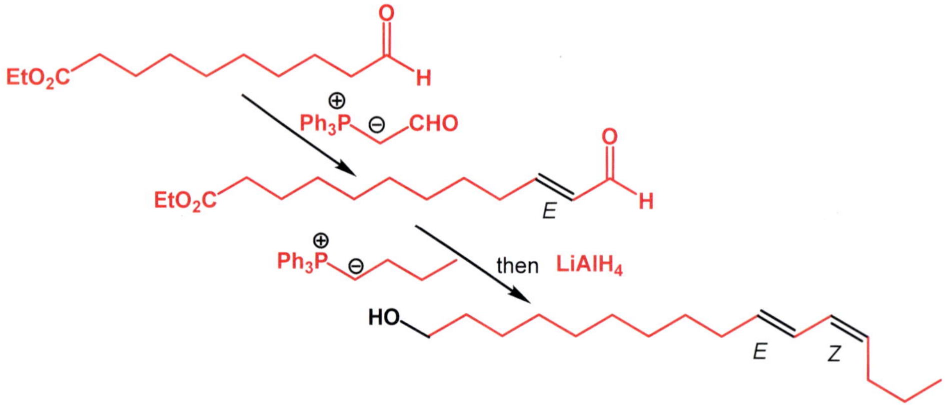

이러한 예상이 잘 맞는 경우가 많지만 다양한 여러 조건의 변화에 따라 생성되는 alkene의 두 기하이성질체의 비는 조금씩은 달라지게 되며, 어떤 경우에는 거의 비슷한 비로 생성되는 경우도 있다. 다음 β-carotene 합성에서는 (*E*)-isomer만이 생성되는 것을 볼 수 있다. 이 경우에는 *trans*-이성질체가 *cis*-이성질체보다 훨씬 안정하기 때문에 주로 생성되는 것으로 보인다. (*Z*)-alkene에 이르는 전이상태 에너지가 두 거대 alkyl기가 *cis*로 배향할 때의 energy가 너무 높기 때문이라고 생각할 수 있다. 여하튼 Wittig 반응의 기하이성질은 정확하게 예측하기 쉽지 않은 문제임에는 틀림없다.

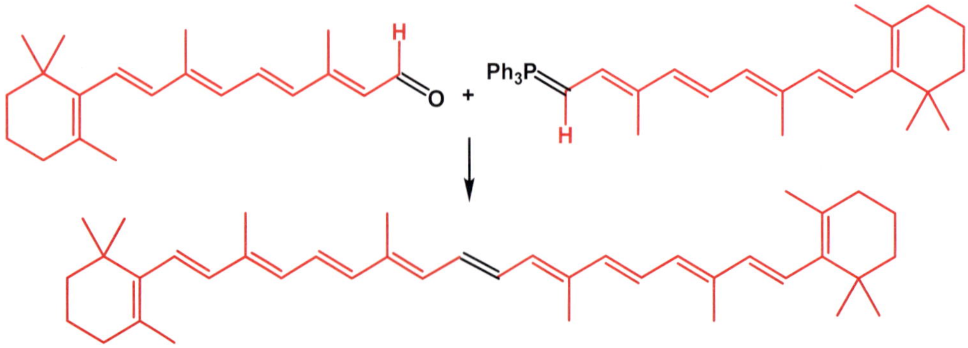

Phosphonium ylide나 phosphonate를 이용하는 alkene 합성만을 살펴보았다. 자칫 이들 화합물은 이 반응만을 하는 것으로 오해할 수도 있다. 반응성의 차이를 보이기는 하지만 이들 phosphonium ylide나 phosphonate ester는 다른 유기 친전자체와도 반응한다. 카복시산 염화물과의 반응에는 2몰의 ylide가 소요되며 다음과 같이 반응한다.

2 mole $H_2C{=}PPh_3$, THF, room temp. → =PPh₃ 66 % yield

반응성이 큰 alkyl halide와의 반응으로 생성되는 phosphonium ion은 또 다른 염기로 양성자떼기를 하면 다른 phosphoylide를 얻을 수 있다.

Br, $H_2C{=}PPh_3$ → $\oplus PPh_3$ $\ominus Br$, KO-*t*-Bu → PPh_3

문제 3.15 다음 반응에서 새로 형성되는 화합물과 C=C 이중결합의 geometry를 예상하여 보라.

(a) EtO, H, $\oplus PPh_3$, $\ominus$ + CHO → ?

(b) O, $\ominus$ $\oplus PPh_3$ + H, O → ?

(c) {O, P, EtO, OEt, O, OEt + LDA} + O, CHO → ?

3.13 Reactions of Nitrogen Ylides

Nitrogen ylide도 생성될 수 있다. Wittig에 의하여 처음 발견된 **nitrogen ylide**는 tetramethylammonium bromide를 phenyl lithium으로 처리하여 얻었다. 두 당량의 phenyl lithium으로 처리하면 일부는 다음 식에서 보는 바와 같은 dianion를 형성하기도 한다. 이들 단순한 ammonium ylide는 반응성이 너무 큰 carbanion이며 너무 센 염기이어서 여간 해서는 유기 친전자체와 만족할 만한 합성 반응으로 이어지지 못한다. 위에서 생성된 ylide는 예를 들어 benzophenone과 반응하면 낮은 수득률로 카보닐 첨가 생성물을 얻게 된다. Alkyl halide와의 반응에서는 염기로 작용하여 대부분 제거 생성물을 얻게 된다.

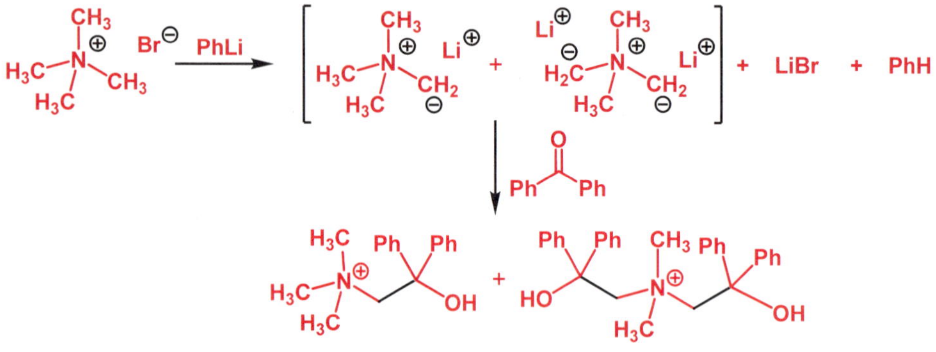

18 % yield 20 % yield

Methyl이 아닌 다른 tetraalkylammonium ylide는 그 밖에도 여러 가지 반응을 한다. 그 중 하나가 자리옮김 반응이다. 다음 ammonium salt는 ylide를 거쳐 여러 가지 생성물을 생성하게 되는데, demethylation 생성물을 제외하고 나머지 네 자리옮김 생성물을 낳게 된다. 이들 생성물의 비는 사용하는 염기와 용매에 따라 큰 폭으로 달라진다.

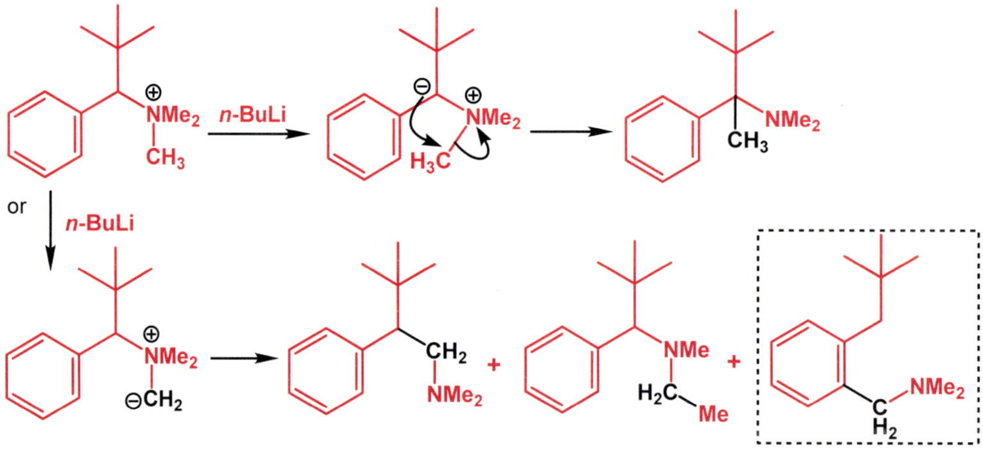

위 생성물 중에서 phenyl기의 *ortho* 위치에서 치환이 일어나는 반응은 **Sommelet 자리옮김**이라고 부르는 반응으로 더 간단한 benzyltrimethylammonium 염을 강한 염기와 반응시키면 상당히 높은 수득률로 α-dimethylamino-*o*-xylene이 얻어진다.

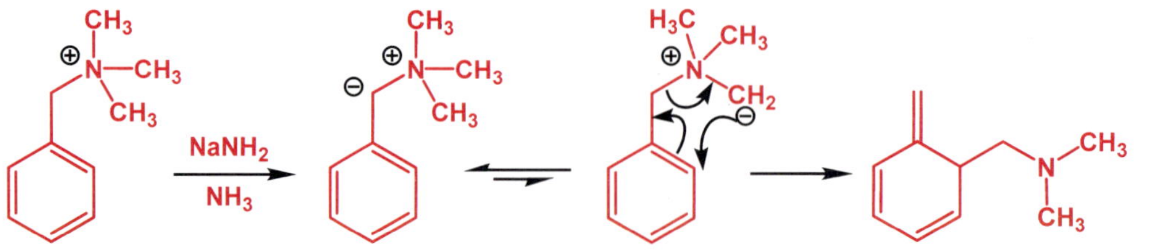

같은 시약을 사용한다 해도 반응 조건이 달라지면 생성물의 비 또한 달라진다. 다음은 더 강력한 BuLi을 사용하는 경우인데 조금 더 높은 온도에서 **Stevens 자리옮김** 생성물의 비가 증가한다.

Sommelet-Hauser Stevens 1,2-shift

	Sommelet-Hauser		Stevens 1,2-shift
2.0 equiv. *n*-BuLi, 0 °C	94 %	:	4 %
1.2 equiv. *n*-BuLi, 24 °C	62 %	:	36 %

다음은 **Sommelet 자리옮김** 반응의 다른 예인데 고리형 암모늄 염의 반응으로 고리 확대가 일어난다. 이와 유사한 자리옮김은 후에 benzyl이 아닌 allyltrialkylammonium ylide에서도 쉽게 일어난다는 것을 알게 되었다.

83 % yield

또한 3차 amine에 methyl기를 도입하고 이어서 양성자떼기로 ylide를 형성하게 되는데 이를 쉽게 할 수 있는 방법도 또한 개발되었다. 즉, trimethylsilylmethyl기가 치환된 4차 ammonium ion의 desilylation으로 methylide를 위치선택적으로 생성하는 방법이다. 4차 ammonium ion을 반응성이 큰 trimethylsilylmethyl trifluoromethanesulfonate를 이용하여 생성하게 되면 onium ion의 α-fluoro 치환기를 Bu_4NF 또는 CsF를 이용하여 desilylation하면 위치선택적으로 ylide를 생성할 수 있다.

이 방법은 위의 둘째 반응에서와 같이 sulfonium ion을 거쳐서 sulfonium ylide 형성하는 데도 똑같이 적용할 수 있으며 아주 쉽게 ylide를 *in-situ*로 만들어 쓸 수 있다.

Lone pair를 가지는 거의 모든 헤테로원자의 TMS methylation이 가능하다. 만약 생성되는 ylide가 헤테로원자 치환기로 allyl기를 가지고 있는 경우라면 2,3-sigmatropic rearrangement가 일어나게 된다.

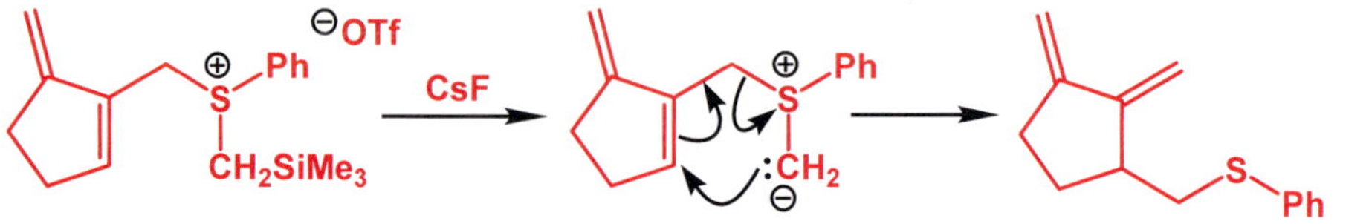

Allylic amine도 같은 방법으로 ammonium ylide를 거쳐 자리옮김이 일어난다.

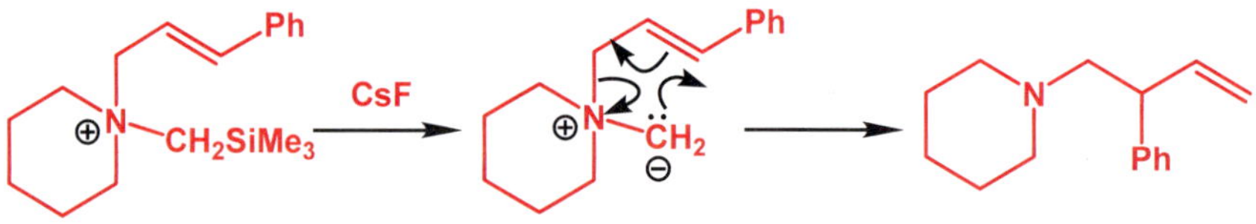

Allylic 치환기가 없는 sulfur ylide의 경우에는 다음에서 보는 것과 같은 제거 반응이 일어난다. Ylide는 마찬가지로 trimethylsilylmethyl triflate를 사용하여 trimethylsilylmethyl기를 도입하고 CsF로 desilylation이 일어나면 ylide가 형성되고 이어서 제거 반응이 일어난다. 다섯-원자 전이상태를 거치는 이 *syn*-제거 반응은 **Cope elimination**[4]과 유사하며 상온에서도 쉽게 일어난다.

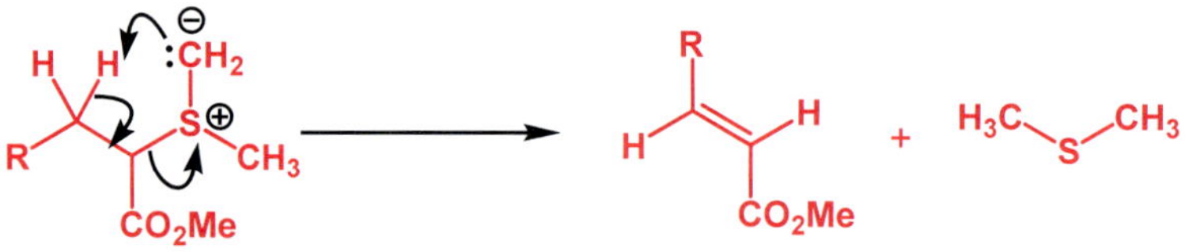

다음 ammonium ylide의 제거 반응은 염기 존재하에 일어나는 Hofmann 제거와 유사한 반응이라고 할 수 있으나, ylide를 거치는 반응이므로 *syn*-elimination이라는 점이 다르다.

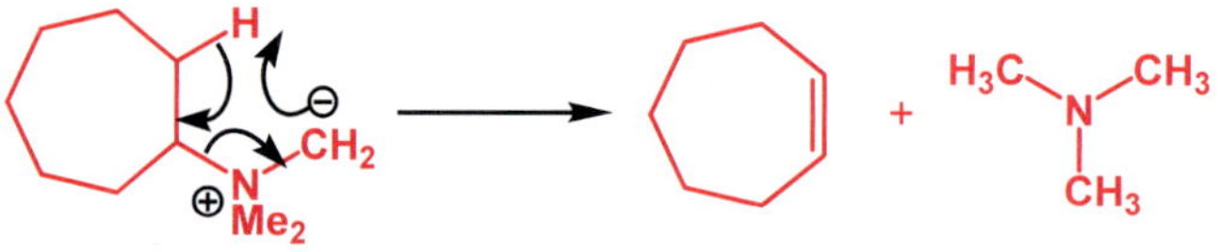

문제 3.16 다음 각 화합물과 methylenetriphenylphophorane의 반응 생성물을 그려 보라.

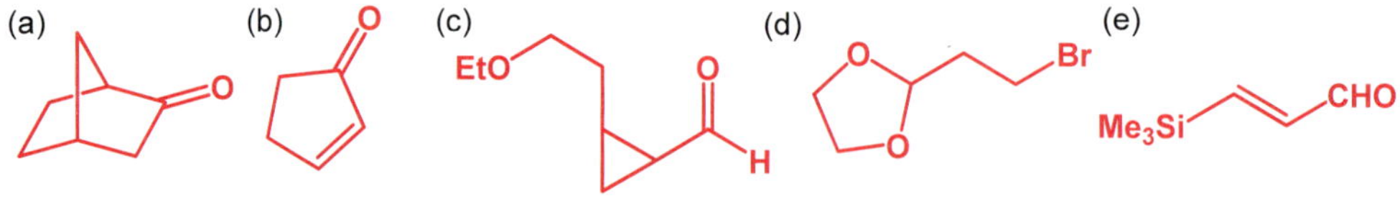

(a) (b) (c) (d) (e)

문제 3.17 Julia, Wittig, Horner-Wittig-Emmons, Peterson 반응 등의 olefination 반응을 이용하여 다음 alkene을 합성하는 최선의 방법을 제시하라. (Geometrical isomerism에 유의!!)

4 3차 아민은 산화하면 amine oxide를 생성하게 되고, 이를 가열하면 다음 예에서와 같은 *syn*-제거반응이 일어난다. 이를 Cope elimination이라고 한다.

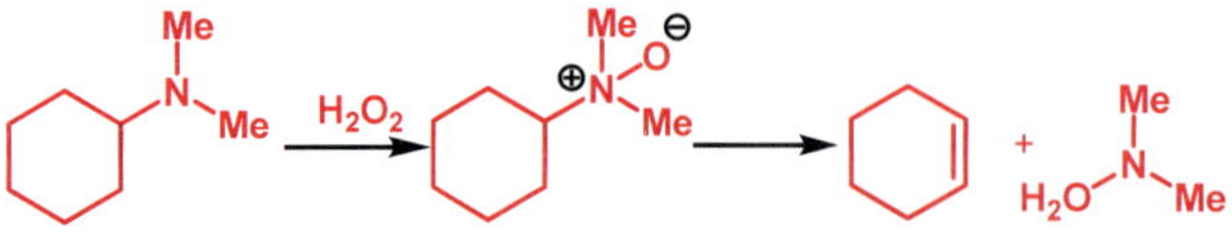

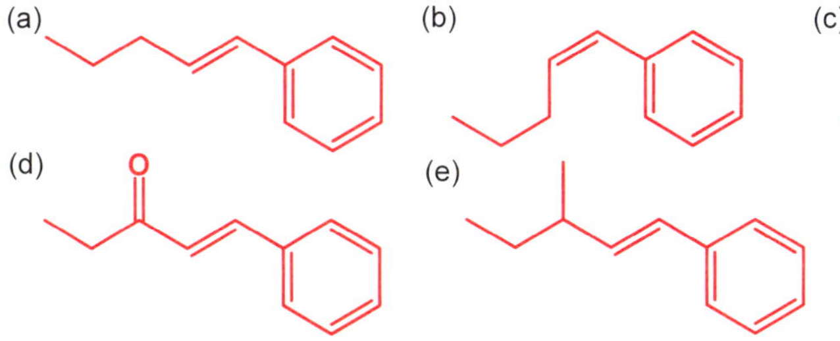

(a) (b) (c)

(d) O (e)

문제 3.18 본문의 다음 반응은 어떻게 진행되는가? 메커니즘을 그려보라. Ylide 2몰이 필요한 데 왜 그런가를 생각해 보아라.

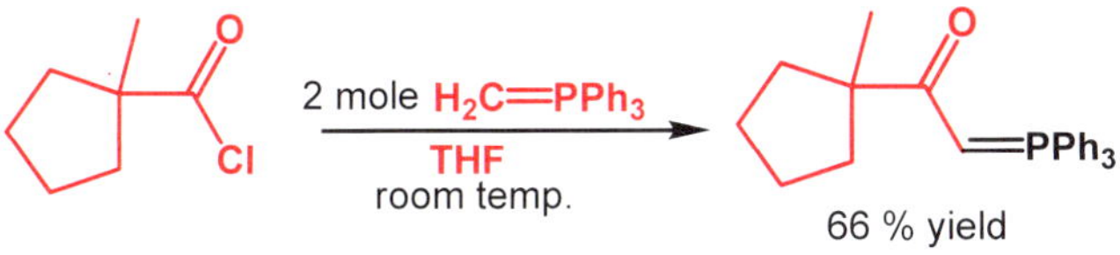

2 mole $H_2C{=}PPh_3$, THF, room temp. → $=PPh_3$, 66 % yield

문제 3.19 다음 화합물과 methyltriphenylphosphonium ylide, trimethylsulfonium ylide, trimethylsulfoxonium ylide와의 반응 생성물을 각각 그려 보라.

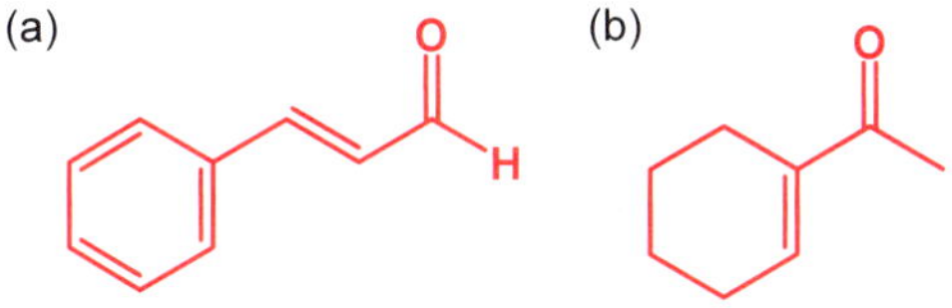

(a) (b)

문제 3.20 다음 화합물은 어떤 반응을 거치면 합성할 수 있는가? 시약과 반응 조건을 적어 넣어 반응식을 완결하라.

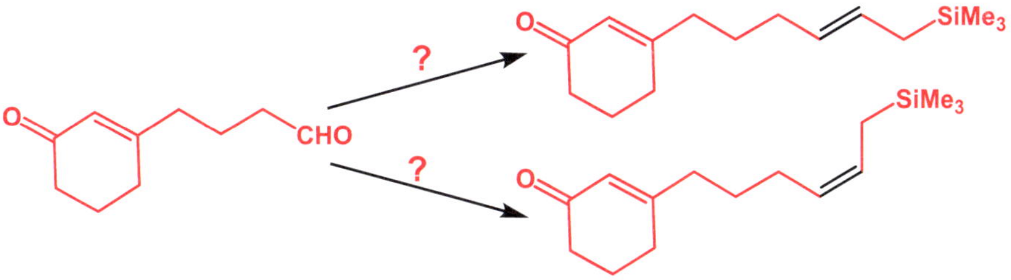

CHO ? → $SiMe_3$? → $SiMe_3$

문제 3.21 다음 반응은 어떻게 일어나는지 알 수 있는 상세한 메커니즘을 그려라. Triflate는 반응성이 아주 높은 nucleofugal 이탈기이다.

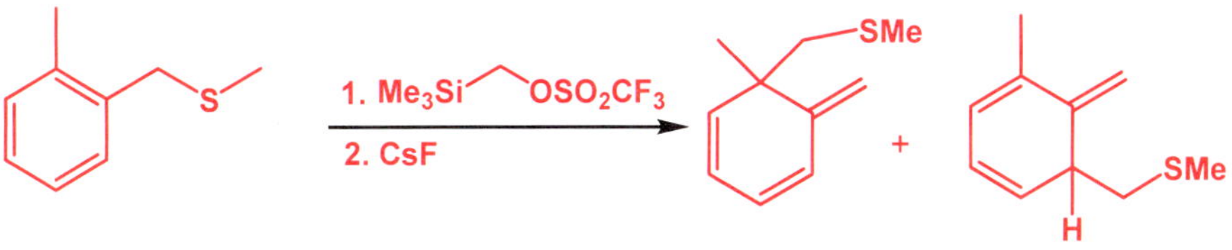

1. $Me_3Si\diagup OSO_2CF_3$ 2. CsF → SMe + SMe

문제 3.22 다음 각 반응은 어떻게 진행될 것인가? 중간 및 최종 생성물을 나타내어라.

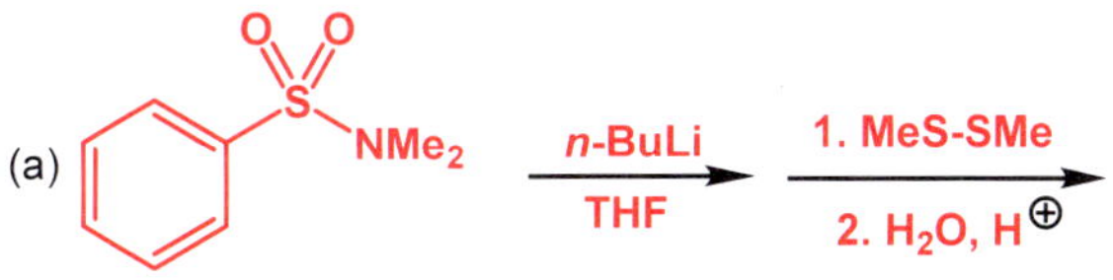

(a) NMe_2 → *n*-BuLi, THF → 1. MeS-SMe 2. H_2O, $H^{\oplus}$

(b) Ph–SO_2–(CH₂)₃–OTs $\xrightarrow{\text{LDA}}$ $\xrightarrow[\text{C}_5\text{H}_{11}\text{CHO}]{\text{BuLi}}$ $\xrightarrow[\text{EtOH}]{\text{Na(Hg)}}$

(c) Ph–SO_2–CH_2CH_2–$SiMe_3$ $\xrightarrow[\text{THF}]{\text{BuLi}}$ $\xrightarrow{\text{C}_8\text{H}_{17}\text{Br}}$ $\xrightarrow{\text{N-Bu}_4\text{N}^{\oplus}\ \text{F}^{\ominus}}$

(d) Ph–CH_2–$S^{\oplus}$(Me)–$O^{\ominus}$ $\xrightarrow{\text{BuLi}}$ $\xrightarrow{\text{cyclopentanone}}$ $\xrightarrow[\text{SnCl}_4]{\text{AcCl}}$ $\xrightarrow[\text{AgClO}_4]{\text{MeI}}$ $\xrightarrow{\text{KOH}}$

문제 3.23 다음 두 반응에서는 전혀 별개의 생성물을 얻게 된다. 어떤 생성물을 어떤 경로를 통해 얻게 되는가를 그려 보라.

(a) 2-cyclohexenone $\xrightarrow[\text{s-BuLi, THF, - 55 to 15 °C}]{\text{Me}_3\text{SiCH}_2\text{S}^{\oplus}\text{Me}_2\ \text{I}^{\ominus}}$ (b) cyclohexanone $\xrightarrow[\text{s-BuLi, THF, - 55 to 15 °C}]{\text{Me}_3\text{SiCH}_2\text{S}^{\oplus}\text{Me}_2\ \text{I}^{\ominus}}$

문제 3.24 다음 onium ion을 DBU로 처리하면 어떤 과정을 거쳐 어떤 생성물이 생성되는가?

(a) 2-vinyl-1-methylthiepanium ($S^{\oplus}$–Me) $\xrightarrow{\text{DBU}}$ (b) 2-vinyl-1-benzyl-1-(CH_2CO_2Et)piperidinium ($N^{\oplus}$, CH_2Ph) $\xrightarrow{\text{DBU}}$

문제 3.25 (문제 종합) 다음 각 화합물은 교재 안에서 취급했던 반응의 생성물들로 출발물로 사용한 화합물 유형이 주어져 있다. 어떤 과정을 거쳐서 진행되는가를 알아볼 수 있도록 반응 과정을 상세히 그려보라. 보지 않고 그릴 수 없으면 다시 한번 복습하면 된다.

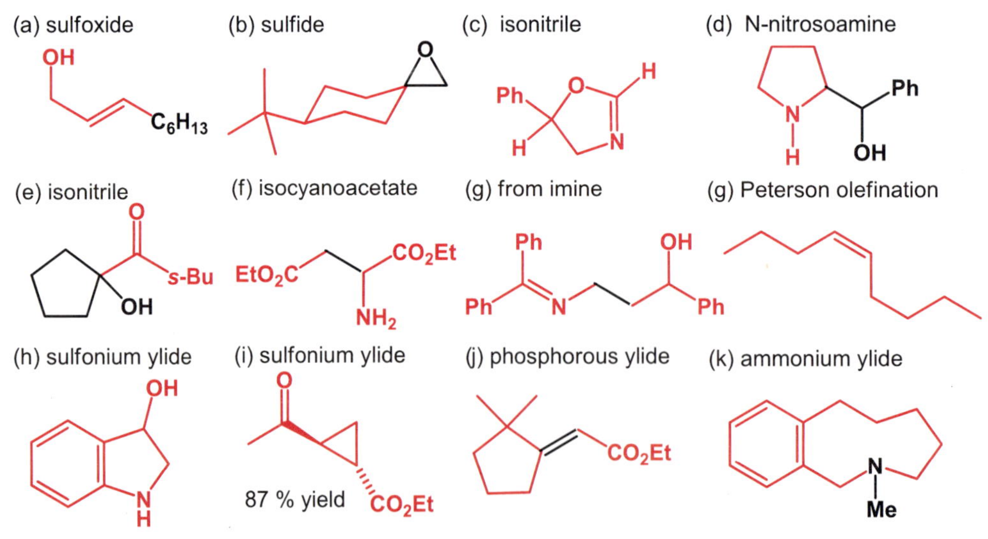

CHAPTER 04

Chemistry of Group IIIA Organometallics

이 chapter에서는 주기율표의 IIIA족 (13족) 원소인 boron, aluminum의 유기금속 화합물을 다루게 된다. 먼저 유기합성 반응에서 자주 사용되는 boron chemistry에 대하여 학습하고 다음에 aluminum 화합물에 대해서 알아보기로 한다. 반응 형태나 반응성이 위의 두 금속 화합물들과 사뭇 다르기는 하지만 같은 IIIA족 원소인 thallium 화합물도 이 chapter 말미에서 간략하게 함께 살펴보기로 한다.

Organoboron Chemistry

4.1 Basic Information on Organoboron Compounds

유기화학의 기초 과정을 이수하였다면 아마도 $NaBH_4$와 BH_3(정확하게는 B_2H_6)에 의한 여러 유기 작용기의 환원 반응을 접해 보았을 것이다. 이 둘은 organoboron 화학 발전에 결정적인 영향을 미친 화합물이다. Boron은 주기율표의 IIIB족 또는 13족에 속하며 화합물의 구조와 반응성에서 가장 유사한 성질을 갖는 원소는 이 장에서 함께 다루게 되는 같은 13족의 aluminum이다. Boron은 원자가전자가 3개 밖에 없으며 3개의 결합을 이루어 중성 화합물이 된다. **Borane(BH_3)**은 삼각 평면형 구조를 가지게 되며 *p* 오비탈 하나는 비어 있게 되어 한 쌍의 전자를 더 수용할 수 있다.

친전자성 boron은 중성 또는 음이온성 친핵체와 만나 결합을 형성하면 정사면체형 구조의 borate를 형성하게 되며, 형식음전하를 가지게 된다. $NaBH_4$는 borane과 hydride의 만남으로 이루어지는 음이온이다.

Boron과 결합을 형성할 수 있는 용매 등의 전자쌍 주개가 없는 경우에는 다음과 같이 빈 *p* 오비탈에 수소가 binding하여 dimer를 형성하여 monomer와 평형을 이루게 된다. 관습적으로 borane이라 부르지만 실제로 사용하는 것은 **diborane**인 것이다.

empty *p* orbital

borane

diborane

Mono- 및 dialkylborane 또한 이와 유사한 다리-걸친 dimer를 형성한다. 항상 hydride bridge를 하며 alkyl기가 bridge가 되는 dimer는 형성되지 않는다는 것이 분광학적으로 밝혀져 있다. 따라서 hydride가 없는 trialkylborane은 dimer를 형성하지 않는다.

다리-걸친 dimer의 B–H–B 결합의 두 B–H 결합은 실제로 0.5차 결합임이 분광학적으로 밝혀졌고, 이는 다음과 같은 두 boron의 sp^3 혼성화 오비탈 두 개와 수소의 $1s$ 오비탈 간의 상호작용으로 인한 **3-중심-2-전자 결합(3-center-2-electron bond)**에 기인하는 것으로 추정하고 있다.

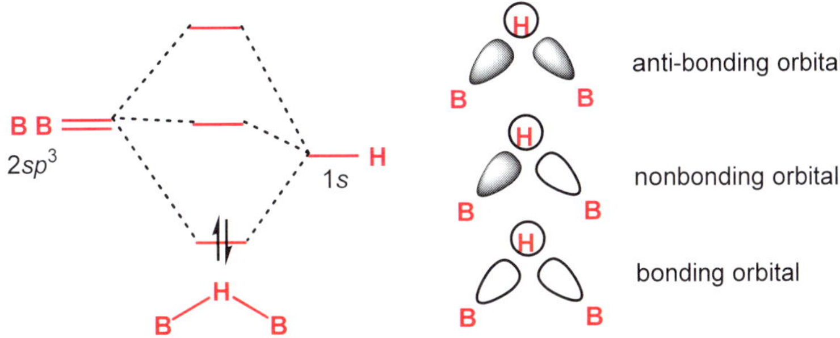

위의 mono- 및 dialkylborane은 다리-걸친 결합으로 dimer를 형성하지만 trialkylborane은 이와 같은 다리-걸친 결합을 형성하지 않는다. Alkyl기는 수소에 비하여 전자 주는 능력이 크고, 따라서 boron 원자의 전자결핍은 세 alkyl기에 의하여 상당 부분 해소되기 때문이다. Alkyl cation의 안정성은 중심 탄소에 붙은 alkyl 치환기의 수에 따라 1차 < 2차 < 3차의 순으로 안정도가 증가하여 1차 carbocation은 여간 해서 형성되지 않지만, 3차 carbocation은 여러 반응에서 쉽게 생성된다. 이와 같은 개념을 이해하고 있다면 trialkylborane이 왜 dimer를 형성하지 않아도 되는가를 어렵지 않게 이해할 수 있다. 또한 carbocation이 vinyl 또는 phenyl 치환기를 이웃하면 공명 안정화되는 것처럼 vinylborane과 arylborane은 다른 alkylborane에 비해서 크게 안정화된다. 즉, boron 원자의 전자결핍은 크게 해소된다.

또한 전자결핍 carbocation이 이웃한 산소, 질소 황 등의 고립(전자)쌍을 갖는 치환기에 의하여 크게 안정화되는 것처럼 oraganoborane 또한 alkoxy, amino 등의 전자주개 치환기에 의하여 크게 안정화된다. 이러한 전자주개 치환기를 가지는 borane은 dimer를 형성할 필요가 없음은 당연한 논리이다.

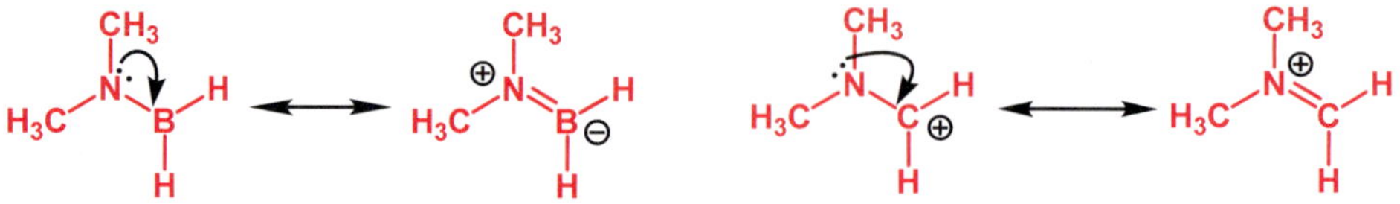

Boron과 헤테로원자 간의 이러한 π-결합형성 능력은 Cl < S < O < N의 순으로 증가하며 이 순서에 따라 boron의 전자결핍은 더 많이 해소된다. 실제로 Cl이나 S 치환기를 가지는 borane은 trialkylamine과 complex를 형성하지만 O나 N 치환기를 가지는 borane은 dimer를 형성하지 않는 것은 물론이려니와, trialkylamine과 같은 강력한 전자주개가 존재하여도 complex를 형성하지 않는 것도 위에서와 같은 공명안정화에 기인한다. 그러나 B–C 결합은 결합 극성이 비교적 낮은 편이고 R_3B는 물속에서도 안정하지만 산화제가 있으면 쉽게 산화가 일어난다. 휘발성이 큰 trialkylborane은 때로 공기 중에서 자연 발화하기도 한다.

4.2 Preparation of Basic Organoboron Compounds

Boron 원자는 다양한 여러 원소와 결합을 형성할 수 있다. 그중에서 가장 자주 보게 되는 결합은 B–H, B–C, B–halogen, B–O의 결합일 것이다. 이들 간의 교환 반응에 의하여 다양한 boron 화합물의 합성이 가능하다. BF_3는 Grignard 시약이나 alkyllithium과 반응하며 alkylborane을 생성한다. Trialkyl borate도 같은 반응을 하여 trialkylborane을 생성한다. 충분량의 alkylmetal이 존재하면 tetraorganoborate, $^{-}BR_4$, 음이온이 형성된다.

$$BF_3 \cdot Et_2O \;+\; 3\,RMgX \longrightarrow R_3B \;+\; 3\,MgXF \;+\; Et_2O$$

$$B(OR)_3 \;+\; 3\,RLi \longrightarrow R_3B \;+\; 3\,ROLi$$

$$B(OR)_3 \;+\; 4\,RLi \longrightarrow R_4B^{\ominus}\,Li^{\oplus} \;+\; 3\,ROLi$$

Alkyllithium이나 alkyl magnesium halide와는 달리 organoaluminum 화합물은 과량 존재하여도 trialkylborane까지만 형성되며, 더 이상의 반응으로 tetraorganoborate를 생성되지 않는다.

$$B(OEt)_3 \;+\; \frac{1}{2}\,Al_2R_6 \longrightarrow R_3B \;+\; Al(OEt)_3$$

BF_3보다 반응성이 큰 BCl_3는 더 강력한 Lewis 산으로 alkylmetal에 의하여 치환 반응을 하기도 하고, alkene이나 alkyne에 첨가되기도 하며, 또한 쉽게 친전자성 방향족 치환 반응을 하기도 한다.

$$BCl_3 \;+\; SnPh_4 \longrightarrow PhBCl_2 \;+\; Ph_3SnCl$$
$$\text{or}\;\; PH_2BCl \;+\; Ph_2SnCl_2$$

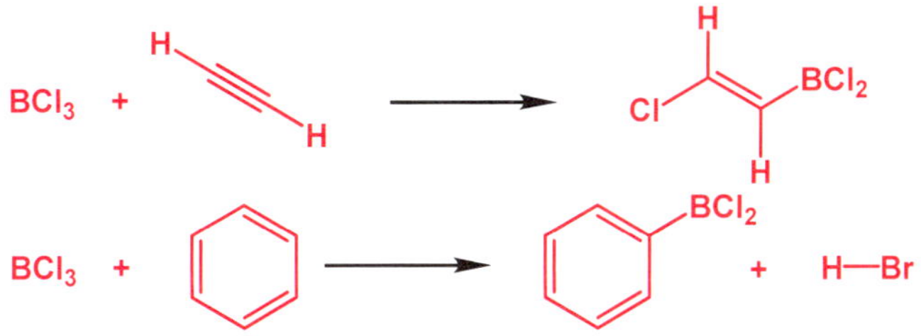

$$BCl_3 + HC\equiv CH \longrightarrow ClCH=CHBCl_2$$

$$BCl_3 + C_6H_6 \longrightarrow C_6H_5BCl_2 + H\text{—}Br$$

$(R_2BX)_2$와 $(RBX_2)_2$ 형의 monoalkyl 또는 dialkylboron halide를 사용하면 친핵체와의 반응으로 halide의 치환이 일어나서, 다음 그림에서 보는 것처럼 B–heteroatom 결합을 가지는 다양한 monoalkyl 또는 dialkylboron 유도체를 얻을 수 있다.

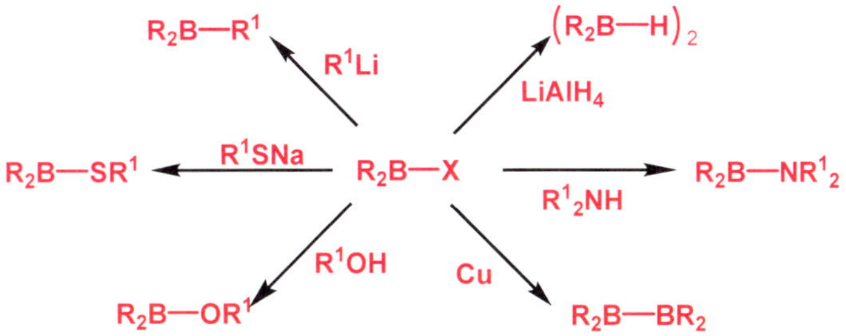

$R_2B\text{—}X$ + R^1Li → $R_2B\text{—}R^1$; + $LiAlH_4$ → $(R_2B\text{—}H)_2$; + R^1SNa → $R_2B\text{—}SR^1$; + $R^1{}_2NH$ → $R_2B\text{—}NR^1{}_2$; + R^1OH → $R_2B\text{—}OR^1$; + Cu → $R_2B\text{—}BR_2$

필요한 대부분의 alkylborane과 그 유도체는 요즈음에는 hydroboration에 의하여 얻는 것이 보통이지만, 특별한 경우에는 B–H 또는 B–heteroatom 결합의 치환을 통하여 합성하기도 하며 경우에 따라서는 이 방법이 유일한 합성법인 경우도 있다. 다음에 나타낸 몇 가지 반응은 9-BBN(9-borabicyclo[3.3.1]nonane)으로부터 이와 같은 치환에 의하여 phenyl, allyl, 및 vinyl기를 도입하는 예이다. 이들은 모두 hydroboration에 의해서는 생성될 수 없는 화합물들이다.

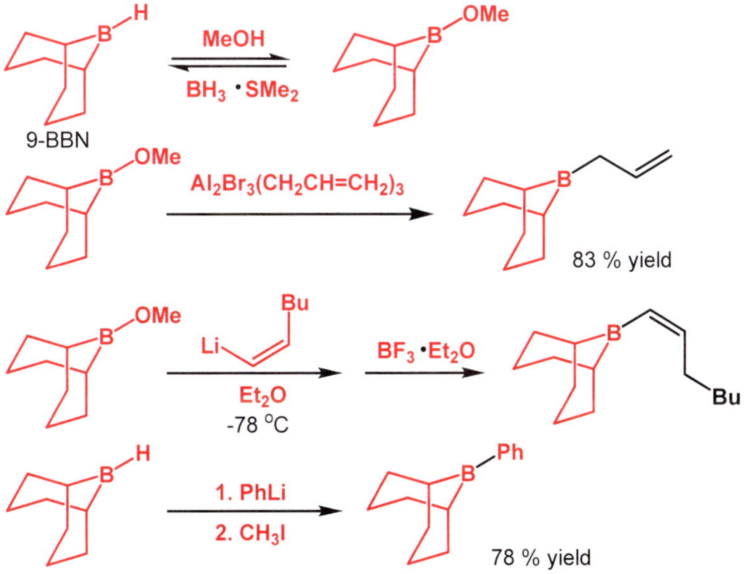

9-BBN (B–H) ⇌ (MeOH / $BH_3\cdot SMe_2$) B–OMe

B–OMe → ($Al_2Br_3(CH_2CH=CH_2)_3$) B–$CH_2CH=CH_2$ 83 % yield

B–OMe → (Li–CH=CH–Bu, Et_2O, -78 °C) → ($BF_3\cdot Et_2O$) B–CH=CH–CH_2Bu

B–H → (1. PhLi 2. CH_3I) B–Ph 78 % yield

Organoboron hydride인 $(R_2BH)_2$와 $(RBH_2)_2$ 또한 해당 boron halide를 $LiAlH_4$와 반응하여 쉽게 얻을 수도 있다.

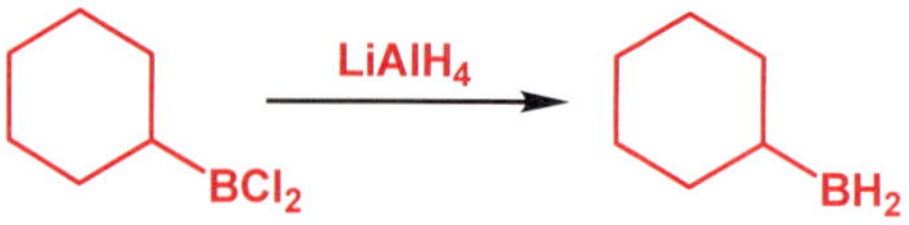

Alkylborane은 Cl_2, Br_2, I_2 등 halogen 분자와 반응하여 alkyl halide를 생성한다. 라디칼 반응인 것으로 알려져 있으나 할로젠은 입체화학의 변화 없이 boron 자리를 치환한다.

$$R_3B + Br_2 \longrightarrow R{-}Br + R_2BBr$$

이 반응은 alkene과의 hydroboration으로 얻어지는 trialkylborane에서 alkyl halide를 얻는 목적으로 가끔 사용되는 반응이다.

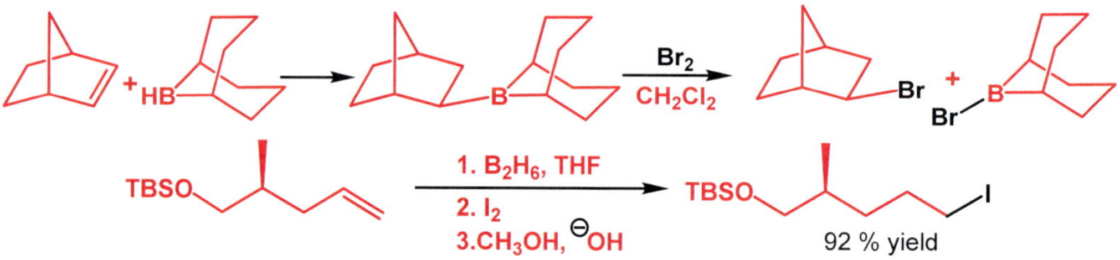

1950년대 이후 alkene의 hydroboration으로 alkylborane을 얻는 방법이 보편화되기 전까지 초기 alkylborane의 연구는 boron halide의 alkyl 치환에 의하여 만들어 사용하였다. 그러나 오늘날의 organoboron 화학의 근간은 organoborane으로 그 모체는 borane이며 필요한 organoborane은 위에서 본 것과 같은 특수한 몇몇 경우를 제외하고는 대부분 alkene의 hydroboration으로 얻는 것이 일반적이다.

4.3 Hydroboration: Stereospecific *syn*-Addition

Borane, (mono)alkylborane, dialkylborane은 모두 붕소 원자에 전자가 6개 밖에 없으며, borane은 전자 2개가 모자라 순수한 상태에서는 B_2H_6의 dimer(diborane)를 이루기도 하며, Lewis 염기인 Me_2S 또는 THF 등이 존재하면 borane complex를 형성하게 됨은 앞에서 본 바 있다. Borane은 강력한 친전자체이며 C=C π-결합으로의 첨가 반응은 아주 쉽게 일어난다. Borane의 alkene으로의 친전자성 첨가 반응을 일컬어 **hydroboration**이라고 하며, boron 화합물에 존재하는 모든 B–H 결합이 첨가 반응에 참여한다. H. C. Brown에 의해서 1950년대부터 개발되기 시작한 이 반응은 탄소–탄소 이중결합에 궁극적으로 물을 첨가하여 alcohol을 합성하는 목적으로 아주 자주 사용되는 반응이다. 즉, hydroboration으로 생성된 C–B 결합은 염기성 H_2O_2에 의하여 쉽게 산화되어 alcohol을 생성한다. 이 산화 반응에서 hydroxyl

기는 정확하게 boron 원자의 자리를 차지하게 된다. 따라서 alkene의 hydroboration에 관한 연구는 모두 산화를 거쳐 얻어지는 생성물인 alcohol의 입체화학을 검토하면서 수행하게 된다. 다음 1-methylcyclohexene의 반응 예에서 확인할 수 있는 것처럼 hydroboration은 입체특이성 *syn* 첨가를 일으키며, 이는 모든 alkene과의 반응에서 같은 결과를 보여 준다.

BH_3•THF → H_2O_2-NaOH → high yield

또한 아래 식에서 보는 것처럼 B 원자는 regioselective하게 더 적게 치환된 탄소와 결합하게 되며, 입체적으로 장애가 아주 크지 않으면 borane의 세 B–H 결합이 모두 alkene에 첨가되어 trialkylborane을 생성하게 된다.

hydroboration fast

hydroboration slow

hydroboration slower

물론 두 번째 첨가는 첫 번째보다 느리고 세 번째 첨가는 그보다 더 느리다. 위의 반응에서 보는 것처럼 hydroboration은 B가 항상 적게 치환된 탄소에 첨가된다. 앞에서 본 반응 예에서 hydroboration은 regioselectivity를 가질 뿐 아니라 stereospecificity를 보이게 되는데, 이를 토대로 alkene의 hydroboration 반응의 메커니즘을 살펴보기로 하자.

Boron이 π-결합에 첨가되어 C–B 결합이 형성되고 이어서 hydride가 이동하는 방식으로 반응이 진행된다고 할 수도 있으나, 1,3-hydride shift는 오비탈의 대칭성-비허용 반응이어서 이러한 메커니즘이 작동할 가능성은 전혀 없다.

1,3-hydride shift is not allowed

일반적으로 용인되고 있는 hydroboration 메커니즘은 네-원자 고리형 전이상태를 거치는 것이다. 협동형 반응이라 하더라도 두 결합형성이 같은 정도로 진행되지 않고 C–B 결합형성이 C–H 결합형성에 비해 빠르게 진행되어 전이상태에서는 다음과 같이 B와 탄소는 각각 부분 음전하와 부분 양전하를 띠게 된다. 부분 전하를 띠는 전이상태를 거친다 하더라도 hydroboration은 **네-원자 고리형 전이상태**를 거치는 **입체특이성 *syn*-첨가** 반응이다.

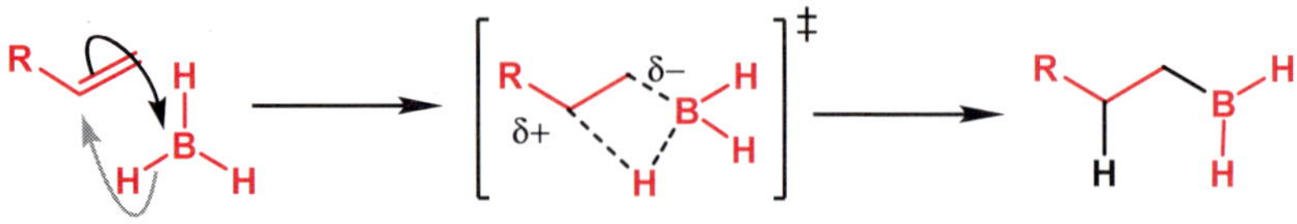

네-원자 고리 전이상태를 거치기 전에 다음과 같은 Lewis 산·염기 상호작용에 의한 π-complex의 단계를 거친다는 주장이 있으나 거치던 안 거치던 간에 네-원자 고리형 전이상태를 거치는 것은 분명한 것으로 판단하고 있다[1].

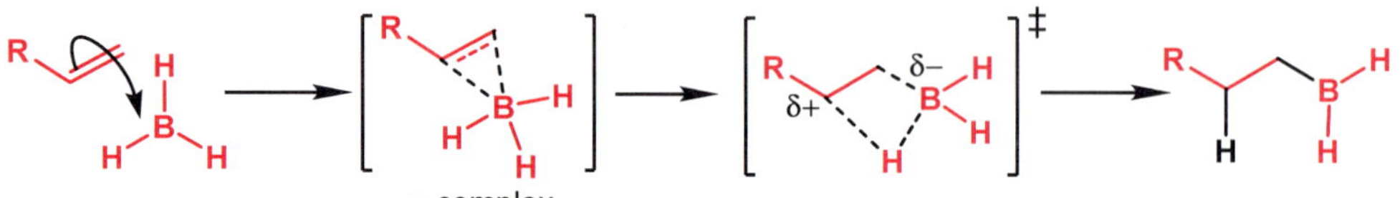

π complex

그렇다 하더라도 비대칭 alkene인 경우에는 위치선택성의 문제가 남게 된다. 고리형 전이상태를 거쳐서 propene에 *syn* 첨가가 일어나는 두 가지 선택을 아래에 그려 놓았다. 그림에서 boron이 말단 탄소에 결합되는 전이상태에서는 π-전자는 전자결핍 붕소 쪽으로 밀리고 따라서 부분양전하는 중앙 탄소에 놓이게 된다.

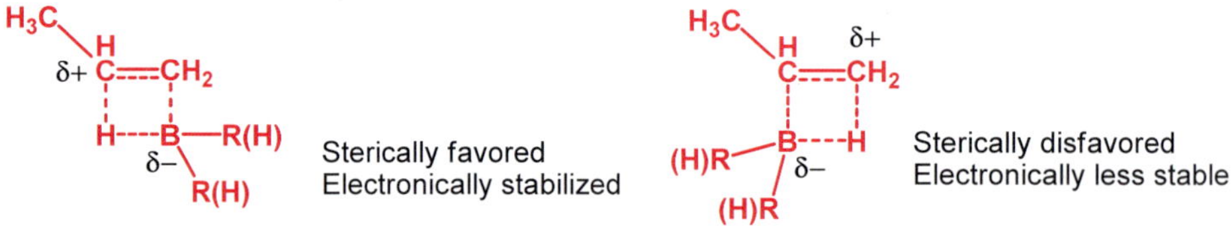

Sterically favored
Electronically stabilized

Sterically disfavored
Electronically less stable

Regiochemistry가 뒤바뀌면서 양이온이 덜 안정화되는 말단 탄소에 놓이는 구조와 비교해 전자적으로 더 안정화됨을 볼 수 있다. 물론 입체적인 효과를 고려해도 bulky 치환기가 말단 탄소에 놓이는 편이 열역학적으로나 속도론적으로 훨씬 안정화에 도움이 된다. 두 가지 요인 모두 붕소가 말단 탄소와 결합하는 것이 유리하다.

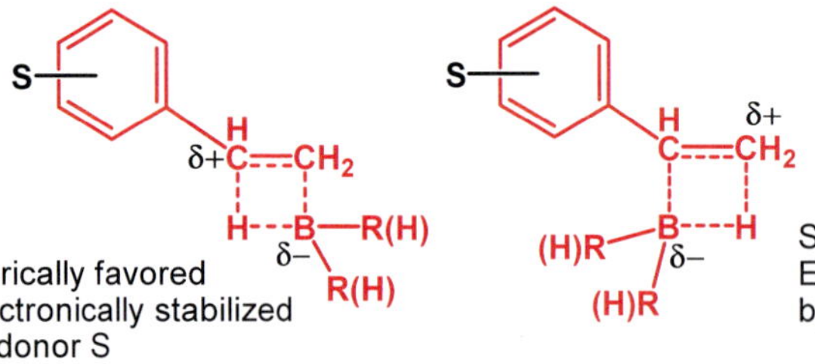

Sterically favored
Electronically stabilized
by donor S

Sterically disfavored
Electronically destabilized
by withdrawing S

위의 styrene의 hydroboration의 경우에도 입체적으로는 말단이 유리하며 전자적으로는 phenyl기, 특히 전자끌개 치환기가 있는 경우에는 말단 탄소와의 결합이 불리하게 된다. 치환기에 따라 다르기는 하지만 비치환 styrene의 hydroboration에서의 regioselectivity는 일반적인 일치환 alkene보다 낮아지게 된다. (diborane의 경우 19 : 81)

1 Hydroboration은 전이금속 관련 반응과 Wittig 반응과 더불어 몇 안 되는 네-원자 고리형 전이상태를 거치는 반응이다.

이러한 경우에는 곧 보게 될 9-BBN이나 thesylborane과 같은 충분한 steric bulk를 갖는 dialkylborane을 사용하여 전자적 요인 등에서 발생하는 불리함을 상쇄하고도 남게 함으로써 regioselectivity 문제를 해결한다.

Regioselectivity를 향상시키기 위하여 일반적으로 사용되는 steric bulk가 있는 borane에는 **thesylborane** (B–H 결합 2개)과 **9-BBN** (9-borabicyclo[3.3.1]nonane) 등이 있다. 이들은 각각 2,3-dimethylbutene과 1,5-cyclooctadiene에 BH_3를 첨가시켜 만든다. 9-BBN은 특히 많이 사용되며 그리기가 쉽지 않아 그림에서 보는 바와 같이 축약형 구조를 그려 표시하는 것도 보편화되어 있다. **Disiamylborane** (B–H 결합 1개) 또한 같은 목적으로 자주 사용되며 Sia_2BH로 표시한다.

다음 표에는 여러 다른 치환기를 가지는 alkene의 hydroboration에서 diborane을 사용하는 경우와 9-BBN을 사용하는 경우에 나타나는 regioselectivity의 차이를 비교한 것이다.

Fraction of α-alcohol in hydroboration-oxidation	Bu-CH=CH₂ (β, α)	Ph-CH=CH₂ (β, α)	Me₂C=CH-Me (β, α)	Cl-CH₂-CH=CH₂ (β, α)	Me₂CH-CH=CH-Me (β, α)	1-methylcyclohexene (β, α)
.........with B_2H_6	6 : 94	19 : 1	0 : 100	40 : 60	43 : 57	50 : 50
.........with 9-BBN	0.1 : 99.9	1.5 : 98.5	0 : 100	1.1 : 98.9	1.2 : 98.8	20 : 80

Diborane의 선택성과는 비교가 안되게 9-BBN은 대부분의 alkene과 거의 완벽에 가까운 **위치선택성**을 보이는 것을 알 수 있다. 앞에서 살펴본 입체 효과와 전자 효과의 상반된 영향으로 낮은 선택성을 보이던 styrene의 hydroboration의 위치선택성은 diborane과의 19 : 81에서 9-BBN을 사용함으로써 1.5 : 98.5로 개선된다.

Internal alkene으로의 첨가도 낮은 온도에서 수월하게 일어난다. 하지만 hydroboration은 가역적이어서 높은 온도에서 방치하면 첨가와 제거가 반복됨으로써 가장 안정한 말단 탄소까지 붕소가 이동한다. 관여하는 수소만을 달리할 뿐 첨가와 제거가 동일한 메커니즘을 거쳐 진행되는 것은 물론이다. 그러나 이와 같이 내부 alkene으로부터 말단 alkylborane을 합성하는 것이 목적이라면 반응은 150°C 이상의 고온에서 행할 필요가 있다.

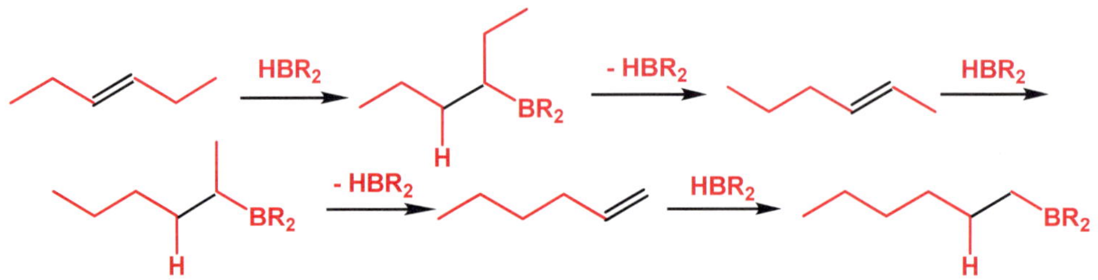

다른 한 가지 유의해야 할 사항은 conjugate double bond에 대한 첨가 반응이다. 중간체를 거치지 않는 반응이라 하더라도 다음과 같은 여섯-원자 고리형 전이상태를 거치는 conjugate 첨가는 일어나지 않는다는 점이다. 이는 bromine이나 수소가 협동형 conjugate 첨가를 위한 오비탈의 배열이 불가능하여 절대로 한 단계로 일어날 수 없는 것과 같은 이유이다.

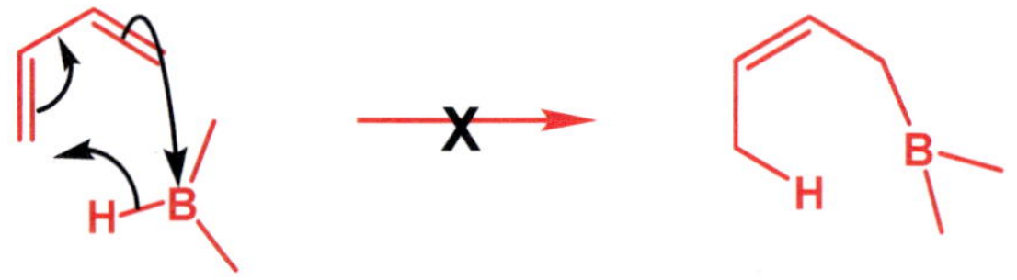

문제 4.1 다음 alkene을 9-BBN으로 hydroboration하면 어떤 생성물이 주로 얻어질까? 필요한 경우에는 입체화학을 표시하여 그려보라. 9-BBN은 편의상 R_2BH로 표시한다.

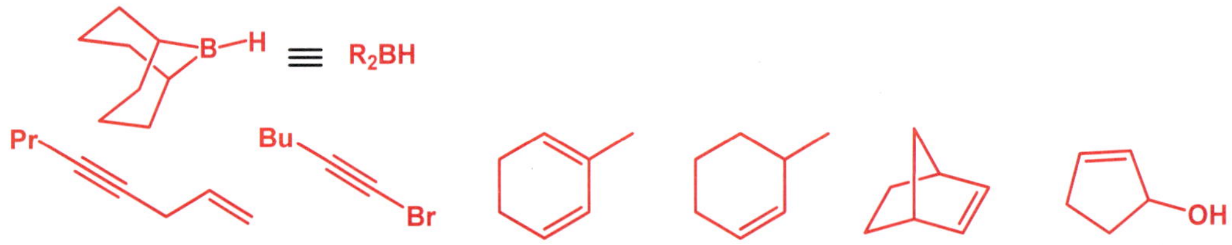

문제 4.2 Cyclopentadiene의 hydroboration에 의해 어떤 생성물을 얻게 되나? 1,4-첨가 생성물을 얻을 수 있겠는가?

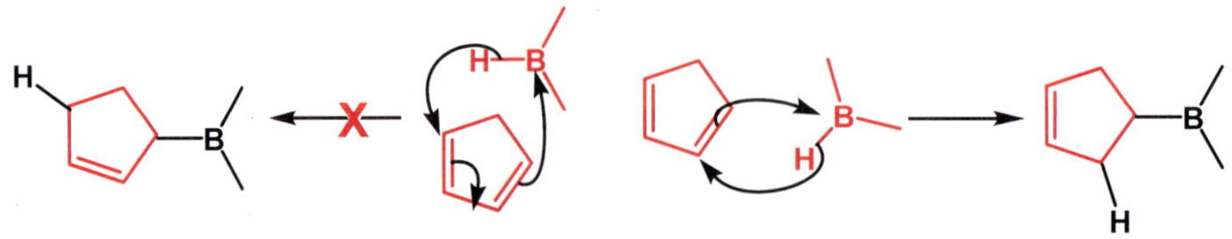

문제 4.3 다음 반응의 메커니즘을 그려라. Hydroboration으로 어떻게 이러한 위치 및 입체화학 결과를 얻게 되는가?

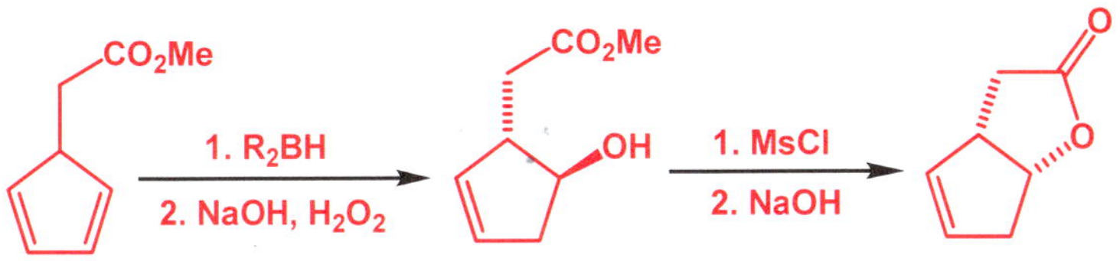

4.4 Synthetic Reactions via Alkylboranes

합성에서 hydroboration의 가치는 hydroboration 반응이 간결하고 쉬울 뿐 아니라 아주 유용한 후속 반응이 많다는 점에 있다. Alkylborane의 boron 원자는 OH, NH_2, halogen, 등 여러 다양한 작용기로 효과적으로 바꾸어 넣을 수 있기 때문이다. 이미 앞에서 OH기로 치환하는 데는 염기성 과산화 수소가 사용되는 것을 살펴 본 바 있다. 기본적으로 alkylborane의 후속 반응에서는 음이온은 boron에 첨가되고 난 뒤에 전자쌍을 거느리고 떨어져 나갈 수 있는 핵배척 이탈기를 가지고 있음을 주목해야 할 것이다.

과산화수소에 의한 산화는 boron에 hydroperoxide 음이온이 첨가되고 alkyl기의 이동에 따라 hydroxide가 이탈기로 떨어지게 된다. 이러한 첨가-자리옮김은 trialkyborane의 세 alkyl기의 이동이 지속적으로 일어나서 결국 세 alkyl기 모두가 alcohol로 전환된다.

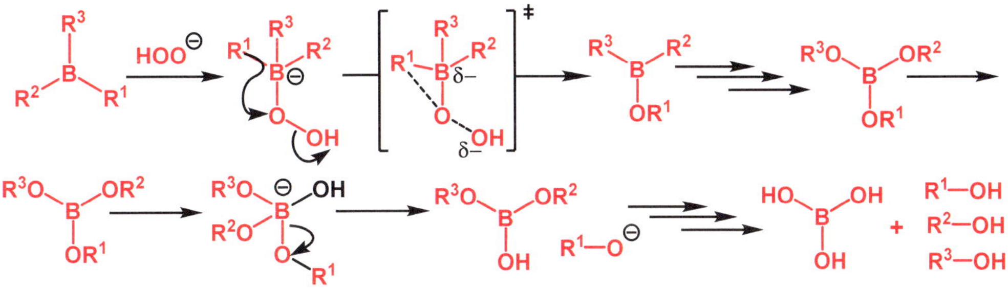

알칼리성 과산화수소만 사용될 수 있는 것이 아니다. Percaboxylate, percarbonate, perborate 등도 같은 방식으로 첨가가 일어난 후에 caboxylate, carbonate, borate로 떨어져 나오면서 alcohol을 생성하게 된다. 앞에서 잠시 언급했던 1-methylcyclohexene은 hydroboration에 이어 sodium percarbonate로 산화하면 다음 식에서 보는 바와 같이 거의 정량적으로 alkene에 물이 첨가된 꼴의 alcohol을 합성할 수 있다.

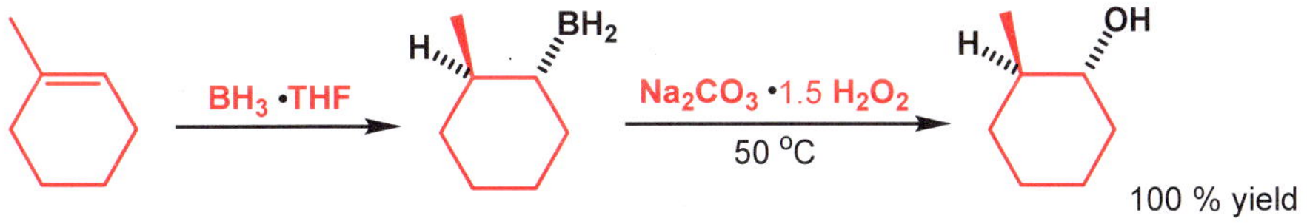

이 반응의 메커니즘은 위에서와 똑같이 hydroperoxide 음이온의 첨가와 alkyl 이동을 거쳐 진행되는 것으로 보면 된다. 이때 <u>이동하는 alkyl기의 입체화학은 그대로 유지된다</u>.

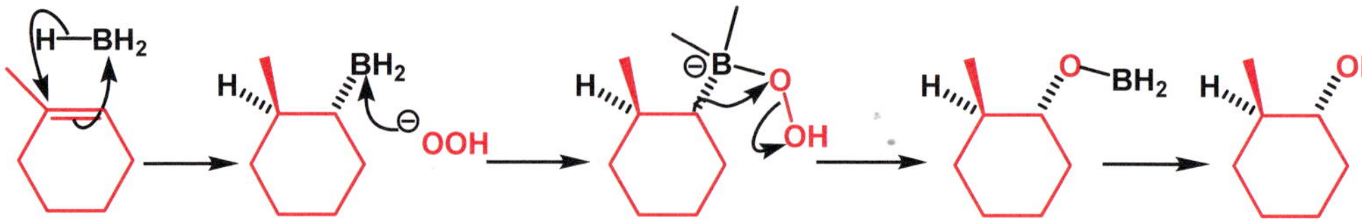

Hydroboration이 더 진행되어 trialkylborane까지 진행된다고 해도 염기성 hydroperoxide에 의한 산화 반응은 같은 메커니즘을 거쳐 모두 alcohol로 변환된다.

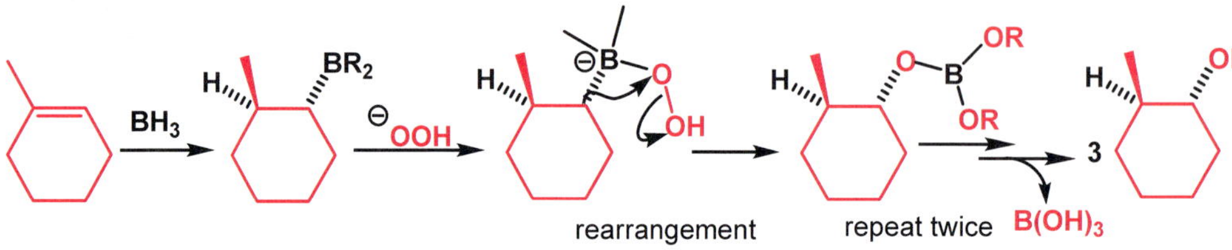

이 반응은 alkene의 수화를 목적으로 자주 사용되는 oxymercuration-demercuration으로 알려진 다음 반응 sequence에서 생성되는 alcohol과는 위치화학과 입체화학을 달리하여, 이 두 sequence는 서로간에 상호보완적임을 알 수 있다.

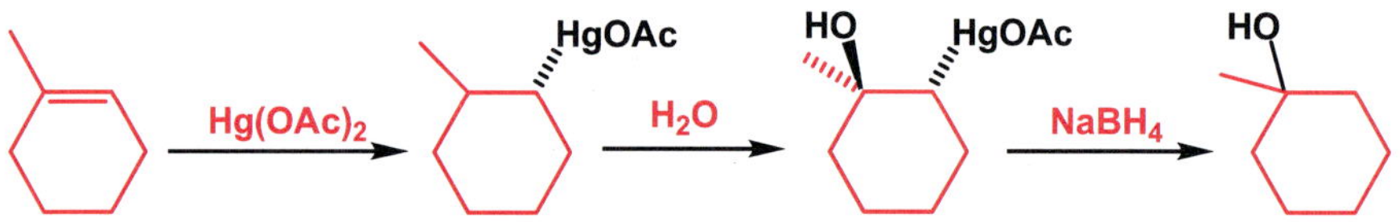

Regio- 및 stereo-control을 위하여 B_2H_6가 아닌 9-BBN, **diisopinocampheylborane**, thesyl-borane 등을 사용하는 경우가 많은데 이들 또한 같은 산화제에 의하여 쉽게 alcohol로 산화가 가능하다. Cyclohexene을 9-BBN과 반응시키고 이어서 염기성 H_2O_2로 처리하면 cyclohexanol을 얻는다. 물론 산화가 계속되면 9-BBN 부분도 산화되어 diol을 생성하게 된다. Isopinocampheylborane도 같은 식으로 alkanol과 더불어 pinanol을 얻게 된다.

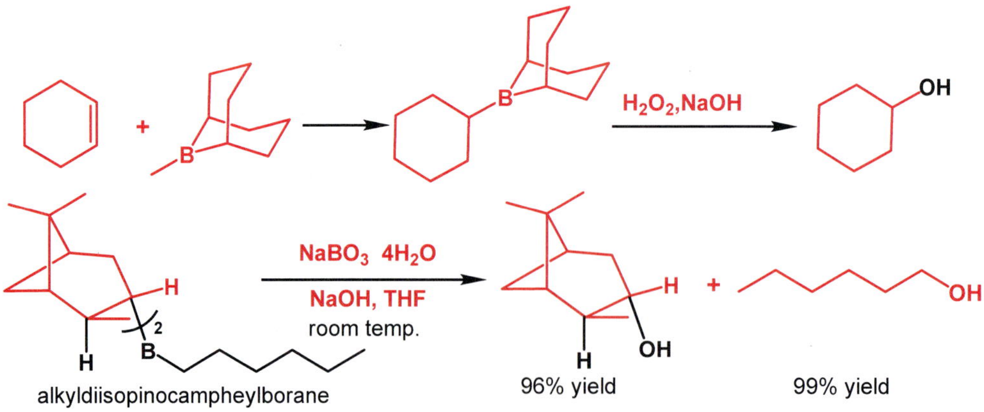

이와 같은 목적으로 사용되는 dialkylborane은 regio control이 완벽할 뿐 아니라 이웃하여 stereogenic center가 존재하는 경우에는 또한 높은 **diasteroselectivity**를 보인다. 다음 예

에서 보는 allylic alcohol은 산화를 거치게 되면 9 : 1의 비로 diol을 얻게 되는데, hydroboration은 OH기와 같은 쪽에서 우세하게 일어나는 것을 알 수 있다.

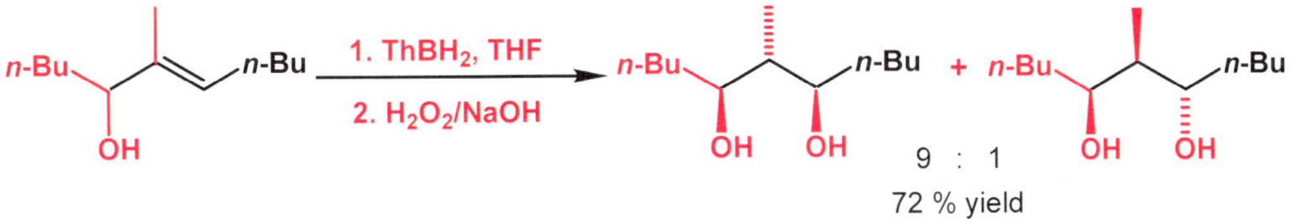

이와 같이 높은 입체선택성을 보이는 이유를 제대로 이해하려면 이는 반응물인 alcohol의 가장 안정한 conformation을 그리면 이해할 수 있다. 이는 앞에서 학습한 allylic system의 conformation을 이해하여야 한다.(기초편 Chapter 5) Allylic 치환기 하나가 이중결합과 eclipse 되는 것이 유리한 conformer이며 아래 그림에서와 같은 1,3 관계의 두 치환기의 반발이 최소화되는 것이 최상의 안정도를 갖는 conformer이다.

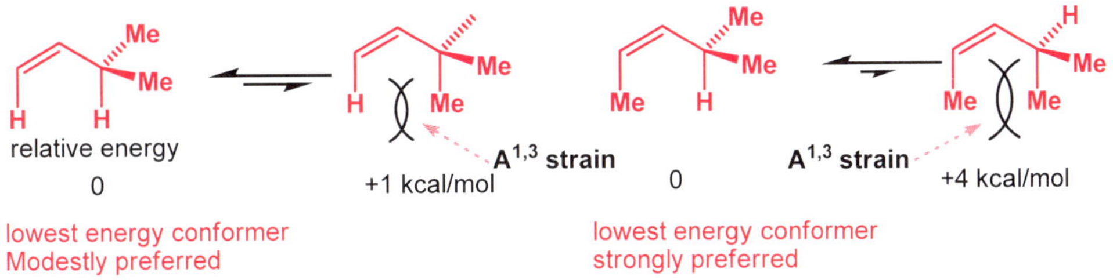

A^{1,3} strain이 최소화되는 가장 안정한 conformer에서 hydroboration이 일어나며 OH기와 같은 쪽에서 *syn* 첨가가 일어나게 된다. Hydroboration 이외의 다른 여러 종류의 metal hydride나 이를 alkylmetal이 allyl alcohol의 C–C π-결합에 첨가될 때도 항상 OH와 같은 쪽에서 일어난다[2].

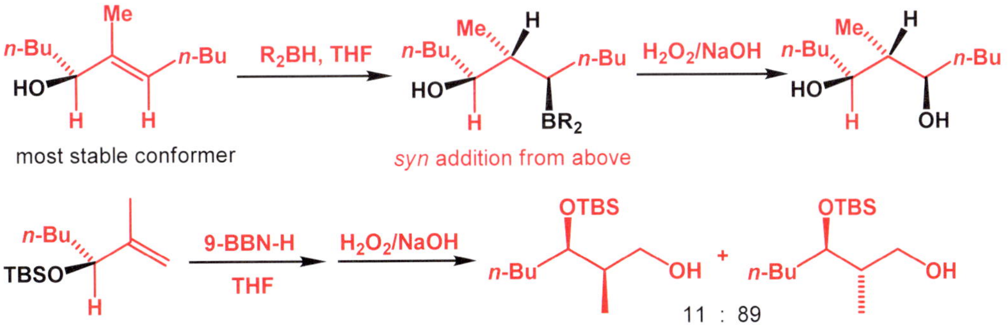

2 일치환 alkene은 1,3-관계의 수소와 methyl 기가 있는 conformer보다 1,3-관계의 두 수소가 같은 평면에 놓이는 conformer가 에너지 측면에서 유리하다. 이치환 alkene의 경우에는 한 걸음 더 나가 1,3-관계의 두 methyl 기가 같은 평면에 놓이게 되면 이들 간의 steric strain은 더욱 커지게 된다. 물론 치환기의 steric bulk가 methyl 기보다 더 큰 경우에는 유리한 conformer의 선호도는 훨씬 커지게 된다. 이를 일컬어 A^{1,3} strain이라고 하는데 반응성에 큰 영향을 미치게 된다(A는 Allylic의 첫 글자임).

염기성 hydroperoxide에 의한 alkylborane의 산화 반응은 다음과 같이 ⁻X–Y 형의 음이온성 시약이 붕소에 첨가되고, 이어서 Y 음이온이 이탈기로 떨어지면서 alkyl기의 이동이 일어나게 되는 공통적인 패턴의 메커니즘을 거쳐 진행되는 반응의 하나일 뿐이다.

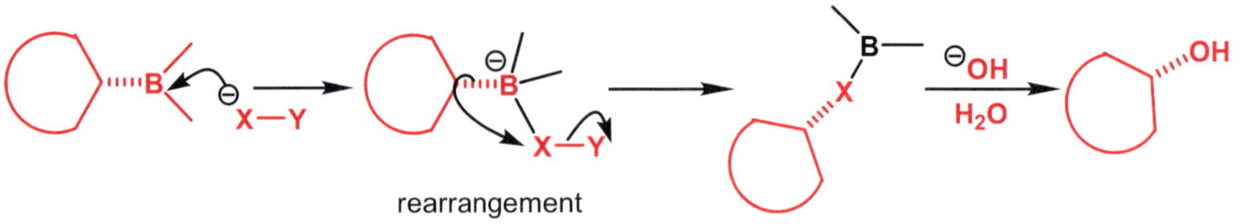

rearrangement

또한 hydroboration 반응이 기본적으로 환원 반응이므로 붕소를 질소, 산소, 할로젠 등 전기음성인 원소로 치환하기 위해서는 반드시 산화력을 갖춘 시약이 사용되어야 한다. 다음에 보기로 나와 있는 몇 개의 반응 예를 살펴보면 이를 확인할 수 있다.

위의 alkylborane을 산화하여 alcohol을 얻는 것과 아주 유사한 메커니즘에 의하여 amine 합성이 가능하다. 이는 **hydroboration-amination** sequence에 따라 암모니아(NH_3)를 이중결합에 regioselective하게 *syn*-첨가하는 꼴이 된다. O-Hydroxyaminesulfonic acid의 amino기가 첨가되고 황산 음이온으로 떨어지게 된다. 예를 들어, tris(isopinocampheyl)borane을 O-hydroxy-aminesulfonic acid로 처리하면 2-aminopinane을 얻게 된다.

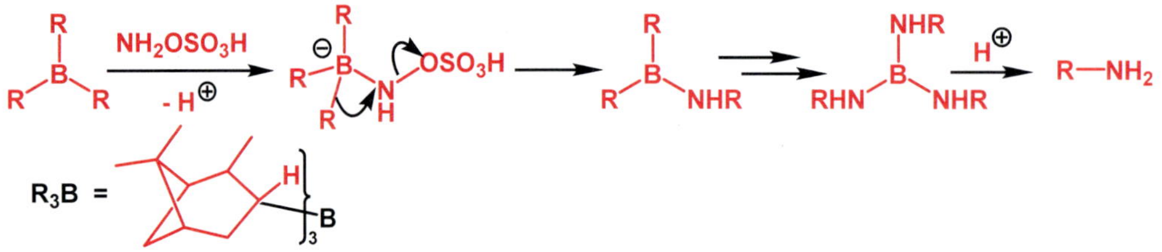

아래 bicylic alkene(=norbornene)의 hydroboration은 입체장애가 덜한 위 쪽(*exo*)으로 *syn* 첨가가 일어나게 되며 암모니아 분자가 *exo* 첨가를 한 결과가 된다.

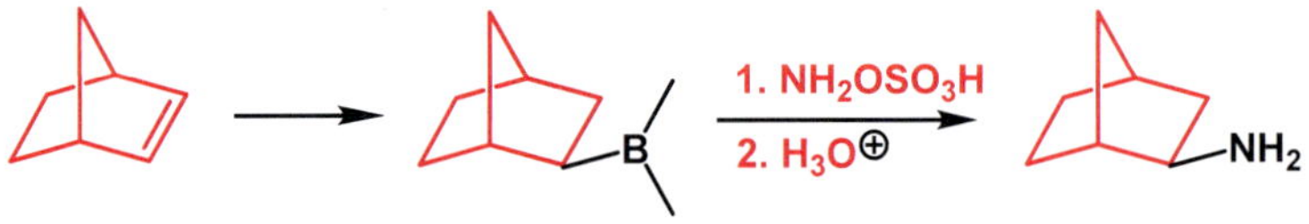

일산화탄소를 사용하여 trialkylcarbinol의 합성 또한 가능하다. Trialkylborane에 일산화탄소가 첨가되면 연속적으로 alkyl기의 이동이 일어나게 된다. 마지막 단계에서의 C–B 결합은 염기성 과산화수소에 의하여 C–OH 결합으로 바뀌게 된다.

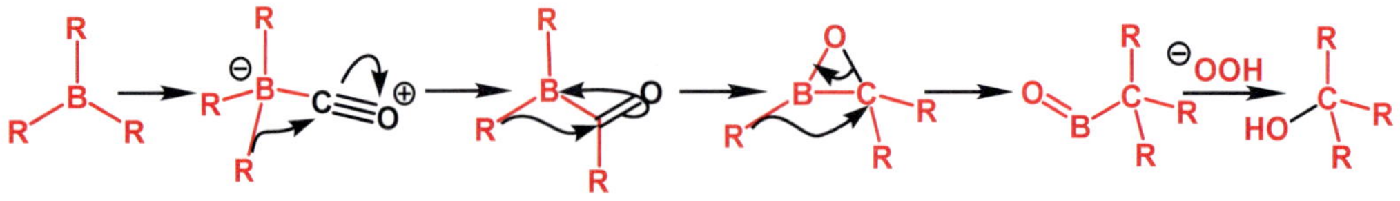

예를 들어, tricyclopentyl 또는 tricyclohexyl carbinol을 이 방법으로 합성할 수 있는데 이

들 화합물은 이 반응이 아닌 다른 반응으로는 합성이 쉽지 않은 것들이다. 이들 화합물의 Grignard 합성법 등에 의한 합성은 입체장애로 가능하지 않다. 다른 치환기로 치환된 trialkyl-borane을 사용하면 세 다른 기로 치환된 trialkylcarbinol을 얻을 수도 있다.

Trialkylborane에 CN^-를 첨가하고 trifluoroacetic anhydride를 더해 주어도 위의 CO와의 반응에서와 똑같이 alkyl 이동이 세 차례 연거푸 일어나서 trialkylcarbinol을 합성할 수 있다. 그러나 thesylborane을 이용하면 두 번의 hydroboration으로 dialkylthesylborane을 얻게 되고, 두 alkyl기만 이동하여 다음 반응에서와 같이 대칭성 ketone을 얻을 수 있다.

thesylborane

80 % yield

이 반응은 다음과 같은 중간체를 차례로 거쳐 진행된다. 다음 중간체를 차례로 거치는 메커니즘을 구부린 화살표를 이용하여 그려보면 반응의 진행되는 경로를 파악할 수 있다. Alkyl기의 이동이 일어나기 전에 B 원자는 네 개의 결합을 하여 음전하를 갖고 있는 borate 음이온임을 알 수 있다. 카보닐 산소와 배위된 중간체에서 한 번 더 alkyl migration이 일어나고 이어서 염기성 과산화수소로 산화하면 대칭적으로 치환된 ketone을 얻게 된다.

R^1 = thesyl

또한 강력한 전자끌개 치환기가 붙어 있는 bis(trifluoromethyl)acetimide는 상당히 좋은 이탈기임에 틀림 없다. 나머지는 위의 일산화탄소를 이용하는 trialkylcarbinol을 얻는 반응과 유사하다.

α-Brormoester는 염기에 의해 enolate가 생성될 수 있으며 trialkylborane에 첨가되면 다음과 같은 alkyl기의 이동으로 α-Brormoester의 Br을 alkyl기로 치환하는 결과가 된다.

$$BrCH_2CO_2Et + {}^{\ominus}O\text{-}t\text{-}Bu \longrightarrow Br\overset{\ominus}{C}HCO_2Et + HO\text{-}t\text{-}Bu$$

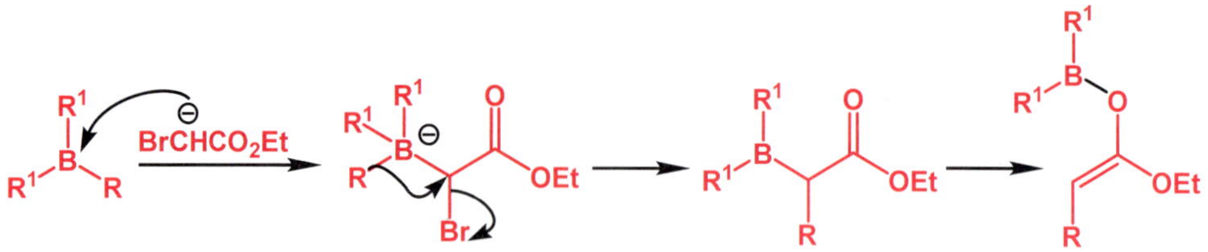

이 반응은 합성에 종종 이용되며 다음 보기 반응은 그 한 예로 α-bromoacetate의 Br 치환기 대신에 cyclohexyl기를 도입하는 반응을 나타내었다.

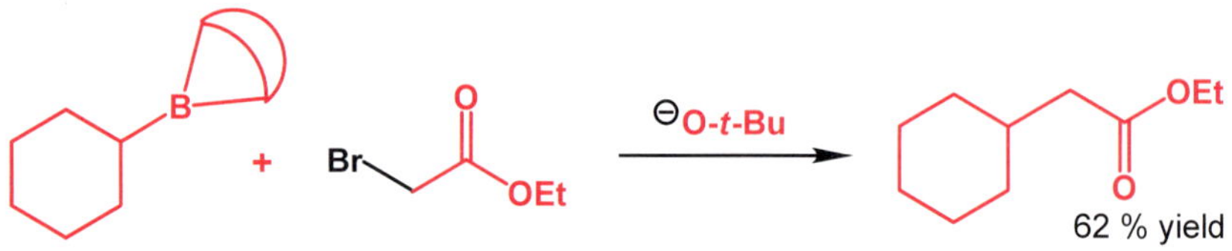

62 % yield

α-Bromoacetate의 enolate가 boron 원자에 첨가되면 앞의 여러 반응 예에서와 같이 boron에 이웃한 원자가 좋은 nucleofugal 이탈기를 가진 꼴의 중간체가 얻어진다. Cyclohexyl migration으로 탄소–탄소 결합이 형성되며, α-탄소의 B의 이동으로 boron enolate를 얻게 된다. Hydroboration까지를 포함하면 결과적으로 cyclohexene에 methylacetate를 첨가하는 셈이다.

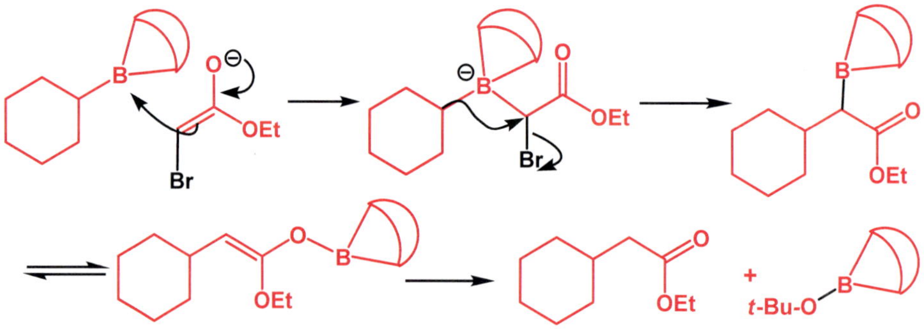

이와 같은 변환은 α-bromoacetate 대신에 diazoalkane을 이용하여도 쉽게 이룰 수 있다. Diazoacetaldehyde와의 반응으로 cyclopentene에 acetaldehyde를 첨가하는 꼴이 된다.

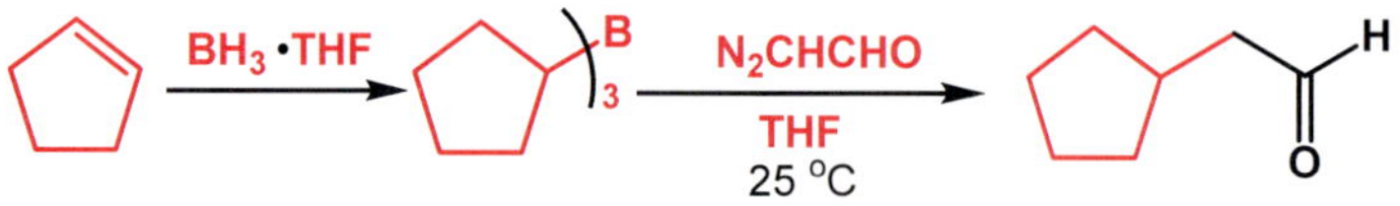

문제 4.4 다음 화합물은 적당한 alkene에서 출발하여 hydroboration을 거쳐서 합성할 수 있다. 각각의 반응 sequence를 그려라.

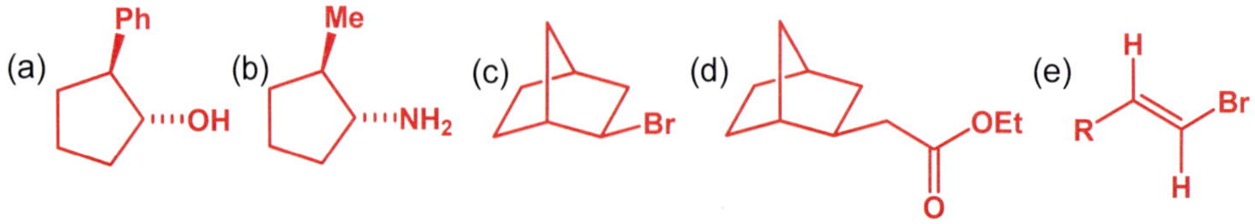

(a) (b) (c) (d) (e)

문제 4.5 적당한 alkene에서 출발하여 hydroboration-oxidation을 거쳐 다음 화합물에 이르는 반응식을 적어보라.

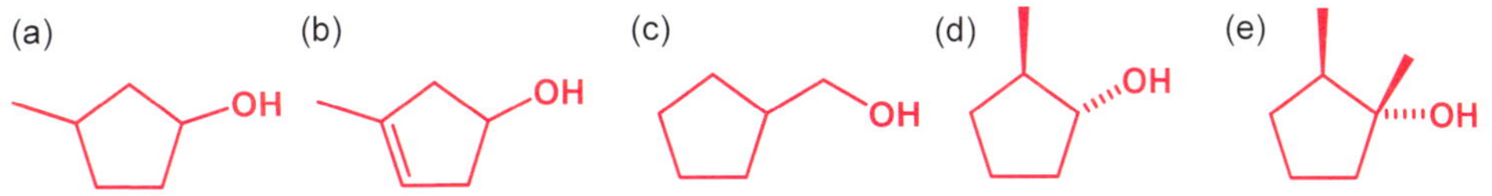

(a) (b) (c) (d) (e)

OH OH OH OH OH

문제 4.6 α-Diazocarbonyl 화합물과 trialkylborane의 반응이 어떻게 일어나서 alkylated 카보닐을 얻게 되는지 상세한 메커니즘을 적어보라.

문제 4.7 Trialkylborane은 trimethylamine oxide와 반응시키면 trialkylborate를 생성한다. 어떻게 일어나는 반응인지 메커니즘을 그려보라.

$$R_3B + 3\ Me_3NO \longrightarrow (RO)_3B + 3\ Me_3N$$

문제 4.8 다음 반응의 tricyclohexylborane은 본문의 두 알킬기만이 이동하여 ketone을 얻는 반응과 유사하다. 어떻게 세 번째 알킬기의 이동이 일어나는지를 보이는 메커니즘을 그려 보라.

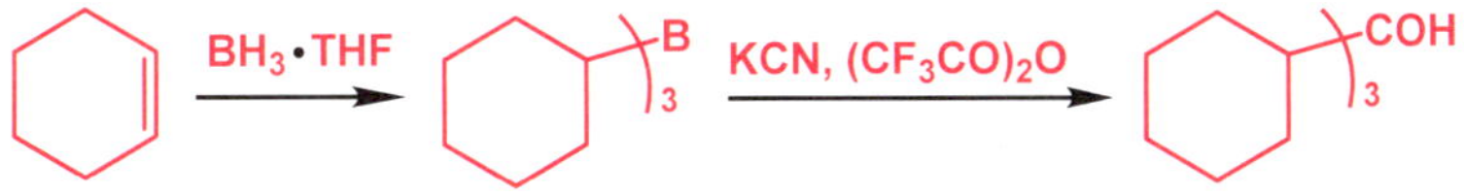

$BH_3 \cdot THF$ → B)3 → $KCN, (CF_3CO)_2O$ → COH)3

4.5 Migration Tendency in the Alkylborane Reactions

Boron chemistry의 진수는 B 원자에 이웃한 자리에 nucleofugal 이탈기를 갖는 경우에 일어나는 자리옮김에 있다. Borane을 경유하는 거의 모든 반응이 자리옮김을 하게 된다. 만약 서로 다른 alkyl기로 치환된 trialkylborane을 위에서 살펴본 여러 합성 반응에 이용한다면 alkyl기는 어떤 순서로 migration이 일어나게 되는가? 즉, 다음과 같이 다른 세 alkyl기의 이동은 어떤 순서로 어느 것부터 이동하게 되며 또한 무슨 이유 때문인가?

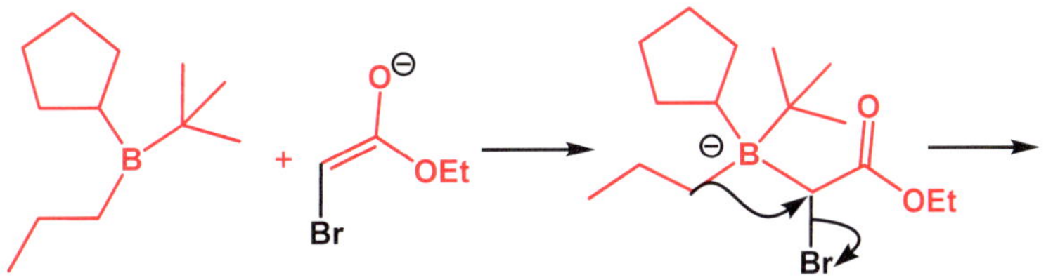

B + O⊖ OEt Br → ⊖B O OEt Br →

이 문제는 알고 있는 다른 자리옮김 반응과 organoborane에서의 자리옮김을 비교하여 보면 비교적 명확한 답을 얻을 수 있다. 대표적인 예로 Baeyer-Villiger 산화 반응과 비교하여 보자. 이 반응은 과산화산이 카보닐에 첨가되고 이어서 alkyl기가 이동하게 된다. 전이상태에서 alkyl기가 떨어지는 영역의 탄소는 부분 양이온을 띠게 되며 이동하는 alkyl기가 1차보다는 2차, 2차보다는 3차인 경우에 이 전이상태가 더욱 안정화되어 반응은 더 빨라진다.

Pinacol 자리옮김 등 여러 반응에서도 같은 경향성을 보인다.

The Bayer-Villiger Rearrangement

Organoborate에서의 migration은 전이상태에서 모든 관련 원자에서 부분음전하를 띠게 되며, alkyl기의 존재는 이 전이상태 에너지를 높이게 된다. 1차보다는 2차, 2차보다는 3차 alkyl기가 이웃한 음이온을 불안정하게 하는 효과가 더 크며 따라서 이동하려는 경향이 낮아진다.

이를 요약하면 Baeyer-Villiger 산화에서는 alkyl 이동은 양이온을 안정화하는 alkyl기일수록 더 빠르게 이동하게 되며, 이에 반하여 organoborate에서의 migration은 양이온으로 더 안정한 alkyl기일수록 더 이동하기 어려워진다. 따라서 borane의 염기성 과산화수소와의 반응에서 migration 경향은 여타 반응에서의 이동 경향과는 반대로 *n*-alkyl > *s*-alkyl > *t*-alkyl의 순서가 된다. 이를 연장하여 적용하면 alkyl기보다 더 불안정한 양이온이 되는 phenyl이나 vinyl기의 migration은 alkyl기에 우선하여 이동할 것으로 예측할 수 있다.

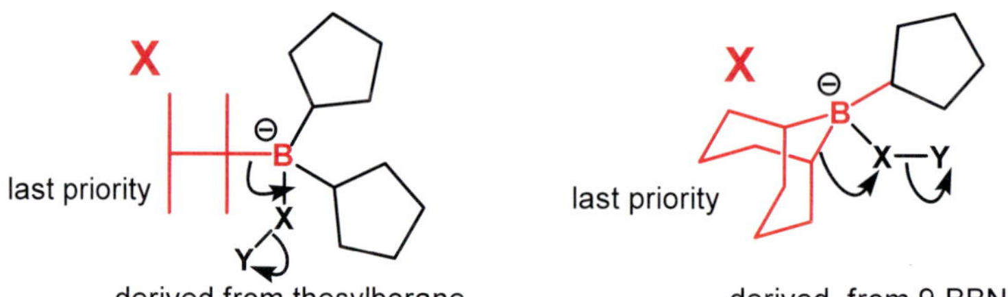

derived from thesylborane

derived from 9-BBN

앞에서 입체적인 bulk를 키워 hydroboration에서의 regioselectivity를 키운 thesylborane이나 9-BBN에서 유도되는 trialkylborane의 후속 반응에서, 대부분의 경우 나중에 도입된 alkyl group이 먼저 이동하게 된다. 기존 borane의 구조상의 안정성, 입체적인 bulk, 전자적인 측면에서 다른 group이 이동하는 것이 더 유리하기 때문이다. 9-BBN에서처럼 B가 고리를 이루는 원자라면 또한 이동하는 경향이 낮아진다.

문제 4.9 다음 반응이 어떤 순서로 migration이 일어나서 생성물에 이르는지 메커니즘을 그려보라.

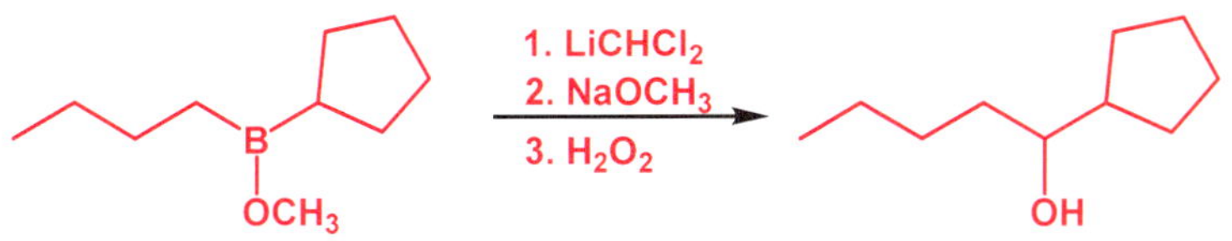

4.6 Vinyl and Acetylenylboranes

Alkyne의 전자주개 능력은 alkene보다 낮은 것은 사실이지만 borane의 높은 반응성은 이를 상쇄하고 남는다. Alkenylborane은 염기성 과산화수소로 산화하면 enol을 형성하게 되는데, 이는 산·염기가 있으면 바로 aldehyde나 ketone으로 바뀐다.

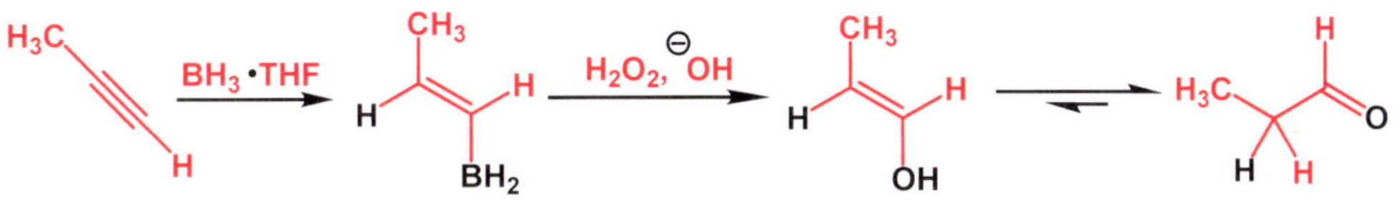

다음 반응 예에서 보는 바와 같이 말단 alkyne에서는 aldehyde가 생성된다. 황산 수은을 촉매로 사용하여 alkyne에 물이 첨가되면 methyl ketone을 생성하게 되며, 따라서 이들 두 첨가 반응은 위치화학을 달리하는 서로 상호보완적인 관계에 있다고 하겠다.

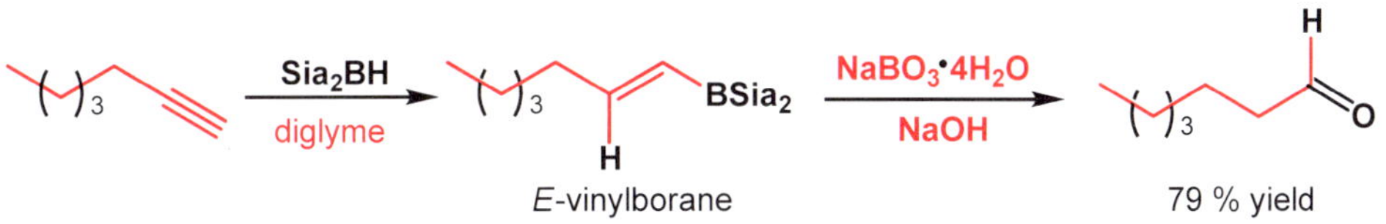

E-vinylborane

79 % yield

다음 반응에서처럼 alkyne의 hydroboration으로 얻어지는 alkenylborane은 산 처리에 의해서 붕소가 수소로 바뀌어서 *cis*-alkene을 생성하기는 하지만, 이 반응은 alkyne의 부분 촉매수소화에 의하여 가능한 변환이기 때문에 큰 의의를 찾기는 어렵다.

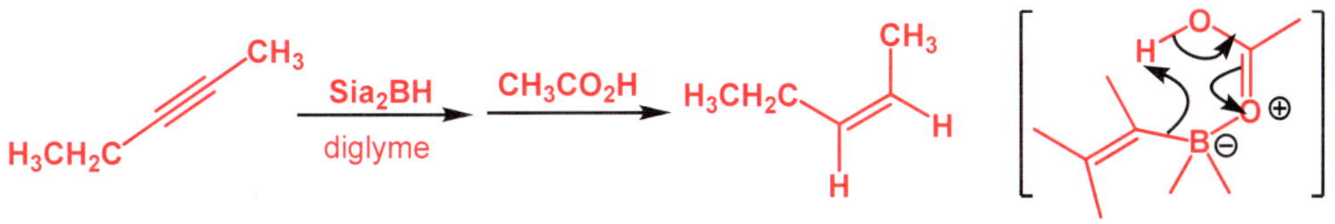

만일 다음과 같이 쉽게 migration이 일어날 수 있는 alkyl group을 갖는 vinylborane이 있다고 하면 그저 산화 반응으로 카보닐 화합물을 얻는데 그치지 않고 다음과 같은 탄소–탄소 결합형성 반응이 가능하다. Alkenylborane에 I_2가 첨가되어 iodonium ion을 형성하게 되어 이웃하여 nucleofugal 이탈기를 갖는 형태가 되어 alkyl migration이 일어날 수 있다. 다시 생성되는 ate complex에서 β-제거가 일어나면 alkenylborane의 C–B 결합이 alkyl기로 치환되는 셈이다.

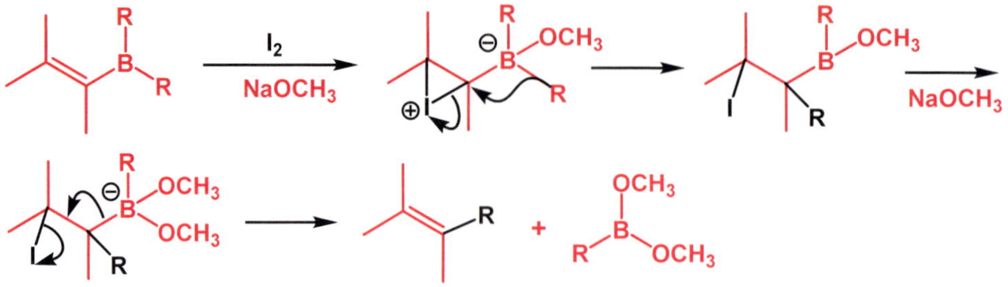

Acetylenylborane은 hydroboration으로는 얻을 수 없지만 말단 acetylene을 염기로 처리하여 얻는 acetylenyl anion과의 반응으로 쉽게 얻을 수 있다. 위의 alkenylborane에서처럼 iodine을 넣어주면 iodonium ion을 거쳐 alkyl migration으로 치환 acetylene을 얻게 된다.

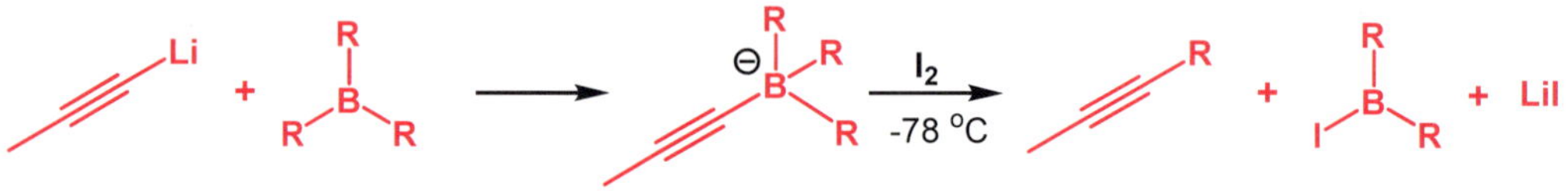

이 반응은 lithium acetylide와 alkyl halide와의 반응으로 쉽게 해결할 수도 있지만, 이 치환 반응에 사용될 수 있는 alkyl halide는 1차나 allyl 등 일부에 국한되지만 이 반응에서는 상당한 범주의 alkyl기를 도입할 수 있다.

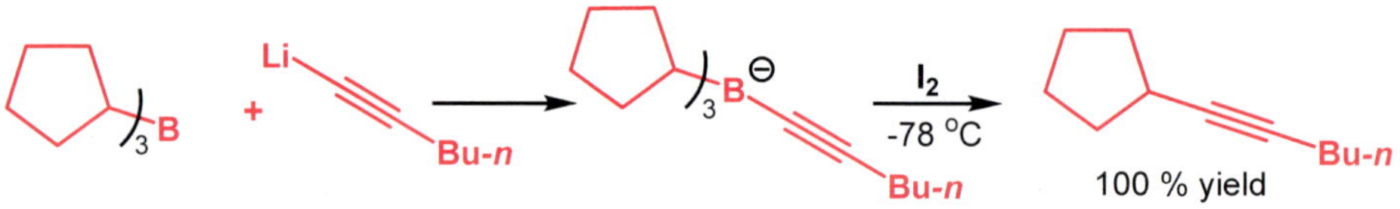

이와는 다른 형태의 반응이기는 하지만 vinylborane 또한 특기할 만한 반응성을 보인다. 상상외로 Diels-Alder 반응에서 dienophile로 작용한다. Vinyl-9-BBN(=9-vinyl-9-borabicyclo-[3.3.1] nonane)이 많이 사용되는데 이는 다음과 같이 vinylstannane으로부터 만들어 진다.

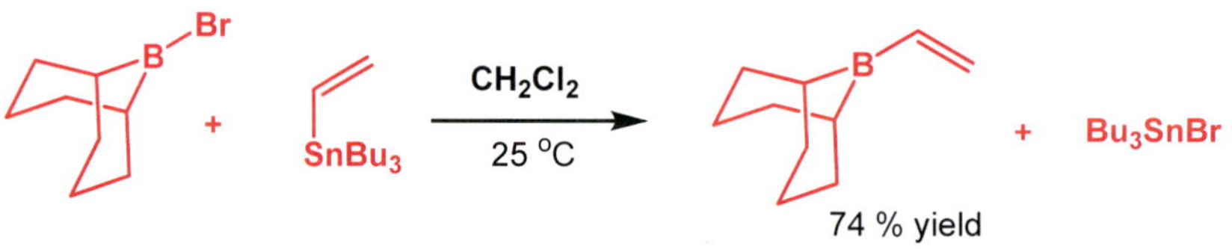

Vinylborane은 Diels-Alder 반응의 dienophile로서 반응성이 상상외로 높다. 반응성만 높을 뿐만 아니라 regioselectivity 또한 높고 ***endo*-stereoselectivity** 또한 대단히 높다. 여러 종류의 diene과 25~55°C의 낮은 온도에서 빠르게 반응한다.

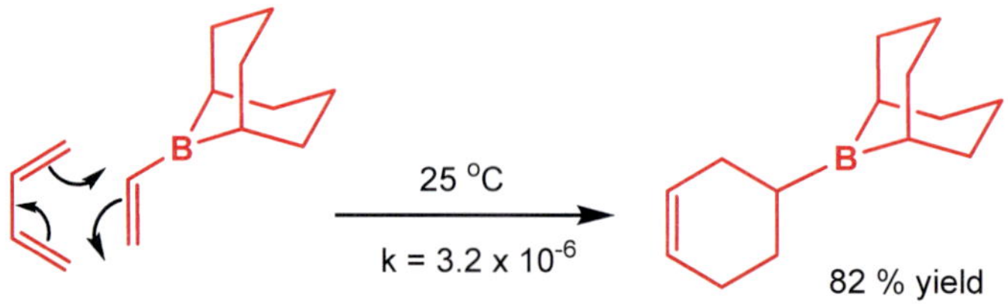

다음 반응 예들에서와 같이 regioselectivity 또한 대단히 높다. 이 같은 선택성은 다분히 입체적인 요인에 의한 것이며 따라서 가장 선택성이 높은 것은 복잡한 치환기가 없는 simple vinylborane이다. 첨가 생성물에서의 B 원자는 다른 치환기로 바뀔 수 있음은 물론이다.

25 °C, 23 h; $NaBO_3 \cdot 4H_2O$; 97 % yield

55 °C, 48 h; endo : exo = 96 :4, 72 % yield

이와 유사한 과정을 거치는 새로운 방법이 계속해서 개발되고 있으며, 이 반응은 완벽한 regio-control 뿐만 아니라 enantioselective한 합성법 또한 계속해서 개발되고 있다. 앞으로도 alkylborane을 이용하는 합성법은 더 폭넓게 진행될 것을 예상할 수 있다.

문제 4.10 다음 반응에서 iodonium이 평면 위에 형성되던지 아래에 형성되던지 간에 *cis*-alkene이 생성됨을 보여라.

$NaOCH_3$, I_2

문제 4.11 본문에서 설명한 trialkylborane을 이용하는 말단 acetylene의 알킬화 반응의 메커니즘을 적어라.

문제 4.12 다음 식에서와 같이 lithium acetylide와의 반응으로 boronate complex를 생성하게 된다. 여기에 iodine과 methoxide를 넣어 반응시키면 B 원자에 결합된 치환기 하나가 이동하게 된다. 세 치환기의 이동을 가정하여 아래와 같이 화합물 A, B, C를 얻게 된다고 가정하자. (1) 화합물 A는 생성될 수 있는가? 아니라면 무엇 때문인가? (2) 화합물 B는 생성될 수 있는가? 있다면 화합물 C가 생성되는 반응과 경쟁하게 된다. 어느 쪽이 더 우세한가?

A B C

문제 4.13 Vinyl-9-BBN은 어떤 이유로 좋은 dienophile로 작용하는가? 본문 예를 참고하여 Vinyl-9-BBN을 사용하는 Diels-Alder 반응을 통해서 다음 화합물을 합성하여 보라.

OH NH$_2$ OEt O

4.7 Miscellaneous Reactions of Organoboranes

B–H 결합을 가지는 borane이 카보닐기와 반응하면 수소의 이동으로 카보닐의 환원 생성물을 얻게 된다. B–H 결합이 없는 trialkylborane은 일반적으로 카보닐 화합물에 첨가되지 않는다. Borane은 alkyl 치환기 수가 증가하면 점차 더 안정화됨은 앞에서 설명한 바 있다.

O + H—BR$_2$ ⟶ OBR$_2$ H

O + R—BR$_2$ ⟶(X) OBR$_2$ R

특기할 사항은 allyldialkylborane은 aldehyde와 아주 낮은 온도에서도 반응하여 homoallylic alcohol을 생성하는 반응이다. 이 반응은 카보닐 산소와 B 간의 coordination으로 시작한다고 보아야 할 것이다. 그 결과 카보닐 탄소의 친전자성은 크게 증가되고 동시에 B와 allyl 간의 결합은 약화될 것이다. 첨가는 다음과 같은 여섯-원자 고리형 전이상태를 거치게 되고 이로 인하여 1,3-allylic transposition 자리옮김 생성물을 얻게 된다.

L L B O ⟶ L L ⊕ O B ⊖ ⟶ L L B O ⟶ H_2O_2, $^{\ominus}OH$ OH R

Allyl기로는 자리이동이 일어났는지 안 일어났는지 분명하지 않으나 다음 crotyl기의 경우에는 쉽게 자리옮김한 생성물을 얻는 것을 확인할 수 있다. 이는 비단 boron 화합물에만 국한된 것이 아니고 allyl magnesium bromide, allylsilane을 비롯한 모든 allylmetal의 카보닐 첨가에서 공통적으로 발견되는 현상이다. 앞으로 이런 유형의 반응은 자주 접하게 된다.

O M R no direct addition (X) OM R not formed

O M R ⟶ OH R rearranged product

실제로 합성에 많이 이용되는 allylic borane인 allyldiisopinocampheylborane(ipc$_2$BR)은 다음 식에 서 보는 바와 같이 aldehyde와의 반응이 –100°C에서도 순간적으로 반응할 정도로 반응성이 클 뿐만 아니라 거의 enantiopure한 생성물을 얻게 된다. 위에서 본 것과 같은 여섯-원자 고리형 전이상태를 거쳐 carbonyl addition으로 진행되며 마찬가지로 상당히 높은 입체선택성을 갖는다. 입체화학에 관한 상세한 것은 따로 함께 모아 함께 정리하는 것이 더 효율적이므로 여기서는 더 이상 다루지 않기로 한다.

ipc$_2$BR + RCHO —(Et_2O, -100 °C, instantaneous)→ enantiomerically pure

ipc$_2$B + ketone —(Et_2O, - 78 °C; H_2O_2, NaOH)→ 86 % yield, 96 % ee

Allyl기를 제외한 단순한 alkyl 치환기를 가지는 borane은 aldehyde나 ketone에 첨가되지 않는다. 그러나 이들은 *α,β*-불포화 aldehyde나 ketone에는 예상외로 쉽게 첨가된다. Tricyclopentylborane의 다음 conjugate 첨가 반응 예가 나와 있다. 상당히 높은 수득률을 보이며 쉽게 진행되는 반응임을 알 수 있다. 반응은 아마도 여섯-원자 고리형 전이상태를 거치는 one-step 메커니즘을 거칠 것이라 예상할 수 있다.

90 % yield

86 % yield

TS

다음 B-alkynyl-9-BBN은 enone에 conjugate 첨가 반응으로 시작하여 *β*-이탈기를 치환하는 결과가 된다.

Triethylborane이나 다른 단순한 alkyl기를 가지는 trialkylborane은 카보닐 화합물의 enolate를 trapping하는 목적으로 사용되기도 한다. 예를 들면, KH를 이용하여 생성되는

enolate를 triethylborane으로 trapping하여 얻어지는 enoxytriethylborate는 allyl halide와의 반응으로 카보닐의 α-탄소에 allyl group을 도입할 수 있다. Enolate는 생성되자마자 빠르게 trapping되므로 aldol 반응을 비롯한 여러 부반응을 피해갈 수 있는 장점이 있다.

1. KH, THF, 25 °C
2. BEt_3
$\ominus$ $OBEt_3$ $K^{\oplus}$
1. Br (allyl bromide), 25 °C
2. NaOH, H_2O
90 % yield

이는 마치 trimethylsilyl chloride로 enolate를 trapping하여 alkylation 반응에 사용되는 것과 흡사하다. 차이점은 silyl enol ether의 경우에는 반응성이 낮아서 alkylation을 위해서는 Lewis 산을 촉매로 필요로 하지만, enoxyborate의 경우에는 반응성이 더 높아 상온에서 촉매 없이도 알킬화 반응이 진행된다는 점이다.

다음 반응에서 보는 바와 같이 비대칭성 ketone은 kinetic enolate 또는 thermodynamic enolate를 만들어 원하는 자리에 alkyl기를 도입할 수 있다. 아래 반응 예에서와 같이 2-methylcyclohexanone은 사용하는 염기 및 반응 조건에 따라 regioisomeric enolate를 생성할 수 있고 trapping된 enoxy borate를 거쳐 원하는 자리에 alkyl기를 도입할 수 있다.

H_3C
1. $KN(SiMe_3)_2$, THF, - 78 °C
2. BEt_3
$\ominus$ $OBEt_3$ $K^{\oplus}$
H_3C—I
H_3C CH_3
93 % yield

H_3C
1. KH, THF, 25 °C
2. BEt_3
$\ominus$ $OBEt_3$ $K^{\oplus}$
H_3C—I
H_3C H_3C
> 95 % regioselective
90 % yield

문제 4.14 tri-*sec*-Butylborane의 다음 첨가 반응 메커니즘을 그려 보라.

$)_3B$ + (acrolein) H → H
96 % yield

문제 4.15 본문에서 설명한 B-alkynyl-9-BBN과 β-alkoxy-enone과의 반응 메커니즘을 전자쌍 이동 화살표와 함께 그려보라.

문제 4.16 다음 반응의 생성물을 예측하라. 사용된 염기는 주어진 것과 같은 비친핵성 염기라고 하자. 만약 NaOEt를 사용하였다면 어떤 결과가 되는가?

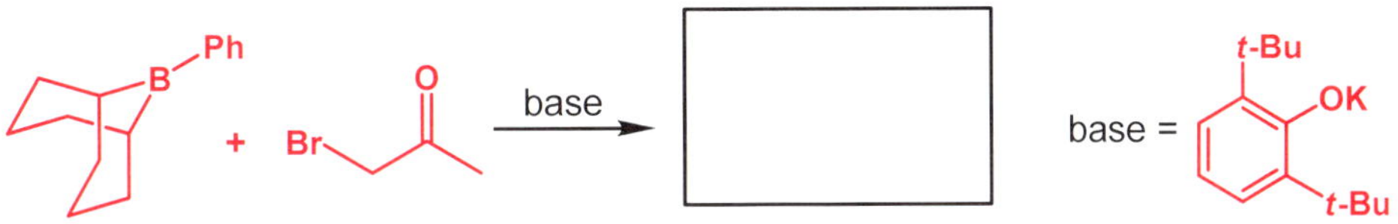

문제 4.17 많은 부반응이 예상되지만 hypochlorite($^{-}$OCl)는 염기성 과산화수소를 대신하여 trialkylborane으로부터 alcohol을 합성하는 데 사용될 수 있다. 어떤 메커니즘을 그려야 하나?

문제 4.18 (*E*)- 및 (*Z*)-1-hexene-1,2-d_2와 dicyclohexylborane과의 반응 생성물에서 어떤 입체화학을 예측할 수 있는가? 첨가 생성물을 그려보라.

문제 4.19 Alkylborane은 염기 속에서 Br_2 또는 I_2 등의 halogen과 반응시키면 쉽게 alkyl halide를 얻을 수 있다. 다음 할로젠화물은 이 방법으로 만들어진 것들의 예이다. Alkene으로부터 시작하여 순서대로 반응식을 적어라.

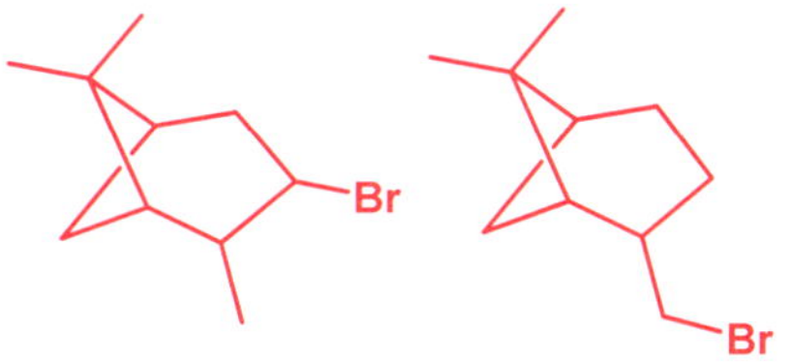

문제 4.20 다음 반응은 어떻게 일어날 수 있는지 구부린 화살표를 이용하여 그려보라.

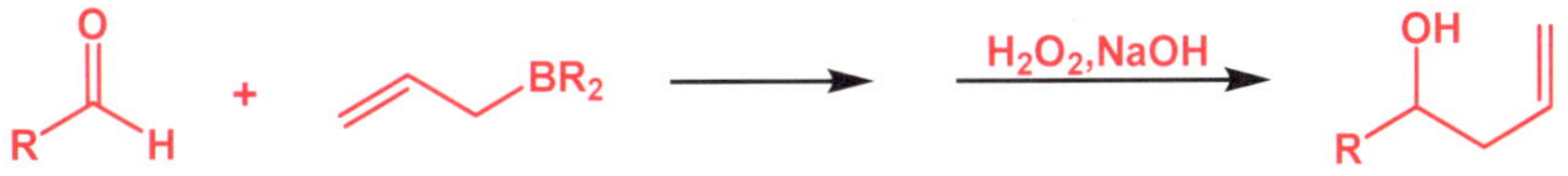

문제 4.21 본문의 trialkylcarbinol 합성과 유사한 다음 반응의 메커니즘을 적어보라.

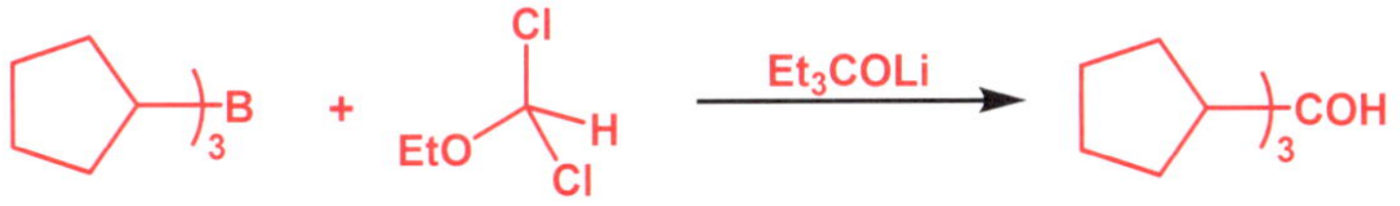

문제 4.22 다음 hydroboration-carbonylation의 메커니즘을 그리고 입체화학을 설명하라.

문제 4.23 다음 반응의 중간 생성물 A, B와 최종 생성물 C를 그려 넣어라. Alkyl기의 이동은 Hg(II)를 첨가해 주어야 일어난다. 이동 과정의 메커니즘을 그리고 왜 Hg(II)를 첨가해야 하는가를 설명하여라. (Chapter 2의 dithiane 부분을 보면 짐작할 수 있다.) 출발물에서 B는 한 단계로도 얻을 수 있을 것 같다. 왜 굳이 두 단계 반응을 거치는가?

문제 4.24 다음 반응은 어떻게 일어나는지 상세한 메커니즘을 그려라. R_2BOTf는 강력한 Lewis 산이다.

Organoaluminum Chemistry

4.8 Introductory Comments on Organoaluminum Compounds

Aluminum은 주기율표의 IIIA족 또는 13족 원소로 boron의 바로 밑에 위치하고 있다. 따라서 aluminum 화합물은 탄소-탄소 이중결합에 첨가하는 등 boron 화합물과 화학적 성질과 반응에서 많은 공통점을 가지게 된다. 그러나 상당한 반응성의 차이도 있다. Organoborane과는 달리 organoaluminum 화합물은 alkyllithium이나 Grignard 시약처럼 여러 가지 친전자성 유기 작용기와의 반응이 가능하여 점차 이용 범주가 확대되어 가고 있다.

Solution	Neat, liquid	Neat, gas phase
n = 3	n > 3	n = 2

Borane처럼 alane도 빈 p 오비탈을 가지고 있으며 강력한 Lewis 산으로 작용할 수 있다. Borane에서처럼 coordination이 가능한 용매 등이 없으면 alane, alkylalane, dialkylalane은 모두 수소를 다리로 하는 dimer 또는 trimer의 form으로 존재한다. Boron 화합물에서와 다른 점은 trialkylborane은 monomer로 존재하지만 trialkylalane은 alkyl기의 다리-걸침으로 dimer로 존재한다. 다리-걸침 역할을 하는 수소가 없으므로 이는 methyl기를 다리로 하는 2-전자-3-중심 결합을 하게 된다. 이는 boron 화합물에서는 보지 못하는 구조이다.

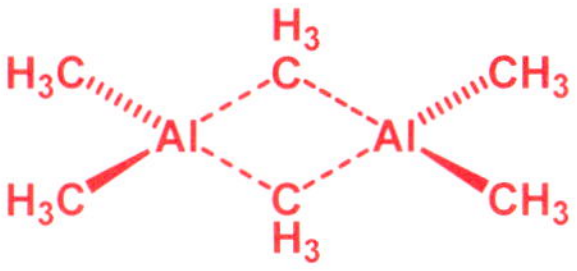

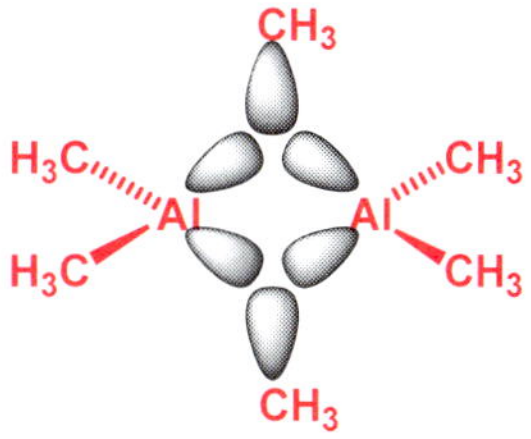

다음 표에 몇몇 trialkylalane의 고체, 용액 및 기체 상태에서의 어떤 형태로 존재하는가의 유형을 정리하였다.

	Solid State	Solution (Hydrocarbon)	Gas Phase
Me_3Al	dimeric	dimeric	dimeric ⇌ monomeric
Et_3Al	dimeric	dimeric	monomeric
n-Pr_3Al	dimeric	dimeric	monomeric
i-BuAl	dimeric	monomeric	monomeric
Ph_3Al	dimeric	dimeric ⇌ monomeric	monomeric

Alkyl기를 bridge로 하는 2-전자-3-중심 결합을 하는 것은 동위원소로 표지된 methyl기가 있다면 bridge와 양쪽 Al 원자 어디에도 있을 수 있고, 식에서와 같이 scrambling이 이루어짐을 확인할 수 있다.

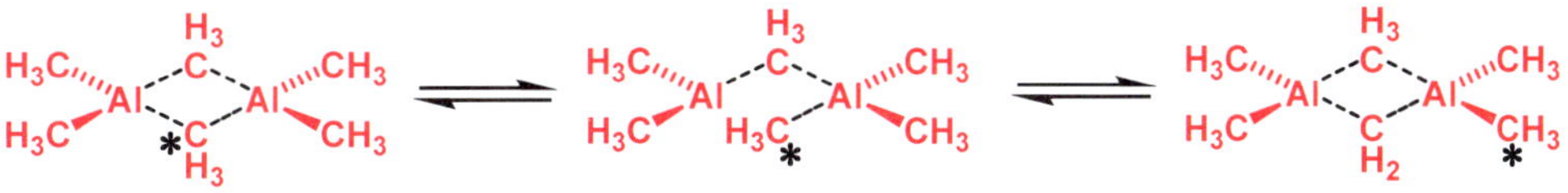

동위원소 표지된 methyl기뿐만 아니라 다른 alkyl기 간에도 dimer를 통한 alkyl기의 scrambling이 일어나며 서로 다른 alkyl기 간의 교환도 일어나게 된다.

그러나 전자쌍을 내줄 수 있는 ligand로 치환된 alane은 이러한 2-전자-3중심 결합을 통한 dimer 형성이 안 되는 것도 있으며, 그중 대표적인 것이 amino기와 alkoxy기다. (Aminoborane이나 alkoxyborane의 경우에도 마찬가지로 dimer가 형성되지 않음) 치환기에 따른 alane의 결합 특성을 정리하면 다음과 같다.

R_2N > RO > Cl > Br	PhC≡C— > Ph	Me > Et > i-Pr > t-Bu
Two(2e 2C) bonds,	unsaturated bridge	one(2e 3C) bonds
trend follows the Lewis basicity	σ and π interaction	steric demand is decisive

Organoaluminum 화합물이 알려진 것은 아주 오래 되었으나 실제로 각광을 받기 시작한 것은 1950년대 Ziegler의 선도적인 연구 이후라고 할 수 있다. 현재로서도 공업적으로는 다른 어떤 organometallic compounds보다 더 중요한 것이 organoaluminum 화합물이라 할 수 있다. 1족, 2족 유기금속 화합물과 비교하여 organoalumium 화합물은 위치- 및 입체선택적으로 alkene 및 alkyne에 첨가되는 반응이 (carboalumination) 쉽게 일어나는 장점을 갖는다. 아직은 유기합성 반응에서 일부 organoaluminum 화합물이 사용될 뿐 그다지 많이 사용되지 않는다. 그러나 몇몇 **organoalane**은 공업적으로 대량 생산되며 쉽게 구해 사용할 수 있어 점차 alkyllithium이나 Grignard 시약을 대신하는 경우가 많아지고 있으며, 환원 반응뿐만 아니라 다른 탄소-탄소 결합형성 반응에서도 이용이 점차 확대되어 가는 추세이다.

4.9 Preparation of Basic Organoaluminum Compounds

Methyl, ethyl, propyl, isobutyl group을 가지는 aluminum 유도체들을 포함하여 공업적으로 중요한 trialkylalumium의 일부는 대량 생산되어 실험실에서도 쉽게 구해서 쓸 수 있다. 이들 aluminum 화합물의 공업적 제법을 살펴보면 다음과 같다.

Trimethylaluminum은 기본적으로 methyl chloride와 aluminum의 반응으로 $Me_4Al_2Cl_2$를 분리하고 이를 금속 sodium과 반응시켜 얻는다. (Dimethylaluminum chloride 즉, Me_2AlCl는 dimer를 형성하기 때문에 $Me_4Al_2Cl_2$로 표기한다.)

$$4\,Al + 6\,MeCl \longrightarrow \underset{\text{sesquichloride}}{2\,Me_3Al_2Cl_3} \rightleftharpoons Me_4Al_2Cl_2 + Me_2Al_2Cl_4$$

$$Me_4Al_2Cl_2 + Me_2Al_2Cl_4 \xrightarrow{NaCl} Me_4Al_2Cl_2(l) + 2\,Na[MeAlCl_3]\,(s)$$

$$3\,Me_4Al_2Cl_2 + 6\,Na \longrightarrow Me_6Al_2 + 2\,Al + 6\,NaCl$$

Triethylaluminum은 trimethylaluminum과는 달리 다음 반응식에서와 같이 ethylene의 hydroalumination을 이용하여 공업적으로 제조한다. 소량의 triethylaluminum을 필요로 한다.

$$Al + 1.5\,H_2 + Et_3Al \longrightarrow 3\,Et_2AlH$$

$$3\,Et_2AlH + 3\,CH_2{=}CH_2 \longrightarrow 3\,Et_3Al$$

$$\text{overall}\quad Al + 1.5\,H_2 + 3\,CH_2{=}CH_2 \longrightarrow Et_3Al$$

다음으로 중요한 **diisobutylaluminum hydride(DIBAH)**는 aluminum과 수소를 이용하여 isobutylene의 hydroalumination으로 제조한다. Hydroalumination에서 소량의 Ti이 존재하면 Al의 반응성이 크게 증대된다. 압력과 온도를 조절하며 triisobutylaluminum은 DIBAH와 평형을 유지하게 되며, 여기에서 가장 많이 쓰이는 DIBAH를 분리하게 된다. Al과 isobutylene의 몰비를 1 : 2로 조절하면 DIBAH를 주로 얻게 된다.

$$Al + 1.5\,H_2 + 3\,CH_2{=}CMe_2 \xrightarrow[200\ bar]{100\ ^\circ C} 3\ i\text{-}Bu_3Al$$

$$i\text{-}Bu_3Al \underset{20\ mbar}{\overset{140\ ^\circ C}{\rightleftharpoons}} i\text{-}Bu_2AlH + CH_2{=}CMe_2$$

일반적으로 hydroalumination은 가역과정이고 Al–H 결합은 $CH_2{=}CR_2$ < $CH_2{=}CHR$ < $CH_2{=}CH_2$의 순으로 affinity가 증가하기 때문에 이를 이용하여 다른 trialkylaluminum의 합성에 사용된다.

$$i\text{-}Bu_3Al + 3\,CH_2{=}CHMe \rightleftharpoons n\text{-}Pr_3Al + 3\,CH_2{=}CMe_2$$

$$n\text{-}Pr_3Al + 3\,CH_2{=}CH_2 \rightleftharpoons Et_3Al + 3\,CH_2{=}CH_2$$

많은 aluminum 화합물이 상업적으로 구해 쓸 수 있으므로 실험실에서 이를 합성하는 경우는 아주 드물다. 하지만 구해 쓸 수 없는 특정 목적의 organoalumnum 화합물이 필요하면 다음과 같이 다른 유기금속 화합물을 이용하거나 아니면 hydroalumination을 이용하는 방법들을 사용하여 만들어 쓸 수 있다.

$$3\,Ph_2Hg + 2\,Al \longrightarrow 2\,Ph_3Al + 3\,Hg$$

$$3\,R{-}Li + 3\,AlCl_3 \longrightarrow R_3Al + 3\,LiCl$$

$$3\,RCH{=}CH_2 + AlH_3{\cdot}Et_2O \longrightarrow (RCH_2CH_2)_3Al{\cdot}Et_2O$$

4.10 Reactions of Organoaluminum Compounds

Organoaluminum 화합물인 trialkylaluminum(AlR_3)은 예외적으로 반응성이 커서 이를 이용하는 다양한 합성 반응이 알려져 있다. 여기서는 간략하게 소개하는 데 그칠 것이다. AlR_3 화합물을 다룰 때 특히 유의해야 할 점은 polyhaloalkane 용매이다. AlR_3가 CCl_4나 $CHCl_3$를 만나면 폭발에 이를 수 있다. AlR_3의 높은 반응성에 비해 $AlRX_2$는 반응성이 크게 낮아진다.

유기합성 반응에 응용할 경우 alkyllithium, Grignard reagent, alkylaluminum은 서로 보완적인 관계에 있다. RLi이나 RMgX는 기본적으로 극성 이중결합인 C=O 및 C=N, C≡N 결합에 첨가가 수월하게 일어나는 반면, 고립된 C=C 결합으로의 첨가는 잘 일어나지 않는데 비해 AlR_3는 고립 C=C 또는 C≡C 결합에 어렵지 않게 첨가가 일어난다. 이를 **carboalumination**이라고 한다. Trialkylaluminum의 carboalumination은 **Rate = k[alkene][Et_3Al]$^{1/2}$**와 같은 속도식을 보이는데, 이로부터 monomer와 dimer의 pre-equilibrium을 거쳐 진행되는 것을 알 수 있다.

첨가는 *syn*-addition으로 일어나며 alkyne은 일반적으로 alkene보다 빠른 첨가를 하며, 말단 alkene은 내부 alkene보다 더 빠르게 반응하는 것이 보통이다.

Hydroalumination도 carboalumination과 유사하게 진행되며, alkene의 치환기에 따른 hydroalumination의 반응성은 hydroboration의 난이도와 비슷하여 반응성 순서는 다음과 같다.

$$RCH{=}CHR \quad < \quad R_2C{=}CH_2 \quad < \quad RCH{=}CH_2 \quad < \quad H_2C{=}CH_2$$

Hydroalumination 또한 높은 입체특이성을 보여 *syn*-첨가가 일어나며 regioselectivity는 alkyl aluminum hydride의 alkyl 치환기에 따라 약간의 차이를 보인다.

$RCH{=}CH_2$ / $H{-}AlR^1_2$ 97% $\quad$ $RCH{=}CH_2$ / $R^1_2Al{-}H$ 3 %

$PhCH{=}CH_2$ / $H{-}AlR^1_2$ 75% $\quad$ $PhCH{=}CH_2$ / $R^1_2Al{-}H$ 25 %

Hydroalumination을 hydroboration과 비교하여 우위에 있는 점은 hydroalumination으로 얻어지는 Al–C 결합은 alkylborane과는 달리 peroxide를 쓰지 않고도 쉽게 깨질 수 있다는 점이다. 그러나 hydroalumination은 chemoselectivity가 결여되어 C=C 이중결합뿐만 아니라 여러 작용기들이 다치게 되며, 말단 acetylene과의 반응에서는 R–C≡C–H의 산성 C–H가 Al으로 대치되는 metallation이 일어난다는 단점을 아울러 갖고 있다.

Carboalumination 또는 hydroalumination으로 얻어지는 Al 화합물은 아래 그림에서 보는 것과 같은 다양한 유형의 유기 및 무기 화합물과 반응을 할 수 있어 다방면으로 유용하게 사용될 수 있다.

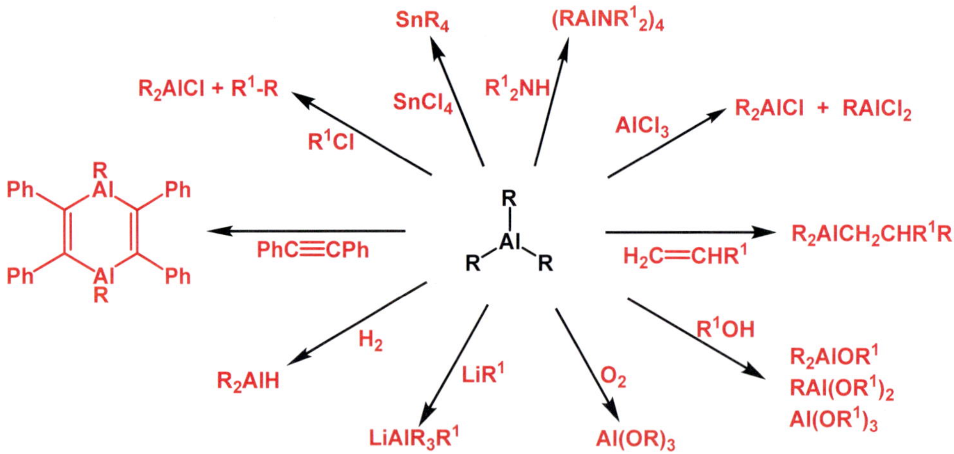

Figure 4.1 Typical Reactions of Trialkylalanes

Organoborane에 비해 organoaluminum 화합물은 몇 가지 단점을 가지고 있음에도 불구하고 잘 골라 사용하면 아주 유용하게 이용할 수도 있다. 한 예가 다음의 citronellol의 합성이다. 반응물인 diene의 hydroalumination은 치환기가 셋인 alkene보다는 치환기가 하나뿐인 말단 alkene에 선택적으로 일어나며, 생성물은 산소와의 반응으로 아주 쉽게 천연 alcohol인 citronellol로 변환할 수 있다.

i-Bu_2AlH, 100 ~ 135 °C → Al-i-Bu_2; 1. O_2 2. H_2O → OH, β-citronellol

위의 반응에서는 C–Al 결합이 산소에 의하여 쉽게 산화가 일어나는 것을 이용한 것이지만, 이는 또한 aluminum 화합물이 합성에 널리 사용할 수 없는 제한성을 갖는 이유이기도 하다. 산소 분자와의 반응은 다음과 같은 두 단계로 일어나게 된다.

R–Al + •O–O• → R–O–O–Al
R–O–O–Al + R–Al → 2 R–O–Al

Trimethylaluminum을 비롯한 trialkylaluminum은 강력한 Lewis 산으로 분자 내의 산소나 halogen 등의 전기음성인 원소와의 결합을 활성화한다. 그 결과로 결합하고 있는 탄소는 친전자성이 크게 증가하게 된다. 다음은 trimethylalane에 의해 bicyclo[2.2.2]octyl bromide의 bridgehead 탄소에서의 할로젠이 methyl기로 치환되는 반응 예이다. 이러한 methylation 반응은 곧 학습하게 되는 chapter에서 살펴보게 되는 dimethylcuprate나 methyltitanium 화합물로도 가능하기는 하지만, 그 외에는 어떤 방법을 이용하더라도 쉽게 할 수 없는 어려운 반응이다. 이 반응은 Lewis 산인 trimethylaluminum과의 coordination으로 인한 C–Br 결합의 이완이 추진력을 제공하는 것은 분명하다.

Br → Me_3Al, CH_2Cl_2, - 70 ~ 0 °C → Me, 98 % yield; more electrophilic (R–$Br^{\oplus}$–$^{\ominus}AlR_3$)

Trialkylaluminum에 의한 치환 반응은 꼭 halide와 같은 반응성이 큰 이탈기가 아니어도 상관 없다. Trialkylaluminum에 의하여 이탈기의 활성화가 이루어지기 때문이다. 다음 두 반응 예에서는 allylic acetate의 alkylation이 일어나는 반응이다. 낮은 온도에서도 두 반응 모두에서 S_N2' 형태의 allylic transposition 생성물이 주로 얻어진다.

OAc → i-Bu_3Al, - 70 ~ 0 °C → i-Bu (97 %) + i-Bu (3 %); 66 % yield combined

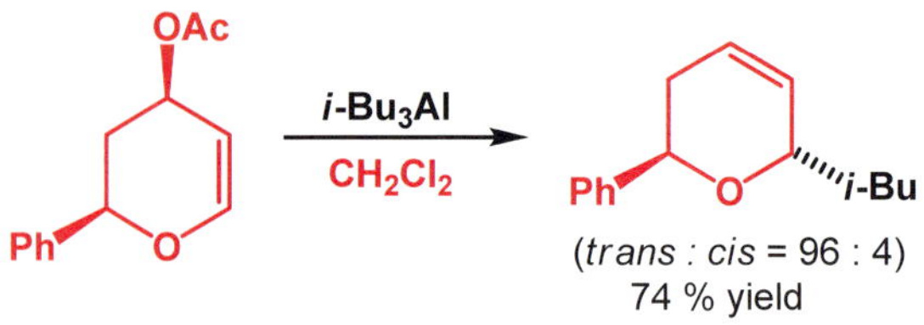

S_N2' 형태의 allylic 치환은 떨어지는 이탈기와 반대 방향으로 친핵체가 공격하는 것이 더 유리하기 때문에, 위와 같은 *trans* isomer가 주로 생성되고 *cis*-isomer는 소량밖에 얻어지지 않게 된다. 이와 같은 현상은 다음 식에서와 같이 유기금속 화합물을 친핵체로 하는 거의 모든 allylic 치환 반응에서 공통적으로 관찰되는 특성이기도 하다.

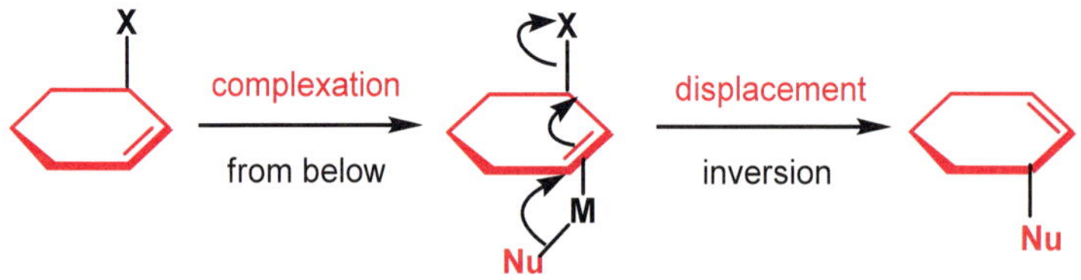

또한 trialkylaluminum에 의한 epoxide의 고리열림에서는 methyl 친핵체는 반대쪽으로 접근하게 되어 inversion of configuration을 보이는 것은 친핵체에 의한 다른 epoxide 고리열림 반응에서와 같다. Regioselectivity는 2,3-epoxy alcohol의 경우에는 trialkylaluminum 시약에 의한 것은 항상 1,2-diol이 생성되는 쪽이 절대적으로 우세하다. 이는 유기구리 화합물에 의한 고리열림에서 1,3-diol이 우세하게 생성되는 regiochemistry와 정반대의 결과이다. 강력한 Lewis 산인 trimethylaluminum은 epoxide의 산소와 alcohol의 산소와 동시에 배위하여 다섯-원자 고리형 전이상태를 안정화하는 데서 비롯되는 것으로 보인다. 그 다음 반응을 살펴보면 carbomethoxy기와 epoxide가 동시에 coordination되어 methyl 첨가는 더 먼 쪽의 탄소에서 반대쪽을 공격하여 *anti*-첨가가 일어나는 것으로 볼 수 있다.

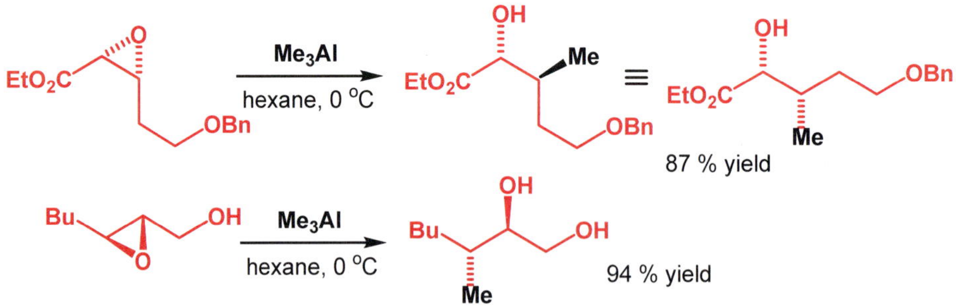

유기 화합물의 대표적인 세 부류의 친전자체는 carbonyl 화합물, alkyl halide와 epoxide라고 할 수 있다. 그럼에도 아직까지 trialkylaluminum 화합물의 aldehyde나 ketone과의 반응이 언급되어 있지 않은 것이 조금은 의아스러울 것이다. 우리가 알고 있는 거의 모든 유기금속 화합물은 카보닐에 첨가되는 것이 보통이기 때문이다. 그러나 trialkylaluminum은 카보닐로의 direct 첨가가 잘 일어나지 않는다. 그 원인은 trialkylaluminum이 아주 강력한

Lewis 산이기 때문이다. 아래 보기 반응에서와 같이 tris(isobutyl)aluminum은 카보닐 화합물과 반응하면 첨가 반응이 아닌 환원 반응이 일어난다. Isobutyl기가 아닌 hydride의 첨가가 일어나며 동시에 isobutylene이 생성된다.

아마도 다음과 같은 여섯 원자 고리 전이상태를 거칠 것으로 예상할 수 있으며[3], 이와 유사한 환원 반응은 일부 Grignard 시약과 ketone 간의 반응에서도 간혹 발견되며, 이러한 환원 반응의 전이상태도 Chapter 2에서 살펴본 것처럼 이와 아주 흡사하다.

TS for the reduction of ketones by triisobutylaluminum.

TS for the reaction between diisopropyl ketone and *i*-PrMgBr

Enone의 경우에도 단순한 ketone과의 반응에서와 마찬가지로 환원이 주로 일어나게 된다. 환원으로 1,2-reduction 생성물이 주로 생성되지만 Ni 등의 전이금속 촉매가 존재하면 1,4-reduction이 주로 일어나게 된다.

Trialkylaluminum 화합물의 카보닐과의 지지부진한 반응과는 달리 alkene과의 반응은 상당히 효율적으로 일어난다. 이를 응용한 공업적으로 대단히 중요한 process의 하나가 **Ziegler process**에 의한 ethylene oligomerization이다. 기본 물질인 triethylaluminum의 제법은 앞에서 언급한 바 있으며 알짜 반응만을 나타내면 다음과 같다.

$$Al + 1.5\ H_2 + 3\ CH_2{=}CH_2 \longrightarrow Et_3Al$$

이 process는 기본적으로 사슬성장 과정과 alkene을 유리하는 과정으로 나눌 수 있다. 사슬 성장 과정은 triethylaluminum의 carboalumination의 연속이라고 할 수 있다. 탄소 사슬의 성장은 100기압, 90~120°C에서 행하게 된다.

3 지금은 별로 잘 사용하지 않는 Oppenhauer oxidation 또는 Paul-Valery-Pandolff reduction과 아주 유사하다.

$n\ H_2C{=}CH_2$

Oligomerization의 생성물인 olefin이 유리되고 촉매인 triethylaluminum이 다시 재생되는 과정은 온도는 200~300°C로 더 높이고 압력은 50기압 이하로 낮추게 된다.

$R = -(CH_2CH_2)_nH$

공업적으로 개발된 공정은 α-olefin의 합성(**Alfen process**)과 1차 alcohol의 합성(**Alfol process**)을 목적이며, 반응이 일어나는 과정을 정리하면 다음과 같이 나타낼 수 있다. Al-C 결합에 ethylene이 수차례 carboalumination 반응이 일어나서 사슬 성장 과정을 거친다. 앞에서 언급했던 것과 같이 alkylaluminium 화합물은 산소 처리만으로 alcohol로 변환될 수 있다. 주로 탄소수가 8에서 20에 걸치는 fatty alcohol을 합성하게 되며 이들은 plastic 가소제나 세제용으로 나뉘어 사용하게 된다. 탄소 길이가 8에서 10이면 **가소제(plasticizer) alcohol**, 12에서 18이면 **세제(detergent) alcohol**이라고 부른다.

$Al(CH_2CH_3)_3$ —(x+y+z) $H_2C{=}CH_2$, 90 ~ 120 °C, chain growth→ $Al[(CH_2CH_2)_XCH_2CH_3][(CH_2CH_2)_YCH_2CH_3][(CH_2CH_2)_ZCH_2CH_3]$ —O_2→ $Al[O(CH_2CH_2)_XCH_2CH_3][O(CH_2CH_2)_YCH_2CH_3][O(CH_2CH_2)_ZCH_2CH_3]$

diaplacement: 3 $H_2C{=}CH_2$, 280 ~ 300 °C → $CH_2{=}CH-(CH_2CH_2)_{X-1}CH_2CH_3$, $CH_2{=}CH-(CH_2CH_2)_{Y-1}CH_2CH_3$, $CH_2{=}CH-(CH_2CH_2)_{Z-1}CH_2CH_3$ + $Al(CH_2CH_3)_3$

H_2O → $HO(CH_2CH_2)_XCH_2CH_3$, $HO(CH_2CH_2)_YCH_2CH_3$, $HO(CH_2CH_2)_ZCH_2CH_3$ (fatty alcohols) + $Al(OH)_3$

문제 4.25 DIBAH(diisobutylaluminum hydride)는 다른 hydride 환원제처럼 aldehyde를 환원시킨다. 그러나 다른 hydride 환원제와는 달리 hydride가 하나밖에 없음에도 불구하고 한 몰이 3몰의 aldehyde를 환원시킨다. 이유를 설명하여 보라. (두 hydride는 isobutyl기에서 제공하게 된다.)

RCHO —1/3 equiv. ? DIBAH→ RCH_2OH

4.11 Alkynylalane

일반적으로 alkyl aluminum은 상당히 불안정하여 실험실에서는 만들어 쓰기 어렵고 구입하여 사용할 수 있는 것도 methyl이나 ethyl, isobutyl과 같은 몇 개에 국한되어 있다는 단점이 있다. 이에 비해 안정한 acetylenylalane은 상당히 유용한 반응들이 알려져 있다. Acetylenylalane은 다음 세 가지 방법 중 하나로 합성하는 것이 보통이다. Acetylene과 DIBAH의 3차 amine complex를 반응시키는 것이 그 한 방법이다.

$$\text{Bu–C≡C–H} + i\text{-Bu}_2\text{AlH}\cdot\text{NEt}_3 \longrightarrow \text{Bu–C≡C–Al}i\text{-Bu}_2\cdot\text{NEt}_3 + \text{H}_2$$

Complex를 형성하지 않은 trialkylaluminum을 함께 가열하여도 acetylenylaluminum 화합물을 얻을 수 있다.

$$\text{C}_6\text{H}_{13}\text{–C≡C–H} + \text{Me}_3\text{Al} \xrightarrow{\text{heat}} \text{Bu–C≡C–AlMe}_2 + \text{CH}_4$$

쉽게 만들 수 있는 lithium 또는 sodium acetylide와 diethylaluminum chloride 또는 aluminum chloride와의 반응은 alkynylalane 또는 trialkynylalane을 합성하는 또 다른 route가 된다.

$$\text{EtO–C≡C–Li or MgX} + \text{Et}_2\text{AlCl} \longrightarrow \text{EtO–C≡C–AlEt}_2 + \text{LiCl (MgXCl)}$$

$$\text{Bu–C≡C–Li} + \text{AlCl}_3 \longrightarrow (\text{Bu–C≡C})_3\text{Al} + 3\ \text{LiCl}$$

이렇게 하여 만들어지는 alkynylalane의 반응을 몇 가지 살펴보기로 하자. 이들 alane의 반응은 몇 가지 점에서 alkylithium이나 Grignard 시약의 반응과 다른 점을 보인다. 이러한 특이성을 보이는 S_N2형의 치환 반응, epoxide 고리열림, α,β-불포화 카보닐의 conjugate 첨가 등 몇 가지 반응 예를 살펴보기로 하자.

Alkynylalane은 alkyl halide와 tosylate 등과 쉽게 반응하여 치환 생성물이 얻어진다. 특기할 사항은 alkynylalane의 높은 Lewis 산성도로 인하여 3차 alkyl인 경우에도 제거 반응이 거의 일어나지 않고 치환이 일어난다는 점이다. Magnesium 시약이나 alkyllithium을 반응시키면 거의 정량적으로 제거 반응이 일어나는 것은 말할 필요가 없다.

$$\text{1-chloro-1-methylcyclohexane} + (\text{R–C≡C})_3\text{Al} \longrightarrow \text{1-methyl-1-(R–C≡C)cyclohexane}$$

Epoxide의 고리열림도 마찬가지이다. 이 또한 강력한 alkyllithium으로 반응시키면 일부 제거 반응이 일어나서 allylic alcohol이 생성됨을 앞에서 본적이 있다. 이 문제는 적은 양의 Cu(I)을 첨가하거나 아니면 아예 dialkylcuprate를 만들어서 사용하면 된다. 다음 반응에서와 같이 organoaluminum 화합물은 강력한 염기가 아니어서 첨가에 아무런 문제가 없다.

Alkynylalane을 이용하는 epoxide 고리열림 반응은 prostagrandin 합성을 비롯한 많은 합성 반응에 응용 예가 있다.

α,β-불포화 카보닐과의 반응은 conjugate addition이 우세하게 일어난다. 이 또한 alkyllithium이나 Grignard 시약과의 반응은 1,2-첨가가 우세하게 일어나며 conjugate addition을 야기하려면 Cu(I) 염을 첨가하거나 alkyl copper를 이용해야 한다. 아래 반응은 아무런 촉매나 시약의 첨가 없이도 여섯-원자고리형 전이상태를 거치는 conjugate addition이 일어난다. 카보닐 산소와 aluminum의 coordination이 선행하여 일어나는 것은 다른 alkylmetal과의 반응에서와 마찬가지이다.

사슬형 *α,β*-불포화 카보닐과는 달리 cyclopentenone이나 cyclohexenone은 어렵게 1,2-첨가가 일어난다. 분자의 기하구조를 살펴보면 위의 반응에서와 같은 여섯-원자 고리형 전이상태를 이룰 수 없는 것이 분명하다.

꼭 필요하다면 이들 화합물과도 conjugate addition이 아주 불가능한 것은 아니다. Grignard

시약의 α,β-불포화 카보닐과의 반응은 1,2-첨가가 주로 일어나지만 Cu(I)을 첨가하면 conjugation 첨가가 일어나는 것과 같이 이들 alkynylalane 화합물들도 $Ni(acac)_2$ 등을 첨가하면 고리형 enone의 경우에도 conjugate 첨가가 주로 일어나게 된다. 물론 다른 유형의 메커니즘을 거치는 것은 당연한 일이며, 이에 관한 것은 뒤에서 곧 다루게 된다.

Me_2Al / t-Bu / $Ni(acac)_2$ / i-Bu_2AlH / t-Bu / 49 % yield

4.12 Hydroalumination and Carboalumination of Alkynes

Alkyne의 π-결합에 수소와 aluminum이 첨가되는 hydroalumination은 alkene에 첨가보다 빠른 반응으로 diisobutylaluminum hydride(DIBAH)를 사용하는 경우가 가장 빈번하다. 기본적으로 *syn* 첨가가 일어난다.

H / R / i-Bu_2AlH / heptane / 50 °C, 4 hr / H / i-Bu / R / Al / H / i-Bu / H / i-Bu / R / H

R = n- Bu, i-Bu, C_6H_{13}

이-치환 alkyne으로의 첨가 반응도 일어난다. 하지만 비대칭적으로 치환된 이-치환 alkyne이면 regiochemistry의 문제가 발생한다. Hydroboration과 비교하여 선택성은 떨어지지만 여기서도 마찬가지로 입체장애가 적은 쪽으로 Al이 결합하는 일반적인 경향은 그대로 유지된다. 다음 세 alkyne 유도체의 첨가 반응을 참고하면 Me < Bu < Ph < t-Bu의 순으로 입체장애가 증가하는 것을 알 수 있다.

Bu—≡—Me 33 : 67   Ph—≡—Me 82 : 18   Bu—≡—t-Bu 100 : 0

헤테로원자로 치환된 acetylene의 경우에도 hydroalumination이 일어나는 데는 별 문제가 없다. 그러나 헤테로원자 치환기가 있으면 regiochemistry는 명확하게 어느 한쪽으로 일어나는 것이 아니고 대개 혼합물을 얻게 된다. 그러나 trimethylsilyl 치환 alkyne에서는 아주 regiospecific하게 *syn*-첨가가 일어난다. Trimethylsilyl기는 형태상으로 t-Butyl기와 같으나 입체장애 면에서는 t-Butyl기에 비해서 훨씬 덜하다. 따라서 trimethylsilyl기와 t-butyl기가 치환된 다음 acetylene에서는 Al은 입체장애가 더 적은 silyl기가 치환된 탄소에 첨가된다.

$LiAlH_4$ 또한 hydroalumination을 일으킨다. 이 반응은 hydride의 탄소–탄소 삼중결합에 친핵성 첨가로 일어나며 vinyllithium을 중간체로 거치게 된다. 첨가되는 hydride와 aluminum은 서로 *trans*가 된다.

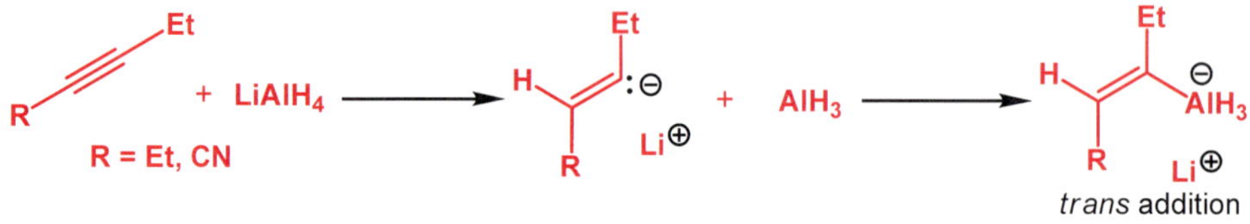

또한 이 반응은 소량의 alane, AlH_3에 의하여 촉매되는 것으로 알려져 있다. 일부러 alane을 첨가할 필요도 없는 것은 $LiAlH_4$는 LiH와 AlH_3와의 평형에서 소량 존재하게 된다. 만약 hydride의 첨가와 Lewis 산인 alane과의 coordination이 동시에 일어난다면 alkyne hydroalumination의 *trans*-첨가도 다음 식에서와 같이 자연스럽게 설명할 수 있다.

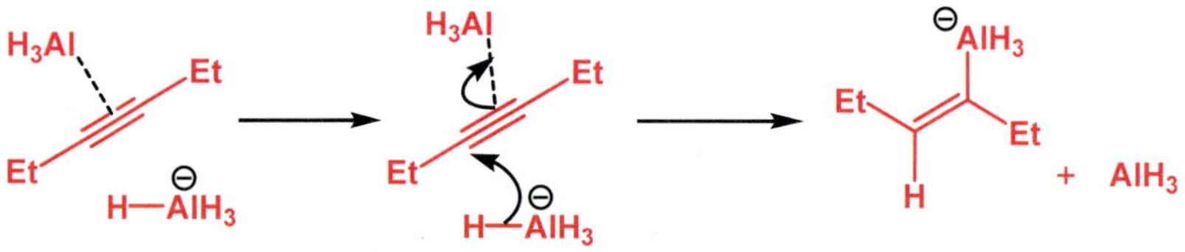

$LiAlH_4$를 이용하는 alkynyl sulfide로의 hydroalumination은 다음 반응에서 보는 것처럼 aluminum은 황-치환이 되어 있는 탄소에 첨가된다. 반응은 높은 regioselectivity를 보인다. 황은 이웃한 음이온을 안정화하는 능력이 특히 큰 원자이다.

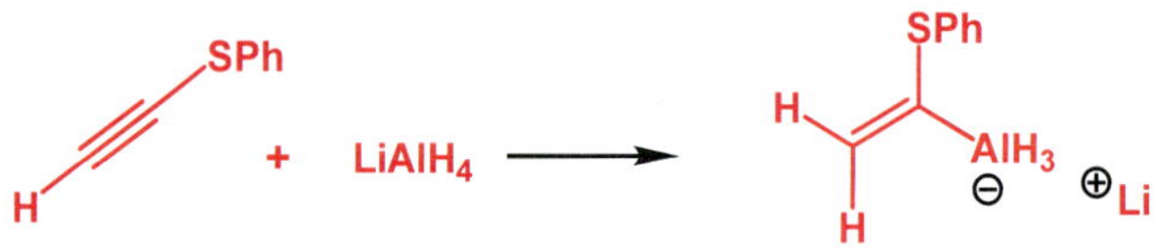

이와 유사한 regio- 및 stereo-specificity는 cyano group이 치환된 acetylene 및 halogen 치환이 일어난 acetylene 화합물에서도 나타난다.

Alkyne은 trimetylaluminum과 반응하여 쉽게 *syn*-첨가 생성물을 생성한다. 이는 앞에서 살펴본 ethylene으로의 첨가 반응과 같은 양상의 반응이다. Alkyne의 첨가는 alkene으로의 첨가보다 수월하게 일어나는 것도 앞에서 언급한 바 있다.

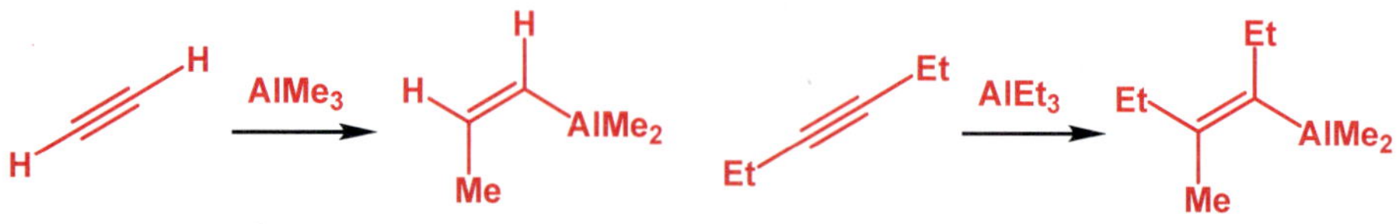

위의 보기 반응에서와 같이 trimethylaluminum 및 triethylaluminum을 주로 사용하게 되는데 이 두 시약이 효율성 면에서 뛰어나기 때문이다. Tripropylaluminum의 첨가는 regioselectivity가 형편없이 떨어진다. 또한 이-치환 acetylene의 carboalunination은 다음과 같은 연속 첨가가 일어나서 응용 반응 개발에 상당한 제한을 받는 경우가 많다.

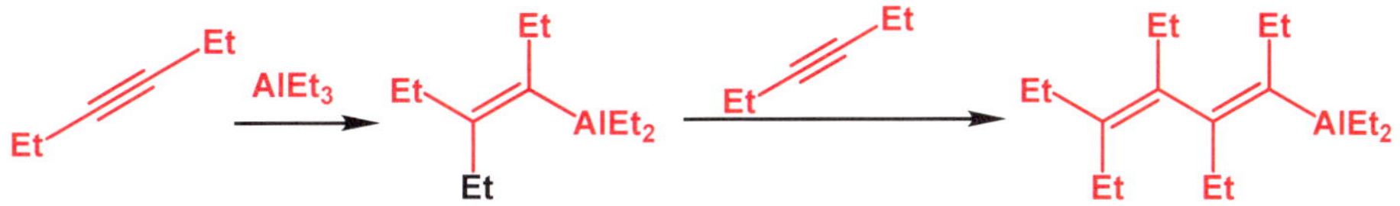

Carboalumination은 Ziegler Process에서처럼 $Cl_2Zr(C_5H_5)_2$ 등의 Zr 화합물을 촉매로 사용하는 경우가 많다. 이 촉매를 사용할 때의 장점은 반응 속도가 빨라진다는 것보다 첨가 반응의 regio- 및 stereo-specificity가 크게 개선된다는 데 있다. Regiospecific하게 입체장애가 적은 탄소에 aluminum이 첨가되고 stereospecific하게 *syn*-addition이 일어난다.

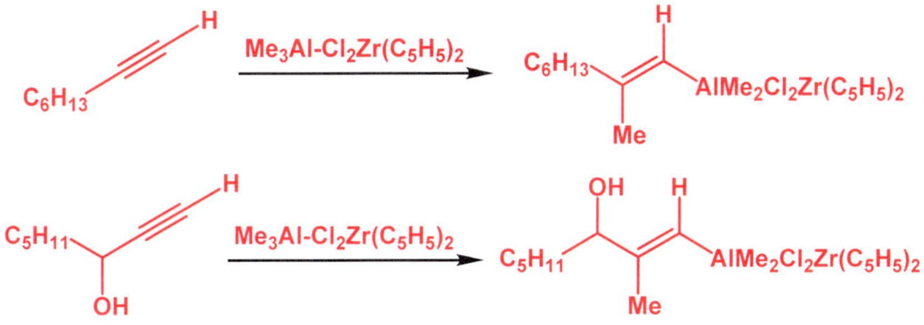

문제 4.26 다음 두 hydroalumination 반응은 다른 stereochemistry를 보인다. 그 이유를 설명하여 보라.

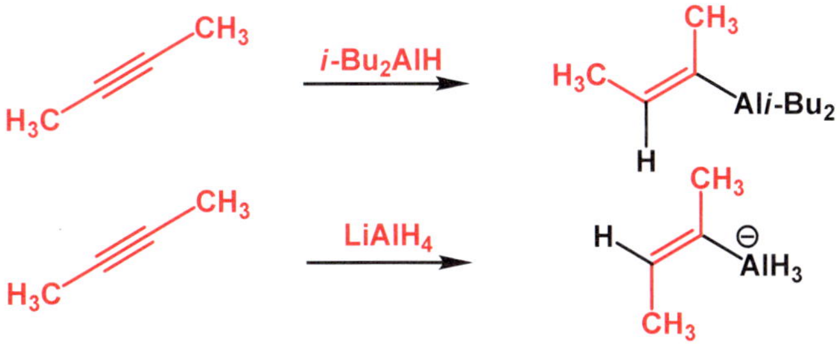

문제 4.27 다음 hydroalumination 반응은 regioselective하게 bulky group이 Me_3Si 치환 탄소 쪽으로 첨가된다. 어떤 이유에서인가?

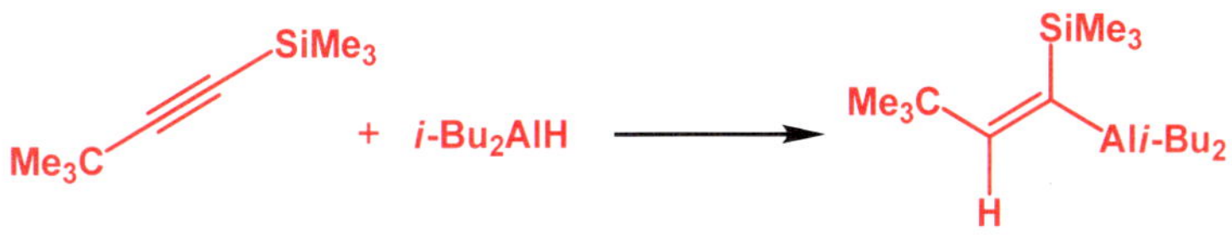

4.13 Reactions of Vinylalanes

Vinylalane은 다른 alkylalane이나 Grignard reagent, alkyllithium과 거의 유사한 반응을 한다. 유기 화합물의 친전자성 자리를 찾아 반응하게 된다. 양성자 산, 할로젠화 시약, alkyl halide나 tosylate, epoxide, carbonyl, enone 등이 반응할 수 있는 친전자성 자리를 제공하는 화합물들이다.

양성자 산으로 처리하면 금속 aluminum은 양성자로 치환되며 할로겐화 시약과 반응하면 할로젠이 금속 aluminum을 치환한다. 결과적으로 두 단계를 거치는 다음 두 반응 예에서는 acetylene에 deuterormethane나 methyl iodide를 첨가한 꼴이 된다. 아쉬운 점은 사용할 수 있는 alkylaluminum 화합물이 다양하지 못하다는 데 있다.

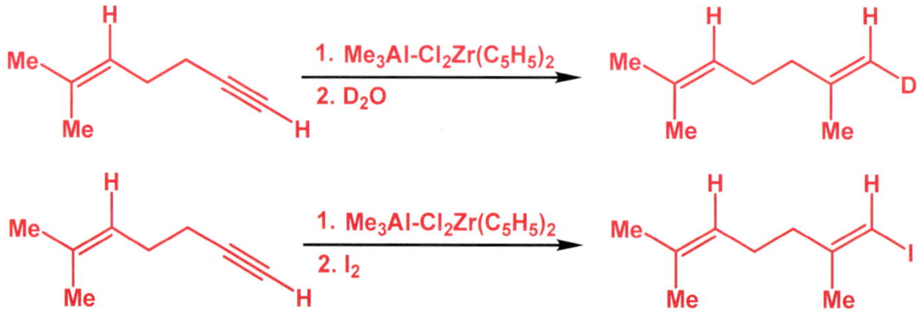
Me
Me
H
H
1. $Me_3Al\text{-}Cl_2Zr(C_5H_5)_2$
2. D_2O
D
1. $Me_3Al\text{-}Cl_2Zr(C_5H_5)_2$
2. I_2
I

가장 많이 사용되는 친전자성 할로젠화 시약은 NBS, NCS, chlorine, bromine, iodine이다. 이들 시약으로 할로젠화한 뒤에 산 처리를 거치면 각종 vinyl halide를 얻을 수 있다.

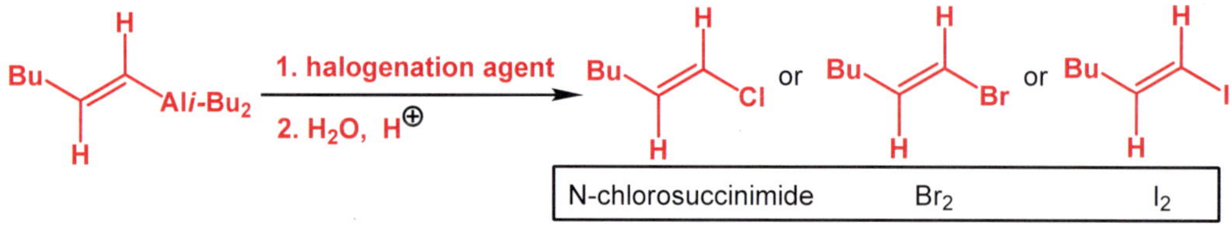
Bu
H
$Al\textit{i}\text{-}Bu_2$
1. halogenation agent
2. H_2O, $H^{\oplus}$
Cl
or
Br
I
N-chlorosuccinimide
Br_2
I_2

또한 vinylalane은 대부분의 alkyl halide와도 쉽게 치환 반응을 한다. Alkyllithium 등에서는 3차 alkyl halide의 경우 대부분 제거 반응이 일어나지만 alkylaluminum과는 치환 반응이 일어남은 이미 앞에서도 언급한 바 있다. Methoxymethyl chloride는 반응성이 좋은 친전자체로 Al을 치환하여 다음 반응에서처럼 methoxymethyl기를 도입할 수 있다.

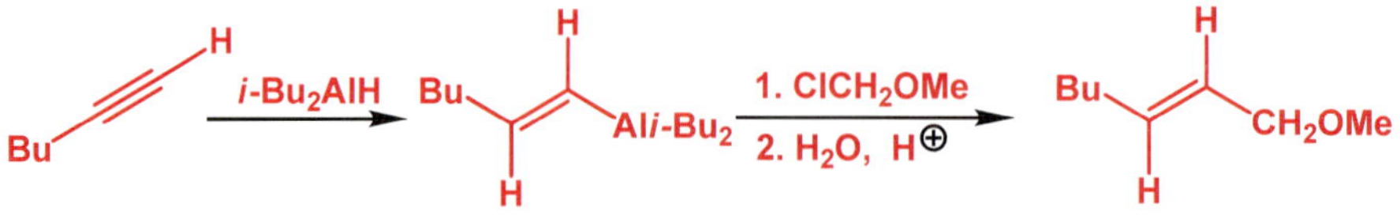
Bu
H
$i\text{-}Bu_2AlH$
$Al\textit{i}\text{-}Bu_2$
1. $ClCH_2OMe$
2. H_2O, $H^{\oplus}$
CH_2OMe

얻어지는 vinylalane을 butyllithium으로 처리하면, aluminate anion을 형성하게 되면 반응성이 증가하여 alkanesulfonate나 다른 pseudohalide와의 반응으로 어렵지 않게 alkyl 치환

으로 이어진다. 전체적으로 alkyne에 alkane(RH)를 첨가하는 결과가 된다. 다른 alkyl기에 우선하여 vinyl group이 먼저 반응함을 눈 여겨 볼 필요가 있다.

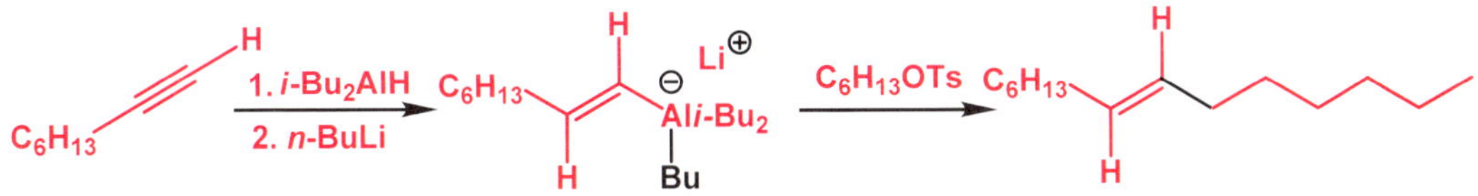

유기합성에서 빈번히 사용되는 친전자성 작용기에 epoxide도 있다. Epoxide 또한 alkenylaluminum과의 반응으로 쉽게 고리열림이 일어난다. 다음 반응식에서와 같이 비대칭 epoxide인 경우에는 alkenyl 친핵체는 일반적으로 epoxide의 덜 붐비는 탄소로의 공격이 일어나는 것을 볼 수 있다.

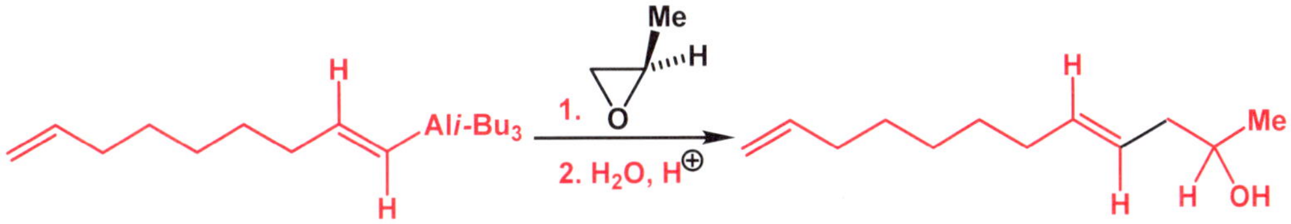

헤테로원자 친전자체가 있으면 친전자성 탄소 화합물에서와 같은 반응을 한다. 다음 반응의 thiosulfonate group의 $PhSO_2$는 benzenesulfinate라고 하며 그렇게 나쁘지 않은 이탈기 중의 하나이다.

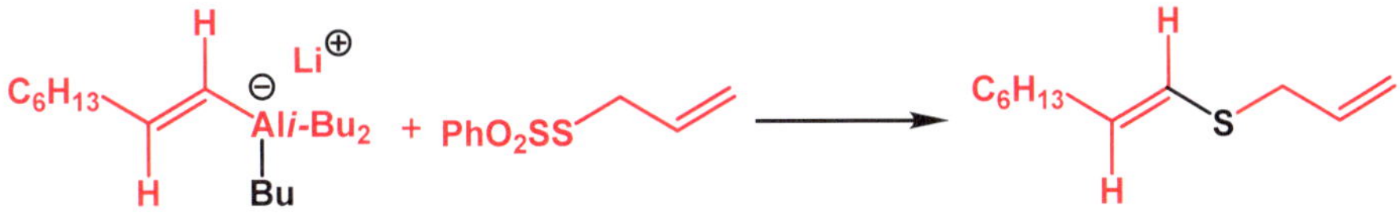

위의 세 반응에서 보는 'ate' complex는 triorganoaluminum을 alkyl lithium, 특히 methyl 또는 butyl lithium을 사용하게 만들게 된다. 이러한 과정을 거치지 않아도 일어나는 반응을 ate complex를 거치는 이유는 이렇게 하면 C–Al 결합이 더욱 극성을 띠게 되고, 따라서 친핵체로서의 반응성이 크게 증대되는 까닭에 반응성이 높지 않은 친전자체와 반응을 할 때에는 이와 같이 ate complex를 거치게 된다.

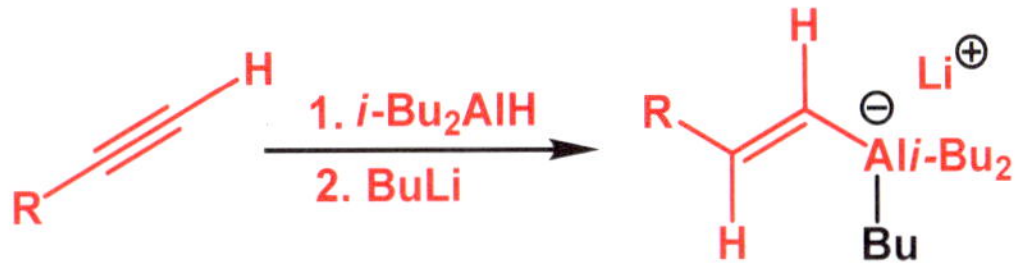

이와는 달리 vinyl halide나 aryl halide의 경우에는 친핵성 치환 반응을 하지 않는 것은 누구나 알고 있다. 그렇다고 방법이 전혀 없는 것은 아니다. $Ni(PPh_3)_4$ 또는 $Pd(PPh_3)_4$ 등의 촉매를 사용하면 vinyl halide나 aryl halide와의 coupling 반응이 쉽게 일어난다. $C(sp^2)$에서 일어나는 이 반응은 짐작할 수 있듯이 친핵성 치환 반응이 아니며 이 반응 메커니즘은 전이금속 화합물을 이용하는 coupling 반응이다. Pd 화합물을 촉매로 하는 coupling 반응은

아주 많이 개발되어 있는 반응으로 맨 마지막 chapter에서 다른 전이금속 촉매 반응과 같이 다루고자 한다. Acetylenyl halide와의 coupling 또한 C(sp^2)에서 일어나는 것과 같은 메커니즘을 거치게 될 것을 예상할 수 있다.

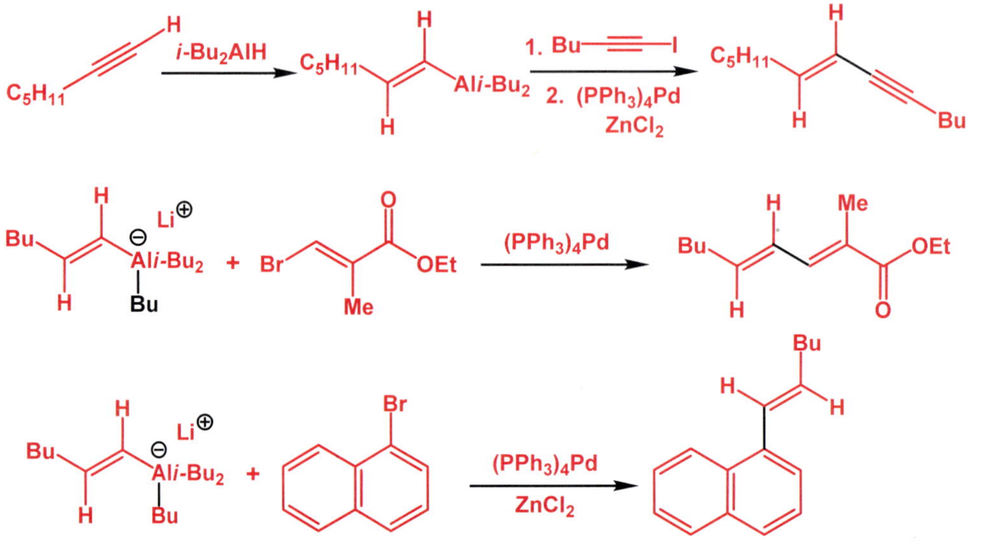

Vinylalane은 또한 반응성이 큰 carbonyl 화합물과 반응한다. 대개의 경우 ate complex를 거쳐 반응을 하게 된다. Formaldehyde와의 반응으로 hydroxymethyl기를 도입하게 된다.

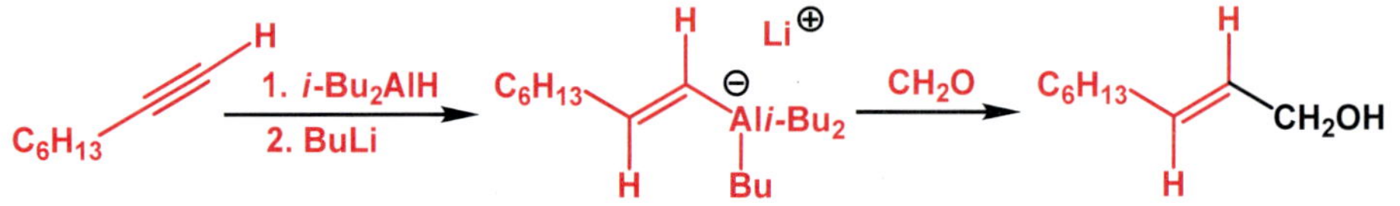

다음 반응은 aldehyde와 ester 작용기를 모두 가지는 반응물과의 반응 예인데, ester보다 반응성이 더 큰 aldehyde가 선택적으로 공격을 받아 반응이 진행됨을 볼 수 있다.

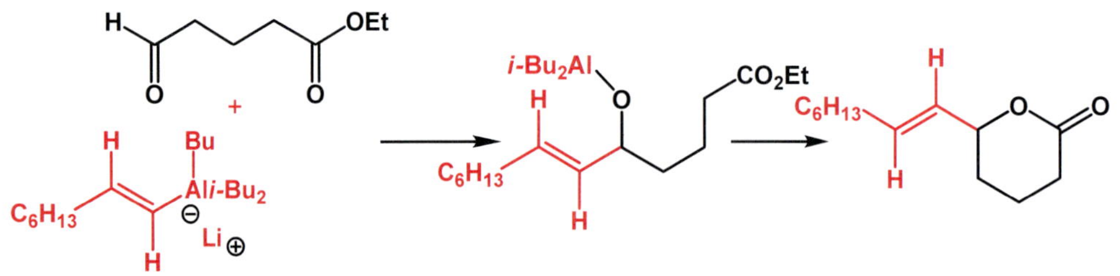

일단 aluminate complex를 형성하게 되면 반응성이 커져서 반응성이 그리 높지 않은 이산화탄소와도 반응하여 불포화 carboxylic acid를 생성한다.

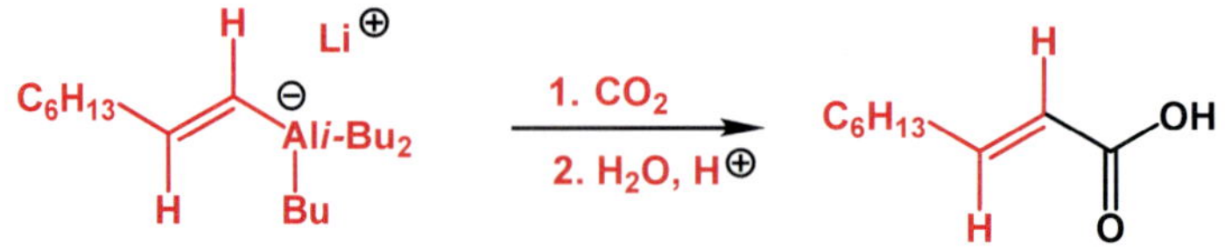

Aluminum 화합물은 enone과의 반응에서 1,4-첨가를 하는 것은 앞에서도 언급한 바 있다. 다음 합성 반응은 prostagrandin 합성의 앞부분에 탄소 사슬을 연결하는 단계에서 자주 등장하는 vinyl alane의 conjugate 첨가 반응이다.

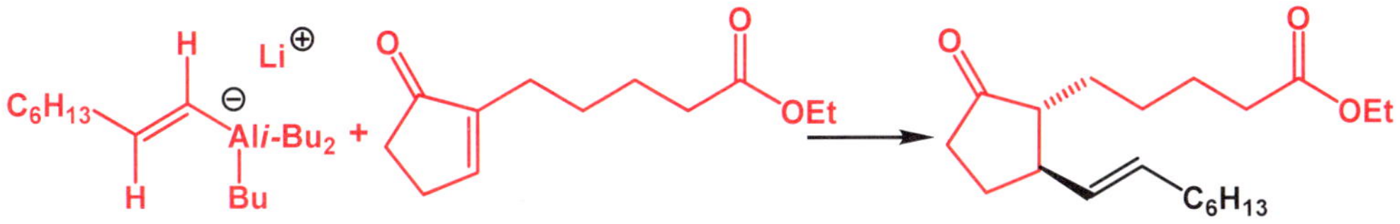

문제 4.28 다음은 전형적인 Pd-촉매 coupling 반응의 catalytic cycle이다. 아직은 낯선 반응이지만 자주 보게 되는 반응이다. 본문에 소개된 다음 두 반응 (a)와 (b)에서 중간체 A와 B에 해당되는 구조를 각각 그려보라.

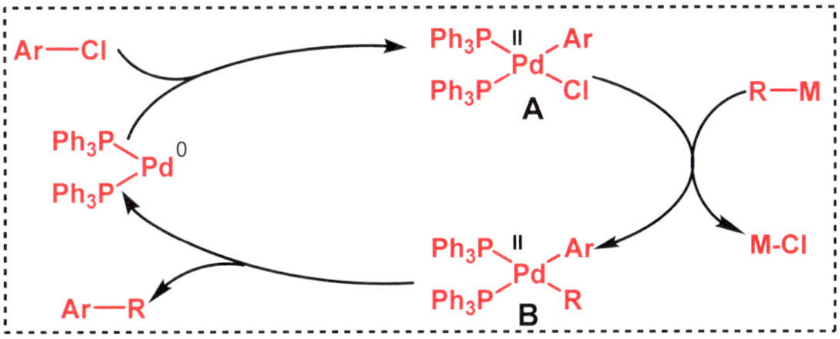

(a)

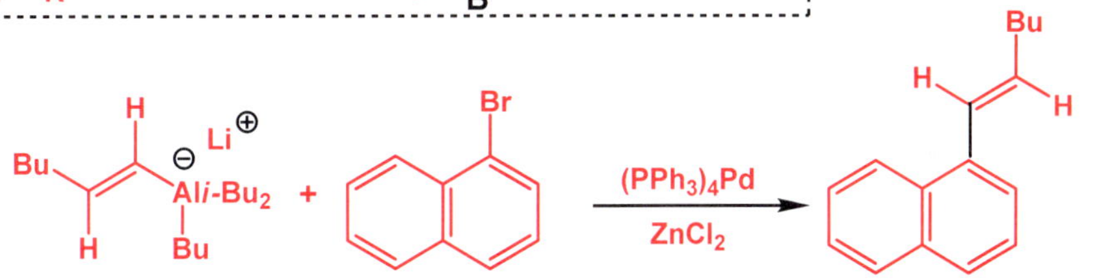

(b)

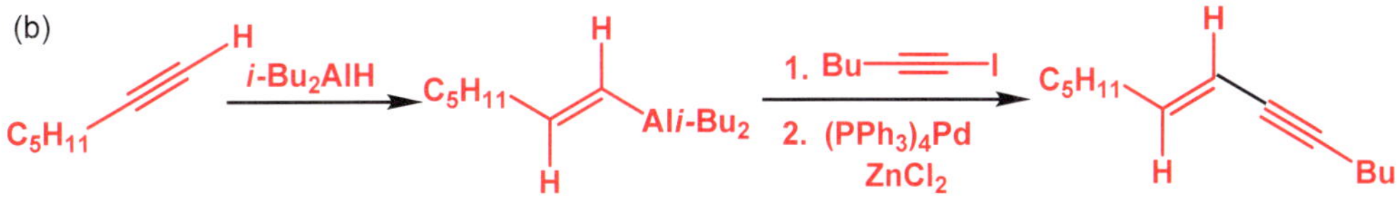

문제 4.29 Acetylenyl aluminum 화합물은 다음과 같이 쉽게 만들어 진다. 이 시약과 아래에 주어진 화합물과의 반응으로 어떤 화합물이 생성되는지 그려보라.

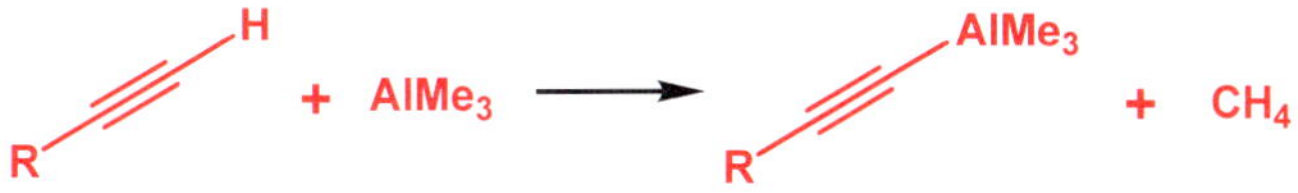

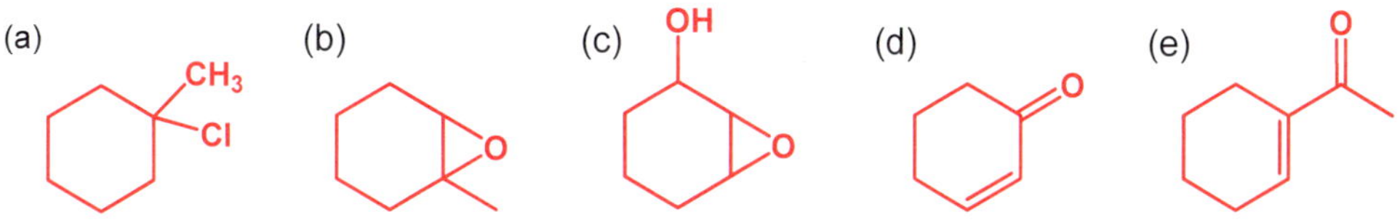

(a) (b) (c) (d) (e)

Organothalium Chemistry

4.14 Organothalium Compounds

Thallium은 B, Al과 같은 IIIA족이어서 borane이나 alane과 같은 chapter에서 다루지만 성질은 사뭇 다르다. Thallium도 다른 몇몇 중금속 원소와 마찬가지로 금속치고는 전기음성도가 높은 편이다. (약 1.9로 Si나 Sn과 거의 비슷한 수준이다.) 금속 ion은 +3과 +1의 두 가지 산화상태를 가지는데 oxidation potential로 보아 Tl^{3+}의 산화력이 높은 것이 틀림없다.

$$Tl^{3+} + 2e \longrightarrow Tl^{+} \quad -1.25V$$

Organothallium 화합물은 탄소 치환기에 따라 다음과 같이 셋으로 구분할 수 있고 이들의 반응성이나 안정성은 크게 다르다. Monoorganothallium(III)은 열적으로 활성이 크다. 반면 diorganothallium(III)은 열적 또는 화학적으로도 안정하여 물이나 공기에 의하여 쉽게 공격받지 않는다. Triorganothallium(III)은 hydroxylic 화합물과 쉽게 반응하여 diorganothallium(III) 화합물로 돌아간다.

$$R_3Tl + H\text{-}X \longrightarrow R_2Tl\text{-}X + H\text{-}R$$

그러나 이들 alkylthallium을 이용하는 합성 반응은 그렇게 많이 개발되어 있지 않다. 유기 반응에 사용할만한 가치가 있는 thallium 화합물의 반응은 방향족 화합물의 thallation과 oxymercuration과 아주 흡사한 oxythallation이라고 할 수 있다. 이 두 가지 유형의 흥미있는 반응들을 살펴보기로 한다.

4.15 Electrophilic Aromatic Substitution by Tl Compounds

전자밀도가 높은 방향족 화합물들은 수은 염과 친전자성 치환에 의한 mercuration이 쉽게 일어나서 유기수은 화합물을 생성한다. 이와 같은 방향족 고리에서의 metallation은 Tl salt를 사용하는 경우에도 쉽게 일어난다. 이러한 친전자성 방향족 치환은 hydroxy, alkoxy, amido group를 가지고 있어 고리의 전자밀도가 증강된 방향족 화합물에서는 아주 쉽게 일어난다.

$$C_6H_5\ddot{Z} \xrightarrow{M\text{-}X} M\text{-}C_6H_4\text{-}\ddot{Z}$$

MX = $Hg(OC(O)CF_3)_2$, $Tl(OC(O)CF_3)_3$, $Pb((OC(O)CF_3)$

Z = OMe, SMe, NHC(O)R, NHC(O)R, OC(O)NHR

치환기를 갖는 benzene과 반응하는 경우에는 halogenation이나 nitration과 같은 입문 단계에서 많이 보아왔던 친전자성 치환 반응과 거의 같은 양식으로 진행되지만 상당히 다른 regio-isomer의 비를 보인다. 그러나 방향족 화합물의 thallation은 mercuration보다 오히려 상세히 연구되어 있어 이들을 종합적으로 검토하면 어떤 특성을 가지는지를 알아볼 수 있다.

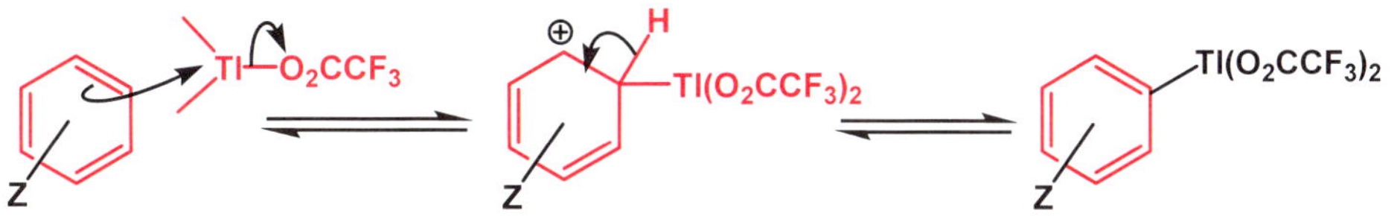

다음은 대표적인 치환기를 가지는 치환 benzene의 상온에서의 thallation 반응의 *o*-, *m*-, *p*-isomer의 생성비를 나타낸 것이다. 이들 몇 가지 치환 benzene의 thallation 반응 생성물의 비를 살펴보면 다른 친전자성 방향족 치환 반응에서의 위치선택성과는 다른 점이 몇 가지 눈에 띈다.

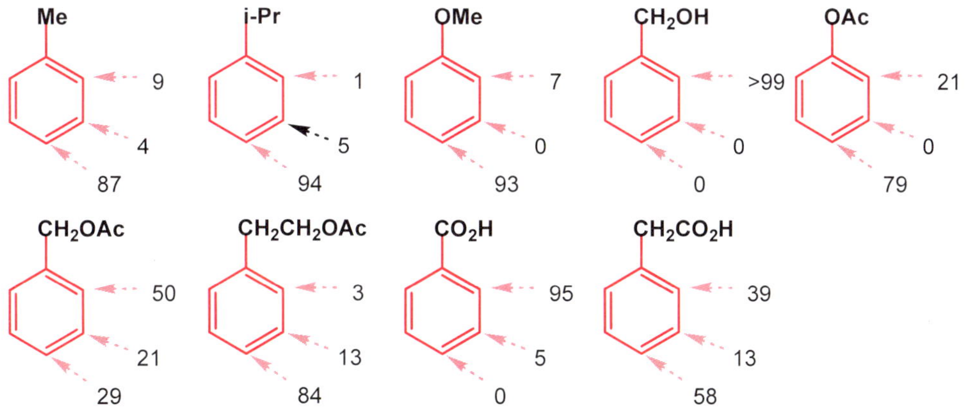

가장 먼저 눈에 띄는 특성은 입체적인 요인에 의한 영향이 더 크게 작용하여 *p*-isomer의 비가 상대적으로 많이 높다는 점이다. 눈에 띄는 또 다른 특색은 고리에 OH와 CO_2H기를 갖는 치환기가 존재하면 *o*-isomer의 비가 크게 증가하는 점이다. 이는 다음 그림에서 보는 바와 같이 Tl과 산소 원자 간의 coordination으로 인하여 다섯- 또는 여섯-원자 고리형 전이 상태가 안정화되는 것에 기인한다고 할 수 있다. Anisole의 경우에는 네-원자 고리의 불안정성으로 인하여 안정화 효과가 거의 없어 큰 효과를 나타내지 못하는 것이다.

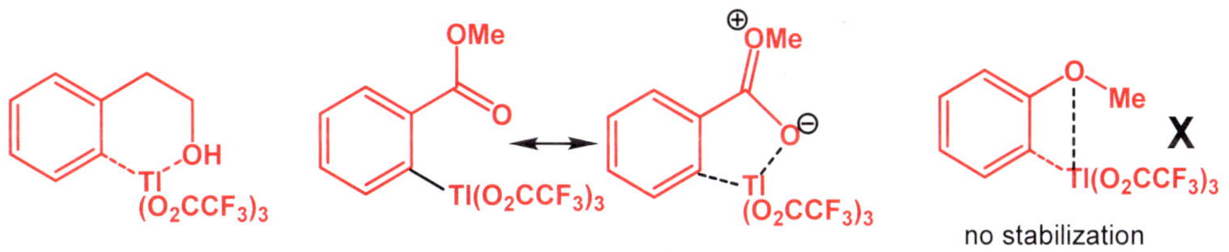

Thallation 반응이 가역 반응임을 알 수 있는 것은 phenethyl alcohol의 thallation의 생성물의 비가 반응 온도에 따라 달라지는 것을 보면 알 수 있다. 상온 이하에서는 Tl–O 간의

coordination으로 *ortho*-isomer가 주로 생성되지만, 높은 온도에서는 열역학적으로 가장 안정한 *meta*-isomer가 주생성물로 얻어지게 된다.

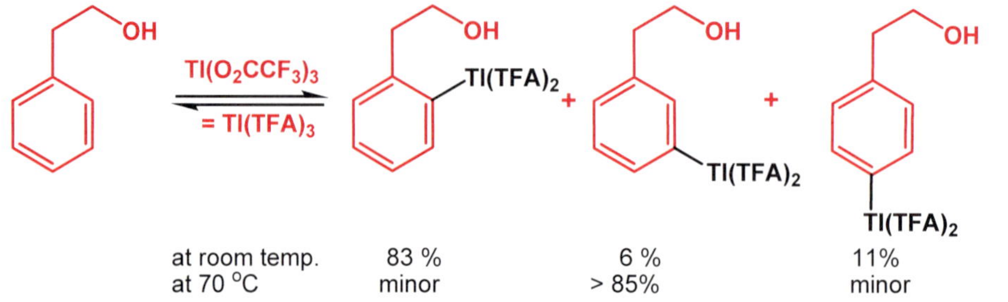

$Tl(O_2CCF_3)_3$ = $Tl(TFA)_3$

	ortho	*meta*	*para*
at room temp.	83 %	6 %	11%
at 70 °C	minor	> 85%	minor

앞에서 언급하였던 것처럼 Tl(III)은 산화력을 가지며 환원되어 Tl(I)로 변한다. 치환 반응으로 방향족 고리에 도입될 때는 친전자체로 작용하였던 thallium이 친핵체와의 반응에서는 전자쌍을 거느리고 떨어지게 된다.

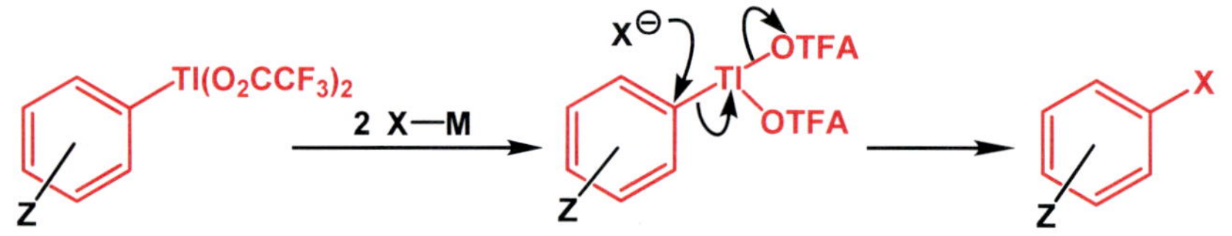

생성된 arylthallium 화합물은 친핵체와 반응하여 여러 치환 생성물을 얻을 수 있다. 다음과 같은 표를 그리면 간단하게 그 가능성만을 알아볼 수 있다.

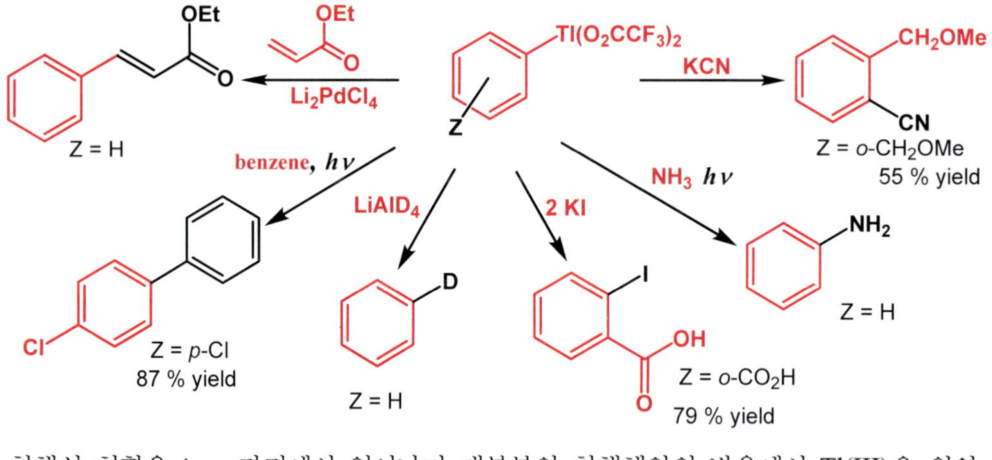

친핵성 치환은 *ipso* 자리에서 일어나며 대부분의 친핵체와의 반응에서 Tl(III)은 위의 메커니즘에 따라 Tl(I)로 떨어진다. 합성법으로 보아 그렇게 뛰어난 반응이라고는 할 수 없지만 워낙 독특한 메커니즘에 의해서 치환이 일어남으로 해서 때에 따라 요긴하게 이용할 수도 있다.

위의 표에 나타낸 반응 중에서 Pd을 촉매로 하여 일어나는 반응이나 빛을 조사하여야 일어나는 반응은, 친전자체와의 반응과는 다른 메커니즘에 의해서 진행될 것으로 예상할 수 있지만 여기서는 상세히 다루지 않는다.

4.16 Organic Reactions via Oxythallation

Thallium(III) salt는 마치 oxymercuration 반응에서처럼 탄소–탄소 다중결합에 첨가된다. Carbocation 또는 onium ion을 거치기도 하고 아니면 친핵체의 첨가와 금속의 첨가가 동시에 일어날 수도 있다. 반응하는 두 화합물의 성질에 따라 각기 다른 경로를 거치게 되며, 자리옮김 등 여러 가지 반응이 일어나게 된다.

TlX3 → products (via carbocation, via thallonium ion, or concerted addition of Y⊖)

앞에서 언급했던 것처럼 Tl(III)은 Tl(I)로 환원되는 성질을 가지고 있어 여러 가지로 복잡한 변화를 일으키게 된다[4]. 그러나 구부린 화살표 그리기를 제대로 할 수 있다면 그리 어렵지 않게 반응 경로를 그려낼 수 있다. 가장 간단한 alkene인 cyclohexene과의 반응을 살펴보자. Vicinal diacetate와 더불어 자리옮김한 cyclopentane 유도체의 diacetate가 동시에 생성된다. 어떻게 이와 같은 화합물의 생성이 가능한가?

Tl(OAc)3, AcOH: cyclohexene → 1,2-diacetate (40~55 % yield) + cyclopentyl diacetate (30~40 % yield)

반응의 시작은 oxymercuration과 유사하게 oxythallation이 일어나게 된다. 이중결합에 첨가된 Tl이 다시 탄소로부터 떨어져 나갈 때는 Tl(I)로 이탈된다는 점을 고려하면 두 생성물의 생성은 다음과 같은 화살표 이동을 표시하여 적합한 결합의 변화를 그려낼 수 있다. 우선 thallium acetate가 이중결합에 첨가되고 Tl이 떨어지면서 생겨나는 양이온으로 acetate 음이온이 첨가되던지, 아니면 두 단계 반응으로 이웃한 acetate의 산소가 첨가되어 중간체를 거쳐서 단계적으로 첨가되어 diacetate를 형성하게 된다. Tl의 이탈과 자리옮김이 동시에 일어나서 자리옮김 생성물이 생성된다. 항상 Tl(III)이 첨가되고 Tl(I)이 이탈된다는 점을 기억하면 된다. 위 반응의 메커니즘을 살펴보면 다음과 같다.

4 Tl(III)의 산화력은 Hg(II)와 Pb(IV)의 중간 정도이다. Pb(IV)의 반응 또한 Tl과 유사한 것이 많다.

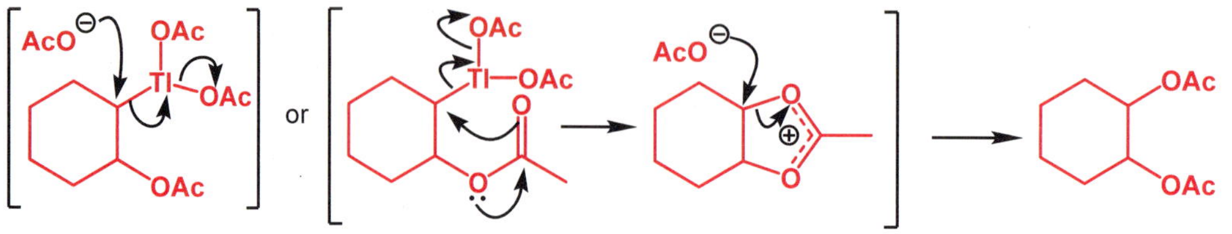

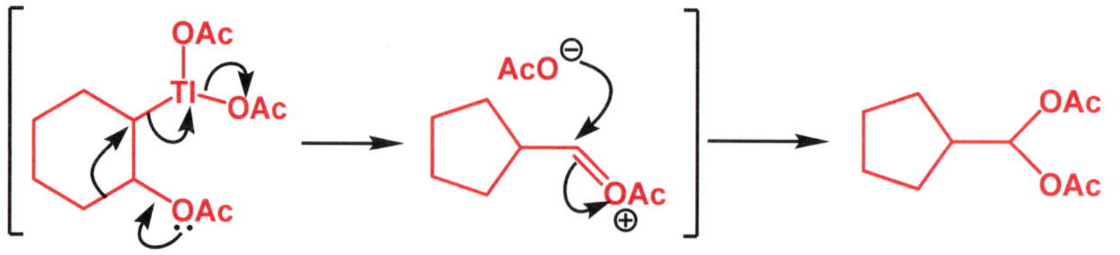

Thallium sulfate를 이용하면 styrene은 oxythallation을 거쳐 phenylacetaldehyde로 상당한 효율성 있는 변환이 일어난다. 이 반응도 역시 hydroxythallation이 일어나고 위의 반응에서와 같이 Tl이 이탈되면서 phenyl기의 자리옮김이 일어나서 aldehyde가 생성되는 메커니즘을 그리면 이해가 가능하다.

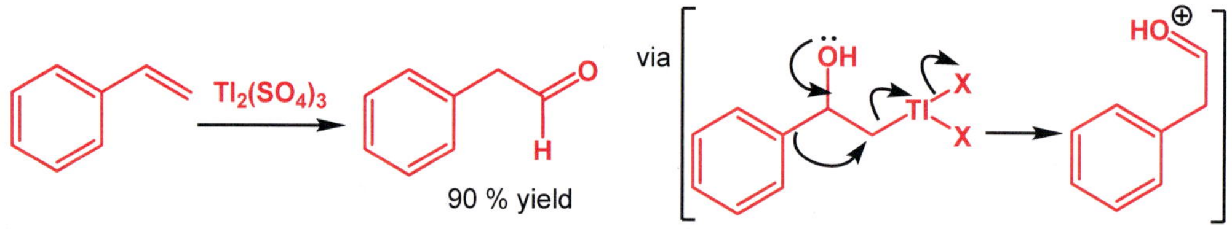

$Tl_2(SO_4)_3$ 90 % yield via

1-Hexene과의 반응은 ketone이 생성되는데 이 반응은 hydroxythallation이 일어난 후 hydride shift가 일어나야 생성되므로 다음과 같은 메커니즘을 그릴 수 있다.

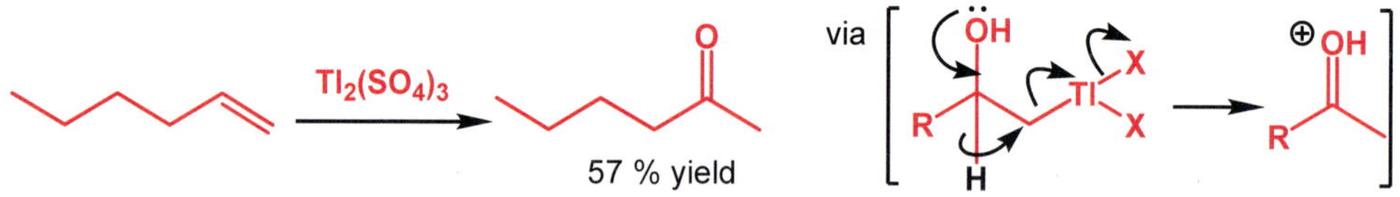

$Tl_2(SO_4)_3$ 57 % yield via

거의 정량적인 수득률을 보이는 다음 보기 반응도 마찬가지로 hydoxythallation이 먼저 일어나고 thalium이 환원되어 떨어져나가면서 자리옮김이 일어나게 된다.

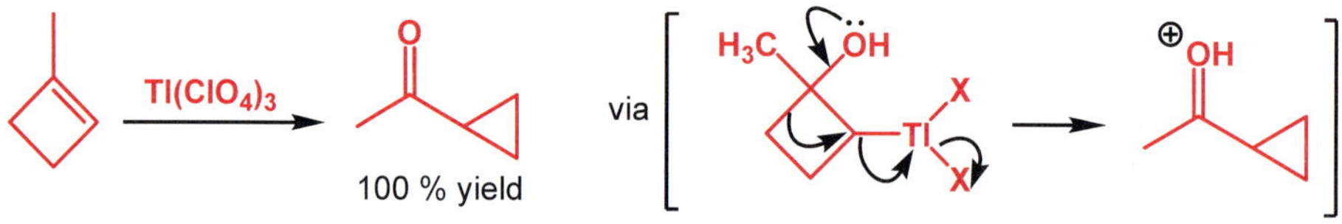

$Tl(ClO_4)_3$ 100 % yield via

Ketone의 dehydrogenation 반응은 DDQ나 benzeneseleninic acid에 의하여 행하는 것이 보통이지만 thallium acetate를 이용하는 다음 반응은 steroid 합성에 많이 사용된 반응이다. 마찬가지로 enol의 thallate에서 thallium은 Tl(I)로 환원되면서 이탈이 일어나게 된다.

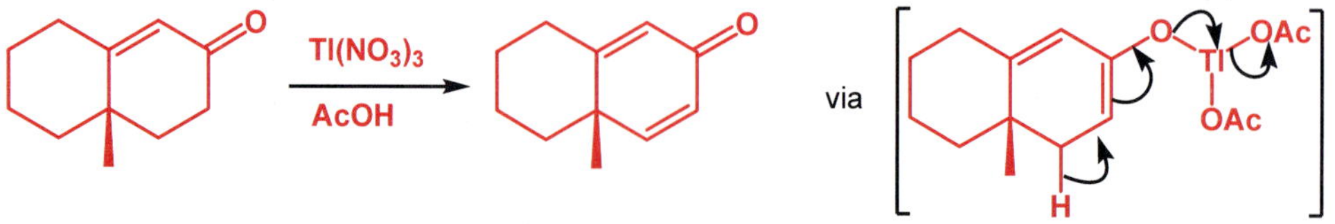

$Tl(NO_3)_3$ AcOH via

다음 oxidative cyclization 반응은 ketone의 α-자리에서의 반응으로 보아 아마도 다음과 같은 두 차례의 enol thallate를 경유할 것으로 짐작할 수 있다. 첫 단계에서는 분자 내의 OH가 둘째 단계에서는 외부 acetate가 친핵체로 첨가하게 되며 thallium(I)으로 이탈이 일어난다.

Tl(OAc)3, AcOH — OAc — up to 85 % yield — via

이 밖에도 Tl(I) 및 Tl(III) 염을 이용하는 흥미 있는 여러 가지 반응이 알려져 있으나 현재로서는 이 정도로 충분할 것으로 여겨진다. 위의 반응 예와 반응 메커니즘을 숙지하면 다음에 나오는 문제의 메커니즘을 어렵지 않게 그릴 수 있을 것이다.

문제 4.30 다음 두 반응에 대한 합리적인 메커니즘을 그려라. Thallium nitrate는 trihydrate 형태로 사용되며 사용량에 따라 다른 생성물이 얻어진다.

1 equiv. $Tl(NO_3)_3 \cdot 3H_2O$ — 3 equiv. $Tl(NO_3)_3 \cdot 3H_2O$

문제 4.31 Thallium nitrate trihydrate에 의하여 일어나는 다음 반응의 합리적인 메커니즘을 그려라.

1. $Tl(NO_3)_3$, AcOH; 2. heat to 40°C — CO_2H — high yield

$Tl(NO_3)_3$, CH_3OH — 85~95 % yield

문제 4.32 *p*-Xylene을 thallium tris(trifluoroacetate)와 반응시키고 ether를 용매로 KI와 반응시키면 iodo-*p*-xylene을 85%의 수득률로 얻게 된다. 어떻게 일어나는 반응인지 구부린 화살표를 이용하여 그려보라.

문제 4.33 다음 benzene 유도체들의 $Tl(OAc)_3/AcOH$와의 반응성 순서를 정해보라. 어느 것이 가장 빠르게 반응하는가? 어느 것이 너무 느려서 실용성이 없는가?

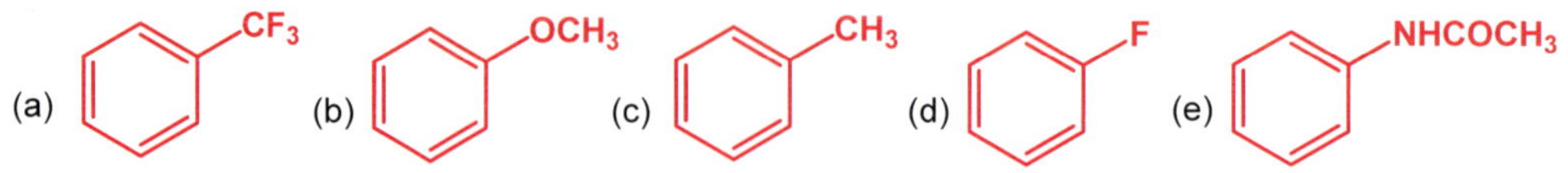

(a) $C_6H_5CF_3$ (b) $C_6H_5OCH_3$ (c) $C_6H_5CH_3$ (d) C_6H_5F (e) $C_6H_5NHCOCH_3$

문제 4.34 $Pb(OAc)_4$를 이용하면 위의 $Tl(OAc)_3$를 사용하는 것과 유사한 반응을 하게 된다. 다음 반응은 어떻게 진행되는지 메커니즘을 그려보라. 셋째 화합물은 양이온 중간체의 양성자떼기로 얻어진다고 가정하라.

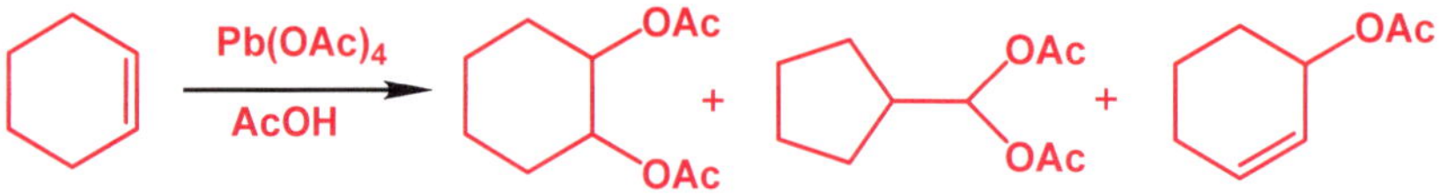

Pb(OAc)4 / AcOH
OAc OAc + OAc OAc + OAc

CHAPTER 05

Chemistry of Group 4A Organometallics

Chemistry of Organosilicon Reagents

Chemistry of Organotin Compounds

주기율표의 4A족을 구성하는 원소는 carbon(C), silicon(Si), germanium(Ge), tin(Sn), lead(Pb)이다. 탄소를 제외한 나머지는 준금속이거나 금속성을 나타낸다. 유기화학의 관점에서 본다면 그중 가장 중요한 원소가 silicon이고, 다음이 tin일 것이다. Organolead 화합물은 오래 전부터 알려져 왔지만 C–Pb 공유결합을 형성하는 물질들을 이용하는 유기 반응은 많지 않으며 큰 비중을 차지하지 않는다. Germanium은 silicon 화합물과 유사한 점이 많지만 특별히 유용한 반응들이 많이 알려져 있지 않다. 따라서 이 chapter에서는 organosilicon 화합물과 organotin 화합물의 반응을 주로 다루게 된다. 두 종류의 화합물 특히 organotin 화합물은 라디칼 반응을 하는 경우가 많으며 이들의 라디칼 반응은 Chapter 8에서 다루고 나머지 정통적인 유기화학 반응만을 여기서 다루기로 한다.

Chemistry of Organosilicon Reagents

5.1 Basic Properties for Organosilicon Compounds

Silicon은 주기율표 상에서 탄소 바로 밑에 위치하고 있으며 모두 원자가 전자수가 4이며, 모두 정사면체형 구조의 화합물을 형성하는 등 비슷한 성질이 많이 있다. 그러나 다른 점들도 여럿 있다. Silicon 화합물을 이해하기 위하여 제일 먼저 살펴보아야 할 것이 두 원소의 결합세기이다. 다음 표에는 몇 가지 대표적인 원소와 탄소 및 silicon의 평균 결합에너지를 나타낸 것이다. 어떤 원소는 탄소와 더 센 결합을 형성하지만 또 어떤 원소는 silicon과 더 센 결합을 형성한다.

Average Bond Energies (kcal/mol)

X—C	H—C	C—C	O—C	F—C	Cl—C	Br—C	I—C	Si—C
	99	85	80	116	78	68	51	69
X—Si	H—Si	C—Si	O—Si	F—Si	Cl—Si	Br—Si	I—Si	Si—Si
	77	69	88	139	93	74	56	55
ratio	1.29	1.23	0.91	0.83	0.84	0.92	0.91	1.26

위 표에 예시한 결합세기로 보아 다음과 같은 결합들이 가장 두드러진 특징을 보인다. 제일 먼저 눈에 띄는 것은 Si–Si 결합이 아주 약하다는 점이다. 탄소–탄소 결합이 안정하여 무수히 많은 탄소 화합물이 가능하지만 Si–Si 결합을 여럿 포함하는 화합물은 존재하기 어렵다는 점이다. 둘째로 눈에 띄는 점은 전기음성도가 큰 할로젠과 산소 원자와 silicon 원자 간의 결합세기는 같은 원자의 탄소와의 결합에 비하여 상당히 센 결합을 형성한다는 점이다. 그 중에서 Si–F 결합은 다른 어떤 σ-결합보다도 센 결합임을 눈여겨 보아야 할 것이다. Si–O, Si–Cl 결합 또한 C–O, C–Cl 결합보다 센 결합을 형성한다. 반대로 전기음성도가 낮은 원자와의 Si–H, Si–C, Si–O, Si–Si 결합은 silicon의 경우가 탄소의 경우보다 더 약한 결

합을 형성한다.

Relative Elecronegativity Scale for Group 4A and other Elements

H 2.20						
Li 0.99		B 2.04	C 2.55	N 3.04	O 3.44	F 3.98
	Mg 1.31	Al 1.61	Si 1.90	P 2.19	S 2.55	Cl 3.16
			Ge 2.01	As 2.18	Se 2.55	Br 2.98
			Sn 1.88			I 2.66

무엇보다 위 표에서 4A족과 그 밖의 몇몇 원소들의 전기음성도를 다시 한 번 살펴볼 필요가 있다. Silicon은 전기음성도가 1.9로서 탄소(2.55)는 물론이고 수소(2.2)보다 전기양성 원소이고 따라서 Si–C의 결합은 Si가 부분양전하를 C가 부분음전하를 띠게 된다. 따라서 친핵체는 Si를 친전자체는 C를 공격하게 될 것이다. Si–C의 결합길이 또한 1.89Å으로 C–C 결합의 1.54Å보다 길며 Si–C 결합은 C–C 결합보다 더 약한 결합이다.

δ+ Si C δ− δ+ Si H δ−

Si–H 결합도 마찬가지로 H가 더 전기음성이다. C–H 결합보다 약한 Si–H 결합은 더 쉽게 깨지며 trimethylsilane은 Si보다 전기음성인 H가 hydride로 작용하게 되며, 탄소 유사체인 isobutane이 가지지 못하는 환원제로의 기능과 역할을 (마치 alane이나 borane처럼) 할 수 있다는 점을 기억해 둘 필요가 있다.

Organosilicon 화합물의 또 다른 특색의 하나는 silicon 원자는 안정한 π-결합을 형성할 수 없다는 점이다. 이는 탄소가 π-결합을 통하여 평면형 구조를 이루거나 아니면 두 π-결합으로 선형 분자 (allene, acetylene)를 이룰 수 있는 것에 대비된다. 다음 식에서처럼 어렵게 어렵게 Si=C 이중결합을 만들 수는 있다. 그러나 이들 화합물은 안정하지 않아 곧 다른 화합물로 변해 버리거나 아니면 다른 화합물과 쉽게 반응해 버리는 데 있다.

X Si C Li → - 50 ~ + 90 °C → [Si=C] → further reaction

X = Cl, OTs, OP(O)Cl_2 unstable and reactive

이론적인 계산에 의한 결합세기는 C=C π-결합은 63 kcal/mol 정도이며 C=Si π-결합은 이보다 훨씬 약한 45 kcal/mol로 나타나지만 실험적으로는 이보다도 훨씬 적은 34 kcal/mol로 관찰되었다. 계산치과 실제 값의 이러한 차이는 탄소와 silicon의 큰 전기음성도 차이에 기인하는 것으로 추정된다.

또 한 가지 다른 silicon 화합물의 특성은 탄소와 달리 silicon은 둘째-주기 원소로서 *d* 오비탈의 사용이 가능하다. Si와 여섯 F 원자 간에 이루어지는 아래 그림의 hexafluorosilicate (SiF_6^{2-}) 음이온은 아주 안정한 ion으로, 이 화합물에서 Si는 d^2sp^3혼성을 하며 정팔면체 구조를 갖는다. 탄소 화합물과는 달리 silicon 화합물의 친핵성 치환 반응은 거의 모두 **pentavalent 중간체**를 거쳐 진행된다. (Pentavalent C는 치환 반응의 전이상태에서나 그릴 수 있는 아주 불안정한 화학종이다.) Pentavalent silicon 원자는 dsp^3 혼성화되어 있으며 이 중간체 음이온은 비교적 안정한 것으로 알려져 있다. Pentavalent silicon 화합물은 삼각이중피라드형 입체구조를 갖게 된다. 이와 같이 silicon은 때에 따라 확장된 원자가껍질을 이용하는 경우가 많음도 기억해 두어야 할 점이다. 또한 탄소의 치환 반응은 몇몇 반응성이 큰 이탈기가 있는 경우에만 일어날 수 있으나, silicon 화합물의 경우에는 난이도의 차이는 있지만 원칙적으로 어떤 치환기도 이탈기로 떨어질 수 있다.

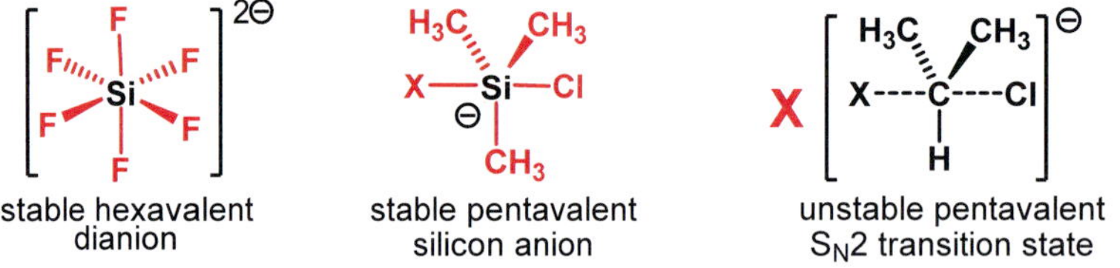

다음은 유기화학에서 가장 많이 사용되는 trimethylsilyl 치환기가 미치는 전자적인 효과에 관하여 살펴보자. 이를 위해 anilinium ion과 phenol의 산성도를 Me_3Si 치환 화합물의 그것과 비교하였다. 적어도 이 두 화합물에서 Me_3Si기의 전자 효과는 수소와 별반 차이가 없는 점을 알 수 있다. 상당히 많은 유기 반응에서 Me_3Si기가 보이면 그냥 커다란 양성자가 한 개 붙어 있다고 생각하면 된다고 강조하는 것은 바로 이 때문이다.

*p*Ka = 4.62 *p*Ka = 4.36 *p*Ka = 10.85 *p*Ka = 10.64

그러나 이는 Si 치환기가 상당히 원거리에 있는 경우의 효과이고 silicon 원자에 바로 이웃하거나(α) 아니면 하나 떨어진 (*β*)자리에서의 carbocation 또는 carbanion이 생성되는 경우의 안정성은 silyl기의 존재에 의하여 크게 영향을 받게 된다. <u>*α*-Silyl stabilized carbanion</u>

의 안정도와 β-silyl기에 의한 carbocation의 안정화는 organosilicon chemistry의 근간을 이루게 됨을 곧 알게 될 것이다.

마지막으로 trimethylsilyl 치환기는 입체적으로 어느 정도 bulky한 group인가에 관한 것이다. 모양으로 보아서는 trimethylsilyl 치환기는 대응하는 탄소 치환기인 *t*-butyl기와 같은 꼴이며 이와 비교하게 된다. 다음 neopentyl halide는 친핵체와의 반응이 아주 느려서 S_N2 유형의 반응은 거의 하지 않음은 모두가 알고 있는 사실이다. 이에 비해 neopentyl의 Si 유사체인 trimethylsilylmethyl halide 등은 그렇게 어렵지 않게 치환 반응을 한다. 어떻게 이런 일이 가능한가?

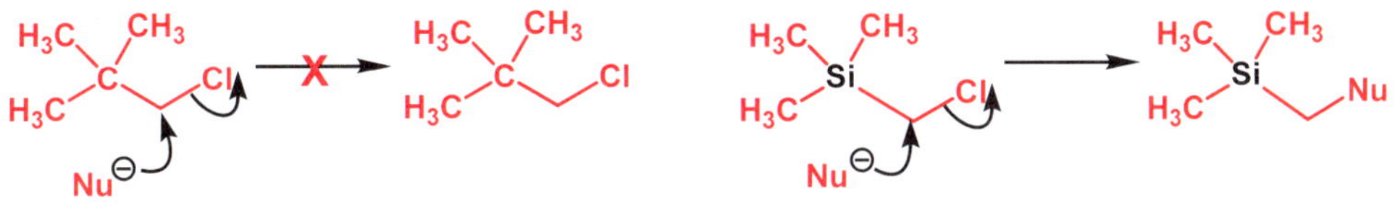

둘째 주기 원소인 Si의 원자 반지름을 고려하면 Si–C 결합길이는 C–C 결합길이에 비해서 더 길어야 한다. 실제로 Si–C의 결합길이는 1.89 Å로 C–C 결합의 1.54 Å보다 훨씬 더 길다. 따라서 silyl기는 reaction site로부터 더 멀리 떨어져 있게 되고, 따라서 친핵체의 접근에 입체적인 영향을 덜 미치게 되는 것이다. 그림에는 한 Si–C만을 표시하였지만 다른 Si–C(methyl)의 결합길이 또한 *t*-butyl에서보다 길다는 점도 챙겨 볼 필요가 있다.

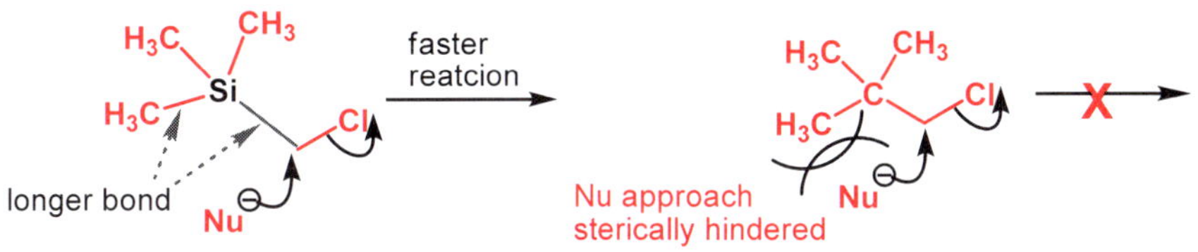

이 chapter에서 공부하게 되는 organosilane의 Si–C 결합은 충분히 센 결합으로 보통의 반응 조건에서 쉽게 깨지지 않는다. 그렇다고 해서 너무 세서 깨뜨릴 수 없는 것도 아니다. Si–C 결합은 쉽게 깨지지 않지만 마음먹고 꼭 깨려고 하면 언제든지 어떤 결합이던지 깰 수가 있는 바로 이 점이 organosilane이 유기합성 반응에 자주 사용되는 중요한 이유이다. 뒤늦게 1960년대부터 발전되어온 organosilane chemistry는 유기합성 반응에서 대단히 큰 비중을 차지하고 있으며, 그 근간에는 바로 이러한 Si–C 결합 특성이 깔려 있는 것이다.

문제 5.1 다음 cyclohexane 유도체의 두 isomer의 가장 안정한 conformer를 그리고 그렇게 그린 이유를 설명하라.

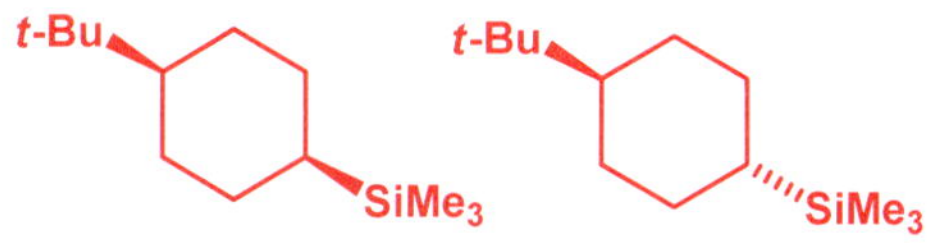

5.2 Manufacture and Supply of Organosilicon Reagents

공업적인 중요성이 크기 때문에 웬만한 organosilane은 공업적으로 대량 생산되며 따라서 특별한 것을 제외한 기본적인 silicon 화합물은 모두 구매해서 사용할 수 있다. 공업적으로는 **Rowchow process**라고 알려져 있는 공정에 의하여 생산된다. 가장 많이 사용되는 methylsilanes을 예로 들면 methyl chloride와 구리가 함유된 silicon 원소와 반응시키게 된다. 생성물로는 dichlorodimethylsilane을 비롯한 여러 가지 chloromethylsilane의 혼합물이 얻어지게 되지만 분별 증류하여 각기 다른 용도의 화합물로 변환시켜 모두를 사용하게 된다. 같은 방법으로 chlorobenzene을 사용하면 phenyl기와 chloro 치환기가 혼재하는 silane의 혼합물을 얻게 된다.

$$CH_3-Cl + Si/Cu \xrightarrow{heat} (CH_3)_3SiCl + (CH_3)_2SiCl_2 + CH_3SiCl_3 + \text{others}$$

$$C_6H_5Cl + Si/Cu \xrightarrow{heat} Ph_3SiCl + Ph_2SiCl_2 + PhSiCl_3 + \text{others}$$

특별한 용도를 가지는 organosilane들은 다음과 같은 **σ-결합 metathesis** 반응을 이용하여 공업적으로 생산된다. Grignard 시약이나 alkyllithium과 같은 활성이 높은 유기금속 화합물을 사용하게 되며 Si–H 결합을 갖는 silane은 환원하여 얻게 된다.

$$SiCl_4 + 4\,RLi \longrightarrow SiR_4 + 4\,LiCl$$

$$R_3SiCl + PhMgCl \longrightarrow R_3SiPh + MgCl_2$$

$$2\,R_2SiCl_2 + LiAlH_4 \longrightarrow 2\,R_2SiH_2 + LiCl + AlCl_3$$

또는 hydroboration이나 hydroalumination과 유사한 hydrosilylation을 이용하는 제법도 특수한 일부 organosilane을 제조하는데 사용하기도 한다. (**Speier process**) 시판되고 있는 organosilane 시약들은 대개 이 세 가지 방법 중의 하나로 공업적으로 제조된 것들이다.

$$HSiCl_3 + CH_2{=}CHCH_2R \longrightarrow Cl_3SiCH_2CH_2CH_2R$$

5.3 Nucleophilic Substitution at Silicon

Silicon–헤테로원자 결합을 갖는 화합물은 친핵체에 의하여 치환 반응이 일어난다. 이탈기가 여러 개 있는 경우에는 차례차례로 치환이 일어나서 결국 모두가 바뀔 수도 있다.

$$SiCl_4 + 4\,NaOMe \longrightarrow Si(OMe)_4 + 4\,NaCl$$

가장 빈번하게 사용하는 trimethylsilyl chloride의 치환 반응을 살펴보자. 이 치환 반응은 일반적인 탄소 화합물의 친핵성 치환처럼 **'S_N2 치환'**이라고 부른다.

그러나 내막적으로는 sp^3 탄소 화합물에서는 일어날 수 없는 새로운 메커니즘을 통하여 진행된다. 즉, 친핵체가 먼저 silicon 원자에 결합되고 그 다음에 이탈기가 떨어져 나오게 된다. 탄소 화합물에서 가능하지 않던 이 메커니즘이 작동되는 것은 Si는 기본적으로 탄소보다 크기가 크고 *d* 오비탈을 이용할 수 있기 때문이다.

Trimethylsilyl chloride의 다음 치환 반응을 구조적으로 유사한 *t*-butyl chloride의 치환 반응과 비교하여 보면, 탄소 화합물은 입체적인 장애로 인하여 S_N2 치환은 절대로 일어날 수 없고 S_N1 메커니즘을 따라 일어나게 된다.

Silyl chloride의 경우에는 이탈기가 먼저 이탈되는 S_N1, 친핵체의 첨가와 동시에 일어나는 S_N2, 친핵체가 먼저 첨가되는 특수 'S_N2'의 세 가지 가능성 중에서 S_N1 유형으로는 Si^+ 중간체는 높은 에너지로 생성되기 어려우며, concerted process인 S_N2는 안정한 **pentavalent Si intermediate**를 거치는 **특수한 형태의 'S_N2'** 반응에 비해 불리하기 때문에 결국 pentavalent 음이온 중간체를 거치는 첨가-제거 메커니즘으로 진행된다. Silicon이 친전자성 자리가 되는 모든 친핵성 치환 반응은 다음 식에서 보는 바와 같이 첨가-제거 메커니즘을 거쳐 진행되는 것으로 보면 틀림없다. Organosilane을 이용하는 유기합성 반응에서 어느 단계에서는 trialkylsilyl group을 도입하게 되며, 어느 단계에서는 trialkylsilyl group을 제거하게 된다. 도입 단계에서도 제거 단계에서도 대부분 위와 같은 친핵성 치환 반응을 거치게 된다.

이러한 치환 반응이 효율적으로 일어나기 위해서는 적당한 반응성의 이탈기가 붙어 있어야 하며, 적당한 반응성의 친핵체가 공격하여야 한다. 먼저 이탈기에 관하여 살펴보자. Si와의 결합깨짐이 쉽게 일어나려면 우선 Si–Leaving 결합세기가 약해야 하며 떨어져 나오는 anion의 안정도가 높아야 한다. Trimethylsilyl halides, peudohalides, sulfonates가 주로 이 목적으로 사용된다. 이탈기 음이온의 짝산의 *pKa*가 높은 산의 TMS 유도체들의 반응성이 큰 것이 사실이다. 또 한 가지는 Si는 hard 친전자체이어서 I^-와 같은 soft 이탈기를 가지는 유도체의 반응성이 높다는 사실이다. 물론 반응성은 상대적이어서 친핵체가 무엇인가에 따라 상대적 반응성은 차이가 있게 마련이다. 자주 쓰이는 trimethylsilyl halide와 sulfonate를 반응성 순서대로 나열하면 다음과 같다.

$Me_3SiCl < Me_3SiBr < Me_3SiI < Me_3SiOTf$ (most reactive)

Trimethylsilyl chloride가 가장 많이 사용되며 더 높은 반응성이 필요한 경우에는 iodide, 그보다 더 높은 반응성이 요구되는 반응에는 trifluorometanesulfonate를 사용하게 된다. Trimethylsilyl기는 hard 친전자체여서 bidentate 친핵체인 enol이나 enolate와의 반응은 모두 Si–O 결합이 형성되는 쪽으로 진행된다. 두 경우 모두 trimethylsilyl chloride의 반응성 정도로 충분하여 굳이 반응성이 더 큰 silyl 화합물을 찾을 필요가 없다.

Cyclopentanone → (Me_3SiCl, Et_3N; DMF, reflux) → 1-($OSiMe_3$)cyclopentene

2-Methylcyclohexanone → (add to LDA, - 78 °C; via [R_2N–Li, H abstraction]) → OLi enolate → (Me_3SiCl) → $OSiMe_3$ silyl enol ether, 99 % yield

그러나 높은 반응성이 요구되는 경우도 있으며 그런 목적으로 자주 사용되는 화합물이 **trimethylsilyl triflate**이다. 일반적인 alkyl triflate는 불안정하여 보관이 어려운데 반해 trimethylsilyl triflate는 그보다 안정하여 보관과 사용에 어려움이 없다. 굳이 반응성을 비교한다면 산소 친핵체에 대한 반응성에서 trimethylsilyl triflate가 trimethylsilyl chloride보다 10^8~10^9배 높은 것으로 알려져 있다. 실제로 TMS triflate는 아주 훌륭한 Lewis acid로서 ether, acetal, ketone 등과의 반응에서 Lewis 산으로 작용하여 여러 반응을 가능하게 한다.

예를 들어, 카보닐 화합물과 alcohol로부터 acetal을 만든다고 하자. Me_3SiOTf가 존재하면 어떤 경로를 거칠 것인가? 다음 메커니즘을 보고 이미 알고 있는 단순한 양성자산을 이용하는 acetal 생성 메커니즘과 비교한다면 이 반응은 양성자산 촉매로 진행되는 반응과 완전히 같으며 다른 점은 양성자가 아닌 Me_3Si group이 양성자의 역할을 수행한다는 점이다. 즉, 아래 그림에서 Me_3Si를 모두 H로 바꾸어 넣으면 우리가 알고 있는 산-촉매 acetal 생성과 똑같은 메커니즘이 된다.

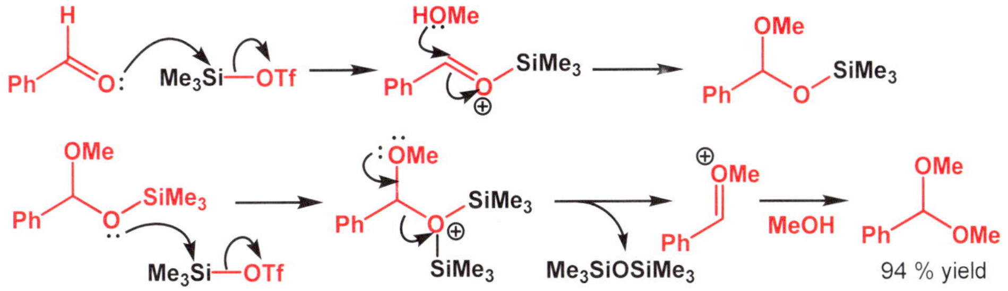

Silyl enol ether와 acetal을 같은 Me_3SiOTf 존재하에 반응시키면 어떤 반응이 일어날 것인가? 우선 다음 식을 먼저 살펴보자. Acetal은 TMS 붙임으로 methoxy기 하나를 잃게 되고 형성되는 반응성이 큰 benzaldehyde의 산소에 methyl cation이 첨가된 형태의 강력한 친전자체가 만들어지고, 여기에 silyl enol ether가 친핵체로 공격하여 효과적으로 aldol 유형의 반응이 일어난다. 양성자산 없이 일어나며 부반응이 거의 없는 효율이 높은 반응이다.

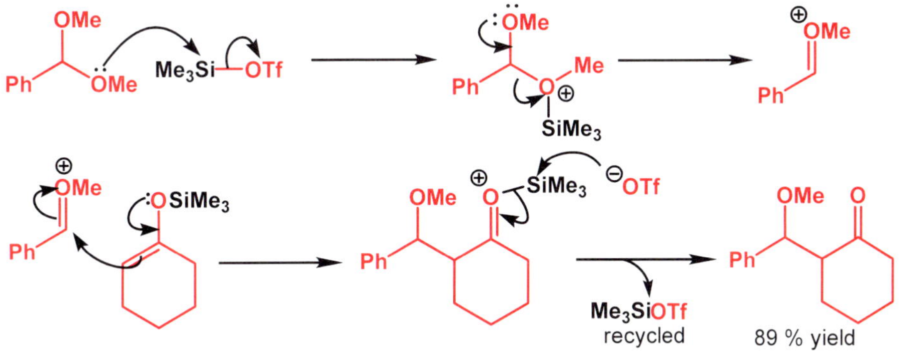

다음 단계에서 Me_3Si는 triflate anion에 의하여 떨어져서 촉매 순환이 이루어진다. Me_3Si group 대신에 양성자를 그려 넣으면 보통 산촉매 반응의 메커니즘이 된다. 이와 같이 Me_3Si group은 꼭 중간체 합성에만 사용되는 것이 아니고 반응에서 촉매로 사용되는 경우도 많다. 위에서 살펴본 어느 반응에서도 Me_3Si기에서의 치환 반응은 모두 'S_N2'처럼 그리지만 실제로는 pentavalent 음이온 중간체를 거치는 것은 틀림 없는 사실이다. 이들 촉매 반응은 반응성이 낮은 trimethylsilyl chloride를 사용해서는 쉽게 이루어지지 않는다.

5.4 Trialkylsilyl Group: Excellent Protecting Group

Trialkylsilyl(TMS) group은 아주 좋은 보호기 역할을 한다. 좋은 보호기 역할을 하려면 필요할 때 붙이기 쉽고 상황이 끝나면 떼내기 쉬워야 한다. Trialkylsilyl기를 보호기로 자주 사용되는 예는 alcohol 작용기를 가지는 화합물의 반응에서이다. 다음 반응에서는 큰-고리

화합물이지만 단순한 반응이고 hydroxyl기의 보호에서 시작하여 silyl기를 떼내는 일련의 단계를 정리한 것이다. 보호기를 도입하는 과정이나 떼내는 과정이 아주 쉽고 간단하다. Silyl기는 hydroxyl기뿐만 아니라 amino기 등을 보호하는 목적으로도 자주 사용된다.

Me$_3$SiCl/(Me$_3$Si)$_2$NH, pyridine → OSiMe$_3$; Et$_2$Al– → OH, OSiMe$_3$

KOH, aq. MeOH → OH, OH

다음 반응은 더 등치가 큰 **TBDMS(*t*-butyldimethylsilyl)**를 보호기로 사용하는 예이다. 화합물을 lithium acetylide와 반응시켜 acetylene기를 도입하고자 한다. 곧바로 반응시키면 양성자떼기로 alkoxide를 형성하게 되고 여러 부반응이 따르게 되어 정확하게 C−Br 결합에서의 치환은 힘들 것으로 쉽게 예측할 수 있다. 이에 대한 해결책이 보호기의 도입이고, 가장 좋은 보호기의 하나가 다음 반응에서 보는 것과 같이 TBDMS(*t*-butyldimethylsilyl)기를 이용하는 것이다. 반응이 끝나면 silyl기는 n-Bu$_4$N$^+$F$^-$ 등을 사용하여 제거해 버리면 된다.

OH, Br + ≡–Li → reacts here, H, O, Br, not here ✗

OH, Br; (H$_3$C)$_3$C–Si(CH$_3$)(H$_3$C)–Cl, imidazole → H$_3$C, CH$_3$, Si, C(CH$_3$)$_3$, O, Br (TBDMS protecting group); ≡–Li → OTBDMS

꼭 alcohol 작용기뿐 아니라 염기에 의해 쉽게 제거되는 다른 여러 작용기를 다룰 때도 보호기를 사용한다. 다음 반응에서는 TMS acetylene을 이용하는 반응이다. Acetylene은 기체로 취급하기가 쉽지 않지만 TMS acetylene은 증류가 가능한 액체로서 다루는데 불편함이 전혀 없다. BuLi이나 다른 센 염기를 사용하면 음이온 친핵체를 만들 수 있고 뒤에 약한 염기로 쉽게 떼낼 수 있다.

H–≡–SiMe$_3$ (protection) → Li–≡–SiMe$_3$; Cl + Li–≡–SiMe$_3$, Bu$_4$NI, THF → SiMe$_3$ → deprotection H

다음 반응은 말단 alkyne의 C3에서 양성자떼기로 진행되는 반응이다. 말단 alkyne에서 먼저 양성자가 제거되고 이어 두 번째 양성자떼기는 쉽지 않다. TMS기로 말단 alkyne을 보호하고 BuLi을 이용하여 음이온을 형성한 후에 친전자체와 반응시키면 된다. 반응 후에 보호기를 떼내는 것은 문제가 되지 않는다.

R–CH₂–C≡C–H →(BuLi or EtMgBr or LDA) R–CH₂–C≡C–M →(protection: Me_3SiCl) R–CH₂–C≡C–$SiMe_3$

→(reaction: BuLi) R–CH(Li)–C≡C–$SiMe_3$ → R–CH(E)–C≡C–$SiMe_3$ →(deprotection: Bu_4NF or NaOH) R–CH(E)–C≡C–H

이와 같이 trialkylsilyl기는 보호기로 사용되며 다음에 보는 것과 같이 trimethylsilyl chloride에서 점차 입체적 요구가 큰 alkyl기로 바꾸어 친핵체의 공격을 차단하게 된다.

Me_3SiCl TMSCl | ***t*-$BuMe_2SiCl$** TBDMSCl | ***i*-Pr_3SiCl** TIPSCl

입체적인 장애가 점차 증가하게 되어 다음과 같은 선택성도 생겨나게 된다. 다음 diol은 imidazole을 염기로 TBDMS–Cl과 반응하면 입체적인 요구가 적은 1차 alcohol이 선택적으로 protection된다.

TBDMSCl + HO–CH₂–CH(OH)–R →(imidazole, DMF) TBDMS ether (t-Bu(CH_3)₂Si–O–CH₂–CH(OH)–R)

문제 5.2 다음과 같은 변환을 위하여는 여러 단계를 거쳐야 한다. 주어진 반응 시약과 어떤 sequence로 반응시켜야 소기의 목적을 달성할 수 있는가? 구부린 화살표를 사용하면서 적당한 반응 sequence를 그려보라.

glycidol (epoxide–CH₂OH) → → → → hexyl–O–CH₂–CH(OMe)–CH₂OH

i. *n*-Bu_4NF/THF ii. MeI. iii. TBDMS-Cl, imidazole, iv. hexanol/KOH

5.5 Desilylation: Si–O Bond is Strong but Si–F is Stronger

분자 내의 silicon 원자를 공격하여 강한 결합을 형성할 수 있는 원소는 전기음성도가 큰 산소산과 할로젠이며, 그중에서도 으뜸이 fluorine이다. 따라서 헤테로원자가 치환된 silane에서 이를 제거하기 위하여 fluoride ion을 사용하는 경우가 많다. 문제는 fluoride ion은 용해도가 낮다는 점이고 이에 대한 해결책으로 유기 용매에 잘 녹는 **tetra-*n*-butyl ammonium fluoride**를 많이 사용하게 되었다. Trialkylsilyl fluoride를 부산물로 얻게 된다. 앞에서 설명한대로 fluoride에 의한 silicon에서의 친핵성 치환도 빈 *d* 오비탈을 이용하여 pentavalent 중간체를 경유하게 된다. 다음 반응에서 보는 것과 같이 alkoxysilane에서는 alkoxide가 떨어져 나오게 된다. 탄소 유사체에서는 약한 이탈기인 alkoxide나 cyanide가 떨어지는 친핵성 치환 반응이 일어나지 않는 것과 달리, silicon 화합물에서는 쉽게 일어날 수 있다. 때로는 fluoride ion에 의한 Si–C 결합깨짐으로 열악한 이탈기인 carbanion이 떨어지기도 한다.

Me Me t-Bu Si O R, F⊖ — Bu_4F → Me Me t-Bu Si⊖ O–R, F → Me Me t-Bu Si F + H–OR

protected alcohol pentavalent Si freed alcohol

Alkoxide, hydroxide, enolate와 같은 산소 친핵체에 의한 치환도 비교적 쉽게 일어나는 반응이다. Trimethylsilyl chloride에 의한 enolate의 trapping 역시 같은 형식의 치환 반응에 의하여 일어난다. Enolate는 bidentate 친핵체로 친전자체와의 반응성 자리가 두 개 있으나 hard 친전자체인 silyl 화합물은 항상 hard center인 산소와 결합을 하게 된다. 이는 soft 친전자체인 alkyl halide와의 반응에서 거의 C-alkylation이 주로 일어나는 것과 대조를 이룬다.

Me_3Si–O ← "S_N2" — X–$SiMe_3$, O⊖ | O⊖, R–X — S_N2 → O, R

Alkoxysilane이나 halosilane들은 산성 매체 속에서도 물과 반응하여 hydroxide 치환이 일어난다. Protecting group으로 자주 사용되는 *t*-butyldimethylsilyl기는 fluoride뿐만 아니라 산성 수용액에 의해서도 desilylation이 쉽게 일어난다.

ROH ← H⊕ — R–O–Si(Me)(Me)(t-Bu) ⊖F ← $Bu_4N^+ F^-$ — Me Me t-Bu Si O R — $H_3O^{\oplus}$ → H_2O: Me Me t-Bu Si O⊕(H) R → ROH

물이나 hydroxide에 의하여 일차적으로 생성되는 trialkylsilanol은 예상외로 안정하지 않으며, 최종 생성물은 탄소 화합물의 ether에 해당되는 hexamethyldisiloxane이 된다.

$$HO^{\ominus} + Me_3Si{-}X \longrightarrow Me_3Si{-}OH \rightleftharpoons Me_3Si{-}O^{\ominus} + Me_3Si{-}X \longrightarrow Me_3Si{-}O{-}SiMe_3$$

hexamethyldisiloxane

산성 수용액에서나 hydroxide에 의한 반응이거나 간에 이들 간의 평형은 열중성 반응임에도 불구하고, 물과 hexamethyldisiloxane 쪽이 훨씬 유리하기 때문이다. Silanol에서 물이 제거되는 반응은 자발적으로 일어나며 trimethylsilanol은 Na 염 등의 형태로 보관한다.

$$2\ Me_3Si{-}OH \rightleftharpoons Me_3Si{-}O{-}SiMe_3 + H_2O$$

5.6 How Strong are C–Si Bonds?

단순한 alkyl 치환기만을 갖는 tetraalkylsilane의 C–Si 결합은 잘 깨질 수 있는가? Si 원자의 낮은 전기음성도로 인하여 C–Si 결합의 bond polarity는 다음과 같이 탄소는 부분음전하를, Si는 부분양전하를 띠게 됨을 앞에서 설명한 바 있다.

$$\delta+\ Si{-}C\ \delta- \qquad \delta+\ Si{-}H\ \delta-$$

따라서 C–Si 결합을 깨기 위해서는 산이 필요하며 친전자체의 공격은 탄소에서 일어난다. Tetramethylsilane은 HCl과 $AlCl_3$가 존재하면 methane을 방출하면서 trimethylchlorosilane을 생성한다. 또한 진한 황산(산소산)과 가혹한 조건에서 반응시키면 methane을 방출하면서 hexamethyldisiloxane을 생성하게 된다.

$$Me_4Si + HCl \xrightarrow[C_6H_6]{AlCl_3} Me_3SiCl + CH_4$$

$$2\ Me_4Si + H_2SO_4 \xrightarrow[heat]{} Me_3SiOSiMe_3 + 2\ CH_4$$

염기 또는 염기성 조건하에서의 단순한 tetraalkylsilane의 결합깨짐은 훨씬 더 어렵게 일어난다. 일반적으로 단순한 alkyl 치환기만을 갖는 tetraalkylsilane의 Si–C 결합은 아주 가혹한 조건이 아니라면 산 조건에서도 염기 조건에서도 여간해서는 쉽게 깨지지 않는다. Si–C 결합깨짐이 일어나기 위해서는 쉽게 깨질 수 밖에 없는 조건을 갖추고 있어야 한다. 다음 silane은 네-원자 고리가 열역학적으로 덜 안정하여 염기에 의하여 쉽게 깨지는 화합물의 한 예이다. 물론 친핵체 ^{-}OH는 C가 아닌 Si 원자를 공격하게 된다.

$$\text{(cyclo)}SiMe_2 \xrightarrow[25\ ^{o}C]{KOH,\ EtOH} CH_3CH_2CH_2{-}SiMe_2OH$$

다음 화합물은 β-자리에 핵배척 이탈기를 가지고 있어 마치 E2 반응에서 양성자떼기처럼 trialkylsilyl기가 떨어지면서 아주 쉽게 β-제거 반응이 일어난다. 이들 화합물은 염기 없이도 가열하면 자발적으로 제거 반응이 일어난다.

$$Et_3SiCH_2CH_2Cl + {}^{\ominus}OH \longrightarrow Et_3SiOH + CH_2{=}CH_2 + Cl^{\ominus}$$

$$Et_3SiCH_2CH_2Cl \xrightarrow[\text{heat}]{80\ ^{\circ}C} Et_3SiCl + CH_2{=}CH_2$$

비교적 온화한 반응 조건하에서 Si–C 결합깨짐이 일어나는 예를 두 가지 보았으나 이러한 특수한 경우를 제외한 나머지 단순한 alkyl기로만 되어 있는 tetraalkylsilane의 염기에 의한 Si–C 결합깨짐은 상당히 가혹한 조건이 아니면 일어나기가 쉽지 않다.

따라서 유기 반응에 이용하는 silane은 vinylsilane, allylsilane, arylsilane, alkynylsilane 등이며 이들 silane은 C–Si 결합깨짐이 용이하여 특별한 반응성을 보이는 것들로서 이어지는 몇 개의 절에서 차례로 다루게 된다. 이들은 모두 탄소–탄소 π-결합을 한 sp^2 탄소에 붙어 있거나 아니면 탄소–탄소 π-결합을 이웃한 탄소에 붙어 있는 경우이다. 다음 반응 예에서와 같이 α-TMS ketone이나 ester의 반응도 쉽게 일어나는데, 넓게 보면 allylic 자리처럼 π-결합을 이웃한 탄소에 silyl기가 붙어 있음을 볼 수 있다.

$$Me_3SiCH_2C(=O)CH_3 \xrightarrow{EtOH} CH_3C(=O)CH_3 + Me_3SiOEt$$

$$Me_3SiCH_2C(=O)OEt \xrightarrow{HCl} HCH_2C(=O)OEt + Me_3SiCl$$

Vinyl 및 allylsilane을 이용하는 유기합성 반응은 다양하게 개발되어 있으며 응용 범위 또한 상당히 넓다. 대개의 경우는 친전자체와의 반응이 주류를 이룬다. 이어지는 몇 개의 절에서는 이들을 만드는 방법과 반응에 대해 차례로 검토하기로 한다.

문제 5.3 α-Silyl ketone이나 ester는 쉽게 desilylation이 일어난다. 바로 위에 본문에 있는 α-silylacetone과 α-silylacetate의 desilylation 반응이 ethanol과 염산에 의해서 어떻게 일어나는지 합리적인 메커니즘을 그려 보라.

문제 5.4 본문에 있는 두 반응의 합리적인 메커니즘을 그려 보라.

$$Et_3SiCH_2CH_2Cl + {}^{\ominus}OH \longrightarrow Et_3SiOH + CH_2{=}CH_2 + Cl^{\ominus}$$

$$Et_3SiCH_2CH_2Cl \xrightarrow[\text{heat}]{80\ ^{\circ}C} Et_3SiCl + CH_2{=}CH_2$$

문제 5.5 본문에 나와 있는 다음 반응은 어찌 보면 hydroxide에 의해서 대단히 불안정한 alkyl anion을 중간체로 거쳐야 한다. 그럼에도 실제로 이 반응은 쉽게 일어난다. 최소한 다음 그림과는 다른 형식으로 반응이 일어나야 함은 틀림 없는 사실이다. 그렇다면 어떤 과정을 거치겠는가? 그에 맞는 전자쌍 이동 화살표를 그려보라.

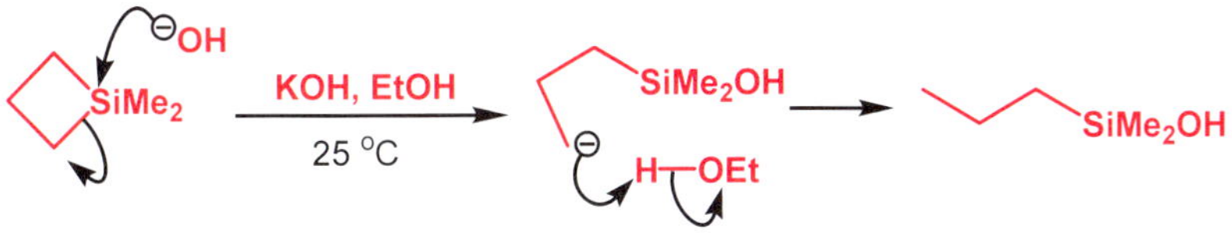

5.7 Preparation of α-Metallated Silanes

Trialkylsilyl기는 양면성이 있어서 때로 electron donor이기도 하며 때로 electron acceptor로 작용하기도 한다. Trialkylsilyl기는 약하지만 전자주개로서 이웃한 α-carbanion을 안정화하기도 한다. 이는 마치 황 원자가 이웃한 음이온을 안정화하는 것과 마찬가지 이유에서 비롯됨을 Chapter 3에서 간단히 설명하였다.

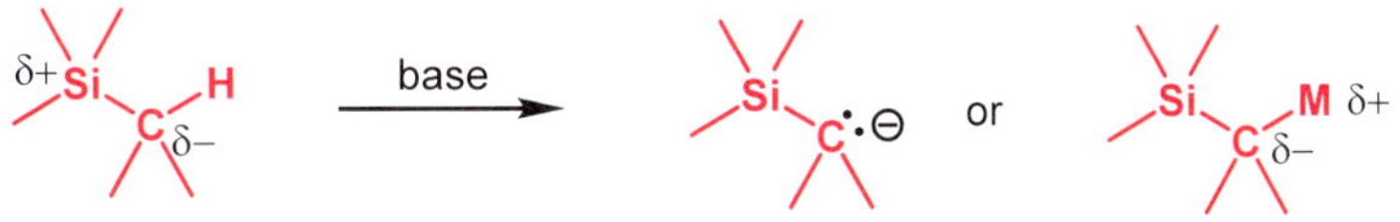

Silicon 원자는 전기양성이므로 C–Si 결합은 조금이나마 $Si^{\delta+}$–$C^{\delta-}$으로 polarize되어 있고 C–Si σ* 오비탈의 Si에서의 coefficient가 상대적으로 더 커져서, 다음과 같이 탄소의 채워진 오비탈과의 π-상호작용이 더 효과적으로 이루어진다.

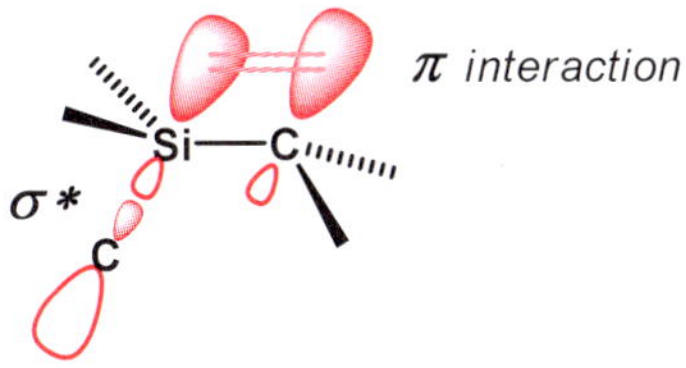

α-Metallated organosilane은 organosilicon 화학에서 아주 중요한 역할을 한다. 특히 vinylsilane 및 allylsilane의 합성 반응에서의 α-metallated organosilane의 역할은 대단히 중요하다. Organosilane의 α-자리에서의 metallation에는 기본적으로 organometallics를 vinylsilane에 첨가하는 방법, 양성자떼기, metal-halogen exchange의 세 가지 방법이 사용된다.

많이 사용되는 반응은 아니지만 organolithium이나 organomagnesium 화합물 등 일부 반응성이 큰 organometallics는 vinylsilane에 첨가되는 것으로 알려져 있다. 다음에 두 반응 예를 표시하였다. Silyl group의 이웃한 음이온 안정화 효과로 위치선택적으로 α-metallated organosilane이 얻어질 수 있는 것은 예상하는 바와 같다.

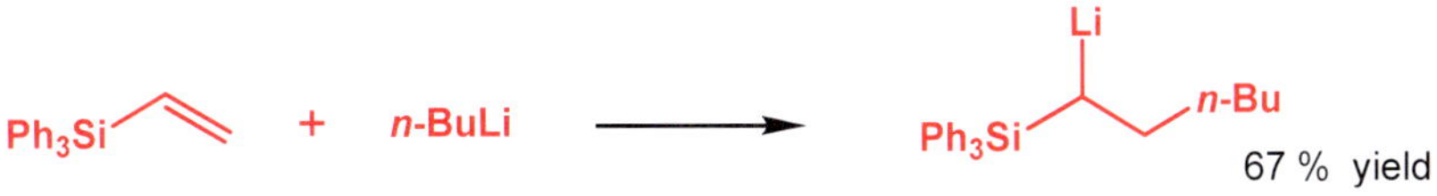

$Me_2Si(OEt)CH=CH_2$ + PhMgBr ⟶ $Me_2Si(OEt)CH(MgBr)CH_2Ph$

가장 많이 쓰이는 방법은 역시 강한 염기에 의한 양성자떼기다. Tetramethylsilane도 butyllithium에 의한 양성자떼기로 TMS-methyllithium을 생성한다.

$$Me_3Si{-}CH_3 \xrightarrow[\text{TMEDA}]{n\text{-BuLi}} Me_3Si{-}CH_2Li$$

첨가되는 TMEDA는 lithium과의 complexation으로 alkyl anion의 반응성을 크게 증가시키는 역할을 하며, vinyl 또는 phenyl기를 이웃하여 산성도가 큰 C–H 결합이 있으면 선택적으로 양성자떼기가 일어난다.

$$Me_3SiCH(H)CH{=}CH_2 \xrightarrow[\text{TMEDA}]{n\text{-BuLi}} Me_3SiCH(Li)CH{=}CH_2$$

α-Haloalkylsilane을 쉽게 만들 수 있는 방법이 있다면 Li나 Mg 금속의 직접 삽입 반응으로 *α*-metallated organosilane을 얻을 수 있다.

$$Me_3SiCH(Ph)Br \xrightarrow[\text{ether}]{\text{Mg}} Me_3SiCH(Ph)MgBr$$

$$Me_3Si{-}CH_2Cl \xrightarrow{\text{Li}} Me_3Si{-}CH_2Li$$

이 반응에 사용되는 *α*-haloalkylsilane은 대개 다음과 같은 광화학적 염소화 반응에 의하여 만들 수 있는 화합물이다. *α*-Bromobenzylsilane도 같은 방법으로 얻을 수 있다.

$$Me_4Si \xrightarrow[h\nu]{Cl_2} Me_3SiCH_2{-}H + \cdot Cl \longrightarrow Me_3Si\dot{C}H_2 + Cl{-}Cl \longrightarrow Me_3SiCH_2Cl + Cl\cdot$$

Vinyl 및 aryl halide의 metallation은 alkyl halide의 metallation과 비교해서 불리한 점이 거의 없어 다음과 같은 교환 반응으로 *α*-lithiovinylsilane은 생각보다 쉽게 만들 수 있다.

$$Et_3SiC(Br){=}CH_2 \xrightarrow{n\text{-BuLi}} Et_3SiC(Li){=}CH_2$$

몇몇 *α*-lithiosilane은 이상의 여러 방법 중 어느 것으로도 만들 수 있지만 생성하는 *α*-lithiosilane의 구조에 따라 적당한 방법을 찾아야 한다. 아무리 좋은 방법이라도 어느 한 방법이 모든 *α*-lithiosilane의 최선의 합성법이 될 수는 없기 때문이다. 다음과 같은 *α*-lithiosilane은 bromide와 Li의 반응으로 만들 수밖에 없다. 왜냐하면 trimethylethylsilane을 센 염기로 양성자떼기를 한다면 ethyl이 아닌 methyl기에서 양성자떼기가 더 유리하기 때문이다.

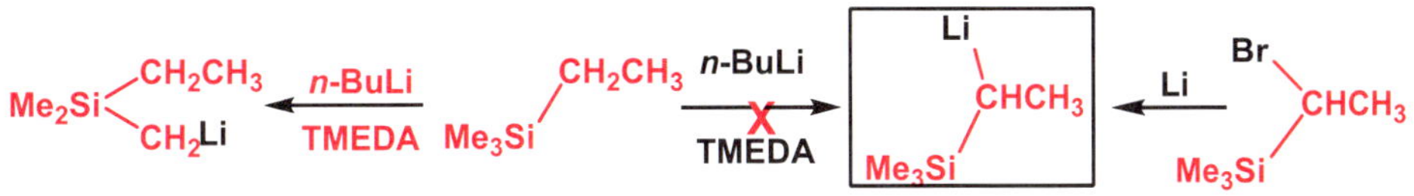

이렇게 하여 생성되는 α-lithiosilane이나 다른 금속 화합물은 각종 친전자체와 반응할 수 있다. Alkyl halide, epoxide, aldehyde, ketone, 기타 헤테로원자 친전자체를 포함하여 여러 가지 친전자체를 이용할 수 있다. 이들 친전자체와의 반응은 여느 alkyllithium이나 alkyl magnesium halide의 반응과 크게 다르지 않으며, 곧 다루게 될 vinylsilane이나 allylsilane의 합성에도 유용하게 사용될 수 있음을 보게 될 것이다.

문제 5.6 위에 다음과 같은 양성자떼기 반응이 소개되어 있다. 이 반응은 다음과 같은 치환 반응(transmetallation)보다 어떤 점이 유리한가?

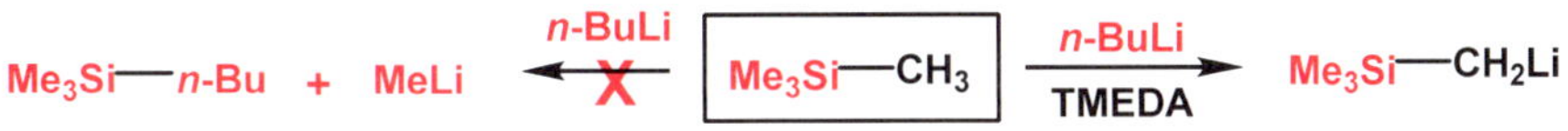

5.8 β-Effect of Silyl Group

Trialkylsilyl기는 일종의 전자끌개처럼 작용하여 α-carbanion을 안정화하는 효과가 있음을 알게 되었다. Trialkylsilyl기는 이웃한 α-자리에 cation 형성은 지독히 싫어하지만 β-자리의 carbocation 형성에는 굉장히 호의적인 특성을 갖는다. Trialkylsilyl기를 이웃한 alkyl halide는 S_N1 조건하에서 전혀 carbocation을 형성하지 않는다. 만약 Si가 C로 바뀐다면 3차 carbocation이 형성되어 다음 반응으로 이어질 것이다. 이 화합물은 염기와 작용하면 (아마도 E2 반응으로) 제거 반응 생성물만 생긴다.

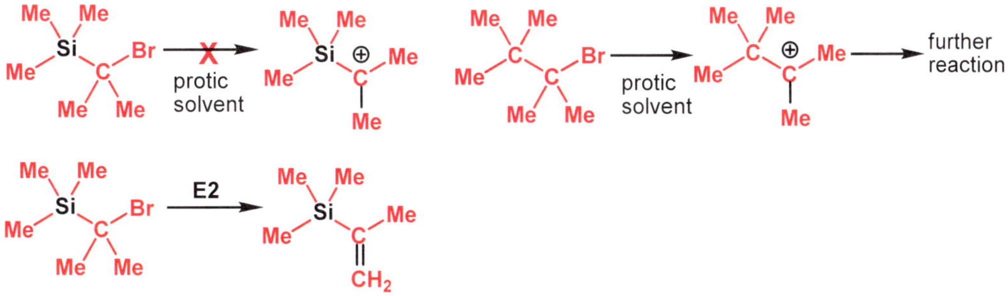

자발적으로 불균등 결합깨짐이 일어나서 양이온을 형성하지는 않는다 하더라도 대부분의 alkyl halide는 Ag(I) ion을 만나면 silver halide 침전이 떨어지면서 carbocation을 형성하는 것이 보통이다. 그러나 Trimethylsilylmethyl iodide나 chloride는 Ag(I) ion 존재하에서도 전혀 반응을 하지 않는다. 즉, silyl기는 α-자리의 carbocation을 alkyl기와는 달리 아주 불안정

하게 만들어 어떠한 조건에서도 생겨나지 않는다.

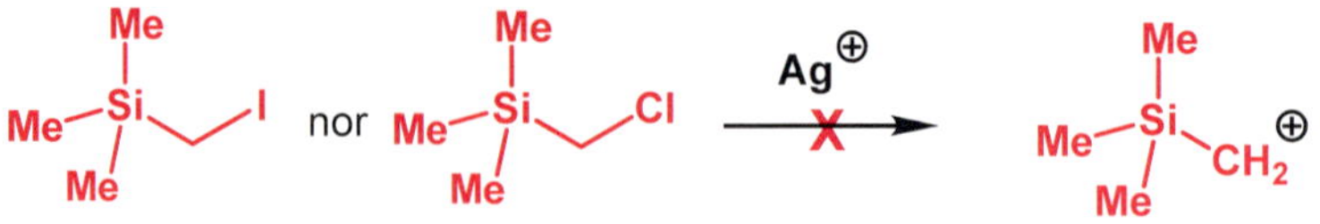

이와는 대조적으로 silyl기의 β-자리의 carbocation은 아주 쉽게 형성된다. 이를 알아보는 데 적합한 system 중에 하나가 silylated alkyne이다. 다른 acetylene과 마찬가지로 silylated acetylene도 친핵체로 작용하며 반응성이 큰 친전자체에 전자쌍을 제공한다. Silyl기의 존재로 친전자체의 첨가는 극적으로 높은 regioselectivity를 보인다. 모든 친전자체와의 반응에서 친전자체는 silicon이 직접 붙어 있는 탄소에 결합하게 된다. 결과적으로 silicon 원자의 β-자리에 cation이 형성된다. (Si가 아닌 탄소라면 vinyl cation은 생성될 수가 없다!)

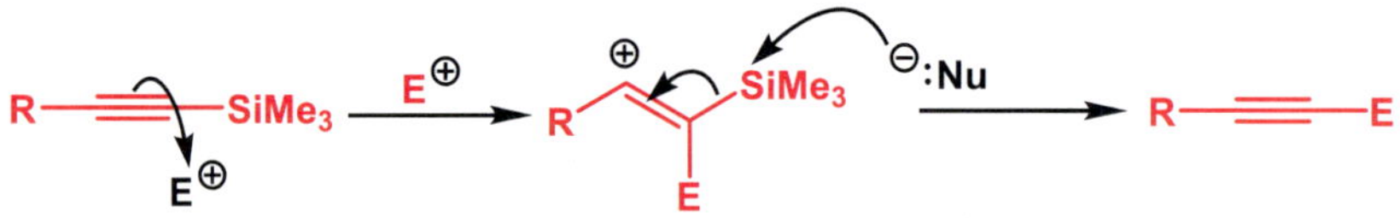

이와 같이 위치선택적으로 반응이 진행된다는 것은 결국 silyl기의 β-자리 carbocation은 크게 안정화된다는 뜻이다. 일반적으로 3차 > 2차 > 1차 carbocation의 안정성 순서는 이웃한 C–H 또는 C–C σ-결합 전자쌍에 의한 탄소의 양전하가 안정되는 것과 같다. Si는 전기양성이어서 Si–C σ-결합은 더 효과적인 전자주개가 되어 이웃한 양이온을 안정화하게 된다. 이러한 σ donation에 의한 안정화로 거의 완전한 regio-control이 가능해지는 것이다.

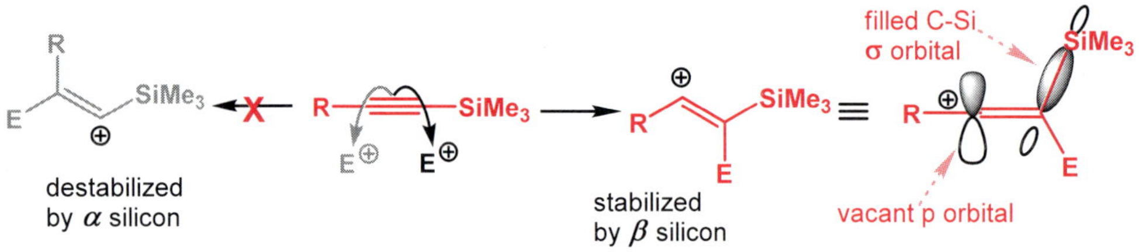

destabilized by α silicon

stabilized by β silicon

filled C-Si σ orbital

vacant p orbital

Carbocation의 안정화에 silyl group이 참여함으로써 Si–C 결합은 더 약해지고, 특히 할로젠이나 산소 친핵체와의 반응으로 desilylation이 더 쉽게 일어나게 된다. 전체적으로 친전자성 반응으로 silyl group이 다른 친전자체로 치환되는 결과가 된다.

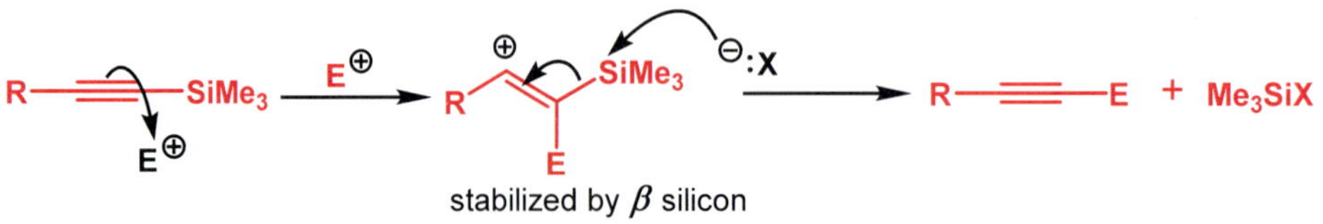

stabilized by β silicon

다음은 silylated acetylene으로부터 alkynyl ketone이 합성되는 반응이다. 이를 위해서는 Li이나 Mg이 아닌 aluminum 또는 copper acetylide와 같은 특별한 금속 화합물이 필요한 반응이지만 silylacetylene으로부터도 다음과 같이 비교적 쉽게 만들 수 있다.

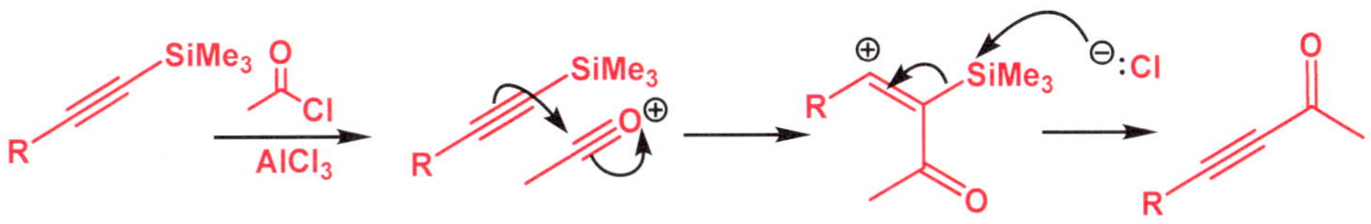

다음에 차례로 보게 되는 arylsilane, vinylsilane, allylsilane의 반응은 모두 silyl기에 의한 β-자리 carbocation의 안정화에 의해 추진되는 반응들이다.

5.9 *ipso*-Substitution of Arylsilanes

Arene의 모든 친전자성 치환 반응은 모두 α-치환 반응이라 할 수 있으며, 친전자체의 첨가로 형성되는 carbocation 중간체는 방향족 안정화를 되찾기 위하여 바로 그 자리에서 electrofugal group인 H^+가 떨어진다.

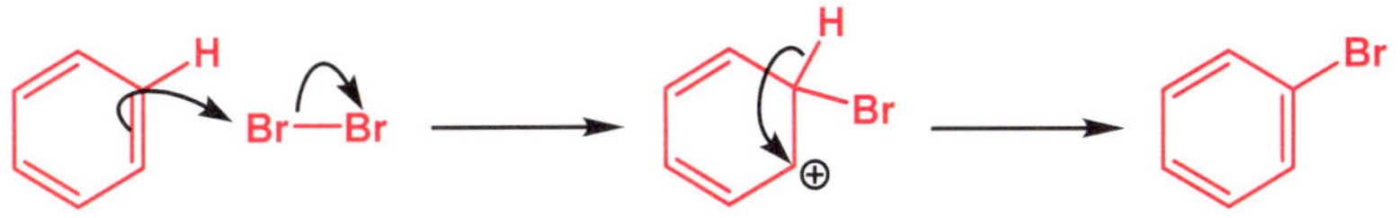

Arylsilane의 친전자성 치환 반응은 silyl기가 친전자체로 치환되는 ***ipso* 치환**[1] 반응이 일어난다. Phenyltrimethylsilane은 BF_3와 반응하게 되면 친전자체인 BF_3는 TMS가 붙어있는 탄소를 공격하여 결국 TMS기가 electrofugal group으로 떨어지고, 붕소 원자로 치환되는 반응이 일어나게 된다.

그러면 왜 silyl기로 치환된 자리로 친전자체가 첨가되는 것일까? 부분적으로라도 *o*-, *p*-, *m*- 등 다른 자리로 친핵체가 첨가될 수는 없는가? 이는 *ipso* 치환 중간체가 다른 자리 치환 중간체에 비하여 더 안정하기 때문일 것으로 추측되지만 어떤 이유에서인가?

앞에서 우리는 trialkylsilyl기는 β-자리의 양이온을 안정화하는 능력이 있음을 알았다. β-탄소의 양이온의 안정화는 β-탄소의 빈 p 오비탈과 이웃한 채워진 C–Si σ 오비탈 간의 π 상호작용에 기인한다. 이러한 상호작용이 가능하게 되려면 빈 p 오비탈과 C–Si σ 오비탈은 benzene 평면에 수직한 같은 방향이어야 한다. 친전자체가 *ipso* 자리를 공격하게 되면 benzene 평면상에 있던 C–Si σ-결합은 수직으로 서게 되며 따라서 상호작용을 위해 요구되는 배열을 갖추게 된다.

1 *ipso*는 라틴어로 'the same'이라는 뜻임.

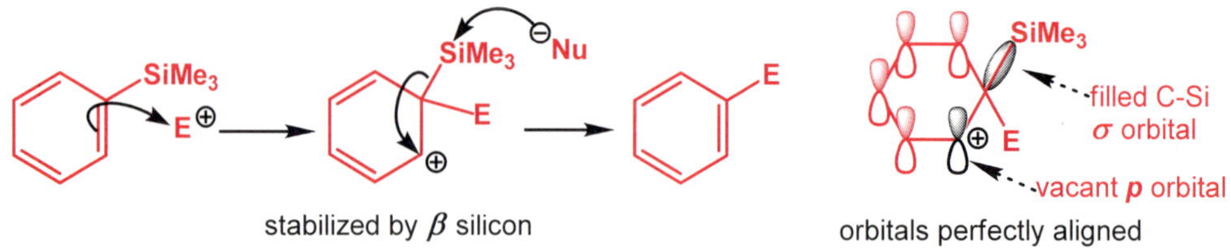

stabilized by β silicon

orbitals perfectly aligned

Trialkylsilyl기의 β-탄소에 양전하가 놓이게 되는 중간체는 *meta* 자리에 친전자체가 첨가될 때도 생겨날 수 있다. 그러나 이 경우에는 다음 그림에서 볼 수 있듯이 benzene 평면상에 놓이게 되는 C–Si σ 오비탈은 β-탄소의 빈 p 오비탈과 상호작용할 수 있는 geometry를 이룰 수 없게 된다. 즉, *meta* 자리 공격 시에는 trialkylsilyl기에 의한 안정화 효과는 없게 된다. 바로 이런 이유 때문에 *ipso* 치환만이 일어나게 되는 것이다. Me_3Si기는 *ipso* 지시기(*ipso* director)라고 부르며 입체적으로 불리함에도 불구하고 친전자체를 유도하여 자신이 붙어 있는 C를 공격하게 한다.

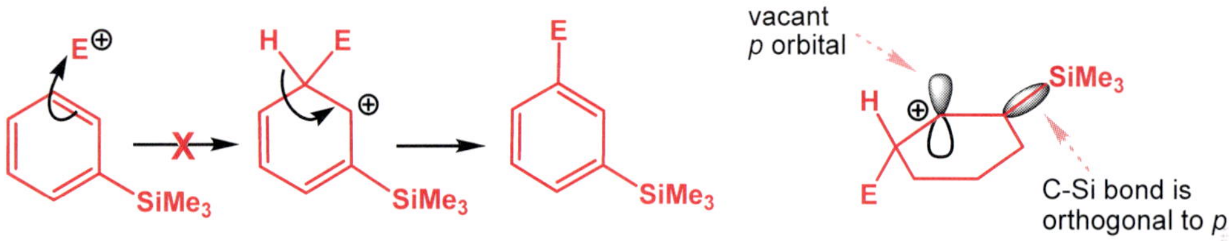

방향족 고리의 silyl기의 *ipso* 치환 반응을 key step으로 하는 반응 예를 하나 살펴보자. Phenyldimethylalkylsilane을 bromine과 반응시킨 후, 알칼리성 과산화수소와 반응시키면 alcohol을 얻을 수 있다. 이 반응은 어떻게 일어나는 것일까?

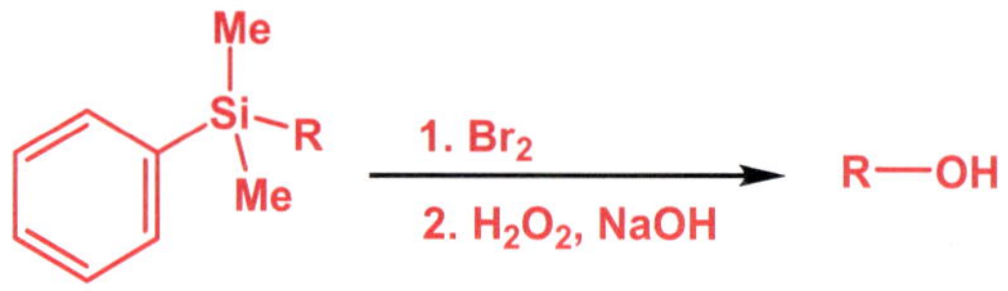

Tetraorganosilane에서 bromine과 쉽게 반응할 수 있는 organo group은 allyl, vinyl, aryl의 세 가지이다. 이 반응에서는 phenyl기와 Si 간의 결합에서 반응이 일어나서 bromobenzene과 함께 alkyldimethylbromosilane이 얻어지게 된다. Alkaline hydroperoxide는 bromosilane의 bromine 원자를 치환하게 되고, 얻어지는 alkylsilylperoxide에서 자리옮김 반응이 일어나서 alcohol을 생성하게 되는 것이다. 마지막 단계는 염기성 과산화수소에 의한 alkylborane의 산화와 유사하게 일어나는 반응이다.

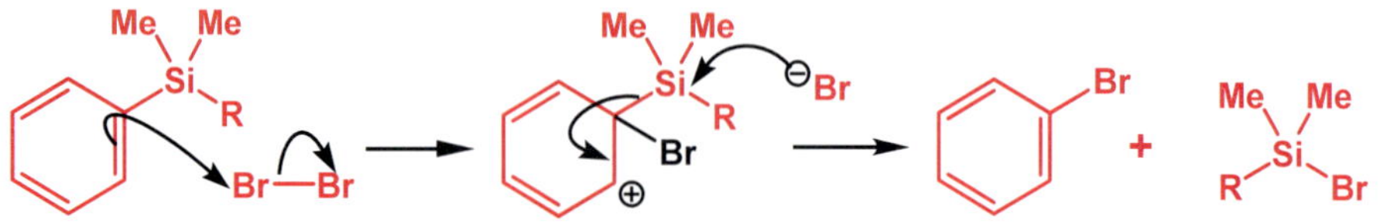

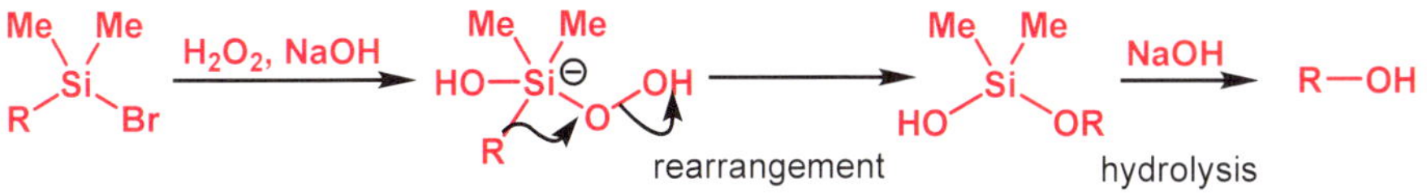

비단 bromination뿐만 아니라 다른 halogenation이나 nitration, Friedel-Craft alkylation, acylation, protiodesilylation 등 방향족 친전자성 반응에서 배운 거의 모든 반응이 가능하다.

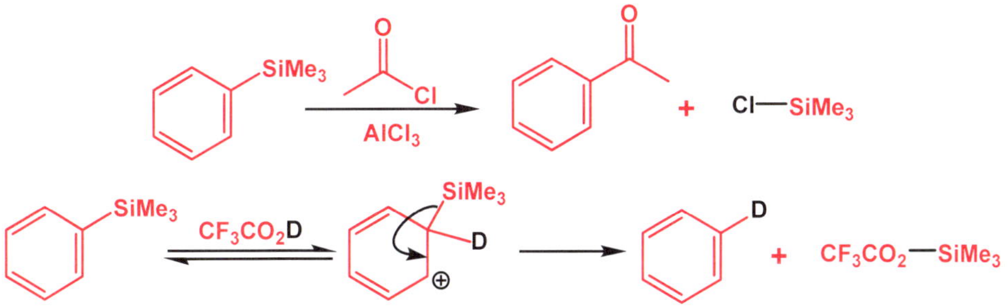

문제 5.7 Trimethylsilylbenzene의 *ipso*-치환은 *meta*-치환보다 유리함을 본문에서 설명하였다. *ortho-para*-치환도 마찬가지로 *ipso*-치환보다 불리하다는 의미인데 이에 대해서는 어떻게 설명하겠는가?

문제 5.8 Trimethylsilylbenzene의 *ipso* 치환은 다음과 같은 오비탈 상호작용으로 설명하였다. Trimethylsilyl기가 아닌 *t*-butyl기도 같은 오비탈 그림을 그릴 수 있다. 그런데 실제로 *t*-butyl기의 *ipso* 치환은 잘 일어나지 않는다. 이유가 무엇이겠는가?

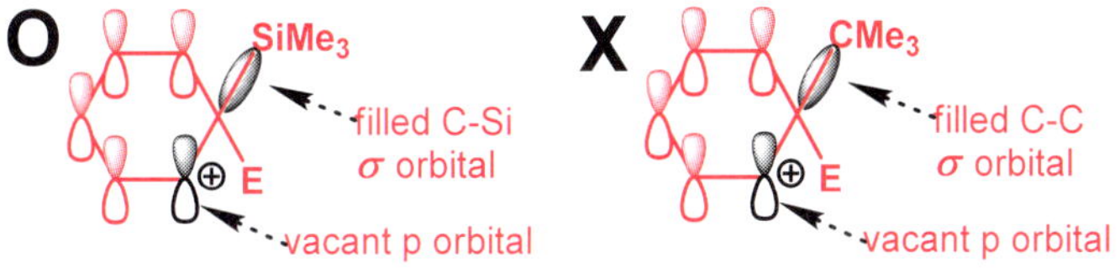

5.10 Preparation of Vinylsilanes

친전자체에 의한 silylbenzene의 *ipso* 치환 반응에서와 거의 똑같은 반응이 vinylsilane에서 일어날 수가 있다. Vinylsilane의 반응에서도 친전자체가 silyl기가 치환된 탄소에 결합되어 carbocation이 형성되고, 첨가 반응에서와 달리 silyl기 (electrofugal leaving group)를 잃으면 이중결합이 재형성되며 전체적으로 친전자체가 silyl기를 치환하는 반응이 일어난다.

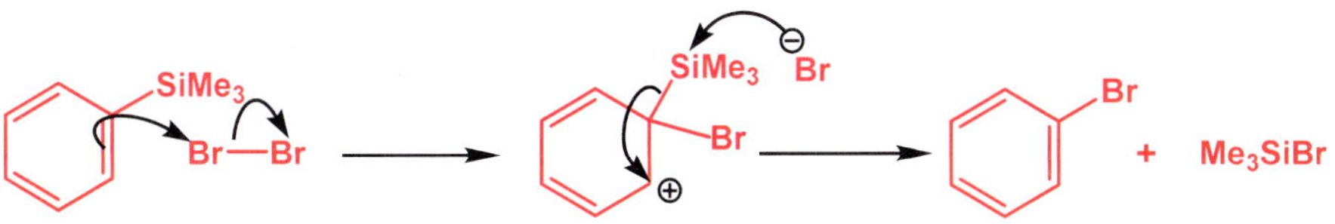

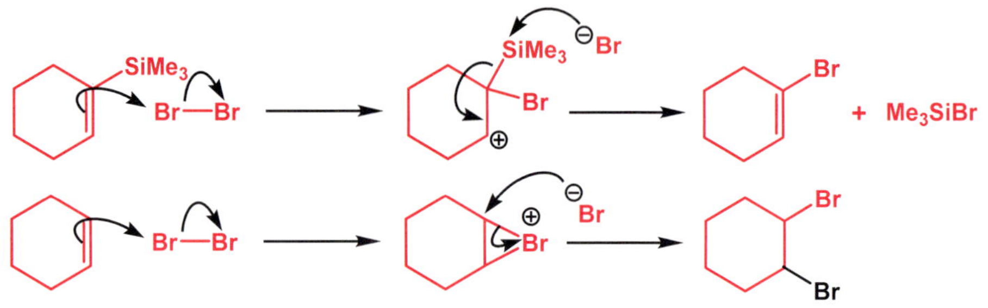

이와 같은 형태의 vinylsilane과 allylsilane의 반응성을 이용하는 다양한 치환 반응들이 지난 20~30년간 엄청나게 개발되어 유기합성 반응에서 아주 중요한 위치를 차지하게 되었다. 무릇 어떤 새로운 반응이 합성에 유용한 반응으로 정립되려면 다양한 후속 반응 못지 않게 이들 출발물의 다양한 합성법이 개발되어 있어야 한다. Vinylsilane의 반응을 검토하기에 앞서 우선 현재 사용되고 있는 vinylsilane의 다양한 합성법에 대해서 간단히 알아보기로 하자. Alkyne, vinyl halide 및 carbonyl 화합물이 vinylsilane 합성에 필요한 출발물이다.

예를 들어, phenylacetylene으로부터 (*E*)- 및 (*Z*)-vinylsilane을 합성하려면 hydrosilylation을 거치거나 아니면 acetylide anion을 TMSCl과 반응시켜 얻는 silylacetylene을 환원하는 방법을 쓸 수 있다. 환원제에 따라 *cis* 또는 *trans* 생성물을 얻을 수 있다. Silyl hydride를 다중결합에 첨가하는 hydrosilylation은 여러 가지 촉매를 이용할 수 있으나, chloroplatinic acid(**H_2PtCl_6**)가 가장 좋은 것으로 알려져 있다. **Speier 촉매**로 알려진 이 촉매를 사용하면 *cis* 첨가가 일어나며 말단 탄소에 silyl기가 도입된다. (*E*)와 (*Z*)-vinylsilane은 빛을 쪼이면 상호간의 변환이 가능하다.

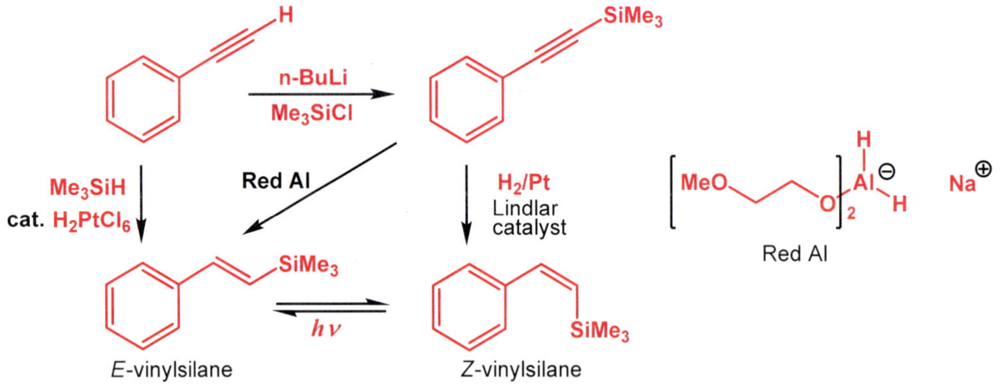

Silylacetylene에 hydrosilylation이 일어나면 1,2-disilylalkene이 생성되는데 산 처리 과정을 거치면 위치선택적으로 protiodesilylation이 일어나서 vinylsilane을 얻을 수 있다.

내부 acetylene의 hydrosilylation은 위치선택적이지 못하므로 그다지 많이 사용되지 않지만, 일부 비대칭적으로 치환된 alkyne 특히 한 쪽에 OH 등의 극성 치환기가 있는 경우에는 다음 예에서와 같이 선택성이 좋아 유용하게 사용될 수도 있다.

$$H_3C-C\equiv C-CH_2OH \xrightarrow[\text{cat. } H_2PtCl_6]{Me_3SiH} H_3C(H)C=C(SiMe_3)CH_2OH$$

말단 acetylene은 *pKa*가 25 정도여서 Grignard 시약, BuLi, LDA, $NaNH_2$ 등 다양한 시약에 의하여 양성자떼기가 가능하다. Acetylide anion은 trialkylsilyl chloride로 처리하면 쉽게 silylated acetylene을 얻을 수 있으며, 촉매수소화를 거치면 vinyl acetylene의 합성법이 된다.

$$R-CH_2-C\equiv C-H \xrightarrow{EtMgBr} R-CH_2-C\equiv C-MgBr \xrightarrow{Me_3SiCl} R-CH_2-C\equiv C-SiMe_3$$

Silylated acetylene의 hydrogenation은 입체특이성 *cis* 첨가로 (*Z*)-vinylsilane을 얻을 수 있지만 포화 화합물로의 over reduction을 막기 위해서는 **Lindlar catalyst**라고 부르는 성능이 저하된 수소화 촉매를 사용하여야 한다.

$$Me_3Si-C\equiv C-n\text{-Bu} \xrightarrow[\text{Lindlar catalyst}]{H_2} (Z)\text{-}Me_3Si(H)C=C(H)n\text{-Bu}$$

또한 *trans*-hydroalumination에 의하여 얻어지는 vinylaluminum 화합물은 양성자산으로 처리하면 촉매 수소화 반응에서와는 달리 (*E*)-vinylsilane을 얻을 수 있다. Vinylalane은 친전자체와 반응하거나 아니면 lithium 화합물로 변환시켜 친전자체와 반응시키면 다양한 여러 vinylsilane을 합성할 수 있다.

$$PhC\equiv C-SiMe_3 \xrightarrow[\text{hexane}]{i\text{-}Bu_2AlH} Ph(H)C=C(SiMe_3)(Al\,i\text{-}Bu_2) \xrightarrow[H_2O]{AcOH} Ph(H)C=C(SiMe_3)H$$

$$Ph(H)C=C(SiMe_3)(Al\,i\text{-}Bu_2) \xrightarrow{MeLi} Ph(H)C=C(SiMe_3)Li \xrightarrow{CH_2=CHCH_2Br} Ph(H)C=C(SiMe_3)CH_2CH=CH_2$$

Red Al®에 의한 반응도 결국 hydroalumination을 거치게 된다. 다음 반응에서는 이웃한 hydroxide에 의하여 ligand exchange가 일어나고, 반대 쪽에서 hydride 첨가가 일어나서 전체적으로 *trans*-첨가가 일어나게 된다. 뒤처리 과정에서 proteodealumination이 일어나서 전체적으로는 수소가 첨가되는 꼴이 된다.

또한 많은 vinyl halide로부터 유기금속 화합물을 생성하여 TMSCl과 반응시키면 어렵지 않게 vinylsilane을 얻을 수 있다. Vinyl halide의 반응성이 낮으므로 alkylmetal은 따로 생성하여 반응시키는 경우도 있고, 또한 TMSCl과 함께 반응시켜 얻을 수도 있다. 다음에 alkyllithium 또는 알칼리 및 알칼리토류 금속을 이용한 metallation 반응에 이은 silyl 치환에 의한 합성 예를 하나씩 들었다.

Ketone으로부터는 **Shapiro 반응**을 거쳐서 vinylsilane을 합성할 수 있다. 첫 단계로 카보닐 화합물로부터 tosylhydrazone을 만들게 된다. Tosylhydrazone에 2당량의 BuLi을 작용시키면 다음 식에서 보는 바와 같은 양성자떼기로 sulfinate를 잃고 다시 양성자떼기로 질소를 잃으면 vinylic anion을 얻게 되는데, 이 vinylic lithium이 Me_3SiCl과 반응하여 vinylsilane을 얻게 된다.

이 밖에도 가지가지 vinylsilane의 합성법이 충분히 개발되어 있으며 vinylsilane의 합성이 어려워서 다음 절에서 보는 많은 유익한 반응을 이용할 수 없는 예는 거의 없다.

문제 5.9 본문의 설명에 의하면 다음 화합물은 regioselective하게 말단 탄소의 silyl기만이 proteodesilylation이 일어나서 양성자로 바뀐다. 어떤 이유 때문인가?

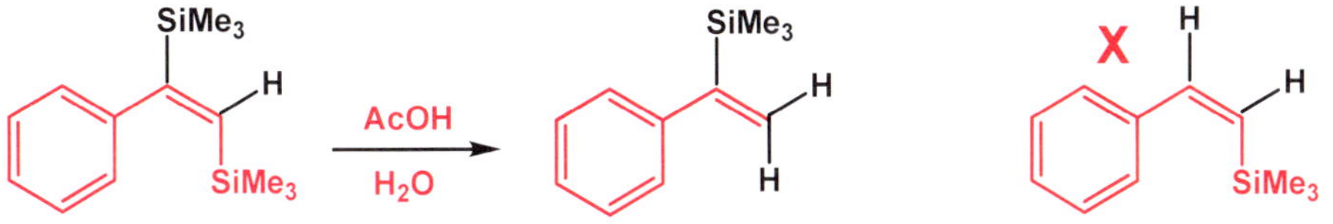

5.11 Reactions of Vinylsilanes

Alkene에 **electrofugal** 치환기가 있는 경우에는 친전자체가 첨가된 후에 electrofugal group이 떨어지는 과정을 통해 전체적으로 치환 반응이 일어난다. Arene에서의 **첨가-제거 (addition–elimination) 메커니즘**과 똑같은 메커니즘을 따라 반응이 진행된다.

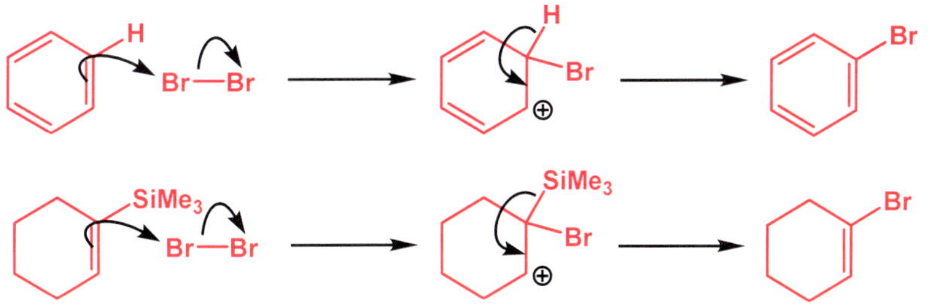

어느 경로로든 생성된 carbocation이 적당한 친핵체가 없으면 약한 염기에 양성자를 양보하고, alkene을 형성하는 것과 같은 이치이다. 만약에 분자내에 H^+보다 더 쉽게 떨어질 수 있는 electrofugal leaving group이 있다면 H^+에 우선하여 바로 그 group이 이탈될 것이다. 이들 이탈기는 대개의 경우 H보다 전기양성인 원소인 경우가 많다.

Vinylsilane은 친전자성 치환 반응에 특히 좋은 기질인데, E^+의 첨가 후에 생성되는 carbocation 중간체가 C–Si 결합에 의해 크게 안정화되기 때문이다. 첨가가 진행된 후에는 C–Si 결합깨짐이 일어나 친전자체가 silyl기를 치환한 생성물이 생성된다. 첨가가 일어나는 반응 중심에서 이탈기가 떨어져 나가는 반응을 통틀어 **α-치환**이라고 부른다. Vinylsilane의 α-치환 반응을 먼저 살펴보자.

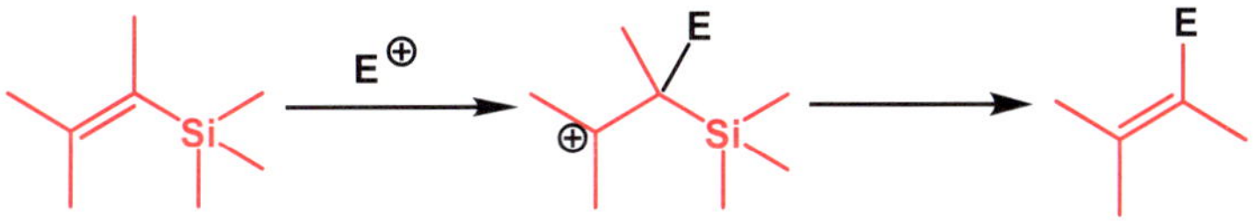

첨가–제거를 거치면 vinylsilane의 경우에는 silyl기에 대해 α-치환이 일어나게 된다. 이 경우 새로 생성되는 alkene은 안정도와는 상관 없이 silyl 치환기 자리에서 치환이 일어나게 된다. 다음 할로젠 치환 반응에서와 같이 반응물의 두 alkyl 치환기가 (*E*)이면 생성물에서도

(*E*)이고 반응물에서 두 alkyl기가 (*Z*)이면 생성물에서도 (*Z*)인 채로 유지된다.

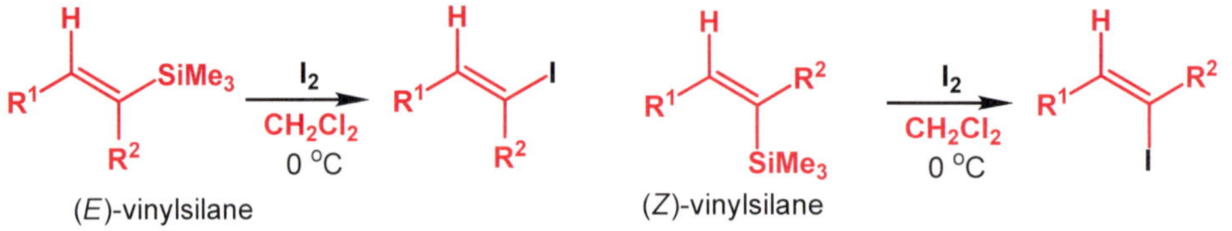

(*E*)-vinylsilane (*Z*)-vinylsilane

양성자가 첨가되고 silyl기가 떨어지는 protiodesilylation도 아주 쉽게 일어난다. 이 반응도 두말할 필요 없이 첨가-제거의 두 단계를 거쳐 일어나게 된다.

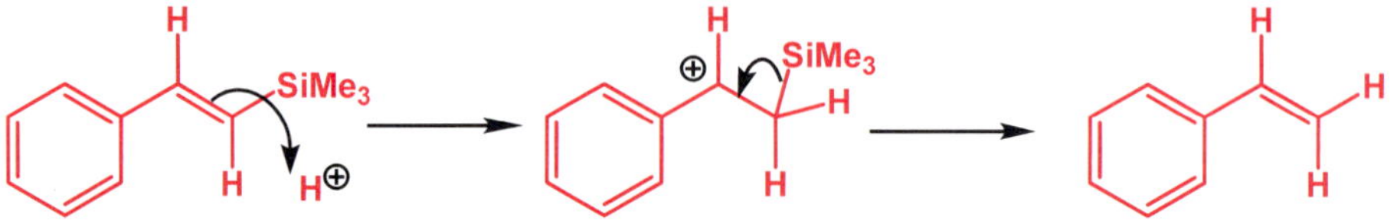

두 수소의 구분이 안 되므로 DCl을 사용하면 아래 식에서 보는 것과 같이 deuterium은 항상 silyl기가 있던 바로 그 자리를 차지하게 된다. 어떻게 하여 새로 도입되는 친전자체는 silyl기가 있던 바로 그 자리에 그 방향으로 치환이 일어나는 것일까?

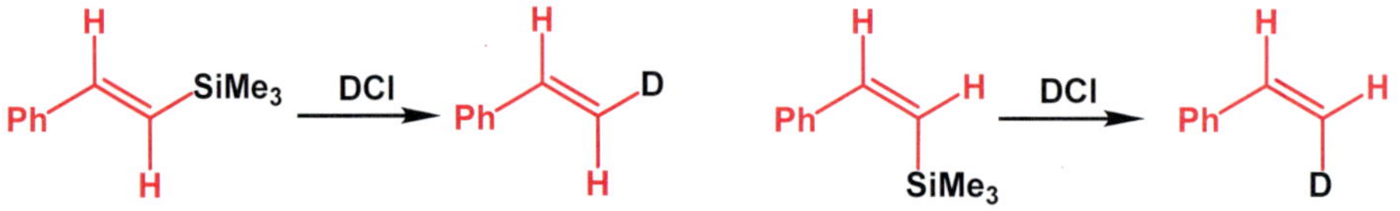

생성되는 carbocation은 이웃한 silyl기에 의하여 안정화된다. 이 같은 안정화를 이루려면 다음 그림에서 보는 바와 같이 silyl기와 이웃한 빈 *p* 오비탈은 서로 평행하게 유지되어야 하며, 친전자체(**E**$^+$)의 첨가 후에는 σ-결합을 축으로 회전이 자유롭게 일어날 수 있기 때문이다. (이는 alkyl cation에서 양성자떼기로 alkene이 생성되는 반응에서도 마찬가지이다. C−H anti-bonding 오비탈은 양이온 탄소의 빈 *p*-오비탈과 평행이어야 한다.)

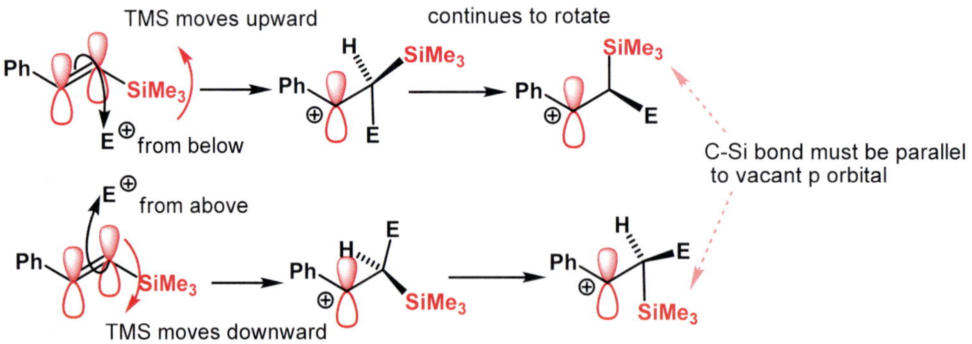

따라서 이웃한 silicon에 의하여 안정화된 바르게 정렬된 상태에서 π-결합이 재형성되면서 일어나는 desilylation은 geometry가 완전하게 유지되면서 일어나게 된다. 다음 그림은 친전자체(**E**$^+$)가 아래쪽에서 첨가되는 그림이지만 위쪽에서 첨가되어도 똑같은 결과가 된다.

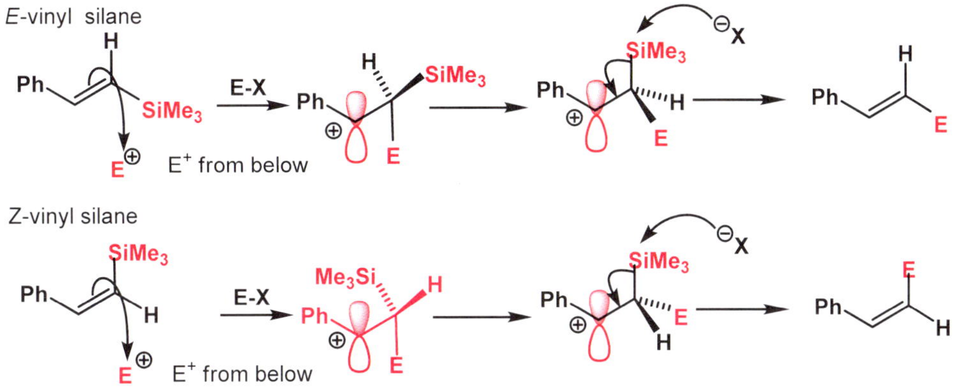

Vinylsilane은 다양한 여러 반응성 친전자체와 반응한다. 다음은 Lewis 산을 촉매로 하는 vinylsilane의 acyl 치환 반응 예이다.

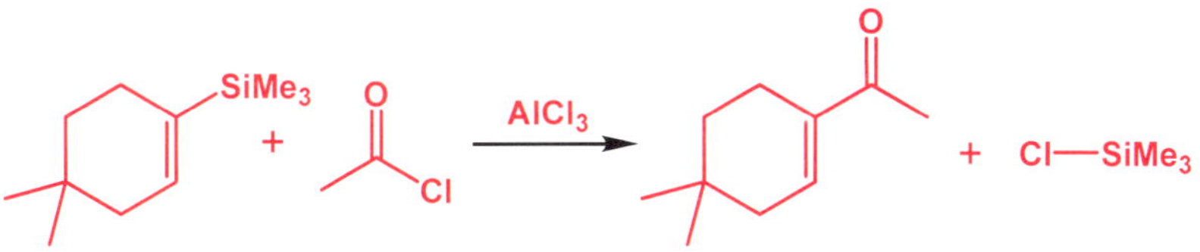

Acyl chloride에 의한 Lewis 산촉매 acylation도 앞에서 보았던 proteodesilylation에서와 같은 메커니즘을 거치게 되며, 따라서 반응물에서의 geometry는 생성물에서도 그대로 유지된다. 즉, 나머지 치환기의 변화 없이 silyl기로 치환되었던 바로 그 자리에 그 방향으로 친전자체가 도입되는 것이다.

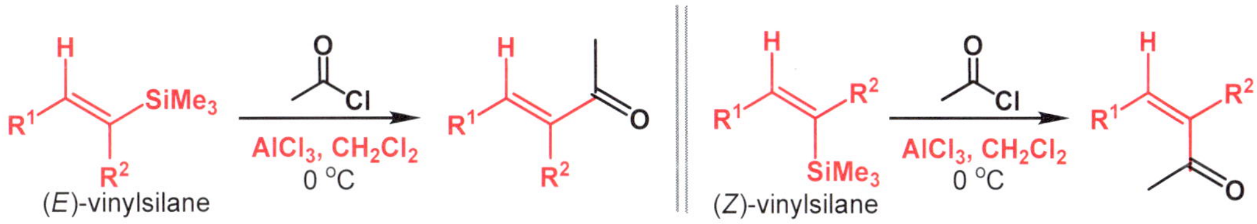

문제 5.10 다음 친전자성 치환 반응의 메커니즘을 그려라.

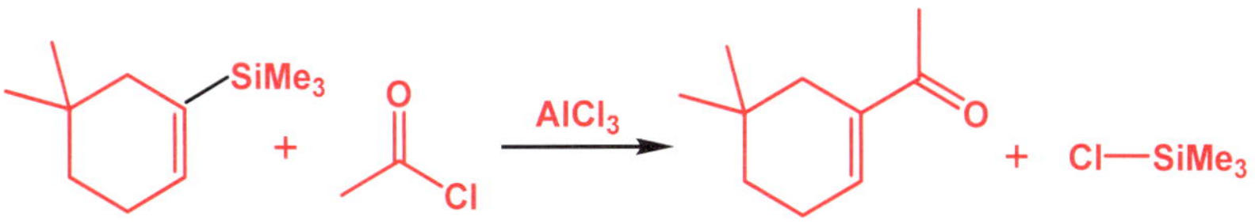

문제 5.11 다음 반응의 반응물과 생성물의 이성질체의 비를 설명하라.

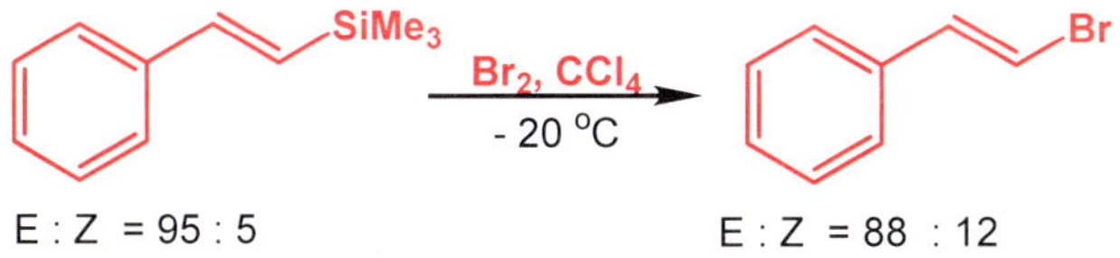

5.12 Preparation of Allylic Silanes

Allylic silane을 합성하는 방법은 아주 많이 있다. Vinylsilane의 경우처럼 allylic halide의 금속 삽입이나 transmetallation에 의하여 얻어지는 alkylmetal을 trialkylsilyl halide와 반응시켜 얻을 수 있다.

Cl, Mg, Et_2O, MgCl, Me_3SiCl, $SiMe_3$, 65 % yield

Mg, Et_2O, Br, Me_3SiCl, MgBr, $SiMe_3$

위의 두 반응에서는 외형상 자리 이동이 없이 할로겐이 그 자리에서 silyl기가 바뀐 것처럼 보이지만, alkylmetal을 경유하는 이 방법의 문제는 다음 반응에서 보는 것처럼 allyl halide의 골격과 regiochemistry가 allylsilane에서 항상 그대로 유지되는 것은 아니라는 점이다. 이 경우 어느 한 allylsilane을 얻고자 한다면 다른 방법을 찾아보아야 한다. 이를 위해서 상당히 다양한 방법이 개발되어 있다.

Cl, Mg, Me_3SiCl, $SiMe_3$ + $SiMe_3$ + $SiMe_3$

75 %, 10 %, 15 %

Trimethylsilylmethyl iodide를 사용하면 Wittig 반응, Peterson olefination 등과 같은 여러 olefination 반응을 이용할 수 있게 된다. Sayferth는 methyl 및 ethyl phosphorous ylide와 Trimethylsilylmethyl iodide를 이용하여 다음 두 phosphorous ylide를 얻고 이 둘을 카보닐 화합물과 반응시켜 다양한 골격의 allylic silane을 얻었다.

$Ph_3P^{\oplus}$ $\ominus$ + I $SiMe_3$ → $Ph_3P^{\oplus}$ $SiMe_3$ —*n*-BuLi→ $Ph_3P^{\oplus}$ $\ominus$ $SiMe_3$

$Ph_3P^{\oplus}$ $\ominus$ R + I $SiMe_3$ → $Ph_3P^{\oplus}$ R $SiMe_3$ —*n*-BuLi→ $Ph_3P^{\oplus}$ $\ominus$ R $SiMe_3$

다음은 cyclohexanone과의 반응으로 ketone과 *β*-trimethylsilylethyl phosphoylide와의 반응의 한 예이지만, 위의 두 silyl phosphorous ylide를 사용하여 그 밖에 다양한 골격의 allylic silane을 얻을 수 있다.

O + $Ph_3P^{\oplus}$ $\ominus$ $SiMe_3$ → $SiMe_3$

85 % yield

다음은 위의 두 phosphoylide와 aldehyde나 ketone과의 반응에서 합성되는 allylsilane들을 수득률과 함께 나타낸 것이다.

C_6H_{13} ... $SiMe_3$ E : Z = 75 : 25, 75 % yield; Et(Et) ... $SiMe_3$ 38 % yield; ... $SiMe_3$ E : Z = 50 : 50, 74 % yield; Ph ... $SiMe_3$ E : Z = 50 : 50, 72 % yield

또 다른 한 방법에서는 TMSmethyllithium이 ester에 두 번 연거푸 첨가를 일으키면 β-hydorxysilane이 얻어지며, **Peterson 제거 반응**이 일어나서 allylsilane이 얻어진다.

Me_3Si–I —(Mg, Et_2O)→ Me_3Si–MgI —(RCOOMe, $CeCl_3$)→ [R–C(OMgI)(CH_2SiMe_3)$_2$] → R–C(=CH_2)–CH_2SiMe_3

Trimethylsilylcopper(I)는 해당 lithio 화합물과 CuI의 반응으로 얻어지며 HMPA/ether를 용매로 낮은 온도에서 다양한 allylic halide와 반응하여 allylsilane을 합성할 수도 있다. 자리옮김한 allylic 자리옮김한 화합물을 주로 얻게 된다. Silylcopper가 아닌 $(Me_3Si)_2CuLi$나 $(Me_3Si)Cu(CN)Li$ 형태의 silylcuprate 또한 같은 반응을 하는 것으로 알려져 있다.

OMs ... —(Me_3SiCu, HMPA, Et_2O, - 60 °C)→ ... $SiMe_3$ 49 % yield

... Cl —(Me_3SiCu, HMPA, Et_2O, - 60 °C)→ ... $SiMe_3$ + ... $SiMe_3$ 92 : 8, 86 % yield

Cu(I) 유도체를 거치지 않고 trimethylsilyllithium을 곧바로 사용하면 allylic transposition이 없이 allylsilane을 얻게 된다. 다음 반응 예를 보면 수득률 차이는 조금 밖에 되지 않지만, 두 시약은 완전히 다른 위치선택성을 나타내는 것을 볼 수 있다. 물론 다른 메커니즘을 거치게 된다. (Chapter 7) 같은 메커니즘을 거쳐 다른 화합물이 생성될 수는 없기 때문이다.

C_6H_{13} ... Cl → C_6H_{13} ... ($SiMe_3$) + C_6H_{13} ... $SiMe_3$

$SiMe_3Cu$ 87 % Yield 98 : 2
$SiMe_3Li$ 78% yield 0 : 100

꽤 여러 가지 합성법을 소개한 듯하지만 이보다 훨씬 다양한 방법에 의하여 다양한 골격의 allylic silane을 합성하는 방법이 개발되어 있다.

문제 5.12 아래에 그려져 있는 네 allylic silane을 합성하는 반응식을 적어보라.

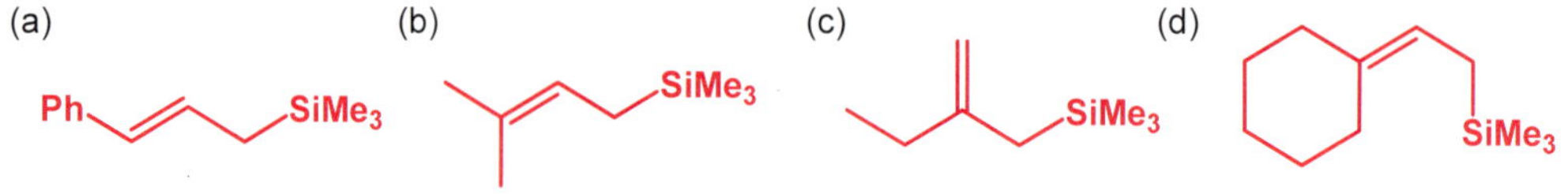

(a) (b) (c) (d)

5.13 Reactions of Allylsilanes

Allylsilane의 반응도 vinylsilane의 반응과 유사하게 일어나지만 반응성은 훨씬 더 높다. 빈 p 오비탈의 carbocation은 silyl기에 대해 β 자리에 양전하가 놓이는 방향으로 첨가가 일어나게 되며, 양전하의 탄소와 desilylation이 일어나는 탄소 간에 π-결합이 형성된다. 전체 과정은 allylsilane에 대해서 σ-결합 하나를 잃는 대신 새로운 σ-결합이 생성되는 치환 반응이다. 그럼에도 새로운 결합이 반응 전에 Si와 결합했던 탄소에서 일어나지 않고 마치 알릴계의 친핵성 치환인 S_N2' 반응처럼 allylic transposition이 함께 일어난다.

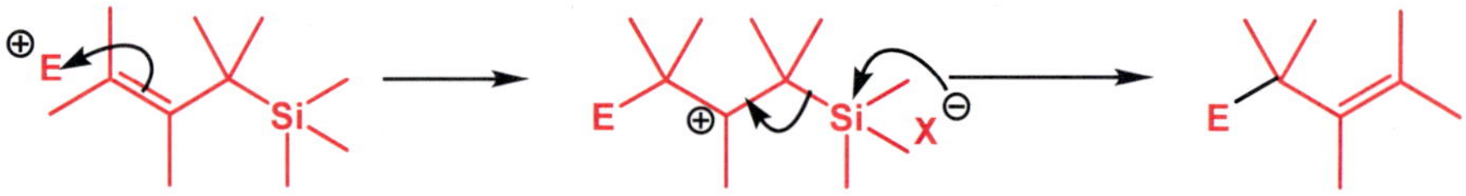

Carbocation의 안정화는 vinylsilane의 반응에서와 같이 양이온 탄소의 빈 p 오비탈과 silyl기가 서로 평행하여야 silyl기에 의한 안정화가 이루어지게 된다.

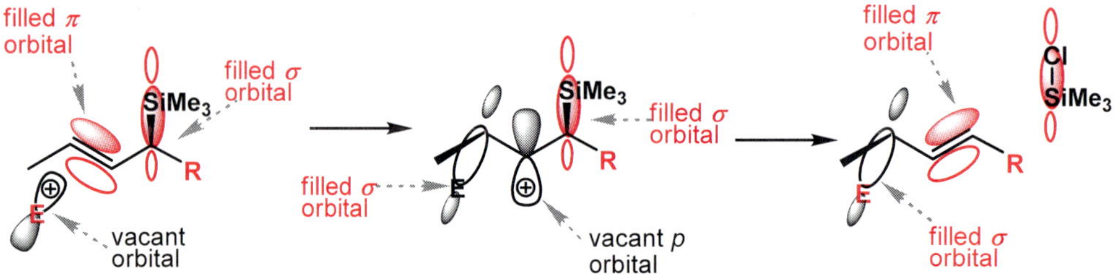

π-오비탈은 친전자체에 전자쌍을 제공해야 하며 그로 인하여 형성되는 carbocation은 이웃한 C–Si의 채워진 오비탈에 의하여 안정화되므로, 위의 그림에서 보는 것과 같은 오비탈 alignment가 반응을 위한 최적의 오비탈 배열이 된다. 따라서 C–Si를 포함하는 유사 알릴계의 silyl기가 이탈되는 반대 방향으로 친전자체의 접근이 이루어지게 된다.

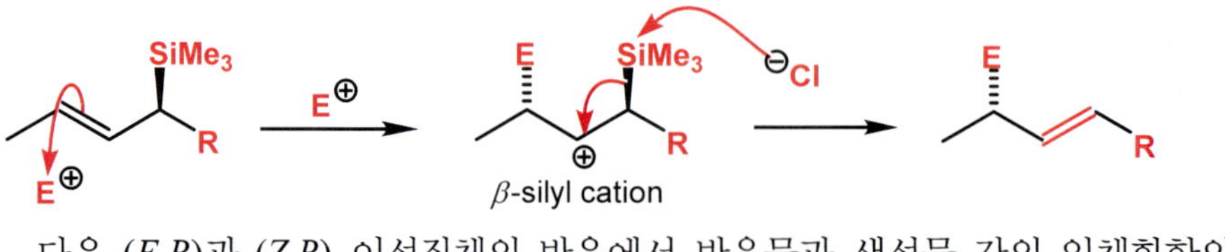

β-silyl cation

다음 (E,R)과 (Z,R) 이성질체의 반응에서 반응물과 생성물 간의 입체화학의 변화를 살펴보면 이해가 될 것이다. (E)와 (Z)에 따라 새로 생성되는 sp^3 탄소에서의 절대배열이 정해지게 되며 만약 (*S*) isomer를 사용하였다면 (*Z*)-alkene이 생성되었을 것이다.

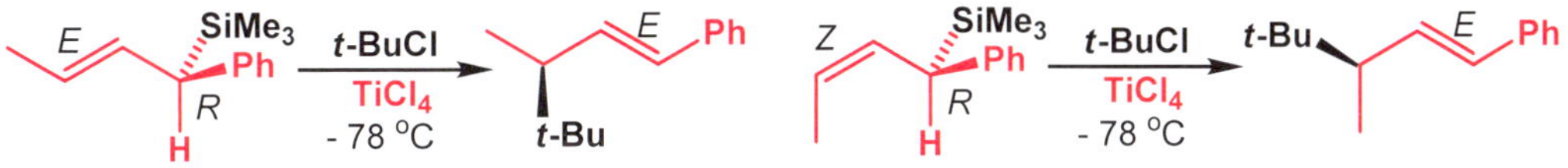

Allylsilane도 vinylsilane과 비슷한 유형의 여러 반응을 한다. 몇 가지 친핵성 탄소를 갖는 유기 화합물과의 반응 예를 아래에 그림으로 작성하여 나타내었다.

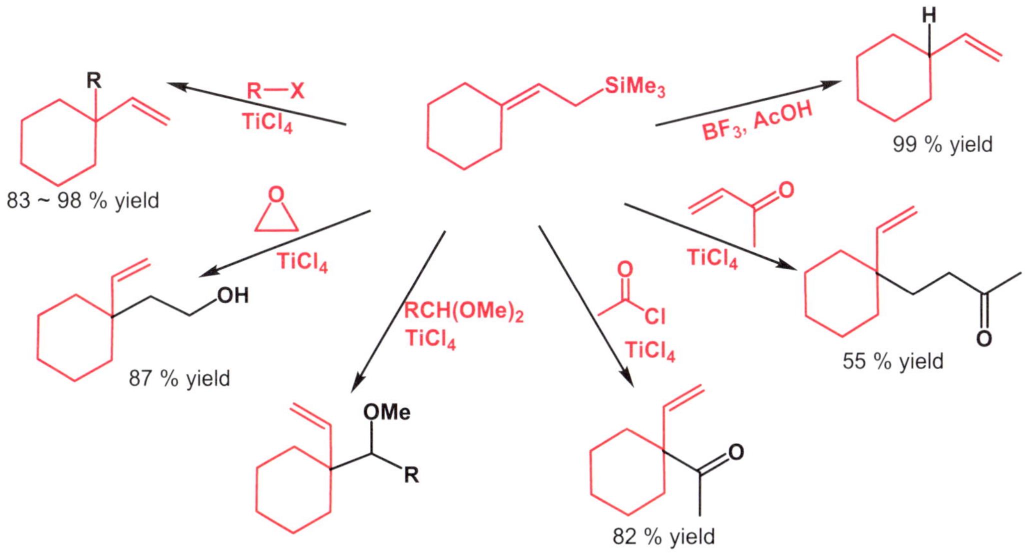

간단히 대표적인 반응 예만을 실었으나 allylsilane과의 반응은 응용 범주가 대단히 넓어서 거의 모든 반응성 친전자체와 반응한다고 할 수 있다. 위의 반응 생성물을 꼼꼼히 살펴보면 제일 처음 눈에 띄는 것은 하나의 예외도 없이 모두 **allylic transposition**이 일어난 생성물만이 얻어짐을 알 수 있다. 또한 $TiCl_4$는 위에 나타낸 allylsilane의 모든 반응에 공통적으로 사용되는 아주 훌륭한 Lewis 촉매이다.

위 그림에 나타낸 allylsilane의 반응 중의 하나인 enone과의 반응을 조금 더 자세히 살펴보기로 하자. $TiCl_4$는 이 반응에 가장 좋은 Lewis 산 촉매이다.

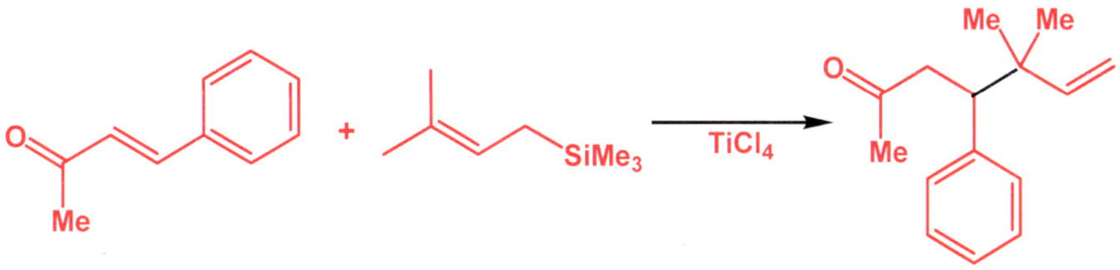

카보닐 O에 $TiCl_4$가 배위되면 카보닐 탄소와 *β*-탄소가 부분양전하를 띠게 된다. 그 다음 alkene이 *β*-탄소를 공격하면 carbocation이 C–Si 결합에 이웃한 C 원자에 놓이게 한다. C–Si 결합의 토막내기 (fragmentation)로 Ti enolate가 생긴다. 물 뒷처리 과정에서 양성자붙임이 일어나면 나타낸 최종 생성물을 얻게 된다. 어김없이 allylic transposition이 일어난다.

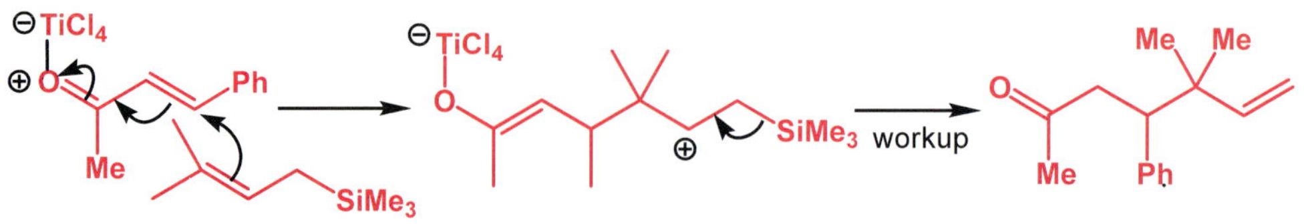

위의 allylsilane의 반응 모음 표에는 빠져 있으나 allylsilane은 aldehyde와의 반응으로 다음 반응에서 보는 것처럼 homoallylic alcohol을 생성한다. 이와 같은 반응은 다른 금속의 allylmetal을 사용할 때도 같은 유형의 반응이 일어나는 것을 앞의 chapter에서도 몇 차례 보았고 앞으로도 여러 번 더 보게 될 것이다.

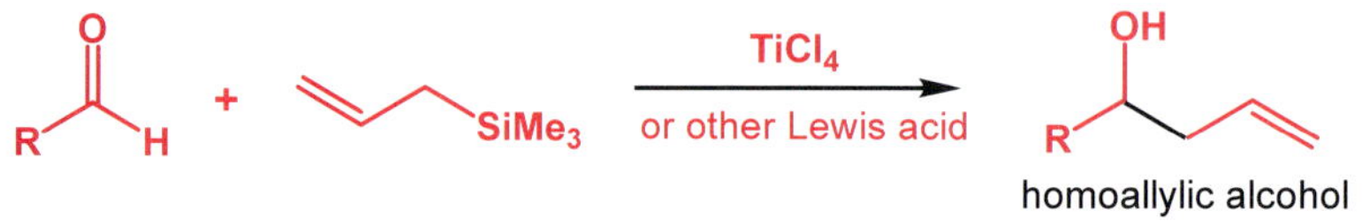

Aldehyde는 acetal 또는 silylacetal을 거쳐 allylsilane과 반응시키면 homoallylic ether를 얻을 수 있다. Acetal은 Lewis 산과의 작용으로 alkoxy group이 떨어지면서 oxonium ion이 비교적 쉽게 얻어지며 자주 응용되는 유형의 반응이다.

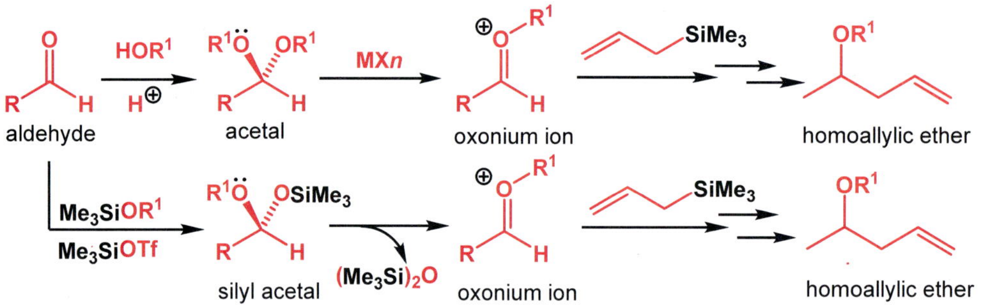

다음은 acetal과 allylsilane이 한 분자내에 적절하게 위치하여 분자내 반응이 일어나서 고리형 homoallylic ether를 합성하는 반응의 진행 경로를 나타낸 식이다.

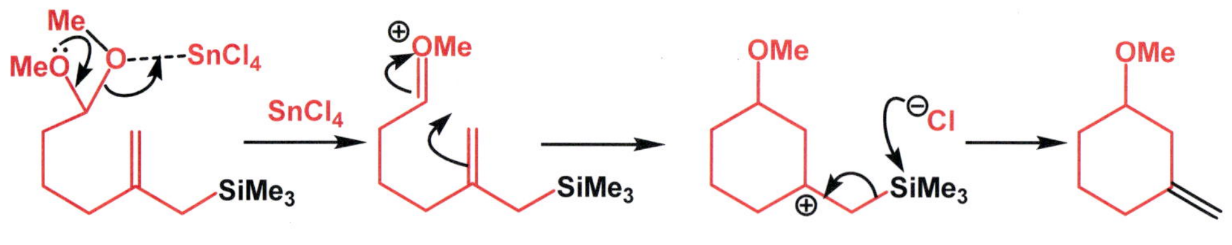

문제 5.13 다음 lactone은 다른 방식으로는 얻기가 쉽지 않은 화합물이다. 어떻게 반응이 일어나는가? 그리고 TMS group의 역할은 무엇인가 설명하여 보라.

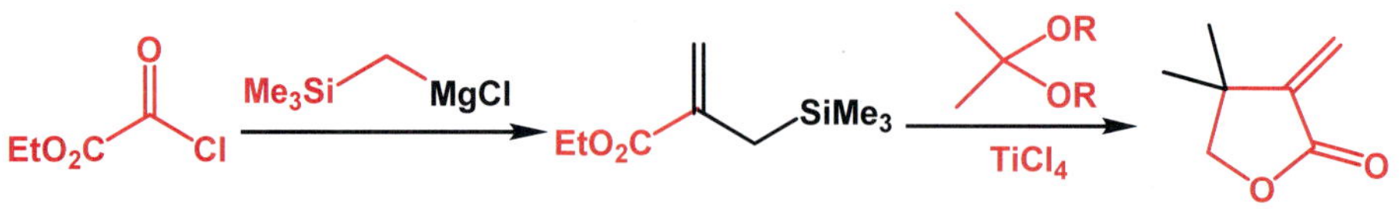

문제 5.14 본문에 있는 다음 두 반응의 mechanism을 그려 보라.

(a) R–CHO + allyl–$SiMe_3$ —$TiCl_4$→ homoallylic alcohol

(b) Me_3Si … —$RCH(OMe)_2$, $TiCl_4$→ … OMe

문제 5.15 다음 반응은 카보닐 탄소와 β-탄소가 친전자성 자리이므로 카보닐 탄소에서 결합이 이루어질 수도 있다. 결국 sigmatropic 자리옮김으로 같은 화합물이 된다. 메커니즘을 상세히 그려 보라.

(a) + $SiMe_3$ —1. $TiCl_4$ 2. H_2O→ HO … → OH … —~ $H^{\oplus}$→

(b) + $SiMe_3$ —1. $TiCl_4$ 2. H_2O→

문제 5.16 다음 식의 중간체 화합물은 어떻게 만들며, 이어지는 반응은 어떤 촉매가 필요하며, 어떻게 진행되는지 메커니즘을 그려라.

O … CHO → O … $SiMe_3$ → O

문제 5.17 Allylic silane의 반응은 꼭 산 존재하에서 carbocation 중간체를 거쳐야만 일어나는 것은 아니다. 다음 반응에서는 desilylation이 먼저 일어나서 anionic cyclization이 일어나는 반응 예이다. Allylic silane이 얻어지는 첫 단계부터 반응이 일어나는 경로를 상세하게 그려보라. 중간에 alcohol이 aldehyde로 산화되는 단계를 하나 거친다.

OH —1. BuLi,TMEDA 2. Me_3SiCl→ —MeOH→ —acohol oxidation to aldehyde→ —$Bu_4N^{\oplus}\ F^{\ominus}$→ H, H, OH

5.14 1,2-Elimination of β-Functional Organosilanes

β-자리에 수소가 있는 alkyl halide나 alcohol 등은 산이나 염기 존재하에 적당한 반응 조건하에서 제거 반응이 일어나서 alkene을 생성한다.

Trialkylsilyl, 특히 trimethylsilyl기는 큰 양성자로 취급하여도 무방하다는 것은 여러 차례 언급한 바 있다. 위의 제거 반응에서 β-수소가 trialkylsilyl기로 대치되어 있는 alkyl halide나 alcohol 또한 마찬가지로 제거 반응이 일어난다. 이에 필요한 β-자리에 작용기가 있는 organosilanes의 합성 방법은 몇 가지 있으며, 이들을 제대로 이용하면 각종 alkene을 합성하는 유용한 방법이 될 수 있다.

Elimination Reactions of β-hydroxyalkylsilanes

가장 손쉽게 β-hydroxyalkylsilane을 얻는 방법은 α-silylcarbanion이나 carbanionoid를 카보닐 화합물과 반응시키는 것이다.

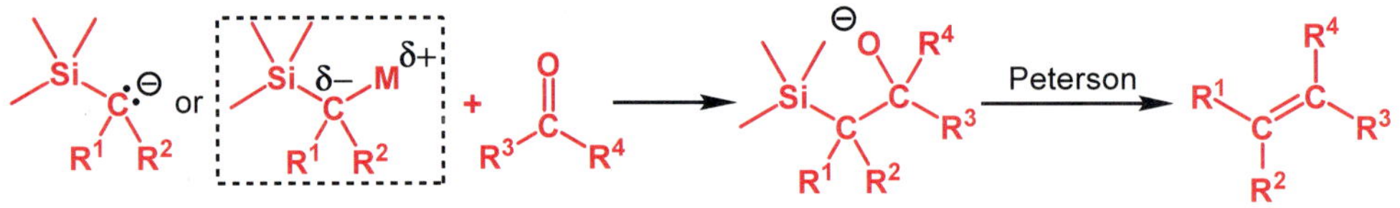

다음은 trimethylsilylmethylmagnesium bromide를 해당 bromo 화합물로부터 만들어서 ketone과 반응시킨 예이다. Wittig 반응에서처럼 carbonyl 자리에 methylenation이 일어난다.

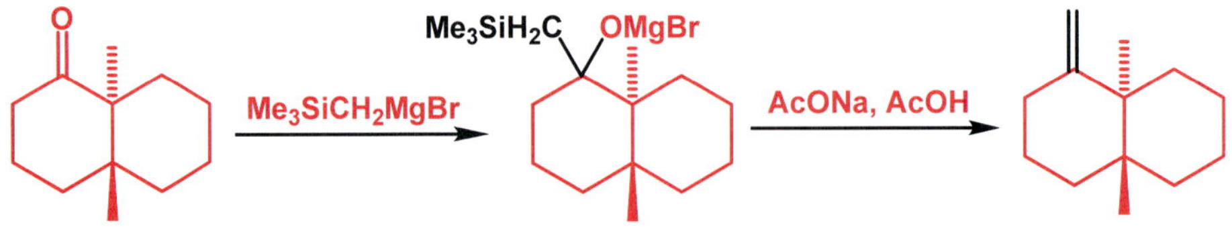

α-Silylcarbanion이나 carbanionoid를 얻는 방법은 여러 가지가 알려져 있으며, 그중 하나인 다음 sequence는 alkyllithium을 vinylsilane에 첨가하여 얻는 α-silylcarbanion을 이용하는 한 예이다. 이 반응의 문제점은 일반적으로 (*E*)와 (*Z*)-alkene 이성질체의 혼합물을 생성물로 얻게 된다는 것이다.

Et—Li

SiMe₃ → Li / SiMe₃ → (butanal) → SiMe₃ / OLi

β-Hydroxyalkylsilane의 제거 반응은 염기에 의해서도 산에 의해서도 진행될 수 있다. 반응에 사용될 수 있는 산이나 염기 또한 아래에서 보는 것과 같이 다양하다.

basic : KH, NaH, KO*t*-Bu
acidic : H_2SO_4, $HClO_4$, BF_3 Et_2O, AcONa/AcOH

산 존재하에서 진행되는 **Peterson elimination**은 다음 메커니즘에 따라 *anti*-elimination이 일어나게 되고 염기 존재하에서는 *syn*-elimination 반응이 일어나서 이탈되는 hydroxyl기와 trimethylsilyl기가 같은 쪽에서 떨어지게 된다. 따라서 같은 화합물이라도 제거 반응 조건에 따라 (*E*)-alkene이 생성될 수도 있고, (*Z*)-alkene이 생성될 수도 있다.

$BF_3 \cdot Et_2O$ or $H_3O^{\oplus}$

KH

해결해야 할 남은 과제는 stereoselective하게 β-hydroxyalkylsilane을 얻는 방법을 개발하는 일이다. 몇 가지가 알려져 있으나 현재로서는 다음과 같이 vinylsilane으로부터 epoxide를 합성하여 사용하는 방법이 가장 간단하고 효율적이다. Epoxidation은 생성되는 epoxide가 산과 반응하지 않도록 buffer 용액에서 1당량의 과산화산, 예컨대 *m*-CPBA를 사용하면 일반 alkene의 epoxidation과 별다른 점 없이 반응시킬 수 있다. *trans*-Vinylsilane에서는 *trans*-epoxide가 *cis*-vinylsilane에서는 *cis*-epoxide가 생성된다. Alkylmetal을 이용하여 alkyl기를 도입하면서 epoxide 고리열림이 일어날 때 염기 또는 산성 조건이 되면 그대로 제거 반응이 일어나게 된다. 이를 피해가는 가장 좋은 방법은 dialkylcuprate를 사용하는 것이다. 친핵체의 공격은 깨지는 C–O 결합의 반대쪽이 되며, 또한 위치선택적으로 silyl기가 치환 탄소를 공격하게 된다. 즉, silyl epoxide의 alkylation은 regio- 및 stereoselective하게 일어나서 한 가지 생성물만 얻게 된다.

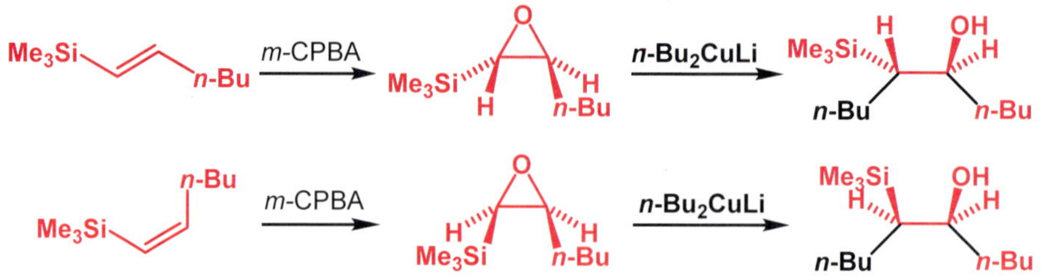

앞에서 본 것처럼 제거 반응은 산의 존재하에 일어나는가 아니면 염기에 의한 반응인가에 따라 (*E*)-alkene이 생성되기도 하고, (*Z*)-alkene이 생성되기도 한다. 필요에 따라 제거 반응에 필요한 산이나 염기의 선택에 따라 원하는 특정 geometrical isomer를 얻을 수 있다.

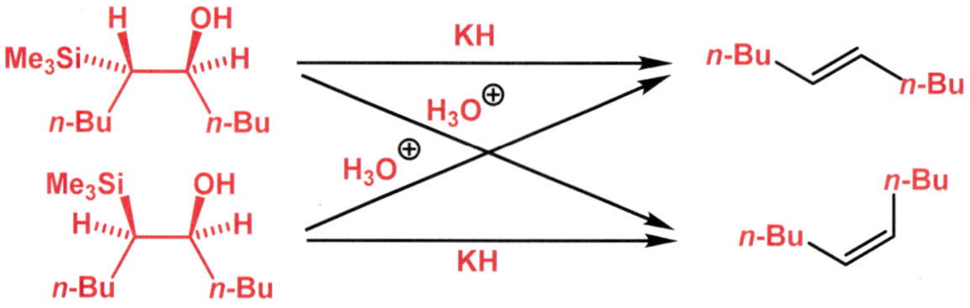

TMS기와 phosphonium기가 동시에 존재하는 경우에는 음이온 형성과 카보닐과의 반응에서 흥미있는 사실을 발견할 수 있다. *α*-TMSmethyltriphenylphosphonium salt는 다음 반응에서 얻어지는데 alkyllithium으로 쉽게 양성자떼기가 일어나서 *α*-TMS phosphoylide를 형성한다.

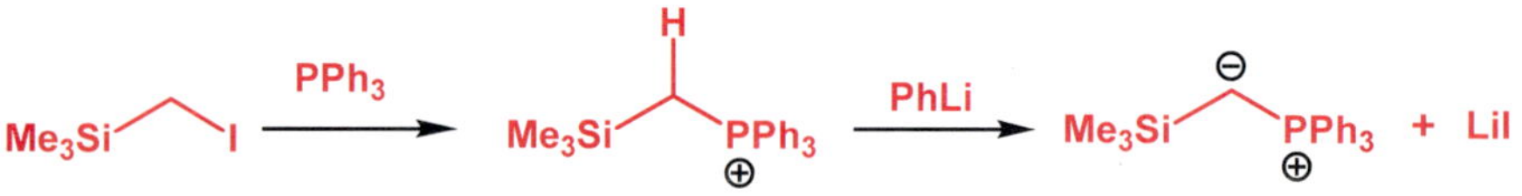

생성된 ylide를 aldehyde와 반응시키면 일시적으로 생성되는 중간체에서 Wittig 반응이나 Peterson 제거 중에서 어느 반응이 우세하게 일어날 것의 문제가 발생한다. 실제로 Peterson elimination이 우세하게 일어나서 vinyl phosphonium salt를 생성하게 된다. Silicon의 산소에 대한 친화력이 phosphorus보다 더 크다는 의미이기도 하다.

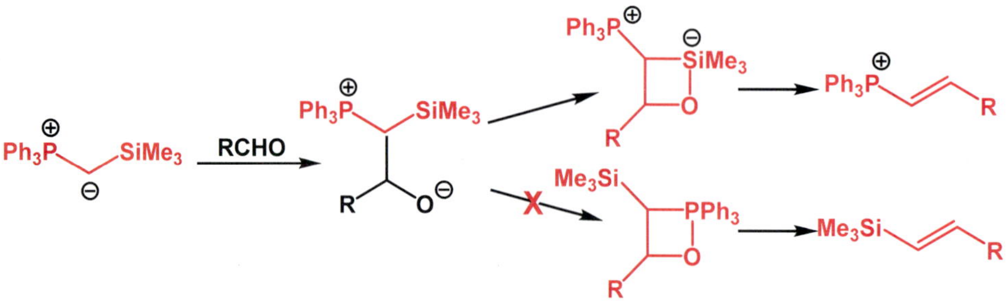

그러면 (*β*-trimethylsilyl)ethyltriphenylphosphonium salt를 butyllithium을 염기로 하여 양

성자떼기를 하면 어느 탄소의 양성자가 떨어질 것인가? 실제로는 인(P)에 인접한 탄소에서 양성자떼기가 일어난다. Triphenylphosphoryl기의 이웃한 음이온을 안정화하는 능력이 trimethylsilyl기보다는 더 크다는 의미이다. Trialkylsilyl기는 이웃한 음이온을 안정화하는 능력은 있으되 그리 크지 않다는 점은 앞에서도 이미 언급한 바 있다.

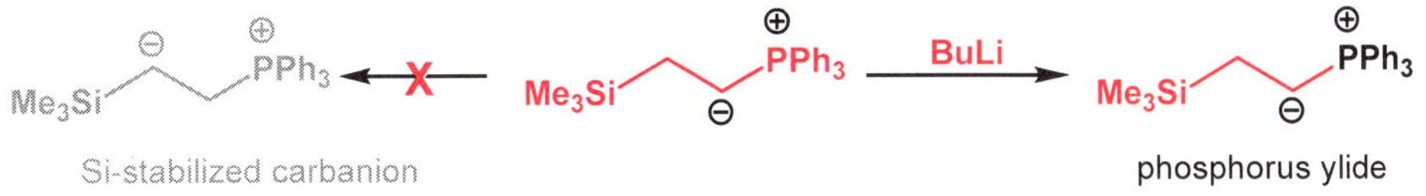

Si-stabilized carbanion　　BuLi　　phosphorus ylide

따라서 이 화합물의 양성자떼기로 얻어지는 ylide 음이온을 카보닐 화합물과 반응시키면 oxaphosphetane을 거치는 Wittig 반응만이 일어난다. 실제로 β-trimethylsilyl phosphoylide는 allylic silane을 만드는 방법으로 사용된다는 것을 앞에서 살펴본 바 있다.

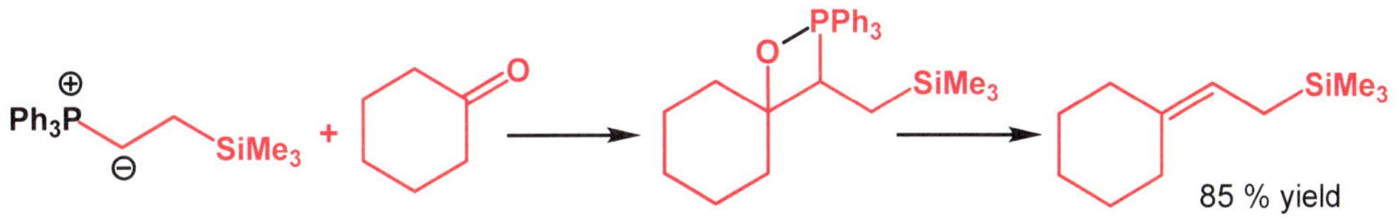

85 % yield

Peterson 제거 반응은 epoxysilane을 산성 수용액으로 처리할 때도 일어날 수 있다. Epoxysilane은 물 첨가로 glycol을 생성하게 되고, Peterson 제거가 일어나면 일차적으로 enol을 형성하게 된다. 이 반응은 vinylsilane의 epoxidation에 이어 곧바로 산성 수용액으로 처리함으로써 aldehyde의 제법으로 사용되기도 한다.

Epoxysilane은 vinylsilane의 epoxidation으로 얻게 되는데 vinylsilane를 얻는 방법은 앞에서 충분히 다루었다. Allylsilane을 이용하여 vinylsilane을 합성하는 반응 예 하나를 더 소개 하기로 하자. Allylsilane의 양성자떼기로 얻어지는 음이온을 ketone과 반응시키면 TMS group의 γ 위치에서 탄소–탄소 결합이 형성된다. 결과적으로 vinylsilane 유도체가 생성하게 된다. Epoxidation을 거치면 다음 반응 예에서 보는 바와 acetal이 생성된다.

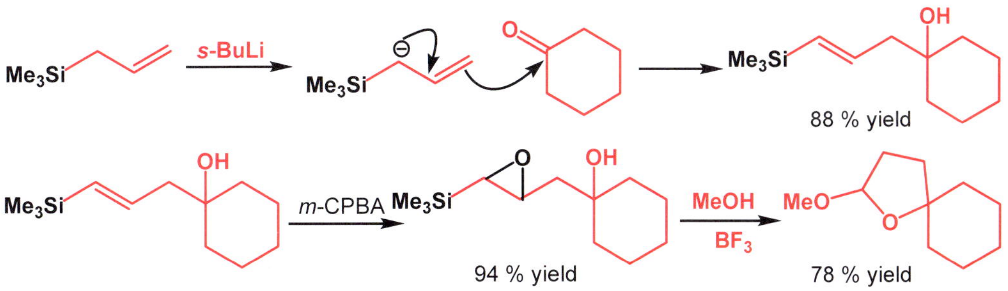

s-BuLi　　88 % yield

m-CPBA　　94 % yield　　MeOH, BF_3　　78 % yield

다음 식에서와 같이 이 반응은 BF_3 촉매로 MeOH에 의한 고리열림이 일어나면 Peterson elimination이 일어나서 enol ether를 거쳐 aldehyde를 생성하게 된다. γ-Hydroxyaldehyde에서 다섯-원자 고리형 acetal을 형성하는 반응은 아주 쉽게 일어나는 반응이다.

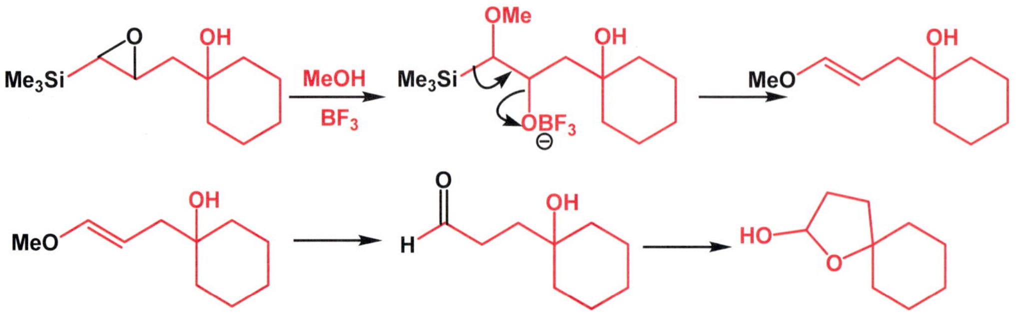

Elimination Reactions of β-haloalkylsilane

β-Halosilane도 또한 쉽게 제거 반응이 일어난다. 이탈기는 음이온으로 떨어지므로 이 반응은 Si와 강력한 결합을 형성할 수 있는 친핵체가 사용되어야 효과적이다. 다음 반응 sequence는 ketone의 α-methylenation 반응 예이다. Ketone에 trimethylsilylmethyl기를 도입하고 브로민 치환 반응을 하게 된다. 가장 문제가 되는 점은 bromination 단계의 regio-control인데, 이 경우에는 다음 식을 보면 알 수 있듯이 그 다음 단계에서 이 문제는 저절로 풀리게 된다. 어디 쪽에 bromination이 일어나던지 모두 동일한 생성물에 이르기 때문이다.

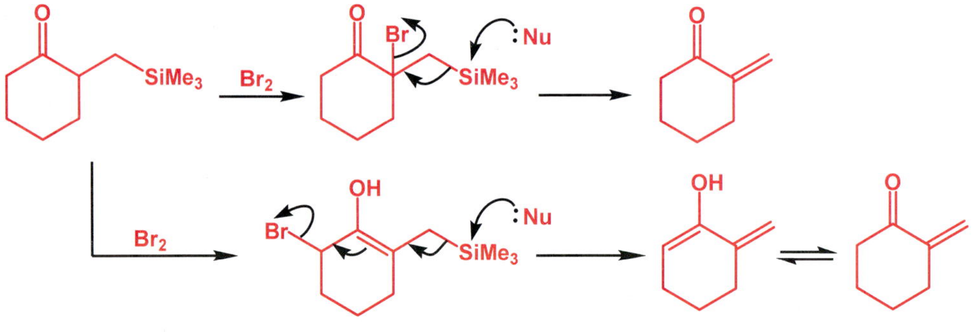

β-Halosilane에서 제거 반응이 쉽게 일어나는 것은 다음 삼중결합 형성 반응 예에서도 볼 수 있다. 좀 더 가혹한 반응 조건을 필요로 하지만, β-dehalosilylation은 sp^2 탄소에서도 어렵지 않게 일어나서 acetylene을 생성한다.

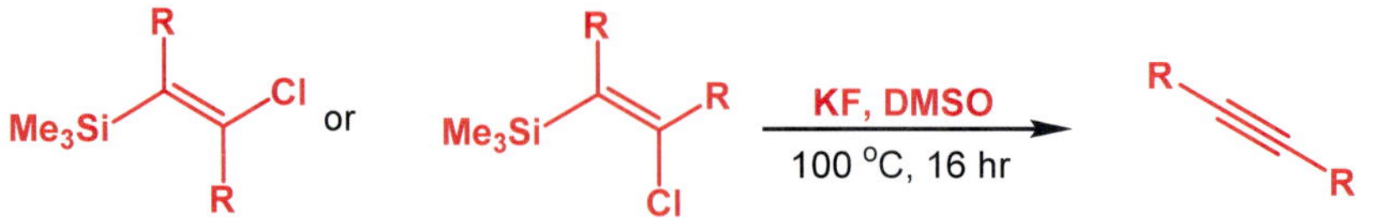

o-위치에 아주 좋은 이탈기를 가지는 치환 silylbenzene은 fluoride ion에 의하여 제거 반응을 일으킨다. Desilylation은 불안정한 benzyne 중간체를 생성할 수 있을 정도로 쉽게 일

어난다.

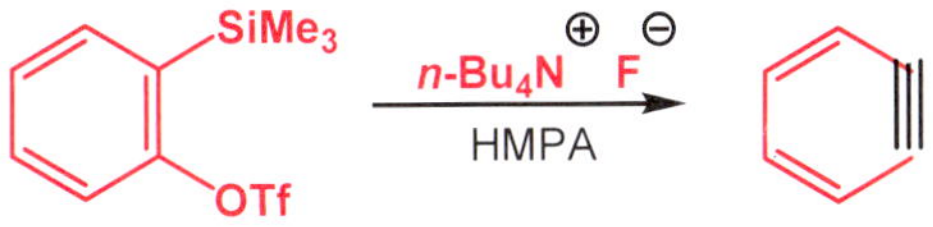

꼭 β-halosilane이나 hydroxysilane이 아니더라도 β-자리에 반응성이 높은 이탈기가 있는 silane은 비슷한 유형의 제거 반응이 일어난다. 다음 β-sulfonylsilane의 제거 반응을 마지막으로 이 절을 마치기로 하자. Sulfone은 β-자리에 음이온이 생성되면 곧잘 sulfinate, $PhSO_2^-$로 이탈이 일어나는 것은 여러 차례 본 적이 있을 것이다.

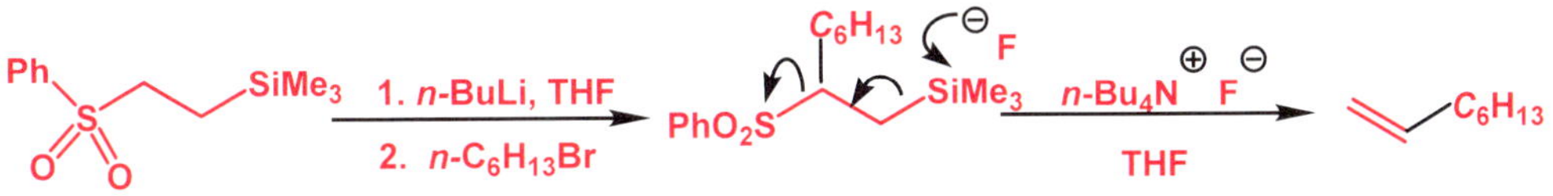

Silyl기를 떼기 전에 sulfone의 음이온을 거쳐 alkyl기 하나를 더 도입하고 나서 Peterson 제거 반응을 일으킨다면, 다음과 같이 더 복잡한 구조의 alkene 합성이 가능하다.

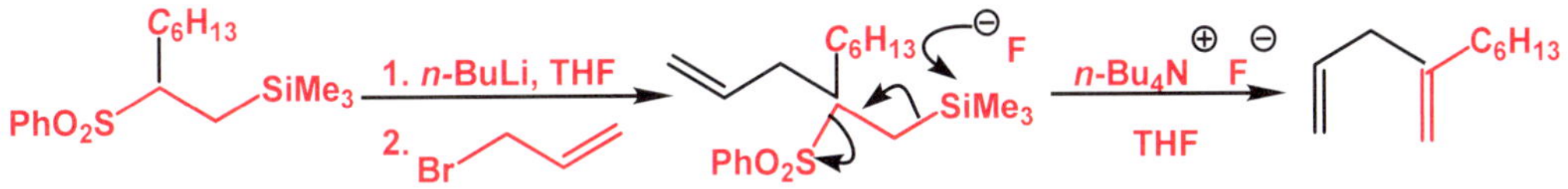

5.15 Migration of Silyl Group from Carbon to Oxygen

Trialkylsilyl group의 자리옮김 중에서 유기합성에 중요한 예는 탄소에서 산소 원자로 이동하는 반응이다. 대표적인 예로 silylmethanol은 염기로 처리하면 silyl ether를 생성한다. 이 반응은 **Brook rearrangement**라고 알려져 있다.

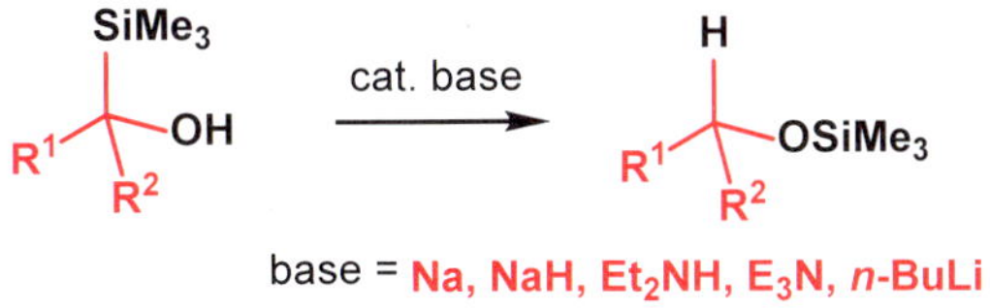

base = Na, NaH, Et_2NH, E_3N, *n*-BuLi

Alcohol의 양성자떼기가 선행되어 일어나야 하며 이 목적으로는 금속 sodium을 비롯한 alkyllithium 등 센 염기를 사용하는 경우도 있고, amine과 같은 약염기를 사용할 수도 있다. Si는 확장 오비탈을 사용할 수 있어 반드시 후면 공격이 아니어도 산소와 먼저 결합하여 pentacoordinate 중간체를 거치게 되며, silylether의 음이온을 경유하게 되고 이는 다시 염기로 작용하여 recycle되기 때문에 촉매량의 염기로 충분하다.

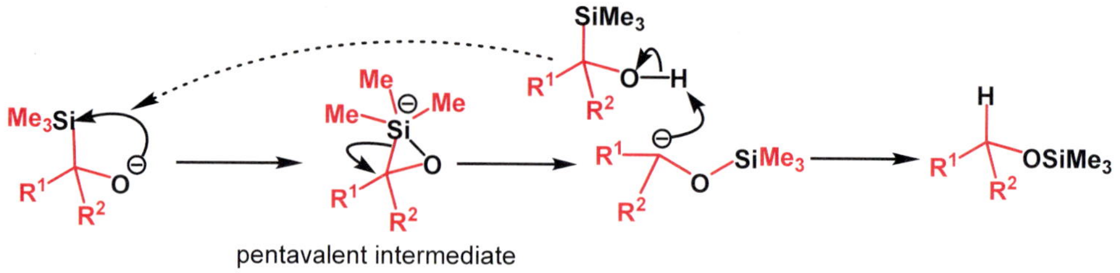

pentavalent intermediate

중간체로 형성되는 carbanion의 안정도와 반응전의 alkoxide 간의 안정성으로 미루어 alkoxide 쪽이 더 안정하지만, 중간체가 아닌 반응물과 생성물을 비교하면 Si–O 결합을 가지는 silyl ether 쪽이 더 안정하다. 중간체 간의 평형은 다량의 염기를 사용하는 경우에는 alkoxide 쪽이, 촉매량이 존재하는 경우에는 carbanion 쪽이 더 유리하다.

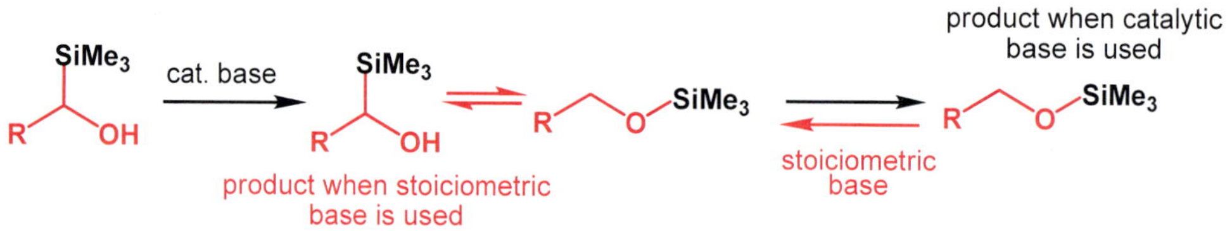

product when catalytic base is used

cat. base

product when stoiciometric base is used

stoiciometric base

또한 생성되는 carbanion의 상대적인 안정도에 따라 얻어지는 생성물이 달라지기도 한다. 다음 두 반응을 비교하면 두 번째 반응에서는 두 phenyl기에 의하여 음이온이 안정화되기 때문에 탄소로의 silyl migration은 일어나지 않는다.

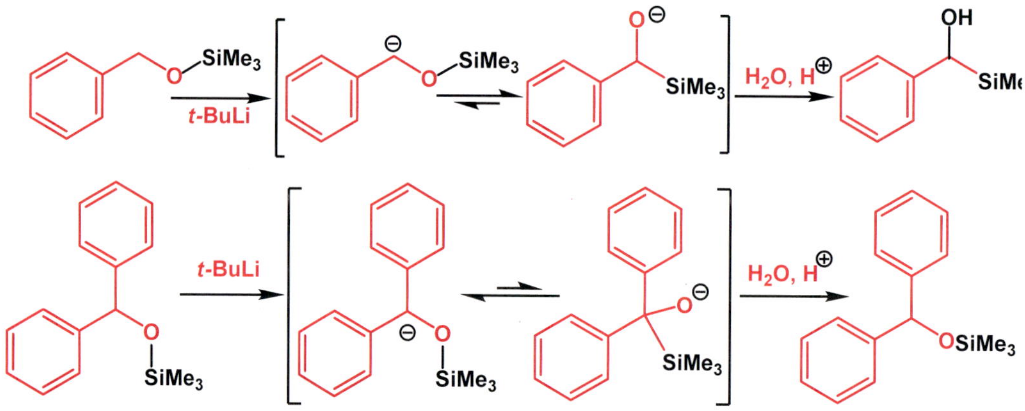

Si–S 결합은 hard electrophile인 silyl기와 soft 친핵체와의 부조화로 안정하지 않으며, 반응성이 큰 결합이다. 따라서 silyl기는 황 원자에서 탄소로 migration하는 경향을 보인다.

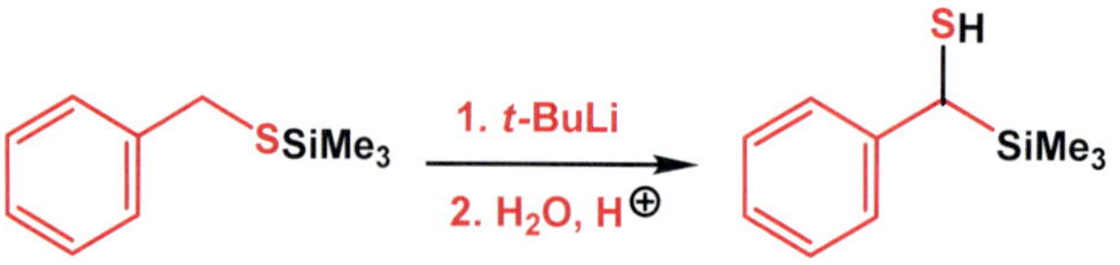

다음 반응에서는 tetra-*n*-butyl ammonium fluoride는 Si–F의 강력한 결합을 형성하면서 쉽게 desilylation이 일어나며 골격의 변화가 일어나는 고리형 전이상태를 거쳐 homoallylic silyl ether가 생성된다.

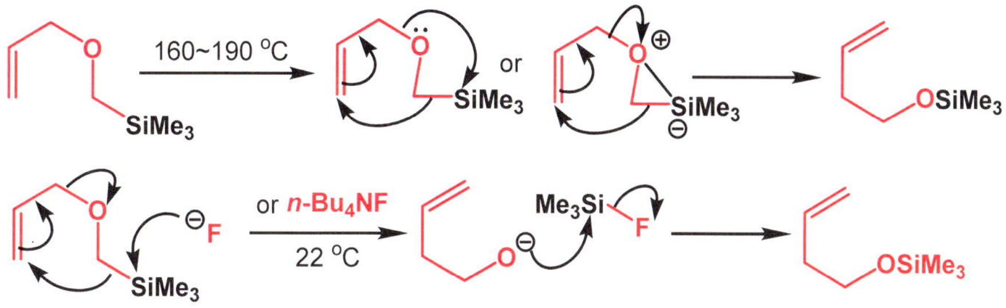

Osmium tetroxide를 이용하여 vinylsilane에 bishydroxylation이 일어나게 한 다음에 염기로 처리하면 silyl enol ether가 생성된다. 염기성 조건하에서 생성되는 alkoxide 산소로 silyl migration이 일어나고 (Brook rearrangement) 여기서 생성되는 carbanion에서 E1cB 경로로 hydroxide가 쉽게 이탈되면서 silyl enol ether가 생성되는 메커니즘을 거친다.

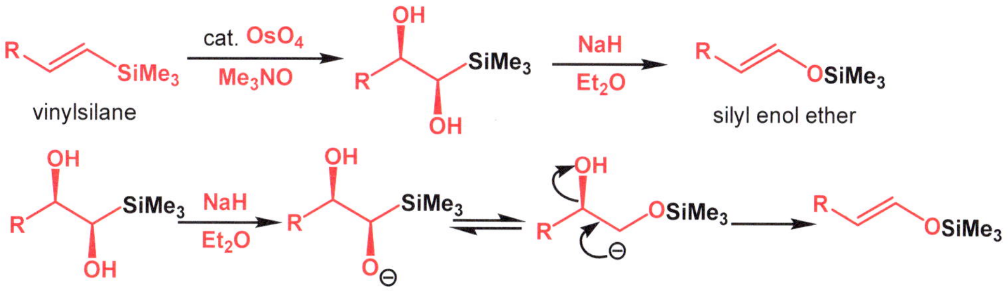

Acylsilane에 phosphoylide가 첨가되면 두 가지 반응이 가능한데 하나는 Wittig 반응으로 phosphine oxide가 생성되면 vinylsilane이 생성되던가 아니면 silyl group의 migration으로 carbanion을 거쳐 enol silylether가 생성되는 것이다. Acylsilane이 alkyl기를 가지고 있으면 Wittig 반응이 탄소음이온이 안정화되는 aryl기로 치환된 경우에는 silyl migration이 일어나서 각기 다른 생성물로 이어진다. Silyl migration으로 생성되는 carbanion의 안정성이 반응 경로를 결정하는 꼴이다.

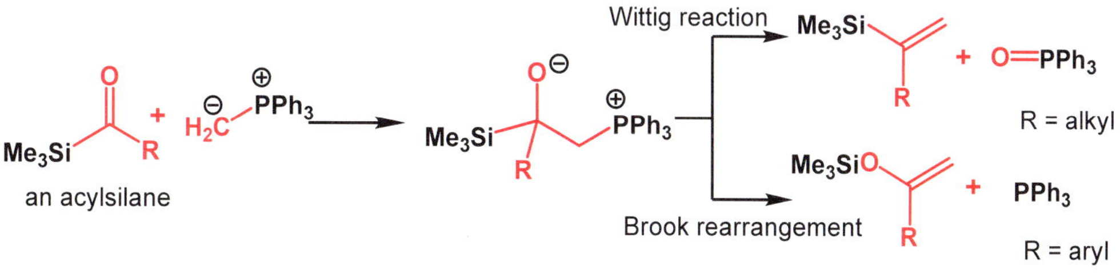

α-Silylsulfoxide는 silyl migration으로 silyl enol ether와 같은 형태의 화합물이 생성되어야 하지만, S–O 결합깨짐이 같이 일어나서 결국 silyloxy sulfide를 생성하게 된다. (**sila-Pummerer rearrangement**)

Silyl migration과 S=C 이중결합 형성이 동시에 일어나고, silyloxy group의 migration은 단계적으로 일어난다. 이는 구조적으로 유사한 α-silyl ketone은 다른 경로를 거친다. Silyl ketone은 Wittig 반응에서와 같이 네-원자 고리형 중간체를 거치는 것으로 알려져 있다.

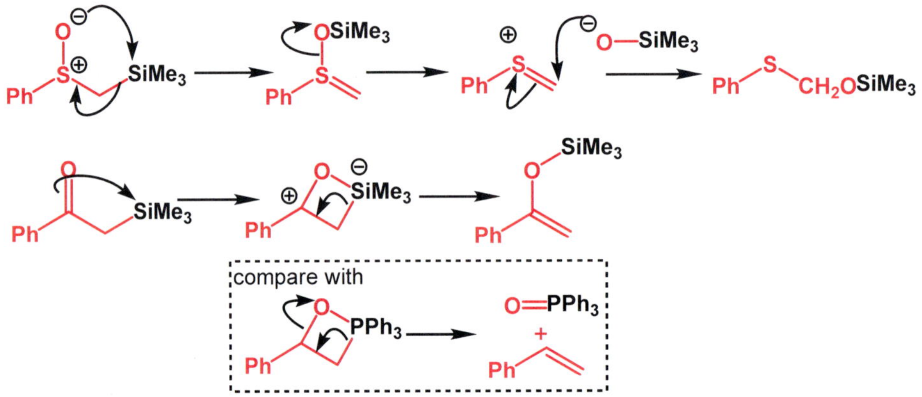

compare with

문제 5.18 다음 반응은 어떻게 일어나는가?

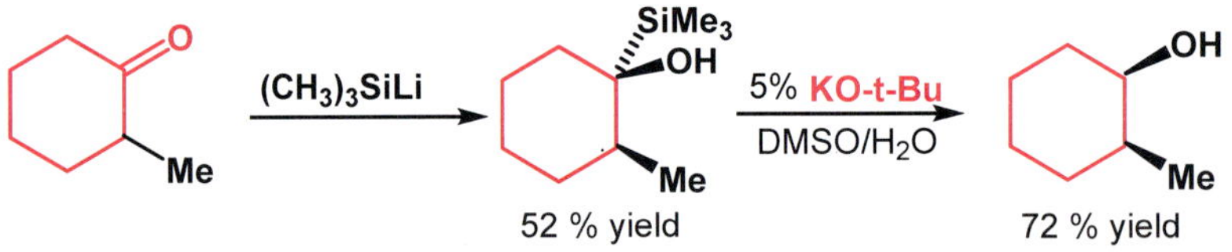

$(CH_3)_3SiLi$ → 52 % yield; 5% KO-t-Bu, DMSO/H_2O → 72 % yield

문제 5.19 다음 반응에서 생성물 A만 생성되고 B는 생성되지 않는다. 어째서인가?

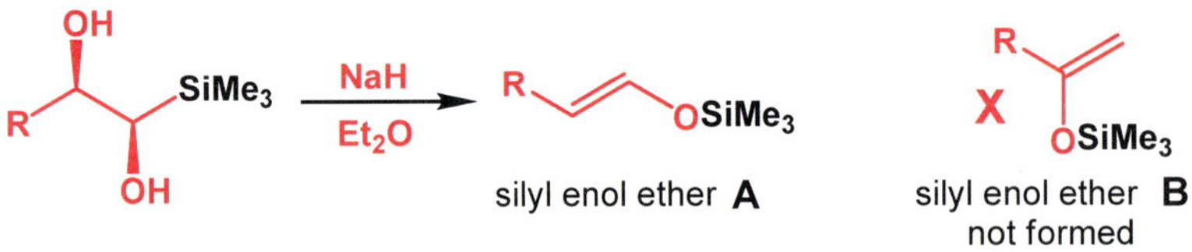

NaH, Et_2O

silyl enol ether **A**

silyl enol ether **B** not formed

5.16 Preparation of Silyl Enol Ethers

Silyl enol ether는 엄밀하게 이야기하면 organosilane으로 분류할 수 없어 유기금속 화학에서 다룰 내용이 아니지만, 유기합성에서의 중요성은 다른 organosilane보다 오히려 크다 할 수 있으며 여기서 함께 학습하는 것이 효과적이라 생각되어 함께 다루게 되었다. 다른 유기금속 화합물에 비해 silyl enol ether는 높은 온도에서도 안정하고, 다루기 쉬울 뿐 아니라 그 밖에도 많은 장점을 가진다. **Silyl enol ether**는 낮은 온도에서 생성되는 lithium enolate를 TMS chloride로 trapping하는 방법으로 만들 수 있다.

lithium enolate
stable at -78 °C

silyl enol ether
stable at room temp.

비대칭 ketone의 경우에는 접근이 더 쉽고 더 산성인 양성자떼기로 **kinetic enolate**를 형성하므로, 이를 trapping하면 kinetic enolate의 silyl enol ether를 생성하게 된다. 카보닐에 쉽게 첨가되는 alkyllithium을 염기로 사용할 수는 없으므로, 비친핵성 염기인 LDA를 사용하게 된다.

add ketone to LDA, THF -78 °C

more accessible (less hindered)

$N(i\text{-}Pr)_2$

kinetic enolate

Me_3SiCl

more accessible (less hindered)

less accessible (more hiindered)

add to LDA, THF -78 °C

kinetic enolate

Me_3SiCl

100% formed

0 % formed

Ester를 비롯한 카복시산 유도체의 lithium enolate도 어렵지 않게 만들 수 있으므로, 이를 trapping하여 silyl ketene acetal을 생성하여 여러 반응에 이용할 수 있다. Ester 뿐만 아니라 free carboxylic acid도 LDA에 의해 두 번의 양성자떼기로 enolate를 형성할 수 있으며, trapping하면 bissilyl ketene acetal을 생성할 수 있다.

1. LDA, THF
2. Me_3SiCl

MeCHO
$TiCl_4$

silyl enol ether of ester

Li enolate

a ketene acetal

Silyl enol ether는 꼭 낮은 온도에서 센 염기를 사용하여야만 만들 수 있는 것은 아니다. Aldehyde나 ketone의 enolate는 TMS–Cl과 trialkylamine 정도의 약한 염기만으로도 생성 가능하다. 약한 염기로 생성되는 소량의(평형량) enolate는 산소와 강력한 결합을 형성하는 silyl halide에 의해 쉽게 trapping되기 때문이다. 카복시산 유도체인 ester로부터 ketene acetal을 생성하는 반응은 효율성이 떨어져서 그리 효과적인 방법이라고 할 수 없다.

weak base used for aldehyde　　low enolate concentration　　efficient trapping by Si electrophile

2-Methylcyclohexanone과 같은 비대칭 ketone의 생성 가능한 enol 또는 enolate 둘 중에서 약한 염기와 TMS–Cl을 이용하는 경우에는 열역학적으로 더 안정한 isomer를 주로 얻게 된다.

minor enol: less substituted　　major enol: more subsrituted

이에 따라 silyl enol ether는 **thermodynamic silyl enol ether**가 소량의 속도론적 enol ether와 섞인 평형 혼합물을 얻게 된다. 반응은 평형량 존재하는 enol을 거쳐 silylation이 일어난다.

반응은 enol이 아닌 keto 형에서 일종의 Lewis 산인 TMS–Cl이 첨가되어 형성되는 양이온에서 양성자떼기를 거쳐 진행될 수도 있다. 이 경우에도 어느 쪽 양성자가 떨어지는가는 전이상태 에너지 차이가 작용하게 되며, 보다 안정한 silyl enol ether가 생성된다.

lower energy TS　　major product　　higher energy TS

Enol을 거쳐 진행되든 아니면 곧바로 한 단계로 진행되든지 간에 여하튼 비대칭 ketone의 경우에는 TMSCl과 triethylamine을 ketone과 반응하여 열역학적 silyl enol ether를 주생성물로 쉽게 얻을 수 있지만, 소량의 속도론적 enol ether가 들어있는 평형 혼합물을 얻게 된다.

Trialkylsilyl enol ether는 필요한 경우에 F^- ion이나 methyllithium 등으로 처리하면

tetramethylsilane이나 fluorotrimethylsilane을 잃고 쉽게 enolate를 재생할 수 있다. 생성되는 lithium enolate는 regiochemistry를 그대로 유지하게 된다. Enolate의 silyl trapping으로 silyl enol ether를 만들고, 다시 lithium enolate로 간다는 것은 합리적이지 못한 것 같이 보이지만 열역학적 lithium enolate가 꼭 필요한 경우에는 이 방법이 대안이 될 수 있다.

OSiMe3 MeLi Me3Si O Me Li OLi MeI, THF -78 °C to 0 °C O

Silyl enol ether를 만드는 방법은 그 밖에도 여러 가지가 있다. 상황에 따라 더 안정한 열역학적 enolate와 속도론적 enolate의 silyl enol ether는 원하는 쪽으로 제조가 가능하다.

Regiochemistry가 완벽한 silyl enol ether가 필요한 경우에는 다음과 같은 α,β-불포화 ketone을 이용하는 방법이 있다. Soft 친핵체인 dialkylcuprate가 enone의 β-탄소에 첨가되어 얻어지는 enolate를 TMS–Cl로 trapping하면 된다. Hard electrophile인 TMS–Cl이 enolate의 탄소와 결합하여 α-TMS ketone이 얻어지는 경우는 없다.

O Me2CuLi O ⊖ Cu Me Me conjugate addition O⊖ Me hard elecrophile Me3Si—Cl OSiMe3 Me

얻어진 silyl enol ether는 필요할 때는 언제나 methyllithium 아니면 다른 desilylating 시약을 사용하여 enolate를 재생할 수 있다. 다음 반응은 불포화 ketone으로부터 단 한 가지 silyl enolate만을 얻고 다시 desilylation에 의해 lithium enolate로 변환하여 필요한 반응을 진행시키는 예이다.

O Me2CuLi OCu Me3SiCl OSiMe3 MeLi THF OLi

Br Br O Br KH THF, 25 °C O 78 % yield

문제 5.20 염기와 반응 조건에 따라 어떻게 다음과 같이 주생성물이 뒤바뀌는지 본문의 내용을 다시 정리하여 설명하여 보라.

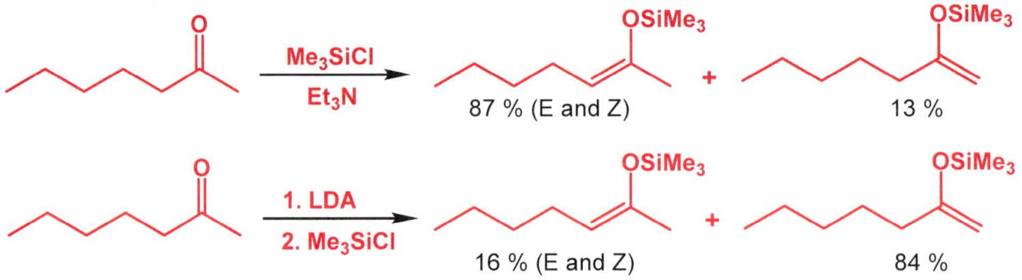

O
Me_3SiCl
Et_3N
$OSiMe_3$
87 % (E and Z)
+
$OSiMe_3$
13 %
O
1. LDA
2. Me_3SiCl
$OSiMe_3$
16 % (E and Z)
+
$OSiMe_3$
84 %

5.17 Reactions of Silyl Enol Ethers

Silyl enol ether는 어떤 반응을 할 수 있는가? 친전자성 자리가 있는 모든 유기 화합물과 반응할 수 있다. 너무 광범위하여 모두 다룰 수 없을 정도이다. 여기서는 대표적인 몇 가지 기본적인 반응을 다루고, 여기에서 사용되는 방법들을 적용한다면 뒤에 만나게 되는 비슷한 유형의 거의 모든 반응을 이해하는데 지장이 없을 정도가 되면 만족하기로 하자. 일괄하여 하나의 그림으로 작성하면 다음과 같이 대표적인 반응들을 한 눈에 파악할 수 있다.

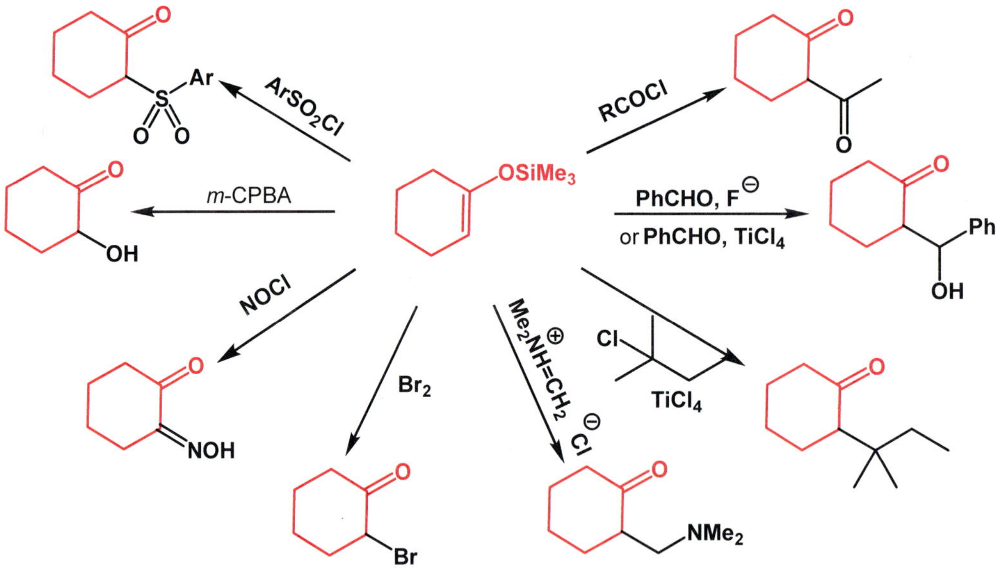

$OSiMe_3$
$ArSO_2Cl$
Ar
S
O
O
RCOCl
O
m-CPBA
OH
PhCHO, $F^{\ominus}$
or PhCHO, $TiCl_4$
Ph
OH
NOCl
NOH
Br_2
Br
$Me_2\overset{\oplus}{N}H{=}CH_2$ $\overset{\ominus}{Cl}$
NMe_2
Cl
$TiCl_4$

탄소-헤테로원자 결합을 가지는 친전자체와의 반응으로 카보닐기의 α-자리에 alkyl기나 acyl기를 도입할 수 있다. 또한 aldol reaction이 가능하며 Michael type의 conjugate addition, Mannich 반응도 가능하다. 이들 반응으로 유기합성에 아주 유용한 여러 새로운 탄소-탄소 결합형성이 가능하게 된다. 다른 한 부류의 반응은 헤테로원자-헤테로원자 결합을 가지는 친전자체와의 반응이다. 이러한 유형의 반응으로 카보닐기의 α-자리에 halogen, nitroso, sulfonyl, thioalkyl, hydroxyl 등 수많은 다양한 헤테로원자 치환기를 도입할 수 있다. 차례로 대표적인 반응을 하나씩 살펴보기로 하자.

Alkylation of Silyl Enol Ethers

Silyl enol ether는 enolate나 enamine에 비해서 반응성이 떨어지므로 단순히 alkyl halide와의 반응시키면 알킬화는 일어나지 않는다. Alkyl halide를 Lewis 산에 의해서 활성화할 필요가 있다. 결국 alkyl cation과의 반응이 일어나는 셈이다.

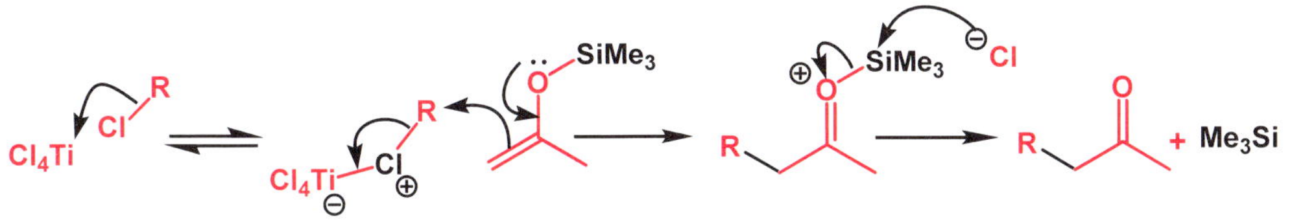

Ketone에서 위치특이성 silyl enol ether를 생성한다면 위치선택적으로 alkyl기를 도입할 수 있게 된다. 반응성이 큰 benzyl, allyl 및 α-heteroatom 치환 alkyl halide의 경우에는 반응은 훨씬 더 쉽게 일어난다.

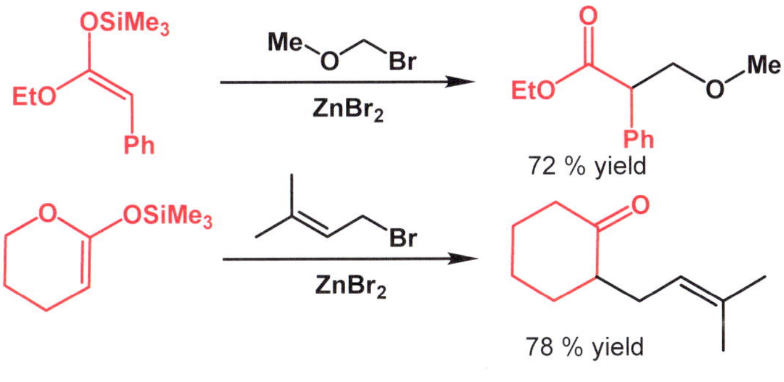

72 % yield

78 % yield

또한 lithium enolate를 사용하면 제거 반응이 주로 일어나서 카보닐의 α-자리에 도입할 수 없는 2차 또는 3차 alkyl기를 도입할 수 있는 장점이 있다.

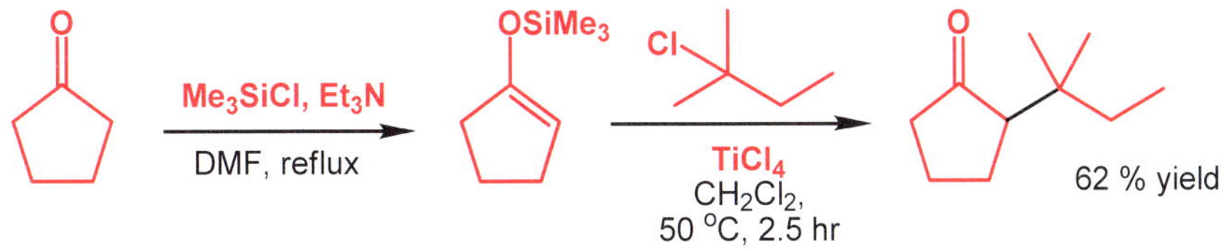

62 % yield

Acylation of Silyl Enol Ethers

Silyl enol ether는 자발적으로 acyl chloride와 반응할 정도로 반응성이 크지 않지만 Lewis 산 촉매가 존재하면 다음 식에서처럼 쉽게 dicarbonyl 화합물을 생성한다.

반응성이 큰 카복시산 염화물인 oxalyl chloride, trifluoroacetyl chloride 등은 촉매 없이 자발적으로 반응이 일어나기도 한다.

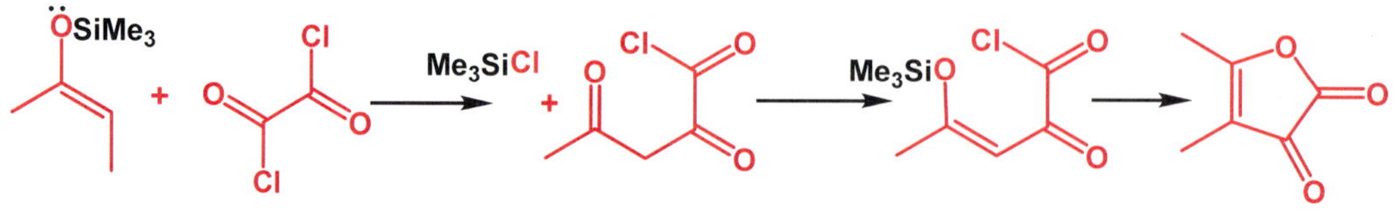

Ester로부터 생성되는 ketene acetal은 silyl enol ether보다는 반응성이 높아서 단순한 acyl chloride와도 발열적으로 반응하여 β-ketoester를 생성하지만, 최종 생성물은 silyl enol ether가 된다.

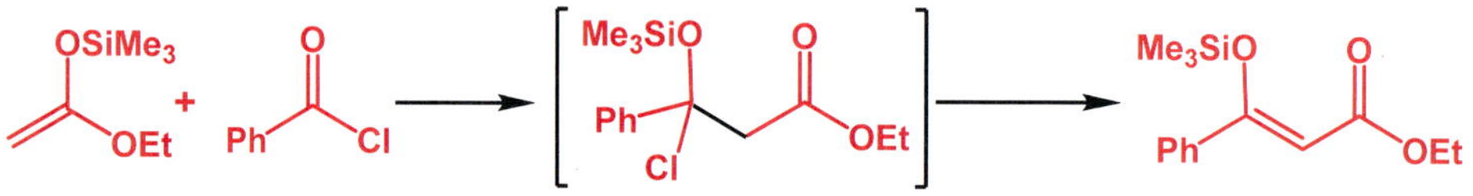

Mukaiyama Aldol Reactions Utilizing Silyl Enol Ethers

산-촉매 aldol 반응은 다음 식에 표시되어 있는 것과 같이 enol과 양성자붙임한 carbonyl 간의 반응으로 일어난다. Enol은 전자쌍 주개로 양성자붙임한 카보닐은 활성화된 카보닐기로 반응한다.

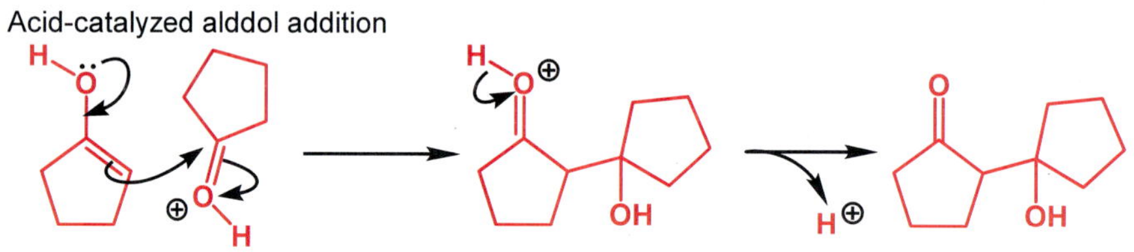

Acid-catalyzed alddol addition

Silyl enol ether와 aldehyde나 ketone 간에도 똑같은 반응이 일어난다. 양성자산 촉매 대신에 Lewis 산이 카보닐 산소에 배위되어 카보닐기를 활성화하게 된다. Silyl enol ether와 aldehyde나 ketone 간의 aldol 반응을 **Mukaiyama aldol 반응**이라 부른다. 다음 반응은 2-alkanone의 silyl enol ether와 benzaldehyde와의 Mukaiyama aldol 반응 예이다.

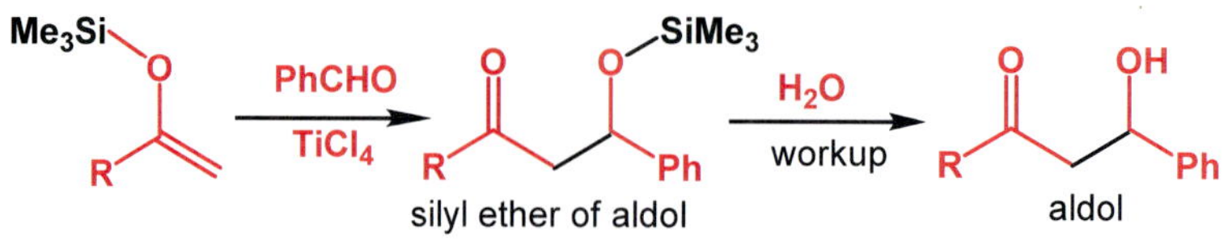

silyl ether of aldol

aldol

산-촉매 aldol 반응을 그릴 수 있다면 Mukaiyama aldol 반응 또한 어렵지 않게 그려 낼 수 있다. Silyl enol ether가 친핵체로 작용하게 되는데 enol과 비교하여 반응성이 낮아서 이와 반응하는 친전자체는 반응성이 커야 한다. Aldehyde 및 ketone과 반응하게 되며 이때도 Lewis 산 촉매를 필요로 한다. $TiCl_4$ 및 $SnCl_4$ 등이 가장 자주 사용되는 Lewis 산 촉매이다.

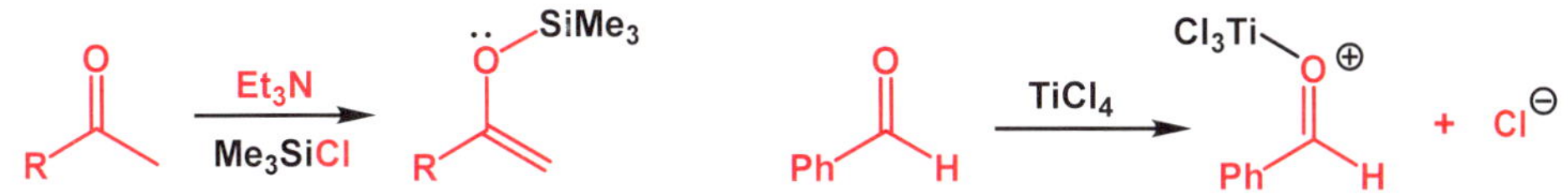

Silyl enol ether의 친핵성 탄소는 $TiCl_4$와의 coordination으로 친전자성이 증강된 카보닐 화합물의 카보닐 탄소를 공격하게 된다. 즉, C=C π–결합 친핵체가 Lewis 산에 의하여 활성화된 친전자체에 첨가하는 꼴이다.

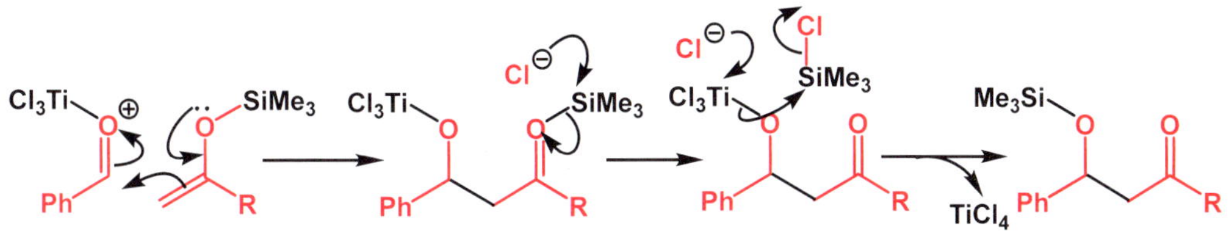

이어 desilylation이 일어나고 가수분해를 거치면 aldol 축합 생성물을 얻게 된다. 일반 aldol 반응은 가열하여 탈수 과정을 거쳐야만 원하는 방향으로의 평형 이동이 가능한 경우가 많다. Mukaiyama aldol 반응에서는 이러한 조작이 필요 없으므로 언제나 높은 수득률로 첨가 생성물인 aldol을 얻을 수 있다. 물론 필요한 경우에는 산 촉매로 탈수하여 aldol 축합 생성물을 얻을 수 있다[2].

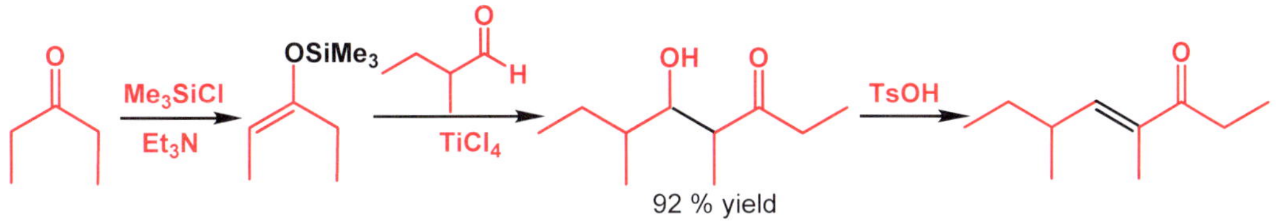

92 % yield

또한 비대칭성 ketone의 silyl enol ether는 위치선택적으로 합성이 가능하기 때문에 regiochemistry를 걱정할 필요 없이 aldol 반응을 수행할 수 있다.

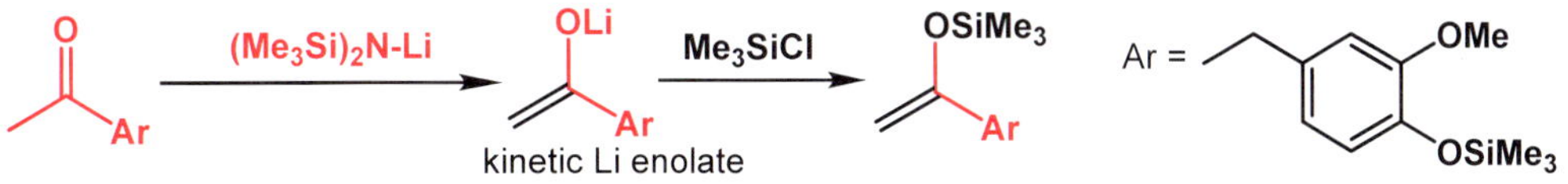

kinetic Li enolate

2 케톤과 aldol의 평형은 aldol 쪽으로 많이 불리하다. 이를 극복하고 평형을 오른쪽으로 치우치게 하려면 가열하여 탈수 과정을 거쳐 aldol condensation 생성물을 얻는 수밖에 없다.

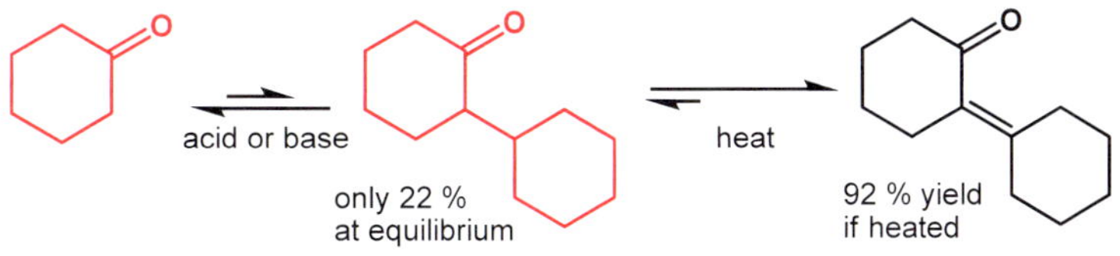

acid or base

only 22 % at equilibrium

heat

92 % yield if heated

gingerol, 92 % yield

Regiochemistry가 문제되지 않는 경우에는 굳이 LDA 같은 센 염기를 사용하지 않아도 된다. 다음 반응에서와 같이 약한 염기인 triethylamine과 TMSCl의 반응으로 silyl enol ether를 생성하고 이어서 **Mukaiyama aldol** 반응을 하면 된다.

stable silyl enolate

aldol isolated in 95 % yield

위의 반응을 단순히 산 또는 염기를 촉매로 하는 aldol 반응을 하면 평형의 문제로 aldol이 아닌 탈수가 일어난 aldol 축합 생성물을 얻게 되며, 또한 위의 두 aldehyde를 사용하면 형식적으로는 네 가지 축합 생성물의 혼합물을 얻게 되는 것은 이미 알고 있을 것이다.

다음 반응은 ketene acetal을 사용하는 aldol 반응의 예이다. 마찬가지로 $TiCl_4$를 Lewis 산으로 사용하게 되는데 똑같은 메커니즘을 거쳐 β-hydroxy carbonyl을 형성한다. Me_3Si기는 마치 커다란 양성자처럼 취급하면 된다. LDA에 의한 lithium enolate를 거치는 반응과 비교하면 거의 같은 형태의 반응임을 알 수 있다. 하나는 센 염기와의 반응이고 하나는 온화한 Lewis 산 촉매하에서의 반응이다.

silyl enol ether of ester

lithium enolate of ester

기존의 반응과 비교해서 Mukaiyama aldol 반응이 갖는 주된 장점은 산성 조건에서 반응을 일으킬 수 있다는 점이다. 또한 개선된 Mukaiyama aldol에서는 ester나 심지어는 amide도 친핵체로 작용할 수 있다는 점이다.

Conjugate Addition to α,β-Unsaturated Carbonyls

Silyl enol ether는 반응성은 enol만 못하지만 soft 중성 친핵체로 상당히 훌륭한 탄소 친핵체로 작용할 수 있다. Enone이나 다른 불포화 카보닐과 반응할 수 있으며 이 반응 또한 저절로 일어나기도 하지만 $TiCl_4$나 다른 Lewis 산 촉매를 필요로 하는 경우가 더 많다.

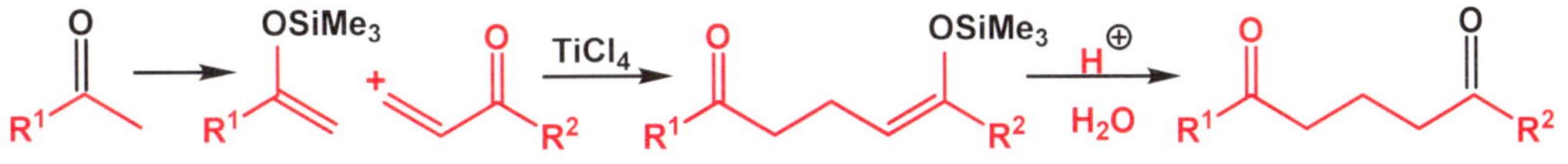

다음 acetophenone의 silyl enol ether의 conjugate 첨가는 아주 낮은 온도에서도 수분 안에 완결된다. 곧바로 염기성 workup을 하면 첨가 생성물을 얻게 된다.

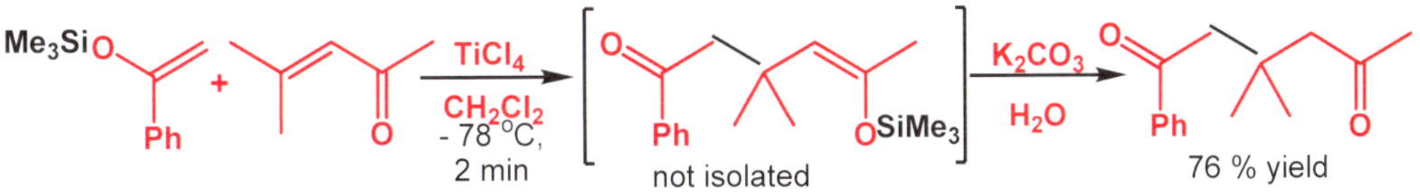

Lewis 산에 의하여 활성화된 enone에 silyl enol ether가 친핵체로 첨가하게 된다. TMS group은 어떤 경로로 이동하게 되는지는 불분명하지만 다음에서와 같이 chloride anion에 의한 친핵성 치환으로 TMSCl이 떨어져서 Ti enolate와 교환이 일어나는 것으로 그려도 무방하다.

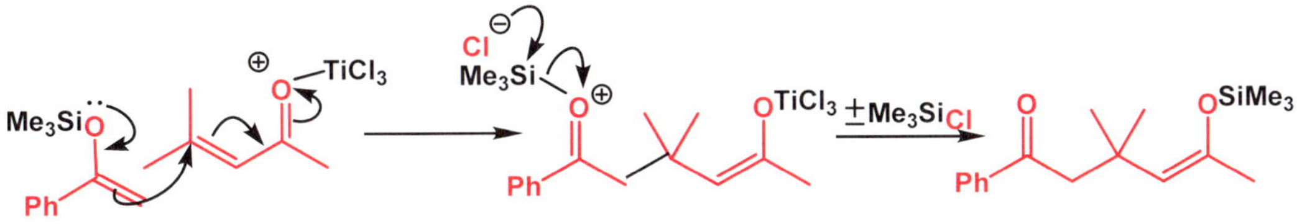

α,β-불포화 화합물과의 반응은 카보닐 탄소가 아닌 *β*-탄소가 더 soft한 친전자성 중심이어서 silyl enol ether의 **Michael 첨가**가 일어나게 된다. 반응성이 낮으므로 불포화 화합물은 $TiCl_4$와 같은 Lewis 산에 의하여 활성화할 필요가 있다.

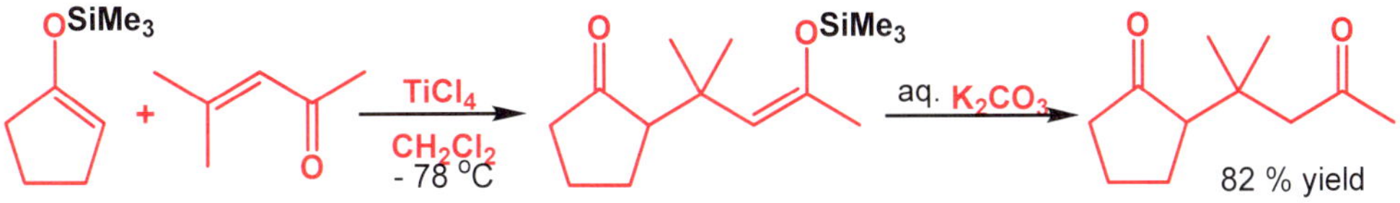

Silyl enol ether 뿐 아니라 ketene acetal을 이용할 수도 있다. Ketene acetal을 거치지 않고 ester의 lithium enolate를 곧바로 사용한다면 아마도 conjugate 첨가가 아닌 카보닐 탄소로 direct 첨가가 일어날 것으로 예상할 수 있다.

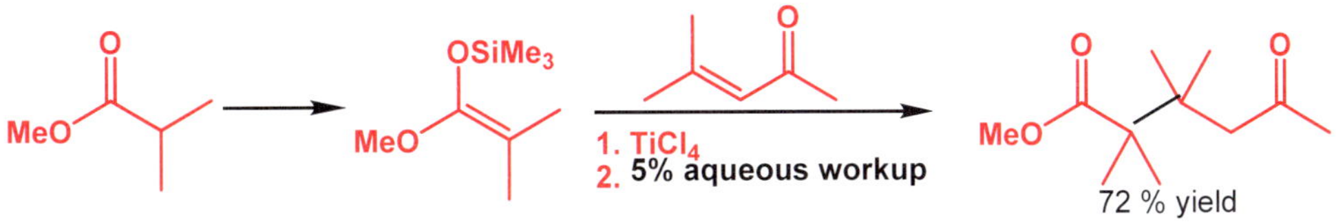

어떠한 골격을 갖는 silyl enol ether나 ketene acetal도 합성이 가능하므로 다양한 골격의 카보닐 또는 카복시산 ester를 합성할 수 있게 된다. 다음의 한 두 예에서뿐만 아니라 *α,β*-불포화 카보닐과의 반응은 예외 없이 carbonyl(direct) 첨가가 아닌 conjugate 첨가로 진행

되어 1,5-dicarbonyl 화합물이 얻어지게 된다. 또한 반응 예들에서 보듯이 대부분의 반응은 −78°C의 낮은 온도에서도 빠르게 일어난다. 다양한 metal halide를 산 촉매로 사용할 수 있으나 대부분의 반응에서 $AlCl_3$보다는 온화한 Lewis 산인 $TiCl_4$나 $SnCl_4$가 더 효과적이다.

중간체로 silyl enol ether가 다시 생성되므로 그대로 workup하지 않고 추가로 다른 반응물을 넣어 주면 이차로 반응이 일어나게 된다. 다음 예는 cyclohexenone과 benzaldehyde가 동시에 존재하는 반응계에서 ketene acetal과의 반응이다. Ketene acetal이 우선적으로 반응하는 자리는 enone이나 benzaldehyde의 카보닐 탄소가 아닌 enone의 β-자리이다. 즉, 이 반응에서 conjugate 첨가가 direct 첨가에 우선하여 먼저 일어남에 주목할 필요가 있다.

t-BuMe2SiO, MeO, +, +, Ph, H, cat. Ph3CClO4, CH2Cl2, - 78 °C, 13 hr, t-BuMe2SiO, Ph, MeO2C, 92 % yield

일차로 Michael 첨가가 일어나서 silyl enol ether 중간체가 생성되고 계속해서 benzaldehyde에 carbonyl 첨가가 일어나게 된다. 넣어 주는 촉매는 카보닐기를 활성화하여 두 첨가의 반응속도를 증진하게 된다. 낮은 온도에서도 높은 수득률로 생성물을 얻는다.

t-BuMe2Si, O, MeO, Michael addition, t-BuMe2Si, O, Ph, MeO2C, Aldol reaction, t-BuMe2SiO, Ph, MeO2C

위에서 살펴본 다음 반응의 생성물을 살펴보면 이치환 silyl ketene acetal과 β-이치환 enone과의 반응으로 두 4차 탄소 간의 탄소–탄소 결합이 형성되는 것을 볼 수 있다. 이러한 두 4차 탄소 간의 탄소–탄소 결합은 다른 방법으로는 만들기 쉽지 않다. 이 반응에 가장 적합한 촉매도 역시 $TiCl_4$이다.

MeO, O, OSiMe3, MeO, 1. TiCl4, 2. aqueous workup, MeO, 72 % yield

Nitroalkene은 일반적으로 enone보다 더 좋은 **Michael acceptor**로 작용하며 enone과 훨씬 수월하게 conjugate 첨가가 일어난다. $SnCl_4$를 Lewis 산 촉매로 사용하는 다음 보기 반응은 −78°C에서도 쉽게 일어난다.

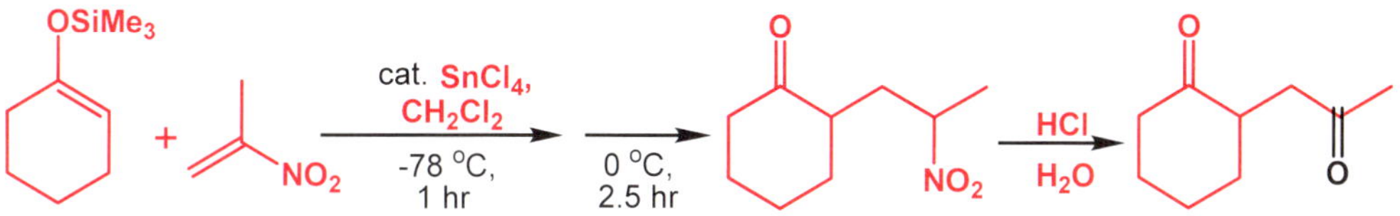

카복시산 염화물은 거의 모든 유기금속 화합물과의 반응에서 carbonyl 첨가가 일어난다. 그러나 다음 보기 반응에서와 같이 ketene acetal과의 반응은 conjugate addition이 주로 일어난다. Ketene acetal과 카복시산 염화물과의 반응은 높은 반응성으로 해서 Lewis 산 촉매 없이도 수월하게 반응이 일어난다. 촉매 없이 진행될 수 있다면 이 반응은 단계적으로 일어나서 중간체를 거치는 것보다 다음과 같은 고리형 전이상태를 거치는 메커니즘이 훨씬 타당성이 있다고 볼 수 있다.

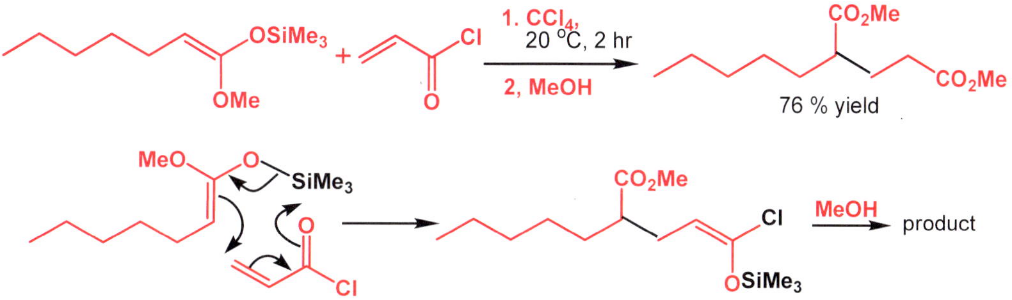

유기합성에서 Michael 반응은 대단히 중요한 반응으로 자주 이용되는 반응이다. 가장 온화하면서도 용도가 다양하고 효율성이 뛰어난 C–C 결합형성 반응이기 때문이다. Silyl ketene acetal을 사용하는 Michael 형의 첨가 반응으로 더 복잡한 여러 작용기를 가지는 화합물들의 반응 예를 메커니즘과 함께 하나 더 들어 두었다. 반응은 아주 낮은 온도에서도 일어나며 반응물의 한 silyl기는 생성물에도 그대로 존속된다.

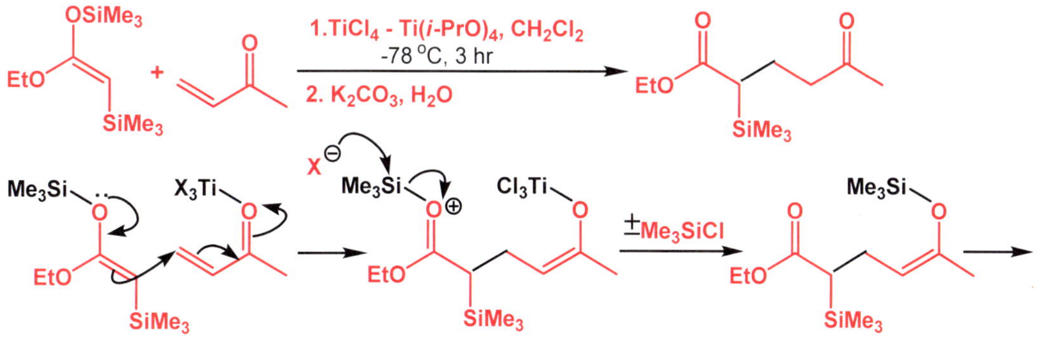

단순한 alkyl기를 conjugate carbonyl에 첨가하는 Michael addition은 soft 친핵체로 분류되는 dialkylcuprate를 이용하게 된다. 그러나 이 반응도 다음 예에서 보는 바와 같이 TMS-Cl을 첨가하여 주면 더욱 효율적으로 반응이 일어나서 수득률이 크게 개선되는 것으로 알려져 있다.

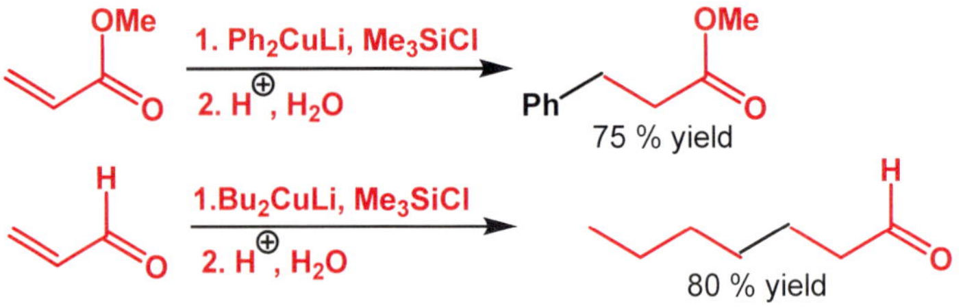

Me₃Si–Cl이 존재하면 일차적으로 생성되는 enolate가 trapping되어 안정한 enol silyl ether를 형성하게 되어 잡다한 부반응을 최소화할 수 있기 때문이라고 여겨진다. $Me_3Si–Cl$의 존재하에 반응을 수행하고 필요한 경우에 enol silyl ether를 가수분해하는 것이 $Me_3Si–Cl$을 넣지 않고 간단히 수행하는 경우에 비해 훨씬 효율적임이 증명되었다.

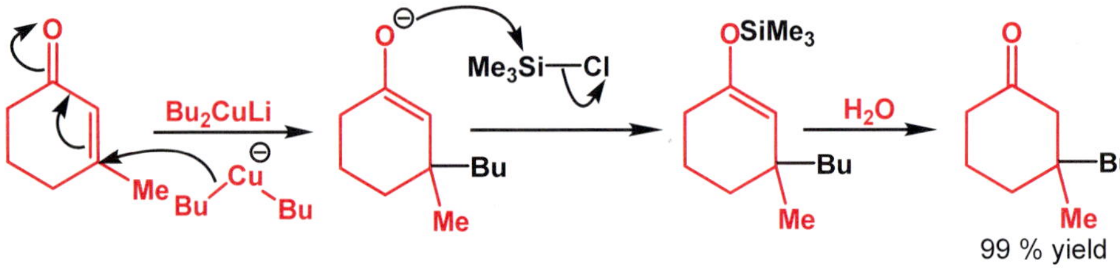

Reactions of Silyl Enol Ethers with Heteroatom Electrophiles

지금까지 탄소–탄소 결합형성에 유용한 silyl enol ether의 aldol 반응과 Michael 반응을 위주로 살펴 보았으나 그 밖에도 대부분의 친전자체와 다양한 반응을 한다. Silyl enol ether는 물과 반응하면 카보닐 화합물이 복원되면서 silyl기가 이탈된다. 염기성이든지 산성이든지 silyl기는 silanol을 거쳐 최종적으로 hexamethyldisiloxane으로 변환된다.

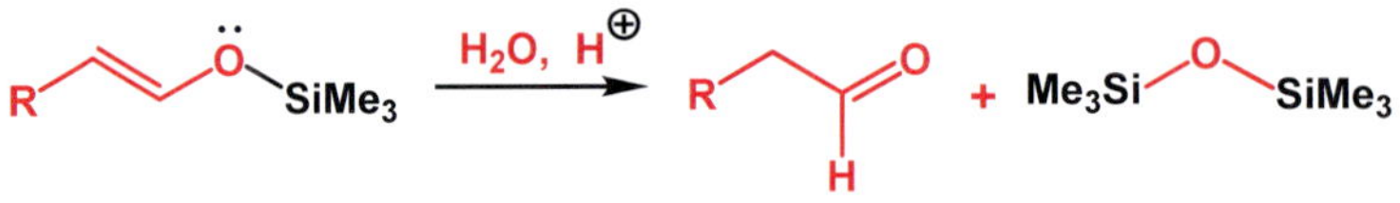

할로젠과의 반응은 말할 필요 없이 매우 빠르게 진행되며, 염소나 bromine 또는 iodine을 가리지 않고 반응하여 해당 α-halocarbonyl을 생성하게 된다.

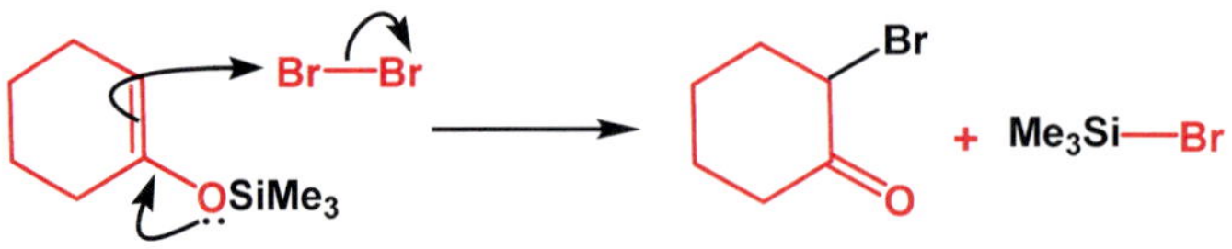

이 할로젠화 반응은 아무런 특별한 조건 없이 간단한 할로젠화 시약을 첨가하면 쉽게 일어난다.

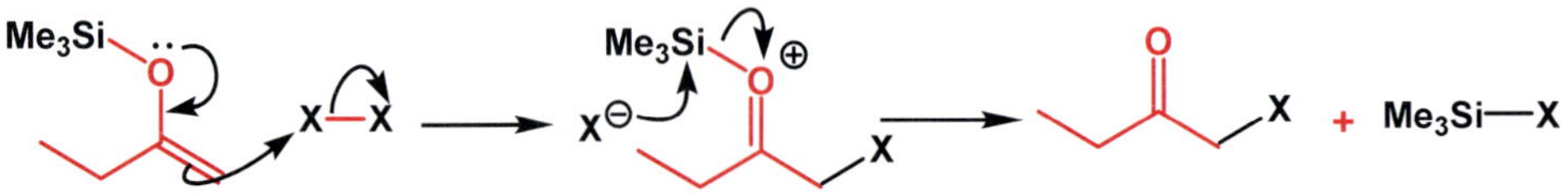

산 조건하에서의 카보닐 화합물의 할로겐화 반응은 silyl enol ether를 거치지 않고도 쉽게 일어나지만 문제는 regio-control이 쉽지 않다는 데 있다. 또 다른 문제는 polyhalogenation의 부반응도 쉽게 제어하기 힘든 것이 사실이다. Regioselective하게 silyl enol ether를 합성할 수 있으므로 효과적으로 필요한 α-halocarbonyl을 얻을 수 있다.

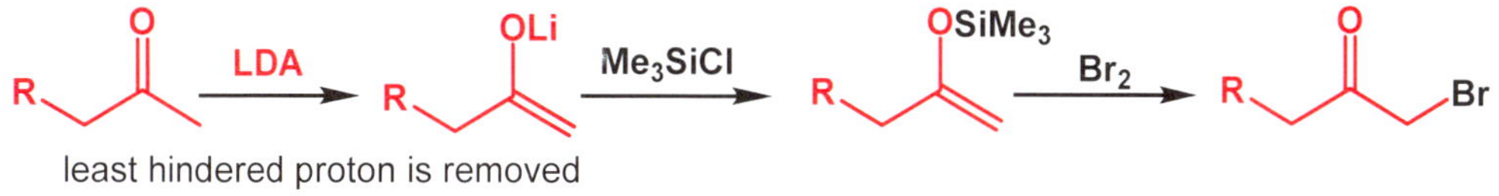
LDA
OLi
Me_3SiCl
$OSiMe_3$
Br_2
Br
least hindered proton is removed

이는 다른 헤테로원자 친전자체와의 반응도 마찬가지이다. 카보닐 화합물의 α-탄소에 다양한 황이나 질소 치환기의 도입이 가능하다. 예를 들면, soft 친전자체인 sulfenyl chloride는 silyl ether의 친핵성 탄소가 S_N2형의 친핵성 치환을 하게 된다.

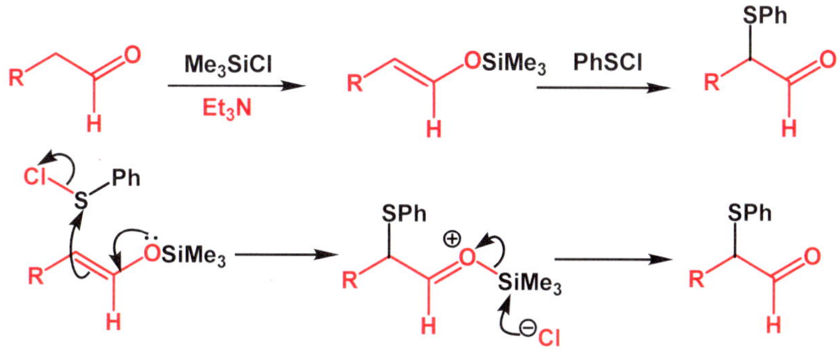
Me_3SiCl
Et_3N
$OSiMe_3$
PhSCl
SPh
Ph
$SiMe_3$

카보닐 화합물의 enolate를 거치는 친전자체와의 반응은 대개의 경우 O-치환과 C-치환이 경쟁으로 일어나게 된다. 친전자체의 특성에 따라 hard 친전자체는 산소에 soft 친전자체는 탄소에 결합되는 것이 보통이지만, 경우에 따라서는 두 가지 생성물이 같이 생겨 골치거리가 되기도 한다. Silyl enol ether를 사용하는 경우에는 친핵성 산소가 silyl기에 의하여 blocking되어 enolate와의 반응에서 주로 O와 결합하던 hard 친전자체들도 모두 탄소에 결합될 수밖에 없다. 예를 들어, sulfonyl chloride, acetyl chloride 등의 hard 친전자체들도 O-sulfonylation, O-acylation의 걱정 없이 α-탄소에 sulfonyl기나 acyl기를 도입할 수 있다.

Silyl enol ether를 경유하는 여러 가지 산화 환원 반응도 다수 알려져 있다. 다음에 ketone에서 출발하여 hydroxyl ketone과 *trans*-diol을 합성할 수 있는 간단한 반응 두 가지 응용 예를 들어 두었다.

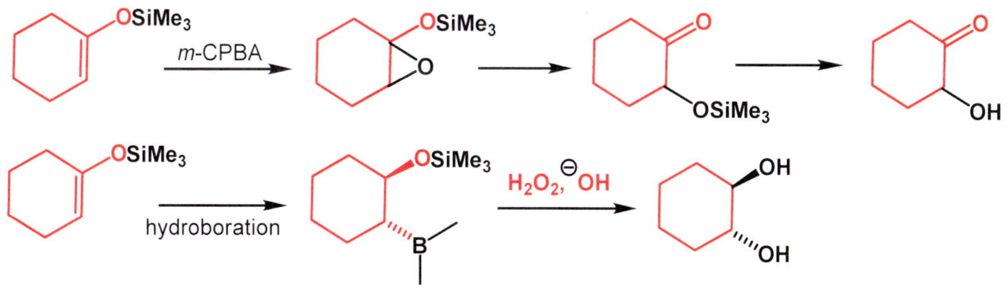
$OSiMe_3$
m-CPBA
OH
hydroboration
H_2O_2, ⊖OH
B

위에서 설명한 silyl enol ether와 반응하는 여러 친전자성 시약을 열거하고 그 반응 생성물을 요약하면 다음과 같다. Nitrosyl chloride와 Mannich base와의 반응은 채 설명하지 않았지만 위의 반응들이 어떻게 진행되는지를 이해한다면 이들 두 반응도 쉽게 이해할 수 있을 것이다.

electrophilic reagent NOCl RCOCl $ArSO_2Cl$ $Me_2\overset{\oplus}{N}=CH_2$ $Cl^{\ominus}$

$OSiMe_3$ NOH O O Ar NMe$_2$

various products formed

문제 5.21 다음 두 반응에서 어떻게 옥심이 형성되며 (반응 a) dimethylaminomethyl기가 도입되는지를 (반응 b) 나타내는 메커니즘을 상세히 그려라.

(a) $OSiMe_3$ NOCl → NOH O (b) $OSiMe_3$ $Me_2\overset{\oplus}{N}=CH_2$ $Cl^{\ominus}$ → NMe_2 O

문제 5.22 Silyl enol ether는 물에서 쉽게 가수분해되어 카보닐 화합물과 hexamethyldisiloxane이 생성된다. 이 반응은 어떻게 일어나는 것인지 상세하게 메커니즘을 그려 보라.

R O $SiMe_3$ $H^{\oplus}$ / H_2O → R O H + Me_3Si O $SiMe_3$

문제 5.23 다음 반응 sequence의 중간체를 그려 넣으면서 구부린 화살표로 반응이 어떻게 진행되는가를 보여라.

$SiMe_3$ Me_3Si $\xrightarrow{R^1Li}$ A $\xrightarrow{R^2CHO}$ B $\xrightarrow{PhCO_3H}$ C $\xrightarrow{H^{\oplus} + H_2O}$ D

문제 5.24 다음 두 반응의 메커니즘을 그려라.

(a) N OAc $SiMe_3$ $\xrightarrow{Me_3SiOTf}$ NC

(b) S S $SiMe_3$ 1. *n*-BuLi 2. PhCHO → S S Ph HCl, MeOH / $HgCl_2$ → MeO O Ph

(c) O + Me_3SiO Me_3SiO $\xrightarrow{TiCl_4}$ $\xrightarrow{Acid}$ O O

Chemistry of Organotin Compounds

5.18 Introductory Comments on Organotin Compounds

유기주석 화합물 (**Organotin compounds**)은 최근에 이르러 유기합성이나 공업적으로 많이 사용하게 되었다. Silicon이나 germanium 등 다른 4A족 원소들과는 달리 tin은 확실한 금속성을 갖는다. 금속임에도 불구하고 +4의 산화 상태를 갖는 organotin 화합물은 이제는 얼마든지 구입하여 사용할 수 있는 정도이다. 다음 표는 4A족 원소들의 C, H, Cl, O, S, Sn과의 결합길이를 나타낸 것이다. 탄소와의 결합이나 수소와의 결합 모두 Si와의 결합길이보다 Sn과의 결합길이가 더 길다. 다시 말하면 더 약한 결합을 하고 있다는 의미이기도 하다.

Bonds to carbon, silicon, and tin compared

	Bond Length, nm					
X	C-X	H-X	Cl-X	O-X	S-X	Sn-X
C	0.153	0.109	0.178	0.141	0.180	0.22
Si	0.189	0.148	0.205	0.163	0.242	
Sn	0.22	0.17	0.24	0.21	0.24	0.28

Sn–H 결합은 hydride로 작용하여 환원제로 사용되기도 하고 또는 hydrogen donor로서 라디칼 반응에 사용될 수도 있다. 탄소와의 결합은 불포화 탄소와 결합되어 있는 vinyl, aryl group과의 결합이 더 쉽게 깨지기 때문에 여러 합성 반응에 이용할 수 있다. 또 한 가지 특성은 tin 화합물은 4 이상의 coordination number를 가질 수가 있다. R_3Sn–X, R_2SnX_2의 organotin halide는 Sn–X–Sn의 bridge형 결합이 가능하기도 하며, 또한 R_3Sn^+(sol)과 같은 stanonium ion을 형성할 수도 있다.

Organotin 화합물은 organosilicon 화합물을 많이 닮아 거의 비슷한 반응을 하는 예가 많다. 위의 결합길이의 비교에서 알 수 있듯이 Sn과의 결합은 Si와의 결합에 비해 덜 안정하고 그만큼 반응성이 더 높다. 이 chapter에서는 Tin 화합물의 극성 반응만을 주로 다루게 된다. 실제로 organotin 화합물은 라디칼 반응에서 더욱 유용하게 사용되는데 이에 관한 것은 Chapter 8의 라디칼 반응에서 총괄하여 다루게 된다. 또한 전이금속을 촉매로 하는 organotin 화합물의 반응 또한 전이금속 촉매 반응을 다루는 Chapter 10에서 다루게 된다.

5.19 Preparation and Supply of Organotin Compounds

먼저 기본적인 organotin 화합물이 어떻게 만들어지는가를 살펴보기로 하자. 다른 반응성이 낮은 유기금속 화합물처럼 반응성이 큰 organo Li, Mg, Al 화합물과 alkyl ligand를 교환하여 각종 alkyltin 화합물을 얻을 수 있다.

$$4\ R_3Al + 3\ SnCl_4 + 4\ NaCl \longrightarrow R_4Sn + 4\ NaAlCl_4$$

$$4\ CH_2{=}CH{-}MgCl + SnCl_4 \longrightarrow (CH_2{=}CH)_4Sn + 4\ MgCl_2$$

또한 hydrostannation이 가능하여 여러 가지 다양한 stannane을 합성할 수도 있고 말단 acetylene은 염기 존재하에 짝음이온을 만들어 stannyl기를 도입하기도 한다.

$$R_3Sn{-}H + CH_2{=}CH{-}CH_2R \longrightarrow R_3Sn{-}CH_2CH_2CH_2R$$

$$Me_3Sn{-}NMe_2 + H{-}C{\equiv}C{-}Ph \longrightarrow Me_3Sn{-}C{\equiv}C{-}Ph + Me_2NH$$

Tetraalkyltin은 산소나 물과는 쉽게 반응하지 않는다. 열적으로도 안정하여 Me_4Sn은 400°C 이상이 되어야 분해되기 시작할 정도이다. 그러나 할로젠이나 hydrogen halide와는 어렵지 않게 반응하여 alkyl–Sn 결합이 깨진다. 이 반응으로 생성되는 organotin halide 또한 자주 사용되는 시약이다.

$$Me_4Sn + Br_2 \longrightarrow Me_3SnBr + MeBr$$

$$Me_3SnBr + Br_2 \longrightarrow Me_2SnBr_2 + MeBr \quad \text{etc.}$$

$$Me_4Sn + HX \longrightarrow Me_3SnX + MeH$$

Organotin halide는 금속 tin과 alkyl halide의 반응, tetraalkyltin과 tin(IV) halide의 교환 반응, tin(II) halide에 C–Cl 결합의 산화성 첨가 등 여러 방법에 의하여 제조된다.

$$Sn / Cu + 2\ MeCl \xrightarrow[200\sim300\ ^{\circ}C]{} Me_2SnCl_2 \quad \text{(direct process)}$$

$$R_4Sn + SnCl_4 \longrightarrow R_3SnX + RSnCl_3$$

$$SnCl_2 + RCl \xrightarrow{\text{cat. } SbCl_3} RSnCl_3 \quad \text{(oxidative addition)}$$

Organotin 화합물은 tin이 확실한 금속 원소임에도 불구하고 증류하여 보관할 수 있는 정도로 다른 유기금속 화합물에 비해서 안정하여 다루기 쉬우며 합성 반응에 널리 사용된다. Tri-*n*-butyltin hydride와 halide는 합성에 자주 사용되는 시약이며 allyl이나 vinyl 같은 활성화 alkyl기를 가지는 tin 화합물도 종종 사용되고 있다. Butyl기를 포함한 모든 alkyl기를 transfer할 수 있는 것은 사실이지만 의외로 alkyl기의 transfer는 아주 느린 반응이어서 tri-*n*-butyltin group이 통째로 transfer되는 것이 보통이다. 다음은 합성에 가장 자주 사용되는 tin 화합물들이다. 여러 화합물을 구해 쓸 수 있으나 기본적으로 사용되는 것은 tributyltin hydride, chloride 및 allyl tin이고 가끔 tetramethyltin이 이용된다.

Common organotin compounds

$Bu_3Sn{-}Cl$ $Bu_3Sn{-}H$ $SnMe_4$ $Bu_3Sn{-}CH_2CH{=}CH_2$

5.20 Reactions of Organotin Compounds

앞의 organotin 화합물의 제법 등 몇 가지 반응을 다시 한 번 살펴 보면 organotin 화합물과 organosilane 화합물의 반응의 유사성을 알아차릴 수 있을 것이다. 이 두 부류의 화합물들은 기본적으로 거의 같은 반응을 한다. 단지 다른 점은 C–Sn 결합은 C–Si 결합과 비교해서 더 길고 약하므로 organotin 화합물의 반응성이 더 크다는 사실이다.

이는 다음 두 반응을 비교해 보면 더욱 확실해 진다. Tetramethylstanane은 acyl chloride와 반응하여 ketone을 생성한다. 만약 tetramethylsilane을 이용하여 acyl chloride와 똑같은 반응을 한다면 어떻게 될까? 아무 반응도 일어나지 않는다. 둘 간에는 이러한 정도의 반응성의 차이가 있음을 이해하고 접근하면 될 것이다.

$$RCOCl + Me_4Sn \longrightarrow RCOMe + Me_3SnCl$$

$$RCOCl + Me_4Si \not\longrightarrow RCOMe + Me_3SiCl$$

다음 그림에 열거된 tributyltin chloride의 몇 가지 유형의 반응을 trimethylsilyl chloride의 반응과 비교하면 그 유사성을 알아차릴 수 있다. Tributyltin chloride를 trimethylsilyl chloride로 바꾸어 놓는다 하더라도 반응성의 차이는 있을지언정 거의 하나도 빠짐 없이 모든 반응이 유사하게 일어날 수 있다.

- $Bu_3Sn—Cl \xrightarrow{LiAlH_4} Bu_3Sn—H$
- $Bu_3Sn—Cl \xrightarrow{NaMn(CO)_5} Bu_3Sn—Mn(CO)_5$
- $Bu_3Sn—Cl \xrightarrow{Na} Bu_3Sn—SnBu_3$
- $Bu_3Sn—Cl \xrightarrow[R_3N]{ROH} Bu_3Sn—OR$
- $Bu_3Sn—Cl \xrightarrow{C_5H_5^{\ominus}\ Na^{\oplus}}$ (cyclopentadienyl)$SnBu_3$
- $Bu_3Sn—Cl \xrightarrow{LiR} Bu_3Sn—R$
- $Bu_3Sn—Cl \xrightarrow{LiNR_2} Bu_3Sn—NR_2$
- $Bu_3Sn—Cl \xrightarrow{H_2O} Bu_3Sn—OH$, $Bu_3Sn—OSnBu_3$

또한 tributyltin chloride에서 유도되는 화합물들 또한 대응하는 trimethylsilyl 유도체와 거의 유사한 반응을 할 수 있다. 예를 들어, organotin amide는 다음과 같은 반응에 이용된다. 아마도 이들 반응 또한 반응성의 차이를 제외하고는 trimethylsilyl 유도체에 의해서도 진행될 수 있을 것으로 예측할 수 있으며, 실제로 사용될 수 있는 반응이다.

$$\text{cyclohexanone} + (Bu_3Sn)_2NEt \longrightarrow \text{cyclohexylidene}{=}NEt + (Bu_3Sn)_2O$$

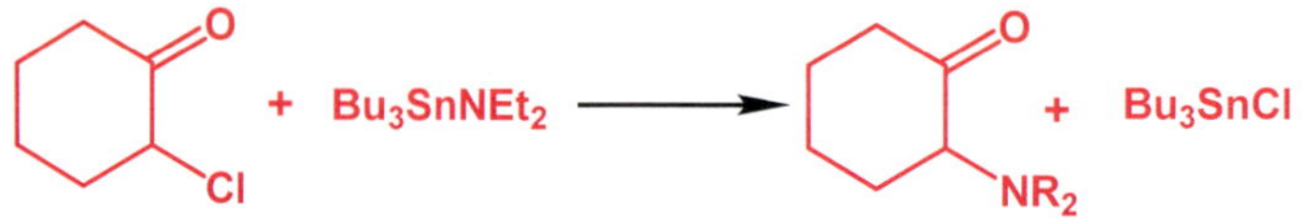

Silicon 화합물에서처럼 tin 화합물에서도 어떤 원자와 결합하고 있는가에 따라 Sn은 친전자성 자리일 수도 있고, 친핵성 자리일 수도 있다. Sn과 Si는 전기음성도가 거의 비슷하며 보다 전기음성인 원자와의 결합은 Sn이 부분양전하를, 전기양성인 원자와의 결합에서는 Sn이 부분음전하를 가지게 된다.

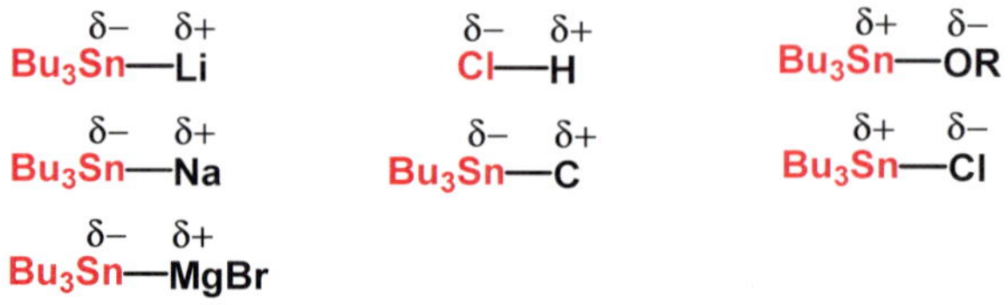

따라서 Sn–C 결합을 형성하는 경우에도 두 가지 경우가 모두 가능하다. 다음 예에서와 같이 하나는 stannyl lithium을 친핵체로 하여 alkyl tosylate의 친전자성 중심을 공격하여 alkyl tributyltin 화합물을 얻는 반응이며, 다른 하나는 Grignard 시약을 친핵체로 bis (tributyltin) oxide와 반응시키면 친전자체로 작용하여 alkyl tributyltin이 생성되는 반응이다. Stannane의 Sn 원자에서 일어나는 친핵성 치환 반응이 penta-coordinate Sn 음이온을 거쳐 진행되는 것도 Si에서의 친핵성 치환 반응에서와 같다.

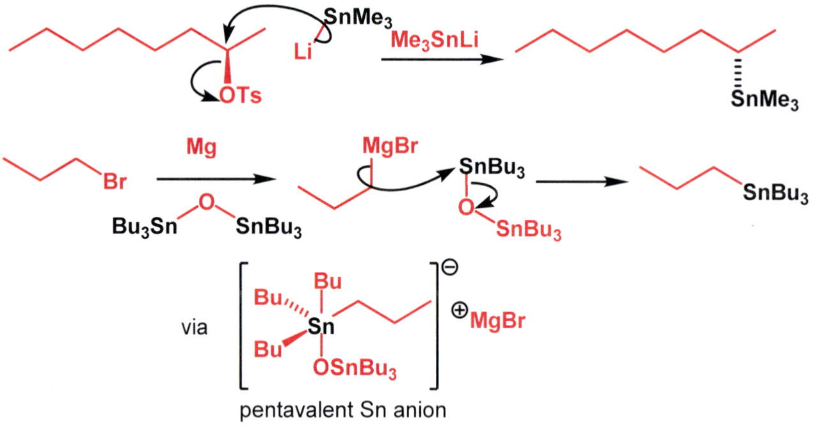

via

pentavalent Sn anion

Organotin hydride의 Sn–H와 같이 두 원자 간의 전기음성도의 차이가 크지 않으면 결합은 때로는 극성 반응을 때로는 라디칼 반응을 하기도 한다. Acrylonitrile과 trialkyltin hydride 간의 다음 반응을 보자. AIBN 등의 라디칼 개시제가 존재하면 반응은 라디칼 반응으로 진행된다. 촉매 없이 진행되는 반응은 극성 반응으로 진행된다. 반응이 어떤 메커니즘을 따라 진행되는가에 따라 생성물은 달라지게 된다. Hydrostannation은 활성화기가 없는 alkene과는 쉽게 반응하지 않지만 Pd를 비롯한 전이금속 촉매 존재 하에 쉽게 일어나는 것으로 보고되어 있다. (Chapter 10 참조)

$$R_3Sn{-}H + H_2C{=}CH{-}C{\equiv}N \xrightarrow{\text{uncatalized}} H_3C{-}CH(SnR_3){-}C{\equiv}N$$

$$R_3Sn{-}H + H_2C{=}CH{-}C{\equiv}N \xrightarrow{\text{AIBN}} R_3Sn{-}CH_2{-}CH_2{-}C{\equiv}N$$

Tin hydride를 포함한 tin 화합물의 라디칼 사슬 반응은 유기합성에서 상당한 중요성을 갖는다. 이들의 반응은 물론 이온성 반응과는 다르며 이들을 따로 떼어 라디칼 경로를 거치는 다른 유기금속 화합물의 라디칼 반응과 함께 모아 별개의 chapter에서 논의하게 된다.

앞에서 잠깐 언급하였듯이 allyl, aryl기는 다른 *n*-alkyl에 비해서 Sn으로부터 쉽게 떨어진다. 이러한 반응성 차이를 이용하여 카보닐 화합물에 첨가 반응을 하기도 한다. Silicon 유도체와는 달리 이 반응은 Lewis 산이 없어도 일어난다.

crotylstannane (*E*) + R^1CHO —heat→ R_3Sn … cyclic TS → *anti* product ($R^1CH(OH)CH(CH_3)CH{=}CH_2$)

crotylstannane (*Z*) + R^1CHO —heat→ R_3Sn … cyclic TS → *syn* product ($R^1CH(OH)CH(CH_3)CH{=}CH_2$)

위 반응에서 의자형 전이상태를 거치는 것이 유리하므로 crotyl group이 *cis*인가 *trans*인가에 따라 생성되는 화합물의 stereochemistry가 달라진다. (*E*)-crotyltin 화합물에서는 *anti*-생성물이, (*Z*)-crotyltin 화합물에서는 *syn*-생성물만을 얻게 된다.

문제 5.25 본문에 예시한 tetramethylsilane과 tetramethylstannane의 acyl halide와의 반응성 차이를 어떻게 설명하면 되겠는가?

문제 5.26 Triethylstannane phenylacetylene과 반응시키면 반응 조건에 따라 다른 생성물을 얻게 된다. 가열하여 이온성 반응을 하면 한 가지 생성물을 얻고 빛을 쪼여 라디칼 반응을 하면 두 기하이성질체의 혼합물을 얻게 된다. 이 설명을 식으로 표시하고 이유를 설명해 보라.

5.21 Reactions of Trialkylstannyl Anions

때로는 organotin 화합물은 안정하여 탄소 (alkyl) 친핵체를 공여할 정도로 반응성이 크지 않아서 효과적인 사용이 어려운 때도 있다. 이들을 보다 반응성이 큰 lithio 화합물로 바꾸어 사용하기도 한다. 생성되는 tetrabutylstannane은 재사용될 수 있다.

$Bu_3Sn{-}R \xrightarrow{n\text{-BuLi}} [Bu_4SnR]^{\ominus}\ {}^{\oplus}Li \longrightarrow Bu_4Sn + R{-}Li$

pentavalent Sn anion

다음 Tin 화합물을 예로 들면, butyllithium으로 처리하면 organolithium으로 바뀌게 된다. 생성된 organolithium은 불포화 카보닐에도 direct addition을 하게 되는데 다음 화합물과의 반응에서는 선택적으로 한 diastereomer만을 얻게 된다. (입체화학에 관한 것은 **Felkin Anh model**을 찾아 따로 학습하여야 알 수 있다.)

$SnBu_3$ →(BuLi, $-Bu_4Sn$) Li + O → OH

Organosilicon 화합물에서와 마찬가지로 organotin 화합물에서 trialkylstannyl lithium과 같은 anion이 생성 가능하다. Trialkyltin hydride는 때로 hydride donor로 작용하여 환원제로 사용되지만 LDA와 같은 강력한 염기를 만나면 양성자떼기로 trialkylstannyl lithium이 생성되는 것이다.

$$Bu_3Sn{-}H \xrightarrow[\text{THF}]{\text{LDA}} Bu_3Sn{-}Li$$

Sn–Sn 화합물은 tin halide의 Na 환원으로 만들 수 있으며, 이들을 alkali metal로 처리하면 organostannyl 음이온을 만들 수 있다. BuLi과 반응시켜도 trialkylstannyl lithium을 얻을 수 있지만 이 경우에는 두 trialkylstannyl group 중 하나만을 사용하게 된다.

$$Bu_3Sn{-}SnBu_3 \xrightarrow[\text{THF}]{\text{BuLi}} Bu_3Sn{-}Li + Bu_4Sn$$

$$Bu_3Sn{-}SnBu_3 \xrightarrow{\text{Na}} 2\ Bu_3Sn{-}Na$$

Trialkylstannyl lithium은 친핵체로 작용하여 친전자성 중심을 갖는 여러 유기 작용기와 반응한다. 카보닐 화합물에 첨가되면 양성자붙임을 거쳐 α-stannyl alcohol을 얻을 수도 있으며 곧바로 alkyl halide와 더 반응시키면 α-stannyl ether를 얻을 수도 있다.

$$Bu_3Sn{-}SnBu_3 \xrightarrow[\text{2. RCHO}]{\text{1. BuLi, THF}} RCH(OLi)SnBu_3 \xrightarrow{NH_4Cl} RCH(OH)SnBu_3$$

$$R^1CHO \xrightarrow{Bu_3Sn{-}Li} R^1CH(OLi)SnBu_3 \xrightarrow{R^2{-}Br} R^1CH(OR^2)SnBu_3 \xrightarrow{\text{BuLi}} R^1CH(OR^2)Li$$

α-Lithioether는 여타의 방법으로는 만들기가 쉽지 않은 화합물이다. 양성자떼기로도 가능하지 않으며 halide의 금속 교환으로도 잘 일어나지 않는 반응이다.

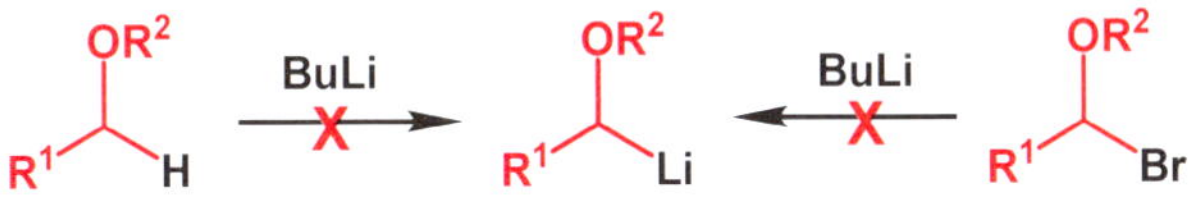

우회하여 이를 생성하는 방법이 바로 organotin을 이용하는 것이다. Stannyllithium과 카보닐 화합물의 반응에서 생성되는 alkoxide를 ether로 변환한 다음 BuLi으로 처리하면 tributylstannyl 치환기는 빠르게 교환 반응이 일어나서 lithio 화합물로 전환되며, 곧바로 여러 유기 친전자체와 반응을 시킬 수 있게 된다.

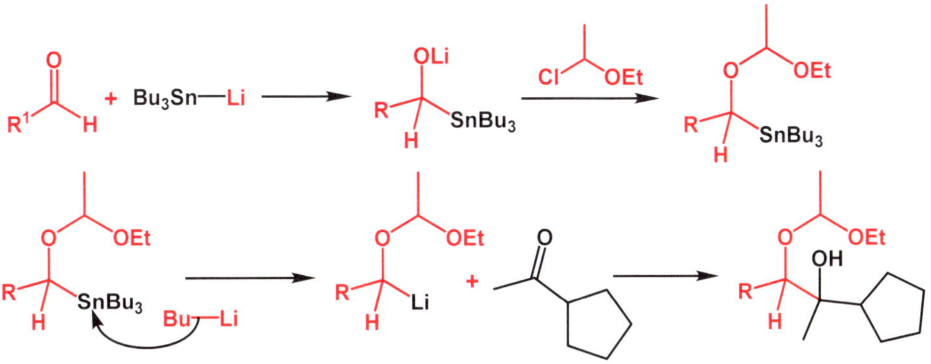

다음 보기 반응에서도 tributylstannyl 음이온이 aldehyde에 첨가되고 생성되는 lithium alkoxide는 MOM(=methoxymethyl) chloride로 protection한다. Tributylstannyl group은 BuLi에 의하여 다시 제거되어 lithio 중간체를 거치는데 반응성이 큰 alkyl halide나 카보닐 화합물과 반응시켜 한 번 더 탄소–탄소 결합을 형성하는 데 사용할 수 있다.

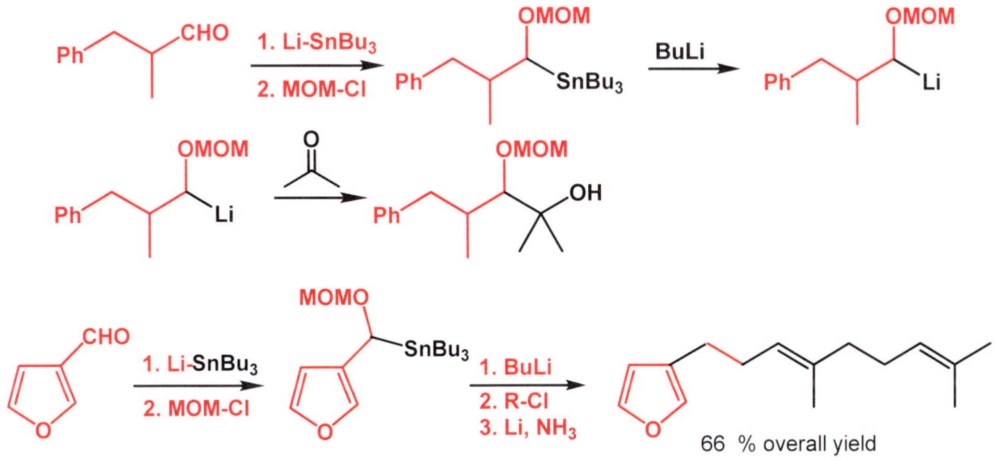

66 % overall yield

Softer 친핵체인 stannyl 음이온은 α,β-불포화 카보닐 화합물과 반응하면 conjugate 첨가가 주로 일어나게 된다.

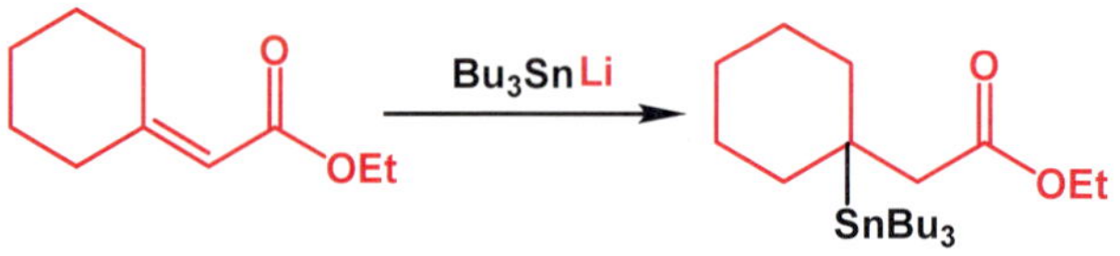
Bu3SnLi
OEt
OEt
SnBu3

반응은 상당히 높은 수득률로 진행되지만 뭔가 문제가 있는 경우에는 lithio 화합물을 copper 유도체로 바꾸어 쓰기도 한다. Stannyllithium은 낮은 온도에서 Cu(I) 염과 반응하여 쉽게 stannylcopper로 변환될 수 있다. Stannyllithium과 마찬가지로 유기 친전자체와 반응하는데 주로 lithio 화합물과의 반응이 원활하게 진행되지 않은 경우에 만들어 사용하게 된다.

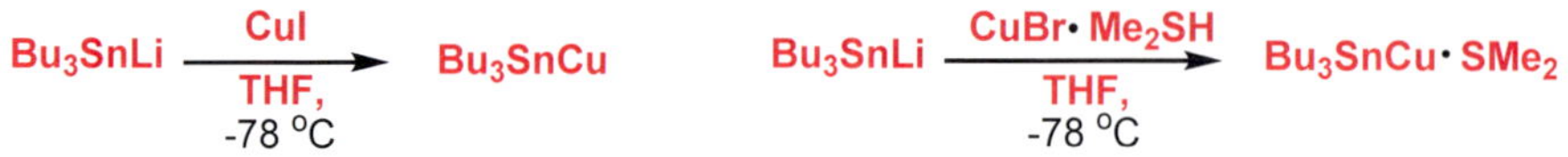
Bu3SnLi
CuI
THF,
-78 °C
Bu3SnCu
Bu3SnLi
CuBr·Me2SH
THF,
-78 °C
Bu3SnCu·SMe2

이와 같이 하여 만들어지는 stannylcopper는 Li 유도체와는 달리 확실하게 α,β-불포화 카보닐이나 sulfone에 conjugate 첨가 반응을 한다. 위의 반응은 stannyllithium 대신에 다음과 같이 stannylcopper를 사용하여 행하기도 한다.

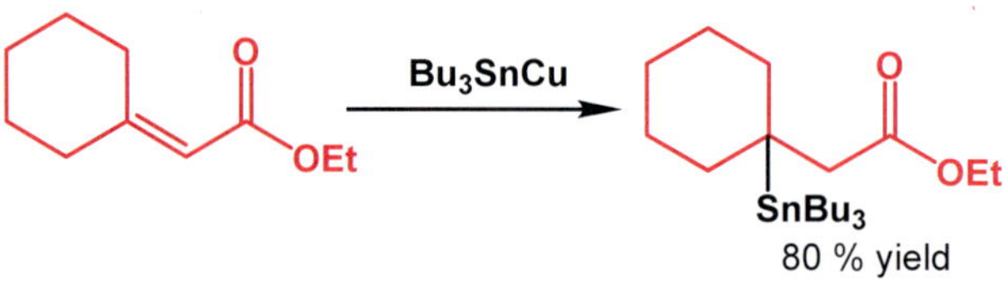
Bu3SnCu
OEt
OEt
SnBu3
80 % yield

다음 두 반응 예는 β-자리에 핵배척 이탈기를 갖는 α,β-불포화 ester 또는 sulfone과 tributylstannyl copper를 반응시킨 것이다. Stannyl 음이온이 첨가되어 일차적으로 생성되는 음이온 중간체에서 이탈기가 떨어지면 β-stannyl 불포화 ester나 sulfone이 얻어지게 된다. 전체적으로 이탈기가 stannyl기로 치환되는 결과가 된다.

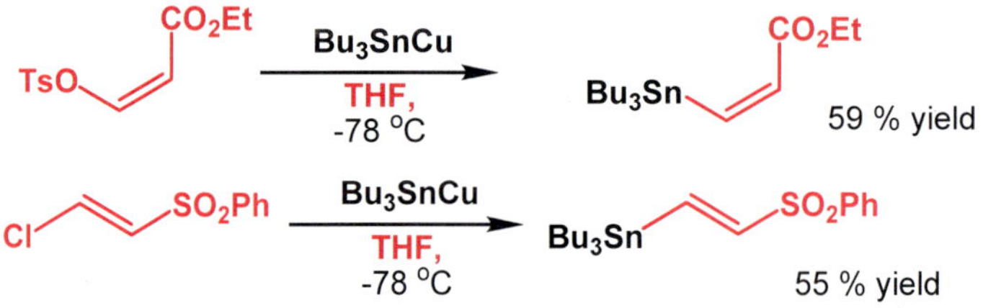
CO2Et
TsO
Bu3SnCu
THF,
-78 °C
CO2Et
Bu3Sn
59 % yield
Cl
SO2Ph
Bu3SnCu
THF,
-78 °C
Bu3Sn
SO2Ph
55 % yield

위의 두 반응에서와 같이 alkene의 stereochemistry는 그대로 보존된다. 바로 위의 반응에서 얻어지는 α,β-불포화 sulfone은 stannyllithium으로 다시 한 번 첨가가 일어나고, 생성되는 S-stabilized anion은 다른 친전자체와 반응하여 추가로 탄소–탄소 결합을 형성할 수 있다.

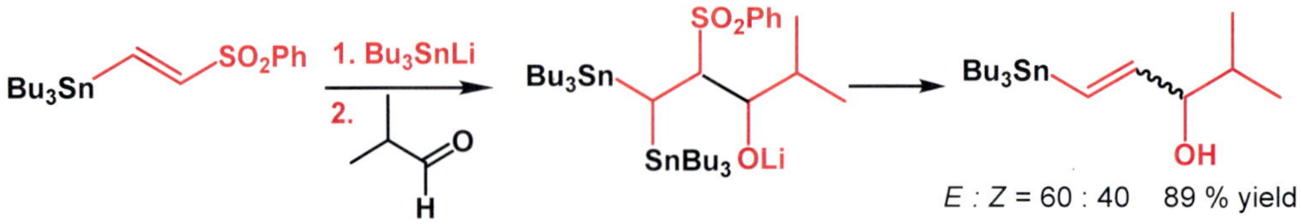
Bu3Sn
SO2Ph
1. Bu3SnLi
2.
O
H
Bu3Sn
SO2Ph
SnBu3
OLi
Bu3Sn
OH
E : Z = 60 : 40 89 % yield

Organotin 화합물의 특징적인 반응 중의 하나가 쉽게 라디칼을 형성하여 반응하는 점이다. Trialkyltin 라디칼은 수소떼기보다는 bromine이나 iodine과 같은 할로젠떼기를 주로 하며 이렇게 해서 얻어지는 alkyl radical을 이용하는 많은 반응이 개발되어 있다. 이에 관해서는 유기금속 화합물들이 관여하는 라디칼 반응을 모아 놓은 Chapter 8에서 상세하게 다루게 된다.

문제 5.27 필요한 모든 중간체를 그려 넣으면서 다음 반응의 메커니즘을 그려라.

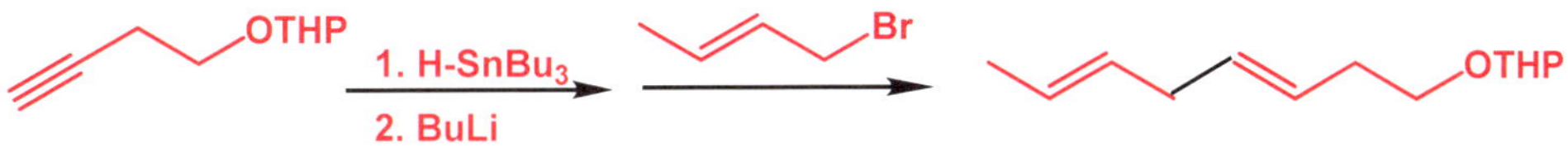

OTHP; 1. H-$SnBu_3$; 2. BuLi; Br; OTHP

문제 5.28 다음 반응은 어떻게 진행되는가? 상세한 메커니즘을 그려라.

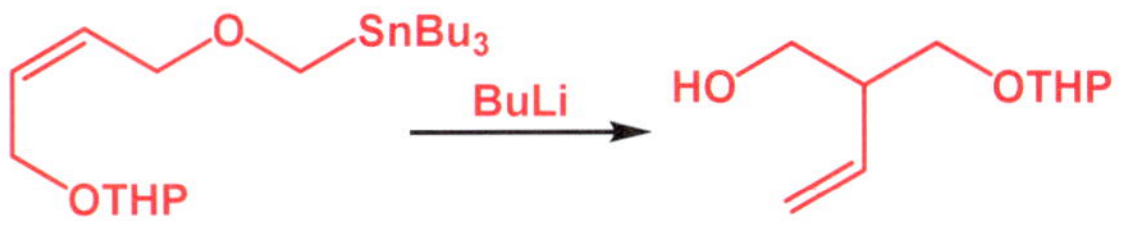

O; $SnBu_3$; OTHP; BuLi; HO; OTHP

문제 5.29 다음 반응의 중간체는 무엇이며 두 단계는 어떻게 진행되는지를 구부린 화살표로 상세히 그려보라.

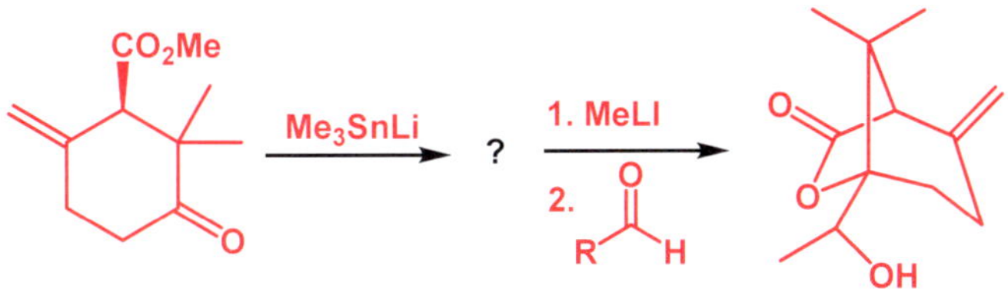

CO_2Me; O; Me_3SnLi; ?; 1. MeLI; 2. R–CHO (R, H, O); O; O; OH

문제 5.30 본문의 내용을 잘 살펴(5.20절) allylic stannane을 사용하여 다음 화합물을 합성하는 데 필요한 두 반응물을 그리고 의자형 여섯-원자 고리형 전이상태를 그려보라. 이는 allylborane, allyl Grignard 반응을 비롯한 여러 organometallic 화합물과 aldehyde 간에 일어나는 반응의 입체화학을 정하는 방법이다.

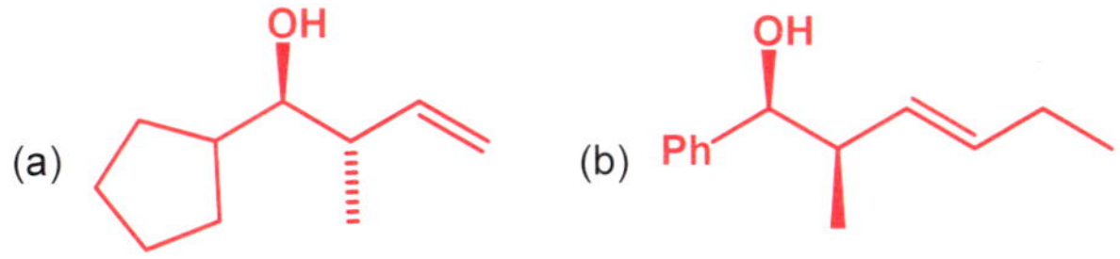

(a) OH (b) Ph, OH

문제 5.31 다음 반응 연속은 stannane과 silane의 반응으로 이루어진다. 어떤 중간체를 거쳐 어떻게 진행되는지 밝혀라.

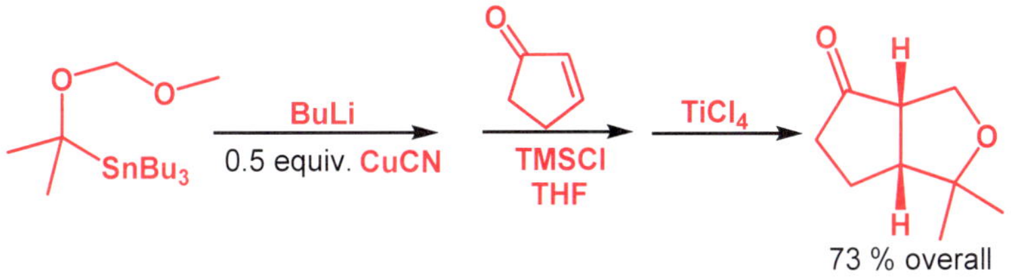

O; O; $SnBu_3$; BuLi; 0.5 equiv. CuCN; O; TMSCl; THF; $TiCl_4$; O; H; O; H

73 % overall

CHAPTER 06

Basic Featuresand Reactions of Transition Metal Complexes

6.1 Basic Knowledge of Transition Metal Complexes

지금까지 배워 알고 있는 유기 반응 중에서 상당수가 전이금속 또는 그 화합물을 촉매로 사용하거나 아니면 반응 시약으로 사용하였다. Alkene과 alkyne의 Pd-촉매수소화 반응, OsO_4를 이용한 bishydroxylation, 각종 chromium과 manganese 시약에 의한 산화 반응, lithium dialkylcuprate를 "soft" 친핵체로 사용하는 반응 등이 이러한 예들이다. 이들 반응의 메커니즘은 아직도 베일에 가려져 있는 것이 많으나, 아주 기본적인 원리를 알면 상당수의 반응은 이해하기 어렵지 않다. 이 chapter 이후에 학습하는 내용에서는 전이금속이 자주 나오게 되는데 이들이 관여하는 반응을 이해하기 위해서는 전이금속 화합물들의 전자배치와 결합, 화학적 성질과 일반적인 반응 유형 등을 미리 알아둘 필요가 있다. 전이금속 착물의 반응이나 이들을 촉매로 이용하는 반응은 이 책의 뒤 chapter에서 모아 다루게 된다.

전이금속(transition metals)은 주기율표 상에서 ***d*-block elements** 또는 **B족 원소**라고 부르는 원소들을 지칭한다. 이들은 *n* 주기 원소의 경우 *n* 껍질의 *s* 전자와 *n*−1 껍질의 *d* 오비탈을 채워나가게 된다. 첫째 줄 전이금속 (4주기 원소)인 Ni의 경우에는 4*s*와 3*d* 오비탈을 채우게 된다. 이 두 orbital은 에너지 준위에 큰 차가 없어 두 형태의 오비탈을 함께 취급하여 원자가 전자를 헤아리는 것이 편리한 경우가 많다. 예를 들어, Ni은 $[Ar]4s^2 3d^8$이지만, 10-원자가전자 원소로 분류하는 것이다.

Group Number	3B	4B	5B	6B	7B	8B			1B	2B
number of valence electrons	3	4	5	6	7	8	9	10	11	12
3d	Sc	Ti	V	Cr	Mn	Fe	Co	Ni	Cu	Zn
4d	Y	Zr	Nb	Mo	Tc	Ru	Rh	Pd	Ag	Cd
5d	La	Hf	Ta	W	Re	Os	Ir	Pt	Au	Hg

전이금속 화학을 이해하는 열쇠는 수많은 전이금속 화합물이 **ligand**라고 부르는 제각기 다른 여러 group을 거느린다는 점이다. 이러한 화합물을 **전이금속 착물(transition-metal complex)** 또는 **배위화합물(coordination compounds)**이라고 부른다. 이들은 중성인 화합물도 있고 전하를 가지는 이온성 착물일 수도 있다. 또한 어느 것은 반응 도중 잠시 생겼다가 없어지는 것도 있고, 어떤 것은 상당히 안정한 화합물로 존재한다. 체계적으로 전이금속 화합물을 다루려면 다음 네 가지를 반드시 숙지하고 있어야 한다.

1. **리간드 분류**하는 법;
2. **금속의 형식전하** 계산법;
3. **금속의 산화수**(산화상태) 계산법;
4. 금속 주위의 **전자수 헤아리기**;

이들 네 가지는 유기화학 학습에서는 볼 수 없는 색다른 것들이어서 처음에는 좀 생소하게 느낄 수도 있지만 꼭 필요한 것들이다. 이들에 관해 차근차근 알아보기로 하자.

6.1.1 Recognizing Types of Ligands

전이금속 화학의 모든 리간드는 Lewis 염기이다. 즉, 모든 리간드는 전이금속에 전자쌍을 내주게 된다. 리간드는 두 가지 형태로 구분하는 것이 편리하다. 하나는 **L-형 리간드(L-type ligand)**인데 이 경우 리간드를 결합전자쌍과 함께 떼어낸다면 중성 분자가 된다. 아래의 세 보기 화합물에서 :PPh_3와 :NH_3가 이에 해당된다. 즉, L-형 리간드는 전기적으로 중성인 고립쌍을 가지는 화학종으로 2개의 전자를 금속에 공여하게 된다.

두 번째 유형의 리간드는 **X-형 리간드(X-type ligand)**라고 하는데 리간드를 결합전자쌍과 함께 떼낸다면 음이온이 된다. 즉, X-형 리간드는 −1의 형식전하를 갖는 것이 일반적이며 2개의 전자를 금속에 공여하게 된다. 다음 보기의 항암제인 cisplatin의 Cl, rhodium complex의 Cl, H, RCO 등이 이에 해당하며, 이들 리간드가 떨어지면 chloride, hydride, acyl anion이 된다.

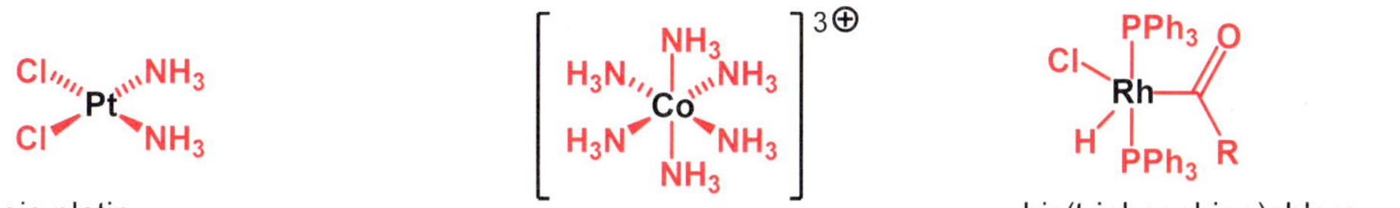

cis-platin
cis-diaminodichloroplatinum(II)

hexaaminocobalt(III) ion

bis(triphosphino)chloro-
hydridoacetylrhodium(III)

리간드를 이와 같이 구분하면 형식전하를 산출하는데 아주 편리해 진다. L-형 리간드는 결합전자쌍이 모두 리간드에 귀속되는 것으로 간주한다. 물론 X-형 리간드는 보통 유기 화합물의 공유결합과 같이 취급한다. 이와 같은 방식으로 위의 세 보기 화합물의 중심 원자의 형식전하를 산출해 보기로 하자. Cisplatin의 경우 Cl^-를 Pt에서 떼어낸다면 공유한 전자쌍을 모두 Cl이 가져 가므로 Cl은 (−1)의 형식전하를, Pt는 (+1)의 형식전하를 갖게 된다[1].

그러나 만약에 :NH_3를 떼어낸다면 결합전자쌍은 모두 N에 귀속된 것이어서 떼내기 전후의 형식전하의 변화는 없게 된다.

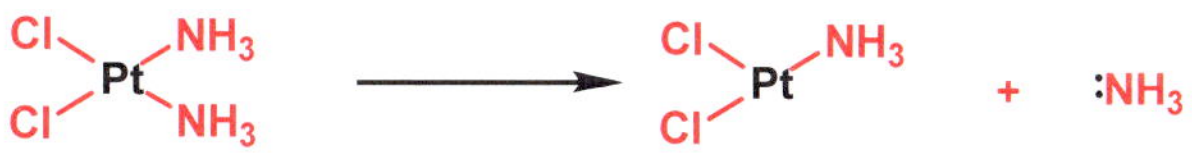

이와 같은 점을 확실히 하기 위하여 L-형 리간드와 금속 간의 결합을 화살표를 사용하여

1 유기화학에서는 형식전하를 빼먹고 그려 넣지 않은 구조는 절대로 있어서도 안되고 그려서는 더더욱 안되지만, 전이금속 화학에서는 형식전하를 그려 넣지 않는 경우가 더 많다.

표시하기도 하며, 이 결합이 **배위 결합(dative bond)** 임을 나타내기도 한다. 그렇지만 일반적으로는 따로 구분하지 않고 간단히 실선으로 표시하게 된다.

$Cl_2Pt(\leftarrow NH_3)_2 \equiv Cl_2Pt(NH_3)_2$

dative bonds

그러나 학자들의 편의에 따라 결합을 그리는 방식도 다르다. 유기화학에서는 결합과 원자를 선을 그려 연결하는 적이 없지만, 유기금속 및 무기 화합물에서는 선을 그려 σ- 또는 π-결합과 원자를 연결하기도 한다. 이런 경우는 σ- 또는 π-결합의 전자쌍이 금속과도 공유하고 있음을 나타낸다. 심지어 π-계의 전자가 셋 또는 그 이상의 원자에 분산되어 금속과 결합을 이루는데 사용되는 착물에 이르면 더더욱 혼란스러워 진다. 아마도 가장 유기화학다운 표현법은 선 하나를 그려 두-전자 σ-결합을 나타내고, 각각의 C=C π-결합과 금속 간의 배위(dative) 결합을 구분하여 하나씩 그려 넣어 표시하는 방법일 것이다.(유기화학자 규약)

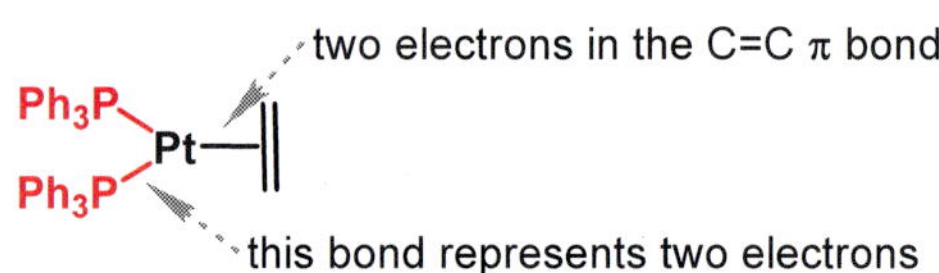

하지만 학자들에 따라 π-계의 전자의 수와 상관없이 π-계를 표시하는데 곡선을 그리고 선 하나만을 그려 π-계와 원자를 연결하기도 하고 (유기금속학자 규약), 때로는 곡선을 생략하고 π-계의 구성 원자 각각을 금속과 연결하는 여러 개의 선을 그리는 경우도 있다. (결정학자 규약) 이를 allyl anion과 cyclopentadienyl anion을 예로 들어 표시하면 다음과 같이 구조를 그리게 된다. 중요한 것은 금속과 π-계 간의 공유한 전자의 개수를 알아차리는 것이다.

Representation of Allyl and Cyclopentadienyl Anion

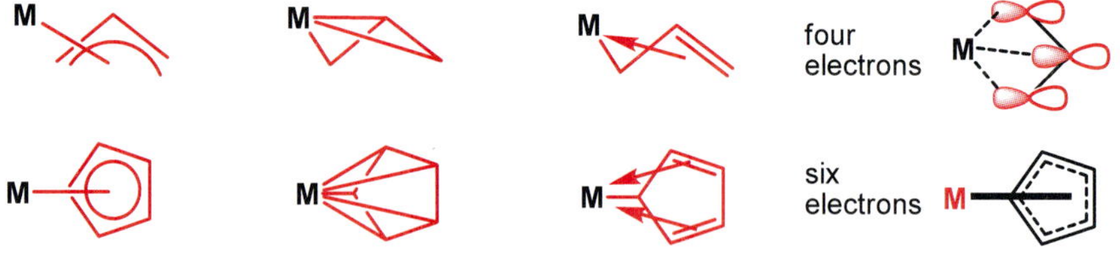

다음 표에는 전이금속 화학에 자주 등장하는 리간드를 모아 정리한 것이다. 리간드는 따로 명명을 필요로 하는 경우는 드물지만 aquo, hydrido, carbonyl, chloro 등 영문자 o로 끝나는 경우가 많으며 나머지는 alkyl, ethylene 등 유기화학에서와 같은 이름으로 부르게 된다. C=C π-결합은 L-형 리간드로 분류되며 benzene도 L-형 리간드로 여섯 전자를 공여한다. 두-전자 σ-결합과 **dative bond**를 함께 가지는 경우인 allyl 음이온은 LX, cyclopentadienyl anion은 L_2X 리간드로 분류하게 된다.

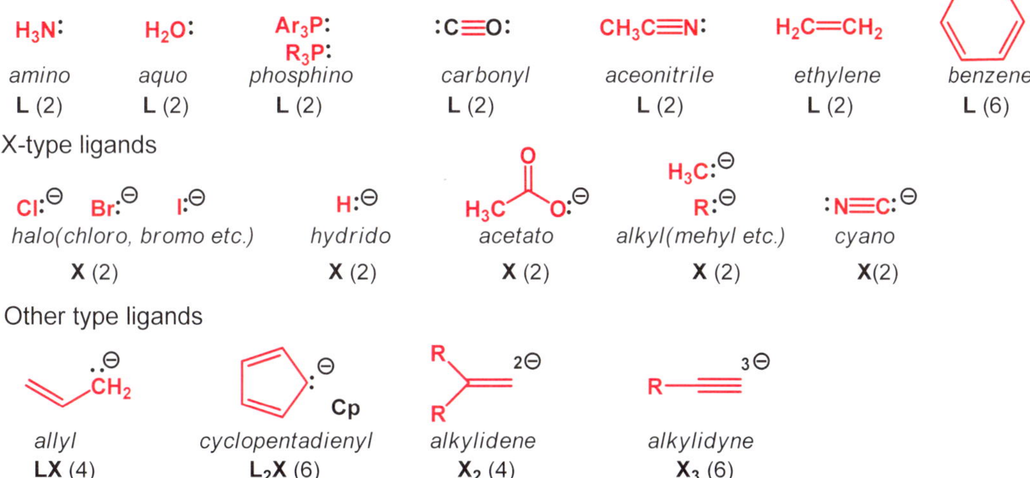

리간드를 이와 같이 L-형 리간드와 X-형 리간드로 구분하는 것은 전자수 헤아리기에도 크게 도움이 된다. 그렇지만 어느 형의 리간드이든 간에 그 결합은 공유결합이며 금속으로의 전자쌍 전달 정도만 금속과 리간드 양쪽의 성질에 따라 달라지게 된다.

6.1.2 Total Electron Count

주족 원소는 대개 *s* 오비탈 하나, *p* 오비탈 세 개의 AO를 가용하게 되며 셋째 주기 이하의 몇몇 주족 원소 중에서는 원자가 옥테트를 더 확장하여 다섯 또는 여섯 AO를 가용하는 경우도 있다. 이와는 대조적으로 전이금속은 *s* 오비탈 하나, *d* 오비탈 다섯, *p* 오비탈 세 개의 순으로 **9개의 원자가 오비탈**을 가지며, **18-전자 규칙(18-electron rule)**을 따른다. 금속에 특히 앞-전이금속(early transition metal)인 경우에는 18개의 전자 공급을 위하여 금속 주위에 많은 수의 치환기들로 둘러싸기 어려우며, 또한 금속의 원자가 오비탈은 핵에서 충분히 멀리 떨어져 있어 핵은 원자가 오비탈에서 무슨 일이 있는지에 흥미가 그다지 많지 않다. 따라서 18-전자 규칙은 주족 원소에 옥테트 규칙이 적용되는 것처럼 엄격하게 지켜지지 않는다.

전이금속 주위의 **총전자수 헤아리기(total electron count)**는 위의 표를 보면 비교적 쉽게 count할 수 있다. 모든 **X**-형 리간드는 결합 전자수의 절반을 공여하는 것으로 간주한다. Alkyl, alkoxy, H, R_2N, halogen 등과 같은 1가인 원자단은 모두 **X-형 리간드**로서 금속과 단일결합을 이루므로 **한-전자주개**다.

모든 **L-형 리간드**는 결합전자수 모두를 공여하는 것으로 간주한다. R_3N, RC≡N, H_2O, R_3P와 같은 Lewis 염기, 일산화탄소(:C≡O, **carbonyl**이라고 부름) 등은 L-형 리간드로 **두-전자주개**이다.

π-결합의 두 전자를 금속에 공여하여 Lewis 염기로 작용하는 경우 **π-착물(π-complex)**을 형성한다고 하며 L-형 리간드이며 두-전자주개이다.

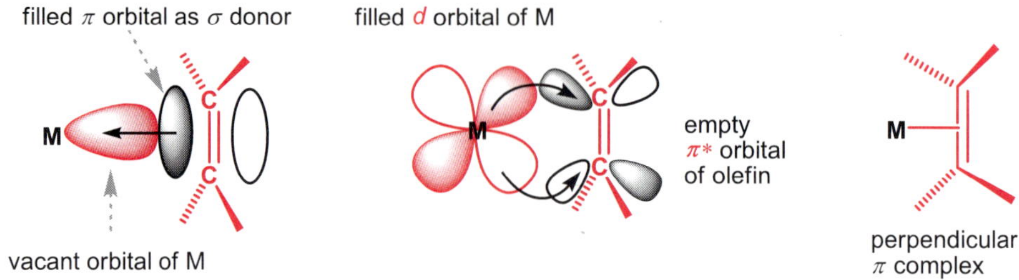

Diene과 benzene은 각각 네-전자 및 여섯-전자 주개인 L-형 리간드이다.

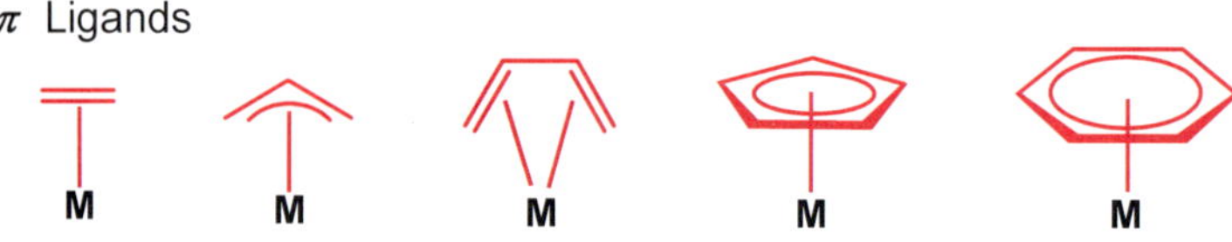

H–H와 C–H 결합과 같은 σ-결합 또한 이와 비슷하게 금속과 **σ-착물(σ-complex)**을 이루면 역시 L-형 리간드로 두-전자주개다.

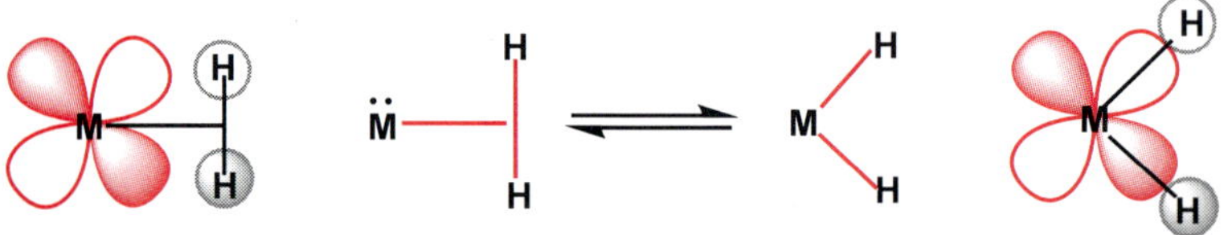

LX-형 리간드인 allyl기는 **π-착물(π-complex)**의 형성에 따라 한-전자 또는 세-전자주개일 수 있다. L_2X-형 리간드인 cyclopentadienyl (C_5H_5 또는 ***Cp***)기는 일반적으로 다섯-전자주개이지만 π-착물(π-complex) 형성 여부에 따라 때로는 "slip"이 일어나서 한 π-결합과의 배위가 깨지면 세-전자주개가 되기도 한다. 선형 pentadienyl기 또한 L_2X-형 리간드로 다섯-전자주개이다. 이 경우에는 **hapto number(η)**를 이용하면 편리한 경우가 많다. 단순한 Grignard 시약은 η^1(eta 1)이며 금속과 alkene의 complex는 η^2(eta 2)이다.

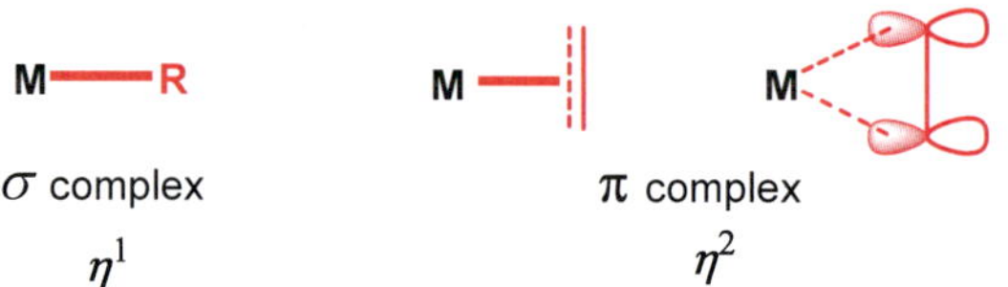

Allyl, dienyl 또는 polyene의 경우에는 금속과 결합하는 유형에 따라 다른 hapto number를 가지게 된다. Allyl 계에서는 단일 탄소와 금속이 결합하고 있으면 η^1이지만 세 탄소의 *p* 오비탈과 모두 π-complex를 형성한다면 η^3가 되는 것이다. Cyclopentadienyl은 금속과의 단일결합으로 σ complex를 형성하면 η^1, allyl 계와 π complex를 형성한다면 η^3가 되며 cyclopentadienyl 계와의 complex를 형성하면 hapto number는 η^5가 된다. 같은 방법으로 유추하면 benzene 금속 간의 결합은 η^2일 수도 있고 η^4일 수도 있고, η^6일 수도 있다.

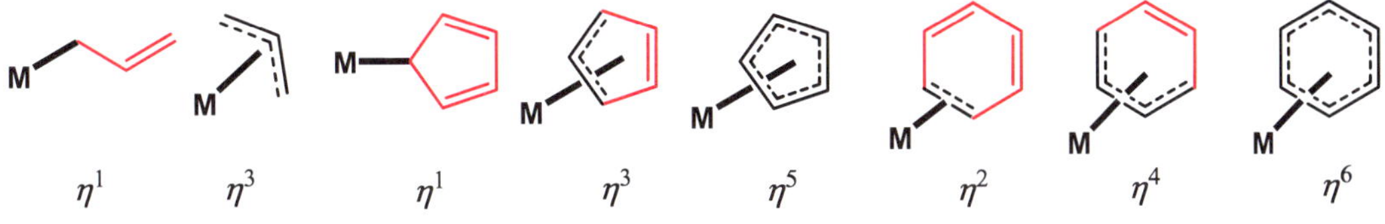

R_2C=(carbene 또는 alkylidene), RN=(imido) 또는 O=(oxide) 등도 X-형 리간드로서 이 경우에는 두-전자주개이다(X_2). RC≡(carbyne 또는 alkylidyne)와 N≡(nitride)는 3가인 토막으로 (trivalent fragment) 금속에 삼중으로 결합하는 group은 모두 X-형 리간드로서 세-전자주개이다(X_3).

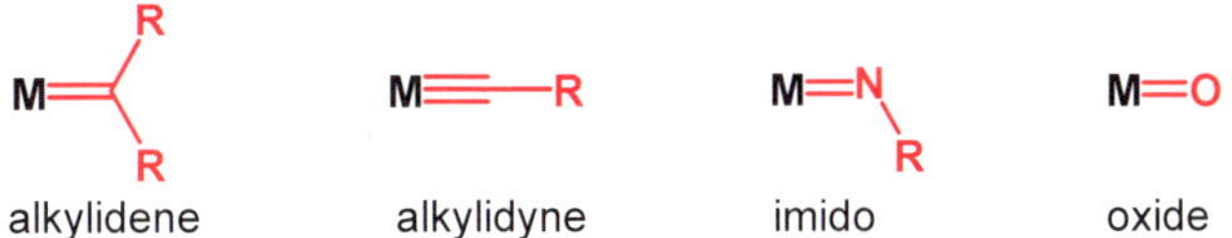

금속과 탄소, 질소 등의 이중결합은 다음 일산화탄소와의 결합에서 보는 것처럼 리간드에서 금속으로의 σ 전자쌍 공여와 금속의 채워진 d 오비탈과 빈 π^* 오비탈 간의 상호작용(**back bonding**)으로 이루어 진다.

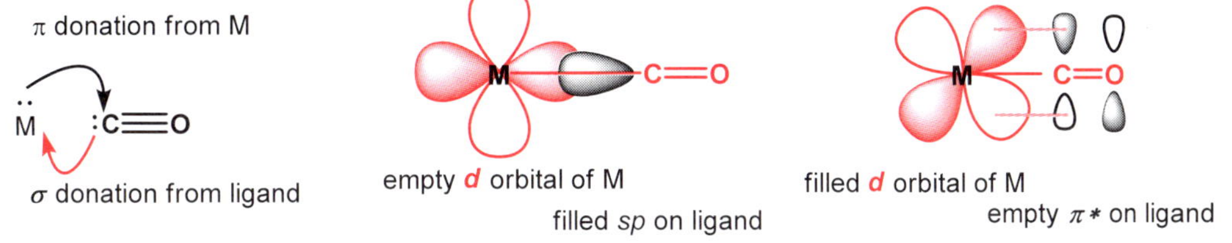

금속 주위의 총전자수를 헤아리려면, 금속이 거느리는 원자가전자의 개수에 각 리간드가 공여하는 전자의 개수를 합하고, 여기서 착물의 전체 전하에 해당되는 전자의 개수를 빼거나 더하면 된다. 금속이 거느리고 오는 원자가전자의 개수는 아라비아 숫자로 된 족 번호와 일치한다. Ti는 4족이므로 Ti 금속은 원자가전자가 4개이며, Ni은 10족 원소로 원자가전자가 10개이다. 1B족의 Cu나 2B족의 Hg도 같은 방법으로 전자수 헤아리기를 할 수 있으나 해야 할 필요가 거의 없다.

Group number	*3B*	*4B*	*5B*	*6B*	*7B*	*8B*			*1B*	*2B*
Valence electrons in neutral atom	**3**	**4**	**5**	**6**	**7**	**8**	**9**	**10**	**11**	**12**
	Sc	**Ti**	**V**	**Cr**	**Mn**	**Fe**	**Co**	**Ni**	**Cu**	**Zn**
				Mo		**Ru**	**Rh**	**Pd**	**Ag**	
						Os	**Ir**	**Pt**	**Au**	**Hg**

전이금속 화합물의 총전자수 헤아리기는 전이금속의 원자가전자수에서 시작하는데, 이는 위에서 보는 바와 같이 주기율표 상의 족번호와 일치한다. 원자가전자의 수, 즉 족번호(N)에서 X-형 리간드의 수를 더하고 L-형 리간드의 수의 2배를 더하고 금속의 전하를 빼면

(부호 포함) 된다. 결합된 X-형 리간드의 수 a와 L-형 리간드의 수 b와 전하 c를 이용하여 $[MX_aL_b]^c$로 나타낸다면 다음과 같이 된다.

Total Electron Count = N + a + 2b − c
= Group Number + X−Type Ligands + 2 x L−Type Ligands – Charge

예를 들어, $Ni(CO)_4$의 총전자수를 헤아려보자. 위의 식대로면 10 + 0 + 2(4) + 0 = 18이 된다. 화합물 tetracarbonylnickel은 18-전자 complex로 대단히 안정한 Ni complex이다. 백금 complex인 $Cl_2Pd(PPh_3)_2$의 총전자수는 10 + 2 + 2(2) + 0 = 16이 된다.

문제 6.1 다음 화합물의 전이금속의 총전자수를 헤아리시오.

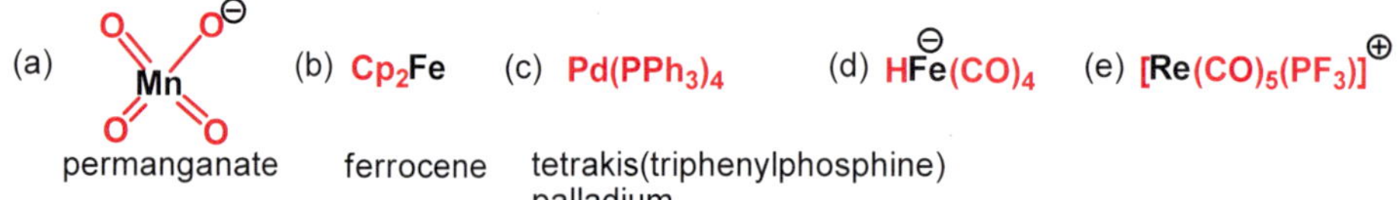

문제 6.2 총전자수가 18인 다음 화학종에서 M은 첫째 줄(넷째 주기) 전이금속 중 어느 금속에 해당되는가?

(a) $[M(PPh_3)_3(CO)_3]^{\ominus}$ (c) η^4-$C_8H_8)M(CO)_3$
(b) $HM(CO)_5$ (d) $[(\eta^5$-$C_5H_5)M(CO)_3]_2$ (assuming single M-M bond)

6.1.3 Oxidation State : Counting Oxidation Number

금속의 반응성을 결정하는 두 번째 중요한 요소는 금속의 **산화상태(oxidation state)**이다. 금속의 산화상태 알아보기는 금속에 붙어 있는 모든 X-형 리간드가 금속보다 더 전기음성이어서 모든 σ-결합이 이온성 결합이라는 가정에서 출발한다. σ-결합 전자 모두가 리간드에 '소속'된다고 하면, 금속에는 전하를 남기게 되고 이것이 곧 금속의 산화상태가 된다.

유기금속 화합물은 결합된 X-형 리간드와 L-형 리간드의 수를 이용하여 다음과 같이 나타낼 수 있다.

$$[MX_aL_b]^c$$

a, b, c는 각각 결합된 X-형 리간드의 수와 L-형 리간드의 수를 그리고 c는 착물이 가지는 전하를 나타낸다. 따라서 산화수는 다음과 같이 산출한다.

Oxidation Number of M = No. of X-Type Ligand – Charge on M

R, H, RO, R_2N, X, allyl 및 Cp(η^5 C_5H_5)기에는 산화상태에 +1을 더하고, R_2C=, RN=, O=에는 +2를 더하고, N≡, RC≡에는 +3을 더한다. L-형 리간드인 R_3P, CO, H_2O, π-결합, diene, arene 등의 리간드는 모두 Lewis 염기로 금속과 배위결합을 이루므로 산화상태에 더할 것이 없다. 산화상태는 Fe^{3+}, Fe^{III}, Fe(III)의 세 가지 형태로 나타낼 수 있다. 첫째 형식은 비이온성 착물에는 적합하지 않으며 남은 둘 중에서 어느 쪽을 사용해도 무방하다.

문제 6.3 다음 전이금속 화합물에서 전이금속의 산화수를 계산하라.

(a) MnO_4^- (b) Pd$(PPh_3)_4$ (c) $(Ph_3P)_2Rd(CO)(Cl)(H)_2$ (d) $HFe(CO)_4^-$ (e) Cp_2Fe

문제 6.4 다음과 같은 반응에서 Rh의 산화수의 변화가 있는가? 반응물과 생성물에서 산화수를 계산하여 밝혀보라.

$$(Ph_3P)_3RhCl + H_2 \longrightarrow (Ph_3P)_3Rh(H)_2Cl$$

chloro[tris(triphenylphosphine)]rhodium

6.1.4 *d* Electron Count

Octet rule을 따르는 주족 원소의 반응을 이해하는 데는 변환이 일어나는 원소의 비공유 전자 원자가전자수를 아는 것이 대단히 중요한 일이다. 이들 비공유 전자를 구조식에 포함하여 그리게 된다. 전이금속 화학에서도 또한 비공유 전자수를 헤아리는 것이 중요하다. 많은 경우 금속이 거느리는 비공유 전자의 수는 아주 많으며, 이들을 모두 그려서 표시하는 것은 실제로 어려운 일이 된다. 그 대신 비공유 전자의 수를 헤아리게 되며 이를 d^n으로 표시하게 된다. 된다. 예를 들어, d^8 complex라고 하면 비공유 전자수가 여덟인 complex를 이르는 용어이다. "***d* 전자수 헤아리기(*d* electron count)**"란 "비공유 원자가전자수"에 해당하는 무기화학 용어라 할 수 있다. 금속의 *d* 전자수 헤아리기는 반응성을 가리는 데 대단히 중요하다. *d* 전자수 헤아리기는 금속에서 모든 리간드를 전자쌍과 함께 떼어내고 남게 되는 전자의 수가 된다. 중성인 전이금속 원소의 원자가 전자수에서 양전하의 수를 빼고 음전하의 수를 더한 다음 X-형 리간드와의 결합수를 빼면 된다. 이를 간단하게 표시하면 결국 *d* 전자수는 원소상태의 금속의 원자가전자수(*s*전자 포함)에서 금속의 산화상태를 빼면 된다.

***d* Electron Count (*n* of d^n) = No. of Valence Electrons + Oxidation Number of M**

Alkene-금속 착물에서 metallacyclopropane 공명구조에서의 금속의 산화상태는 배위형 공명구조에서보다 '2'가 더 높다. 다음 예에서, 배위형 공명구조에서는 금속이 (Cp 리간드와) 두 개의 공유결합을 하지만 metallacyclopropane 공명구조에서는 모두 네 개의 공유결합을 하고 있다[2].

$$Cp_2Ti^{II}(\eta^2\text{-}H_2C{=}CH_2) \longleftrightarrow Cp_2Ti^{IV}(CH_2CH_2)$$

2 얼핏 이해하기 어려운 것은 유기화학에서는 공명구조를 그릴 때 σ-결합의 변화는 있을 수 없지만 여기서는 그렇게 그리는 것이 가능하기 때문이다.

앞에서 행한 총전자수 헤아리기는 따라서 전이금속의 *d* 전자수 헤아리기와 리간드의 수를 알면 또한 산출이 가능하다. 즉,

Total Electron Count = *d*Electrons + 2(No. of All Ligands)

전이금속 화학에서 가장 안정한 complex는 대부분의 경우 총전자수가 18이다. 이를 **18-electron rule**이라고 한다. $Ni(CO)_4$의 총전자수는 18로 18-electron rule에 맞는 한 예이다. 마찬가지로 $Fe(CO)_5$의 총전자수 = 8 − 0 − 0 + 2(5) = 18로 또한 18-electron rule에 맞는 한 예이다.

18-electron rule의 예외가 가끔씩 있는데 대개는 8~11 원자가전자를 가지는 전이금속에서 주로 나타난다. Fe, Co, Ni, Cu, Ru, Rh, Pd, Ag, Os, Ir, Pt, Au 등 자주 나타나는 전이금속이 이에 해당된다. 예를 들면, $Cl_2Pd(PPh_3)_2$가 이와 같은 예이고 매우 안정한 complex이다. 이를 일컬어 16-electron rule이라고 부른다.

문제 6.5 다음 각 complex의 *d* 전자수는 얼마인가?

(a) $Pd(PPh_3)_4$ (b) $[W(CO)_5]^{2\ominus}$ (c) $Rh(PPh_3)_3(Cl)(H)_2$ (axial: PPh_3, H; equatorial: Ph_3P, Cl, Ph_3P, H) (d) Cp_2Fe

6.1.5 Summary of Counting Electrons and Oxidation Number

앞에서 학습한 전자수 헤아리기의 기본적인 내용을 요약하면 다음과 같다. 전이금속 화합물을 포함한 어떤 유기금속 화합물이든지 다음과 같은 식으로 표시할 수 있다.

$$[MX_aL_b]^c$$

a = 결합된 X-형 리간드의 개수
b = 결합된 L-형 리간드의 개수
c = 전하

상기 식으로 표기하여 X-형 리간드와 L-형 리간드의 수를 알고 금속의 주기율표 상에서의 족번호 N과 complex의 전하 c를 알면 무엇이든지 count할 수 있다.

1. 총전자수 (Total Electron Count, Effective Atomic Number라고도 한다):

TEC = N + a + 2b − c

보기 : $HFe(CO)_4^-$ ≡ $[MXL_4]^-$

TEC or EAN = 8 + 1 + 8 + 1 = 18 electrons

2. 배위수(Coordination Number) :

CN = a + b

보기 : $[ReH(PPh_3)_3(CO)_3]^+$ ≡ $[MXL_6]^+$

CN = 1 + 6 = 7

3. 산화상태(Oxidation Number) :

OS = a + c

보기 : $Rh(H)(H)(PPh_3)_2(CO)Cl] \equiv [MX_3L_3]$

ON = 3 + 0 = 3

4. *d* 전자수 헤아리기(*d* Electron Count) (d^n):

d^n = N – OS = N – (a + c)

보기 : $(\eta^5\text{–}C_5H_5)_2Zr(H)(Cl) \equiv [MX_4L_0]^o$

$d^n = 4 - (4 + 0) = 0$

문제 6.6 위의 계산 방식에 따라 다음에 표시된 화합물의 총전자수, *d* 전자수, 산화수를 계산하라.

(a) $Ni(CO)_4$ (b) (benzene)Cr(CO)₃ (c) $(OC)_4Re(\mu\text{-}Cl)_2Re(CO)_4$ (d) Ph, Ph, O, $ZrCp_2$ (e) [OC–Fe–CO with two Cp rings]

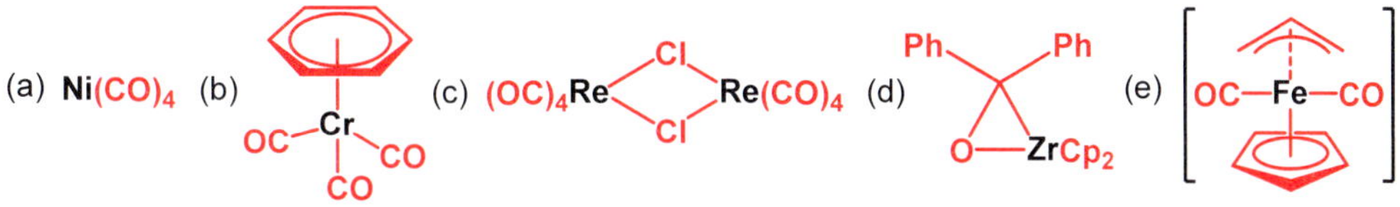

문제 6.7 위의 방식에 따라 다음에 표시된 화합물의 총전자수, *d* 전자수, 산화수를 계산하라.

(a) $H_3CMn(CO)_5$ (b) $Ir(PPh_3)_2(CO)Cl$ (c) $(CO)_5Cr{=}C(OCH_3)Me$

(d) CpCo(diene) (b) t-Bu–Ta(t-Bu)$_2$(=CH–t-Bu) (a) OC–Mn(Cp)–CO, NO

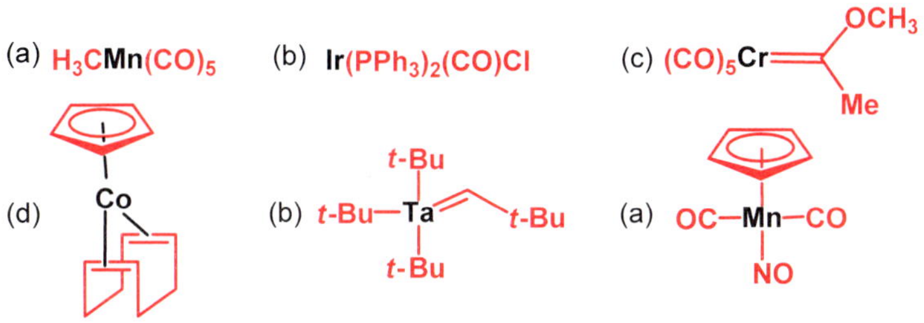

문제 6.8 다음 18-electron complex에서 전이금속 M은 무엇인가?

(a) $CH_3M(CO)_5$ M = 1st row transition metal

(b) $(\eta^5\text{-}C_5H_5)CH_3M(CO)_2$ M = 1st row transition metal

(c) $CH_3M(CO)_2(PMe_3)_2Br$ M = 3rd row transition metal

문제 6.9 다음은 동일한 화합물을 표기한 것이다. 이 화합물은 18-electron rule을 지키고 있음을 보여라.

$Cr(CO)_4Br(\equiv CPh) \equiv$ (CO)₄(Br)Cr≡CPh

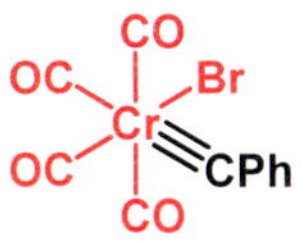

6.2 Geometry of Transition Metal Complexes

주족 원소의 화합물을 다룰 때 hybridization 개념을 사용하였던 것과 똑같이 전이금속 원소에서도 hybridization을 다루어 18-electron rule을 정당화한다. 예를 들어, $Cr(CO)_6$

complex를 생각하여 보자. Cr의 산화수는 0이고 d^6 complex로서 6개의 비공유 전자를 가진다. Hund의 법칙에 어긋나는 energy costing process이지만 가상적으로 전자들의 pairing을 고려한다면 3*d* 오비탈 2개, 4*s* 오비탈 한 개, 4*p* 오비탈 3개로 총 6개의 오비탈이 비게 된다. 이들의 hybridization으로 d^2sp^3 orbital 6개의 오비탈에 일산화탄소 여섯 분자의 전자를 수용하게 된다. 채워진 여섯 오비탈의 배향은 정팔면체의 꼭지점을 향하게 되어 그림에 나타낸 것과 같은 기하구조를 가지게 된다. **옥테트 규칙(Octet rule)**이란 적용되는 원소와 가장 가까운 noble gas의 제일바깥껍질 *s*와 *p* 오비탈의 최대 점유 전자수인 것처럼, **18-전자 규칙(18-electron rule)**은 적용되는 원소의 가장 가까운 noble gas의 제일바깥껍질 *s*와 *p* 및 *d* 오비탈의 최대 점유 전자수인 것이다. 18 전자를 모두 채우면 정팔면체 구조를 취하게 된다.

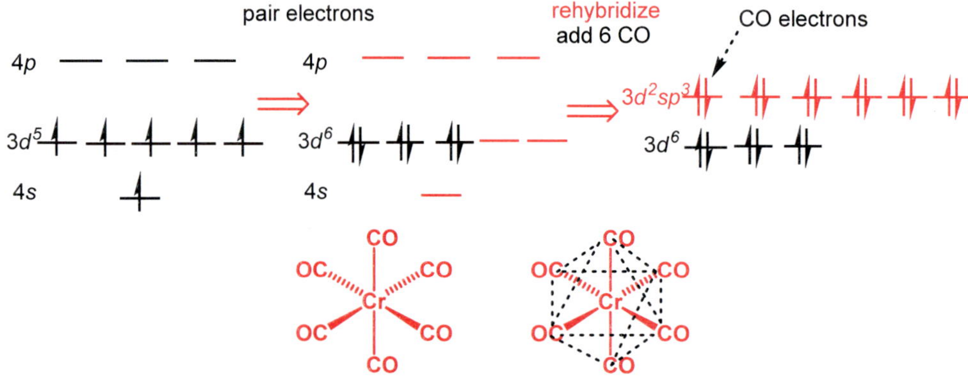

16-electron rule은 10-electron 원소인 Ni, Pd, Pt의 사각평면형 complex에서 대단히 중요하다. 예를 들어 앞에서 보았던 항암제인 *cis*-platin 즉, $Cl_2Pd(NH_3)_2$에 관하여 살펴보자. Pt(II)의 16-electron d^8 complex인 이 화합물은 사각평면형의 기하구조를 갖는다.

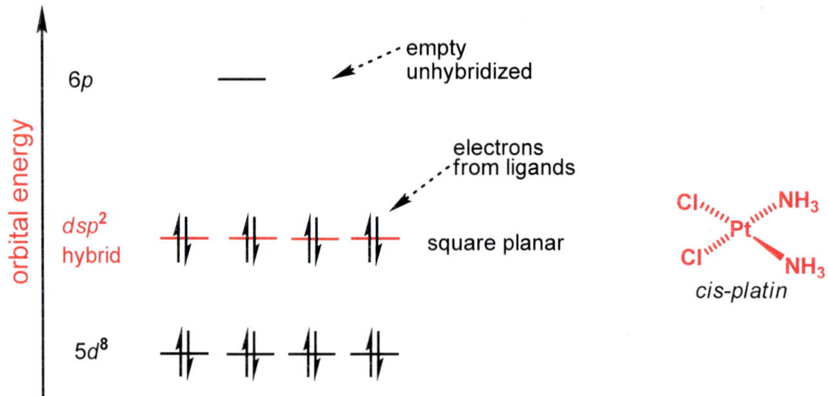

앞의 예에서와 같은 방식으로 Pt^{2+}에서 출발하여 네 쌍의 전자를 네 5*d* 오비탈에 모으고 남는 하나의 5*d* 오비탈과 6*s* 오비탈 및 2개의 6*p* 오비탈의 hybridization이 일어나고, 형성된 네 개의 dsp^2 hybrid orbital은 네 리간드로부터 8 전자를 수용하게 된다. 6*p* 오비탈 하나는 비어 있게 된다. 네 hybrid 오비탈은 정사각형의 꼭지점을 향하게 되는 **square planner**

구조를 취하게 된다. 전이금속 complex를 다루는 molecular orbital theory를 **ligand field theory**이라고 하는데 이 책의 내용을 이해하는 데는 깊이 다루지 않아도 된다.

6.3 Fundamental Reactions of Transition Metal Complexes

금속의 거의 모든 반응은 몇 개의 전형적인 반응으로 분류되며, 유기 반응에서 이용되는 금속 반응은 이들 전형적인 반응들의 조합일 뿐이다. 금속 착물의 전형적인 반응에는 리간드 첨가/리간드 해리/리간드 치환과 산화성 첨가/환원성 제거와 삽입/β-제거와 α-삽입/ α-제거와 σ-결합 복분해와 (금속교환과 추출 반응 포함) [2+2] 고리화첨가와 전자전달이다. 금속 착물들의 이들 전형적인 반응을 익히면, 아무런 문제없이 전이금속-중개 및 촉매 반응이 어떻게 진행되는지를 알 수 있고 진행되는 경로를 따라 메커니즘을 그리고 이해할 수 있게 된다. 이들 반응을 유형별로 살펴보기로 한다. 대부분의 반응은 산화성 첨가와 환원성 제거와 같이 짝지어 한꺼번에 다루는 것이 더 편리하고 이해도 쉽다.

6.3.1 Ligand Dissociation, Ligand Substitution, Ligand Addition

금속과 리간드 간의 결합 해리와 첨가는 단순한 Lewis 산·염기 반응으로 결합이 형성되는 정반응(첨가)도 결합이 깨지는 역반응(해리)도 모두 마찬가지이다[3]. 많은 금속 촉매는 $Pd(PPh_3)_4 \rightarrow Pd(PPh_3)_3 + PPh_3$에서처럼 **해리(dissociation)** 또는 **회합(association)**이 일어나 실질적인 활성 화학종이 만들어진다.

$$Pd(PPh_3)_4 \rightleftharpoons Pd(PPh_3)_3 + PPh_3$$

Pd(0) an 18 e⁻ complex ⇌ Pd(0) a 16 e⁻ complex

리간드 첨가 (또는 해리) 반응에서 금속의 총전자수는 2 증가(감소)할 수도 있지만, d 전자수와 산화상태는 변하지 않는다. 금속에서 리간드가 다른 리간드로 바뀌는 **리간드 치환(ligand substitution)**이 일어나기도 한다. Ligand exchange라고도 부른다.

$$(Ph_3P)_2PdCl_2 + H_3C\text{—}Li \rightleftharpoons (Ph_3P)_2Pd(CH_3)Cl + Li\text{-}Cl$$

Pd(II) a 16 e⁻ complex ⇌ Pd(II) a 16 e⁻ complex

리간드 치환 반응은 유기 화합물의 S_N2 반응처럼 협동형 과정으로 진행되지 않고 첨가-

3 전이금속 관련 거의 모든 반응이 실제로 사용하거나 씌어 있는 화살표와 무관하게 가역적으로 일어난다 해도 과언이 아니다. 항상 역반응도 일어날 수 있다고 생각하면 된다.

해리 또는 해리-첨가의 두 단계를 거쳐 진행되는 것이 보통이다[4].

an 18 e- complex a 16 e- complex an 18 e- complex

M–H의 양성자떼기로 진행되는 M^{-}–H^{+} 해리 반응은 흔한 반응으로 결합전자쌍은 금속 원자에 귀속된다. 금속의 총전자수에는 변화가 없고, 산화상태는 2 줄어든다. 양성자떼기로 금속이 환원되는 것은 이상하게 보일 수도 있으나 H는 X-형 리간드로 (즉, M^{+} H^{-}) 양성자떼기가 일어나면 전자는 (수소화물로부터) 금속에 남게 되는 것이다. 물론 역반응도 일어날 수 있어, 금속에 양성자붙임으로 더 높은 상화상태의 금속 수소화물이 얻어지게 된다.

리간드 첨가나 해리가 금속-중개 또는 금속-촉매 반응에서 일어날지, 만약 일어난다면 어느 단계에서 일어날지 등은 명확하지 않은 경우가 많지만 이 같은 세세한 정보는 합리적인 메커니즘을 그리는 데는 필요치 않은 경우가 많다. 이러한 이유로 금속 중심과 이에 회합되어 있는 리간드는 종종 간단하게 $\mathbf{L_nM}$ 또는 **[M]**으로 표시하기도 한다.

문제 6.10 다음 두 반응에서 금속이 들어있는 생성물을 그려 보라.

(a) $Mo(CO)_6$ + ethylenediamine ⟶ reaction of 1 mole each evolves 2 moles of gas

(b) $V(CO)_6$ + NO ⟶

문제 6.11 다음에 주어진 transition metal complex는 총전자수를 count하면 더 이상 ligand와 coordination이 불가능해 보인다. 그럼에도 주어진 ligand와 association이 일어난다. 어떤 생성물이 생성되었는지 어떻게 생성이 가능한지를 설명하여 보라.

(a) $Ir(PMe_3)_2$ (indenyl) + PMe_3 ⟶

(b) CpRe(NO)(CO)Me + 2 $P(Me)_3$ ⟶

4 회합 또는 해리 반응을 나타내는 데 구부린 화살표는 취향에 따라 사용해도 되고 안 해도 무방하다. 반응 화살표 밑에 "association" 또는 "dissociation" 이라고 적어 넣는 것으로 충분하다.

6.3.2 Oxidative Addition and Reductive Elimination

산화성 첨가와 **환원성 제거**는 서로 간에 **미세적 가역(microreversibility)** 과정이다. 산화성 첨가에서는 금속이 A–B 결합에 삽입된다. A–B 결합은 깨지고 M–A와 M–B 결합이 형성된다.

M + A–B ⇌ M(A)(B) (oxidative addition / reductive elimination)

반응은 산화이며, 이는 금속의 산화상태가 +2만큼 증가하지만 (금속의 *d* 전자수는 2 감소) 금속의 총전자수는 +2만큼 증가하여 보다 덜 전자-결핍이 되기 때문이다.

산화성 첨가(oxidative addition)는 모든 부류의 A–B 결합에 일어날 수 있지만, 특히 H–H, H–Si, H–Sn, 탄소–할로젠 결합에서 자주 보게 된다. H_2가 금속에 산화성 첨가를 일으키면, 고립쌍을 갖는 *d* 오비탈이 H_2의 σ^* 오비탈과 상호작용하게 되어 H–H σ-결합이 길어져서 깨지기에 이른다. 금속과 H_2 σ-결합의 한 쌍씩 모두 4개의 전자가 M–H 결합 둘을 새로 형성하는 데 사용된다. C–H 결합도 같은 방식으로 금속에 산화성 첨가가 일어날 수 있으며, 이를 **C–H 결합 활성화(C–H bond activation)**라고 부르는데, 석유화학 산업과 "green chemistry"와 연관된 응용에 지대한 관심을 끌고 있다. Si–H, Si–Si, B–B와 그 외의 전기양성 원소 간의 결합들도 또한 산화성 첨가를 일으킨다.

M̈ + H–H ⟶ [ ]‡ ⟶ M(H)(H)
oxidative addition

다음은 rhodium complex에 수소가 산화성 첨가를 일으키는 반응의 예이다. 금속의 산화상태에 변화가 있음은 물론이다. 두 수소 원자는 concerted mechanism에 의하여 첨가되며 따라서 다음 Rh complex와의 반응에서처럼 서로 이웃한 자리에 놓이게 된다.

$(Ph_3P)_3RhCl$ —H_2→ $(Ph_3P)_2Rd(H)(H)(Cl)$

Rd(I) Rh(III)

Alkyl halide, triflate(R–OTf)와 같은 pseudohalide, phosphate(R–OP(O)(OEt)$_2$) 등 그 외의 C–X 화학종들도 쉽게 산화성 첨가를 일으킨다. 이는 Grignard 시약의 생성 과정을 연상하면 쉽게 이해가 될 것이다. (Grignard 시약은 실제로는 ether 용매에서 만들어지며 용매 두분자와 association되어 있다.)

R–Br + Mg^0 —Et_2O→ R–Mg^{II}–Br

Mg(0) Mg(II)

$(Et_2O)_2Mg(R)(Br)$
Grignard reagent with 2 more ligands

산화성 첨가는 X=I일 때 가장 빠른 것으로 되어 있으나 반드시 그렇지만은 않다. C–X 결합에서의 산화성 첨가는 H–H나 C–H 결합의 산화성 첨가와는 근본적으로 다르다. C(sp^3)–X 결합의 경우, 순전히 유기화학 반응인 S_N2, $S_{RN}1$ 및 S_N1과 같은 치환 메커니즘이 유기금속화학 범주에도 적용되는 경우도 있다.

Vaska complex로 알려진 다음 사각평면형 Ir complex는 여러 유기 및 무기 화합물과의 산화성 첨가로 여섯 리간드를 거느리는 complex를 형성한다.

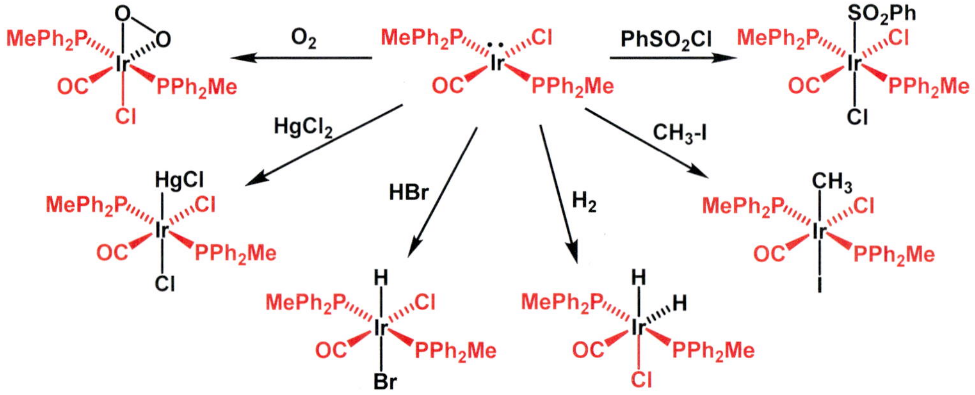

대표적으로 methyl iodide의 산화성 첨가 생성물을 보게 되면 위의 입체 구조로 보아 concerted pathway로는 도저히 얻어질 수 없는 생성물이다. 이는 다음과 같은 단계적인 메커니즘으로 설명할 수밖에 없다. Ir과 methyl 간의 결합은 methyl halide의 친핵성 치환처럼 이루어지며 결합전자쌍은 Ir이 제공한다. 위의 그림에서 수소와 산소 첨가를 제외한 대부분의 반응에서 첨가되는 두 group은 이와 같은 단계적 메커니즘을 거쳐 반대쪽에 첨가가 일어난다. (수소 첨가는 앞의 Rh complex에서와 같이 concerted pathway로 진행된다.)

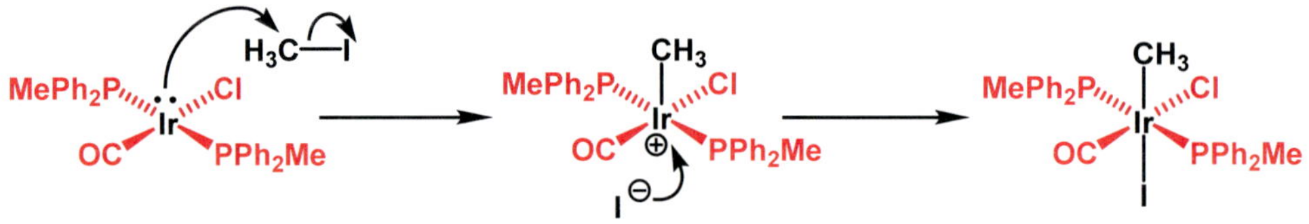

이와 같은 반응의 입체화학은 반응하는 유기물 리간드를 살펴보아도 분명하게 들어난다. 입체화학적으로 순수한 alkyl halide가 Pd(0)로 산화성 첨가를 일으키면 탄소 C에서 위치배열의 반전이 관찰되며 이는 S_N2 메커니즘이 작동하는 증거가 된다.

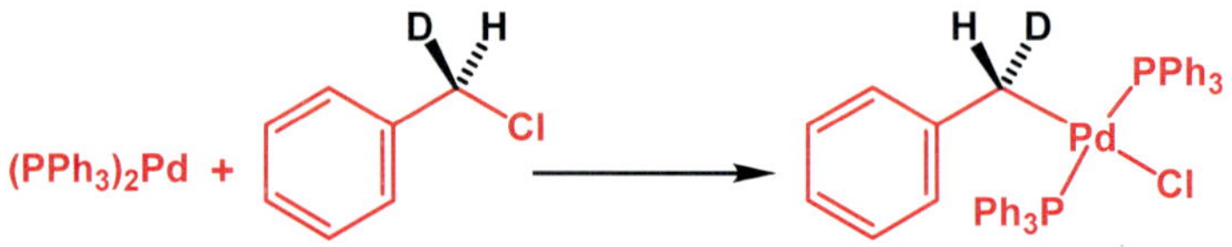

산화성 첨가는 C(sp^2)–X 결합(vinyl 및 aryl halide)에서도 일어난다. 반응은 이중결합의 위치배열의 반전이 따르기도 한다.

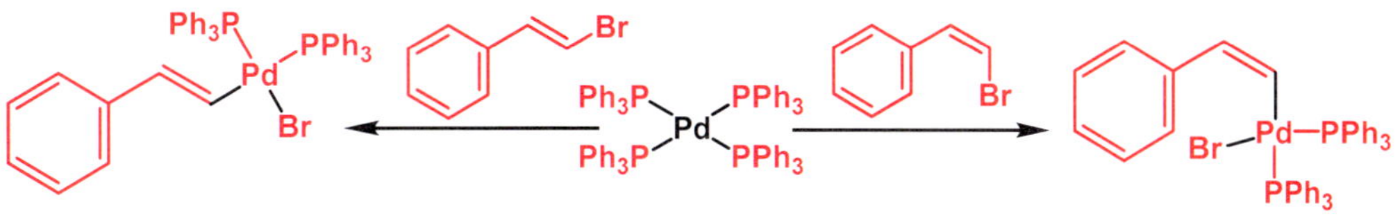

C(sp^2)–X에서의 산화성 첨가는 S_N2 메커니즘으로 일어날 수 없는 것은 너무나도 분명하다. 한 가지 가능성은 Pd가 먼저 예컨대 vinyl iodide의 π-결합에 배위하여 π-complex를 형성하는 것이다. 이와 같은 π-complex는 metallacyclopropane 유형의 공명구조를 그릴 수 있다. 이 metallacyclopropane은 전자고리화 고리열림이 일어날 수 있다. Pd–C 결합 하나가 깨지고 I^-가 이탈되면 새로운 양이온성 Pd-vinyl 착물이 얻어지며 I^-와 Pd가 회합이 일어나면 전체적인 산화성 첨가가 이루어진다.

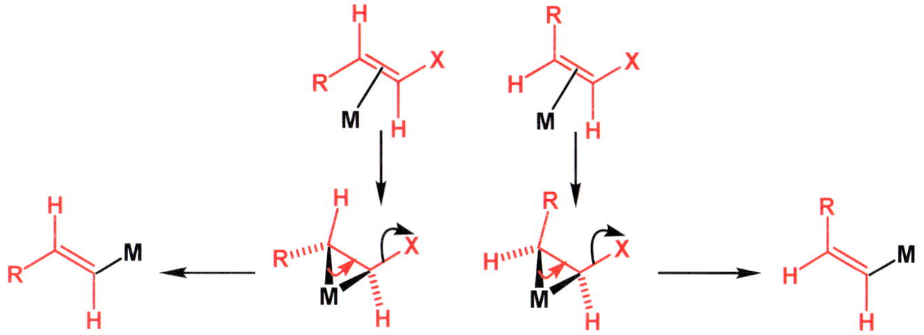

d 전자수가 d^2 또는 그보다 크면 산화성 첨가를 일으킬 수 있지만, 18-전자 착물은 산화성 첨가 반응을 일으키지 않는다. 산화성 첨가는 Pd, Pt, Ir, Rh과 같은 **뒤-전이금속(late transition metal)**에서는 매우 흔히 일어나는 반응이다. d^0전이금속은 금속이 공여할 수 있는 전자쌍이 없으므로 산화성 첨가 반응을 일으킬 수 없다.

이 밖에도 라디칼을 거쳐 첨가가 일어난다든지 하는 여러 가능성이 있다. 아마도 앞에서 본 Vaska complex의 산소의 산화성 첨가는 라디칼을 거쳐 일어날 가능성이 크다. 쉽지 않은 산화성 첨가 가운데 하나가 C–H 결합의 반응이다. 많은 노력 끝에 1980년대에 이르러서야 C–H 결합의 산화성 첨가가 발견되었다. 아직까지는 이를 이용하는 유기 반응에서 널리 적용되지 못하고 있다.

환원성 제거(reductive elimination) (A–M–B → M + A–B)는 산화성 첨가의 미세적 가역 반응이다.

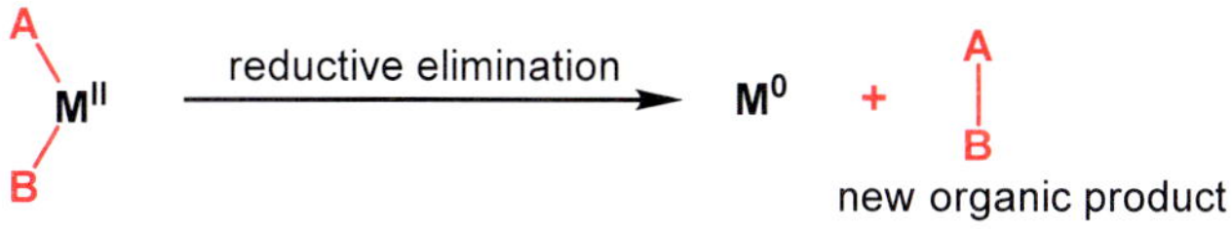

이 반응이 일어나면 대개 새로운 유기 화합물이 생성되는데 A–B가 대단히 센 결합일 경우에 쉽게 일어난다. (예, H–Ti–Bu → Bu–H + Ti)

환원성 제거의 메커니즘은 산화성 첨가만큼 많이 알려져 있지 않다. 떨어지는 두 기는 금속의 배위 권역 안에 이웃하게 위치해야 한다. 다음 Pd complex에서 만약에 두 methyl기가 서로 *trans*에 위치한다면 반응은 일어날 수 없다. 그 다음 반응에서도 마찬가지이다.

DMSO
80 °C
Pd^{II} → Pd^{0} + Me—Me

reductive elimination
Pd^{II} → an indole (SiMe₃) + $(Ph_3P)_2PdL_2$ Pd^{0}

다음 예에서도 사각평면형인 Ni 착물 $((Ph_3P)_2NiR_2)$에서 PPh_3기들이 *trans*에 있을 수밖에 없으면, 환원성 제거는 일어나지 않는다. 환원성 제거가 일어남에 따라 금속 주위의 총전자수는 감소하고, 산화상태도 감소하며, *d* 전자수는 증가한다.

reductive eliminaion
Ni^{II} a 16 e⁻ complex → Ni^{0} a 14 e⁻ complex

문제 6.12 다음 산화성 첨가 반응의 가능한 메커니즘을 그리시오. (필요한 경우에는 입체화학을 표시해 넣으시오.)

(a) $Ni(CO)_4$ + allyl chloride (Cl) → $(\eta^1\text{-}C_3H_5)Ni(CO)_3Cl$

(b) $Os(CO)_3(PPh_3)_2$ + Br_2 → $Os(CO)_2(Br)_2(PPh_3)_2$
phosphines in axial positions

(c) $Os(CO)_5$ + H_2 → $Os(CO)_4H_4$

(d) *trans*-$IrCl(CO)(PMe_3)_2$ + Br, F-cyclohexane —trace O_2→ Product from oxidative addition of C-Br bond

문제 6.13 다음 두 반응이 oxidative addition임을 확인하여라.

(a) $[Ir(L)_2(CO)_3]^{\oplus}$ ⇌(H_2) $[IrH_2(L)_2(CO)_2]^{\oplus}$ + CO

(b) $Ph_2P(C_6H_5)\text{—}Ir(Cl)(PPh_2)_2$ → $Ph_2P(C_6H_4)\text{—}Ir(H)(Cl)(PHPh)_2$

6.3.3 Ligand Insertion and β-Elimination

리간드 삽입(insertion)과 β-제거(β-elimination) 또한 상호간에 미세적 가역과정이다. **삽입**에서는 A=B π-결합이 M−X 결합에 삽입된다. (M−X + A=B → M−A−B−X) M−X와 A=B π-결합이 깨지며, M−A와 B−X 결합이 새로 형성된다. (π-결합을 중심으로 생각하면 M−X 결합의 협동형 π-결합 첨가 반응이라고 생각하면 된다.) 삽입은 보통 A=B π-결합이 금속에 배위되어 진행되므로, 때로는 이동성 삽입(migratory insertion)이라고 부른다.

다음과 같은 세 부류의 반응이 자주 보게 되는 insertion 반응 유형으로 **1,1-insertion**에 해당되는 일산화탄소 삽입 반응은 **carbonylation**, alkene insertion은 **carbometallation** 또는 **hydrometallation**이며, 드물지만 alkyne insertion도 일어날 수 있다.

삽입 반응으로, M−X 결합 하나가 M−A 결합으로 바뀌게 되므로 산화상태, *d* 전자수 및 총전자수에는 변화가 없다. 이들 반응은 π-결합의 대가로 새로운 σ-결합 두 개가 형성된다. 반응 특성상, 새로운 C−M과 C−H 결합은 A=B π-결합의 동일면에서 형성되어야 하며, 결과적으로는 ***syn* 첨가**가 된다. Borane (R_2BH)의 alkene과의 반응으로 alkylborane이 생성되는 것은 익히 보았던 반응이며 이는 전형적인 삽입 반응으로 분류할 수 있다.

앞-전이금속과 뒤-전이금속 착물 모두 삽입 반응을 일으킨다. 그렇지만 삽입 반응이 일어날 것인가는 X, A 그리고 B의 성질에 달려 있다. B−H, Zr−H 및 Pd−H와 같이 금속 수소화물과 같이 X가 H이면, 삽입 반응이 매우 용이하다.

각각 carbometallation 및 hydrometallation이라 부르는 C=C π-결합에 M−C 및 M−H 결합이 삽입되는 반응은 대단히 중요한 반응으로 앞으로 많은 응용 예를 보게 될 것이다. 한편, X가 halogen이나 alkoxy인 경우에는 훨씬 드물게 일어난다. A=B π-결합은 C=C, C=N, C=O 또는 다른 π-결합일 수도 있다.

β-제거(β-elimination)는 삽입의 미세적 가역 과정이다. 삽입에서도 변화가 없는 것처럼 역반응인 β-제거도 당연히 금속의 산화상태, *d* 전자수 또는 총전자수 헤아리기에 변화가 없다. β-Alkoxy 및 β-halide 제거 또한 알려져 있는 반응으로 $BrCH_2CH_2Br$과 Mg의 반응이 바로 그 예이다.

Br Br —oxidative addition→ Br Mg—Br —β-elimination→ + Br—Mg—Br

가장 흔히 보는 **β-제거**는 M−A−B−H → M−H + A=B와 같은 hydrometallation의 역반응인 **β-hydride elimination**이다. β-Hydride elimination은 유기금속 화학에서는 재앙이라 할 수 있는데, 이로 인해 많은 metal−alkyl 결합이 지극히 불안정하게 되는 주원인이기 때문이다. (Chapter 1 참조)

삽입은 일반적으로 π-결합의 대가로 σ-결합이 형성되므로 열역학적으로 유리하다. β-제거는 매우 빠른 반응이지만 역반응인 삽입이 열역학적으로 유리한 경우라도 비교적 쉽게 일어난다. 예를 들면, 16-전자 d^0 착물인 $Cp_2Zr(H)Cl$을 internal alkene과 반응시키면 1차 alkyl 생성물이 얻어진다. 2차 alkyl 생성물은 얻어지지 않는다!

삽입과 β-제거가 연속해서 일어나서 에너지가 가장 낮은 1차 alkyl–Zr 결합이 생성될 때까지 계속된다. 어떤 중간체도 관찰되지 않는다. 비록 훨씬 높은 온도에서 일어나지만, alkylborane도 이와 같은 가역 반응들이 연속으로 일어나서 B가 말단 탄소와 결합한 생성물을 얻게 됨을 Chapter 4에서 학습하였다.

CO나 RNC(isonitrile)와 같은 carbenoid 화학종들 또한 삽입과 제거가 일어날 수 있다. (예, M–X + CO → M–C(O)–X)) 이들 화학종의 삽입은 더 흔하게 나타나는 1,2-삽입이 아닌 **1,1-삽입(1,1-insertion)**이라는 점이 다르다.

단지 CO가 삽입이 일어나기 전에 금속과 배위한다는 점을 제외하고는 여기서도 마찬가지로 총전자수 또는 산화상태에는 변화가 없다. M–C 결합에 CO가 삽입되는 반응은 여러 중요한 반응의 핵심 단계가 된다. 역시 삽입 또한 가역적으로 일어난다.

문제 6.14 (a) 다음 전이금속 화합물에 이산화황이 첨가되는 방법은 여러 가지가 있다. 가능한 insertion 화합물을 모두 그려보라. (b) 실제로 다음 금 complex는 CO처럼 1,1-insertion이 일어난다. Insertion 생성물의 두 isomer를 그려보라.

(a) M—R + O=S=O ⟶ ? (b) $(H_3C)_2Au(CH_3)P(CH_3)_3$

6.3.4 Reactions of Ligands with Nucleophiles

금속에 결합된 리간드가 CO, alkene, polyene, arene과 같이 불포화 결합을 갖는 경우에는 **친핵성 첨가(nucleophilic addition)**가 일어날 수 있다. 첨가 양상은 일정하게 정해져 있는 것이 아니라 다양하게 일어날 수 있다. 물론 친핵체는 리간드로서 금속에 결합될 수도 있다.

$$^{\oplus}M–A + :N^{\ominus} \longrightarrow M–A–N \quad \text{or} \quad M + A–N$$

배위결합을 한 리간드에서의 친핵성 공격은 전이금속 화학에서 자주 일어나는 반응이다. 친핵성 공격을 받으면 금속이 electron sink가 되는 경우가 많다. 따라서 중성 또는 음이온성 complex보다는 양이온성 complex에서 반응이 일어나는 경우를 더 자주 보게 된다. 금속은 유기 분자에서 전자쌍 끌개인 친전자성 촉매 역할을 한다. Grignard 시약, alkyllithium, alkoxide, amine, phosphine, hydride 등 유기 화학에 등장하는 친핵체는 거의 다 이 부류의 반응을 할 수 있다.

반응이 일어나는 자리는 금속에 바로 이웃하여 전자를 공여하는 원자인 경우가 많다. 하지만 complex 전체로 보아 LUMO가 반응성 자리를 지배하며 LUMO에 기여하는 정도가 가장 큰 원자가 반응성 자리가 되는 것이 원칙이다. 다음 세 반응 예에서는 친핵체가 카보닐 탄소를 공격하는 반응으로 가장 자주 일어나는 카보닐의 반응이기도 하다.

$$(OC)_5Cr{-}C{\equiv}O \xrightarrow{\text{Me-Li}} (OC)_5\ddot{Cr}^{\ominus}{-}C(=O)CH_3$$

$$\text{CpRe}^{\oplus}(CO)(NO)(CO) \xrightarrow{NaBH_4} \text{CpRe}(CO)(NO){-}CH{=}O$$

$$(OC)_4Fe{-}C{\equiv}O \xrightarrow[H_2O]{NaOH} (OC)_4\ddot{Fe}^{\ominus}{-}C(=O){-}O{-}H \longrightarrow (OC)_4Fe^{\ominus}{-}H + CO_2$$

금속 alkylidene도 친핵체의 공격을 받는다. 다음 두 반응 예는 친핵체가 **alkylidene**을 공격하여 생성되는 중간체 complex에서 다시 nucleofugal 이탈기가 떨어져서 결국은 **metal alkylidene**의 구조 변화를 수반하는 치환이 일어난 셈이 된다.

$$(OC)_5W{=}C(OCH_3)Ph \xrightarrow{PhLi} (OC)_5W^{\ominus}{-}C(OCH_3)(Ph)Ph \longrightarrow (OC)_5W{=}C(Ph)Ph + CH_3OLi$$

$$(OC)_5Cr{=}C(OCH_3)Ph \xrightarrow[-H^{\oplus}]{:NH_2R} (OC)_5W^{\ominus}{-}C(OCH_3)(NHR)Ph \longrightarrow (OC)_5W{=}C(NHR)Ph + MeOH$$

이는 ester 카보닐기에 친핵체가 첨가되고 이탈기가 떨어지는 첨가-제거로 치환이 일어나는 메커니즘과 거의 유사하다. 카보닐 산소 대신에 금속을 그려 넣고 위와 비교해 보라.

$$CH_3C(=O)OCH_3 + H_2\ddot{N}{-}R \longrightarrow CH_3C(=O)NH{-}R + CH_3OH$$

다음은 철과 착물을 형성한 η^2-alkene 리간드에 친핵체가 첨가되는 반응으로 아주 잘 연구되어 있는 반응 예이다. 철뿐만 아니라 다른 금속에 배위된 alkene도 유사한 반응을 한다.

$$\text{CpFe(CO)(CO)}(\eta^2\text{-}CH_2{=}CH_2) \equiv \text{Fp}{-}\|$$

일반적으로 alkene으로의 친핵체 첨가는 쉬운 반응이 아니다. 하지만 만약에 첨가가 일어난다면 비대칭성 alkene과의 반응에서 regiochemistry의 문제 그리고 입체화학의 문제가 생겨나는 것은 당연하며 이들 문제는 여기서도 마찬가지로 생겨나게 된다. 정확하게 철과 coordination된 반대 방향에서 접근하여 첨가가 일어나게 된다.

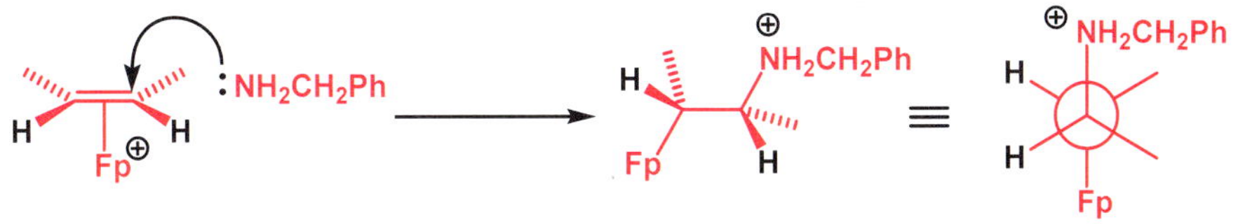

Regiochemistry 역시 일반 반응에서와 같은 양상으로 첨가가 일어난다. Alkene의 두 탄소 중에서 양이온이 더 안정화되는 탄소에 친핵체가 접근하게 된다. 만약 styrene과의 반응이라면 친핵체는 100 % 페닐기가 치환된 탄소에 첨가된다.

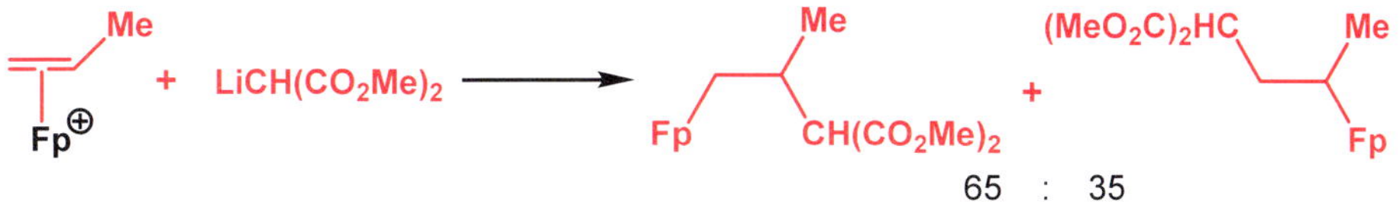

이상의 반응을 종합하면 alkene의 oxymercuration과 아주 유사함을 발견할 수 있을 것이다. 양전하의 분산이 더 잘 이루어지는 쪽으로 친핵체가 첨가되면 항상 친핵체는 Hg가 결합한 반대쪽으로 공격하게 된다. 그리고 이와 같은 양상은 다른 금속과 coordination된 모든 alkene의 첨가에서도 같은 양상을 보인다.

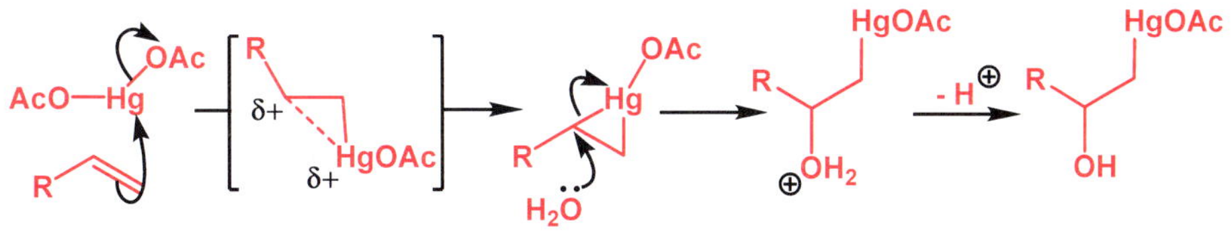

치환 arene이 금속에 coordination된 경우에도 똑같이 친핵체의 공격을 받을 수 있다. 중간체는 arene의 치환기에 따라 그리고 반응 조건에 따라 다음과 같이 친핵성 치환이 일어날 수도 있고, 아니면 아예 첨가가 일어날 수도 있다.

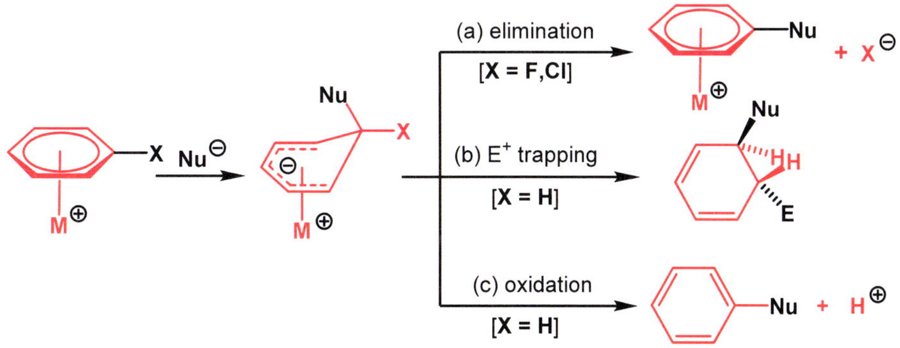

다음 반응은 친핵체의 첨가가 아닌 치환이 일어나는 경우인데 브로민이 철에 리간드로 첨가가 일어나면서 생성된 bromide 음이온에 의한 치환 반응이 일어난다. 리간드 alkyl기의

입체중심에서의 완전한 inversion이 관찰되며, 이를 위한 가장 합리적인 설명은 일반적인 친핵성 치환에서처럼 bromide의 후면 공격으로 반응이 진행된다고 보는 것이다.

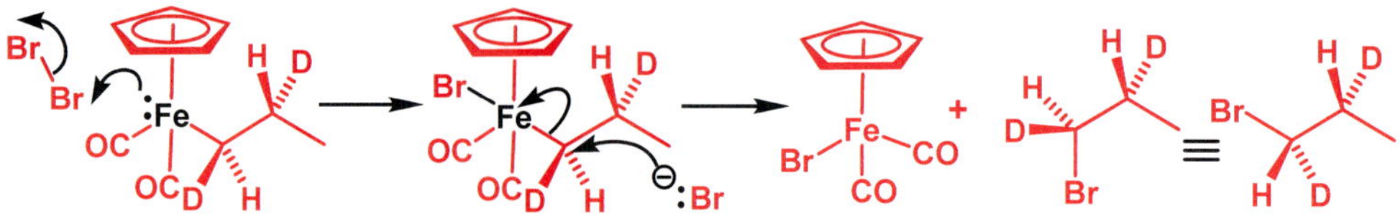

다음 σ-acyl 금속 착물에서의 친핵성 abstraction 반응은 합성에서도 상당히 유용하게 쓰이는 반응이다.

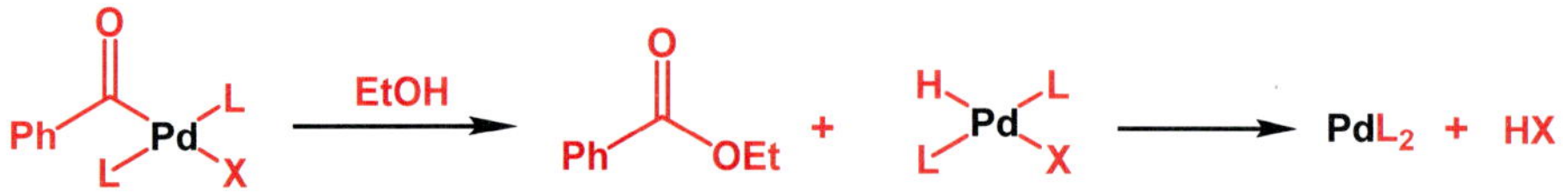

6.3.5 Reactions of Ligand with Electrophiles

유기금속 화합물의 여러 유기 친전자체와의 반응은 지금까지 공부해 왔던 모든 chapter에서의 반응과 기본적으로 같다. 친전자체의 첨가로 구조 변화가 일어난 리간드는 그냥 남아 있을 수도 있고 금속에서 떨어져 나갈 수도 있다. 리간드를 공격하는 친전자체는 양성자(Bronsted 산)일 수도 있고, Lewis 산, alkylating 또는 acylating 시약, 할로젠 등 유기 반응에서 흔히 보는 친전자성 시약은 모두 반응한다.

$$M{-}A + E^{\oplus} \longrightarrow M{-}\overset{\oplus}{A}{-}E \quad \text{or} \quad M^{\oplus} + A{-}E$$

다음 반응에서는 R–M 결합이 양성자붙임으로 R기가 방출되는 반응이다. 짝음이온은 리간드로 회합이 일어난다. Grignard 시약과 alcohol이 반응하면 alkane이 유리되면서 alkoxide는 Mg과 회합하는 것과 다른 점이 없다.

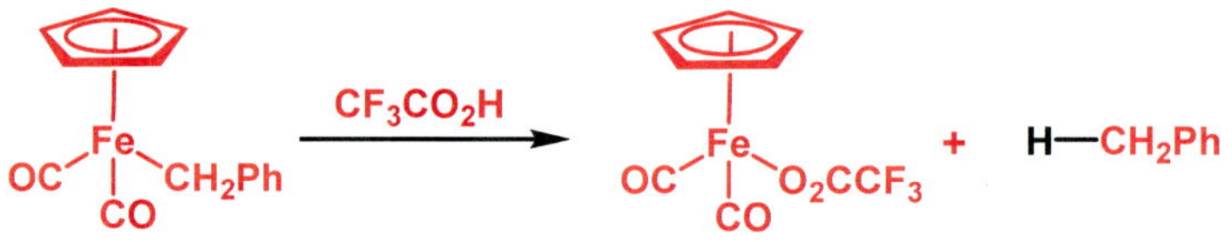

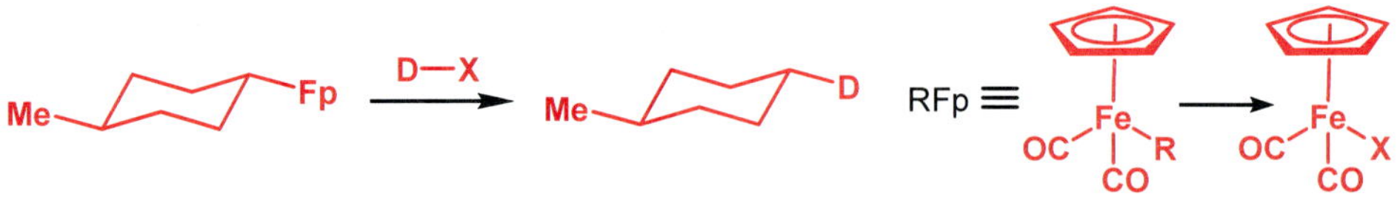

Bromine이나 다른 할로젠이나 할로젠화 시약과의 반응도 이와 유사하다. 대부분의 친전자성 치환에서와 같이 배열은 보존된다. (retention of configuration)

친전자체가 금속 ion이라면 다음 반응에서와 같이 transmetallation이 일어난다.

$$Cp(OC)_2Fe{-}R + HgCl_2 \longrightarrow R{-}HgCl + Cp{-}Fe(CO)_2{-}Cl$$

리간드와 금속 간의 σ-결합이 깨지면서 진행되는 반응 예들을 살펴보았으나 리간드에 π-결합을 가지는 화합물은 π-결합에서의 반응이 일어난다. 다음 반응은 Friedel-Craft acylation이 리간드에서 일어나는 예이며, 반응이 훨씬 온화한 반응 조건에서 일어나는 것 말고는 단순한 benzene의 Lewis산 촉매 Friedel-Craft acylation 반응과 다를 바 없다.

다음 반응을 잘 살펴보자. Iron complex의 allyl 리간드에서 일어나는 반응은 chapter 5, 6에서 본 allylborane이나 allylsilane의 반응에서와 다른 점을 발견할 수 있는가? 하나도 없다. Allylic transposition이 일어난 생성물을 관찰하는 것까지 조금도 틀리지 않다.

다음 반응에서는 enolate의 O-alkylation으로 헤테로원자가 metal alkylidene에 바로 결합되는 **Fischer carbene**이라고 부르는 complex가 생성되는 반응인데, 이 또한 흔히 일어나는 반응 중 하나이다.

이들 말고도 abstraction 등 여러 반응이 있으나 이는 필요한 경우 각 반응을 검토하는 시점에서 그때그때 설명하기로 한다.

6.3.6 Sigma-Bond Metathesis and Transmetallation

시그마-결합 복분해(metathesis) 반응은 M−X과 Y−Z σ-결합이 서로 맞바꾸어 M−Z와 X−Y(또는 M−Y와 X−Z)가 생성되는 반응이다. 이 반응은 네-중심 전이상태를 거치는 협동형 반응이다. 산화수나 총전자수에는 변화가 없으며 이런 이유로 이 반응은 d°인 앞-금속(early transition metals)에서 특히 자주 관찰된다. (전자수 헤아리기가 d^2 또는 이보다 큰 금속에서는, 산화성 첨가-환원성 제거 경로의 두-단계 반응이 일어나서 똑같은 전체 반응이 일어난다) 금속으로 전달되는 기는 Si나 다른 원소일 수도 있으나 H인 경우가 많은데, 이는 방향성이 없는 *s* 오비탈이 네-중심 전이상태에서의 오비탈 겹침이 더 효과적이기 때문이다. 금속에서 *trans* 위치에 있는 기는 C와 O를 포함하여 어떤 원소라도 상관이 없다.

$Cp_2Ti(OR)(H)\cdot SiR_3 \xrightarrow{\sigma\text{-bond metathesis}} Cp_2Ti{-}H + RO{-}SiR_3$

$CpFe(CO)_2CH_3 \xrightarrow{HgCl_2} CpFe(CO)_2Cl + H_3C{-}HgCl$

실제로 **σ-bond metathesis**는 위에 식에서 보는 것과 같이 전자쌍의 이동으로 일어나는 정통적인 유기 반응과는 다르게 일어난다. 다음 Cp_2ZrRCl의 반응을 살펴보자. 얼핏 보면 이 반응은 수소 분자의 oxidative addition이 일어나고 다음에 reductive elimination이 일어난다고 하면 될 것이다. 그러나 이는 허용되지 않는 반응임에 틀림없다. 왜냐하면 Zr의 산화상태로 보아 Cp_2ZrRCl은 더 이상의 결합 형성이 불가능하기 때문이다.

$Cp_2Zr(Cl)(CH_2CH_2CH_2CH_3) + H_2 \longrightarrow Cp_2Zr(H)(Cl) + H{-}CH_2CH_2CH_2CH_3$

따라서 이는 다음과 같은 σ-complex를 거치는 네-중심 전이상태를 거쳐가는 방식으로 그리게 된다. 그러나 복잡한 것을 피하려면 단순하게 **σ-bond metathesis**라고 부르면 된다.

$Cp_2Zr(R)(Cl) \nrightarrow Cp_2Zr(H)_2(R)(Cl) \longrightarrow Cp_2Zr(H)(Cl) + H{-}R$

$Cp_2Zr(R)(Cl) \longrightarrow Cp_2Zr(\eta^2\text{-}H_2)(R)(Cl) \longrightarrow [\text{4-center TS}] \longrightarrow Cp_2Zr(H)(Cl) + H{-}R$

σ-complex intermediate

4-center TS

이렇게 함으로써 반응물과 생성물의 산화수의 변화가 없는 식을 그리게 된다. 산화성 첨가와 환원성 제거를 거치면 명백하게 산화상태의 변화가 따르게 되고, 이로 인해 제동이 걸리게 되기 때문이다.

Transmetallation은 M−X와 M'−Y가 짝을 맞바꾸어 M−Y와 M'−X가 생성되는 특별한 종류의 σ-결합 복분해 반응이다. 즉, Alkyl lithium이나 magnesium 시약에서 예를 들면 전이금속으로 alkyl기를 전달하면 이를 일컬어 **금속교환(transmetallation)**이라고 한다. 금속교환은 때로는 2 BuLi + Cp_2ZrCl_2 → Cp_2ZrBu_2 + 2 LiCl에서처럼 명백히 열역학적으로 유리한 경우도 있지만, 또 때로는 $(Ph_3P)_2Pd(Ph)I$ + R−$SnBu_3$ → $(Ph_3P)_2Pd(Ph)R$ + I−$SnBu_3$에서처럼 그렇지 않은 경우도 있다. 상대적으로 전기음성인 Sn과 같은 금속을 포함하는 금속교환은 아직 제대로 파악하지 못하고 있지만, 전기양성인 Li 또는 Mg에서 transition metal halide로의 금속교환은 단순한 S_N2로 halide가 치환되는 것으로도 생각할 수 있다. 틀림 없는 것은 σ-결합 복분해나 금속교환 반응 모두 반응물과 생성물만을 놓고 어떤 변화가 일어났는가에 따른 명명이다. 유기화학에서 첨가 반응이라고 하는 것과 마찬가지이다. 어떤 형식으로 일어났는가는 관계가 없는 용어이다.

OMe Li Cp$_2$Zr Cl Me transmetallation → OMe ZrCp$_2$ Me + LiCl

[OMe Li Cp$_2$Zr Cl Me]

R^2–SnBu$_3$ Ph$_3$P Pd I R^1 PPh$_3$ transmetallation → Ph$_3$P Pd R^2 R^1 PHPh$_3$ + I—SnBu$_3$

6.4 Drawing Transition Metal-Catalyzed Reactions

지금까지 전이금속을 중심으로 하는 유기금속 화합물의 구조 표현과 반응을 알아 보는데 필요한 기본적인 것들을 충분히 학습하였다. 금속과 결합되어 있는 리간드의 특성과 분류법과 더불어 금속, 특히 전이금속 화합물에서 금속의 전자수 헤아리기 등 유기금속 화합물의 반응을 이해하기 위한 기본적인 것들을 살펴보았다. 또한 이들 금속 화합물에서 일어나는 반응을 몇 가지 유형으로 나누어 살펴보았다. 지금까지 학습한 반응 유형 중에서 가장 중요한 세 가지는 먼저 살펴 본 세 쌍의 반응이다. 이 세 쌍의 반응은 서로간에 역반응 관계에 있다. 나머지 반응들은 다른 유기 반응에서와 거의 유사하며 금속 교환 반응은 지금까지 학습한 다른 chapter에서도 학습한 내용들이다.

1 리간드 해리, 리간드 첨가 및 리간드 치환
2 산화성 첨가와 환원성 제거**(oxidative addition and reductive elimination)**
3 리간드 삽입**(insertion)**과 ***β***-제거**(*β*-elimination)**
4 리간드에서의 친핵체와의 반응
5 리간드에서의 친전자체와의 반응
6 시그마-결합 복분해**(metathesis)** 금속교환**(transmetallation)**

어떤 반응에 전이금속이 관여하면 반응의 각 단계에 위와 같은 개개의 변환 과정을 거치게 되고, 이들을 조합하여 새로운 유기 화합물이 만들어지는 전 과정을 그리기만 하면 된다.

다음 반응은 유기합성에서 자주 사용되는 대표적인 coupling 반응으로, Heck reaction으로 알려진 유명한 반응이다. 마치 라디칼 사슬 반응에서처럼 다음과 같이 촉매 순환 cycle을 둥글게 그려 표시하면 반응물이 어떤 단위 반응들을 거쳐 생성물에 이르게 되는지를 한눈에 볼 수 있고, 촉매 또한 어떤 반응들을 거쳐 재생성되는지를 쉽게 파악할 수 있다. 전자쌍 이동 화살표는 그릴 수도 있고, 한번도 그리지 않아도 어떤 변화가 일어나는지를 알 수 있으면 모두 생략해도 된다. 전이금속의 산화상태는 필요한 경우 금속에 첨자로 표시해 넣기도 한다. 반응이 진행되는 화살표 밑에, 또는 다음 예와 같이 그림 여백에 각 단계에서 일어나는 변화를 반응 이름으로 적어 표시한다. 위의 기본 반응을 충분히 학습하였다면 아래 반응의 각 단계별 반응 이름 적는 것은 어렵지 않게 할 수 있을 것이다.

전이금속 관련 반응은 전이금속 화합물을 시약으로 하여 화학양적으로 사용하는 유기전이금속 화합물들의 반응과 전이금속 착물을 촉매로 사용하는 반응으로 대별할 수 있다. 촉매로 작용하는 반응이라면 위와 같은 촉매 순환 cycle을 그리게 되며 유기금속 화합물을 화학양적으로 사용하여야 하는 반응은 일반 유기 반응에서처럼 선형 반응식을 차례로 적으면 된다.

전이금속 관련 반응들은 화학양적 반응과 촉매 반응으로 나누어서 마지막 두 chapter에서 각각 따로 다루게 된다.

문제 6.15 아래의 반응 sequence는 앞으로 공부하게 될 반응 중의 하나이다. Step 1에서 Step 5의 deprotonation에 이르기까지 각 단계의 반응을 명명하라.

문제 6.16 다음 반응 sequence의 각 단계별로 반응 유형을 적어라.

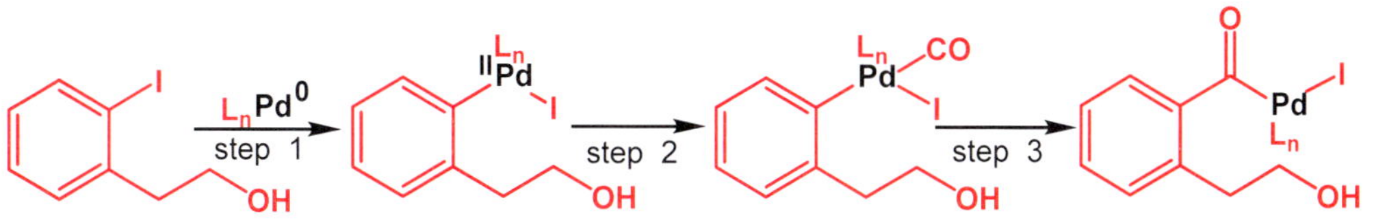

L_nPd^0 step 1 · step 2 · step 3

문제 6.17 다음 각 반응에서 어떤 결합이 깨지고 어떤 결합이 형성되는지 살피고 각 단계의 반응을 명명하라. 한 단계 이상인 경우에는 각 단계별로 따로 적어라.

(a) $AlEt_3$ step 1 · step 2

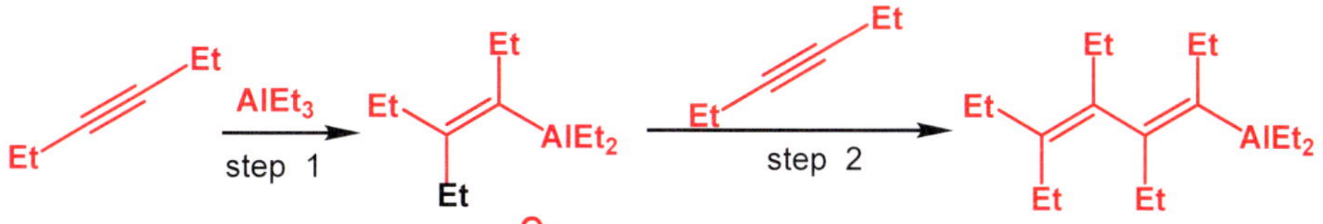

(b) step 1 · step 2

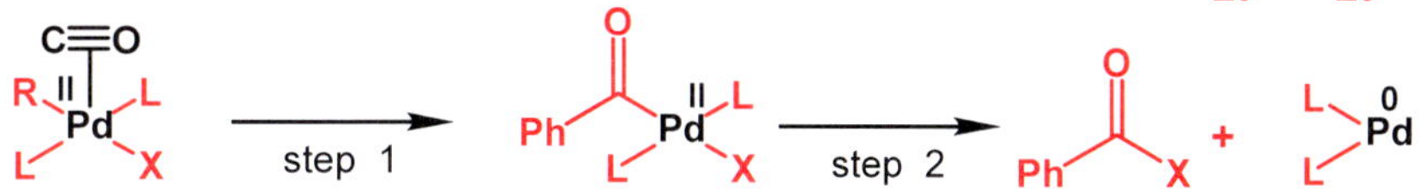

(c) step 1 · step 2

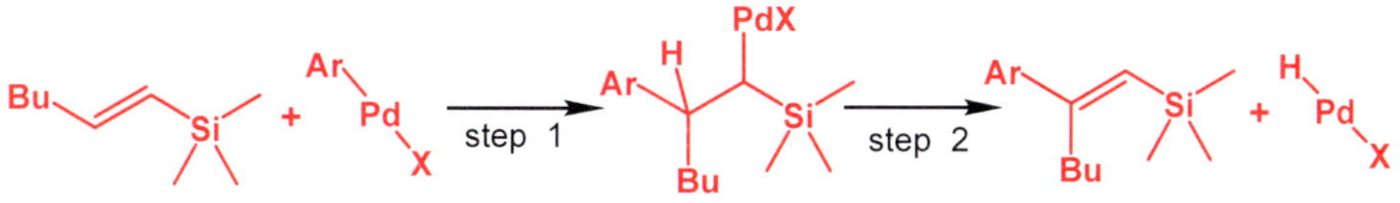

(d) $Pd(PPh_3)_4$ + ... step 1 · LiCl step 2

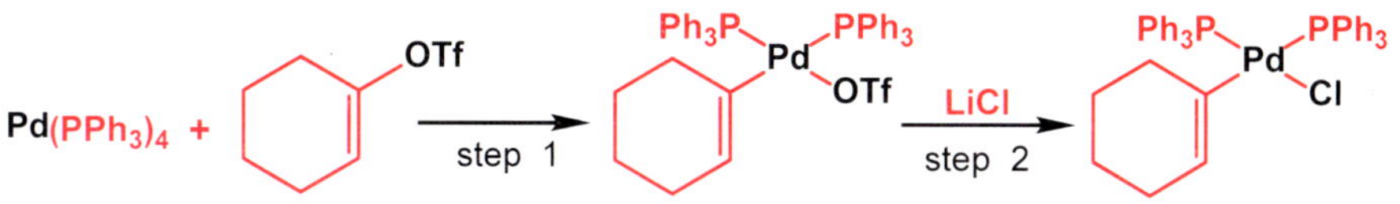

(e) step 1 · step 2

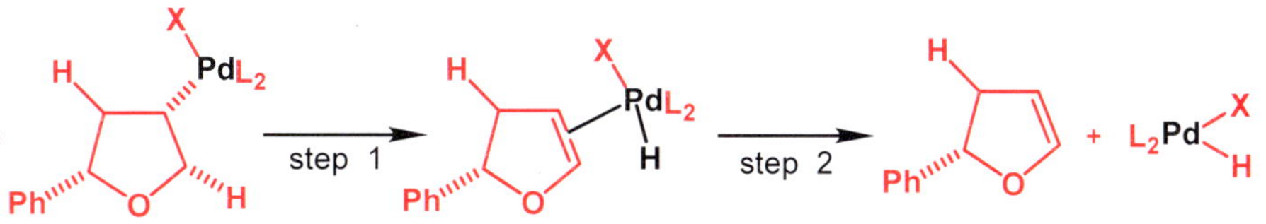

(f) NEt_3 step 1 · step 2 · step 3

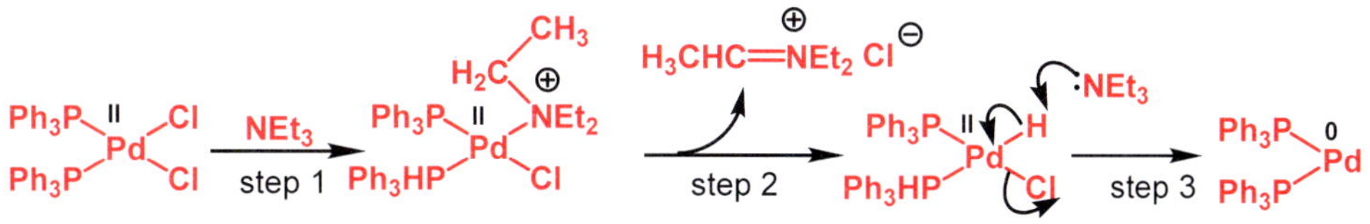

(g) step 1

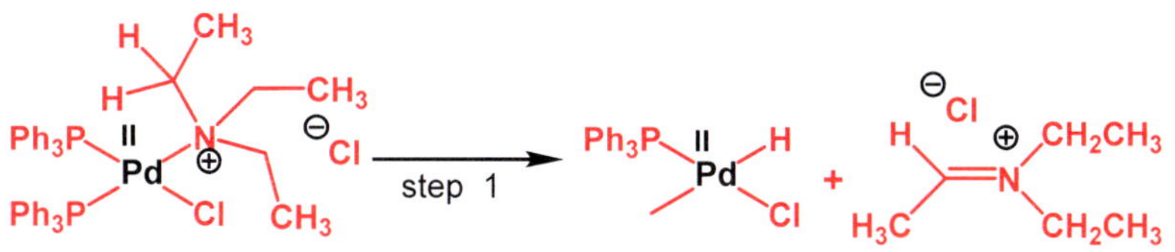

(h) Bu—MgBr step 1 · step 2 · Ar—Cl step 3

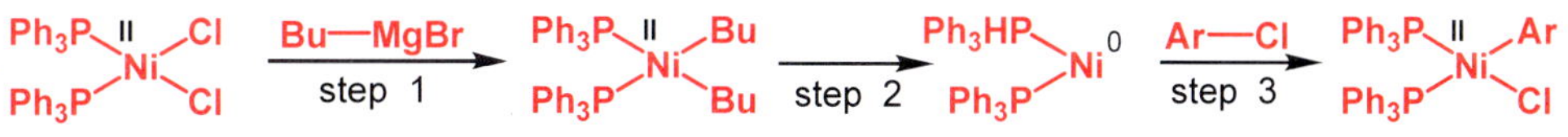

(i) step 1 · step 2

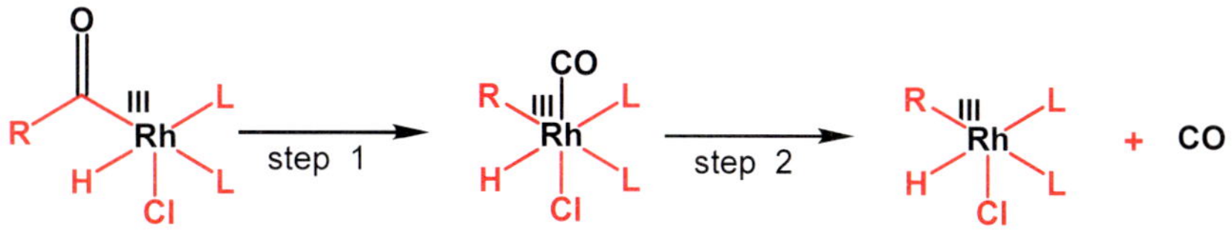

문제 6.18 다음 반응이 어떻게 일어날 수 있는지 이 chapter에서 얻은 지식을 모두 활용하여 합리적인 메커니즘을 두 가지 이상 그려 보라.

$(OC)_5Mn-CH_3 + CO \longrightarrow H_3C-C(=O)-Mn(CO)_5$

문제 6.19 다음 각 반응물 간에 어떤 반응이 일어날 수 있는가? 생성물을 그리고 그 단계의 반응 유형 이름을 붙여라. (Coordination을 거칠 경우, 그 단계는 생략해도 무방함)

(a) $(Ph_3P)_2PdMe_2$ + H(D)C(Ph)Br ⟶

(b) $(Ph_3P)_2PdH_2$ + cyclohexene ⟶

(c) $Cp_2Zr(H)Cl$ + 1-heptene ⟶

(d) $(OC)_4Fe-C{\equiv}O + {}^{\ominus}OH \longrightarrow ? \xrightarrow{-CO_2}$

문제 6.20 다음 반응의 의문 부호에 해당되는 중간체를 그려 넣어라.

(a) $L_mM + H_3C-CH_2-CH_3 \rightleftharpoons ? \longrightarrow L_mMH_2$ + propene

(b) $L_2Pd^{II\oplus}-H \xrightarrow{{}^{\ominus}CO_2H} ? \xrightarrow{-CO_2} L_2Pd^{II}H_2$

(c) $(OC)_3Co-C(=O)CH_2CH_3 \xrightarrow{H_2} ? \longrightarrow H-C(=O)CH_2CH_3 + HCo(CO)_3$

(d) $R-C(=O)-Rh^{III}(H)(Cl)L_2 \longrightarrow ? \longrightarrow L_2Rh^{I}(CO)Cl + R-H$

문제 6.21 다음 반응은 어떻게 일어나는지 단계별로 상세히 적어보라.

2-iodobiphenyl $\xrightarrow[\text{3. Me-OTf}]{\text{1. BuLi} \quad \text{2. Cr(CO)}_6}$ biphenyl-2-yl $C(OMe)=Cr(CO)_5$ $\xrightarrow{\Delta}$ MeO-carbene $Cr(CO)_2$ (η^6-arene) complex

CHAPTER 07

Chemistry of Group IB and IIB Organometallics

이 Chapter에서는 주기율표 상의 IB족 및 IIB족에 속하는 여러 금속들을 다루게 되는데, 이들의 반응성이 아주 유사하여 그런 것은 아니다. 이들 구리, 은, 아연, cadmium, 수은 등이 이 범주에 들어가는데, 이들은 성질이나 반응성에서 큰 차이를 나타내지만 편의상 한 Chapter에서 묶어 다루는 것뿐이다. 이들 중에서 유기 반응에서 가장 다양한 역할을 하며 매우 유용하게 사용되고 있는 유기금속 화합물이 구리 화합물이다. Alkyllithium이나 Grignard 시약과 어떤 차별성을 보이는가에 주의를 기울여야 할 것이다. 유기아연 화합물도 독특한 반응성으로 유기화학 교재에 등장하며, 최근 들어 그 중요성이 떨어졌다 하더라도 유기수은 화합물들도 꽤 자주 보게 되는 화합물이다.

Organocopper Chemistry

구리 또는 구리 화합물과 관련되는 유기 반응은 Sandmeyer 반응, Ullmann 반응 이외에도 alkyl coupling, conjugation 첨가 반응 등 초급 유기화학 교재에서 다루는 반응도 상당수에 이른다. 여기서는 유기합성 반응으로 중요성이 입증된 몇 개의 반응을 선택적으로 다루고 있으며 일부 반응은 전이금속 촉매 반응을 다루는 Chapter 10에서 보게 된다.

7.1 General Properties of Organocopper Compounds

유기구리 화합물들이 몇몇 유기합성 반응에서 특이한 반응 성질을 보이는 데서 비롯하여 점점 더 많은 관심을 기울이게 되었다. Alkyl halide와 conjugate carbonyl과의 반응에 주로 많이 응용되어 왔다. 그럼에도 유기구리 화합물을 분리하여 구조를 확인한다거나 하는 연구는 아직도 제대로 되어있다고 할 수 없다. 어떤 형태의 유기구리 화합물은 물과 산소에 아주 예민할 뿐 아니라 유기 용매에 대한 용해도가 낮아 잘 녹지 않는다. 이런 저런 이유로 $[(CuR)_x \cdot (CuBr)_y]$와 같은 화학양론적이 아닌 복합체가 형성되거나 또는 만드는 방법에 따라 불분명한 조성을 가지는 등 짜증스럽게 만드는 요인이 많다. 많은 유기구리 화합물들은 주로 +1의 산화상태를 가진다. 다음 표에 몇 가지 대표적인 유기구리 화합물의 분해 온도와 회합 (association) 정도를 나타내었다. Alkyl 치환기에 따라 분해되는 온도와 안정성이 크게 다르며 phenylcopper나 acetylenylcopper와 같이 안정한 유기구리 화합물들도 존재한다.

	Decomposition(°C)	Degree of Association
CuMe	> - 15 (explosive)	
CuPh	100	polymer
$CuCH_2SiMe_3$	78 (mp.)	tetramer
CuC≡CR	200	polymer
$LiCuMe_2$		dimer

대부분이 Cu–C–C bridge형 구조 단위를 가지면서 polymer를 형성한다. Bis(Silyl-methyl) cuprate는 제일 처음 구조 확인이 된 cuprate이며, lithium dialkylcuprate도 Li과 Cu가 교차하는 같은 평면형 구조의 dimer로 methyllithium의 사면체형 tetramer와 대비된다.

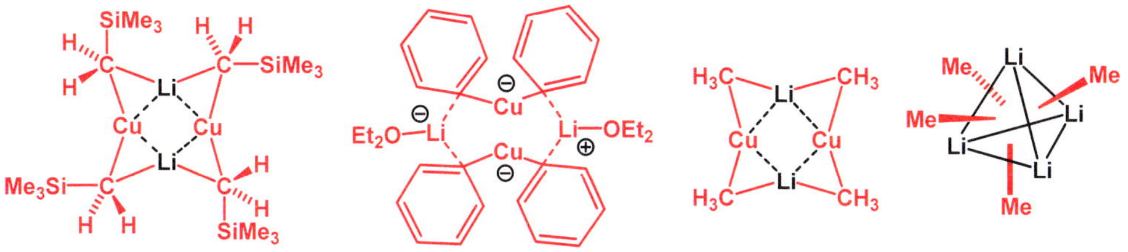

$Li_2Cu_2(CH_2SiMe_3)_4$ $Li_2Cu_2Ph_4$ $Li_2Cu_2Me_4$ Li_4Me_4

대부분의 유기구리 화합물은 alkyllithium이나 다른 alkylmetal을 이용하여 만들게 되지만 alkynylcopper는 염기 존재하에서 alkyne과 Cu(I) 염 간의 반응으로 쉽게 얻을 수 있다. 이 반응은 아주 약한 염기에 의해서도 진행되는데 그 이유는 잠시 후에 설명하게 된다.

$$CuX + LiR \xrightarrow[Et_2O,\ THF]{} LiX + CuR \xrightarrow[Et_2O,\ THF]{LiR} LiCuR_2$$

$$CuX + Ph_2Zn \longrightarrow CuPh + PhZnX$$

$$RC\equiv CH + {}^{\oplus}Cu(NH_3)_2 \longrightarrow RC\equiv CCu + NH_3 + {}^{\oplus}NH_4$$

역사적으로 가장 오래된 Ullmann 반응들을 먼저 살펴 본 다음 안정한 alkynylcopper와 그의 반응들을 논의하게 된다. 그 다음에 가장 많이 사용되는 dialkylcuprate를 이용하는 각종 반응을 살피는 순서로 유기구리 화합물의 반응들을 살펴 보기로 한다.

7.2 Ullmann Synthesis of Biaryls

유기화학 발전 초창기에는 biaryl을 합성하는 거의 유일한 방법이었던 **Ullmann 반응**은 구리를 이용하는 유기 반응의 시초라 할 수 있다. 이 반응을 사용하여 수백 개 이상의 단일고리 방향족, 다중고리 방향족, 헤테로방향족 고리의 biaryl이 처음 합성되었다. 구리를 사용하는 방향족 고리의 coupling으로 biaryl이 합성되는 몇 가지 오래된 반응 예들을 다음에 열거하였다. 선별적으로 괜찮은 것들만 골라낸 반응 예들이지만 혹독한 반응 조건에 비해 반응 수득률은 상당히 좋은 편임을 알 수 있다.

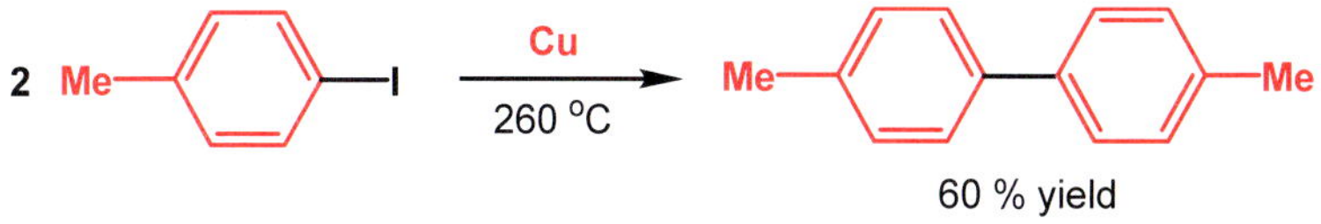

$$2\ Me\text{-}C_6H_4\text{-}I \xrightarrow[260\ ^{\circ}C]{Cu} Me\text{-}C_6H_4\text{-}C_6H_4\text{-}Me$$

60 % yield

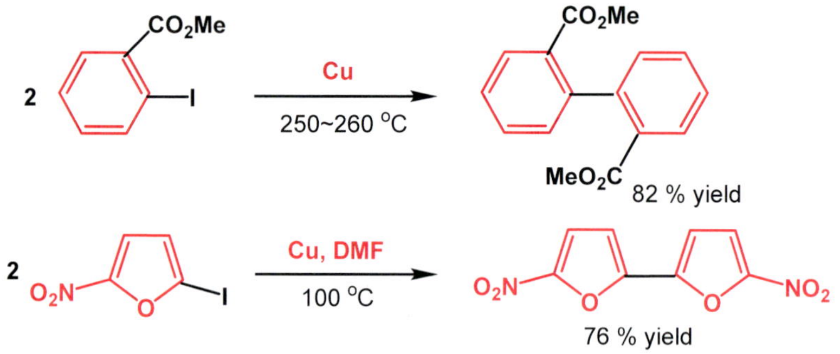

구리를 사용하는 이 부류의 모든 coupling 반응 특성을 알려주는 반응 예를 일일이 다 열거할 수는 없지만, 이들 반응의 특색을 종합하면 다음 몇 가지로 요약할 수 있다.

1. 반응은 대개 200°C가 훨씬 넘는 고온에서 일어난다.
2. 반응에 필요한 온도에 따라서 DMF, nitrobenzene, tetralin과 같은 높은 끓는점 용매를 사용하는 경우가 많다.
3. 사용하는 금속 구리는 미세 분말 또는 copper bronze 분말 등이나 구리 염을 환원하여 석출시킨 분말을 사용하거나, I_2의 acetone 용액 등으로 활성화시켜 사용한다.
4. 방향족 halide의 반응성 순서는 ArI > ArBr > ArCl의 순으로 일반 반응에서의 이탈 순서와 같고, ArF를 사용한 예는 아직 눈에 띄지 않는다.
5. 할로젠 치환기의 *ortho* 자리에 NO_2 또는 COOR, COOH와 같은 기가 있으면 반응이 상당히 빨라진다. 같은 치환기라 할지라도 *meta*나 *para* 위치에 있으면 반응속도에 별다른 영향을 미치지 않는다.

금속 구리를 사용하는 이 coupling 반응은 가혹한 조건에서 일어나므로 구조가 복잡하거나 열과 촉매에 약한 치환기가 있는 분자와의 반응에는 많은 애로점이 있는 것이 사실이다. 더 온화한 반응 조건 찾기가 지속되어 최근에는 괄목할만한 성과가 이어져 훨씬 낮은 온도에서도 coupling을 일으킬 수 있게 되었다. Copper bronze를 사용하는 다음 반응은 110 °C 정도의 낮은 온도에서도 일어난다.

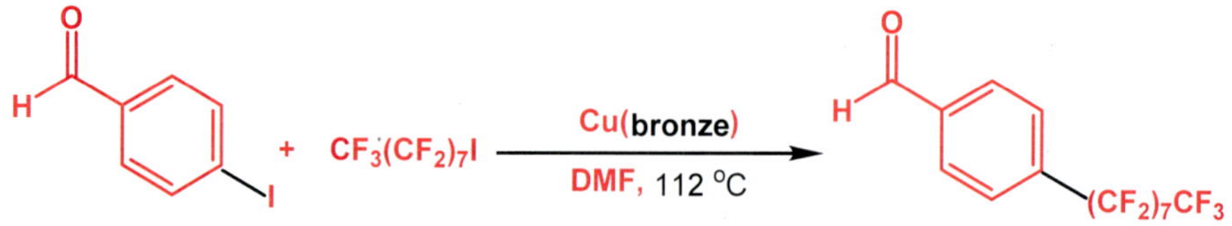

더 한층 개선된 방법의 한 예로 copper(I) triflate의 acetone 용액을 이용하는 반응이 있다. 이 반응에서는 반드시 암모니아가 존재해야 한다. CuOTf 대신 Cu 분말 등을 사용하거나 암모니아가 없이 반응시키면 일어나지 않는다. 이 조건에서 *o*-nitroiodobenzene은 5분 정도의 짧은 시간에 높은 수득률로 biaryl을 생성한다. *o*-Nitrobromobenzene은 24시간 걸리지만 꽤 높은 수득률로 coupling 생성물을 얻을 수 있다. 모든 화합물에 다 적용되는 것은 아니

고 상당한 예외가 있지만 꽤 괜찮은 개선된 방법이다. 이 조건에서는 일부 아래 반응 예에서와 같은 vinyl halide의 coupling에도 효과적임이 밝혀졌다. (그러나 이 조건에서 모든 방향족 halide가 coupling 반응을 한다는 것은 아니다.)

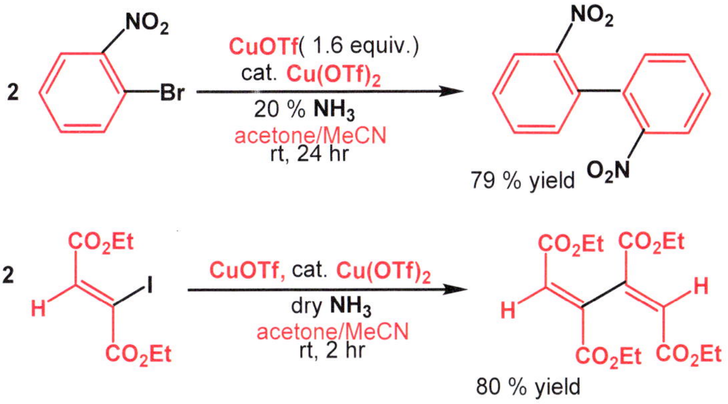

최근에 이르러 aryl copper를 합성하는 다양한 방법이 개발되었다. Aryllithium은 여러 가지 방법에 의하여 만들 수 있다. 한 예가 앞의 Chapter 2에서 살펴본 *o*-lithiation을 거치는 방법으로 만들어진 aryllithium은 구리(I) 무기염으로 처리하면 arylcopper를 얻게 되고, 이를 aryl halide와의 반응에 사용한다. 상온이나 경우에 따라서는 더 낮은 온도에서도 손쉽게 biaryl을 합성할 수 있다. 다음 식은 이러한 반응 sequence에 따라 상온에서 2,2'-이치환 biphenyl을 합성하는 예이다.

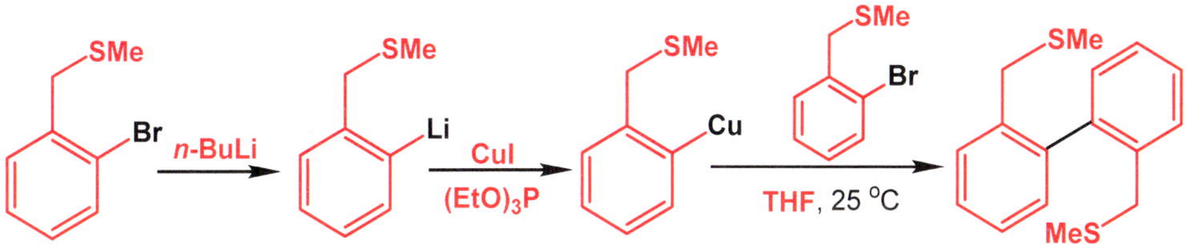

이 반응은 aryl copper에 다른 aryl halide가 MDG(metal directing group)와 coordination 한 후에 C–Br 결합이 구리에 산화성 첨가를 일으키면 다음과 같은 중간체를 형성하게 된다. 여기서 reductive elimination이 일어나면 biaryl로 떨어져 나오게 된다.

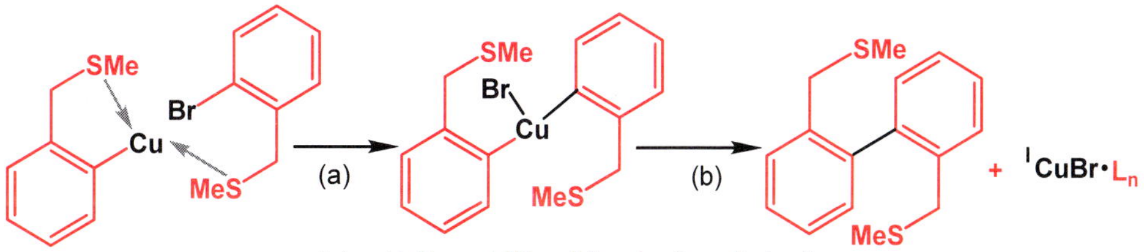

(a) oxidative addition (b) reductive elimination

최근에 개발된 낮은 온도에서 일어나는 coupling 반응의 key는 arylcopper를 얼마나 효과적으로 얻을 수 있는가에 달려 있다. Organocopper를 미리 생성하거나 아니면 쉽게 *in-situ*

로 얻는 방법을 개발하면 어렵지 않게 coupling을 일으킬 수 있을 것으로 예상할 수 있다.

Aryl halide와 phenol 또는 arylamine 간의 coupling 또한 위와 같은 경로를 거쳐 진행되며 이들 반응 또한 **Ullmann 반응**이라 부른다. Aryl halide의 친핵성 치환 반응처럼 보이는 이 반응의 한두 가지 반응 예를 들어 보면 다음과 같다. 이 반응들도 높은 반응 온도가 요구되지만 상당히 높은 수득률로 생성물을 얻을 수 있다.

CuO, 210 °C — 100 % yield

Cu_2O, collidine, 160 °C — 74 % yield

문제 7.1 다음 반응이 일어나는 경로를 전이금속 촉매 반응에서와 같은 메커니즘을 그리고 각 단계를 명명하여 보라.

Cu, Δ

문제 7.2 Ullmann coupling으로 다음 화합물들은 어떤 과정을 거쳐 합성할 수 있는지 상세한 반응식을 적어 보라.

(a) EtO, OEt (b) (c) O_2N, NO_2, O

7.3 Alkynylcopper Regents

말단 acetylene은 alkane이나 alkene보다 C–H acidity가 높아 쉽게 양성자떼기로 음이온을 형성할 수 있어 **alkynylcopper**는 쉽게 만들 수 있을 것으로 예상은 할 수 있다. 실제로는 예상보다 훨씬 약한 염기 존재하에 Cu 염을 사용하여 제조한다. 진한 암모니아 수용액과 $CuSO_4$를 hydroxylamine 존재하에 반응시키면 얻을 수 있다. Copper(I) *t*-butoxide를 말단 acetylene과 반응시켜도 쉽게 alkynylcopper를 얻을 수 있다.

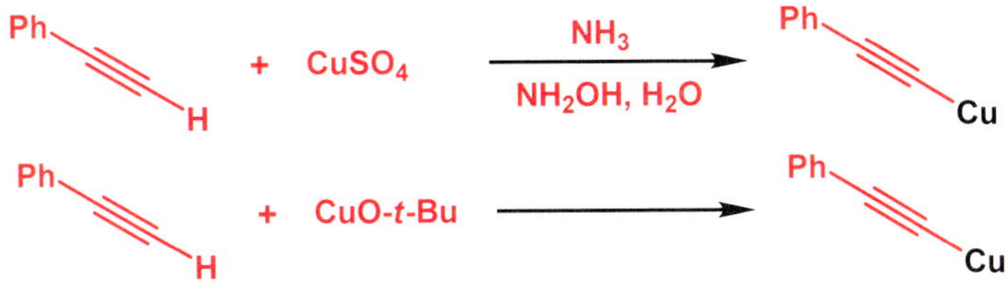

이들 반응은 acetylene에서 양성자떼기를 거치게 되는데 *pKa*값(~25)으로부터 예상할 수 있는 것보다 훨씬 약한 염기에 의하여 이와 같은 반응이 일어나는 것은, Cu가 단순한 spectator ion이 아닌 무언가 색다른 역할을 하는 것으로 추정할 수 있다. Acetylene의 Cu(I) complex가 Cu(III)을 경유함으로 해서 약한 염기에 의한 양성자떼기가 훨씬 더 용이해지는 다음과 같은 메커니즘이 제안되었으며 신빙성이 있는 것으로 보인다. (같은 방법으로 왜 alkenylcopper는 만들 수 없는가를 이해하고 지나야 할 것이다.)

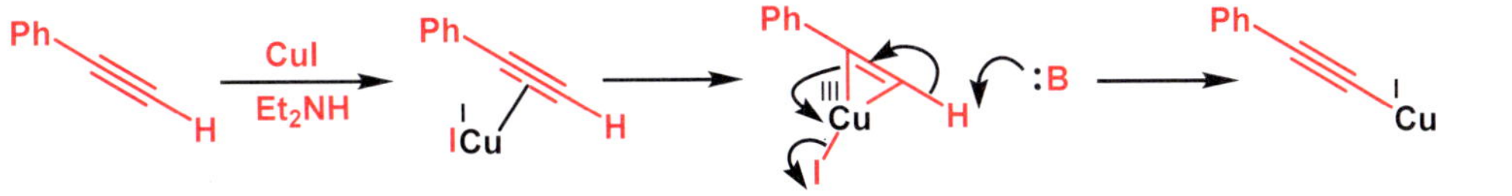

Alkynyl copper는 다음 절에서 보게 되는 dialkylcuprate보다는 반응성이 낮으며 일반 alkyl 및 allyl halide와의 coupling 반응은 상당히 높은 온도를 필요로 한다. Benzyl bromide는 고온이 필요하기는 하지만 높은 수득률로 coupling이 일어난다. HMPA를 용매로 사용하여 NaCN을 첨가함으로써 **Knochel cuprate**와 같은 ate complex를 형성하여 반응을 더 용이하게 진행시키는 방법도 있다.

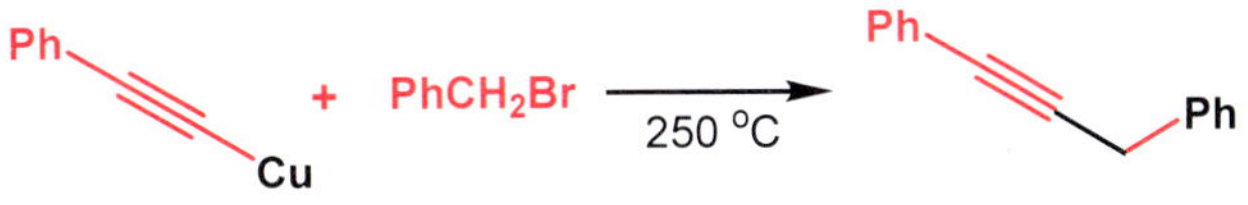

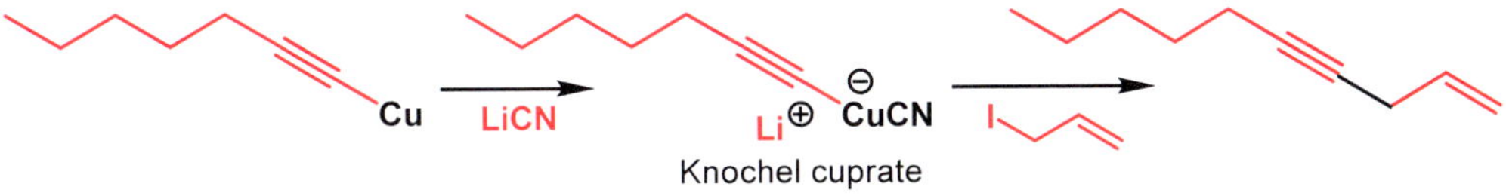

Knochel cuprate

Aryl, Akenyl 및 alkynyl halide는 예상보다는 훨씬 용이하게 coupling 반응이 일어난다. Vinyl bromide와의 coupling 반응 예 하나를 아래 식에 나타내었다. 이 반응은 중간체로 양이온 complex를 형성하여 진행되는 다음과 같은 메커니즘이 제안되어 있다.

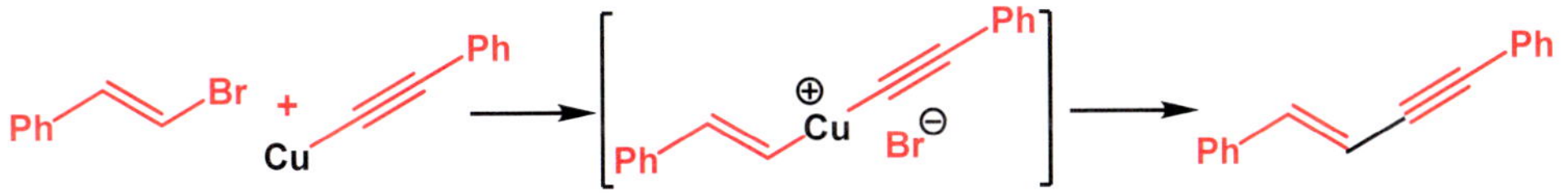

하지만 그 대신에 전이금속 화합물의 반응에서처럼 C–X 결합의 산화성 첨가로 다음과 같은 **Cu(III) 중간체**를 거쳐 환원성 제거가 일어나서 생성물에 이르는 것으로 그려도 일어나는 변화를 간명하게 파악할 수 있다.

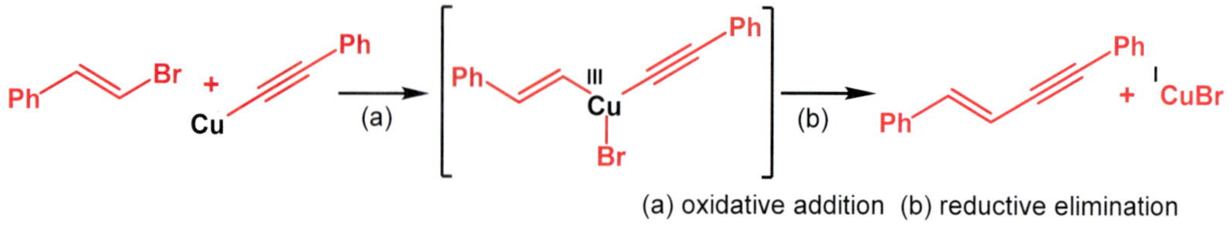
(a) oxidative addition (b) reductive elimination

방향족 halide와의 반응은 다양한 치환기에 의해 영향을 받지 않고 상당히 높은 수득률로 alkynyl기를 도입할 수 있다. 헤테로방향족 화합물도 쉽게 치환이 일어나서 acetylenyl기를 도입할 수 있다.

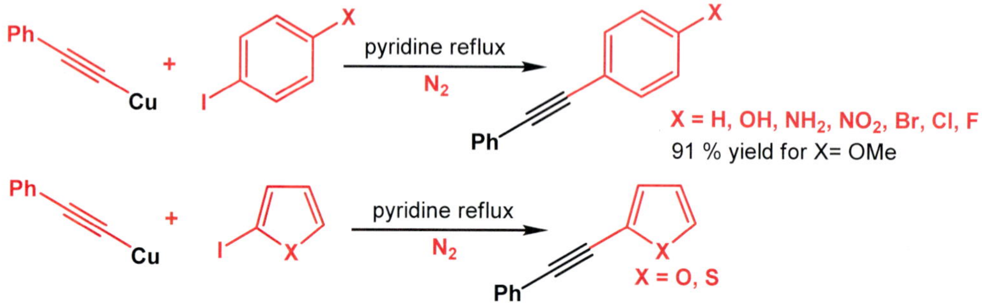
pyridine reflux
N2
X = H, OH, NH2, NO2, Br, Cl, F
91 % yield for X= OMe
X = O, S

방향족 화합물과의 coupling 생성물에 *o*-위치에 전자주개 치환기가 존재하면 다음 몇몇 보기 반응에서와 같이 고리화가 일어나서 새로운 헤테로고리가 형성된다. 다음 반응의 Cu 균일촉매로 일어나는 반응의 효율성으로 볼 때 가장 예측 가능한 경로는 일단 생성된 phenylacetylene이 X-Cu 결합에 insertion이 일어나는 것이라 추정할 수도 있다. 첨가 후에 Cu는 양성자로 대치되면 중성 화합물에 이를 수 있다.

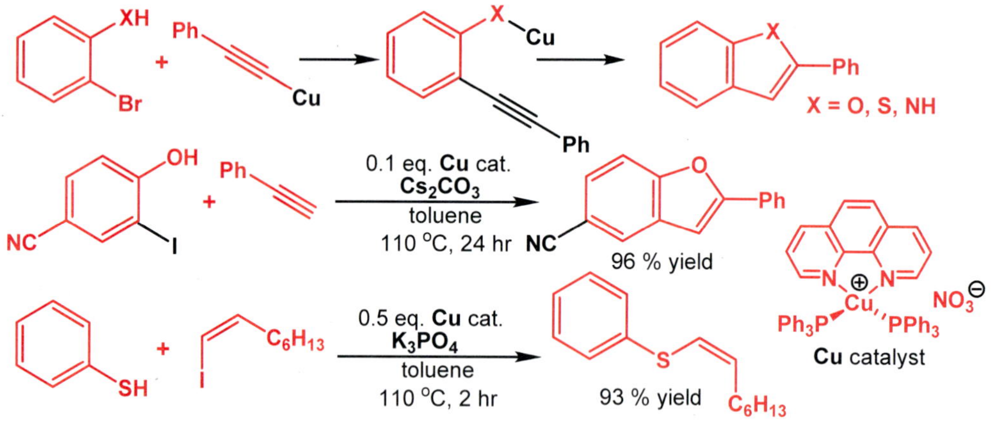
X = O, S, NH
0.1 eq. Cu cat.
Cs2CO3
toluene
110 °C, 24 hr
96 % yield
0.5 eq. Cu cat.
K3PO4
toluene
110 °C, 2 hr
93 % yield
Cu catalyst

Alkynylcopper를 alkynyl bromide와의 coupling을 일으킨다면 conjugate alkadiyne을 얻을 수 있다. 이에 필요한 alkynyl bromide는 다음과 같이 말단 alkyne을 morpholine과 같은 온화한 염기 존재하에 Br_2 또는 I_2와 반응시켜 쉽게 얻을 수 있다.

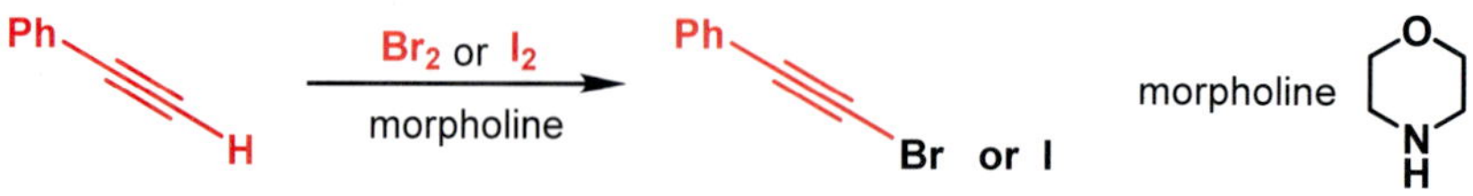
Br2 or I2
morpholine
Br or I
morpholine

이렇게 얻은 alkynyl bromide를 동종 또는 이종의 alkynylcopper와 반응시키면 coupling이 일어나서 conjugate alkadiyne을 얻을 수 있다.

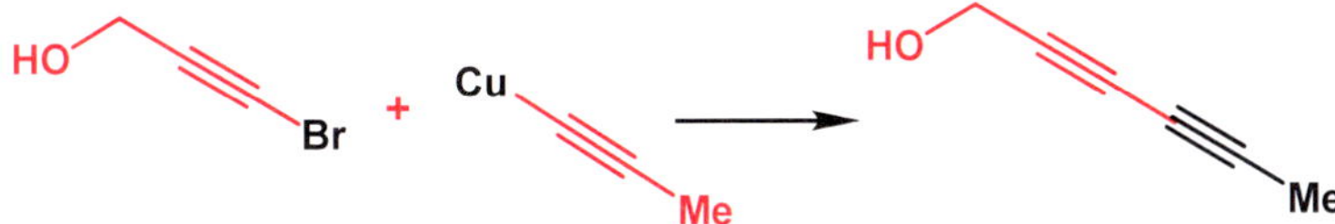

따로 alkynylcopper를 만들지 않고 alkynyl bromide를 triethylamine와 당량 또는 당량에 가까운 CuI의 존재하에 terminal alkyne과 직접 반응시켜도 conjugated alkadiyne을 얻을 수 있다. 반응이 일어나는 데는 triethylamine과 같은 amine류의 염기가 반드시 함께 존재하여야 한다. 이 반응은 **Cadiot-Chodkiewicz 반응**이라고 알려져 있다. 반응식을 얼핏 보면 terminal alkyne과 1-bromoalkyne과의 반응으로 보이지만 내용적으로는 1-bromoalkyne과 alkynylcopper와의 coupling 반응이다.

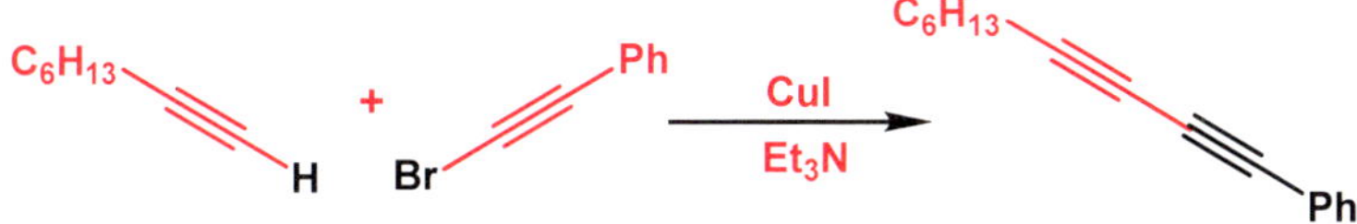

필요한 alkynylcopper는 앞에서 본 바와 같이 약한 amine 염기가 존재하는 반응 조건에서 말단 acetylene에서 양성자떼기가 일어나고, 이어 CuI와의 반응에서 alkynylcopper가 만들어지는 것으로 추정할 수 있다. C−Br 결합의 산화성 첨가로 생성되는 Cu(III) complex에서 환원성 제거가 일어나서 생성물에 이르게 된다[1]. 촉매 Cu(I)Br은 재생되어 다시 alkynylcopper가 생성될 수 있으므로 다음과 같은 촉매 순환을 완성하게 된다.

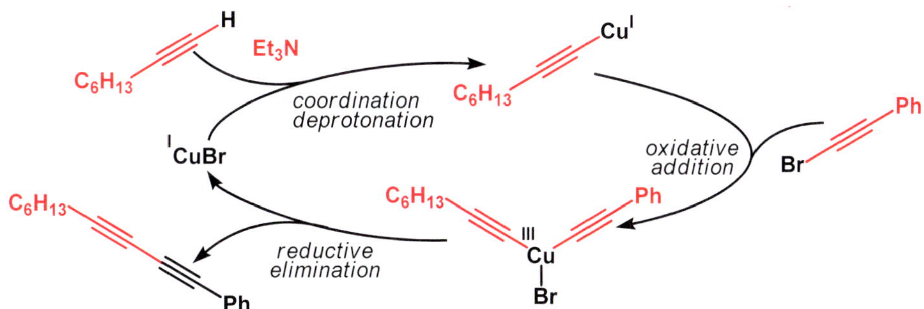

친전자성 화합물에 대한 alkynylcopper의 반응성은 낮지만 반응성이 워낙 큰 acyl halide와 반응하게 되면 낮은 온도에서도 ketone이 생성된다. 다음 보기 반응은 다른 alkylcuprate에 의한 ketone 합성과 같은 방식으로 진행되지만 상온에서 용매 없이 반응시켜도 아주 효율적으로 생성물을 얻을 수 있다.

---

1 산화상태가 3인 Cu(III) 화합물이 잠정적이라도 생성될 수 있는가는 논란 거리가 될 수 있으나 우리의 관심사는 유기 반응이 어떻게 일어나는가를 이해하는 것이므로 신경 쓰지 않아도 될 것이다.

Pr—C≡C—Cu + Cl—C(=O)CH₂CH₂Ph —(no solvent, 25 °C)→ Pr—C≡C—C(=O)CH₂CH₂Ph
81 % yield

문제 7.3 본문에 있는 다음 두 반응의 메커니즘을 유기금속 화학의 관점에서 그려보라.

(a) R—C≡C—Cu + Cl—C(=O)CH₂CH₂CH₃ —(no solvent, 25 °C)→ R—C≡C—C(=O)CH₂CH₂CH₃

(b) 2-iodophenol (OH, I) + Cu—C≡C—Ph → 2-phenylbenzofuran (O, Ph)

문제 7.4 다음 반응은 어떤 경로를 거쳐 쉽게 일어나는가? 이를 styrene과의 반응에도 확대 적용할 수 있는가?

Ph—C≡C—H —(Br_2 or I_2, morphorine)→ Ph—C≡C—Br or I

morphorine (O, N–H ring)

7.4 How to Generate Dialkylcuprates

금속 구리는 반응성이 낮아서 alkynylcopper를 제외한 대부분의 organocopper 화합물은 알려진 alkylmetal을 사용하여 제조하게 된다. 가장 많이 알려진 organocopper 시약은 Gilman cuprate로 alkyllithium과 CuCl, CuBr 또는 CuI를 낮은 온도에서 반응시켜 얻게 된다.

$$2\,RLi + CuI \xrightarrow{\text{low temp.}} R_2CuLi + LiI$$

Dialkylcuprate는 대개 위의 식에서와 같이 R_2CuLi로 표기하여 공유결합 화합물처럼 표기하지만 실제로는 다음 식에서 보는 lithium di-*n*-butylcuprate와 같이 이온성 화합물이다. Alkyllithium에서 얻어지는 lithium dialkylcuprate를 **Gilman cuprate**라 한다.

$$2 \times n\text{-Bu—Li} + CuBr \xrightarrow[-78\,^{\circ}C]{Et_2O} [(n\text{-Bu})_2Cu^{\ominus}\ Li^{\oplus}] + LiBr$$

lithium dibutyl cuprate (a Gilman cuprate)

Grignard 시약과의 반응으로부터도 비슷한 유형의 diorganocuprate를 얻을 수 있다. 대개 CuBr•SMe_2를 첨가하여 얻는 이 부류의 magnesium diorganocuprate를 **Norant cuprate**라고 한다. 반응성에 있어서는 Gilman cuprate와 크게 차이가 나지 않는다.

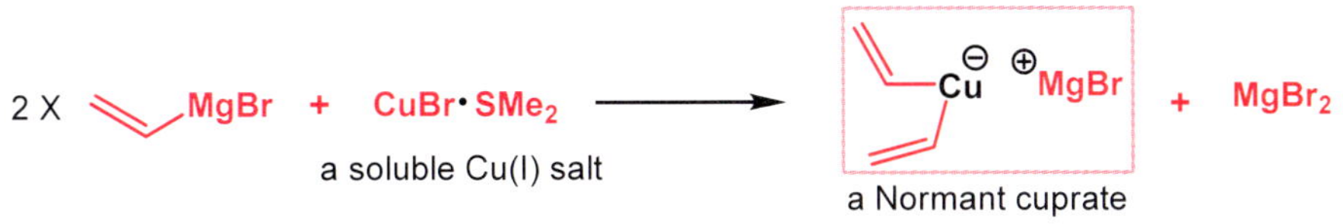

2 X ⟋⟍MgBr + $CuBr \cdot SMe_2$ ⟶ [Cu⊖ ⊕MgBr] + $MgBr_2$

a soluble Cu(I) salt

a Normant cuprate

개발 초기에 많이 사용하던 **Knochel cuprate**라고 부르는 다음 시약은 alkylzinc 화합물로부터 얻는다. Knochel cuprate에는 alkyl기가 하나밖에 없으며 반응성 및 selectivity에서 위의 두 reagent보다는 좀 뒤지는 것이 사실이다. 하지만 alkyl기의 손실 없이 모두 사용이 가능하다는 장점도 있다. 이 reagent를 사용할 때는 보통 trimethylsilyl chloride나 BF_3•etherate 같은 Lewis 산을 함께 사용하는 경우도 많다.

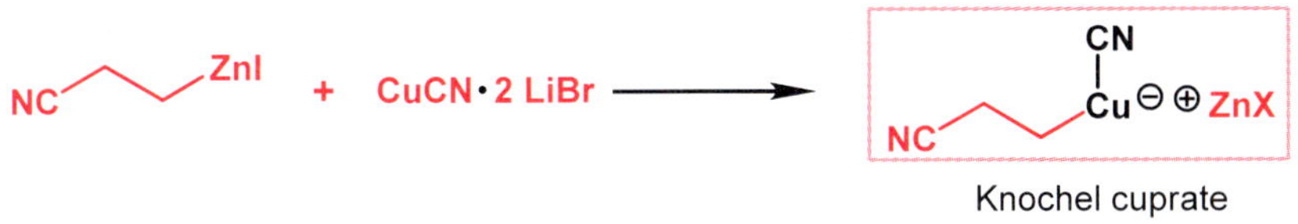

NC⟋⟍⟋ZnI + CuCN•2 LiBr ⟶ [NC⟋⟍⟋Cu(CN)⊖ ⊕ZnX]

Knochel cuprate

그러나 이들 세 시약은 특별한 경우를 제외하고는 구분 없이 **diorganocuprate**라고 부르며 반응에도 거의 구분 없이 사용할 수 있다.

Lithium dimethylcuprate는 dimeric form으로 존재하기도 하는데 구조상으로 methyllithium과 같은 tetramer를 형성할 것으로 예상할 수도 있으나, 다음 그림에서 보는 바와 같이 전혀 다른 구조의 dimer를 형성한다.

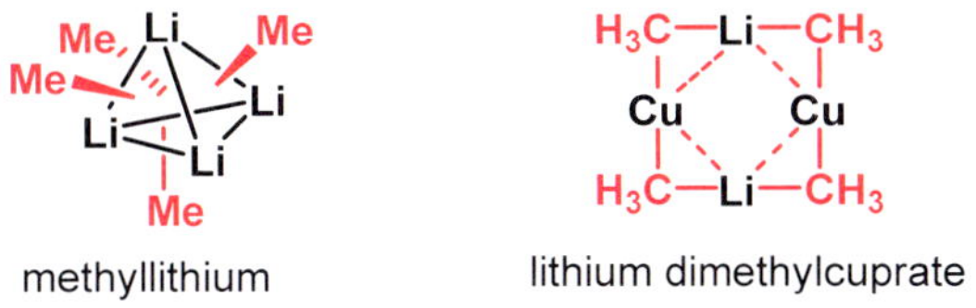

methyllithium

lithium dimethylcuprate

그러나 이러한 구조는 한 가지로 고정되어 있는 것이 아니고 여러 가능한 구조들 간에 평형을 이루고 있다고 보는 것이 더 합리적이다. 평형량이 존재하는 소량의 MeLi이 골치거리가 되는 경우에는 LiI나 LiCN 등 첨가하면 효과적이라고 알려져 있다.

$$2\ LiCuMe_2 \rightleftharpoons Li_2Cu_2Me_4 \rightleftharpoons LiMe + LiCu_2Me_3$$

7.5 Reactions of Dialkylcuprates: An Overview

다음 그림은 dialkylcuprate가 어떤 유기 작용기와 반응하여 어떤 생성물을 낳는가를 요약하여 놓은 것이다. Grignard 시약처럼 단순한 친핵체로 작용하여서는 일어나기 어려운 화합물들도 상당수가 반응할 수 있음을 볼 수 있다.

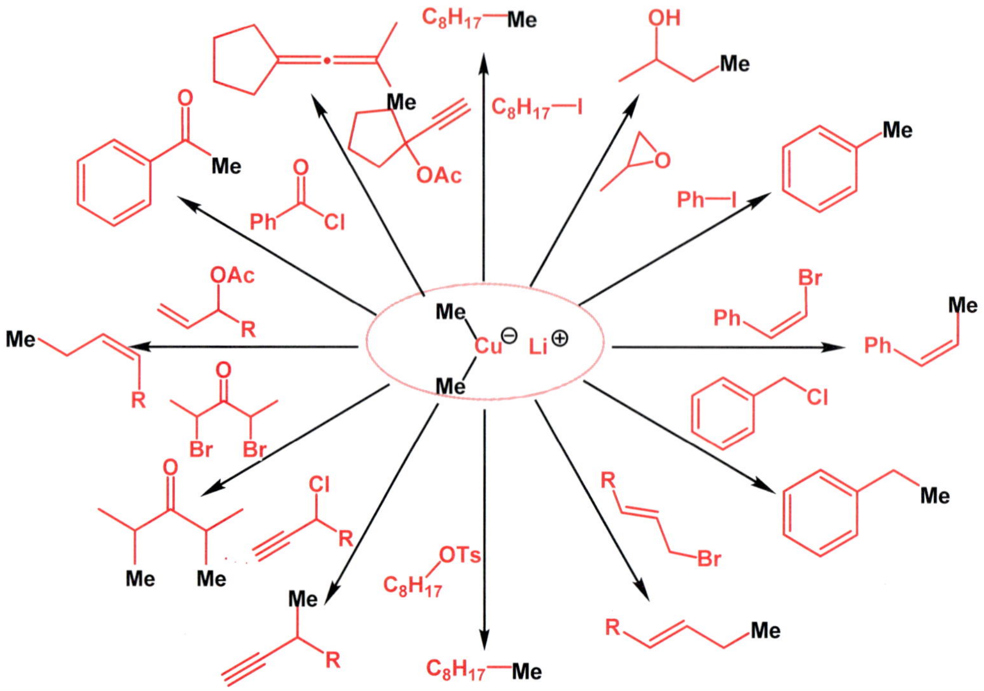

Acyl chloride는 반응성이 커서 쉽게 반응하지만 나머지 aldehyde와 같은 카보닐 화합물과의 첨가 반응은 거의 눈에 띠지 않는다. Grignard 시약 등과 비교하여 특별한 장점이 없기 때문이다. 그림에 나와 있는 나머지 많은 반응은 epoxide나 alkyl halide, tosylate와 같은 주로 친핵성 치환 반응을 잘 하는 σ-친전자체들과의 반응이다. 특히 allylic 또는 propargylic acetate는 반응성이 낮은 이탈기임에도 불구하고 치환 반응이 잘 일어나며, 보통 친핵성 치환이 잘 일어나지 않는 vinyl 또는 aryl halide와도 효율적으로 치환이 일어나는 것을 볼 수 있다.

Dialkylcuprate는 Grignard 시약이나 alkyllithium보다 음이온 친핵체로서의 반응성이 훨씬 떨어져서 특별히 반응성이 큰 카보닐 화합물들만 반응하게 된다. 예를 들어, ester나 nitrile 등의 반응성이 낮은 카보닐 화합물과의 반응은 잘 일어나지 않는다. 이러한 점을 거꾸로 이용하면 카보닐 작용기와의 선택적인 반응이 가능하다는 의미이다.

실험 데이터에 의거하여 작용기에 따라 다음과 같은 반응성 순서가 정해지게 되었다. 카보닐 화합물의 반응성은 알고 있는 순서와 크게 다르지 않다. 특기할 사항은 alkyl halide나 epoxide는 다른 alkyllithium 등과의 반응성과 비교해서 상당히 높다는 사실이다. Hard-soft 산·염기 이론에 의하면 cuprate는 alkyllithium이나 magnesium보다는 반응성은 낮지만 soft 친핵체이고, 따라서 친전자체의 softness가 증가하면 반응성이 커지는 것으로 되어 있다.

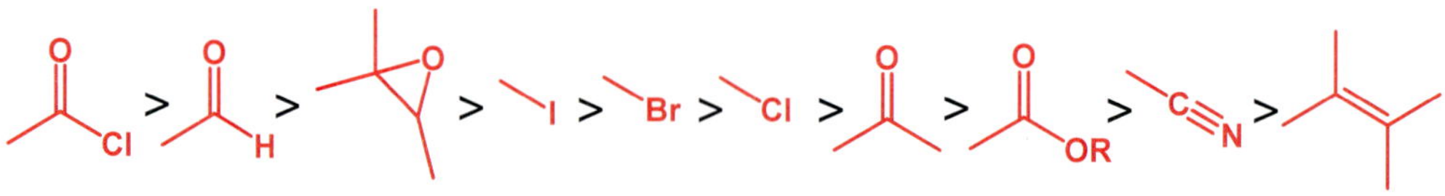

위에 나와 있는 반응성 순서에 따라 제일 먼저 acyl chloride와의 반응부터 살펴보기로 하자. 유기구리 화합물은 다른 alkali metal 및 alkaline earth metal 시약들의 높은 반응성과는 달리 반응성이 많이 낮다. 위의 반응성 순서를 보면 acyl chloride는 그중에서 반응성이 가장 큰 작용기이며, ketone이나 ester의 반응성은 이에 훨씬 미치지 못한다. 이에 따라 dialkylcuprate를 acyl chloride와 반응시키면 ketone이 생성되는데 ketone의 반응성은 훨씬 떨어지므로 반응 조건을 조절하면 ketone 단계에서 첨가 반응을 멈추게 하여 ketone을 합성할 수 있다.

Me_2CuLi

Cl Me

다음 반응 예에서와 같이 acyl chloride의 반응성이 ester보다 훨씬 높아 작용기 선택적으로 acyl chloride만을 ketone으로 변환할 수 있다. 이러한 변환이 가능한 것은 생성물의 ketone보다도 acyl chloride의 반응성이 훨씬 높기 때문이다.

Me_2CuLi

MeO Cl MeO Me

97 % yield

실제로 잘 통제된 조건에서라면 다음 식에서 보는 바와 같이 Grignard 시약을 사용해도 이러한 변환은 가능하다. 그러나 이는 특별한 경우이고 일반적으로 적용하는 데는 부반응, 이차적으로 일어나는 반응 등의 여러 복잡한 문제가 많이 발생한다. 유기구리 시약을 사용하면 확실하게 이러한 문제를 해결할 수 있는 데 굳이 마다할 이유가 없다.

MgBr + Cl OMe OMe

81 % yield

α,β-불포화 카보닐은 많은 경우 conjugation 첨가의 문제가 발생하는데 acyl chloride인 경우에는 카보닐의 반응성이 워낙 커서 거의 모든 유기금속 화합물과의 반응에서 carbonyl 첨가 반응만이 일어난다. Dialkylcuprate를 사용해도 마찬가지로 아래 반응 예에서와 같이 direct 첨가가 주로 일어난다.

Et_2CuLi

Cl

Aldehyde와의 반응성도 상당히 높은 편이지만 특별한 사유가 없는 한 Grignard 시약을 제쳐놓고 굳이 organocopper를 이용하는 장점이 거의 없어 실제로 사용할 필요를 느끼지 못하며 반응 예도 거의 없다.

7.6 Reactions of Epoxides and Alkyl Halides with Dialkylcuprates

핵배척 이탈기를 가지는 친전자체 중에서는 반응성이 큰 작용기 중 하나가 epoxide로 dialkylcuprate와 치환 반응을 한다. 다른 시약과의 반응에서와 같이 epoxide 고리열림 생성물을 얻게 된다. 실제로 dialkylcuprate를 사용하는 다음 두 반응 예는 반응성이 큰 Grignard 시약이나 alkyllithium을 사용해도 무방하다.

Me_2CuLi → OH, Me　　Bu_2CuLi → OH, Bu

반응성이 큰 alkylmetal을 바로 사용할 때의 문제는 이들 시약은 친핵체이지만 동시에 매우 강력한 염기라는 점이다. 반응물이 염기에 민감한 작용기를 가지고 있는 경우에는 alkyllithium과 같은 센 염기의 사용을 자제하여야 한다. 특히 *t*-butyllithium과 같이 반응성 (염기성)이 높은 시약의 경우에는 유의하여야 하는데, 다음 반응에서는 양성자떼기로 제거 반응이 주로 일어나게 됨은 이미 Chapter 2에서 살펴본 바 있다.

O → *t*-BuLi → OH　　O → $(t\text{-}Bu)_2CuLi$ → OH, Bu-*t*

특히 다음과 같이 복잡한 여러 가지 작용기를 동시에 갖는 epoxide의 선택적 고리열림에는 dialkylcuprate보다 더 확실한 시약이 없는 정도이다.

Ph, O, O, O, O, OMe → Me_2CuLi → Ph, O, O, Me, O, OMe, OH

Alkyllithium이나 Grignard reagent은 organocopper 시약보다 반응성이 크지만 이들 시약에 의한 alkyl halide나 tosylate 치환 반응은 부반응이 일어날 소지가 전혀 없는 allylic이나 benzylic halide 등 특수한 경우를 제외하고는 일반적으로 적용할 수 있는 반응이 아니다. Alkylcuprate는 반응성이 이들에 비하여 현저하게 낮지만 alkyl halide의 치환은 훨씬 효과적으로 일어난다. Allyl acetate는 별로 신통치 않은 이탈기임에도 쉽게 반응이 일어나서 치환 생성물을 생성한다.

I → Me_2CuLi → Me　　OAc → Me_2CuLi → Me

α-Haloketone의 친핵체와의 치환 반응 속도는 다른 alkyl halide와는 비교가 안될 정도로 빠르게 일어나는 반응이며, alkylcuprate와의 반응 또한 빠르게 일어난다. Alkyllithium이나

Grignard 시약과의 반응이라면 아마도 hard 친전자성 반응 중심인 카보닐 탄소에서 일어날 것으로 예상할 수 있다.

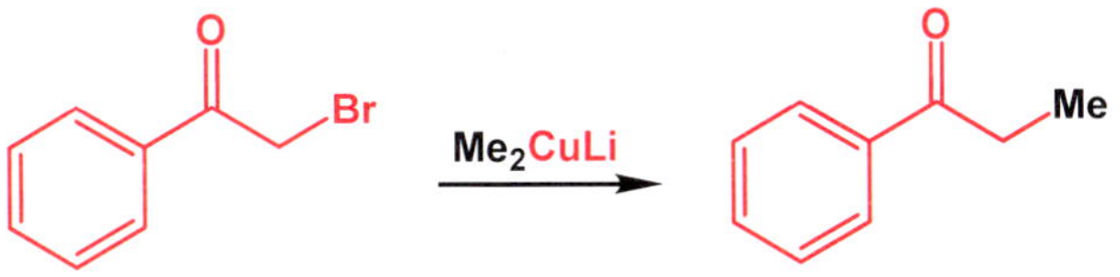

Dimethylcuprate는 mesylate나 tosylate 등 sulfonate ester와도 alkyl halide와 마찬가지로 별 어려움 없이 용이하게 일어나서 methyl 치환 생성물을 얻을 수 있다.

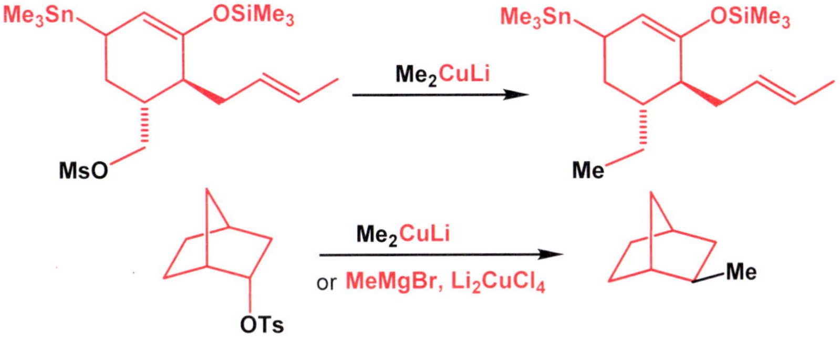

친핵성 치환 반응은 항상 염기-촉진 (base-promoted) 제거 반응이 경쟁적으로 일어나게 된다. 그러나 alkylcuprate를 사용하는 경우에는 제거 반응의 비율이 현저히 낮거나 거의 일어나지 않게 된다. (Alkylcuprate는 염기로 작용하는 예가 거의 없다.) 다음 보기 반응에서와 같이 염기-촉진 제거 반응이 아주 쉽게 일어나는 구조의 phenethyl bromide도 쉽게 치환 반응만 일어나는 것을 볼 수 있다. 다음 β-keto halide나 tosylate는 비교적 약한 염기에 의해서도 쉽게 제거 반응이 일어나는 구조이지만, 마찬가지로 다음 반응 예에서 보는 바와 같이 제거 반응의 염려 없이 치환 반응이 일어날 수 있다.(1차일 때이고 3차이면 문제가 다르다.)

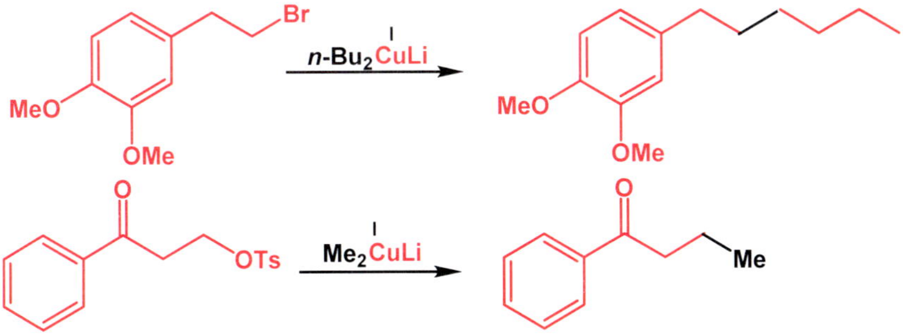

이러한 치환 반응은 꼭 정량적으로 dialkylcuprate를 만들어 사용하지 않아도 된다. 2~10% 정도의 촉매량의 CuI 또는 CuBr·SMe_2만 있어도 된다. 다음 반응 예는 5%의 CuI의 존재하에 vinylmagnesium bromide가 alkyl halide나 epoxide와 반응하여 높은 수득률의 치환 생성물을 얻을 수 있음을 보여 준다.(3차 alkyl halide와는 이러한 치환이 가능하지 않다.)

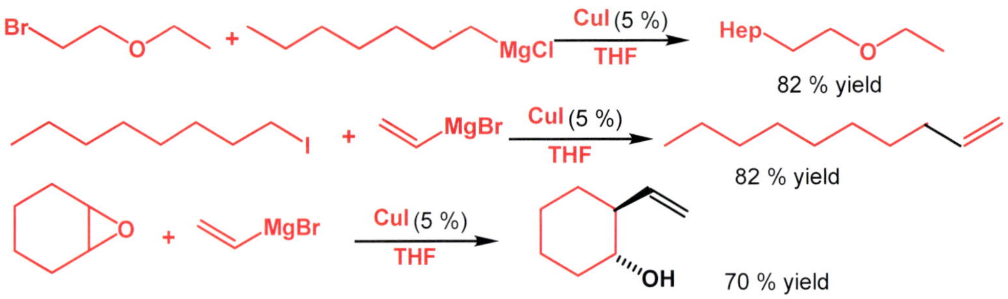

sp^3 C의 alkyl halide나 tosylate의 dialkylcuprate와의 반응이 부반응 없이 잘 일어나는 점, 반응성이 낮은 이탈기를 갖는 화합물도 제대로 반응하는 점 등의 특색은 dialkylcuprate가 다른 alkylmetal에 비해서 soft base이기 때문이라고 할 수도 있다. 이는 틀림 없는 사실이다. 그러나 다음 7.7절의 vinyl 및 aryl halide와의 반응까지 살펴보면 위의 반응들도 일반 친핵성 치환과는 다른 메커니즘으로 진행된다고 보는 것이 좀 더 설득력이 있다.

7.7 Substitution of Vinyl and Allyl Halides by Dialkylcuprates

기본적으로 vinyl halide나 aryl halide의 S_N2형의 친핵성 치환은 일어나지 않는다. 그러나 alkylcuprate에 의한 이러한 치환 반응은 의외로 쉽게 일어난다. 이는 dialkylcuprate는 alkyllithium에 비해서 현저하게 softer한 친핵체임을 감안한다 해도 sp^2 혼성화 탄소에서의 S_N2형의 치환 반응은 쉽게 수긍이 가지 않을 것이다. (sp^2 탄소에서의 치환 반응은 절대로 단일 단계의 협동형 반응으로 진행될 수 없기 때문이다.)

결론적으로 alkylcuprate에 의한 할로젠 치환 반응은 결국 S_N2가 아닌 다른 메커니즘에 의하여 진행되는 것이라고 추정할 수 있다. 유기금속 화학의 관점에서 보면 다음과 같은 C–Br 결합의 oxidative addition에 이은 두 group의 (vinyl과 alkyl 또는 aryl과 alkyl) 환원성 제거라고 생각하면 가장 이해하기 쉽고 또한 여러 실험적 사실을 설명할 수 있다.

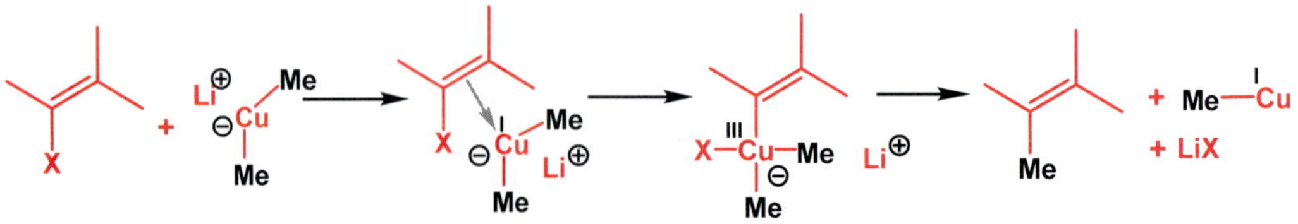

전이금속 화합물의 반응 유형의 학습을 이미 마친 상태여서 위와 같은 메커니즘을 그려도 낯설지 않으나 미처 학습하지 않았다면 다음에 보는 바와 같이 간단하게 첫 단계에서는

Cu가 halide를 치환하며, 둘째 단계에서는 alkyl기가 Cu 원자를 치환하는 형식으로 진행된다고 보면 이해할 수 있을 것이다.

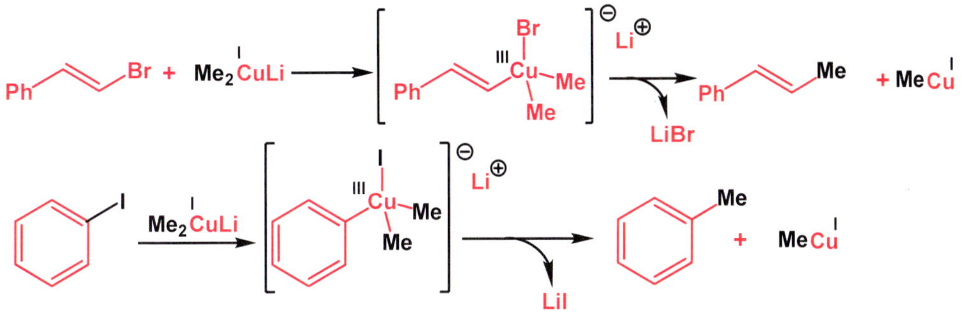

실제로 이들 vinyl 또는 aryl 치환 반응은 cuprate가 과량 존재하는 가운데 주로 낮은 온도에서 오랜 시간에 걸쳐 일어나지만 수득률은 상당히 높은 편이다.

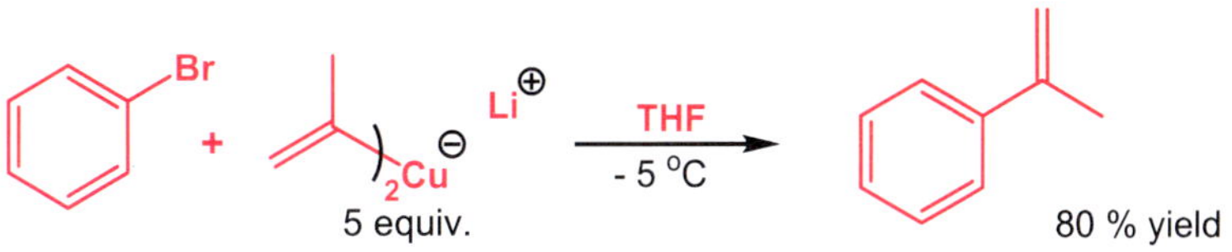

위의 vinylic 또는 arylic 치환과는 달리 allylic 치환 반응은 형식적으로 보아 친핵성 치환 메커니즘을 거친다고 해도 아무 문제가 없을 것처럼 보인다. 하지만 반응식만을 보아서는 실제로 반응이 S_N1인지 S_N2인지, 아니면 S_N2'인지 전혀 갈피를 잡을 수 없다.

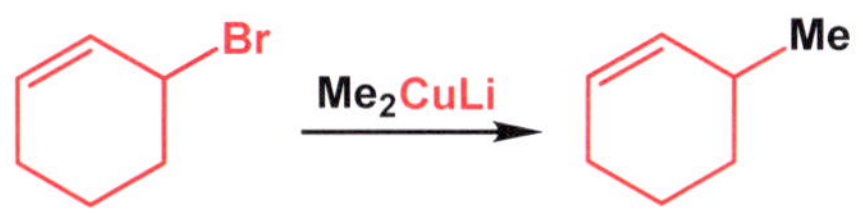

일반적인 allylic halide의 친핵체와의 반응은 α,β-불포화 카보닐과의 반응과 상당한 유사성을 갖는다. (둘 모두 nucleophilic alkene이다.) S_N2 메커니즘에 의한 allyl halide의 직접 치환도 일어나지만 상황에 따라 친핵체가 π-결합을 공격하는 S_N2' 유형의 치환이 일어나는 반응도 많다. π-결합을 공격하게 되는 것은 오비탈 지배 반응이라 할 수 있는데 이런 계에서 오비탈을 정확하게 기술하기는 쉽지 않다. 반결합성 π^* 오비탈과 반결합성 C–Br σ^* 오비탈의 상호작용으로 분자 LUMO 오비탈이 형성하게 된다. 다음 그림에서 보는 바와 같이 친핵체의 접근이 가능한 S_N2, S_N2'의 세 가지 경로 중 하나로 공격하여 반응에 이르게 된다.

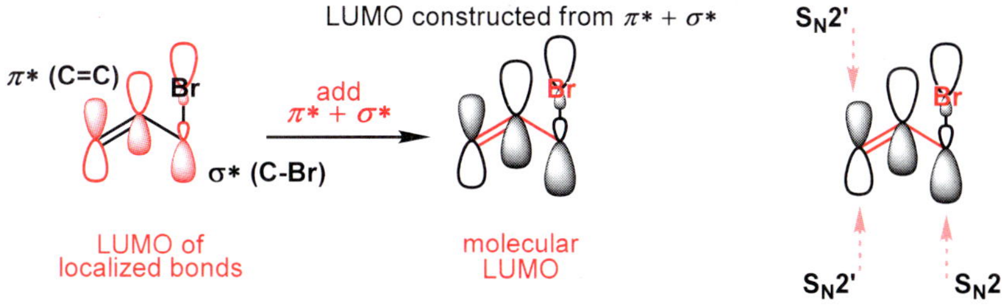

반응은 친핵체의 접근과 이탈기 떨어짐이 동시에 일어나게 되며, 친핵체가 공격할 수 있는 친전자성 자리인 두 탄소 간의 경쟁이 있게 된다. Allyl 계의 치환기에 따라 그리고 친핵체의 성질에 따라 S_N2 메커니즘과 S_N2' 메커니즘을 거치는 생성물의 비가 결정된다.

Alkylcopper(I)에 의한 allylic 치환의 경우에는 다음 반응에서 보는 바와 같이 S_N2' 형의 치환이 regioselective하게 일어난다. (형식상으로는 S_N2' 메커니즘이지만 이 반응은 성격을 조금 달리함.) 그리고 이는 비단 구리 화합물에 국한되는 것이 아니고 거의 모든 alkylmetal과의 반응이 같은 양상으로 진행됨을 차차 보게 될 것이다.

R Cu Cl Me → R Me

Me Me Cl —RCu, BF₃→ R Me Me + [Me Me R]
major product 95 : 5 minor product

Cl Me —RCu, BF₃→ Me R + [R Me]
major product >96 : <4 minor product

실제로 dialkylcuprate의 allylic halide나 epoxide와의 반응은 자리옮김을 거치는 S_N2'으로 일어나기도 하고, 아니면 단순한 S_N2 반응이 일어나기도 한다. 모두 π-allyl complex를 거쳐 일어나는 것으로 이해하면 되며 주로 일어나는 것은 S_N2'이다. 다음 *syn* S_N2'으로 일어나는 carbamate 치환 반응으로 입체화학은 주로 입체적인 요인에 의하여 결정된다.

Ph O D O NHPh —Me_2CuLi, Et_2O, 0 °C→ Ph Me D [Ph from behind $LiCuMe_2$ D Cu]

위의 반응에서와 같이 좋은 이탈기가 아니더라도 치환 반응은 어려움 없이 일어날 수 있다. 다음 allylic acetate 역시 별로 좋은 이탈기가 아님에도 쉽게 치환 반응이 일어난다.

Me_3Sn $OSiMe_3$ OAc MeO —Me_2CuLi→ Me_3Sn $OSiMe_3$ Me MeO

Epoxide에 이웃하여 이중결합이 있는 경우에는 allylic type의 치환이 일어난다. 다음 일련의 반응에 의한 dimethylcyclohexenol의 합성에서 두 번의 allylic epoxide의 고리열림 반응은 Knochel cuprate를 사용하고 있다. 친핵체는 깨지는 C–O 결합의 반대쪽으로 접근하여 일어나는 반응 생성물이 주로 얻어진다. 구리의 착물은 epoxide와 같은 쪽에서 생기고 친핵체는 그 반대쪽으로 접근하게 된다고 이해하면 될 것이다.

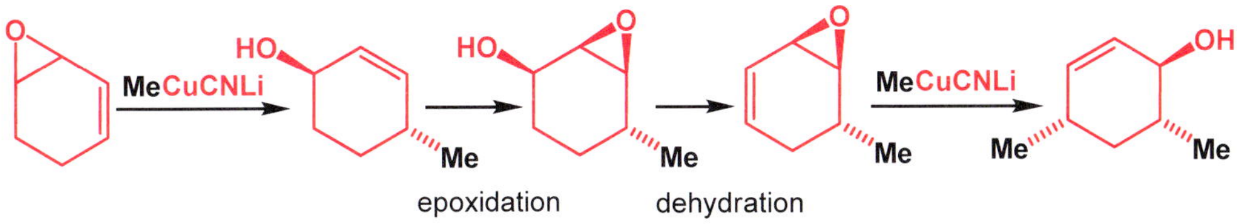

MeCuCNLi
epoxidation
dehydration
MeCuCNLi

같은 이유로 다음 반응 또한 구리의 착물은 epoxide와 같은 쪽에서 친핵체는 깨지는 epoxide 결합의 반대쪽으로 첨가된다.

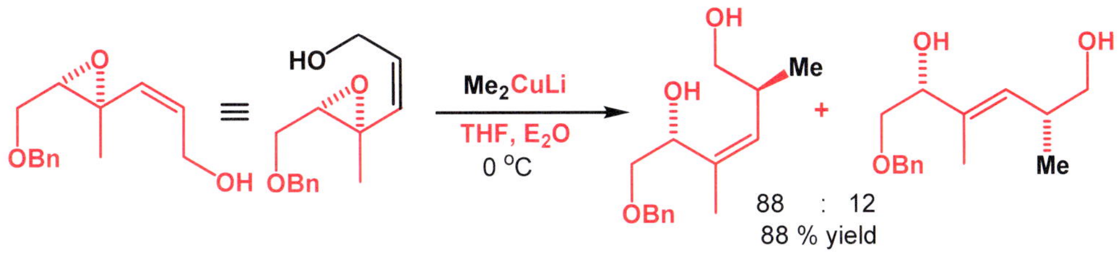

Me_2CuLi
THF, E_2O
0 °C
88 : 12
88 % yield

Propagylic 치환 반응도 위의 allylic transposition과 같은 π-결합의 이동이 일어난다. 이 경우에는 allenic 유형의 생성물을 얻게 된다. 다음 세 반응 예에서와 같이 모두 sp^3 탄소에서의 직접 치환은 일어나지 않으며 allene이 생성된다.

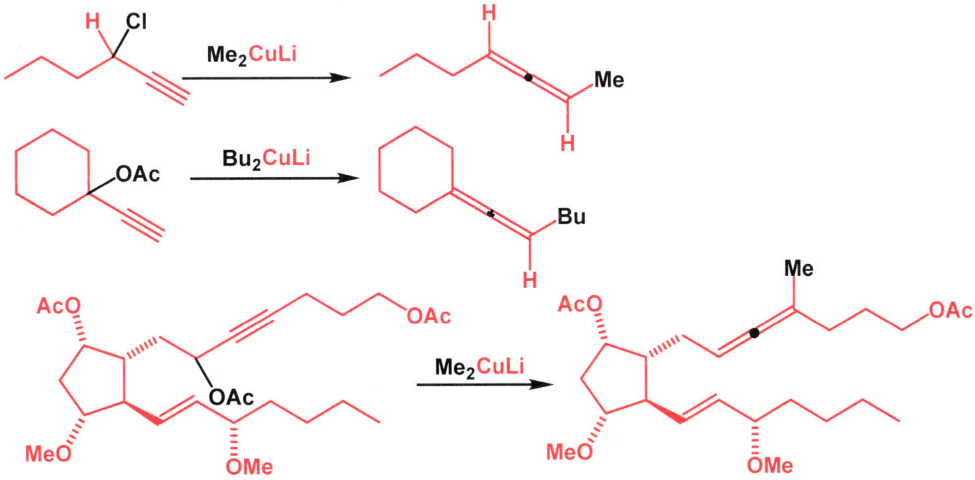

Me_2CuLi
Bu_2CuLi
Me_2CuLi

위의 vinyl acetate나 epoxide의 반응에서도 그러하지만 유기화학에서 하던 관습대로 propargylic 치환도 다음과 같은 구부린 화살표를 따라 soft 친핵체의 전자쌍이 soft 친전자성 자리에 첨가되는 반응 메커니즘으로 나타낼 수 있다.

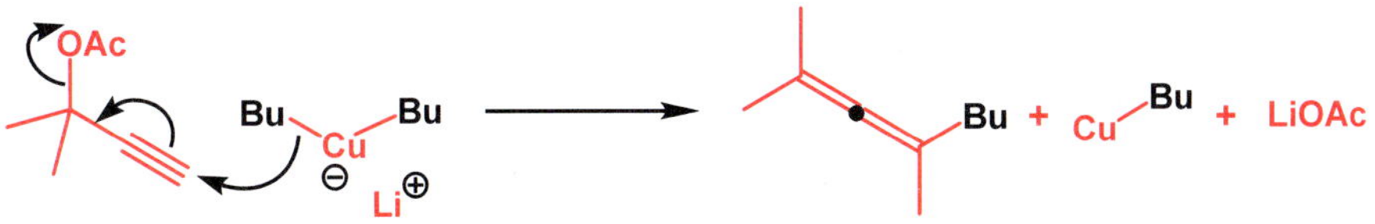

OAc + Bu–Cu⊖–Bu Li⊕ → Bu + Cu–Bu + LiOAc

다음 두 반응 예에서 보는 것처럼 propargylic epoxide의 경우도 똑같은 방식으로 반응이 진행되어 allenic alcohol이 생성된다.

지금까지 세 종류의 cuprate 시약을 아무런 차이 없이 섞어 같은 반응을 하는 예들을 살펴보았다. 사실은 cuprate 시약을 Grignard 시약에서 얻는가 아니면 alkyllithium을 사용하는가에 따라 차이가 조금씩은 있어야 하는 것이 정확한 이야기이다. 사용하는 시약에 따라 또는 용매에 따라 어느 정도의 차이를 나타내는지를 다음 반응을 보고 알아보기로 하자. CN이 들어 있는 Knochel cuprate의 수득률은 75% 정도로 조금 저조하지만 다른 시약들과의 반응 수득률은 95~97%로 거의 같다. 전체적으로는 CuX와 alkylmetal 1 : 1 complex가 1 : 2 complex보다 조금 나은 선택성을 보이지만 적어도 아래의 allylic 치환 반응에서는 Grignard 시약과의 combination이 가장 좋은 선택성을 나타내는 것을 제외하고는 일반적인 추세의 변화는 없는 것을 다시 한 번 확인할 수 있다.

Me_2CuLi• LiBr, THF	62	:	38
Me_2CuLi• LiBr, ether	54	:	46
MeCu• $MgBr_2$	98	:	2
MeCu• LiBr	86	:	14
MeCu• LiI	76	:	24
MeCu(CN)Li	75	:	25

구리(I) 염을 이용하는 잘 알려진 치환 반응의 하나가 arenediazonium salt의 치환 반응이다. Diazonium 염은 다른 금속 염이 아닌 구리(I) 염을 이용하게 되는데, **Sandmeyer 반응**으로 알려진 이 반응은 지금까지 보아온 친핵체의 치환 반응과는 아주 다른 radical 중간체를 거쳐 진행되는 반응으로 밝혀져 있다. (Chapter 8)

$NaNO_2$, HCl / H_2O, 5 °C → CuX → X = Cl, Br, CN

문제 7.5 다음 본문에 예로 나온 반응을 구부린 화살표가 아닌 유기금속 화학 관점에서 메커니즘을 그려보라.

Me_2CuLi

7.8 Conjugate Addition to α,β-Unsaturated Carbonyls

α,β-불포화 카보닐 화합물에는 친핵체가 첨가될 수 있는 친전자성 자리가 두 곳이 있다. 카보닐 탄소와 β-탄소이다. 카보닐 탄소는 localized 부분양전하를 띠는 hard center이고 β-탄소는 delocalized 부분양전하를 띠는 soft center이다. Hard 친핵체는 주로 carbonyl 첨가(direct addition)를, soft 친핵체는 주로 β-탄소로 conjugate 첨가를 하게 된다. 전이금속의 특성을 감안하지 않은 일반적인 유기 반응의 특성은 이와 같이 설명한다.

hard elecrophile
localized δ+

soft electrophile
delocalized δ+

Organometallics 중에서 alkyllithium과 Grignard 시약의 탄소 친핵체는 hard nucleophile로 분류된다. 예를 들어, methyl Grignard 시약의 3-methylcyclohexenone과의 다음 반응은 전적으로 carbonyl 첨가가 일어난다. 여기에 2 mol % 정도의 CuCl 소량만을 첨가해도 주로 conjugate 첨가로 바뀌어 버린다.

MeMgBr, Et_2O

carbonyl addition only

MeMgBr, 2 % CuCl

> 95 % conjugate addition   less than 5 %

촉매 CuCl을 첨가하게 되면 transmetallation에 의하여 Normant cuprate가 생성되어 enone에 conjugate 첨가가 일어나게 된다. 소량의 CuCl만으로 가능한 것은 반응을 한 cycle

거치면 CuCl은 다시 재생되어 촉매 순환을 이어가기 때문이다.

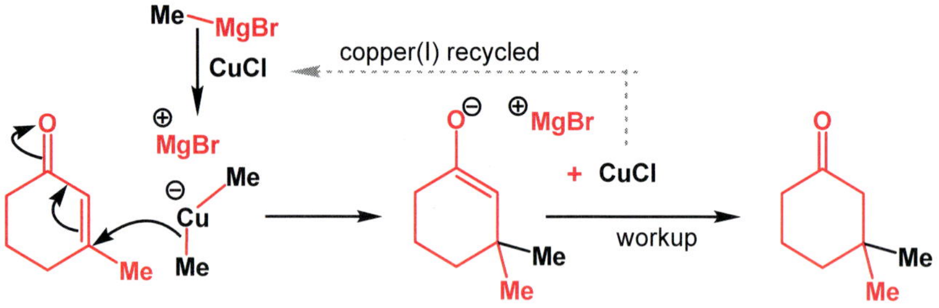

촉매량만의 Cu(I)를 사용하여 위에서와 같은 촉매 순환을 통해서 Grignard 시약이 enone에 conjugate 첨가를 일으키는 두 가지 반응 예를 아래에 나타내었다. 둘째 반응의 $Bu_3P \cdot CuI$는 는 $Me_2S \cdot CuI$처럼 단순히 soluble Cu(I) 화합물이라고 보면 된다.

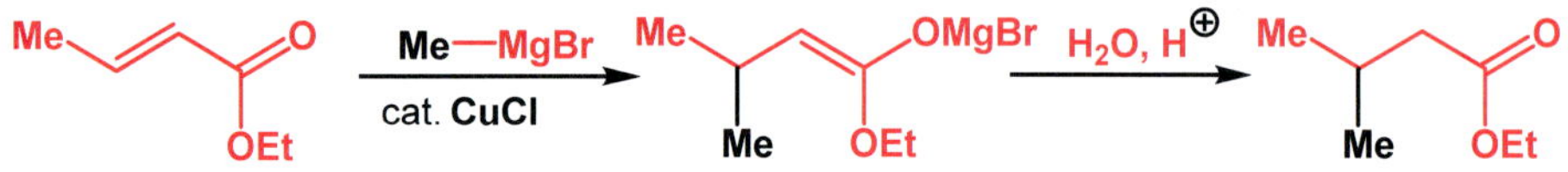

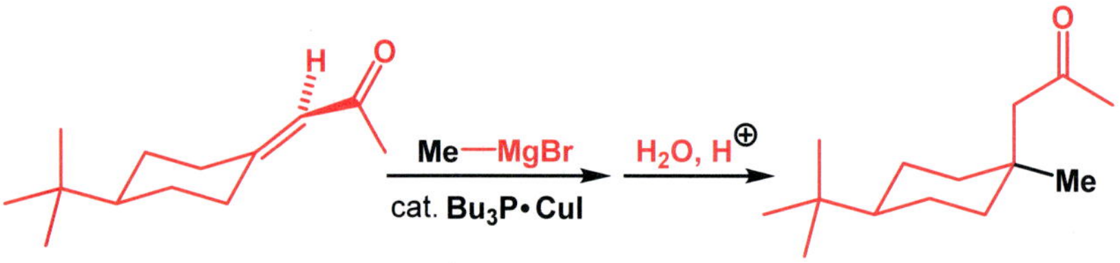

그러나 촉매량을 사용하지 않고 화학양적인 alkylcuprate를 만들어 반응시키면 더 효과적으로 conjugate addition을 유도할 수 있다. 앞에서 organocopper reagent를 만드는 세 가지 방법을 언급한 바 있다. 다음에 Gilman uprate와 Normant cuprate를 이용하는 예를 하나씩 들었지만 이들 세 organocopper reagent는 별다른 차이 없이 모두 enone에 conjugation 첨가를 일으킨다.

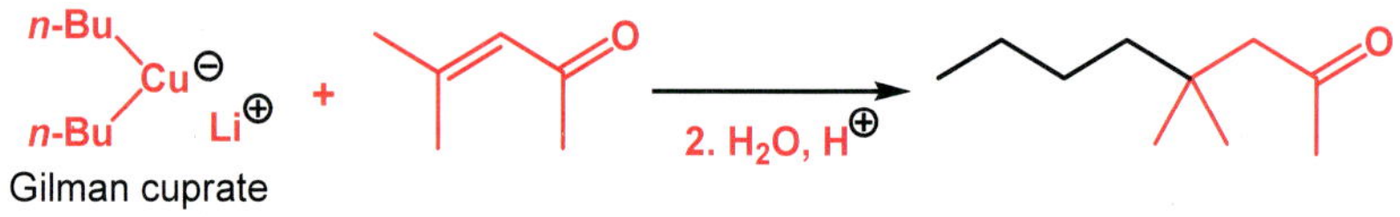

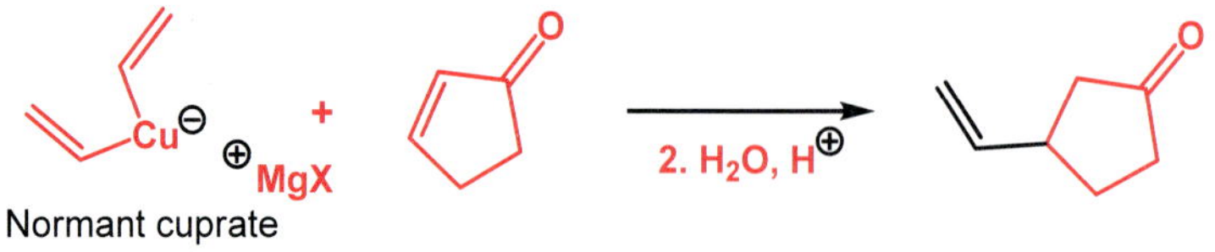

Knochel cuprate를 이용하는 반응은 trimethylsilyl chloride를 첨가하면 더 효율적으로 conjugate addition을 유도할 수 있다. 첨가 반응으로 생성되는 enolate를 TMSCl로 빠르게 trapping하여 부반응을 줄일 수 있게 된다. 다음 반응에 표시한 생성물은 silyl enol ether의 가수분해를 거친 최종 생성물이다.

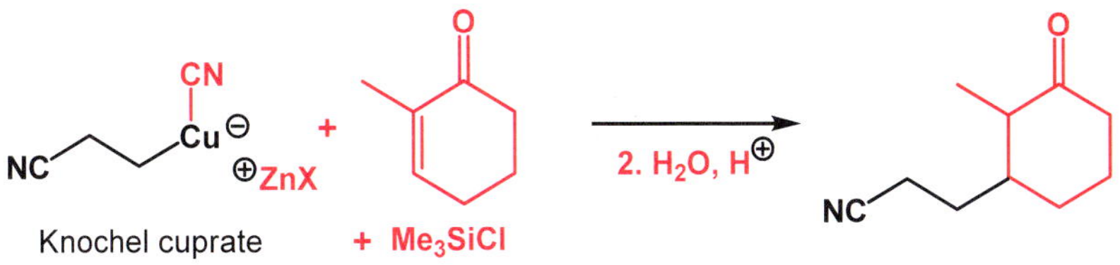

Trimethylsilyl chloride는 hard 친전자체로 반응에서 생성되는 enolate를 빠르게 trapping 하는 역할 뿐만 아니라, Lewis 산으로 카보닐 산소에 coordination하여 카보닐기의 반응성을 높이는 역할을 하여 수득률이 크게 향상되는 것을 아래 반응 예에서 볼 수 있다. 반응은 아주 낮은 온도에서 진행되며 다음 반응의 Trimethylsilyl cyanide도 chloride와 같은 역할을 한다. Trimethylsilyl chloride는 이 반응 말고도 유사한 반응에서 같은 효과를 내는 경우를 종종 볼 수 있다.

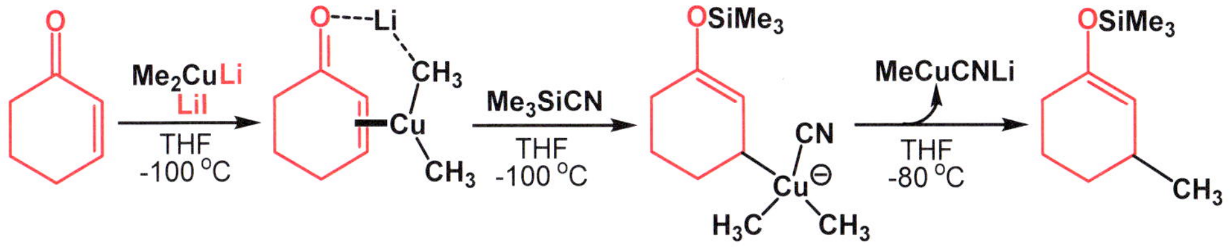

다음 반응에서 Me_3SiCl이 없는 경우와 과량의 Me_3SiCl를 넣어 enolate를 trapping하는 경우의 carbonyl addition과 conjugate addition 생성물의 비를 비교하여 TMSCl 존재하의 반응의 효율성을 나타내었다. Me_3SiCl 존재하의 반응은 반응속도가 크게 빨라지는 것으로 미루어 반응 전에도 카보닐 산소와의 상호작용으로 인하여 enone의 반응성이 증대되는 것으로 볼 수 있다. 여하튼 carbonyl addition이 현저히 줄어들며 수득률 또한 크게 개선된다.

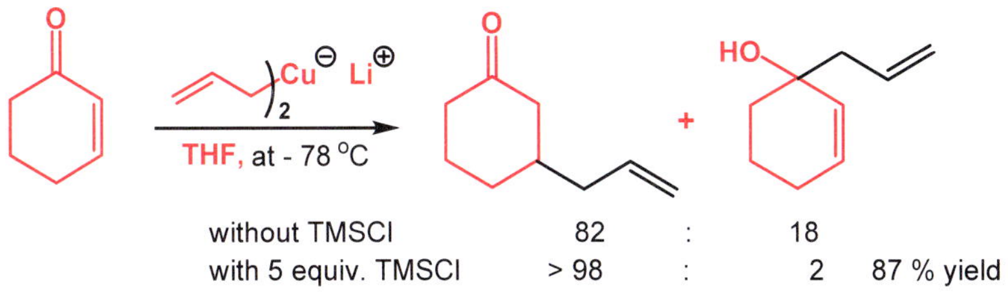

without TMSCl	82	:	18	
with 5 equiv. TMSCl	> 98	:	2	87 % yield

Conjugate enone에서 뿐아니라 conjugate carboxylate ester를 비롯한 다른 카복시산 유도체에서도 쉽게 반응이 진행된다.

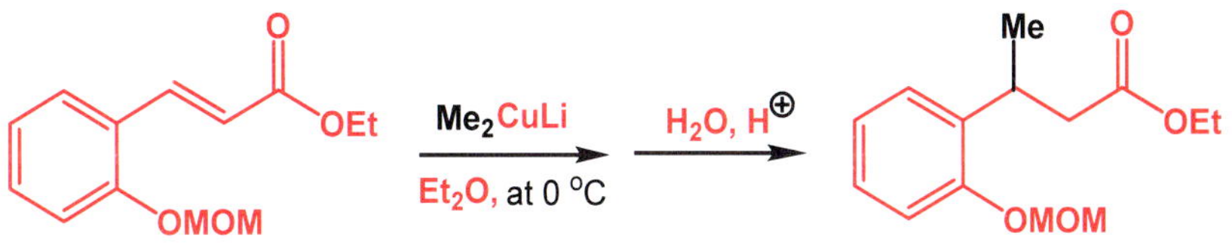

Me_3SiCl 존재하에 진행하는 dialkylcuprate의 conjugate 첨가 반응의 두 예를 아래에 나타내었다. 앞에서와 마찬가지로 반응이 모두 끝난 후에 silyl enol ether나 ketene acetal을 가수분해한 후의 수득률을 표시한 것이다.

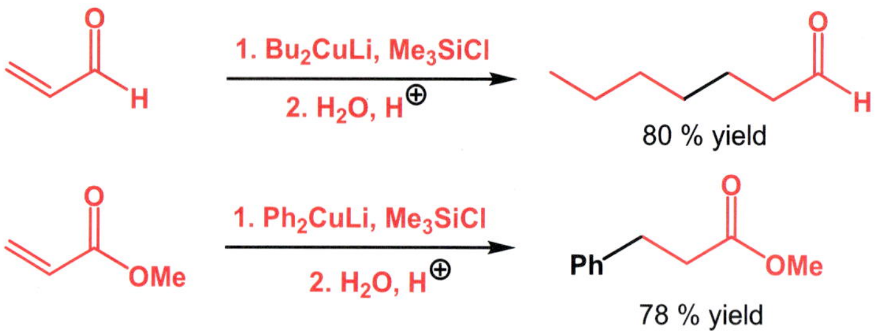

1. Bu_2CuLi, Me_3SiCl
2. H_2O, $H^{\oplus}$
80 % yield

1. Ph_2CuLi, Me_3SiCl
2. H_2O, $H^{\oplus}$
Ph OMe OMe
78 % yield

β-자리에 첨가되는 alkyl기의 입체화학은 이웃한 치환기의 (chiral 중심을 포함하여) 입체화학에 의하여 영향을 받게 된다. 두 diastereomer가 생성되지만 그중 하나가 주로 생성된다. 다음 두 보기 반응에서 기존의 methyl기와 새로 도입되는 methyl기는 주로 *trans*로 배열한다.

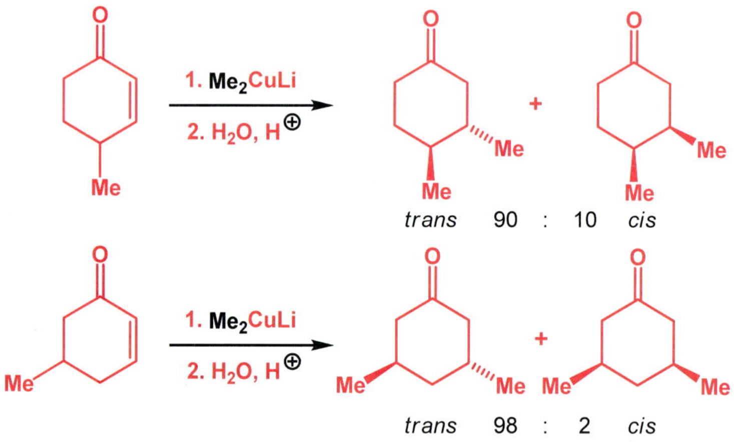

1. Me_2CuLi
2. H_2O, $H^{\oplus}$
trans 90 : 10 *cis*

1. Me_2CuLi
2. H_2O, $H^{\oplus}$
trans 98 : 2 *cis*

이와 같이 *trans* 입체화학이 관찰되는 이유는 두 반응 모두에서 dimethylcuprate가 *trans*로 접근하는 것이 입체장애를 덜 받는 낮은 전이상태를 거치는 쪽이어서 주생성물에서 두 methyl기가 *trans*로 배열하는 것이다. 다음 그림을 보면 어느 쪽이 더 유리한지를 판별할 수 있다. (전이 상태를 비교하는 것이지 더 안정한 화합물이 생성되는 것이 아님.)

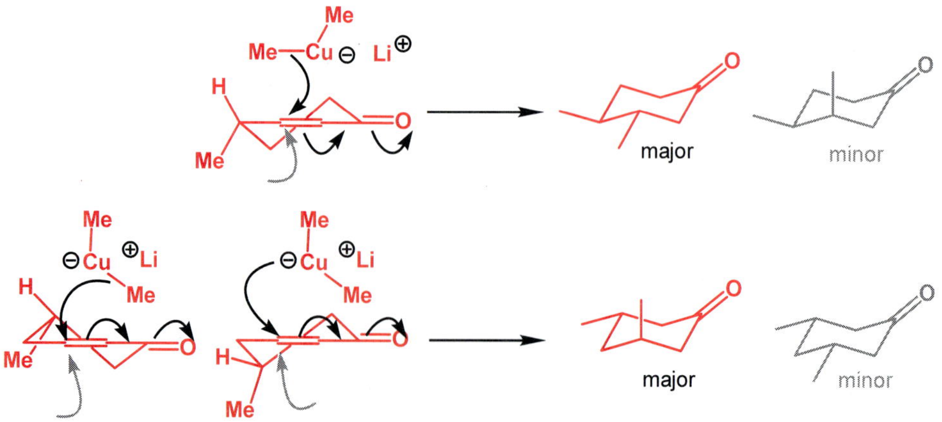

major minor

major minor

위 반응에서와는 달리 다음 반응에서는 생성물의 두 치환기는 enolate의 산성 수용액 처리 과정에서 이루어지는 것으로 *cis*보다 더 안정한 *trans*-isomer를 얻게 된다.

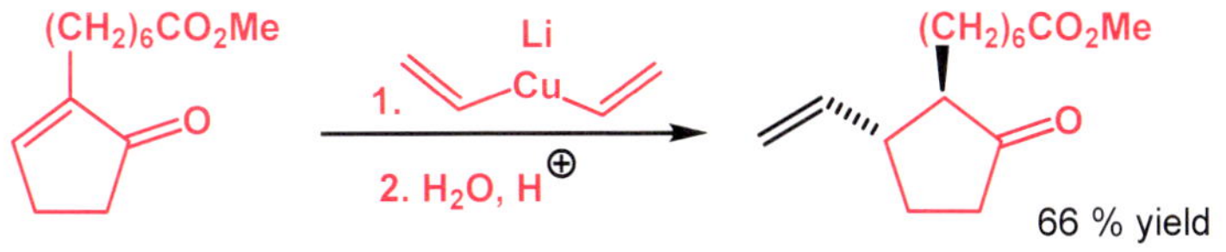

유기금속 화학의 관점에서는 dialkylcuprate의 conjugate enone 첨가는 단순한 soft 친핵체의 첨가 반응이 아니다. 이 반응은 Cu와 C=C π-결합 간에 π-complex를 형성을 거쳐 산화성 첨가가 일어나고, 이때 산화상태는 Cu(I)에서 Cu(III)으로 바뀌게 된다. 환원성 제거가 일어나면 첨가 생성물과 더불어 Cu(I)이 재생성된다. Gilman reagent를 사용하는 반응에서 생성되는 CuMe은 더 이상 반응에 참여하지 않는다. 생성되는 enolate는 workup을 거쳐 ketone으로 변환되거나 아니면 alkyl halide와 같은 친전자체와의 반응으로 다른 유도체로 변환될 수 있다.

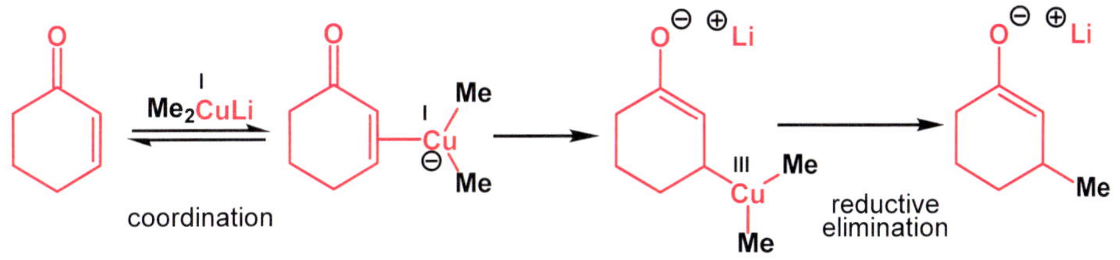

또는 coordination → insertion → allylic transposition → dissociation을 거치는 전형적인 전이금속의 반응 메커니즘을 따라 일어나는 반응이라 할 수도 있다.

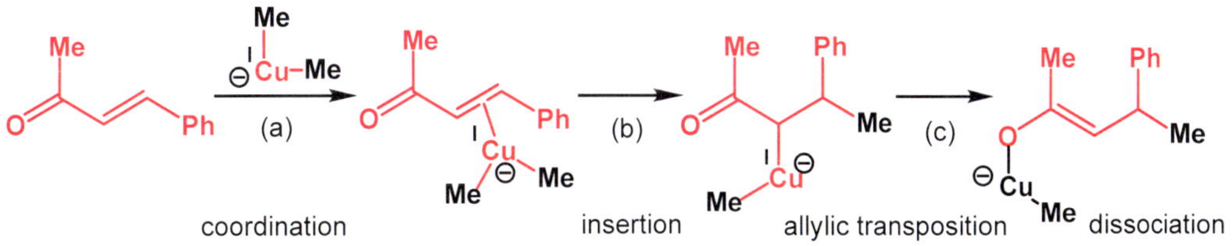

Conjugate enone의 β-자리에 nucleofugal 이탈기가 존재하면 일차적으로 그 이탈기가 치환되는 생성물을 얻게 된다. Conjugate addition이 일어나면 enolate를 형성하게 되는데 aldol 축합 반응에서처럼 E1cB 반응이 너무도 쉽게 일어나기 때문이다.

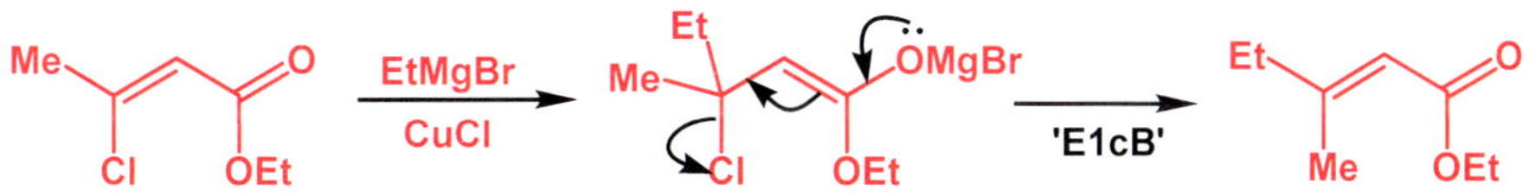

이탈기가 제거되는 반응은 E1cB이므로 좋은 이탈기가 아닌 alkoxide, acetate 등도 쉽게 떨어진다. 일차적으로는 이탈기를 alkyl기가 치환하는 형태이지만 결과적으로는 enone과의 반응에서 enone이 재생성되므로, 충분양의 alkylcuprate가 첨가된다면 β-자리에 double methylation이 된 생성물을 최종적으로 얻게 된다.

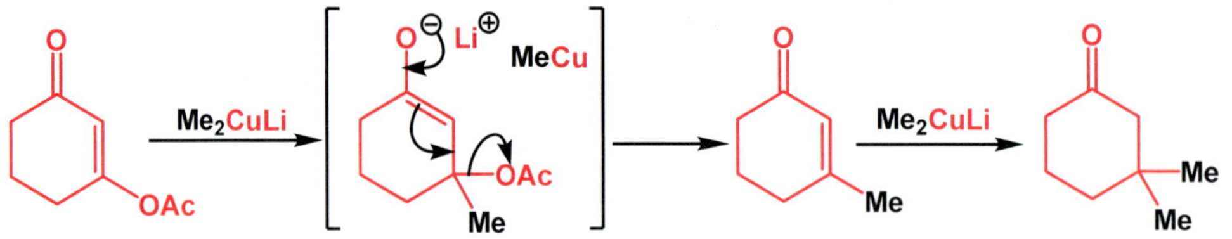

이상의 두 반응 예에서는 일차적으로 생성되는 enolate에서 이탈기가 떨어져서 enone이 재생성되는 반응이지만, 다음 두 반응은 이 enolate에 다른 친전자성 시약을 첨가하여 *in-situ*로 두 번째 반응을 진행시키는 예이다. Alkylcuprate의 작용으로 β-자리에 alkyl기를 도입하게 되고 이어 enolate에서 친전자성 반응물인 alkyl halide를 이용하여 α-자리에 두 번째 alkyl기를 도입하는 반응 예이다. 둘째 반응 예는 prostagrandin 골격을 가지는 생성물이 얻어지며 합성에 수차례 사용된 반응이다. Alkyl halide가 아닌 다른 친전자성 작용기를 갖는 화합물을 사용하여 첫 단계에서 형성되는 enolate와 반응시킬 수 있음은 물론이다.

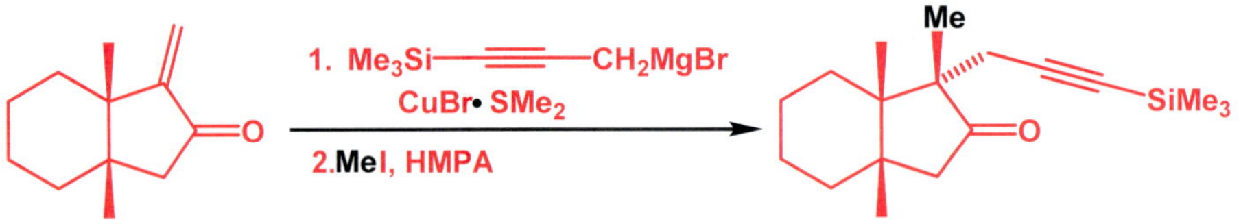

앞에서 언급했던 세 가지 종류의 cuprate 시약인 Gilman reagent, Norant regent, Knochel reagent 중에서 어느 것을 사용하는 것이 더 유리한가를 가려 볼 필요가 있다. 앞의 두 시약은 일차적으로 R–Cu가 생성되며 이는 더 이상 반응에 사용되지 않으므로 alkyl기의 절반만을 사용하는 꼴이 된다. Knochel cuprate는 반응성은 뒤지지만 alkyl기의 손실이 없다. 잘 응용하면 여러 작용기 존재하에 시약을 만들어 쓸 수 있다. 다음 Knochel cuprate를 합성하는 반응 하나를 살펴 보자. Hydroboration을 거쳐서 생성되는 alkylborane에 diethylzinc를 반응시키면 dialkylzinc를 거쳐 Knochel cuprate가 생성된다. 이 alkylcuprate는 분자내의 C–Br 결합으로 인해서 Li이나 Mg을 사용하여 생성될 수 없음은 자명한 일이다.

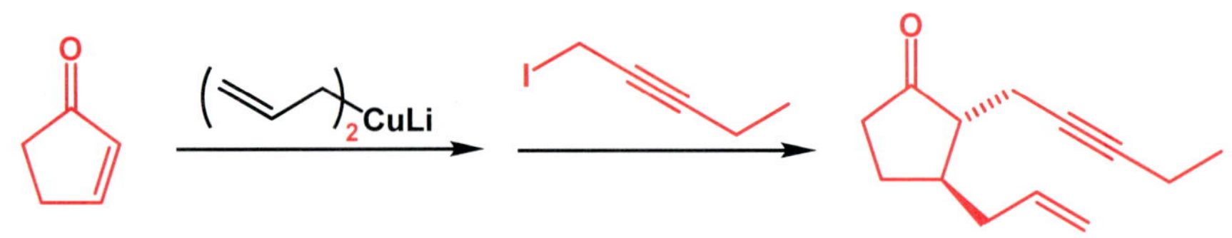

또한 enone의 치환기가 있는 경우에는 각각 alkyllithium, alkylmagnesium 시약에 견딜 수 있는 작용기만이 존재할 수 있다. 즉, ether, acetal 탄소–탄소 삼중결합 정도이다. 반면 Knochel cuprate의 경우에는 CO_2R, $R^1R^2C{=}O$, C≡N, Cl, RNH, NH_2, RC(=O)NH, sulfoxide, sulfone 등 다양한 작용기들이 반응 조건에서 견딜 수 있다. 따라서 복잡한 유기 화합물의 합성에는 Knochel cuprate가 단연 유리함을 알 수 있다.

또한 다음과 같이 보관이 가능할 정도로 비교적 안정한 thiophene의 유기구리 시약이 개발되어 여기에 alkyllithium과 친전자체를 차례로 첨가하면 간편하게 반응을 할 수 있는 길도 있다. 예컨대, alkylcuprate를 enone에 첨가할 경우에는 이 시약에 alkyllithium과 enone을 차례로 첨가하는 방식이다. 또한 alkyllithium과 alkyl halide를 차례로 첨가하면 아주 쉽게 coupling 생성물을 얻을 수도 있다. 이 시약의 장점은 단순히 조작의 편리함 때문만이 아니고 생성되는 cuprate 시약으로 한층 더 효율적으로 반응을 진행할 수 있기 때문이다. 이보다 더 쉽게 할 수가 있겠는가?

stable cuprate — 1. BuLi, 2. (cyclohexenone) — 90 % yield

stable cuprate — 1. BuLi, 2. $C_{10}H_{21}I$ — $C_{10}H_{21}$ 99 % yield

문제 7.6 본문에서 dimethylcuprate를 사용하는 다음 두 반응을 소개하였다. 이 두 반응에서 dimethylcuprate가 아닌 methyllithium과 반응시키면 어떤 문제가 있는가?

(a) Br → Me_2CuLi → Me (b) Br Br → Me_2CuLi → Me Me

문제 7.7 Lithium dibutylcuprate는 다음에 여러 화합물과 각각 어떤 반응을 하겠는가? 각각에 대한 반응식을 적어라. 만약 BuLi과 반응한다면 어떤 생성물을 얻게 되는가?

(a) NC (b) Br (c) (d) Br

(e)  EtO Cl (f) 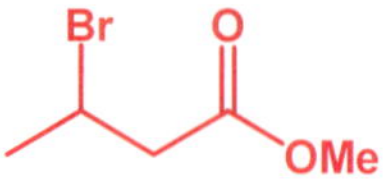 Br OMe (g) 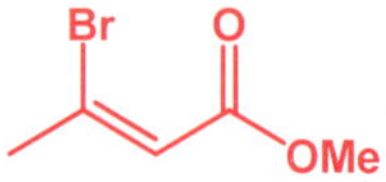 Br OMe

(h) 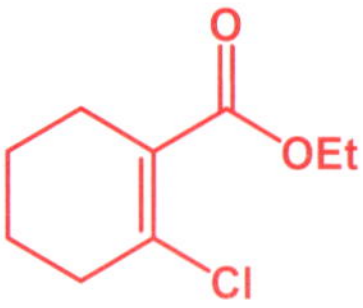 OEt Cl (i) 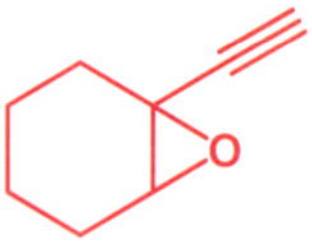 O (j)  OTs (k) 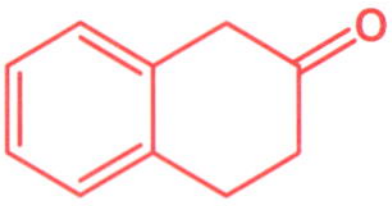 O

(l)  OAc (m) 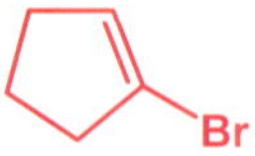 Br (n)  Br

문제 7.8 다음 두 반응의 생성물 A와 B를 예상하여 보라.

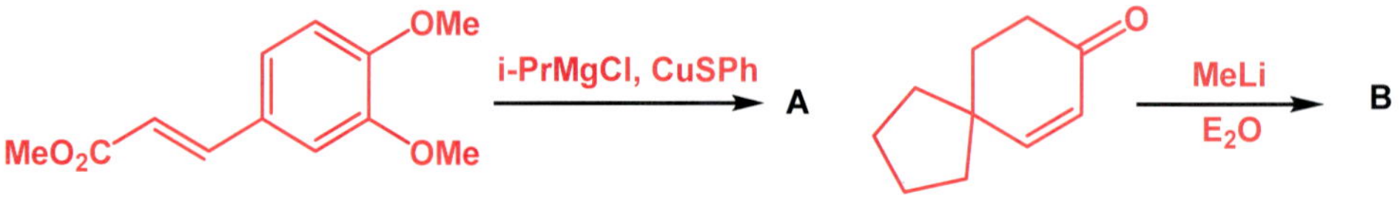

MeO_2C … OMe, OMe —(i-PrMgCl, CuSPh)→ A

—(MeLi, E_2O)→ B

문제 7.9 어떤 시약을 사용하여 가장 효과적으로 화합물 A와 B를 각각 합성하겠는가?

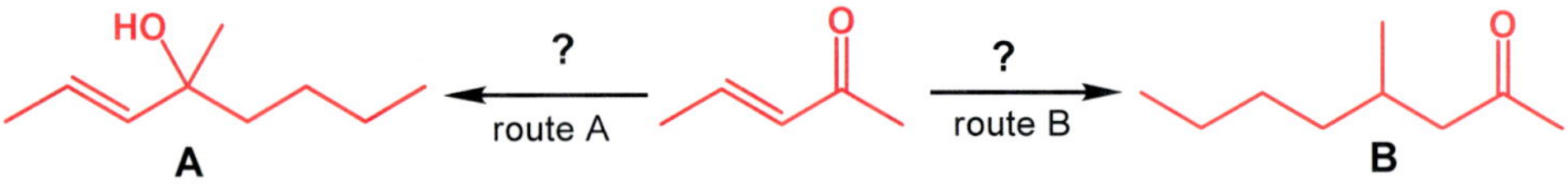

HO … A ←(? route A)— … —(? route B)→ B

문제 7.10 다음 세 반응은 두 반응물이 같지만 첨가물에 따라 다른 생성물을 얻게 된다. 생성물을 예측하라.

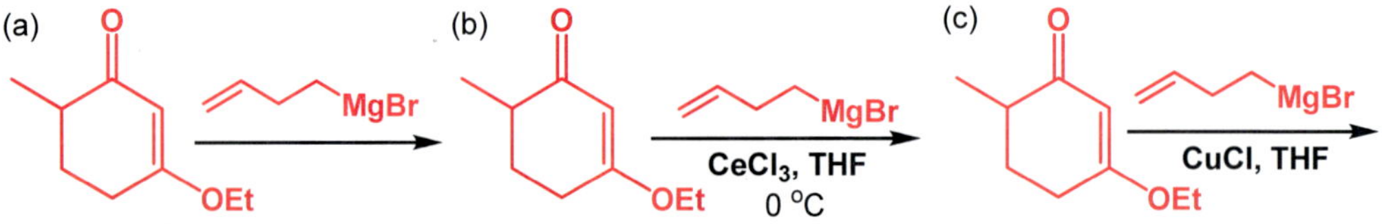

(a) O, OEt —(MgBr)→

(b) O, OEt —(MgBr, $CeCl_3$, THF, 0 °C)→

(c) O, OEt —(MgBr, CuCl, THF)→

문제 7.11 다음 두 반응은 dialkyl cuprate의 conjugate addition에 이어 또 다른 반응이 일어나서 최종 생성물에 이르게 된다. 어떻게 진행되는 반응인지 설명하여 보라.

(a) 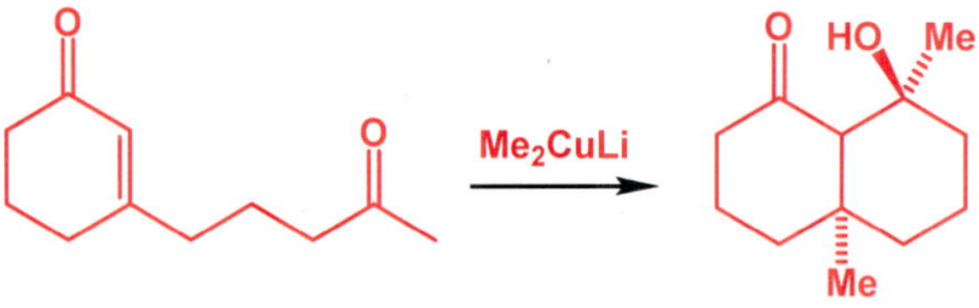 O … O —(Me_2CuLi)→ O, HO, Me, Me

(b) 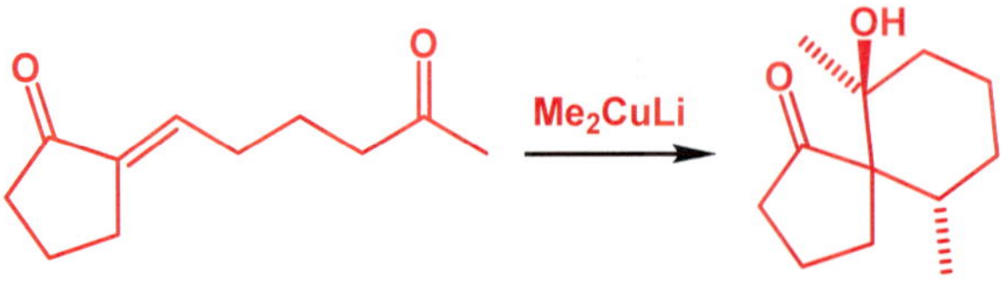 O … O —(Me_2CuLi)→ OH, O

문제 7.12 다음 두 enone 혼합물에 Me_2CuLi를 첨가하고 다시 KOH/methanol 용액으로 처리하면 어떤 과정을 거쳐 어떤 생성물을 얻게 되는가?

SiMe3
O
O
+
1. Me2CuLi
2. MeOH, KOH

Organozinc chemistry

7.9 General Properties of Organozinc Compounds

Zinc는 12족(IIB족) 원소로 같은 족의 cadmium이나 수은과 함께 낮은 에너지의 완전하게 채워진 *d* 오비탈을 가지고 있다. 따라서 donor 또는 acceptor의 성질을 나타내지 못하므로 2족(IIA족) 원소나 별반 다른 점이 없다. 금속 아연은 몇몇 유기 작용기의 환원에 많이 사용된다. 탄소–할로젠 결합은 Zn과 acetic acid의 조합으로 일어나는 경우가 많으며 **Clemmensen 환원**은 aryl ketone의 환원으로 곧은 탄소 사슬을 방향족 고리에 도입하는 방편으로 초급 유기화학 교재에서도 볼 수 있는 반응이다. 이들 환원 반응은 다른 곳에서 취급하게 되며 여기서는 주로 C–Zn 결합형성을 거치는 반응 중에서 유용한 몇 가지를 골라 논의하게 된다.

Zinc 또한 alkyl기와 결합하여 alkylzinc 화합물을 형성한다. BeR_2나 MgR_2와는 달리 ZnR_2는 monomeric form으로 존재한다. Diethylzinc는 녹는점이 –28°C, 끓는점이 118°C인 선형 분자이다. Zn–R–Zn의 bridge 형성은 유리한 결합이 아니다. 그러나 고립전자쌍 주개 ligand와는 coordination을 이룰 수 있다.

Me—Zn—Me
Me
Zn ← OMe_2
Me
Bu
Zn
Bu
N
N

또 다른 일반적인 형태의 Zn 화합물인 alkylzinc halide는 이와 달리 halogen을 중심으로 bridge를 형성할 수 있고, dimer 또는 trimer 형태로 존재할 수 있다.

X
R—Zn Zn—R
X
⇌
X
Zn—R
⇌
X—ZnR
RZn X
X—ZnR

유기 화합물과 금속 아연의 직접 반응으로 유기아연 화합물을 만들 때 사용되는 금속 zinc는 granule이나 sheet 형태로 사용되기도 하지만 zinc의 반응성이 낮기 때문에 고운 분말 형태로 사용하거나 아니면 수은 아말감[Zn(Hg)]이나 또는 Zn(Ag) 합금을 사용하기도 한다. 많은 경우 반응식에서는 **zinc copper couple**을 Zn(Cu) 또는 Zn/Cu로 표기하여 사용한다. 활성이 대단히 높은 zinc를 필요로 하는 경우에는 염화아연을 초음파 조사하에 금속 lithium으로 처리하여 만드는 **Rieke zinc**를 사용한다[2].

$$ZnCl_2 + 2\,Li \xrightarrow{\text{ultrasound}} \boxed{:Zn} + 2\,LiCl$$

Rieke zinc

Alkyl halide와의 반응은 Zn의 낮은 반응성으로 인하여 아주 활성이 큰 alkyl halide와만 반응을 하며, 대개의 경우에는 반응성이 조금이라도 더 큰 alkyl iodide를 사용하게 된다. Ethylzinc iodide와 diethylzinc는 ethyl iodide와 Zn을 반응시켜 얻는다. 유기수은 화합물은 Zn에 의해 수은(II)가 수은(0)으로 환원되면서 organozinc 화합물이 얻어진다. 반응이 더 큰 Li, Mg, Al 등의 alkylmetal과의 반응에서 transmetallation에 의한 organozinc 화합물의 합성은 예상할 수 있는 것과 같이 쉽게 행할 수 있는 반응이다.

$$CH_3CH_2I + Zn(Cu) \longrightarrow [CH_3CH_2ZnI] \longrightarrow (CH_3CH_2)_2Zn + ZnI_2$$

$$Zn + R_2Hg \longrightarrow R_2Zn + Hg$$

$$ZnCl_2 + 2\,RLi \longrightarrow R_2Zn + 2\,LiCl$$

$$3\,Zn(OAc)_2 + 2\,R_3Al \longrightarrow 3\,R_2Zn + 2\,Al(OAc)_3$$

Alkyl halide 중에서 아주 반응성이 큰 것 중의 하나는 *α*-halocarbonyl 화합물들이다. *α*-Bromoester를 이용하는 Reformatsky 반응은 오래 전에 개발되었고 그 당시에는 ester enolate를 얻는 유일한 방법이었다. 이 반응을 먼저 살펴본 후에 Simmons-Smith cyclopropanation 반응을 비롯하여 몇 가지 중요한 다른 organozinc 화합물들의 반응을 살펴보기로 한다.

7.10 Reformatsky Reaction

일반적으로 반응성이 큰 화합물의 경우에는 반응성이 낮은 금속인 Zn를 사용하는 경우가 많다. *α*-Bromocarbonyl 화합물을 Zn으로 처리하여 enolate를 생성하는 **Reformasky 반응**은 오랫동안 약한 산성 수소를 갖는 카보닐 화합물에서 정량적으로 enolate를 생성하는 유일한 방법이었다. 모든 금속 화합물이 마찬가지이지만 여기서도 enolate가 아닌 C–Zn 결합을 그리지 않도록 한다.

Br–CH(R)–C(=O)OEt —(:Zn)→ R–CH=C(OEt)–O–ZnBr ✕ BrZn–CH₂–C(=O)OEt

2 고체와 액체 또는 용액의 반응에서 초음파를 사용하면 고체 시약의 활성이 증가되고 반응 속도도 빨라진다. 불균일 혼합물의 반응에 자주 사용되는 기법이다.

카보닐 화합물의 α-탄소에 있는 Br과 같은 이탈기뿐 아니라 OR과 같은 열악한 이탈기 또한 홀전자 환원제에 의하여 쉽게 환원되어 떨어져 나간다. 형성과 과정은 위의 단순한 alkyl halide와는 다르다. 일단 초기의 전자전달이 일어나면, 여러 가지 경로로 진행되는 메커니즘을 그릴 수 있지만 결국에는 모두 zinc ester enolate 생성으로 이어진다.

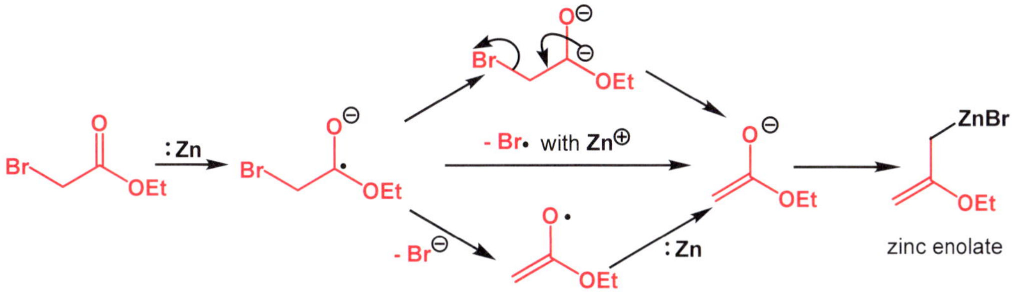

zinc enolate

실제로 전자이동이 어떻게 어떤 경로를 거치는가는 논란의 여지가 있으나 이에 개의치 않고 어색하기는 하지만, 다음과 같은 전자쌍 이동을 나타내는 화살표를 사용하여 메커니즘을 그려도 이해하는 데는 별 문제가 없다.

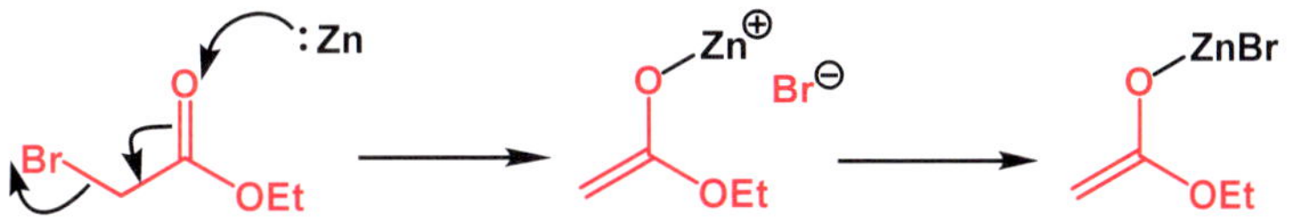

Reformatsky 시약은 ester와 condensation을 할 정도로 반응성이 높지 않으므로 생성 도중 채 반응하지 않은 α-bromoester와 반응하는데 따르는 문제 없이 전량 zinc enolate가 생성된다. 생성되는 zinc enolate는 흔히 반응성이 더 큰 카보닐 화합물과 같은 친전자체와 바로 반응시키게 된다. Ester보다 반응성이 더 큰 aldehyde나 ketone과는 무난하게 반응하여 aldol을 생성한다. α-Bromoaldehyde나 ketone으로부터 zinc enolate의 형성이 어려운 것은 α-haloaldehyde나 α-haloketone은 carbonyl기의 반응성이 높기 때문이다.

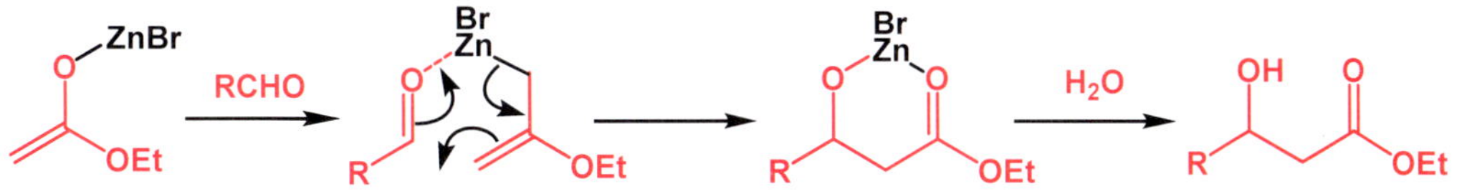

LDA와 같은 강력한 비친핵성 염기가 등장하기 전까지는 Reformatsky 반응은 ester enolate를 정량적으로 얻는 거의 유일한 방법이었다. Nitrile과의 반응도 일어나며 산 뒤처리를 거치게 되면 β-ketoester를 얻게 된다.

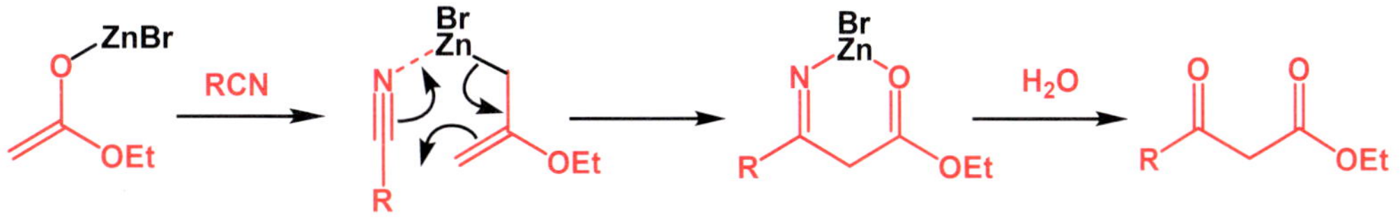

경우에 따라서는 α-bromoester와 ketone 또는 nitrile이 함께 존재하는 용액을 금속 아연과 반응시켜 반응을 진행하기도 한다.

1. metal or metal salt solvent, rt or heat
2. acidic workup

Zn solvent reflux

acidic workup

LDA나 KHMDS와 같은 강력한 비친핵성 염기를 사용하여 쉽게 ester enolate를 형성할 수 있는 요즈음에는 Reformatsky 반응의 중요성은 반감되었지만, α-haloester가 있다면 다음 반응에서 보는 바와 같이 효과적인 합성이 가능하다. 활성을 높이기 위하여 금속 아연보다는 다른 금속과 couple된 Zn(Ag) 또는 Zn(Cu)를 사용하는 경우가 많다. 또한 금속 아연 대신 금속 indium, Mn-Cp_2TiCl_2, Mg-$FeCl_3$ 등을 이용하는 개선된 반응도 상당 수 있다.

Zn(Ag), graphite THF, - 78 °C 20 min

92 % yield

Zn(Cu)

78 % yield

문제 7.13 다음 반응이 진행되는 과정을 알기 쉽게 메커니즘을 적어라.

X = Br

Zn

80 % yield

문제 7.14 Reformatsky 반응과 유사한 반응은 α-haloketone에서도 일어날 수 있다. 다음 반응은 어떤 과정을 거쳐 무엇이 생성될 수 있는가? 메커니즘을 그려라. Alkoxide를 사용하는 cyclohexanone과 benzaldehyde의 crossed aldol 반응과 비교하면 어떤 차이가 있는가?

Zn(Cu) DMSO

7.11 Alkylzinc Preparation and Reactions

반응성이 높은 α-bromocarboxylate를 이용하는 Reformatsky 반응 이외에도 zinc는 반응성이 큰 다른 alkyl halide와도 반응한다. Zinc의 반응성이 낮아서 alkyl halide 중에서 가장 반응성이 큰 iodide를 사용하는 경우가 많다. 앞에서 diethylzinc는 아연과 ethyl iodide와의 반응에서 곧바로 얻을 수 있음을 보았다. Diethylzinc는 증류하여 사용할 수 있을 정도로 안정한 화합물이다. 이는 곧 그만큼 반응성이 떨어진다는 의미이다. 여기서 diethylzinc의 반응을 두세 가지 살펴보면 반응성이 어느 정도인가를 알아볼 수 있다. Aldehyde와의 반응은 느리기는 하지만 진행된다. Lewis 산 역할을 하는 첨가물이 더해지거나 아니면 chelating agent를 첨가하면 반응성이 증가하지만 첨가가 아닌 alcohol을 얻게 된다. Aldehyde보다 반응성이 큰 acyl chloride와는 반응하여 ethyl ketone을 생성한다. Ketone과는 반응성이 낮아서 반응하는 예를 찾기 쉽지 않다. Benzophenone은 거의 환원 생성물만 얻게 된다.

Et_2Zn, ether
without $MgBr_2$ 5 %
with $MgBr_2$ 60%

Et_2Zn

이 정도이면 organozinc 화합물의 반응성이 낮다는 점을 인정하게 된다. 그러나 반응성이 큰 alkyl halide와는 금속 삽입 반응이 일어나서 RZnX 형의 Zn 화합물을 얻게 되며 반응성은 상당히 높아진다. 대개는 THF와 같은 용매 중에서 Zinc dust나 Zn(Cu)를 사용하는데, 상온에서 45°C의 반응 온도에서 대략 85% 이상의 수득률로 alkylzinc halide를 얻게 된다. Propargyl bromide와 allyl bromide는 반응성이 큰 편이어서 방향족 aldehyde 존재하에 zinc 또는 zinc-copper couple과 반응하여 propargyl 또는 allyl group의 첨가 생성물을 생성한다.

Zn(Cu), THF — 82 % yield

Zn, THF, aq. NH_4Cl, 25 °C — 75 % yield

탄소-할로젠 결합에 Zn이 삽입되는 이 반응은 Zn의 낮은 반응성으로 응용 범위가 좁을 것으로 생각할 수도 있으나, 거꾸로 상당히 많은 작용기에 견디어 낼 수 있다는 장점이 있다. 다음에 표시된 몇몇 organozinc 화합물을 보면 어떤 작용기와 compatible한지를 알 수 있다. Nitro, azide, hydroxy, acyl chloride 등 몇몇 작용기는 살아남지 않지만 앞의 반응 예에 있는 탄소–탄소 삼중결합이나 이중결합을 비롯하여 CO_2R, enolate, CN, enone, $(RCO)_2N$-, RNH, NH_2, RCONH, $(RO)_3Si$, RSO_2, 등 많은 작용기가 살아남는다. 다음은 반응성이 큰 작용기를 가지는 몇몇 halide로부터 생성 가능한 alkylzinc halide의 예들이다.

다음 반응은 먼저 생성되는 alkylzinc iodide가 α,β-불포화 카보닐에 첨가되는 반응이다. 이 반응은 라디칼 성격을 가지는 것으로 파악되고 있으나 메커니즘에 상관없이 유용하게 쓰이는 반응이다. Ultrasound는 고체 금속 또는 금속 염과 같은 용해도가 낮은 시약을 사용하는 불균일 반응 혼합물의 반응을 수행하는 데 대단히 효과적이다.

Zn (Cu)
EtOH, H_2O
ultrasound
95 % yield

α,β-불포화 카보닐에 친핵성 첨가가 일어나면 enolate가 형성된다. 다음 반응은 alkylzinc iodide가 acrylonitrile과 conjugate addition을 일으켜서 생성되는 음이온 중간체가 용매로 쓰인 acetone과의 카보닐 첨가가 일어나는 반응이다. α,β-불포화 nitrile로의 conjugate 첨가와 acetone으로의 direct 첨가가 연속적으로 일어나서 한 용기 내에서 두 번의 탄소–탄소 결합이 형성되는 반응이다.

Zn
acetone
Heat
97 % yield

β-Halocarbonyl 화합물은 역시 금속 zinc와 반응한다. 생성물의 구조는 다음 식에서와 같이 일반적인 구조를 그릴 수 있으나, 이는 카보닐 산소와 zinc 간의 강한 coordination이 추진력이며 또한 cyclopropanone의 hemiacetal 형태의 구조라고도 생각할 수 있다.

Zn
via
or

실제로 다음 식에서와 같이 Na+TMSCl로 얻어지는 이와 같은 형태의 화합물은 $ZnCl_2$로 처리하면 같은 Zinc 화합물이 얻어지는 것이 확인되었다.

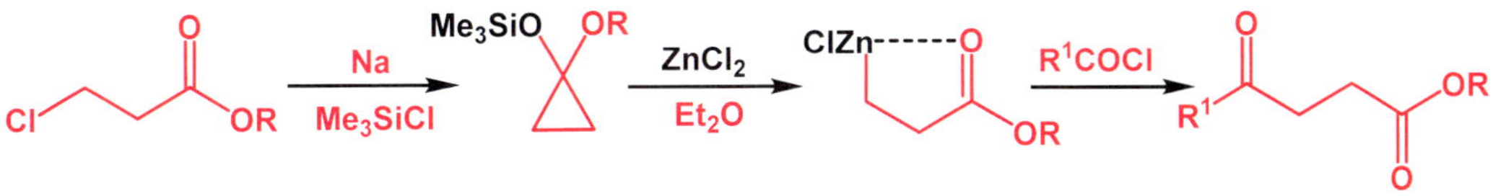

간편하게 β-iodocarboxylate를 Zn으로 처리하여 얻어지는 이 중간체는 다른 alkylmetal과 같이 aldehyde에 첨가된다. 아래 반응은 Ti 화합물로 활성화된 benzaldehyde에 첨가되어 다섯-원자 고리 lactone을 얻는 반응 예이다.

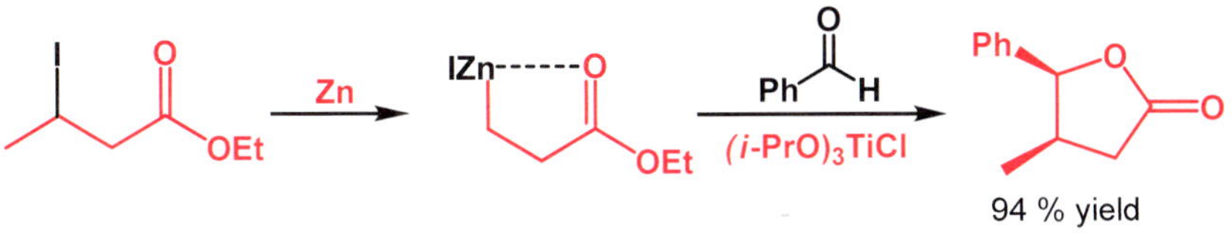

94 % yield

Alkylzinc의 낮은 반응성으로 aldehyde와 ketone 이외의 ester와 같은 반응성이 떨어지는 카복시산 유도체와의 반응은 일어나지 않는다. Aldehyde나 ketone보다 반응성이 큰 acyl chloride는 alkylzinc와 반응하여 ketone을 생성한다. Acyl chloride와 반응하여 ketone을 생성하는 것은 alkylcopper, alkylcadmium 등 일반적으로 반응성이 낮은 alkylmetal이 공통적으로 할 수 있는 반응이다. 다음 반응 예에서처럼 α,β-불포화 acyl chloride는 다른 α,β-불포화 ketone이나 aldehyde와는 달리 conjugate 첨가가 일어나지 않는다는 사실을 이해할 필요가 있다.(이는 앞의 유기구리 화합물에서도 확인한 바 있다.)

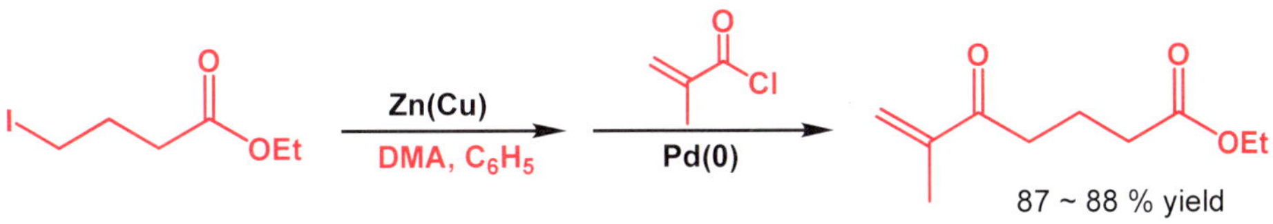

87 ~ 88 % yield

물이나 알코올 같은 양성자성 용매 속에서 alkyl halide를 Zn 또는 Zn(Cu)와 반응시키면 할로젠이 양성자로 바뀌는 환원 반응이 일어난다. 이는 먼저 organozinc 화합물이 생성되고 나서 물과 반응하는 것이라 할 수 있다.

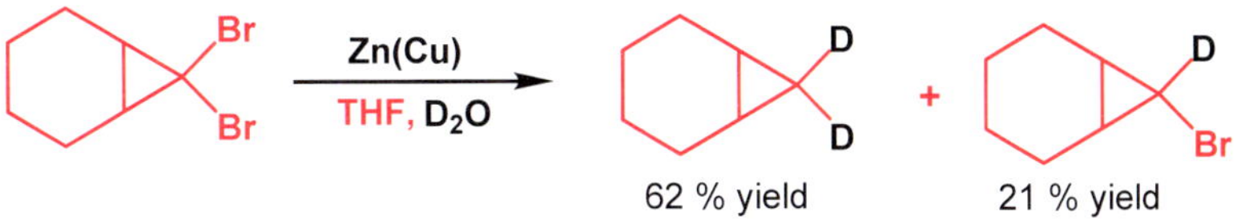

62 % yield 21 % yield

Zinc dust는 1,2-dihalide나 2-alkoxy halide 유도체들과 쉽게 반응하여 alkene을 생성하는데 이 또한 먼저 alkylzinc를 중간체로 경유하는 반응이라고 보아야 할 것이다. 특히 이 반응은 다음 반응 예에서와 같이 아주 반응성이 높은 ketene이나 allene, alkyne 등의 일반적인 방법으로는 만들기 쉽지 않은 화합물들을 만드는 데 효과적이다.

Zn(Cu)
Et_2O
80 % yield

Cl_3C Cl + Zn dust Et_2O Cl Cl H O
77 ~ 83 % yield
via Cl Cl O ketene

Zinc 화합물은 다른 alkyl, aryl 또는 alkenyl halide와의 coupling 반응을 할 수 있어 그 용도가 크게 확장되었다. 위에서 본 것처럼 다양한 작용기가 들어 있는 유기금속 화합물로 적절한 방법으로 이를 활성화하면, 오히려 반응성이 큰 유기금속 화합물에 비해 유리한 점이 될 수도 있다. 그러나 이러한 반응들은 Ni, Ti, Zr, Pd와 같은 다른 전이금속 촉매를 필요로 한다. 다음 반응은 유기금속 화합물과 alkenyl halide의 Pd(0)-촉매 coupling 반응의 하나로 organozinc 화합물을 사용하는 이 반응은 **Negishi coupling**이라고 부른다. 이는 전이금속 촉매 반응을 다루는 Chapter 10에서 상세히 다루게 된다.

OAc
Zn, Pd(0)
THF
25 °C
70 % yield

문제 7.15 일어나는 순서대로 다음 반응 메커니즘을 그려라. 첨가물은 어떤 역할을 하는가?

OP(O)(OEt)$_2$
Zn, LiI(cat.)
DMPU
30 °C, 48 h
CO_2Bu-t
Br
0 °C, 5 min
CO_2Bu-t
HO N N OH
O
dimethylolpropyleneurea

문제 7.16 본문의 다음 반응이 일어나는 순서에 따라 메커니즘을 그려라. 반응 순서가 바뀌게 되면 어떻게 되겠는가?

CN + I + O
Zn
acetone
Heat
CN
OH

7.12 Simmons-Smith Cyclopropanation

Cyclopropane을 형성하는 가장 쉬운 방법은 alkene에 **carbene**을 첨가하는 것이다. Carbene과 유사한 반응을 할 수 있는 화학종을 carbenoid 또는 carbene equivalent라고 부른다. 이들은 실제로 carbene을 생성하여 반응이 일어나는 것은 아니지만 C–C π-결합에 첨가되어 cyclopropane을 생성한다. Zinc-copper couple을 diiodomethane과 반응시키면 iodo-methylzinc iodide가 생성된다. 이를 **Simmons-Smith reagent**라고 부르며 이를 이용하는 **Simmons-Smith cyclopropanation**은 가장 많이 사용되는 cyclopropane 합성법이다. Alkene과 반응하면 아래 보기 반응에서처럼 높은 수득률로 cyclopropane 유도체를 만들 수 있다.

Simons-Smith reagent

Simons-Smith reaction

86 ~ 92 % yield

Simmons-Smith reagent는 Zn(Cu)과 같은 활성화된 아연을 사용하게 된다. 생성되어 실제 사용되는 Simmons-Smith reagent는 iodomethylzinc iodide라고 표시하지만 다음과 같이 두 Zn carbenoid의 평형 혼합물이라고 할 수 있다.

structure of Simons-Smith reagent

실제로 cyclopropanation의 경우 carbene이 생성되는 것이 아니고 다음과 같은 concerted 메커니즘에 의하여 carbene을 transfer하게 된다.

X = I or CH_2I

실험실에서 보다 쉽게 zinc carbenoid를 생성하여 사용하는데는 Zn(Cu) 대신에 diethylzinc를 사용하는 것이 훨씬 편리하다. Diethylzinc는 증류가 가능한 안정한 화합물임은 앞에서 이야기한 바 있다. Diiodomethane과의 반응으로 iodomethylethylzinc와의 평형이 이루어지고 iodomethylzinc iodide와 같은 역할을 하며 cyclopropanation 반응이 일어나게 된다.

이 반응은 epoxidation과 같은 입체특이성 (stereospecific) 반응으로 반응물인 alkene의 stereochemistry는 완벽하게 유지된다. *cis*- 및 *trans*-3-hexene의 다음 반응을 보면 이를 확인할 수 있다.

위의 반응 예에서와 달리 alkene의 양쪽 탄소에서의 치환기가 달라지면 alkene 평면의 어느 쪽으로 반응이 일어날 것인가의 문제가 발생한다. 이 경우에 stereoselectivity를 좌우하는 아주 중요한 역할을 하는 기가 OH기이다. Hydroxyl기를 이웃하는 allylic alcohol의 경우에는 다음 2-cyclohexenol의 반응에서 보는 것처럼 >99% 이상의 selectivity로 hydroxyl기와 같은 방향으로의 cyclopropanation이 일어난다. 마치 epoxidation 반응에서처럼.

Allylic alcohol의 cyclopropanation은 stereoselective하게 일어날 뿐만 아니라 반응속도 또한 대단히 빨라진다. Hydroxyl기와 같은 작용기가 없는 일반 alkene의 cyclopropanation보다 무려 100배 이상 빠른 것으로 알려져 있다. 반응속도의 증가는 전이상태 에너지가 낮아지는 것을 의미하는데, 이는 zinc와 hydroxyl기 간의 coordination에 기인하는 것임을 알 수 있다. 다음 전이상태 구조를 보면 selectivity와 반응속도의 증가 요인이 무엇인가를 이해할 수 있을 것이다. Hydroxyl기와의 coordination으로 Zinc 화합물의 C–Zn 결합은 약화되고 그만큼 반응성이 증가된다.

다음 보기 반응에서도 cyclopropanation은 예외 없이 hydroxyl기와 같은 쪽에서 쉽게 일어나는 것을 재삼 확인할 수 있다.

Cyclopropanation은 diazomethane이나 다른 diazo 화합물을 이용할 수도 있고, 그 외에 여러 방법이 알려져 있으나 치환기가 없는 단순한 cyclopropanation에는 Simmons-Smith 반응보다 더 편리한 반응이 없다. Diazomethane에서 얻어지는 carbene은 cyclohexene과의 반응에서 다음에 보는 바와 같이 다양한 C–H insertion 생성물을 비롯한 여러 부산물이 다량 생성되는 쉽지 않은 반응이다.

$$\text{cyclohexene} + :CH_2 \text{ (from } CH_2N_2) \longrightarrow 10\% + 25\% + 25\% + 40\%$$

문제 7.17 입체화학을 포함하여 다음 화합물의 Simon-Smith 반응 생성물을 그려보라.

(a) Ph, CH_3 (b) Ph, CH_3 (c) OH (d) OH

Organocadmium Reagents

7.13 Reactions of Organocadmium Compounds

Cadmium은 유기 반응에서 가장 사용빈도가 낮은 금속 중에 하나이다. Cd를 비롯해서 organocadmium 화합물들도 반응성이 너무 낮기 때문이다. Cd(II)를 환원하여 얻는, 특별히 반응성이 큰 금속 Cd는 반응성이 높은 몇 개의 alkyl halide와 반응할 정도이다.

$$\text{NC-}C_6H_4\text{-}CH_2Br \xrightarrow[\text{freshly prepared}]{Cd} \text{NC-}C_6H_4\text{-}CH_2CdBr$$

쓰임새 있는 화합물은 $CdCl_2$ 정도이다. Organocadmium 화합물들은 거의 전부가 alkyllithium이나 Grignard 시약과 $CdCl_2$와의 금속교환 반응으로 얻어 사용한다.

$$CdCl_2 + 2\,R\text{—}Li\ (\text{or } 2\,R\text{—}MgBr) \longrightarrow R_2Cd + 2\,LiCl\ (\text{or } 2\,MgXCl)$$

Dialkyl cadmium은 alkyl cadmium halide 쪽으로 훨씬 유리한 평형을 이루고 있다.

$$Me_2Cd + CdI_2 \overset{K}{\rightleftharpoons} 2\,MeCdI \qquad K = 100$$

Organocadmium 시약 중에서 사용 용도가 있는 것은 dialkyl cadmium 정도이며 반응성이 낮아서 카보닐 화합물 중에서도 반응성이 가장 높은 acyl chloride 정도만이 반응을 한다. 반응이 끝나면 ketone이 얻어지게 되는데 이 시약은 ketone과도 거의 반응하지 않는다. 이는 alkyllithium이나 Grignard 시약이 다시 더 첨가 반응이 일어나서 3차 alcohol을 생성하는 것과 다른 점이다.

only acid chlorides react

NO REACTION

이를 거꾸로 이용하면 acyl chloride를 이용한 ketone 합성에 사용될 수 있다는 점이다. 분자내에 다른 카보닐기가 있어도 방해를 받지 않는다. 이 반응은 Grignard 시약이 발견된 후 얼마 되지 않아(1936년) 발견된 것으로 현재에는 후속 연구도 이루어져 있지 않고, 이 같은 변환을 수행하는 보다 편리한 방법이 많이 개발되어 있어 자주 사용되지 않는 반응이다.

사용되는 Cd 시약은 Grignard 시약에 $CdCl_2$를 첨가하여 얻으며 여기에 acid chloride를 반응시키게 된다. 다음 보기 반응에서와 같이 반응성이 낮은 ester는 반응하지 않으며 carboxyl chloride만이 선택적으로 반응하여 ketone을 생성한다.

73 % yield

카복시산 염화물 다음으로 반응성이 큰 aldehyde와도 반응을 할 수 없는 것은 아니다. 그러나 cadmium 시약이란 alkyllithium이나 magnesium 시약으로부터 만들어야 하는데, 이렇게 하여 얻어지는 시약이 반응은 느리고 그렇다고 별다른 특징이나 선택성을 나타내지 못하면 하등 만들어 써야 할 이유가 없게 된다.

다음은 그나마 합성 반응에 사용할 충분한 이유가 있는 반응의 한 예이다. α,β-불포화 ester의 lithium enolate와 aldehyde 간의 반응이다. LDA로 생성된 enolate를 낮은 온도에서 그대로 aldehyde와 반응하면 α 탄소에서 반응이 일어나서 새로운 C–C 결합이 형성되지만, $CdCl_2$를 첨가하여 alkylcadmium 시약을 생성한 후에 aldehyde와 반응시키면 regioselectivity가 뒤바뀌어 주로 γ 탄소에서 탄소–탄소 결합이 형성된다.

LDA, - 78 °C, quenched at - 78 °C	100 : 0	(79 % yield)
LDA, $CdCl_2$, - 78 °C, quenched at - 78 °C	15 : 85	(90 % yield)

앞에서 금속 Zn을 이용하는 Refomatsky 반응을 학습하였다. Rieke Cd를 대신 이용하는 방법이 알려져 있으며 다른 여러 금속에 비해 상당히 좋은 수득률을 나타낸다. 그나마 쓰임

새가 있는 반응이라 할 수 있다.

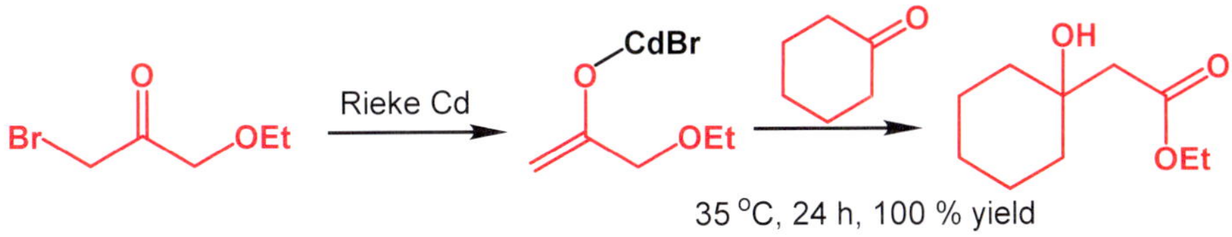

지속적인 연구가 이루어졌다면 아마도 상당히 유용한 반응이 개발될 수 있었을 것 같으나 후속 연구가 이루어지지 않아 응용 예가 많지 않다. Organocadmium 시약의 alkyl halide, epoxide, ketone 등의 친전자성 중심을 가지는 다른 유기 작용기와의 반응은 일어나지 않는다고 보면 된다.

Organomercury Chemistry

유기수은 화합물의 화학은 오래 전부터 다양하게 연구되어 왔는데 주로 약리학적인 목표하에서 진행되어 왔다. 또한 C–Hg 결합은 물에도 안정하고 공기에 의해서도 쉽게 변하지 않는 특성 때문에 유기금속 화학의 태동기 적부터 폭넓게 연구되어 왔다. PhHgOAc 유형의 화합물은 예전부터 진균제, 방부제, 살균제 등의 목적으로 사용되어 왔으나 현재에는 별로 사용되지 않는다. 오늘날에는 몇몇 반응을 제외하고는 유기합성 반응에 크게 사용되지 않는 추세이고 교과서에서도 점차 사라져 가는 추세이다. 그럼에도 몇몇 반응은 합성에 아직도 유용하게 사용되고 있다. Organomercury 화합물을 이용하는 라디칼 반응도 합성 반응으로 자주 오르내리는 반응의 하나인데, 이는 다음 라디칼 화학을 다루는 절에서 다루기로 한다.

7.14 General Preparation of Organomercury Compounds

유기수은 화합물의 제조법은 다른 금속 화합물의 제조법과 크게 다르지 않다. 반응성이 상당히 큰 organo halide는 빛 조사하에 금속 수은과 반응하여 organomercury 화합물을 얻을 수 있다. Benzylic halide, α-halocarbonyl 화합물이나 nitrile 등이 이에 해당된다. 가급적 반응성이 큰 iodide를 이용하는 것이 유리하다.

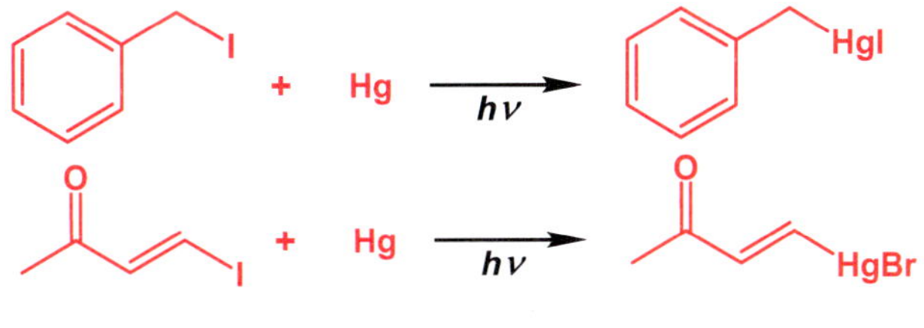

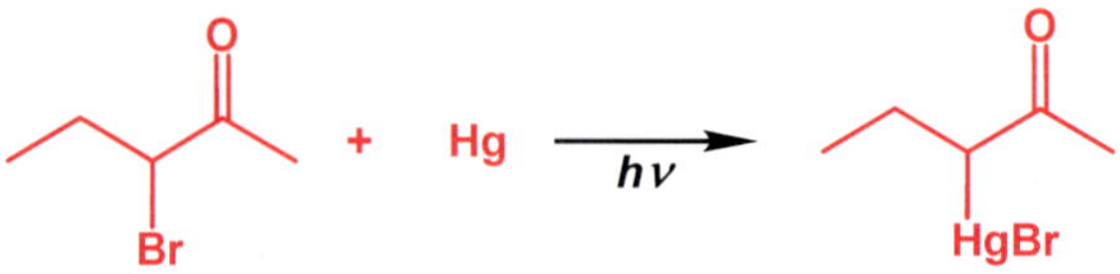
O
Br
+ Hg
hν
O
HgBr

반응성이 낮은 alkyl 또는 aryl halide는 sodium amalgam(Na/Hg)과 같은 활성 금속의 합금을 사용하면 상당히 좋은 수득률로 유기수은 화합물을 얻을 수 있다.

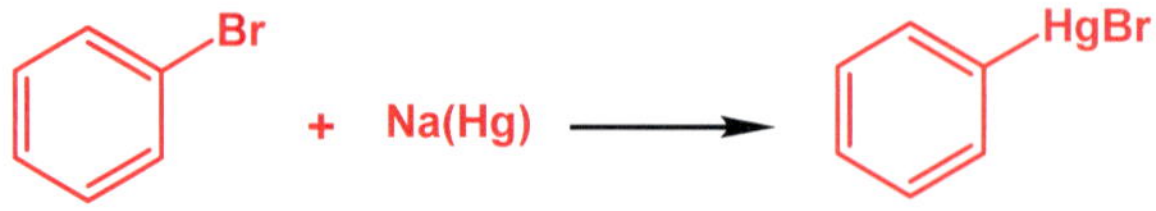
Br
+ Na(Hg)
HgBr

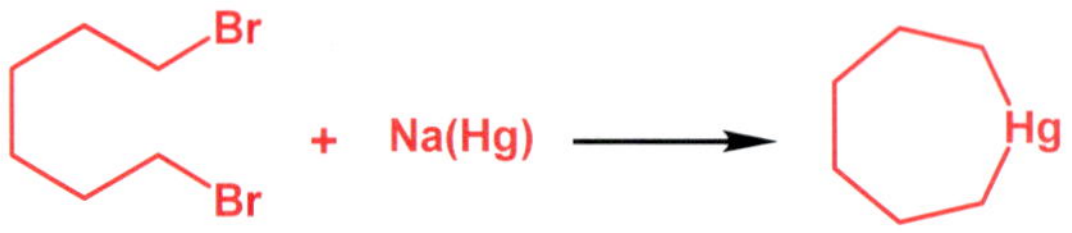
Br
Br
+ Na(Hg)
Hg

Organolithium 또는 magnesium 화합물은 어떤 경로로 만들던지 간에 Hg(II) 염을 사용하면 쉽게 transmetallation이 일어나서 쉽게 얻을 수 있다.

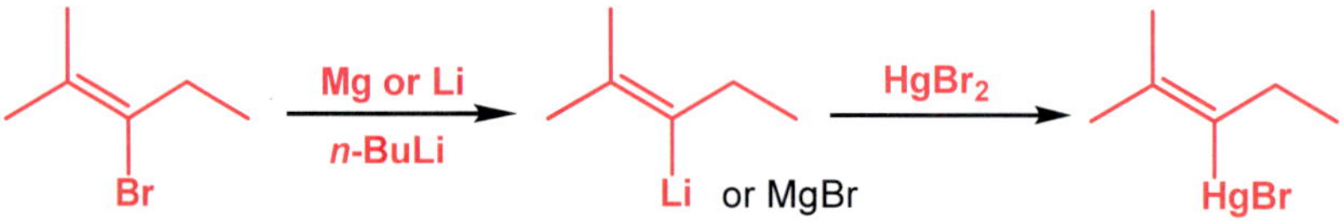
Br
Mg or Li
n-BuLi
Li or MgBr
HgBr2
HgBr

위에 여러 가지 방법을 열거하였으나 실제로 이와 같은 반응을 거쳐 유기합성에 사용하는 경우는 많지 않다. 분자내에 쉽게 enolization이 일어나는 카보닐 화합물은 의외로 쉽게 mercuration이 일어난다. Aldehyde나 ketone 또는 nitrile과 같은 활성화된 C–H 결합이 C–Hg 결합으로 바뀌게 된다.

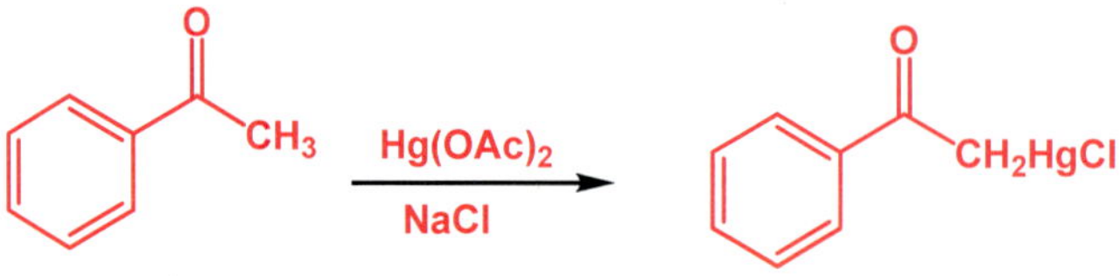
O
CH3
Hg(OAc)2
NaCl
O
CH2HgCl

Acetonitrile의 경우에는 세 enolizable proton이 모두 없어질 때까지 계속적으로 치환이 일어나는 경우도 있다.

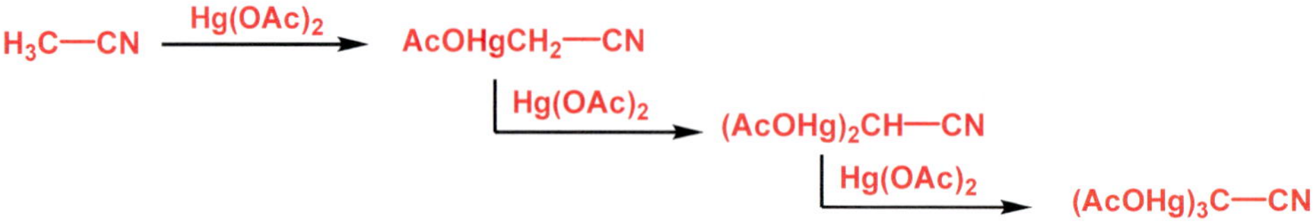
H3C—CN
Hg(OAc)2
AcOHgCH2—CN
Hg(OAc)2
(AcOHg)2CH—CN
Hg(OAc)2
(AcOHg)3C—CN

금속교환 반응에 의한 유기수은 화합물의 제조에 특기할 사항은 alkylborane을 포함하여 alkylboronate 등 대부분의 C–B 결합은 수은 염과 아주 쉽게 반응하여 유기수은 화합물을 생성한다는 점이다.

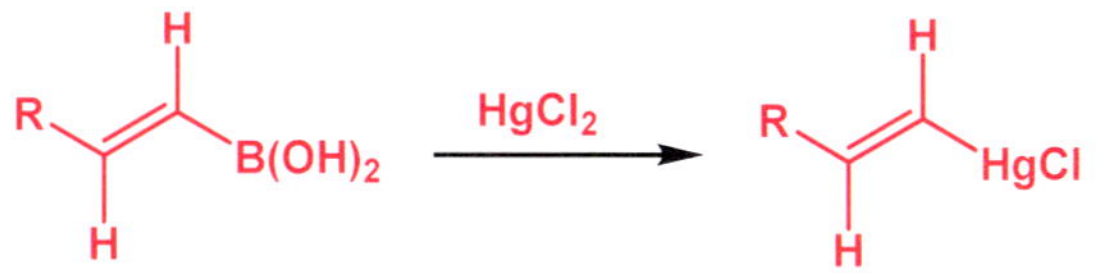

다음 반응 예에서 보는 바와 같이 alkene의 hydroboration을 이용하면 거의 만들 수 없는 boron 화합물이 없을 정도이며, 이는 결과적으로는 alkene에 regioselective하게 hydromercuration을 하는 것과 같이 되므로 필요한 유기수은 화합물의 합성에 자주 사용하게 된다.

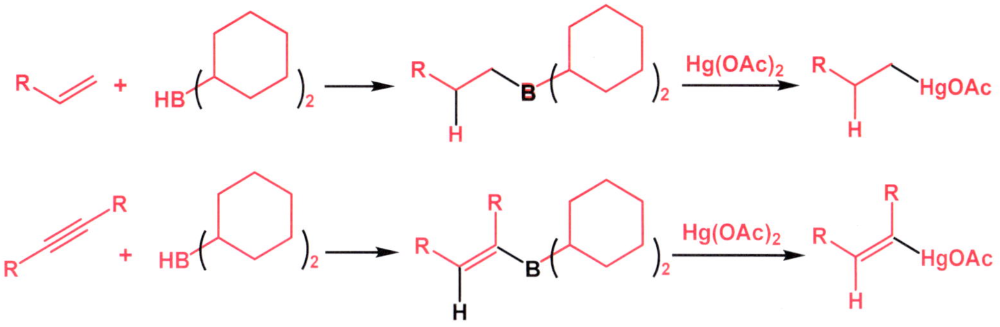

7.15 Mercuration of Aromatic Compounds

방향족 화합물, 특히 전자주개기로 치환된 반응성이 큰 화합물들은 친전자성 방향족 치환이 쉽게 일어나며 수은을 포함한 친전자성이 큰 몇몇 금속 염은 직접 치환이 가능하다.

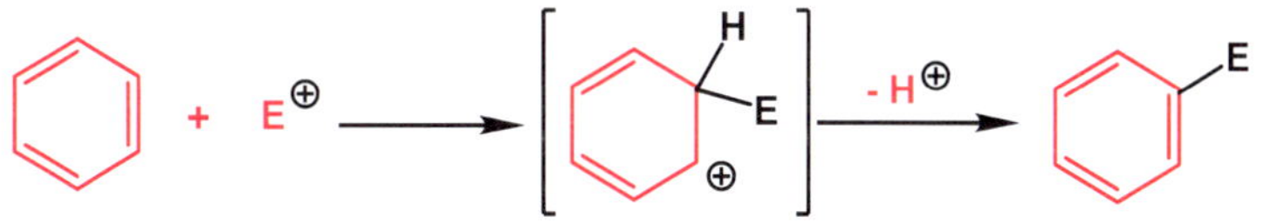

Hydroxy, alkoxy, amido group를 가지고 있어 전자밀도가 증강된 방향족 화합물에서는 친전자성 치환이 더욱 쉽게 일어난다. 수은과 더불어 방향족 고리에 쉽게 metallation이 일어나는 금속은 Tl으로 이는 이미 Chapter 4에서 다루었던 반응이다.

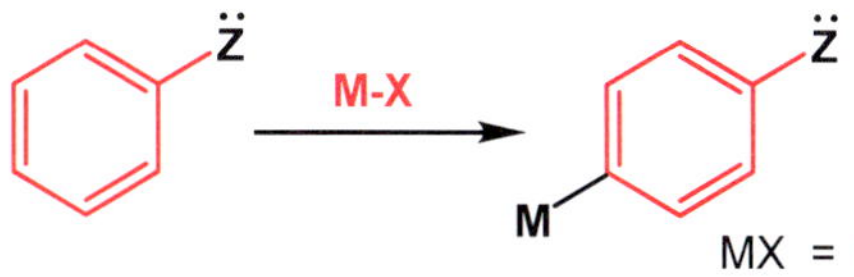

MX = $Hg(OC(O)CF_3)_2$, $Tl(OC(O)CF_3)_3$, $Pb((OC(O)CF_3)$

Z = OMe, SMe, NHC(O)R, NHC(O)R, OC(O)NHR

수은(II) 화합물 또한 친전자성 방향족 치환 반응을 일으킨다. 다음 반응 예에서는 phenol과 수용성 mercury(II) acetate와의 반응으로 mercuration 반응이 일어난다.

$Hg(OAc)_2$, AcOH → HgOAc; aq. NaCl → HgCl
44 % yield (overall)

같은 반응 조건에서 furan을 비롯한 다른 친전자체와의 반응성이 큰 헤테로방향족 화합물들도 쉽게 mercuration이 일어난다.

$HgCl_2$ → HgCl; $HgCl_2$ → ClHg, HgCl

Boronic acid를 비롯하여 방향족 고리에 전자배척 이탈기(electrofugal leaving group)가 치환되어 있으면 *ipso* 치환이 일어난다. 다음은 phenylboronic acid와 phenyltrifluorosilane에서 C–B와 C–Si 결합이 깨지면서 이들 치환기가 수은으로 바뀌는 *ipso* 치환 반응의 예들이다.

$B(OH)_2$ + $HgCl_2$ + H_2O → HgCl + $B(OH)_3$ + HCl

SiF_3 —HgO→ Hg

이렇게 하여 얻어지는 arylmercury halide는 다음 몇 가지 반응에서 보는 바와 같이 반응성이 큰 친전자성 시약과 반응하여 다양한 반응을 할 수 있다. 황과 가열하면 다음과 같이 쉽게 diphenyl disulfide를 생성한다. (Diphenyl diselenide도 유사한 방법으로 제조한다.)

2 HgCl —S_8, 140 ~ 180 °C→ S—S

할로젠 분자와의 반응으로 쉽게 halogen으로 치환이 가능하다. Arylmercury 화합물이 쉽게 Br_2 또는 I_2과 반응하므로 이를 이용하는 aryl halide의 합성법은 효율적이라고 할 수 있다.

HgCl —Cl_2→ Cl + $HgCl_2$

방향족 화합물의 경우에는 Br이나 I가 Cl에 우선하여 치환이 일어난다.

HgX —Cl_2→ X + Cl
X = Br, I
up to 80 % yield

Benzene은 수은(II) 화합물과 iodine을 섞어 함께 반응하면 iodobenzene을 얻을 수 있다. 방향족 화합물의 direct iodination은 가능하지 않으므로 어차피 몇 단계를 거쳐야 도입할 수 있으며 다음 반응은 합성 반응으로 충분히 가치 있는 반응이다. Phenylmercury(II) 화합물을 중간체로 경유하게 되는 것은 물론이다.

$$\text{C}_6\text{H}_6 + Hg(OAc)_2 + I_2 \xrightarrow{HClO_4} \text{C}_6\text{H}_5\text{I}$$

앞에서 C–B 결합이 수은(II) 염과의 반응으로 C–Hg 결합으로 바뀌는 반응으로 보았으나 거꾸로 방향족 화합물은 mercuration으로 얻는 화합물을 borane과 반응시키면 arylborane을 얻을 수 있다. 어차피 arylborane은 hydroboration을 거쳐 합성할 수는 없기 때문에 유용하게 사용될 수 있다. 얻어지는 arylborane은 다음 산화 반응뿐만 아니라 alkylborane이 할 수 있는 그 외에 여러 가지 반응을 할 수 있다.

$$\text{C}_6\text{H}_5\text{HgCl} \xrightarrow{BH_3} \text{C}_6\text{H}_5\text{BH}_2 \xrightarrow[NaOH]{H_2O_2} \text{C}_6\text{H}_5\text{OH}$$

반응성이 큰 acyl halide는 arylmercury 화합물과 반응하여 ketone을 생성한다. 반응성이 낮은 cadmium, copper 등의 유기금속 화합물이 공통적으로 하는 반응이다.

$$\text{C}_6\text{H}_5\text{HgCl} + \text{RCOCl} \longrightarrow \text{C}_6\text{H}_5\text{COR} + HgCl_2$$

다음에 나타낸 allylic halide나 α,β-불포화 카보닐 화합물과의 반응은 Pd(II)를 촉매로 사용하여 일어난다. 유기수은 화합물만으로는 반응성이 낮아 반응하지 않으며 Pd 촉매 존재 하에서는 aryl기와 Pd가 C–C π-결합에 첨가되고 이어서 염소와 Pd가 떨어진다. 여기서는 반응 결과만을 보고 지나가게 되며 이 반응이 어떻게 진행되는가는 전이금속 촉매 반응을 (Chapter 10) 학습한 후에 알게 된다.

$$\text{C}_6\text{H}_5\text{HgCl} + \text{CH}_2\text{=CHCHClCH}_3 \xrightarrow[CuCl_2]{LiCl + PdCl_2} \text{C}_6\text{H}_5\text{CH}_2\text{CH=CHCH}_3$$

다음 acrolein과의 반응은 결과만을 보면 aryl halide가 이중결합에 conjugate 첨가가 일어나는 꼴이 된다.

$$\text{C}_6\text{H}_5\text{HgCl} + \text{CH}_2\text{=CHCHO} \xrightarrow{CuCl_2 + PdCl_2} \text{C}_6\text{H}_5\text{CH}_2\text{CHClCHO}$$

반응은 위의 반응과 비슷하게 진행되지만 이번에는 HPdCl이 떨어지게 된다. 여기서 생성되는 HCl이 생성물인 치환 α,β-불포화 카보닐에 첨가되는 반응이다.

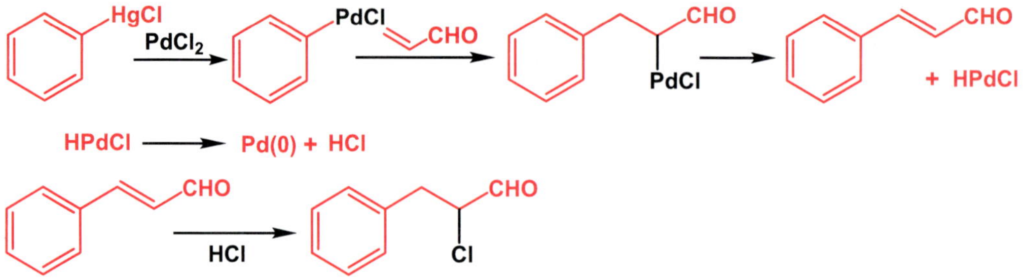

문제 7.18 다음 반응은 어떤 단계를 거쳐 일어나는지 메커니즘을 그려 보라.

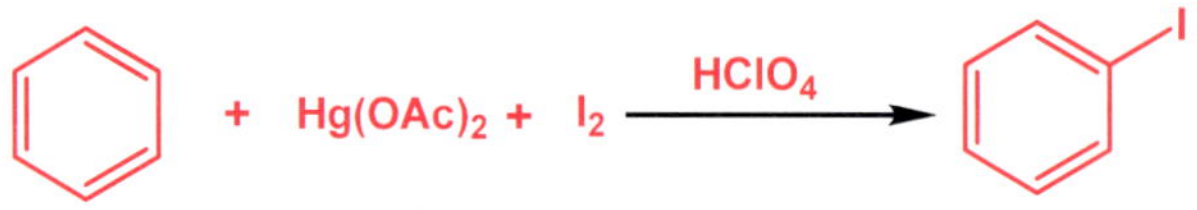

7.16 Solvomercuration of Alkenes and Alkynes

중금속 양이온이나 0가 금속은 모두가 soft electrophile로 분류된다. Alkene은 결합 극성이 낮은 soft nucleophile이므로 중금속이나 준금속 염의 첨가가 쉽게 일어나리라 예상할 수 있다. 실제로 Hg(II)는 친핵성 용매 존재하에 쉽게 C=C π-결합에 첨가된다. Br이 alkene과의 반응에서 bromonium ion을 형성하듯이 Hg(II)도 공여할 수 있는 고립쌍이 있어 그와 유사한 **mercuronium ion** 중간체를 거친다. 용매 분자가 친핵체로 mercuronium 중간체에 첨가되는데 이를 **solvomercuration**이라고 부른다. 다음 반응은 acetic acid 용매 속에서 Hg(II) diacetate와 cyclopentene과의 반응이다. 첨가되는 용매 분자는 mercuronium 중간체의 C–Hg 결합의 반대 쪽에서 접근하게 되며, 생성물에서의 두 group은 *anti*-stereochemistry를 보이게 된다.

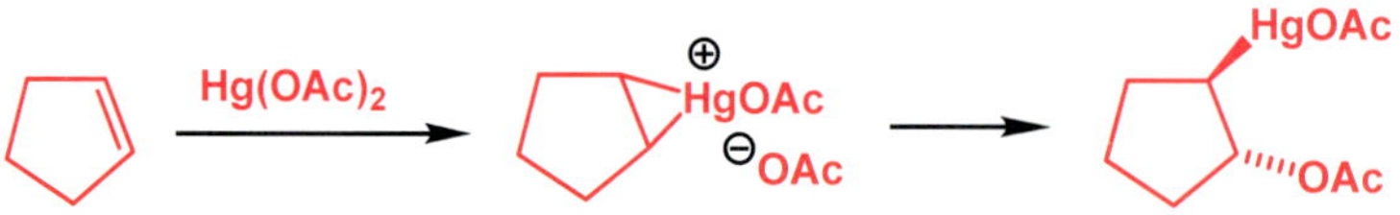

물과 acetic acid의 혼합 용매에서의 solvomercuration 생성물을 환원하여 demercuration이 끝나면 alkene에 물을 첨가하는 결과가 되며, 만약 methanol 속에서 생성된 수은 화합물을 환원하여 수소로 대치되면 alcohol 분자를 alkene에 첨가하는 것과 같은 결과를 낳게 된다.

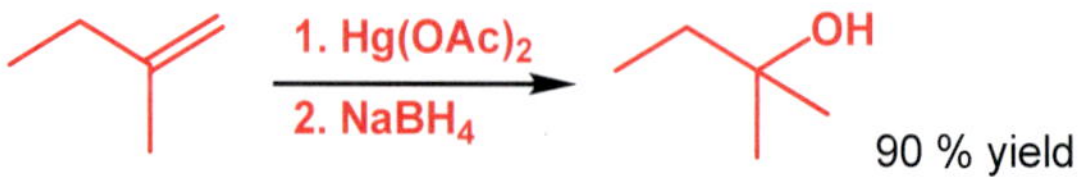

90 % yield

Solvomercuration 반응은 마치 hydroboration에서와 같이 입체적인 요인에 매우 민감한 반응이다. 일반적으로 다음과 같은 반응성 순서가 정해져 있다. Terminal alkene은 internal alkene보다 반응이 용이하고 치환기가 많아지면 점차 반응성이 떨어진다. Enol ether는 다른 어느 alkene보다도 반응성이 높다. 탄소=탄소 π-결합이 여러 개 있는 경우에는 이 반응성 순서에 따라 선택적으로 첨가가 일어나게 된다.

> > > >> >

예컨대, 분자내에 이중결합을 둘 가지고 있는 다음 diene은 mercury acetate가 두 이중결합 중 입체장애가 적고, 반응성이 큰 말단 alkene에 선택적으로 첨가되어 환원을 거치면 3차 alcohol을 생성한다.

1. $Hg(OAc)_2$, H_2O/THF
2. $NaBH_4$, $^{\ominus}OH$
OH

Bromine 첨가에서와 마찬가지로 중간체가 carbocation이 아닌 mercuronium 이온이므로 다음 반응에서 보는 바와 같이, carbocation에 독특한 hydride 또는 alkyl shift는 일어나지 않으며 탄소 골격은 그대로 유지된다. Methyl shift가 일어나서 3차 carbocation이 형성되는 것보다 mercuronium ion이 더 안정하기 때문이다.

OAc
Hg ⊕
more stable
⊕
HgOAc
much less stable

AcO—Hg
OAc
H_2O:
OAc
Hg
- $H^{\oplus}$
OH
HgOAc
$NaBH_4$
OH
H

이 oxymercuration 반응은 중간체 mercuronium ion의 특별한 안정성으로 인해, 첫째 단계인 mercuronium 형성 단계보다는 C–Hg 결합이 깨지면서 친핵체가 첨가되는 둘째 단계가 오히려 더 느린 속도 결정 단계가 된다. 이는 bromonium ion을 중간체로 경유하는 같은 형태의 alkene bromination과는 다른 양상이다. Bromination에서는 bromonium ion이 생성되는 단계가 속도-결정 단계인 것이다.

반응은 중간체 mercuronium ion에서 수은과 탄소 간의 부분 결합은 비대칭성 alkene에서는, carbocation의 안정성에 따라 비대칭적으로 분포되며 용매 분자의 첨가는 carbocation의 안정화가 더 잘 이루어지는 탄소에 첨가된다. 결과적으로 alkene의 hydroboration에 의한 물 첨가 반응과 solvomercuration에 의한 물 첨가 반응은 regiochemistry가 뒤바뀌게 되어 서로 상호보완적이라 하겠다.

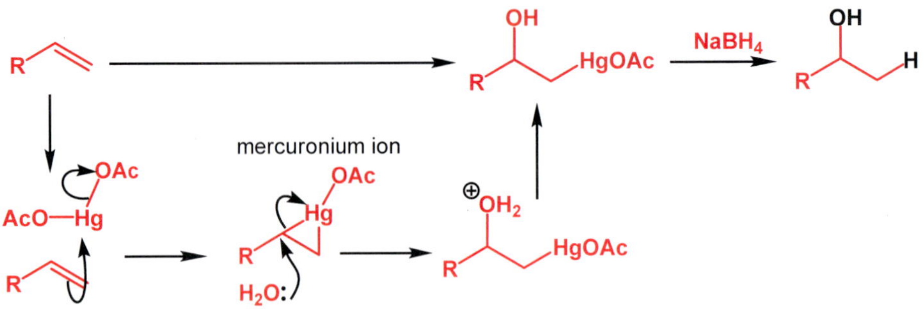

Alcohol을 용매로 사용하는 solvomercuration은 환원을 거치면 결과적으로 유용한 ether 합성법이 된다.

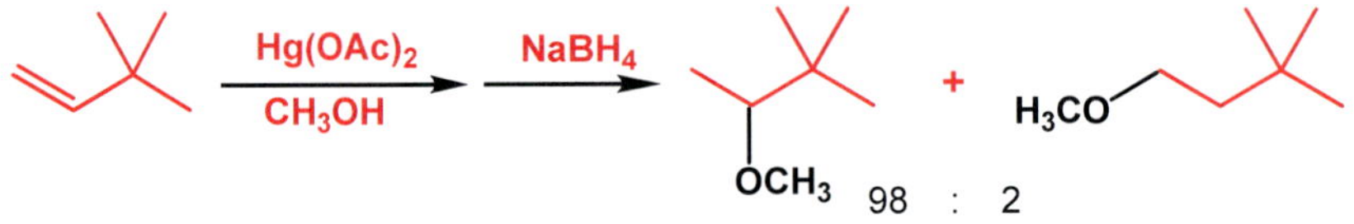

분자내에 적당한 위치에 hydroxyl기를 가지고 있는 경우에는 다섯 또는 여섯-원자 고리형 ether를 형성하게 된다.

Aminoalkene이나 amidoalkene 또한 위의 반응에서와 유사하게 고리화가 일어나서 고리형 amine이나 amide를 생성하게 된다.

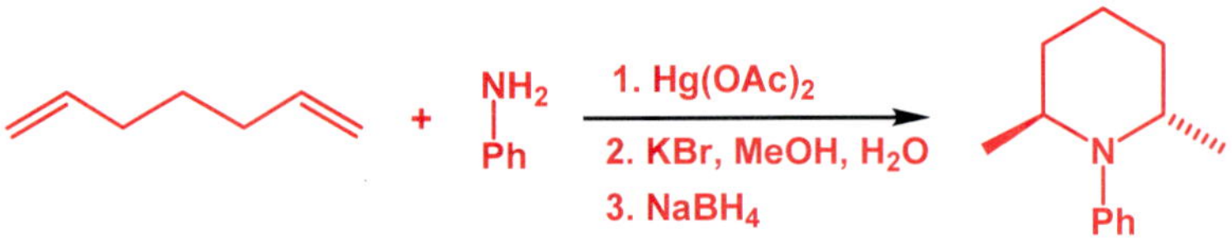

지금까지 보아온 모든 demercuration 과정은 $NaBH_4$를 사용하거나 아니면 다른 치환 borohydride 시약을 사용하게 된다. 이 환원 과정은 radical 메커니즘으로 일어나는데 단순히 수은 원자를 수소로 치환하는 환원 반응뿐 아니라 생성되는 alkyl 라디칼을 이용하는 여러 가지 radial 반응을 하게 되며, 이들은 라디칼 반응을 하는 다른 유기금속 화합물의 라디칼 반응과 묶어서 Chapter 8에서 함께 다루기로 한다.

Alkyne의 solvomercuration도 비교적 수월하게 진행되는 반응이다. 두 group이 *anti*로 첨가되는 것은 onium을 거치는 다른 반응에서와 같다. 이들 vinyl mercury 화합물은 다른 유기수은 화합물과 같은 작용기 변환에 사용되던지 아니면 뒤에 공부하게 되는 coupling 반응에 사용된다. 곧 다루게 되는 alkyne의 수화 반응에 반드시 첨가되는 수은 화합물에 의한 촉매는 바로 이 반응을 이용하는 것이다.

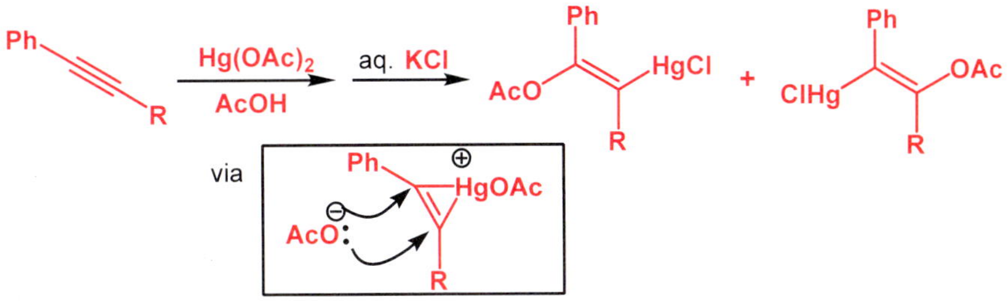

수은(II) 촉매 없이도 alkyne에 물이 첨가되면 enol이 만들어질 수는 있다. Enol은 ketone과 쉽게 상호변환이 가능한 평형에 있으며 ketone 쪽으로 평형이 치우치게 된다. 결국 물 첨가로 ketone이 생성되는 반응이라 할 수 있다. 전체적으로는 두 C=C π-결합이 깨지고 두 C–H σ-결합과 C=O π-결합이 생성되는 반응으로 열역학적으로 아주 유리한 반응임에 틀림없다.

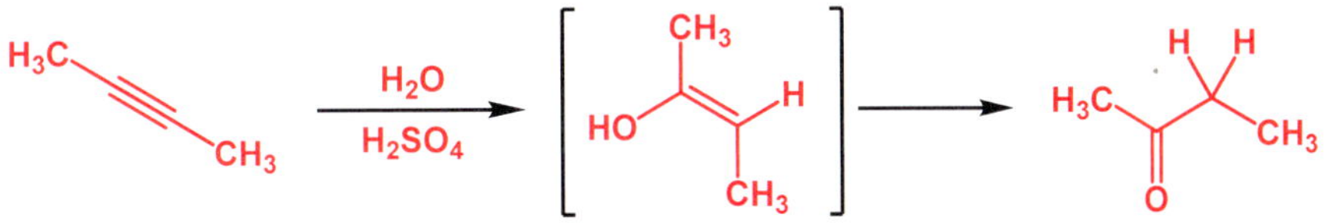

그러나 이 반응은 양성자붙임으로 진행되면 필연적으로 vinyl carbocation을 중간체로 거쳐야 한다. Vinyl cation은 여러 차례 언급되었던 것처럼 매우 불안정하여 생성이 거의 불가능하므로, 이 반응은 acetylene의 다른 친전자성 반응에서와 마찬가지로 다음 식에서 보는 바와 같이 vinyl cation을 거치지 않는 메커니즘을 그리는 것이 더 합리적이라 할 수 있다. 생성되는 enol은 양성자 전달 단계를 두 번 거쳐 더 안정한 tautomer인 ketone으로 변하게 된다.

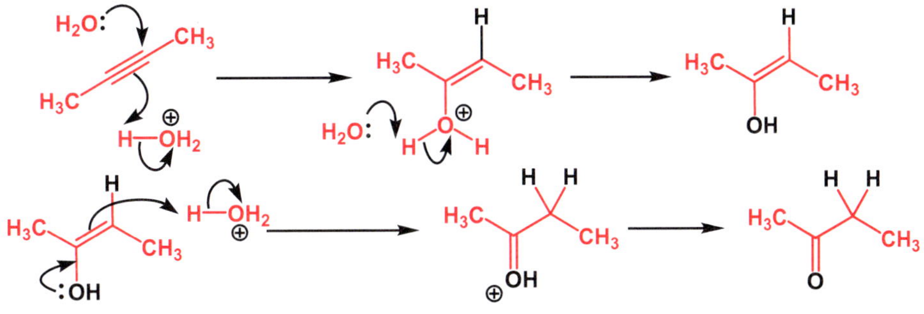

Alkyne의 수화는 물과 양성자산만을 사용하여 행하는 경우는 거의 없고 항상 촉매로 Hg(II) 염이 첨가된다. 이때 Hg(II)의 역할은 다음과 같은 메커니즘으로 설명이 가능하다.

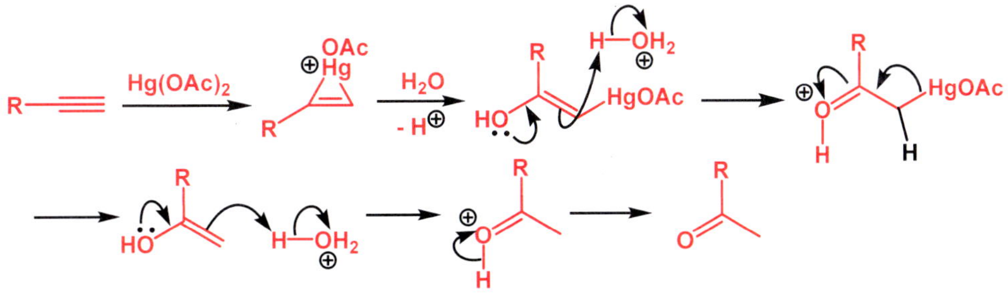

Solvomercuration 단계는 앞의 반응에서와 같다. C–Hg 결합은 산 존재하에 빠르게 C–H 결합으로 대치되는 친전자성 치환 반응으로 일차적인 중간체로 enol이 생성된다. 다음의 산 촉매 keto-enol tautomerization은 흔히 보는 반응으로 아주 쉽게 일어난다.

Mercury salt를 촉매로 사용하여 부반응을 최소화하여 물 첨가가 일어나는 alkyne의 수화 반응으로 acetylene의 말단 탄소에 여러 가지 골격의 변화가 가능하며 이를 이용한 다양한 합성이 가능해 진다. 다음 두 보기 반응에서 보는 것처럼 유기 화합물에 acetylenyl기를 도입하여 수화하면 acetyl기를 도입하는 것과 똑같은 결과가 된다.

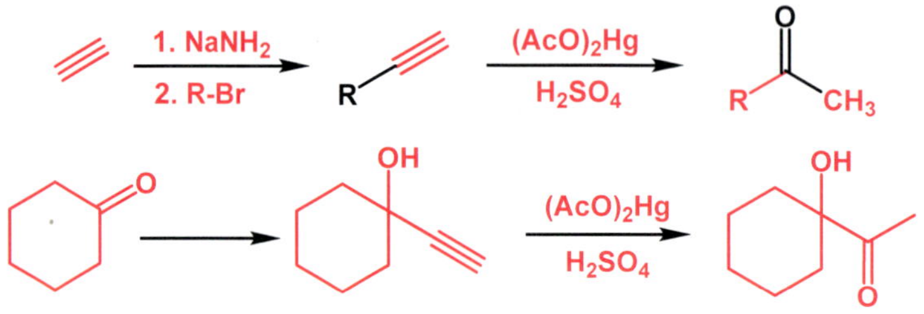

1. $NaNH_2$ / 2. R-Br ; $(AcO)_2Hg$ / H_2SO_4 ; R, O, CH_3

OH ; $(AcO)_2Hg$ / H_2SO_4 ; OH, O

문제 7.19 다음 alkene에서 hydroboration 또는 oxymercuration 과정을 거쳐 주어진 alcohol이 어떻게 합성될 수 있는지를 보여라.

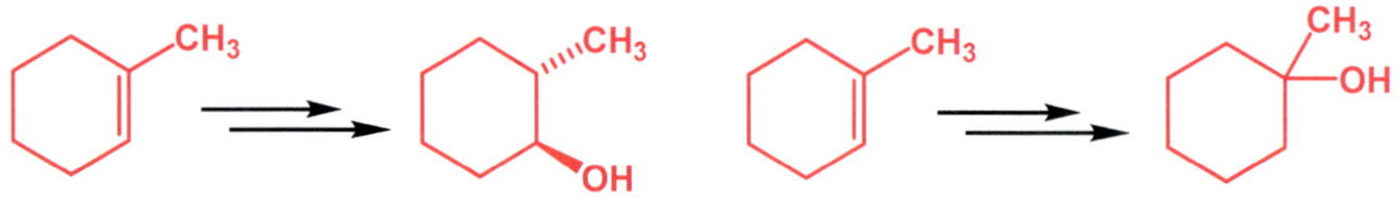

CH_3 ; CH_3, OH ; CH_3 ; CH_3, OH

문제 7.20 다음 각 화합물을 MeOH를 용매로 사용하여 $Hg(OAc)_2$와 반응시키면 어떤 organomercury 화합물이 얻어지겠는가?

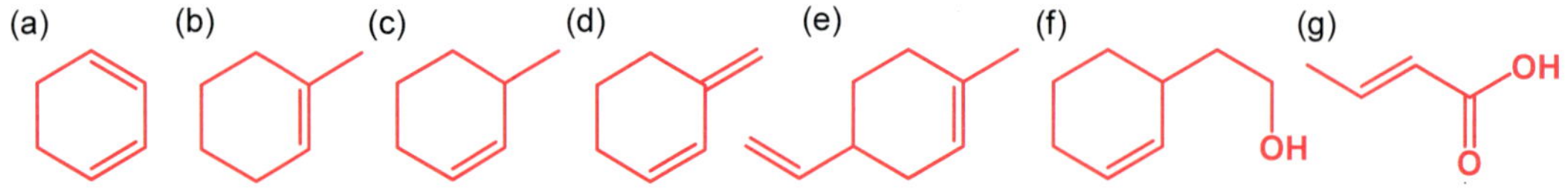

(a) (b) (c) (d) (e) (f) OH (g) OH, O

문제 7.21 다음 반응은 어떻게 일어나는지 메커니즘을 그려 보라.

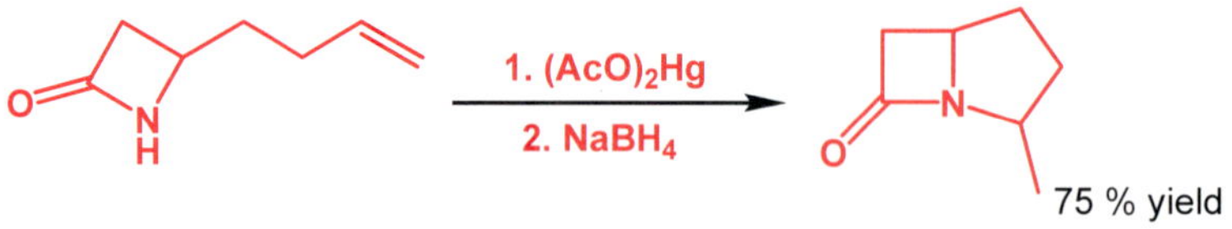

O, N, H ; 1. $(AcO)_2Hg$ / 2. $NaBH_4$; O, N ; 75 % yield

문제 7.22 다음 oxymercuration은 어떻게 일어나는가? 상세한 메커니즘을 그려라.

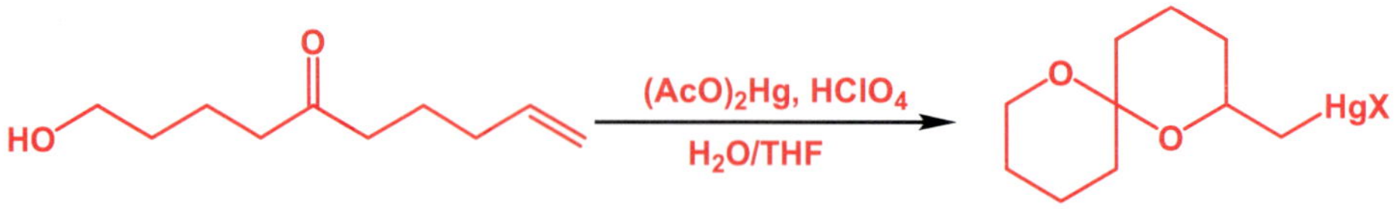

HO, O ; $(AcO)_2Hg$, $HClO_4$ / H_2O/THF ; O, O, HgX

문제 7.23 주어진 평균 결합세기를 이용하여 alkyne에 물 첨가로 ketone으로 변하는 반응의

enthalpy 변화를 계산하여 보라. 발열 과정인가? 흡열 과정인가? 이 반응은 생성물 쪽으로 유리한가?

C≡C	C=C	C—C	O—H	C=O	C—O	C—H	
200	146	83	111	179	86	99	kcal/mol

문제 7.24 본문에서 C–Hg 결합이 어떻게 만들어지는가를 설명할 때 다음 두 반응이 소개된 적이 있다. 어떻게 일어나는 반응인가?

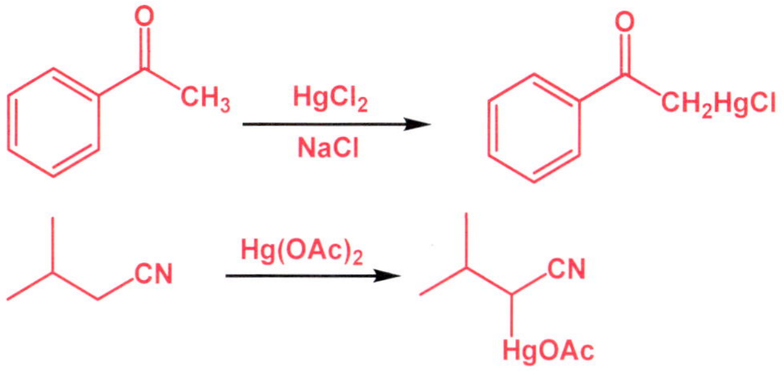

$HgCl_2$, NaCl

CH_3 → CH_2HgCl

$Hg(OAc)_2$

CN → CN, HgOAc

문제 7.25 Mercury chloride 또는 acetate를 이용하는 다음 세 반응의 메커니즘을 적어라.

(a) OH — 1. $HgCl_2$, t-BuOH 2. $NaBH_4$ → OH + OH, OH

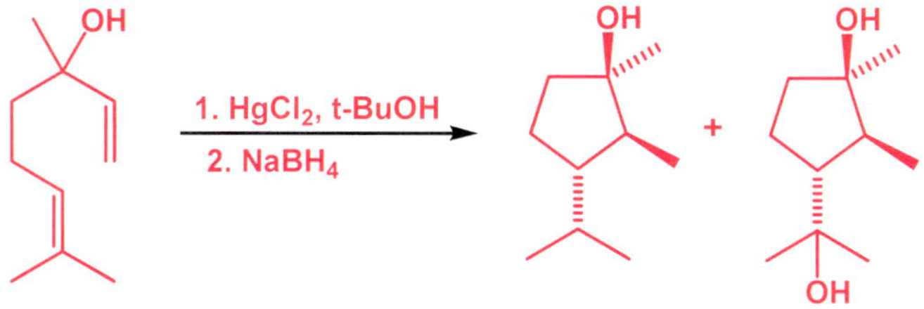

(b) OH — 1. $Hg(OAc)_2$ 2. $NaBH_4$ → O

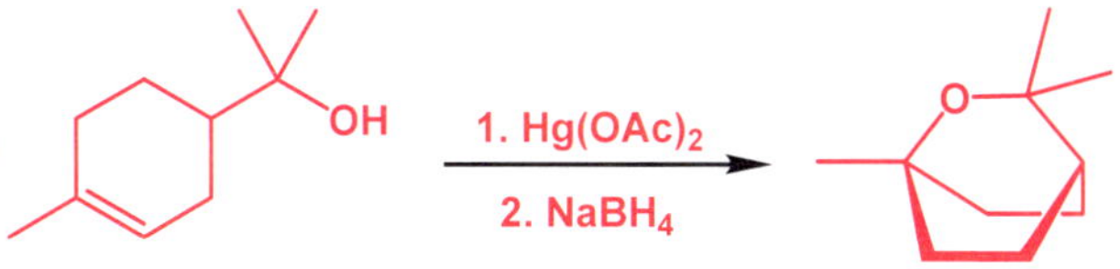

(c) OH — $Hg(OAc)_2$, H_2SO_4 → O

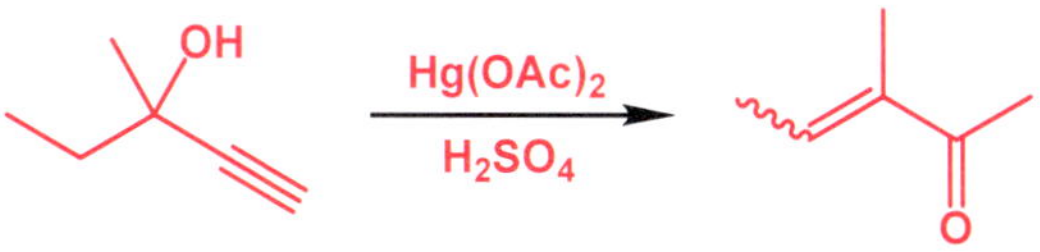

7.17 Other Reactions Involving Organomercury Compounds

유기수은 화합물은 다른 유기금속 화합물과 같이 여러 다양한 반응을 할 수 있으며 엄청난 양의 데이터가 축적되어 있다. 라디칼을 경유하거나 아니면 전이금속을 촉매로 이용하는 반응도 다수 알려져 있으며, 이들 반응은 Chapter 8과 Chapter 10에서 다루게 된다. 이들을 제외한 나머지 유기수은 화합물의 반응을 간략하게 살펴보고 지나가기로 한다.

Organomercurial도 다른 organometallic compound와 마찬가지로 센 양성자산과 반응하

면 양성자로 대치된다. 이 반응은 이미 앞에서 alkyne의 수화 반응에서도 본 적이 있다.

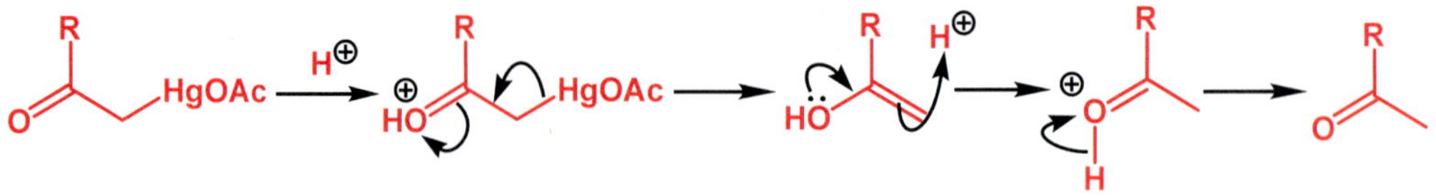

Alkyne의 수화 반응 이외에는 proteodemercuration은 특별한 중요성이 없으나 다음 반응에서와 같은 deutero 화합물을 필요로 하는 경우에는 유용하게 사용할 수도 있는 반응이다.

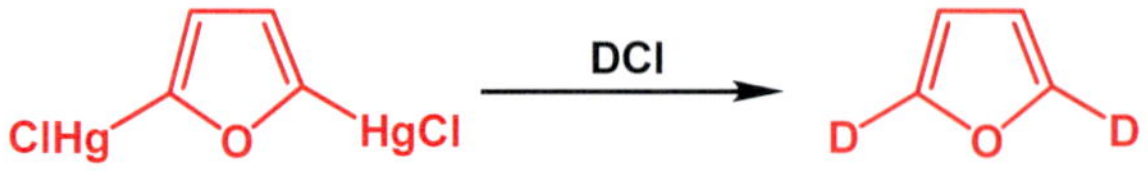

산소, 질소, 할로젠 화합물과의 반응은 다른 유기금속 화합물에서와 일반적으로 같다고 할 수 있다. Ozone과의 반응은 1차 alkylmercury 화합물은 아주 낮은 온도에서 반응하여 카복시산을 생성한다. 그러나 3차 alkylmercury 화합물은 더 높은 온도에서 일어나지만 탄소–탄소 결합깨짐이 일어나서 복잡한 혼합 생성물이 얻어지게 된다. 2차 alkylmercury 화합물로부터는 percarboxylic acid를 사용해도 ketone을 꽤 괜찮은 수득률로 얻을 수 있다.

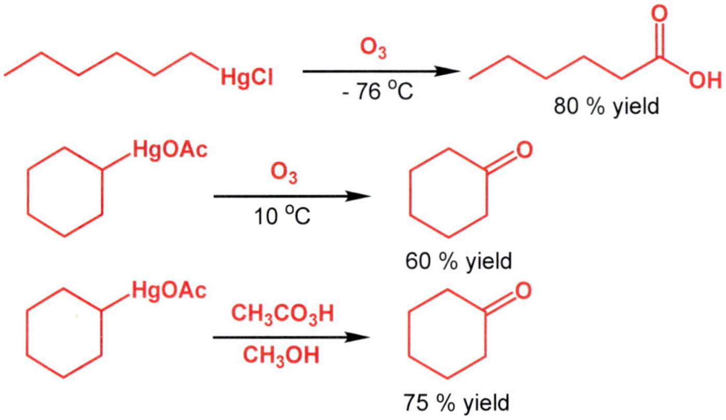

앞 절의 oxymercuration은 상온 또는 그 이하의 낮은 온도에서 행하게 되지만 이를 높은 온도에서 가열하면 allylic acetate를 생성물로 얻게 된다. 내부 alkene인 경우에는 여러 혼합 생성물을 얻게 되지만 고리형 alkene이나 사슬형 말단 alkene의 경우에는 다음 예에서 볼 수 있는 것과 같이 충분한 이용 가치가 있다.

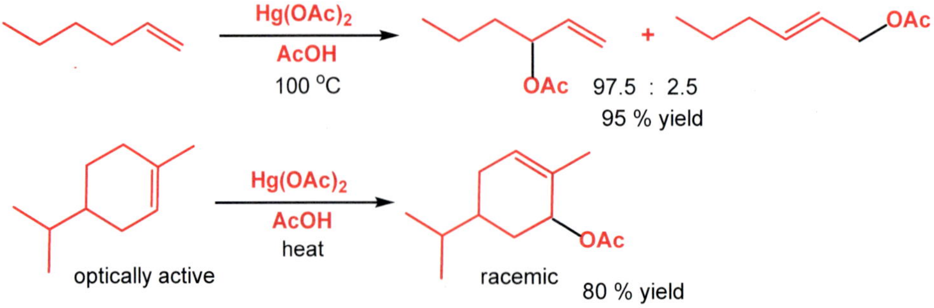

이 반응은 $Hg(OAc)_2$의 첨가 생성물을 100 ℃ 정도로 가열하여도 일어나며 그에 따라 다음과 같은 메커니즘의 유추가 가능하다. 선형 화합물인 경우에는 함께 표시해 넣은 것과 같은 분자내의 반응도 고려할 수 있다.

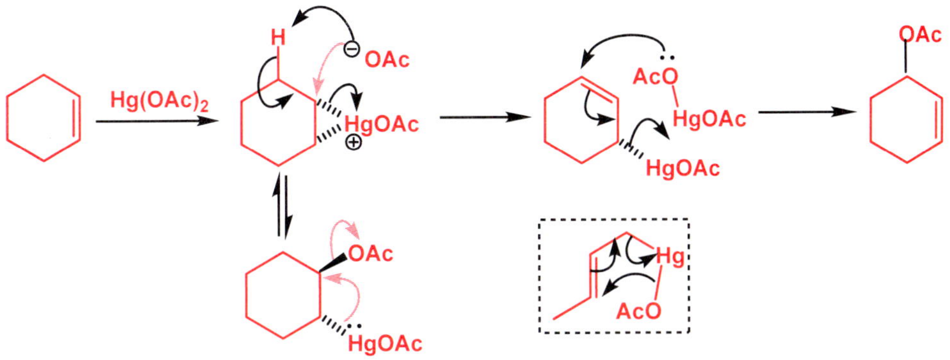

위의 alkene의 산화 반응을 아예 황산과 황산수은의 수용액에서 가열하면 다음과 같은 산화 생성물인 acrolein이 얻어진다. Propylene이 acrolein으로 산화되는 이 반응은 이미 1898년에 발견된 반응으로 이후에 여러 회사에서 이를 공업화하려는 수많은 연구를 거듭한 끝에 기권해 버린 반응이다. 이유인즉, 환원된 수은 화합물을 다시 산화하는 것이 대단히 어렵다는 점이다.

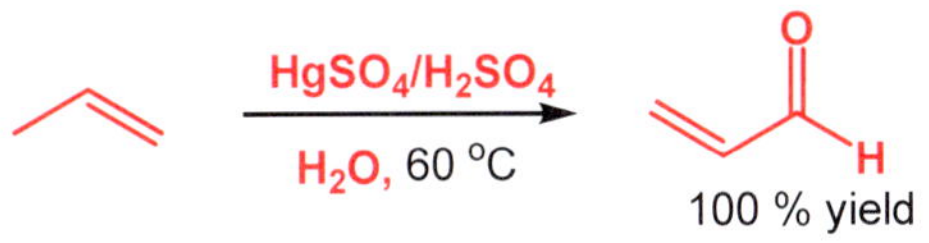

위에서 보았던 cyclohexene의 cyclohexenyl acetate로의 산화 반응은 다음과 같이 물 존재하에서 행하게 되면 사용하는 수은 화합물과 반응 조건에 따라 생성물이 달라지는 것을 볼 수 있다.

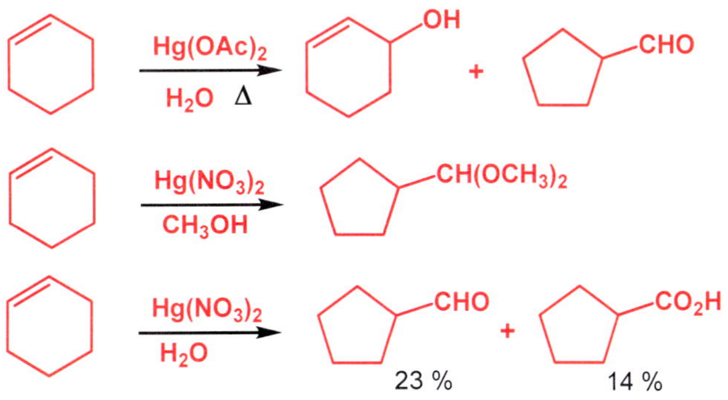

제대로 잘 골라 이용하면 아래의 특별한 경우와 같이 아주 만족할 만한 반응 결과를 얻을 수도 있지만, 예측 가능하지 않고 변덕스러운 결과를 보이는 반응은 일반적으로 호평을 받고 널리 사용되기는 힘들다.

다음에 유기수은 화합물의 coupling 반응을 살펴보기로 하자. 일부 organomercury 화합물은 빛을 쪼이면 dimer가 만들어지기도 한다. 하지만 다음 예와 같은 극히 일부를 제외하고는 수득률은 매우 낮은 편이다. 라디칼 반응으로 진행되는 것으로 보이며 일부 탄소–탄소 결합이 깨지는 경우가 많기 때문이다.

β-수소가 없는 aryl, vinyl, allyl 수은 화합물은 Pd 화합물의 촉매 반응을 이용하는 편이 여러 모로 유리하다. 둘째 반응에서는 coupling되는 탄소 하나가 뒤바뀐 것도 유의하여 보아야 할 것이다.

유기수은 화합물 두 분자 간의 반응만이 아니라 다른 vinyl 또는 aryl halide와의 coupling도 전이금속 촉매를 사용하면 쉽게 이루어진다. 이들 모든 coupling 반응은 Chapter 10을 학습하고 나면 쉽게 이해할 수 있게 될 것이다.

Vinylic mercury halide는 Cu나 Mn 화합물처럼 acyl chloride와 반응하여 불포화 ketone을 생성한다. 반응은 $TiCl_4$와 같은 다른 Lewis 산에 의해서도 일어나며 수득률은 상당히 높은 편이다. 이 반응은 또한 $[ClRh(CO)_2]_2$나 $Pd(PPh_3)_3$와 같은 전이금속 화합물들을 촉매로 사용하여도 같은 생성물을 얻을 수 있다.

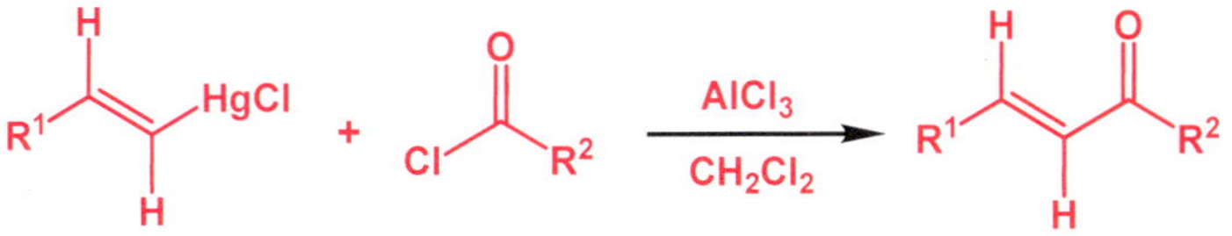

$R^1 = n$-Bu, R^2 = Me 97 % yield
$R^1 = t$-Bu, R^2 = Me 95 % yield
$R^1 = c\text{-}C_6H_{11}$, $R^2 = n$-Pr 96 % yield

이들 말고도 굉장히 다양한 반응들이 연구되었음에도 이들을 합성 반응에 유용하게 사용되는 예들은 많지 않으며, 더군다나 환경, 공해, 독성 등의 덜 자연친화적인 이유 등으로 해서 점차 유기수은 화합물의 사용 빈도가 낮아지는 것이 추세이다.

문제 7.26 다음 cyclic ketone의 acetoxylation은 어떤 경로를 거쳐 일어나는지 합리적인 메커니즘을 유추하여 보라. 정확한 메커니즘은 제시되어 있지 않다.

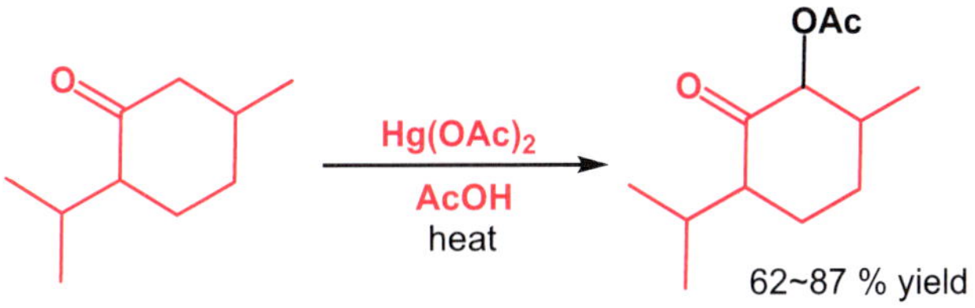

62~87 % yield

문제 7.27 다음 benzylmercuric chloride와 acetyl chloride와의 Lewis 산 촉매 반응은 첫 보기에 상상이 가지 않는 생성물 둘을 얻는다. 어떤 경로를 거치는지 메커니즘을 그리기에 도전해 볼만한 문제이다. 한 번 시도해 보라.

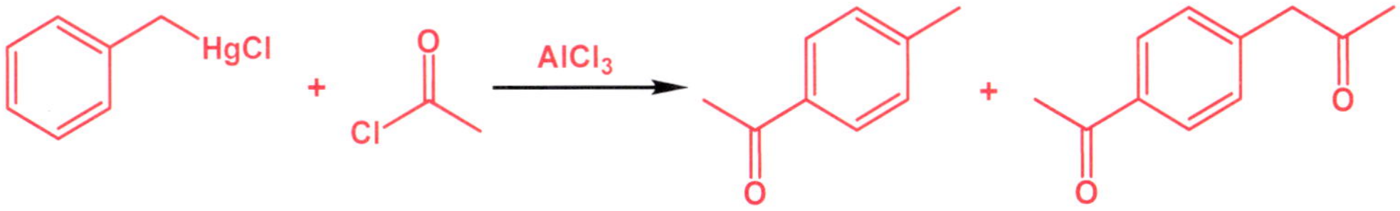

End of Chapter Problems

문제 7.28 다음 금속 Zn을 사용하는 반응을 Mg를 사용하여 행한다 가정하고 어떤 순서를 따라 어떻게 해야 하는가를 반응식으로 나타내어 보라.

(a)

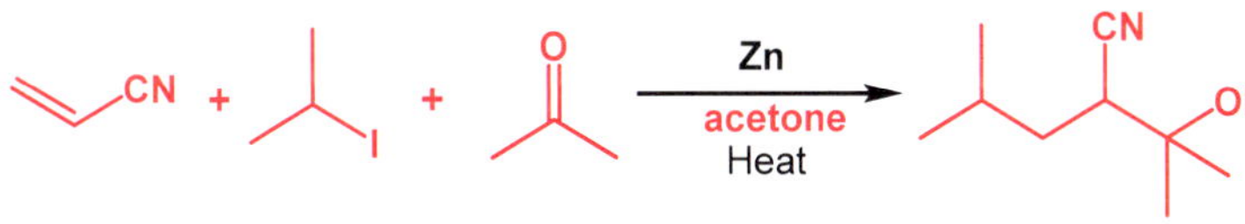

(b)

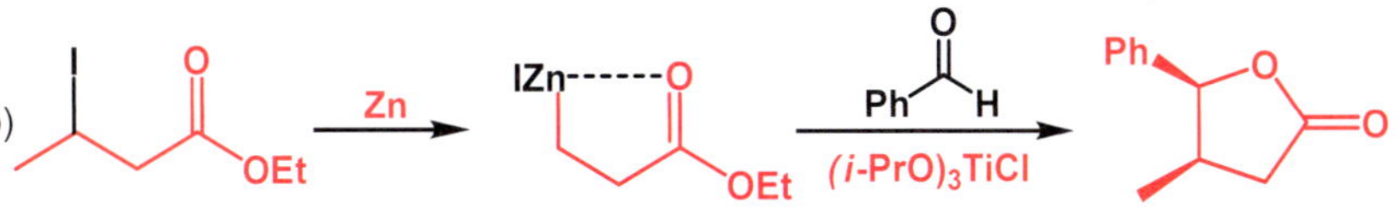

문제 7.29 다음에 주어진 화합물을 사용하여 오른쪽 목표물에 이르는 합성 경로를 그려 보라. 그린 경로를 본문에서 유사 반응을 찾아 비교하라.

Br +

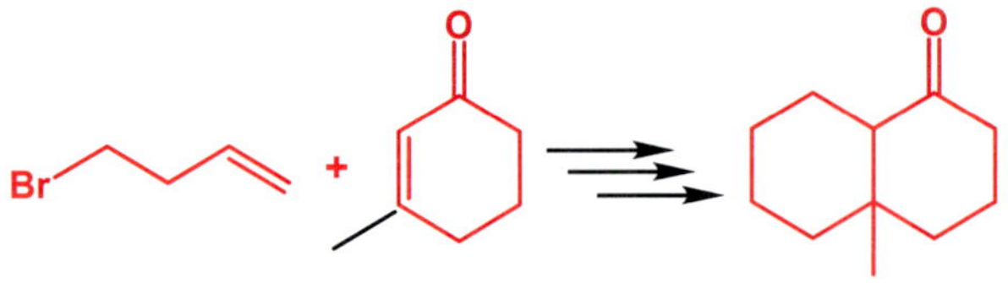

문제 7.30 다음에 주어진 화합물을 사용하여 오른쪽 목표물에 이르는 합성 경로를 그려 보라. 그린 경로를 본문에서 유사 반응을 찾아 비교하라.

Cu(CN)Li
S
stable cuprate

(a) Bn OH

(b) O OMe OMe

(c) $OSiMe_3$ Ph OH

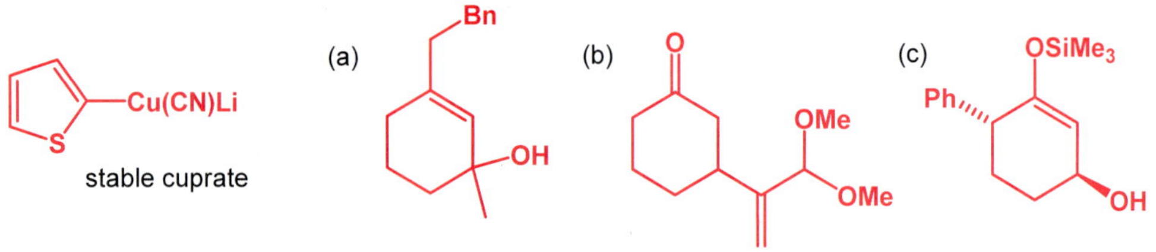

문제 7.31 다음 반응의 생성 경로를 알 수 있도록 메커니즘을 그려 보라.

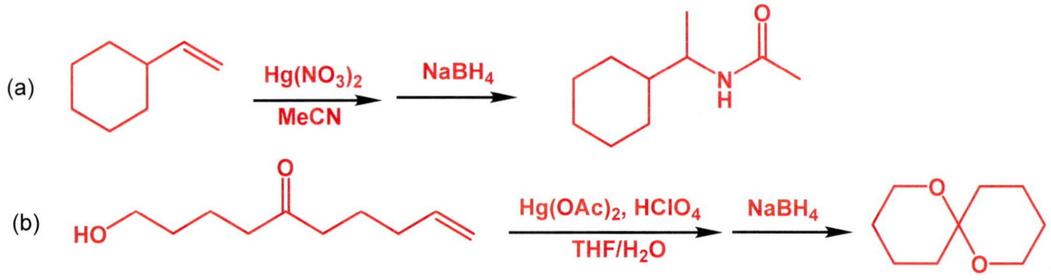

(a) $Hg(NO_3)_2$ / MeCN → $NaBH_4$ → O N H

(b) HO O → $Hg(OAc)_2$, $HClO_4$ / THF/H_2O → $NaBH_4$ → O O

CHAPTER 08

Radical Reactions of Organometallic Compounds

라디칼을 중간체로 경유하는 반응은 이온성 중간체를 경유하는 반응과는 사뭇 다르다. 유기금속 화합물의 반응 중에서도 라디칼을 중간체로 거쳐 진행되는 반응이 상당수 있으며 따라서 유기 화학에서 많이 보게 되는 유기금속 화합물들의 라디칼 반응들은 따로 떼어 취급하는 것이 편하고 이해하기도 쉽다. 이 chapter에서는 라디칼 반응의 기본적인 특색을 간단히 다시 살피면서 organotin, organosilicon 및 organomercury 화합물을 중심으로 합성에 이용되고 있는 유용한 라디칼 반응들을 살펴보기로 한다. 이들 반응은 극성 반응으로는 이루기 어려운 반응들이 대부분이어서 대단히 유용한 합성법을 제공한다.

8.1 Generation of Free Radicals

유기 화합물에서 라디칼이 생성되는 방법은 크게 두 가지로 대별된다. 하나는 스핀-짝지음 (spin-paired) 분자에서 **결합 균등분해(Bond heterolysis)**가 일어나던가 아니면 스핀-짝지음 분자에 적당한 방법으로 전자 하나가 추가되어 음이온 라디칼을 생성하는 방법이다. (전자 하나를 잃으면 양이온 라디칼을 형성하게 되지만 이 부류의 반응은 매우 드물다.)

Radicals from spin paired molecules

1. Homolysis of weak σ-bond

$$R{-}Hg{-}R \longrightarrow R\cdot + \cdot Hg{-}R \longrightarrow Hg + \cdot R$$

$$Br{-}Br \longrightarrow Br\cdot + \cdot Br$$

2. Electron transfer (addition of electron mostly from metals)

$$R{-}I \xrightarrow{e^{\ominus}} [R \cdot\!\cdot\; I]^{\ominus}$$

스핀-짝지음 분자에서 분자 내의 σ-결합깨짐이 일어나면 두 라디칼이 형성되는데 이에 필요한 에너지를 **결합 해리에너지(bond dissociation energy)**라고 하며, 해리에너지가 낮을수록 결합깨짐이 일어나기 쉽다. Table 8.1에는 σ-결합의 균등분해의 일반적인 경향을 알아볼 수 있는 몇 가지 대표적인 σ-결합의 해리에너지를 나타내었다. 결합에 참여하는 두 원자에 따라 해리에너지가 큰 차이를 보이는 것을 알 수 있다.

Table 8.1 Bond Dissociation Free Energy ΔG for X–Y to X· + Y·

Bond X-Y	kcal/mol	Bond X-Y	kcal/mol
H–OH	119	CH_3–Br	70
CH_3–H	104	CH_3–I	56
CH_3–OH	92	Cl–Cl	58
CH_3–CH_3	88	Br–Br	46
H–Cl	103	I–I	36
H–Br	87	HO–OH	51
H–I	71	MeO–OMe	36
CH_3–Cl	83		

유기 분자의 주류를 이루는 탄소–탄소 및 탄소–수소 간의 결합은 해리에너지가 높아서 쉽게 **균등분해**가 일어나지 않는다. 기체 상태에서 약 450°C 이상의 고온에서는 일부 결합의 해리가 일어나기 시작한다. 일반적으로 수소와 헤테로원자 간의 결합깨짐은 탄소와 헤테로원자 간의 결합깨짐보다 에너지로 보아 불리하며, 가장 쉽게 균등분해가 일어나는 결합 유형은 헤테로원자들 간의 σ-결합이다. 할로젠 분자들은 가열하거나 빛을 쪼이면 쉽게 bond homolysis가 일어난다. 이들을 이용하는 라디칼 할로젠화 반응은 라디칼 형성에 필요한 물질을 추가로 첨가하지 않아도 된다.

Cl–Cl —light($h\nu$)→ Cl• + •Cl $\Delta G^{\ddagger}$ = 58.1 kcal/mol

Br–Br —light($h\nu$)→ Br• + •Br $\Delta G^{\ddagger}$ = 45.9 kcal/mol

I–I —light($h\nu$)→ I• + •I $\Delta G^{\ddagger}$ = 35.9 kcal/mol

그 밖의 반응에서는 라디칼을 처음 생성하는 개시제를 넣어 주어야 하는데 **dibenzoyl peroxide**와 **azobisisobutyronitrile(AIBN)**은 유기 반응에서 아주 유용하게 자주 사용되는 **라디칼 개시제(radical initiator)**이다[1].

benzoyl peroxide —60 ~ 80°C, $\Delta G^{\ddagger}$ = 33 kcal/mol→ PhC(=O)O• + •OC(=O)Ph

1 외쪽 화살표는 원칙적으로 모두 그려 각 전자의 이동을 모두 표시하여야 하지만, 번잡함을 줄이기 위하여 헷갈릴 염려가 없는 경우에는 하나만을 그려 표시하기도 한다. 이 책에서는 외쪽 화살표는 결합 균등분해를 제외하고 자유라디칼 반응에서 한쪽 방향으로의 이동만을 나타내는 방식을 따르기로 한다. 다음 중 어느 것도 전자의 이동을 알아보는 데 어려움이 없음을 확인해 둘 필요가 있다.

R–O• H–Br → ROH + Br• R–O• H–Br → ROH + Br•

R–O• H–Br → ROH + Br• R–O• H–Br → ROH + Br•

AIBN
azobisisobutyronitrile

66 ~ 72 °C
$\Delta G^{\ddagger}$ = 31 kcal/mol

유기수은 및 코발트 화합물들과 같은 일부 유기금속 화합물들은 탄소와 금속 간의 약한 σ-결합을 가지고 있어 쉽게 homolysis가 일어나서 alkyl 라디칼을 형성하게 된다. 쉽게 만들 수 있는 alkyl mercury halide는 $NaBH_4$와 같은 hydride 시약으로 처리하여 아주 약한 수은–수소 간의 결합으로 대치하기도 한다. 수은–수소 간의 결합은 상온 이하에서도 안정하지 않아 다른 라디칼에 수소 원자를 내주게 된다. (제아무리 불안정한 화합물이라도 너무나 불안정한 수소 원자를 방출하며 저절로 분해되지는 않는다.)

weak C-metal bonds

$NaBH_4$

20 °C

weak metal-H bonds

weak C-metal bonds

유기 화합물이 라디칼을 형성하는 두 번째 유형은 전자를 공여받는 것이다. 금속 원자 중 일부는 바깥껍질 전자를 방출하여 이온을 형성하는 성향이 대단히 높다. 따라서 **스핀–짝지음 분자(spin-paired molecule)**에 전자를 공여하는 수단으로 가장 쉬운 방법은 금속을 이용하는 것이다. 이들 금속이 스핀-짝지음 유기 화합물에 전자를 전달하면 유기 화합물은 라디칼 음이온을 형성하게 된다. 유기 화합물에서 전자를 수용하게 되는 빈 오비탈은 π^* 반결합성 오비탈인 경우가 많으며, 이는 σ^* 반결합성 오비탈에 비하여 일반적으로 에너지 준위가 낮기 때문이다. Aldehyde나 ketone을 포함한 카보닐 화합물은 쉽게 금속으로부터 전자를 제공받아 음이온 라디칼을 형성한다. α,β-불포화 카보닐에서처럼 conjugate π-계는 LUMO 에너지가 더 낮아져서 전자전달이 더 용이해진다. 같은 이유로 polyene이나 방향족 화합물은 단순한 alkene에 비해 전자 전달이 더 용이해진다. 유기 화합물이 전자를 전달받으면 이는 기본적으로 환원에 해당되며, 따라서 유기 화합물과 금속 간의 반응에서는 유형은 다르다 할지라도 거의 대부분 환원된 생성물을 얻게 된다.

8.2 Relative Stability of Radicals

라디칼은 짝짓지 못한 전자를 갖는 화학종으로 필사적으로 짝지음을 추구하게 된다. 따라서 이들은 반응성이 높고 수명은 대단히 짧아 여러 다양한 반응을 하게 된다. 그렇다 하더라도 라디칼의 구조에 따라 불안정도는 천차만별이며 그 차이에 따라 어떤 라디칼은 쉽게 생성되며, 어떤 것은 잘 생성되지 않으며, 어떤 경로는 느리고 어떤 반응은 빠르게 진행된다.

결합 해리에너지는 생성되는 라디칼의 안정도에 따라 달라지게 된다. 이는 특히 결합깨짐으로 동일한 라디칼이 공통적으로 생성되는 분자들이 있다면 이들 간의 해리에너지의 차이는 결국 짝지어 생성되는 다른 라디칼의 상대적인 안정도를 반영하기 때문이다. Table 8.2에서와 같이 C–H 결합 해리에너지를 비교하면 그 차이는 생성되는 탄소 라디칼의 상대적인 안정성을 나타내게 된다. 다음 Table 8.2에 예시된 화합물들에서는 결합 균등분해로 모두 수소 원자가 생성되며 짝지어 여러 다양한 탄소의 라디칼이 생성된다. 결국 해리에너지 차이는 생성되는 탄소 라디칼의 상대적 안정도 차이와 같게 된다.

Table 8.2 Bond Dissociation Energy for C–H bonds

Bond	BDE(kcal/mol)	Bond	BDE(kcal/mol)
CH_3–H	105	CH_2=$CHCH_2$–H	87
$MeCH_2$–H	101	$PhCH_2$–H	89
Me_2CH–H	98	RCO–H	87
Me_3C–H	95	EtOCHMe–H	92
HC≡C–H	130	N≡CCH_2–H	86
H_2C=CH–H	103	$MeCOCH_2$–H	92
Ph–H	111		

위의 Table 8.2를 꼼꼼히 살펴보면 몇 가지 중요한 경향을 파악할 수 있다. 주어진 탄화수소의 C–H 결합은 methyl, 1차, 2차, 3차 alkyl로 가면서 점차 약해진다. 이는 3차 alkyl 라디칼이 가장 안정하며 methyl 라디칼이 가장 불안정하다는 뜻이다.

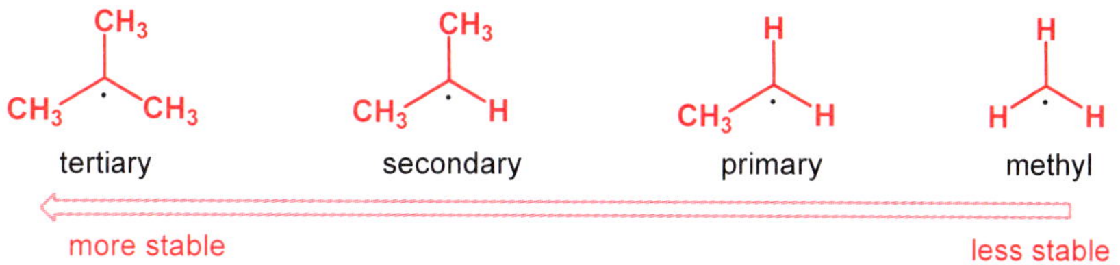

또한 π-결합을 이웃하게 되는 allylic 및 benzylic C–H는 특히 약하며 alkynyl, alkenyl, aryl 계의 C–H 결합은 특히 더 세다. 이는 그대로 그 라디칼의 안정도 차이를 반영하여 allyl과 benzyl 라디칼은 alkyl 라디칼보다 안정하며, alkynyl, alkenyl, aryl 라디칼은 alkyl 라디칼보다 덜 안정하여 생성되기 그만큼 더 어렵다는 뜻이다.

C–H 결합은 이웃한 어떠한 작용기에 의해서도 더 약해진다. Carbonyl, nitrile, ether 작용

기를 이웃한 라디칼과 카보닐 탄소에 홀전자가 위치한 acyl 라디칼은 3차인 *t*-butyl 라디칼보다 더 안정하다. 특히 중요한 점은 전자끌개인가 아니면 전자주개 치환기인가에 상관 없이 모두 라디칼을 안정화한다는 점이다.

radicals stabilized by functional groups

이웃한 작용기에 따른 라디칼의 안정화는 다음 오비탈 에너지 그림을 보면 쉽게 이해할 수 있다. π-결합을 이웃한 라디칼은 다음 그림에서와 같은 빈 p 오비탈과의 상호작용으로 라디칼의 **SOMO**(singly occupied MO)는 더 낮은 에너지 SOMO가 되어 안정화된다.

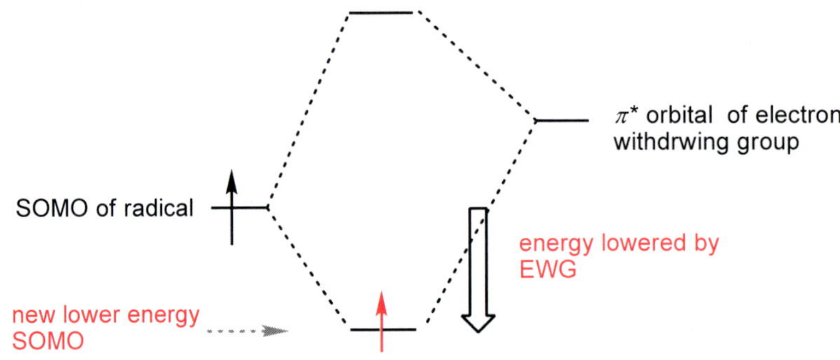

또한 전자주개 치환기가 이웃한 경우에는 라디칼 SOMO와 이웃한 전자주개의 lone pair와의 오비탈 상호작용으로 SOMO의 에너지는 높아지게 되지만, 이웃한 lone pair electron은 그만큼 안정화되어 전체적으로는 에너지 낮춤 효과가 있기 때문이다.

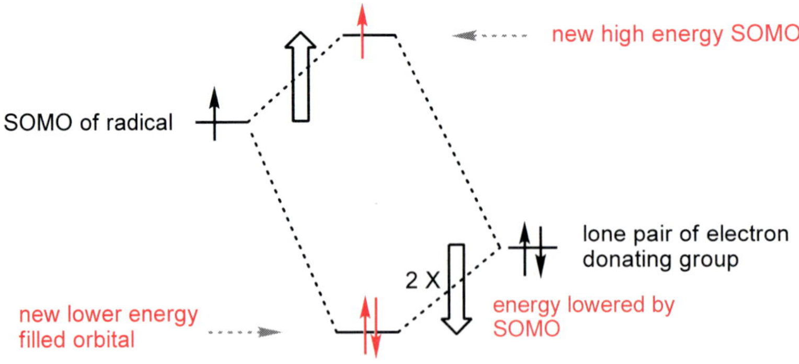

한 가지 유의해야 할 점은 전자주개 치환기를 이웃하면 라디칼이 안정화된다는 의미이지, 반응성이 떨어진다는 의미는 아니다. 안정도는 상대적인 것이며 라디칼은 모두 짝지어지지 않은 전자를 가지는 전자결핍 화학종이며 상당히 큰 반응성을 갖는다.

8.3 Types of Reactions Radicals Undergo

일단 생성된 라디칼은 불안정하고 반응성이 커서 곧 다른 화학종과 반응하게 된다. 다른 스핀-짝지음 분자를 만나게 되면 원자 또는 원자단 떼기를 하던지 π-결합에 첨가하게 된다. 아니면 안정한 스핀-짝지음 분자를 잃고 (**fragmentation**) 새로운 라디칼로 변할 수도 있다. 일어날 확률이 낮긴 하지만 다른 라디칼을 만나게 되면 두세 가지 반응이 가능하나 가장 쉬운 반응은 radical coupling이 일어나서 스핀-짝지음 분자로 돌아가는 것이다. 이를 종합하여 각각의 예를 하나씩 든다면 다음과 같다.

Reactions of radicals

1. Abstraction of an atom or a group

R—Br + ·SnBu$_3$ ⟶ R· + BrSnBu$_3$

2. Addition to a π–bond

R· +

3. Fragmentation (elimination of spin paired stable molecules)

R· + O=C=O

4. Radical coupling

Fragmentation이나 coupling 반응은 보이는 그대로 이해하는데 어려움이 없지만 원자떼기나 첨가는 반응하는 분자나 라디칼의 성격에 따라 여러 가지 선택의 소지가 있다. 어떤 원자나 원자단을 떼낼 수 있는가? 수소떼기가 일어나야 한다면 화합물에 존재하는 여러 수소 중 어느 수소떼기가 일어날 것인가? 첨가와 원자떼기가 모두 가능한 분자라면 첨가가 일어날 것인가? 아니면 원자떼기가 일어날 것인가? 이들에 대한 답은 간단히 쉽게 설명하기도 어려울뿐더러 상황에 따라 달라지기 때문에, 라디칼 반응을 학습해 나가면서 차근차근 이해해 가는 편이 낫다. 다만 라디칼과 스핀-짝지음 분자 간의 반응으로 라디칼이 다시 생성되는 경우에 선택의 문제가 생긴다면, 거의 대부분의 경우 더 안정한 라디칼이 생성되는 쪽이 유리하게 진행되는 것은 물론이다. 그리고 라디칼의 안정도는 양이온이나 음이온의 안정도와는 다른 점이 많으므로, 위의 라디칼 안정도에 영향을 미치는 요인들은 필수적으로 다시 한 번 되짚어 익히고 지나가야 할 것이다.

문제 8.1 다음 각 라디칼 반응에 반응물 쪽에 가장 간결한 단축 표기법으로 (위의 각주 참조) 외쪽 화살표를 그려 넣어라.

(a) NC–C(CH₃)₂–N=N–C(CH₃)₂–CN ⟶ ·C(CH₃)₂CN + N≡N + ·C(CH₃)₂CN

(b) ·O—O· H_3C–CH₂–OEt ⟶ ·O—OH + H_2C–ĊH–OEt

(c) Bu_3Sn· Br—R ⟶ Bu_3Sn—Br + R·

(d) NC–Ċ(CH₃)₂ H—$SnBu_3$ ⟶ NC–C(CH₃)₂–H + ·$SnBu_3$

문제 8.2 다음 각 라디칼 반응에서 어떤 생성물이 생기는 것이 더 유리한지를 판단하고 그에 맞는 외쪽 화살표를 (가급적 간단하게) 반응물에 표시해 넣어라.

(a) MeO–C(CH_2Ph)(H_3C)–O· ⟶ MeC(=O)OMe + ·CH_2Ph or $PhCH_2$C(=O)OMe + ·CH_3 or $PhCH_2$C(=O)Me + ·OCH_3

(b) PhSe–CH(CH₃)₂ + ·$SnBu_3$ ⟶ PhSe–$SnBu_3$ + ·CH(CH₃)₂ or Ph· + Bu_3Sn–Se–CH(CH₃)₂

(c) 2-methylpentane + ·Br ⟶ tertiary radical + H—Br or secondary radical + H—Br

문제 8.3 다음은 cubane 합성의 마지막 단계이다. 어떤 식으로 decarboxylation을 하면 되겠는가? 그 방법은 다른 carboxylic acid의 decarboxylation에도 쓸 수 있다.

cubane–COOH ⟶ ⟶ cubane–H   adamantane–CO_2H ⟶ adamantane–H

8.4 Radical Coupling Reactions and Pinacol Formation

라디칼과 라디칼 간의 coupling은 에너지로 보아 굉장히 유리한 반응임에도 불구하고 대부분의 라디칼 관여 반응에서 극소량씩 검출될 뿐 실제로 합성에 사용하는 예는 거의 없다. 생성되는 반응성 라디칼은 수명이 아주 짧아서 이들이 만나서 반응할 확률이 너무 낮기 때문이다. 라디칼 짝지음이 주된 반응 경로가 되려면 라디칼의 농도가 상당 수준에 도달하지 않으면 안 된다.

실제로 유기 반응에 사용되는 라디칼 coupling 반응에 참여하는 화학종은 금속과 카보닐 화합물 간에 전자전달로 생성되는 **ketyl radical**이다. 활성이 큰 알칼리 금속이나 Mg, Zn, Al 등이 ketone에 전자를 내어 ketyl radical을 생성할 수 있다.

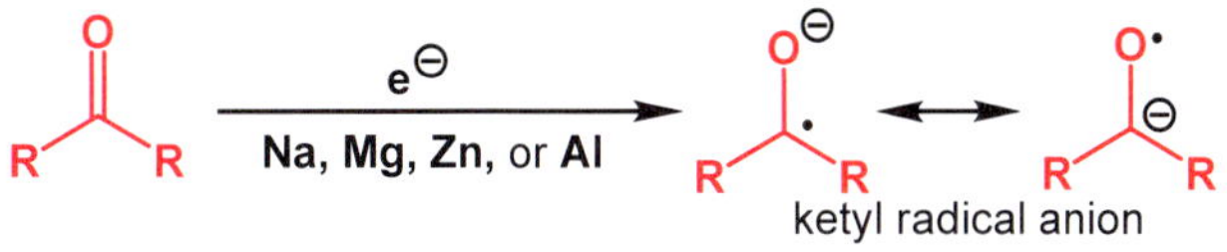

생성되는 ketyl은 라디칼이면서 동시에 음이온이기 때문에 양성자성 용매 속에서 반응이 일어난다면 양성자붙임이 일어나게 되고, 생성되는 (중성)라디칼은 전자 하나를 더 받아들여 음이온을 형성하게 된다. 이 단계를 거쳐서 카보닐 화합물은 alcohol로 환원된다.

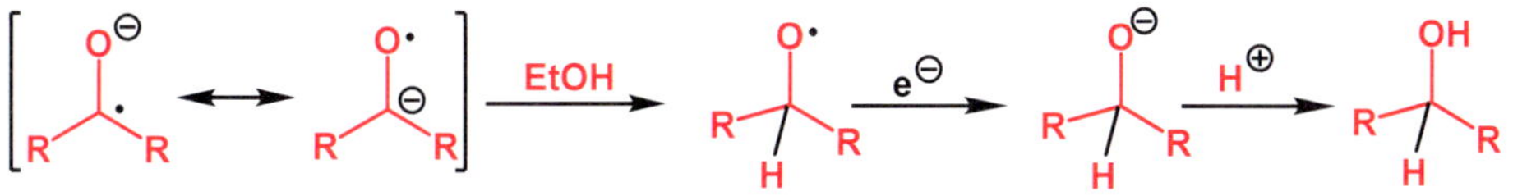

요즈음에는 $NaBH_4$나 $LiAlH_4$와 같은 complex metal hydride에 그 자리를 내어주어 이 방법으로 카보닐기를 환원하는 경우는 아주 드물지만, 유기화학 초창기에는 카보닐기를 환원하는 상당히 귀한 대접을 받던 반응이다. **Bouveault-Blanc 환원**으로 알려진 이미 고전이 된 이 반응은 complex metal hydride로 원하지 않는 비열역학적 생성물이 생성되는 경우에는 아직도 유용하게 사용되는 반응이다. 이는 다음 두 비교 반응 예에서 확인할 수 있다. 예시된 bicyclic ketone은 사용하는 환원제에 따라 다른 입체화학을 갖는 환원 생성물을 얻게 된다. 원하는 생성물이 무엇인가에 따라 환원제를 선택하게 된다.

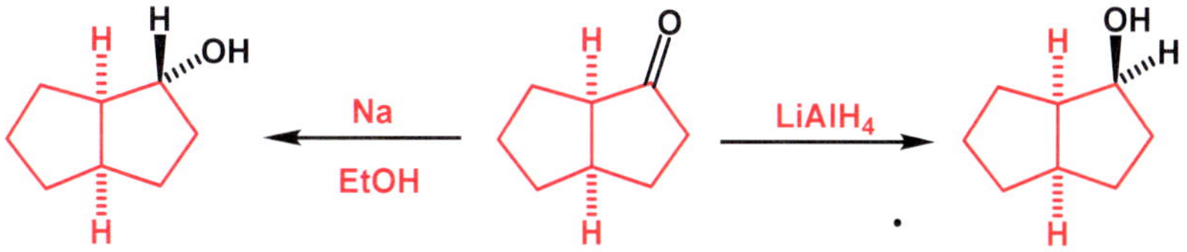

만약 이 반응이 비양성자성 용매 속에서 일어난다고 하면 ketyl radical의 농도는 상당히 높아지게 된다. 두 ketyl radical 간의 coupling은 음이온과 음이온이 만나야 하는 어려운 반응이기는 하지만, 만약 하나 이상의 산소와 꽤 강한 결합을 형성할 수 있는 Al이나 Mg과 같은 금속을 사용하게 되면 두 ketyl은 금속에 묶이게 되고, 가까워진 두 라디칼 중심 간의 coupling이 가능해진다. 다음 반응에서 acetone으로부터 생성되는 이 diol만을 **피나콜 (pinacol)**이라 하였으나 지금은 ketone의 이러한 coupling 생성물을 총칭하는 일반명으로 사용되고 있다.

이 반응은 꼭 Mg이 아니어도 전자를 쉽게 내어줄 수 있고 둘 이상의 결합을 형성하는 다른 금속을 사용할 수도 있다. 다음 반응은 알루미늄 amalgam을 사용하는 pinacol 반응 예이다. 구조상으로 보아 두 glycol 탄소에서의 입체적인 붐빔이 대단히 큰 분자임을 알 수 있지만 그럼에도 불구하고 coupling 생성물이 생성된다.

비대칭 ketone을 사용하는 경우에는 입체선택성이 거의 없어 *syn*-과 *anti*-diastereomer의 혼합물을 얻게 된다. 분자내의 두 카보닐기 간의 pinacol 반응으로 cyclic diol을 형성하는 예도 있다.

Pinacol은 양성자산 촉매 존재하에 alkyl기의 자리옮김을 수반하는 탈수 반응이 일어나는데, 이를 **pinacol-pinacolone 자리옮김**이라고 한다. 이 반응은 OH기에 양성자붙임으로 물 분자가 떨어지면서 alkyl기의 이동이 일어나는 전형적인 자리옮김 반응이다.

문제 8.4 위의 pinacol 생성과 같이 aldehyde를 사용하여 1,2-diol을 만들고자 한다. 가능한가? 가능하다면 어떤 생성물을 기대할 수 있는가? 가능하지 않다면 어떤 이유에서인가?

8.5 McMurray Coupling

금속 Ti를 이용하는 pinacol 반응을 **McMurray 반응**이라고 한다. 반응에 필요한 Ti(0)는 $TiCl_3$와 $LiAlH_4$와 같은 환원제로부터 만들어진다. 이 반응은 pinacol에서 더 진행되어 두 hydroxyl기를 잃고 탄소–탄소 이중결합을 형성한다. 이 반응은 그러나 pinacol을 거쳐 진행되는 것이 틀림없으며 낮은 온도에서 반응하면 때로는 pinacol 생성을 얻을 수도 있다.

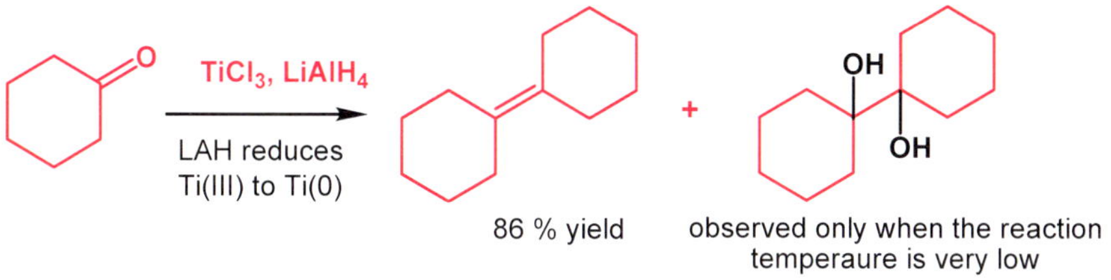

$TiCl_3$, $LiAlH_4$

LAH reduces Ti(III) to Ti(0)

86 % yield

observed only when the reaction temperaure is very low

발견된 후 상당한 시간이 흘렀으나 아직도 이 반응의 메커니즘은 속 시원하게 밝혀지지 않고 있다. 하지만 전자전달 과정을 거쳐 pinacol을 중간체로 경유하여 반응이 진행되는 것은 확인되었으며, 또한 radical coupling에 의한 것임은 분명해 보인다. **탈산소(deoxygenation)** 반응은 Ti 금속 표면에서 일어난다고 생각하여 메커니즘을 그려도 무방하다.

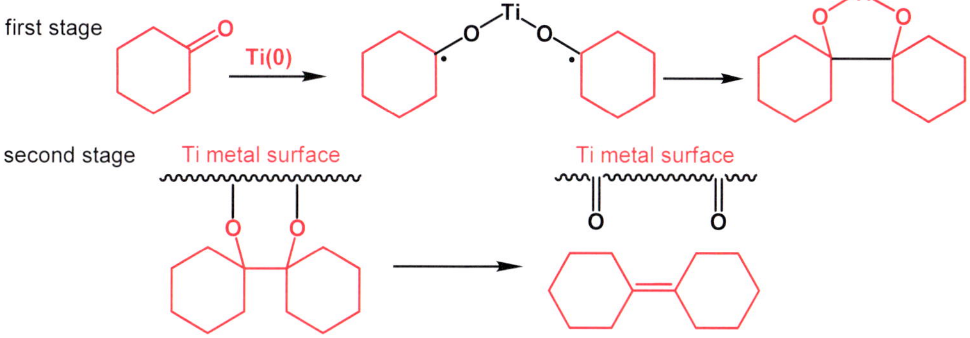

first stage

Ti(0)

second stage

Ti metal surface

Ti metal surface

환원된 Ti(0)에 의한 coupling은 다음과 같은 메커니즘을 그릴 수도 있다. 이는 전이금속의 반응 유형을 모두 이해한 다음에야 그려 이해할 수 있는 정통적 유기 반응 메커니즘과는 다른 메커니즘이다. Chapter 6에서 전이금속 화합물의 반응 유형을 학습하였으므로 이해하는 것은 어렵지 않을 것이나, 이 메커니즘이 옳은 것인지는 현재로서도 논란이 계속되는 애매한 반응의 하나이다. 반응은 Ti(0)로 카보닐 화합물의 산화성 첨가에 이어 또 한 분자의 카보닐이 삽입되는 과정을 거친다. 이 단계에서 가수분해가 되면 diol을 얻을 수 있으나 계속 진행되어 alkene을 얻는 경우가 대부분이다. 둘째 단계인 alkene이 생성되는 과정의 메커니즘도 위의 금속 표면에서 일어나는 그림보다는 더 설득력이 있어 보인다.

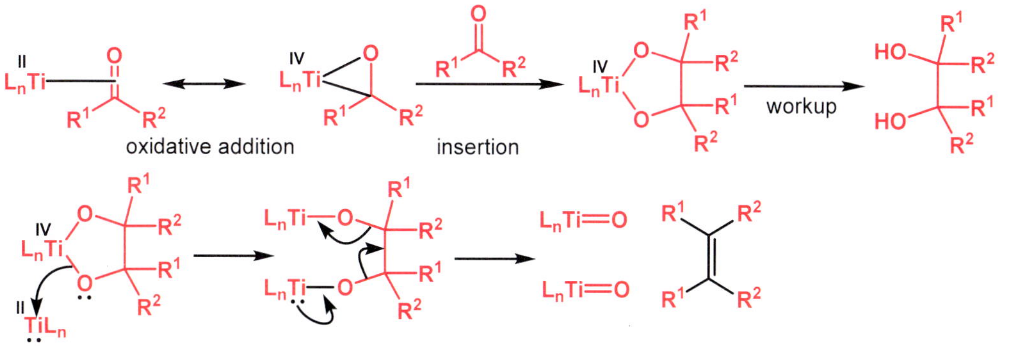

oxidative addition

insertion

workup

McMurray coupling은 탄소-탄소 이중결합을 형성하는 유기합성에 중요한 반응 중에 하나이다. Tetra-substituted alkene을 다른 방법으로 합성하는 방법은 그리 흔하지 않을 뿐 아니라 다음 acetophenone의 반응에서 보는 바와 같이 수득률도 상당히 높은 편이다. 앞의 pinacol 반응에서와 같이 꼭 ketone이어야 할 필요가 없으며, 아래의 retinal에서 β-carotene의 합성 예에서와 같이 두 aldehyde 간에 coupling 반응도 쉽게 일어난다. McMurray coupling은 분자내의 두 카보닐의 coupling으로 cycloalkene을 합성하는 경우에도 유용하게 이용된다.

$TiCl_3$, Zn/Cu

96 % yield

CHO

$TiCl_3$, $LiAlH_4$

retinal

β-kerotene

85 % yield

McMurray coupling은 분자내의 두 카보닐의 coupling으로 cycloalkene을 합성하는 경우에도 유용하게 이용된다. 다음 반응에서는 분자내의 ketone과 amide의 coupling으로 치환 indol을 얻는 반응이다. Ketone뿐 아니라 aldehyde도, aldehyde뿐 아니라 ester나 amide group간의 coupling 반응이 일어날 수 있음을 시사해 주는 예이다.

Ph O O N H Ph

$TiCl_3$ / Zn 'instant'

Ph Ph N H

98 % yield

문제 8.5 다음 1,6-hexanedialdehyde와 1,2-cycloheptanediol을 McMurray 시약과 반응시키면 어떤 생성물을 기대할 수 있는가?

(a) CHO CHO $TiCl_3$, Zn/Cu

(b) OH OH $TiCl_3$, Zn/Cu

8.6 Acyloin Condensation

Ketyl을 경유하는 pinacol coupling 유형의 라디칼 짝지음은 두 ester 작용기 간에도 일어난다. 다음에 나타낸 ethyl butanoate의 반응에서처럼 활성이 높은 금속 Na을 사용하게 되며, 두 분자간의 반응으로 α-hydroxyketone이 얻어지는 이 반응을 **acyloin condensation**이라 하며 생성물을 **acyloin**이라고 부른다.

1. Na, xylene
2. H_2O
\+ 2 EtOH
70 % yield

아래에 나타낸 반응 메커니즘은 대단히 복잡하게 보이기는 하지만 차근차근 살펴보면 어렵지는 않다. 카보닐기가 금속 Na으로부터 전자를 받아 ketyl radical이 생성되는 것은 ketone의 pinacol 반응에서와 같으며, coupling 반응을 거치고 나서 정사면체형 중간체에서 alkoxide가 이탈기로 모두 떨어지게 되면 1,2-diketone이 생성된다.

Na, Et_2O
coupling
α-diketone

복잡하게 보이는 것은 생성물인 α-diketone은 반응물인 ester보다 반응성이 훨씬 높아서, 주어진 반응 조건에서 두 번의 전자전달이 연속적으로 일어나게 되어 **enediolate**를 형성한다는 점이다. 양성자붙임과 keto form으로의 tautomerization은 산성 수용액으로 workup을 거친 후에나 일어나게 되며, 결과적으로 최종 생성물인 ***α*-hydroxy ketone**이 생성된다.

$e^{\ominus}$ $e^{\ominus}$ $H_3O^{\oplus}$
enediolate
acyloin

Acyloin 축합은 한 분자내에 ester 작용기가 두 개 있어 분자내의 짝지음으로 고리형 α-hydroxyketone으로 전환되는 반응도 많다. 이 반응은 pinacol 짝지음과 흡사한 경로로 진행되지만, 라디칼-라디칼 coupling이 일어난 후에 제거 반응 두 단계 그리고 전자전달 두 단계를 더 거치게 된다. 분자내의 반응은 고리의 크기에 큰 영향을 받지 않고 다양한 크기의 고리에도 비교적 잘 일어나는 편이다.

Acyloin 축합을 Me_3SiCl 존재하에서 수행하면 bis(silyloxy)alkene을 곧바로 얻게 된다. Bis(silyloxy)alkene은 물 뒷처리에서 acyloin으로 가수분해된다. 이 반응 조건에서 acyloin 축합의 수득률은 크게 개선되며 특히 분자내 고리화에 유리하다.

Me_3SiCl을 사용하면 수득률이 크게 개선되는 것은 ketyl이 중성인 라디칼로 전환되어 다른 ketyl 라디칼과의 라디칼–라디칼 조합에서 두 음전하 간에 정전기적인 반발이 없어지는데 기인한다. 메커니즘은 음이온이 생성되면 곧바로 TMSCl에 의하여 trapping되는 것을 제외하고는 앞의 acyloin condensation과 동일하다.

TMSCl을 사용하는 개선된 반응은 다음 예에서와 같이 단순한 acyloin condensation에 비하여 아주 높은 수득률의 생성물을 얻을 수 있다. TMSCl을 첨가함으로써 단순히 Na만을 사용하여 반응시킬 때 염기에 의하여 진행되는 Dieckmann condensation 등의 부반응을 차단하여 수득률 저하를 막을 수 있다. 고리의 크기에 따라 수득률이 달라지는 것은 사실이지만 아래 식에서와 같이 10 ~ 15 탄소로 구성된 고리화합물도 어렵지 않게 얻을 수 있다.

아래의 반응은 TMSCl의 효과를 충분히 살린 개선된 방법의 acyloin 축합을 이용하여 고리의 strain이 상당히 큰 네-원자 고리형 화합물을 효율적으로 합성하는 반응 예이다. Silyl enol ether는 대개의 경우 원하는 최종 생성물이 아니며, 산 가수분해를 거쳐 α-hydroxyketone (acyloin)으로 전환하게 된다.

EtO_2C … CO_2Et —(Na, toluene / Me_3SiCl)→ $OSiMe_3$ / $OSiMe_3$ —(HCl / H_2O, THF)→ O / OH

이러한 축합 반응에서의 TMSCl의 역할은 고리형 acyloin을 생성하는 분자내의 반응에만 국한되는 것이 아니다. 두 ester 분자 간의 반응에도 같은 효과를 나타낸다.

문제 8.6 Pinacol coupling에는 Na 대신에 Mg을 써서 수득률을 크게 개선할 수 있었다. Acyloin condensation에서 Mg을 사용하면 수득률이 크게 개선될 수 있는가?

문제 8.7 다음은 acyloin condensation을 거쳐 일어나는 고리화 반응이다. 어떤 경로로 bicyclic 화합물을 얻게 되는지 메커니즘을 적어 보라.

EtO_2C … CO_2Et —(1. Na / 2. H_2O, $H^{\oplus}$)→ O, OH

8.7 Birch Reduction of Acetylenes and Benzenes

금속에서 전자를 받아 라디칼 음이온을 형성하는 것은 카보닐 뿐만 아니다. Alkyne이나 conjugated diene, 방향족 화합물의 경우에도 전자를 받아 라디칼을 거치는 반응이 일어난다. 금속과 암모니아 조합을 사용하는 acetylene이나 방향족고리의 환원 반응은 **Birch reduction**으로 알려져 있다. Alkyne은 주로 촉매수소화에 따라 환원하는 것이 보통이며, 수소는 주로 *cis* 첨가가 일어나는데 반해서 금속과 양성자산의 쌍을 사용하는 환원 반응에서는 주로 *trans*-alkene이 생성되는 차이점이 있다.

—(Na, NH_3(l) / *t*-BuOH)→ *trans* only, 80 ~ 90 % yield

Alkyne이 *trans*-alkene으로 환원되는 반응에서는 전자전달 후에 생성되는 음이온 라디칼에 첫째 양성자붙임이 일어난 뒤에 두 번째 전자가 전달된다. 입체화학을 결정짓는 단계는 전자전달이 일어나서 생성되는 라디칼 음이온의 conformation이 *trans*인 경우가 더 안정하며, 다음의 두 번째 양성자붙임으로 열역학적으로 더 안정한 *trans* 환원 생성물이 얻어진다.

Birch 환원으로 arene은 두 수소 원자가 첨가되어 1,4-cyclohexadiene 골격으로 전환된다. 반응의 진행 경로는 위와 다를 바 없으며, 이들 환원은 일차적으로 모두 1,4-수소 첨가가 되며 conjugate diene으로의 변환은 추가로 조작을 거쳐야 한다. 치환기가 없는 benzene은 1,4-cyclohexadiene으로 그리고 naphthalene은 일차적으로 1,4-dihydronaphthalene으로 환원되지만 이중결합의 자리옮김이 일어나서 1,2-dihydronaphthalene으로 전환될 수 있다.

방향족 고리의 치환기의 성질에 따라 1,4-cyclohexadiene에서의 치환기의 위치가 달라진다. 중간체인 라디칼 음이온이 치환기에 따라 안정화되는 정도가 다르기 때문이며, 전자끌개 치환기는 음이온을 안정화할 수 있어 치환기를 포함하는 *o*-, *p*-자리에서 치환이 일어나며 전자주개 치환기 자리에서는 음이온의 안정화가 이루어지지 않으므로 환원되지 않는다. 메커니즘을 그리기 전에 다음 세 생성물에서 치환기가 어떻게 위치하고 있는가를 살펴보자.

메커니즘은 acetylene의 환원에서와 같이 고리에 전자전달, 라디칼 음이온의 양성자붙임, 두 번째 전자전달로 carbanion 형성, 양성자붙임으로 최종 환원 생성물이 얻어진다.

반응은 매우 높은 위치선택성을 보이며, 양성자붙임 단계에서 환원 반응의 위치화학이 결정된다. 양성자붙임은 전자끌개기의 *para*와 *ipso* 자리에서 일어나고, 전자주개기의 *ortho*와 *meta* 자리에서 일어난다. 그러므로 생성물에서는 −OMe와 같은 전자주개기는 이웃한 음이온의 안정화를 기대할 수 없는데 비해, (실은 더 불안정하게 된다.) $-CO_2H$와 같은 이웃한 전자끌개기를 카보닐 탄소와의 conjugation으로 추가로 안정화되어 이와 같은 위치화학이 결정되는 것이다.

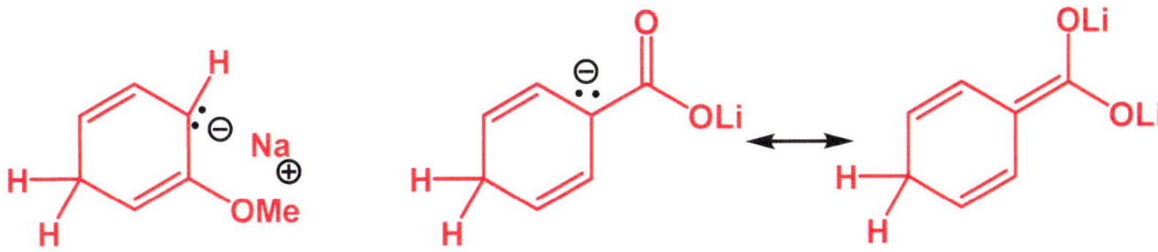

Anisole의 환원 생성물인 enol ether는 산성 조건에서 카보닐로 가수분해가 일어나며, 탄소–탄소 이중결합의 이동으로 cyclohexenone으로 변환된다.

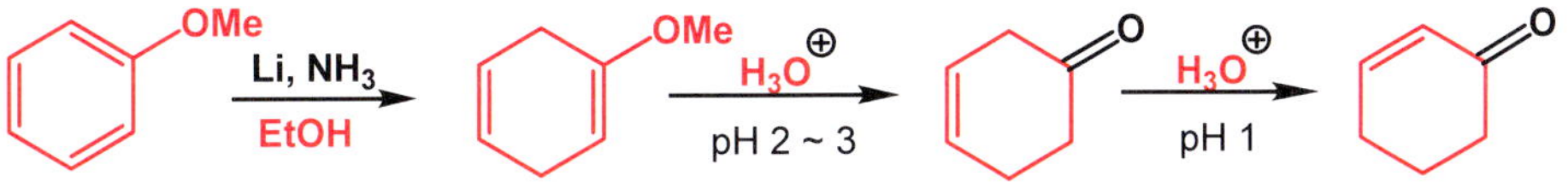

Benzoic acid 유도체가 환원될 때는 마지막 양성자붙임이 일어나지 않은 채 carboxylate enolate가 얻어진다. Enolate를 수용성 산 뒤처리하면 카복시산이 얻어지지만, 친전자체인 alkyl halide를 첨가하면 알킬화된 생성물을 얻을 수도 있다. 양성자붙임도 친전자체와의 결합형성도 주로 carboxylate group의 *ipso* 위치에서만 일어난다. Carboxyl기에 의한 안정화뿐 아니라 pentadienyl 음이온의 HOMO는 이 위치에서의 coefficient가 가장 크기 때문이다.

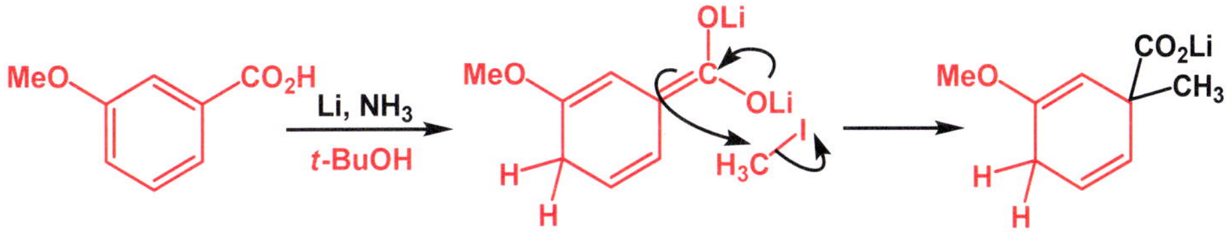

하지만 Birch 환원에서는 많은 작용기가 반응 조건을 견디어 내지 못하는 단점이 있다. 따라서 쉽게 환원이 일어나는 작용기가 존재하는 방향족 화합물의 Birch 환원은 힘들어진다. Benzylic ether를 비롯한 모든 nucleofugal group은 환원되어 H로 바뀌어 버리며 마찬가지로 고리 주변의 모든 halogen 치환기는 어느 자리에 있던지 간에 수소로 바뀌어 버린다. Nonbenzylic 카보닐은 alcohol로 환원될 수도 있고 안 될 수도 있지만, alkyne과 conjugated alkene은 모두 환원되어 버린다.

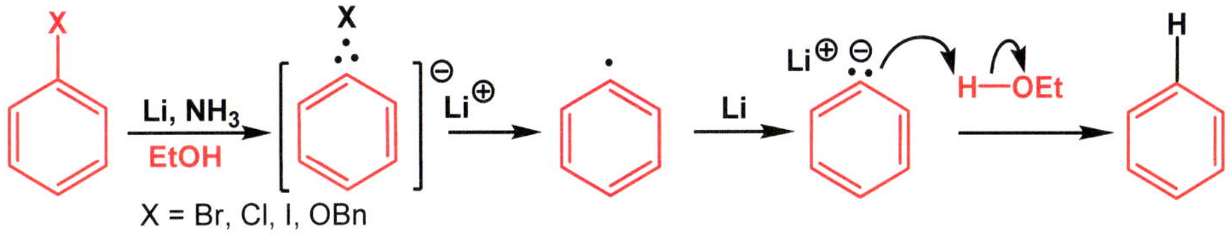

X = Br, Cl, I, OBn

Benzylic ether는 쉽게 환원되어 떨어지므로 alcohol의 좋은 보호기 역할을 한다. 많은 산과 염기 조건을 안정적으로 견디어 낼 수 있지만, 액체 NH_3와 Li 또는 Pd 촉매 가수소분해(hydrogenolysis)로 (Chapter 10) 쉽게 제거가 가능하기 때문이다. Benzylic ether의 환원성 쪼개짐 (reductive cleavage)으로 원하는 alcohol과 더불어 toluene (또는 methylcyclohexadiene)이 생성되는데 이들은 증류하여 쉽게 제거해 버릴 수 있다.

문제 8.8 바로 위에서 설명한 benzyl ether의 debenzylation 반응의 메커니즘을 그려보라.

Li, $NH_3(l)$ → R–OH + toluene or [methylenecyclohexadiene]

문제 8.9 Acetophenone의 Na/NH_3를 사용하는 용해금속 환원으로 ethylbenzene이 생성되고 이는 다시 1-ethyl-1,4-cyclohexadiene으로 환원된다. 둘째 단계의 메커니즘을 그려라. 첫 단계의 메커니즘도 그릴 수 있다면 상당한 수준이다. (질소 화합물을 경유할 수도 있다.)

Na, NH_3

문제 8.10 Conjugate diene은 Mg+TMSCl과 반응하여 두 말단 탄소에 차례로 TMS group이 도입되기도 한다. 다음 반응의 메커니즘을 그려 보라.

Me_3SiCl / Mg, HMPA → Me_3Si … $SiMe_3$ 65 % yield

문제 8.11 다음 생성물이 생성되는 과정을 자세히 그려라. (번호 붙이기로 어느 결합이 깨지고 형성되는가를 가리면 쉽게 답을 얻을 수 있다.)

2 Li in $NH_3(l)$ → O, H, H, H_3C

8.8 Prototype of Atom Abstraction: Halogenation of Alkanes

Organometallics의 라디칼 반응을 곧바로 시작하기 전에 이미 배운 간단한 유형의 기본적인 라디칼 반응을 살펴보고 진행하는 것이 더 효율적일 것 같다. 아마도 활용도가 가장 큰 원자떼기를 거치는 라디칼 반응은 할로젠에 의한 수소 치환 반응일 것이다. 공업적으로는 염소, 실험실에서는 브로민 치환 반응을 주로 하게 되며 반응은 빛 또는 열에 의해서 개시된다. 반응은 수소 원자떼기와 alkyl 라디칼의 브로민 원자떼기가 반복하여 일어나는 사슬 메커니즘을 따라 진행된다. 유기 화합물에는 여러 종류의 C–H 결합이 존재하므로 이들 중 어느 C–H 결합에서 수소 원자떼기가 일어나는가를 이해하는 것이 관건이 된다.

Br_2에 의한 alkane의 할로젠화 반응을 예로 들어 보자. Ethylbenzene과 Br_2의 혼합물에 빛을 쪼이면 다음 반응식에서와 같이 benzylic hydrogen이 선택적으로 치환된다.

overall reaction

$$H_3C\text{–}CH_2\text{–}Ph + Br_2 \xrightarrow{h\nu} H_3C\text{–}CHBr\text{–}Ph$$

이 사슬 반응은 빛에 의한 Br_2의 균등분해로 개시된다.

initiation

$$Br\text{–}Br \xrightarrow{h\nu} Br\cdot + \cdot Br$$

사슬 전파 단계는 원자떼기 반응 둘로 이루어진다. Radical 전파 사슬은 다음과 같이 circular propagation cycle을 이용하는 것이 편리하다. 거치는 중간체의 생성 순서도 알기 쉽고, 전체적으로 어떤 화합물이 반응물로 사용되어 어떤 생성물이 얻어지는가도 쉽게 파악할 수 있다. 전자이동을 나타내는 구부린 화살표를 함께 그리기가 어렵지만 유형은 서너 가지밖에 되지 않으므로 파악하기 어려운 것도 아니다.

product: H—Br; reactant: $H_3C\text{–}CH_2\text{–}Ph$; intermediate: $H_3C\text{–}\dot{C}H\text{–}Ph$; reactant: Br—Br; product: $H_3C\text{–}CHBr\text{–}Ph$; Br•

자유라디칼 사슬 메커니즘의 종결부는 언제나 같다. 전파 부분의 자유라디칼들이 서로 간에 라디칼–라디칼 coupling 또는 **불균등화(disproportionation)** 반응을 하는 것이다. 생성물에는 이들 종결 반응에서 생성되는 화합물이 미량씩 발견된다. 그럼에도 메커니즘을 그릴 때는 사슬 메커니즘의 종결부는 관습적으로 그려 넣지 않는다. 왜냐하면 그려 넣을 필요성이 거의 없기 때문이다.

Termination by coupling

$$H_3C\text{–}\dot{C}H\text{–}Ph + \cdot Br \longrightarrow H_3C\text{–}CHBr\text{–}Ph$$ + other combination of radicals

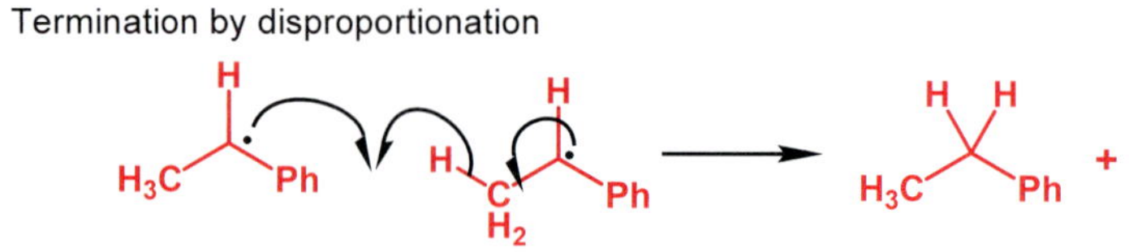

Termination by disproportionation

앞에서 언급한 바와 같이 분자내에 존재하는 여러 C–H 결합 중에서 어느 수소떼기가 일어날 것인가는 항상 문제가 된다. 우선 반응물에 한 가지 수소만 있는 경우라도 할로젠 치환이 일어나면 떼기 가능한 수소의 종류가 늘어나게 되며, 이들 간의 경쟁이 있게 되지만 다행히도 둘째 셋째 수소떼기는 한층 느려지므로 일치환 생성물을 주로 얻는 것은 그리 어렵지 않다. 예컨대, 다음 toluene의 연속 염소화 반응에서 둘째 치환은 10배 이상 느리며 셋째 치환은 그보다 10배 이상 더 느린 반응이다.

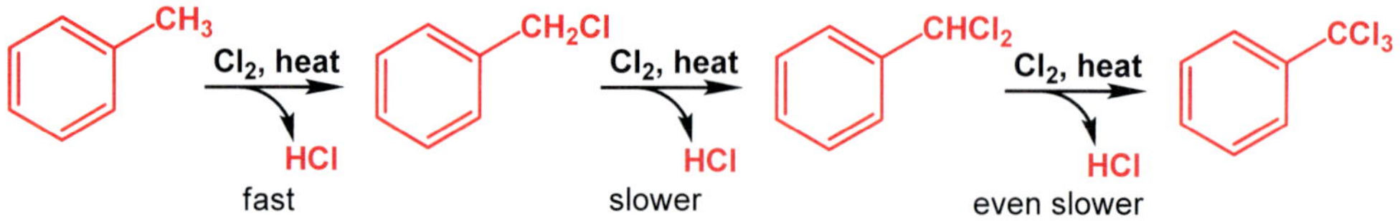

라디칼의 스핀-짝지음 분자와의 반응은 크게 두 가지로 원자떼기가 일어나던지 아니면 π-결합에 첨가가 일어나게 된다. Alkene은 이 두 반응이 모두 일어날 수 있다. Alkene의 allylic H를 선택적으로 브로민 치환하는 데는 Br_2가 아닌 NBS를 사용하게 된다. 아주 낮은 농도의 Br_2가 지속적으로 생성되어 π-결합에 Br_2 분자가 첨가되는 반응을 최소화하여야 하기 때문이다. 다음 반응 예에서 보는 바와 같이 이중결합의 위치 바꿈이 쉽게 일어날 수도 있다. 중간체로 생성되는 allylic 라디칼은 공명구조에 의해 안정화되며 다음 단계인 브로민 떼기는 어느 탄소에서도 일어날 수 있기 때문이다.

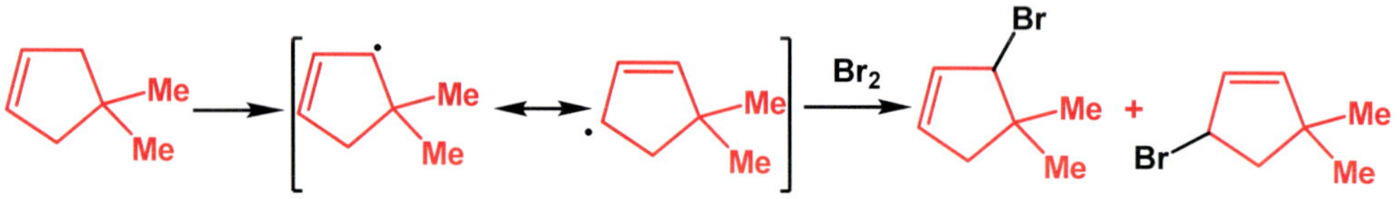

여기서는 원자떼기로 진행되는 반응이 무엇인가를 이해하기 위하여 간략하게 살펴본 것이며, '유기 반응의 이해' 셋째 편을 참고하면 좀 더 상세한 내용을 볼 수 있다.

8.9 Heteroatom Abstraction by Trialkylstannyl Radicals

앞 절에서 할로젠을 이용하여 유기 화합물의 C–H 결합이 C–halogen 결합으로 치환하는 반응을 간단히 살펴보았다. 거꾸로 유기 분자 내의 C–halogen 결합을 C–H 결합으로 대치하는 라디칼 환원 반응 또한 가능하다. 이를 위해서는 C–H 결합을 비롯한 분자 내의 여러 작용기 중에서 선택적으로 할로젠떼기가 가능한 라디칼을 생성하는 것이 필요하다.

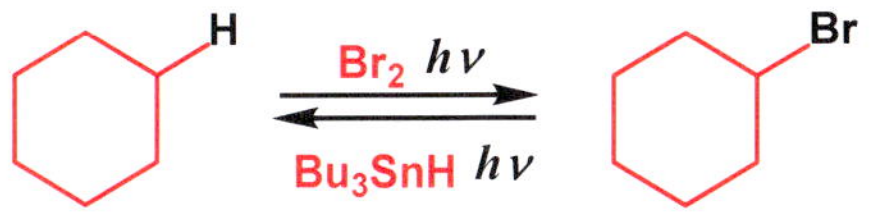

이 목적으로 균일분해에 취약한 금속–수소 결합을 가지는 몇 가지 대표적인 화합물이 합성 반응에 많이 사용되고 있다. 가장 많이 사용하는 환원제는 Bu_3SnH이지만, $(Me_3Si)_3SiH$을 사용하기도 하며 또는 환경친화적인 시약으로 화학양적 $NaBH_4$와 촉매량의 Bu_3SnCl 또는 $(Me_3Si)_3SiH$의 조합을 사용하기도 한다. 이들 화합물로부터 생성되는 stannyl 또는 silyl 라디칼은 선택적으로 유기 분자에서 할로젠떼기를 하게 된다. 그 결과 생성되는 탄소 라디칼은 금속–수소 결합에서 수소떼기가 일어나 전체적으로 C–halogen 결합이 C–H 결합으로 대치된다. 분자내의 할로젠 원자는 한 개밖에 없는 경우가 대부분이어서 앞의 halogenation 반응에 비하여 regioselectivity의 문제가 없어 오히려 더 쉽고 간편한 반응이다.

다음은 이 환원법이 개발된 초기에 발표된 반응으로 bromine 첨가로 얻어지는 bromomethyl-β-lactam의 debromination 반응이다. 개시제인 AIBN의 존재하에 Bu_3SnH에 의한 환원 반응 예이다.

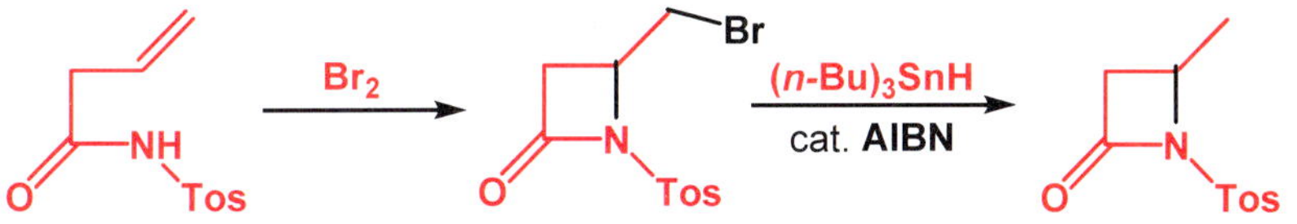

카보닐기와 같은 다른 반응성이 높은 치환기를 제쳐두고 C–Br 결합만이 선택적으로 C–H 결합으로 대치된다. 다양한 치환기가 존재하는 복잡한 분자도 반응을 일으킬 수 있으나 그냥 위의 반응을 예로 반응 메커니즘을 살펴보기로 하자. Tin hydride는 개시제 라디칼에 수소 원자를 넘겨주고 (hydrogen abstraction) tributylstannyl radical이 생성되며, 이 stannyl radical이 라디칼 사슬 메커니즘을 개시하게 된다.

반응의 전파부에서는 $Bu_3Sn\cdot$이 C–X 결합으로부터 할로젠(X·)떼기로 Bu_3SnX와 alkyl 라디칼을 생성하며, alkyl 라디칼은 Bu_3SnH에서 H· **떼기**로 alkane이 생성되고 $\cdot SnBu_3$이 재생성된다. 즉, 사슬 전파 단계에서 일어나는 반응은 브로민떼기와 수소떼기의 다음 두 반응이다.

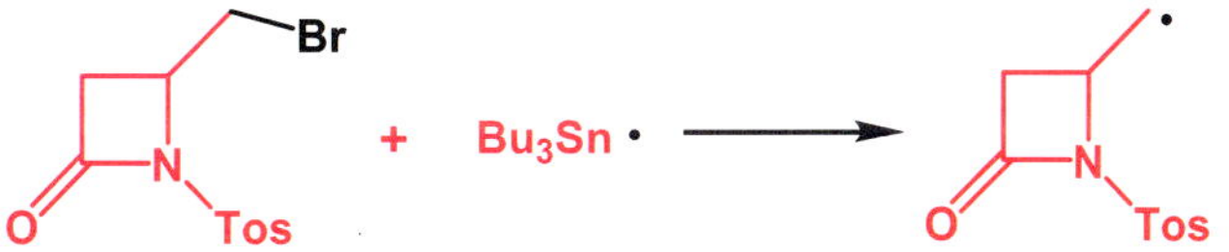

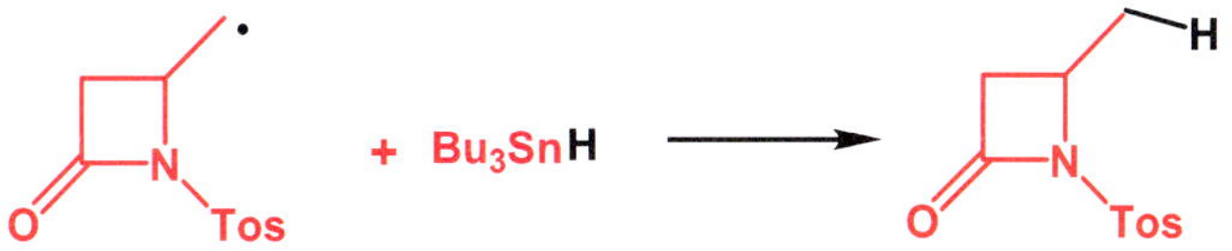

앞에서 보았던 예에서처럼 이들 라디칼 사슬 전파 단계의 두 반응 단계는 다음과 같이 propagation cycle을 둥글게 그려 표시하는 것이 더 알기 쉽고 편리한 점이 많다.

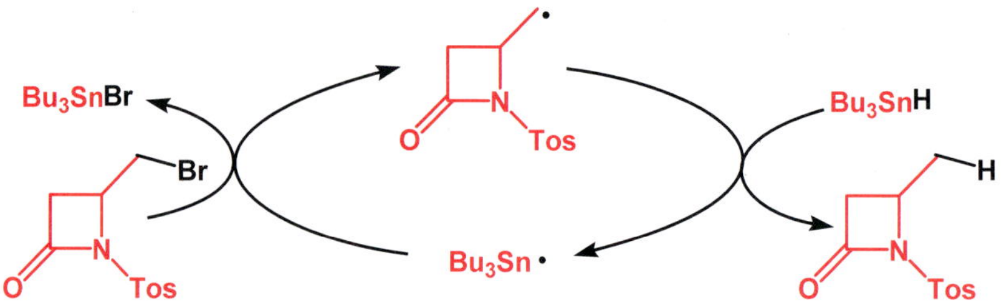

이 반응은 다음 표의 bond energy를 살펴보면 C−Br 결합과 Sn−H 결합이 깨지고, 센 C−H 결합과 Sn−Br 결합이 생성되는 위의 반응은 열역학적으로 매우 유리한 반응임을 알 수 있다. ·$SnBu_3$ 라디칼에 의한 브로민떼기는 수소떼기에 비해 훨씬 유리한 반응이며 alkyl 라디칼에 의한 Bu_3SnH에서 수소떼기 또한 유리한 반응임을 알 수 있다. 일반적으로 alkyl halide에서 tin radical에 의한 할로젠떼기는 수소떼기보다 유리한 과정이다.

Representative bond energies (kcal/mol)									
Sn—H	64	Sn—Sn	47	Sn—Cl	75	Sn—Br	68	Sn—I	56
C—H	99	C—C	83	C—Cl	81	C—Br	68	C—I	51

Barton-McCombie 반응에서는 alcohol이 탈산소화(deoxygenation)된다. 즉, alcohol의 OH기가 다른 중간체를 거쳐 최종적으로 수소로 바뀌게 된다. Alcohol은 먼저 xanthate ($ROCS_2CH_3$) 또는 다른 thiocarbonyl 화합물로 변환되고 새로 만들어진 치환기 전체가 Bu_3SnH에 의한 원자단 떼기로 H로 바뀌어진다.

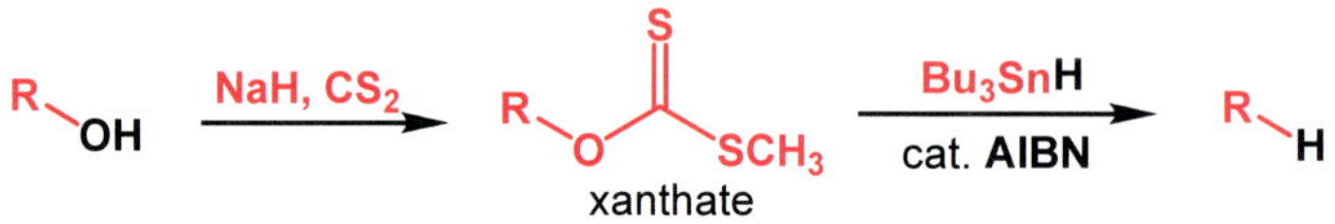

메커니즘의 전파 부분에서는 새로운 형태의 라디칼 반응 pattern을 보게 되는데, 라디칼에서 안정한 중성 분자가 이탈되고 새로운 라디칼이 만들어지는 이런 부류의 반응을 **토막내기 (fragmentation)**라고 한다.

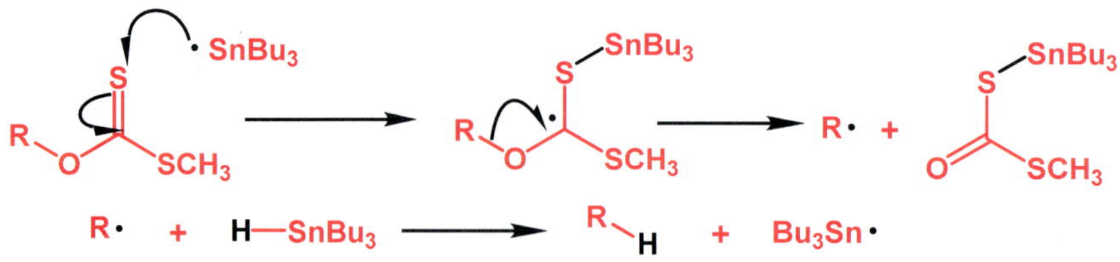

이 반응에서는 Bu_3Sn·이 S=C 결합의 S에 첨가되어 생성된 라디칼이 토막내기로 alkyl 라디칼과 카보닐 화합물로 바뀐다. 그 다음 alkyl 라디칼이 Bu_3SnH에서 H· **떼기로** 연쇄사

슬 운반체(chain carrier)인 라디칼 ·$SnBu_3$를 생성한다.

센 C=O π-결합형성이 C−O σ-결합의 토막내기 반응의 추진력이 된다. 거듭 강조하자면 반응의 전파 단계의 메커니즘을 circular propagation cycle을 그리면 어떤 반응물이 유입되어 어떤 생성물이 배출되는가를 손쉽게 알아볼 수 있다.

문제 8.12 다음 반응은 위의 ***Barton-McCombie*** 반응과 아주 유사하게 일어난다. 전파 단계의 반응식을 그려라.

BrCCl$_3$, cat. AIBN, 130 °C

75 % yield

8.10 Heteroatom Abstraction by tris(Trimethylsilyl)silyl radicals

먼저 개발되어 사용되는 대표적인 할로젠떼기 시약이 tributylstannyl hydride이고 독성이 있는 화합물을 피해서 새로 개발된 시약이 tris(trimethylsilyl)silyl hydride이다. TMSCl과 $SiCl_4$의 반응으로 얻는 TMS_4Si를 CH_3Li으로 처리하여 얻는 TMS_3Si 음이온을 산처리하여 만든다. $(Me_3Si)_3SiH$의 금속–수소 결합의 homolysis는 보통 개시제 라디칼에 의한 수소떼기에 의하여 형성되는 것이 보통이다. 형성되는 tributylstannyl radical이나 tris(trimethylsilyl)-silyl radical은 유기 화합물과의 반응에서 라디칼 생성 능력은 거의 엇비슷하고 Si–H 결합 세기는 Sn–H보다 약간 높지만 반응성도 같고 또한 반응하는 양상도 거의 닮은꼴 이다.

Alkyl halide나 pseudohalide의 C−X 결합은 radical 환원제에 의하여 환원되어 C−H 결합으로 대치된다. Tributylstannane은 이 목적으로 사용되는 것 중의 하나이지만 이 변환 반응은 tris(trimethylsilyl)silane에 의해서도 쉽게 일어난다. 반응은 주로 toluene을 용매로 70~90°C의 온도에서 일어나며, 빛을 조사하여도 일어날 수 있으나 라디칼 개시제로 AIBN을 넣어 주는 것이 보통이다. 또한 silane 시약도 화학양적이 아닌 촉매량만 사용하고 화학양의 $NaBH_4$를 넣어줌으로써 필요한 silane이 촉매 사슬에서 지속적으로 재생된다.

$$R{-}X \xrightarrow[\text{cat. AIBN, toluene, } 75 \sim 90\ ^{\circ}C]{(Me_3Si)_3Si{-}H} R{-}H$$

위의 반응 조건에서 alkane으로 환원되는 몇몇 작용기들의 대표적인 반응 예를 수득률과 함께 아래에 정리하였다. 물론 이들 반응은 tributyltin hydride에 의해서도 수행할 수 있다.

Reduction of several organic compounds by tris(trimethylsilyl)silane

I: 97 % yield
Cl: 82% yield
NC: 95 % yield
SePh: 99 % yield
COCl: 92 % yield
O–C(=S)–SMe: 86 % yield
Br: 90 % yield

Alkyl iodide나 bromide는 30분 이내의 짧은 반응 시간에도 아주 쉽게 반응이 일어나서 탄화수소를 높은 수득률로 생성한다. 3차에서 2차 그리고 1차 alkyl기로 가면서 반응은 점점 더 어려워져 반응 시간이 길어질 뿐 아니라 때때로 촉매를 소량씩 더 첨가해 주기도 한다.

$$\xrightarrow[\text{cat. AIBN}]{Bu_3Sn{-}H}$$

$$\xrightarrow[\text{cat. AIBN}]{(Me_3Si)_3Si{-}H}$$

할로젠 원자가 아닌 다른 group 전체 떼기가 일어나는 반응도 여럿 알려져 있다. Isonitrile group의 추출은 앞에서 본 tributylstannane으로 반응하는 것보다 훨씬 효율적으로 반응이 일어난다. Phenyl selenide의 경우에는 높은 수득률로 탄화수소로 환원되지만 이에 대응하는 sulfide의 경우에는 반응이 거의 일어나지 않는다. 카복시산 염화물의 경우에는 염소떼기로 생성되는 acyl 라디칼이 일산화탄소를 잃게 되면 alkyl 라디칼로 변환되고 수소떼기로 해당 탄화수소로 환원된다. 카보닐기를 잃고 3차 또는 2차 alkyl기를 생성하는 acyl chloride는 80°C 정도의 온도에서 해당 탄화수소로 쉽게 변하지만, 구조상 1차 alkyl 라디칼을 거쳐야 하는 acyl chloride는 훨씬 높은 온도에서 반응이 일어난다.

Alcohol의 deoxygenation은 OH기를 다음 식에서와 같이 먼저 thionocarbonate로 변환시켜 tris(trimethylsilyl)silane으로 환원하면 쉽게 이루어질 수 있다. Phenylthionocarbonyl chloride를 사용하는 다음 방법은 종전에 alkoxide와 CS_2를 반응시키고 다시 methyl iodide와 반응시켜 xanthate를 형성하는 ***Barton-McCombie*** 반응의 개선된 방법이다.

R—OH → (PhOC(S)Cl, CH_2Cl_2, pyridine) → R–O–C(=S)–OPh → ($(Me_3Si)_3Si$-H, cat. AIBN, toluene, 80 °C) → R—H

다른 방법에 비하여 아주 온화한 조건에서 행하는 이 방법으로 아주 sensitive한 작용기를 갖는 천연물의 탈산소 반응에 유용하게 사용된다. 다음은 1,6-anhydroglucose의 두 OH기가 제거되는 반응을 예로 들었다.

(OH, OH, OH) → (PhOCSCl, CH_2Cl_2, pyridine) → (OH, PhO(S)CO, OC(S)OPh) → ($(Me_3Si)_3Si$-H, cat. AIBN, toluene, 80 °C) → (OH, H, H) 87 % yield

8.11 Free Radical Addition of HBr to Alkenes

HBr이 Markovnikov 법칙에 어긋나게 alkene에 첨가되는 반응이 아마도 최초로 발견된 자유라디칼 첨가 반응일 것이다. *anti*-Markovnikov 첨가 생성물이 얻어지는 이유는 Br· 라디칼이 alkene의 덜 치환된 C에 먼저 첨가되며 (입체적인 이유) 첨가로 에너지가 더 낮은 더 많이 치환된 라디칼을 형성하는 것이 더 유리하게 때문이다. (전자적 이유)

overall

H—Br + H_2C=CH–Ph → (O_2) → Br–CH_2–CH_2–Ph

initiation

·O—O· + H—Br → ·O—OH + Br·

HO—O· + H—Br → HO—OH + Br·

propagation

Br· + H_2C=CH–Ph → Br–CH_2–ĊH–Ph

Br–CH_2–ĊH–Ph + H—Br → Br–CH_2–CH_2–Ph + Br·

이와 같은 라디칼 사슬 반응들은 다음에 보는 것과 같이 전파단계를 나타내면 어떤 반응이 일어나고, 어떤 화합물이 없어지고 생성되는지를 한 눈에 볼 수 있어 편리한 점이 많다. 모든 라디칼 사슬 반응은 가급적 이렇게 표시하도록 한다.

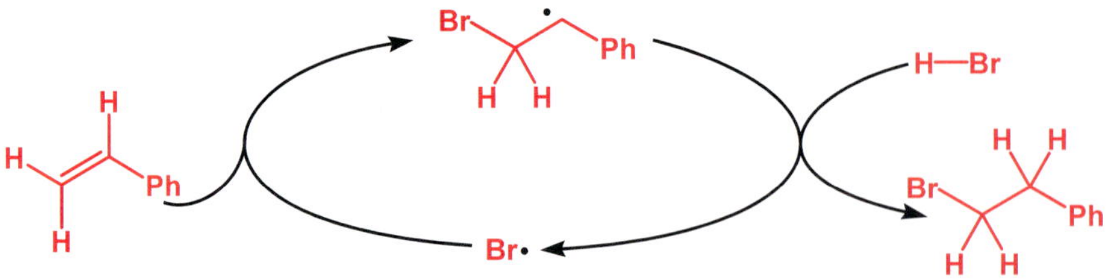

HBr과는 대조적으로 HCl 및 HI는 peroxide나 O_2가 존재해도 alkene에 자유라디칼 첨가가 일어나지 않는다. 전파부의 각 단계의 활성화 에너지가 너무 높지 않아야 되며, 전체적으로는 발열 과정인 것이 반응이 진행되는 데 있어 가장 이상적인 경우라 할 수 있는데, HCl 첨가에서는 H· 떼기 단계가 심한 흡열 과정이기 때문에, 그리고 alkene에 I· 첨가 단계 또한 너무 심한 흡열 과정이기 때문에 HCl과 HI는 쉽게 alkene에 라디칼 첨가가 일어나지 않는다. 그러나 thiol(RSH)은 자유라디칼 메커니즘으로 HBr 첨가와 똑같은 방식으로 alkene에 첨가가 일어난다. 개시제로는 AIBN이나 $(BzO)_2$가 사용된다. Alkene은 전자-풍족일 수도 있고 전자-부족이어도 상관없다. 전자-부족 alkene에 thiol의 conjugate 첨가는 자유라디칼 메커니즘으로도 진행되고 또는 극성 반응인 친핵성 메커니즘으로도 일어난다.

문제 8.13 다음 첨가 반응의 자유라디칼 전파 단계의 메커니즘을 그려라.

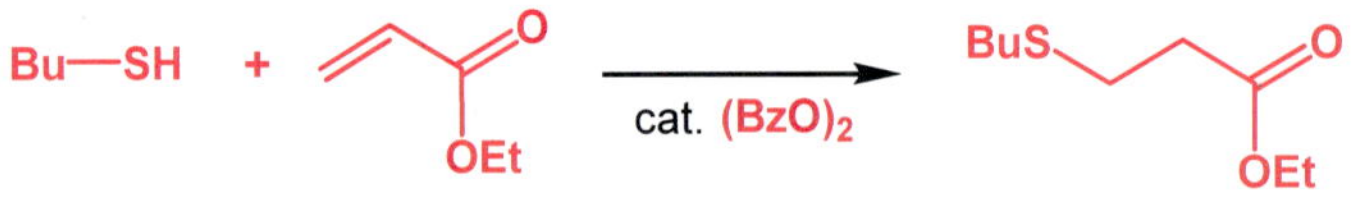

문제 8.14 다음 반응은 주어진 diene을 합성하는 공업적 제법으로 사용되고 있다. 첨가와 원자떼기의 연속인 라디칼 chain reaction을 그려보라. 개시 단계에서 라디칼의 생성은 가장 약한 결합의 homolysis로 시작될 것이다.

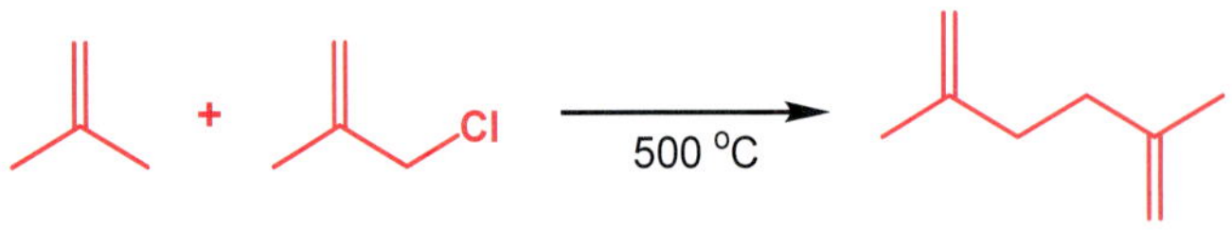

8.12 Hydrostannation and Hydrosilylation

Tributyltin hydride는 자유라디칼 메커니즘으로 C=C π-결합에 첨가된다. Alkyne에 Bu_3SnH 첨가는 (hydrostannation) alkenyltin 화합물의 가장 좋은 합성법으로 alkenyltin은 유기합성에 아주 유용한 시약이다. 이 반응 메커니즘은 alkene에 HBr이 첨가되는 반응과 같은 메커니즘을 거쳐 진행된다. 비교적 높은 에너지 중간체인 alkenyl 라디칼은 C–Sn 결합과의 hyperconjugation에 의하여 안정화된다.

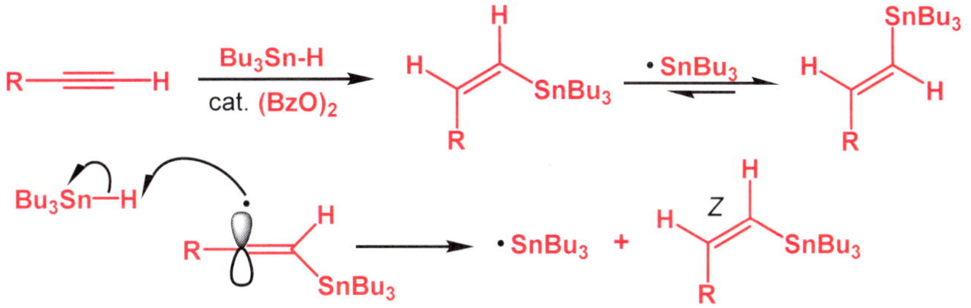

Tributyltin hydride처럼 tris(trimethylsilyl)silane 또한 자유라디칼 메커니즘으로 C=C π-결합에 첨가되며 **hydrosilylation**이라고 부른다. Silyl기와 H가 *trans*로 첨가가 일어나는 것도 hydrostannation에서와 같다. 첨가 반응은 toluene 용매로 사용하여 80°C에서 일어난다.

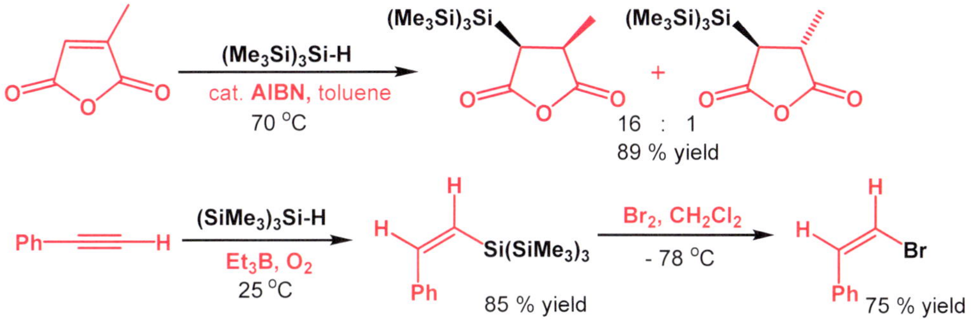

라디칼 첨가에 의한 hydrosilylation은 alkene이나 alkyne에서만 일어나는 것은 아니며 카보닐에 일어나면 환원 반응이 된다. 다음 반응에서 *cis*-isomer가 주로 생성되는 것은 중간체 alkyl 라디칼이 tris(trimethylsilyl)silane으로부터 수소떼기 단계에서의 입체적인 요인에 기인한다고 할 수 있다.

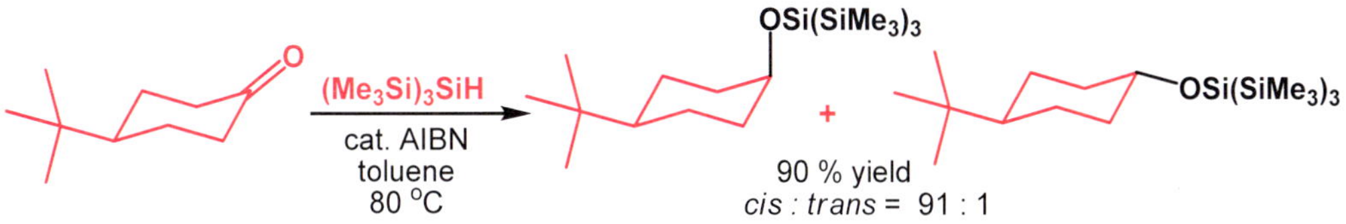

또한 hydrosilylation은 Pd 등 전이금속 화합물 촉매로도 일어날 수 있다. 이는 마지막 Chapter 10에서 논의하게 된다.

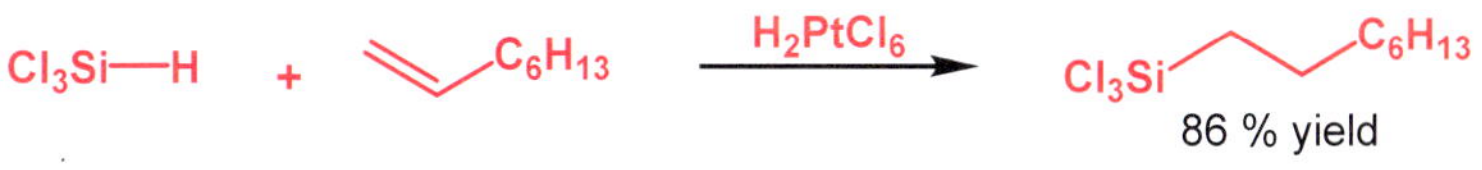

문제 8.15 다음 자유라디칼 첨가 반응의 메커니즘을 그려라. 전파단계의 사슬 반응들을 circular diagram으로 나타내어라.

(a) $\equiv$—$SiMe_3$ —(Bu_3Sn-H; cat. $(BzO)_2$)→ Bu_3Sn–CH=CH–$SiMe_3$

(b) HC≡C–CH_2OTHP —(Bu_3SnCl, $NaBH_4$; ethanol, 3 hr, heat)→ OTHP 73 % yield

문제 8.16 다음 라디칼 첨가 반응의 chain propagation step을 그려보라. 표시된 탄소 골격의 변화는 없다.

—($(Me_3Si)_3SiH$; cat. AIBN)→ $(Me_3Si)_3Si$

8.13 Radical Reactions Leading to C–C Bond Formation

Alkyl halide와 alkene이 함께 존재하는 혼합물에 tributyltin hydride나 $(Me_3Si)_3SiH$가 개시제가 함께 존재한다면 어떤 반응이 일어나게 될까? 생성되는 $(Me_3Si)_3Si\cdot$이나 $Bu_3Sn\cdot$ 라디칼은 원자떼기와 첨가가 모두 가능하다. Tributylstannyl hydride에서 생성되는 tin radical이나 tris(trimethylsilyl)silane에서 생성되는 silyl radical은 유기 화합물과의 반응에서 엇비슷한 반응성을 보이며, 또한 반응 양상도 유사하다는 점은 앞에서 설명한 바 있다. 따라서 할로젠떼기로 진행되는 alkyl halide의 환원 반응이나 alkene 첨가에 똑같이 이용될 수 있다.

Alkyl halide와 alkene이 함께 존재하는 조건에서는 abstraction과 addition이 함께 일어나서 탄소–탄소 결합형성 반응에 사용될 수 있다. 실제로 tris(trimethylsilyl)silyl radical이 생성되는 조건에서 alkyl iodide와 불포화 nitrile이나 카보닐의 혼합물과의 반응이 일어나면 다음 반응 예에서와 같이 원자떼기로 생성된 탄소 라디칼이 π-결합에 첨가가 일어나게 된다. 첨가로 생성되는 alkyl 라디칼은 수소떼기로 촉매 사슬을 한 cycle 끝내게 된다.

Cyclohexyl–I + CH_2=CH–C(=O)OMe —($(SiMe_3)_3Si$-H; cat. **AIBN,** toluene, 80 °C)→ Cyclohexyl–CH_2CH_2–C(=O)OMe 85 % yield

Cyclohexyl–NC + CH_2=CH–CN —($(SiMe_3)_3Si$-H; cat. **AIBN,** toluene, 80 °C)→ Cyclohexyl–CH_2CH_2–CN 85 % yield

다음 cyclohexyl iodide와 acrylonitrile 간의 반응은 tributyltin hydride에 의하여 진행된다. 한 당량 이상의 tributyltin hydride가 사용되며 반응 온도는 앞의 silane을 이용하는 반응에서와 거의 같다.

I + CN $\xrightarrow[\text{cat. AIBN}]{\text{SnBu}_3\text{H (1.2 eq)}}$ CN

이러한 부류의 $(Me_3Si)_3Si\cdot$나 $Bu_3Sn\cdot$ 라디칼을 핵심 사슬 운반체로 사용하는 자유라디칼 첨가는 합성에 급속도로 응용이 확산되어, 아주 중요한 탄소–탄소 결합형성 반응으로 자리매김하게 되었다.

반응은 거의 같은 메커니즘을 따라 일어나게 된다. Tin radical을 이용하는 반응을 상세히 살펴 보기로 하자. 반응의 개시부에서는 개시제 라디칼(많은 경우 AIBN에서 유도된 라디칼)이 $HSnBu_3$에서 H· 떼기로 $Bu_3Sn\cdot$를 생성하는 것으로 시작되는 것은 앞의 dehalogenation 등의 다른 반응에서와 같다.

메커니즘의 전파부는 다음 세 단계로 이루어진다. (1) $Bu_3Sn\cdot$에 의한 ·I 떼기로 cyclohexyl 라디칼을 생성한다. (2) Cyclohexyl 라디칼이 π-결합에 첨가된다. (3) 첨가로 생성된 라디칼이 $HSnBu_3$에서 H· 떼기로 생성물을 얻고 $\cdot SnBu_3$를 재생성한다.

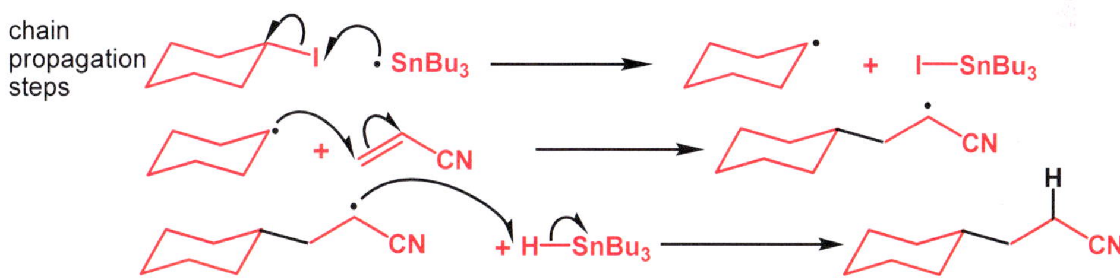

이 반응에서 생성되는 라디칼은 모두 네 종류인데 각기 특정 partner와 작용하여 독특한 반응을 하게 된다. 어떻게 이런 일이 가능한 것일까? 어떻게 각 라디칼이 할 수 있는 여타의 다른 반응을 제쳐 놓고 한 partner와의 반응만이 이렇게 질서 정연하게 일어나는가?

NC (from AIBN) $\quad Bu_3Sn\cdot \quad$ CN

이를 이해하려면 라디칼의 성질을 좀 더 세밀하게 살펴볼 필요가 있다. 기본적으로 모든 라디칼의 SOMO는 모두 같은 에너지 준위에 있는 것도 아니고 따라서 선호하여 반응이 일어나는 작용기도 다르다. 또한 이들 반응성 라디칼이 반응할 분자의 수와도 밀접한 관계가 있다. 반응성이 절반에 못 미친다 하더라도 농도가 10배 이상이라면 5 : 1의 생성물 비를 보이게 되기 때문이다.

따라서 실제로 이 반응을 효과적으로 수행하기 위해서는 적어도 두 배 많게는 10배 이상의 alkene을 첨가하여 반응을 수행하게 된다. 또한 tributyltin hydride의 농도는 가능하면 낮게 유지하는 것이 바람직하다. 화학양적 tributyltin hydride를 사용하기보다는 10% 정도의 tin hydride만을 첨가하고 충분량의 $NaBH_4$를 첨가함으로써 낮은 농도를 유지하는 기법을 사용하게 된다.

문제 8.17 다음 반응을 사슬 전파단계의 chain propagation cycle을 그려라.

문제 8.18 Halogen abstraction은 vinyl 및 aryl halide에서도 일어난다. 다음 반응의 메커니즘을 그려보라.

8.14 Electrophilic Radicals and Nucleophilic Radicals?

공유결합을 형성하는 모든 반응은 반응에 참여하는 화학종들의 오비탈 에너지 준위에 의하여 지배된다. 라디칼의 반응도 마찬가지여서 반응에 참여하는 라디칼과 이와 반응하는 화학종의 오비탈 에너지 준위를 살펴보게 된다. 결국 라디칼의 반응성은 라디칼의 SOMO 에너지 준위와 상관이 있다. SOMO는 반응하는 화학종에 따라 LUMO와도 상호작용이 가능하며 HOMO와도 상호작용을 할 수 있다 있다.(8.2절) 낮은 에너지 SOMO 라디칼은 일반적으로 낮은 에너지의 채워진 결합성 MO와 반응하는 것이 유리하며, 높은 에너지 SOMO 라디칼은 높은 에너지의 빈 반결합성 MO와 반응하는 것이 유리하다.

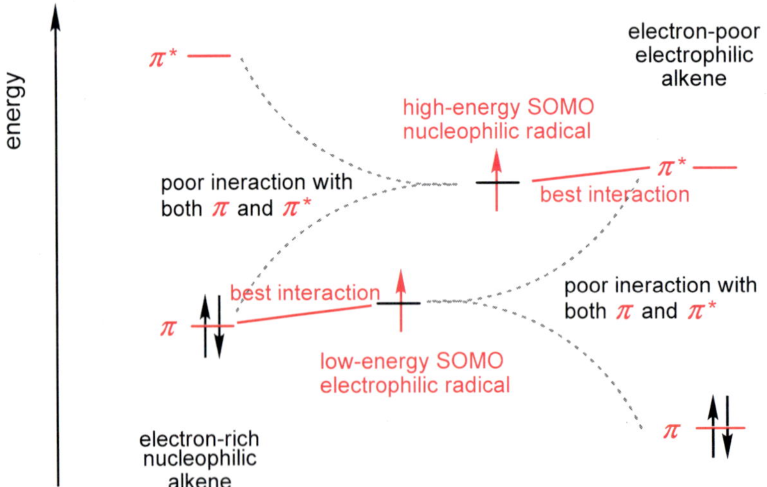

Alkene과의 반응을 예로 든다면 라디칼의 홀전자가 낮은 에너지 오비탈을 점유하면 (low-energy SOMO) 라디칼은 쉽게 전자를 받아들이게 되며, 이웃한 치환기에 의하여 크게 안정

화되는 라디칼은 친전자성을 갖게 된다. 친전자성 SOMO는 친핵성 alkene의 HOMO인 π 오비탈과 가장 효과적으로 상호작용이 일어나게 된다. 이와 반대로 높은 에너지 SOMO를 가지는 라디칼은 쉽게 전자를 주어버리게 되며 친핵성을 가지게 된다. 즉, 이웃한 치환기에 의한 안정화 효과가 작거나 거의 없는 높은 에너지 SOMO는 친전자성 alkene의 LUMO인 반결합성 π^* 오비탈과의 상호작용으로 가장 효과적인 에너지 낮춤 효과를 얻게 된다.

이와 같은 친전자성 라디칼과 친핵성 라디칼의 특성을 이해하였으므로 이제 다시 위에서 본 $Bu_3Sn\cdot$ 라디칼을 매개로 하는 첨가 반응에서 생성되는 모든 라디칼 각각의 선택성을 다시 한 번 살펴보기로 한다. 다음 반응은 앞에서 이미 한 번 보았던 바로 그 반응이다.

I + CN → CN
$SnBu_3H$ (1.2 equiv.)
AIBN (0.05 equiv.)

이 반응에서 생성되는 총 네 가지의 라디칼이 각각 할 수 있는 반응과 실제로 진행되는 반응을 간단히 정리하면 다음 표와 같다. 왜 어떤 반응은 일어나고 어떤 반응은 안 일어나게 되는가?

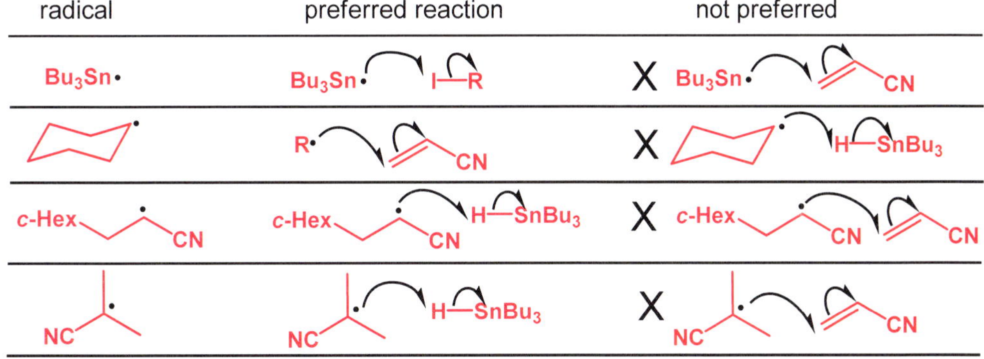

먼저 $Bu_3Sn\cdot$부터 살펴보자. Halogen을 abstract하거나 아니면 alkene에 첨가될 수 있다. Sn–C 결합은 상대적으로 약한 결합이며 alkene에 첨가가 일어나기 위해서는 alkene이 아주 과량 존재하던지 아니면 alkyl halide가 반응성이 낮던지 하는 경우에만 첨가가 일어난다. 만약 염소 화합물이라면 염소떼기의 반응 속도는 느려지고 첨가가 우세하게 일어날 수 있다. 따라서 사용되는 alkyl halide는 C–Br 또는 C–I와 같이 반응성이 비교적 커야 한다[2].

다음 R–Br 또는 R–I에서 생성되는 R·은 Bu_3SnH에서 H·떼기를 하던지 아니면 alkene에 첨가될 수 있다. 두 과정의 상대 속도는 엇비슷하며 따라서 alkene에 첨가를 목표로 한다면 Bu_3SnH의 농도를 낮게 유지할 필요가 있다. 이는 0.1당량 정도의 $ClSnBu_3$을 넣고 $NaBH_4$를 당량만큼 넣으면 필요한 $HSnBu_3$의 농도를 유지할 수 있다.

2 C–I 결합은 C–Cl 결합보다 약한 결합이고 C–I 결합의 σ^* 오비탈은 C–Cl의 σ^* 오비탈보다 에너지가 낮은 오비탈임을 이해하면 이유를 알 수 있다.

Alkene에 첨가를 유도하기 위해서는 적어도 2배에서 10배의 alkene을 첨가하는 것이 보통이다. 다음 라디칼 첨가 반응에서 반응물이나 시약의 양이 왜 이렇게 많고 적어야 하는가를 알 수 있을 것이다.

keep tin hydride concentration low.

0.1 eq. Bu_3SnCl

1.2 eq. $NaBH_4$

(2 eq.) large excess

나머지 두 라디칼은 개시제의 분해에서 생성되거나 아니면 acrylonitrile에 첨가되어 생성되며, 모두 cyanide stabilized radical로서 같은 반응 특성을 갖는다. 즉, 둘 모두 친전자성 라디칼로 전자밀도가 낮은 acrylonitrile과의 반응은 상대적으로 반응속도가 낮아지게 된다. 따라서 $HSnBu_3$에서 H· 떼기 과정이 상대적으로 우세하게 된다.

라디칼에 친전자성 라디칼이 있고, 친핵성 라디칼이 있으며, alkene에도 친전자성 alkene과 친핵성 alkene이 있다는 것을 이해하였다면, 아래 반응이 문제없이 진행될 수 있을 것이라는 짐작이 가능하다. Malonate radical은 다음 반응에서와 같이 tin radical에 의해서도 형성될 수 있고 아니면 malonate의 수소떼기로도 생성이 가능하다. 친전자성인 이 라디칼은 친전자성 alkene에는 쉽사리 첨가가 일어나지 않지만, 다음 반응에서와 같이 친핵성 alkene인 vinyl ether와는 쉽게 첨가가 일어난다.

Bu_3Sn·

malonate radical

Bu_3SnH

60 % yield

이와 같은 라디칼의 친전자성 또는 친핵성에 따라 다른 특성을 갖는 alkene의 상대적인 첨가 반응속도를 비교한 것이 다음 표이다. 반응하는 라디칼의 특성에 따라 서로 다른 상대속도를 보이는 것을 알 수 있다. Cyclohexyl radical은 nucleophilic radical로 nucleophilic alkene[3]의 첨가가 가장 빠르게 일어나며, diethyl malonate radical은 electrophilic radical로서 electrophilic alkene으로의 첨가가 상대적으로 훨씬 빠르게 일어나는 것을 볼 수 있다.

3 Nucleophilic alkene은 alkene에 카보닐기와 같은 강력한 전자끌개 치환기가 이웃하여 친핵체가 쉽게 공격하는 alkene을 뜻한다. 이와 반대로 alkoxy 또는 dialkylamino 등의 전자주개 치환기로 치환된 electrophilic alkene은 alkene의 전자밀도가 증강되어 친전자체의 공격이 용이하게 된다.

Alkenes (Z)	Relative reaction rate: cyclohexyl radical	Relative reaction rate: acetylacetonyl radical
—CN	470	-
—C(O)Ph	54	0.2
—C(O)OMe	46	0.3
—Ph	4	1.2
$—CH_3$	1	1.0
$—OCH_3$	0.1	2.1
$—NMe_2$	-	6.1

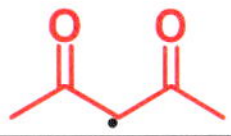

그러나 이러한 반응성 차이가 그대로 수득률과 관계되는 것은 아니다. 반응속도의 차이일 뿐 생성물의 수득률은 크게 타격을 받지 않는다. 다음은 cyclohexyl radical의 첨가로 얻어지는 반응에 관여하는 alkene에 따른 첨가 생성물의 수득률을 정리해 놓은 것이다. Tin hydride의 농도를 낮게 유지하기 위하여 소량씩 아주 천천히 가하게 된다.

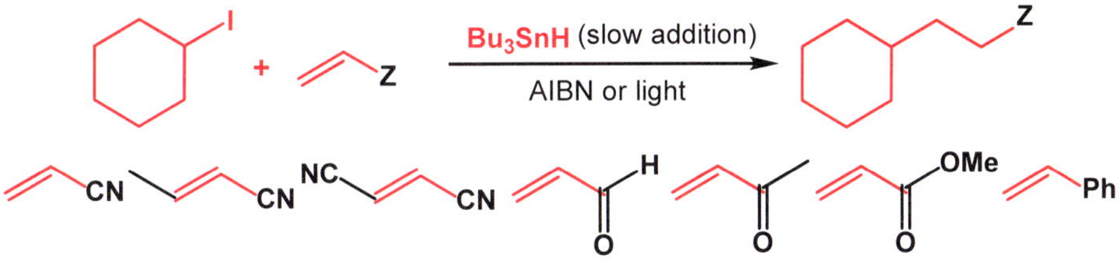

Bu_3SnH (slow addition), AIBN or light

% yield 95% 86% 72% 90% 85% 85% 83%

이 첨가 반응에서 또 하나 언급해 둘 필요가 있는 점은 α,β-불포화 enone의 두 반응성 탄소이다. 많은 유기금속 화합물이 carbonyl 첨가를 선호하며 또 일부 유기금속 화합물은 conjugate 첨가를 선호하는 것은 앞에서도 여러 차례 보아 왔다. 다음 그림에서는 enone으로의 첨가 반응을 비교해 나타낸 것이다. Hard 친핵체인 alkyllithium은 carbonyl 첨가가 일어나는 것은 익히 알고 있는 사실이고, radical은 종류에 구분 없이 모두 conjugate 첨가를 하게 된다. 무슨 의미인가 하면 라디칼은 친전자체처럼 행동하던지 친핵체처럼 행동하던지 간에 전하를 갖지 않는 soft species이라는 점이다.

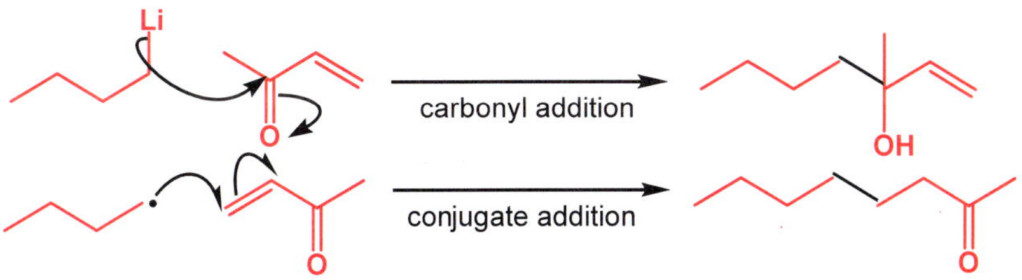

carbonyl addition

conjugate addition

이 원리를 최대한 이용하는 반응 중의 하나가 다음에 소개되어 있는 copolymer의 공업적 제법이다. Vinyl acetate와 methyl acrylate는 라디칼 개시제의 존재하에 낮은 에너지 SOMO와 높은 에너지 SOMO가 번갈아 생성되며 쉽게 copolymerization을 일으킨다.

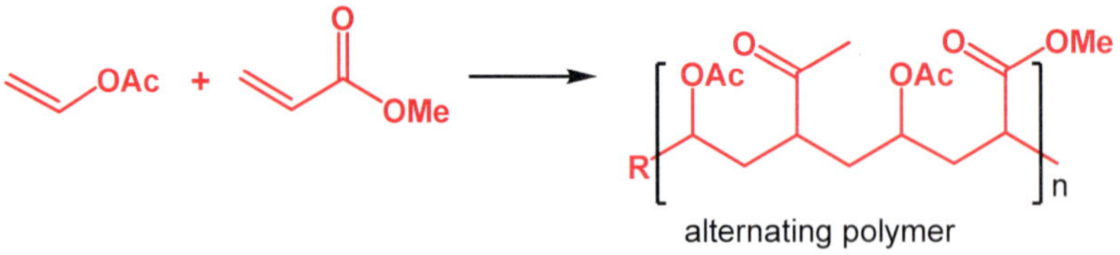

alternating polymer

이 반응의 각 단계에서 일어나는 첨가 반응의 결과는 vinyl acetate에 첨가된 친핵성 라디칼은 친전자성 alkene인 acrylate에 첨가되며, 생성된 라디칼은 친핵성 alkene인 vinyl acetate에 첨가가 일어난다. 두 첨가 반응이 교대로 반복적으로 일어나서 copolymer를 형성하게 된다. 친핵성이든 친전자성 라디칼이든 carbonyl 첨가는 전혀 일어나지 않는다.

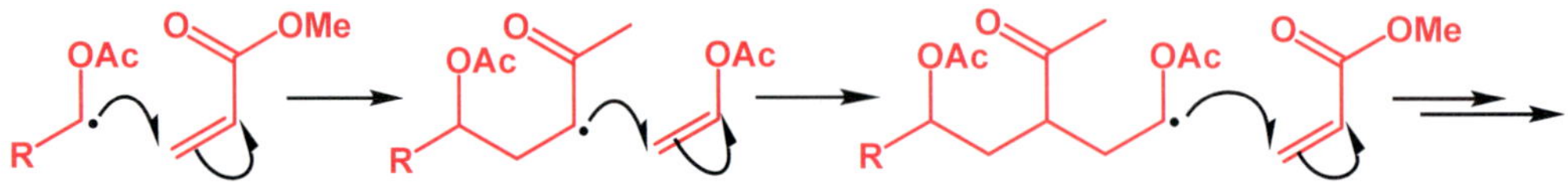

문제 8.19 식으로 나타낸 다음 사실을 합리화하여 보라. (hint: RO·은 nucleophilic radical인가 아니면 electrophilic인가? 또 어느 C–H 결합의 HOMO가 높으며 어느 C–H 결합의 LUMO가 더 낮은 에너지 상태에 있는가?)

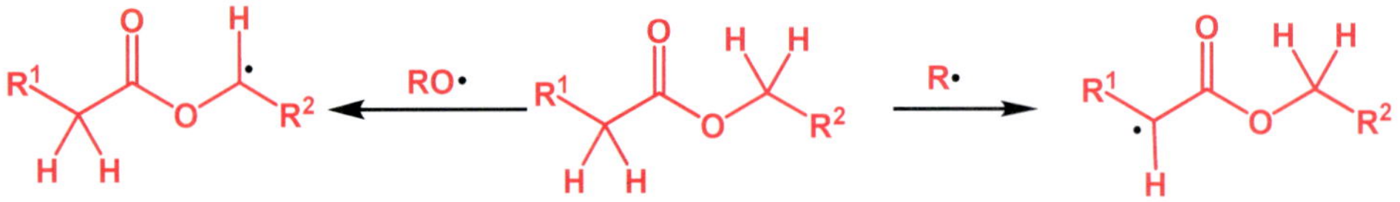

문제 8.20 다음 카복시산은 두 다른 라디칼 $\cdot CH_3$와 $\cdot Cl$에 의해서 어떤 자리에서 수소떼기가 일어나게 되는가?

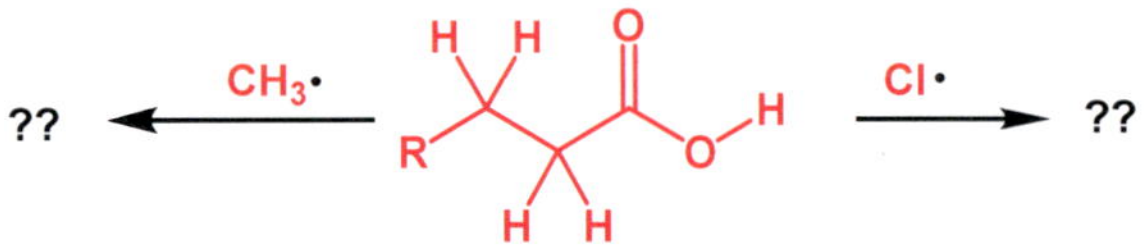

문제 8.21 다음 과정을 보고 잘 일어날 수 있는 라디칼 반응과 잘 일어날 수 없는 반응으로 구분하고 각각 이유를 설명하라.

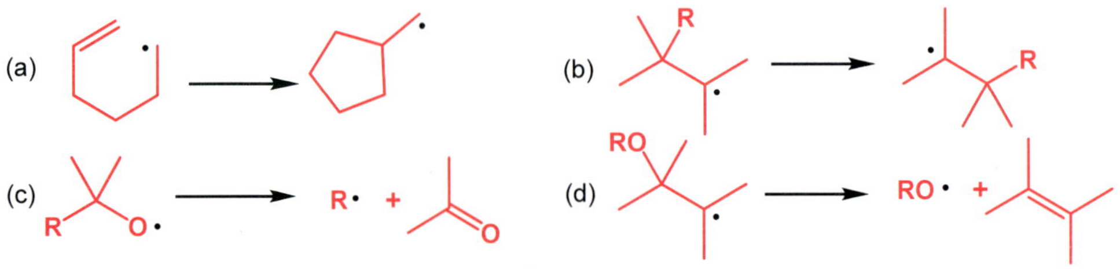

(a) (b) (c) (d)

문제 8.22 다음 반응은 어떻게 진행되는가? 메커니즘을 그려보라.

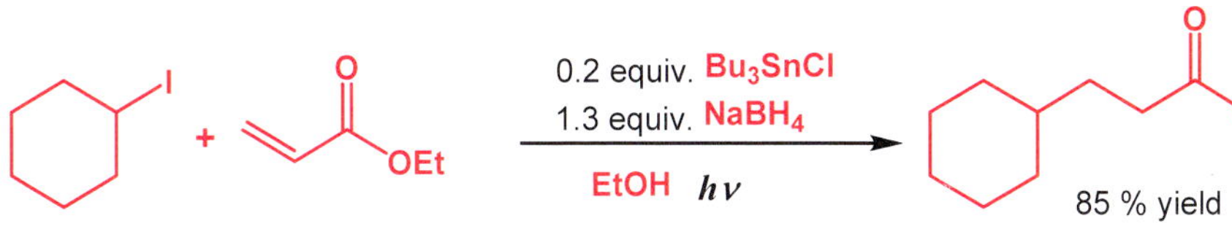

0.2 equiv. Bu_3SnCl
1.3 equiv. $NaBH_4$
EtOH $h\nu$
85 % yield

8.15 Radical Carbocyclization by either Tin or Silyl Compounds

분자 간의 alkyl 라디칼 첨가에는 여러 제약 조건이 따르는 것을 보았다. 그러나 분자내에서 라디칼이 생성되고 분자내에 alkene unit이 존재하며, 첨가로 인하여 생성되는 고리가 strain이 전혀 없는 안정한 고리라면, 라디칼 첨가에 의한 고리화 반응은 아주 쉽게 일어날 수 있다. 엔트로피 요인에 의한 분자간의 반응의 불리함이 없어지기 때문이다.

자유라디칼 고리화 반응(즉, alkyl 라디칼이 C=C π-결합에 분자내 첨가)은 최근에 가장 흥미 있고 유기합성에 광범위하게 응용되는 자유라디칼 화학으로 격상되었다. $R_3Sn\cdot$ 라디칼에 의하여 쉽게 할로젠떼기가 일어날 수 있는 group과 alkene unit가 존재하면 빠르게 자유라디칼 첨가에 의한 고리화가 일어나는 대단히 유용한 반응이다. $R_3Sn\cdot$ 라디칼을 핵심 사슬 운반체로 사용하는 몇 가지 반응 예를 아래에 나타내었다. 상당히 높은 수득률로 고리화 생성물을 얻을 수 있음을 알 수 있다. 이들 반응을 살펴보면 이중결합은 활성화되어 있지 않으며, 실제로 친핵성 alkene의 경우에도 문제없이 높은 수득률로 고리화 반응이 일어나는 것을 알 수 있다. 생성되는 alkyl 라디칼은 이웃하여 π-결합이 존재하며 따라서 분자간의 반응으로 $HSnBu_3$에서 $H\cdot$ 떼기보다 훨씬 빠르게 첨가가 일어나기 때문이다.

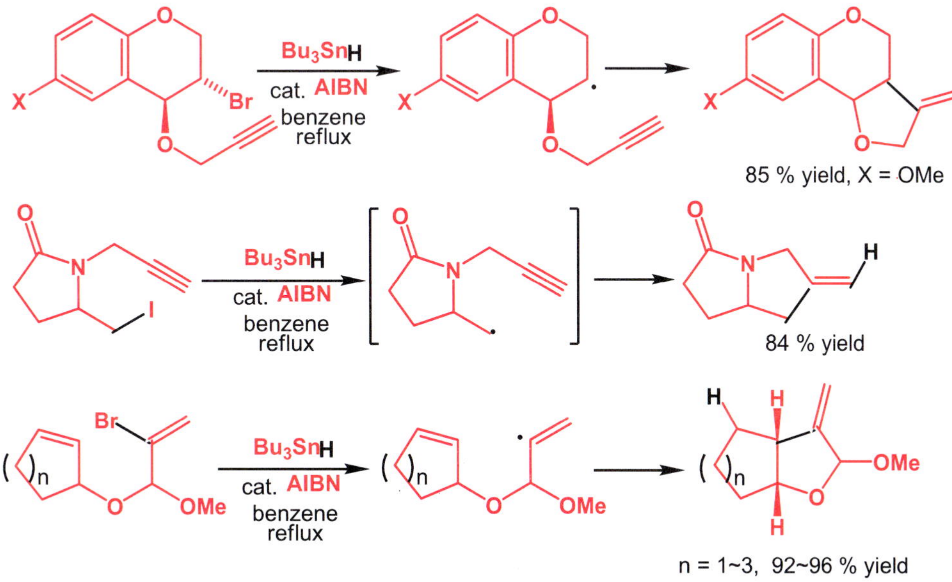

Bu_3SnH, cat. AIBN, benzene reflux

85 % yield, X = OMe

Bu_3SnH, cat. AIBN, benzene reflux

84 % yield

Bu_3SnH, cat. AIBN, benzene reflux

n = 1~3, 92~96 % yield

다음은 Tris(TMS)silane을 이용하는 고리화 반응 예이다. 모든 면에서 tributyltin hydride를 이용하는 반응과 매우 흡사하게 진행되지만, bromine이 아닌 isonitrile이 제거된다. 반응은 오비탈 지배 반응으로 더 안정한 생성물이 주로 얻어지는 것이 아니고 어느 생성물에 이르는 경로가 더 빠른 반응인가가 (TS energy) 생성물의 비를 좌우한다.

다음 5-hexenyl 라디칼의 예에서와 같이 라디칼 첨가로 다섯-원자 고리가 형성될 수도 있고, 여섯-원자 고리가 형성될 수도 있다. 다음 Tris(trimethylsilyl)silane을 이용하는 고리화 반응에서도 5-hexenyl 라디칼이 중간체로 형성되며 methylcyclopentane, cyclohexene의 고리 화합물 이외에도 hydrogen abstraction으로 환원 생성물도 소량 생성된다. 고리화 생성물 중에서 cyclopentane의 비가 절대적임을 볼 수 있다. 앞에서와 같이 어느 생성물에 이르는 전이상태가 낮은가에 의하여 생성물의 비가 결정된다.

고리화 생성물 중에서 cyclopentane의 비가 절대적임을 볼 수 있다. 앞에서와 같이 어느 생성물에 이르는 전이상태가 낮은가에 의하여 생성물의 비가 결정된다. 5-Hexenyl 라디칼의 cyclopentylmethyl 라디칼로의 고리화 반응은 매우 빨라서 약 $1.0 \times 10^5\ s^{-1}$의 속도로 진행된다. 사실상 cyclopentylmethyl 라디칼의 생성 속도는 더 낮은 에너지인 (열역학 생성물) cyclohexyl 라디칼로의 고리화 속도보다 훨씬 빠르다. ($k_{exo}/k_{endo} = 50$)[4]

4 5-*exo*-trig는 다섯-원자고리, 외향, trigonal sp^2 탄소, 6-*endo*-trig는 여섯-원자고리, 고리내향, trigonal sp^2 탄소, 3-*exo*-tet는 세-원자고리, 고리외향, tetrahedral sp^3 탄소의 뜻이다.

다섯- 또는 여섯-원자 고리형 화합물이 얻어지는 유사한 친핵성 치환은 아주 빠른 것으로 알려져 있으나 이보다도 훨씬 더 빠른 반응이다.

Br, Bu_3SnH, 99 % : 1 %

깨지는 π-결합이 고리의 바깥쪽으로 놓이는 경우 ***exo* process**라 하며 고리의 일부를 형성하여 안쪽으로 놓이는 경우 ***endo* process**라 한다. 두 process는 항상 경쟁적으로 일어나게 된다. 5-Hexenyl 라디칼의 *p* 오비탈과 이중결합의 π* MO와의 겹침에 의한 **입체전자 효과 (stereoelectronic effect)**는 C1이 C6를 공격할 때보다 C5를 공격할 때 훨씬 유리하다. (속도론적으로) 그러나 5-*exo*와 6-*endo* 고리닫힘의 상대속도는 기질의 성질, 특히 π-결합의 치환 정도에 따라 크게 달라진다.

6-Heptenyl 라디칼의 고리화에서는 7-endo와 6-*exo*의 두 가지 mode가 가능하지만 6-*exo*가 상대적으로 대단히 유리하다.

2×10^3 /sec

실제 반응에서 7-endo mode로 반응하여 일곱-원자 고리를 이루는 생성물의 비는 전체의 10% 정도에 지나지 않는다.

Br, Bu_3SnH, 90 % : 10 %

3-Butenyl radical의 경우 또한 3-*exo* mode가 4-endo보다 유리하다. 라디칼 첨가에 의한 고리화 반응으로 네-원자 고리를 이루기는 대단히 어렵다.

3-exo-trig, favored, 4-endo-trig

R_3Sn· 라디칼을 핵심 사슬 운반체로 사용하는 분자내 자유라디칼 고리화 반응에서 할로젠 이외에 sulfide, selenide 떼기에 의한 라디칼 형성 예를 많이 발견할 수 있다. 비대칭인 sulfide의 경우 어느 쪽의 탄소와의 결합이 끊어지는가의 문제는 있지만, 항상 보다 더 안정한 라디칼이 생성되는 쪽으로 반응이 진행된다고 보면 틀리는 경우가 거의 없다. 다음 반응에서는 S–C 결합깨짐은 두 곳에 일어날 수 있으나 표시된 결합이 아닌 다른 S–C 결합깨짐은 거의 일어나지 않는다.

Bu3SnH
cat. AIBN
benzene reflux
SSnBu3
60 % yield

Thiolester 또는 selenolester의 경우에는 alkyl 라디칼이 아닌 acyl 라디칼을 거쳐 고리화 되는 반응 예도 발견하게 된다.

Bu3SnH
cat. AIBN
benzene reflux
86 % yield

이들 반응은 아래 메커니즘에서 보는 바와 같이 bromine 원자떼기에 의한 고리화 반응과 흡사한 메커니즘을 거쳐서 진행된다. 아홉-전자 Se 원자 중간체를 경유하는 두-단계 첨가-토막내기 과정을 원자떼기 반응 대신 그릴 수도 있다.

initiation

Bu3SnH
Bu3Sn• +
N2

propagation

•SnBu3
PhSe—SnBu3
Bu3Sn—H
Bu3Sn•

분자간의 반응 예에서 이용하였던 것처럼 라디칼 고리화 반응에서도 촉매량의 Bu_3SnCl과 화학양적 $NaBH_3CN$를 반응 혼합물에 첨가하여 준 Bu_3SnCl나 촉매 순환 과정에서 생성되는 $NaBH_3CN$에 의해서 Bu_3SnH로 환원이 일어나서 적정 농도의 Bu_3SnH가 지속적으로 공급된다. 이러한 방법으로 냄새도 고약하고 독성이 있는 Sn 화합물을 소량만 다루어도 된다.

다음 반응에서와 같이 반응계에 isocyanide나 일산화탄소 등을 첨가하여 중간체로 생성되는 라디칼이 첨가되면서 반응이 진행되는 경우도 있다.

0.1 Bu3SnCl, 2.0 NaBH3CN
2.0 *t*-BuNC cat. AIBN
benzene reflux

위 반응 예는 alkyl 라디칼 첨가 후에 수소 원자떼기가 일어나지 않고 isonitrile로의 첨가가 일어나고 토막내기로 떨어지는 *t*-butyl radical이 Sn–H로부터 수소떼기를 하는 반응 예이다. Iodine abstract로부터 생성되는 tin iodide는 첨가된 $NaBH_3CN$에 의하여 필요한 tin hydride로 전환된다.

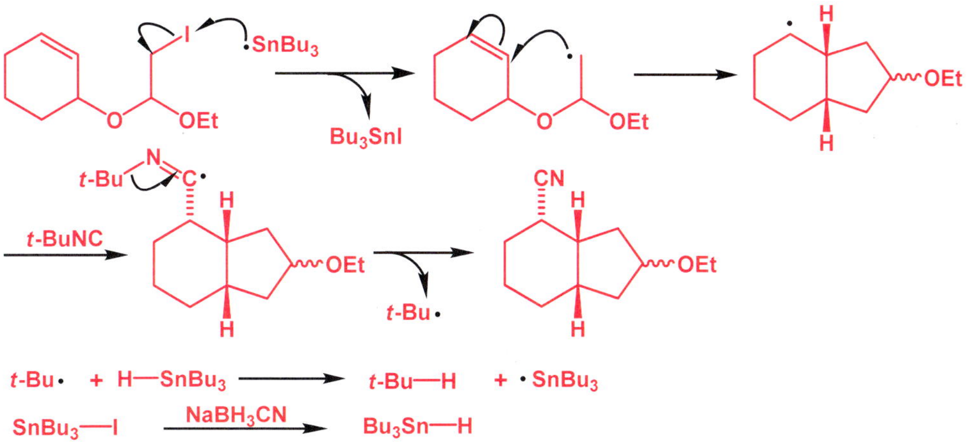

자유라디칼이 π-결합에 첨가되자마자 곧바로 토막내기가 일어나 새 자유라디칼이 만들어지기도 한다. 예를 들면, alkyl halide와 selenide는 자유라디칼 allylation reaction 반응에서 (allyl)$SnBu_3$와 반응하여 할로젠 또는 phenylselenyl기가 allyl기로 대치된다.

초기의 stannyl radical은 다음과 같이 개시제 라디칼의 첨가 반응을 통해 생성되며, 연쇄사슬 반응은 $Bu_3Sn\cdot$가 반응물에서 X· 떼기로 alkyl 라디칼을 생성하고, 이 라디칼이 allylic stannane의 allyl기의 말단 C에 첨가되고, 다음 토막내기가 일어나 생성물을 생성하면서 $Bu_3Sn\cdot$이 재생성된다.

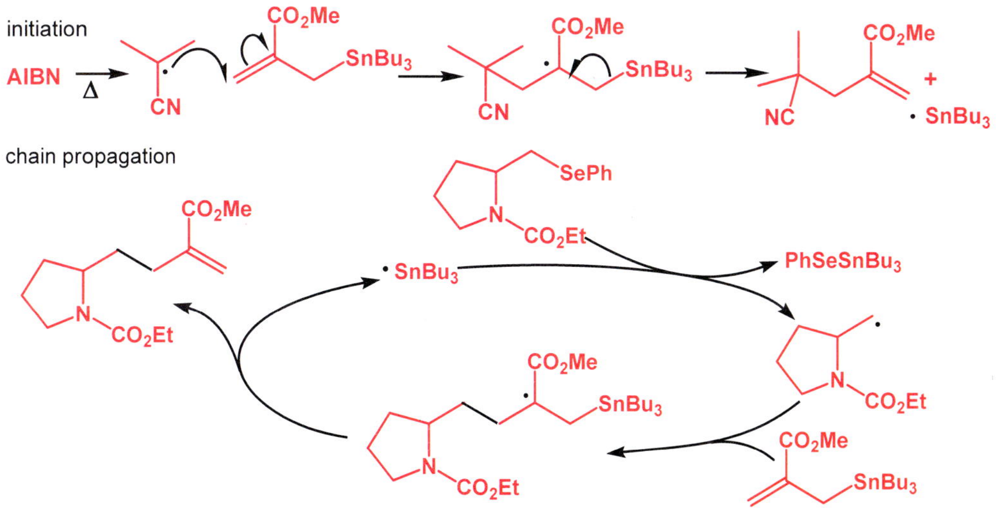

문제 8.23 다음 고리화 반응의 메커니즘을 그려라.

Bu_3SnH
cat. AIBN

문제 8.24 다음 반응의 주생성물이 생기는 전파단계 사슬을 그려 보라. 소량 얻어지는 부산물은 어떤 경로를 거쳐 얻어지게 되나?

Bu_3SnH
cat. AIBN
$h\nu$
minor product

문제 8.25 다음 두 고리화 반응의 사슬 전파 단계를 그려 보라.

(a) $Bu_3Sn{-}H$, $PhCO_2O$-*t*-Bu, $h\nu$

(b) $Bu_3Sn{-}H$, AiBN

문제 8.26 다음 반응은 어떻게 일어나는가? 생성물인 iodide는 어떻게 생성물에 남게 되는가? 이 반응에서 충분량의 tin hydride를 사용하면 어떤 화합물을 얻게 되나?

only cat. amount of Bu_3SnH

문제 8.27 다음 고리화 반응의 메커니즘을 그려라. Ethyl iodide는 어떤 역할을 하는가?

0.55 eq. $(Bu_3Sn)_2$
Et—I
$h\nu$
30 : 1
55 % yield

문제 8.28 다음 두 반응은 반응 조건에 따라 다른 생성물이 얻어진다. 각각 어떤 이유로 어떤 메커니즘을 거쳐 진행되는가? 오른쪽으로 진행되는 반응은 반응이 다 끝난 후에 tin hydride를 넣는다. 중간체 라디칼이 수명이 그렇게 길기 때문인가?

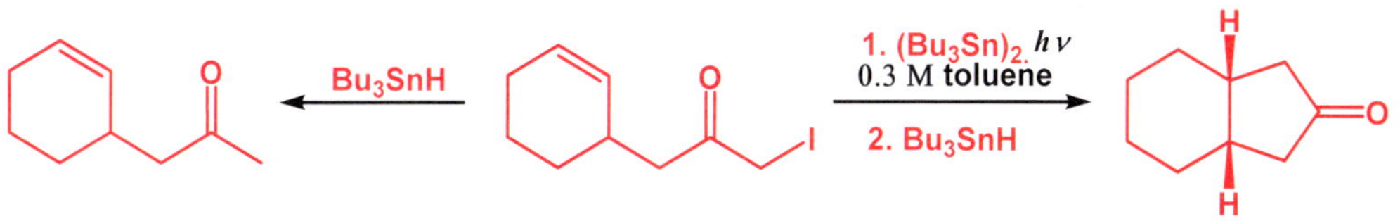

Bu$_3$SnH

1. $(Bu_3Sn)_2$, $h\nu$
0.3 M toluene
2. Bu$_3$SnH

문제 8.29 다음 자유라디칼 고리화 반응의 메커니즘을 그려라. 모든 고리화 단계에서 가능하면 다섯-원자 고리를 그려라. (번호 붙이기로 어느 결합이 깨지고 어느 결합이 형성되는지를 알면 의외로 쉽게 해결할 수 있다.)

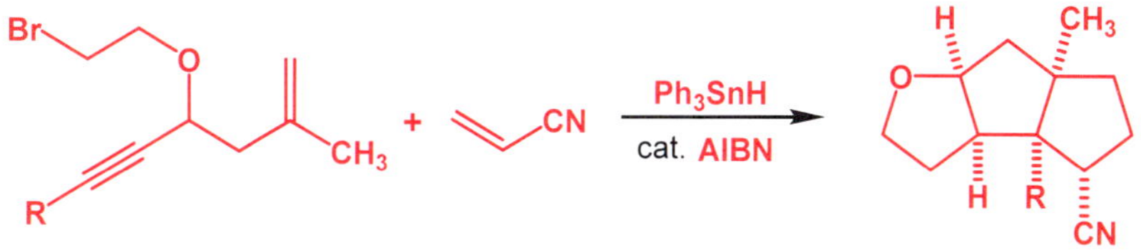

Ph$_3$SnH
cat. AIBN

문제 8.30 다음 화합물에 촉매량의 tin hydride와 개시제가 존재하면 어떤 과정을 거쳐 어떤 생성물을 얻게 되는지 그려보라. 확실하면 입체화학을 표시하여 그려보라.

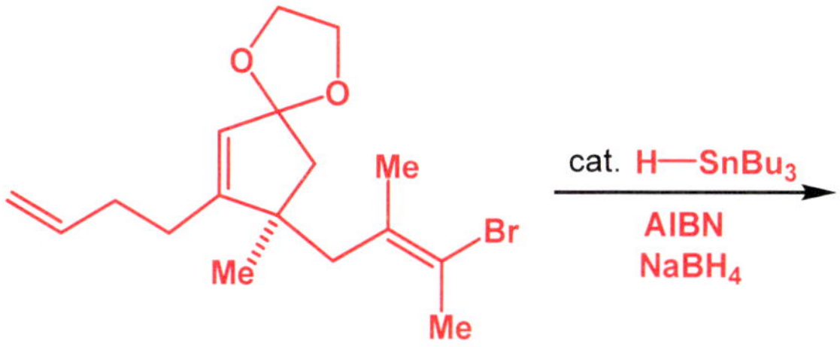

cat. H—SnBu$_3$
AIBN
NaBH$_4$

문제 8.31 다음 고리화 반응이 일어나는 메커니즘을 그려라. 왜 이런 입체화학적 결과가 생기는지 반응 과정의 conformation을 그려보라.

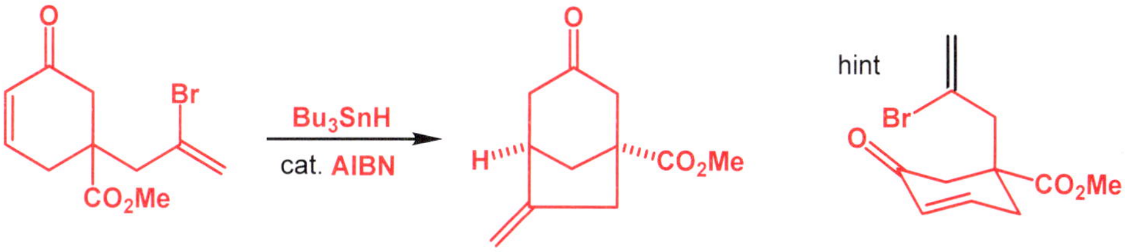

Bu$_3$SnH
cat. AIBN

hint

문제 8.32 일산화 탄소가 관여하는 다음 두 라디칼 반응의 메커니즘을 그려라.

(a) CO(80 atm), Bu$_3$SnH
cat. AIBN
C_6H_6, 80 °C

(b) CO, Bu$_3$SnH
cat. AIBN

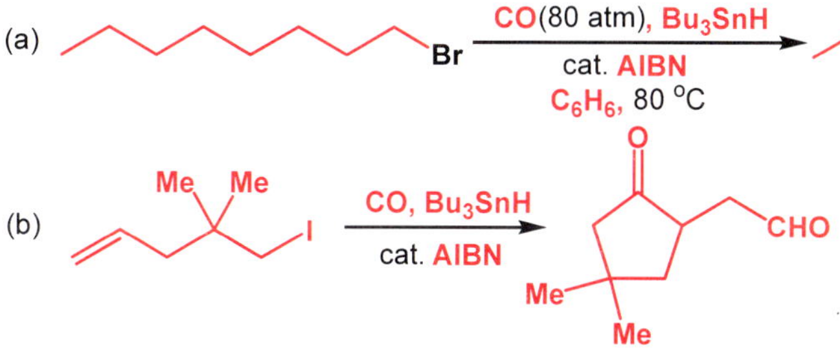

문제 8.33 다음 반응의 첨가-토막내기 메커니즘을 그려라.

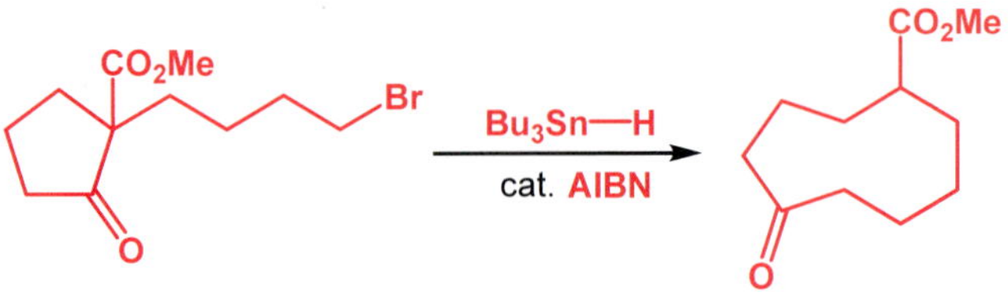

$Bu_3Sn—H$, cat. AIBN

문제 8.34 다음 라디칼 반응에서 두 가지 생성물이 얻어진다. 두 생성물은 무엇이며 어떻게 생성되는지 메커니즘을 그려보라.

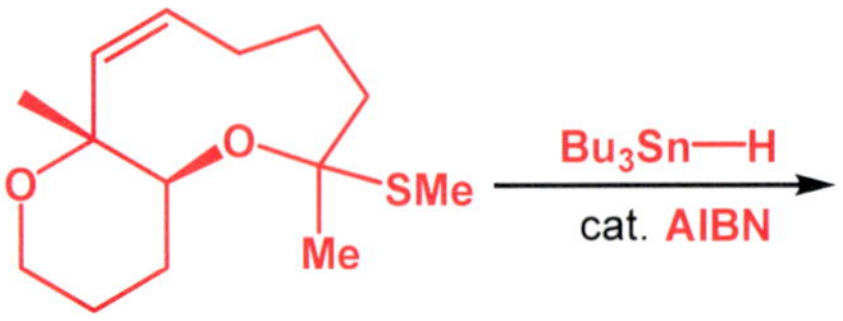

$Bu_3Sn—H$, cat. AIBN

문제 8.35 본문의 다음 두 반응은 어떻게 서로 다른 결과를 낳게 되는가 설명하여라.

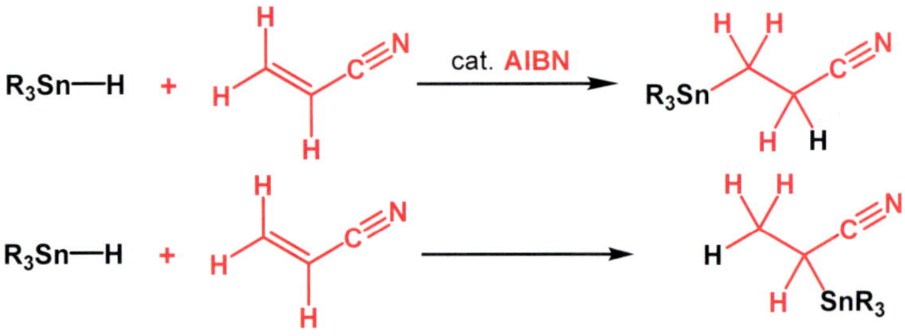

$R_3Sn—H$ + $CH_2=CH–C≡N$ —cat. AIBN→ $R_3Sn–CH_2–CH_2–C≡N$

$R_3Sn—H$ + $CH_2=CH–C≡N$ → $H–CH_2–CH(SnR_3)–C≡N$

문제 8.36 다음 반응이 일어나는 사슬 반응 메커니즘을 그려라.

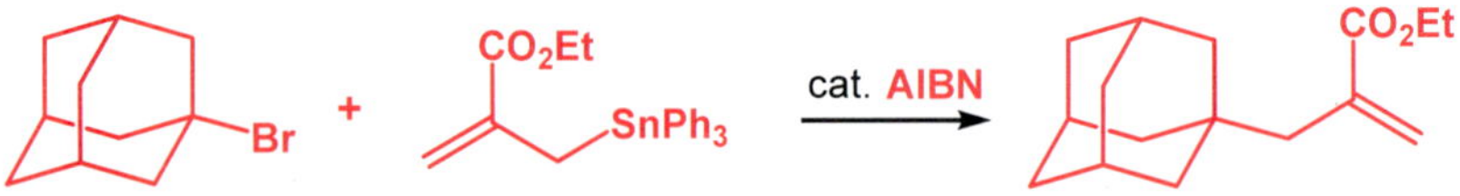

cat. AIBN

문제 8.37 다음 반응의 전파단계의 사슬 반응 메커니즘의 circular diagram을 그려라.

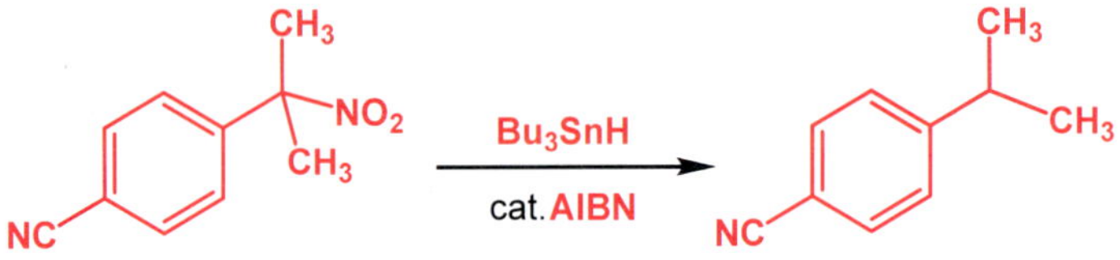

Bu_3SnH, cat. AIBN

문제 8.38 라디칼 반응이 일어나서 다음 생성물을 얻었다면 어떤 경로를 거치겠는가? 어느 화합물이 거의 생성될 가능성이 없는가?

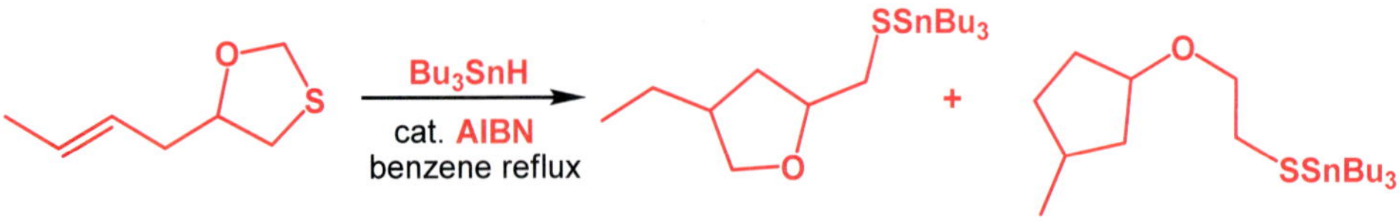

Bu_3SnH, cat. AIBN, benzene reflux

문제 8.39 자리옮김 단계를 거치는 다음 라디칼 반응의 메커니즘을 그려보라. 우선 번호 붙이기로 어느 결합이 깨지고 어느 결합이 형성되는지를 알아본다.

Bu3SnH, cat. AIBN, Δ — 65 % yield

8.16 $NaBH_4$ Reduction of Organomercury Compounds

합성에 가장 많이 사용되는 유기수은 화합물은 alkene의 solvomercuration에 의하여 생성되는 oxymercurial이다. 합성의 목표 생성물은 수은을 함유한 것이 아니어서 어느 시점에서는 제거되어야 한다. Oxymercuration이 자주 사용되는 것은 C–Hg 결합은 $NaBH_4$를 넣어주면 쉽게 C–H 결합으로 변환될 수 있는 장점 때문일 것이다. 산-촉매하에서 alkene에 H_2O를 첨가하는 반응은 수행하기 대단히 어려운 반응이다. 왜냐하면, 반응이 일어나기 위한 조건에서 부반응이 심하게 일어나기 때문이다. 그렇지만 $HgCl_2$와 같은 Hg(II) 염이 존재하면 H_2O와 같은 친핵체가 쉽게 첨가되어 organomercury 화합물을 생성한다. C–Hg 결합은 $NaBH_4$를 넣어주면 쉽게 C–H 결합으로 변환된다. 다음 반응은 분자내의 hydroxyl기가 고리형 ether를 형성하는 oxymercuration에 의한 고리화에 이어서 수은 화합물이 환원되는 반응 예이다.

산소가 아닌 질소나 다른 헤테로원자가 첨가되는 반응도 많이 이용된다. 다음 보기 반응은 일차 amide가 첨가되는 amido-mercuration이 일어나고 이어서 $NaBH_4$ 환원으로 수은이 제거되면 결과적으로 amide가 탄소–탄소 이중결합에 첨가되는 꼴이 된다.

1. $(AcO)_2Hg$ 2. $NaBH_4$ — 75 % yield

이들 반응의 둘째 단계의 반응인 환원은 자유라디칼 사슬 메커니즘에 의하여 진행된다. 우선 $NaBH_4$가 친핵성 치환에 의해 RHgCl를 RHgH로 변환한다.

다음 RHgH는 자유라디칼 분해로 RH와 Hg(0)를 생성한다. 실제로 실험을 하면 반응이 끝날 때쯤이면 flask 플라스크 밑바닥에는 작은 수은 방울들이 생기는 것을 쉽게 볼 수 있다. RHg–H의 분해는 R–Hg σ-결합의 균등분해로 시작된다.

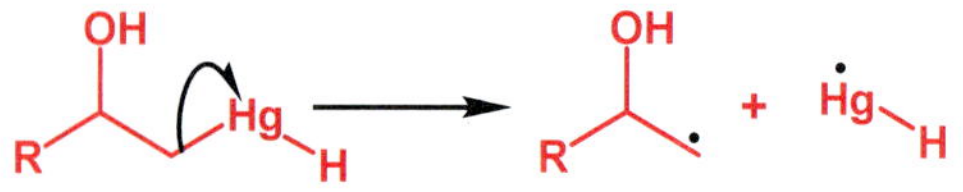

이렇게 생성된 alkyl 라디칼(R·)은 H–Hg–R에서 H· **떼기로** R–Hg(I)이 생성되며, R–Hg(I) 결합의 균등분해로 Hg(0)와 chain-carrying 화학종이 생성된다. 생성된 alkyl 라디칼이 H–Hg 결합에서 H· 떼기만을 하면 사슬 반응이 종결된다. 만약 반응 혼합물 내에 H–Hg 결합에서 H· 떼기만 하는 것보다 훨씬 일어나기 쉬운 다른 경로가 제공된다면, 수소떼기로 라디칼 사슬 반응이 종결되지 않고 다른 자유라디칼 고유의 반응을 일으키게 된다.

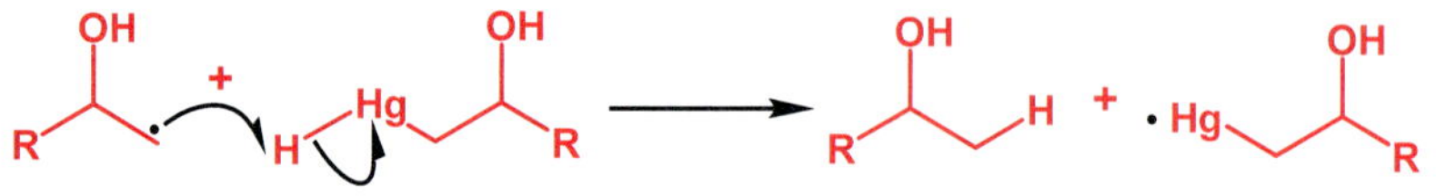

문제 8.40 $NaBH_4$에 의한 C–Hg 결합의 C–H 결합으로 변환되는 반응에서 생성 가능한 부생성물들의 생성 과정을 나타내어라.

8.17 Carbon–Carbon Bond Formation Using Organomercurials

유기수은 화합물의 $NaBH_4$에 의한 환원 과정에서 생성되는 alkyl 라디칼은 친핵성 라디칼로 conjugated enone이나 nitrile 같은 α,β-불포화 화합물이 존재하면 쉽게 conjugate 첨가가 일어나서 새로 C–C 결합이 형성된다.

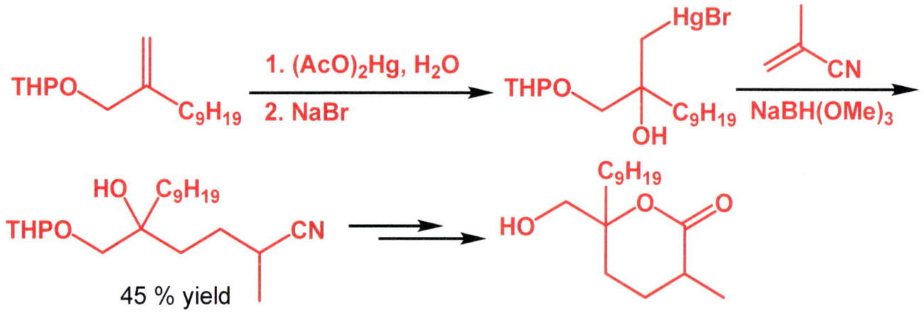

1. $(AcO)_2Hg$, H_2O
2. NaBr

$NaBH(OMe)_3$

45 % yield

이와 같은 수은-중개 반응은 최근에 이르러 이보다 더 효과적이고 독성이 덜한 다른 반응에 밀려나게 되어 중요성이 떨어지는 추세이지만 아직도 효과적인 변환이 가능한 반응이다. 다음 반응은 cyclohexyl mercury acetate를 사용하면 앞에서 언급한 tributyltin hydride나 tris(TMS)silane을 이용하여도 같은 생성물을 거의 비슷한 수득률로 얻을 수 있다.

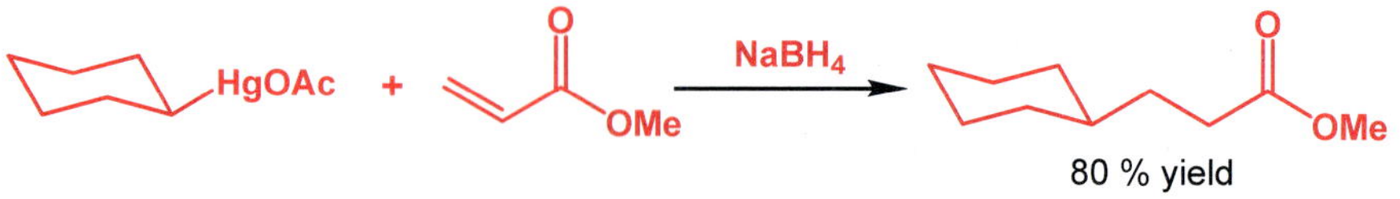

$NaBH_4$

80 % yield

이 반응도 앞에서 보았던 다른 첨가 반응과 같은 메커니즘을 거친다. 다른 점은 alkyl기가 할로젠떼기가 아닌 탄소–수은 결합의 균등 결합깨짐에서 생성된다는 점이다. 필요한 R–Hg–H는 organomercury 화합물과 $NaBH_4$에 의하여 공급된다. 여기서 생성되는 alkyl 라디칼은 친핵성 라디칼로서 수소떼기보다는 친전자성 alkene에 conjugate 첨가가 훨씬 빠르고 쉽게 일어나는 것을 의미한다. 첨가에 의하여 생성되는 라디칼은 카보닐기에 의하여 안정화되는 친핵성 라디칼로 다시 또 다른 alkene 첨가되는 것보다는 수소떼기가 더 유리하기 때문에, R–Hg–H에서 수소떼기로 반응 사슬을 이어가게 된다.

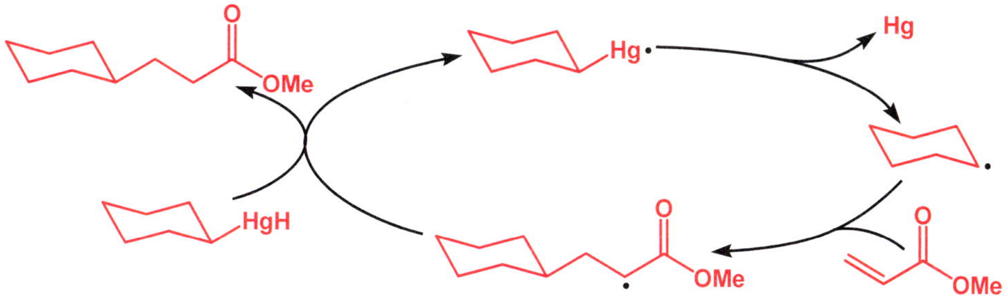

이러한 첨가 반응은 alkene의 치환기와 구조에 따라 큰 반응성 차이를 보인다. 다음은 실험을 통해 밝혀진 치환기에 따른 상대적인 반응속도를 비교하여 나타낸 것이다. CN > CO_2R > Cl > C_6H_5 > R로 전자 효과에 따른 순서를 보이지만 입체적인 효과 또한 무시 못할 요인임도 알 수 있다.

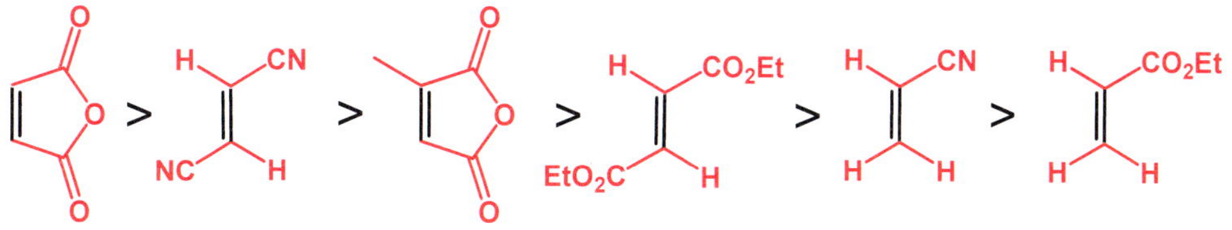

Alkylmercury 화합물을 얻는 방법은 oxymercuration 말고도 몇 가지 방법이 더 있다. 위의 보기 반응에 사용되는 cyclohexyl mercury acetate는 cyclohexyllithium이나 magnesium 화합물을 mercury(II) acetate로 처리하여 얻을 수 있다. 경우에 따라 organoborane 화합물을 이용하는 방법이 더 쉬운 방법이 될 수도 있다. Alkene의 regioselective hydroboration으로 얻어지는 alkylborane은 수은(II) 화합물로 처리하면 쉽게 organomercury 화합물로 변환될 수 있기 때문이다.

다음 반응에서 보는 것처럼 탄소–탄소 이중결합을 여러 개 가진 화합물에서도 선택적인 hydroboration이 가능하므로 특정 이중결합에서 라디칼 형성이 가능하며, 이어서 탄소–탄소 결합형성에 이용할 수 있다.

HgOAc + NaBH4 50 % yield

Cyclopropane은 고리의 strain으로 인하여 반응성이 커서 alkene에서처럼 oxymercuration이 일어난다. 생성된 oxymercurial은 위와 같은 반응 조건에서 acrylonitrile에 첨가되어 다음과 같은 생성물을 얻게 된다.

$(AcO)_2Hg$, MeOH; $NaBH_4$, CN; CN, OMe 82 % yield

비대칭 치환 cyclopropane의 oxymercuration은 양이온이 더 안정화되는 탄소에 산소 치환기가 붙게 된다.

$(AcO)_2Hg$, MeOH; MeO, HgOAc; $NaBH_4$, CN; MeO, CN 80 % yield

분자내에 친전자성 alkene이 존재하면 oxymercuration에 이어 라디칼 첨가 반응이 일어나면 다음 반응에서처럼 탄소–탄소 결합이 형성되면서 새로운 고리를 형성하게 된다. 이러한 분자내의 첨가 반응은 분자 간의 첨가 반응보다 훨씬 더 빠르게 효율적으로 일어나는 것은 다른 예에서와 같다.

O; $(AcO)_2Hg$, MeOH; $NaBH(OMe)_3$; OMe, O, H 73 % yield

유기수은 화합물의 vinyl ketone이나 acrylonitrile 유도체와 같은 친전자성 alkene으로의 첨가는 효과적으로 일어나지만, 이러한 전자끌개 치환기가 없는 단순한 alkene의 경우에는 반응이 잘 일어나지 않는다. 이에 대한 해결책은 Heck 반응이 개발되면서 해결되었다. Heck 반응에서는 alkyl mercury 화합물과 alkene의 반응을 Pd(II) 금속이 촉매한다. 전체적으로는 alkene의 vinyl 수소 하나가 alkyl기로 치환되는 양상의 반응이다.

R^2–HgCl + R^1 —Li_2PdCl_4→ R^2, R^1

이 반응은 Pd가 Hg를 치환한 후에 C–Pd 결합이 alkene에 첨가되고 이어 Pd–H 결합이 이탈되어 나오는 과정을 거친다. 단순한 alkene과의 반응도 효과적으로 진행되기 때문에 특별히 치환기에 신경을 쓰지 않아도 된다. 이 반응은 곧 배우게 되는 전이금속 촉매 반응에서 다룰 내용이므로 여기서는 유기수은 화합물이 alkene의 vinyl 수소를 치환할 수 있음을 보여 주는 한두 가지 반응 예만을 나타내고, 구체적인 설명은 전이금속 촉매 반응을 다루는 Chapter 10으로 미루기로 한다.

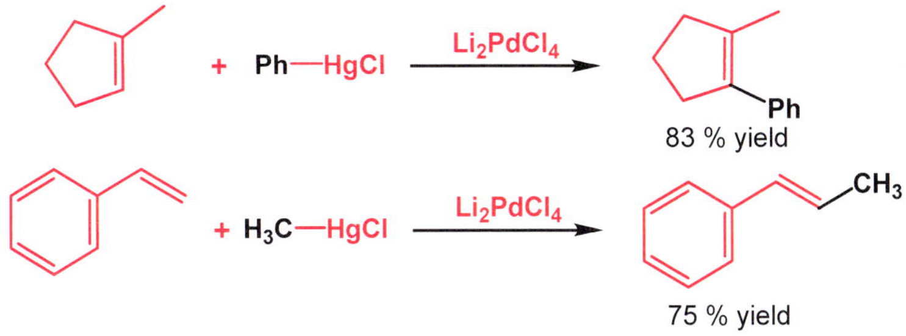

8.18 Other Radical Reactions of Organomercury Compounds

$NaBH_4$에 의한 oxymercurial의 환원 반응 중간체로 생성되는 alkyl 라디칼은 산소가 존재하면 산소와 결합하여 hydroperoxide를 생성하게 된다. 따라서 유기수은 화합물의 산소 존재하에서의 $NaBH_4$와의 반응은 다음 예에서와 같이, C–Hg 결합이 C–OH 결합으로 변환되어 산화 생성물을 얻기도 한다.

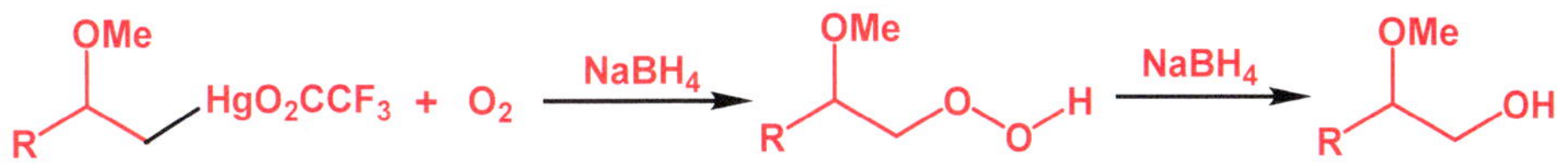

위의 환원 반응에서와는 달리 생성된 alkyl 라디칼은 H–Hg–R에서 H· 떼기보다도 빠르게 산소와의 coupling을 거치게 되고, 그 다음에야 수소떼기가 일어나서 hydroperoxide를 생성한다.

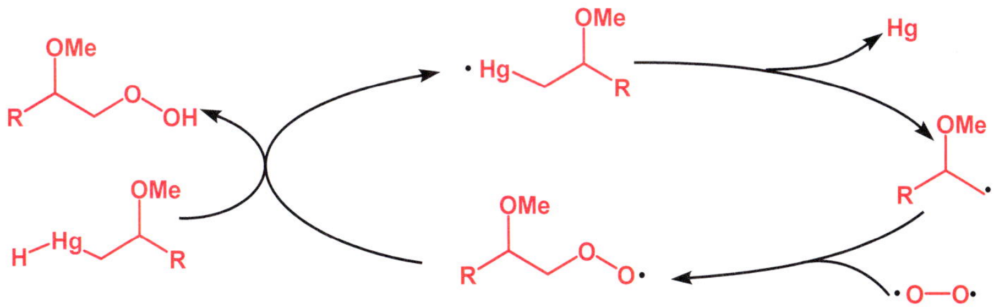

세 단계의 각 단계에서의 전자 이동을 나타낸 식으로 적으면 다음과 같이 된다. 생성되는 hydroperoxide는 $NaBH_4$로 환원되어 alcohol을 생성하게 된다.

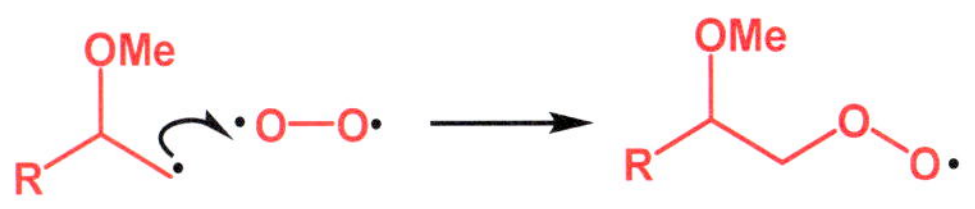

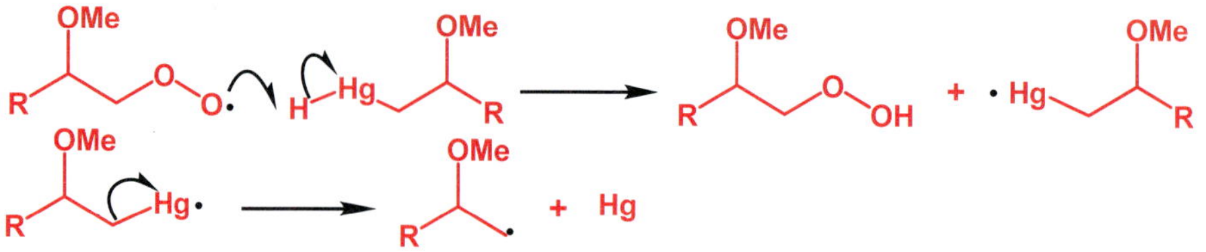

대표적인 환원제인 borohydride 존재하에 산소에 의한 산화가 일어난다고 하면 좀 의아스런 기분이지만 다음에 alkylmercury 화합물의 산화는 실제로 보고되어 있는 예들이다.

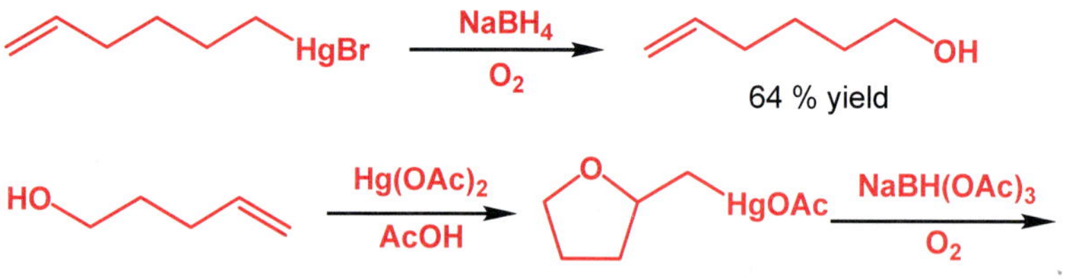

64 % yield

또한 organomercurial은 할로젠과 반응하여 할로젠 치환 생성물을 낳는다. 이 반응 또한 그렇게 큰 매력은 없으나 필요에 따라 중요한 반응이 될 수도 있다. 다음 반응은 regiochemistry가 완벽한 terminal alkene에 anti-Markovnikov hydrobromination을 할 수 있음을 보여 준다. Alkylborane도 할로젠화가 가능하나 염기 속에서 반응하여 실제 반응하는 시약은 hypohalite였고 alkyl migration으로 반응이 진행됨은 앞의 borane chemistry에서 논의한 바 있다. 더군다나 HBr과는 달리 HI는 곧바로 anti-Markovnikov 첨가를 일으키는 방법이 없다.

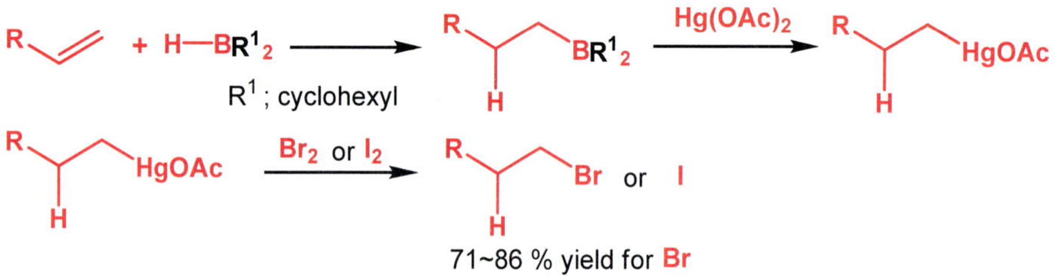

R^1 ; cyclohexyl

71~86 % yield for Br

이 반응은 그러나 다음과 같은 두 원자떼기 반응으로 이루어지는 라디칼 형식으로 진행되는 것으로 보이며 따라서 입체선택성은 거의 없다.

$$\mathrm{Br\cdot + R{-}HgBr \longrightarrow R\cdot + HgBr_2}$$
$$\mathrm{R\cdot + Br_2 \longrightarrow R{-}Br + Br\cdot}$$

아래 bromohydrin이 생성되는 보기 반응도 입체선택성 없이 진행된다. 이 반응은 물속에서 브로민과의 반응으로도 생성될 수 있으나 자리옮김으로 훨씬 복잡한 여러 생성물의 혼합물을 얻게 되므로 이 반응을 택하게 된다.

53 %   38 %   + epoxide

문제 8.41 본문에 있는 다음 cyclopropane의 고리열림 반응의 상세한 메커니즘을 그려라.

(AcO)$_2$Hg, MeOH → NaBH$_4$, CN → OMe, CN 82 % yield

문제 8.42 다음 고리화 반응은 어떻게 진행되는가? 메커니즘을 그려 보라.

(AcO)$_2$Hg, MeOH → NaBH(OMe)$_3$ → OAc, H 73 % yield

문제 8.43 유기수은 화합물을 이용하는 다음 고리화 첨가 반응의 메커니즘을 그려보라. 만약 acetoxy기가 없는 화합물을 생성물로 얻고자 한다면 어떤 방법이 있나?

Hg(OAc)$_2$, AcOH → NaBH(OAc)$_3$ → H, OAc, H 58 % yield

문제 8.44 유기수은 화합물을 경유하여 다음 화합물을 합성하는 경로를 적어보라.

→ CN

문제 8.45 다음 반응의 메커니즘을 적어보라. 반응물은 어떤 경로로 얻어지는가?

HgOAc, N, CO_2Bn + CO_2Et → NaBH(OMe)$_3$ → CO_2Et, N, CO_2Bn

8.19 Radical Reactions of Aryl Diazonium Salts

Aryl amine의 NH_2기는 독특한 한 세트의 방향족 치환 반응을 거쳐 다른 기로 바꿀 수 있다. Aniline을 포함한 Aryl amine을 산성 조건에서 아질산 소듐 ($NaNO_2$)으로 처리하면, **aryldiazonium ion** (ArN_2^+)이 생성된다. 온도가 높아지면 분해하므로 낮은 온도에서 반응시킨다.

NH_2 → $NaNO_2$, HCl / H_2O, - 5 °C → $N^{\oplus}\equiv N$ $Cl^{\ominus}$

stable salt at low temperature

음이온성 친핵체의 구리(I) 염(CuBr, CuCI, CuCN)들도 diazonium 이온과 반응하여 해당 치환 생성물을 생성한다. **Sandmeyer 반응**으로 알려진 이 반응으로 diazonium기를 Cl, Br, CN 등으로 치환할 수 있다.

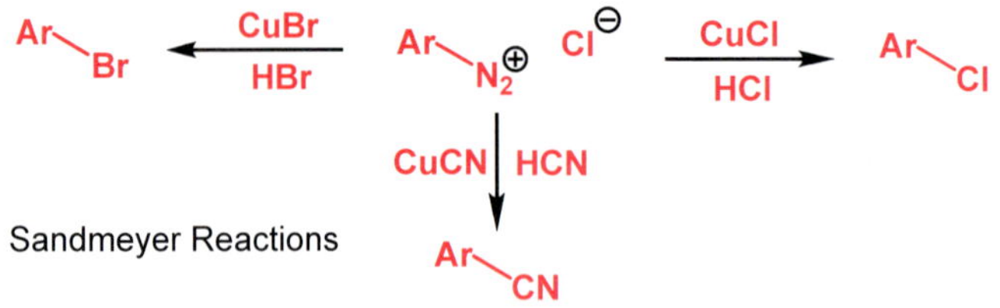

Sandmeyer Reactions

이 반응은 아마도 비사슬형 자유라디칼 치환 메커니즘으로 진행되는 것으로 추정된다. ArN_2^+의 상대 이온이 CuCN에 배위된 후, 전자가 풍족한 Cu가 ArN_2^+에 홑전자를 전달하여 $[ArN_2]$•과 XCuCN을 생성한다. $[ArN_2]$•에서 N_2가 떨어지면 Ar•가 생기고 그 다음 XCuCN에서 CN을 추출하여 관찰되는 생성물을 낳게 된다.

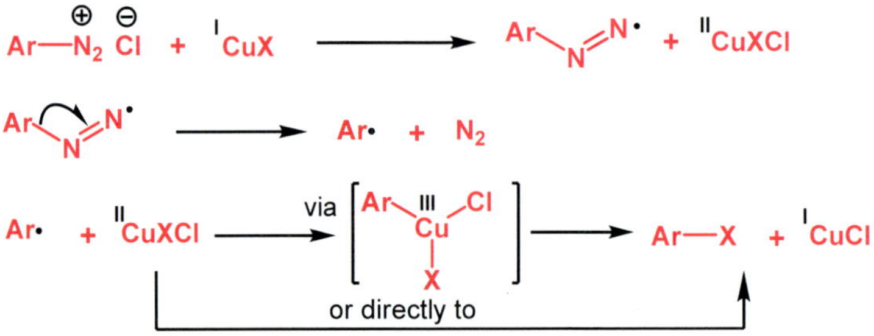

또한 이 반응에는 합리적인 $S_{RN}1$ 메커니즘을 그릴 수도 있다. 이는 oxidative addition과 reductive elimination이 관여하는 금속-중개 메커니즘에서처럼 반응 혼합물 내에 Cu(I)와 Cu(II) 염이 동시에 존재할 경우 특히 그러하다.

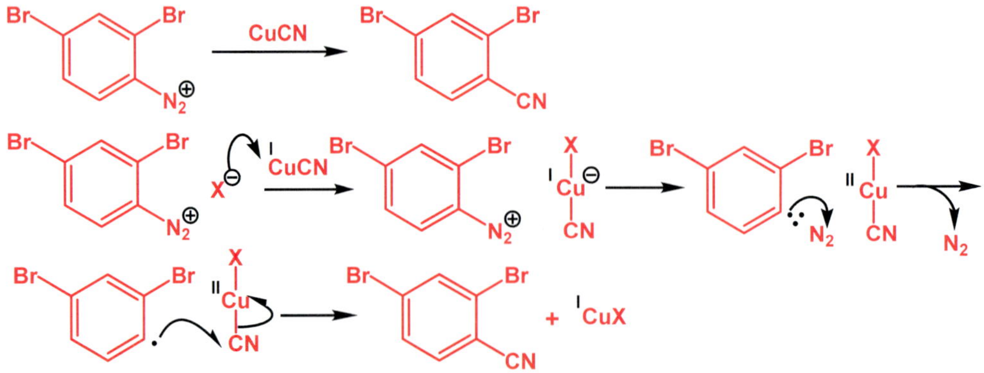

위의 Sandmeyer 반응에서 중간체로 생성되는 phenyl radical은 적당한 alkene이 존재하면 첨가 반응을 일으킨다. 다른 경우와 마찬가지로 alkene의 치환기에 따라 수득률은 큰 차이를 보이게 된다. Phenyl radical의 첨가로 생성되는 새로운 라디칼은 $CuCl_2$에서 염소떼기로 반응이 마무리된다.

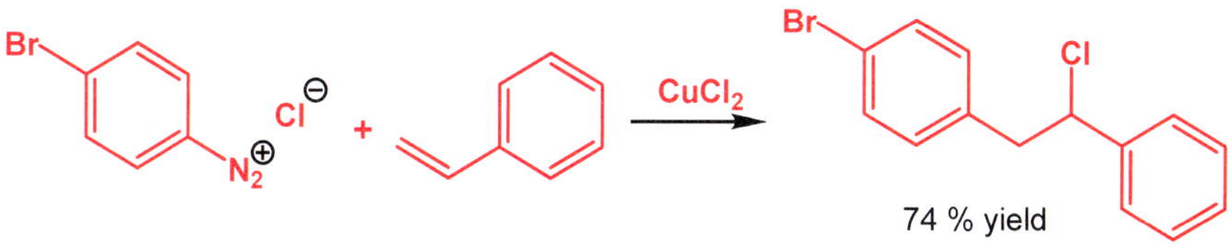
Br
Cl
N2
+
CuCl2
Br
Cl
74 % yield

전자끌개 치환기가 붙어 있는 친전자성 alkene의 반응성이 더 큰 것도 앞에서 살펴본 반응들에서와 마찬가지이다. 다음 반응은 vinylidene chloride와의 반응 예이다. Diazonium을 거쳐 반응이 일어나지만 전체적으로는 aryl chloride가 이중결합에 첨가되는 셈이다.

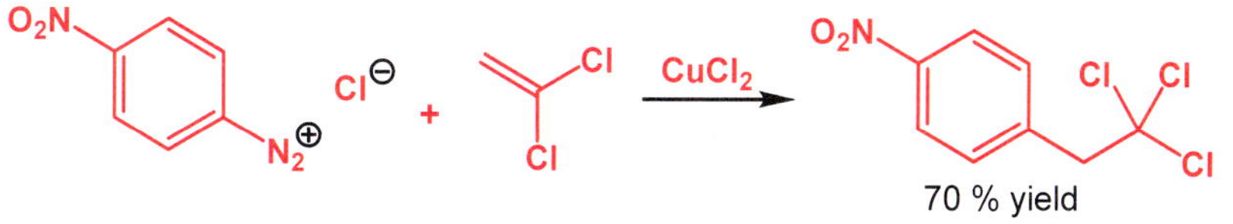
O2N
Cl
N2
+
Cl
Cl
CuCl2
O2N
Cl
Cl
Cl
70 % yield

첨가되는 구리는 산화 환원이 반복되면서 촉매 사슬을 이어가게 된다. 위 반응의 중간체를 포함한 촉매 순환 사슬을 그리면 다음과 같이 된다.

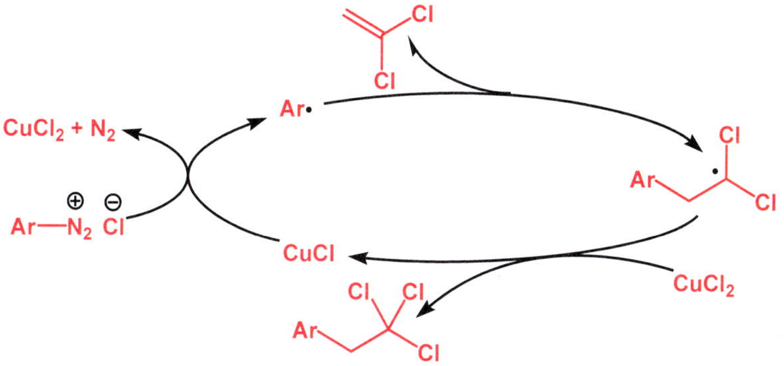
Cl
Cl
Ar•
CuCl2 + N2
Ar—N2 Cl
Cl
Ar
Cl
CuCl
CuCl2
Cl
Cl
Ar
Cl

Aryldiazonium 염을 별개의 과정으로 만들지 않고 같은 반응 용기 내에서 diazonium 형성과 라디칼 생성, alkene 첨가를 동시에 수행하는 방법도 보고되어 있다. 다음 반응은 비양성자성 유기 용매에서 아질산 염이 아닌 nitrite ester를 사용하여 **diazotization**을 일으키고 이어서 나머지 반응이 따라 일어나도록 한 반응 예이다. 이 반응을 $NaNO_2$를 사용하는 수용액 반응을 하면 40 % 정도의 수득률 밖에 얻을 수 없다.

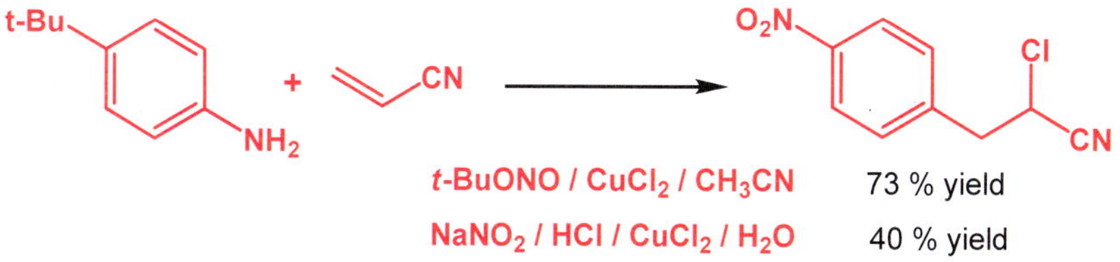
t-Bu
NH2
+
CN
O2N
Cl
CN
t-BuONO / CuCl2 / CH3CN
73 % yield
NaNO2 / HCl / CuCl2 / H2O
40 % yield

꼭 구리 염이 아니더라도 전자를 낼 수 있은 다른 금속 염을 이용하는 방법도 보고되어 있다. Ti^{3+}가 그중 하나이다. 위의 구리 염을 이용한 반응에서와는 달리 첨가로 생성되는 라디칼은 염소떼기가 일어나지 않으며 수소가 첨가된다.

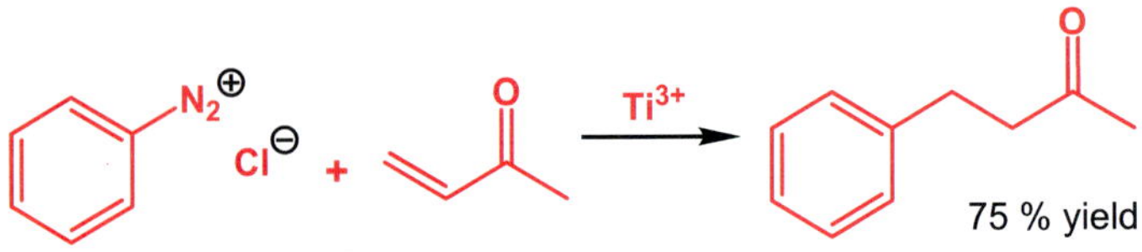

이 반응이 진행되는 경로를 따라 중간체를 표시하면 다음과 같다. Aryl 라디칼의 첨가로 생성되는 라디칼은 라디칼에서 원자떼기로 종결되는 것이 아니고, 전자를 하나 더 공여받아 음이온을 거쳐서 양성자붙임이 일어나는 방법으로 마무리된다.

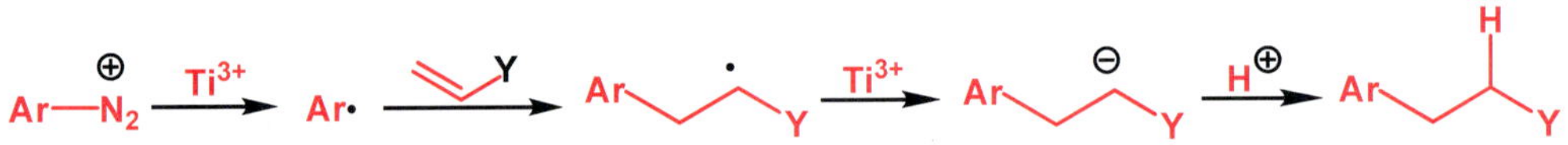

문제 8.46 Aryl diazonium 염은 위의 Sandmeyer 반응에서처럼 CuI를 사용하지 않고 KI를 사용해도 aryl iodide를 얻을 수 있다. CuI 없이 어떻게 가능한가?

문제 8.47 다음 diazonium 염은 acrylate의 존재하에 가열하면 다음과 같은 생성물이 얻어진다. (a) 만일 diazonium 염에서 양이온이 만들어져 반응이 진행된다면 어떤 화합물이 얻어지겠는가? (b) 만약 라디칼 반응으로 진행된다면 AIBN과 유사한 구조를 그리게 된다. 라디칼을 경유하여 생성물이 얻어지는 메커니즘을 그려보라.

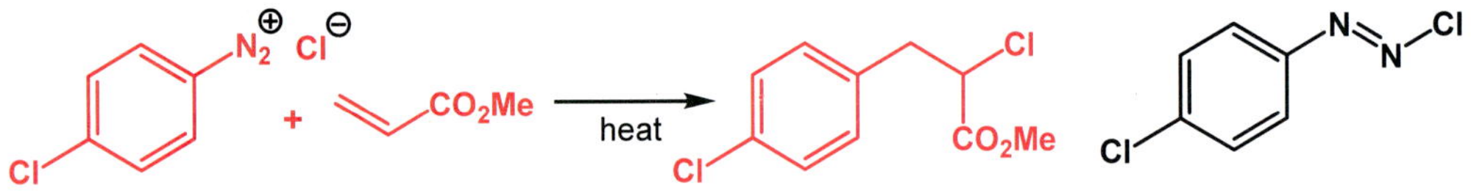

8.20 Mn-Mediated Radical Reactions

유기 작용기 산화 반응에는 높은 산화상태의 금속 염화물이나 염을 사용하는 경우가 많다. 산화를 목적으로 사용되는 무기 염의 대표적인 것이 Ce(IV), Cr(VI), Mn(III), Cu(II) 등의 염이다. 이들 염은 유기 화학종으로부터 전자 하나를 전달받아 산화수가 하나 낮은 이온으로 변하여 'electron trap'의 역할을 하는 화합물들이 있다. 그중 대표적인 것이 Mn(III) 화합물로서 enolizable 수소를 갖는 화합물을 산화하여 α-keto 또는 α,α'-diketo radical을 형성하게 된다. Mn(III)에 의하여 생성되는 라디칼은 다음에서 보는 것과 같은 전자끌개 치환기(Y)를 하나 또는 둘 이웃하게 되며 탄소의 나머지 두 결합은 수소, alkyl 또는 aryl기 어느 것이어도 상관없다. 전자끌개 치환기를 갖는 이들 라디칼은 **electrophilic radical**이라 할 수 있다.

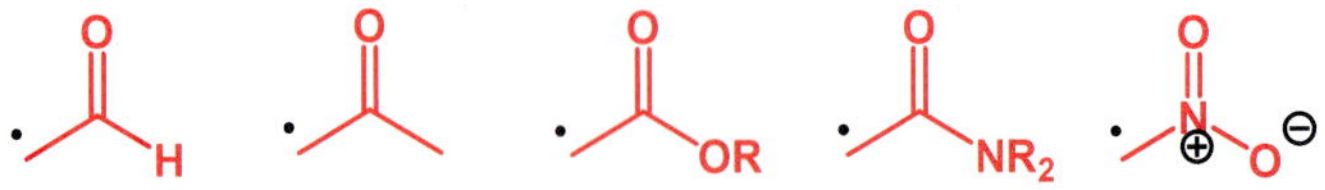

이들 라디칼은 다음 acetone과 nitromethane을 예로 들어 나타낸 라디칼 생성 과정을 거치는 것으로 이해할 수 있다. 이러한 치환기를 둘 이웃하고 있는 β-ketoester나 β-dicarboxylic acid의 경우에는 더 쉽게 생성되며 more electrophilic radical이라 할 수 있다.

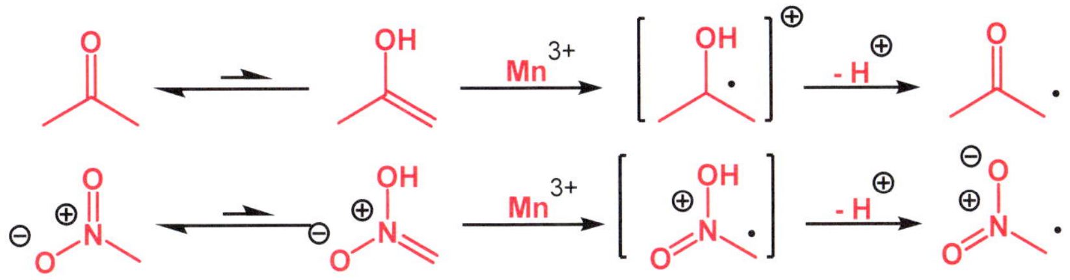

생성된 라디칼은 π-결합에 첨가되어 다시 라디칼이 되며 이 단계에서 라디칼 고유의 반응을 하던지 아니면 전자 하나를 더 잃고 (산화되어) 탄소 양이온을 거쳐 친핵체와 반응하거나 양성자를 잃고 π-결합이 새로 만들어지게 된다. 반응 조건과 첨가물 등에 따라 다음에 나타낸 네 경로 중의 한 가지가 주로 얻어지게 되며, 경우에 따라서는 분자내의 반응 단계를 한 번 더 거칠 수도 있다.

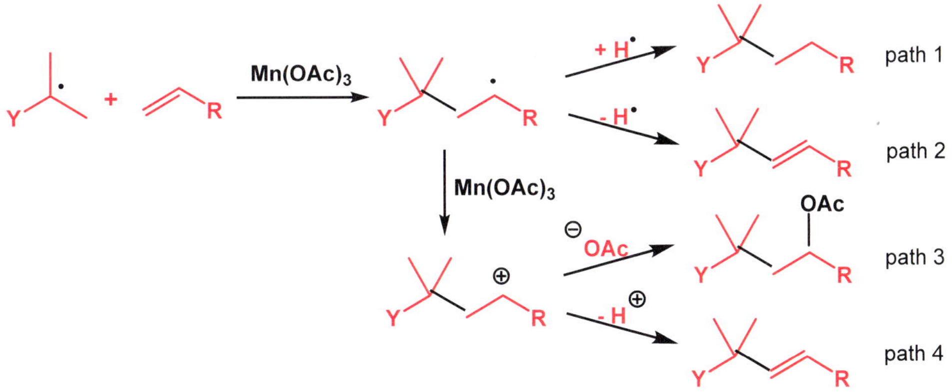

간단하지만 이상의 설명을 제대로 이해한다면 앞으로 보게 되는 여러 보기 반응의 반응 경로를 유추하는데 어려움이 없을 것이다. 실제의 반응 조건은 대개 acetic acid를 용매로 사용하게 되며 acetic anhydride나 acetate anion을 첨가하기도 하고, 상황에 따라 촉매량의 구리 염을 첨가하면 다른 생성물을 얻기도 한다.

다음에 구체적인 실제 반응 예를 들어 꼼꼼히 살펴보기로 하자. 1-Octene을 Mn(III) acetate와 acetic acid에서 가열하면 acetic acid의 라디칼이 생성되고, 탄소–탄소 π-결합에 첨가된다. 라디칼 중간체가 얻어지게 되고 다시 Mn(III)에 의해서 전자 하나를 잃게 되면 양이온을 형성하여 재빠르게 카복시산의 OH와 결합을 형성하게 되면 γ-lactone을 얻게 된다. 라디칼은 Cu(II) acetate가 존재하면 빠르게 구리와 결합을 형성하여 구리 화합물 중간체에서 Cu(I)과 acetic acid가 제거되면서 4-decenenoic acid를 형성하게 된다. 미량의 3-decenoic acid가 함께 생성된다.

C_5H_{11} — $Mn(OAc)_3$, AcOH, reflux → OH — $Mn(OAc)_3$, slow → O, O, C_5H_{11}, 74 % yield

$Cu(OAc)_2$ fast → OH, $Cu(OAc)_2$, C_5H_{11} — − CuOAc → OH, C_5H_{11}, 63 % yield

위와 똑같은 유형의 산화가 acetone에서도 일어나며 acetonyl 라디칼의 1-heptene에 첨가를 거치면 2-decanone을 얻게 된다. 마찬가지로 Cu(II)가 존재하면 제거 반응이 일어나서 4- 및 5-decen-2-one이 함께 생성된다. 모든 반응에서 Mn(III)는 두 당량이 필요하며 Cu(II)는 촉매량만을 사용하며 환원된 Cu(I)은 다시 Mn(III)에 의하여 빠르게 산화된다.

Bu + O — $Mn(OAc)_3$, acetone, 65 °C → Bu, O — $Mn(OAc)_3$ → Bu, O, 68 % yield

$Cu(OAc)_2$ → Bu, O, 45 % yield + Bu, O, 25 % yield

Acyl 또는 nitro-치환 라디칼은 친전자성이므로 alkene 또는 alkoxyalkene과 같은 친전자성 alkene과의 반응이 일어나게 되며 conjugate enone과 같은 친핵성 alkene과는 첨가 반응이 일어나지 않음을 기억할 필요가 있다. Nitromethane은 acetone보다 더 쉽게 라디칼을 형성한다. 이 라디칼은 benzene 유도체와도 반응한다. 다음 반응에서 치환기에 따라 수득률이 현저하게 차이가 나는 것은 benzene 유도체의 전자주개 능력과 관계가 있음을 쉽게 파악할 수 있다. Nitro-치환 라디칼은 친전자성임을 기억해야 할 것이다. 또한 Mn(III)가 두 당량 필요한 것은 앞의 alkene과의 반응에서와 같은 이유 때문이다.

X + $H_3C-N^{\oplus}(=O)-O^{\ominus}$ — $Mn(OAc)_3$, AcOH → X, $N^{\oplus}$, O, $O^{\ominus}$

X= OCH_3	77 % yield (*o*:*m*:*p* = 71:5:24)
X= CH_3	77 % yield (*o*:*m*:*p* = 52:27:21)
X= H	78 % yield
X= Cl	20 % yield (*o*:*m*+*p* = 52:48)

다음 세 반응은 분자내의 반응이고 생성물은 반응물 분자의 구조와 특성에 따라 얻어지는 생성물이 다르다. 카복시산이나 염이 존재하면 친핵체로 작용하여 lactone이 생성되며 ester로 존재하여 적당한 친핵체가 없는 셋째 반응의 경우에는 제거 반응이 일어나게 된다.

$Mn(OAc)_3$, AcOH → 63 % yield

$Mn(OAc)_3$, EtOH → 41 % yield

$Mn(OAc)_3$, AcOH → 75 % yield

지금까지 살펴본 Mn(III)가 산화제로 작용하여 radical이 생성되는 이들 반응은 2당량 이상의 Mn(III)가 필요하지만, 다른 방법으로 만들기 어려운 화합물을 합성할 수 있는 장점이 있다. 이들 반응 중에서 Cu(II)를 첨가하여 일어나는 반응이 있으나 전체적으로 라디칼 chain mechanism을 거치는 반응은 없다.

문제 8.48 다음 반응의 메커니즘을 그려보라.

$Mn(OAc)_3\ 2H_2O$ (2 mol), $Cu(OAc)_2\ H_2O$ (1 mol), AcOH → ; CF_3CO_2H →

문제 8.49 다음 반응의 메커니즘을 그려라. 치환기에 따른 isomer의 비는 엇비슷하지만 수득률은 상당한 차이를 보인다. 이는 무엇에 기인하는 것인가?

$Mn(OAc)_3$, AcOH

X= OCH_3 74 % yield (*o:m:p* = 84:3:14)
X= CH_3 51 % yield (*o:m:p* = 66:20:14)
X= H 40 % yield
X= F 29 % yield (*o:m:p* = 71:9:20)

문제 8.50 $Mn(OAc)_3$를 이용하는 아래 반응은 상온에서도 쉽게 일어난다. 상세한 반응 경로를 그려보라.

$Mn(OAc)_3$, EtOH
CF_3CO_2H
25 °C

CN
CO_2Et
Et
O
CO_2Me
H
Et

문제 8.51 다음 반응의 생성물을 예측하여 그려 넣어라. 반응 (a)에는 Cu(II)가 존재한다.

(a) + $Mn(OAc)_3$ $Cu(OAc)_2$ AcOH 110 °C, 15 min

CO_2Me

(b) 2 Ph + CO_2H CO_2H $Mn(OAc)_3$ AcOH

* The same reaction occurs twice, and 2 moles of alkene are consumed.

문제 8.52 다음은 유기금속 시약을 사용하는 라디칼 반응에 관한 종합적인 문제들이다. 각기 어떠한 메커니즘을 거쳐 일어나게 되는지 그려보라.

(a) OMOM 1. Li, CuI 2. $NaBH_4$ → HO OMOM → 1. PhOC(S)Cl pyridine 2. Bu_3SnH, cat. AIBN → OMOM

(b) 0.1 eq. Bu_3SnH → I H

(c) I O O O → 0.1 eq Et_3B H_2O 69 % yield → O O O

(Et_3B generates Et radical by reacting with O_2)

(d) O → $Mn(OAc)_3$ $2H_2O$ (2 mol) $Cu(OAc)_2$ H_2O (1 mol) 80 °C 51 % yield → O

(e) Br CO_2CH_3 O → $HSnBu_3$ cat. AIBN → O CO_2CH_3

CHAPTER 09

Chemistry of Transition Metal Organometallics

탄소–금속 간의 결합을 가지는 유기금속 시약은 주족 금속만이 가능한 것은 아니다. 주기율표의 3족에서 11족에 거쳐 있는 많은 전이금속이 제조하여 쓸 수 있는 정도의 안정성을 가지는 유기금속 화합물을 형성한다. 이들에 관한 연구는 모두 깊이 있게 진행되지 않아 그렇게 많지는 않지만 몇 가지 유기 전이금속 화합물은 합성 목적으로 상당히 유용하게 쓰일 수 있다. 이들 전이금속 화합물들은 거의 대부분 쉽게 만들어 쓸 수 있는 alkyllithium이나 Grignard 시약과 금속 염을 반응시켜 만들어 쓰는 것이 보통이다. 본 chapter는 그중에서 Mn, Ti 및 Zr의 유기금속 화합물의 특성과 반응을 간단히 살펴보고 arene complex를 이용하는 방법을 간단히 소개하는 것으로 구성하기로 한다. Alkyllithium이나 Grignard 시약과 무엇이 다르며 어떻게 차별화되는가에 초점을 맞추어야 할 것이다.

Organomanganese Compounds

9.1 Organomanganese Compounds

유기합성 화학에서 가장 중요한 유기금속 시약은 alkyllithium과 Grignard 시약이다. 다른 유기금속 화합물이 유기합성 반응으로 비중 있게 다루어지기 위해서는, 적어도 이들 시약들보다 다루기 쉽다든지 아니면 작용기 선택성이 뛰어나다든지 아니면 입체특이성을 갖는다든지 아니면 위의 두 가지 시약으로 가능하지 않은 다른 변환이 가능하다든지 하는 장점을 가지고 있어야 한다. 여러 유기금속 화합물 중에서 $MnCl_2$를 이용하여 만드는 RMnX 유형의 organomanganese 화합물은 이런 의미에서 합성 반응에 사용할 충분한 가치가 있다. Alkylmaganese(II) halide는 1939년에 Phenyllithium과 $MnCl_2$로부터 PhMn(II)Cl이 얻어진다는 보고가 최초의 것으로 보이며 그 이후에는 아주 산발적으로 몇 개의 보고가 있었을 뿐 거의 진전을 이루지 못하다가 1970년대에 이르러 조금씩 관심을 갖기 시작하였다.

$MnCl_2$를 알칼리 금속으로 환원하여 반응성이 큰 금속 Mn을 이용하면 allyl halide와 같은 반응성이 큰 alkylmanganese halide를 얻는 방법이 발표되어 있으나, 지금도 RMnCl은 alkyllithium 또는 alkylmagnesium halide를 낮은 온도에서 ether나 THF 용매 속에서 MnX_2와 반응시켜 얻는 경우가 대부분이다. $MnCl_2$와 2당량의 LiCl로 얻어지는 complex salt인 Li_2MnCl_4는 THF에 녹는 염으로 이 염을 녹인 THF 용액에 Grignard 시약이나 alkyllithium을 첨가하여 얻는 것이 가장 손쉽게 alkylmanganese halide를 만드는 방법이다.

$$PhCH_2MgCl + MnCl_2 \xrightarrow[THF]{} PhCH_2MnCl + MgCl_2$$

$$n\text{-}BuLi + Li_2MnCl_4 \xrightarrow[THF]{} n\text{-}BuMnCl + 3\ LiCl$$

주로 ether류의 용매를 사용하는데 THF는 ether에 비하여 용해도가 높으며 Mn과의 complexation으로 시약은 상당히 안정화되고 대신 반응 속도는 느려지게 된다. 다른 전이금속에서처럼 β-hydride elimination이 일어날 수 있으며 이 또한 용매와의 complexation으로 상당 정도 억제되는 것으로 알려져 있다. Alkyllithium과 MnX_2와의 transmetallation이 완전히 끝나면 ethyl acetate, dichloromethane, acetonitrile과 같은 용매를 사용할 수 있다.

Alkylmanganese halide는 여러 유기 친전자체와 반응을 한다. Alkyllithium 등의 반응성이 큰 시약들에 비하여 반응성이 낮기 때문에 이를 이용한 작용기 선택적 반응을 할 수 있다. Acyl chloride와는 acylation, 이산화탄소와는 carboxylation이 일어나며, aldehyde나 ketone으로의 첨가가 쉽게 일어나는 편이지만 ester나 amide와 같은 반응성이 낮은 카보닐 유도체와의 반응은 잘 일어나지 않는다. 반응성이 큰 alkyl bromide와도 반응한다.

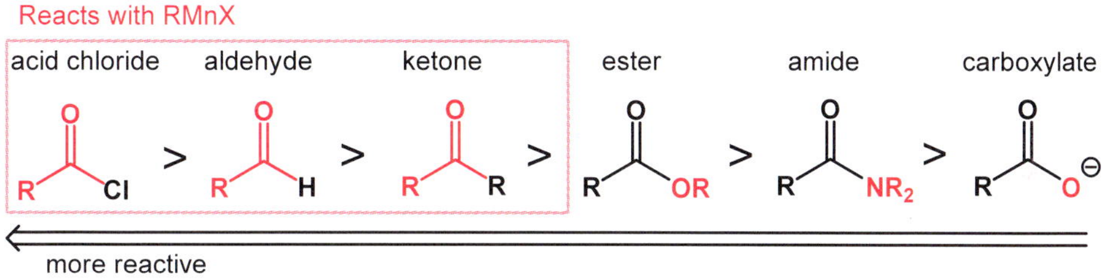
Reacts with RMnX
acid chloride
aldehyde
ketone
ester
amide
carboxylate
more reactive

카보닐 유도체로의 carbonyl addition은 반응성 순서를 나타내는 위의 그림에서 앞쪽 세 화합물인 acyl chloride, aldehyde, ketone의 경우에만 일어나지만 이들도 상당한 반응속도의 차이를 보인다.

Acyl chloride와의 반응의 경우, 생성물인 ketone과의 반응성 차이로 인하여 ketone에 다시 한 번 첨가되는 부반응이 최소화되어 높은 수득률로 ketone을 생성물로 얻을 수 있다[1].

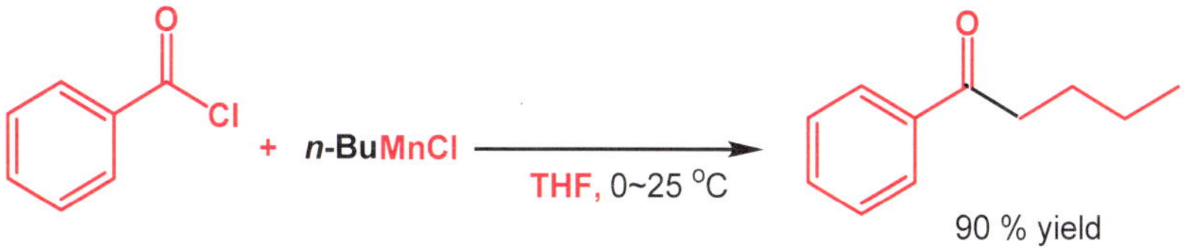
+ n-BuMnCl
THF, 0~25 °C
90 % yield

Ketone보다 반응성이 낮은 ester 작용기는 반응하지 않으므로 분자내에 존재한다 해도 전혀 영향을 받지 않고 acid chloride만이 ketone으로 변환될 수 있다.

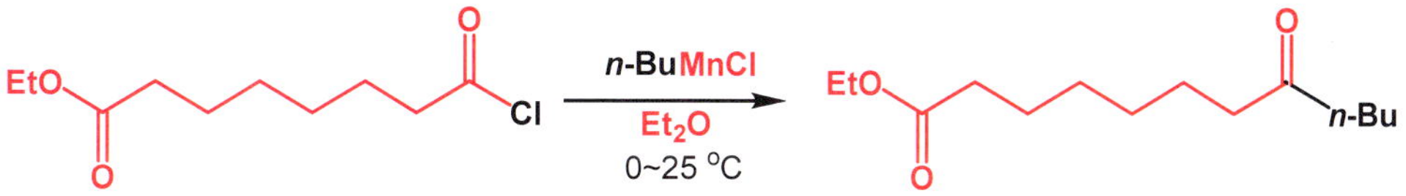
EtO
Cl
n-BuMnCl
Et2O
0~25 °C
EtO
n-Bu

이 반응은 다음과 같이 acyl chloride와 Li_2MnCl_4를 THF에 녹여 여기에 Grignard 시약을

1 이 반응은 구리, cadmium, 수은, 아연 등 지금까지 다루었던 반응성이 낮은 여러 유기금속 화합물이 공통적으로 할 수 있는 반응이다.

천천히 가함으로써 Mn(II)를 촉매량만 이용하여 반응시킬 수도 있다. 두 금속 화합물 간의 리간드 맞교환 반응이 대단히 빠르게 일어나기 때문에 가능하다.

EtO(C=O)–(CH₂)₆–COCl + Li_2MnCl_4 —(n-BuMgCl, THF; 0~20 °C, 30 min)→ EtO(C=O)–(CH₂)₆–CO–n-Bu

+ 3 % Li_2MnCl_4 —(n-BuMgCl, THF; 0~10 °C, 45 min)→ n-Bu ketone, 91 % yield

때로 1% 정도의 Cu(I) 염을 추가로 첨가함으로써 수득률이 현저하게 높아지기도 한다. 다음 보기 반응에서 알 수 있는 것처럼 특히 3차 alkylmanganese halide의 경우에는 Cu(I) 염을 첨가하는 것이 반응을 효과적으로 진행시키기 위한 필수 요건이다. 촉매량의 첨가물로 반응 시간도 단축되고 반응 수득률도 높아지는데 마다할 이유가 없지 않은가?

Br–(CH₂)₅–COCl + n-BuMnCl —(THF; 0~20 °C)→ Br–(CH₂)₅–CO–n-Bu

no CuCl, 1.5 hr : 85 % yield
1 % CuCl, 30 min : 92 % yield

R–COCl + t-BuMnCl —(THF; 0~20 °C)→ R–CO–t-Bu

no CuCl : 85 % yield
1 % CuCl : 92 % yield

반응성이 낮아 ester와 amide와의 반응이 일어나지 않음에 비해 이산화탄소는 의외로 쉽게 반응하여 카복시산을 얻을 수 있다. 다음 반응은 allylic manganese 시약으로 자리옮김한 생성물을 얻지만 가압 하에서가 아닌 1 기압에서 carboxylation이 일어날 수 있다는 장점이 있다.

MnCl —(1. CO_2, THF, rt; 2. $H_3O^{\oplus}$)→ CO_2H

71 % yield

Aldehyde나 ketone으로의 carbonyl 첨가도 acyl chloride보다는 느리지만 일어날 수 있으며, 둘 중에서도 ketone으로의 첨가는 더욱 느려서 두 작용기를 동시에 가지는 화합물은 선택적으로 aldehyde만의 첨가 반응이 가능하다. 다음 보기 반응에서는 탄소의 수가 같은 aldehyde와 ketone의 1:1 혼합물을 한 당량만의 isobutenylmanganese chloride와 반응시킨 결과를 나타낸 것이다. Aldehyde와의 반응 생성물을 거의 정량적으로 얻을 수 있으며, 99%

이상의 선택성을 나타내는 것이 확인되었다.

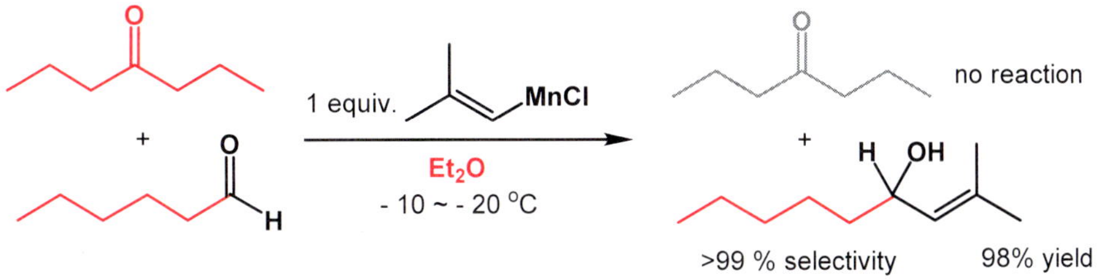

α,β-불포화 aldehyde나 ketone으로의 conjugate addition을 Cu(I)의 존재하에 행하면 따로 dialkylcuprate를 만들어 반응하는 것보다 더 편리하다. 상당히 높은 수득률로 conjugate 첨가 생성물을 얻을 수 있다. (Me_3SiCl로 enolate를 trapping한 후 가수분해 하여 얻음.)

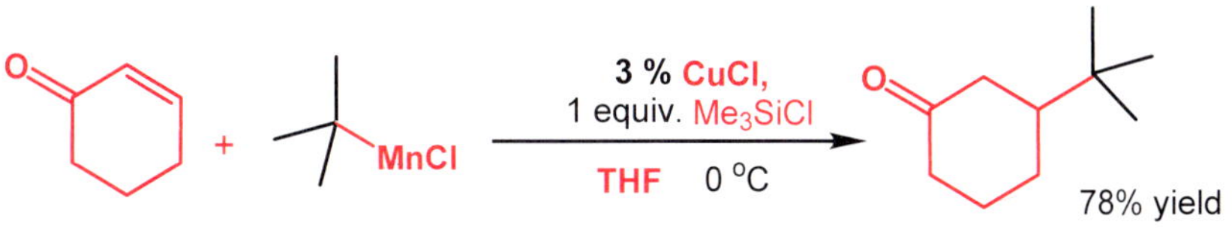

α,β-불포화 카보닐로의 conjugate 첨가는 β-탄소에 치환기를 두 개인 경우에는 치환기의 영향으로 상당히 불리해지는 것이 일반적인 현상인데, 그럼에도 manganese 시약의 다음 α,β-불포화 aldehyde의 반응에서는 Cu(I) 존재하에 주로 conjugate addition만이 일어난다.

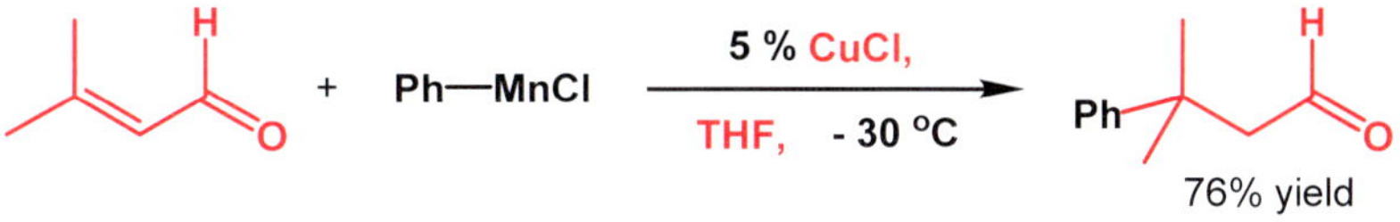

Cu(I) 존재하에서는 alkyl bromide 또한 organomanganese 시약에 대해서 친전자체로 작용한다. 이 구리 촉매 없이는 반응이 지지부진하며 잘 일어나지 않지만, Cu(I)이 반응에서 어떠한 역할을 하는가는 상세히 알려져 있지 않으나 다른 유기 친전자체에 비해서 월등하게 반응속도가 빨라지는 것은 틀림없다.

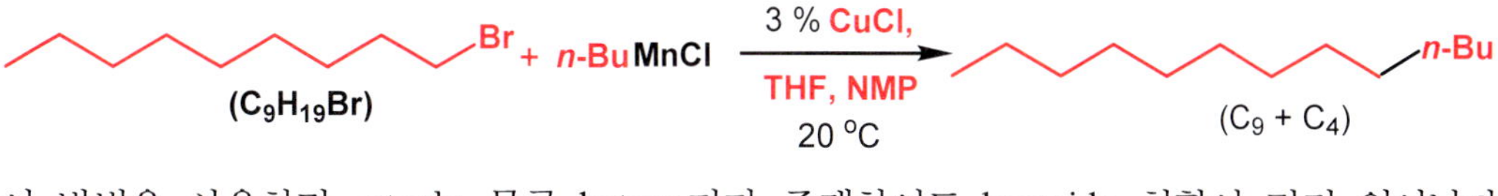

이 방법을 사용하면 ester는 물론 ketone기가 존재하여도 bromide 치환이 먼저 일어난다. 다른 alkylmetal 시약으로는 이러한 변환이 쉽지 않아 보호기를 붙였다 떼내야 하는 번거로움이 따를 것이다. 다음 두 반응 예를 보면 보호기 없이 대단히 높은 수득률로 카보닐 치환기에 우선하여 bromide의 친핵성 치환이 가능함을 알 수 있다.

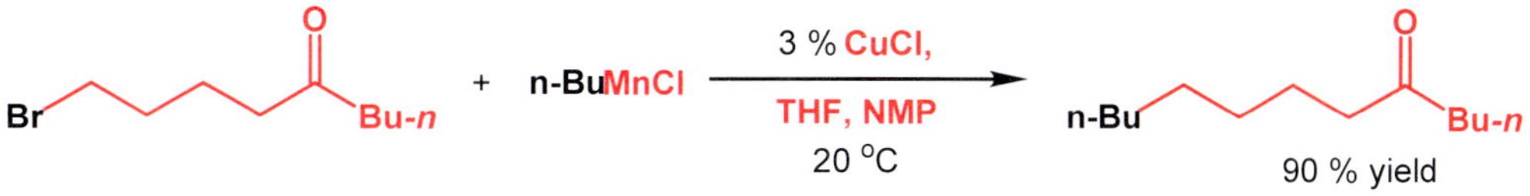

반응에서 Cu(I)이 중요한 역할을 하는 것은 위와 거의 같은 구조의 다음 화합물에서 ketone만이 환원되는 것을 보면 확실하게 들어난다.

MeMnBr
Et_2O
~ 0 °C
89 % yield

반응성이 큰 allylic halide는 금속 Mn을 직접 반응시켜 allyl manganese halide를 얻을 수 있다. 반응성이 높은 'Mn^0'는 $MnCl_2$를 $LiAlH_4$로 환원하면 검은 suspension으로 얻는다. 앞에서 본 바와 같이 organomanganese halide는 반응성이 낮아 ketone 이상의 반응성이 큰 카보닐 화합물과 반응한다. Allylic halide는 반응성이 높아 금속 magnesium으로 Grignard 시약도 만들기 쉽지 않은 반응임은 이미 학습한 바 있다.

$LiAlH_4$ + $MnCl_2$ → (THF, 0°C) 'Mn^0'
+ 'Mn^0' → (THF, 0°C ~ rt) MnBr
95 % yield

이 반응은 상당히 유용하게 유기합성에 응용할 수 있는 반응이다. 실제로 반응은 위에서와 같은 활성화 단계를 거치지 않고 실온보다 높은 온도에서 상업용 시약을 사서 반응에 사용하면 되기 때문이다. Ethyl acetate를 유기금속 화합물의 반응에 용매로 사용하는 것도 드문 일이며 아래 반응은 세 반응물과 용매를 섞어 조금 가열하면 끝나는 간편한 조작으로 수행할 수 있다.

+ Mn → (AcOEt, 50°C)
87 % yield

이들 반응은 다른 어떤 유기금속 시약을 사용해도 이보다 조작이 더 간편할 수 없을 정도이다. 반응성이 더 낮은 allylic chloride와도 10% 정도의 $ZnCl_2$를 첨가하면 쉽게 반응이 일어난다.

+ Mn → (10 % $ZnCl_2$, THF, 60 °C)
95 % yield

다음 반응은 Zn을 사용한다면 **Reformasky 반응**이라 하지만, 시판되는 금속 Mn을 사용하여 쉽게 행할 수 있는 반응이다. 따로 시약을 만들어 반응물을 첨가하는 반응이 아니고 그냥 함께 섞어 가열하면 되는 간편한 반응이다.

Br–C(CH$_3$)$_2$–CO$_2$Et → (HexCHO, Mn, Ac$_2$O; 10% ZnCl$_2$, AcOEt, 60 °C) → OAc, O, OEt product, 81 % yield

아주 최근에 이르러 Mn(II)를 이용하는 반응의 연구가 점차 활기를 띠고 있으며, 이에 따라 여러 가지 새 반응들이 개발되고 있다. 많은 유기금속 화합물들이 Pd(0) 촉매하에 aryl halide와 coupling 반응을 하는 것으로 알려져 있고 빈도 높게 사용되고 있으나 organomanganese 화합물의 Pd촉매 coupling인 다음 반응은 1997년이 되어서야 처음 발표되었다. 그 뒤를 이어 Ni(acac)$_2$, 또는 Fe(acac)$_2$ 등 다른 전이금속 촉매를 이용하는 coupling 반응들이 속속 보고되고 있으며 이들 촉매를 이용하는 반응의 수득률도 상당히 좋은 것으로 나타나 있다. 성공적인 coupling 반응 예 하나씩을 골라 아래에 표시하였다.

NC–C$_6$H$_4$–Br → (PhMnCl, 1 % PdCl$_2$(PPh$_3$)$_2$, THF/DME, ~ 0 °C to rt) → NC–C$_6$H$_4$–Ph, 98 % yield with DME

3-Cl-pyridine + ClMn–C$_6$H$_4$–OMe → (5 % Ni(acac)$_2$, 10 % IPrHCl, THF, 0 °C, 4h) → 3-(4-MeO-C$_6$H$_4$)pyridine, 100 % yield

IPrHCl = diarylimidazolium chloride

O, Cl + Bu–MnCl → (3 % Fe(acac)$_3$, THF/NMP, 25 °C, 1h) → O, Bu product, 74 % yield

위의 반응 예들보다 먼저 Mn(II)를 촉매로(?) 이용하는 coupling 반응이 발표되었다. 다음 acetylenylstanne과 vinyl iodide 간의 coupling은 반응 온도가 조금 높은 편이지만 괜찮은 수득률로 coupling 생성물을 얻는다.

Pd–C≡C–SnMe$_3$ + I–CH=CH–Ph → (10 % MnBr$_2$, NaCl(1 eq.), NMP, 120 °C, 13 h) → Pd, Ph product, 71 % yield

다음 Grignard 시약과의 coupling 반응에서 촉매 역할도 비교적 성공적이라 할 수 있다.

2-Cl-4-methylquinoline (N, Cl) + (CH$_3$)$_2$CH–MgBr → (2 % MnBr$_2$, THF, 0 °C, 4h) → 2-isopropyl-4-methylquinoline (N), 74 % yield

Organomanganese(II) halide를 아예 촉매 없이 coupling을 시도하였으며 다음 예에서 보는 것과 같이 성공적이라 할 수 있으며 점점 더 나은 반응들이 개발될 것으로 기대된다.

Cl O + Bu MnCl —THF, 0 °C, 30 min→ Bu O, 90 % yield

이상의 반응들을 살펴보면 organomanganese 시약을 거쳐 반응하는 것은 alkyllithium이나 Grignard 시약을 사용하는 것에 비해 작용기 선택성에서 큰 장점이 있다. 다음과 같이 기억해 두면 좋을 것 같다. <u>Organomanganese halide는 'soft' Grignard 시약</u>으로 반응성이 alkyllithium과 alkyl-copper의 중간 정도쯤이고 그것만으로는 약간 부족한 경우에는 촉매량의 Cu(I) 염을 첨가하게 되는 것이다. 촉매량의 Cu(I) 염을 사용한다 해도 alkyllithium이나 Grignard 시약은 반응성이 커서 Cu(I) 촉매만으로 전적으로 촉매 반응을 할 수 없으나, organomanganese 시약은 반응성이 낮아 촉매량의 Cu(I)으로 충분히 원하는 반응으로 유도할 수 있다. Dialkylcuprate를 만들어 사용하는 것보다 조작이 간편하면서도 선택성과 수득률이 훨씬 더 좋음을 알 수 있다. 이 밖에 합성에 중요하게 쓰이는 Mn(III)를 이용하는 radical 반응이 있는데, 이는 Chapter 8에서 이미 다루었던 반응이다.

문제 9.1 다음 organomanganese 시약을 사용하는 반응을 아래에 주어진 반응 시약으로 반응할 때 얻어지는 생성물을 그리고 이들 반응 생성물을 비교하여 보라.

Br (A) n-Bu + n-BuMnCl —3 % CuCl, THF, NMP, 20 °C→ n-Bu (B) n-Bu

(a) A —*n*-BuLi→

(b) A —*n*-BuLi, 3 % CuCl→

(c) A —$(n\text{-Bu})_2$CuLi→

(d) A —*n*-BuMnCl, ether→

Organocerium Compounds

9.2 Ceric?! Surest Way for Direct Addition to Carbonyl

α,β-불포화 카보닐 화합물은 친전자성 자리를 두 개 가지고 있어 유기금속 화합물을 비롯한 거의 모든 친전자체와의 반응에서 두 자리 간의 경쟁이 있게 된다. Hard 친핵체로 분

류되는 alkyllithium이나 Grignard 시약의 특성상 α,β-불포화 카보닐과의 첨가 반응에서는 대부분 1,2-첨가(carbonyl addition)가 주로 일어나며 합성 반응에서는 그대로 이들 시약을 사용한다. 만약 carbonyl 첨가가 아닌 conjugate 첨가를 행해야 하는 경우에는 alkylcuprate를 만들거나 아니면 소량의 Cu(I) 염을 첨가하게 된다. 앞 절에서 organomanganese(II) 화합물도 conjugate 첨가에 매우 효과적임을 보았을 것이다.

MeLi → LiO, Me → H_2O, $H^{\oplus}$ → HO, Me

Me_2CuLi → OLi, Me → H_2O, $H^{\oplus}$ → O, Me

그렇다면 α,β-불포화 카보닐 화합물을 포함하여 모든 카보닐 화합물은 alkyllithium이나 Grignard 시약을 사용하면 한결같이 만족스럽게 carbonyl 첨가가 일어나는 것일까? 그렇지는 않다. 우선 alkyllithium이나 Grignard 시약과 반응하게 되는 기질은 많은 작용기에 제한을 받게 된다. 이들 시약과 반응하지 않는 작용기는 ether, acetal, 탄소–탄소 π-결합 정도이다. 또 하나의 제한점은 이들의 높은 염기성도이다. 특히 alkyllithium은 매우 센 염기이므로 친핵체가 아닌 염기로 작용하는 경우가 많기 때문이다. Grignard 시약으로 다음 β-ketoester는 ester가 아닌 ketone으로 선택적인 첨가가 일어나기는 하지만 수득률은 아주 낮다.

O O OEt → PhMgBr → OH O OEt Ph 52 % yield

이보다 염기성이 높은 BuLi을 사용하면 상당량의 enol이 생성되며 이에 따르는 aldol 반응 등 여러 부반응이 일어나게 된다.

O → n-BuLi, THF → OLi (major product) + OLi

β-Ketoester보다 더 높은 산성도를 갖는 다음 1,3-diketone (*pKa* ≈ 7~13)은 아예 양성자떼기만이 일어나서 Grignard 시약과도 의도하는 carbonyl 첨가 생성물을 전혀 얻을 수 없게 된다.

R^1 O O R^2 → CH_3MgBr → $O^{\ominus}$ O R^1 R^2 *NOT* $O^{\ominus}$ O R^1 H_3C R^2

이러한 문제점들을 해결하고 carbonyl 첨가가 주로 일어나도록 하려면 $CeCl_3$ 또는 CeI_3를 첨가하여 주면 된다. 금속 cerium은 lanthanide 계열의 금속으로 엄밀한 의미에서 전이금속의 범주를 벗어나는 원소라 할 수 있으며 전이금속과는 또 다른 성질을 갖고 있다. 교재 전반을 통해 organocerium 화합물에 관한 논의는 몇 번 보게 되지만, 바로 이 절에서 논의하는 카보닐 화합물에 carbonyl 첨가를 한다는 것이 가장 큰 특성이다. $CeCl_3$는 다른 alkylmetal과 반응하면 alkylcerium(III) 화합물이 생성된다. Organocerium 화합물은 basicity가 아주 낮으며, Ce은 산소와의 친화력이 대단히 높다. 따라서 conjugate 첨가 등의 여러 부반응이 최소화되고 카보닐 탄소로의 carbonyl 첨가의 비가 크게 증가하게 되고, 또한 양성자떼기에 의한 enolate 생성 등 부반응도 최소화되어 carbonyl addition의 비가 크게 증가하게 되어, 심지어 입체장애가 큰 화합물에서도 첨가 반응 비율이 크게 증가한다. 그 이유는 아직 명확하게 밝혀지지 않았다. 카보닐 산소와 Ce 간의 센 coordination이 일어난 카보닐 탄소의 친전자성이 크게 증가하는 것에 기인하는 것으로 설명하기도 한다. 틀림없는 것은 *α,β*-불포화 카보닐 화합물에 carbonyl 첨가를 우선적으로 고려한다면 $CeCl_3$의 첨가를 고려해야 하며, 현재로는 이보다 더 확실한 방법은 없다는 것이다.

$$R{-}MgBr + LiBr \xleftarrow[\text{dry } Et_2O \text{ or } THF]{MgBr_2} R{-}Li \xrightarrow[\text{dry } Et_2O \text{ or } THF]{CeCl_3} R{-}CeCl_2 + LiCl$$

Grignard reagent　　alkyllithium　　organocerium

다음 반응은 활성화된 수소를 가진 카보닐 화합물의 alkynyllithium에 의한 친핵성 첨가를 시도한 결과이다. BuLi보다 염기성이 훨씬 낮은 lithium acetylide와도 carbonyl 첨가 대신에 양성자떼기가 일어나며 여러 부반응으로 이어지게 된다.

이 반응도 $CeCl_3$를 첨가해 주면 쉽게 carbonyl 첨가가 일어나서 기대하는 propargylic alcohol을 높은 수득률로 얻을 수 있다.

Lithio 화합물로부터 첨가된 $CeCl_3$과의 금속 교환 반응으로 얻어지는 organocelium(III) 화합물은 강력한 염기가 아니기 때문이다.

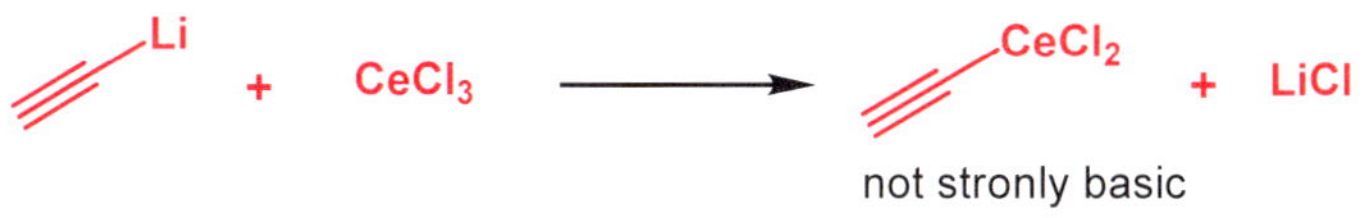

Dibenzyl ketone은 alkyllithium이나 Grignard 시약으로 carbonyl 첨가를 일으키기 아주 어려운 화합물의 하나로 알려져 있으나, 이 화합물에서도 마찬가지로 CeI_3 존재하에 반응하면 다음 예에서 보는 바와 같이 낮은 온도에서 쉽게 carbonyl 첨가가 일어난다.

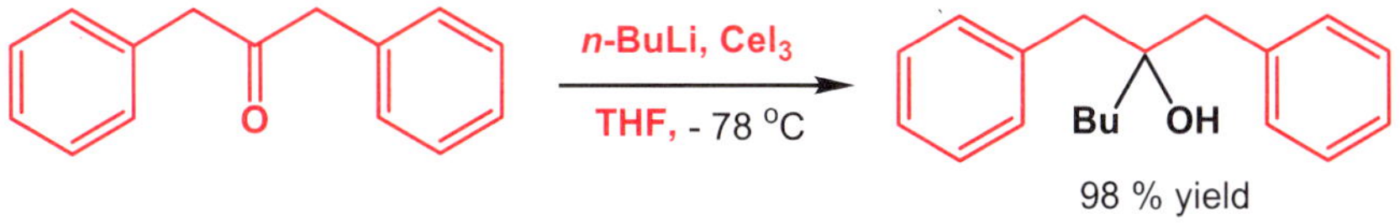

다음 bicyclic diketone과의 반응도 위와 같이 Grignard 시약과의 반응으로는 양성자떼기로 거의 enolate만이 생성되지만, $CeCl_3$를 첨가함으로써 carbonyl 첨가를 유도할 수 있다. 이 화합물의 경우에는 α-수소가 특별히 산성도가 높은 것도 아니다. 이는 아마도 Grignard 시약의 첨가로 입체적인 반발에 기인하는 것이라 할 수 있다.

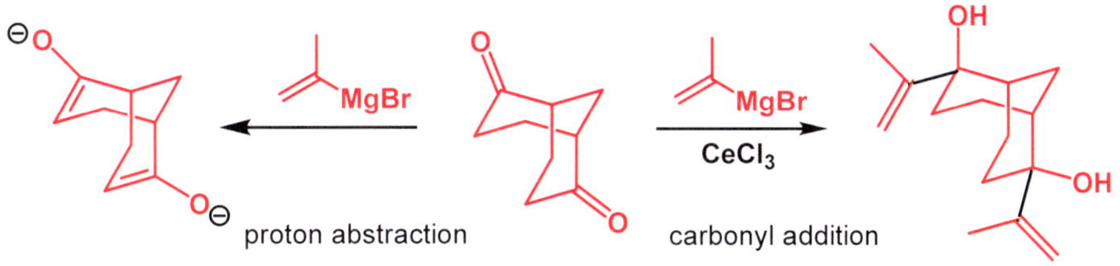

다음 methyl mesityl ketone 또한 입체적인 반발 때문에 Grignard 시약과의 반응은 일어나기 어려우며, 그럼에도 ceric chloride의 존재하에서는 더 낮은 온도에서도 상당한 수득률의 향상이 이루어진다.

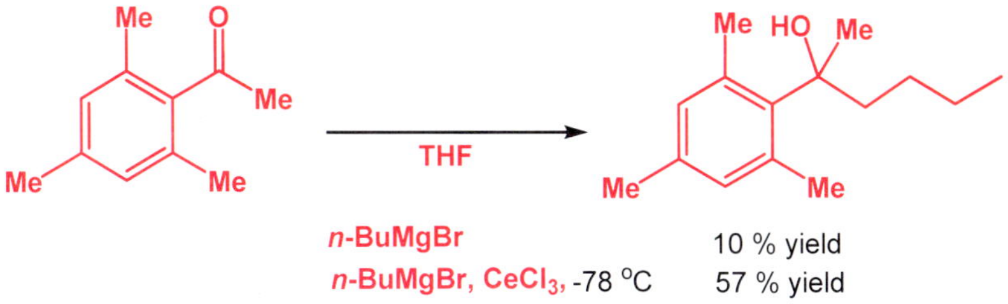

α,β-불포화 amide와 ester는 α,β-불포화 aldehyde나 ketone보다 conjugate 첨가가 일어나는 경향이 훨씬 더 높아 Grignard 시약과의 반응에서도 conjugate 첨가가 일어나는 경우가 많다. 그럼에도 다음 α,β-불포화 ester와의 반응을 보면 알 수 있듯이 $CeCl_3$ 존재하에서 반응시키면 부반응이 거의 없이 카보닐 첨가가 연속적으로 일어나서 높은 수득률로 3차 allylic alcohol을 생성물로 얻게 된다. 이어지는 다음 단계의 Peterson 제거 반응은 Chapter 5에서 다루었던 반응이다. $CeCl_3$가 없으면 conjugate 첨가가 일어난다.

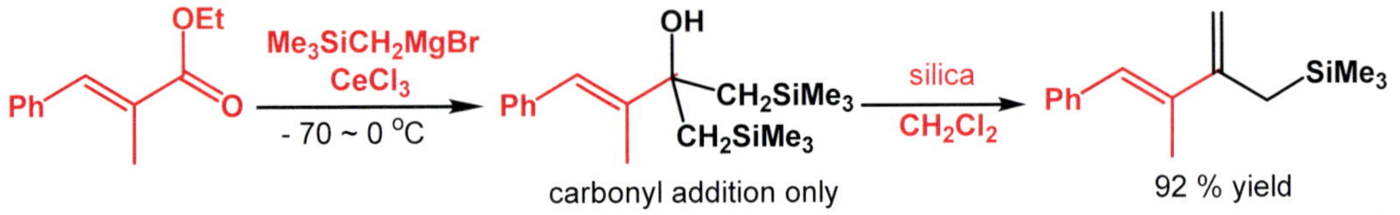

BuLi은 또한 aryl halide와 아주 낮은 온도에서도 빠르게 halide exchange 반응이 일어나는 것을 알고 있다. CeI_3 존재하에서는 낮은 온도에서도 carbonyl addition이 얼마나 효율적인가는 halide 교환을 제치고 첨가가 우선하여 일어나는 다음 예를 보면 짐작할 수 있다. Alkyllithium에 의한 halide 교환은 – 110°C에서도 순식간에 일어나는 빠른 반응이다.

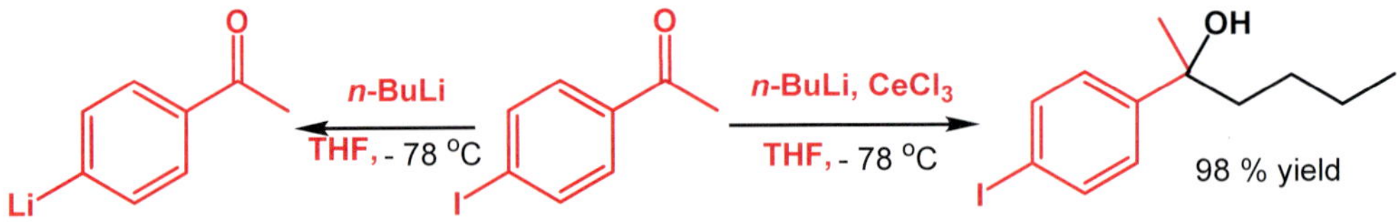

이상의 반응에서는 Ce 원자와 카보닐 산소 간의 강력한 coordination으로 인하여 carbonyl addition만이 일어나는 반응을 보았으나 다음 nitrile로의 첨가 반응 예를 살펴보면 질소와의 친화력도 대단히 큰 편임을 알 수 있다. Nitrile은 Grignard 시약과의 반응으로 1차 첨가가 일어나고 나서 2차 첨가로까지 이어지지 않고 가수분해하면 ketone을 얻게 되는 것은 많은 유기화학 교재에서 다루는 내용으로 이미 알고 있을 것으로 짐작된다. 그러나 alkyl cerium 화합물과의 반응은 alkyl 친핵체의 2차 첨가가 추가로 일어나서 3차 amine을 생성하는 독특한 유형으로 일어나게 된다. 이러한 작용기 변환은 다른 어떤 유기금속 시약을 사용한다 해도 일어나기 어려운 반응이다.

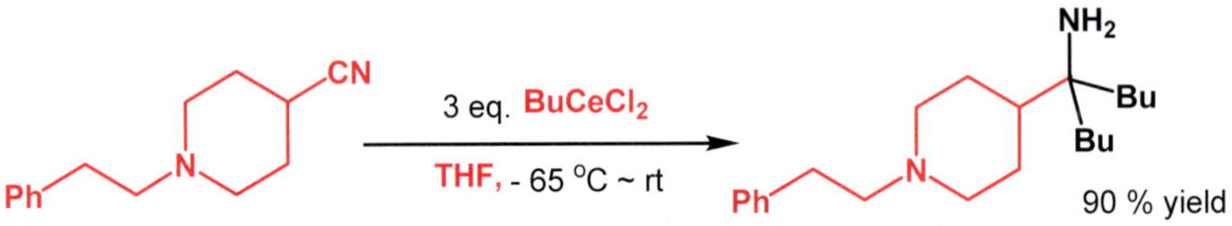

실인즉, ceric(III) ion에 의하여 카보닐기에 1,2-첨가 즉, carbonyl 첨가를 유도하는 것은 비단 alkyl-metal의 첨가 반응에서만 나타나는 것이 아니다. 복합 금속 환원제를 이용하는 enone의 환원 반응에서도 같은 현상이 일어나는 것을 볼 수 있다. 복합금속 수소화물, 특히 $NaBH_4$를 이용하는 α,β-불포화 카보닐과의 반응은 항상 carbonyl reduction과 conjugate reduction 간의 경쟁이 있게 된다. 다음 보기 반응의 cyclopentenone의 $NaBH_4$ 환원은 conjugate 환원이 먼저 일어나고 다음에 카보닐 환원이 일어나서 결국에는 두 불포화 결합이 모두 환원된 포화 alcohol만을 얻게 된다. 물론 Ce 염의 존재하에서는 conjugate 환원은 전적으로 억제되어 allylic alcohol만을 얻을 수 있다. 그 다음 예의 carvone 환원에서도 어떤 hydride 환원제로도 카보닐 환원 생성물만 얻기 어려우나 마찬가지로 Ce 염이 존재하면 conjugate reduction을 전혀 염려하지 않아도 된다.

OH NaBH4 CeCl3 97 % yield carbonyl reduction O NaBH4 O conjugate reduction first OH 100 % yield

O NaBH4 CeCl3 carvone OH only product + OH not formed

부반응 없이 카보닐 환원을 일으키는 목적이라면 $NaBH_4$ 대신에 $LiAlH_4$를 사용하게 되지만 이 또한 언제나 완전한 carbonyl reduction을 보증할 수 있는 것은 아니다. 항상 상당한 정도의 conjugate reduction이 일어난다. $CeCl_3$를 첨가하는 것이 가장 확실한 방법이라 할 수 있다. 다음 cinnamaldehyde의 환원 반응에서도 CeI_3를 첨가하여 주면 이와 같은 conjugate reduction은 상당한 수준으로 억제된다. $LiAlH_4$를 사용하는 이 반응은 *α,β*-불포화 ester 등의 환원에도 효과적이다. Ester는 $NaBH_4$에 의해 환원되지 않는 것은 누구나 알고 있는 사실이다.

O H THF OH H + OH H

$LiAlH_4$, ether, rt 87 % yield

$LiAlH_4$, CeI_3 90 % yield (95 : 5)

Ce(III) 염은 mild Lewis acid로 카보닐 산소에 강력하게 배위되는 것은 틀림없는 사실로 받아들여진다. Ceric ion 존재하에 alkyl transfer에도 그렇지만 $NaBH_4$와 함께 하는 환원의 경우에도 입체화학적으로 상반된 결과를 얻기도 한다. 이를 이해하려면 반응의 입체선택성에 관한 chapter를 따로 학습하여야 할 것이다.

O O HO O + O OH

$NaBH_4$, MeOH, -78 °C 7 : 93

$NaBH_4$, $CeCl_3$, MeOH, -78 °C 96 : 4

이와 같이 Ce(III) ion의 존재는 카보닐 화합물의 환원 또는 유기금속 시약의 첨가 시에 입체화학에도 영향을 미치게 된다. 또 때로는 aldehyde에 우선하여 ketone 작용기가 환원되기도 하는 등 여러 가지 응용 사례가 알려져 있으나 이들을 모두 제쳐두고서라도, 기억해 두어야 할 것은 '**direct addition**하면 **ceric**'이라는 점이다.

문제 9.2 다음 두 반응을 비교해 보라. Lithium 시약은 수득률이 아주 낮은 이유는 무엇인가? Ce(III) 시약은 어떻게 수득률이 높아지는가?

Me_3SiCH_2Li — 6 % yield

$Me_3SiCH_2CeCl_2$ — 83 % yield

OH, CH_2SiMe_3, O

문제 9.3 다음 반응은 세 개의 carbonyl 작용기를 가지고 있다. 환원은 한 작용기에 선택적으로 일어난다. 어떤 생성물이 얻어지겠는가?

$NaBH_4$, $CeCl_3$ / EtOH, H_2O / - 15 °C

O, O, OMe, H, O

문제 9.4 다음 반응은 어떤 경로를 거쳐 진행되는가?

MgBr / $CeCl_3$, THF, 0 °C / then $H_3O^{\oplus}$

$PhCH_2O$, O, O, $PhCH_2O$, O

75 % yield

Organotitanium Compounds

9.3 Organotitanium Compounds are Difficult to Prepare

Alkyltitanium 화합물을 만들어 보려는 노력은 오래 전부터 있어 왔다. Titanium 금속과 alkyl halide와의 insertion 반응은 무수히 많이 시도되었으나 끝내 가능하지 않은 것으로 판명되었고, alkyllithium이나 Grignard 시약을 이용하려는 노력도 무수히 많은 실패를 거쳤다. 아마도 처음으로 합성된 organotitanium 화합물은 1953년에야 만들어진 phenyltitanium triisopropoxide가 아닌가 싶다. Tetraalkyltitanium과 trialkyltitanium 화합물은 제조할 수는 있지만 모두 열적으로 너무 불안정하여 합성 목적으로 만들어 쓸 수 있는 정도가 아니다.

현재는 대부분의 organotitanium 화합물의 특성과 제법이 모두 알려져 있어 간단한 alkyl, aryl, alkenyl titanium 화합물의 반응 특성이 모두 알려져 있다. 여러 organotitanium 화합물 중에서도 alkyl기의 수가 한둘인 monoalkyltitanium 및 dialkyltitanium 화합물 정도가 그래도 유용하게 유기합성 반응에 이용되고 있는 실정이다.

가장 많이 사용되는 형태의 화합물인 R–TiX₃ 형태의 화합물은 다음 반응식에서와 같이 얻어지는 Cl–TiX₃를 적당한 organolithium 또는 magnesium 화합물과 반응시켜 제조된다.

$$1\ TiCl_4 + 3\ Ti(O\text{-}i\text{-}Pr)_4 \longrightarrow 4\ Cl\text{-}Ti(O\text{-}i\text{-}Pr)_3$$

$$1\ TiCl_4 + 3\ Ti(NEt_2)_4 \longrightarrow 4\ Cl\text{-}Ti(NEt_2)_3$$

$$\boxed{\text{Organyl}}\text{—Li}\ /\ \boxed{\text{Organyl}}\text{—MgCl} \xrightarrow{Cl\text{—}TiX_3} \boxed{\text{Organyl}}\text{—}TiX_3 + LiCl \text{ or } MgCl_2$$

X = Cl, Br, OR, NR_2 etc.

이들 monoalkyltitanium 화합물들은 합성 목적으로 주로 이용되는데 alkyl을 제외한 다른 세 리간드의 조합으로 중요한 다음 두 parameter를 제어할 수 있게 된다.

1. Titanium의 전자적 성질
2. 금속 주위의 입체적 환경

예를 들어, 센 Lewis 산인 organyltitanium trichloride, R–$TiCl_3$는 chiral alkoxycarbonyl의 첨가와 같이 chelation-controlled 반응 또는 S_N1형으로 진행되는 alkyl halide의 알킬화 반응 (alkyl-alkyl coupling) 등의 경우에는 대단히 유리하다. 반면 Lewis 산으로서의 성질은 R–$Ti(OR)_3$와 R–$Ti(NR_2)_3$로 가면서 현저하게 줄어들어 non-chelation-controlled 반응에 절대 필요한 조건이 충족된다. 이들 시약들은 모두 alkyllithium이나 Grignard 시약보다는 염기성이 상당히 낮아서 높은 염기성으로 인한 Grignard 시약과의 반응에서 부반응 등을 최소화할 수 있다. 또한 alkoxide나 dialkyl amide의 alkyl기에 변화를 주어 시약의 입체적인 영향을 조절할 수 있다. 또한 ligand를 섞어 이용함으로 해서 점차로 Lewis 산의 세기를 조절할 수도 있다.

$$Zn(CH_3)_2 + TiCl_4 \xrightarrow[-30\ ^\circ C]{CH_2Cl_2} (CH_3)_2TiCl_2 + ZnCl_2$$

$$Me_3SiCH_2MgCl + TiCl_4 \xrightarrow[-30\ ^\circ C]{CH_2Cl_2} (Me_3SiCH_2)_2TiCl_2 + 2\ MgXCl$$

$$2\ CH_3MgX + Cl_2Ti(\text{diolate}) \longrightarrow (CH_3)_2Ti(\text{diolate}) + 2\ MgXCl$$

Dialkyltitanium 화합물은 위의 반응 예에서와 같이 $TiCl_4$와 다른 alkylmetal 화합물의 반응으로 얻을 수도 있고 아니면 두 리간드로 미리 치환한 Cl_2TiX_2형의 titanium dichloride와

alkyllithium과의 반응으로 얻을 수도 있다.

9.4 Chemoselective Addition to Carbonyls

대부분의 단순한 alkyllithium이나 또는 공명 안정화되는 organolithium 화합물은 카보닐 작용기와 쉽게 반응하여 C–C 결합을 형성한다. 반응성이 큰 alkyllithium은 반응성 차이가 큰 작용기가 둘 있다 하더라도 선택적 반응을 기대하기 어렵다. 아래 반응에서 보는 바와 같이 lithium ester enolate는 낮은 온도에서도 aldehyde와 ketone의 작용기를 무차별 공격하여 거의 1:1:1 비로 다음과 같은 세 첨가 생성물을 얻게 된다.

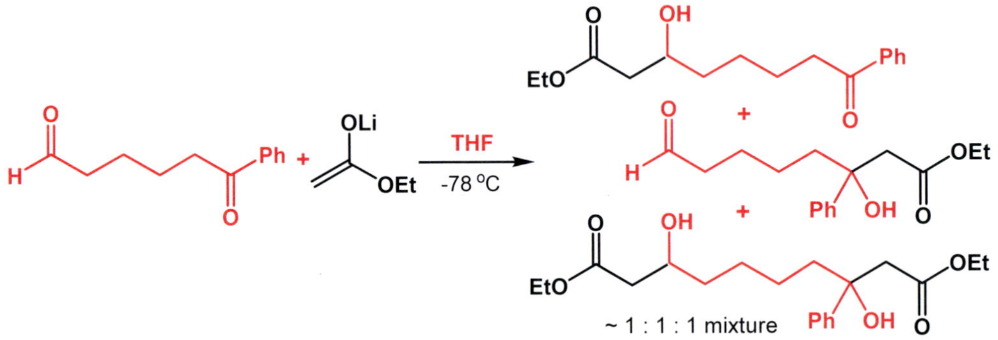

THF, -78 °C
~ 1 : 1 : 1 mixture

Grignard 시약을 사용한다 해도 상황은 마찬가지여서 그렇게 큰 차별성을 보이지 않는다. 다음 반응 예에서 보듯이 PhMgBr은 acetaldehyde와 acetone의 1 : 1 혼합물과 반응하여 선택성이 거의 없이 반응하게 된다. PhLi 등을 사용하여도 비슷한 결과를 나타낸다.

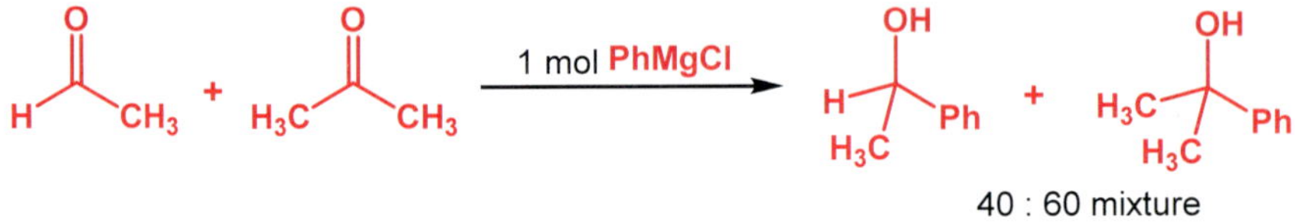

1 mol PhMgCl
40 : 60 mixture

1979년에 이르러서야 R–TiX_3형의 organotitanium 시약의 카보닐 화합물과의 반응이 조금씩 밝혀지기 시작하였다. Aldehyde는 낮은 온도에서도 쉽게 첨가가 일어나고 ketone은 더 높은 온도에서 아주 느리게 반응이 진행되는 것이 밝혀졌다. 이들 두 작용기 간의 선택적인 첨가 가능성이 엿보이기 시작한 것이다.

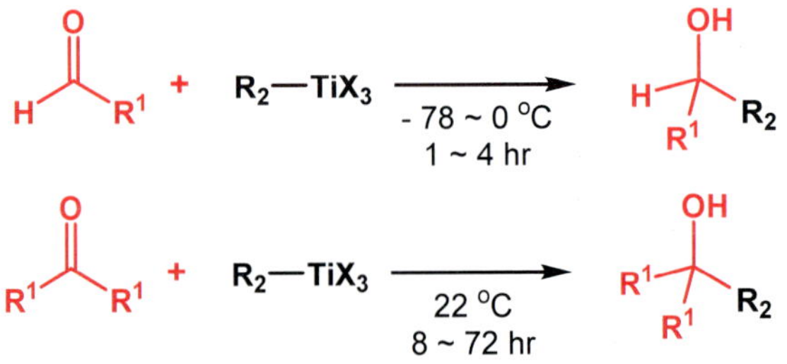

R_2—TiX_3, - 78 ~ 0 °C, 1 ~ 4 hr

R_2—TiX_3, 22 °C, 8 ~ 72 hr

9.5 Selective Carbonyl Addition of Alkyltitanium Trialkoxide

Titanium tetrachloride와 titanium tetraisopropoxide로부터 얻어지는 triisopropoxytitanium chloride는 methyllithium이나 phenyllithium과 반응하여 organotitanium triisopropoxide가 얻어지게 된다. 합성 반응에 가장 유용하게 많이 사용되는 유형의 organotitanium 시약이다.

$$\frac{1}{4}\,TiCl_4 + \frac{3}{4}\,Ti(O\text{-}i\text{-}Pr)_4 \longrightarrow Cl{-}Ti(O\text{-}i\text{-}Pr)_3 \xrightarrow{MeLi} Me{-}Ti(O\text{-}i\text{-}Pr)_3$$

$$Cl{-}Ti(O\text{-}i\text{-}Pr)_3 \xrightarrow{PhLi} Ph{-}Ti(O\text{-}i\text{-}Pr)_3$$

Alkyltitanium triisopropoxide는 aldehyde와의 반응이 ketone보다 훨씬 빨라서 두 화합물의 동량 혼합물에서 거의 aldehyde만이 선택적으로 첨가가 일어난다. 이는 대응하는 Grignard 시약이나 alkyllithium과의 반응에서 별로 차이를 보이지 않는 비선택적 첨가 반응이 일어나는 것과는 좋은 대조를 이룬다.

1 : 1 mixture (acetaldehyde + acetone), 1 mole each

Reagent	Conditions	Product ratio (from aldehyde : from ketone)
$Ph{-}Ti(O\text{-}i\text{-}Pr)_3$	- 24 °C	>99 : < 1
PhMgBr, Et_2O		40 : 60

다음 benzaldehyde와 acetophenone의 1:1 혼합물과의 반응도 마찬가지이다. 1몰만을 사용해도 methyllithium은 전혀 선택성이 없는데 비해, methyltitanium triisopropoxide는 선택적으로 aldehyde와만 반응하며 반응하지 않은 acetophenone은 거의 전량 회수된다.

1 : 1 mixture (benzaldehyde + acetophenone), 1 mole each

Reagent	Conditions	Product ratio (from aldehyde : from ketone)
$Me{-}Ti(O\text{-}i\text{-}Pr)_3$	- 24 °C	>99 : < 1
MeLi, THF		~ 50 : 50

한 분자 내에 aldehyde와 ketone 작용기를 동시에 가지고 있는 다음 화합물도 organotitanium 반응 시약의 양만 조절하면 선택적으로 aldehyde만 먼저 반응하여 한 가지 생성물만 얻게 된다.

$CH_3Ti(O\text{-}i\text{-}Pr)_3$ — only product (secondary alcohol, CH_3 added to aldehyde; Ph ketone retained); tertiary alcohol from ketone addition (H₃C, HO, Ph; aldehyde retained): X not formed

이 화합물과 ester의 lithium enolate와의 반응은 비선택적으로 거의 1:1 혼합 생성물을 얻게 되는 것을 앞에서 본 바 있다. 이 반응물도 trialkoxytitanium enolate와의 반응으로는 aldehyde만의 선택적인 첨가 반응으로 단일 생성물을 생성한다.

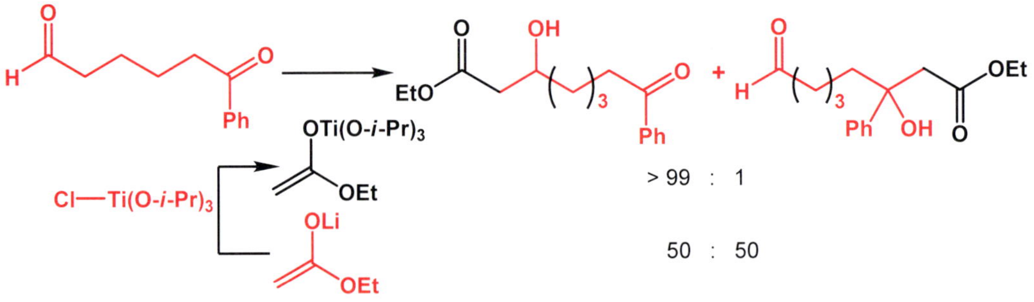

Nitrile의 짝염기인 cyanomethyl anion 친핵체의 첨가 반응도 lithium과 titanium 시약은 다음 보기 반응의 생성물 비에서 보는 바와 같이, 앞의 ester enolate의 반응 생성물 비와 거의 비슷한 수준의 작용기 선택성을 나타낸다.

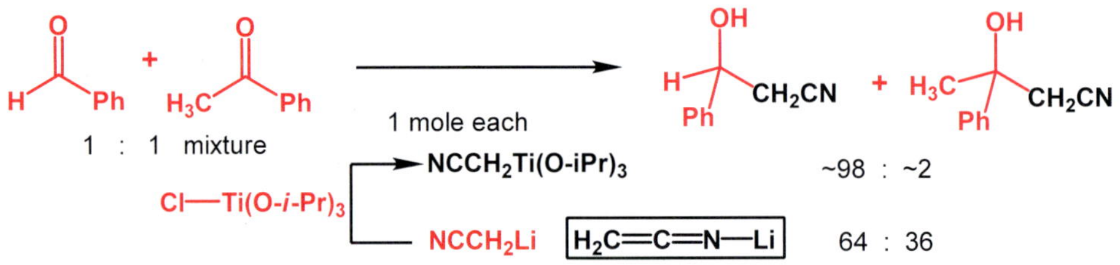

여기서 유의해야 할 점은 aldehyde는 ketone의 존재하에 선택적으로 반응을 한다는 뜻이지 ketone은 titanium 시약과는 전혀 반응을 하지 않는 것이 아니다. 다음 Ti ester enolate는 benzaldehyde와 acetophenone의 같은 몰수의 혼합물과 반응하면 >96 : 4 이상의 선택성을 보이며 aldehyde만 반응한다. Acetophenone만 반응시키면 다음 식에서처럼 낮은 온도에서도 수시간 이내에 85% 이상의 수득률을 보인다.

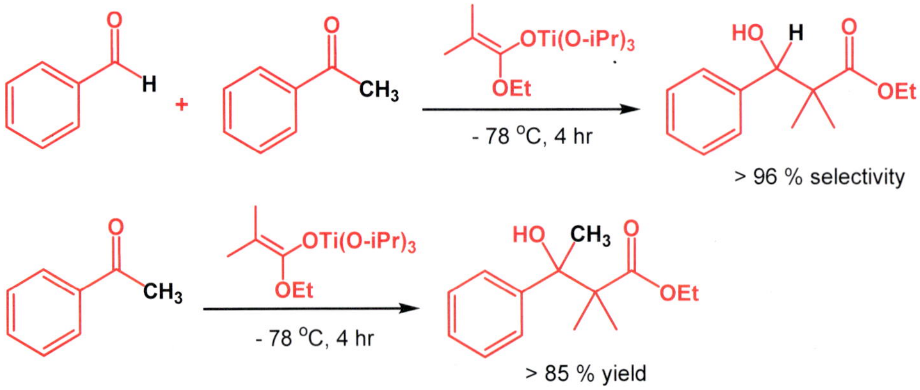

이상의 반응 예와 기타 다른 카보닐 화합물의 반응을 폭넓게 연구하여 얻은 상대적인 반응성을 비교하면 aldehyde와 ketone의 두 치환기에 따라 다음과 같은 큰 반응성 차이를 나

타내는 것으로 알려져 있다. Ester, amide, nitrile, nitro기는 모두 반응에 참여하지 않을뿐더러 양성자떼기 등의 부반응도 전혀 없어서, 이들 치환기가 존재하는 반응물인 aldehyde나 ketone으로의 첨가는 전혀 방해를 받지 않고 진행된다.

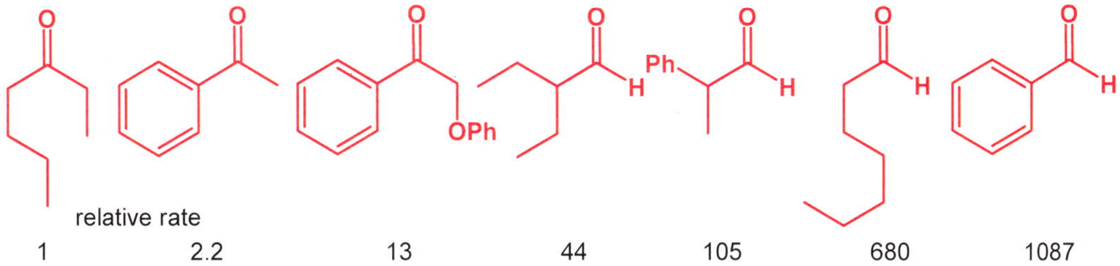

relative rate

1	2.2	13	44	105	680	1087

9.6 What's the Use of Alkyltitanium Trichloride?

Alkyltitanium trialkoxide와는 달리 alkyltitanium trichloride는 단순히 alkyllithium과의 반응으로는 만들 수가 없다. 만들기 어려울 뿐 아니라 alkyltitanium trichloride는 강력한 Lewis 산이므로 반응성을 제대로 살리려면 ether 용매는 완전히 제거되어야 하는데, 대부분의 alkyllithium은 ether를 용매로 사용하기 때문에 이 또한 쉽지 않기 때문이다. 따라서 alkyllithium을 대신하여 dialkylzinc를 이용하여 만드는 것이 보편화되어 있다. 참고로 dimethylzinc는 끓는점이 118°C인 증류하여 보관할 수 있는 대단히 안정한 화합물이다.

$$CH_3Li + TiCl_4 \not\longrightarrow CH_3TiCl_3$$

$$Zn(CH_3)_2 + 2\ TiCl_4 \xrightarrow[-30\ ^\circ C]{CH_2Cl_2} ZnCl_2 + 2\ CH_3TiCl_3$$

비슷하게 만들어지는 dialkyltitanium dichloride는 trichloride에 비해 Lewis 산성도는 낮고 친핵성도는 더 커서 더 유용하게 쓰이는 경우가 많다. 다음 예에서와 같이 dialkylzinc뿐 아니라 Grignard 시약으로부터도 만들어 사용할 수 있다.

$$Zn(CH_3)_2 + TiCl_4 \xrightarrow[-30\ ^\circ C]{CH_2Cl_2} (CH_3)_2TiCl_2 + ZnCl_2$$

$$Me_3SiCH_2MgCl + TiCl_4 \xrightarrow{CH_2Cl_2} (Me_3SiCH_2)_2TiCl_2 + 2\ MgXCl$$

다음 몇 개의 보기 반응에서 methyltitanium trichloride는 methyltitanium triisopropoxide에 비해 어떤 장점을 갖는가에 초점을 맞추어 비교하였다. 일반적으로 chemoselectivity, regioselectivity, stereoselectivity 모두 조금씩 더 나은 것으로 알려져 있다. Alkyl기의 carbonyl 첨가에서 aldehyde와 ketone의 작용기 선택성은 비교한 모든 시약 중에서 가장 높은 것으로 나타나 있다.

1 : 1 mixture

Reagent	Ratio
CH_3TiCl_3	99 : 1
$CH_3Ti(O\text{-}i\text{-}Pr)_3$	85 : 15
CH_3ZnCl_3	74 : 26
CH_3Li	70 : 30

Alkyl 치환기를 달리하는 두 ketone 간의 선택성 또한 methyltitanium trichloride가 해당 triisopropoxide보다 높다. 이들에 비하면 methyllithium은 선택성이 거의 없다고 할 수 있다.

1 : 1 mixture

Reagent	Ratio
CH_3TiCl_3	99 : 1
$CH_3Ti(O\text{-}i\text{-}Pr)_3$	97 : 3
CH_3Li	39 : 61

다음 보기 반응에는 nitro기가 들어 있는 ketone의 반응이지만 전혀 문제가 되지 않으며, 그 이외에도 반응성이 비교적 큰 편인 ester, amide, nitrile 작용기들 또한 이 반응 조건에서 전혀 다치지 않는다.

CH_3TiCl_3	76 % yield
$CH_3Ti(O\text{-}i\text{-}Pr)_3$	15 % yield

하지만 만들어 사용하는 방법이 까다로워서 비슷한 선택성을 보인다면 만들어 사용하기가 덜 까다로운 alkyltitanium triisopropoxide를 사용하는 편이 더 낫다.

9.7 Alkylative Amination; Alkyltitanium tris(Diethylamide)

Methyltitanium trichloride와 methyltitanium triisopropoxide는 상온에서 몇 시간 방치하면 분해되는데 비해 Lewis acidity가 거의 없는 alkyltitanium tris(diethylamide)는 열적으로도 아주 안정하여 120°C가 넘어야 분해되기 시작한다. 낮은 Lewis acidity는 질소의 전자주개 능력이 크기 때문이고 그만큼 반응성은 낮아서 아주 반응성이 큰 aldehyde가 아니면 alkyl기의 첨가 생성물은 얻어지지 않는다. 여기서의 첨가 생성물이란 쉽게 생각할 수 있는 생성물이 아니다. 그 대신 aldehyde와 반응하면 alkylative amination 생성물을 얻게 된다. 다음 세 보기 반응에서 모두 alkyldiethylamine을 얻게 됨을 볼 수 있다.

$CH_3Ti(NEt_2)_3$, E_2O → NEt_2, CH_3 55 % yield; OH, CH_3 not formed

$CH_3Ti(NEt_2)_3$, E_2O → NEt_2, CH_3 44 % yield

$CF_3CF_2CF_2Ti(NEt_2)_3$ → NEt_2, $CF_2CF_2CF_3$ 71 % yield

모든 aldehyde가 다 이런 부류의 반응을 하는 것은 아니다. 위의 반응 예는 모두 α-H를 갖지 않는 카보닐 화합물이고, enolizable α-proton을 가지는 aldehyde는 enolate를 형성하게 되며 이 반응을 하지 않는다.

Reversal of Chemoselectivity

Titanium tetrakis(dialkylamide)는 lithium dialkylamide와 $TiCl_4$의 반응으로 쉽게 얻을 수 있으며 이들 화합물은 쉽게 amide group의 카보닐 첨가를 일으킨다. Aldehyde로의 첨가가 더 빠른 속도로 일어나며 ketone은 그보다 느리게 일어난다. 즉, $Ti(NMe_2)_4$의 aldehyde로의 첨가는 –78°C에서 빠르게 일어나며, ketone으로의 첨가는 –50 ~ –30°C에서 일어나지만 –78°C에서는 매우 느리게 일어난다. 그보다 입체적인 요인이 더 큰 $Ti(NEt_2)_4$는 –30°C 이하의 온도에서는 거의 일어나지 않는다.

$$LiNMe_2 \xrightarrow{TiCl_4} Ti(NMe_2)_4$$
$$LiNEt_2 \xrightarrow{TiCl_4} Ti(NEt_2)_4$$

만약 aldehyde와 ketone의 1 : 1 혼합물 또는 두 작용기가 모두 있는 화합물과 반응시킨다면 선택적으로 aldehyde와 반응하여 titanium α-aminoalkoxide를 생성하게 되며 ketone은 반응하지 않은 채 남아있게 된다.

H, R, O + R, R, O (X) → $Ti(NEt_2)_4$, - 78 °C → H, R, Et_2N, $OTi(NEt)_3$ + R, R, O

여기에 카보닐기에 첨가를 일으키는 유기금속 시약을 넣으면 남아있는 ketone과의 반응이 진행된다. 반응이 끝난 후에 산 처리하면 α-aminoalkoxide는 다시 aldehyde로 재생된다. 이 과정은 aldehyde를 protection하고 ketone과의 반응을 끝내고 deprotection하면 반응성이 더 큰 aldehyde는 그대로 남고 반응성이 낮은 ketone과의 반응만 일어나는 셈이다. 따라서 정상적인 작용기 선택성이 뒤바뀌는 결과를 낳게 된다.

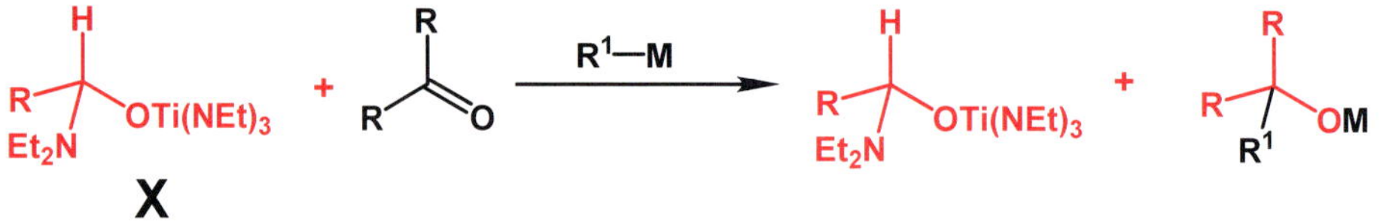

이와 같은 특성을 이용한 다음, aldehyde와 ketone의 같은 몰 수의 혼합물이나 또는 분자 내에 두 작용기를 동시에 가지고 있는 화합물을 적용하여 반응성이 더 낮은 ketone 작용기만이 첨가 반응을 하게 되는 몇 가지 예를 아래에 나타내었다.

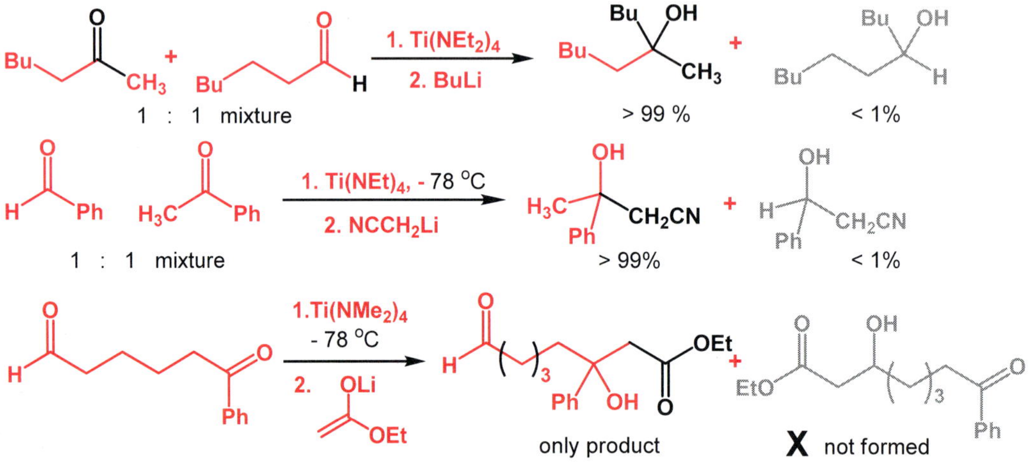

같은 몰 비의 aldehyde와 ketone의 혼합물과의 반응에서 ketone이 선택적으로 반응하며 같은 분자내에 두 작용기를 함께 가지고 있는 화합물의 반응에서도 ketone만이 반응하는 것을 볼 수 있다.

이들 반응이 성공적으로 일어나기 위해서는 첨가되는 유기금속 시약이 –30°C 이하의 온도에서도 첨가 반응을 일으킬 수 있는 반응성이 큰 시약이어야 함은 물론이다. 보통 사용하는 alkyllithium 시약 이외에도 ketone 또는 ester의 lithium enolate 또는 nitrile의 짝염기 등은 모두 낮은 온도에서 카보닐 첨가가 일어날 수 있는 반응성을 가지며, 결과적으로 99% 이상의 선택성을 보이며 ketone에만 첨가 반응을 하게 된다.

9.8 Addition to *α,β*-Unsaturated Carbonyl Compounds

Carbonyl addition(1,2-첨가)과 conjugate addition(1,4-첨가)의 경쟁은 enone 또는 enal 같은 *α,β*-불포화 화합물의 첨가 반응에서 항상 골치 아픈 문제를 제공한다. Alkyltitanium 화합물은 기본적으로 carbonyl addition을 선호한다. 산소와의 친화력이 크고 센 결합을 형성하는 Ti

과 카보닐 산소 간의 강력한 coordination으로 카보닐의 극성이 커지는 것과 관련이 있을 것이다.

다음 반응 예에서 titanium 시약과 methyllithium, methylmagnesium 시약과의 반응에서의 두 생성물의 비를 비교하여 나타내었다. Titanium 화합물은 Grignard 시약보다는 carbonyl addition의 성향이 훨씬 더 큰 것은 분명하다. Methyllithium도 같은 생성물의 비를 보이므로 이 반응은 애써가며 특별히 titanium reagent를 만들어 쓸 필요가 전혀 없다. 일반적으로 alkyltitanium 시약은 α,β-불포화 carbonyl 화합물과 반응에서 carbonyl addition이 일어나게 된다.

$CH_3Ti(O\text{-}i\text{-}Pr)_3$	- 78 ~ 22 °C, 10 hr	> 99	:	1
CH_3LI	22 °C, 0.5 hr	> 99	:	1
CH_3MgI	22 °C, 1 hr	83	:	17
CH_3MgI	- 50 °C, 1 hr	> 97	:	3

앞의 silane chemistry에서 논의한 allylsilane과 vinylsilane의 enone과의 반응에서 $TiCl_4$가 유용한 촉매라는 것을 학습한 바 있다. (Chapter 5) 다음 반응 예에서의 $TiCl_4$의 역할은 단순한 Lewis 산이며 이 반응은 다른 Lewis 산에 의해서도 촉매가 된다. $TiCl_4$는 카보닐 산소에 coordination되어 반응성을 높이는 역할을 한다.

다음과 같은 metal exchange에 의한 allyltitanium trichloride의 형성 등은 위의 enone에서와 같은 반응을 고려하면 전혀 일어나지 않는 것이 분명하다. 일어난다고 하면 carbonyl 첨가 생성물을 얻게 될 것이다.

9.9 Limitations of Carbonyl Addition

이상에서 살펴본 organotitanium 화합물의 특징을 살린 반응들은 그러나 여러 문제점을 가지고 있는 것이 사실이다.

제일 먼저 alkyl 또는 dialkyltitanium 시약을 만드는데 있어서의 한계점이다. 1차 alkyl의 경우와는 달리 2차, 특히 3차 alkyllithium이나 Grignard 시약을 사용하여 Ti 시약을 만드는 경우 Ti 금속 화합물의 환원이 일어난다. 낮은 산화상태의 Ti 화합물에 의한 ketone의 dimerization 등 많은 부반응이 일어난다. 덧붙여서 β-hydride elimination[2]이 쉽게 일어나서 Grignard 시약 유형의 환원 반응이 일어나기 쉽다. 이상과 같은 특성으로 2차, 특히 3차 alkyltitanium 시약은 만들어 쓰기 어렵다는 한계점을 가지고 있다.

또한 vinyl 유형의 titanium 시약 또한 만들기 아주 어려운 화합물 중의 하나이다. Cyclohexenyllithium으로부터 다음과 같은 Ti 화합물을 만들어 aldehyde와의 첨가를 시도하여도 식에 나타난 것과 같은 dimer만이 얻어진다. (중간체로 생성되는 vinyltitanium의 ligand 교환 후에 divinyltitanium dialoxide에서 reductive elimination이 일어나는 메커니즘을 그릴 수 있다.)

이러한 제한점이 있음에도 불구하고 organotitanium 시약은 organomanganese 시약, organocopper 시약 등과 더불어 카보닐 화합물과의 반응에서 chemo- 및 regio-selectivity의 문제를 해결하는 데 중요한 역할을 한다.

9.10 S_N1 Methylation of Tertiary Alkyl Halides

Mono- 또는 di-alkyltitanium chloride는 상당한 세기의 Lewis 산이며, S_N1 유형의 치환이 용이한 alkyl halide와 쉽게 methyl 치환이 일어나서 quarternary 탄소 화합물을 생성한다.

2 이웃한 탄소에서 금속과 수소가 이탈되어 금속의 수소화물과 alkene이 생성되는 다음 예와 같은 제거 반응이다. (Chapter 6)

$$R^1R^2R^3C{-}X \xrightarrow[-30\ ^\circ C]{CH_3TiCl_3} R^1R^2R^3C{-}CH_3$$

사용하는 시약은 dimethylzinc와 적정량의 $TiCl_4$를 CH_2Cl_2 용매 속에서 반응시켜 얻게 된다. 때로는 촉매량의 $TiCl_4$만을 사용하기도 한다.

$$Zn(CH_3)_2 + TiCl_4 \xrightarrow[-30\ ^\circ C]{CH_2Cl_2} CH_3TiCl_3 \text{ or } (CH_3)_2TiCl_2$$

이는 Me_2TiCl_2와 $MeTiCl_3$의 높은 Lewis acidity에 의하여 alkyl halide의 C–X이 결합이 크게 이완되어 일어나는 반응이라고 믿어진다. 반응은 3차 halide에서만 일어나며 2차 및 1차 alkyl halide와는 반응하지 않는다. (1차 alkyl 양이온은 어떤 경우라도 생성되지 않는다.)

Cl / Cl + $(CH_3)_2TiCl_2$ $\xrightarrow{CH_2Cl_2}$ Cl / CH_3 74 % yield

이러한 치환 반응은 유기구리 시약을 이용하여서 할 수도 있다. 그러나 organocuprate 시약의 경우에는 1차 halide에서의 반응성이 가장 크고 2차 alkyl인 경우에도 일부 행할 수 있으나 3차 alkyl halide의 알킬화는 전혀 일으킬 수 없다. 이런 의미에서 이 두 시약의 기능은 상호 보완적이라 할 수 있다.

$$R^1HHC{-}X \xrightarrow{(CH_3)_2CuLi} R^1HHC{-}CH_3$$

$$R^1R^2HC{-}X \xrightarrow{(CH_3)_2CuLi} R^1R^2HC{-}CH_3$$

but not wih tertiary halides

$$R^1R^2R^3C{-}X \xrightarrow{(CH_3)_2CuLi} \text{(X)} \; R^1R^2R^3C{-}CH_3$$

3차 alkyl halide 중에서 bridgehead 탄소에서의 친핵성 치환은 S_N2이든지 S_N1이든지 일어나기 힘든 반응이지만 이 경우 아주 쉽게 일어나는 것을 볼 수 있다. Bridgehead 탄소에 양이온이 형성될 수 없다는 것은 변함없는 정설임에도 반응은 어렵지 않게 일어난다.

Br / O / OEt + CH_3TiCl_3 $\xrightarrow[CH_2Cl_2]{TiCl_4}$ CH_3 / O / OEt 87 % yield

현재까지 알려져 있는 이 반응 예들을 살펴보면 확정된 메커니즘은 없으나 Ti 화학종에 의해서 C–X 결합이 이완되는 것은 틀림없어 보인다. 또한 완전한 carbocation이 형성된다면 자리옮김이 일어난다든지 아니면 제거 생성물이 얻어지는 예가 있어야 하나, 이 반응에서는 전혀 그러한 부생성물이 발견되지 않는다.

이상을 종합한다면 이 반응이 진행되는 경로는 다음 식에서와 같이 3차 alkyl cation과 methyltetrachlorotitanate anion 간에 밀착된 tight ion pair를 형성하고 빠르게 methyl anion transfer가 일어나는 것으로 보인다.

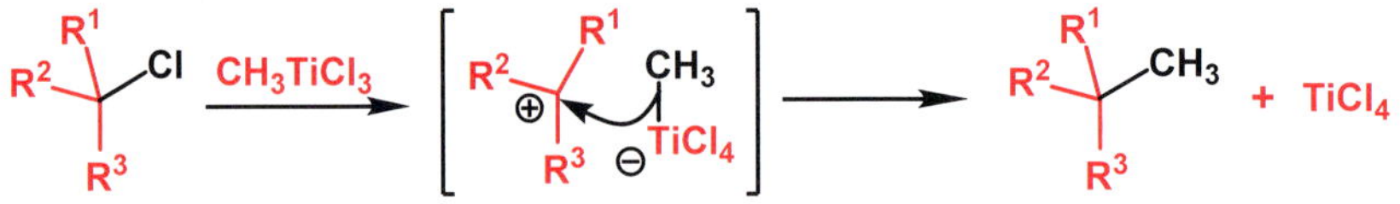

이 반응은 –78°C의 낮은 온도에서도 일어나며 3차 탄소가 이웃한 입체적으로 붐비는 halide에서도 일어난다. 다음 반응 예에서는 일부 양이온 자리옮김 생성물을 관찰할 수 있으나 아주 낮은 온도에서는 이것도 상당히 억제되는 것을 알 수 있다.

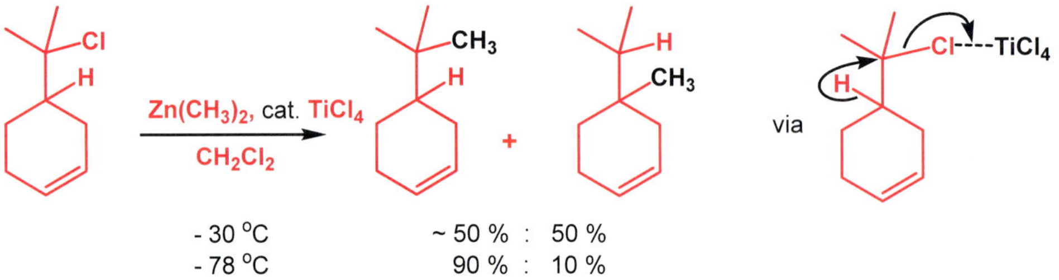

- 30 °C	~ 50 % : 50 %
- 78 °C	90 % : 10 %

Grignard 반응에 이은 HCl과의 반응으로 3차 alkyl halide는 쉽게 만들 수 있으며 위의 반응을 이용하여 4차 탄소를 갖는 화합물의 합성 또한 쉽게 할 수 있게 된다. 실제로는 꼭 3차 alkyl halide이어야만 반응이 일어나는 것이 아니고, Grignard 반응으로 얻어지는 3차 alcohol을 halide로 변환시키지 않고 그냥 사용하거나 심지어는 3차 alkyl ether가 있으면 또한 그대로 써도 쉽게 반응이 일어난다.

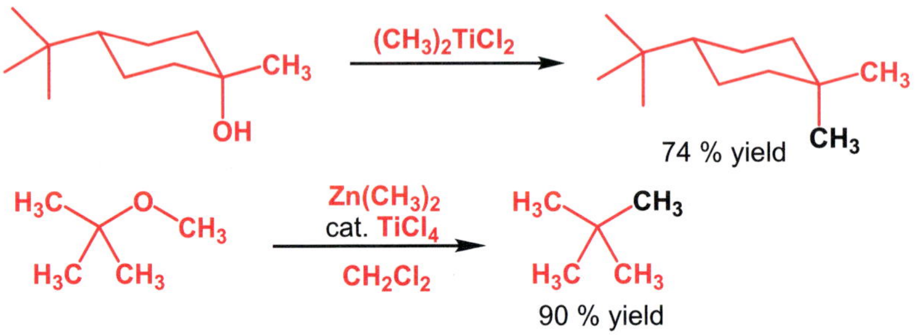

Acetal은 titanium Lewis acid에 의해 활성화되어 여러 가지 반응을 한다. Ti–O는 대단히 센 결합으로 많은 반응에서 이것이 driving force가 된다. 다음 acetal의 반응은 C–O 결합깨짐으로 형성되는 carbocation이 O 원자에 의해 안정화되는 것으로 3차가 아닌 1차 탄소임에도 쉽게 methyl기가 도입되는 것을 볼 수 있다. 다음 반응에서는 ester기가 존재하는 화합물의 반응이지만 반응성이 낮은 카보닐기가 존재하여도 acetal과의 반응이 우선해서 일어나는 정도로 acetal의 titanium Lewis acid와의 반응은 각별하다.

MeO, O, O, O, CH_3TiCl_3, CH_2Cl_2, - 78 °C, MeO, O, O, OH, CH_3, 100 % yield

O, OAr, 1. $TiCl_4$, 2. $C_8H_{17}MgBr$, - 78 °C, O, 82 % yield, Ar = 2,4-dichlorophenyl

9.11 *gem*-Dimethylation of Aldehydes and Ketones

gem-Dimethyl 치환 화합물은 천연물 합성에서 자주 등장하는 구조 단위이다. 이를 위해서는 복잡한 여러 단계를 거치는 것이 예사이다. 그러나 alkyltitanium 시약을 이용하면 쉽게 one-pot 반응으로 ***gem*-dimethylation**이 가능하다.

R^1, R^2, O, $(CH_3)_2TiCl_2$, R^1, R^2, CH_3, CH_3

위의 반응에서 methyl기 하나는 Me_2TiCl_2의 카보닐 첨가로 도입되며 생성되는 tertiary alkoxytitanate에서 또 다른 methyl기를 전달하게 된다. 같은 Me_2TiCl_2 시약에 의하여 3차 alcohol은 또한 methyl기로 치환될 수 있음은 바로 앞 절에서 본 바 있다. 이 두 과정이 복합적으로 일어나면 ketone의 dimethylation이 완성된다. 아래 메커니즘에서 보는 것과 같이 생성되는 titanium alkoxide는 또 다른 Me_2TiCl_2 시약과 상호작용하여 "ate" complex를 형성함으로써 ion pair에서 methylide 음이온의 donation이 더욱 수월하게 된다.

R^1, R^2, O, $(CH_3)_2TiCl_2$, R^1, R^2, O, Cl, Ti, Cl, CH_3, CH_3, $(CH_3)_2TiCl_2$, R^1, R^2, ⊕, CH_3, Cl, ⊖, O, $TiCl_2$, H_3C, Ti, Cl, H_3C, CH_3, R^1, R^2, CH_3, CH_3

다음은 Me_2TiCl_2 시약을 사용하는 ketone의 dimethylation에 의한 이와 같은 반응 예의 몇 가지를 생성물만 수득률과 함께 나타낸 것이다.

H_3C CH_3, 72 % yield; Cl, H_3C CH_3, 82 % yield; CH_3, CH_3, 58 % yield

Aldehyde는 methylide 첨가로 titanium의 2차 alkoxide가 생성되므로 중간체로 생성되는 carbocation은 ketone과의 반응인 경우보다 안정도가 낮아서 반응이 더 어려워진다. 따라서 모든 aldehyde가 이러한 반응을 하는 것은 아니고 C–O 결합깨짐으로 생성되는 carbocation이 phenyl기 등에 의하여 안정화되는 특수한 경우에만 일어나게 된다. *gem*-Dimethylation이 가능한 aldehyde과 그렇지 않은 두 aldehyde와의 반응을 비교하여 나타낸 것이다.

$(CH_3)_2TiCl_2$ / CH_2Cl_2

not formed

CH_3 CH_3

82 % yield

Benzoyl chloride는 반응성이 큰 카보닐 화합물로 methyl group이 첨가되면 acetophenone이 생성되고 위에서 살펴 본 반응에서와 같은 double methylation이 일어나는 것이다. Acid chloride, methyl ketone, 3차 alcohol로의 도합 3 번의 methylide transfer가 일어나게 되어 전체적으로 acyl chloride가 *t*-butyl기로 바뀌는 결과가 된다.

$(CH_3)_2TiCl_2$ / CH_2Cl_2

92 % yield

α,*β*-불포화 ketone의 경우에도 dimethylation이 일어난다. 첫 번째 methylation이 카보닐 탄소에서 일어난 후에 탄소–산소 결합이 깨지면 allylic cation 중간체를 거치게 되는 데, 두 electron-deficient 탄소에 경쟁적으로 첨가하여 다음 식에서 보는 바와 같이 거의 1 : 1 혼합 생성물을 얻게 된다.

$(CH_3)_2TiCl_2$ / CH_2Cl_2

50 : 50

via

Dimethylzinc 대신에 trimethylaluminum-titanium tetrachloride의 쌍을 사용하여도 엇비슷하게 효과적인 dimethylation 생성물을 얻게 된다.

$(CH_3)_3Al$ / $TiCl_4$
CH_2Cl_2
85 % yield

문제 9.5 다음 Ti 시약에 의한 dimethylation 반응의 생성물의 비를 합리화하여 보라.

$(CH_3)_2TiCl_2$
CH_2Cl_2
1 : 99

9.12 Methylenation of Carbonyl Compounds

Methylenation을 포함한 다른 **carbonyl alkenylation**하면 우선 떠올리는 대표 반응이 Wittig 반응일 것이다. 그러나 Wittig 반응도 enol이 쉽게 형성되는 ketone이나 첨가-제거가 쉽게 일어나는 카복시산 유도체 등과는 반응이 가능하지 않은 여러 단점이 있다.

다른 대안의 하나가 **Tebbe 반응**인데 이 반응은 다음 chapter에 설명되어 있다. 이들 이외에 선택할 수 있는 것이 CH_2Br_2–Zn–$TiCl_4$ 조성의 시약이다. 세 화합물을 낮은 온도에서 충분히 aging한 다음에 카보닐 화합물과 반응시키게 된다. 이 반응으로 다음 ketone은 높은 수득률로 methylenation이 일어나게 된다. 반응 조건이나 시약 첨가 순서 등은 치환기나 기질에 따라 조금씩 달라질 수 있다.

$CHBr_2$, Zn, THF
$TiCl_4$, CH_2Cl_2
25 °C, 15 min
THF, 25 °C, 24 hr
94 % yield

위의 보기 반응에서도 그렇지만 다음 반응에서도 ester 작용기는 이 조건하에서 전혀 반응성을 보이지 않는다. Dibromomethane 대신에 diiodomethane을 사용하였으나 기본적인 반응 조건은 유사하다. 이 반응은 전통적인 Wittig 반응으로는 40% 정도의 수득률 밖에 되지 않는 것을 보면 이 반응의 효율성을 알 수 있다.

CH_2I_2, Zn, $TiCl_4$, THF — 73 % yield
$Ph_3P{=}CH_2$ — 39 % yield

같은 분자내에 ketone 존재하에 aldehyde를 선택적으로 methylenation하는 다음 반응 예에서는 titanium tetraisopropoxide를 사용한다. Trimethylaluminum을 사용하는 다음 반응은 대표적인 methylenation 반응의 하나이며 이에 버금가는 방법이 titanium을 이용하는 것이다.

CH_2I_2, Zn, Ti(O-i-Pr)$_4$ 25 °C, 4 hr, 83 % yield
CH_2I_2, Zn, $AlMe_3$ 25 °C, 3 hr, 96 % yield

거꾸로 aldehyde 존재하에 ketone을 methylene으로 바꾸려 한다면 aldehyde기를 보호하는 것이 가장 손쉬운 방법이다. Ti(NEt$_2$)$_4$는 선택적으로 aldehyde와 반응하여 α-aminoalcohol 유도체를 만든다. Ketone의 methylenation 후에 산 가수분해로 다시 aldehyde기를 재생할 수 있다.

1. Ti(NEt$_2$)$_4$
2. CH_2I_2, Zn, $TiCl_4$
25 °C, 30 min
3. $H_3O^{\oplus}$

76 % yield

via NEt$_2$, H, OTi(NEt$_2$)$_3$

이 합성법은 aldehyde와 ketone에 적용되어 ester 작용기 존재하에 aldehyde나 ketone의 선택적인 methylenation에 이용될 수 있음은 앞의 몇몇 보기 반응에서 이미 본 바 있다. 그러나 CH_2Br_2–Zn–$TiCl_4$의 조합은 $TiCl_4$를 TMEDA와 함께 섞은 후에 CH_2Br_2–Zn과 반응하게 하면 ester와 lactone의 카보닐기의 methylenation도 가능하게 된다. 이 방법으로 allyl ester를 반응시키면 allyl enol ether를 얻게 된다.

1. $TiCl_4$, THF
TMEDA, 0 °C, 10 min
2. Zn, 30 min
3. CH_2Br_2, THF, 25 °C, 3 hr

또한 이 카보닐 methylenation 방법을 TMEDA 존재하에 1,1-dihaloalkane에 확대 적용하면 카보닐 화합물의 alkylidenation에 사용될 수 있다. Ester와 lactone은 다음 반응에서 보는 바와 같이 enol ether로 변환된다.

$C_5H_{11}CHBr_2$
$TiCl_4$, Zn, THF
TMEDA

(Z : E = 93 : 7) 58 % yield

Silyl ester도 이 방법으로 반응시킬 수 있으며 그 결과 silyl enol ether를 얻게 되는데 (*Z*)-enolate가 절대적으로 우세한 생성물을 얻게 된다.

$TiCl_4$, Zn, THF, TMEDA, 25 °C, 2 hr

(Z : E = 100 : 1) 84 % yield

이를 amide에 적용하여 반응시키면 ester의 반응과 유사하게 enamine을 생성하게 된다.

$TiCl_4$, Zn, THF, TMEDA, 25 °C, 3 hr

(Z : E = 2 : 98) 70 % yield

아직 보편화되지 않고 편하게 반응할 수 있는 procedure의 개발이 덜 되어 있는 상태일 뿐이지, 유기합성 반응에 사용될 수 있는 전이금속 유기금속 화합물은 많다. 다음 절에서는 organozirconium 화합물에 대해서 간략하게 살펴보기로 한다.

문제 9.6 다음 반응의 메커니즘을 그려보라.

OBn, Cp_2TiMe_2, Δ, OBn

문제 9.7 다음 금속-중개 반응의 메커니즘을 그려라. (Grignard 시약이 Ti 착물과 먼저 반응한다.)

OEt, CHO, $Ti(O\text{-}i\text{-}Pr)_4$, 2 *i*-PrMgCl, OH, Et

문제 9.8 다음 반응의 메커니즘을 적어보라.

$SiMe_3$, NPr, $Ti(O\text{-}i\text{-}Pr)_4$, 2 *i*-PrMgCl, I_2, $SiMe_3$, I, NHPr

문제 9.9 이 chapter에 나오는 organomanganese 및 organotitanium 화합물은 우리가 보통 알고 있는 것과는 사뭇 다른 반응을 하게 된다. 이들 시약을 이용하는 반응들을 다시 한번 숙지하고 다음 변환에 필요한 시약과 조건을 제시하라.

(a)

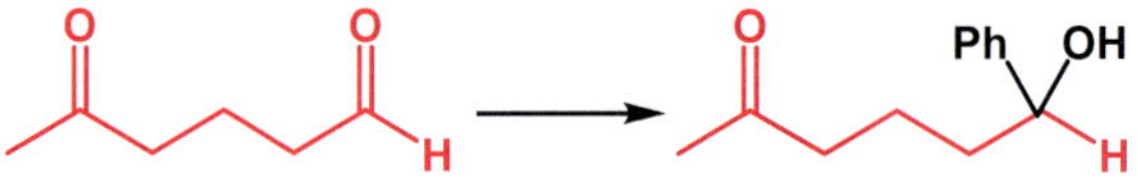

(b)

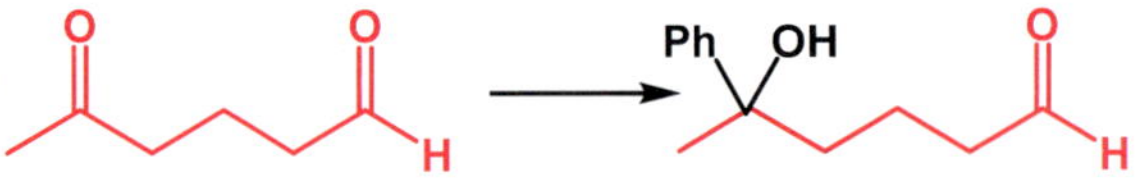

(c)

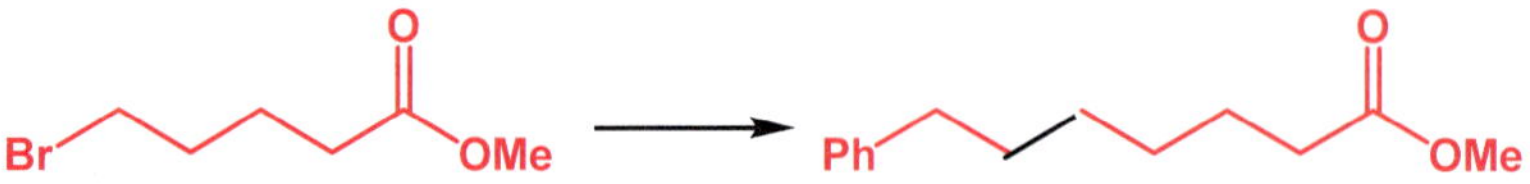

(d)

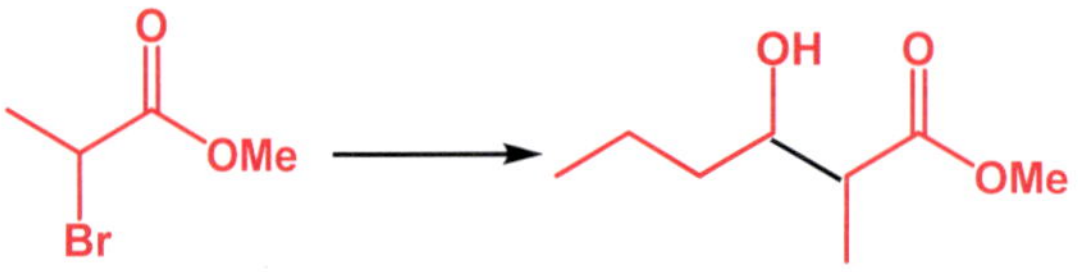

(e)

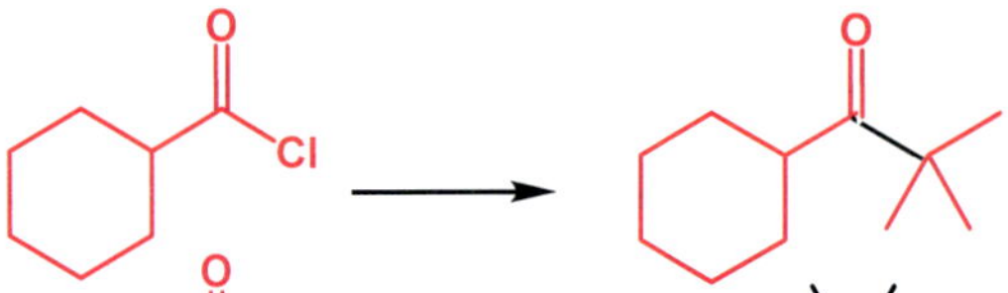

(f)

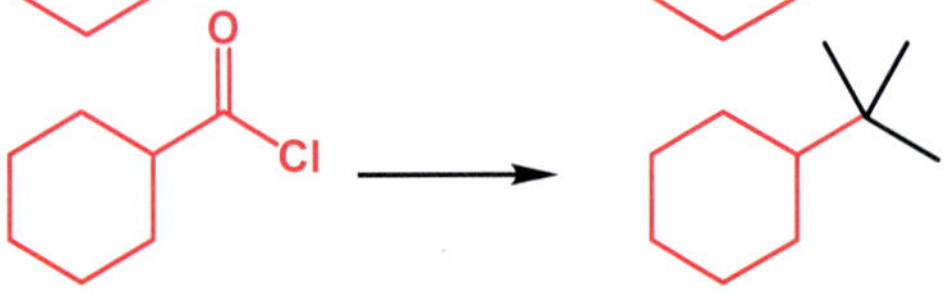

(g)

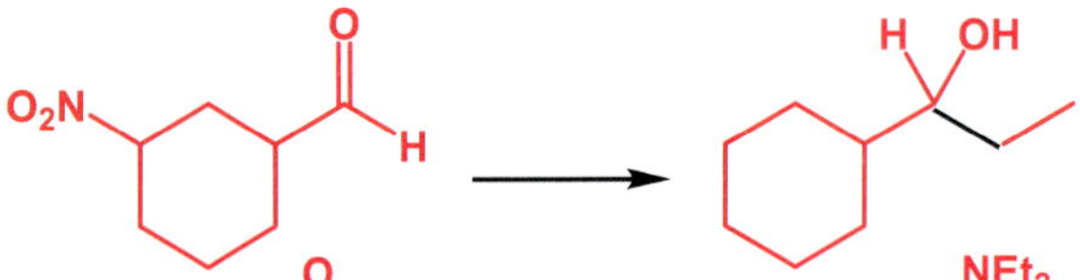

(h)

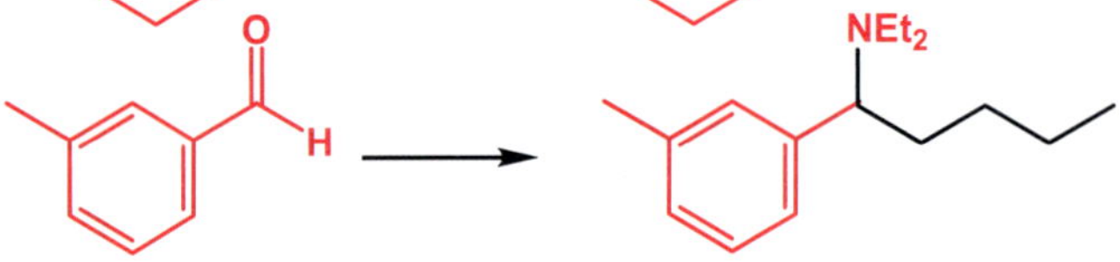

(i)

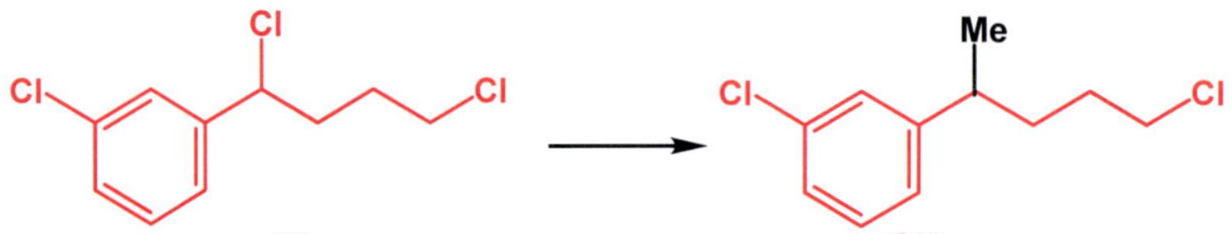

(j)

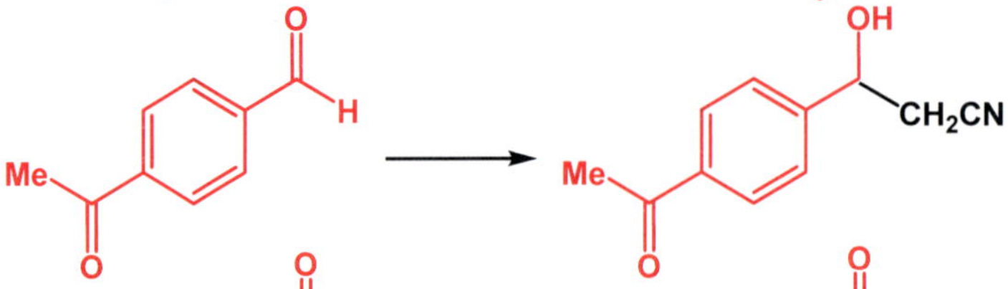

(k)

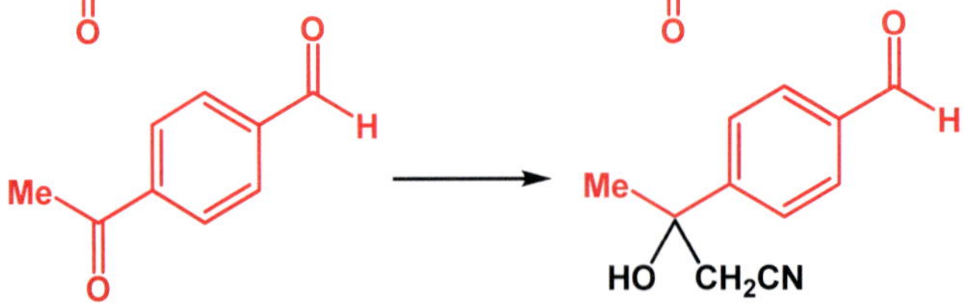

(l)

Organozirconium Chemistry

Zirconium의 유기금속 화합물은 alkene의 촉매수소화 반응, 이성질화, 폴리머화 등의 반응에 촉매로 사용되며, 또한 화학양적 시약으로 여러 산화 및 환원 반응에 이용된다. 또한 hydrozirconation 또는 carbozirconation 반응으로 얻어지는 C–Zr 결합은 많은 친전자성 시약과 반응하여 유용한 작용기로 변환이 가능하다. 이들 중 유기 반응으로서 살펴볼 가치가 있는 중요한 몇 가지 반응을 골라 살펴보기로 한다.

9.13 Organozirconium Reagents Used for Organic Reactions

유기합성 반응에 사용되는 zirconium 화합물인 dichlorobis(cyclopentadienyl)zirconium은 150~180°C에서 승화하는 대단히 안정한 화합물이며 Cp_2ZrCl_2로 표시한다. 유기 반응에 이용되는 zirconium 화합물들은 Cp_2ZrCl_2을 포함하여 $Cp_2ZrMeCl$과 **Schwartz's reagent**라 부르는 Cp_2ZrHCl의 세 화합물이라고 해도 과언이 아니다.

$\equiv (\eta\text{-}^5C_5H_5)_2Zr(H)Cl \equiv Cp_2Zr(H)Cl \equiv Cp_2Zr(Cl)H$

Schwartz's reagent

가장 많이 사용되는 chlorobis(cyclopentadienyl)hydridozirconium,[$Cp_2Zr(H)Cl$]은 Schwartz 시약이라고 하며 이 또한 Cp_2ZrCl_2에서 만들거나 *in-situ*로 만들어 사용하게 된다. 주로 borohydride와 aluminum hydride 시약을 이용하게 되는데 $LiAlH_4$를 이용하는 경우의 over reduction으로 생성되는 dihydride는 CH_2Cl_2에 의해서 일치환 화합물로 되돌릴 수 있다.

$$Cp_2ZrCl_2 \xrightarrow[THF]{LiAlH_4} Cp_2Zr(H)Cl + Cp_2ZrH_2 \quad (Cp_2ZrH_2 \xrightarrow{CH_2Cl_2} Cp_2Zr(H)Cl)$$

$$Cp_2ZrCl_2 \xrightarrow{LiEt_3BH} Cp_2Zr(H)Cl$$

Schwartz's reagent

유기 zirconium 화합물도 다른 유기금속 시약과 마찬가지로 쉽게 transmetallation 반응을 한다. [Cp_2ZrCl_2]의 두 염소 치환기는 다른 유기금속 화합물에 의하여 차례로 alkyl기로 대치된다. Organolithium 화합물이나 Grignard 시약에 의한 반응은 물론 Zn나 Al 화합물과도 쉽게 교환이 일어난다.

$$Cp_2ZrCl_2 \xrightarrow[\text{M = Li, Mg, Al, Zn, etc.}]{R-M} Cp_2Zr(R)(Cl) \xrightarrow{R-M} Cp_2ZrR_2$$

많이 사용되는 alkyl기 하나만 치환된 [$Cp_2Zr(R)Cl$]을 얻기 위해서는 엄격하게 반응 조건을 통제하고 유기금속 화합물을 선택하여야만 둘 치환된 [Cp_2ZrR_2]의 생성을 피할 수 있다. 반응 조건이나 시약의 선택이 얼마나 중요한지는 organoaluminum 화합물이 organozirconium 화합물로 바뀌기도 하며, 다른 시약을 선택하면 그 반대로도 바뀔 수 있다. 다음 두 반응 예를 보면 organozirconium이 생성될 수도 있고 반대로 organoaluminum이 생성될 수도 있음을 볼 수 있다.

$$R^2R^3C{=}C(R^1)AlBu_3^{\ominus}\,Li^{\oplus} + Cp_2ZrCl_2 \longrightarrow R^2R^3C{=}C(R^1)Zr(Cl)Cp_2 + AlBu_3 + LiCl$$

$$R^2R^3C{=}C(R^1)Zr(Cl)Cp_2 + Bu_2AlCl \longrightarrow R^2R^3C{=}C(R^1)AlBu_2 + Cp_2ZrCl_2$$

9.14 Hydro- and Carbozirconation and Follow-up Reactions

불포화 화합물은 쉽게 **hydrozirconation**을 일으킨다. 가장 많이 사용하는 시약은 **Schwartz reagent** [$Cp_2Zr(H)Cl$]로서 여러 유형의 alkene, alkadiene 및 alkyne과 반응한다. 다음 반응 예에서 보는 것처럼 zirconium moiety는 hydroboration에서처럼 입체 장애가 적은 탄소에 붙게 된다. (insertion) 반응은 가역적이며 (insertion & β-hydride elimination) 따라서 여러 곧은 사슬 hexene 이성질체는 모두 n-hexylzirconium 유도체로 변환이 가능하다.

$$\left.\begin{array}{l}\text{2-hexene}\\ \text{3-hexene}\\ \text{1-hexene}\end{array}\right\} + Cp_2Zr(Cl)(H) \longrightarrow Cp_2Zr(Cl)(n\text{-}C_6H_{13})$$

$Cp_2Zr(Cl)H$ + methylenecyclohexane → $Cp_2Zr(Cl)CH_2$-cyclohexyl

$Cp_2Zr(Cl)H$ + 3-methyl-1-butene → $Cp_2Zr(Cl)CH_2CH_2CH(CH_3)_2$

말단 alkyne의 hydrozirconation은 Zr moiety가 틀림없이 말단 탄소에 결합되지만 내부 alkyne은 각 탄소의 치환기에 따라 비를 달리하는 이성질체의 혼합물을 얻게 된다.

H_3C–C≡C–*i*-Pr + $Cp_2Zr(H)Cl$ → $Cp_2Zr(Cl)$–C(CH_3)=CH–*i*-Pr + isomers

Hydrozirconation으로 얻어지는 여러 유기 Zr 화합물의 Zr moiety는 여러 작용기로 변환될 수 있다. 친전자성 할로젠화 시약은 다음에 나타낸 시약 이외의 어떤 할로젠화 시약이던지 가리지 않고 해당 할로젠화물로 변환이 가능하다.

$Cp_2Zr(Cl)$–(n-alkyl) → X–(n-alkyl)

NCS	X = Cl	67 % yield
Br_2	X = Br	96 % yield
I_2	X = I	91 % yield

또한 과산화수소, 과산화 산, alkyl hydroperoxide는 모두 Zr moiety를 hydroxyl기로 바꿔어 alcohol을 생성한다.

$Cp_2Zr(Cl)$–(n-alkyl) → HO–(n-alkyl)

H_2O_2, NaOH	69 % yield
t-BuOOH	72 % yield
m-CPBA	91 % yield

일산화탄소가 존재하면 alkylzirconium 화합물은 CO *α*-삽입이 일어나서 acylzirconium 중간체로 변환된다. 이 acylzirconium 중간체는 다음 반응 예에서 보는 것처럼 반응하는 친전자성 시약에 따라 Zr moiety가 H, Br, OEt, OH 등으로 바뀌어 aldehyde나 카복시산 유도체로 변환될 수 있다.

$Cp_2Zr(Cl)CH_2CH_2R$ —CO insertion→ $Cp_2Zr(Cl)C(=O)CH_2CH_2R$

- H_2O, $H^{\oplus}$ → $HC(=O)CH_2CH_2R$
- H_2O_2 → $HOC(=O)CH_2CH_2R$
- NBS → $BrC(=O)CH_2CH_2R$
- Br_2, EtOH → $EtOC(=O)CH_2CH_2R$

위의 일산화탄소의 α-insertion과 유사하게 isonitrile도 C−Zr 결합에 삽입될 수 있다. Isonitrile의 α-insertion으로 생성되는 imine 중간체의 C−Zr 결합은 iodine에 의하여 결합깨짐이 일어나게 되고, methyl iodide가 제거되면 nitrile을 생성하게 된다.

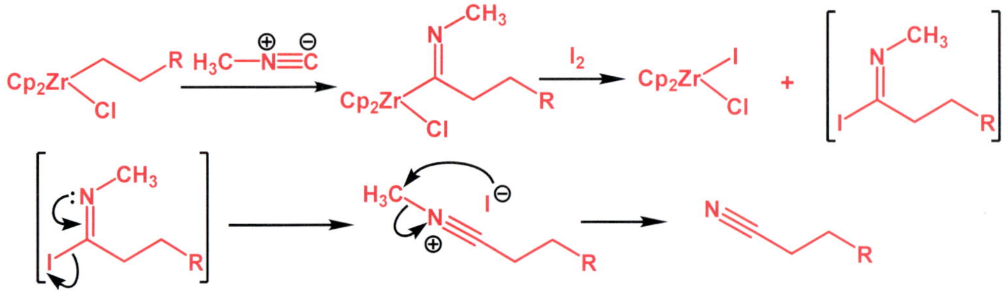

Carbozirconation 반응도 상당 정도 사용되는데 이 반응은 다른 alkylmetal을 사용하고 [Cp_2ZrCl_2]를 촉매량 사용하는 방법이 주로 이용된다. 어차피 사용되는 zirconium 화합물은 다른 유기금속 화합물과 Cp_2ZrCl_2의 반응으로 얻어야 하기 때문에 촉매 반응이 더 유리할 수 있다. 다음 alkyne의 반응에서 보는 것과 같이 이 반응은 terminal alkyne과의 반응에서조차 완벽한 regioselectivity를 기대하기 어렵다.

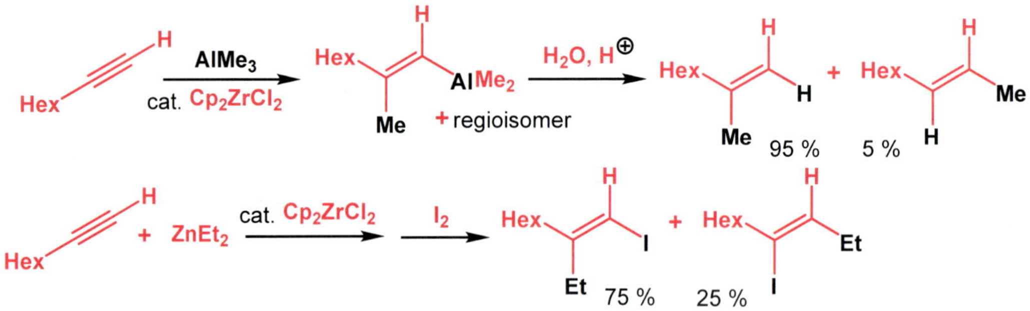

유기금속 화합물과 촉매량의 Cp_2ZrCl_2를 이용하는 alkene의 carbozirconation 반응도 일어난다. 유기 알루미늄 화합물이나 Grignard 시약 그 밖에 여러 가지 유기금속 화합물이 사용 가능하다.

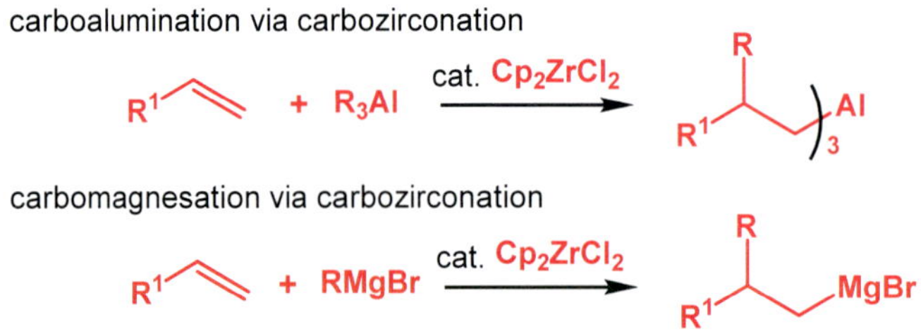

carboalumination via carbozirconation

carbomagnesation via carbozirconation

Cp_2ZrCl_2를 이용하는 다음 ethylmagnesation 반응의 반응속도와 입체화학은 이웃하여 존재하는 allylic 또는 homoallylic 산소 작용에 크게 영향을 받는다. 이는 다른 유기금속 화합물의 반응에서도 자주 관찰되는 현상이다.

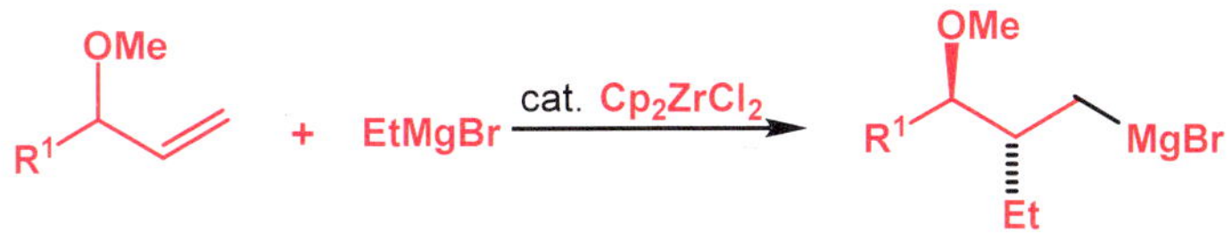

Ethyl magnesium bromide에 의한 carbometallation은 다음과 같이 특이한 메커니즘을 거쳐 진행되는 것으로 알려져 있다. 일차적으로 먼저 치환된 ethyl기는 HCl 제거로 ethylene으로 변환된 뒤에 아마도 **metallacyclopropane**을 거쳐서 alkene의 삽입으로 **metallacyclopentane**을 거쳐 일어나는 것으로 보면 될 것이다. Grignard 시약과의 반응으로 탄소 Zr 결합 하나가 C–Mg 결합으로 대치되고 hydride elimination에 의해서 촉매가 재생된다.

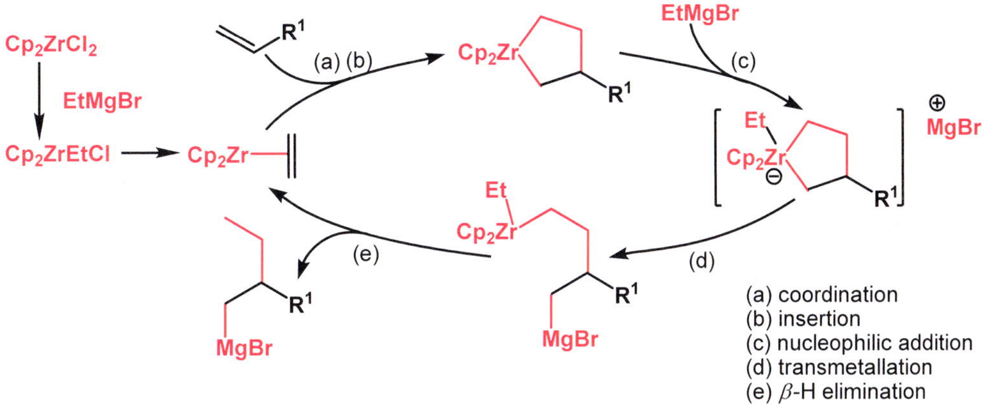

(a) coordination
(b) insertion
(c) nucleophilic addition
(d) transmetallation
(e) β-H elimination

다른 금속 염에 의하여 transmetallation이 일어나면 그 금속 화합물에 의한 특이한 반응들을 하게 된다. 예를 들어, 다음 반응에서 $AlCl_3$와의 반응으로 생성되는 $RCH_2CH_2AlCl_2$는 acyl chloride와의 반응으로 ketone을 생성하게 된다.

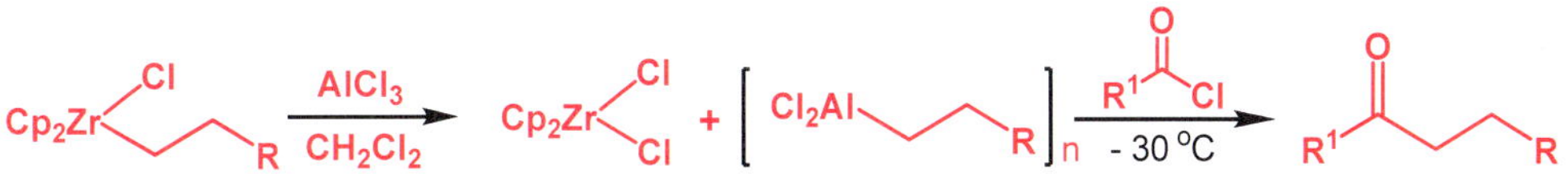

다음 반응 예에서는 alkylzirconium 화합물이 Cu(I) 존재하에 cyclohexenone에 Michael 첨가가 일어나는 반응이다.

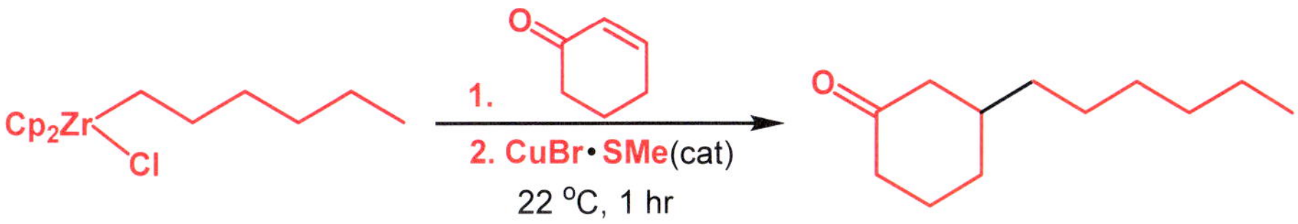

이 반응이 conjugate 첨가 반응을 하는 것도 Zr 화합물과 Cu(I) 염과의 작용으로 dialkylcuprate가 생성되고 dialkylcuprate의 반응 특성에 따라 enone으로의 Michael 첨가가 일어나는 것이라고 이해하면 될 것이다.

9.15 C–C Bond-forming Reactions of Organozirconium Reagents

Cp_2ZrCl_2나 Cp_2ZrRCl은 alkyllithium이나 그 밖의 반응성이 큰 alkylmetal과 반응하면 일차적으로 dialkyl 유도체를 얻을 수 있다. 많은 경우 dialkyldicyclopentadienylzircocene은 alkene 분자 하나를 잃고 **'Cp_2Zr'(zircocene)** equivalent가 얻어진다.

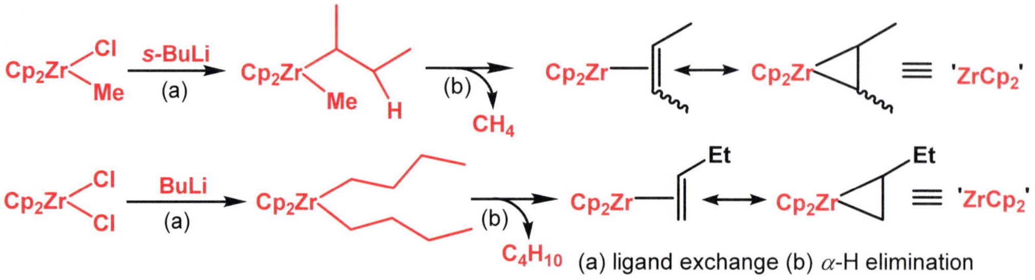

(a) ligand exchange (b) α-H elimination

'Cp_2Zr' equivalent는 대개 regiochemistry를 통제하기 위하여 nonconjugated diene, enyne, 또는 diyne과 반응하게 된다. 결국은 ligand exchange 과정인 셈이며 ligand association-dissociation 과정을 거칠 것이라 짐작할 수 있다. 탄소–질소 등의 헤테로원자 다중 결합도 마찬가지로 같은 과정을 거쳐 비슷한 유사체를 생성하게 된다.

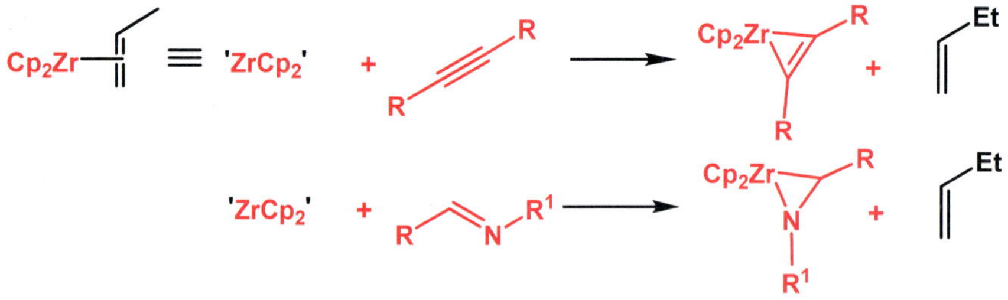

이러한 과정을 거치는 nonconjugated diene, enyne 또는 diyne과의 반응을 응용하여 상당히 많은 천연물 합성이 위치선택적, 입체선택적인 합성 예들이 발표되어 있다. 이에 관한 몇 가지 합성 예들을 살펴보기로 하자. 첫 번째 예는 diyne의 reductive coupling에 의한 cyclization이다.

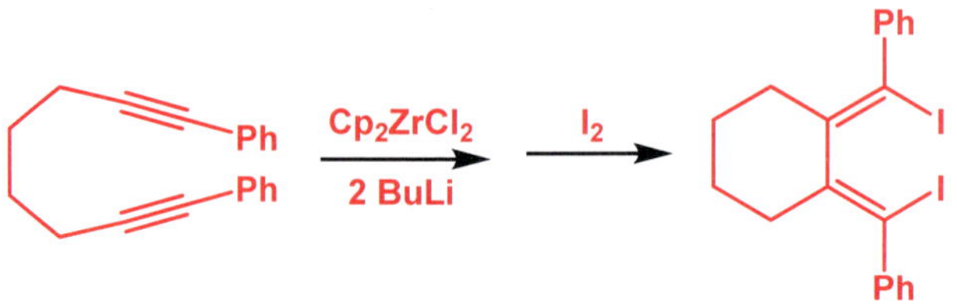

이 반응은 다음과 같은 과정을 거쳐 진행될 것이라 생각할 수 있다. 앞에서 설명한 대로 reductive coupling이 일어나려면 Zr(IV)는 Zr(II)로 환원되어야 하며, 이를 Mg과 같은 금속을 사용할 수도 있으나 오늘날 대부분의 반응은 2당량의 BuLi을 사용한다.

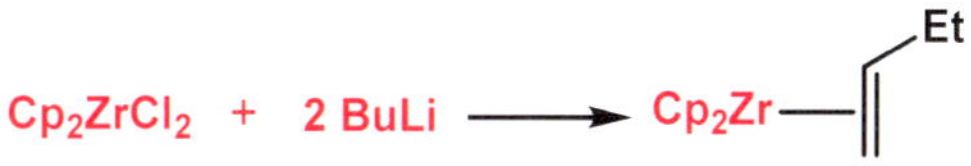

Cp_2ZrCl_2 + 2 BuLi ⟶ Cp_2Zr—(butene)

Diyne과의 coordination 과정에서 반응에서 butene이 떨어져 나가고 π-complex를 거쳐 metallacyclopropane을 형성하게 된다. 다른 alkyne이 coordination을 거쳐 insertion이 일어나면 metallacyclopentadiene이 얻어지게 된다.

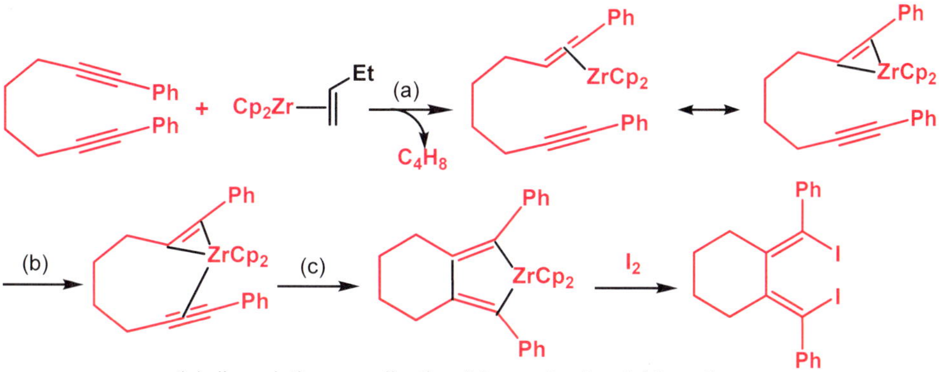

(a) dissociation-coordination (b) coordination (c) insertion

아래의 enyne과의 반응도 같은 형식을 거쳐 일어나게 된다. 반응에 필요한 Zr(II)는 2 mole의 BuLi과 Zr(IV) 화합물과의 반응에서 *in-situ*로 만들어진다.

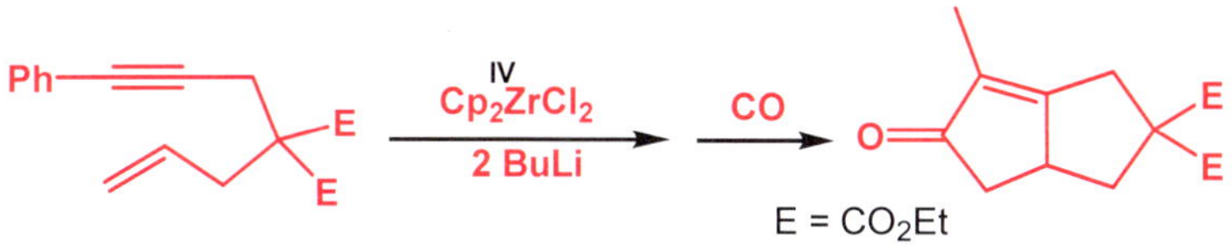

E = CO_2Et

이 반응에서는 BuLi과의 반응으로 $Cp_2Zr(II)$가 얻어지고 먼저 alkyne과의 반응에서 생성된 metallacyclopropene이 바로 인접한 alkene과의 반응에서 metallacyclopentene이 얻어지게 되며, CO가 insertion되고 이어서 환원성 제거로 cyclopentenone을 얻게 된다.

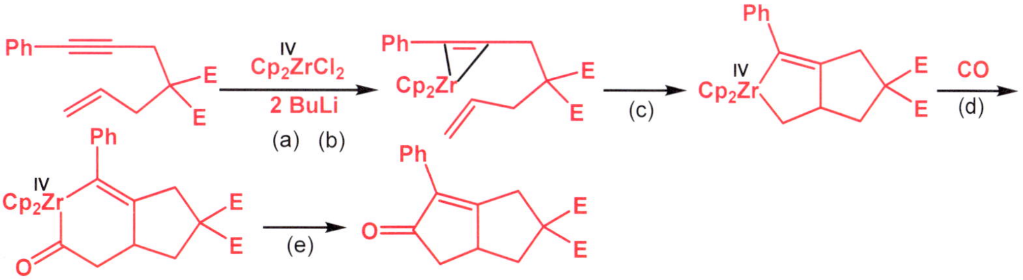

(a) ligand exchange (b) β-hydride elimination (c) insertion (d) α-insertion (e) reductive elimination

다음 cyclohexenyllithium과의 반응식에서 보는 바와 같이 vinylic lithium이 zircocene과 반응하면 ligand exchange를 거쳐 β-hydride elimination으로 metallacyclopropene을 형성하게 된다.

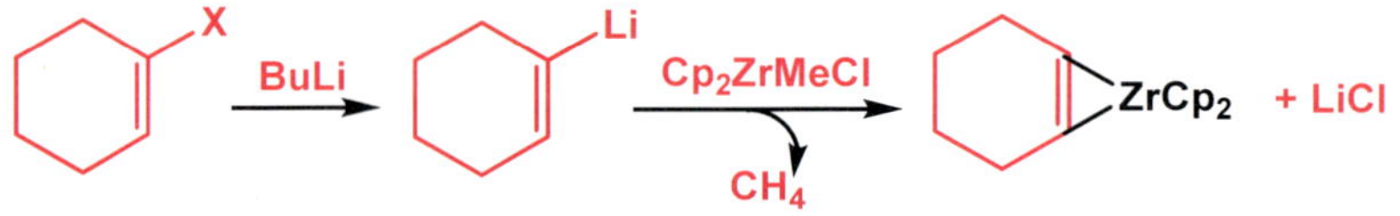

생성된 Cp_2Zr complex는 여러 종류의 화합물과 insertion 반응을 하게 된다. 아래에 alkadiene, alkyne, nitrile 및 aldehyde와의 반응을 정리하였다. 이러한 insertion으로 얻어진 metallacycloalkene이나 alkadiene은 여러 다양한 시약과 반응하여 다양한 생성물을 얻을 수 있다.

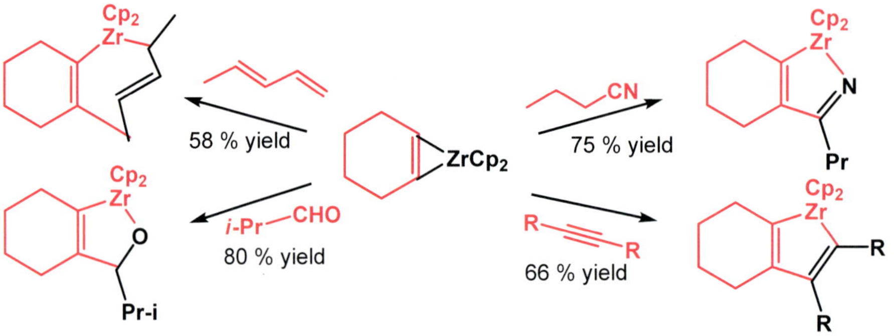

Phenyllithium과 dichlorobis(cyclopentadienyl)zirconium의 반응에서도 다른 vinyllithium과 마찬가지로 diphenylzirconium complex를 형성하는데 β-hydride abstraction으로 benzene 한 분자를 잃고 $Cp_2Zr(II)$의 benzene complex를 형성하게 된다. 이 complex는 상당히 불안정하며 alkyne, alkene, nitrile, ketone 등의 π 결합에 의하여 쉽게 trapping된다.

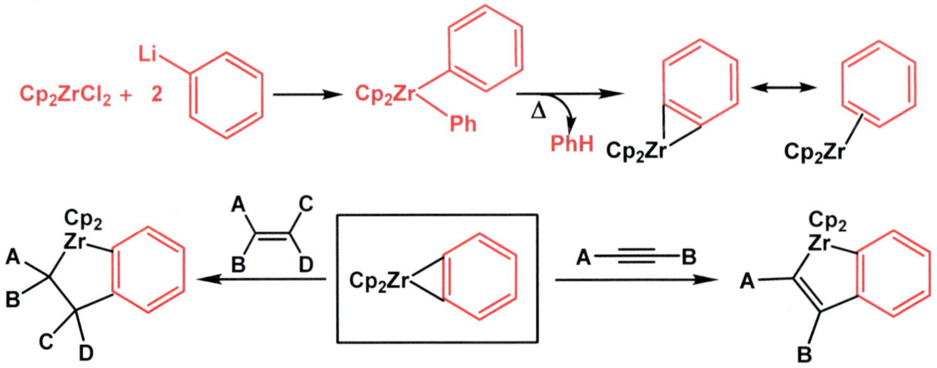

생성되는 다섯-원자 고리의 metallacycle은 앞에서 본 여러 화합물들과 반응하여 다양한 생성물을 얻을 수 있다. 예컨대 acetonitrile에 의하여 trapping되어 생성된 Zr 유도체는 SCl_2와 반응하게 되면 다음과 같은 benzothiazole 유도체를 얻게 된다.

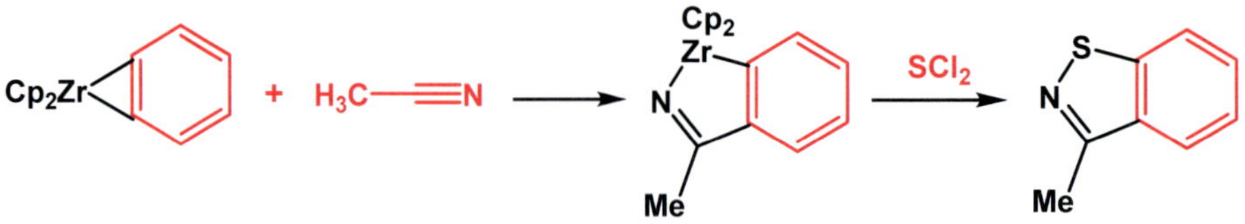

$TiCl_4$를 이용하여 aldehyde나 ketone, enone 등과의 반응으로 carbonyl기가 methylene으로 바뀌는 변환 반응은 앞의 절 9.11에서 학습하였다. 이 반응은 $[Cp_2ZrCl_2]$를 이용해도 같은 변환이 가능하다. Cp_2ZrCl_2 존재하에 카보닐 화합물을 dihalomethane과 Zn 분말을 반응시키면 된다. Zn과 dihalomethane의 반응이 일차적으로 일어날 것이며 CH_3ZnX형의 화합물이 얻어지고 Cp_2ZrCl_2와의 반응에서 필요한 반응 시약이 생성될 것으로 예상할 수 있다. 다음에 aldehyde와 ketone의 반응 예를 하나씩 들어 놓았다. Tebbe reagent와는 달리 이 시약-쌍으로는 ester나 lactone의 methylenation 반응은 일어나지 않는다.

Cp_2ZrCl_2, Zn, CH_2Cl_2, THF — 60 % yield

Cp_2ZrCl_2, Zn, CH_2Cl_2, THF — 62 % yield

아마도 금속 교환에 이어 Zn과의 반응을 한 번 더 거치면 아래에서와 같이 bimetallic complex를 형성하리란 것은 쉽게 짐작할 수 있다. 이 bimetallic complex가 카보닐 화합물과 반응하여 metallacyclobutane 고리를 형성하게 되면 쉽게 분해가 일어나서 zircocene oxide와 methylenated 생성물이 얻어지게 된다.

Cp_2ZrCl_2 —($ClCH_2ZnCl$)→ $Cp_2Zr(Cl)CH_2Cl$ —(Zn)→ $Cp_2Zr(Cl)CH_2ZnCl$ —(R^1COR^2)→ … → $Cp_2Zr{=}O$ + $CH_2{=}CR^1R^2$

Dibromomethane을 사용하여도 같은 유형의 반응을 거쳐 carbonyl 화합물의 methylenation 생성물을 얻을 수 있다. 다음은 Cp_2ZrBr_2-CH_2Br_2-Zn를 이용하는 몇몇 대표적인 ketone의 methylenation 반응 결과를 표시한 것이다.

yield of methylenated product at room temperature

t-Bu: 6 hr, 62 % yield

H_3CO: 1 hr, 64 % yield

3 hr, 88 % yield

Ph, Ph: 2 hr, 76 % yield

유기 Zr 화합물은 이 밖에도 유기합성 반응으로 여러 가지 응용 예를 가지고 있으나 이상 hydrozirconation을 거치는 몇몇 반응을 검토하는 것으로 마치기로 한다. 그 밖의 Zr complex가 촉매로 사용되는 몇 가지 반응은 Chapter 10에서 다루게 된다.

문제 9.10 다음 반응이 일어나는 경로를 그려보라.

+ $Cp_2Zr(H)Cl$ → (benzene, rt) $Cp_2Zr(OEt)Cl$ 80 % + $Cp_2Zr(Et)Cl$ 20 %

문제 9.11 다음 반응은 어떤 경로를 거쳐 진행되는지 메커니즘을 적어보라. 금속 교환에 이어 실제로 enone과의 반응은 구리 화합물과의 반응이다.

$Cp_2Zr(Cl)H$ + Bu → CuBr•SMe_2 → NR_2 → Bu ... NR_2

문제 9.12 본문에서와 같이 organozirconium 화합물을 이용하여 다음 alkene에서 생성되는 iodide A와 ester B를 얻는 방법을 적어라.

? A B OEt O

문제 9.13 Schwartz's 시약을 사용하는 다음 변환은 어떤 과정을 거쳐 진행되는지 상세한 반응식을 적어라.

1. $Cp_2Zr(H)Cl$ 2. CO (3.5atm)/25 °C → 3. HCl, H_2O → O H

Arene-Transition Metal Complex

9.16 Reactions of Aromatics via Transition Metal Complexes

다소 생소한 이 유형의 반응을 이해하기 위하여 다음 식을 살펴 보기로 하자. Benzene 고리는 몇몇 전이금속에 훌륭한 리간드로 작용하여 착물을 형성한다. 실제로 benzene과 치환기를 갖는 benzene을 chromium hexacarbonyl과 가열하면 쉽게 착물이 얻어진다. Arene의 chromium complex는 그나마 합성에 사용할 수 있을 정도로 쉽게 만들어 지고 또 쉽게 떼낼 수 있어 몇몇 응용 예를 갖고 있기 때문이다. Chromium complex 형성에 따라 방향족 고리의 안정성은 일부 훼손되며 그에 따라 여러 가지 반응이 쉽게 일어날 수 있다.

R → $Cr(CO)_6$ → R, Cr, OC, CO, CO → X, Cr, OC, CO, CO → I_2 → X

다음에 그려진 반응들은 benzene의 chromium complex에서 benzene 고리에서 일어날 수 있는 몇 가지 대표적인 반응을 나타낸 것이다. 만약 전이금속 착물을 형성한 후 필요한 반응을 거친 다음 다시 전이금속을 떼어낼 수 있다면, 이는 benzene의 각종 변환 반응을 손쉽게 행할 수 있는 수단이 된다. 양성자떼기를 비롯한 친핵성 및 친전자성 반응 이외에도 다양한 반응이 고리에서도 일어날 수 있고 또한 벤질 자리에서도 쉽게 일어날 수 있다.

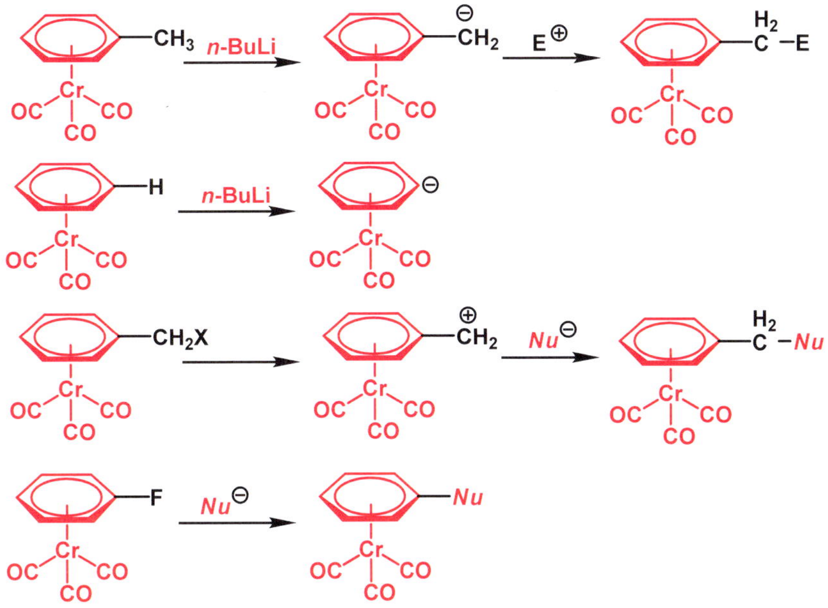

아직 합성 반응에 이용할 정도로 널리 보편화되지는 않았지만 실제로 이를 이용하여 여러 반응이 가능해 졌다. 이들 반응이 어떻게 일어날 수 있는가를 차례차례 간략하게 살펴보기로 하자. 방향족 고리는 친핵체로 작용할 뿐 아니라 아주 훌륭한 리간드로 작용할 수 있어 chromium과 같은 전이금속과 효과적으로 chelate를 형성한다.

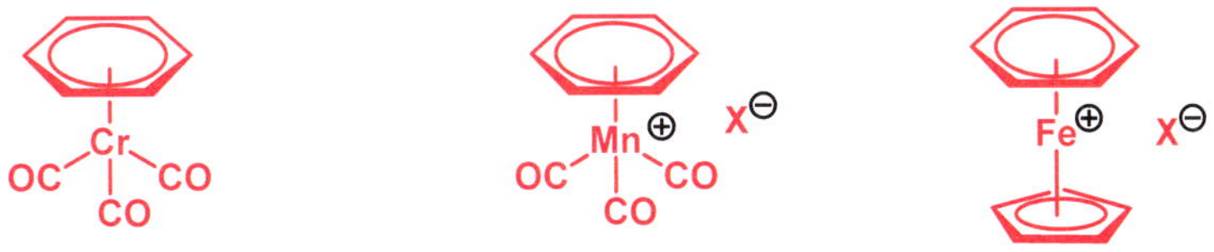

예를 들어, chromium hexacarbonyl은 리간드 교환 반응으로 쉽게 arene complex를 형성한다. 또한 chromium 원자는 공기나 I_2 산화로 쉽게 방향족 고리에서 제거할 수 있어 다양한 합성 반응에 응용할 수 있다. Benzene 유도체들은 chromium 뿐만 아니라 철이나 manganese 등과도 쉽게 complex를 형성한다. 다음은 이들 반응의 예를 하나씩 들어 놓은 것이다.

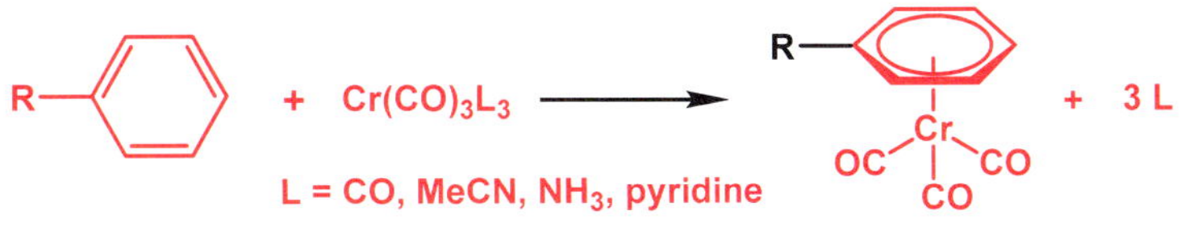

L = CO, MeCN, NH_3, pyridine

Arene의 전이금속 complex는 arene 고리에 친핵체 첨가가 쉽게 일어난다. 이 첨가 반응은 arene에 nucleofugal leaving group이 있던지 없던지 간에 상관없이 일어난다. 이탈기가 있는 경우에는 이탈기의 떨어져 치환 반응으로 귀결되며 이탈기가 없으면 산화에 의한 hydride 떼기가 일어나서 고리의 수소 원자를 치환하게 되거나 아니면 드물게 친핵체와의 반응으로 전체적으로 첨가 반응으로 진행되기도 한다.

Arene의 전이금속 complex에서 전이금속에 의한 방향족 고리의 활성화로 인한 친핵체의 공격은 마치 benzene에 강력한 전자끌개인 nitro group이 존재하여 친핵체의 치환 반응이 가능해지는 것과 같다.

친핵체의 첨가는 속도론적으로 수소가 치환된 자리에 우선적으로 빠르게 첨가되지만 hydride가 이탈되어 치환 반응으로 진행되지 못한다. 느리긴 하지만 친핵체가 전기음성인 원소로 치환된 탄소에 첨가되면 nucleofugal 이탈기가 떨어져서 친핵성 치환이 일어난다.

다음은 chlorobenzene의 착물과 alkoxide의 반응 예이다. 음이온을 안정화하는 특성으로 50°C에서도 쉽게 치환 반응이 일어난다. 이와 같은 친핵성 치환 반응은 benzene 고리에 두 개 이상의 nitro 치환기를 갖는 효과에 해당된다. I_2 산화로 착물을 형성하였던 chromium은 효과적으로 손쉽게 제거될 수 있다. 결과적으로는 chlorobenzene을 온화한 반응 조건에서

alkoxybenzene으로 치환한 셈이다. 대다수의 arene-metal complex의 반응이 Cr complex에 관한 것인 까닭은 모든 반응이 끝나고 metal을 제거하는데 Cr complex만이 I_2와 같은 온화한 산화제에 의하여 손쉽게 제거될 수 있기 때문이다.

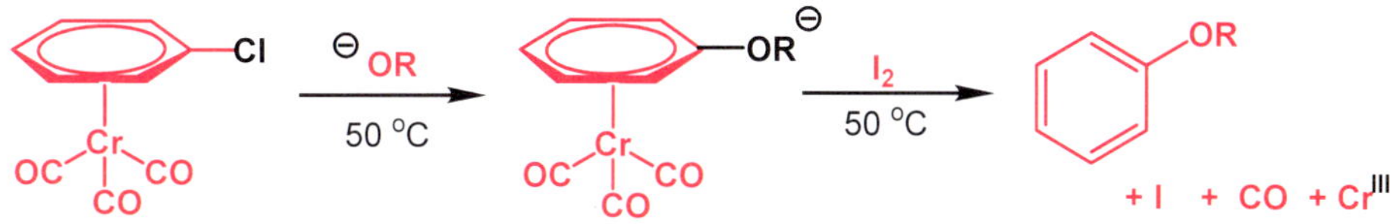

Nitrobenzene의 친핵성 치환 반응에서와 마찬가지로 F 이탈기의 반응은 Cl이나 Br 등의 다른 할로젠 이탈기보다 빠르다. 다음 chromium complex에서 분자내의 친핵성 치환 반응은 상온에서도 쉽게 일어난다. Benzene 유도체 중에서 이 정도의 빠르기로 친핵성 치환이 일어나는 경우는 trinitrophenyl fluoride 정도일 것이다.

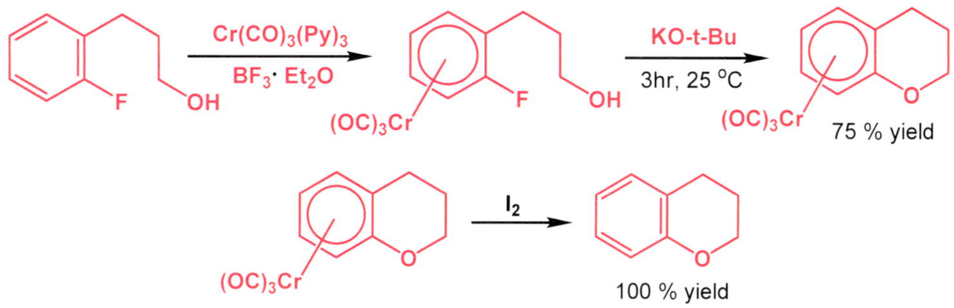

적당한 nucleofugal 이탈기가 없는 상황에서도 치환 반응은 일어난다. 이 경우 수소 원자가 hydride 음이온으로 이탈되어야 하는데 문제는 '어떻게 수소 원자가 hydride로 떨어질 수 있는가'에 있다. 이에 대한 물음은 명확하게 해결되어 있지 않다.

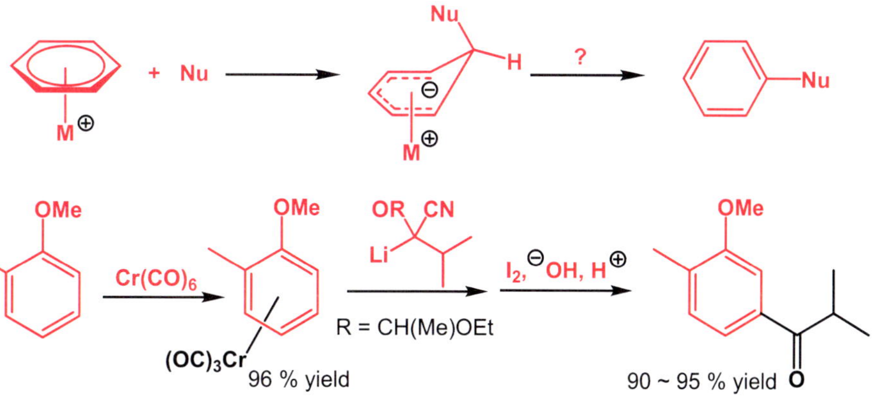

착물을 형성으로 benzene 고리의 전자밀도는 현저하게 줄어들게 되어 고리뿐 아니라 benzylic 양성자까지도 산성화하는 효과를 나타내어 butyllithium 등과 반응하면 쉽게 음이온을 형성한다. Alkyllithium과 같은 강력한 염기는 고리에 친핵성 첨가가 일어나지 않고 산성화된 고리 또는 benzylic proton 떼기가 일어난다.

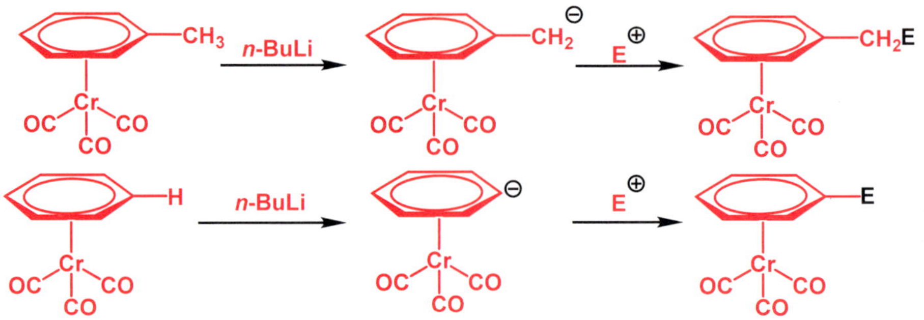

치환기가 있는 benzene의 butyllithium에 의한 양성자떼기는 (*ortho*-lithiation) metal directing group이 존재해야 하며 이들 MDG의 *ortho* 자리에서 일어나지만, arene–전이금속 착물에서는 이보다도 훨씬 쉽게 lithiation이 일어난다. Lithiation은 이웃한 치환기 없이도 일어날 수 있다. 생성되는 이들 carbanion은 금속에 의하여 안정화되어 쉽게 생성되며 친전자체와의 반응으로 이어지게 된다.

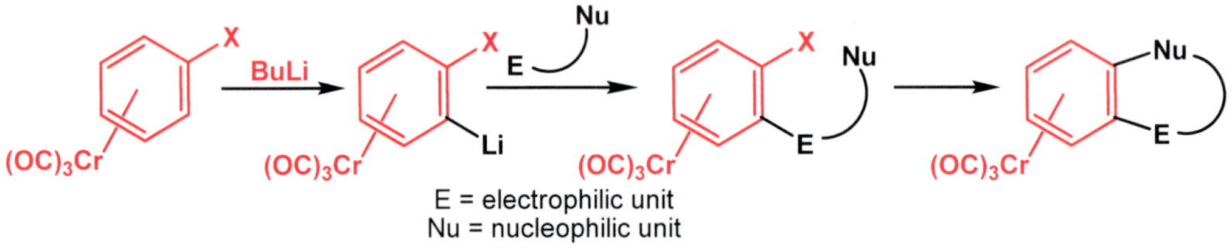

E = electrophilic unit
Nu = nucleophilic unit

다음 반응은 alkyllithium에 의한 phenyl 고리에서의 양성자떼기에 이어 phenyl anion의 친전자성 공격과 이어지는 질소 친핵체의 fluoride 치환 반응이 순차적으로 일어나서 고리를 형성하는 반응 예이다. 전형적인 유기 반응으로는 간단히 할 수 있는 반응이 아님은 누구라도 알 수 있다.

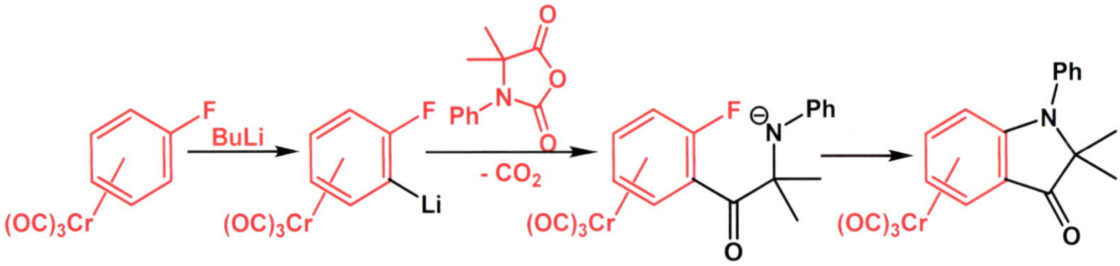

안정화된 benzylic anion은 꼭 양성자떼기에 의한 반응에서만 일어날 수 있는 것은 아니다. Styrene에서와 같은 benzene과 conjugate된 π-결합은 음이온의 첨가로 benzylic anion이 생성될 수 있고, 이 또한 금속에 의한 안정화가 이루어질 수 있다.

다음 반응은 흔하지 않은 alkyllithium에 의한 carbometallation에 의하여 benzylic anion이 생성되는 예로서, 이 또한 metal complex를 형성한 고리에 의한 안정화가 크기 때문이다. 이 음이온은 alkyl halide와 같은 추가로 첨가되는 친전자체에 의해서 쉽게 trapping되며 I_2에 의하여 chromium complex에서 유리된다.

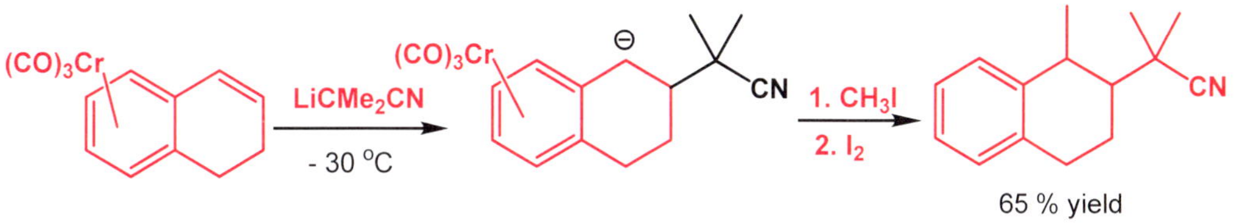

Permanganate에 의한 benzyl 자리 산화의 핵심 단계는 benzylic H를 제거하는 단계이다. 이 단계는 hydride abstraction으로 설명하는 것이 보통이다. 다음 반응에서는 고리의 산성화로 양이온성이 증가하며 곁사슬 산화는 빠르고 쉽게 일어난다. 친핵체에 의한 염소의 치환 반응은 앞의 chromium complex에서와 같다.

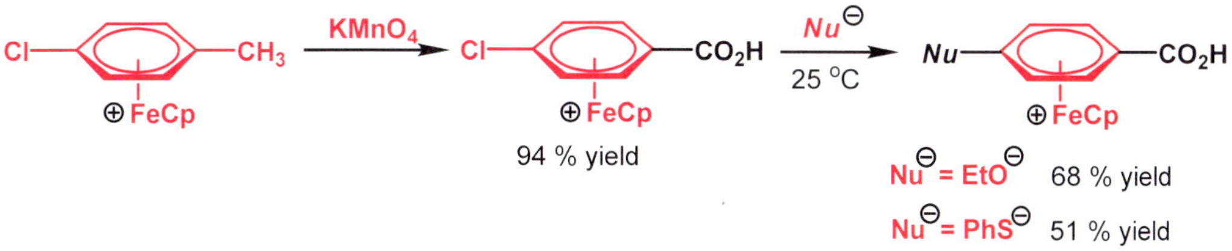

Carbon nucleophile에 의한 치환 반응 역시 쉽게 일어난다. 이 반응 또한 염기를 필요로 하며 DMF 용매에서 K_2CO_3로 충분하다. 일반적으로 $[FeCp]^+$ system에서 치환 arene을 떼어내는 데는 격렬한 반응 조건을 필요로 하며, 이것이 $[FeCp]^+$ system을 합성 반응에 응용하기 어렵게 하는 까닭이다. 열분해로 $[FeCp]^+$를 떼내기 위해서는 약 200℃ 가까운 높은 온도가 필요하다.

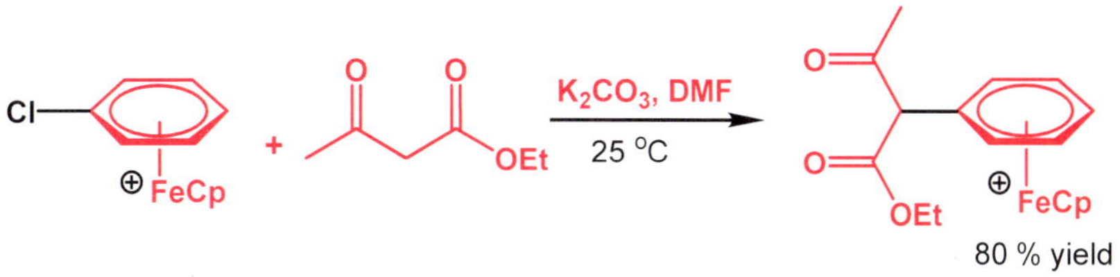

Mn complex 또한 쉽게 chelate된 arene에서 친핵성 치환이 일어난다. Chlorobenzene 유도체와의 complex 형성은 아주 쉽게 일어나며 alkoxy, phenoxy, thiolate, amine, azide 등과의 치환 반응도 아주 쉽게 일어난다. 중성 친핵체인 amine과의 반응도 상온에서 3분이면 완결되는 정도이다. Fe complex에서와 같은 문제가 여기도 있다. 치환이 일어난 arene을 $Mn(CO)_3$ unit으로부터 떼내는 데에 어려움이 있다. 강한 산화제를 필요로 하는 점이 또한 합성 반응으로 개발되는 데 한계를 드러낸다.

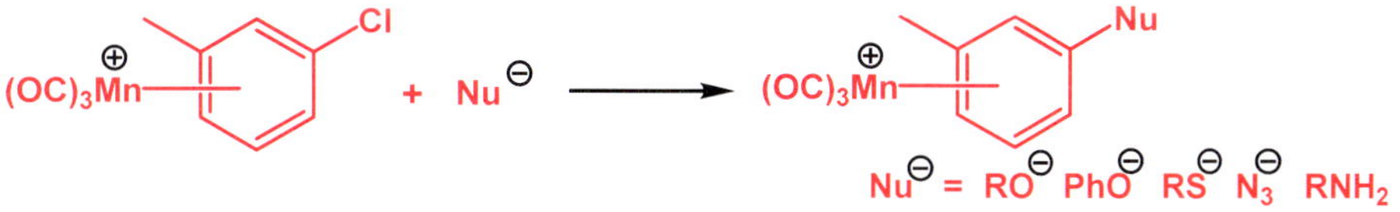

Benzene complex는 Grignard 시약이나 enolate와 쉽게 반응하여 cyclohexadienyl 착물을

형성한다. 산화성 decomplexation은 Jones 시약과 같은 강한 산화제로 이루어질 수 있다. 다른 방법으로는 센 산에 의한 hydride 떼기이다. Trifluoroacetic acid는 이러한 역할을 한다.

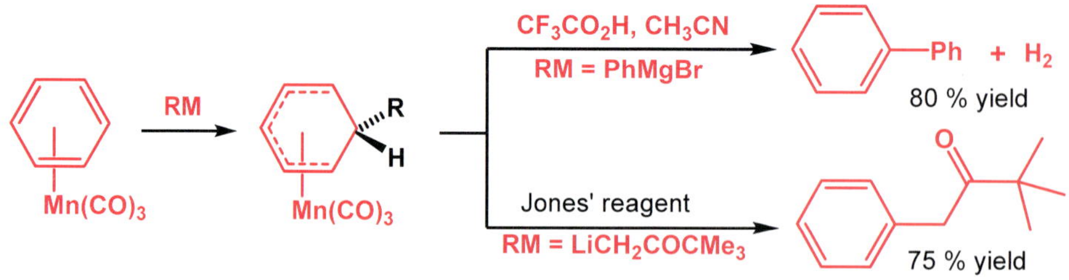

치환 arene의 경우에는 친핵체의 첨가 위치는 치환기에 영향을 받는다. 완전히 전형화되어 있지는 않으며 toluene의 경우에는 모든 자리에 첨가가 일어나며 amino기나 methoxy기가 존재하면 주로 *meta* 위치에서 첨가가 일어나는 경우가 많다.

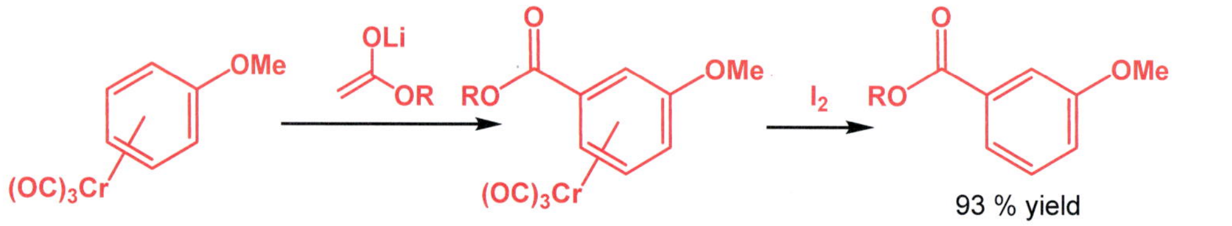

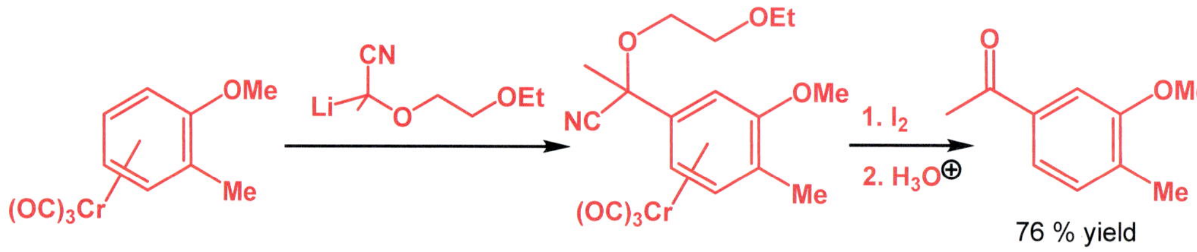

new

Naphthalene과의 반응은 alkyl, alkoxy와 같은 electron donor 치환기가 없는 고리에서 arene complex가 형성되며 그에 따라 각종 반응은 donor 치환기가 없는 고리에서 일어나게 된다. Naphthalene의 친전자성 치환에서와 같이 주로 α-위치에서의 치환 반응이 우세하다. 그러나 입체적인 요구가 큰 치환기들은 β-자리에서의 치환이 주로 일어나기도 한다.

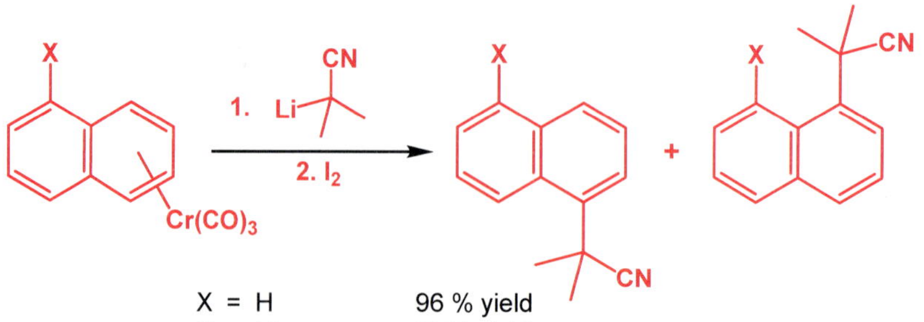

X = H 96 % yield
X = Me 66 % yield
X = OMe ? % yield 77 % : 23 %

지금까지 살펴본 방향족 화합물들의 전이금속 complex의 반응들을 정리하여 종합하면 다음과 같다. 실제로 유기 변환 반응으로 사용되는 complex는 Cr complex뿐이라 해도 과언이 아니다. (1) 우선 chromium carbonyl이 있는 쪽의 입체장애로 거의 대부분의 반응은 그 반대쪽에서 일어난다. (2) 방향족 고리에 친핵체의 첨가가 수월해 진다. (3) Benzyl 자리 수소는 산성도가 크게 증가한다. (4) Benzyl 자리의 nucleofugal 이탈기의 반응성이 크게 높아진다. (5) Benzene 고리의 수소 또한 산성도가 높아져 쉽게 양성자떼기가 일어난다.

Nucleophilc addition

enhenced acidity

enhenced rate of solvolysis

enhenced acidity

$Cr(CO)_3$

steric hindrance

이상에서 간단히 살펴본 방향족 화합물의 전이금속 착물을 이용하는 반응들은 아직도 많은 미해결된 숙제가 남겨져 있는 것이 사실이다. 이들 문제는 곧 해결될 것이고 그 후로는 합성 목적으로 많은 방향족 화합물의 반응이 개발될 것으로 예상할 수 있다.

문제 9.14 다음 화합물은 실제로 arene-Cr complex를 거쳐 만들어진 화합물을 수득률과 함께 표시한 것이다. 어떤 경로를 거치는지 그려보라.

(a) F → → → O, O

75 % yield

(b) OMe, O → → → OMe, O

87 % yield

문제 9.15 다음 반응의 메커니즘을 제안하여 보라.

+ $PhCH_2NH_2$ + CO → (Fe⊕, OC, CO, X⊖; oxidant Ag_2O) N, Ph, O

문제 9.16 다음 네 반응의 중간 생성물과 최종 생성물을 그려 넣어 반응식을 완성하라.

(a) Cl → $Cr(CO)_6$ → Li–N=C → I_2 → A

(b) [anisole] $\xrightarrow{Cr(CO)_6}$ [Li–N=C=C(CH₃)₂] $\longrightarrow$ $\xrightarrow{CF_3CO_2H}$ B

(c) [styrene] $\xrightarrow{Cr(CO)_6}$ [Li–N=C=C(CH₃)₂] $\longrightarrow$ $\xrightarrow{I_2}$ C

(d) [benzene] $\xrightarrow{Cr(CO)_6}$ [(CH₃)₂C=C(OLi)(O-t-Bu)] $\longrightarrow$ $\xrightarrow{I_2}$ D

문제 9.17 다음 반응은 반응물에서 아주 쉽게 nucleofugal 이탈기가 떨어지고 양이온 중간체를 거쳐 친핵체가 떨어지는 형식으로 진행된다. 두 생성물에서 반응이 일어나는 탄소에서의 입체화학은 그대로 보존된다. 이를 알아볼 수 있게 반응 중간체와 생성물을 그려 보라.

[OAc, H, Me, OMe, Cr, OC, CO, CO complex] $\xrightarrow[-78\ ^oC]{Et_3Al}$

[Me, H, OAc, OMe, Cr, OC, CO, CO complex] $\xrightarrow[-78\ ^oC]{Et_3Al}$

문제 9.18 다음 반응을 단계별 중간체와 최종 생성물 그려 넣어 반응식을 완결하라.

[dihydronaphthalene] $\xrightarrow{Cr(CO)_6}$ [Li–C(CN)(Me)Me] $\longrightarrow$ $\xrightarrow{MeI}$ $\xrightarrow{I_2}$

문제 9.19 다음 반응은 어떻게 일어나는가 메커니즘을 적어보라. DBN은 비친핵성 염기로 사용되나 이 반응에서는 친핵체로 작용한다. (이 반응은 **Baylis–Hillman reaction**이라고 알려져 있다.)

[$(OC)_3Cr$-complexed 2-R-benzaldehyde (O, H, R)] + [methyl acrylate (O, OMe)] + [bicyclic amine (N, N)] $\longrightarrow$

CHAPTER 10

Transition Metal Catalyzed Organic Reactions

이미 공업적으로 또는 실험실에서 많이 사용되는 전이금속 촉매 반응들이 어떻게 진행되는 것인지를 이해하는 것이 이 chapter의 목적이다. 전이금속 화합물을 다루는 방법은 Chapter 6에서 충분히 학습하였다. 또한 이들 유기금속 화합물들에 공통적으로 적용되는 ligand association and dissociation, oxidative addition, reductive elimination, insertion, β-elimination 그밖에 몇 가지 반응의 특색과 다루는 법도 공부하고 지나왔다. 결국 이들 전이금속 촉매 반응은 알고 있는 유형의 변환 과정을 조합하여 새로운 유기 화합물이 만들어지는 전 과정을 그리기만 하면 된다. 따라서 메커니즘상으로 약간의 불분명한 점이 있더라도 지적하지 않고 그냥 지나치게 된다. 전이금속-중개 및 촉매 반응은 아직 순수 유기 반응처럼 치밀하게 연구되지도 않았고, 연륜도 짧기 때문에 아직도 논란이 계속되는 것이 많기 때문이기도 하다.

정통 유기 반응 메커니즘을 그리는 데 있어 무엇보다 중요한 tool 한 가지가 구부린 화살표로 전자쌍 이동을 나타내는 것이었다. 유기금속 반응에서는 선 하나가 반드시 전자쌍을 의미하는 것이 아니므로, 전이금속이 포함되는 반응 메커니즘을 그릴 때는 모호하지 않게 구부린 화살표를 그릴 수 없는 경우가 많다. 따라서 가능한 경우에는 화살표를 그리기도 하지만 많은 반응의 경우 더 중요한 것은 각 단계가 어떤 단위 반응에 의한 것인지 *β*-hydride elimination, reductive elimination 등으로 반응의 이름을 정확히 붙여가며 이해하는 일이다.

반응에 화학양적 전이금속이 필요한지 아니면 촉매량만 필요한지에 따라 메커니즘을 그리는 방식을 달리하게 된다. 화학양적 금속을 필요로 하는 메커니즘은 극성 또는 고리형협동 메커니즘에서와 같이 선형 양식으로 그릴 수 있다. 그러나 금속-촉매 반응의 메커니즘은 라디칼 반응의 propagation cycle처럼 circular catalytic cycle을 그려서 원래의 유기금속 촉매가 어떻게 촉매-사슬의 끝에서 다시 생성되는가를 보여야 한다. 주어진 반응이 촉매-반응인지 화학양적 반응인지는 반응 조건을 보면 쉽게 알 수 있다.

유기금속 및 무기 촉매는 **균일(*homogeneous*) 촉매**와 **불균일(*heterogeneous*) 촉매**로 나누어진다. 이 두 용어는 단순히 용매에 녹는가 녹지 않는가의 차이로 구분한다고 보면 된다. 균일 촉매는 불균일 촉매보다 연구하기에 더 수월하고 예측 가능한 거동을 보인다. 초기에 사용되었던 촉매는 대부분 불균일 촉매로 한참이 지난 후에야 균일 촉매가 개발되어, 메커니즘을 명확히 이해하게 되고 그에 따라 촉매 반응의 응용 영역이 확장되어 왔다.

유기 화학의 관점에서 이들 전이금속 촉매 반응을 어떻게 분류하여 어떤 순서로 공부하는 것이 이해하기 쉽고 효과적인가 고민을 거듭해도 별로 뾰족한 수가 없다. 일부 유기금속 화학 교재는 반응 메커니즘에 따라 산화성 첨가, elimination 등으로 분류하여 다루기도 하지만 그 교재가 목표하는 바는 유기 반응의 이해가 아닌 그야말로 메커니즘의 학습이다. 이 교재에서는 수소 관련 반응, Co 관련 반응, coupling 등의 순서로 이해하기 쉬운 것부터 차례로 다루는 것이 더 낫다는 판단에 따라 이와 같은 순서로 다루기로 하였다.

10.1 Hydrogen-Related Reactions and Hydrometallations

10.1.1 Transition Metal-Catalyzed Hydrogenation

학생들이 맨 처음 배우게 되는 전이금속-촉매 반응은 아마도 alkene과 alkyne의 전이금속 촉매 수소화 (catalytic hydrogenation) 반응일 것이다. 이 반응은 *syn*-입체특이성을 갖는다. 이 반응에는 많은 다양한 촉매가 사용된다. 활성탄에 지지된 Pd(**palladium on charcoal**), Pb 또는 Ba 염으로 중독시킨 Pd(**Lindlar catalyst**), $Pd(OH)_2$, PtO_2 등의 불균일 촉매를 이용하여 왔다. Alumina에 지지된 Rh(**Wilkinson catalyst**) 및 Ru의 phosphine 착물은 그중 몇 개의 예에 불과하다. Wilkinson 촉매[$(Ph_3P)_3RhCl$]와 같은 균일 촉매의 출현으로 상세한 메커니즘이 규명되었다.

Pd/C를 촉매로 하는 2.3-dimethyl-2-butene의 H_2와의 반응을 살펴보자. 새로운 C–H 결합이 둘 형성되고 C=C π-결합이 깨진다. 첨가는 *syn* 입체특이성으로 일어난다는 사실은 삽입 반응을 암시하는 것일 수 있다. Pd 금속은 산화상태가 (0)이며(즉, d^{10}), H_2와 반응하여 산화성 첨가로 Pd–H 결합이 둘이 생겨나서 Pd는 (II)의 산화상태에 있게 된다. Alkene이 Pd에 회합되고 Pd–H 결합 하나에 삽입이 일어나면 Pd–C와 C–H 결합이 생성된다. 마지막으로, 환원성 제거가 일어나면 생성물과 더불어 Pd(0)가 재생성되어 새로운 촉매-사슬로 이어지게 된다. Radical 사슬 반응에서처럼 다음과 같이 촉매 사슬을 연결하는 circular catalytic cycle을 그리게 된다. 각 단계에서 일어나는 반응 유형을 나타내는 이름을 붙여 넣으면 화살표를 그리지 않아도 무엇이 어떻게 진행되는지를 쉽게 알 수 있다.

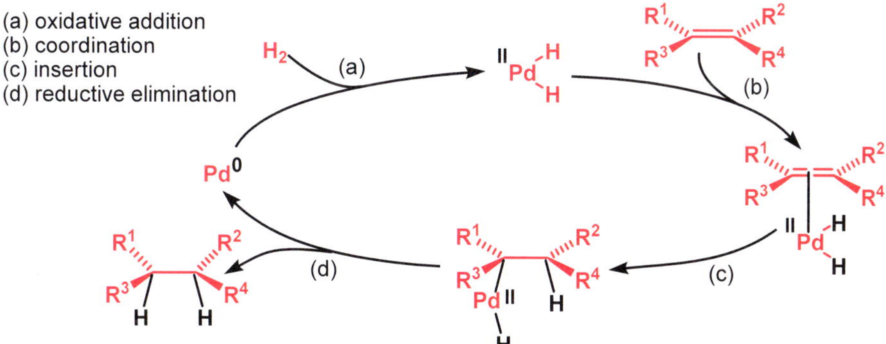

syn-첨가의 입체특이성을 보이는 단계는 insertion 단계로 alkene의 같은 쪽에서 H와 Pd 금속이 *syn*-첨가를 하게 되며, 환원성 제거 또한 H가 Pd와 같은 쪽에서 치환하기 때문이다. 모든 뒤-금속 (late transition metal) 수소화 촉매는 불균일이든 균일이든 간에 거의 똑같은 촉매 사슬을 따라 일어나리라 여겨진다. 하지만 촉매에 따라 어떤 것은, 특히 Wilkinson's catalyst와 같이 입체적으로 거대기에 에워싸인 경우에는 촉매 사슬이 진행되기 전에 ligand의 해리 또는 치환이 일어나야 하는 경우도 있다.

Formic acid와 1,4-cyclohexadiene은 때로 수소 기체가 아닌 다른 H_2 공급원으로 사용되기도 한다. 이 경우 촉매수소화 반응 cycle은 위와 동일하며 단지 PdH_2가 생성되는 과정만이 다르다.

(a) coordination
(b) oxidative addition
(c) reductive elimination
(d) protonation
(e) ligand association
(f) β-hydride elimination

Formic acid를 사용하는 경우, formic acid에 의해 Pd(0)에 양성자붙임이 일어나고 상대이온인 formate와 회합되면 산화성 첨가 생성물 H−Pd(II)−O_2CH이 생성된다. β-Hydride 제거로 H−Pd(II)−H와 CO_2가 얻어진다. 기체 수소를 이용하는 반응 catalytic cycle에 이 세 단계를 끼어 넣으면 위와 같은 catalytic cycle을 완성하게 된다.

(a) protonation (b) coordination (c) β-hydride elimination

촉매수소화 반응 조건에서 꼭 탄소−탄소 간의 π-결합만이 첨가 반응을 일으키는 것은 아니다. 카보닐 화합물을 비롯한 탄소−헤테로원자 간의 π-결합에도 첨가가 일어난다. $R_2C=O$ (또는 $R_2C=NR$)와 같은 탄소−헤테로원자 간의 비대칭성 π-결합이 M−H 결합에 삽입되면 M−O−CHR_2 또는 M−CR_2−OH가 생성된다. 어느 착물이라도 환원성 제거가 일어나면 alcohol이 생성된다. 얼핏 보기에는 M−O−CHR_2이 금속−산소 결합이 있어 더 유리해 보이지만, 탄소든지 산소든지 Ru이나 Pd과 같은 뒤-금속과의 결합세기는 거의 엇비슷한 것으로 알려져 있다. 어느 반응에서도 두 경로가 모두 작동할 가능성이 높다.

Enone이나 enal은 촉매수소화 반응 조건에서 C=C 결합이 선택적으로 환원된다. 이는 복잡한 이론을 빼고서라도 C=O보다는 C=C 이중결합이 훨씬 더 soft center이며 중금속 원소나 화합물은 거의 모두 soft electrophile이거나 soft nucleophile이라는 점을 기억하면 도움이 될 것이다.

+ HCO_2H —(Pd/C, Et_3N, 100 °C, 44 h)→ + CO_2 91 % yield

10.1.2 Dehydrogenation Catalyzed by Transition Metals and Compounds

Cyclohexadiene을 수소 공급원으로 사용하면 Pd(0)가 1,4-cyclohexadiene의 allylic C–H 결합에 산화성 첨가를 일으켜 cyclohexadienyl–Pd(II)–H이 생성되고, allylic 자리옮김 후에 β-hydride 제거가 일어나면 benzene과 H–Pd(II)–H가 생성된다. 어떤 유형의 반응에는 H_2 공급원을 사용하는 것이 H–Pd(II)–H의 생성을 위하여 더 효과적인 경우도 있다.

(a) oxidative addition (b) allylic migration (c) β-hydride elimination

위의 반응은 1,4-cyclohexadiene이 수소를 대신하여 수소의 공급원으로 사용될 수 있음을 나타낸 것이지만, 산화 반응을 목적으로 하는 dehydrogenation 반응 예도 상당수 발견된다. Pd(II)를 사용하는 dehydrogenation은 산성 조건이어서 이에 민감한 작용기가 있는 경우에는 문제가 되지만, 그렇지 않은 경우에는 상당히 좋은 수득률로 생성물을 얻을 수 있다.

다음 두 반응은 ketone에서 α,β-불포화 enone으로 변환되는 예이며 평형량 존재하는 낮은 농도의 enol에 Pd 화학종이 coordination하는 데서 출발한다. 이 반응은 치환기가 있는 경우에는 선택성이 거의 없다.

$PdCl_2$, *t*-BuOH, conc. HCl, 80 °C → 45 % yield + 46 % yield

$PdCl_2$, *t*-BuOH, conc. HCl, 80 °C → 26 % yield + 65 % yield

α,β-불포화 enone이 목표물이라면 아래 반응 예에서와 같이 아예 enol 유도체인 silyl enol ether를 거쳐 dehydrogenation을 하면 산이 없이도 쉽게 반응이 일어나며 위와 같은 이성질

체의 혼합물이 얻어지지 않아 자주 사용된다. Ketone을 곧바로 사용하는 것보다 silyl enol ether를 경유하는 편이 부반응도 줄일 수 있고 반응 자체도 훨씬 효율적이다.

OSiMe3 — Pd(OAc)2, dppe, MeO(C=O)OMe, CH3CN, 80 °C → 87 % yield

OSiMe3 — Pd(OAc)2, dppe, MeO(C=O)OMe, CH3CN, 80 °C → 100 % yield

문제 10.1 위의 3-methylcyclohexanone과 2-methylcyclohanone의 silyl enol ether의 탈수소화 반응에서 실제로 작용하는 촉매는 $L_nPd(0)$라 가정하여 어떻게 진행되는지 메커니즘을 그려보라.

10.1.3 Isomerization of Alkenes

Alkene isomerization은 유기금속 화학 초기부터 발견된 반응으로 여러 가지 금속 화합물에 의하여 일어난다. 반응은 기본적으로 allylic hydrogen migration이라고 할 수 있다. 다음에 몇 가지의 전형적인 반응 예가 나와 있다. 일반적으로 alkene의 열역학적 안정도가 반응물과 생성물, 다른 생성물간의 비를 결정하는데 중요한 역할을 한다.

$(PPh_3)_3NiSnCl_3$ → +

Ph — $PdCl_2$, AcOH, 65 °C → Ph + Ph
95 : 5

그러나 Wilkinson's catalyst에 의한 다음 반응을 보면 꼭 그렇지만은 않다. 반응 예에서 염기 촉매에 의하여 진행되는 더 안정한 화합물로의 이성질화와 Wilkinson's catalyst를 촉매로 하는 이성질화 반응은 생성물 자체를 달리 한다. 어느 반응이던 더 안정한 생성물이 얻어지며 우선 enol ether의 이중결합이 이동하고 금속 촉매 반응에서는 다시 endocyclic 이중결합이 exocyclic 이중결합으로 이동하는 두 반응을 거쳐 일어난다고 보아야 할 것이다.

OMe ← $(PPh_3)_3RhCl$, $CHCl_3$ reflux — OMe — base → OMe

Wilkinson's catalyst에 의한 이성질화는 다음 두 메커니즘 중 하나를 거쳐서 일어나게 된다. 첫 번째 메커니즘은 metal hydride에 의한 이중결합에서의 hydrometallation과 dehydrometallation이 연속적으로 일어나서 결과적으로 이중결합의 이동이 일어나게 된다.

또 다른 메커니즘에서는 금속 Rh이 C−C π-결합에 coordination이 일어나서 π-complex를 형성하고, allylic C−H에서 H transfer가 일어나서 M−H 결합이 생성되며, allyl system의 다른 탄소로 H-transfer가 일어나게 된다.

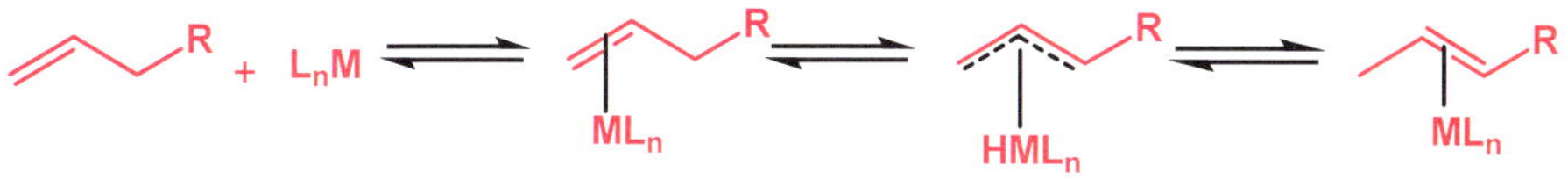

Wilkinson's 촉매에 의한 alkene의 이성질화는 열역학적으로 더 안정한 이성질체로 바뀌는 경우가 대부분이다. Allyl ether에서 이와 같은 방식으로 π-결합의 이동이 일어나면 enol ether가 생성되며 이를 나중에 가수분해하면 alcohol과 카보닐 화합물을 얻게 된다.

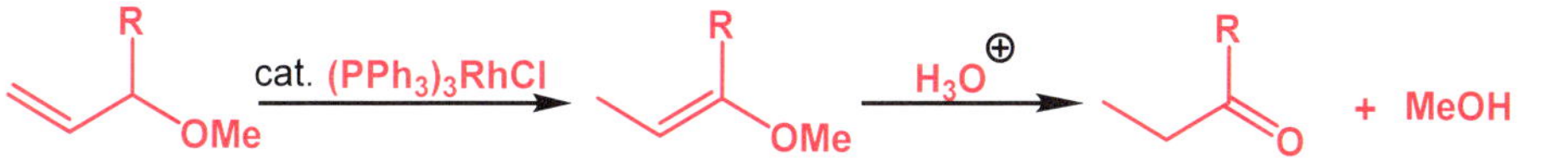

Wilkinson's 촉매는 alkene의 삽입이 일어날 수 있는 Rh−H 결합이 존재하지 않는다. 따라서 반응은 삽입-제거의 연속이 아닌 allylic C−H 결합에 산화성 첨가가 일어난 다음 allylic 이동을 거쳐 다른 말단에서 환원성 제거가 일어나면서 진행될 가능성이 높다.

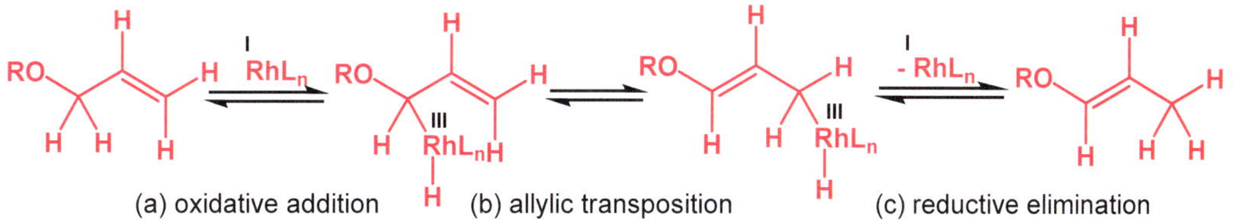

(a) oxidative addition (b) allylic transposition (c) reductive elimination

실제로 alkene의 이성질화는 Pd-촉매수소화 반응에서 부반응으로 이따금씩 일어난다. *cis* C=C 이중결합을 갖는 지방의 부분 수소화 반응에서 소량의 *trans* 지방이 생성되는 것은 바로 이 메커니즘에 의한 것이다. 다음은 이 Chapter 후반부에 공부하게 되는 Heck coupling 반응의 한 예이다. 반응은 vinyl 탄소와의 coupling 반응인데 π-결합의 위치 이동이 일어난 생성물이 얻어진다. Aryl기와 conjugate π-결합이 더 안정할 것으로 예상되지만, 두 반응 모두에서 aryl기와 conjugate된 π-결합이 생성되지 않는다.

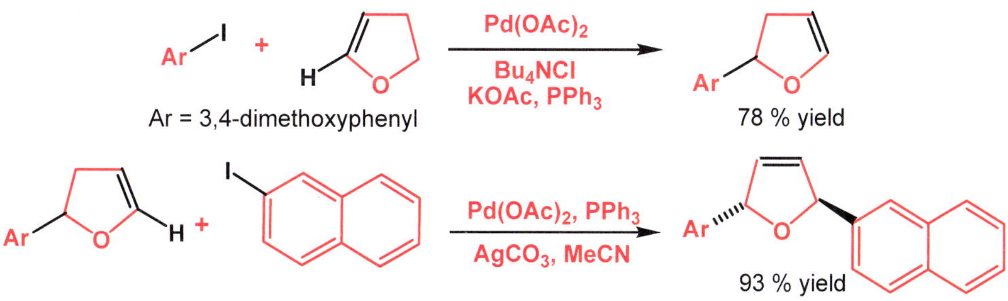

Ar = 3,4-dimethoxyphenyl

78 % yield

93 % yield

위의 반응에서도 몇 차례에 걸친 alkene의 isomerization 과정을 거치게 되는데, 이는 다음과 같이 oxidative addition을 거친 중간체에서 dehydropalladation(β-hydride 제거)에 이어서 hydropalladation이 일어나서 전체적으로 π-결합의 자리 변화가 이루어지게 된다.

(a) insertion (b) β-hydride elimination (c) hydropalladation (d) β-hydride elimination

문제 10.2 다음 반응은 어떻게 일어나는가? 본문에서와 같은 메커니즘을 그려 보라.

(a) cat. $(PPh_3)_3RuCl$, 90 % yield

(b) $(PPh_3)_3RhCl$, $CHCl_3$, reflux, 80 % yield

문제 10.3 다음 반응 A는 L_2PdCl_2°에 의하여 아주 쉽게 allylic rearrangement가 일어난다. 이 반응은 Pd°에 의하여도 쉽게 일어나며 이 반응 또한 Pd°가 먼저 생성되어 반응이 일어난다고 추론할 수 있다. 반응 계에서 Pd°는 어떻게 생성되는가? 반응 A가 일어나는 메커니즘을 그려보라. A의 이성질체인 B의 생성물은 어떤 이성질체로 얻어지겠는가?

A: $PdCl_2(NCCH_3)_2$, 25 °C, 30 min. ~ 100 % yield

B: $PdCl_2(NCCH_3)_2$, 25 °C, 30 min. ? ~ 100 % yield

10.1.4 Hydrogenolysis

Pd/C을 촉매로 하는 **가수소분해(hydrogenolysis)** 반응에서는 작용기가 수소로 바뀌게 된다. 합성 반응에서 보호기로 자주 사용되는 benzylic ethers($ArCH_2$–OR)는 가수소분해로 $ArCH_3$와 ROH로 변환되는데 **debenzylation**이라고 부른다.

H_2, $Pd(OH)_2$ on C; > 98 % yield + toluene

이 반응은 어떤 경로를 거치는가의 논란이 아직도 계속되고 있는 것 중의 하나이다. 산화성 첨가가 첫 단계일 가능성이 대단히 높다. Pd(0)가 Bn−OR 결합에 산화성 첨가를 일으키면 Bn−Pd(II)−OR이 형성된다. 그 다음에 sigma-bond metathesis가 일어나게 되면 Bn−H (toluene)과 H−Pd(II)−OR이 생성된 다음 환원성 제거로 ROH가 생성되고 Pd(0)가 재생성된다.

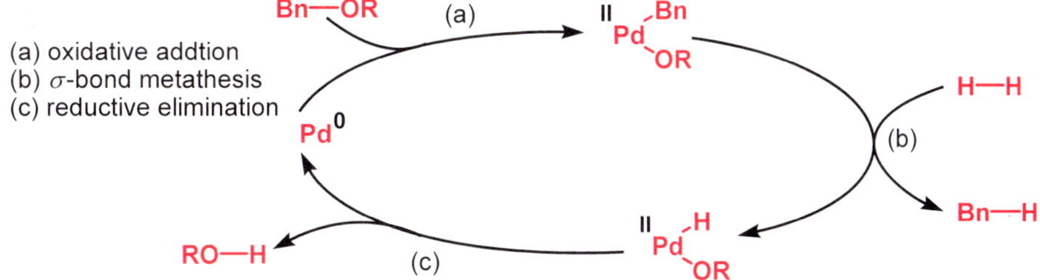

가능한 또 다른 촉매 순환은 앞에서와 마찬가지로 Bn−OR로의 Pd(0)의 산화성 첨가가 일어나고, Bn−Pd(II)−OR 착물은 H−H σ-결합이 두-전자주개로 작용하여 H_2와 σ-결합 착물을 형성하게 된다. H 원자는 배위로 인해 친전자성이 된다. 착물에서 분자내 $^-$OR에 의한 양성자떼기가 일어나면 ROH와 Bn−Pd(II)−H이 생성된다. 여기서 환원성 제거가 일어나면서 toluene이 생성되면서 촉매 순환이 완결된다.

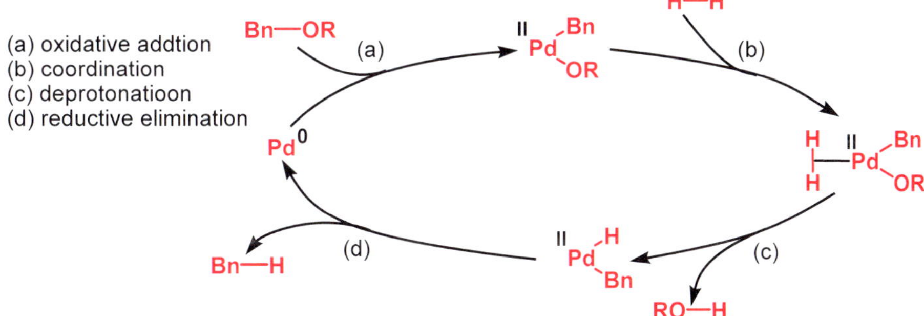

위의 두 예 이외에도 다른 촉매 사슬 메커니즘을 그려볼 수 있으나 이들에 관한 것은 생략하기로 한다. 한 번 그려보면 어떨까? 틀림없는 것은 이와 같이 오래된 반응들조차도 때에 따라 아직도 메커니즘의 정확한 규명이 이루어지지 않은 경우도 허다하다는 점이다. 위의 hydrogenolysis의 여러 메커니즘을 제시한 것은 앞으로 보게 될 여러 반응에서도 똑 부러지게 확실한 메커니즘을 그리기 힘든 경우가 많으며, 또한 제시된 메커니즘 외에 다른 합리적인 메커니즘이 얼마든지 가능하다는 점을 알고 있어야 하기 때문이다.

메커니즘이 명확하게 규명되지 않았다 해도 이를 유기합성 반응에 사용하는 데는 크게 문제될 것이 없음을 확인할 수 있다. 실제로 어떤 메커니즘이 옳든 간에 관계없이 이 반응은 합성에서 아주 빈번하게 사용되는 반응이다. Benzyl 그룹은 아래 반응 예에서 보는 것처럼 hydroxyl 및 amino기의 훌륭한 보호기이기 때문이다.

$PhCH_2Br$, KH; 1. B_2H_6, THF 2. KOH, H_2O_2 3. KH, MeI 4. H_2, Pd/C

문제 10.4 다음 반응이 어떻게 일어나는지를 알 수 있도록 catalytic cycle을 그려보라. 여러 가지 다른 cycle을 그릴 수도 있으나 실제 촉매는 $Pd(0)H_2$이라고 가정하라.

$Pd(OH)_2/C$, 2 hr reflux; 75 % yield

문제 10.5 다음 반응은 Cl이 H로 바뀌는 일종의 hydrogenolysis이다. 어떻게 일어나는지를 메커니즘을 그려보라. (hint: Formic acid가 수소의 공급원이다.)

HCO_2H, Et_3N, Pd on charcoal, 100 °C, 1 hr; 91 % yield

문제 10.6 다음은 Rosenmund 환원으로 알려진 고전적인 반응의 하나이다. Hydrogenolysis의 일종인 이 반응은 어떻게 일어나는지 메커니즘을 그려보라. 사용된 Pd 촉매는 활성이 낮은 Pd(0)이며 생성되는 HCl은 quinoline-S에 의하여 중화된다고 생각하면 된다.

H_2, $Pd/BaSO_4$, quinoline-S, xylene reflux; 74 ~ 81 % yield

10.1.5 Desulfurization

대부분의 촉매수소화 조건에서 황 화합물은 황 원자를 잃게 된다. 이는 합성 반응에서 자주 사용되는 방법 중의 하나이다. Raney Nickel은 이 목적으로 가장 많이 사용되며 다음 반응 예에서와 같이 쉽게 황 원자가 제거되어 수소로 치환된다. 수득률도 상당히 높은 편이다.

Raney Nichel, EtOH reflux; 93 % yield

카보닐 화합물의 카보닐기를 산소 원자가 없는 methylene으로 환원하려면 Clemensen 또는 Wolff Kishner 환원 반응을 이용하도록 배우게 되는데, 이에 추가하여 thioacetal을 거쳐 desulfurization으로 우회하는 것도 더 쉬운 방법이 될 수 있다.

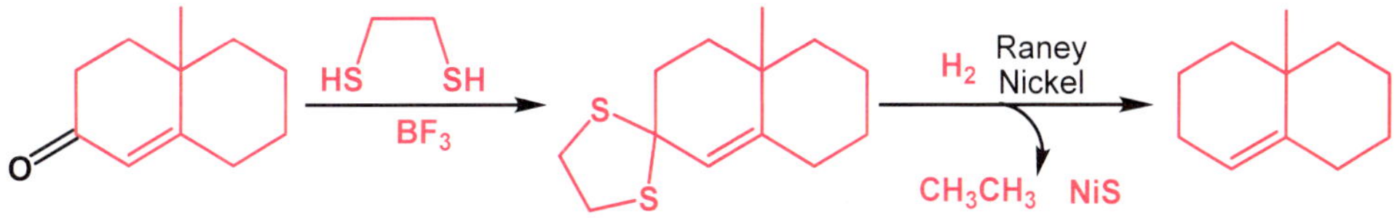

거의 모든 황 화합물의 desulfurization이 가능하며 황은 elemental sulfur로 변환된다. 다음 thiophene의 탈황 역시 Raney Nickel에 의하여 행하여 지는데 반응 조건에 따라 탄소–탄소 이중결합에 수소 첨가가 일어나기도 한다. 불균일 촉매인 Raney Nickel은 만드는 방법에 따라 활성도에 큰 차이를 나타내며 그에 따라 반응속도뿐 아니라 작용기 선택성도 달라질 수 있다.

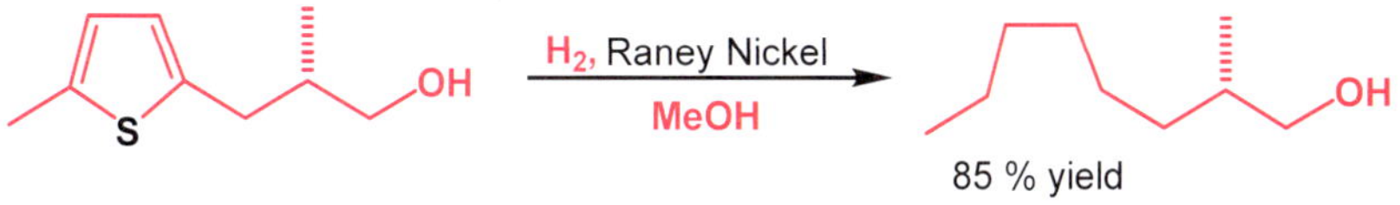

Sulfide뿐만 아니라 그 밖의 sulfone, sulfoxide 등 모든 황 화합물이 이 촉매를 사용하여 탈황이 일어난다. 다음 sulfone의 반응 역시 대단히 높은 수득률로 탈황이 일어나 수소로 바뀔 뿐 아니라 탄소에서의 입체화학은 그대로 보존되는 예이다.

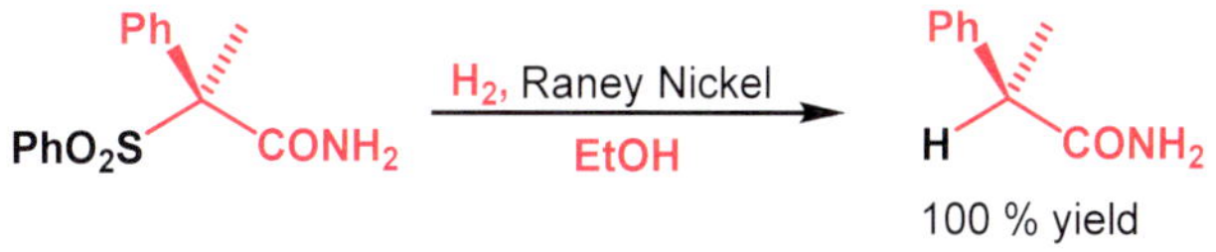

균일 촉매인 rhodium catalyst 또한 수소 존재하에서 allylic thiol, sulfides 및 disulfides에서 C–S 결합깨짐으로 hydrocarbon을 생성한다. 다음 두 반응 예를 보면 탄소–탄소 π-결합에 수소 첨가보다 우선하여 탈황이 되는 것을 보면 이 반응이 얼마나 쉽게 일어나는지를 알 수 있다.

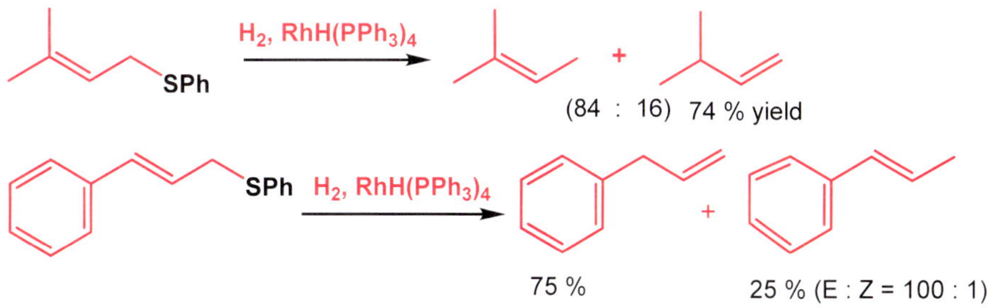

H_2 존재하에 molybdenum sulfide를 이용하면 역시 분자내의 황 원자를 수소로 대치하는 반응을 일으킬 수 있다. 이 반응은 석유 정제 과정에서 황 화합물을 제거하는 공업적 process이다. 실험실에서도 공업적으로도 많이 사용되는 이 반응의 메커니즘은 상세하게 기술되어 있는 것을 찾기 어렵다. Rh 촉매와 같은 균일 촉매인 경우에는 어렵지 않게 반응 메커니즘을 그릴 수도 있으나 불균일 촉매인 경우에는 메커니즘 그리기가 쉽지 않다. 이는 모든 불균일 촉매 반응의 공통점이다.

10.1.6 Catalyzed Hydroboration, Hydrosilylation, Hydrocyanation

탄소–탄소 π-결합에 H–Br이나 $Hg(OAc)_2$ 등 양이온을 거치는 친전자성 첨가는 쉽게 일어나는데 비해 H–H, H–Si, H–Sn 등 두 전기양성인 원자간의 결합을 C=C π-결합에 첨가하기는 쉽지 않다. Pd, Pt, Rh의 뒤-전이금속 착물은 π-결합의 hydrosilylation, hydrostannylation, hydroboration 등의 반응에서 촉매 역할을 한다. 이들 모든 반응의 메커니즘은 수소화 반응과 거의 비슷하다. H–H의 산화성 첨가 대신 R_3Si–H, R_3Sn–H, R_2B–H 결합의 산화성 첨가가 일어나게 된다. 비대칭성 σ-결합 (E–H)이 전이금속에 oxidative addition이 일어난 후에 C=C π-결합이 M–E 또는 M–H 결합에 insertion이 일어나게 된다.

Alkylsilane을 얻는 가장 확실한 방법의 하나가 **hydrosilylation**이다. Si–H 결합을 활성화되지 않는 alkene의 C=C π-결합에 첨가하는데 가장 좋은 촉매는 **H_2PtCl_6(Speier catalyst)**이다. 내부 alkene보다는 말단 alkene의 첨가가 훨씬 빠르며 내부 alkene의 경우에는 말단 alkene으로의 isomerization이 일어나기도 한다.

$$R_3Si\text{—}H \quad + \quad \text{CH}_2\text{=CH–R}^1 \xrightarrow{H_2PtCl_6} R_3Si\text{–CH}_2\text{CH}_2\text{–R}^1$$

Hydrosilylation은 균일촉매가 아닌 콜로이드 상의 Pt(0)에 의한 것으로 믿고 있다. Pt(0)는 R_3SiH에 의하여 생성되는 것으로 보인다. 중요한 점은 Si–H 결합이 Pt 촉매에 산화성 첨가가 일어난다는 것이다. 삽입 반응이 Pt–H 결합에 먼저 일어나든지 아니면 Pt–Si 결합에 먼저 일어나든지 간에 이어지는 환원성 제거 단계에서 같은 생성물을 얻게 된다.

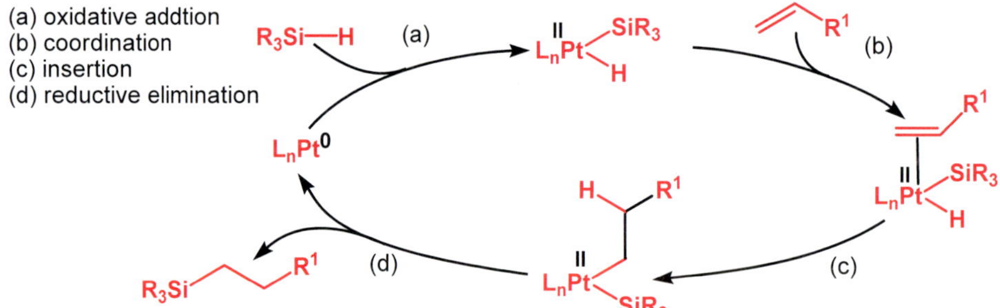

이 촉매가 발견되기 전의 hydrosilylation은 라디칼 반응으로 행하였다. 그러나 촉매 반응이 개발된 후에는 이 방법을 더 많이 사용하게 되었으며 $(Ph_3P)_3RhCl$, $(R_3P)_2(CO)RhX$를 비롯한 상당히 여러 종류의 촉매가 개발되어 선택하여 사용할 수 있으나, 현재로도 가장 많이 사용되는 촉매가 Speier catalyst이다. 실제 반응 예 둘을 아래에 나타내었다. 말단 alkene의 경우에는 silyl기는 거의 항상 말단 탄소에 결합된다. Alkene의 insertion 단계에서 수소가 아닌 금속 원자가 말단에 첨가되는 것이 더 유리하기 때문이다. 내부 alkene의 경우에는 온도가 높아지면 π-결합의 이동을 거쳐 hydrosilylation이 일어나서 말단 탄소에 silyl기가 결합되는 예가 많다. (촉매 반응이 아닌 hydroboration도 높은 온도에서는 첨가, 제거, 첨가로 말단 탄소에 B가 결합된다.) **Wilkinson 촉매**를 이용하는 반응에서도 같은 현상이 일어나서 말

단 alkylsilane을 얻게 되지만 반응의 빠르기나 효율성은 Speier 촉매에 비해 뒤떨어진다.

C_6H_{13} + $Cl_3Si—H$ —(H_2PtCl_6, Speier catalyst)→ Cl_3Si–C_6H_{13} 86 % yield

\+ $Cl_3Si—H$ —(H_2PtCl_6, 130 °C, 20 min)→ Cl_3Si 97 % yield

\+ $PhMe_2Si—H$ —($RhCl(PPh_3)_3$, Wilkinson catalyst)→ $SiMe_2Ph$ 75 % yield

Acetophenone과 같은 카보닐 화합물에 hydrosilylation이 일어나면 다음과 같이 환원 생성물을 얻게 된다.

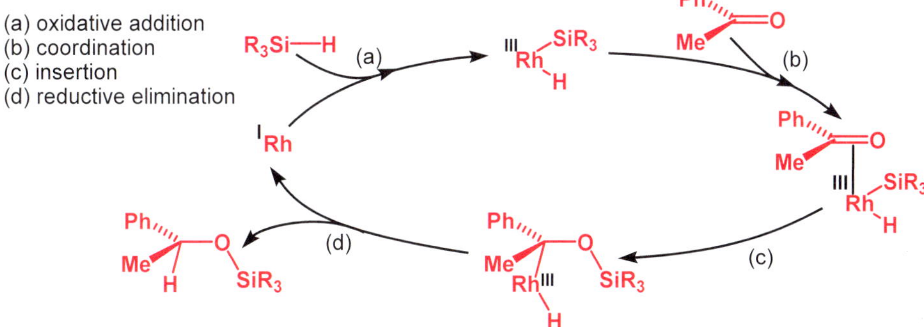

카보닐 화합물의 hydrosilylation에서도 기질의 π-결합이 어떤 경우에는 M–Si 결합에 삽입되기도 하고, 또 어떤 경우에는 M–H 결합에 더 빠르게 삽입되기도 한다. 어찌됐든 간에, 다음에 환원성 제거가 일어나면 모두 같은 생성물에 이르게 된다. Phosphine, phosphite 등의 chiral ligand를 갖는 많은 금속 착물은 비대칭성 hydrogenation, hydrosilylation이 가능하며 다양한 기질에 대해 대단히 높은 거울상 선택성을 보인다. Asymmetric 환원 반응은 일반적으로 hydroboration을 이용하는 경우가 더 많다. (Chapter 4)

위에서 예시한 촉매-사슬의 전단계는 모두 가역적이다. 원칙적으로 M–H 화학종은 일련의 삽입과 β-hydride 제거가 연속적으로 일어나서 π-결합이 이동하여 이성질화가 일어난다.

Alkene의 **hydroboration**은 친전자성 첨가로 일어나며 대단히 빠른 반응 중의 하나이다. 이렇게 빠른 극성 반응들도 전이금속 촉매에 의하여 일어날 수 있으며, 때로는 촉매 사용으로 chemoselectivity를 포함한 여러 문제를 해결하기도 한다. 현재까지만 해도 상당히 많은 예가 알려져 있지만 여기서는 간단한 예 하나만을 살펴보고 지나가기로 한다. Borane은 hydroboration으로 탄소–탄소 이중결합에 첨가될 뿐 아니라 카보닐기를 비롯한 많은 극성 작용기들의 환원에도 사용된다. 다음 반응 예에서 보는 것처럼 카보닐기와 탄소–탄소 이중결합이 함께 존재하는 화합물의 경우에도 매우 빠른 카보닐 첨가에 의한 환원 process를 제치고 선택적으로 alkene의 hydroboration이 일어난다.

no catalyst
major product
5 mole %
$(PPh_3)_3RhCl$

Wilkinson 촉매는 hydroboration 반응에도 촉매 역할을 한다. 위의 반응은 다음과 같은 과정을 거쳐 일어나는 메커니즘이 제안되었다. (a) Oxidative addition of B–H bond to Rh, (b) Coordination of alkene, (c) Alkene insertion into either Rh–H or Rh–B bond, (d) Reductive elimination. Alkene의 hydroboration은 매우 빠른 반응이어서 굳이 촉매를 사용하여 행할 필요가 있는가에 의문을 제기할 수도 있으나 chiral 촉매를 이용하면 asymmetric hydroboration이 가능하다는 데 있다. 이에 관한 것은 다른 곳에서 따로 다루는 편이 더 효과적이다.

Hydrocyanation은 극성 반응으로도 라디칼 반응으로도 일어나기 매우 어려운 반응으로 알려져 있다. 다음 Ni(0) 촉매에 의한 hydrocyanation은 선택성이 높은 편은 아니지만 alkene, diene, alkyne에 모두 첨가될 수 있다. 1,3-Butadiene은 2몰의 첨가로 adiponitrile이 생성되며 공업적으로 행하여 지고 있다.

+ D—CN $\xrightarrow[60\ ^\circ C]{Ni[P(OPh)_3]_4}$ NC, D + NC, D 50 : 50

$t\text{-}BuMe_2Si$—C≡C—Bu + HCN $\xrightarrow[60\ ^\circ C,\ 85\ \%\ yield]{Ni[P(OPh)_3]_4}$ H, CN, Bu, $t\text{-}BuMe_2Si$ + NC, H, Bu, $t\text{-}BuMe_2Si$ 97 : 3

문제 10.7 본문에서의 설명에 따라 (a) Wilkinson 촉매에 의한 catalytic hydroboration, (b) Ni 촉매에 의한 hydrocyanation 반응의 catalytic cycle을 그려보라.

문제 10.8 위의 acetophenone의 hydrosilylation 반응에서 C=O π-결합이 Rh–H σ-결합에 삽입되는 (Rh–Si 결합에 삽입되지 않고) 메커니즘을 그려라. 그린 메커니즘에서도 위와 똑같은 생성물이 되어야 한다.

문제 10.9 다음 두 반응은 Pt 촉매 hydrosilylation으로 다른 Pt 촉매 반응과 크게 다르지 않다. 활성 촉매는 Pt(II)이며 H_2PtCl_6는 Pt(IV)이다. ($PtCl_4 \cdot 2HCl$) Catalytic cycle을 그려보라.

(a) $SiMe_3$ $\xrightarrow[cat.\ H_2PtCl_6]{HSiCl_3}$ Cl_3Si—$SiMe_3$

(b) + Cl_3Si—H $\xrightarrow[165\ ^\circ C,\ 17hr]{H_2PtCl_6}$ $SiCl_3$ 72 % yield

10.2 Carbon Monoxide-Related Reactions

10.2.1 Water Gas Shift Reaction

공업용 유기 중간체는 주로 methane, ethylene, propylene을 반응물로 하여 제조되고 있으며 이들은 천연가스나 naphtha cracking으로 얻게 된다. 이들 천연 자원이 점차 고갈되어 가며 C1 chemistry의 근간이 되는 CO는 점차 중요성이 늘어나고 있다. 수소와 일산화탄소의 혼합물은 합성 가스(syngas)라고 부르며 다음과 같은 여러 source에서 얻어진다.

- 원유의 잘 통제된 부분 산화
- 천연가스(주로 CH_4)의 **reforming**. 이는 syngas의 주 공급원임.

$$CH_4 + H_2O \rightleftharpoons CO + 3\,H_2 \qquad \Delta H = +49\ \text{kcal/mol}$$
$$CH_4 + \frac{1}{2}O_2 \rightleftharpoons CO + 2\,H_2 \qquad \Delta H = -8.4\ \text{kcal/mol}$$

- "coal gasification"

$$C + H_2O \rightleftharpoons CO + H_2 \qquad \Delta H = +31.4\ \text{kcal/mol}$$

종국에는 거의 대부분의 syngas를 석탄의 gasification에 의존하게 될 것으로 전문가들은 예측하고 있다. Syngas는 사용 목적에 따라 CO와 H_2의 비를 달리한다. 예컨대 methanol 제조에는 $(CO+2H_2)$의 조성이 필요하며 이러한 조성을 갖는 syngas를 **methanol gas**라고 부른다. 이들 두 성분 간의 조정은 다음과 같은 반응을 거쳐 조정할 수 있다. CO는 Ni 또는 Fe 화합물과 염기 속에서 반응하여 이산화탄소와 수소 기체로 변환된다. 이를 **water gas shift reaction**이라고 한다.

$$H_2O + CO \xrightleftharpoons[>200\,^{\circ}C]{\text{Fe/Cu catalyst}} H_2 + CO_2 \qquad \Delta H = -10\ \text{kcal/mol}$$

이 반응은 일산화탄소의 환원력을 이용하여 상당히 온화한 조건에서 물에서 수소를 얻을 수 있다. 이 반응을 이용하면 syngas 내의 CO와 H_2의 비를 용도에 맞추어 조절할 수 있다. 일산화탄소가 모두 소모되면 syngas는 CO_2와 H_2만 남게 되는데 CO_2를 제거하고 남은 수소는 암모니아 합성 등에 사용된다. 합성가스에서 수소의 비가 커지면 **Fischer Tropsch Process**에 의한 hydrocarbon 합성에 유리해 진다. 반응의 key는 금속에 배위된 일산화탄소는 친핵성 증가하여 쉽게 친핵체의 공격을 받게 되는 데 있다.

$$M + C{\equiv}O \longrightarrow M{-}C{\equiv}O \xrightarrow{Nu^{\ominus}} M{-}C(=O){-}Nu$$

nucleophilic activation

다음은 $Fe(CO)_5$을 이용하는 반응의 타당성 있는 메커니즘을 그린 것이다. 반응은 iron pentacarbonyl에 hydroxide가 친핵성 첨가를 하는 것으로 시작된다. 양성자 전달 과정을 거쳐 해리로 떨어지면 18-전자 화학종인 철 음이온이 생성된다. 양성자붙임으로 Fe-dihydride 18-전자 중간체는 환원성 제거로 수소 분자를 잃고, 16-전자 화학종이 되며 일산화탄소와의 회합으로 다시 18-전자계인 $Fe(CO)_5$이 재생성되어 catalytic cycle이 반복되는 과정을 거친다.

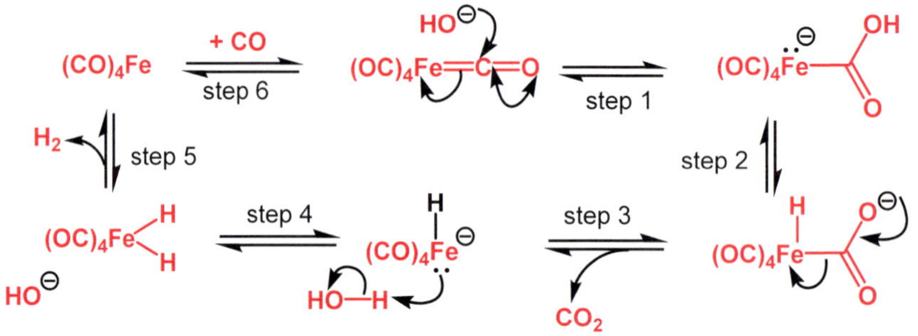

step 1 nucleophilic addition, step 2 proton transfer, step 3 ligand dissociation, step 4 proton transfer, step 5 reductive elimination, step 6 ligand association

이 수성가스 전환 반응은 metal carbonyl을 형성할 수 있는 금속은 alkali 존재하에서 거의 모두 이러한 반응을 할 수 있다. 예컨대, $[Rh^{I}I_2(CO)_2]^-$와 $[Rh^{III}I_5(CO)]^{2-}$는 $[Rh(CO)_2Cl]_2$-HOAc-HCl-KI 계에 존재하며 위 반응에 적합한 것으로 알려져 있다. 촉매 작용 단계의 요점만을 나타내면 다음과 같다.

$$Rh^{III} + CO + H_2O \longrightarrow Rh^{I} + CO_2 + 2H^{\oplus}$$
$$Rh^{I} + 2H^{\oplus} \longrightarrow Rh^{III} + H_2$$
$$\overline{CO + H_2O \longrightarrow CO_2 + H_2}$$

Fischer Tropsch Process는 원칙적으로 합성 가스의 CO를 hydrocarbon으로 환원하는 과정이며 다음과 같은 엔탈피 감소 반응이다.

$$n\,CO + 2n\,H_2 \longrightarrow (CH_2)_n + n\,H_2O \qquad \Delta H = -39.5\ \text{kcal/mol}$$

남아프리카 공화국에서는 지금도 풍부한 석탄을 이용하여 자동차 연료의 절반 이상을 이 방법에 의존하여 생산하고 있다. (SASOL process)

$$3H_2 + CO \xrightarrow[\substack{320 \sim 340\ ^{\circ}C \\ 25\ atm}]{\text{Fe oxide catalyst}} \text{petrol} + \text{diesel} + \text{waxes}$$

Fischer-Tropsch Process에서 일어나는 반응의 흐름을 간략하게 표시하면 다음과 같다.

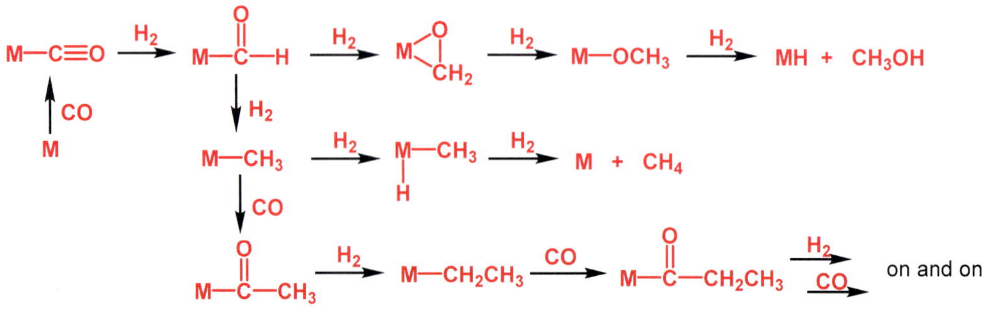

on and on

10.2.2 Hydroformylation

Hydroformylation은 공업적 제법으로 이용된 최초의 유기금속 촉매 반응 중의 하나이다. 일산화탄소와 수소가 사용되어 형태상으로는 alkene에 formaldehyde가 첨가되는 꼴이다. Ethylene의 hydroformylation으로 propionaldehyde를 제조할 수 있다.

$$H_2C=CH_2 + C\equiv O + H_2 \xrightarrow[100 \sim 120\ ^{\circ}C]{HCo(CO)_4} CH_3CH_2CHO$$

첨가는 위치선택적으로 진행되지 않으므로 higher alkene을 사용하는 반응에서는 linear aldehyde와 branched aldehyde의 혼합물을 얻게 된다. ***Hydroformylation***은 Rh과 Co 착물에 의하여 촉매되는데, H_2와 CO가 C=C π-결합에 첨가되어 aldehyde(H−C−C−CHO)를 생성하게 된다. 초기의 공업적 제법에서는 용융된 Ph_3P에서 Co를 촉매로 사용하였으나, 최근에는 Rh-촉매를 이용하는 훨씬 온화한 조건의 공정으로 바뀌었다.

Hydroformylation의 메커니즘은 그림에서 보는 바와 같이 앞에서 학습한 촉매수소화 반응 메커니즘과 크게 다르지 않다. Alkene이 16-전자 Rh^{I} 착물에 배위되어(step a) ligand 삽입이 일어나면(step b), 16-전자 Rh(I) 착물이 형성되고 CO가 배위되어 Rh−C 결합에 ligand 삽입이 일어나서(step d) 16-전자 acylrhodium(III) 착물이 형성되고 수소의 산화성 첨가로 18-전자 Rh^{III} 착물이 형성되어(step e) 환원성 제거가 일어나면(step f) 생성물인 aldehyde가 얻어지게 되고 동시에 Rh^{I} 착물이 재생성된다.

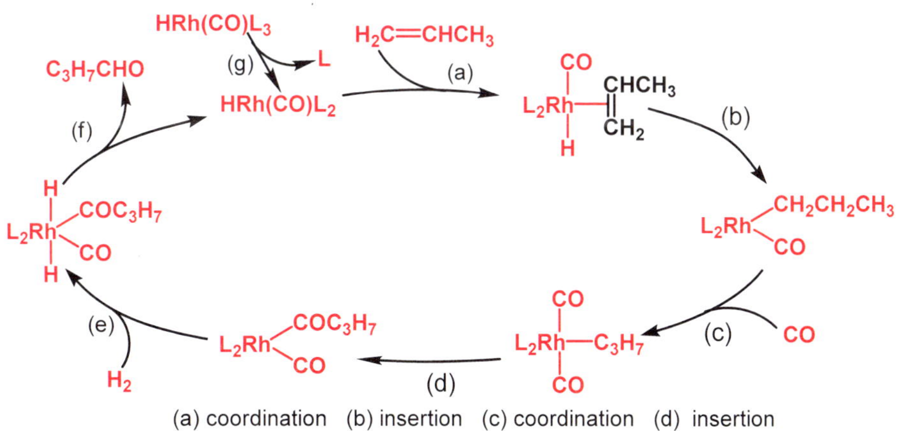

Propene은 M−H 결합에 삽입이 일어나면 두 이성질체가 생성되는데 하나는 1차 alkyl-금속 결합이고(위의 그림) 다른 하나는 2차 alkyl-금속 결합이다. 1차 alkyl과 금속의 결합으로는 *n*-butyraldehyde에 이르게 되며, 금속의 2차 alkyl과의 결합으로는 isobutyraldehyde를 생성하게 된다.

$$CH_3CH=CH_2 + C\equiv O + H_2 \xrightarrow{HRh(CO)L_3} CH_3CH_2CH_2CHO + (CH_3)_2CHCHO$$

> 90 % yield　　minor product

두 이성질체의 비는 금속 촉매, 반응 온도, 및 리간드에 따라 달라지지만, 어떤 조건에서라도 *n*-butyraldehyde가 주로 생성된다. 기술이 점차 발전하여 실험실적 제법으로도 손색이 없을 정도로 개선되었으며 아주 높은 비로 *n*-butyraldehyde를 얻을 수 있게 되었다.

Hydroformylation은 석유화학 공업에서 대단히 중요한 공정이다. 얻어지는 aldehyde의 혼합물을 **oxoaldehyde**라고 부르며 공업적으로는 이를 환원하여 alcohol을 얻거나, 산화하여 카복시산을 얻거나, 환원성 아미노화로 amine을 제조하게 된다.

문제 10.10 아래에 나타낸 R_3Si–H을 사용하는 ***silylformylation*** 반응의 메커니즘은 H_2를 사용하는 hydroformylation 메커니즘과 거의 닮은 꼴이다. Carbonylation을 포함하는 다음 반응 메커니즘을 그려라.

OSiPh$_2$H —Rh(acac)(CO)$_2$, 1000 psi CO→ O—SiPh$_2$ ... C(=O)H

문제 10.11 다음은 cobalt carbonyl을 이용하는 최초의 hydroformylation process의 catalytic cycle을 그린 것이다. 각 단계의 반응 이름을 붙이고 cobalt 화합물의 총전자수를 확인하라.

HCo(CO)$_4$ —(g), −CO→ HCo(CO)$_3$ —(a) $H_2C=CH_2$→ HCo(CO)$_3$(C$_2$H$_4$) —(b)→ EtCo(CO)$_3$ —(c) CO→ EtCo(CO)$_4$ —(d)→ EtC(O)Co(CO)$_3$ —(e) H_2→ H$_2$Co(CO)$_3$(C(O)Et) —(f)→ CH$_3$CH$_2$CHO + HCo(CO)$_3$

10.2.3 Carbonylation of Alkyl Halides(Pd, Rh)

$(Ph_3P)_4Pd$와 같은 Pd(0) 촉매는 염기성 MeOH(어떤 alcohol도 가능함)에서 CO 존재하에 alkoxycarbonylation을 촉매하여 organic halide(RX)의 ester(RCO_2Me)로의 변환이 일어난

다. 뒤-금속 촉매에 의한 C−halogen 결합의 치환 반응은 거의 항상 산화성 첨가가 첫 단계가 된다. R−X가 Pd(0)로 산화성 첨가가 일어나면 R−Pd(II)−X가 생성되고 CO의 삽입으로 RCO−Pd(II)−X가 생성된다. Acylpalladium 착물은 까다롭고 복잡한 'acyl halide'라고 생각하면 된다. Methoxide의 친핵성 첨가로 정사면체 중간체가 형성되고 이어 제거에 의해 ester가 생성되는 유기 반응 메커니즘에서와 같은 단계를 거친다. X^-를 잃으면 촉매가 재생성된다. 활성 촉매 화학종은 자주 L_nPd로 나타내며 ligand와의 회합과 해리는 반응 전과정을 통해 일어날 수 있다. 활성 화학종은 $(Ph_3P)_4Pd$에서 2 Ph_3P를 잃은 $(Ph_3P)_2Pd$일 수도 있고 또는 $(Ph_3P)_3Pd$일 수도 있다.

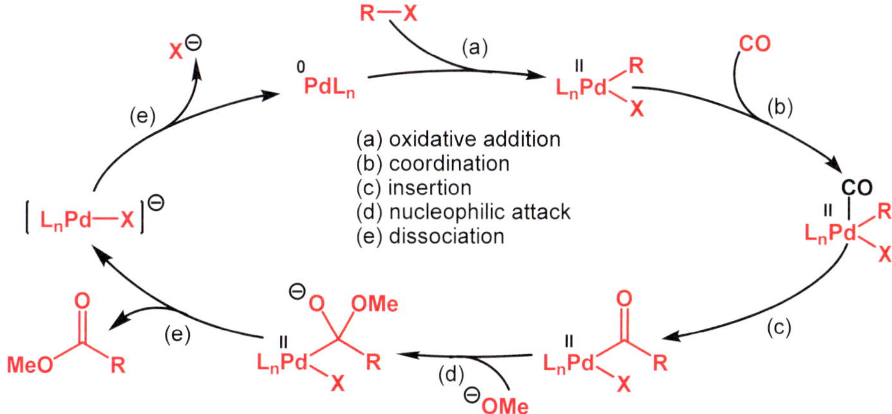

Pd complex에 사용되는 ligand로는 Ph_3P 이외의 $Ph_2PCH_2CH_2PPh_2$(diphos or **dppe**), (*o*-tolyl)$_3$P, 1,1'-bis(diphenylphosphino)ferrocene (**dppf**), trifurylphosphine와 같은 다양한 이치환 또는 삼치환 phosphine이 가끔씩 사용되기도 한다. Phosphine ligand는 Pd(0)를 용액 속에 붙잡아 두어 soluble catalyst를 유지하는 역할을 한다고 할 수 있다. 어떤 특정 변환 반응에 가장 좋은 ligand가 무엇인가는 실험을 통해 찾아낼 수밖에 없다.

때로 $(Ph_3P)_2PdCl_2$ 또는 $Pd(OAc)_2$와 같은 Pd(II) 화합물을 촉매로 반응 혼합물에 첨가한다. Pd(II)는 촉매 순환이 일어나기 전에 Pd(0)로 환원되어야 한다. Et_3N가 환원제 역할을 할 수 있다. Pd(II)에 배위되어 β-hydride 제거가 일어나면 Pd(II) hydride가 생성되는데 양성자떼기가 일어나면 Pd(0)를 얻게 된다. Triarylphosphine 또한 전자 전달에 의해 Pd(II)를 Pd(0)로 환원할 수 있다.(Phosphine은 상당히 여러 유기 작용기에 효과적인 환원제이다.)

(a) ligand exchange (b) β-hydride elimination (c) deprotonation, dissociation

Alkyl halide의 Pd-촉매 carbonylation은 엄청나게 유용한 반응이다. 정통적인 유기 반응으로 이와 같은 변환을 하려면 RX를 먼저 Grignard 시약으로 변환하고 CO_2를 첨가한 다음 카복시산을 ester로 바꿔야 한다. 강력한 환원성과 염기성 조건에서 많은 작용기가 살아남을 수 없다. 이에 반해 Pd-촉매 반응은 상온이나 그보다 약간 높은 온도에서 진행될 수 있으며 Et_3N과 같은 약한 염기만 있으면 되기 때문이다. 이 반응은 X = I, Br일 때 가장 잘 일어난다. 반응은 또한 pseudohalide와도 잘 일어난다. X = OTf인 경우를 자주 보게 되는데 이는 해당 ketone으로부터 쉽게 만들 수 있기 때문이다. 이 반응의 아주 중요한 제한점은 R이 반드시 C(sp^2)이어야 한다는 점이다. C(sp^3) halide로 이 반응이 일어날 수 있는 경우는 β-수소가 없는 methyl, benzyl 및 neopentyl halide(Me_3CCH_2X) 정도이다. β-수소가 있는 alkyl halide는 산화성 첨가 단계를 거치면 β-hydride 제거가 일어나서 HX가 제거된 생성물만을 얻게 됨은 여러 차례에 걸쳐 이야기한 바 있다.

문제 10.12 다음 alkoxycarbonylation 반응의 합리적인 메커니즘을 그려라. 반응에 필요한 Pd^0가 주어진 조건에서 어떻게 만들어지는가도 다시 한 번 그려보라.

(I, OH, MeO, OMe 치환 벤젠) + CO $\xrightarrow[\text{K}_2\text{CO}_3\text{, DMF, 4 atm, 50 °C, 60 hr}]{\text{cat. (PPh}_3)_2\text{PdCl}_2}$ (MeO, OMe 치환 lactone)

Monsanto Process: Carbonylation of Methanol

공업적으로 가장 성공적인 균일 촉매 공정의 하나인 **Monsanto Process**에서는 Rh 착물과 촉매량의 HI를 사용하여 CH_3OH를 카보닐화하여 CH_3CO_2H를 생산한다. 반응이 일어나려면 어떤 단계에선가 C−O 결합에 Rh의 insertion이 일어나야 하는데, C−O 결합은 센 결합이고 OH는 열악한 이탈기이기 때문에 이를 적당한 반응성을 갖는 다른 이탈기로 바꾸어야 하며 그 역할을 HI가 하게 된다.

1. $CH_3OH + HI \rightleftharpoons H_3C{-}I + H_2O$

2. $H_3C{-}I + CO \longrightarrow H_3C{-}C(=O){-}I$

3. $H_3C{-}C(=O){-}I + H_2O \rightleftharpoons H_3C{-}C(=O){-}OH$

이 반응의 catalytic cycle은 보통의 경우와 같이 하나의 cycle로 끝나지 않으며 둘째 순환과정이 동시에 맞물려 일어나야 하기 때문에 색다르게 그리기도 쉽지 않고, 그려도 잠시 무엇이 어떻게 돌아가는지 알아보기도 쉽지 않아 꼼꼼히 살펴야 할 것이다.

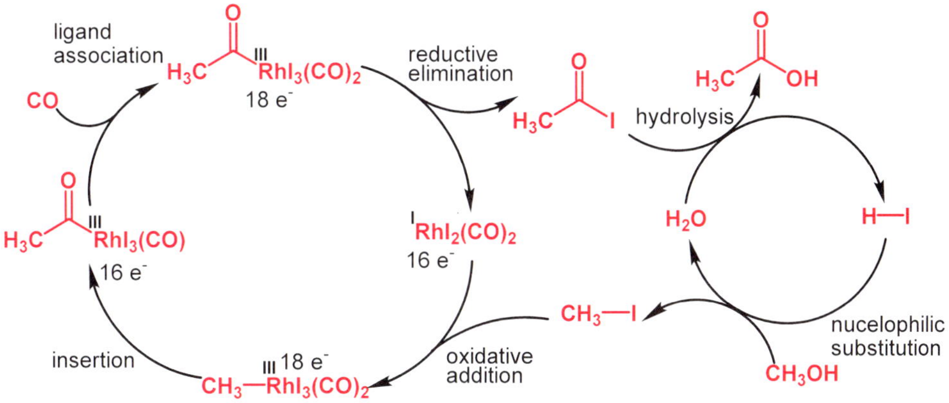

첫 단계에서는 CH_3OH와 HI가 S_N2 메커니즘으로 CH_3I와 H_2O로 변환된다. Rh precatalyst (거의 모든 Rh 착물이 유효함)는 반응 조건하에서 활성 촉매인 $Rh(CO)_2I_2^-$로 변환된다. 둘째 과정에서 CH_3I의 산화성 첨가가 일어나게 되는데 Rh의 친핵성 치환에 이은 iodide의 회합으로 이어지게 된다. CO의 이동성 삽입을 거쳐 다른 CO가 배위되고 18-전자계의 Rh 중간체가 형성되는데 CH_3CO와 I의 환원성 제거로 CH_3COI가 유리되고 Rh(I) 착물이 재생성되어 순환 고리가 다시 시작된다. 마지막 셋째 과정은 H_2O (첫 단계에서 생성) 분자에 의한 CH_3COI의 가수분해로 CH_3CO_2H이 생성되고 HI는 재생성된다.

10.2.4 Carbonylation of Alkenes, Alkynes and Allylic Halides

Ni 촉매에 의한 carbonylation 반응은 공업적으로 폭넓은 응용 예를 가지고 있고 이들 반응을 총괄하여 **Reppe 반응**이라고 한다. 공업적으로 가장 유용한 process는 acetylene의 carbonylation에 의한 acrylic acid의 제조 공정이라고 할 수 있다.

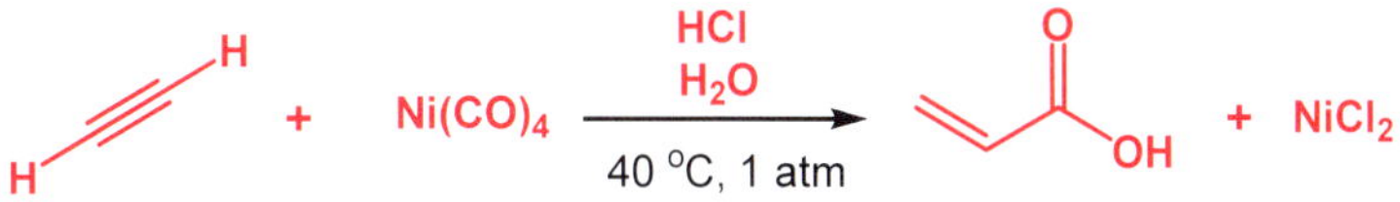

치환 acetylene과의 반응도 일어나며 물 대신 alcohol이 존재하면 ester를 생성하게 된다.

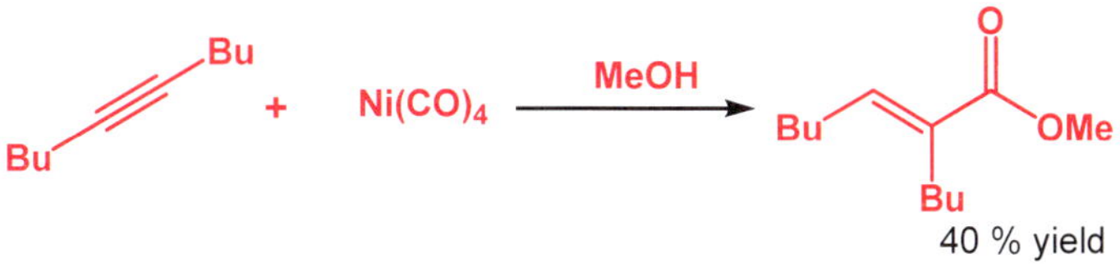

공업적으로 개발된 이 반응은 점차 실험실에서 정밀한 유기물을 합성하는 반응으로 확장되었으며, 다음 반응에서 보듯이 alkene과도 반응하여 carbonylation 생성물을 얻을 수 있다.

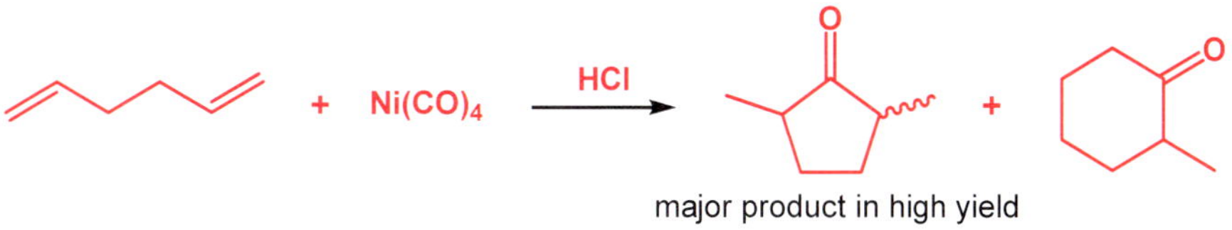

Acetylene이나 alkene 대신에 allylic halide가 반응하면 π-allyl complex를 형성하게 되고 (10.5.2절) 여기에는 carbonylation이 아주 쉽게 일어나서 많은 응용 예를 발견할 수 있다. Vinyl halide의 경우도 반응이 쉽게 일어나서 carbonylation 생성물을 얻게 된다. 이에 대한 논의는 다음 몇 가지 반응 예를 살펴보고 마치기로 한다. 이들 반응이 어떻게 일어나는가는 한 번쯤 메커니즘을 그려볼 가치가 있다.

Cl or Cl $\xrightarrow[\text{CO, MeOH}]{Ni(CO)_4}$ OMe

Br + H≡H + $Ni(CO)_4$ $\xrightarrow{\text{MeOH}}$ OMe

Br OH $\xrightarrow{Ni(CO)_4}$ O

48 % yield

π-Allyl complex를 거치는 단순한 친핵성 치환 반응은 뒤에서 다시 한 번 살펴보게 된다.

문제 10.13 이 절 마지막 부분에서 소개된 다음 두 반응의 메커니즘을 그려보라.

Cl or Cl $\xrightarrow[\text{CO, MeOH}]{Ni(CO)_4}$ OMe

Br + H≡H + $Ni(CO)_4$ $\xrightarrow{\text{MeOH}}$ OMe

10.2.5 Decarbonylation of Aldehydes and Acyl Halides

Wilkinson's 촉매는 aldehyde의 decarbonylation (RCHO → RH + CO) 반응에 촉매 작용을 한다. 놀라울 정도로 교묘하게 일어나는 반응이지만 메커니즘은 의외로 간단하다. Rh(I)이 aldehyde에 친핵성 첨가를 일으키고 이어서 C에서 Rh으로 1,2-hydride 이동이 일어나면 acyl-Rh(III) 착물이 생성된다. (a)와 (b) 두 단계는 전체적으로 보아 aldehyde C−H 결합에 산화성 첨가가 일어난 셈이다. CO의 제거가 일어나면 alkyl−Rh(III)−H 착물이 생성되고 여기에 환원성 제거가 일어나면 alkane과 Rh(I)이 생성된다. 유감스럽게도 이 반응은 Rh로 보아 촉매 반응이 아닌 화학양적 반응이다. 이는 생성물인 착물 $(Ph_3P)_2Rh(CO)Cl$에 산화성 첨가가 일어날 수 없기 때문이다. 전자끌개 CO기로 인하여 Rh 착물은 심각한 전자 부족 상태이다. Rh 시약은 대단히 비싸므로 이 반응은 값진 생성물이거나 아니면 소량의 물질을 얻고자 하는 경우에만 사용하게 된다.

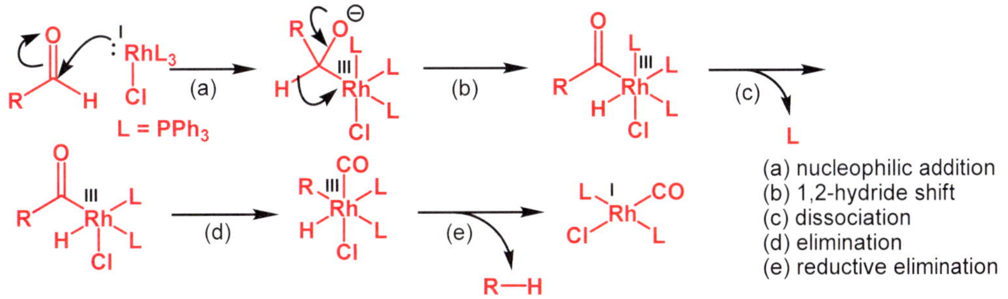

(a) nucleophilic addition
(b) 1,2-hydride shift
(c) dissociation
(d) elimination
(e) reductive elimination

Aldehyde의 decabonylation과는 달리 acid chloride의 decarbonylation은 소량의 촉매로도 쉽게 일어난다. 위의 aldehyde와 거의 유사한 반응 메커니즘을 거쳐 진행되지만 cyclic process 이다. $(Ph_3P)_2Rh(CO)Cl$은 이 목적으로 주로 사용되는 촉매이다.

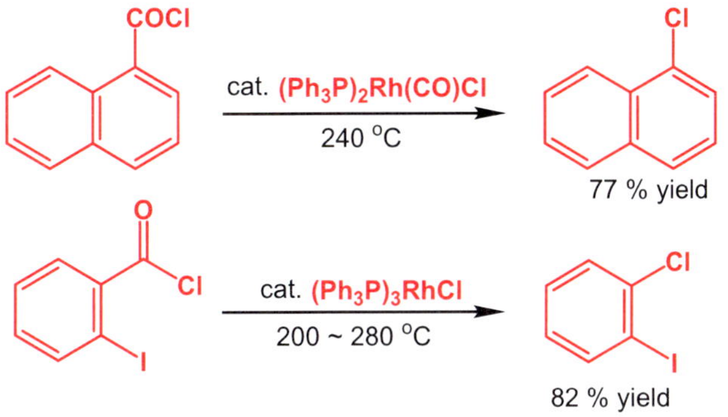

이러한 유형의 반응은 palladium charcoal에 의해서도 일어나지만 Rh catalyst에 비해 훨씬 더 높은 온도를 필요로 한다.

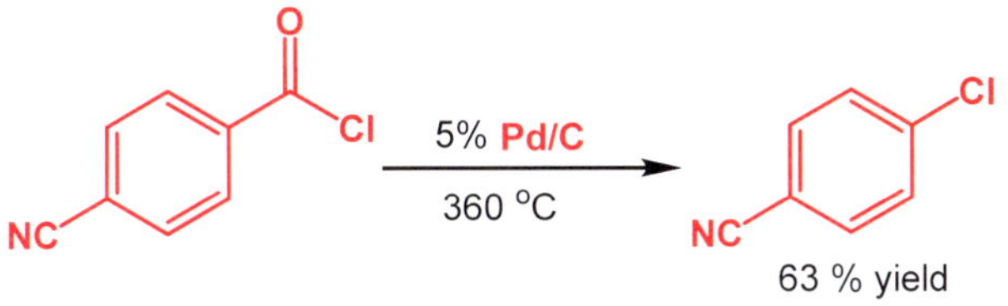

그러나 aroyl chloride의 decarbonylation은 3차 amine과 활성화된 alkene이 존재하는 경우 매우 쉽고 빠르게 진행된다. 이 경우에 생성물은 arylated alkene이 된다. 이 반응은 잠시 뒤에 다룰 Heck coupling 반응과 매우 흡사하다. (10.3.1절) Aryl과 금속 Pd 간의 결합에 alkene이 삽입되면서 진행된다.

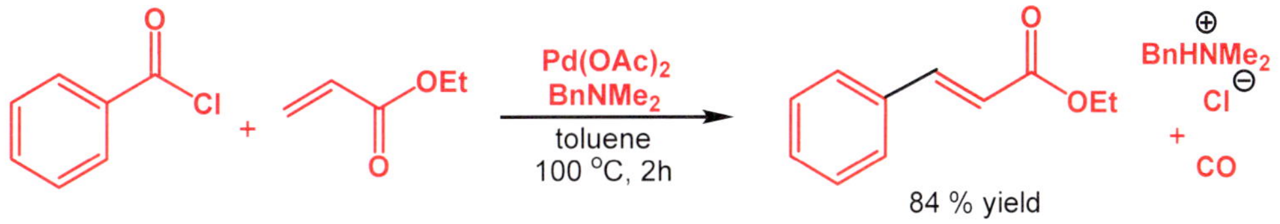

문제 10.14 다음 Pd 촉매 decarbonylation의 메커니즘을 제안하여 보라.

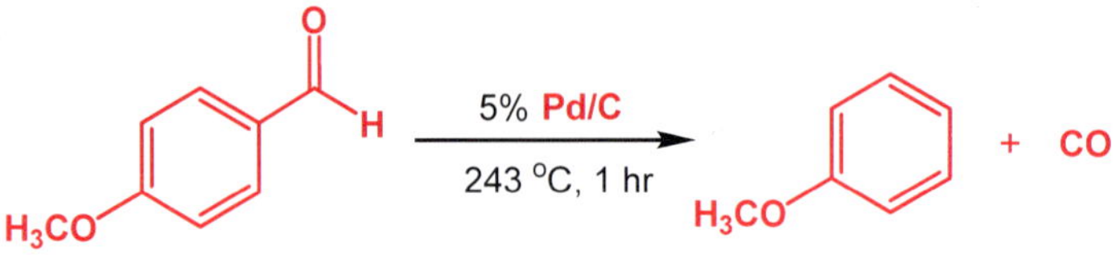

문제 10.15 다음 반응은 어떤 메커니즘을 거쳐 일어나는가?

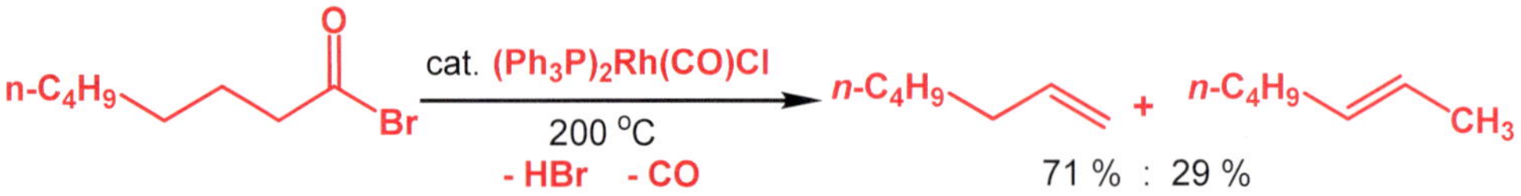

문제 10.16 위 문제의 반응에서 본문에 예시되어 있는 benzoyl chloride의 decarbonylation에서와 같이 alkyl bromide를 얻을 수는 없는가? 없다면 무슨 문제 때문인가?

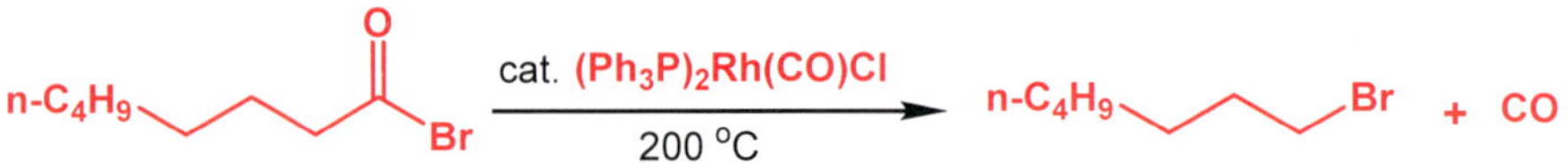

10.2.6 Pauson-Khand Reaction

다음 기본 반응식에서와 같이 alkyne과 alkene 및 CO를 합체하여 cyclopentenone을 생성하는 유용한 cyclopentenone의 합성 반응을 **Pauson-Khand** 반응이라 한다.

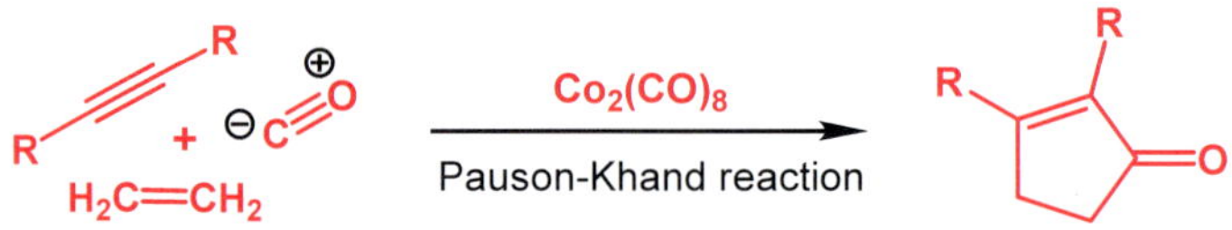

Cobalt complex를 촉매로 사용하는 이 반응을 이용하면 다양한 치환기를 가지는 cyclopentenone을 합성할 수 있다. 다음 식은 cyclohexene과 acetylene을 사용하여 bicyclic cyclopentenone을 합성하는 예이다.

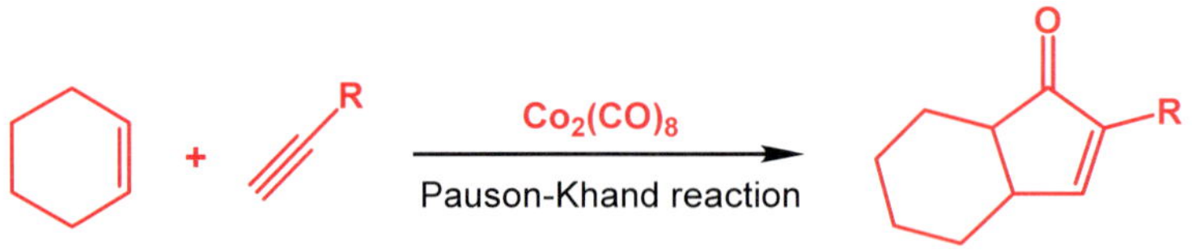

이 고도의 **수렴반응(convergent reaction)**은 금속-금속 결합을 갖는 흔하지 않은 착물인 $Co_2(CO)_8$ [$(CO)_4Co-Co(CO)_4$]에 의해서 중개된다. $Co_2(CO)_8$의 각 Co 원자는 18-전자를 모두 가졌으며, 산화상태는 Co(0) 이다.

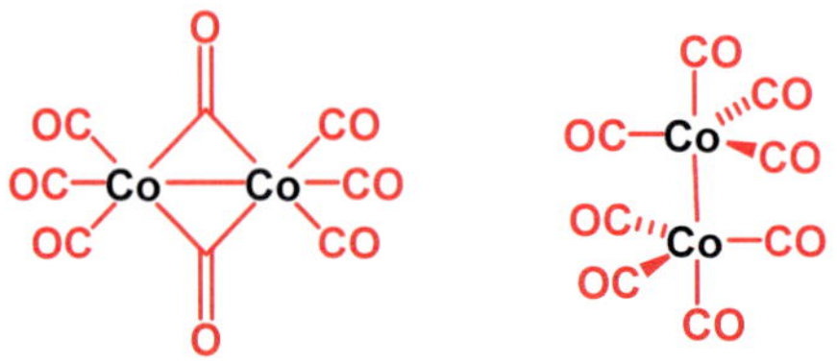

Pauson-Khand 반응은 4족 금속-중개 환원성 짝지음이나 카보닐화 반응과 생성물이 같으며, 두 반응 모두 기본적으로 같은 메커니즘을 거친다. 즉, alkyne-metal π-착물이 형성되고, alkene의 삽입을 거쳐 CO의 삽입이 일어나고 환원성 제거가 뒤이어 일어난다. 세부적인 면에서는 약간 다른 점도 있다. Alkyne을 $Co_2(CO)_8$에 넣으면 CO가 발생하며 크로마토그래피로 분리 가능할 정도로 안정한 alkyne-$Co_2(CO)_6$ 착물이 아래 식에서와 같은 과정을 거쳐 얻어진다.

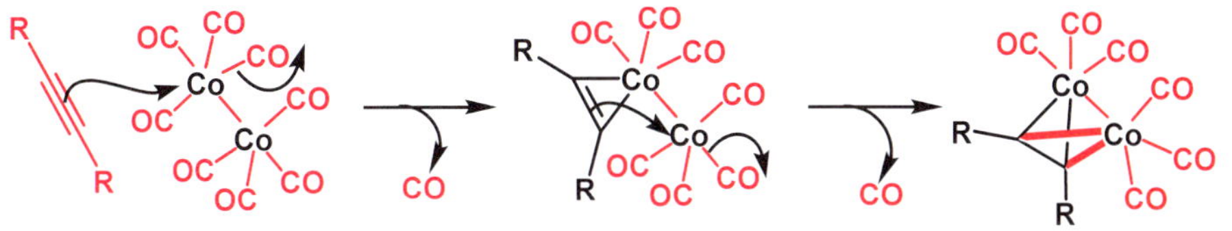

alkyne-$Co_2(CO)_6$ complex

이 'butterfly' 착물은 Co(II)–C 결합이 넷이 있으며 Co–Co 결합은 그대로 보존된다. Alkyne-$Co_2(CO)_6$ 착물의 형성은 CO가 치환되면서 한 Co(0) 중심과 alkyne 간의 착물 형성 과정을 거친다. π-착물은 Co(II) cobaltacyclopropene 공명구조를 그릴 수 있다. Cobaltacyclopropene의 나머지 π-결합은 다른 Co에서 CO 한 당량을 치환하며 π-착물을 형성한다. 이 두 번째 π-착물도 또한 cobaltacyclopropene 공명구조로 나타낼 수 있다. Alkyne-$Co_2(CO)_6$ 착물은 18-전자 Co(II) 중심을 둘 갖게 된다.

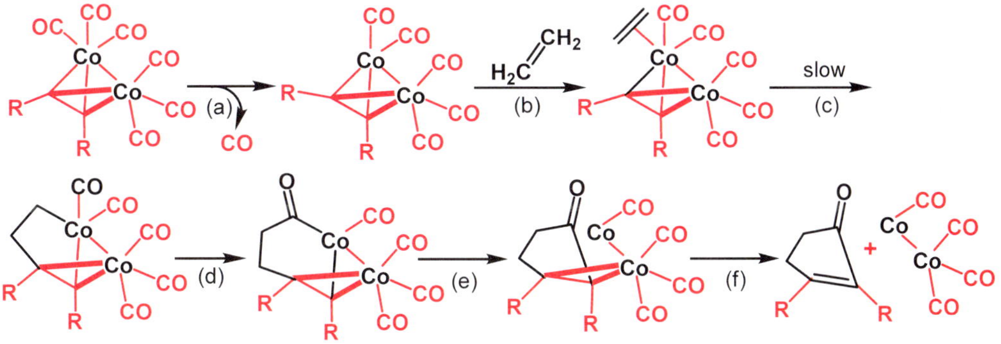

(a) dissociation (b) coordination (c) alkene insertion (d) carbonyl insertion
(e) reductive elimination (f) dissociation

Alkyne-$Co_2(CO)_6$ 착물은 다음 CH_2=CH_2과 같은 alkene과 합체된다. 처음에는 아무런 변화도 안 일어나는데 이는 alkyne-$Co_2(CO)_6$ 착물은 비교적 활성이 낮은 18-전자 착물이기 때문이다. 가열하던지 빛을 쪼이던지 아니면 N-methylmorpholine-N-oxide (NMO)를 넣던지 하면 CO ligand 하나가 떨어져 나가 16-전자 Co 착물이 만들어진다. 그런 다음 Co로 alkene의 배위가 일어난다. Alkene이 Co–C 결합 중 하나에 이동성 삽입이 일어나고 이어서 CO의 이동성 삽입이 일어난다. 환원성 제거가 일어나면 cyclopentenone과 $Co_2(CO)_6$의 π-착물이 형성되며 해리가 일어나면 cyclopentenone이 생성된다.

Pauson-Khand 반응은 1,6-enyne의 분자내 고리화로 bicyclo[3.3.0]octenone를 형성하는데 특히 유용하다. 분자간의 반응은 비대칭성 alkyne 또는 alkene이 사용되는 경우 이런 저런 이유로 어떤 기질의 경우에는 꽤 좋은 선택성을 보이는 경우가 간혹 있기는 하지만, 기본적으로는 위치화학의 문제가 생기도록 되어 있기 때문이다.

Ph
$Co_2(CO)_8$
NMO
O
O^-
N^+ Me
O
N-methyl morpholine oxide

다른 금속 착물인 $Mo(CO)_6$, $Fe(CO)_5$, $W(CO)_6$, $Cp_2Ti(CO)_2$ 등도 Pauson-Khand 반응을 촉진하는 것으로 알려져 있으며, 또한 촉매량만의 금속을 사용하는 개량된 Pauson-Khand 반응도 개발되었다. 하지만 화학양적 $Co_2(CO)_8$ 반응이 이 변환을 일으키는데 가장 널리 사용되는 방법이다.

EtO_2C
EtO_2C
$Co_2(CO)_6[P(OPh)_3]_2$
CO, 3 atm
EtO_2C
EtO_2C
O
80 % yield

EtO_2C
EtO_2C
Ph
$RhCl(PPh_3)_3$, AgOTf
CO, 1 atm, 110 °C
toluene
Ph
EtO_2C
EtO_2C
O
89 % yield

문제 10.17 본문의 Alkyne-$Co_2(CO)_6$ 착물이 얻어지는 과정을 식을 보지 말고 다시 한 번 그려보라.

문제 10.18 NMO(N-methylmorphorine oxide)는 alkyne-$Co_2(CO)_6$ 착물의 한 CO ligand를 CO_2로 산화시켜 alkyne-$Co_2(CO)_5$ 착물을 생성한다. 이 변환의 메커니즘을 적어라.

OC CO CO Co CO R Co CO R CO
NMO
CO CO Co CO R Co CO R CO
NMO
H_3C $N^{\oplus}$ $O^{\ominus}$
≡ $R_3\overset{\oplus}{N}—O^{\ominus}$

문제 10.19 다음 화합물은 실제로 Pauson-Khand 반응으로 얻어진 화합물들이다. 이들 고리 화합물을 합성하기 위하여 각각 어떤 화합물들이 사용되었는가?

(a) MOMO O
30 % yield

(b) $SiMe_3$ O
55 % yield

(c) O CO_2Me O
65 % yield

10.3 Ligand Coupling Reactions

Aryl 및 vinyl halide는 친핵체와 첨가-제거, $S_{RN}1$ 또는 제거-첨가의 세 메커니즘 중 하나를 거쳐 치환 반응을 일으킨다. 첨가-제거 메커니즘은 친전자성 C가 필요하며, 따라서 aryl halide의 경우에는 고리에 NO_2기와 같은 강력한 전자끌개 치환기가 있어야만 한다. $S_{RN}1$ 반응은 빛이 존재하거나 라디칼을 안정화하는 친핵체를 필요로 한다. 제거-첨가는 아주 강력한 염기성 조건이 필요하다. Aryl halide-친핵체 쌍이 이들 조건의 어느 것도 충족시키지 못하는 예가 허다하며 따라서, 이들 변환은 오래 동안 가장 이루기 어려운 변환으로 여겨져 왔다. 다음에 논의하게 될 Heck 반응을 비롯한 여러 유사 coupling 반응이 이와 같은 정통적인 유기 반응으로는 일어나기 어려운 여러 가지 합성 반응 문제를 해결하게 되었다.

대다수의 이들 coupling 반응에서는 Pd(0)를 주로 촉매로 사용하는데 Pd-phosphine complex는 $Pd(OAc)_2$와 같은 Pd(II) 화합물을 사용하여 *in-situ*로 만들어 쓰는 경우가 많다. Pd(II)는 산화력이 높은 편이어서 Pd(0)로의 환원은 alkenes, butyllithium, trialkylaluminum, amine, phosphine 등 각종 유기 및 유기금속 화합물에 의해서 이루어진다.

DMF+Base

$$(Ph_3P)_2PdCl_2 \xrightarrow[(g)\ -HCl]{DMF} (Ph_3P)_2Pd(Cl)(C(=O)NMe_2) \xrightarrow{(d)} (Ph_3P)_2Pd^{0} + ClC(=O)NMe_2$$

$$ClC(=O)NMe_2 + CO_3^{2-} + HCl \longrightarrow CO_2 + CO_2 + H_2NMe_2^{\oplus}\ Cl^{\ominus}$$

alkene

$$\overset{II}{Pd}L_2X_2 \xrightarrow{(a)} (CH_2{=}CH_2)PdL_2X_2 \xrightarrow{(b)} X\overset{II}{Pd}L_2{-}CH_2CH(H)X \xrightarrow[-\ CH_2{=}CHX]{(c)} L_2\overset{II}{Pd}(H)X \xrightarrow{(d)} L_2\overset{0}{Pd} + HX$$

organometallics

$$(Ph_3P)_2\overset{II}{Pd}Cl_2 \xrightarrow[(e)]{MeLi} (Ph_3P)_2\overset{II}{Pd}(CH_3)_2 \xrightarrow{(d)} (Ph_3P)_2\overset{0}{Pd} + Me{-}Me$$

NR_3

$$(Ph_3P)_2\overset{II}{Pd}Cl_2 \xrightarrow[(e)]{NEt_3} (Ph_3P)_2\overset{II}{Pd}(Cl)(CH_3CH_2\overset{\oplus}{N}Et_2) \xrightarrow[(c)]{-\ H_3CHC{=}\overset{\oplus}{N}Et_2\ Cl^{\ominus}} (Ph_3P)_2\overset{II}{Pd}(H)Cl \xrightarrow[(f)]{:NEt_3} (Ph_3P)_2\overset{0}{Pd}$$

Ph_3P

$$\overset{II}{Pd}(OAc)_2 \xrightarrow{(a)} (Ph_3P)(Ph_3\overset{\oplus}{P})Pd{-}OAc\ \ {}^{\ominus}OAc \xrightarrow{AcO^{\ominus}} CH_3C(=O)O{-}\overset{}{P}Ph_3{-}Pd(PPh_3)OAc \xrightarrow[-\ Ac_2O + Ph_3PO]{(d)} Ph_3P{-}\overset{0}{Pd}$$

(a) ligand association (b) migratory insertion (c) β-hydride elimination (d) reductive elimination
(e) ligand exchange (f) deprotonation dissociation (g) σ-bond metathesis

Pd(0)의 생성 과정을 그려 보는 것은 유기금속 화학의 여러 기본 반응을 익히는데 좋은 공부 거리이다. 뿐만 아니라 Pd(0)는 가장 많이 사용되는 전이금속 촉매이므로 적어도 한 번은 각 step의 이름을 붙여가며 확실하게 어떻게 Pd(0)가 생성되는지를 이해하고 연습하고 기억하게 되면 큰 도움이 될 것이다. 앞으로 Pd(0) 생성에 관한 것은 생략한다.

그리고 이들 coupling 반응의 대다수는 다음과 같은 aryl 또는 vinyl halide나 tosylate, triflate가 사용된다. 상황에 따라 다소의 차이는 있을 수 있으나 다음과 같은 aryl 또는 vinyl halide의 반응성 순서를 기억해 두면 편리하다.

I > OTf > Br > Cl > I > OTf > Br >>> Cl

순서는 극성 반응에서의 반응성 순서와 크게 다르지 않다. 그러나 극성 반응에서는 triflate가 iodide보다 더 반응성이 큰 nucleofugal leaving group으로 작용하나 그 순서가 바뀌어 있다. 또한 vinyl halide의 반응성이 aryl halide의 반응성보다 크다는 점은 위의 순서를 보면 제일 처음 눈에 들어오는 사실이다. 특히 aryl chloride의 반응성은 다른 것에 비해서 상당히 낮아서 사용하는 경우가 드물며, 사용한다 해도 더 격렬한 반응 조건을 필요로 한다는 점은 기억해 둘 필요가 있다.

10.3.1 Heck Reaction (Pd)

Heck 반응에서는 aryl 또는 vinyl halide(R−X)와 alkene($H_2C{=}CHR'$) 간의 Pd 촉매 반응으로 더 많이 치환된 alkene(R−CH=CHR')이 생성된다. 부산물인 HX를 중화하기 위하여 염기가 사용된다. Heck 반응은 분자간의 반응과 분자내의 반응이 모두 가능하다. 분자간 반응은 alkene이 친전자성일 때 가장 좋은 결과를 얻는다. 분자내의 반응에서는 더 많이 치환된 alkene을 사용할 수 있다.

Br + CO_2Et → cat. $Pd(PPh_3)_4$, Et_3N → CO_2Et

I, CH_3 + $H_2C{=}CH_2$ → cat. $Pd(PAr_3)_4$, Et_3N, MeCN, 125 °C, 18 hr, **Ar** = *o*-tolyl → CH_3 + $Et_3NH\ Cl$, 86 % yield

위의 보기 반응에서는 C−I 결합이 깨지고 새로 C−C 결합이 형성된다. 첫 단계는 다른 반응에서와 마찬가지로 C−I 결합이 $L_nPd(0)$에 산화성 첨가가 일어나서 I−Pd(II)−Ar 착물이 얻어지는 것이다. Alkene이 Pd(II)−Ar 결합에 삽입되면 새로 C−C 결합이 형성된다. *β*-Hydride elimination이 일어나면 H−Pd(II)−I가 생성되는데 염기에 의해 HI가 제거되면 Pd(0)가 재생성된다.

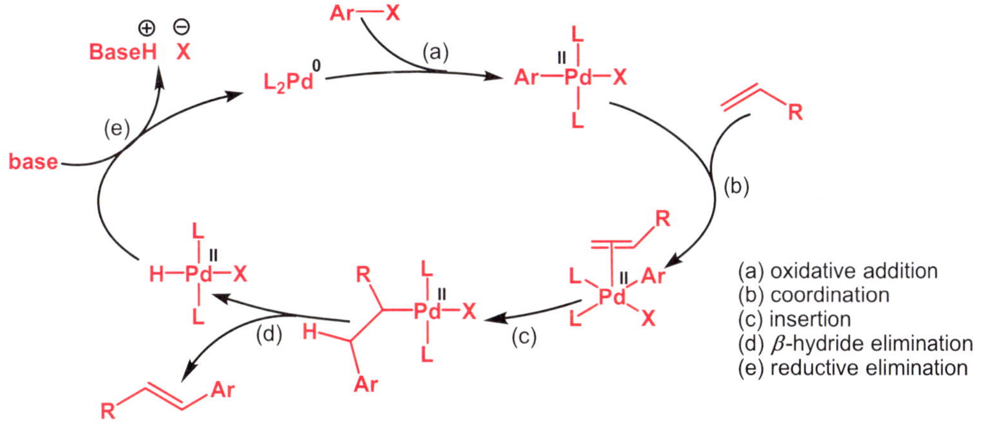
Ar—X
(a)
BaseH X
L_2Pd^0
base
(e)
(b)
(c)
(d)
(a) oxidative addition
(b) coordination
(c) insertion
(d) β-hydride elimination
(e) reductive elimination

Heck 반응에 사용될 수 있는 반응물은 aryl, heteroaryl, vinylic 및 benzylic halide나 triflate 등을 사용할 수 있다. Alkyl group은 sp^3 탄소에 이웃하여 *β*-자리 수소를 가지고 있는 기질의 경우에는 쉽게 *β*-hydride elimination이 일어나기 때문이다. 기질에는 전자끌개든지 아니면 전자주개 group이든지 간에 다양한 작용기가 있어도 견딜 수 있는 경우가 많다.

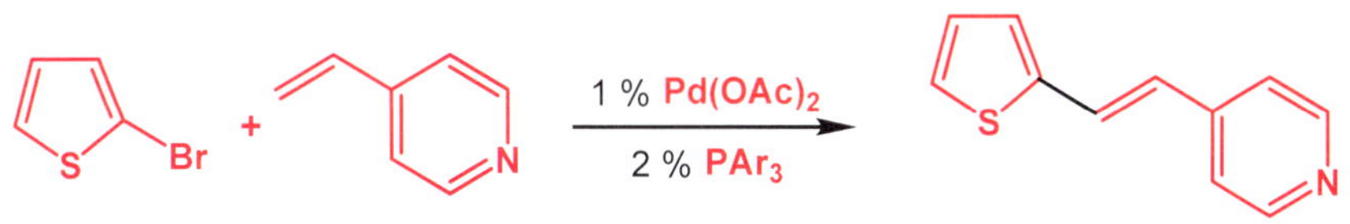
1 % Pd(OAc)2
2 % PAr3

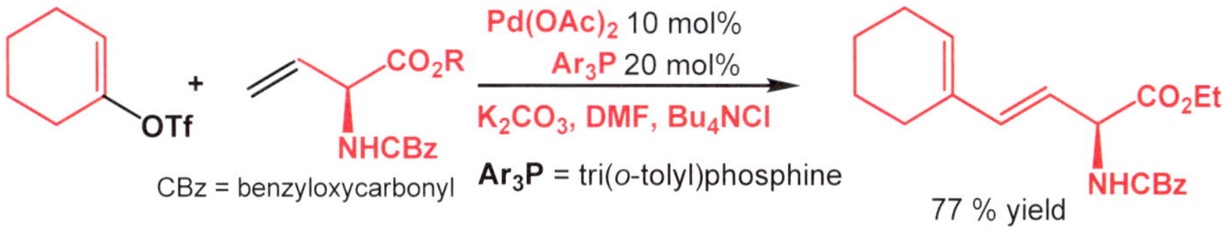
Pd(OAc)2 10 mol%
Ar3P 20 mol%
K2CO3, DMF, Bu4NCl
Ar3P = tri(o-tolyl)phosphine
CBz = benzyloxycarbonyl
77 % yield

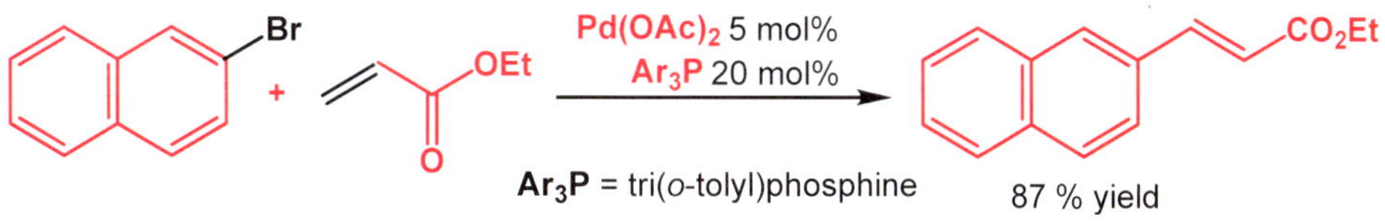
Pd(OAc)2 5 mol%
Ar3P 20 mol%
Ar3P = tri(o-tolyl)phosphine
87 % yield

전자주개 치환기인 vinyl ether 형의 alkene은 1,1-이치환 alkene을 형성한다. 이 경우에는 alkene의 채워진 π 오비탈과 Pd의 빈 d 오비탈 간의 상호작용이 일어나게 된다.

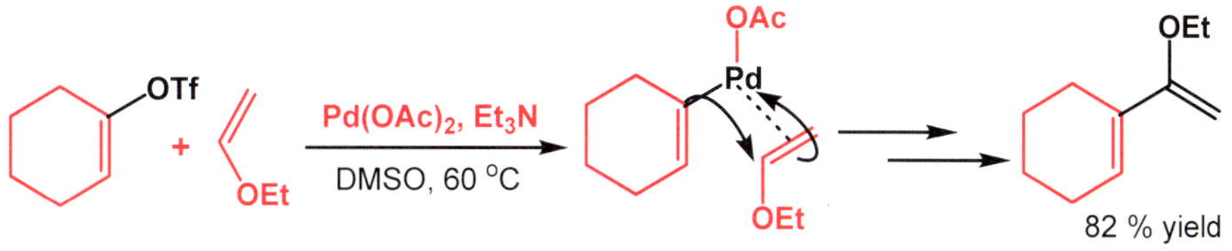
Pd(OAc)2, Et3N
DMSO, 60 °C
82 % yield

Pd(II) 착물을 반응 혼합물에 첨가하는 경우가 종종 있는데 앞 절에서 본 것과 같이 다양한 반응에 의해서 Pd(0) 착물이 *in-situ*로 형성될 수 있기 때문이다. 또한 생성물은 *cis*-alkene보다 안정한 *trans*-alkene이 주로 얻어지게 되는데, 이는 *β*-hydride 제거가 일어나는 회전이성질체(rotamer)의 conformational preference에 기인한다.

Pd(OAc)$_2$, KOAc

R_4NCl, DMF

70 % yield

반응하는 halide와 alkene이 같은 분자에 존재한다면 고리형 화합물을 얻게 된다. 다음 반응 예에서와 같이 이 반응으로 헤테로방향족 고리를 합성하는 예가 많이 알려져 있다.

Pd(OAc)$_2$

Bu_4NCl, base

92 % yield

때로는 *β*-hydride 제거가 첨가가 일어난 C−C 결합이 아닌 떨어져 있는 탄소에서 일어나기도 하며 이 경우에는 새로운 입체중심이 생겨난다. 앞에서 보았던 것처럼 dehydro-palladtion이 다른 쪽으로 일어나는 예이다.

Pd(OAc)$_2$, (R)-BINAP

PMP, THF, 80 °C

PMP 3° amine base

Ar = Ph: 86 % yield, 84 % ee

Ar = 1-naphthyl: 92 % yield, 92 % ee

위의 반응 예에서와 같이 반응물에 prochiral center가 있는 경우에는 Pd 촉매의 ligand를 BINAP(2,2'-bis(diphenylphosphino)-1,1'-binaphthyl)이나 기타 다른 chiral phosphine ligand를 사용하여 비대칭성 반응으로 한 enantiomer를 주로 얻을 수도 있다.

문제 10.20 Heck 반응의 한 반응물은 alkene이며 생성되는 화합물 역시 alkene이다. 반응물 alkene과 생성물 alkene 간의 경쟁이 있을 법한데 어떻게 반응물 alkene만이 반응하는가?

문제 10.21 다음 Heck coupling 반응의 합리적인 메커니즘을 그려라.

Pd(OAc)$_2$, PPh$_3$

Et$_3$N

문제 10.22 다음 반응은 어떻게 일어나는가? 메커니즘을 그려보라.

Br

$Pd(OAc)_2$

PPh_3

N

N

문제 10.23 Heck 반응은 헤테로방향족 화합물의 합성에도 많은 반응 예가 있다. 다음 반응은 어떻게 일어나는지 메커니즘을 그려보라.

H N

I

$Pd(OAc)_2$

Bu_4NCl, base

92 % yield

N

Me

문제 10.24 다음 반응의 합리적인 메커니즘을 그려보라. 왜 Na_2CO_3를 넣어주는가?

$SiMe_3$

S

I

+

OH

cat. $Pd(OAc)_2$

Na_2CO_3, Bu_4NI

$SiMe_3$

S

O

문제 10.25 Propylene을 사용하는 다음 반응은 두 이성질체의 혼합물이 생성된다. 두 화합물은 무엇인가? 메커니즘을 그려 설명하라.

I

CH_3

+

CH_3

HC

CH_2

cat. $Pd(PAr_3)_4$

Et_3N, MeCN

125 °C, 18 hr

?

Ar =

H_3C

문제 10.26 어떤 화합물의 분자내 Heck 반응으로 다음과 같은 alkene을 합성할 수 있는가? 두 가지씩 반응물을 그려보라.

(a)

OMe

MeO

O

O

OMe

(b)

OTBDMS

H

문제 10.27 Heck 반응은 Pd(0)에 산화성 첨가가 일어나는 거의 모든 R–X에 대해서 일어날 수 있다. 하지만 이 반응은 R = methyl, aryl, vinyl의 경우에는 잘 일어나지만 R = ethyl, propyl, butyl인 경우에는 일어나지 않는다. 이러한 제한점을 갖는 이유는 무엇이며 실제로 다른 alkyl halide를 사용하면 어떤 반응이 일어나는가?

문제 10.28 다음 반응은 Pd 촉매 decarbonylation을 거쳐 (10.2.4절) 일어난다. 반응 메커니즘의 후반부는 Heck 반응과 거의 같다. 다음 반응의 메커니즘을 추정하여 보라.

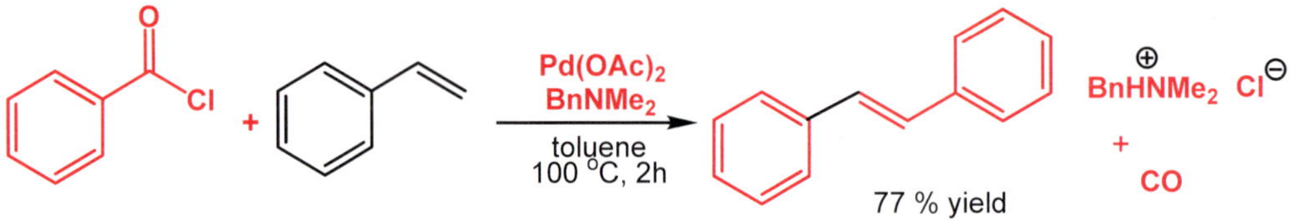

Pd(OAc)$_2$, BnNMe$_2$, toluene, 100 °C, 2h — 77 % yield; $BnHNMe_2^{\oplus}$ $Cl^{\ominus}$ + CO

10.3.2 Kumada Coupling

1970년대 중반에 상온에서 Grignard 시약을 사용한 aryl halide의 치환 반응에서 Ni complex가 촉매로 작용할 수 있다는 사실이 Kumada에 의하여 발표되었다.

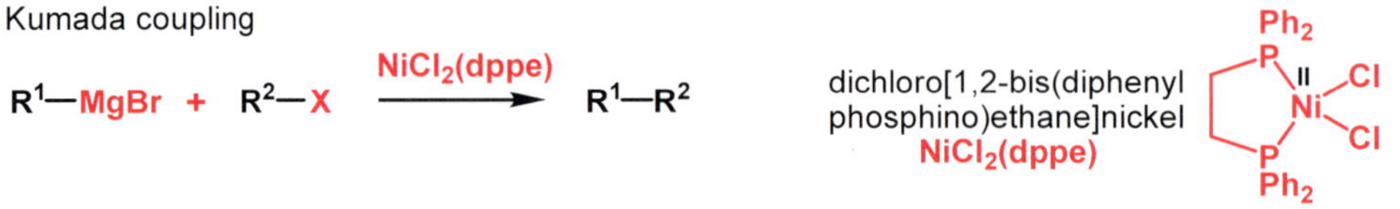

Kumada coupling

R^1—MgBr + R^2—X $\xrightarrow{NiCl_2(dppe)}$ R^1—R^2

dichloro[1,2-bis(diphenyl phosphino)ethane]nickel
NiCl$_2$(dppe)

이들 반응을 **Kumada coupling**이라 하며 대개 $NiCl_2$의 phosphine 착물 (예, $(Ph_3P)_2NiCl_2$)이 주로 사용되지만 그 이외의 다른 phosphine 착물들도 이용되며 때로는 더 나은 결과를 보이기도 한다. 아래 반응 예에서와 같이 Alkyl(1°, 2°, 3°), aryl 및 alkenyl Grignard 시약을 가리지 않고 모두 사용될 수 있는 장점을 가진 반응이다.

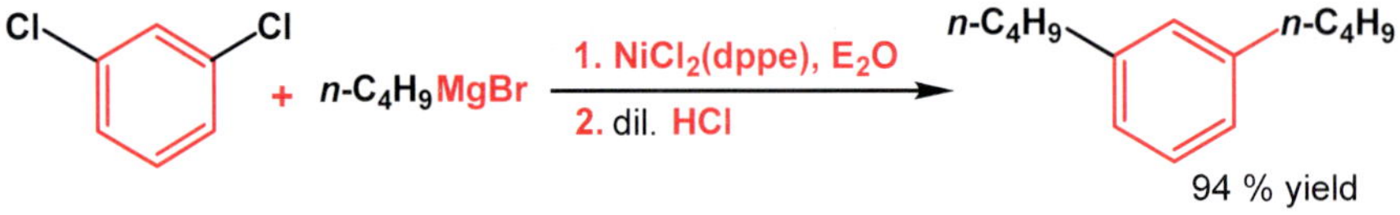

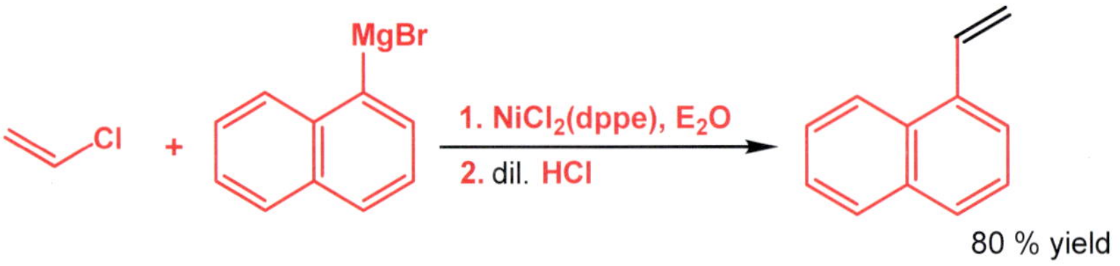

+ n-C_4H_9MgBr — 1. NiCl$_2$(dppe), E$_2$O; 2. dil. HCl — 94 % yield

+ — 1. NiCl$_2$(dppe), E$_2$O; 2. dil. HCl — 80 % yield

Kumada coupling의 메커니즘은 애초에는 다음과 같이 제안되었었다. 산화성 첨가-ligand 교환, 환원성 제거가 고리를 이루며 일어나는 다음 그림과 같은 메커니즘은 거의 흠 잡을 데 하나 없는 멋진 메커니즘이다.

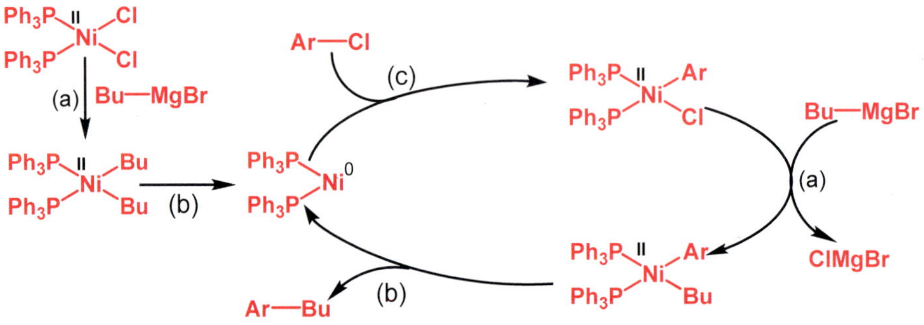

(a) Bu—MgBr; (b); Ar—Cl (c); Bu—MgBr (a) ClMgBr; (b) Ar—Bu

(a) transmetallation (b) reductive elimination (c) oxidative addition

반응 초기에 첨가되는 Ni(II) 착물은 BuMgBr와 두 번의 금속교환 반응이 일어나서 L_2NiBu_2이 생성된다. 환원성 제거 또는 β-hydride 제거에 이은 환원성 제거로 활성화 촉매인 $L_2Ni(0)$ 착물이 형성된다. Ar−Cl의 Ni(0)로의 산화성 첨가로 Ni(II) 착물이 형성되고, 금속교환으로 Ar−Ni(II)−Bu이 그리고 환원성 제거로 Ar−Bu가 생성되고 Ni(0) 착물이 재생성으로 이루어지는 촉매 순환이 일어난다. 이 반응에서는 포화된 Csp^3의 alkylmagnesium halide를 사용할 수 있는 장점이 있다. (곧 보게 되는 Pd 촉매와의 반응에서는 β-hydride 제거가 빠르게 일어나서 사용할 수 없다.)

이 메커니즘은 완벽하게 합리적이다. 하지만 이에 맞지 않는 실험 결과를 설명하기 위하여 곧 이와는 다른 메커니즘이 작동이 제안되었다. 즉, 이 반응은 O_2와 라디칼 저해제(inhibiter)에 민감할 뿐만 아니라 상당한 induction period를 필요로 한다. 이런 결과로 홀수-전자 화학종의 관여가 제시되었고 실제로 반응에는 본래 제안되었던 Ni(0)/Ni(II) 짝이 아닌 Ni(I)/Ni(III) 짝이 필요하다는 것으로 나타났다. 활성 Ni(I) 촉매는 Grignard 시약에 의한 전자전달로 반응물인 L_2NiCl_2에서 생성될 수 있다.

$$(Ph_3P)_2Ni^{II}Cl_2 \xrightarrow[\text{BuMgBr}]{e^- \text{ transfer from}} [(Ph_3P)_2Ni^{I}Cl_2]^{\ominus} \xrightarrow{\text{dissociation}} (Ph_3P)_2Ni^{I}{-}Cl \longrightarrow \text{etc.}$$

어느 메커니즘이 옳던 또는 그르던 간에 그와 상관없이 합성 반응으로 많이 사용되는 유용한 반응이다. Bromide나 iodide보다는 반응성이 떨어지지만 Ni 촉매 존재하에서 vinyl ether 또한 Grignard 시약과 치환 반응을 한다. 다른 촉매 반응도 마찬가지이지만 여기서도 반응물인 vinyl 유도체에서의 기하구조는 생성물에서도 완벽하게 보존된다.

MeMgBr, cat. $NiCl_2(PPh)_2$ — geometry conserved — OH — 96 % yield

cis — PhMgBr, cat. $NiCl_2(PPh)_2$ — cis — Ph — OH — 64 % yield

두 phosphine ligand를 갖는 L_2NiCl_2 촉매는 유사 Pd^0 촉매에 비해서 반응성이 큰 편이다. 따라서 다음과 같이 alcohol이나 ether를 alkyl 또는 allylic halide처럼 사용하는 coupling 반응이 가능하다.

OH + H_3CO, H_3CO, MgBr — cat. $NiCl_2(PPh)_2$ → H_3CO, H_3CO — 86 % yield

OPh + EtO(C=O)CH2(C=O)OEt —NaH, cat. $NiCl_2(PPh_3)_2$→ EtO(C=O)CH(CH2CH=CH2)(C=O)OEt 97 % yield

특히 황 화합물과의 반응은 다른 촉매로는 흉내내기 어려운 여러 반응을 가능케 한다. Aryl halide의 thiol을 비롯한 phenyl sulfide, sulfoxide, sulfone 등이 치환기들이 모두 Grignard 시약에 의한 부반응의 걱정 없이 alkyl기로 치환될 수 있다.

Sub–Ar–X —RMgX, cat. $NiCl_2(PPh)_2$→ Sub–Ar–R

X = SH, SOMe, SO_2Me, $SO_3C_6H_4Me$

물론 Kumada coupling은 그 후에 Ni이외의 다른 여러 전이금속 촉매에 의해서도 일어날 수 있음이 알려졌으며 가장 많이 사용하는 Pd(0) 촉매 또한 이 반응의 촉매가 될 수 있다.

Cl + BrMg —$Pd_2(dba)_3$→ 99 % yield

문제 10.29 처음 제안된 Ni(0)/Ni(II) 짝으로 이루어지는 Kumada coupling 메커니즘은 이후 Ni(I)/Ni(III)에 의하여 일어나는 것으로 수정 제안되었다. 다음 반응을 수정된 메커니즘에 의하여 그려보라.

H I + PhMgBr —$NiCl_2(dppf)$→ H Ph 86 % yield

문제 10.30 Kumada coupling의 장점은 β-hydride elimination이 상당히 느리다는 점이다. 이로 인해 다른 coupling 반응에서 사용이 불가능한 alkylmetal을 쓸 수 있다는 점이다. 다음 반응의 메커니즘을 그려보라. 본문에 있는 Ni(0)/Ni(II) 메커니즘이던지, 아니면 문제 10.29에서 그린 Ni(I)/Ni(III) 메커니즘이던지 어느 것을 사용해도 무방하다. 반응 단계 중 만약 Pd 촉매를 사용하면 문제가 되는 단계가 어느 단계인지 표시하라.

MgCl + Cl —$NiCl_2(dppf)$→ 95 % yield

문제 10.31 다음 반응이 어떻게 일어나는가 메커니즘을 제시하라.

S —MeMgBr, cat. $NiCl_2(PPh)_2$→

10.3.3 Various Pd(0)-Catalyzed Coupling Reactions

Kumada 반응이 발견된 후로 coupling에 사용될 수 있는 전이금속-촉매와 여러 금속 화합물을 발견하기 위한 많은 노력이 이루어졌고, 그로 인하여 유기합성 반응에 유용한 가장 널리 사용되는 C–C 결합형성 반응들이 줄이어 개발되었다.

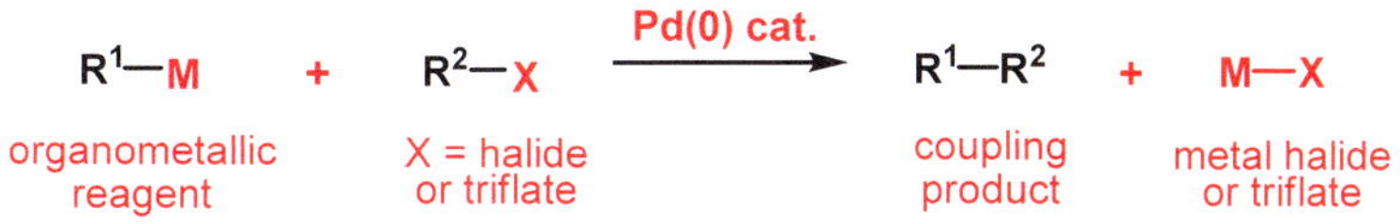

대부분의 전형 원소인 유기금속 화합물들은 전이금속 화합물의 촉매 없이는 coupling 반응을 하지 않는다.

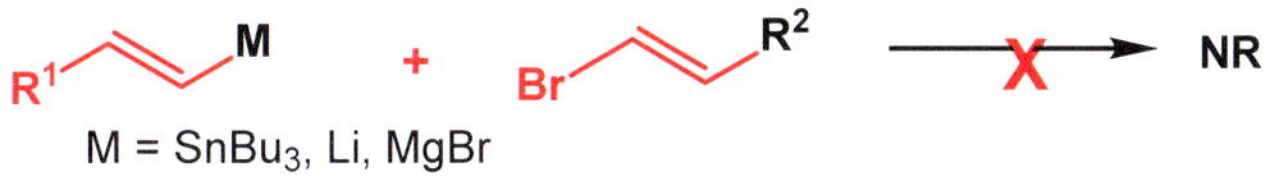

Vinylstannane은 BuLi과의 반응으로 vinyllithium 화합물로 바뀔 수 있고 vinyl lithium은 또 다른 유기금속 화합물로 바뀔 수 있다. 어떤 금속 화합물로 바뀐다 하더라도 Cu(I), Pd(0), Ni(0)와 같은 전이금속 촉매가 반드시 있어야만 coupling이 일어난다.

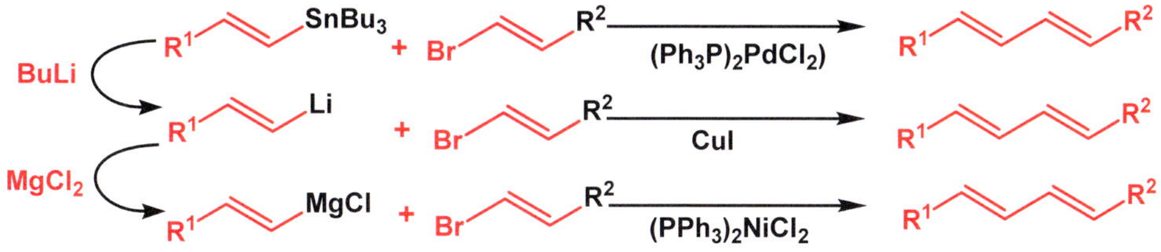

기본적으로 이들 coupling 반응은 alkenyl halide나 triflate가 금속 촉매에 산화성 첨가를 일으키고 transmetallation을 거친 후, 환원성 제거를 거쳐 coupling이 완성된다.

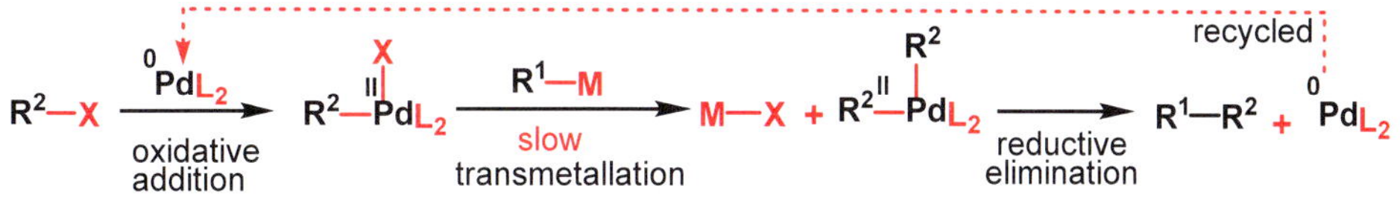

중요한 것은 앞에서 dehydropalladation으로 언급하였던 *β*-hydride 제거는 너무나도 쉽게 일어나는 빠른 반응이라는 점이다.

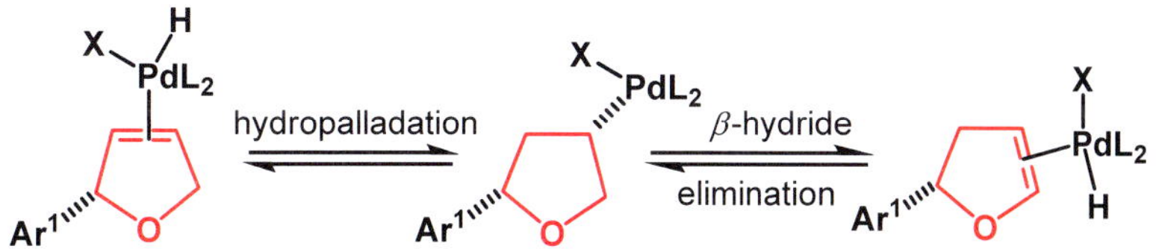

따라서 환원성 제거를 거쳐 coupling이 일어나기 위해서는 이와 같은 *β*-hydride 제거는 일어나서는 안 된다. 따라서 coupling 반응에 쓰이는 R^1과 R^2 두 그룹은 *β*-수소를 가지면

coupling이 우선해서 일어날 수 없다. (이는 위의 Kumada coupling과 대비된다.) 개발된 일련의 반응들에 사용되는 reagent들을 살펴보면 다음과 같다.

R^1—M M = MgX, ZnX, Cu, SnR_3/TASF, $ZrCp_2Cl$, $AlMe_2$, $B(OR)_2$

R^1 = almost anything including β-H

R^2—X Ar—X

X = I. Br, (Cl), OTf, $OPO(OR)_2$

R^2 = must not have β-H that can be eliminated

이들 반응에서는 aryl이나 vinyl halide 또는 pseudohalide의 Pd-촉매 치환이라는 공통점이 있으며 단지 사용되는 '친핵성' alkylmetal 화합물만 다르다. R–SnR'$_3$ (Stille coupling), R–$B(OH)_2$ (Suzuki coupling), R–ZnCl (Negishi coupling) 그 밖에도 여러 가지가 있다.

Grignard 시약을 사용하는 Kumada 반응이 라디칼을 거치는 것으로 판별되었으나 이후 발견되는 반응은 공통적으로 Mg보다 탄소와의 공유결합성이 더 큰 alkylmetal을 사용하는 특색을 가진다. 금속 B, Zn, Sn, Si, Pb, Ge, Cu 등이 Pd-촉매 coupling 반응에 사용할 수 있는 alkylmetal들이며 다음과 같이 각기 다른 이름으로 부른다.

$$R^1\text{—M} + R^2\text{—X} \xrightarrow{Pd^0} R^1\text{—}R^2$$

R^1—$SnBu_3$	Stille coupling
R^1—$B(OH)_3$	Suzuki coupling
R^1—ZnBr	Negishi coupling
R^1—$SiMe_2OH$	Hiyama coupling
R^1—Cu	Sonogashira coupling
R^1—$Pb(OAc)_3$	Organolead coupling

tetrakis(triphenylphosphine) palladium
a representative ^{0}Pd catalyst

10.3.4 Stille Coupling

Stille coupling도 Pd(0)를 촉매로 하는 organostannane과 electrophile로 aryl halide를 사용하는 C–C 결합형성 반응의 하나이다.

$$R\text{-}C_6H_4\text{-}X + R^1\text{—}SnR^2_3 \xrightarrow[\text{base}]{^0Pd} R\text{-}C_6H_4\text{-}R^1 \qquad R^1 = \text{aryl or vinyl}$$

Stille coupling의 촉매 순환은 Ar–X 결합으로의 산화성 첨가, 금속교환 및 환원성 제거로 이루어진다. 이 촉매 순환 과정은 Suzuki coupling 뿐만 아니라 Negishi coupling 등의 다른 alkylmetal coupling에서도 거의 동일한 과정을 거친다.

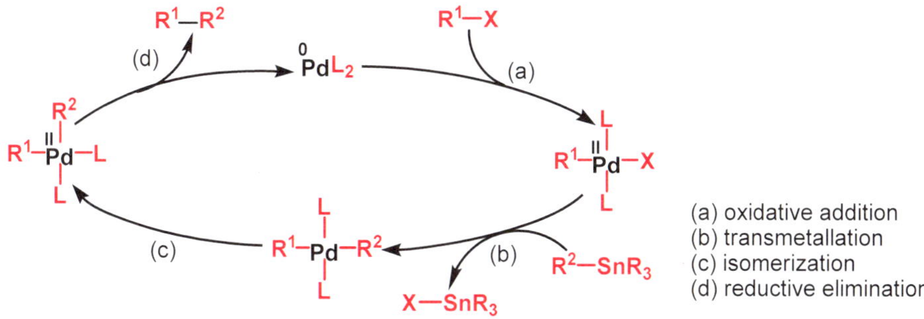

반응 혼합물에 넣어주는 촉매는 $(Ph_3P)_4Pd$ 또는 $Pd_2(dba)_3$(dba=dibenzylideneacetone)와 같은 Pd(0) 화학종이거나 아니면 $(Ph_3P)_2PdCl_2$ 또는 $Pd(OAc)_2/2AsPh_3$와 같은 Pd(II) 화학종이다. 넣어준 촉매가 Pd(II)이면 촉매 순환이 시작되기 전에 Pd(0)로 변환되어야 한다. 이는 앞에서 충분히 논의하였다.

반응은 X = I일 때 가장 빠르고 X = Cl이면 많이 느려져서 CsF와 같은 약한 염기성 첨가물을 가하고 반응시킨다. Halide 대신에 triflate를 사용하는 경우가 많다. 꼭 반응이 빠르기 때문이 아니고 vinyl triflate나 aryl triflate는 aldehyde나 ketone의 enol 또는 phenol로부터 쉽게 합성이 가능하기 때문이다. 다음은 vinyl triflate를 이용하는 보기 반응이다.

OTf + SnBu3 —Pd(PPh3)4 (5 mol %), LiCl, THF→ 78 % yield

앞의 catalytic cycle을 참고하여 이 반응이 진행되는 순서를 다시 그려 보면 다음과 같다.

OTf —PdL2→ Pd(OTf)(PPh3)2 —LiCl→ Pd(Cl)(PPh3)2 —SnBu3→ Pd(PPh3)2 →

Triflate를 사용하는 경우에는 LiCl나 LiI와 같은 염을 넣어주는 것이 보통이다. 산화성 첨가에 이어 chloride에 의한 ligand exchange 단계를 거치는데 이는 triflate로는 다음 vinyl anion에 의한 ligand exchange가 일어나지 않기 때문이다. 이는 triflate를 사용하는 다른 coupling 반응에서도 마찬가지이다. 환원성 제거가 일어나서 생성물이 유리되고 촉매가 재생된다. 사용되는 tetraorganostannane은 alkyl기의 반응이 가장 느리며 따라서 tri-*n*-butyl 또는 trimethylstanne을 사용하게 된다. 실제로 반응에 이용되는 치환기의 반응성은 R = alkyl < acetonyl < benzyl ≈ allyl < aryl < alkenyl < alkynyl의 순으로 증가한다. 순환 사슬 과정에서 속도결정 단계는 Pd–X와 Sn–R 간의 ligand 교환 반응인 위 순환 고리의 그림에서 단계 (b)이며, 네-원자 고리를 거치는 협동형 반응으로 일어나는 것으로 알려져 있다.

Stille coupling 반응의 응용 범위는 대단히 넓다. 다음 반응은 stannane이 할로젠 분자와의 반응을 이용하여 절반이 vinyl iodide로 바뀌어 둘 간의 coupling이 일어나는 예이다.

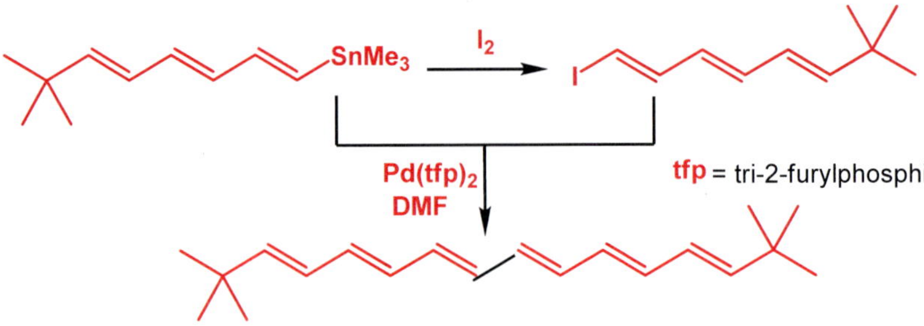

tfp = tri-2-furylphosphine

다음 두 반응에 나타나 있는 furan, pyrimidine, purine과 같은 헤테로방향족 halide와 aryl- 또는 vinyl-stannane 유도체 간의 반응도 별 어려움 없이 진행된다.

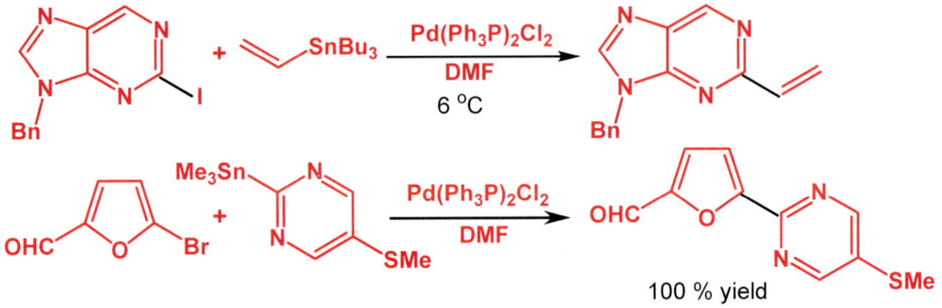

100 % yield

앞에서 언급한 것과 triflate나 tosylate 등의 sulfonate를 이탈기로 사용하는 경우에는 앞에서 언급한 것처럼 예외 없이 LiCl가 첨가되고 있음에 유의하여야 할 것이다.

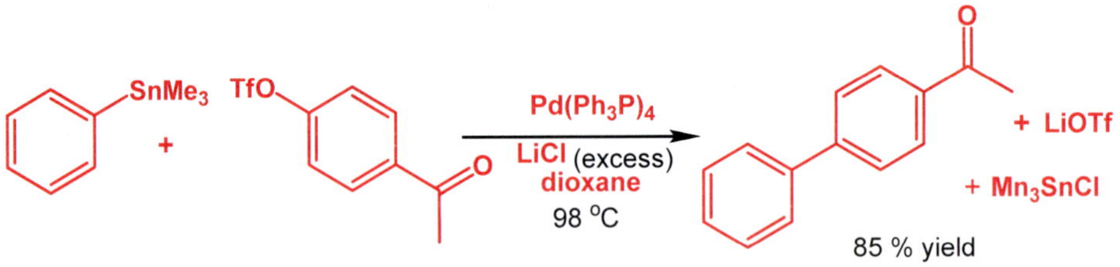

85 % yield

Stille coupling에서는 보통 사용되는 arylstannane이나 vinylstannane은 여러 합성 방법이 있으나 가장 손쉽게는 lithium 또는 magnesium 유도체를 trialkylstannyl chloride와 반응시켜 얻는 방법이다. (Chapter 5의 stannane chemistry 참조)

Carbonylative Stille coupling은 대단히 유용한 반응으로 Ar−X와 R−SnR'$_3$의 Stille coupling을 CO 존재하에서 행하면 카보닐화가 동시에 일어나서 ketone인 ArCOR이 생성된다. CO의 삽입 반응이 산화성 첨가와 환원성 제거 사이에 끼어들게 된다.

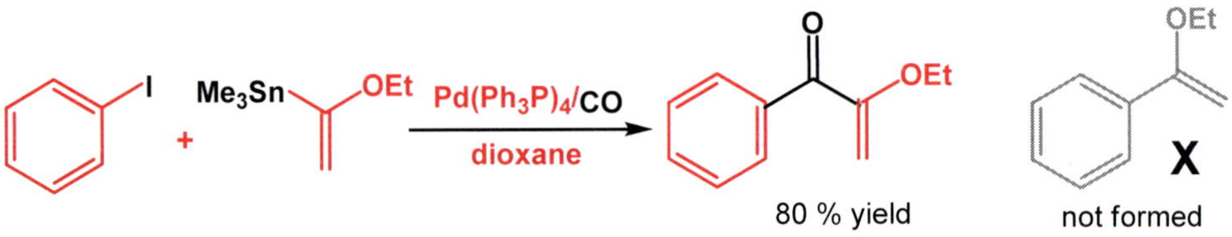

80 % yield

not formed

이 **carbonylative Stille coupling**은 CO 존재하에서 반응을 행하지만 아예 acyl chloride를 이용하는 방법도 있다. 그러나 반응은 가역적이어서 decabonylation이 일어나지 않도록 하려면 CO의 존재하에서 반응시키는 것이 더 유리하다. 또한 acyl chloride를 사용하는 경우에는 alcohol이나 amine과 같은 작용기들이 포함된 화합물을 사용할 수 없는 단점도 있다.

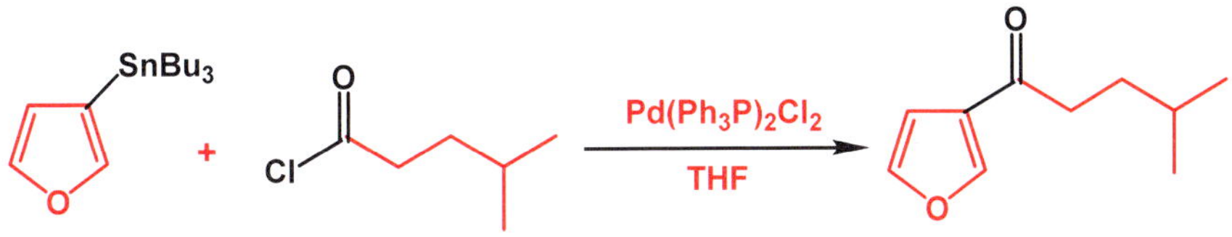

$Pd(Ph_3P)_2Cl_2$, THF

Organotin hydride를 사용하는 ***carbonylative Stille coupling***을 하게 되면 ketone 대신에 aldehyde를 얻을 수 있게 된다.

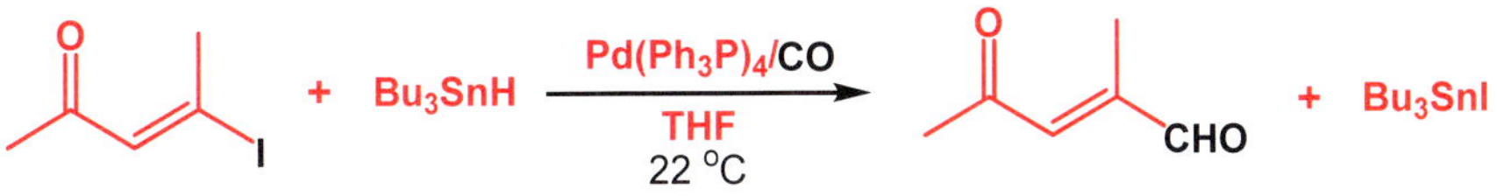

Bu_3SnH → $Pd(Ph_3P)_4$/CO, THF, 22 °C → CHO + Bu_3SnI

반응 메커니즘은 Stille coupling과 그렇게 다르지 않다. Aryl halide의 oxidative addition이 일어난 다음 transmetallation이 일어나기 전에 carbonyl insertion 단계를 하나 더 거친 후에 reductive elimination이 일어나게 된다.

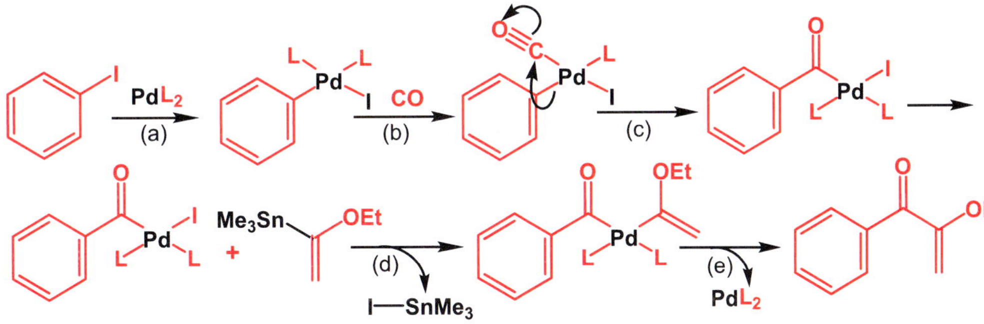

(a) oxidative addition (b) ligand exchange (c) carbonylation(=insertion)
(d) transmetallation (e) reductive elimination

위에 나타낸 carbonylative Stille coupling의 메커니즘을 circular diagram으로 그리면 다음과 같은 촉매 순환 cycle을 그릴 수 있다.

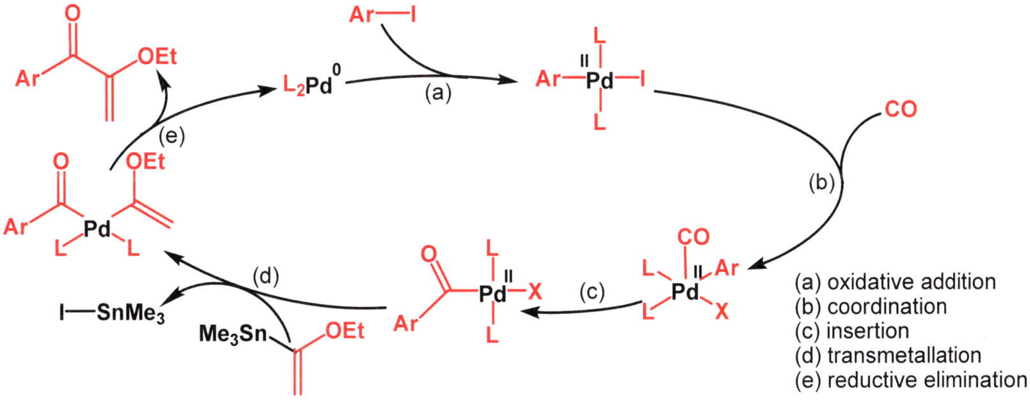

(a) oxidative addition
(b) coordination
(c) insertion
(d) transmetallation
(e) reductive elimination

문제 10.32 $Pd(Ph_3)_4$와 과량의 LiCl의 존재하에 ethynyltributylstannane, HC≡C-Sn$(Bu)_3$과 phenyl triflate 간의 반응 생성물을 유추하여 온전한 반응식을 적어보라.

문제 10.33 다음 반응이 어떤 경로를 밟아 어떻게 일어나는지를 나타내는 상세한 메커니즘을 적어보라. $Bu_3SnAlEt_2$는 mild한 tributyltin 친핵체로 간주하면 된다.

AcO, Br, $Bu_3SnAlEt_3$, $Pd(dba)_2$, PPh_3, H

문제 10.34 Stille coupling 및 Carbonylative Stille coupling으로 다음 화합물 A와 B를 얻기 위하여 필요한 두 반응물을 그려보라.

O, OMe, O_2N, A; Me_3Si, O, O, $SiMe_3$, B

문제 10.35 다음 carbonylative Stille coupling의 반응 메커니즘을 그려라. (원형 순환 사슬)

Me_3Si, $SnBu_3$ + OTf; cat. $Pd(Ph_3P)_4$/CO, LiCl, THF; O, $SiMe_3$

10.3.5 Suzuki Coupling

Suzuki coupling은 Pd 촉매 coupling 반응의 1/4 이상을 차지하는 아주 중요한 합성 반응이다. 원래의 **Suzuki coupling**은 catecholborane을 이용한 alkyne의 hydroboration으로 vinyl borane을 만드는 것으로 시작된다. 가수분해로 얻어지는 boronic acid를 Pd 촉매하에서 vinyl 또는 aryl halide와 coupling한다. *cis*-첨가가 일어난 alkenyl borane과 vinyl halide에서의 입체화학은 그대로 보존된다.

C_6H_{13} + H—B(O)(O); 1. heat, 2. H_2O; C_6H_{13}, $B(OH)_2$, H; 90 % yield

C_6H_{13}, $B(OH)_2$, H + Br; $(Ph_3P)_2PdCl_2$, KOH, toluene; C_6H_{13}, H; 75 % yield

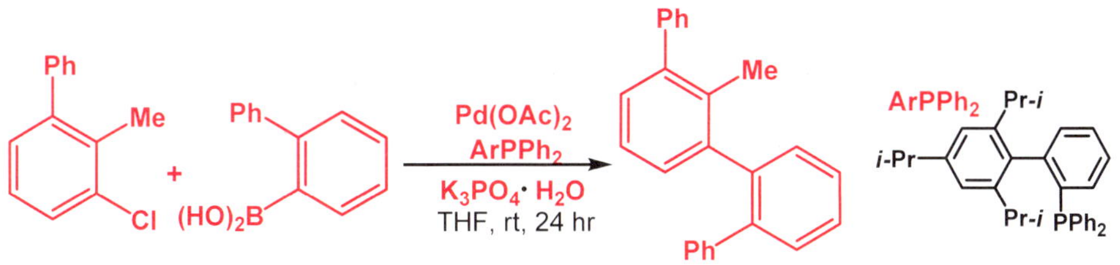

Vinyl 또는 aryl halide가 Pd(0)에 산화성 첨가를 일으켜서 Pd(II) complex를 형성한 다음, alkenyl 또는 aryl boronate와의 금속교환 반응이 일어나고 이어서 환원성 제거로 생성물이 유리되고 다시 Pd(0) 촉매가 재생성된다. 이 반응의 메커니즘은 Stille coupling과 거의 같다고 보면 된다.

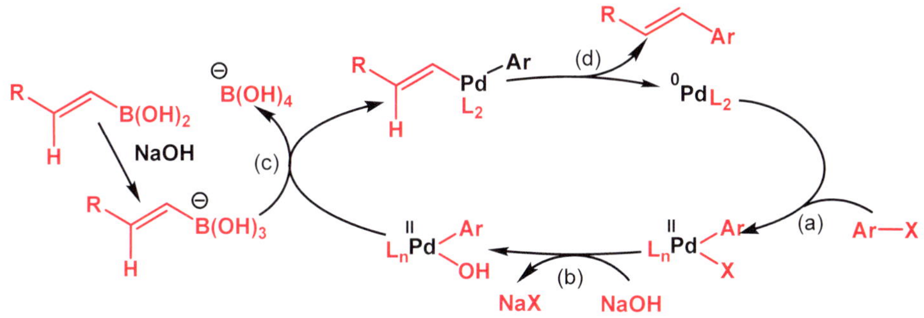

(a) oxidative addition (b) ligand exchange (c) transmetallation (d) reductive elimination

중요한 차이점 하나는 금속교환 반응인데 바로 왜 alkoxide나 hydroxide 같은 염기를 필요로 하는가를 설명해 준다. 염기를 넣어주면 transmetallation이 촉진되는 데 아마도 boronate complex를 형성하여 반응성이 높아지는 것으로 추정할 수 있다. (Chapter 4 참조)

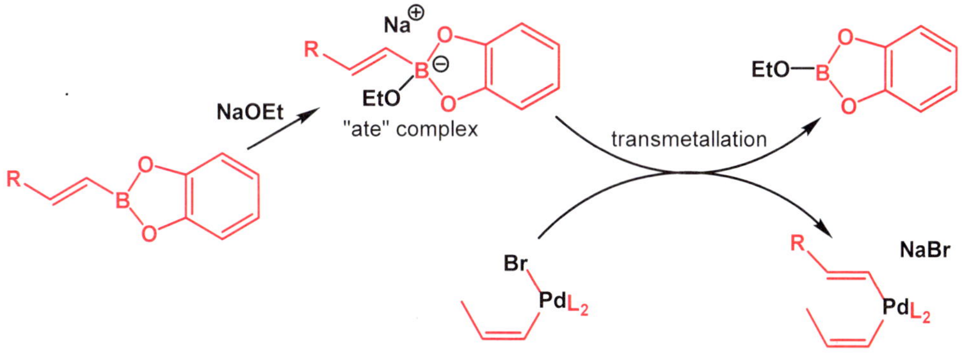

입체적인 요구가 큰 기질도 반응하는데 큰 문제가 없으며 또한 여러 가지 작용기가 다치지 않고 살아남을 수 있어 다양한 aryl–aryl coupling 반응에도 사용된다. 다음 몇 개의 보기 반응을 살펴보면 반응에 필요한 Pd(0)가 *in-situ*로 생성되어야 하며, 또한 모든 반응에 boronate complex를 형성하기 위하여 염기를 넣어준다는 사실을 눈여겨 보아야 할 것이다. 일부 성공적으로 alkyl halide를 사용하는 coupling 반응 예도 상당수 발견된다.

cat. $Pd(OAc)_2$, Ph_3P, Na_2CO_3, *i*-PrOH, H_2O — 87 % yield

$Pd(PPh_3)_2$, Na_2CO_3, DMF — 95 % yield

8 % $PArCy_2$, 4 % $Pd(OAc)_2$, 1.2 equiv. K_3PO_4, THF, rt — 85 % yield

Suzuki coupling은 stereoselectivity가 좋아서 천연물 합성에도 자주 사용된다. 다음 반응에서는 triene이 얻어지는데 두 반응물의 반응 자리에서의 geometry도 완벽하게 유지된다.

citronellal — 1. CBr_4, PPh_3, Zn; 2. BuLi, 2.1 equiv.; 3. catecholborane → B(OR)$_2$ — Br, $Pd(PPh_3)_4$, 5 mol %, NaOEt, benzene, reflux → capparatriene

문제 10.36 다음 반응에서 필요한 $L_2Pd(0)$는 어떻게 생성될 수 있는가? KF는 어떤 역할을 하는지를 상세히 나타내는 catalysis cycle을 그려보라.

cat. $Pd(Ph_3P)_2Cl_2$, KF, THF, 60 °C

10.3.6 Negishi Coupling

Organoaluminum, organozinc 및 organozirconium 화합물과 organo halide와의 coupling 반응을 **Negishi coupling**이라 한다. 반응에 쓰이는 촉매는 Ni(0) 또는 Pd(0) 촉매인데 다음과 같이 높은 산화상태의 금속 염을 환원하여 *in-situ*로 생성하여 사용하는 것이 보통이다.

Ni catalyst = $Ni(acac)_2$ + DIBAH + PPh_3 (1:1:4)

Pd catayst = $PdCl_2(PPh_3)_2$ + DIBAH (1:2)

다음은 vinyl lithium과 염화아연의 금속교환에 의해 생성되는 vinylzinc 화합물의 Pd(0) 촉매 반응이다. 또한 aluminum, 및 zirconium 화합물들 또한 높은 수득률의 coupling 생성물을 얻게 된다. Ni 촉매 또한 높은 수득률로 coupling 생성물이 얻어진다. 이 반응에서도 양쪽 반응물에서의 alkene의 geometry는 촉매에 상관 없이 그대로 유지된다.

1. BuLi, - 78 °C
2. $ZnCl_2$, THF
$Pd(Ph_3P)_4$

C_8H_{17}–CH=CH–$Al(i\text{-}Bu)_2$ + I–CH=CH–C_4H_9 → ($Pd(Ph_3P)_4$) → (*E*,*E*) 90 % yield

C_8H_{17}–CH=CH–$Al(i\text{-}Bu)_2$ + I–CH=CH–C_4H_9 → (Nickel catlyst) → (*Z*,*E*) 57 % yield

반응 메커니즘은 의외로 간단하여 organo halide가 촉매 $L_nNi(0)$에 산화성 첨가가 일어나고 alkylaluminum, alkylzinc 등의 금속 화합물과의 transmetallation을 거치면 dialkylnickel (II) complex를 형성하게 되고 바로 환원성 제거가 일어나면 coupling 생성물이 유리되고 촉매 $L_nNi(0)$는 재생성된다.

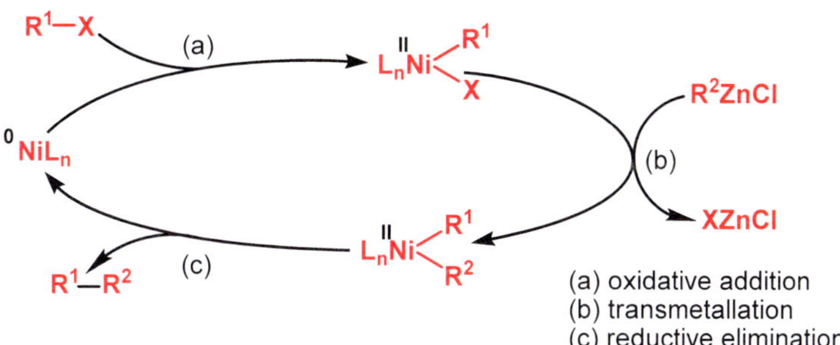

다른 Pd 촉매 coupling 반응에서와 마찬가지로 vinylic halide의 입체배열은 그대로 유지되어 (*E*)-halide에서는 (*E*)-alkene을, 그리고 (*Z*)-halide에서는 (*Z*)-alkene을 얻게 된다. Negishi coupling 반응의 장점은 organozinc 화합물을 이용하게 되는 경우, 다른 유기금속 화합물에 비해 반응성이 낮아서 여러 가지 작용기들이 다치지 않고 견디어 낼 수 있다는 점이다. 따라서 biaryl은 물론이려니와 아주 다양한 생성물을 얻을 수 있다는 것이다. 또한 organozinc 화합물은 Grignard 시약이나 alkyllithium의 금속교환에 의하여 만들 수 있을 뿐만 아니라, 반응성이 높은 organo halide는 금속 Zn(0)의 산화성 삽입 반응으로 alkyl halide에서 쉽게 제조할 수 있다는 (7.11절 참조) 장점도 있다.

Br
Zn dust
5% I_2
ZnBr
> 90 % yield
CN
Cl
$Cl_2Ni(PPh_3)_2$
CN
94 % yield

위의 반응 예에서도 볼 수 있듯이 Ni complex는 β-hydride 제거 반응이 느려서 다른 촉매로 가능하지 않은 alkyl기를 그대로 사용할 수 있음은 앞에서 학습한 Kumada coupling에서도 설명한 바 있다. 이는 합성에서 굉장한 장점이 될 수 있다.

문제 10.37 Organozinc 화합물은 Ni 촉매에 의해서만 coupling이 일어나는 것은 아니다. 다음 Pd 촉매에 의한 coupling 반응의 메커니즘을 그려보라. 첨가되는 4%의 DIBAH는 어떤 역할을 하는가?

MeO
ZnCl
N
SO_2Ph
+
Cl
N
2% $(PPh_3)_2PdCl_2$
4% *i*-Bu_2AlH
MeO
N
SO_2Ph
N

10.3.7 Sonogashira Coupling

말단 alkyne(RC≡CH)과 alkenyl 또는 aryl halide(R'X) 간에 CuI가 조촉매로 존재하면 Pd-촉매 cross coupling이 일어나는데 이를 **Sonogashira coupling**이라 한다. Triethylamine 또는 diethylamine이 용매로 사용된다. 염기 존재하에 말단 acetylene은 Cu(I) 염과 반응하여 안정한 copper acetylenide를 생성하는 것은 앞에서 본 있다. (7.3절) Arylalkyne 또는 enyne이 생성물로 얻어지게 된다.

R^1
H
^{I}CuI
Base
R^1
^{I}Cu
$^{0}PdL_2$
R^2—X
Sonogashira coupling
R^1
R^2

R_1
Br
+
H
R^2
cat. $Pd(Ph_3P)_2Cl_2$, CuI
E_3N, THF
R_1
R^2
R_1 = CHO, COMe, CO_2Me
R_2 = $SiMe_3$, Ph, *n*-Bu

Sonogashira coupling은 alkynylcopper의 생성에서 시작된다. Aryl halide가 Pd(0)로 산화성 첨가가 일어나고, copper(I) acetylide(RC≡C−Cu)와의 금속교환 또는 ligand 치환으로 alkyne이 Pd(II) 착물의 X^-를 대치하게 된다. 환원성 제거로 생성물이 유리된다.

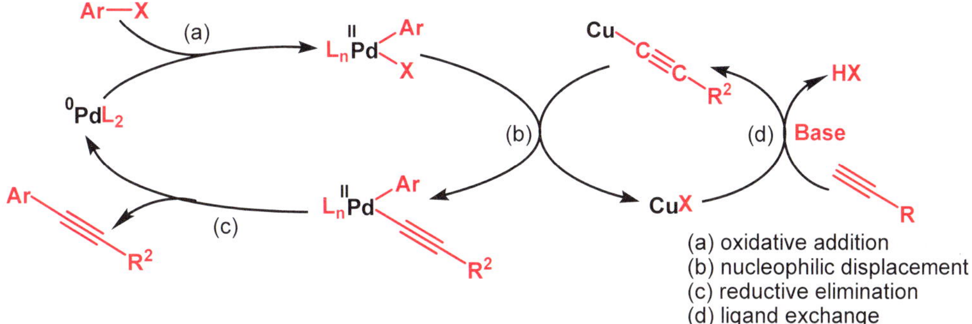

이러한 메커니즘상에 아무런 문제점은 없다. 단 하나, 비록 alkyne이 다른 탄화수소에 비해 산성이기는 하지만 (pK_a = 25), amine(pK_aH 10)에 의하여 양성자떼기가 일어날 정도로 산성이 아니라는 점이다. 틀림없는 사실은 CuI가 존재하면 Sonogashira coupling에 필요한 온도가 100°C 이상에서 상온으로 낮아진다는 점이다. 그러면 RC≡C−H가 어떻게 하여 RC≡C−Cu로 쉽게 바뀌는가?

이 문제는 organocopper 화학을 다루는 Chapter 7에서 다룬 바 있다. Alkyne은 Cu와 π-착물을 형성할 수 있고 이 착물은 E2-형 제거를 통해 Cu acetylide로 전환될 수 있는 것이다. 생성된 Cu(I) acetylide는 Pd와 금속교환을 일으킬 수 있게 된다.

L_nCu^{I} + H−C≡C−$SiMe_3$ → L_nCu^{III} (π-complex, H, $SiMe_3$, :NEt_3) → L_nCu^{I}−C≡C−$SiMe_3$

Pd(0) 이용하는 것보다 bis(triphenylphosphine)palladium(II) chloride와 같은 안정하고 용해성이 좋은 Pd(II) complex를 이용하는 것이 더 편리한 경우가 많다. 반응계에서 곧 환원되어 Pd(0) 촉매로 바뀔 수 있기 때문이다. π-결합의 geometry는 그대로 보존되어 (*Z*)- 및 (*E*)-dichloroethylene의 다음 반응에서는 수득률도 높지만 >99% 이상의 입체화학 순도를 유지하는 매우 효율적인 반응 예들이다.

(E)-ClCH=CHCl + H−C≡C−C_5H_{11} —[$Pd(Ph_3P)_4$, CuI / $BuNH_2$, rt, 5 hr]→ Cl−CH=CH−C≡C−C_5H_{11} 98 % yield

(Z)-ClCH=CHCl + H−C≡C−C_5H_{11} —[$Pd(Ph_3P)_4$, CuI / $BuNH_2$, rt, 5 hr]→ Cl−CH=CH−C≡C−C_5H_{11} 98 % yield

(Z)-BrCH=CH−CO_2Et + H−C≡C−C_4H_9 —[$Pd(OAc)_2$, PPh_3 / CuI, Et_3N / rt, 24 hr]→ EtO_2C−CH=CH−C≡C−C_4H_9 70 % yield

문제 10.38 다음 coupling 반응의 메커니즘을 그려보라.

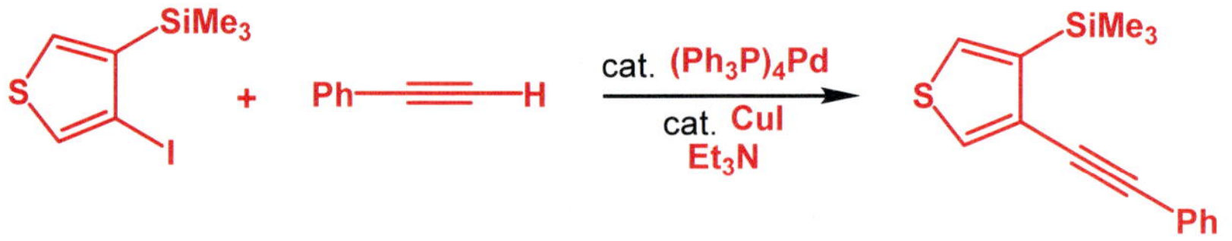

문제 10.39 다음 coupling 반응은 어떤 절차를 거쳐 어떤 생성물이 생성되는가?

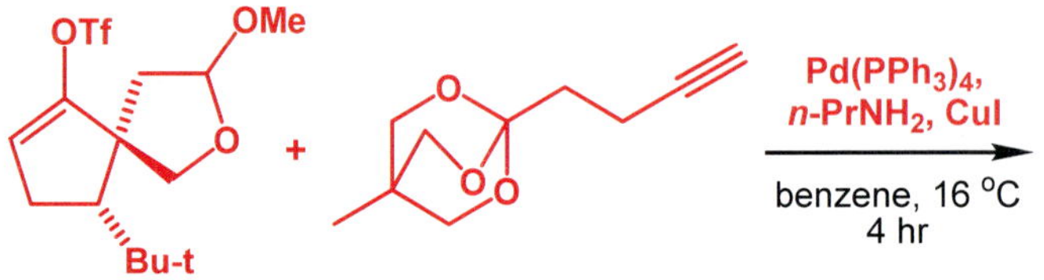

문제 10.40 다음 Sonogashira coupling 반응에 대하여 물음에 답하라. (1) 반응 A는 *cis*-dichloride보다 반응성이 더 좋은 *cis*-dibromide나 *cis*-diiodide를 사용하면 수득률이 훨씬 나빠진다. 어떤 이유에서인가? (2) 반응 B는 bromide를 사용해는 것이 chloride보다 유리하다. 문제 (1)의 답과 관련이 있는가? (3) 대부분의 Sonogashira coupling 반응은 Cu(I) salt를 첨가하는 것이 가장 효과적이다. 그러나 반응 B와 같이 Pd 촉매만으로도 반응이 일어날 수 있다. Et_3N의 역할을 포함하여 메커니즘을 그려보라.

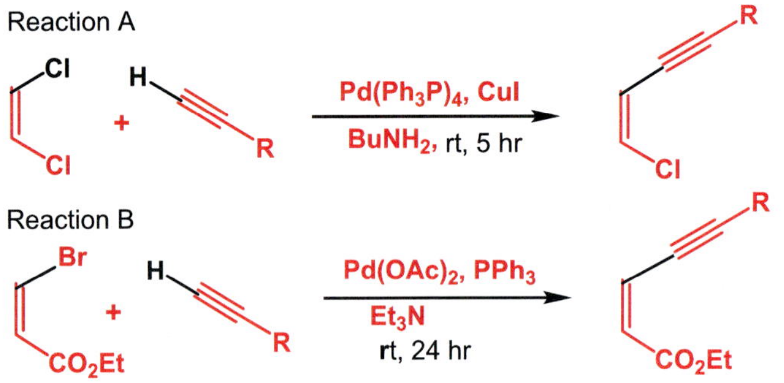

Reaction A

Reaction B

10.3.8 Hiyama Coupling

Hiyama의 선도적인 연구로 작용기를 갖는 여러 vinylic, alkynyl, allylsilane은 Pd-촉매 cross coupling 반응이 가능하게 되어 유용하게 사용되고 있다. Silane을 유기금속 화합물로 사용하는 다음 예에서와 같은 Pd-촉매 반응을 **Hiyama coupling**이라고 부른다.

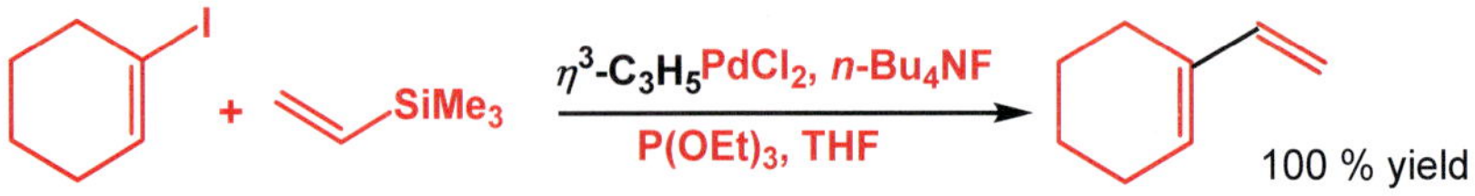

100 % yield

반응에는 tetra-*n*-butylammonium fluoride와 같은 반응성이 큰 fluoride를 넣어주어야 하는데 이는 Si에 첨가되어 hypervalent penta-coordinate silicate 음이온 중간체를 형성함으로

써 Pd 촉매와의 transmetallation이 쉽게 일어나도록 하기 위함이다.

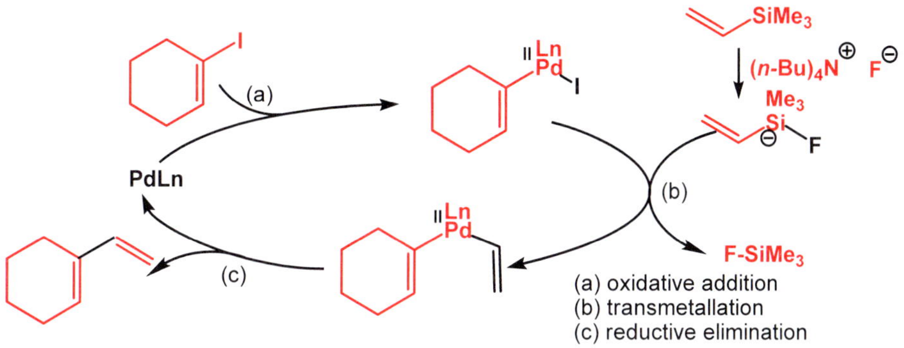

(a) oxidative addition
(b) transmetallation
(c) reductive elimination

Organosilane을 이용하는 coupling 반응은 organosilane은 독성이 거의 없고 산소에 대하여 안정하여 다루기 쉽고 편리하다는 등 여러 장점이 있다. 사용되는 vinyl halide의 이중결합의 geometry가 반응에서 완전하게 보존되는 것은 물론이다.

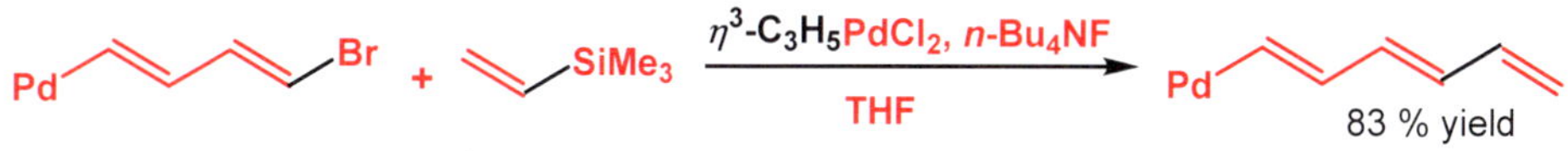

Vinyl(2-pyridyl)silanes의 다음 반응은 fluoride anion이 존재하면 위의 촉매 순환 cycle을 거쳐 일반적인 coupling 반응이 일어난다.

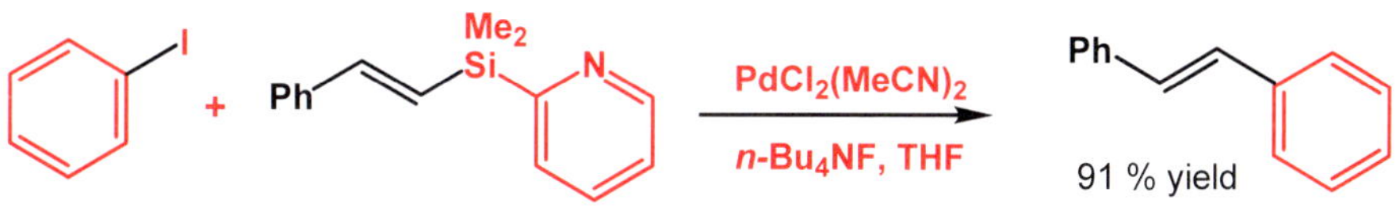

위의 메커니즘에서 보는 것과 같이 fluoride의 첨가로 만들어지는 hypervalent Si는 반응성이 커져서 치환이 쉽게 일어나기 때문이다. 이렇게 진행된다면 transmetallation이 일어나고 환원성 제거가 일어나는 것은 다른 coupling 반응과 크게 다르지 않다.

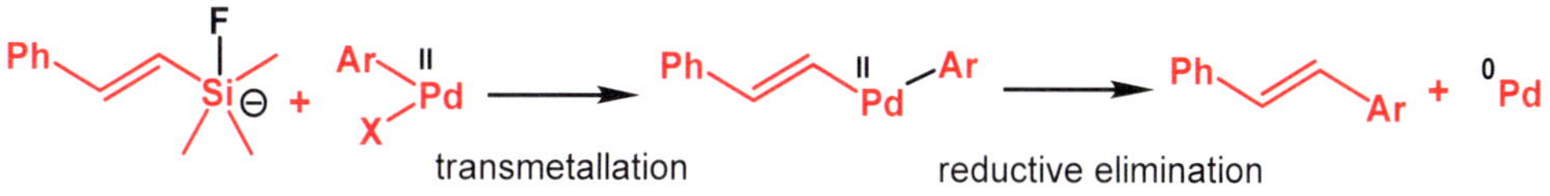

그러나 fluoride 음이온이 존재하지 않으면 Vinyl(2-pyridyl)silane은 transmetallation step이 느려져서 Pd-촉매로 생성된 organopalladium(II) halide는 vinyl group에 첨가가 일어나서 앞에서와 같은 cross-coupling 반응 생성물은 얻어지지 않는다. 그 대신 phenyl기가 치환된 vinyl(2-pyridyl)silanes을 높은 수득률로 얻는다. (*Heck reaction*)

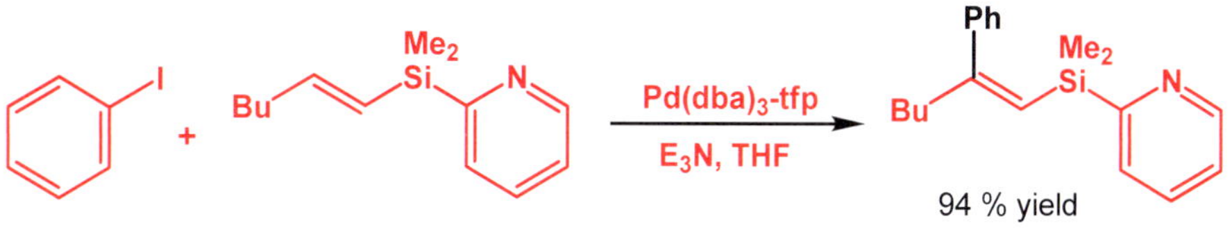

이 반응은 carbometallation 단계를 거쳐 dehydropalladation이 일어나게 된다. Insertion이 일어난 후에 β-hydride elimination이 일어난다고 하면 정확하게 반응을 표현한 셈이다.

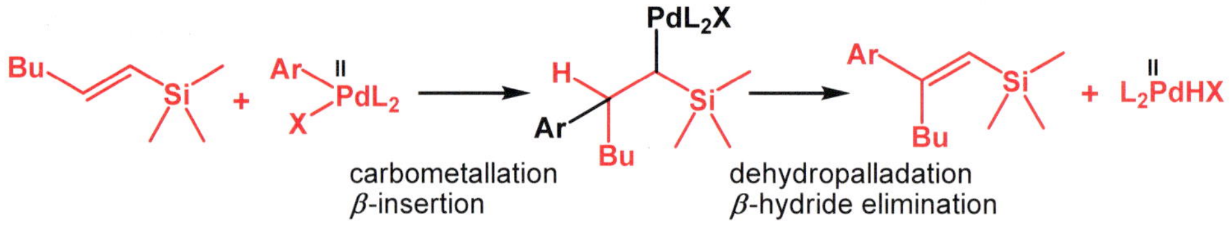

carbometallation
β-insertion

dehydropalladation
β-hydride elimination

Silane이 다른 alkylmetal처럼 coupling 반응을 하기 위해서는 fluoride와 같은 Si와 강한 결합을 하는 ligand를 첨가하여 반응성을 높여줄 필요가 있음을 꼭 기억해야 할 것이다. Fluoride anion의 존재 유무에 따라 다른 생성물을 얻게 된다.

문제 10.41 다음은 두 coupling의 연속으로 진행되는 반응이다. 차례로 메커니즘을 그려보라. Zr과 B가 순차적으로 반응하는 데서 무엇을 알 수 있는가?

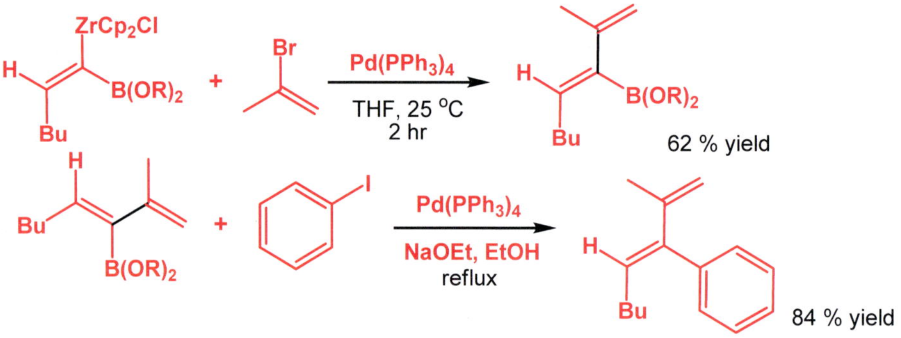

$Pd(PPh_3)_4$
THF, 25 °C
2 hr
62 % yield

$Pd(PPh_3)_4$
NaOEt, EtOH
reflux
84 % yield

문제 10.42 주어진 출발물에서 위의 문제 10.41에서와 같은 최종 생성물을 얻으려면 어떤 반응을 거쳐야 하는지 상세한 반응식을 적어보라.

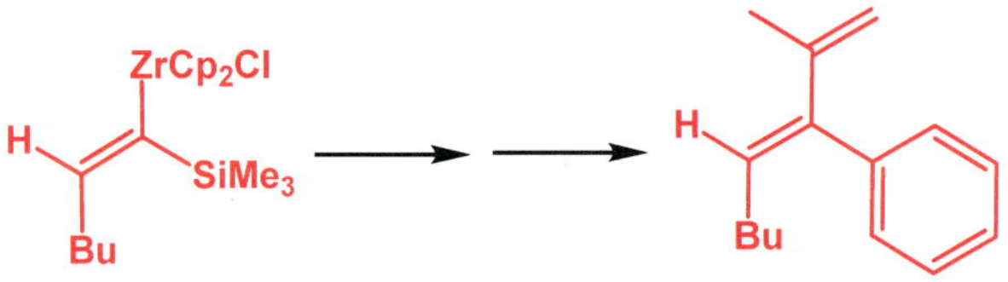

10.3.9 Coupling Reactions Using Copper (Ullmann Reaction)

Pd 촉매 coupling 반응이 발견되기 아주 오래 전부터 biaryl의 거의 유일한 합성법으로 사용되어 온 반응이 **Ullmann reaction**이다. 이 반응에서 Cu 금속은 Ar–I의 짝지음 반응을 촉진하여 Ar–Ar이 생성된다. (여기서 Chapter 7의 구리 촉매 반응들을 복습하는 것이 좋다.)

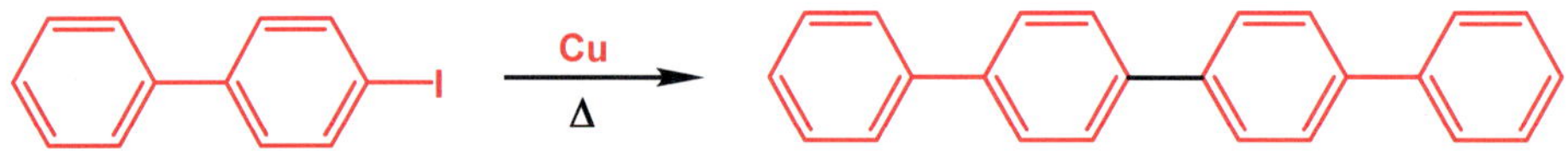

Cu
Δ

Aryl halide와 phenol 또는 arylamine 간의 coupling 또한 위의 반응과 유사한 메커니즘

으로 진행되며 이들 반응 또한 **Ullmann 반응**이라 부른다.

CuO
210 °C
100 % yield

금속 구리를 이용하는 위의 coupling 반응의 단점은 반응 온도가 대단히 높아서 열에 예민한 작용기들이 살아남지 못하는 데 있다. 위의 palladium 촉매에서와는 달리 유기 구리 촉매, 특히 homogeneous catalyst의 개발은 분리·조작 면에서 여러 가지 난제들을 않고 있어 다른 금속에 비해 촉매 개발 속도가 느린 편이다. 최근에는 불균일 구리 촉매가 아닌 다양한 균일 유기구리 촉매가 개발되기 시작하였고, 100°C 정도의 훨씬 낮은 온도에서 반응을 할 수 있음은 물론이려니와 다양한 유기구리 촉매의 개발로 단순한 aryl-aryl coupling이나 aryl-hetero atom 친핵체의 coupling을 넘어 다양한 효율적인 반응들이 개발되어 있다.

cat. $Cu(PPh)_3Br$
1.5 eq. Cs_2CO_3
toluene, 110 °C,
60 ~ 80 % yield

0.5 eq. **Cu** cat.
K_3PO_4
toluene
110 °C, 2 hr
93 % yield
Cu catalyst

Acetylenylcopper는 특히 쉽게 만들어지며, 이를 이용하는 polyacetylene 영역의 화합물 합성에는 다른 어느 촉매보다 나은 결과들을 보인다. Copper(I)에 의하여 촉매되는 말단 alkyne과 alkynyl halide 간의 반응은 **Cadiot-Chodkiewicz coupling**이라고 알려져 있다.

2 mol % CuCl
NH_4OH
n-$BuNH_2/H_2O$

Acetylenylcopper의 방향족 iodide의 반응은 *ortho*-자리에 전자주개 헤테로원자 치환기가 있는 경우에는 다음 반응에서와 같이 benzofuran, benzothiophene등의 방향족 화합물을 쉽게 합성하는 방법으로 부각되고 있다.

cat. $L_4Cu^{\oplus}$ $NO_3^{\ominus}$
2 eq. Cs_2CO_3
toluene, 110 °C,
89 % yield

10.4 Reactions Related with Metal Alkylidene

10.4.1 Cyclopropanation by Metal Alkylidene

EtO_2CCHN_2와 같은 diazo 화합물에서 **카벤류(carbenoid)**를 합성하는 반응은 Cu(II), Pd(II), Rh(II) 착물에 의해서 촉매되며, 이들 금속의 carbenoid는 마치 singlet carbene이 alkene과의 반응에서 cyclopropane을 생성하는 것과 마찬가지로 [2+1]고리화첨가를 일으켜 cyclopropane 고리를 형성하게 된다.

N_2 CO_2Me catalyst CO_2Et

Cu(II) triflate 40 % yield
Rh(OCO-*t*-Bu) 89 % yield

N_2 O $Rh_2(OAc)_4$ 85 % yield O O $H_3O^{\oplus}$ O O

반응이 일어나는 경로를 살펴보면 친핵성인 diazo C가 Rh(II)에 배위하게 되고 N_2가 떨어지면 Rh(IV) alkylidene 착물(Rh=$CHCO_2Et$)이 형성된다. M=E π-결합 착물은 일반적으로 [2+2] 고리화첨가를 일으킨다. Alkene과의 [2+2] 고리화첨가로 rhodacyclobutane이 형성되며 이어서 환원성 제거가 일어나면 생성물 cyclopropane과 더불어 Rh(II)가 재생성된다. 지적하고 넘어갈 alkene의 입체화학이 [2+2] 고리화첨가와 환원성 제거 단계에서 모두 보존된다는 점이다.

L_nRh^{II} CO_2Et $N_2^{\oplus}$ H L_nRh^{IV} CO_2Et H H Bu Bu H

(a) (b) (c)

H EtO_2C $N_2^{\oplus}$ RhL_n 0 EtO_2C H Bu L_nRh^{IV} H Bu H EtO_2C Bu Bu

(a) coordination
(b) [2+2] cycloaddition
(c) reductive elimination

문제 10.43 다음 cyclopropanation 반응은 Pd(II) acetate에 의하여 일어난다. 위와 같은 촉매 순환 cycle을 그려보라.

+ CH_2N_2 —cat. $Pd(OAc)_2$, ether 0 °C, 10 min→ (77 % yield)

10.4.2 Tebbe Reaction (Ti)

Tebbe 반응은 앞-전이금속 complex를 이용하는 Wittig 반응이라고 생각하면 된다. Wittig 반응에서의 P의 역할을 Ti이 대신하는 셈이다. Ti과 P 모두 산소와 매우 강한 결합을 하는 공통점을 가지고 있다. 이 반응은 앞의 Chapter 9에서 organotitanium 화합물을 다룰 때에 한 번 보았던 반응이다.

Tebbe reagent

Wittig reaction

카보닐 화합물은 해당 methylene 화합물로 전환되는데 여기에 사용되는 **Tebbe reagent**은 $Cp_2Ti{=}CH_2$와 Me_2AlCl의 착물이다. Tebbe 시약은 Cp_2TiCl_2를 2당량의 Me_3Al과 반응시켜 만든다. 금속교환이 두 번 일어나서 Cp_2TiMe_2이 생성되며 α-hydride 추출이 일어나면 $Cp_2Ti{=}CH_2$이 생성되고 $ClAlMe_2$과 배위되면 Tebbe 시약이 만들어진다. 실제로 카보닐기와 반응할 때는 생성 단계 (c)의 역반응이 일어나서 methylenetitanium이 생성된다.

(a) transmetallation (b) α-hydride abstraction (c) coordination

이 반응은 촉매 반응이 아니며, 메커니즘은 의외로 간단하다. Tebbe 시약의 CH_2–AlCl 결합과 bridge를 이루던 Ti–Cl 결합이 깨지는 역-고리화첨가 유형으로 $Cp_2Ti{=}CH_2$가 생성되고 이 **methylenetitanium** 중간체가 $R_2C{=}O$와 [2+2] 고리화첨가, 이어서 생성된 네-원자 고리형 중간체의 [2+2] 역-고리화첨가가 일어나면 생성물에 이르게 된다. 즉, [2+2] 고리화첨가와 역-고리화첨가가 연속적으로 일어나는 것이다. (Metal alkylidene은 ketene, phosphoylide와 더불어 thermal [2+2] 고리화첨가를 일으킬 수 있는 화합물 세 가지 중 하나다.)

oxatitanacyclobutane

(a) dissociation (b) [2+2] cycloaddition (c) [2+2] retrocycloaddition

이 methylenation 반응은 종래의 Wittig 반응에 의해서도 가능하지만 Tebbe 반응은 이보다 수득률 등 반응의 효율성이 높을 뿐 아니라 aldehyde나 ketone과의 반응은 물론 다음 식에서와 같이 ester와도 잘 반응하여 ester 카보닐의 methylenation이 이루어진다.

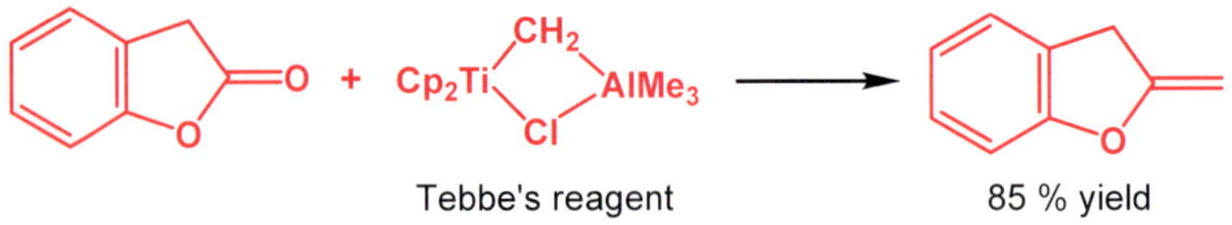

Tebbe's reagent 85 % yield

Petasis 반응에서는 Cp_2TiMe_2 자체가 사용되어 Tebbe 반응을 수행한다. Cp_2TiMe_2는 Tebbe 시약보다 만들기도 쉬울뿐더러 (Cp_2TiCl_2과 MeLi에서) 취급하기도 용이하다. 가열하면 α-hydride abstraction이 일어나 $Cp_2Ti{=}CH_2$이 생성된다. 고도로 치환된 $Cp_2Ti(CH_2R)_2$ 착물도 카보닐 화합물을 해당 alkene으로 변환한다. 분자내에 카보닐기가 둘인 경우에는 보다 반응성이 큰 카보닐의 선택적 methylenation이 가능하다. 다음 두 반응 예에서 반응이 일어나는 쪽은 더 반응성이 더 큰 카보닐이다. 첫째 반응에서는 2 배의 시약을 사용하여 두 카보닐이 모두 methylene으로 바뀌었지만 순서대로 ketone부터 반응하였을 것이다.

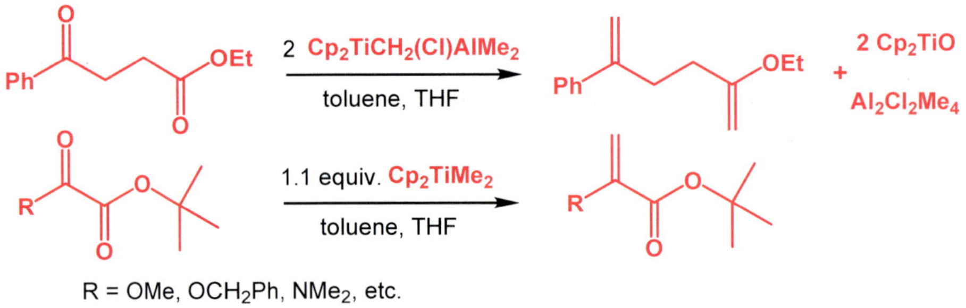

R = OMe, OCH_2Ph, NMe_2, etc.

이들 반응의 제한점은 Wittig 시약과는 달리 Tebbe 시약은 methylidene이나 benzylidene과 같은 β-수소가 없는 alkylidene만을 전달한다. Cp_2TiR_2 화합물이 Cp_2TiBu_2에서와 같이 alkyl기에 β-수소가 있는 경우에는 α-hydride 추출보다 β-hydride 추출이 훨씬 쉽게 일어나서 titanacyclopropane이 생성되기 때문이다. 그러나 Wittig 반응이 aldehyde와 ketone에 국한되는 것과 대조적으로 Tebbe methylenation은 ester와도 반응하여 쉽게 enol ether를 생성할 수 있다.

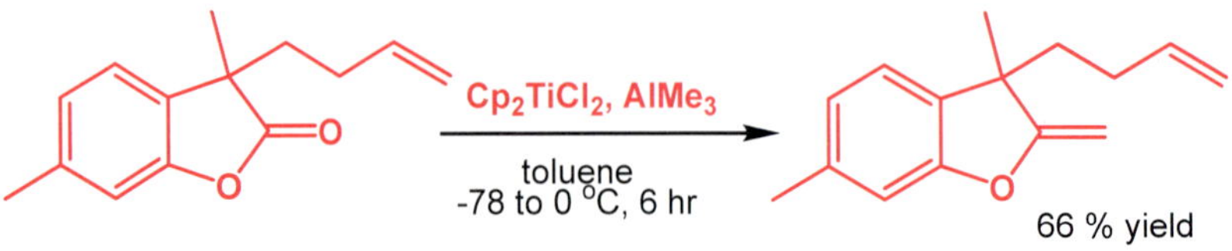

66 % yield

Aldehyde로부터 amide까지 네 종류의 카보닐 화합물과의 Tebbe methylenation 반응은 다음과 같이 요약할 수 있다. 카복시산 유도체인 ester와 amide로부터 enol ether나 enamine을 합성할 수 있다는 점은 특기할 만한 장점 중 하나이다.

alkene alkene enol ether enamine

다음 succinic acid의 유도체와의 반응에서는 반응성이 높은 acyl chloride 쪽에 반응이 일어나게 되며 생성물은 vinyl chloride가 아닌 Ti enolate가 얻어진다. Enolate는 산성 수용액 처리로 methylketone이 되던지 아니면 다른 aldehyde와 aldol 반응을 하게 된다.

89 % yield

53 % yield

문제 10.44 Petasis 반응이라고 부르는 다음 반응의 합리적인 메커니즘을 그려보라.

10.4.3 Dötz Reaction

불포화 결합에 이웃한 chromium carbene complex와 alkyne이 합체되어 phenol을 생성하는 반응을 **Dötz 반응**이라 부른다. 이웃할 수 있는 불포화 그룹은 alkenyl, cycloalkenyl 또는 aryl기 등 어느 것이라도 상관없다. 이 반응에 이용되는 chromium carbene complex에는 거의 예외 없이 methoxy나 다른 alkoxy기가 붙어 있는 특징이 있다.

a chromium carbene complex

번호 붙이기로 **Dötz 반응**에서의 결합의 변화를 살펴보자. 새로 만들어지는 방향족 고리의 세 탄소는 chromium alkylidene으로 구성되며 다른 반응물인 alkyne이 둘을 제공하는 것을 알 수 있다. O와 연결된 여섯 번째 탄소는 complex의 CO ligand에서 나온다. 다음 번호 붙이기에서 C6가 CO에서 제공되는 탄소임을 알 수 있다.

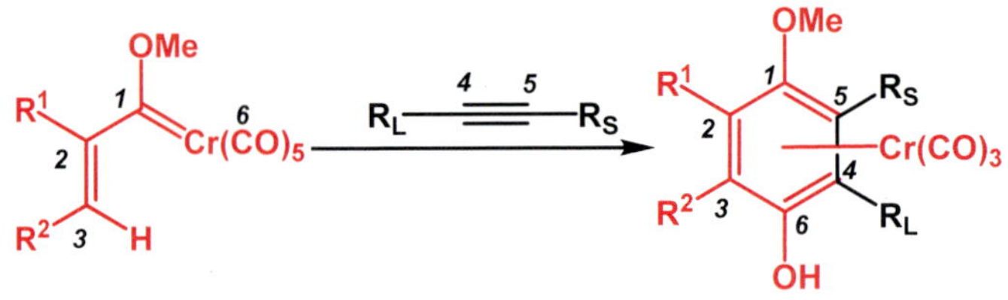

M=C 및 M≡C와 같은 metal alkylidene의 다중결합은 쉽게 [2+2] 고리화첨가를 일으킨다. 이 반응 계에서는 C1−C5 결합이 만들어지면서 metallacyclobutene을 형성한다. 이 반응 계에서 [2+2] 고리화첨가가 일어나기 이전에 반응성이 떨어지는 18-전자 carbene complex에서 CO를 잃고 alkyne과 배위가 일어난다. 여기까지는 뭐라고 재론할 여지가 없다.

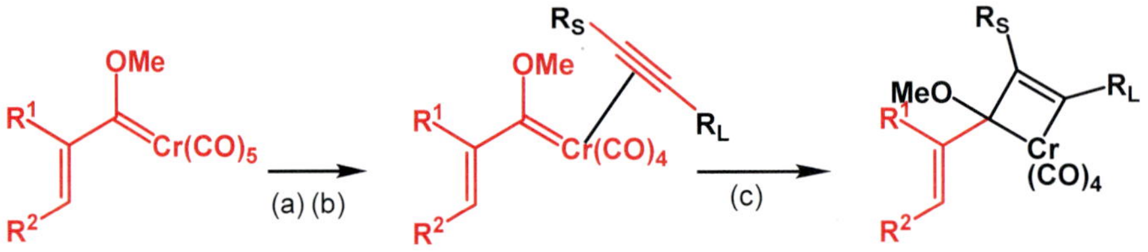

(a) dissociation (b) coordination (c) [2+2] cycloaddition

그 다음 어떻게 CO 그룹이 고리 안으로 끼어들어가며 나머지 두 C−C 결합이 어떻게 형성되는지에 관해서는 몇 가지 합리적인 추론이 가능하며, 그에 따라 여러 가지 메커니즘이 제안되어 있다. 그중 한 가지 예는 다음과 같다.

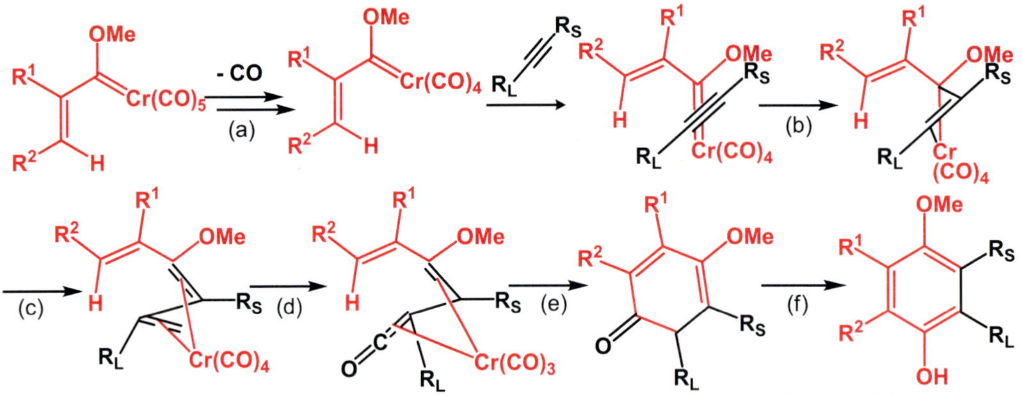

(a) ligand dissociation (b) [2+2] cycloaddition (c) electrocyclic ring opening (d) carbonyl insertion (e) 6π electrocyclization (f) tautomerization

Metallacyclobutene 착물은 연이은 전자고리화 고리열림과 고리닫힘이 일어나서 metallacyclohexadiene 착물이 얻어진다. CO의 삽입, 환원성 제거 그리고 tautomerization이 일어나면 생성물을 얻게 된다.

Dötz 반응을 위한 Cr-reagent는 보통 $Cr(CO)_6$로부터 만든다. $Cr(CO)_6$의 C 원자는 친전자성이며 이는 이 화합물의 metallaketene의 공명구조에 잘 예시되어 있다. 불포화 organolithium 시약이 $Cr(CO)_6$에 첨가되면 chroma-enolate가 얻어지고 O-methylation이 일어나면 (Meerwein 시약, $Me_3O^+ BF_4^-$이 자주 사용됨) carbene 착물을 얻게 된다.

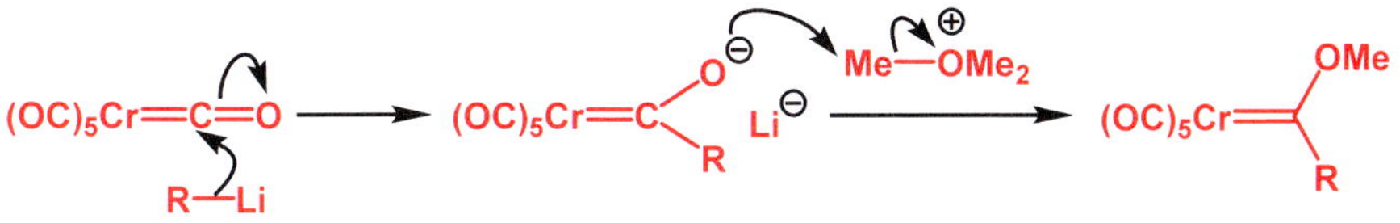

Cr(CO)$_6$와 MeLi에서 만들어지는 carbene 착물인 (CO)$_5$Cr=C(CH$_3$)OMe는 다른 Cr carbene 착물을 제조하는 데 사용될 수 있다. 이 화합물에 Cr에 붙어 있는 다섯 CO기가 Cr=C π-결합에 대해 강력한 전자끌개 기로 작용하여 Cr=C π-결합은 Cr쪽으로 편극화된다. 사실상, Cr(CO)$_5$ 토막은 전자끌개 능력이 뛰어나 CH$_3$기는 methylketone 정도의 산성도를 가지며 염기에 의해 쉽게 양성자떼기가 일어난다.

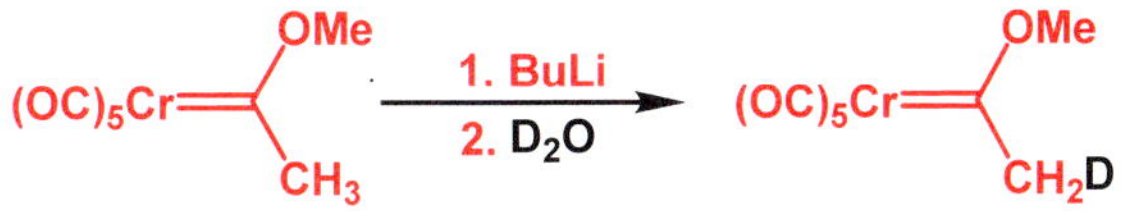

Aldehyde와 Lewis 산을 넣어주면 aldol 반응이 일어나 불포화 Cr carbene complex가 생성된다.

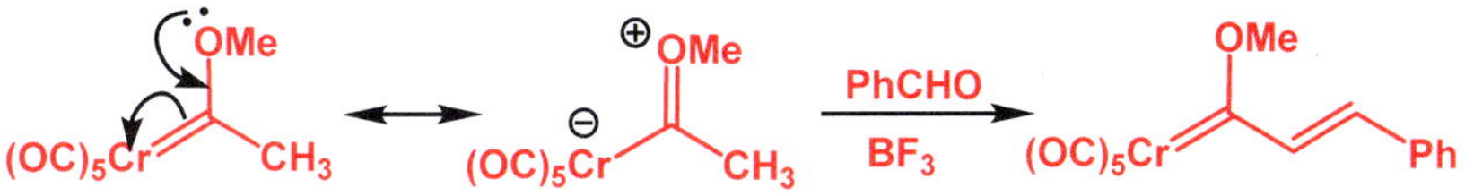

Chromium carbene complex는 다른 반응을 일으키기도 한다. 이들 반응의 메커니즘은 Dötz 반응의 메커니즘에서 본 것과 같은 단계들, 즉, [2+2] 고리화첨가, 전자고리화 반응을 거친다.

문제 10.45 위의 Dötz 반응에 제안된 여러 메커니즘 중에서 하나가 그려져 있다. 또 다른 가능한 메커니즘을 하나 더 그려 보라.

문제 10.46 (CO)$_5$Cr=C(CH$_3$)OMe와 PhCHO의 BF$_3$-촉진 aldol 반응의 메커니즘을 그려라. Methyl기가 어떻게 친핵성을 갖게 되는지가 key이다.

문제 10.47 다음 반응의 메커니즘을 그려라.

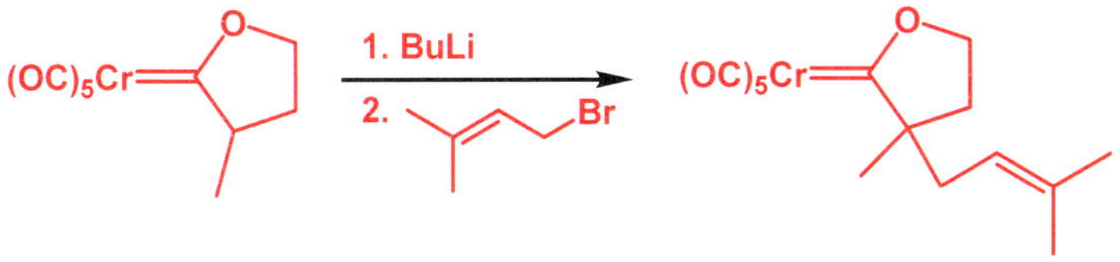

문제 10.48 다음 반응 sequence의 셋째 단계와 isonitrile과의 마지막 단계의 메커니즘을 그려라.

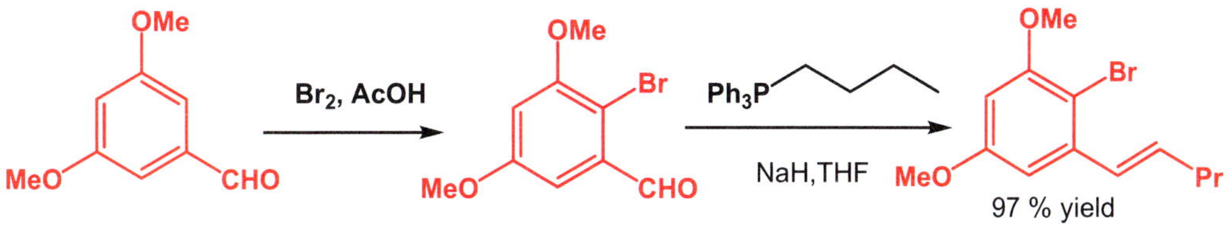

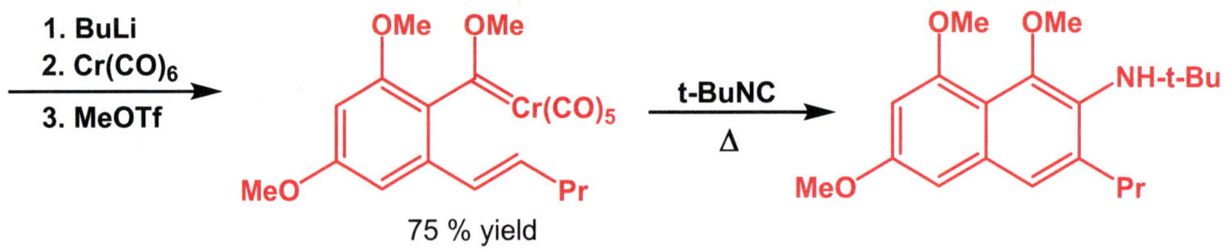

1. BuLi
2. $Cr(CO)_6$
3. MeOTf

75 % yield

t-BuNC
Δ

문제 10.49 다음 두 chromium carbene complex의 반응 메커니즘을 그려라.

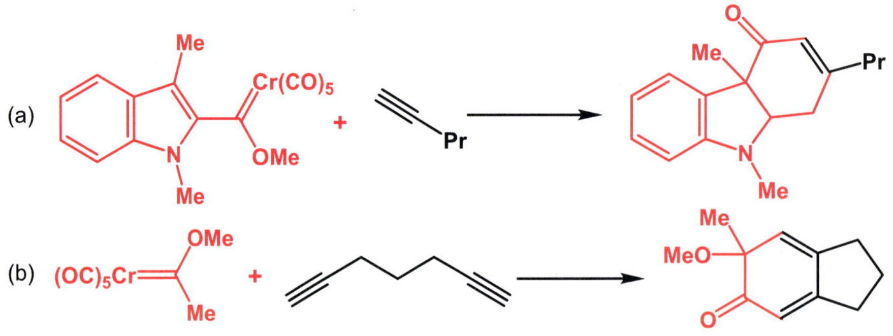

(a)

(b)

10.4.4 Alkene and Alkyne Metathesis (Ru, W, Mo, Ti)

Alkene 복분해 (**alkene metathesis** or **olefin metathesis**) 반응에서는 ($R_1R_1C=CR_2R_2$)과 ($R_3R_3C=CR_4R_4$)의 두 alkene의 alkylidene fragment를 서로 맞바꾸어 ($R_1R_1C=CR_3R_3$)과 ($R_2R_2C=CR_4R_4$)이 생성되는 반응이다. 이용 가능성이 아주 높은 반응은 앞- 또는 중간-전이 금속인 Ti, Mo, W 및 Ru의 착물이 이러한 목적으로 주로 촉매로 사용된다.

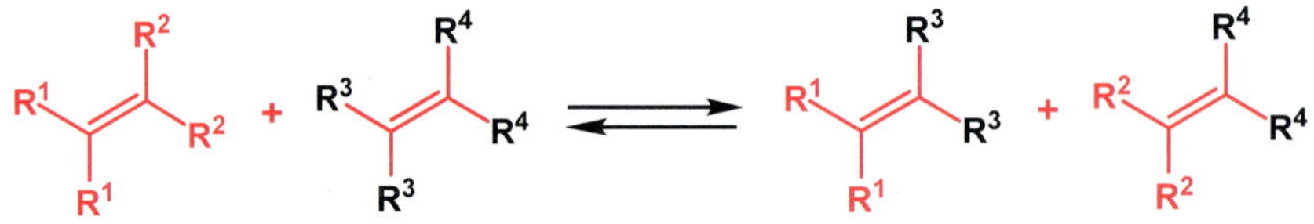

모든 **alkene metathesis** 반응 촉매는 아예 M=C π-결합을 가지고 있거나 아니면 반응 조건하에서 쉽게 M=C π-결합으로 전환된다.

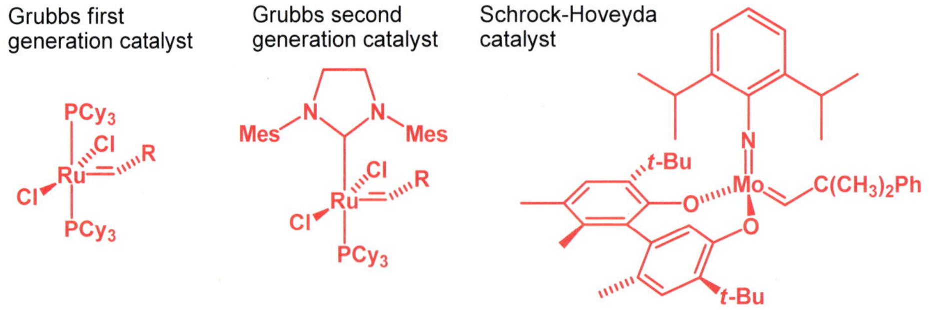

Grubbs first generation catalyst

Grubbs second generation catalyst

Schrock-Hoveyda catalyst

공업적인 불균일 촉매는 오랫동안 사용되었으나 유기물 합성에 응용되기 시작한 것은 이들 균일 촉매가 개발되고 반응 메커니즘이 완전히 규명되고 난 후부터이다. 가장 많이 사용되는 균일 촉매 세 가지를 위에 나타내었으나 그 밖에도 이 반응에 유효한 촉매가 여럿 알려져 있다. 일반적으로 **Grubbs catalyst**는 phosphine ligand를 가지는 ruthenium dichloride와 carbene의 반응으로 생성된다.

phenyldiazomethane carbene Grubb's complex

Alkene metathesis는 오래 전부터 사용되어 왔으나 개발 초기에 사용된 불균일 촉매는 제대로 특성이 연구되지도 않았을 뿐 아니라 여러 작용기가 살아남지 못하는 등의 문제로 공업적으로 흥미있는 몇 가지 alkene에만 응용되었다. 최근에는 반응 조건이 온화하여 작용기가 보존되는 균일 촉매의 개발로 복잡한 분자의 합성에 급속히 확산 응용되는 추세이다.

Alkene metathesis 반응은 다음 반응 예에서와 같이 각 단계가 모두 평형 반응으로 모든 가능한 alkene들로 평형을 이루게 되어 있으나, 낮은 끓는점 alkene을 제거한다든지 하여 평형을 어느 한쪽으로 유리하게 가져갈 수 있다.

catalyst

촉매 순환은 다음에 보는 바와 같이 [2+2] 고리화첨가와 [2+2] 역-고리화첨가가 반복되면서 일어나게 된다.

(a) [2+2] cycloaddition (b) [2+2] retrocycloaddition

Alkene 복분해 반응의 변형 중에서도 유기합성에 가장 널리 응용되는 것은 **고리-닫힘 복분해(*ring-closing metathesis*, RCM)**로, diene에서 분자내의 alkene 복분해가 일어나도록 하여 고리형 alkene과 ethylene을 생성하는 반응이다. 기체 ethylene이 증발되어 버림으로써 평형을 정반응 쪽으로 유리하게 가져갈 수 있다.

고리닫힘 복분해 반응은 아주 큰 고리 합성에는 으뜸가는 좋은 방법이다. 일반적인 방법으로 만들기 어려운 size의 고리 화합물들도 쉽게 얻어낼 수 있다. 다음은 Grubbs 2세대 촉매를 이용하는 복분해에 의한 고리합성 반응 예이다. 반응물 내의 작용기는 물론 입체화학까지 생성물에 고스란히 살아남는다.

i-Bu O MeO$_2$C N NH i-Pr —Grubbs II→ i-Bu O MeO$_2$C N NH i-Pr

다음 반응 또한 위와 유사한 **고리-닫힘 복분해** 반응의 다른 예이다. 마찬가지로 생성물인 ethylene은 기체로 날아가버리므로 평형점의 이동은 전혀 문제가 되지 않는다.

N Ts ⇌ (2 mole % of Grubb's catalyst) N Ts (98 % yield) + H_2C=CH_2

Grubb's catalyst: PPh$_3$, Cl, Ru=, Ph, Cl, PPh$_3$

반응 진행 과정에서 촉매 금속의 산화상태의 변화는 일어나지 않는다. Grubbs 촉매는 촉매 순환이 시작되기 전에 금속이 반응물 alkene에 배위된 후 각 [2+2] 고리화첨가와 [2+2] 역-고리화첨가를 거쳐 촉매 순환이 시작된다.

[2+2] cycloaddition

촉매 순환은 다음과 같이 표시할 수 있다. 마찬가지로 [2+2] 고리화첨가와 [2+2] 역-고리화첨가가 반복되면서 반응물 diene은 두 alkene 성분으로 나누어지게 된다.

(a) [2+2] cycloaddition
(b) reverse [2+2] cycloaddition

그러나 아주 strain이 큰 고리에 이르는 기질의 경우에는 복분해 촉매가 존재하면 고리화보다 유리한 dimer가 생성되기도 하며 때로는 polymerization이 일어나기도 한다. 또 다른 alkene 복분해의 변형도 있다. **교차 복분해**(*CM*, ***cross-metathesis***) 반응에서는 두 alkene의 짝지음이 일어난다. 이 반응은 수득률이 높을 뿐 아니라 두 alkene의 전자적 성질이 다르면 비통계적 혼합물이 얻어진다.

BnO + OAc → (Grubbs II) BnO OAc

Cyclohexene을 제외한 나머지 대부분의 cycloalkene은 복분해 반응이 일어나기는 하지만, 두 분자간의 dimerization으로 cycloalkadiene이 얻어지는 대신 고리열림 복분해 폴리머화(ROMP; ring-opening metathesis polymerization)가 일어난다. Norbornene과 같은 strain이 큰 alkene이 자신들 간의 복분해가 일어나서 폴리머가 얻어진다.

$+ ML_n +$ → X

L_nM= → L_nM → L_nM= → L_nM= →

문제 10.50 다음 각 alkene metathesis 반응의 생성물을 그려라.

H, H + D, D → Grubb catalyst

+ Me, Et → Grubb catalyst

CH_2, CH_2 + CD_2, CD_2 → Schrock catalyst

문제 10.51 다음 고리닫힘 반응은 이 내용을 다루는 여러 곳에 소개되는 반응이다. 메커니즘을 그려보라.

O, O, OR → (0.1 eq. Grubbs catalyst; CH_2Cl_2, 40 °C) O, O, OR (89 % yield)

Me, O, NO_2 = R

문제 10.52 Grubbs 촉매를 사용하는 다음 반응은 어떻게 진행되는지 각 step을 일어나는 순서대로 그려보라.

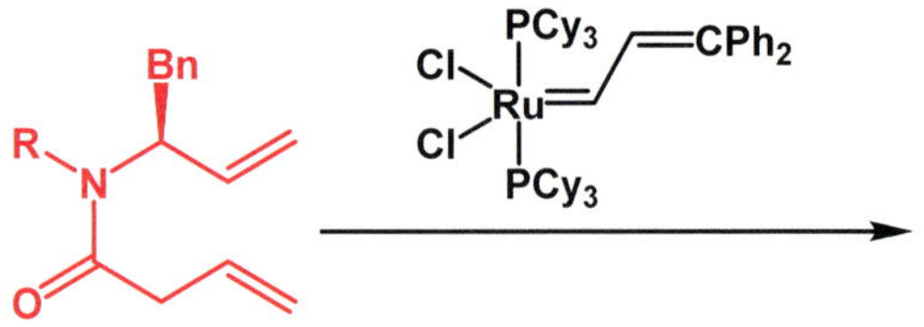

문제 10.53 다음 반응 sequence는 vinyl silyl기를 도입하여 두 반응 연속에 의하여 큰 고리 화합물이 얻어지는 반응이다. 전 단계의 메커니즘을 그려라. (hint: 셋째 단계는 Hiyama coupling을 참조.)

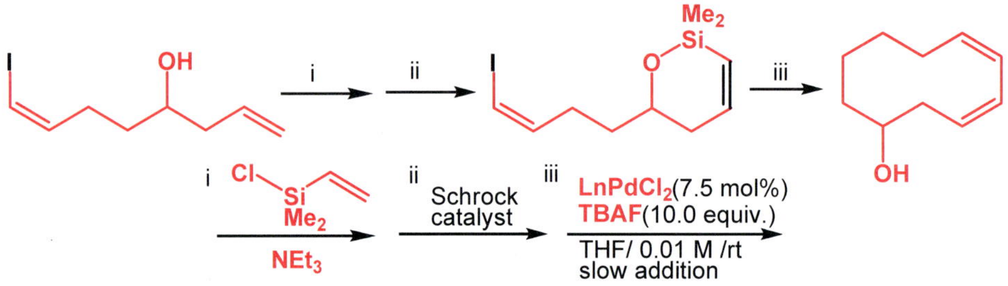

문제 10.54 Olefin metathesis로 고리닫힘 반응이 일어나려면 두 alkene이 근접할 수 있어야 한다. 다음 반응은 $LiClO_4$를 첨가하면 수득률이 엄청나게 높아진다. 어떤 이유에서인지 설명하여 보라.

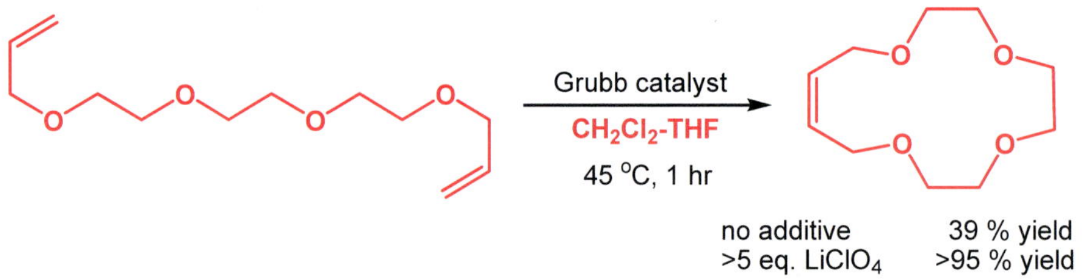

문제 10.55 다음 두 고리열림 alkene metathesis 반응의 메커니즘을 그려라.

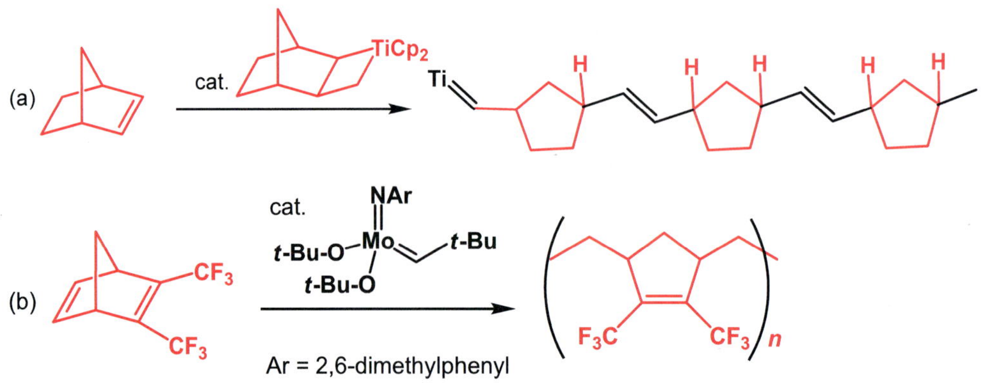

문제 10.56 Alkene 복분해 반응을 이용하여 어떻게 다음 화합물을 합성할 수 있나?

(a) (b) (c)

10.5 Reactions with Nucleophiles

10.5.1 Coupling Reactions of Aryl, Vinyl With Heteroatom

Aryl and Vinyl Substitution Catalyzed by Cu(I)

CuCN이나 ROCu와 같은 구리(I) 염들은 보통의 aryl halide와 쉽게 방향족 치환을 일으킨다. 이 반응의 메커니즘은 아직 제대로 확정되어 있지 않지만 가능성이 있는 합리적인 메커니즘은 $S_{RN}1$ 메커니즘이다. 또 다른 합리적인 가능성은 전이금속 화합물의 coupling 반응에서처럼 Ar–X가 N≡C–Cu(I)으로 산화성 첨가를 일으켜 Cu(III) 착물을 생성하고, 이어서 환원성 제거가 일어나 Ar–CN과 CuX가 생성되는 것이다.

H_3CO–C_6H_4–Br →(CuCN(I), Δ) H_3CO–C_6H_4–CN + CuBr

NC–Cu(I) →(ArBr, oxidative addition) NC–Cu(III)(Ar)(Br) →(reductive elimination, ArCN) Br–Cu(I)

산화성 첨가-환원성 제거를 거치게 되는 위의 메커니즘의 단점은 에너지가 아주 높은 Cu(III) 화학종을 거치는 것이 과연 합리적인가에 있다. 만약 Cu가 Cu(I)과 Cu(III) 간의 순환이 아닌 Cu(0)와 Cu(II)간의 순환이 형성된다면 훨씬 더 합리적인 메커니즘이라 할 수 있을 것이다. 그러한 메커니즘은 Cu(I)에서 Cu(I)로의 전자전달로 다음과 같은 $[N≡C–Cu(0)]^-$의 생성을 가정할 수 있다면 제안이 가능하다.

NC–Cu(I) + NC–Cu(I) →(e⁻ transfer) $[NC–Cu(0)]^{\ominus}$ + $[NC–Cu(II)]^{\oplus}$

이를 기초로 하여 촉매 순환 cycle을 그려 본다면 다음과 같이 된다. Ar–Br의 Cu(0)로의 산화성 첨가와 Cu(II) 중간체에서 Ar–CN의 환원성 제거가 일어나면 유기 생성물과 더불어 $[Br–Cu(0)]^-$이 얻어지게 된다. 마지막으로, 또 한 당량의 N≡C–Cu(I)와의 ligand 교환으로 $[N≡C–Cu(0)]^-$이 다시 한 당량 만들어지게 되어 촉매 순환을 이어가게 된다.

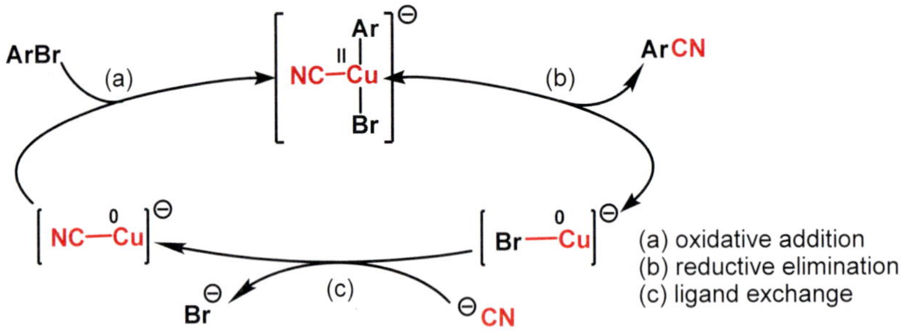

(a) oxidative addition
(b) reductive elimination
(c) ligand exchange

유기 반응을 이해하는 측면에서는 메커니즘의 진위 여부를 떠나 Cu를 이용하는 coupling 또는 치환 반응은 다음 두 반응 예에서 보는 것과 같이 다양하게 이용되고 있다.

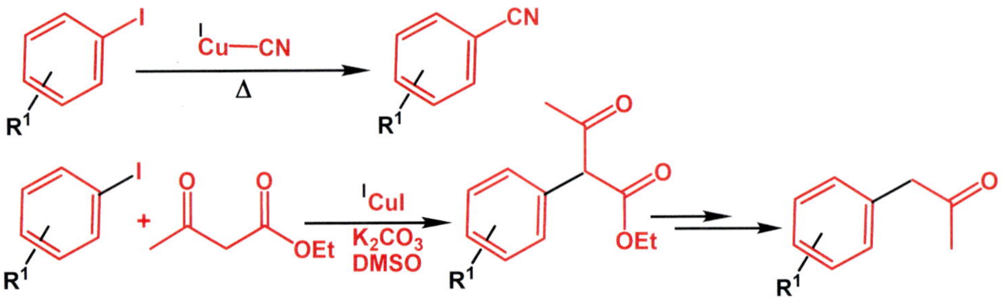

R_2CuLi나 $R_2Cu(CN)Li_2$와 같은 cuprate 친핵체들 또한 aryl 및 alkenyl halide와 치환 반응을 일으킨다. 이중결합에서의 기하구조는 그대로 보존되는 것으로 관찰되었다. 이들 Cu(I) 친핵체들의 반응 메커니즘은 위의 CuCN과 ArBr 간의 반응과 유사할 것으로 추측할 수 있다.

Pd-Catalyzed Aryl and Vinyl Substitution

Metal amide와 alkoxide 또한 Pd 촉매하에서 C(sp^2)–X 친전자체와 짝지음이 일어나는데, 이를 **Buchwald-Hartwig amination** 또는 **etherification**이라고 한다. 쉽게 얻을 수 있는 많은 aryl halide를 이용하여 일련의 방향족 아민을 쉽게 만들 수 있게 되었다. 또한 lithium thiolate는 LiCl 존재하에 vinyl triflate와 coupling하여 vinyl sulfide를 생성한다. 전체 반응 결과는 vinylic 또는 arylic 치환으로 보통 방법으로는 가능하지 않은 반응이다.

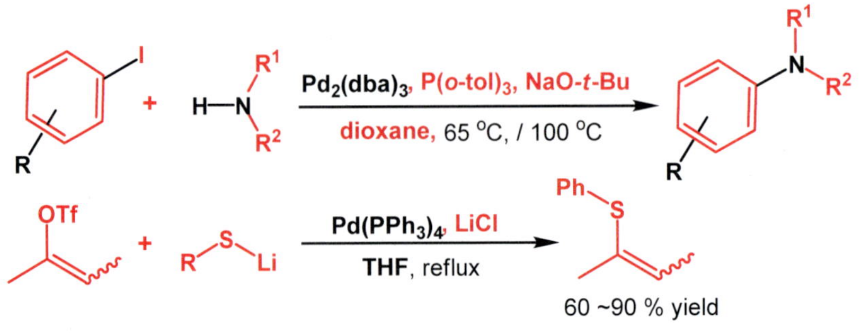

Pd-촉매 coupling에서 탄소 친핵체에서 amine이나 alcohol 친핵체로 확대 적용되어 사용

된다는 것은 어찌 보면 당연한 일이겠으나 사실상 Buchwald-Hartwig 반응은 훨씬 뒤에 발견되었다. 특히 *t*-Bu_3P와 같은 등치 큰 ligand가 이들 반응이 진행되기 위해 반드시 필요하다. Ligand는 Pd 촉매로 하여금 더 낮은 배위수를 강요하여 촉매를 더욱 활성화하는 것으로 보인다. 그렇지만 넓은 의미에서 보면 Buchwald-Hartwig amination의 메커니즘은 Stille나 Suzuki coupling과 거의 같아서 산화성 첨가, 금속교환 및 환원성 제거 단계를 거친다.

TfO, O, OR^2, NHR^1 + H—P(Ph)Ph → $Pd(OAc)_2$, DMSO, PPh_2, PPh_2 → Ph_2P, O, OR^2, NHR^1

문제 10.57 위에 소개된 반응을 이용하여 다음 화합물을 합성하는 방법을 고안하라. 생성물에 다르게 표시된 결합이 생성된다.

(a) SPh (b) N (c) Me, O

문제 10.58 친핵체와의 Pd-촉매 coupling 반응은 높은 입체특이성을 보인다. 다음 반응이 일어나는 메커니즘을 그려보라.

Bu-*n*, Br + LiSPh → $Pd(PPh_3)_3$, benzene, 80 °C → Bu-*n*, SPh, 98 % yield

Ph, Br + KCN → $Pd(PPh_3)_3$, 92 °C, 10 hr → Ph, CN, 93 % yield

문제 10.59 다음 Pd 촉매 Buchwald-Hartwig amination 반응의 상세한 메커니즘을 그려라.

H_3CO, Br → $(Me_3Si)_2NLi$, $Pd(dba)_2$, $P(t\text{-}Bu)_3$ → H_3CO, $N(SiMe_3)_2$

문제 10.60 다음 반응은 95%의 높은 수득률로 진행된다. 어떤 메커니즘을 거치는가? 왜 다섯 원자 고리 화합물만 얻어지는가? O_2는 무슨 역할을 하는가?

$NHCO_2Bn$ → cat. Pd(II), O_2 → H, H, N, CO_2Bn

10.5.2 Allylic Substitution

정통적인 유기 반응에서 allyl계는 S_N2와 S_N1 그리고 S_N2와 S_N2'의 경합으로 쉽게 원하는 생성물을 얻을 수 없으며, 이러한 regio control의 어려움과 더불어 stereo control 또한 어려움은 이미 앞에서 논의한 바 있다. 이에 반하여 π-allyl cation의 Pd complex는 regio control과 stereo control이 모두 가능하다.

allyl cation complex

또한 S_N2와 S_N2' 반응이 잘 진행되지 않는 열악한 이탈기를 갖는 allyl계의 반응 또한 쉽게 일어난다. Acetate(X = OAc)는 가장 자주 사용되는 이탈기이지만 그 밖의 이탈기(X = OCO_2R, $OPO(OR)_2$, Cl, Br, OPh)도 사용이 가능하다.

아래에 촉매 순환을 그려 두었다. 산화성 첨가로 π-allyl cation complex가 얻어지는데 친핵체의 첨가를 거쳐 치환 생성물이 유리된다.(Nu와 X의 교환을 한 단계로 그려도 된다.)

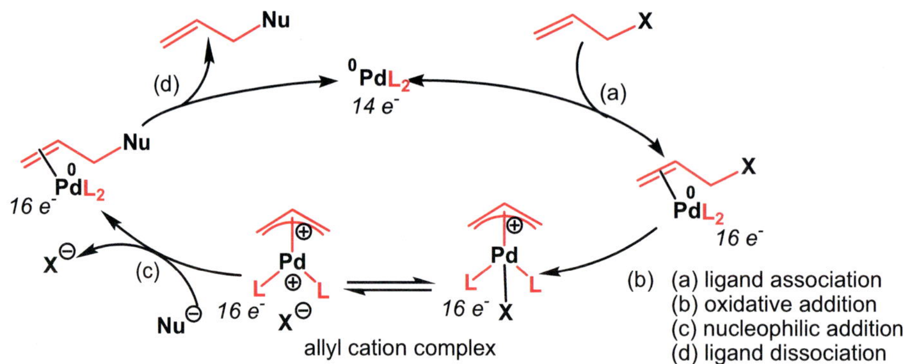

$(EtO_2C)_2C^-Me$와 같은 soft 친핵체와의 반응이 좋은 결과를 주게 되지만 alkoxide, amine, thiolate, cyanide 같은 친핵체들과의 결합도 어렵지 않게 만들어진다.

다음 분자내 치환 반응은 생성되는 π-allyl cation complex에 반응성 말단 둘이 생성되지만 안정한 다섯- 또는 여섯-원자 고리 형성이 유리한 것은 다른 분자내의 반응에서와 같다.

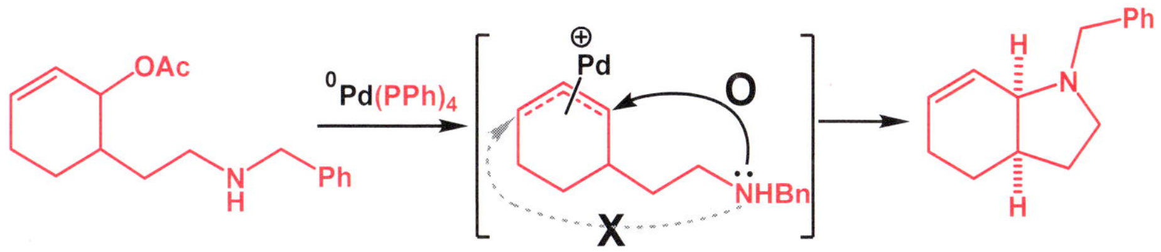

특히 중요한 의미를 갖는 것은 여느 S_N2 치환 반응이 입체 배열의 반전이 일어나는 것과는 달리 이 Pd-촉매 반응에서 입체 배열이 보존된다는 점이다. 이러한 입체화학의 보존은 "겹반전(double inversion)"으로 일어나는 경우가 많다. Pd의 allyl acetate로의 첨가는 이탈기가 떨어지는 쪽의 반대쪽으로 일어나서 입체장애를 최소화하며, 친핵체의 첨가는 Pd이 결합되어 있는 반대쪽으로 π-allyl 계에 첨가됨으로 해서 전체적으로는 이탈기 떨어짐과 친핵체 첨가가 같은 쪽에서 일어나서 배열이 보존 된다.(retention of configuration)

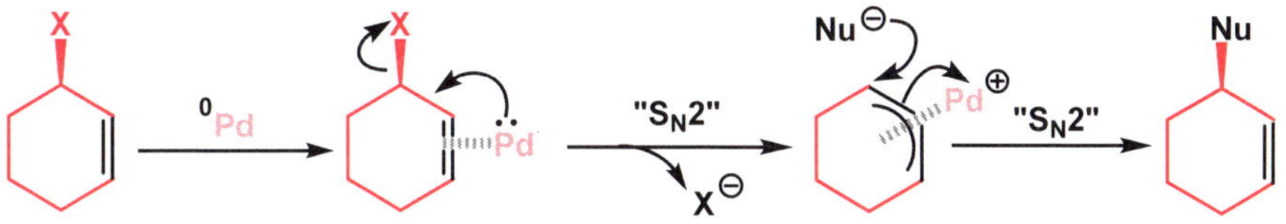

위의 반응식을 입체감을 살려 다음과 같이 다시 한번 그리면 어떻게 configuration이 보존 되는지를 쉽게 알아 볼 수 있다.

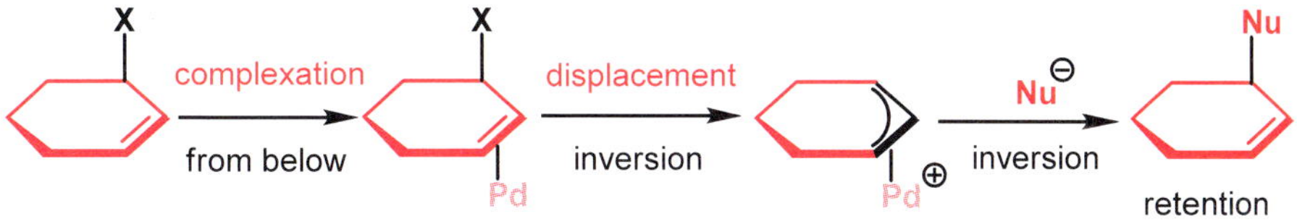

다음 Meldrum's acid의 짝염기가 친핵체가 되는 반응 예에서도 acetate 치환 반응은 완전한 retention of configuration을 보이며 진행된다. 어느 쪽의 allyl 자리 acetate가 치환되어도 마찬가지 결과를 낳게 된다.

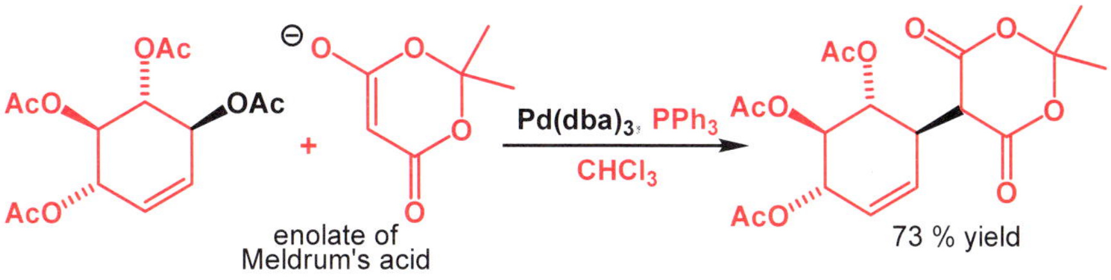

Vinyl epoxide와 carbonate 또한 allylic halide와 유사한 구조를 가지고 있어 유사한 치환 반응을 할 수가 있다. Epoxide 고리 열림으로 생성되는 alkoxide는 충분히 센 염기여서 양성자를 제거하여 음이온 친핵체를 생성하는데 문제가 없으며, 전체적으로는 중성인 상태에서 반응을 하게 된다. Pd(0)와의 반응으로 zwitter ionic 중간체를 거치게 되고 여기에 친핵체가 첨가되는데 epoxide 고리열림이 일어나는 탄소의 바깥 쪽에서 접근하게 된다.

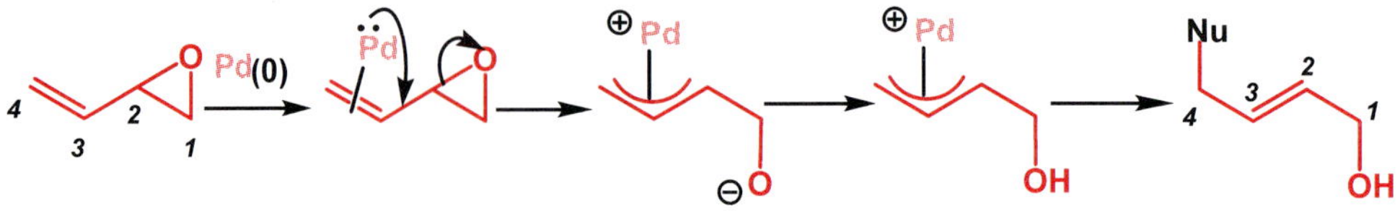

다음 malonate anion과 cyclopentadiene monoepoxide와의 반응을 보면 Pd은 epoxide의 반대쪽에서 접근하여 결합을 형성하게 되고, 친핵체의 접근은 π-allyl 계의 다른 쪽 말단에서 Pd과 반대쪽으로 접근하게 되어 전체적으로 hydroxyl기와 첨가되는 친핵체는 같은 쪽에 배향하는 생성물을 얻게 된다.

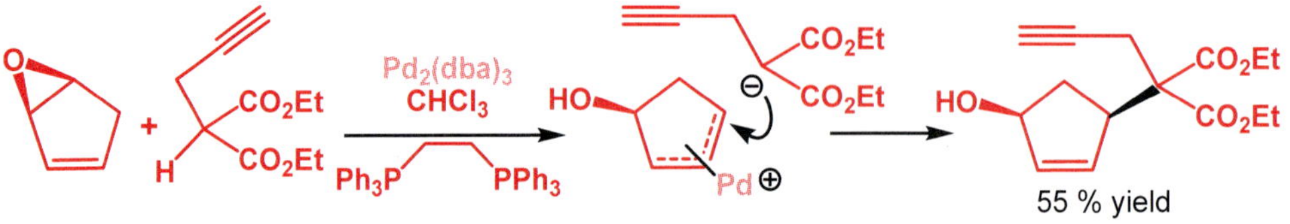

55 % yield

다음 반응에서도 입체화학의 보존은 겹반전(double inversion), 즉 두 번의 반전의 결과로 인한 것이며, 여기서도 예외가 아님을 볼 수 있다.

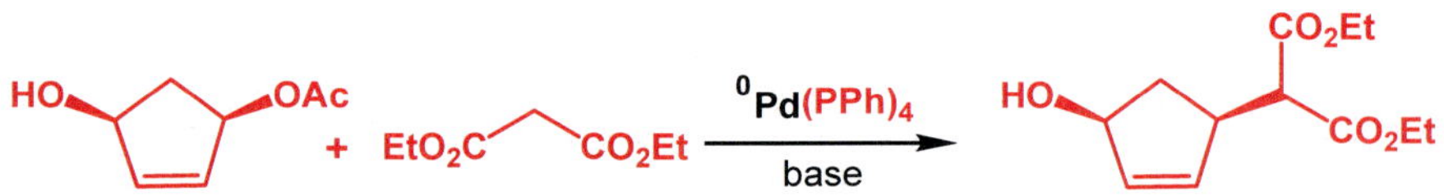

이 반응은 다음과 같은 경로를 거쳐 진행된다. Pd(0) 착물이 allylic carbonate나 acetate에 대해 친핵체로 작용하여 후면 공격으로 AcO^-를 치환하여 allylpalladium(II) 착물을 생성한다. 그런 다음에 친핵체가 allylpalladium(II) 착물을 공격하게 되는데 후면 공격으로 Pd을 대치하여 생성물을 얻게 되고 Pd(0)가 재생성된다. 공격의 위치화학(S_N2 또는 S_N2')은 기질에 구조에 달려 있다.

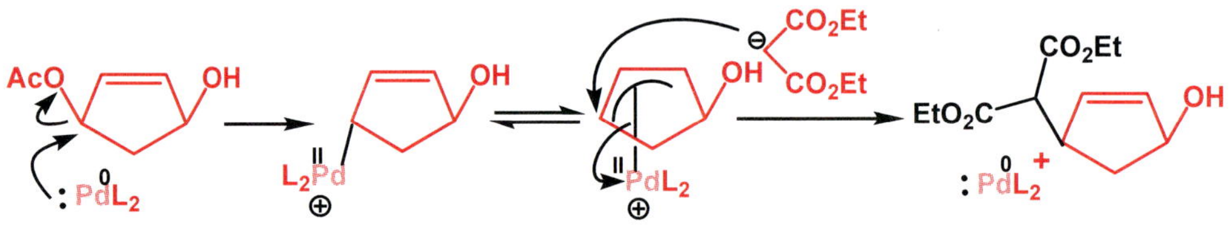

Pd 촉매로는 상당히 자주 사용하는 $(Ph_3P)_4Pd$ 또는 $(Ph_3P)_2PdCl_2$와 같은 Pd(0) 또는 Pd(II) 화학종들이며 더 나아가 chiral phosphine ligand를 갖는 Pd 착물을 사용하면 stereoselective allylation이 일어난다. Allylic carbonate에서도 같은 반응이 일어난다. Carbonate $MeOCO_2^-$ 이탈기는 위의 반응에서의 acetate와 같은 역할을 한다.

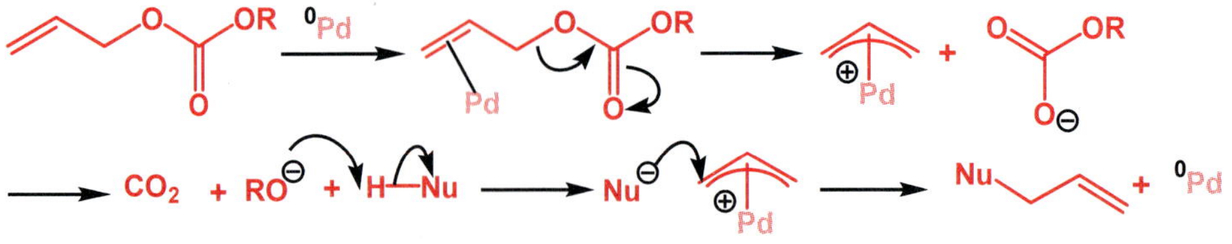

이와 똑같은 반응이 dialkylcuprate와의 반응에서도 일어난다. 다음 두 반응을 살펴보면 LnPd(0)에 의해서 진행되는 반응과 입체화학을 포함한 모든 점이 같음을 볼 수 있다.

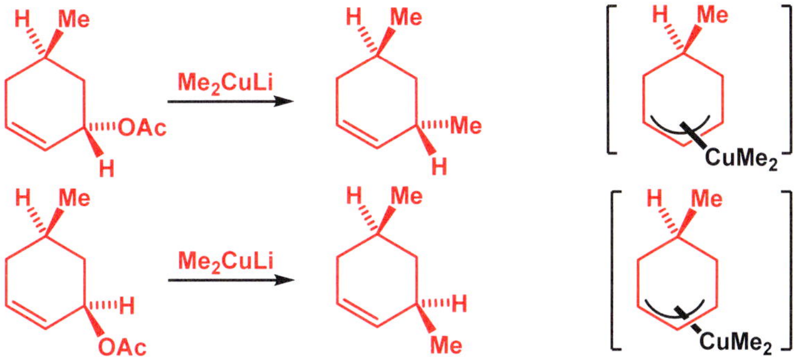

다음 반응은 다른 유기금속 반응과 다른 점이 있어 살펴보고 지나가는 것이 좋을 것 같다. Allylic alcohol의 alkylation 반응인데 OH는 상당히 산성 수소임에도 마치 acetate에서처럼 반응이 일어난다는 점이고, regio control은 전적으로 기질의 구조에 따라 결정된다는 점이다. Cuprate를 이용하는 여타 반응은 Chapter 7에서 많이 다루었으므로 더 많은 반응을 설명하지 않고 마쳐도 될 것 같다.

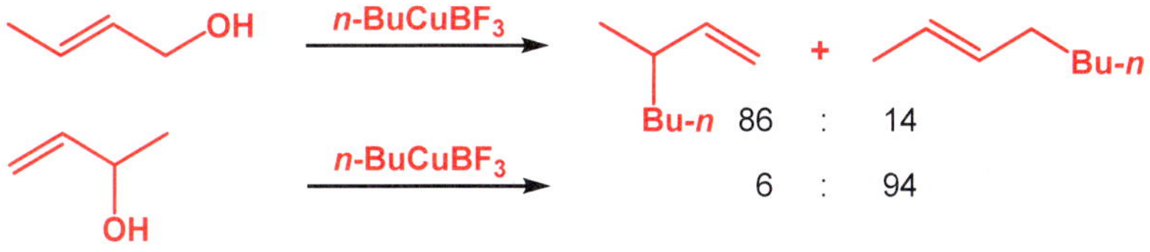

문제 10.61 유사한 다음 두 반응의 메커니즘을 각각 그려라. 다른 점은 오직 사용하는 phosphine ligand 뿐이지만 별로 큰 영향을 미치지 않을 것이며 변수는 오히려 반응 시간으로 보여진다.

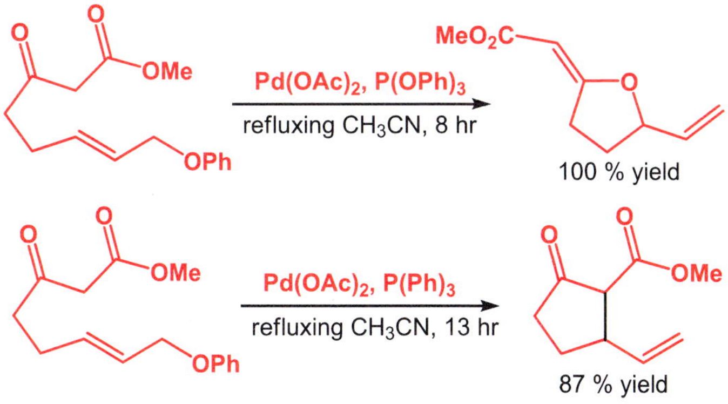

문제 10.62 다음 Pd^0-촉매 allylic 치환 반응의 메커니즘을 그려라. 반응 (b)는 카보닐 insertion 과정을 하나 더 거친다. 반응 (c)의 입체선택성은 무시하라.

(a) $^{0}Pd(PPh)_4$, AcOH → HO, OAc

(b) CO, MeOH, $(PPh_3)_2PdCl_2$ → CO_2Me, HO

(c) Ar, OCO_2Me + Ts–NH–(allyl), cat. $Pd_2(dba)_3$, chiral phosphinite → Ar, N–H

10.5.3 Palladium-Catalyzed Nucleophilic Substitution of Alkenes

Pd(II) 염은 alcohol이나 amine과 같은 친핵체들이 alkene과 반응하여 alkene의 수소가 이들 친핵체와 치환이 된 alkene을 생성하는 반응의 촉매 작용을 한다. 이 반응의 메커니즘은 Hg-중개에 의한 alkene의 친핵성 첨가에서와 비슷하다. Pd 촉매 반응에서는 치환 생성물을 얻는다.

$$\text{H} + \text{Nu—H} + {}^{II}\text{Pd} \longrightarrow \text{Nu} + 2\,\text{H}^{\oplus} + {}^{0}\text{Pd}$$

이러한 alkene의 친핵체에 의한 치환이 일어나는 경로를 그리면 다음과 같다.

R, $^{II}PdCl_2$ (a) → L—Pd—Cl, Cl, $\eta^2-\pi$ complex → R, Nu, L—Pd—Cl, Cl (b) → R, L—Pd, Nu, X, $\eta^1-\sigma$ complex

R, Nu, L—Pd, H, X (c) → R, Nu, product + H, L—Pd—L, Cl (d) → HCl, $^{0}PdL_2$ [O] ? → $^{II}PdCl_2$

(a) ligand association (b) nucleophilic atack (c) β-hydride elimination (d) reductive elimination

먼저 alkene은 직접 Pd(II)에 배위되어 친전자성 π-착물을 형성한다. 친핵체는 π-착물의 한 탄소를 공격하며 C=C 결합의 전자쌍의 이동으로 다른 탄소와 Pd(II) 간의 σ-결합이 형성되어 alkylpalladium(II) 화합물을 생성하게 된다. 그 다음 alkylpalladium(II) 화합물에서 β-hydride 제거가 일어나 생성물이 유리되고 palladium(II) hydride가 얻어진다. Palladium(II) hydride는 H^+를 잃고 Pd(0)가 되며, 화학양적 산화제에 의해 Pd(II)로 다시 산화된다. Pd(H)–H는 때때로 일련의 삽입과 β-hydride 제거를 거치는 π-결합의 이동을 촉매하기도 한다.

위와 동일한 메커니즘을 거쳐 진행되는 반응 예 하나가 다음에 나타낸 반응이다. 이 반응은 Pd(II)를 이용한 alkene 치환 반응으로 친핵체로 작용하는 amine 치환기를 분자내에 가지고 있어 질소를 포함하는 고리형 화합물을 얻게 된다.

PdCl$_2$(MeCN)
NEt$_3$
NH$_2$
N H
84 % yield

위의 일반 메커니즘과 다른 점이 거의 없으며 마지막 β-hydride elimination 단계에서 생성되는 methylene은 π-결합의 이동으로 안정한 indole을 생성하게 된다.

HCl
O$_2$ or other oxidant
$\oplus$ II H—PdL$_n$
0 PdL$_n$
II PdCl$_2$L$_n$
II PdCl L$_n$
II —PdCl$_2$L$_n$
- HCl
NH$_2$

이 반응의 단점은 완전한 촉매 순환이 이루어지지 않는 데 있다. Pd이 촉매로 작용하려면 benzoquinone, CuCl, O_2 (촉매량의 Cu 염이 있을 수도 없을 수도 있음)와 같은 산화제를 화학양적으로 사용할 필요가 있다.

Pd(0)가 생성되지만 필요한 것은 Pd(II)이기 때문이다. 많은 양의 비싼 Pd 시약이 필요한 것이다. 아주 소량의 생성물을 얻는 경우에만 쓰일 수 있다. 이 문제의 해결책은 산화제를 첨가하여 환원된 Pd(0)를 Pd(II)로 재산화하는 데 있다. Benzoquinone 등의 산화제를 사용할 수 있으나 공업적으로는 산소를 사용한다. 산소만으로는 느려서 효과가 적으며 Cu(II) 염과 함께 산소를 사용한다. 이를 이용한 유용한 공업적 process가 있는데 바로 다음 절의 Wacker 산화 공정이다.

문제 10.63 다음 Pd-촉매 연속 고리화 반응의 메커니즘을 그려라.

O
NHTs
NH
Me
Me
5 mol % Pd(OAc)$_2$
2.2 eq. PhI(OAc)$_2$
CH$_2$Cl$_2$, rt
O
N
NHTs
~ 90 % yield

문제 10.64 다음 acetate의 transposition은 어떻게 일어날 수 있는지 메커니즘을 그려 설명하여 보라. 촉매 없이도 일어날 수 있는가?

O
O
5 mole %
(MeCN)$_2$PdCl$_2$
room temp.
OAc
93 % yield

문제 10.65 유사한 다음 두 반응은 어떻게 일어나는가를 상세히 그려보라. 반응 (a)의 1,4-benzoquinone은 반응 (b)의 산소는 생성된 Pd(0)를 Pd (II)로 재산화하는데 쓰인다.

(a) + cat. $Pd(OAc)_2$ / LiCl, AcOH, acetone → Cl

(b) O_2N SO_2Ph cat. $Pd(OAc)_2$ / AcOLi, O_2 / DMSO → O_2N SO_2Ph AcO

10.5.4 Wacker Oxidation

이 산화 반응은 앞에서 본 alkene의 수소 하나가 OH로 치환되는 반응의 한 예이다. 생성물 vinyl alcohol은 더 안정한 keto form의 aldehyde로 전환되는 것이다.

R cat. $PdCl_2$ / cat. $CuCl_2$, O_2 → [R OH enol] → R O H

Wacker oxidation ("vocker"라 발음함)은 공업적으로 ethylene을 acetaldehyde로 전환하는 데 사용된다. 반응의 전체 흐름만을 나타낸다면 다음과 같은 cycle을 그릴 수 있다.

$C_2H_4 + H_2O$ → $CH_3CHO + 2H^+$; ^{II}Pd ⇄ ^{0}Pd; $2Cu^{I}$ ⇄ $2Cu^{II}$; $\frac{1}{2}O_2 + 2H^+$ → H_2O

세부적으로 모든 변화를 표시한다면 다음과 같다. Wacker 산화는 $PdCl_2$과 $CuCl_2$에 의해 촉매되며 용매로 H_2O을 필요로 한다. 생성물의 O 원자는 O_2가 아닌 친핵체인 물에서 온다는 점이 특이하다. 각 단계에서 어떤 반응이 일어나는지를 살필 필요가 있다.

^{0}Pd ⇄ (step 8) $^{II}PdCl_4^{2\ominus}$ ⇄ (step 1, R-alkene) alkene-$^{II}PdCl_4^{2\ominus}$ ⇄ (step 2, $-Cl^\ominus$, H_2O) alkene-$Pd(H_2O)Cl_3^\ominus$ ⇄ (step 3, $-Cl^\ominus$) alkene-$Pd(H_2O)Cl_2$ ⇄ (step 4, H_2O) $^{\oplus}OH_2$ R-CH-CH$_2$-$Pd(H_2O)Cl_2^\ominus$ ⇄ (step 5, $-H^\oplus$) OH R-CH-CH$_2$-$^{II}Pd(H_2O)Cl_2^\ominus$ ⇄ (step 6) HO(R)C=CH$_2$-$Pd(H_2O)HCl_2^\ominus$ ⇄ (step 7) ^{0}Pd + RCHO + $H_2O + HCl + Cl^\ominus$

(1) association (2) dissociation-association (3) dissociation (4) addition of Nu
(5) deprotonation (6) β-hydride elimination (7) dissociation (8) oxidation

위와 같은 복잡한 cycle을 이해하기 어렵다면 다음과 같은 간단한 scheme을 이용하여 반응의 본질을 파악할 수 있다. Alkene의 Pd(II) 착물에 H_2O가 첨가되고 β-hydride 제거가 일어나면 acetaldehyde의 enol형 π-착물을 얻게 된다. 유리된 enol은 쉽게 keto form의 tautomer로 바뀌게 된다.

R; cat. $PdCl_2$; H_2O, O_2; (a) $CuCl_2$; H_2O:; Cl; Pd; Cl; R; (b); HCl; OH; R; H; PdCl; (c); OH; R; enol; O; R

(a) ligand association (b) nucleophilic atack (c) β-hydride elimination

Pd(0)는 Cu(II) 촉매 공기 산화에 의해 다시 Pd(II)로 돌아간다. 반응에 촉매량만큼의 Pd만을 사용하려면 Pd(0)는 Pd(II)로 다시 산화되어야 한다. 2당량의 $CuCl_2$가 Pd(0)에서 Pd(II)로 산화시키고 2CuCl이 생성된다. Cu(I)은 다음 O_2에 의해 Cu(II)로 다시 산화된다.

$$^{0}Pd + 2\,CuCl_2 + 2\,Cl^{\ominus} \longrightarrow {}^{II}PdCl_4^{2\ominus} + 2\,CuCl$$
$$2\,CuCl + O_2 + 2\,HCl \longrightarrow 2\,CuCl_2 + H_2O$$

Wacker 산화는 다음과 같은 전체식을 쓸 수 있다.

$$^{II}PdCl_4^{2\ominus} + C_2H_4 + H^{\oplus} \longrightarrow CH_3CHO + {}^{0}Pd + 2\,HCl + 2\,Cl^{\ominus}$$

이 반응은 공업적으로만 이용되는 것이 아니고 실험실에서 사용할 수도 있는 합성 반응이다. 다음 반응에서 보는 바와 같이 말단 alkene과 내부 alkene이 함께 있는 화합물의 경우에는 선택적으로 말단 alkene에서 산화가 일어난다.

$PdCl_2$, $CuCl_2$; O_2; O; 85 % yield

O; $PdCl_2$, $CuCl_2$; DMF, H_2O; O; O

내부 alkene의 경우에는 아무런 위치 선택성을 보이지 않는다. *Cis*, *trans*에 따른 생성물비의 차이도 별로 없는 편이다.

or; $PdCl_2$, $CuCl_2$; THF, H_2O; O; 60; +; 40; O

치환기가 있는 경우에는 치환기의 영향으로 두 가능한 생성물 중에서 어느 한쪽 생성물이 우세하게 생성되기도 하지만 예측이 쉬운 것만은 아니다.

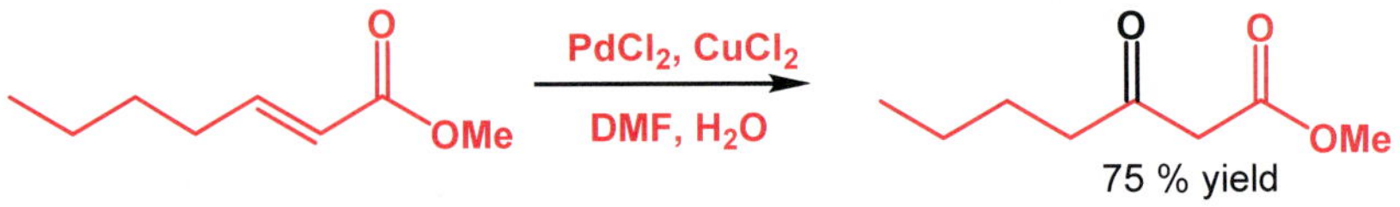

$PdCl_2$, $CuCl_2$ / DMF, H_2O — OMe — OMe — 75 % yield

수용성 유기 용매 대신에 alcohol을 용매로 사용하는 경우에는 카보닐 화합물이 생성되는 대신에 곧바로 acetal을 생성하게 된다.

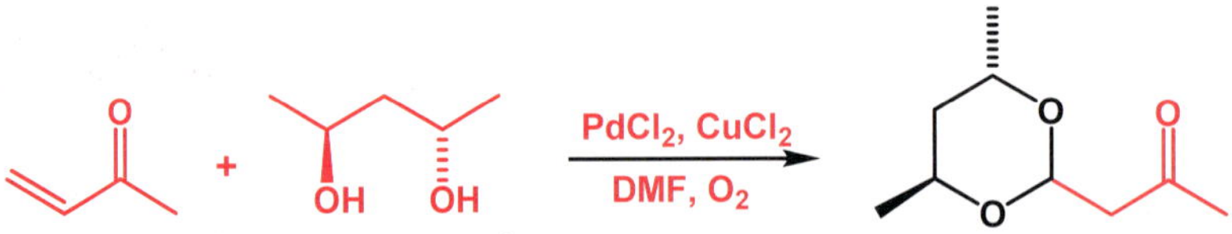

+ OH OH — $PdCl_2$, $CuCl_2$ / DMF, O_2 — O O

문제 10.66 다음 합성 반응에서 전이 금속 관련 step의 mechanism을 적어라. 반응물 C는 무엇이며 어떤 과정을 거쳐 생성되는가?

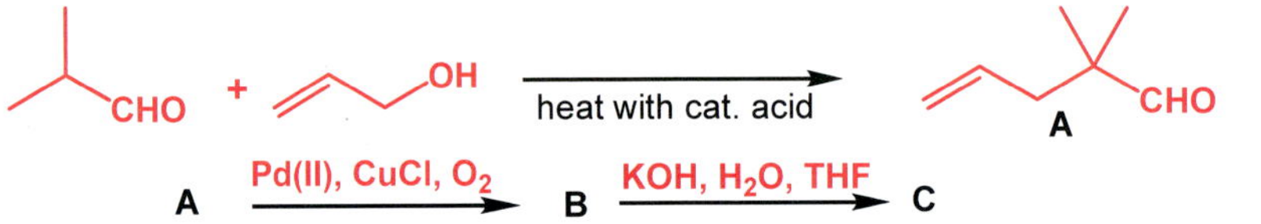

CHO + OH — heat with cat. acid — CHO A

A — Pd(II), CuCl, O_2 → B — KOH, H_2O, THF → C

문제 10.67 다음 pyridine 합성의 첫 단계인 palladium 촉매 반응은 어떻게 일어나는가?

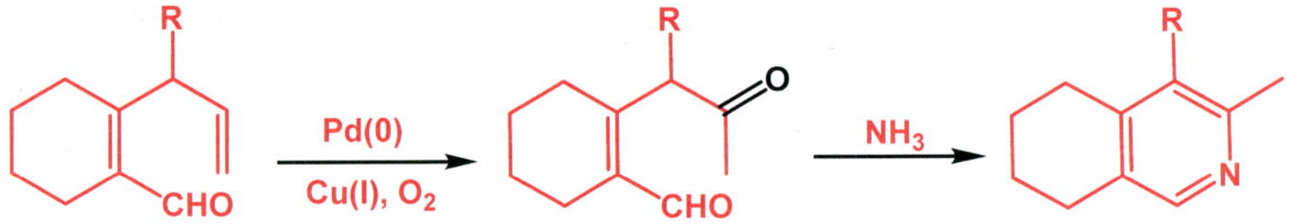

R CHO — Pd(0) / Cu(I), O_2 → R O CHO — NH_3 → R N

문제 10.68 다음 네 Pd-촉매 반응의 메커니즘을 그려라.

(a) CO_2H — $PdCl_2 \cdot 2CH_3CN$ / Na_2CO_3 / H_3CN, rt,3 hr → O O — 86 % yield

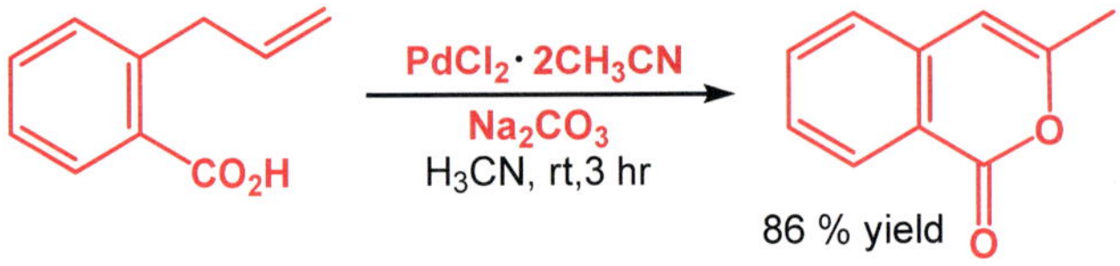

(b) OH — cat. $Pd(OAc)_2$ / cat. $Cu(OAc)_2$ / O_2 → O

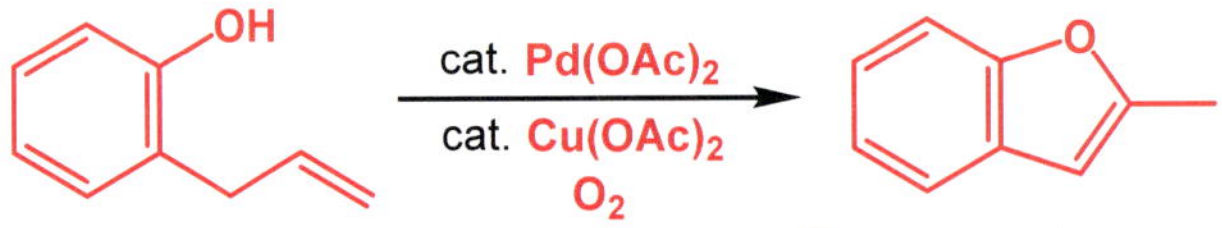

(c) OAc — O_2 / cat. $PdCl_2$, cat. $CuCl_2$ / H_2O, $H^{\oplus}$ → O OAc

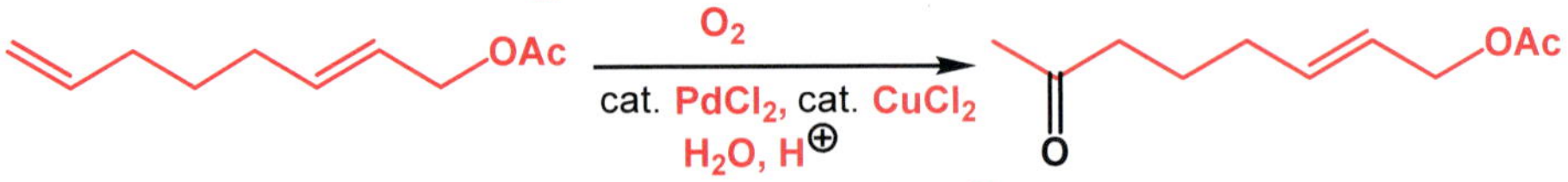

(d) CHO — cat. $PdCl_2$, cat. $CuCl_2$, O_2 / DMF, H_2O → O CHO

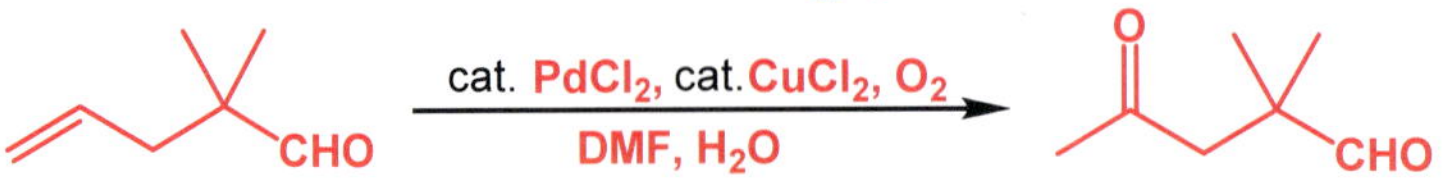

10.5.5 Conjugate Addition of Alkylcuprates to Enones

C–Cu 결합을 갖는 화합물은 α,β-불포화 카보닐, 특히 케톤에 conjugate 첨가를 일으킨다. RCu, R_2CuLi. $R_2Cu(CN)Li_2$ 등의 organocopper 시약들이 이러한 반응을 일으킨다. 반응 유

형에 따라 알맞은 다른 유형의 시약을 사용하는 것이 유리하며 반응 조건이 최적화되도록 유의할 필요가 있다. 이에 관한 상세한 논의는 이미 Chapter 7에서 다룬 적이 있어 여기서는 반응이 어떻게 진행되는가에 관하여 간단히 설명하고 넘어가기로 한다.

Cu 화합물이 일으키는 *α*,*β*-불포화 카보닐에 conjugate addition에 대한 메커니즘은 아직도 논란이 많다. 확실한 것은 메커니즘이 Cu 화합물의 화학양적 관계, 다른 Cu와 회합할 수 있는 다른 ligand의 유무, 상대 이온의 종류, 용매, 첨가물 그리고 반응하는 기질에 따라 메커니즘이 달라진다는 것이다. 전자전달 단계를 거치는 것으로 여겨진다.

화학자들이 메커니즘을 제대로 파악하지 못하고 헤매게 하는 이유는 Cu 화학종에 관한 정보가 부족하기 때문이다. Me_2CuLi가 enone에 conjugate 첨가를 일으키는 가장 간단한 그림은 16-전자 Cu 화학종이 alkene에 배위하여 18-전자 화학종이 되는 것이다. Alkene은 Me−Cu 결합에 이동성 삽입되고 중성인 MeCu가 이탈되면서 생성물 enolate를 형성하게 된다. Enolate는 때때로 Me_3SiCl나 (이 경우 반응 메커니즘의 중간에 참여하는지도 모름) alkyl halide로 제자리 포획(*in-situ* trapping)을 하는 경우도 있다. 부산물인 MeCu은 더 이상 반응에 참여하지 않는다.

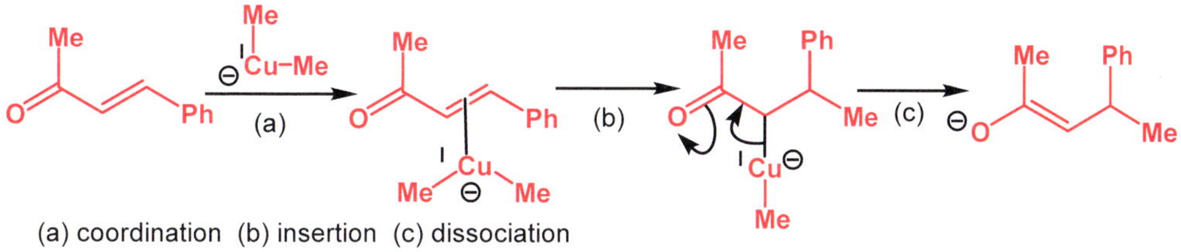

(a) coordination (b) insertion (c) dissociation

촉매로 Cu(I) 염이 존재하면, Grignard 시약은 *α*,*β*-불포화 카보닐 화합물의 *β*-탄소에 첨가가 일어난다. 이 반응에서 Grignard 시약은 CuX와의 금속교환으로 RCu나 R_2Cu^-이 생성된다. Alkylcopper 화합물은 위에서 설명한 것과 같이 enone에 conjugate 첨가가 일어나게 된다. Enolate의 Cu와 RMgX 간의 금속교환으로 Mg enolate로 바뀌면서 촉매 순환이 완결된다. Dialkyl cuprate를 이용하는 conjugate 첨가는 천연물 합성에 자주 사용되는 반응이다.

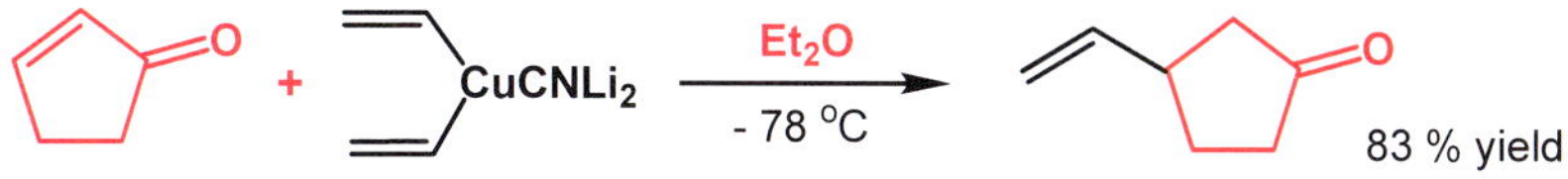

Et_2O, - 78 °C; 83 % yield

문제 10.69 다음 Cu-촉매 conjugate 첨가의 메커니즘을 그려보라.

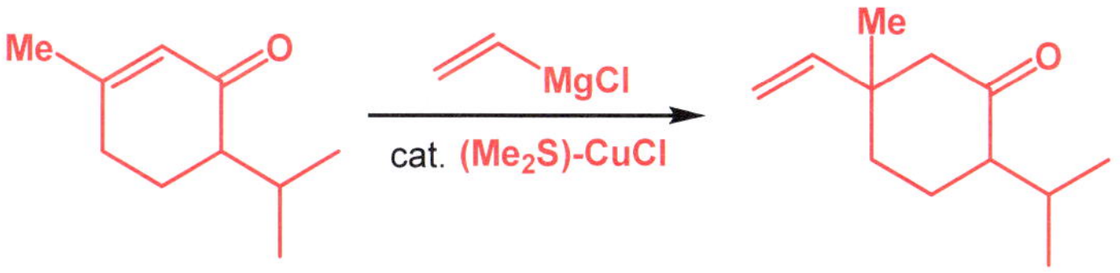

cat. (Me_2S)-CuCl

문제 10.70 Enone으로의 conjugation 첨가는 꼭 Cu-시약이나 촉매에 의해서만 가능한 것은 아니다. 지금까지 학습한 내용으로 다음 문제의 메커니즘을 추정하는 것은 그리 어렵지 않을 것이다. Rh(I) 촉매를 사용하는 다음 conjugate 첨가의 메커니즘을 그려보라.

cat. $Rh(acac)(CO)_2$, cat. $Ph_2P(CH_2)_2PPh_2$, MeOH, H_2O

10.6 Addition Reactions of Alkenes

10.6.1 Polymerization of Alkenes (Ti, Zr)

Ethylene의 polyethylene으로의 폴리머화는 전 세계적으로 가장 중요한 공업적 제조 공정이다. 자유라디칼 공정이 ethylene의 폴리머화에 가장 널리 쓰이고 있다. 자유라디칼 공정은 고급 alkene의 폴리머화에도 사용되지만 수득률이 썩 좋은 편이 아니며, 또한 입체선택성과 위치선택성의 문제가 발생하게 된다. Propene, styrene 그리고 butadiene 같은 고급 alkene의 폴리머화는 앞-금속(early transition metal) 촉매인 **Ziegler-Natta catalyst**를 사용하게 된다. Ziegler-Natta 촉매는 불균일 촉매로 Ti, Zr 또는 다른 앞-금속 촉매가 표면에 지지된 형태이다. 나중에 균일 촉매가 개발되어 화학자들이 폴리머화의 메커니즘을 규명할 수 있게 되었다. 최근에 이르러서는 이러한 균일 촉매가 적어도 고급 alkene의 폴리머화에 있어서만은 비용 면에서도 불균일 촉매와 경쟁이 될 수 있는 상황에 이르렀다.

Alkene 폴리머화의 가장 폭넓게 연구된 균일 Ziegler-Natta 촉매는 4족 metallocene 그 중에서도 zirconocene이다. Zirconocene dichloride(Cp_2ZrCl_2)는 공기나 수분에 대해 안정한 16-전자 $d°$ 착물이다. 그 유도체인 Cp_2ZrMe_2는 alkene 폴리머화의 precatalyst로서 Lewis 산을 첨가하면 활성을 띠게 된다. 첨가되는 Lewis 산은 methylalumoxane, $(MeAlO)_n$로서 한 당량의 물을 Me_3Al에 첨가하여 얻어지는 화합물이다. 이 목적으로 $B(C_6F_5)_3$도 사용할 수 있다. Lewis 산은 Cp_2ZrMe_2에서 Me 하나를 추출하는 작용을 하며 활성 촉매인 14-전자, $d°$ 착물 Cp_2ZrMe^+가 얻어지게 된다.

촉매 사슬의 한 예가 **Cossee 메커니즘**이다. Alkene이 Cp_2ZrR^+에 회합되고 이어 삽입 반응이 일어나면 새로운 착물인 Cp_2ZrR^+가 생성된다. 이들 단계가 진행되더라도 Zr 산화상태에는 변화가 없다.

(a) coordination (b) insertion

성장 폴리머 사슬의 종결에는 여러 가지 메커니즘이 작동한다. 가장 흔한 종결 단계는 β-hydride 제거로 Cp_2ZrH^+와 말단 π-결합을 갖는 polymer가 생성된다. H_2 존재하에 폴리머화가 일어나면 **σ-결합 metathesis**가 일어나서 포화된 폴리머와 Cp_2ZrH^+가 생성될 수 있다.

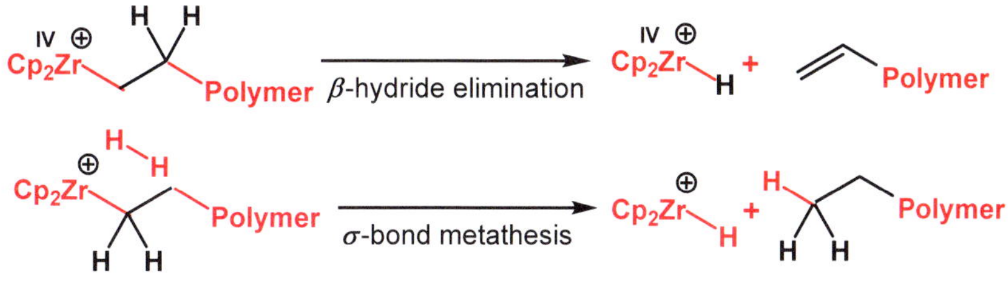

Cp 대신에 alkyl기나 다른 기로 치환이 된 4족 metallocene 착물들도 반응에 효과가 있다. Cp group은 다른 다섯-전자주개인 RO group (두 고립쌍이 금속과의 π-결합 형성에 이용됨.) 그리고 세-전자주개인 R_2N group으로 대치될 수 있다. 3족 및 lanthanide 착물들 또한 alkene 폴리머화를 연구하고 수행하는데 널리 사용되고 있다. 이들 어느 $d°$ metal을 쓰던 간에 폴리머화는 Cp_2ZrMe^+에 의한 반응 메커니즘과 동일한 양상으로 진행된다.

또 다른 alkene 폴리머화 메커니즘은 12-전자 d^2 Ta(III) 착물인 $(Me_3P)_2I_2TaCH_2R$을 사용하는 **Green 메커니즘**으로 이를 다음에 나타내었다. α-Hydride 제거로 Ta(V) 착물인(H−Ta=CHR)가 만들어지게 된다. 이 금속 alkylidene 착물이 alkene과 반응하여 [2+2] 고리화첨가를 일으키면 Ta(V) tantalacyclobutane이 생성되고 여기에 환원성 제거가 일어나면 olefin이 insertion되어 탄소 원자가 두 개 늘어난 반응물 단계의 촉매가 재생성된다. 사슬 반응의 종결 단계는 Cossee 메커니즘에서와 같다. Green 메커니즘에서는 금속의 산화상태의 변화가 필요하며 이런 이유로 $d°$ metal로는 Green 메커니즘에 의한 폴리머화는 일어나지 않는다.

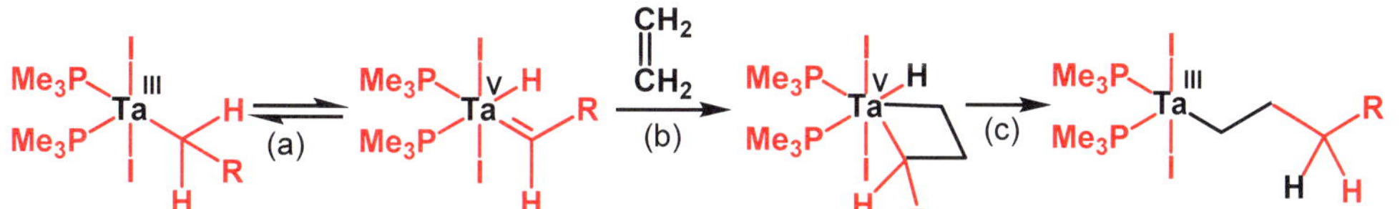

(a) α-hydride elimination (b) [2+2] cycloaddition (c) reductive elimination

Ethylene이 아닌 치환 alkene의 폴리머화에는 위치 및 입체화학의 문제가 발생한다. 위치화학의 문제는 alkene $H_2C{=}CHR$이 M−R' 결합에 삽입될 때 생긴다. 1차 alkyl 금속 착물 ($M{-}CH_2CHRR'$) 아니면 2차 alkyl 금속 착물 ($M{-}CHRCH_2R'$)이 생성될 수 있다. 열역학적으로 더 유리한 1차 alkyl 착물이 생성되는 것이 보통이다.

입체화학의 문제를 이해하기 위해 polypropylene을 살펴보기로 하자. 확장된 폴리머의 기본 사슬에서 각 Me기는 제멋대로 이던지(*atactic*) 같은 쪽을 향하던지(*isotactic*), 아니면 교대로 방향을 바꾸던지(*syndiotactic*) 셋 중 하나이다. 이 세 입체이성질체들은 물리적 성질이 서로 다르다. 동일배열(*isotactic*) 폴리머의 수요가 가장 많다. 특수한 입체화학적 특성을 갖는 촉매를 사용하면 어느 한 종류 또는 다른 종류의 폴리머를 생산할 수 있다.

atactic isotactic syndiotactic

문제 10.71 Alkene의 폴리머화가 일어나는 조건에서 기체 H_2의 농도가 지나치게 높으면 폴리머화 대신에 alkene의 수소화 반응이 일어난다. 이 변환의 합리적인 메커니즘을 그려라.

10.6.2 Metal-Catalyzed Cycloaddition and Cyclotrimerization (Co, Ni, Rh)

일부 전이금속 착물은 [4+2], [4+4] 및 [5+2] 고리화첨가의 촉매 역할을 할 수 있다. 예를 들면, $Ni(COD)_2$는 다음과 같은 분자내 [4+4] 고리화첨가에서 촉매 작용을 한다. 고리화로 생성되는 두 고리는 *cis*일 수도 *trans*일 수도 있지만 어떤 경우에는 선택성이 미미하고 어떤 경우에는 높은 선택성을 보인다.

cat. $Ni(COD)_2$, PPh
toluene 60 °C

R = CN	66 % yield	$\alpha:\beta$ = 1.6 : 1
R = CH_2OAc	93 % yield	$\alpha:\beta$ = 22 : 1
R = CO_2Me	63 % yield	$\alpha:\beta$ = 6.5 : 1

$Ni(COD)_2$

메커니즘의 시작은 아마도 $Ni(COD)_2$와 diene의 배위로 Ni(0)-diene 착물을 형성하는 것이며 이 착물은 Ni(II)인 nickelacyclopentene이라 할 수도 있다. Ni−C 결합에 C=C π-결합이 삽입되고, Ni−C 결합의 allylic 자리옮김과 환원성 제거가 일어나는 것으로 촉매 순환 고리가 완성된다. 유사한 메커니즘을 Ni- 및 Rh-촉매 [4+2] 고리화첨가에도 적용할 수 있다.

nickelacyclopentene

(a) coordination (b) insertion (c) allylic transposition (d) reductive elimination

다음 고리화 반응도 위의 반응의 한 응용 예이다. 생성되는 두 고리는 *cis*로 높은 선택성을 보인다. 겉모양으로 보아서는 그럴듯하지만 이들 반응은 [4+4] 협동형 고리화첨가가 아니며 (오비탈 대칭성 비허용 반응), 전이금속 촉매에 의한 dimerization이다.

cat. Ni(COD)$_2$, PPh$_3$
toluene 60 °C
67 % yield
Ni(COD)$_2$

위와 같은 반응은 Rh complex에 의해서도 일어난다. 분자내의 cyclization은 Ni인가 Rh인가에 따라 다른 입체화학을 갖는 생성물이 얻어지기도 한다. Rh의 COD complex는 다음과 같은 양이온이다. 다음 반응에서는 Rh-촉매 [5+2] 고리화첨가로 vinylcyclopropane과 alkyne (또는 alkene 또는 allene)이 합체되어 cycloheptadiene이 생성된다.

OTBS + EtO_2C–≡–CO_2Et → cat. $[Rh(CO)_2Cl]_2$ → TBSO, CO_2Me, CO_2Me
$BF_4^{\ominus}$ $^{\oplus}$Rd(COD)$_2$Cl

이 반응의 타당성 있는 메커니즘 중의 하나는 Rh(I)이 alkyne에 배위되어 Rh(III) rhodacyclopropene이 형성되는 데서 시작된다. Vinylcyclopropane의 π-결합과 alkyne의 환원성 짝지음으로 rhodacyclopentene이 생성되지만, 이 화합물은 동시에 cyclopropylmethyl-rhodium 착물로서 고리의 strain이 추진력으로 작용하여 매우 빠르게 homoallylic 자리옮김이 일어난다. 이어서 환원성 제거가 일어나면 cycloheptadiene이 생성된다. Rh-촉매 [5+2]와 [4+2] 고리화첨가가 연속적으로 일어나 **tandem process**가 이루어진다. Tandem reaction에서는 한 반응의 생성물이 연속적으로 다음 반응의 반응물이 된다.

유사한 반응으로 1,4-cyclohexadiene을 얻을 수도 있다. 다음 반응 예는 분자내에 diene과 yne를 갖는 화합물의 cyclization을 나타낸 것이다. 반응에서 거의 정량적으로 bicyclic 1,4-cyclohexadiene을 얻는다.

TBSO → cat. Ni(COD)$_2$, P(O-o-BiPh)$_3$, THF, 25 °C → TBSO (H)
> 99 % yield

지금까지 [4+2], [5+2] 등의 cyclization을 살펴보았다. Alkyne은 다양한 Ni과 Co 착물에 의한 촉매로 cyclotrimerization이 일어날 수 있다. Alkyne의 cyclotrimerization으로 benzene 유도체를 합성할 수 있다. 여기서 보는 benzene 유도체들은 다른 곳에서는 볼 수 없는 독특한 것들이다. 이 반응은 형식상으로 보면 $[2\pi+2\pi+2\pi]$ 고리화첨가 반응으로 분류된다. 다음 반응은 $Cp_2Co(CO)_2$를 촉매로 하는 PhC≡CPh의 cyclotrimerization이다.

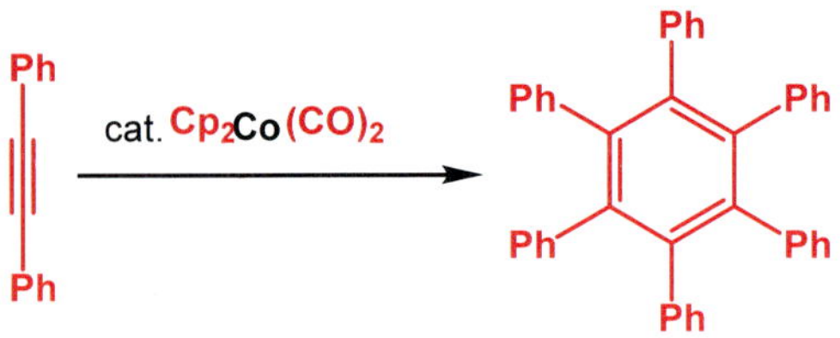

이 반응이 진행되는 각 단계를 표시하면 아래와 같은 순환 고리를 그릴 수 있다. 18-전자 착물인 $CpCo(CO)_2$는 또 다른 두-전자주개인 PhC≡CPh와 배위하기 전에 적어도 CO 하나를 잃어야 한다. 이 착물의 공명구조를 두 개 그릴 수 있는데 그중 하나는 Co(III)가 들어 있는 cobaltacyclopropene이다. 두 번째 CO ligand를 잃고 (PhC≡CPh와 coordination이 일어나기 전이나 후에) 둘째 당량의 PhC≡CPh와 배위되고 나서 삽입이 일어나면 cobaltacyclopentadiene이 생성된다. 또 한 당량의 PhC≡CPh과 배위되어 삽입이 일어나면 cobaltacycloheptatriene CpCo(I)이 얻어지는데, 이것이 PhC≡CPh과 재회합되어 촉매 순환에 들어가게 된다.

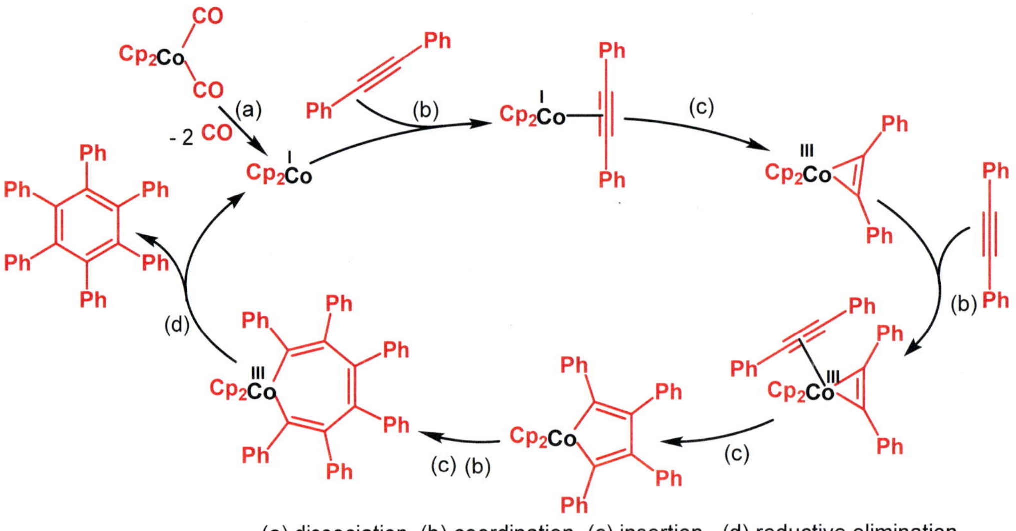

(a) dissociation (b) coordination (c) insertion (d) reductive elimination

촉매 순환의 마지막 단계는 다르게 진행될 수도 있다. Cobaltacyclopentadiene은 Diels-Alder 반응이 일어나기에 딱 좋은 *s-cis* 정렬 상태이므로 PhC≡CPh과의 Diels-Alder 반응이 일어난다. 이어서 [4+1] 역-고리화첨가가 일어나면 CpCo(I)이 재생성되면서 생성물인 hexaphenylbenzene이 얻어진다.

문제 10.72 Rh(I) 촉매를 이용하는 [5+2] 고리화첨가로 다음 생성물이 얻어지는 반응의 생성 메커니즘이 설명되어 있다. 그에 따라 메커니즘을 그려보라. Rh(I)이 vinyl기에 먼저 배위되어 homoallylic 자리옮김이 일어난 후에 alkyne과의 짝지음이 일어나는 경로로 그릴 수도 있다. 합리적인 메커니즘을 그려보라.

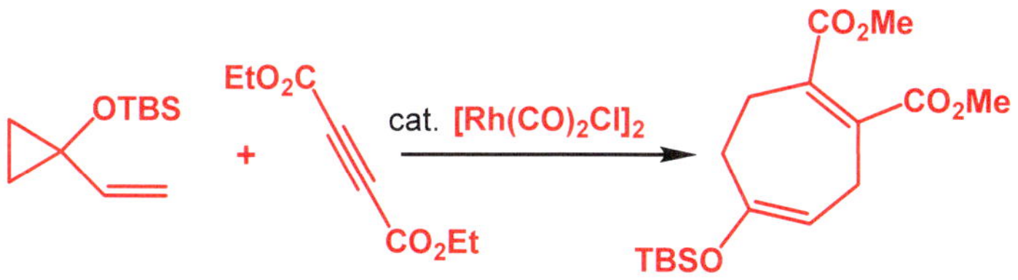

문제 10.73 위 절의 맨 마지막 반응의 후반부에서 cobaltacyclopentadiene의 Diels-Alder 반응을 거치는 또 다른 메커니즘의 가능성을 제시하였다. 그에 따라 메커니즘을 그려보라.

문제 10.74 다음 Ni-촉매 [4+2] 고리화첨가의 합리적인 메커니즘을 그려보라. (Diels-Alder 반응처럼 보이지만 이 Diels-Alder은 실제로 매우 격렬한 조건에서도 일어나기 쉽지 않다.)

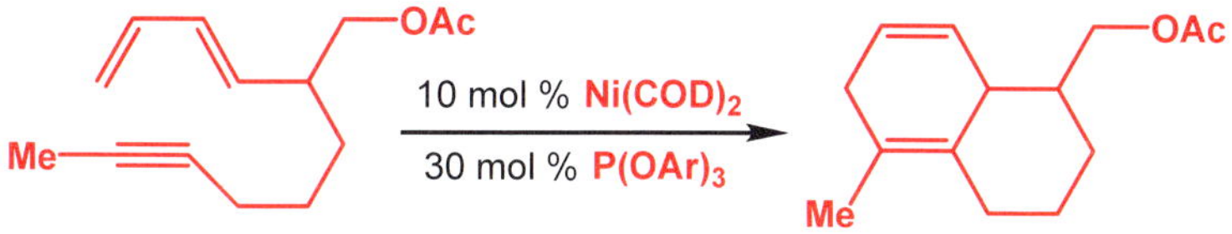

문제 10.75 다음은 동일한 반응물의 cyclization이 촉매에 따라 골격이 다른 생성물을 얻는다. 각기 다른 경로를 거쳐 진행되는 것이 틀림없어 보인다. 메커니즘을 그려보라.

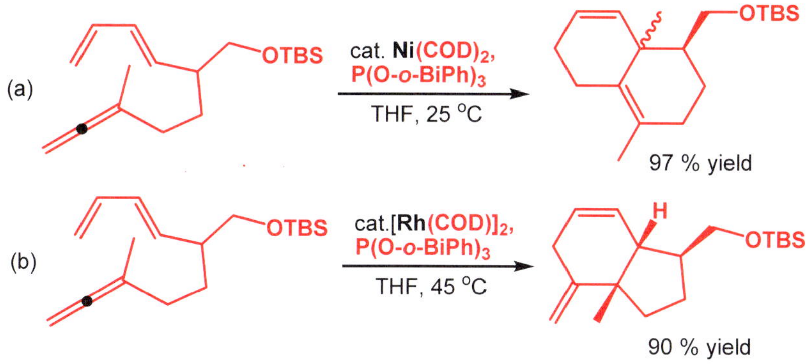

문제 10.76 Cobalt 촉매에 의한 hexaphenylbenzene이 생성되는 것과 똑같은 반응이 $Pd(PPh_3)_4$에 의해서도 일어날 수 있다. 다음 반응이 일어나는 경로를 차례로 그려라.

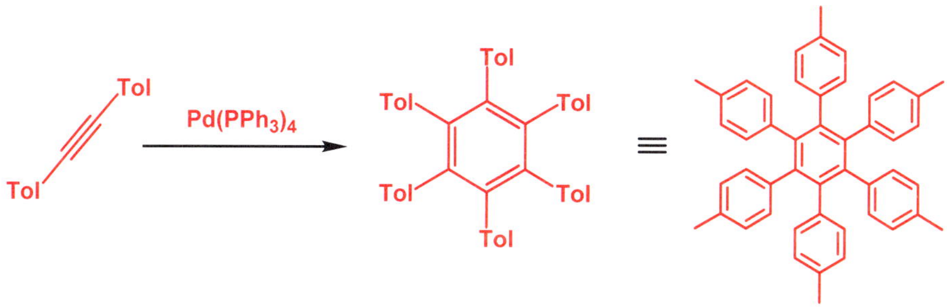

문제 10.77 다음 cyclic trimerization 또한 Ni-촉매에 의해서 진행된다. 메커니즘을 그려보라. 반응에 필요한 Ni(0) 촉매는 BuLi과의 반응에서 생성된다.

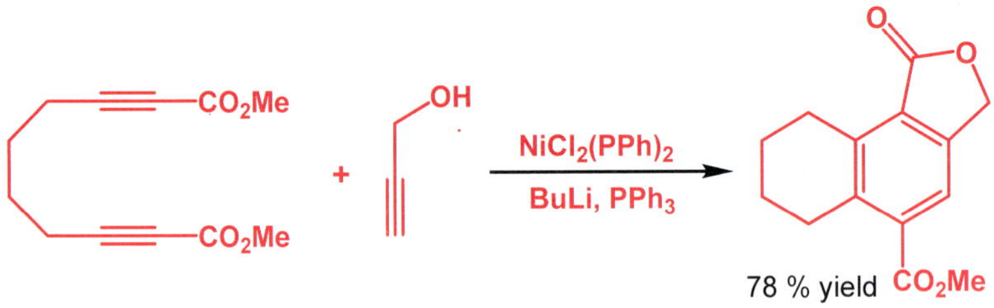

78 % yield

End of Chapter Problems

문제 10.78 다음 반응은 어떻게 진행되는가? 왜 Heck 반응에서처럼 alkene이 재생성되지 않는가? HCOOH는 무슨 목적으로 첨가되었는가? (Ph on *exo*)

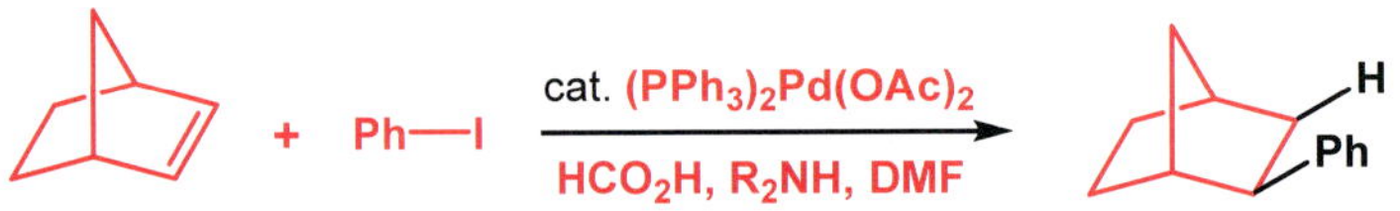

문제 10.79 다음 반응은 위와 상당히 흡사한 이유로 Heck 반응이 아닌 다음과 같은 첨가 생성물을 얻는다. 반응이 일어나는 경로를 상세히 그려보라.

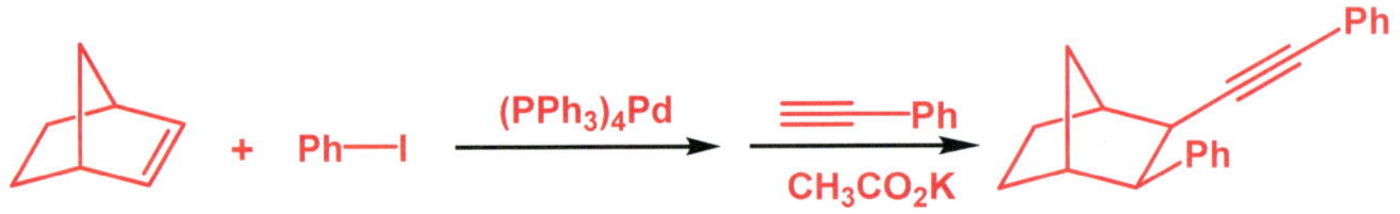

문제 10.80 다음 산화 반응의 메커니즘을 그려보라. 필요한 Pd^{II}는 Pd^{0}에서 산소 산화로 얻어진다고 가정하라.

문제 10.81 다음 indole이 얻어지는 메커니즘을 상세히 그려보라. 1당량의 Pd 화합물과 과량의 Et_3N이 필요하다. 이 반응은 1당량의 bezoquinone을 넣어주면 촉매량의 Pd complex만을 필요로 한다. Benzoquinone은 어떤 역할을 하는가?

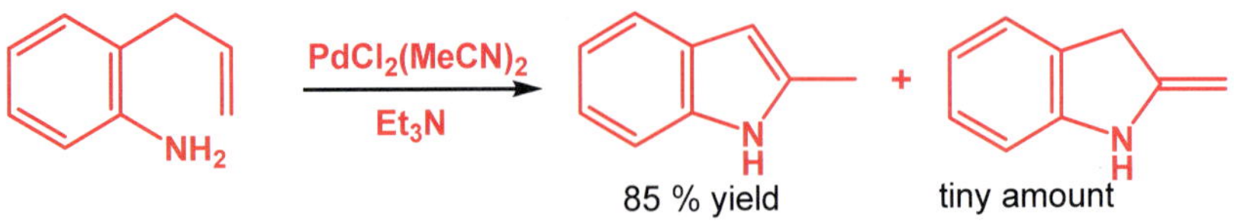

85 % yield   tiny amount

문제 10.82 다음 반응에서 생성물은 모두 *cis* 화합물만 생성되지만, racemic mixture가 얻어진다. 어떻게 해서 *cis* 화합물만 생성되며 왜 racemic mixture가 얻어지는가?

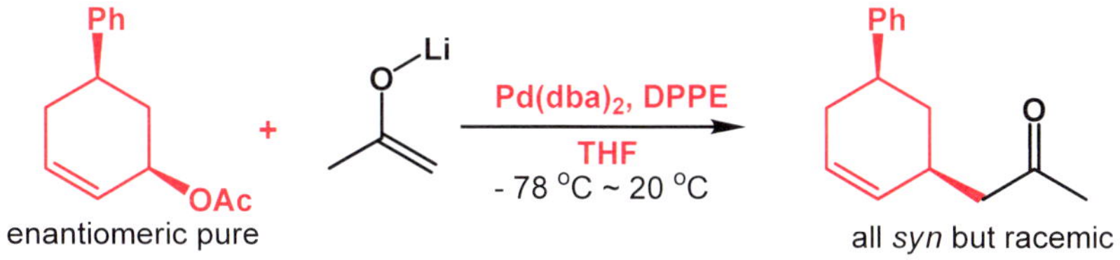
Ph
OAc
enantiomeric pure
+
O
Li
Pd(dba)2, DPPE
THF
- 78 °C ~ 20 °C
Ph
O
all syn but racemic

문제 10.83 다음 반응의 메커니즘을 적어라. 이 반응은 CO 존재하에 더 빨라진다. 어떻게 설명할 수 있나?

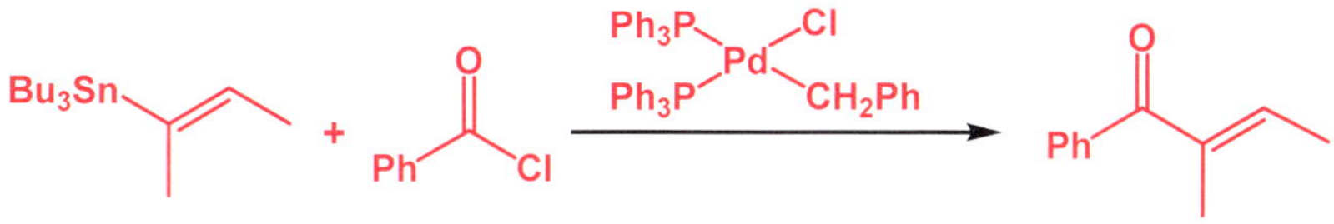
Bu3Sn
+
O
Ph
Cl
Ph3P
Pd
Cl
Ph3P
CH2Ph
O
Ph

문제 10.84 다음 반응의 mechanism을 제안하여 보라.

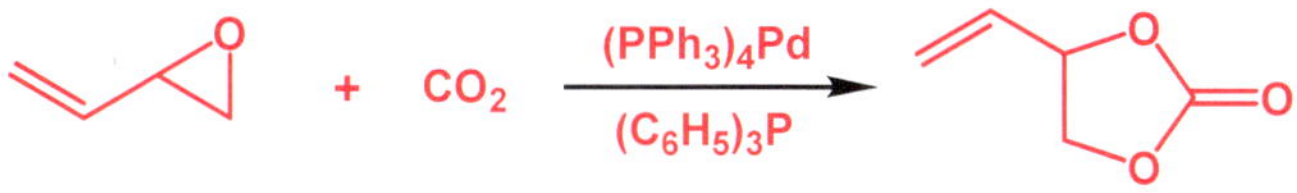
O
+
CO2
(PPh3)4Pd
(C6H5)3P
O
O
O

문제 10.85 다음 epoxyketone의 반응은 어떻게 일어나는지 메커니즘을 상세히 그려보라.

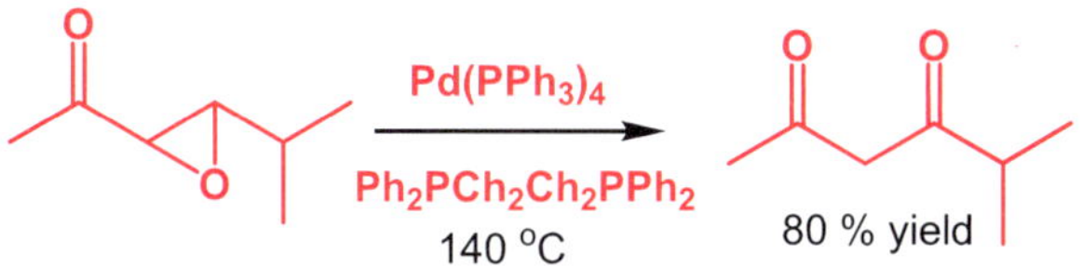
O
O
Pd(PPh3)4
Ph2PCh2Ch2PPh2
140 °C
O
O
80 % yield

문제 10.86 다음 반응은 어떤 메커니즘을 거쳐 진행되는가?

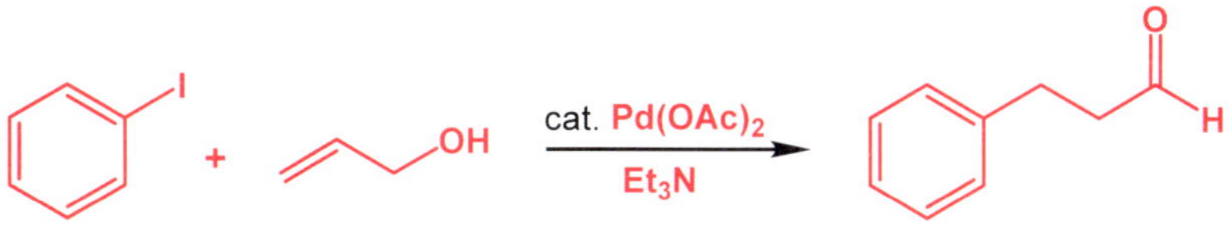
I
+
OH
cat. Pd(OAc)2
Et3N
O
H

문제 10.87 다음 두 Pd 촉매 반응의 메커니즘을 상세히 그려보라.

(a)

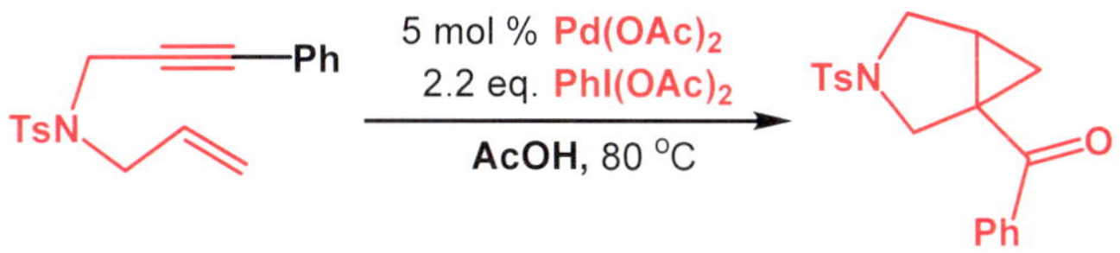
Ph
TsN
5 mol % Pd(OAc)2
2.2 eq. PhI(OAc)2
AcOH, 80 °C
TsN
O
Ph

(b)

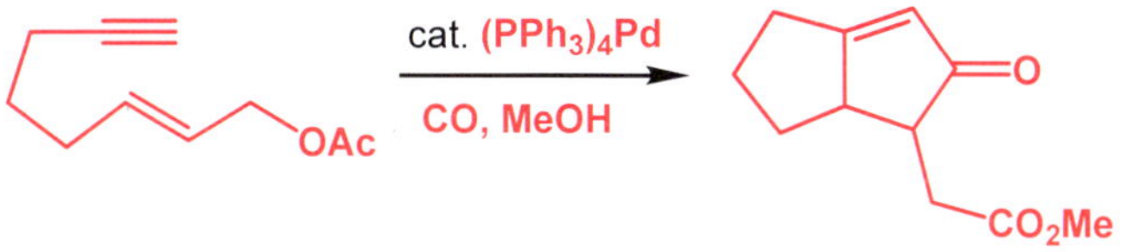
OAc
cat. (PPh3)4Pd
CO, MeOH
O
CO2Me

문제 10.88 다음 고리화 반응의 메커니즘을 그려라.

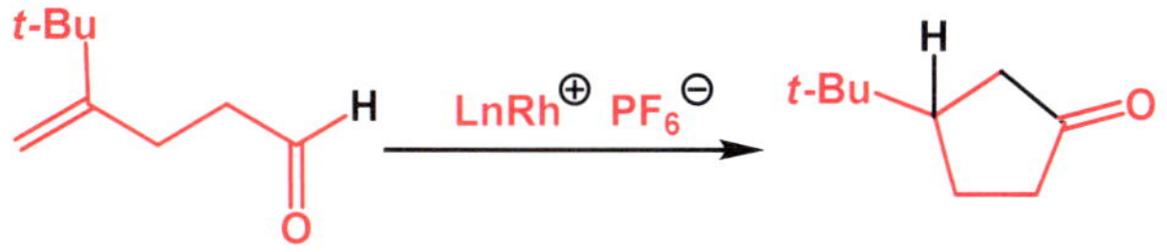
t-Bu
H
O
LnRh⊕ PF6⊖
H
t-Bu
O

문제 10.89 다음은 Heck 반응의 변형으로 Heck oxyarylation이라고 한다. 이 고리화 반응의 메커니즘을 그려보라.

PhO … + HO … I → $Pd(OAc)_2$, $Ph_2PCH_2CH_2PPh_2$, $AgCO_3$, acettone → PhO …

문제 10.90 다음 두 metathesis 반응이 일어나는 경로를 그려보라.

+ Hex → 1 % Grubbs catalyst → Hex

PCy_3, Cl, Ru, Cl, PCy_3, Ph, Ph catalyst

Grubbs catalyst

문제 10.91 다음 반응으로 생성되는 tricyclic 화합물 A의 생성 과정을 상세히 그려 보라.

Me, HO, H + H, H → $Co_2(CO)_8$, heptane, 1 hr → product A 73 % yield

| 저자 소개 |

이종건
서울대학교 문리과대학 화학과, 이학사 (화학)
미국 Texas Tech University 화학과, 이학박사 (화학)
KIST 연구원
Universirty of Washington(Seattle) Post Doc
현) 부산대학교 자연과학대학 화학과 명예교수

유기금속 화학

| 저　　자 이종건
| 발 행 인 주정희
| 발 행 처 자유아카데미
| 주　　소 경기도 파주시 문발동 527-2
파주출판문화정보산업단지
| 전　　화 031-955-1321
| F A X 031-955-1322
| 홈페이지 www.freeaca.com
| 전자우편 main@freeaca.com(대표)
editor@freeaca.com(편집)
| 등　　록 제406-2003-017호, 1980. 7. 12
| 제1판1쇄 2012년 4월 16일 발행
| 정　　가 38,000원

저자와의 협의하에 인지생략

ISBN 978-89-7338-944-5　93430